파 인 만 의 물 리 학 강 의 III

The Feynman

파인만의 물리학 강의 III

LECTURES ON
PHYSICS

DEFINITIVE EDITION

리처드 파인만 · 로버트 레이턴 · 매슈 샌즈

VOLUME III

승산

The Feynman Lectures On Physics

Authorized translation from the English language edition, entitled THE FEYNMAN LECTURES ON PHYSICS,

THE DEFINITIVE EDITION VOLUME 3, 2nd Edition, ISBN: 0805390499 by FEYNMAN, RICHARD P.;

LEIGHTON, ROBERT B.; SANDS, MATTHEW, published by Pearson Education, Inc, publishing as Benjamin Cummings,

Copyright © 2006 California Institute of Techonology.

KOREAN language edition published by SEUNG SAN PUB CO, Copyright © 2009.

KOREAN translation rights arranged with PEARSON EDUCATION, INC., publishing as Benjamin Cummings through

SHIN-WON LITERARY AGENCY CO., PAJU-SI GYEONGGI-DO KOREA

이 책의 한국어판 저작권은 신원에이전시를 통한 저작권자와의 독점 계약으로 도서출판 승산에 있습니다.
저작권법에 의해 한국 내에서 보호를 받는 저작물이므로 무단 전재와 무단 복제를 금합니다.

· 이 도서의 국립중앙도서관 출판시도서목록(CIP)은 e-CIP 홈페이지(http://www.nl.go.kr/ecip)에서 이용하실 수 있습니다. (CIP제어번호:CIP2009001302)

리처드 파인만에 대하여

리처드 파인만은 1918년에 뉴욕 브루클린에서 출생하였으며, 1942년에 프린스턴 대학교에서 박사학위를 받았다. 그는 어린 나이에도 불구하고 2차 세계 대전 중 로스앨러모스(Los Alamos)에서 진행된 맨해튼 프로젝트(Manhattan Project)에 참여하여 중요한 역할을 담당하였으며, 그 후에는 코넬 대학교와 캘리포니아 공과대학(Caltech, California Institute of Technology)에서 학생들을 가르쳤다. 1965년에는 도모나가 신이치로(朝永振一郎)와 줄리언 슈윙거(Julian Schwinger)와 함께, 양자전기역학(quantum electrodynamics)을 완성한 공로로 노벨 물리학상을 수상하였다.

파인만은 양자전기역학이 갖고 있었던 기존의 문제점들을 말끔하게 해결하여 노벨상을 수상했을 뿐만 아니라, 액체 헬륨에서 나타나는 초유동(super-fluidity) 현상을 수학적으로 규명하기도 했다. 그 후에는 겔만(Murray Gell-Mann)과 함께 베타 붕괴 현상을 일으키는 약한 상호작용을 연구하여 이 분야의 초석을 다졌으며, 이로부터 몇 년 후에는 높은 에너지에서 양성자들이 충돌하는 과정을 설명해 주는 파톤 모형(parton model)을 제안하여 쿼크(quark) 이론의 발전에 커다란 업적을 남겼다.

이 대단한 업적들 외에도, 파인만은 여러 가지 새로운 계산법과 표기법을 물리학에 도입하였다. 특히 그가 개발한 파인만 다이어그램(Feynman diagram)은 기본적인 물리 과정을 개념화하고 계산하는 강력한 도구로서, 최근의 과학 역사상 가장 훌륭한 아이디어로 손꼽히고 있다.

파인만은 경이로울 정도로 능률적인 교사이기도 했다. 그는 학자로 일하는 동안 수많은 상을 받았지만, 파인만 자신은 1972년에 받은 외르스테드 메달(Oersted Medal, 훌륭한 교육자에게 수여하는 상)을 가장 자랑스럽게 생각했다. 1963년에 처음 출판된 『파인만의 물리학 강의』를 두고 〈사이언티픽 아메리칸(Scientific American)〉의 한 비평가는 다음과 같은 평을 내렸다. "어렵지만 유익하며, 학생들을 위한 배려로 가득 찬 책. 지난 25년간 수많은 교수들과 신입생들을 최상의 강의로 인도했던 지침서." 파인만은 또 일반 대중에게 최첨단의 물리학을 소개하기 위해 『물리 법칙의 특성(The Character of Physical Law)』과

『일반인을 위한 파인만의 QED 강의(QED : The Strange Theory of Light and Matter)』를 집필하였으며, 현재 물리학자들과 학생들에게 최고의 참고서와 교과서로 통용되고 있는 수많은 전문 서적을 남겼다.

리처드 파인만은 물리학 이외의 분야에서도 여러 가지 활동을 했다. 그는 챌린저(Challenger)호 진상조사위원회에서도 많은 업적을 남겼는데, 특히 낮은 온도에서 원형 고리(O-ring)의 민감성에 대한 유명한 실험은 오로지 얼음물 한 잔으로 참사 원인을 규명한 전설적인 사례로 회자되고 있다. 그리고 세간에는 잘 알려져 있지 않지만, 그는 1960년대에 캘리포니아 주의 교육위원회에 참여하여 진부한 교과서의 내용을 신랄하게 비판한 적도 있었다.

리처드 파인만의 업적들을 아무리 나열한다 해도, 그의 인간적인 면모를 보여 주기에는 턱없이 부족하다. 그가 쓴 가장 전문적인 글을 읽어 본 사람들은 알겠지만 다채로우면서도 생동감 넘치는 그의 성품은 그의 모든 저작에서 생생한 빛을 발하고 있다. 파인만은 물리학자였지만 틈틈이 라디오를 수리하거나 자물쇠 따기, 그림 그리기, 봉고 연주 등의 과외 활동을 즐겼으며, 마야의 고대 문헌을 해독하기도 했다. 항상 주변 세계에 대한 호기심을 갖고 있던 그는 경험주의자의 위대한 표상이었다.

리처드 파인만은 1988년 2월 15일 로스앤젤레스에서 세상을 떠났다.

개정판에 붙이는 머리말

리처드 파인만이 『파인만의 물리학 강의』라는 세 권의 책으로 출간된 물리학 입문 코스를 가르친 지도 어느덧 40년이 넘는 세월이 흘렀다. 지난 40년간 물리적 세계에 대한 우리의 이해에는 많은 변화가 있었으나, 파인만 강의록은 그러한 세파를 견뎌 냈다. 강의록은 파인만 특유의 물리적 통찰과 교수법 덕분에 처음 출간되었던 당시와 마찬가지로 오늘날에도 여전히 위력적이다. 또한 전 세계적으로 물리학에 갓 입문한 학생들뿐만 아니라 원숙한 물리학자들에 이르기까지 널리 읽히고 있다. 적어도 12개의 언어로 번역되었으며, 영어로 발행된 부수만 해도 150만 부가 넘는다. 이렇게 오랫동안, 이토록 광범위한 영향을 끼친 물리학 책은 아마 없을 것이다.

이번에 새롭게 발간된 『파인만의 물리학 강의 : 개정판』은 두 가지 점에서 기존의 판과 다르다. 그동안 발견된 모든 오류들이 정정되었으며, 새로이 제4권이 함께 출간되었다는 점이다. 제4권은 강의록에 딸린 부록으로, 『파인만의 물리학 길라잡이(Feynman's tips on physics) : 강의에 딸린 문제 풀이』(가제)이다. 이 부록은 파인만의 강의 코스에서 추가된 내용들로 구성되어 있다. 문제 풀이에 대해 파인만이 행한 세 번의 강의와 관성 유도에 관한 한 번의 강의, 그리고 파인만의 동료인 로버트 레이턴(Robert B. Leighton)과 로쿠스 포크트(Rochus Vogt)가 마련한 문제와 해답이 바로 그것이다.

개정판이 나오게 된 경위

원래 세 권의 파인만 강의록은 파인만과 함께 공저자인 로버트 레이턴과 매슈 샌즈(Matthew Sands)에 의해 파인만의 1961~1963년도 강의 코스의 칠판 사진과 녹음테이프를 토대로 매우 서둘러 제작되었다.*¹ 따라서 오류가 없을 수 없었다. 파인만은 그 후 수년간 전 세계의 독자들과 칼텍의 학생들 및 교수진이 발견한 오류들의 긴 목록을 작성해 나갔다. 파인만은 1960년대부터 1970년대 초반까지는 바쁜 와중에도 시간을 내어 1권과 2권에 대해 지적된 모든 오류들을 검토하여 추후에 인쇄된 책에는 정정된 내용이 실리도록 하였다. 하지만 오류를 수정해야 한다는 파인만의 책임감이 3권까지 지속되지는 못했다. 자연을 탐구하며 새로운 것을 발견하는 흥분에 비하면 정정 작업은 재미가 없었기 때문이다.*² 1988년에 그가 갑작스레 세상을 떠난 후엔, 검토되지 않은 오류들의 목록이 칼텍의 문서보관소에 예치되었으며, 거기서 잊혀진 채 묻혀 있었다.

---

*¹ 파인만의 강의가 기획되어 세 권의 책으로 나오게 된 경위는 강의록의 권두에 있는 특별 머리말과 파인만의 머리말, 그리고 서문에 잘 나와 있다. 또한 이번에 새로 발간된 부록에 실려 있는 매슈 샌즈의 회상도 참고하기 바란다.

*² 1975년에 그는 3권에 대한 오류 점검에 착수하였지만 다른 일들로 바빴기 때문에 작업을 마무리하지 못했으며, 결국 정정은 이루어지지 않았다.

2002년에 랠프 레이턴(Ralph Leighton, 로버트 레이턴의 아들로 파인만과 절친한 사이였음)이 기존의 잊혀져 있던 오류와 자신의 친구인 마이클 고틀리브(Michael Gottlieb)가 수집한 새로운 오류의 긴 목록을 내게 알려 왔다. 레이턴은 칼텍 당국에서 이 모든 오류를 바로잡아 새롭게 『파인만의 물리학 강의 : 개정판』을 만들고 동시에 자신과 고틀리브가 준비하고 있던 『부록』도 함께 출판하자고 제안하였다. 레이턴은 또한 부록에 들어갈 고틀리브가 편집한 네 개의 강의 원고에 물리학상의 오류가 없다는 것을 확인받기 위해서, 그리고 세 권의 강의록 개정판과 함께 부록이 공식적으로 한 세트로 출간되는 것에 대해 칼텍의 동의를 얻기 위해 내게 도움을 청했다.

파인만은 나의 우상이었으며 개인적으로 가까운 친구였다. 나는 오류의 목록과 부록의 내용을 보자마자 도움을 주기로 약속했다. 때마침 나는 부록의 물리학적 내용과 강의록의 오류를 세밀하게 검토해 나갈 적임자를 알고 있었다. 바로 마이클 하틀(Michael Hartl) 박사였다.

하틀은 최근에 칼텍에서 물리학으로 박사학위를 받았으며, 칼텍 역사상 대학원생으로서는 유일하게 학부생들이 뽑은 뛰어난 강사에 선정되어 평생 공로상을 받기도 하였다. 하틀은 물리를 깊게 이해하고 있으며, 내가 아는 물리학자 중에서 가장 꼼꼼한 사람 중 하나로서 파인만만큼이나 뛰어난 선생이다.

그리하여 우리는 다음과 같이 하기로 결정했다. 랠프 레이턴과 마이클 고틀리브는 부록에 실을 네 강의에 대해서 판권 소유자인 파인만의 자녀 칼(Carl)과 미셸(Michelle)로부터 허락을 받고, 부록의 연습문제와 답에 대해서는 레이턴 자신과 로쿠스 포크트의 검사를 받아 원고를 작성하기로 하였다(그들은 이 일을 아주 잘 해냈다). 레이턴과 고틀리브 그리고 파인만의 자녀들은 부록의 내용에 대한 최종적인 권한을 나에게 위임했다. 칼텍 당국, 즉 물리학, 수학 및 천문학부 장인 톰 톰브렐로(Tom Tombrello)는 기존 강의록 세 권의 새로운 개정판에 대해 감독 권한을 나에게 위임했고 부록이 개정판과 한 세트로 출간되는 것에 동의해 주었다. 그리고 모두가 마이클 하틀이 나를 대신하여 개정판에 관련된 오류를 검토하고 부록의 물리학적인 내용과 글의 스타일을 편집하는 데 동의했다. 나의 임무는 하틀이 작업한 결과를 살펴보고 네 권 모두에 대해 최종적인 승인을 하는 것이었다. 그리고 마지막으로 에디슨-웨슬리(Addison-Wesley) 출판사에서 이 프로젝트를 마무리 짓기로 했다.

다행스럽게도 위의 과정은 끝까지 순조롭게 잘 진행되었다! 만약 파인만이 살아 있었다면 우리가 만들어 낸 결과에 대해 자랑스럽게 생각하고 기뻐했으리라 믿는다.

오류

이번 개정판에서 수정된 오류들은 다음 세 가지 출처에서 나온 것이다. 80퍼센트 정도는 마이클 고틀리브가 수집한 것이고, 나머지 대부분은 1970년대 초반에 이름 모를 독자들로부터 출판사를 거쳐 파인만에게 답지한 긴 목록에 있던 것이다. 그 밖의 것들은 다양한 독자들로부터 파인만이나 우리에게 도착한 단편적인 짧은 목록에 있던 것이다.

수정된 오류들의 유형은 주로 다음 세 가지 종류이다. (i)문장 중에 있는 오타 (ii)그림이나 표 또는 수식에서 발견된 대략 150개 정도 되는 수학적인 오타—부호가 틀렸거나, 숫자가 잘못되었거나(가령, 4여야 할 것이 5로 되어 있거나 하는 것), 아래 첨자가 빠져 있거나, 수식에서 괄호나 항이 잘못된 것들. (iii)장(章)이나, 그림 또는 표에 대한 잘못된 상호참조 약 50여 개. 이러한 종류의 오타들은 원숙한 물리학자들에게는 그다지 큰 문제가 되지 않지만, 파인만이 다가가려고 했던 대상인 학생들의 입장에서는 매우 혼란스럽고 짜증 나는 것일 수 있다.

놀랍게도 부주의로 인해 발생한 물리적으로 문제가 있는 오류는 단 두 개뿐이었다 : 제1권 45-4쪽을 보면 기존 판에서는 "고무줄을 잡아당기면 온도가 내려가고"라고 되어 있으나 개정판에서는 "올라가고"라고 정정되었다(한글판의 45-5쪽에 해당되며 한글판은 이미 "올라가고"라고 정정되어 있다 : 옮긴이). 그리고 개정판 제2권 5장의 마지막 페이지를 보면 "……밀폐된 (그리고 접지된) 도체의 내부 공간에서 정전하의 분포 상태와 상관없이, 공동의 외부에는 전기장이 형성되지 않는다……"라고 되어 있는데 이전의 판에서는 '접지된'이라는 부분이 빠져 있었다. 이 두 번째 오류는 많은 독자들이 파인만에게 지적한 것인데, 그중에는 강의록의 이 잘못된 단락을 믿고 시험을 친 윌리엄 앤드 메리 대학(The College of William and Mary)의 학생이었던 뷸라 엘리자베스 콕스(Beulah Elizabeth Cox)도 있었다. 1975년에 파인만은 콕스 양에게 이렇게 썼다.* "담당 교사가 콕스 양에게 점수를 주지 않은 건 당연한 일입니다. 왜냐하면 그가 가우스 법칙을 사용해서 보여 주었듯이 콕스 양의 답안은 틀렸기 때문입니다. 과학에서는 세심하게 끌어내어진 논의와 논리를 믿어야지 권위를 믿어선 안 됩니다. 또한 책을 읽을 때도 정확하게 읽고 이해해야 합니다. 이 부분은 나의 실수이며 따라서 책은 틀렸습니다. 아마 당시에 나는 접지된 도체구를 생각하고 있었을 겁니다. 그게 아니라면 내부에서 전하를 이리저리 움직여도 외부에는 아무런 영향도 주지 않는다는 사실을 염두에 두고 있었을 겁니다. 어떻게 그렇게 된 것인지는 확실치 않지만 어리석게도 내가 실수한 겁니다. 그리고 나를 믿은 콕스 양 역시 실수한 겁니다."

파인만은 이 오류뿐만 아니라 다른 오류들도 알고 있었으므로 심기가 불편

---

* 『정상궤도에서 벗어난 완벽하게 합리적인 일탈—리처드 파인만의 편지(Perfectly Reasonable Deviations from the Beaten Track, The Letters of Richard P. Feynman)』, 미셸 파인만 편집(베이직 북스, 뉴욕, 2005), 288~289쪽.

했다. 파인만은 1975년에 출판사로 보낸 서신에서 "단순한 인쇄상의 오류로 볼 수 없는 2권과 3권의 물리학적 오류"에 대해서 언급했다. 내가 알고 있는 오류는 이것이 전부이다. 또 다른 오류의 발견은 미래 독자들의 도전 과제이다! 이러한 용도로 마이클 고틀리브는 www.feynmanlectures.info라는 웹사이트를 개설하고 있는데, 여기에는 이번 개정판에서 정정된 모든 오류들과 함께 향후에 미래의 독자들이 발견하게 될 새로운 오류들이 게시될 것이다.

부록

이번에 새로이 출간된 제4권, 『파인만의 물리학 길라잡이(Feynman's tips on physics) : 강의에 딸린 문제 풀이』는 매혹적인 책이다. 이 책의 하이라이트는 원 강의록에 있는 파인만의 머리말에서 언급된 네 개의 강의다. 강의록의 머리말에서 파인만은 이렇게 적고 있다. "첫해에는 문제 풀이법에 대하여 세 차례에 걸쳐 강의를 했었는데, 그 내용은 이 책에 포함시키지 않았다. 그리고 회전계에 관한 강의가 끝난 후에 관성 유도에 관한 강의가 당연히 이어졌지만, 그것도이 책에서 누락되었다."

마이클 고틀리브는 랠프 레이턴과 함께 파인만의 강의 녹음테이프와 칠판 사진을 토대로 부록에 실릴 네 개의 강의에 대한 원고를 작성하였다. 이러한 작업 방식은 40여 년 전 랠프의 아버지와 매슈 샌즈가 원래의 세 권의 강의록을 만들어 냈던 방식과 크게 다르지 않았지만, 이번엔 그 당시와 달리 시간상의 촉박함은 없었다. 다만 한 가지 아쉬운 것은 원고를 검토해 줄 파인만이 없다는 점이었다. 파인만의 역할은 매슈 샌즈가 담당하였다. 그는 원고를 읽어 본 다음 고틀리브에게 고칠 점을 알려 주고 조언을 해 주었다. 그 후에 하틀과 내가 최종적으로 검토하였다. 다행히도 고틀리브가 파인만의 네 강의를 생생하게 글로 잘 옮겨놓아서 우리가 맡은 일은 수월하게 끝났다. 이들 네 개의 '새로운' 강의는 즐겁게 읽혀지는데, 특히 파인만이 하위권 학생들에게 조언해 주는 대목이 그러하다.

이들 '새로운' 강의와 함께 부록에 실려 있는 매슈 샌즈의 회고담 역시 유쾌하다―『파인만의 물리학 강의』가 구상되어 세상에 나오기까지의 과정을 43년이 지난 시점에서 회상한 것이다. 또한 부록에는 파인만 강의록과 병행해서 사용할 목적으로 1960년대 중반에 로버트 레이턴과 로쿠스 포크트가 마련한 유익한 연습문제와 해답이 실려 있다. 그 당시 칼텍의 학생으로서 이 문제들을 풀어 본 나의 몇몇 동료 물리학자들의 말에 따르면 문제들이 매우 잘 만들어졌으며 많은 도움이 되었다고 한다.

개정판의 구성

이 개정판은 쪽수가 로마 숫자로 매겨진 머리글로 시작되는데, 이는 초판이 나온 지 한참 지나서 비교적 '최근'에 추가된 것들이다. 이 머리말과 파인만에 대한 짧은 소개, 그리고 1989년에 게리 노이게바우어(Gerry Neugebauer, 그는 기존 세 권의 강의록을 만드는 과정에 관여했었다)와 데이비드 굿스타인[David Good-stein, "기계적 우주(The Mechanical Universe)" 강좌와 동영상물의 창안자이다──이 교육방송 TV 시리즈물은 전 세계적으로 백만 명 정도의 학생들이 시청했다고 한다 : 옮긴이]이 쓴 특별 머리말이 그것이다. 뒤이어 나오는, 아라비아 숫자 1, 2, 3, … 으로 쪽수가 매겨진 본문은 수정된 오류들을 제외하면 원래의 초판과 동일하다.

파인만 강의에 대한 기억

이들 세 권의 강의록은 자체로서 완비된 교육용 서적이다. 이것은 또한 파인만의 1961~1963년도 강의에 대한 역사적 기록이기도 하다. 이 강좌는 칼텍의 모든 신입생과 2학년생들이 자신의 전공과 무관하게 반드시 수강해야 하는 것이었다.

독자들은 나와 마찬가지로, 파인만의 강의가 당시의 그 학생들에게 어떤 영향을 미쳤을지 궁금할 것이다. 파인만 자신은 머리말에서 "학부생의 입장에서 볼 때는 결코 훌륭한 강의가 아니었을 것이다"라고 써, 다소 부정적인 관점을 피력하였다. 굿스타인과 노이게바우어는 1989년 특별 머리말에서 뒤섞인 관점을 나타내고 있으며, 반면에 샌즈는 새 부록에 실린 회고담에서 훨씬 더 긍정적인 관점을 피력하고 있다. 궁금한 나머지 나는 2005년 봄에 거의 무작위로 1961~1963년에 강의를 들었던 칼텍의 학생들(약 150명 정도) 중에서 17명을 뽑아서 이메일을 보내거나 대화를 나눠 보았다. 몇몇은 수업을 굉장히 힘들어했지만, 개중에는 쉽게 강의 내용을 알아들은 사람들도 있었다. 그들의 전공은 물리학뿐만 아니라 천문학, 수학, 지질학, 공학, 화학, 생물학 등으로 다양했다.

그간의 세월로 인해서 그들의 기억이 감상적인 색조로 물들어 있을지도 모르겠지만, 대략 80퍼센트 정도는 파인만의 강의를 대학 시절의 중요한 장면으로 기억하고 있었다. "마치 교회에 나가는 것 같았다", 강의는 "지적으로 거듭나는 경험"이었다, "평생에 손꼽을 만한 경험이었다, 아마도 내가 칼텍에서 얻은 가장 중요한 소득일 것이다", "나는 생물학 전공이었지만 파인만의 강의는 나의 학부 시절 경험 중 가장 인상에 남는 것이었다…… 하지만 고백하건대 당시에 나는 숙제를 할 수 없어서 제출한 적이 거의 없었다", "나는 이 강의 코스에서 가장 촉망 받는 극소수의 학생들 중 하나였다. 강의를 놓친 적이 없었으며…… 아직도 발견의 순간에 파인만이 짓던 환희의 표정이 생생하게 기억난다……. 그의 강의는 정서적 충격을 주었는데 인쇄된 강의록에서는 그러한 느낌을 받기가 어려워 보인다."

이와는 대조적으로, 몇몇 학생들은 대략 크게 두 가지 이유로 부정적인 기억을 갖고 있었다. (ⅰ) "강의에 출석해도 숙제 문제를 푸는 방법은 습득할 수가 없었다. 파인만은 능수능란해서 갖가지 트릭을 알고 있었으며 특정 상황에서 어떤 근사가 가능한지를 알고 있었다. 그리고 신입생들은 갖지 못한 경험에서 나온 직관력과 천재성도 갖고 있었다." 파인만과 그의 동료들도 이러한 문제를 알고 있었으며, 이제 부록에 실리게 된 내용을 통하여 부분적으로 이 문제를 해결하고자 했던 것이다. 레이턴과 포크트의 문제와 해답, 그리고 파인만의 문제 풀이에 관한 강의가 그것이다. (ⅱ) "교재도 없었고 강의 내용과 관련된 참고서도 없었기 때문에 다음 강의에서 어떤 내용이 논의될지 알 수가 없었다는 점, 그러므로 예습할 책이 없었다는 점은 대단히 불만스러웠다……. 강의실에서 강의를 들을 때는 흥미진진하고 이해할 수 있었지만 밖으로 나와서 세세한 내용을 재구성해 보려고 하면 꽉 막혀 버리기 일쑤였다." 물론 이 문제는 『파인만의 물리학 강의』의 성문판(成文版) 세 권이 나오면서 해결되었다. 이 책들은 그 후로 칼텍의 학생들이 다년간 공부한 교재가 되었으며, 오늘날까지도 파인만이 남긴 가장 위대한 유산 중 하나로 남아 있다.

감사의 글

이번 『파인만의 물리학 강의 : 개정판』은 랠프 레이턴과 마이클 고틀리브의 최초의 추진력과 마이클 하틀의 뛰어난 오류 정정 솜씨 없이는 불가능했을 것이다. 수정 작업의 근거가 된 오류의 목록을 제공해 준 이름 모를 독자들과 고틀리브에게 감사의 말을 전하고 싶다. 그리고 톰 톰브렐로, 로쿠스 포크트, 게리 노이게바우어, 제임스 하틀(James Hartle), 칼과 미셸 파인만, 그리고 아담 블랙(Adam Black)이 이번 일에 보내 준 지원과 사려 깊은 조언 및 조력에도 감사를 드린다.

킵 손(Kip S. Thorne)
캘리포니아 공과대학 이론물리학 파인만좌 교수

2005년 5월

특별 머리말

파인만의 명성은 말년에 이르러 물리학계를 넘어선 곳까지 알려지게 되었다. 우주왕복선 챌린저호가 참사를 당했을 때 진상조사위원회의 일원으로 활동하면서, 파인만은 대중적 인물이 되었다. 또한 그의 엉뚱한 모험담이 일약 베스트셀러가 되면서 아인슈타인 못지않은 대중적 영웅이 되기도 했다. 노벨상을 수상하기 전인 1961년에도, 그의 명성은 이미 전설이 되어 있었다. 어려운 이론을 쉽게 이해시키는 그의 탁월한 능력은 앞으로도 오랜 세월 동안 전설로 남을 것이다.

파인만은 진정으로 뛰어난 스승이었다. 당대는 물론, 현 시대를 통틀어서 그와 필적할 만한 스승은 찾기 힘들 것이다. 파인만에게 있어서 강의실은 하나의 무대였으며, 강의를 하는 사람은 교과 내용뿐만 아니라 드라마적인 요소와 번뜩이는 기지를 보여 줘야 할 의무가 있는 연극배우였다. 그는 팔을 휘저으며 강단을 이리저리 돌아다니곤 했는데, 뉴욕타임스의 한 기자는 "이론물리학자와 서커스 광대, 현란한 몸짓, 음향 효과 등의 절묘한 결합"이라고 평했다. 그의 강연을 들어 본 사람은 학생이건, 동료건, 또는 일반인들이건 간에 그 환상적인 강연 내용과 함께 파인만이라는 캐릭터를 영원히 잊지 못할 것이다.

그는 강의실 안에서 진행되는 연극을 어느 누구보다도 훌륭하게 연출해 냈다. 청중의 시선을 한곳으로 집중시키는 그의 탁월한 능력은 타의 추종을 불허했다. 여러 해 전에 그는 고급 양자역학을 강의한 적이 있었는데, 학부 수강생들로 가득 찬 강의실에는 대학원생 몇 명과 칼텍 물리학과의 교수들도 끼어 있었다. 어느 날 강의 도중에 파인만은 복잡한 적분을 그림(다이어그램)으로 나타내는 기발한 방법을 설명하기 시작했다. 시간축과 공간축을 그리고, 상호작용을 나타내는 구불구불한 선을 그려 나가면서 한동안 청중의 넋을 빼앗는가 싶더니, 어느 순간에 씨익 웃으며 청중을 향해 이렇게 말하는 것이었다. "……그리고 이것을 '바로 그' 다이어그램(THE daigram)이라고 부릅니다!" 그 순간, 파인만의 강의는 절정에 달했고 좌중에서는 우레와 같은 박수갈채가 터져 나왔다.

파인만은 이 책에 수록된 강의를 마친 후에도 여러 해 동안 칼텍의 신입생들을 대상으로 하는 물리학 강의에서 특별 강사로 나서기도 했다. 그런데 그가 강의를 한다는 소문이 퍼지면 강의실이 미어터질 정도로 수강생들이 모여들었기 때문에, 수강 인원을 조절하기 위해서라도 개강 전까지 강사의 이름을 비밀에 부쳐야 했다. 1987년에 초신성이 발견되어 학계가 술렁이고 있을 때, 파인만은 휘어진 시공간에 대한 강의를 하면서 이런 말을 한 적이 있다. "티코 브라헤(Tycho Brahe)는 자신만의 초신성을 갖고 있었으며, 케플러도 초신성을 갖고 있었습니다. 그리고 그 후로 400년 동안은 어느 누구도 그것을 갖지 못했지요. 그런데 지금 저는 드디어 저만의 초신성을 갖게 되었습니다!" 학생들은 숨을 죽이며 그다음에 나올 말을 기다렸고, 파인만은 계속해서 말을 이어 나갔다. "하나의 은하 속에는 10^{11}개의 별이 있습니다. 이것은 정말로 큰 숫자입니다. 그런데 이 숫자를 소리 내서 읽어 보면 단지 천억에 불과합니다. 우리나라 국가 예산의

1년간 적자 액수보다도 작단 말입니다. 그동안 우리는 이런 수를 가리켜 '천문학적 숫자'라고 불러 왔습니다만, 이제 다시 보니 '경제학적' 숫자라고 부르는 게 차라리 낫겠습니다." 이 말이 끝나는 순간, 강의실은 웃음바다가 되었고 재치 어린 농담으로 청중을 사로잡은 파인만은 강의를 계속 진행해 나갔다.

파인만의 강의 비결은 아주 간단했다. 칼텍의 문서보관소에 소장된 그의 노트에는 1952년 브라질에 잠시 머물면서 자신의 교육 철학을 자필로 남겨 놓은 부분이 아직도 남아 있다.

"우선, 당신이 강의하는 내용을 학생들이 왜 배워야 하는지, 그 점을 명확하게 파악하라. 일단 이것이 분명해지면 강의 방법은 자연스럽게 떠오를 것이다."

파인만에게 자연스럽게 떠오른 것은 한결같이 강의 내용의 핵심을 찌르는 영감 어린 아이디어들이었다. 한번은 어떤 공개 강연석상에서 '한 아이디어의 타당성을 증명할 때, 그 아이디어를 맨 처음 도입하면서 사용된 데이터를 다시 사용할 수 없는 경우도 있다'는 것을 설명하다가 잠시 논지에서 벗어난 듯 느닷없이 자동차 번호판에 관한 이야기를 꺼냈다. "오늘 저녁에 저는 정말로 놀라운 일을 겪었습니다. 강의실로 오는 길에 차를 몰고 주차장으로 들어갔는데, 정말 기적 같은 일이 벌어진 겁니다. 옆에 있는 자동차의 번호판을 보니 글쎄, ARW 357번이 아니겠습니까? 이게 얼마나 신기한 일입니까? 이 주에서 돌아다니는 수백만 대의 자동차 중에서 하필이면 그 차와 마주칠 확률이 대체 얼마나 되겠습니까? 기적이 아니고서는 불가능한 일이지요!" 이렇듯 평범한 과학자들이 흔히 놓치기 쉬운 개념들도, 파인만의 놀라운 '상식' 앞에서는 그 모습이 명백하게 드러나곤 했다.

파인만은 1952년부터 1987년까지 35년 동안 칼텍에서 무려 34개 강좌를 맡아서 강의했다. 이 중에서 25개 강좌는 대학원생을 위한 과목이었으며, 학부생들이 이 강좌를 들으려면 따로 허가를 받아야 했다(종종 수강 신청을 하는 학부생들이 있었고, 거의 언제나 수강이 허락되었다). 파인만이 오로지 학부생만을 위해 강의를 한 것은 단 한 번뿐이었는데, 이 강의 내용을 편집하여 출판한 것이 바로 『파인만의 물리학 강의』이다.

당시 칼텍의 1~2학년생들은 필수 과목으로 지정된 물리학을 2년 동안 수강해야 했다. 그러나 학생들은 어려운 강의로 인해 물리학에 매혹되기보다는 점점 흥미를 잃어 가는 경우가 많았다. 이런 상황을 개선하기 위하여, 학교 측에서는 신입생들을 대상으로 한 강의를 파인만에게 부탁하게 되었고, 그 강의는 2년 동안 계속되었다. 파인만이 강의를 수락했을 때, 이와 동시에 수업의 강의 노트를 책으로 출판하기로 결정했다. 그러나 막상 작업에 들어가 보니 그것은 애초에 생각했던 것보다 훨씬 더 어려운 일이었다. 이 일 때문에 파인만 본인은 물론이고 그의 동료들까지 엄청난 양의 노동을 감수해야 했다.

강의 내용도 사전에 결정해야만 했다. 파인만은 자신의 강의 내용에 관하여 대략적인 아웃트라인만 설정해 두고 있었기 때문에, 이것 역시 엄청나게 복잡한 일이었다. 파인만이 강의실에 들어가 운을 떼기 전에는 그가 무슨 내용으로 강의를 할지 아무도 몰랐던 것이다. 또한 칼텍의 교수들은 학생들에게 내줄 과제물들을 선정하는 등 파인만이 강의를 진행하는 데 필요한 잡다한 일들을 최선을 다해 도와주었다.

물리학의 최고봉에 오른 파인만이 왜 신입생들의 물리학 교육을 위해 2년 이상의 세월을 투자했을까? 내 개인적인 짐작이긴 하지만, 거기에는 대략 세 가지의 이유가 있었을 것이다. 첫째로, 그는 다수의 청중에게 강의하는 것을 좋아했다. 그래서 대학원 강의실보다 훨씬 큰 대형 강의실을 사용한다는 것이 그의 성취동기를 자극했을 것이다. 두 번째 이유로, 파인만은 진정으로 학생들을 염려해 주면서, 신입생들을 제대로 교육시키는 것이야말로 물리학의 미래를 좌우하는 막중대사라고 생각했다. 그리고 가장 중요한 세 번째 이유는 파인만 자신이 이해하고 있는 물리학을 어린 학생들도 알아들을 수 있는 쉬운 형태로 재구성하는 것에 커다란 흥미를 느꼈다는 점이다. 이 작업은 자신의 이해 수준을 가늠해 보는 척도였을 것이다. 언젠가 칼텍의 동료 교수 한 사람이 파인만에게 질문을 던졌다. "스핀이 1/2인 입자들이 페르미-디랙의 통계를 따르는 이유가 뭘까?" 파인만은 즉각적인 답을 회피하면서 이렇게 말했다. "그 내용으로 1학년생들을 위한 강의를 준비해 보겠네." 그러나 몇 주가 지난 후에 파인만은 솔직하게 털어놓았다. "자네도 짐작했겠지만, 아직 강의 노트를 만들지 못했어. 1학년생들도 알아듣게끔 설명할 방법이 없더라구. 그러니까 내 말은, 우리가 아직 그것을 제대로 이해하지 못하고 있다는 뜻이야. 내 말 알아듣겠나?"

난해한 아이디어를 일상적인 언어로 쉽게 풀어내는 파인만의 특기는 『파인만의 물리학 강의』 전반에 걸쳐 유감없이 발휘되고 있다. 특히 이 점은 양자역학을 설명할 때 가장 두드러지게 나타난다. 그는 물리학을 처음 배우는 학생들에게 경로 적분법(path integral)을 강의하기도 했다. 이것은 물리학 역사상 가장 심오한 문제를 해결해 준 경이로운 계산법으로서, 그 원조가 바로 파인만 자신이었다. 물론 다른 업적도 많이 있었지만, 경로 적분법을 개발해 낸 공로를 전 세계적으로 인정받은 그는 1965년에 줄리언 슈윙거, 도모나가 신이치로와 함께 노벨 물리학상을 수상하였다.

파인만의 강의를 들었던 학생들과 동료 교수들은 지금도 그때의 감동을 떠올리며 고인을 추모하고 있다. 그러나 강의가 진행되던 당시에는 분위기가 사뭇 달랐었다. 많은 학생들이 파인만의 강의를 부담스러워했고, 시간이 갈수록 학부생들의 출석률이 저조해지는 반면에 교수들과 대학원생들의 수가 늘어나기 시작했다. 그 덕분에 강의실은 항상 만원이었으므로, 파인만은 정작 강의를 들어야 할 학부생이 줄어들고 있다는 사실을 눈치 채지 못했을 것이다. 돌이켜 보면, 파인만 스스로도 자신의 강의에 만족하지 않았던 것 같다. 1963년에 작성된 그의 강의록 머리말에는 다음과 같은 글귀가 적혀 있다. "내 강의는 학생들에게 큰 도움을 주지 못했다." 그의 강의록들을 읽고 있노라면, 그가 학부생들이 아닌 동료 교수들을 향하여 이렇게 외치고 있는 듯하다. "이것 봐! 내가 이 어려운 문제를 얼마나 쉽고 명쾌하게 설명했는지 좀 보라구! 정말 대단하지 않은가 말이야!"

그러나 파인만의 명쾌한 설명에도 불구하고 그의 강의로부터 득을 얻은 것은 학부생들이 아니었다. 그 역사적인 강의의 수혜자들은 주로 칼텍의 교수들이었다. 그들은 파인만의 역동적이고 영감 어린 강의를 편안한 마음으로 감상하면서 마음속으로는 깊은 찬사를 보내고 있었다.

파인만은 물론 훌륭한 교수였지만, 그 이상의 무언가를 느끼게 하는 사람이었다. 그는 교사 중에서도 가장 뛰어난 교사였으며, 물리학의 전도를 위해 이 세상에 태어난 천재 중의 천재였다. 만약 그의 강의가 단순히 학생들에게 시험 문제를 푸는 기술을 가르치기 위한 것이었다면 『파인만의 물리학 강의』는 성공작으로 보기 어려울 것이다. 더구나 강의의 의도가 대학 신입생들을 위한 교재 출판에 있었다면 이것 역시 목적을 이루었다고 볼 수 없다. 그러나 그의 강의록은 현재 10개 국어로 번역되었으며, 2개 국어 대역판도 네 종류나 된다. 파인만은 자신이 물리학계에 남긴 가장 큰 업적이 무엇이라고 생각했을까? 그것은 QED도 아니었고 초유체 헬륨 이론도, 폴라론(polaron) 이론도, 파톤(parton) 이론도 아니었다. 그가 생각했던 가장 큰 업적은 바로 붉은 표지 위에 『파인만의 물리학 강의』라고 선명하게 적혀 있는 세 권의 강의록이었다. 그의 유지를 받들어 위대한 강의록의 기념판이 새롭게 출판된 것을 기쁘게 생각한다.

데이비드 굿스타인(David Goodstein)
게리 노이게바우어(Gerry Neugebauer)
캘리포니아 공과대학

1989년 4월

The Feynman
LECTURES ON
PHYSICS

파인만의 물리학 강의 III: 양자역학

리처드 파인만
캘리포니아 공과대학 이론 물리학 석좌 교수

로버트 레이턴
캘리포니아 공과대학 교수

매슈 샌즈
스탠퍼드 대학 교수

승산

리처드 파인만의 머리말

이 책은 내가 1961~1962년에 칼텍의 1~2학년생들을 대상으로 강의했던 내용을 편집한 것이다. 물론, 강의 내용을 그대로 옮긴 것은 아니다. 편집 과정에서 상당 부분이 수정되었고, 전체 강의 내용 중 일부는 이 책에서 누락되었다. 강의의 수강생은 모두 180명이었는데, 일주일에 두 번씩 대형 강의실에 모여서 강의를 들었으며, 15~20명씩 소그룹을 이루어 조교의 지도하에 토론을 하는 시간도 가졌다. 그리고 실험 실습도 매주 한 차례씩 병행하였다.

우리가 이 강좌를 개설한 의도는 고등학교를 갓 졸업하고 칼텍에 진학한 열성적이고 똑똑한 학생들이 물리학에 꾸준한 관심을 갖게끔 유도하자는 것이었다. 사실 학생들은 그동안 상대성 이론이나 양자역학 등 현대물리학의 신비로운 매력에 끌려 기대에 찬 관심을 갖다가도, 일단 대학에 들어와 2년 동안 물리학을 배우다 보면 다들 의기소침해지기 일쑤였다. 장대하면서도 파격적인 현대물리학을 배우지 못하고, 기울어진 평면이나 정전기학 등 다소 썰렁한 고전물리학을 주로 강의했기 때문이다. 이런 식으로 2년을 보내면 똑똑했던 학생들도 점차 바보가 되어 가면서, 물리학을 향한 열정도 차갑게 식어 버리는 경우가 다반사였다. 그래서 우리 교수들은 우수한 학생들의 물리학을 향한 열정을 유지시켜 줄 수 있는 특단의 조치를 강구해야 했다.

이 책에 수록된 강의들은 대략적인 개요만 늘어놓은 것이 아니라 꽤 수준 높은 내용을 담고 있다. 나는 강의의 수준을 수강생 중 가장 우수한 학생에게 맞추었고, 심지어는 그 학생조차도 강의 내용을 완전히 소화할 수 없을 정도로 난이도를 높였다. 그리고 강의의 목적을 제대로 이루기 위해 모든 문장들을 가능한 한 정확하게 표현하려고 많은 애를 썼다. 이 강의는 학생들에게 물리학의 기초 개념을 세워 주고 앞으로 배우게 될 새로운 개념의 주춧돌이 될 것이기 때문이다. 또한 나는 이전에 배운 사실로부터 필연적으로 수반되는 새로운 사실이 무엇인지를 학생들이 스스로 깨닫도록 유도하였다. 개연성이 없는 경우에는 그것이 학생들이 이미 알고 있는 사실로부터 유도되지 않은 새로운 아이디어임을 강조하여 '목적 없이 끌려가는 수업'이 되지 않도록 신경을 썼다.

강의가 처음 시작되었을 때, 나는 학생들이 고등학교에서 기하광학과 기초화학 등을 이미 배워서 알고 있다고 가정하였다. 그리고 어떤 정해진 순서를 따라가지 않고 필요에 따라 다양한 내용들을 수시로 언급함으로써 적극적인 학생들의 지적 호기심을 자극시켰다. 완전히 준비되었을 때에만 입을 열어야 한다는 법이 어디 있는가? 이 책에는 충분한 설명 없이 간략하게 언급된 개념들이 도처에 널려 있다. 그리고 이 개념들은 사전 지식이 충분히 전달된 후에 자세히 다룸으로써 학생들이 성취감을 느낄 수 있도록 하였다.

적극적인 학생들에게 자극을 주는 것도 중요했지만, 강의에 별 흥미를 갖지 못하거나 강의 내용을 거의 이해하지 못하는 학생들도 배려해야 했다. 이런 학생들은 내 강의를 들으면서 지적 성취감을 느끼지는 못하겠지만, 적어도 강의 내용의 핵심을 이루는 아이디어만은 건질 수 있도록 최선을 다했다. 내가 하는 말을 전혀 알아듣지 못한 학생이 있다 해도 그것은 전혀 실망할 일이 아니었다. 나는 학생들이 모든 것을 이해하기를 바라지 않았다. 논리의 근간을 이루는 핵심적 개념과 가장 두드러지는 특징 정도만 기억해 준다면 그것으로 대만족이었다. 사실, 어린 학생들이 강의를 들으면서 무엇이 핵심적 개념이며 무엇이 고급 내용인지를 판단하는 것은 결코 쉬운 일이 아니었을 것이다.

이 강의를 진행해 나가면서 한 가지 어려웠던 것은, 강의에 대한 학생들의 만족도를 가늠할 만한 제도적 장치가 전혀 마련되지 않았다는 것이다. 이것은 정말로 심각한 문제였다. 그래서 나는 지금도 내 강의가 학생들에게 얼마나 도움이 되었는지 감도 못 잡고 있다. 사실, 내 강의는 어느 정도 실험적 성격을 띠고 있었다. 만일 내게 똑같은 강좌를 다시 맡아 달라는 부탁이 들어온다면, 절대 그런 식으로는 하지 않을 것이다. 솔직히 말해서, 또다시 맡지 않았으면 좋겠다. 그러나 내가 볼 때, 물리학에 관한 한 첫해의 강의는 그런대로 만족스러웠다고 생각한다.

두 번째 해에는 그다지 만족스럽지 못했다. 이 강의에서는 주로 전기와 자기 현상을 다루었는데, 보통의 평범한 방법 이외의 기발한 착상으로 이 현상을 설명하고 싶었지만, 결국 나의 강의는 평범함의 범주를 크게 벗어나지 못했다. 그래서 전기와 자기에 관한 강의는 별로 잘했다고 생각하지 않는다. 2년째 강의가 마무리될 무렵에, 나는 물질의 기본 성질에 관한 내용을 추가하여 기본 진동과 확산 방정식의 해, 진동계, 직교 함수 등을 소개함으로써 '수리물리학'의 진수를 조금이나마 보여 주고 싶었다. 만일 이 강의를 다시 하게 된다면, 이것을 반드시 실천에 옮길 것이다. 그러나 내가 학부생 강의를 다시 하리란 보장이 전혀 없었으므로 양자역학의 기초 과정을 시도해 보는 것이 좋겠다는 의견이 나왔다. 그 내용은 강의록 3권에 수록되었다.

나중에 물리학을 전공할 학생이라면 양자역학을 배우기 위해 3학년이 될 때까지 기다릴 수도 있겠지만, 다른 과를 지망하는 다수의 학생들은 장차 자신의 전공 분야에서 필요한 기초를 다지기 위해 물리학을 수강하는 경우가 많았다. 그런데 보통의 양자역학 강좌는 주로 물리학과의 고학년을 대상으로 하고 있었기 때문에 이들이 그것을 배우려면 너무 오랫동안 기다려야 했다. 즉, 다른 과를 지망하는 학생들에게 양자역학은 '그림의 떡'이었던 것이다. 그런데 전자공학이나 화학 등의 응용 분야에서는 양자역학의 그 복잡한 미분 방정식이 별로 쓰이지 않는다. 그래서 나는 편미분 방정식과 같은 수학적 내용들을 모두 생략한 채로 양자역학의 기본 원리를 설명하기로 마음먹었다. 통상적인 접근 방식과 거의 정반대라 할 수 있는 이 강의는 이론물리학자라면 한 번쯤 시도해 볼 만한 가치가 충분히 있었다. 그러나 강의가 막바지에 이르면서 시간이 너무 부족했기 때문에, 나 자신도 만족할 만한 유종의 미를 거두지는 못했다(에너지 띠나 진폭의 공간 의존성 등에 대하여 좀 더 자세히 설명하려면, 적어도 3~4회의 강의가 더 필요했다). 또한 이런 식의 강의를 처음 해보았기 때문에 학생들로부터 별 반응이 없는 것도 내게는 악재로 작용했다. 역시 양자역학은 고학년을 상대로 가르치는 것이 정상이다. 앞으로 이 강의를 또 맡게 된다면 그때는 지금보다 잘할 수 있을 것 같다.

나는 수강생들로 하여금 소모임을 조직하여 별도의 토론을 하도록 지시했기 때문에 문제 풀이에 관한 강의를 따로 준비하지는 않았다. 첫해에는 문제 풀이법에 대해 세 차례에 걸쳐 강의를 했었는데, 그 내용은 이 책에 포함시키지 않았다. 그리고 회전계에 관한 강의가 끝난 후에 관성 유도에 관한 강의가 당연히 이어졌지만, 그것도 이 책에서 누락되었다. 다섯 번째와 여섯 번째 강의는 내가 외부에 나가 있었기 때문에 매슈 샌즈 교수가 대신 해 주었다.

이 실험적인 강의가 얼마나 성공적이었는지는 사람들마다 의견이 분분하여 판단을 내리기가 어렵다. 내가 보기에는 다소 회의적이다. 학부생의 입장에서 볼 때는 결코 훌륭한 강의가 아니었을 것이다. 특히, 학생들이 제출한 시험 답안지를 볼 때, 아무래도 이 강의는 실패작인 것 같다. 물론 개중에는 강의를 잘 따라온 학생들도 있었다. 강의실에 들어왔던 동료 교수들의 말에 의하면, 거의 모든 내용을 이해하고 과제물도 충실하게 제출하면서 끝까지 흥미를 잃지 않은 학생이 10~20명 정도 있었다고 한다. 내 생각에, 이 학생들은 최고 수준의 기초물리학을 터득한 학생들로서 내가 주로 염두에 두었던 대상이기도 하다. 그러나 역사가인 기번(Gibbon)이 말했던 대로 "수용할 자세가 되어 있지 않은 학생에게 열성적인 교육은 별 효과가 없다."

사실 나는 어떤 학생도 포기하고 싶지 않다. 강의 중 내가 부지불식간에 그런 실수를 저질렀을지도 모르지만, 순전히 강의가 어렵다는 이유만으로 우수한 학생이 낙오되는 것은 누구에게나 불행한 일이다. 그런 학생들을 돕는 방법 중 하나는 강의 중에 도입된 새로운 개념의 이해를 돕는 연습문제를 부지런히 개발하는 것이다. 연습문제를 풀다 보면 난해한 개념들이 현실적으로 다가오면서 그들의 마음속에 분명하게 자리를 잡게 될 것이다.

그러나 뭐니 뭐니 해도 가장 훌륭한 교육은 학생과 교사 사이의 개인적인 접촉, 즉 새로운 아이디어에 관하여 함께 생각하고 토론하는 분위기를 조성하는 것이다. 이것이 선행되지 않으면 어떤 방법도 성공을 거두기 어렵다. 강의를 그저 듣기만 하거나 단순히 문제 풀이에 급급해서는 결코 많은 것을 배울 수 없다. 그런데 학교에서는 가르쳐야 할 학생 수가 너무나 많기 때문에 이 이상적인 교육을 실천할 수가 없다. 그러므로 우리는 대안을 찾아야 한다. 이 점에서는 나의 강의가 한몫을 할 수도 있을 것 같다. 학생 수가 비교적 적은 집단이라면, 이 강의록으로부터 어떤 영감이나 아이디어를 떠올릴 수 있을 것이다. 그들은 생각하는 즐거움을 느낄 것이고, 한 걸음 더 나아가서 아이디어를 더욱 큰 규모로 확장할 수도 있을 것이다.

1963년 6월
리처드 파인만(Richard P. Feynman)

서문

　　20세기 물리학의 위대한 결과물인 양자역학 이론이 탄생한 지 이제 거의 40년이 되어 감에도 그동안 우리는 학생들에게 대체로 물리학의 입문격인 내용만을 강의했을 뿐(그나마도 그게 마지막 물리 강의인 학생들도 많았다) 물리적 세상을 이해하는 데 핵심이 되는 부분은 넌지시 암시하는 수준을 벗어나지 못했다. 이젠 좀 바꿔야 할 것 같다. 본 강의는 양자역학에서 중요한 기본 개념을 포괄적으로 제시하려는 노력의 일환이다. 특히 학부 2학년 과정 수준에서는 매우 참신한 방법으로 풀어 갈 텐데, 그 자체가 하나의 실험이라 할 수 있다. 그렇지만 학생들이 얼마나 쉽게 따라왔는지를 돌이켜 보면 실험은 성공적이었다. 물론 강의실에서 더 많이 시도해 보면서 개선할 점도 있다. 이 책은 그 첫 번째 실험에 대한 기록이다.

　　1961년 9월부터 1963년 5월 사이의 2년간 캘리포니아 공과대학에서 기초 물리학 과정으로 가르친 파인만의 물리학 강의에서는, 어떤 현상을 설명하는 도중에 필요할 때마다 양자역학의 개념을 도입하여 이해를 도왔다. 거기에 양자역학의 개념 일부를 좀 더 체계적으로 설명하는 강의를 2년째 되는 해의 마지막 열두 강좌로 더했다. 하지만 강의의 후반으로 갈수록 이 정도로는 너무 부족하다는 사실이 점점 크게 다가왔다. 강의 준비를 하다 보니 학생들이 배운 기본적인 내용으로 설명할 수 있는 중요하고도 재미난 소재가 끊임없이 떠올랐으며, 슈뢰딩거의 파동함수를 열두 번째 강의의 맨 마지막에 아주 잠깐 소개하는 것만으로는 학생들이 후에 읽게 될 책을 이해하는 데 부족할 것이 분명했기 때문이다. 그래서 일곱 개의 장을 추가하기로 했고 그 내용을 1964년 5월에 2학년 학생들에게 강의하였다. 본 강의록은 이들을 전부 담고 있으며, 일부 내용을 덧붙이기도 했다.

　　본 책은 2년간의 강의 전체에서 발췌한 내용을 순서를 바꿔 정리한 것이다. 그중 원래 1학년 학생들에게 강의한 양자역학 입문 두 장은 통째로 1권에서 떼어 와서(1권의 37장과 38장) 여기서의 첫 두 장으로 실었는데 본 책이 상대적으로 앞의 두 권과 관계없이 좀 더 완결된 형태가 되게 하려 한 것이다. (슈테른 -게를라흐 실험에 대한 토의를 포함하는) 각운동량의 양자화에 대한 내용 몇 가지는 2권의 34장과 35장에서 가져왔다. 여러분이 잘 알고 있으리라 가정할 텐데, 혹시나 2권이 없는 분들을 위해 이 두 장을 부록에 실어 두었다.

　　본 강의록에서는 처음부터 양자역학의 가장 기본적이고 또 가장 일반적인 특징들을 밝히고자 한다. 맨 먼저 확률 진폭, 진폭의 간섭, 상태라는 추상적인 개념, 상태의 합성과 분해 등의 개념에 정면으로 부딪히게 될 것이며 시작부터 디랙 표기법을 쓸 것이다. 각 경우마다 물리적인 개념을 가능한 한 실질적으로 이해할 수 있도록 구체적인 예와 함께 제시하였다. 그 다음으로는 에너지가 정해진 상태 및 상태의 시간에 따른 변화가 등장하며 이들 개념을 두 상태 계에 적용해 본다. 암모니아 메이저에 대해 자세히 살펴보면 복사의 흡수와 유도 전이에 대해서도 어느 정도 이해하게 될 것이다. 그러고 나서는 좀 더 복잡한 계로 들어가서 결정 내의 전자의 전파 및 양자역학적으로 각운동량을 거의 완벽하게 기술하는 방법 등에 대해서 배우게 된다. 양자역학 입문은 20장에서 끝나는데, 여기서는 슈뢰딩거의 파동함수와 그의 미분 방정식 및 수소 원자에 대한 해를 살펴볼 것이다.

본 책의 마지막 장은 강의의 일부분이라기보다는 초전도 현상에 관한 별도의 세미나이며, 앞의 두 권에 있는 몇몇 유희스러운 강의의 정신을 이어받은 것이다. 이를 통해 학생들은 자신이 배운 내용이 물리학자들의 일반적인 연구 내용과 어떻게 관련이 되는지에 대해 폭넓게 눈을 뜨게 될 것이다. 마지막으로 파인만의 후기를 통해 세 권의 대단원이 막을 내린다.

1권의 서문에 밝힌 것처럼, 본 강의는 캘리포니아 공과대학 물리학 강좌 개선 위원회의 지도 감독 하에 입문용 강의를 새로 개발하는 프로그램의 한 단면에 불과하다. 이 프로그램은 포드 재단의 지원을 받았다. 클레이톤(Marylou Clayton), 쿠르시오(Julie Curcio), 하틀(James Hartle), 하비(Tom Harvey), 이스라엘(Martin Israel), 프레우스(Patricia Preuss), 워렌(Fanny Warren), 짐머만(Barbara Zimmerman) 등 많은 분들이 본 책의 출판에 기술적인 도움을 주셨다. 노이게바우어(Gerry Neugebauer) 교수와 윌츠(Charles Wilts) 교수께서도 원고를 꼼꼼히 검토하여 내용이 정확하고 간명해지도록 많이 도와주셨다.

하지만 이 책에 제시된 양자역학 이야기는 온전히 리처드 파인만이 만든 것이다. 우리가 파인만의 강의를 눈앞에서 들으며 느낀 지적인 희열의 일부나마 독자분들이 느꼈다면 우리의 노력이 헛되지 않았다 할 수 있으리라.

1964년 12월
매슈 샌즈

차례

부록

3권의 많은 내용은 독자들이 2권 34장과 35장에서 다루는 원자의 자성에 대해 알고 있음을 전제한다. 2권을 가지고 있지 않은 독자들을 위해 여기 부록에 두 장을 싣는다. 내용은 다음과 같다.

CHAPTER 1
양자적 행동

1-1 원자의 역학

앞에서 우리는 빛의 성질을 이해하는 데 가장 필수적인 개념, 즉 전자기파의 복사에 대하여 개략적으로 살펴보았다. 물질의 굴절률과 내부 전반사(total internal reflection) 등을 비롯한 몇 개의 문제들은 내년 강의 때 다루기로 한다. 그런데 지금까지 언급한 것은 전자기파에 대한 '고전적 이론'으로서 자연 현상의 상당 부분을 매우 정확하게 설명해 주고 있긴 하지만, 여기에는 아직 고려되지 않은 요소가 남아 있다. 빛의 에너지를 파동이 아닌 입자의 다발(photon : 광자)로 간주한다면 어떤 결과가 얻어질 것인가? 이 점에 관해서는 아직 한마디도 언급하지 않았다.

우리는 앞으로 비교적 덩치가 큰 물질들의 행동 방식(역학 및 열역학적 성질 등)을 살펴볼 것이다. 그런데 이들의 성질을 논할 때 고전적인 이론만을 고집한다면 결코 올바른 결론에 도달할 수 없다. 모든 물질들은 예외 없이 원자 규모의 작은 입자들로 이루어져 있기 때문이다. 그럼에도 불구하고 우리는 여전히 고전적인 관점으로 접근할 것이다. 지금까지 여러분이 배운 물리학이 그것뿐이기 때문이다. 물론 이런 식으로는 실패할 것이 뻔하다. 빛의 경우와는 달리, 우리는 곧 난처한 상황에 직면하게 될 것이다. 원자적 효과가 나타날 때마다 그것을 어떻게든 피해갈 수는 있겠지만, 그렇다고 무턱대고 피하기만 하면 이 장의 제목이 무색해진다. 그래서 문제가 발생할 때마다 원자 물리학의 양자역학적 아이디어를 조금씩 추가하여 '우리가 지금 피해가고 있는 대상이 무엇인지'를 개략적으로나마 느낄 수 있도록 유도할 생각이다. 사실 양자적 효과를 완전히 무시한 채로 원자 규모의 현상을 이해하는 방법은 어디에도 없다.

그래서 지금부터 양자역학의 기본 개념을 설명하고자 한다. 그러나 이 개념들을 실제 상황에 적용하려면 아직도 갈 길이 멀다.

양자역학(quantum mechanics)이란, 물질과 빛이 연출하는 모든 현상들을 서술하는 도구이며, 특히 원자 규모의 미시 세계에 주로 적용된다. 미시 세계의 입자들은 여러분이 매일같이 겪고 있는 일상적인 물체들과 전혀 다른 방식으로 행동하고 있다. 소립자들은 파동(wave)이 아니며, 입자(particle)처럼 행동하지도 않는다. 이들은 여러분이 지금껏 보아 왔던 그 어떤 것(구름,

당구공, 용수철 등…)하고도 닮은 점이 없다. 이들의 행동을 제어하는 법칙 자체가 완전히 다르기 때문이다.

뉴턴은 빛이 입자로 이루어져 있다고 생각했으나, 다들 알다시피 빛은 파동적 성질을 갖고 있다. 그런데 20세기 초에 들어서면서 빛의 입자설이 또다시 설득력을 갖기 시작했다. 예를 들어 전자는 처음 발견되었을 무렵에 입자로 간주되었지만, 그 후에 여러 가지 실험이 실행되면서 파동처럼 행동한다는 놀라운 사실이 밝혀졌다. 그렇다면 전자는 입자이면서 동시에 파동이란 말인가? 아니다. 엄밀하게 말한다면 둘 중 어느 것도 아니다. 그렇다면 전자의 진정한 본성은 무엇인가? 이 질문에 관해서는 물리학자들도 두 손을 들었다. 우리가 말할 수 있는 거라곤 "전자는 입자도 아니며 파동도 아니다"라는 지극히 모호한 서술뿐이다.

그나마 한 가지 다행스러운 것은 전자들의 행동 양식이 빛과 비슷하다는 점이다. 극미의 물체들(전자, 양성자, 중성자, 광자 등등…)의 양자적 행동 양식은 모두 똑같다. 이들은 모두 '입자 파동'이다. 이 단어가 마음에 들지 않는다면 다르게 불러도 상관없다. 적절한 명칭 같은 것은 애초부터 있지도 않았으니까 말이다. 그러므로 전자에 관하여 알게 된 여러 가지 성질들은 광자를 비롯한 입자들에도 적용될 수 있다.

20세기가 밝으면서 처음 25년 동안 원자적 규모에서 일어나는 현상들이 서서히 알려지기 시작했는데, 이로부터 미시 세계의 특성에 관하여 약간의 이해를 도모할 수는 있었지만 전체적인 그림은 그야말로 오리무중이었다. 그러다가 1926~1927년에 이르러 슈뢰딩거(Erwin Schrödinger, 1887~1961)와 하이젠베르크, 보른(Max Born, 1882~1970) 등의 물리학자들에 의해 비로소 안개가 걷히기 시작했다. 이들은 미시 세계에서 일어나는 현상을 조리 있게 설명한 최초의 물리학자들이었다. 이 장에서는 그들이 찾아냈던 서술법을 집중적으로 다루기로 한다.

원자적 규모에 적용되는 법칙들은 우리들의 일상적인 경험과 전혀 딴판이기 때문에 선뜻 받아들이기가 어려울 뿐만 아니라 익숙해지는 데에도 꽤 많은 시간이 필요하다. 그러나 걱정할 것 없다. 노련한 물리학자에게도 사정은 마찬가지다. 심지어는 이 문제를 직접 연구하고 있는 물리학자들조차도 제대로 이해하지 못하고 있다. 우리들이 갖고 있는 모든 경험과 직관은 거시적인 세계를 바탕으로 형성되었기 때문에, 미시적인 세계를 이해하지 못하는 것은 너무나도 당연한 일이다. 우리는 커다란 물체들이 어떻게 움직일 것인지 잘 알고 있지만, 미시 세계의 사물들은 결코 그런 방식으로 움직이지 않는다. 그래서 이 분야의 물리학을 배울 때에는 기존의 경험적 지식들을 모두 떨쳐 버리고, 다소 추상적인 상상의 나래를 펼쳐야 한다. 눈에 보이지도 않으면서 엉뚱하기까지 한 미지의 세계를 여행하려면 이 방법밖에 없다.

지금부터 우리의 직관과 가장 동떨어진 이상한 현상을 설명하고자 한다. 이것을 피해갈 방법은 없다. 우리는 어쩔 수 없이 정면돌파를 시도해야 한다. 이 현상은 어떤 고전적 논리로도 설명할 수 없으며, 그렇다고 현상 자체를 부정할 수도 없다. 그리고 이 안에는 양자역학의 핵심적 개념이 숨어 있다. 사실, 이것은 하나의 미스터리일 뿐이다. 세부적인 사항들을 어떻게든 알아낸다 해도 미스터리 자체가 해결되는 것은 아니다. 나는 여러분에게 '일어나는 현상'만을 설명할 것이다. 그리고 이 과정에서 양자역학의 기이한 성질도 여러 차례 언급될 것이다.

1-2 총알 실험

전자(electron)의 양자적 행동 방식을 이해하기 위해, 우선 총알을 가지고 한 가지 실험을 해 보자. 실험 장치는 그림 1-1에 개략적으로 그려져 있다. 우리는 나중에 총알을 전자로 바꾼 다음, 동일한 실험을 실시하여 그 결과를 비교해 볼 것이다. 자, 여기 총알을 연속적으로 발사하는 기관총이 하나 있다. 그런데 이 총은 성능이 신통치 않아서 총알을 항상 똑같은 방향으로 내보내지 못하고 꽤 넓은 각도를 오락가락하면서 이리저리 난사를 해대는 중이다. 총 앞에는 철판으로 만든 벽이 놓여 있는데, 이 벽에는 총알이 통과할 수 있을 정도의 구멍이 두 군데 뚫려 있다. 철판 벽을 통과한 총알은 일정 거리를 날아가다가 목재로 만든 두툼한 나무벽에 박히게 된다. 또 나무벽 바로 앞에는 모래를 가득 채운 상자가 설치되어 있는데, 총알이 이 상자의 외벽을 관통하면 나무벽까지 도달하지 못하고 상자 속에 들어 있는 모래에 파묻힌 채로 멈추도록 되어 있다. 그러므로 나중에 모래 상자를 열어 보면 어느 지점에 얼마나 많은 총알이 도달했는지 알 수 있다. 이 '총알 감지기' 상자는 가로 방향(x축 방향)으로 자유롭게 이동할 수 있도록 설치되었다. 자, 이런 장치를 만들어 놓고 총알을 난사하는 실험을 했다면, 우리는 다음의 질문에 답할 수 있을 것이다. "철판의 구멍을 무사히 통과한 총알이 나무판의 중심부에서 x만큼 떨어진 곳에 도달할 확률은 얼마인가?" 우선 여러분은 질문의 요지가 '확률'임을 명심해야 한다. 특정 총알이 정확하게 어느 지점으로 도달할 것인지를 예측할 수 있는 방법은 없기 때문이다. 발사된 총알이 운 좋게 철판 구멍에 '진입'했다 해도, 그것이 구멍의 모서리에 튀어서 경로가 바뀔 가능성은 얼마든지 있다. 여기서 '확률'이란, 총알이 모래 상자 감지기에 도달할 확률을 뜻하며, 이 값은 일정 시간 동안 기관총을 난사한 후에 감지기에 박힌 총알의 개수와 나무판에 박힌 총알의 개수를 세어 비율을 취하면 얻을 수 있다. 또는 1분당 발사 횟수가 항상 균일하도록 기관총을 세팅한 후에, 특정 시간 동안 감지기에 도달한 총알의 수를 헤아려서 확률을 구할 수도 있다. 이 경우, 우리가 구하고자 하는 확률은 감지기에 박힌 총알의 수에 비례할 것이다.

우리의 실험 목적을 제대로 반영하기 위해, 지금 사용하는 총알은 절대로 부러지거나 쪼개지지 않는 특수 총알이라고 가정하자. 이 실험에서 총알은 항상 온전한 모습으로 존재하며, 감지기나 나무판을 때려도 조각으로 부스러지지 않는다. 이제 기관총의 '1분당 발사 속도'를 크게 줄이면, 임의의 한순간에는 '총알이 전혀 날아오지 않거나' 아니면 '오로지 단 한 개의 총알이 나무판(또는 감지기)에 도달하는' 두 가지 경우가 가능하다. 그리고 총알의 크기는 1분당 발사 속도에 상관없이 항상 일정하다. 우리가 사용하는 총알은 '모두 똑같이 생긴 덩어리'이기 때문이다. 이제 감지기의 뚜껑을 열어 총알의 수를 세면 총알이 도달할 확률을 위치 x의 함수로 구할 수 있다(물론, 모든 x에 대하여 동일한 실험을 다 해 봐야 한다 : 옮긴이). 이 결과를 그래프로 그려 보면, 그림 1-1의 (c)와 같은 결과를 얻는다. 여러분의 이해를 돕기 위해 그

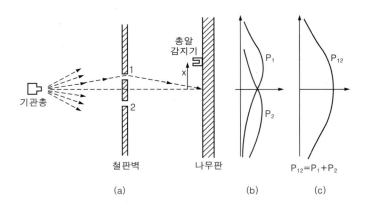

그림 1-1 총알을 이용한 간섭 실험

래프는 실제의 실험 장치와 동일한 축척으로 그렸으며, x축의 방향도 나무판의 방향과 일치시켰다. 그래서 확률을 나타내는 곡선은 x축의 오른쪽에 나타나 있다. 지금부터 이 확률을 P_{12}라고 표기할 텐데, 그 이유는 특정 지점에 도달한 총알이 철판에 뚫려 있는 두 개의 구멍(구멍 1, 구멍 2) 중 어느 곳을 거쳐 왔는지 아직 구별할 필요가 없기 때문이다. 보다시피 P_{12}는 그래프의 중심부에서 큰 값을 가지며, 가장자리로 갈수록 값이 작아진다. 사실 이것은 그다지 놀라운 사실이 아니다. 그러나 여러분은 왜 하필 $x = 0$에서 P_{12}가 최대값을 갖는지 궁금할 것이다. 이 궁금증을 해소하기 위해, 구멍 2를 가리고 동일한 실험을 다시 해 보자. 그리고 그 다음에는 구멍 1을 가리고 실험해 보자. 여기서 얻어진 결과가 여러분의 의문을 풀어 줄 것이다. 구멍 2를 막아 놓은 실험에서, 총알은 오직 구멍 1만을 통해 지나갈 수 있다. 그리고 그 결과는 그림 1-1의 (b)에 P_1으로 표시되어 있다. 여러분의 짐작대로, P_1은 기관총과 구멍 1을 직선으로 연결한 연장선이 나무판과 만나는 곳에서 최대가 된다. 구멍 1을 막아 놓은 실험에서는 P_1과 대칭을 이루는 P_2가 얻어진다. P_2는 구멍 2를 통과한 총알의 확률 분포이다. 그림 1-1의 (b)와 (c)를 비교해 보면, 우리는 다음과 같이 중요한 결과를 얻을 수 있다.

$$P_{12} = P_1 + P_2 \tag{1.1}$$

보다시피, 전체 확률은 개개의 확률을 그냥 더함으로써 얻어진다. 두 개의 구멍을 모두 열어 놓았을 때의 확률 분포는 각각의 구멍이 한 개씩 열려 있는 경우의 확률 분포를 더한 값이다. 이 결과를 '간섭이 없는 경우(no interference)

의 확률 분포'라 부르기도 한다. 이렇게 거창한 이름을 붙여 두는 이유는 이제 곧 알게 될 것이다. 총알로 하는 실험은 이 정도로 충분하다. 개개의 총알은 덩어리의 형태로 날아오며, 이들이 나무판에 도달할 확률 분포는 간섭 패턴을 보이지 않는다.

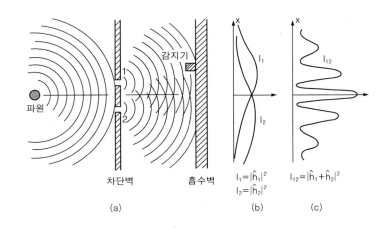

그림 1-2 수면파를 이용한 간섭 실험

1-3 파동 실험

이번에는 똑같은 실험을 총알이 아닌 수면파로 재현해 보자. 실험 장치는 그림 1-2와 같다. 그다지 깊지 않은 수조에 물을 채워 넣고, 파동을 만들어 내는 파원(wave source)을 적당한 장소에 설치한다. 이 파원에는 모터로 작동되는 조그만 팔이 달려 있으며, 이것이 위아래로 빠르게 진동하면서 계속적으로 수면파를 만들어내고 있다. 파원의 오른쪽에는 구멍이 두 개 뚫려 있는 벽이 수면파를 가로막고 있어서, 파원으로부터 나온 수면파는 오로지 이 구멍을 통해 계속 진행할 수 있다. 그리고 이보다 더 오른쪽에는 또 하나의 벽이 있는데, 이 벽은 수면파를 전혀 반사시키지 않는 흡수벽이다. 이런 벽을 실제로 만들 수 있을까? 완만한 경사를 이루는 해변의 모래사장처럼 만들면 된다. 그리고 모래사장 앞에는 이전과 같이 x방향으로 오락가락할 수 있는 감지기를 설치한다. 이 감지기는 파동의 '세기(intensity)'를 측정하는 장치이다. "파동의 세기를 어떻게 측정하나…" 하는 걱정은 접어 두기 바란다. 우리의 감지기는 도달한 수면파의 높이를 감지한 후, 그 값의 제곱을 눈금으로 표시해 주는 아주 똑똑한 장비이다. 이렇게 나타난 눈금은 파동의 세기에 비례하게 된다. 따라서 우리의 수면파 감지기는 수면파가 실어 나르는 에너지를 눈금으로 표시해 주는 장치라고도 할 수 있다.

이 실험 장치에서 눈여겨볼 점은, 총알의 경우와 달리 파동의 세기가 어떠한 값도 가질 수 있다는 것이다(개개의 총알은 모두 크기가 같은 규격품이었다 : 옮긴이). 파원이 아주 작게 진동하면 파동의 세기는 작아질 것이며, 파원이 크게 진동하면 파동의 세기도 커질 것이다. 이 값은 얼마든지 달라질 수 있다. 따라서 파동의 경우에는 '덩어리'라는 개념이 존재하지 않는다.

이제, 감지기의 위치 x를 다양하게 변화시키면서 파동의 세기를 측정해 보자(파원의 진동폭은 일정하게 유지한다). 그러면 그림 1 - 2(c)의 I_{12}와 같이 특이한 형태의 곡선이 얻어질 것이다.

앞에서 우리는 전기적 파동의 간섭 현상을 공부하면서 이러한 모양의 그래프를 이미 접해 본 경험이 있다. 지금의 경우에는 파원에서 발생한 파동이 구멍을 통과하면서 회절을 일으켜 새로운 원형 파동이 생성되고, 이것이 퍼져 나가면서 감지기(또는 모래사장)에 도달하게 된다. 이제 두 개의 구멍들 중 하나를 막고 실험해 보면, 그림 1 - 2(b)와 같이 비교적 단순한 형태의 곡선이 얻어진다. I_1은 구멍 2를 막아 놓았을 때 구멍 1로부터 퍼져 나온 파동의 세기이며, I_2는 구멍 1을 막아 놓았을 때 구멍 2에서 퍼져 나온 파동의 세기를 나타내고 있다.

두 개의 구멍을 모두 열어 놓았을 때 얻어진 I_{12}는 분명 I_1과 I_2의 단순 합이 아니다. 두 개의 파동이 서로 '간섭(interference)'을 일으켰기 때문이다. I_{12}가 극대값(그래프상의 산꼭대기에 해당하는 지점)을 갖는 지점에서는 두 파동의 위상이 일치하여 파동의 높이가 더욱 커지고 따라서 파동의 세기도 커졌음을 알 수 있는데, 이런 경우를 가리켜 '보강 간섭'이라고 한다. 감지기로부터 구멍 1까지의 거리가 감지기로부터 구멍 2까지의 거리보다 파장의 정수배만큼 크거나 작은 곳에서는 항상 보강 간섭이 일어난다.

두 개의 파동이 π의 위상차(180°)를 가진 채로 도달하는 지점(위상이 정반대인 곳)에서 감지기에 나타나는 눈금은 두 파동의 진폭의 차이에 해당된다. 이 경우가 바로 '소멸 간섭'이며, 파동의 세기는 상대적으로 작을 수밖에 없다. 이런 현상은 구멍 1과 감지기 사이의 거리가 구멍 2와 감지기 사이의 거리보다 반파장의 홀수배만큼 길거나 짧을 때 나타난다. 그림 1 - 2(c)에서 I_{12}의 극소값은, 그 지점에서 두 개의 파동이 소멸 간섭을 일으켰다는 뜻이다.

I_1과 I_2, 그리고 I_{12} 사이의 관계는 다음과 같이 구할 수 있다. 구멍 1을 통과한 파동이 감지기에 도달했을 때의 높이를 $\hat{h}_1 e^{i\omega t}$의 실수부로 정의하자. 여기서, 진폭에 해당하는 $\hat{h}_1$은 일반적으로 복소수이다. 파동의 세기는 파고의 제곱에 비례하는데, 복소수로 표현된 경우에는 $|\hat{h}_1|^2$에 비례한다. 이와 마찬가지로, 구멍 2를 통과한 파동의 높이는 $\hat{h}_2 e^{i\omega t}$이며, 세기는 $|\hat{h}_2|^2$에 비례한다. 두 개의 구멍이 모두 열려 있을 때, 감지기에 느껴지는 파동의 높이는 각각의 높이를 더한 $(\hat{h}_1 + \hat{h}_2) e^{i\omega t}$이며, 그 세기는 $|\hat{h}_1 + \hat{h}_2|^2$이다. 지금 우리에게는 실제의 값보다 그래프의 형태가 더욱 중요하므로, 필요 없는 상수를 제거하고 나면 파동의 간섭에 관하여 다음과 같은 관계식을 얻을 수 있다.

$$I_1 = |\hat{h}_1|^2, \quad I_2 = |\hat{h}_2|^2, \quad I_{12} = |\hat{h}_1 + \hat{h}_2|^2 \tag{1.2}$$

총알 실험에서 얻은 식 (1.1)과 비교할 때 사뭇 다른 결과이다. $|\hat{h}_1 + \hat{h}_2|^2$을 전개하면,

$$|\hat{h}_1 + \hat{h}_2|^2 = |\hat{h}_1|^2 + |\hat{h}_2|^2 + 2|\hat{h}_1||\hat{h}_2| \cos \delta \tag{1.3}$$

를 얻는다. 여기서 δ는 $\hat{h}_1$과 $\hat{h}_2$ 사이의 위상차를 나타낸다. 파동의 세기를 이용하여 다시 쓰면

$$I_{12} = I_1 + I_2 + 2\sqrt{I_1 I_2}\,\cos\delta \qquad (1.4)$$

가 된다. 식 (1.4)의 마지막 항은 '간섭항(interference term)'이다. 수면파 실험도 이 정도로 해 두자. 파동의 세기는 어떤 값도 가질 수 있으며, 파동 특유의 간섭 현상이 나타난다.

1-4 전자 실험

이제부터가 본론이다. 이번에는 총알도 아니고 수면파도 아닌 전자를 대상으로 하여 지금까지 했던 실험을 재현해 보자. 실험 장치는 그림 1-3에 나와 있다. 우선 텅스텐 전선에 전류를 흘려서 가열시킨 다음, 이것을 금속 상자로 덮고 구멍을 하나 뚫어 놓는다. 이것이 바로 그림의 제일 왼쪽에 있는 전자총이다. 전선이 상자에 대하여 음의 전위를 갖게 하면 텅스텐에서 방출된 전자들은 금속 상자의 벽을 향해 가속될 것이며, 그들 중 운 좋은 일부는 구멍을 통해 밖으로 발사될 것이다. 이렇게 발사된 전자들은 모두(거의) 같은 에너지를 갖는다. 전자총 앞에는 얇은 금속으로 만든 벽이 놓여 있는데, 여기에도 이전처럼 두 개의 구멍이 뚫려 있다. 벽의 오른쪽에는 전자의 종착점인 또 하나의 벽이 가로놓여 있으며, 이 벽에는 x 방향을 따라 자유롭게 이동할 수 있는 전자 감지기가 설치되어 있다. 감지기는 가이거 계수기(geiger counter)일 수도 있고, 확성기가 달려 있는 전자 증폭기(electron multiplier)어도 상관없다(후자가 훨씬 비싸다).

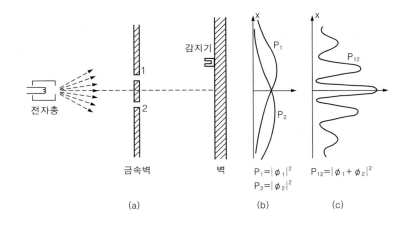

그림 1-3 전자를 이용한 간섭 실험

그러나 이 실험은 앞에서 언급했던 두 종류의 실험처럼 만만하지가 않다. 무엇보다 어려운 점은, 우리가 원하는 결과를 얻으려면 모든 실험 장치를 엄청나게 작게 만들어야 한다는 것이다. 그런데 애석하게도 지금의 과학 기술로

는 전자 규모의 초미세 실험 기구를 만들 수가 없다. 따라서 이 실험은 실제로 하는 것이 아니라 상상 속에서 진행되어야 한다. 이것이 바로 '사고 실험(thought experiment)'이다. 그리고 우리는 실험의 결과를 이미 알고 있다. 왜냐하면 우리가 원하는 규모에서 행해졌던 여러 종류의 실험 결과들(정확하게 이 실험은 아니지만)이 이미 나와 있기 때문이다.

전자 실험에서 우선 주목해야 할 것은 전자가 감지기에 도달할 때마다 '딸깍' 하는 소리가 난다는 점이다. 그리고 어떤 전자가 도달했건 간에, '딸깍' 소리의 크기는 항상 동일하다. 절반만 '딸깍!' 하거나 작은 소리로 '딸깍' 하는 경우는 절대로 일어나지 않는다.

그리고 이 '딸깍' 하는 소리는 매우 불규칙적으로 들려올 것이다. 메트로놈처럼 규칙적으로 박자를 맞추지 않고, "딸깍… 딸깍딸깍… 딸깍…… 딸깍… 딸깍딸깍…… 딸깍…"과 같이 제멋대로 소리를 낼 것이다. 그러므로 충분히 긴 시간 동안(4～5분 정도) 딸깍 소리의 횟수를 세고, 또다시 동일한 시간 동안 딸깍 소리를 세어 보면 그 결과는 거의 같을 것이다. 즉, 딸깍 소리의 평균 빈도수(또는 1분당 딸깍 횟수)는 감지기에 도달한 전자의 개수를 헤아리는 척도로 사용될 수 있다.

감지기의 위치를 바꾸면 소리가 나는 빈도수는 달라지겠지만, 한 번 소리가 날 때마다 들려오는 강도(소리의 크기)는 항상 똑같다. 전자총의 내부에 연결해 놓은 텅스텐의 온도를 낮춰도 소리의 빈도수만 줄어들 뿐, 강도는 여전히 변하지 않는다. 또 감지기를 하나 늘려서 두 대를 설치해 놓았다면 딸깍 소리는 이곳저곳을 번갈아가며 들려올 뿐, 두 개의 감지기에서 '동시에' 소리가 나는 경우는 결코 발생하지 않는다. (가끔씩 두 소리의 시간 간격이 너무 짧아서 우리의 귀가 그 차이를 감지하지 못할 수도 있다. 이런 경우는 예외로 해 두자.) 그러므로 감지기(또는 두 번째 벽)에 도달하는 모든 전자들은 총알의 경우처럼 균일한 '덩어리'의 형태라고 말할 수 있다. 전자는 조각으로 쪼개지는 일 없이 항상 온전한 덩어리의 형태를 유지한 채로 감지기에 도달한다. 자, 이제 본격적인 질문으로 들어가 보자—"하나의 전자가 두 번째 벽의 중심으로부터 x만큼 떨어진 곳에 도달할 확률은 얼마인가?" 이전의 실험처럼, 전자총의 시간당 발사 횟수를 일정하게 세팅해 놓고 감지기가 내는 소리의 빈도수를 측정하면 상대적 확률을 구할 수 있다. 전자가 x지점에 도달할 확률은 그 지점에서 측정된 딸깍 소리의 평균 빈도수에 비례한다.

이 실험의 결과는 그림 1 - 3(c)에 P_{12}로 표시되어 있다. 그렇다! 이것이 바로 전자의 행동 방식이다!

1-5 전자 파동의 간섭

이제 그림 1 - 3(c)에 나타난 그래프를 분석하여 전자의 행동 방식을 규명해 보자. 먼저 분명히 해둘 점은, 하나의 전자는 항상 온전한 덩어리로만 존재하기 때문에 개개의 전자는 구멍 1 아니면 구멍 2, 둘 중 '하나'를 통해서 감지기에 도달한다는 것이다(하나의 전자가 두 개의 구멍을 '동시에' 통과할 수는 없다는 뜻이다 : 옮긴이). 이것을 명제의 형태로 쓰면 다음과 같다.

명제 A : 개개의 전자는 두 개의 구멍 중 반드시 하나만을 통하여 감지기에 도달한다.

명제 A를 사실로 가정하면, 두 번째 벽에 도달하는 전자는 두 가지 부류로 나뉜다. (1)구멍 1을 통과한 전자와 (2)구멍 2를 통과한 전자가 그것이다. 따라서 우리가 얻은 확률 곡선(P_{12})은 부류 (1)에 속하는 전자에 의한 효과와 부류 (2)에 속하는 전자의 효과를 더한 결과임이 틀림없다. 이 확신에 찬 추론을 확인하기 위해, 이제 구멍 하나를 막은 상태에서 실험을 해 보자. 먼저 구멍 2를 막은 경우부터 시작한다. 이 경우, 감지기에 도달하는 전자는 누가 뭐라해도 구멍 1을 통과한 전자이다. 감지기의 딸각 소리를 측정하여 그 빈도수로부터 얻은 결과는 그림 1-3(b)에 P_1로 표시되어 있다. 우리의 예상과 잘 맞는 그래프이다. 이와 비슷한 방법으로 구멍 1을 막은 실험 결과는 P_2이며, 이 역시 그렇게 표시되어 있다.

그런데 여기서 심각한 문제가 발생했다. 구멍 두 개를 모두 열어 놓은 실험에서 얻어진 P_{12}가 $P_1 + P_2$와 전혀 딴판으로 생긴 것이다. 그런데 우리는 수면파 실험에서 이와 비슷한 결과를 얻은 적이 있다. 그러므로 우리는 다음과 같은 결론을 내릴 수밖에 없다 — "전자는 간섭을 일으킨다."

$$\text{전자의 경우} : P_{12} \neq P_1 + P_2 \qquad (1.5)$$

파동도 아닌 전자가 간섭을 일으키다니, 이런 일이 어떻게 가능하단 말인가? "하나의 전자가 하나의 구멍만을 지나갈 수 있다는 명제가 틀린 게 아닐까? 전자는 우리가 생각했던 것보다 훨씬 더 복잡한 존재일 수도 있으니까 말이야. 예를 들면 반으로 쪼개진다거나…." 잠깐! 그건 아니다. 절대로 그렇지 않다. 전자는 항상 온전한 형태로만 존재한다! "그런가요? 그렇다면… 구멍 1을 빠져나온 전자가 구멍 2를 통해 다시 돌아오고, 이런 식으로 몇 차례 더 반복하거나 아주 복잡한 경로를 거쳐서… 이렇게 된다면, 구멍 2를 막았을 때 구멍 1을 통과한 전자들의 확률 분포는 달라지지 않을까요?" 하지만 이 점을 명심하라. 두 개의 구멍이 모두 열려 있을 때에는 전자가 거의 도달하지 않는 '금지 구역'이 존재하지만, 구멍 하나를 가려 놓으면 이 금지 구역에도 꽤 많은 전자들이 도달한다는 것이다. 그리고 간섭 무늬 중앙의 최대값은 $P_1 + P_2$보다 두 배나 크다. 구멍 하나를 닫아 놓으면 마치 전자들이 "저것 봐. 저 치들이 대문 하나를 닫아 버렸어. 우리가 빠져나가는 걸 원치 않는 모양이야" 하면서 감지기로 향한 여행에 이전처럼 최선을 다하지 않는 듯하다. 이 두 가지 현상은 전자가 복잡한 경로를 따라간다는 가설로 해결되지 않는다.

이것은 지독한 미스터리다. 자세히 보면 볼수록 더욱 미궁 속으로 빠지는 것 같다. P_{12}의 이상한 패턴을 설명하기 위해 여러 가지 가설들이 제시되었지만, 어느 것도 성공하지 못했다. 어떤 이론도 P_1과 P_2로부터 P_{12}를 재현하지 못한 것이다.

그러나 놀랍게도 P_1과 P_2로부터 P_{12}를 유도하는 수학적 과정은 지극히 단순하다. P_{12}는 그림 1-2(c)의 I_{12}와 비슷하며, I_{12}를 구하는 과정은 아주 간단했다. 두 번째 벽에서 일어나는 현상은 $\hat{\phi}_1$과 $\hat{\phi}_2$로 표현되는 두 개의 복소수로 표현될 수 있다(물론 이들은 x의 함수이다). $\hat{\phi}_1$의 절대값의 제곱은 구멍 1만 열려 있을 때의 확률 분포를 의미한다. 즉, $P_1 = |\hat{\phi}_1|^2$이다. $\hat{\phi}_2$의 경우도 이와 비슷하여 $P_2 = |\hat{\phi}_2|^2$으로 표현된다. 그리고 이들이 서로 혼합된 결과는 $P_{12} = |\hat{\phi}_1 + \hat{\phi}_2|^2$이다. 보다시피 수학적 과정은 파동의 경우와 완전히 동일하다! 전자들이 오락가락하는 복잡한 길을 가면서 이렇게 단순한 결과를 얻기는 어려울 것이다.

그러므로 우리는 이런 결론을 내릴 수밖에 없다. 전자는 총알과 같은 입자처럼 덩어리의 형태로 도달하지만, 특정 위치에 도달할 확률은 파동의 경우처럼 간섭 무늬를 그리며 분포된다. 이런 이유 때문에 전자는 "어떤 때는 입자였다가 또 어떤 때는 파동처럼 행동한다"고 일컬어지는 것이다.

이왕 말이 나온 김에 한 가지만 더 짚고 넘어가자. 고전적인 파동 이론을 공부할 때, 우리는 파동의 진폭을 시간적으로 평균하여 파동의 세기를 정의했으며, 계산상의 편의를 위해 복소수를 사용했다. 그러나 양자역학에서 진폭은 '반드시' 복소수로 표현되어야만 한다. 실수 부분만 갖고는 아무것도 할 수 없다.

두 개의 구멍을 모두 열어 놓았을 때 전자가 벽에 도달하는 확률 분포가 $P_1 + P_2$는 아니지만, 그래도 아주 간단한 수식으로 표현되기 때문에 이 점에 관하여 더 이상 할 이야기는 많지 않다. 그러나 자연이 이렇게 묘한 방식으로 행동할 수밖에 없는 이유를 따진다면, 거기에는 미묘한 문제들이 수도 없이 산재해 있다. 우선 $P_{12} \neq P_1 + P_2$이므로 명제 A는 틀렸다고 결론지을 수밖에 없다. 하나의 전자는 오로지 하나의 구멍만을 통과한다는 가정이 틀린 것이다. 이것은 또다른 실험을 통해 확인해 볼 수 있다.

1-6 전자를 눈으로 보다

실험 장치를 조금 바꿔서, 그림 1-4처럼 세팅해 보자. 구멍이 뚫린 벽의 바로 뒤, 두 개의 구멍 사이에 아주 강한 빛을 내는 광원을 설치한다. 우리는 전기 전하가 빛을 산란시킨다는 사실을 이미 알고 있다. 그러므로 구멍을 빠져나온 전자에 강한 빛을 쪼이면 전자는 쏟아지는 빛(광자)을 사방으로 산란시키면서 어떻게든 제 갈 길을 갈 것이다. 그리고 전자에 의해 산란된 광자들 중 일부가 우리의 눈에 들어오면 우리는 전자가 어디로 가는지를 '볼 수' 있다. 예를 들어, 그림 1-4에서처럼 전자가 구멍 2를 통해 빠져나왔다면 우리는 A라고 표시된 지점 근방에서 번쩍이는 섬광을 보게 될 것이다. 이와 반대로 전자가 구멍 1을 통과했다면, 그쪽 근처에서 섬광이 나타날 것이다. 그리고 만일 두 지점에서 동시에 섬광이 나타난다면, 그것은 전자가 반으로 나뉘었다는 뜻인데… 길게 말할 필요 없다. 일단 실험부터 해 보자!

우리 눈에 보이는 상황은 다음과 같다. 감지기에서 '딸깍' 소리가 날 때마다 구멍 1 아니면 구멍 2 근처에서 섬광을 목격하게 될 것이며, 두 곳에서 섬광이 동시에 나타나는 광경은 결코 볼 수 없을 것이다. 감지기의 위치를 아무리 바꿔 봐도 사정은 마찬가지다. 이 실험에 의하면 '하나의 전자는 오로지 하나의 구멍만을 지나간다'고 결론 내릴 수밖에 없다. 즉, 명제 A는 참인 것이다.

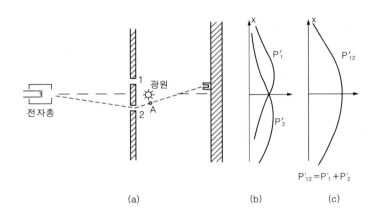

그림 1-4 약간 변형된 전자 실험

명제 A가 틀렸음을 입증하려고 했던 실험이었는데, 그 반대의 결과가 나와 버렸다. 우리의 논리에서 어디가 잘못되었을까? P_{12}는 왜 $P_1 + P_2$와 다른 것일까? 다시 실험으로 돌아가 보자! 전자의 경로를 계속 추적하여, 이번에야말로 끝장을 내자! 감지기의 위치(x)를 이동시켜 가면서 도착하는 전자의 개수를 세고, 그들이 어느 구멍을 통과해 왔는지도 일일이 기록해 두자. 즉, 구멍 근처를 뚫어지게 바라보다가 저쪽 감지기에서 '딸깍' 소리가 나면, 그 전자가 바로 전에 비췄던 섬광의 위치를 기록하자는 것이다. 구멍 1 근처에서 섬광이 보였다면 1열에 작대기 하나를 긋고, 구멍 2 근처에서 섬광이 보였다면 2열에 작대기 하나를 긋는다. 감지기에 도달하는 모든 전자들은 둘 중 하나의 경우에 해당될 것이다. 이제 1열에 그어진 작대기의 개수를 세어 '전자가 구멍 1을 통해 감지기에 도달할 확률' P_1'을 구하고, 같은 방법으로 P_2'도 구한다. 이런 식의 실험을 여러 x값에 대하여 반복 실행하면, 그림 1-4(b)에 그려진 두 개의 곡선이 얻어진다.

지금까지는 별로 새로운 것이 없다. 지금 구한 P_1'은 아까 구멍 하나를 막고 실험했을 때 얻어진 P_1과 거의 비슷하다. 그러므로 하나의 전자가 두 개의 구멍을 동시에 통과하는 황당한 일은 발생하지 않는 것 같다. 강한 빛을 쪼여서 전자를 눈으로 봤는데도 전자는 전혀 수줍어하지 않고, 태연하게 제 갈 길을 간 것이다. 일단 구멍 1을 통과했음이 확인된 전자들은 구멍 2가 달렸건 열렸건 간에, 항상 동일한 분포를 보인다.

그러나 잠깐! 아직 전체 확률을 확인하지 않았다. P_1'과 P_2' 효과가 더해진 P_{12}'는 어떤 분포를 보일 것인가?

우리는 그에 관한 정보를 이미 갖고 있다. 섬광에 관한 건 모두 잊고, 1열과 2열에 그어진 작대기의 개수를 그냥 더하기만 하면 된다. 다른 짓은 하면 안 된다. 그냥 더해야만 한다! 왜냐하면 지금의 실험은 두 개의 구멍을 모두 열어 놓은 채로 진행되었기 때문이다. 감지기가 거짓말을 하지 않는 한, 누가 뭐라 해도 이 경우만은 $P_{12}' = P_1' + P_2'$가 성립되어야 한다. 그림 1-4 (c)를 보니 과연 그렇다. 그런데… 생각해 보니 이건 더욱 황당하지 않은가! 아까 두 개의 구멍을 모두 열어 놓은 실험에서는 분명히 간섭 현상이 나타났었는데, 전자들이 통과한 구멍의 위치를 알아내기 위해 약간의 장치를 추가시켰더니 간섭 패턴이 사라져 버린 것이다! 광원의 전원을 차단하면 간섭 패턴이 다시 나타난다. 대체 뭐가 어떻게 돌아가는 것일까?

"전자는 우리가 그들을 보고 있을 때와 보고 있지 않을 때 서로 다르게 행동한다" — 이렇게 결론을 내리는 수밖에 도리가 없다. 혹시 광원이 전자를 교란시킨 것은 아닐까? 전자들은 매우 예민하여, 빛이 전자를 때리는 순간 충격을 받아 향후의 운동에 모종의 변화를 일으킨 것이 분명하다. 우리는 빛의 전기장이 전하에 힘을 미친다는 사실을 이미 알고 있다. 그러므로 이 경우에도 전자는 빛의 영향을 받았을 것이다. 어쨌거나, 빛은 전자에 커다란 영향력을 행사한다. 전자를 '보려고' 했던 우리의 시도 자체가 전자의 운동을 바꾸어 놓은 것이다. 광자가 산란될 때 전자에 가해진 충격은 P_{12}의 최대 지점으로 갈 예정이었던 전자를 P_{12}의 최소 지점으로 보내 버릴 정도로 강력하다. 간섭 무늬가 사라진 것은 바로 이런 이유 때문이다.

여러분은 이렇게 주장할지도 모른다. "너무 밝은 광원을 사용하지 마라! 광원의 밝기를 줄여라! 그러면 빛의 세기가 줄어들어서 전자를 크게 교란시키지 못할 게 아닌가! 광원을 점차 어둡게 만들면 빛에 의한 산란 효과는 거의 무시해도 좋을 만큼 작아질 것이다." 오케이! 좋은 제안이다. 그렇게 해 보자. 광원의 밝기를 줄이면 전자들이 지나가면서 발하는 섬광의 밝기도 줄어들 것 같지만, 사실은 전혀 그렇지 않다. 광원의 밝기를 아무리 줄여 봐도, 하나의 전자에 의해 나타나는 섬광은 항상 같은 밝기로 나타난다. 그러나 이 경우에는 섬광이 반짝이지 않았는데도 감지기에서 '딸깍' 소리가 나는 애석한 사태가 가끔씩 발생하게 된다. 빛의 조도가 너무 약하면 전자를 아예 '놓쳐 버리는' 경우가 생기는 것이다. 왜 그럴까? 그렇다. 우리는 믿는 도끼에 발등을 찍힌 셈이다. 전자뿐만 아니라 빛까지도 '덩어리'처럼 행동하고 있었던 것이다! 파동이라고 믿어 왔던 빛이 지금은 입자적 성질을 발휘하여 우리를 실망시키고 있다. 그러나 이것이 사실임을 어쩌겠는가. 빛은 광자(photon)의 형태로 진행하고 산란되며, 빛의 세기를 줄이면 광원으로부터 방출되는 광자의 개수가 줄어들 뿐 광자 하나의 '크기'는 전혀 변하지 않는다. 광원이 희미해졌을 때, 섬광 없이 감지기에 도달하는 전자가 발생한 것도 바로 이런 이유 때문이다. 전자가 지나가는 순간에 때마침 산란될 광자가 하나도 없었던 것이다.

지금까지의 결과는 다소 실망스럽다. 광자가 전자를 교란시킬 때마다 항상 똑같은 크기의 섬광을 발하는 게 사실이라면, 우리의 눈에 보이는 전자는 한결같이 '이미 교란된' 것들뿐이다. 어쨌거나, 일단 희미한 빛으로 실험을 해보자. 이번에는 감지기에서 '딸깍' 소리가 날 때마다 다음의 세 가지 경우 중 하나에 작대기를 그어 나가기로 한다. (1)구멍 1 근처에서 전자가 발견된 경우, (2)구멍 2 근처에서 전자가 발견된 경우, (3)전자는 발견되지 않고 소리만 난 경우. 이렇게 얻어진 데이터를 분석해 보면, 다음과 같은 결론이 내려진다 : '구멍 1 근처에서 발견된' 전자들은 P_1'과 같은 분포를 보인다 : '구멍 2 근처에서 발견된' 전자들은 P_2'와 같은 분포를 보인다(따라서 '구멍 1 또는 구멍 2에서 발견된' 전자들은 P_{12}'의 분포 곡선을 보인다) : '전혀 발견되지 않은' 전자들은 그림 1-3의 P_{12}처럼 파동적 분포를 보인다! 발견되지 않은 전자들은 간섭을 일으킨다는 뜻이다!

　　이 결과는 그런대로 이해할 만하다. 우리가 전자를 보지 못했다는 것은 전자가 광자에 의해 교란되지 않았음을 의미하며, 일단 우리의 눈에 뜨인 전자는 교란된 전자임이 분명하다. 광자의 '크기(영향력)'는 모두 같기 때문에 전자가 교란되는 정도 역시 항상 동일하다. 그리고 광자에 의한 교란은 간섭 효과를 사라지게 할 만큼 막강하다.

　　전자를 교란시키지 않고 볼 수 있는 방법은 없을까? 우리는 "하나의 광자가 실어 나르는 운동량은 광자의 파장에 반비례한다($p = h/\lambda$)"는 사실을 이미 배워서 알고 있다. 그러므로 광자에 의해 전자가 교란되는 정도는 광자의 운동량에 따라 달라질 것이다. 맞다! 바로 그거다! 전자가 크게 교란되는 것을 원치 않는다면, 빛의 세기를 줄이는 게 아니라 빛의 진동수를 줄여야 하는 것이다(즉, 좀 더 긴 파장의 빛으로 전자를 쪼인다는 뜻이다). 이 사실을 알았으니, 이번에는 좀 더 붉은 빛을 사용해 보자. 여러분이 원한다면 아예 적외선이나 라디오파 같이 파장이 아주 긴 빛을 사용해도 상관없다. 이런 빛들은 우리 눈에 보이지 않지만, 특별한 장치를 사용하면 얼마든지 가시화시킬 수 있다. '얌전한(파장이 긴)' 빛을 사용할수록 전자의 교란은 더욱 줄어들 것이다.

　　자, 전자가 구멍을 통과해 나오는 길목에 긴 파장의 빛을 쪼인다. 그리고 파장을 점차 늘려 가면서 동일한 실험을 반복한다. 과연 어떤 결과가 얻어질 것인가? 처음에는 별로 달라지는 것이 없다. 그런데 점차 긴 파장의 빛으로 바꾸어 가면서 실험을 하다 보면, 결국에는 끔찍한 사태가 발생한다. 앞에서 현미경에 관하여 이야기할 때, 아주 가까이 있는 두 개의 점을 구별하는 것은 '빛의 파동성' 때문에 한계가 있다고 말했었다. 이 한계는 어느 정도일까? 빛의 파장이 바로 그 한계이다. 즉, 두 점 사이의 거리가 빛의 파장보다 가까우면, 그 빛으로는 두 개의 점을 구별할 수가 없다. 따라서 우리가 사용한 빛의 파장이 두 구멍 사이의 간격보다 길어지면 빛이 전자에 의해 산란될 때 커다란 섬광이 발생하여 전자가 어느 구멍을 통해 나왔는지 알 수가 없게 된다! 우리가 알 수 있는 것이라곤 전자가 어디론가 가 버렸다는 것뿐이다! 그리고 이때부터 비로소 P'_{12}은 P_{12}와 비슷해지기 시작한다. 즉, 간섭 무늬가 다시 나타나기 시작하는 것이다. 여기서 빛의 파장을 계속 늘려 나가면 광자에 의한 전자의 교란이 아주 작아져서 간섭 무늬가 거의 완전하게 재현된다.

이제 여러분은 어느 정도 눈치를 챘을 것이다. 전자가 어느 쪽 구멍을 통해 나왔는지를 알면서, 동시에 간섭 무늬까지 볼 수 있는 방법은 이 세상에 존재하지 않는다. 그래서 하이젠베르크는 측정의 정밀도에 근본적 한계를 부여하는 자연의 법칙을 추적하던 끝에, 그 유명한 불확정성 원리를 찾아내어 양자역학의 서막을 열었다. 이 원리를 우리의 실험에 적용한다면, 다음과 같이 설명할 수 있다. "전자의 간섭 무늬가 나타날 정도로 교란을 적게 시키면서, 동시에 전자가 통과한 구멍을 판별하는 것은 불가능하다." 다시 말해서, 전자가 어느 쪽 구멍을 통해 나왔는지를 판별하는 측정 기구는 그것이 어떤 원리로 작동한다 해도 전자의 간섭 무늬를 그대로 보존시킬 만큼 섬세할 수가 없다는 뜻이다. 지금까지 무수한 실험이 행해져 왔지만, 불확정성 원리를 피해가는 데 성공한 사례는 단 한 번도 없었다. 그러므로 우리는 이 원리가 자연계에 원래 존재하는 특성임을 받아들여야 한다.

원자를 비롯한 모든 물질의 현상을 설명해 주는 양자역학은 불확정성 원리에 그 뿌리를 두고 있다. 그리고 양자역학은 어느 모로 보나 대단히 성공적인 이론이므로, 불확정성 원리에 대한 우리의 믿음은 확고부동하다. 그러나 만일 이 원리를 피해 갈 수 있는 방법이 단 하나라도 발견된다면, 양자역학은 지금의 왕좌에서 조용히 물러나야 할 것이다.

여러분은 이렇게 묻고 싶을 것이다. "그렇다면 아까 말했던 명제 A는 어떻게 되는가? 전자가 두 개의 구멍들 중 하나만을 통해서 지나간다는 말은 사실인가 아니면 틀린 것인가?" 명쾌한 대답을 해 주고 싶지만, 그게 그렇게 쉽지가 않다. 지금 줄 수 있는 대답이란, 모순에 빠지지 않는 새로운 사고방식을 실험으로부터 얻어 냈다는 사실뿐이다. 잘못된 결론으로 도달하지 않으려면 우리는 이렇게 말하는 수밖에 없다. 우리가 만일 전자를 "쳐다본다면", 즉 전자가 어느 쪽 구멍을 통해 나왔는지를 알려주는 어떤 장치를 만들어 놓았다면, 우리는 개개의 전자가 지나온 구멍을 알 수 있다. 그러나 전자가 가는 길을 전혀 교란시키지 않는다면(전자를 쳐다보지 않는다면), 그것이 어느 구멍을 통해 나왔는지 알 수가 없게 된다. 만일 누군가가 전자를 교란시키지 않고서도 통과해 온 구멍을 알 수 있다고 주장하면서 이로부터 어떤 후속 논리를 진행시킨다면, 그는 틀림없이 잘못된 결론에 이르게 될 것이다. 자연을 올바르게 기술하려면, 이러한 '외줄타기식 논리'에 의존하는 수밖에 없다.

전자를 비롯한 모든 물질들이 파동적 성질을 갖는 게 사실이라면, 앞에서 총알을 대상으로 했던 실험은 어찌된 것일까? 그 경우에는 왜 간섭 무늬가 나타나지 않았던 것일까? 거기에는 그럴 만한 이유가 있다. 총알의 파장이 너무 짧아서 이들이 만드는 간섭 무늬가 너무 적게 나타났기 때문에 우리에게 감지되지 않았던 것이다. 즉 최대점과 최소점이 매우 촘촘하게 붙어 있기에 우리가 사용하는 둔감한 감지 장치로는 총알의 간섭 무늬를 확인할 길이 없다. 우리가 얻은 분포 곡선은 일종의 '평균적 결과'이며, 이것은 고전적인 확률 분포에 해당된다. 총알과 같은 거시적 규모의 물체로 실험했을 때 나타나는 결과는 대략 그림 1-5와 같다. 왼쪽에 제시된 그림 (a)는 양자역학에 입각한 총알의 확률 분포도이다. 보다시피, 간섭에 의한 파동 무늬의 간격이 매우 촘촘하게 나타나 있다. 물론 이것은 상상으로 그린 그림이며, 실제의 감지기는 이 굴곡을 감지하지 못하고 그림 (b)처럼 완만한 분포 곡선을 우리에게 보여 줄 것이다.

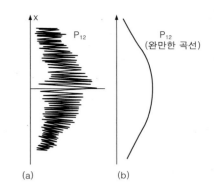

그림 1-5 총알에 의한 간섭 무늬
(a) 실제의 모습(개략적인 그림)
(b) 관측된 결과

1-7 양자역학의 제1원리

지금까지 했던 일련의 실험으로부터 얻은 결론을 요약해 보자. 지금부터 하는 이야기는 앞에서 했던 특정 실험뿐만 아니라 비슷한 유의 모든 실험에 일반적으로 적용된다. 우선, 우리의 실험에 영향을 줄 만한 외부의 요인들을 모두 차단할 수 있다고 가정하자. 이렇게 '이상적인 실험'을 가정하면 우리의 논리는 한층 더 간략하게 정리될 수 있다. 이상적인 실험이란 한마디로 "실험의 모든 초기 조건과 말기 조건이 완벽하게 규정될 수 있는 실험"을 말한다. 그리고 사건(event)이란 일반적으로 "초기 조건과 말기 조건의 집합"으로 정의된다(예를 들어, "전자가 총에서 발사되어 감지기에 도달하는 것"도 하나의 사건이다. 이 사건에서 전자는 감지기 이외의 다른 곳으로 도달하지 않는다). 이제 결론을 요약해 보자.

요 약

(1) 이상적인 실험에서 임의의 사건이 일어날 확률은 확률 진폭이라 부르는 복소수 ϕ의 절대값의 제곱으로 주어진다.

$$P = 확률$$
$$\phi = 확률 진폭$$
$$P = |\phi|^2 \qquad (1.6)$$

(2) 하나의 사건이 여러 가지 방법으로 일어날 수 있는 경우, 이 사건에 대한 확률 진폭은 각각의 경우에 대한 확률 진폭을 더하여 얻어지며, 이때 간섭 현상이 일어난다.

$$\phi = \phi_1 + \phi_2$$
$$P = |\phi_1 + \phi_2|^2 \qquad (1.7)$$

(3) 위에서 말한 사건이 여러 가지 가능성 중 어떤 방법으로 일어났는지를 알아내는 실험을 한다면, 그 사건이 발생할 전체 확률은 개개의 방식으로 일어날 확률들을 더하여 얻어지며, 간섭은 일어나지 않는다.

$$P = P_1 + P_2 \qquad (1.8)$$

여러분은 아직도 심기가 불편할 것이다. "어떻게 그럴 수가 있단 말인가? 우리가 전자를 바라보고 있다는 것을, 생명체도 아닌 전자가 어떻게 알아챈다는 말인가? 그 배후에 숨어 있는 법칙은 무엇인가?" 배후의 법칙은 아직 아무도 찾아내지 못했다. 우리가 지금 제시한 것보다 더 자세한 설명을 할 수 있는 사람은 없다. 이 난처한 상황을 지금보다 더 논리적으로 이해하는 방법이 전혀 존재하지 않는 것이다.

이 시점에서 고전역학과 양자역학 사이의 중요한 차이점을 강조하고자 한다. 지금까지 우리는 주어진 조건하에서 하나의 전자가 특정 위치에 도달할 확률을 생각해 보았다. 그런데 왜 하필이면 확률인가? 더 정확한 예측을 할 수는 없는 것인가? 그렇다. 실험 기구의 주변 환경을 아무리 이상적으로 만든다 해도 (그리고 실험 기구가 제아무리 정밀하다 해도) 개개의 전자가 어디로 도달할 것인지를 정확하게 예측하는 방법은 없다. 우리는 오직 가능성(확률)만을 예측할 수 있을 뿐이다! 이것은 곧 현대 물리학이 어떤 정해진 환경하에서 앞으로 발생할 사건을 정확하게 예견하는 것을 포기해야 한다는 뜻이다. 그렇다! 물리학은 그것을 포기할 수밖에 없었다. 우리는 주어진 상황에서 앞으로 벌어질 일을 정확하게 예측할 수 없다. 그동안 수많은 실험과 경험적 사실로 미루어 볼 때, 이것은 분명한 사실이다. 우리가 알 수 있는 것은 오로지 확률뿐이다. 이로써 자연을 이해하려는 우리의 이상은 한 걸음 뒤로 물러나야 했다. 무언가 억울한 기분이 드는 것은 사실이지만, 어쩌겠는가? 불확정성 원리를 피해 갈 방법이 없는 한, 우리는 이 안타까운 현실을 받아들여야만 한다.

지금까지 서술한 내용, 즉 '측정이라는 행위에 수반되는 한계'를 극복하기 위해 여러 가지 방법이 제안되었는데, 그중 한 가지를 소개해 보겠다. "전자는 우리가 모르는 은밀한 내부 구조를 갖고 있을지도 모른다. 우리가 전자의 앞날을 예견하지 못하는 것은 아마도 이것 때문일 것이다. 만일 전자를 좀 더 가까운 곳에서 관측할 수만 있다면, 우리는 전자의 앞길을 정확하게 예측할 수 있을 것이다." 과연 그럴까? 지금까지 알려진 바에 의하면 이것 역시 불가능하다. 전자를 가까이서 본다 해도 난점은 여전히 남아 있다. 위에서 말한 대로, 전자의 앞길을 예측할 수 있는 모종의 내부 구조가 전자 속에 숨어 있다고 가정해 보자. 그렇다면 이 내부 구조는 전자가 '어느 구멍으로 지나갈 것인지'도 결정해야 한다. 그러나 여기서 한 가지 명심해야 할 것이 있다. 우리가 실험 장치를 아무리 바꾼다 해도, 전자의 내부 구조는 변하지 않아야 한다. 즉, 우리가 두 개의 구멍들 중 하나를 막아 놓았다고 해서 전자의 내부 구조가 달라질 이유는 없는 것이다. 그러므로 만일 전자가 총으로부터 발사된 직후에 (a)어느 구멍으로 지나갈지, 그리고 (b)어느 지점에 도달할 것인지를 이미 마음먹고 있었다면, 우리는 구멍 1을 선택한 전자의 확률 분포(P_1)와 구멍 2를 선택한 전자의 확률 분포(P_2)를 알 수 있으며, 감지기에 도달한 전자의 전체적 확률 분포는 $P_1 + P_2$로 결정되어야만 한다. 여기에는 이론의 여지가 있을 수 없다. 그러나 실제로 실험을 해 보면 전혀 그렇지가 않다. 이것은 정말로 지독한 수수께끼여서, 아무도 이 문제를 풀지 못했으며 앞으로도 풀릴 가능성은 별로 없어 보인다. 지금의 우리는 그저 확률을 계산하는 것만으로 만족해야 한다. 사실 '지금'이라고 말은 하고 있지만, 이것은 아마도 영원히 걷어 낼 수 없는 물리학의 굴레인 것 같다. 불확정성 원리는 인간의 지적 능력에 그어진 한계가 아니라, 자연 자체에 원래부터 내재되어 있는 본질이기 때문이다.

1-8 불확정성 원리

애초에 하이젠베르크는 불확정성 원리를 다음과 같이 설명했다. "어떤 물체의 운동량(더 정확하게는 운동량의 x성분) p를 측정할 때 오차의 한계를 Δp 이내로 줄일 수 있다면, 그 물체의 위치 x를 측정할 때 수반되는 오차(불확정도) Δx는 $h/\Delta p$보다 작아질 수 없다. 임의의 한 순간에 위치의 불확정도(Δx)와 운동량의 불확정도(Δp)를 곱한 값은 항상 h(플랑크 상수)보다 크다." — 이것은 앞에서 다루었던 '일반적인' 불확정성 원리의 특수한 경우에 해당된다. 이를 보다 일반적으로 서술한다면 다음과 같다 — "간섭 무늬를 소멸시키지 않으면서 전자가 어느 구멍을 지나왔는지를 확인하는 방법은 없다."

하이젠베르크의 불확정성 원리가 없었다면, 우리는 곧바로 난처한 상황에 직면했을 것이다. 한 가지 예를 들어서 그 이유를 설명하기로 한다. 그림 1-3의 실험 장치를 조금 수정하여, 그림 1-6과 같은 실험 장치를 만들었다고 가정해 보자. 구멍이 뚫린 벽은 롤러에 물려 있어서, 아래위로(x방향으로) 자유롭게 이동할 수 있다. 이런 경우라면 이동용 벽의 운동 상태로부터 전자가 통과한 구멍을 식별해 낼 수 있다. 감지기가 $x = 0$에 있을 때(그림 1-6과 같은 상황) 어떤 일이 일어나는지 상상해 보라. 구멍 1을 통과한 전자가 감지기에 도달하려면 전자는 구멍 속에서 벽에 충돌하여 진행 경로가 아래쪽으로 굴절되어야 한다. 이 경우, 전자 운동량의 수직 성분에 변화가 생겼으므로 벽 자체의 운동량도 이와 반대쪽으로 같은 크기만큼 변해야 한다. 즉, 구멍이 뚫린 벽이 위쪽으로 조금 이동하게 되는 것이다. 이와 반대로 전자가 구멍 2를 통과한 경우, 벽은 아래쪽으로 충격을 받을 것이다. 그러므로 감지기가 어느 위치에 있건 간에, 전자가 구멍 1을 통과한 경우와 구멍 2를 통과한 경우, 판에 전달되는 운동량은 달라질 수밖에 없다. 맞다! 바로 이거다! 이 방법을 이용하면 전자를 전혀 교란시키지 않고서도 어느 쪽 구멍을 통과해 왔는지 알 수 있을 것 같다.

그런데 한 가지 문제가 있다. 벽의 운동량이 얼마나 변했는지를 알기 위해서는 전자가 구멍을 통과하기 전에 벽의 운동량이 얼마였는지를 미리 알고 있어야 한다. 그래야 전자가 지나간 후의 운동량을 측정하여, 이 값에서 애초의 운동량을 뺌으로서 운동량의 변화를 구할 수 있기 때문이다. 그런데 불확정성 원리에 의하면 벽의 운동량을 정확하게 측정할수록 벽의 정확한 위치를 알 수가 없게 된다. 그리고 벽의 위치가 불분명하다는 것은 곧 두 개의 구멍

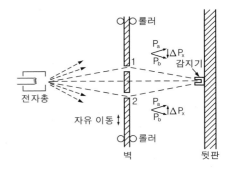

그림 1-6 벽의 되튐(recoil)을 고려하여 전자가 통과한 구멍을 식별하는 실험

이 나 있는 위치가 오차의 한계 이내에서 모호해진다는 뜻이다. 이렇게 되면 개개의 전자가 구멍을 통과할 때마다 구멍의 위치가 조금씩 달라지고, 이 요동으로 인해 간섭 무늬는 사라지게 된다. 벽의 운동량을 어느 한도 이내로 정확하게 측정했을 때, 이로부터 수반되는 위치의 오차(Δx)는 간섭 무늬의 극대값을 바로 옆의 극소 지점으로 이동시킬 만큼 크기 때문이다. 이에 관한 정량적인 계산은 다음 장에서 다루기로 하겠다.

불확정성 원리는 양자역학을 유지시키는 일종의 보호 장치이다. 하이젠베르크는 "위치와 운동량을 매우 높은 정확도로 동시에 측정할 수 있다면 양자역학은 붕괴된다"는 사실을 깊이 인식하여, 이것이 불가능할 수밖에 없다는 결론에 도달하였다. 불확정성 원리에 수긍할 수 없었던 많은 물리학자들은 어떻게든 반론을 제기하기 위해 여러 가지 물체를 대상으로 다양한 실험을 해 보았지만, 위치와 운동량을 동시에 정확하게 측정하는 방법은 단 한 차례도 발견되지 않았다. 이렇듯 양자역학은 정교한 '외줄타기식 논리'를 바탕으로 지금의 명성을 유지하고 있는 것이다.

CHAPTER 2
파동과 입자의 관계

2-1 파동의 확률 진폭

이 장에서는 파동성과 입자성의 상호 관계에 대해 알아보기로 한다. 입자설과 파동설이 모두 옳지 않다는 것은 1장에서 확인한 바 있다. 그동안 나는 물리학을 설명하면서 가능한 한 사실에 입각하여 정확하게 서술하려고 애를 써 왔다. 앞으로 여러분이 공부를 더 하면 지금 배운 내용이 확장될 수는 있겠지만, 이론의 근간이 송두리째 흔들리는 대형사고는 거의 발생하지 않을 것이다. 그러나 불행하게도, 여기에는 한 가지 예외적인 분야가 있다. 입자와 파동의 특성을 깊이 파고 들어가다 보면, 기존의 관념들을 모두 포기해야 한다. 이 장에서 강의될 내용은 부분적으로 직관에 의존하고 있기 때문에, 나중에 양자역학을 제대로 배우게 되면 약간의 수정이 가해져야 한다. 이런 불편을 감수하면서 굳이 '틀린' 강의를 하는 이유는 지금 여러분에게 양자역학을 강의하는 것이 무리라고 판단되기 때문이다. 양자역학에 나오는 그 복잡한 수학을 배우기 전에, 우리가 이미 알고 있는 파동과 입자의 특성을 양자역학과 연계하여 직관적으로 이해할 수 있다면 나중에 커다란 도움이 될 것이다.

양자역학의 가장 큰 특징은 '발생 가능한 모든 사건의 확률'로 이 세계를 서술한다는 점이다. 예를 들어 하나의 입자가 발생하는 사건을 다루는 경우, 우리는 그 입자의 확률 진폭(probability amplitude)을 시간과 공간의 함수로 표현한다. 그리고 그 입자가 발견될 확률은 확률 진폭의 절대값 제곱에 비례한다. 일반적으로 입자가 발견될 확률은 시간과 공간의 좌표에 따라 달라진다.

확률 진폭은 시간과 공간에서 $e^{i(\omega t - \boldsymbol{k} \cdot \boldsymbol{r})}$처럼 주기적인 값을 가질 수도 있다(이 진폭은 실수가 아니라 허수임을 상기하라). 여기서 ω는 진동수이고 $\boldsymbol{k}$는 파동수를 의미한다. 그런데 이것은 고전적으로 에너지 E를 갖고 있는 입자와 다음과 같은 식으로 연결된다.

$$E = \hbar \omega \qquad (2.1)$$

입자의 운동량 $\boldsymbol{p}$와 파동수 $\boldsymbol{k}$도 다음과 같이 연결된다.

$$\boldsymbol{p} = \hbar \boldsymbol{k} \qquad (2.2)$$

이 관계식은 입자 이론의 한계를 보여 주고 있다. 정확한 위치와 운동량을 갖고 있는 '입자(particle)'라는 개념은 우리에게 매우 친숙하긴 하지만 어딘가 모자란 구석이 있다. 예를 들어 입자의 확률 진폭이 $e^{i(\omega t - k \cdot r)}$로 주어졌을 때, 입자가 발견될 확률을 구하기 위해 절대값의 제곱을 취하면 위치와 시간에 관계없는 상수가 얻어진다. 즉, 입자가 발견될 확률이 모든 지점에서 똑같다는 뜻이다. 이렇게 되면 입자가 어디에 있는지 알 방법이 없다. 입자의 위치에 엄청난 불확정성이 나타나는 것이다.

또는 입자의 위치가 어느 정도 알려져 있어서 특정 순간의 위치를 거의 정확하게 예견할 수 있는 경우라면 입자가 발견될 확률은 Δx 라는 영역 안에 국한된다. 이 영역 밖에서 입자가 발견될 확률은 0이다. 그런데 확률은 진폭의 절대값을 제곱한 양이므로 확률이 0이라는 것은 곧 진폭이 0임을 의미하며, 이것은 그림 2-1과 같이 길이가 Δx 인 '파동 열차(wave train)'에 대응될 수 있다. 이 파동 열차의 파장은 입자의 운동량에 대응된다.

여기서 우리는 파동의 이상한 성질(양자역학과는 아무런 관계도 없지만, 아무튼 이상한 성질)과 직면하게 된다. 그림 2-1과 같이 짧은 파동 열차에 대해서는 파장을 정확하게 정의할 수가 없다는 것이다! 정확한 파장을 정의할 수 없으면 파동수도 정확하게 정의할 수 없고, 따라서 운동량도 불분명해질 수밖에 없다.

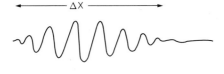

그림 2-1 Δx의 길이를 갖는 파동 묶음 (wave packet)

2-2 위치와 운동량의 측정

위치와 운동량의 상호 관계를 보여 주는 간단한 예가 하나 있다. 조그만 구멍(슬릿)을 통해 입자가 빠져나오는 경우를 상상해 보자.

이 입자는 아주 먼 거리에 있는 입자 발생기에서 빔의 형태로 출발하여, 슬릿에 도달할 때는 평행한 직선 궤적을 그리고 있다(그림 2-2). 우리가 관심을 가질 부분은 입자가 갖는 운동량의 수직 방향 성분이다. 고전적인 관점에서 본 입자의 수평 방향 운동량을 p_0 라 하자. 이 입자는 슬릿에 도달하기 전까지는 위아래로 움직이지 않기 때문에 운동량의 수직 성분은 0이다. 이제 이 입자가 폭 B 인 구멍을 빠져나오면 입자의 y 방향 위치(위치 벡터의 y 성분)는 $\pm B$ 의 오차 범위 이내에서 결정될 수 있다. 즉, 수직 방향 위치의 불확정성 Δy 는 B 와 거의 같은 차수를 갖는다(order of B). 구멍을 통과하기 전에 입자의 운동량은 수평 방향 성분밖에 없었으므로 구멍을 통과한 후에 나타나는 운동량의 수직 성분의 불확정성 Δp_y 는 0이라고 말하고 싶겠지만, 사실은 그렇지 않다. 일단 구멍을 통과한 후에는 입자의 운동량이 수평 성분만 갖는다고 단언할 수가 없기 때문이다. 입자가 구멍을 통과하기 전에는 입자의 y 좌표를 알 수 없었다(입자는 빔의 형태로 날아오고 있다). 그 후, 입자가 좁은 구멍을 통과하면 그때 비로소 y 좌표를 $\pm B$ 의 오차 범위 내에서 결정할 수 있다. 그러나 그때부터 운동량의 y 성분에 관한 정보는 잃어 버리게 된다! 왜 그럴까? 파동 이론에 의해 좁은 구멍에서 회절이 일어나기 때문이다. 이렇게 되면 입자는 더 이상 수평 방향으로 직선 운동을 하지 않고 여러 방향으로 흩어져서 0이 아닌 p_y 를 갖게 된다. 구멍을 빠져나온 입자들을 감

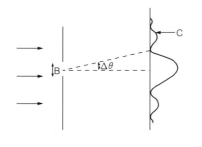

그림 2-2 좁은 구멍을 통과하는 입자의 회절

지기로 검출하여 각 위치에 도달한 개수를 세어 보면 그림 2-2의 오른쪽과 같은 그래프가 얻어지는데, 중앙 부위의 피크와 그 옆에 나타나는 첫 번째 최소값 사이의 각도 $\Delta\theta$는 '각도의 불확정성'에 해당된다.

구멍을 통과한 입자들이 넓은 영역으로 퍼지는 이유는 무엇인가? 분포가 위아래로 나타난다는 것은, 입자의 운동량이 수직 방향의 성분을 갖는다는 뜻이다. 만일 입자가 그림 2-2의 C 지점에 도달했다면, 그것은 입자의 일부가 아니라 하나의 입자가 통째로 도달했다는 뜻이므로 고전적인 관점에서 볼 때 수직 방향으로 운동량을 갖고 있음이 분명하다.

운동량이 수직 방향으로 '퍼지는' 정도는 대략 $p_0\Delta\theta$와 같다. 그렇다면 $\Delta\theta$는 얼마나 되는가? 1권 30장에서 계산했던 바와 같이, 구멍의 한쪽 모서리에서 첫 번째 최소 지점으로 도달하는 경로는 반대쪽 모서리에서 최소 지점으로 도달하는 경로보다 한 파장만큼 길다. 그러므로 $\Delta\theta = \lambda/B$이며 $\Delta p_y = p_0\lambda/B$이다. B를 더욱 작게 하여 입자의 위치에 정확성을 기할수록 회절 패턴은 더욱 넓게 퍼진다. 즉, B가 작아질수록 입자가 수직 방향의 운동량 성분을 가질 확률이 높아지는 것이다. 따라서 수직 방향 운동량의 불확정성은 수직 방향 위치 y의 불확정성과 반비례 관계에 있다. 실제로 이 두 개의 불확정성을 곱한 값은 $p_0\lambda$이다. 그런데 λ는 파장이고 p_0는 운동량이므로 양자역학의 법칙에 의하면 이들을 곱한 값은 플랑크 상수 h와 같다. 그러므로 운동량의 수직 성분과 위치의 수직 성분 사이에 다음과 같은 불확정성이 존재한다는 것을 알 수 있다.

$$\Delta y \Delta p_y \approx h \qquad (2.3)$$

어떠한 측정 장비를 동원한다 해도, y좌표의 불확정성 Δy를 $h/\Delta p_y$보다 작게 줄일 수는 없다. 그리고 입자의 수직 방향 운동량의 불확정성 Δp_y도 $h/\Delta y$보다 항상 크게 나타난다.

개중에는 양자역학이 틀렸다고 주장하는 사람들도 있다. 입자가 구멍을 통과하기 전에는 운동량의 수직 성분이 0이었고 구멍을 통과할 때에는 입자의 위치가 정확하게 결정되므로, 이 정보를 잘 조합하면 위치와 운동량을 추호의 오차도 없이 정확하게 결정할 수 있을 것 같기도 하다. 사실, 입자가 구멍에 도달하면 현재의 위치는 정확하게 파악되는 셈이고, 과거의 운동량도 쉽게 알아낼 수 있다. 그러나 식 (2.3)이 의미하는 것은 과거의 정보가 아니라, 위치와 운동량을 정확하게 **예측할 수 없다**는 뜻이다. 그러므로 "나는 입자가 구멍을 통과하기 전에 운동량이 얼마였는지 정확하게 알고 있고, 지금 막 구멍에 도달한 입자의 위치도 알고 있다"고 해도 불확정성은 사라지지 않는다. 입자가 좁은 구멍을 통과하는 순간, 운동량에 관한 정보가 증발해 버리기 때문이다. 우리의 관심은 과거의 정보를 재확인하는 이론이 아니라, 앞으로 일어날 일들을 '예측하는' 이론이다.

이와는 조금 다른 방법으로 한 가지 실험을 더 해 보자. 앞의 실험에서 고려된 입자의 운동량은 속도의 방향과 각도 등으로부터 결정되는 고전적인

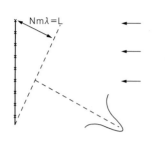

Nmλ = L

그림 2-3 회절 격자를 이용한 운동량의 측정

개념의 운동량이었다. 그러나 운동량은 식 (2.2)를 통해 파동수와도 관계되어 있으므로, 운동량을 측정하는 다른 방법이 있을 것이다. 지금부터 파동의 파장으로부터 입자의 운동량을 결정해 보자.

여기, 여러 개의 줄무늬 홈이 새겨진 회절 격자에 입자 빔이 발사되고 있다(그림 2-3). 입사 입자들이 정확한 운동량을 갖고 있다면, 이들이 회절을 일으킨 결과는 어떤 특정 방향에서 집중적으로 검출될 것이다. 이때 운동량의 정확도는 회절 격자의 분해능에 의해 좌우되는데, 이 내용은 1권 30장에서 이미 설명한 바 있다. 격자의 줄무늬 개수를 N이라 하고 회절 무늬의 차수 (order)를 m이라 했을 때 파장의 상대적 불확정성 $\Delta\lambda/\lambda$는 다음과 같다(1권 식 30.9 참조).

$$\Delta\lambda/\lambda = 1/Nm \tag{2.4}$$

식 (2.4)는 다음과 같이 변형될 수 있다.

$$\Delta\lambda/\lambda^2 = 1/Nm\lambda = 1/L \tag{2.5}$$

여기서 L은 격자의 제일 윗부분에서 반사된 입자가 진행한 거리와 격자의 제일 아래 부분에서 반사된 입자가 진행한 거리의 차이이다(그림 2-3). 격자의 제일 아래 부분에서 반사된 파동이 제일 먼저 도달한 후 그 위에서 반사된 파동들이 순차적으로 도달하며, 격자의 제일 윗부분에서 반사된 빛은 처음 도달한 빛과 L만큼의 경로차를 갖게 된다. 그러므로 식 (2.4)의 불확정성 이내에서 감지기의 스펙트럼에 선명한 선이 나타나려면 파동 열차의 길이가 적어도 L보다 길어야 한다. 파동 열차의 길이가 지나치게 짧으면 스펙트럼을 형성하는 파동들이 격자의 전체가 아닌 일부분에서 반사되었다는 뜻이며, 이 경우에 스펙트럼은 가느다란 선을 형성하지 않고 넓은 각도에 걸쳐 퍼지게 된다. 가느다란 선을 얻으려면 격자의 모든 부분을 사용해야 한다. 그래야 모든 파동 열차들이 회절 격자의 모든 지점에서 동시에 산란될 수 있기 때문이다. 따라서 파장의 불확정성이 식 (2.5)보다 작아지려면 파동 열차의 길이는 L 이상이 되어야 한다. 그런데

$$\Delta\lambda/\lambda^2 = \Delta(1/\lambda) = \Delta k/2\pi \tag{2.6}$$

이므로

$$\Delta k = 2\pi/L \tag{2.7}$$

이다. 여기서 L은 파동 열차의 길이이다.

이는 곧 파동 열차의 길이가 L보다 짧으면 파동수의 불확정성이 $2\pi/L$ 보다 커진다는 것을 의미한다. 또는 파동수의 불확정성과 파동 열차의 길이 Δx를 곱한 값이 항상 2π보다 크다는 것을 의미하기도 한다. 파동 열차의 길이를 Δx로 표현하는 이유는 이것이 바로 입자의 위치가 갖는 불확정성에 해당되기 때문이다. 파동 열차의 길이가 유한하다는 것은 입자의 위치를 Δx 의 불확정성 이내에서 결정할 수 있다는 뜻이다. 파동 열차의 길이와 파동수

의 불확정성을 곱한 값이 적어도 2π보다 크다는 것은 이 분야를 연구하는 사람이라면 누구나 알고 있는 사실이다. 이것은 양자역학과 아무런 관계도 없으며, 그저 "길이가 유한한 파동 열차의 파동수는 정확하게 정의될 수 없다"는 사실을 말해 주고 있을 뿐이다. 여기에 담긴 의미를 다른 방법으로 찾아보자.

여기, 길이가 L인 파동 열차가 있다. 파동 열차는 그림 2-1과 같이 가장자리로 갈수록 진폭이 감소하므로, L 안에 들어 있는 파동의 수를 헤아리면 ± 1 정도의 오차가 발생할 것이다. 그런데 이 파동 열차의 파동수는 $kL/2\pi$이므로, 결국 k에 불확정성이 존재하게 되고 그 결과는 식 (2.7)과 일치한다. 이것은 양자역학적 결과가 아니라 단지 파동 특유의 성질일 뿐이다. 단위 시간당 파동의 진동수를 ω라 하고 파동 열차가 지속되는 시간을 T라 했을 때, 진동수의 불확정성과 T 사이에도 다음의 관계가 성립한다.

$$\Delta \omega = 2\pi/T \tag{2.8}$$

이 모든 것은 파동이 갖는 고유한 성질로서, 음파 이론 등에 유용하게 사용되고 있다.

양자역학에서 파동수는, $p = \hbar k$의 관계를 통해 입자의 운동량으로 해석된다. 따라서 식 (2.7)로부터 $\Delta p \approx h/\Delta x$임을 알 수 있다. 이것이 바로 고전적인 운동량의 한계이다. '입자의 운동량'이라는 고전적인 개념을 고집한다면 이 관계를 이해할 방법이 없다(입자를 파동으로 설명할 때에도 이와 비슷한 한계에 부딪힌다!).

2-3 결정(crystal)에 의한 회절

입자가 결정면에서 반사되는 경우를 생각해 보자. 결정이란 비슷한 원자들이 어떤 일정한 규칙에 따라 배열되어 있는 구조를 말한다. 여기서 우리의 질문은 다음과 같다—빛(X-선)이나 전자, 중성자 등의 입자들을 결정면에 입사시켰을 때, 이들이 어떤 특정 방향에서 집중적으로 검출되려면 결정을 어느 방향으로 세팅시켜야 하는가? 한 지점에서 반사가 강하게 일어나려면 원자에 의해 산란된 파동들의 위상이 모두 같아야 한다. 위상이 같은 파동과 정반대인 파동이 같은 정도로 섞인다면 검출기에는 아무것도 나타나지 않는다. 이 내용은 앞에서 이미 설명한 적이 있는데, 대략적인 상황은 그림 2-4와 같다.

그림 2-4와 같이 두 개의 평행한 결정면에서 산란이 일어나는 경우, 두 파동의 경로차가 파장의 정수배일 때 검출기에 강한 신호가 나타난다. 두 결정면 사이의 거리를 d라 하면 경로차는 $2d\sin\theta$이므로, 보강 간섭이 일어날 조건은 다음과 같다.

$$2d \sin \theta = n\lambda \quad (n = 1, 2, \cdots) \tag{2.9}$$

예를 들어, 결정면이 식 (2.9)의 $n = 1$인 경우에 해당된다면 반사된 방

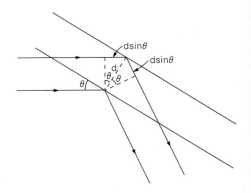

그림 2-4 결정면에 의한 파동의 산란

향에서 강한 신호가 잡힐 것이다. 그러나 두 결정면의 중간 지점에 성질이 똑같은 또 하나의 결정면이 있었다면, 여기서 산란된 파동이 다른 파동과 간섭을 일으켜 아무런 신호도 잡히지 않을 것이다. 그러므로 식 (2.9)의 d는 '바로 이웃한 결정면까지의 거리'로 잡아야 한다. 몇 층의 간격을 두고 떨어져 있는 두 결정면에 대해서는 이 식을 적용할 수 없다!

실제로 결정체 안에 들어 있는 원자들은 단순한 패턴이 반복되는 식으로 간단하게 배열되어 있지 않다. 2차원 평면을 예로 든다면 결정체의 원자들은 마치 벽지처럼, 복잡한 '무늬'가 사방으로 반복되는 구조를 갖고 있다. 이때 나타나는 하나의 무늬를 '단위 세포(unit cell)'라 한다.

무늬가 반복되는 기본 패턴을 '격자꼴(lattice type)'이라 하는데, 이것은 빛이나 입자가 반사되어 나타나는 분포의 대칭성으로부터 쉽게 짐작할 수 있다. 그러나 격자를 구성하고 있는 입자의 특성까지 알고자 한다면, 다양한 방향으로 나타나는 산란의 강도(intensity)까지 알아야 한다. 다시 말해서, 산란되는 방향은 격자의 형태에 의해 좌우되고 산란되는 강도는 단위 세포의 특성에 따라 달라진다. 대부분의 결정 구조는 이 두 가지 방법으로 알아낼 수 있다.

암염(岩鹽)과 미오글로빈(myoglobin, 산소를 저장하는 단백질)을 대상으로 X-선 산란 실험을 한 결과가 그림 2-5와 2-6에 각각 나와 있다.

이웃한 결정 평면 사이의 거리가 $\lambda/2$보다 가까우면 재미있는 현상이 일어난다. 이 경우에는 식 (2.9)를 만족하는 n이 존재하지 않기 때문에, 빛(또는 다른 입사 입자)이 결정면에서 반사되지 않고 그대로 통과한다. 따라서 결정면들 사이의 간격보다 파장이 훨씬 긴 빛을 쪼이면 결정면에 의한 반사 무늬가 나타나지 않는다.

이 현상은 원자로에서 발생하는 중성자에서도 나타난다. 핵분열 과정에서 생성되는 중성자는 기다란 흑연(제어봉) 속으로 흡수되는데, 그 속에서 중성자는 여러 원자들에 의해 산란되면서 사방으로 퍼져나간다(그림 2-7). 이때 제어봉의 길이가 충분히 길면 봉의 끝을 통해서 밖으로 나오는 중성자는 매우 긴 파장을 갖게 된다! 이 근처에 감지기를 설치하여 중성자의 개수와 파장 사이의 관계를 추적해 보면 그림 2-8과 같은 그래프가 얻어진다. 즉, 제어봉의 끝을 통해서 밖으로 나오는 중성자의 파장은 어떤 특정값(λ_{min})보다 항상 크다는 것을 알 수 있다. 다시 말해서, 속도가 느린 중성자들만이 도중에 산란되거나 회절되지 않고 제어봉의 끝까지 도달한다는 뜻이다. 중성자를 비롯한 여러 입자들의 파동적 성질을 보여주는 사례는 이것 말고도 여러 가지가 있다.

2-4 원자의 크기

식 (2.3)의 불확정성 원리를 이용하여 원자의 크기를 계산해 보자. 이 논리는 딱히 틀린 곳은 없지만 정확한 값을 얻을 수 있는 방법이 아니므로 결

그림 2-5

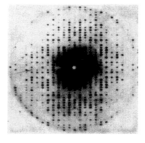

그림 2-6

그림 2-7 원자로에서 생성된 중성자는 흑연(제어봉)의 내부를 관통한다.

과를 심각하게 받아들일 필요는 없다. 고전적으로 생각해 보면, 원자에 속해 있는 전자는 가속 운동(원운동)을 하고 있으므로 전자기파를 방출하면서 나선형 궤적을 그리다가 결국 원자핵 속으로 빨려 들어가야 한다. 그러나 양자역학적으로는 전자의 위치와 속도 사이에 어떤 불확정성이 존재하기 때문에 이런 일은 일어나지 않는다.

수소 원자에 속해 있는 전자의 위치를 측정한다고 상상해 보자. 사실, 우리는 전자의 위치를 정확하게 결정할 수 없다. 만일 전자의 위치가 아무런 오차 없이 정확하게 결정된다면 운동량의 오차(불확정성)는 무한대가 되기 때문이다. 우리가 전자를 들여다볼 때마다 그것은 어딘가에 분명히 존재하겠지만, 우리는 임의의 시간에 전자의 위치를 한 점으로 결정할 수 없고 각 위치에 존재할 확률만을 알 수 있다. 이 확률이 존재하는 구간, 즉 전자가 존재할 확률이 0이 아닌 구간의 폭을 a 라 하면, 이 값은 원자핵과 전자 사이의 거리로 이해할 수 있다. 이제, 원자의 총 에너지가 최소값을 가진다는 조건으로부터 a 의 값을 결정해 보자.

식 (2.3)에 의하면 운동량의 불확정성은 대략 $\hbar/a$ 이다. 전자는 한 자리에 정지해 있지 않으므로, X-선 산란 등을 이용하여 전자의 운동량을 측정해 보면 $p \approx \hbar/a$ 가 얻어질 것이다. 따라서 전자의 운동 에너지는 대략 $\frac{1}{2}mv^2 = p^2/2m = \hbar^2/2ma^2$ 임을 알 수 있다. (어떤 의미에서, 이것은 전자의 운동 에너지가 플랑크 상수와 전자의 질량, 그리고 원자의 크기에 의존한다는 사실을 알려주는 일종의 '차원 분석'이라고 할 수 있다. 그러므로 우리의 계산에 2, π 등과 같은 상수를 따로 고려할 필요는 없다. 원자의 크기라고 정의했던 a 역시 이런 상수들에 영향을 받을 만큼 정확하게 정의되지 않았다.) 한편, 전자의 위치 에너지는 $-e^2/a$ 인데, 여기서 e^2 은 전자의 전하를 제곱하여 $4\pi\varepsilon_0$ 로 나눈 값이다. 여기서 우리가 주목할 점은 a 가 작을수록 위치 에너지는 작아지지만 불확정성 원리에 의해 운동량이 커지고, 따라서 운동 에너지가 증가한다는 사실이다. 전자의 총 에너지는

$$E = \hbar^2/2ma^2 - e^2/a \tag{2.10}$$

이다. 우리는 아직 a 의 값을 알지 못하지만, 원자가 총 에너지를 최소화시키는 쪽으로 배열되어 있다는 사실은 알고 있다. E 의 최소값을 구하기 위해 E 를 a 로 미분하면

$$dE/da = -\hbar^2/ma^3 + e^2/a^2 \tag{2.11}$$

이 된다. 여기에 $dE/da = 0$ 이라는 조건을 부과하면

$$a_0 = \hbar^2/me^2 = 0.528 \text{ angstrom} = 0.528 \times 10^{-10} \text{ meter} \tag{2.12}$$

를 얻는다. 이 값이 바로 그 유명한 '보어 반지름(Bohr radius)'으로서, 이로부터 우리는 원자의 반지름이 거의 Å 단위임을 알 수 있다. 원자의 크기에 관한 아무런 실마리도 없이, 오로지 불확정성 원리 하나만으로 원자의 크기를 이 정도로 짐작할 수 있다는 것은 실로 놀라운 일이다! 고전적으로는 원자의

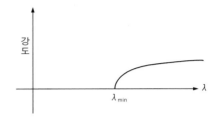

그림 2-8 흑연 제어봉의 끝을 통해 밖으로 나오는 중성자의 개수와 파장 사이의 관계

구조를 이해할 방법이 없다. 고전 전자기학에 의하면 전자는 핵의 중심부로 빨려 들어가야 하기 때문이다.

식 (2.12)에서 구한 a_0를 식 (2.10)에 대입하면 원자의 에너지를 구할 수 있다.

$$E_0 = -e^2/2a_0 = -me^4/2\hbar^2 = -13.6\,\text{ev} \qquad (2.13)$$

보다시피 전자의 에너지는 음수이다. 이건 또 무슨 뜻일까? 전자가 혼자 자유롭게 돌아다닐 때보다 원자 안에 구속되어 있을 때 에너지가 더 작다는 뜻이다. 이러한 상태를 '속박된 상태(bounded state)'라 한다. 속박된 전자가 자유롭게 풀려나려면 외부로부터 에너지를 공급받아야 한다. 따라서 수소 원자를 이온화시키는 데 필요한 에너지는 식 (2.13)으로부터 13.6ev임을 알 수 있다. 앞서 지적한 대로 이 계산의 정확도는 대충 자릿수만 맞는 수준이므로 여기에 2, 3, 1/2, 또는 $1/\pi$ 등의 상수가 누락되었을지도 모른다. 그러나 나는 이미 알고 있는 지식을 사용하여 답이 크게 틀리지 않도록 약간의 술수를 부렸다. 식 (2.13)의 E_0는 '리드베리 에너지(Rydberg energy)'로서, 수소 원자를 이온화시키는 데 필요한 에너지이다.

우리가 마룻바닥을 걷고 있을 때 바닥 아래로 빠지지 않는 이유가 바로 이것이다! 신발바닥을 이루고 있는 원자들과 마룻바닥의 원자들이 서로 밀쳐내고 있기 때문에 아래로 빠지지 않는 것이다. 원자들 사이의 거리를 아주 가깝게 좁혀서 좁은 영역 안에 국한시키면 불확정성 원리에 의해 운동량이 커지고 그 결과로 운동 에너지가 증가하여 서로 밀쳐 내는 효과가 나타난다. 원자들이 압축에 저항하는 성질은 순전히 양자역학적인 결과이며 고전적으로는 이 현상을 설명할 방법이 없다. 고전적으로는 전자와 원자핵이 한데 붙었을 때 원자의 에너지가 가장 작다. 그래서 과거에는 원자론 자체가 커다란 수수께끼였으며, 이 난제를 해결하기 위해 별의별 모델이 다 도입되었었다. 그러나 지금 우리는 원자의 붕괴를 걱정할 필요가 없다. 불확정성 원리가 적용되는 한, 모든 원자들은 지금의 모습을 유지할 것이기 때문이다.

지금 당장은 이 현상을 이해할 논리가 없긴 하지만, 전자들은 서로 밀쳐 내는 성질을 갖고 있다. 하나의 전자가 어떤 공간을 점유하고 있으면 다른 전자들은 같은 지점에 놓일 수 없다. 좀 더 정확하게 말하자면, 스핀이 다른 두 개의 전자들만이 같은 공간을 점유할 수 있다. 일단 두 개의 전자가 특정 공간을 점유하고 있으면 거기에 다른 전자가 추가될 여지는 없어진다. 대부분의 물체들이 견고한 구조를 유지하고 있는 것은 바로 이런 이유 때문이다. 만일 여러 개의 전자를 한 지점에 모을 수 있다면 그 지점의 밀도는 훨씬 더 커질 것이다. 그러나 전자들은 서로 '올라 탈' 수 없기 때문에 지금과 같은 주기율표를 따라 견고한 물체들이 존재하게 된 것이다.

그러므로 물질의 세부 구조를 더욱 정확하게 이해하려면 고전역학에 만족하지 말고 양자역학으로 관심을 돌려야 한다.

2-5 에너지 준위

방금 우리는 원자가 최소한의 에너지를 갖는다는 조건하에서 원자의 크기를 계산하였다. 그러나 원자는 항상 최소 에너지 상태에 있는 것이 아니라 끊임없이 꼼지락거리면서 에너지가 더 높은 상태를 오락가락하고 있다. 양자역학에 의하면 정상 상태의 원자는 명확한 양의 에너지를 갖고 있다. 원자에 속박되지 않은 전자, 즉 자유 전자는 어떤 에너지도 가질 수 있지만 속박된 전자는 그림 2-9와 같이 어떤 특정한 값의 에너지만을 가질 수 있다.

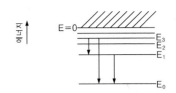

그림 2-9 원자가 가질 수 있는 에너지 준위. 이들 중 몇 개의 가능한 전이(transition)가 화살표로 표시되어 있다.

원자가 가질 수 있는 에너지 값을 각각 E_0, E_1, E_2, E_3라 하자. 만일 원자가 초기에 E_1이나 E_2 등 '들뜬 상태(excited state)'에 있었다면 원자는 이 상태를 오래 지속하지 못하고 빛을 방출하면서 낮은 에너지 상태로 전이된다. 이때 방출되는 빛의 진동수는 에너지 보존 법칙과 '에너지와 빛의 진동수 사이의 양자역학적 관계'를 말해 주는 식 (2.1)에 의해 결정된다. 그러므로 원자가 E_3에서 E_1으로 전이되면서 방출하는 빛의 진동수는 다음과 같다.

$$\omega_{31} = (E_3 - E_1)/\hbar \qquad (2.14)$$

이 값은 원자 특유의 진동수로서, 각 원자마다 다른 값을 갖는다. E_3에서 E_0로 전이될 때 방출하는 빛의 진동수는

$$\omega_{30} = (E_3 - E_0)/\hbar \qquad (2.15)$$

이며, E_1에서 E_0로 전이될 때 방출하는 빛의 진동수는

$$\omega_{10} = (E_1 - E_0)/\hbar \qquad (2.16)$$

이다. 보기에도 뻔한 세 개의 식을 굳이 나열한 이유는 이들 사이의 흥미로운 관계를 보여 주기 위해서이다. 식 (2.14)와 (2.15), (2.16)을 잘 조합하면

$$\omega_{30} = \omega_{31} + \omega_{10} \qquad (2.17)$$

이 성립함을 알 수 있다. 하나의 원자에서 두 개의 스펙트럼 선이 발견되었다면, 우리는 두 진동수의 합(또는 차)에 해당되는 또 하나의 스펙트럼 선을 찾을 수 있다. 일반적으로, 모든 스펙트럼 선의 진동수는 다른 두 스펙트럼 선의 진동수의 차이로 나타낼 수 있다. 이 놀라운 사실은 양자역학이 발견되기 전부터 '리츠의 결합 법칙(Ritz combination principle)'이라는 이름으로 이미 알려져 있었는데, 물론 당시에는 그 원인을 아무도 알지 못했다. 그러나 지금 우리는 모든 것을 정확하게 알고 있으므로, 고전적인 해설을 굳이 나열할 필요는 없을 것이다.

앞에서 우리는 확률 진폭으로 표현되는 양자역학의 체계를 잠시 논한 적이 있다. 확률 진폭은 진동수와 파동수 등 파동적 성질을 갖고 있다는 사실도 이미 알고 있다. 그렇다면 확률 진폭의 관점에서 볼 때 원자가 명확한 에너지 상태를 갖는다는 것을 어떻게 이해할 수 있을까? 정확한 이유는 아직 설명할 단계가 아니지만, 일정 영역 안에 갇혀 있는 파동이 명확한 진동수를 갖는다는 사실을 이용하면 양자역학을 동원하지 않고도 이해할 수 있을 것 같다.

예를 들어, 오르간의 파이프에 갇혀 있는 음파는 여러 가지 형태로 진동할 수 있지만 각각의 진동은 명확한 진동수를 갖고 있다. 그러므로 파동을 내포하고 있는 물체는 어떤 공명 진동수를 갖고 있을 것이다. 즉, 특정 영역에 갇혀 있는 파동은 명확한 진동수로 진동한다는 것이다. 확률 진폭의 진동수와 에너지는 서로 긴밀한 관계에 있으므로, 원자에 속박된 전자가 명확한 에너지를 갖는다는 것은 그다지 놀라운 일이 아니다.

2-6 철학적 의미

지금부터 양자역학에 담겨 있는 철학적 의미를 살펴보자. 철학을 논하다 보면 늘 그렇듯이, 이 과정에는 두 가지 문제가 대두된다. 하나는 물리학의 철학적 의미에 관한 것이고, 나머지 하나는 철학적 의미를 다른 분야에 적용하는 것이다. 철학적 아이디어를 과학에 접목시켜서 다른 분야로 가져가면 원래의 문제가 완전히 변형되어서 대체 뭔 소리를 하는지 알아들을 수 없는 경우가 태반이다. 그러므로 우리는 가능한 한 물리학의 범주를 넘지 않는 한도 내에서 철학적 의미를 따져 보기로 하자.

양자역학에서 사람들의 관심을 가장 많이 끄는 부분은 측정 행위가 결과에 영향을 준다는 '불확정성 원리(uncertainty principle)'이다. 무언가를 측정할 때 오차가 생기는 것은 당연한 일이지만, 여기서 말하는 불확정성은 가장 이상적인 환경에서 측정을 한다 해도 결코 0으로 줄일 수 없는 오차를 의미한다. 우리는 어떤 현상을 관측할 때 어쩔 수 없이 관측 대상을 교란시키게 되고, 또 관측 대상이 교란되어야 타당한 관점을 확보할 수 있다. 양자역학이 태동하기 전에도 관측자가 중요하게 취급되는 경우가 가끔 있었지만, 그다지 심각한 상황은 아니었다. 그때 제기되었던 문제는 이런 것이다─숲 속에서 거대한 나무가 쓰러질 때, 그 주변에 사람이 아무도 없다면 과연 소리가 날 것인가? 물론, '진짜' 숲에서 '진짜' 나무가 쓰러진다면 사람이 없어도 소리가 난다. 소리를 들어 줄 생명체가 그 주변에 없다 해도 어떤 형태로든 소리의 흔적이 남을 것이기 때문이다. 공기의 진동으로 인해 나뭇잎이 흔들리고 그 잎이 나무 가시에 긁혀서 찢어질 수도 있다. 이것은 나뭇잎이 흔들렸다는 가정을 세우지 않으면 설명할 수 없는 현상이다. 그러므로 소리가 직접 들리지 않았다 해도 그곳에 소리가 '있었다'는 증거는 얼마든지 찾을 수 있다. "하지만 소리는 들리지 않았잖아요?"라고 따지고 싶은 사람도 있을 것이다. 그렇다. 소리를 들어 줄 생명체가 없으면 당연히 소리는 들리지 않는다. 그러나 소리가 '들린다'는 것은 인간의(또는 생명체의) 감각에 관한 문제이다. 그 근처를 지나가는 개미가 소리를 들을 수 있는지, 또는 나무들도 소리를 들을 수 있는지, 그것은 아무도 알 수 없다. 이 문제는 이 정도로 해 두자.

양자역학으로부터 야기된 또 하나의 문제는 다음과 같다. "관측할 수 없는 대상을 논하는 것이 과연 의미가 있는가?" 양자역학은 단호히 '의미가 없다!'고 말한다(사실, 상대성 이론도 어느 면에서 이와 비슷한 주장을 하고 있다). 실험을 통해 정의될 수 없는 것은 이론을 구축해도 아무 소용이 없다는 것이다. 물론 이것은 위치와 운동량을 동시에 정확하게 측정할 수 없다고 해서 그것에 대해 '언급할 수 없다'는 뜻은 아니다. 그보다는 위치와 운동량의 정확한 값을 '언급할 필요가 없다'는 뜻에 더 가깝다. 그러므로 지금의 과학이 처한 상황은 다음과 같다―측정될 수 없거나 실험을 통해 언급될 수 없는 개념이나 아이디어는 유용할 수도 있고 그렇지 않을 수도 있다. 이런 것들은 이론에 포함시킬 필요가 없다. 고전역학적 세계와 양자역학적 세계를 비교한 결과, 물체의 위치와 운동량을 동시에 정확하게 측정할 수 없다는 것이 사실로 판명되었다고 하자. 그렇다면 입자의 **정확한 위치**와 **정확한 운동량**이라는 개념은 과연 옳은 것인가? 고전 이론은 옳다고 여기는 반면, 양자역학은 옳지 않음을 주장하고 있다. 물론 그렇다고 해서 고전 물리학이 틀렸다는 뜻은 아니다. 양자역학이 처음 발견되었을 때 고전 이론에 집착하는 사람들(사실, 하이젠베르크와 슈뢰딩거, 그리고 보어를 제외한 모든 사람들이 이 부류에 속했다)은 다음과 같은 질문을 제기했다. "당신의 이론은 별로 쓸모가 없습니다. 왜냐구요? 그 이론은 '지금 입자는 정확하게 어느 위치에 있는가?' 또는 '입자는 어느 구멍을 통과했는가?' 등의 질문에 대답을 할 수 없잖습니까?" 하이젠베르크는 이렇게 대답했다. "저는 그 질문에 대답할 필요가 없다고 생각합니다. 왜냐하면 당신은 그 질문을 실험적으로 제기할 수 없기 때문입니다." 언뜻 듣기에는 말장난 같지만 여기에는 심오한 뜻이 담겨 있다. 예를 들어, 여기 두 개의 이론 (a)와 (b)가 있다고 하자. (a)는 직접 확인할 수 없지만 분석에 필요한 개념을 포함하는 이론이고 (b)는 그 개념을 포함하지 않는 이론이다. 만일 두 개의 이론이 서로 다른 예측을 내놓았다면, (a)에는 있는 것이 (b)에 없다는 이유로 (b)가 틀렸다고 주장할 수는 없다. 왜냐하면 (a)가 갖고 있는 아이디어는 실험적으로 확인할 수 없기 때문이다. 어떤 아이디어들이 직접 확인될 수 없는지를 미리 알아 두는 것은 물론 좋은 일이지만, 이들을 이론에서 모두 제외시킬 필요는 없다. 실험적으로 확인 가능한 개념만을 사용해야 완전한 과학을 구축할 수 있다는 생각은 옳지 않다.

양자역학에는 확률 진폭을 나타내는 파동 함수와 위치 에너지를 비롯하여 측정 가능한 많은 개념들이 등장한다. 과학의 가장 근본적인 역할은 무언가를 예견하는 것이다. 그리고 무언가를 예견한다는 것은 앞으로 실험을 했을 때 얻어질 값들을 미리 알아낼 수 있음을 의미한다. 이런 일이 어떻게 가능할까? 실험과 상관없이 '그곳에 무엇이 있는지 우리는 알고 있다'는 것을 가정함으로써 가능해진다. 우리는 아직 실험이 행해지지 않은 곳에 나타날 결과들을 기존의 실험 결과로 추측해야 한다. 기존의 개념이 제대로 통하는지 아직 확인되지 않은 곳에 그 개념을 적용해야 무언가를 예측할 수 있는 것이다. 이런 행위가 없으면 물리적인 예측도 있을 수 없다. 그러므로 고전 물리학자들이 야구공과 같은 거시적 물체에 적용되던 위치의 개념을 전자에도 적용하려고 했던 것은 지극히 당연한 발상이었다. 그 시도에는 아무런 하자가 없다. 심각하게 잘못된 상황에 처하기 전까지는 지금 우리가 얼마나 잘못된 길로 가고 있는지 알 수가 없으므로, 우리는 새로운 신천지를 찾아서 기존의 아이디어를 적용해 봐야 한다. 그리고 무언가가 잘못되었음을 알아내는 유일한 방법은 무언가를 예측해보는 것이다. 이것은 새로운 이론을 구축하는 데 반드시 필요한 과정이다.

우리는 앞에서 양자역학의 '결정 불가능성'에 대하여 이미 논한 적이 있다. 우리가 아무리 물리적 환경을 잘 꾸며 놓는다 해도, 앞으로 일어날 일을 정확하게 예견하는 것은 불가능하다. 들뜬 상태에 있는 원자가 광자를 방출한다는 사실은 알고 있지만, 그것이 '언제' 광자를 방출할지는 아무도 알 수 없다. 우리는 매 시간마다 광자가 방출될 확률만을 알 수 있을 뿐이다. 우리는 미래를 정확하게 예측할 수 없다. 자연의 이러한 성질은 불확실한 세계와 인간의 자유의지에 관하여 수많은 의문과 넌센스를 야기했다.

어떤 의미에서 보면 고전 물리학도 불확실하기는 마찬가지다. 미래를 예측하지 못하는 불확실성은 양자역학의 중요한 부분으로서 마음과 느낌, 자유의지 등의 행동 양식을 설명해 줄 수도 있다. 그러나 만일 이 세계가 고전적이라면(역학의 법칙들이 고전적이라면) 우리의 마음이 지금과 같은 느낌을 갖게 될 것인지는 분명하지 않다. 고전적으로는, 이 세계를 이루는 모든 입자들의 위치와 속도를 알고 있다면 앞으로 발생할 사건을 정확하게 예측할 수 있다. 그러므로 고전적인 세계는 결정론적인 세계이다. 그런데 10억분의 1의 오차 이내에서 위치가 알려져 있는 어떤 원자가 다른 원자와 충돌하여 흩어졌다면, 위치에 관한 오차의 한계는 더욱 커진다. 이런 충돌이 몇 차례만 반복되면 오차는 걷잡을 수 없을 정도로 커질 것이다. 예를 하나 들어 보자. 흐르는 물이 댐에서 떨어지면 사방으로 튀어 나간다. 이때 물의 낙하 지점 근처에 서 있으면 우리의 코를 향해 계속해서 물이 튀어 올 것이다. 이 운동은 완전히 무작위적으로 일어나지만, 고전적인 법칙만을 사용하여 물방울의 행동을 예견하는 것은 가능하다. 모든 물방울들의 정확한 위치는 댐 위에서 흐르는 물의 정확한 흔들림에 의해 좌우된다. 댐 아래로 떨어지기 전에 있었던 아주 작은 흔들림이 추락하는 과정에서 크게 증폭되어 완전한 무작위적 운동으로 나타나는 것이다. 그러므로 물의 정확한 운동 상태를 알지 못하면 추락한 후의 물방울의 위치를 정확하게 예견할 수 없다.

좀 더 정확하게 표현하자면, 현재의 상황을 아무리 정확하게 알고 있다 해도 더 이상 앞일을 예측할 수 없는 시점이 언젠가는 찾아온다는 것이다. 그런데 그 시점은 생각보다 빨리 찾아온다. 오차가 10억분의 1이라 해서, 향후 100만 년 동안 마음 놓고 법칙을 적용할 수 있는 것이 결코 아니다. 실제로 오차의 크기와 예측 가능한 시간은 로그함수적 관계에 있기 때문에, 시간이 아주 조금만 흘러도 우리는 정보의 대부분을 잃어 버리게 된다. 초기의 오차가 10억 × 10억 × 10억 × ⋯ × 10억분의 1이었다 해도, 이 값이 정확하게 0이 아닌 이상 앞일을 예측할 수 없는 시점은 반드시 찾아온다! 그러므로 "인간의 마음이 비결정론적이어서 '결정론적인' 고전역학보다 양자역학을 수용하는 것이 우주를 이해하는 데 유리하다"고 말하는 것은 사리에 맞지 않는다. 고전역학도 나름대로 비결정론적인 성질을 이미 내포하고 있다.

CHAPTER 3
확률 진폭

3-1 진폭을 연산하는 법

슈뢰딩거는 처음 올바른 양자역학의 법칙을 발견하고 나서 주어진 입자를 여러 장소에서 발견할 진폭을 기술하는 방정식을 만들어 냈다. 이 방정식은 음파 속 공기의 운동이나 빛의 전파 등을 묘사하기 위해 고전물리학자들이 이미 사용하고 있던 식들과 형태가 아주 비슷했다. 그래서 양자역학의 초창기에 물리학자들은 대부분 슈뢰딩거가 만든 이 방정식을 푸는 데 많은 시간을 보냈다. 하지만 그 시간에 보른(Max Born)과 디랙(Paul Dirac) 등은 양자역학 뒤에 숨어 있는 새로운 아이디어들을 발전시키고 있었다. 양자역학이 나중에 더 발전하면서 슈뢰딩거 방정식이 많은 것들, 예를 들어 전자의 스핀이나 여러 상대론적인 현상들을 직접 설명할 수 없음이 밝혀졌다. 학교에서 양자역학을 가르칠 때도 마찬가지로 물리의 발전사를 따라가며 강의를 시작하곤 한다. 학생들은 먼저 고전역학에 대해 공부를 한 다음 슈뢰딩거 방정식의 해를 구하는 방법을 알게 된다. 그 다음으로는 여러 가지 상황에서의 해를 구하고 이해하는 데 많은 시간을 할애한다. 그리고 나서야 그들은 고급 수준이라 할 전자의 스핀에 대해 배우게 된다.

원래 이 물리학 강의의 마지막 편에서는 고전물리학 법칙들을 복잡한 상황에서 어떻게 풀 수 있는가를 보여 줄 생각이었다. 둘러싸인(enclosed) 공간에서의 음파, 빈 원통 안에서 전자기파의 모드(mode) 등을 묘사하는 방법에 대해서 말이다. 그게 이번 학기의 본래 계획이었다. 하지만 대신 양자역학 개론을 한번 가르쳐 볼까 한다. 우리들은 보통 고급 양자역학이라 불리는 분야가 사실은 꽤 단순한 내용이란 결론을 내렸다. 특히 거기에 동원되는 수학이 간단한데, 단순한 연산이나 미분 방정식 중에서도 가장 기본적인 형태들이다. 유일한 문제라면 이제부터는 공간에서 입자의 운동을 상세히 기술할 수가 없다는 걸 받아들여야 한다는 점이다. 그래서 이제부터 우리는 여러분에게 일반적으로 고급 과정의 양자역학이라 부르는 것에 대해 얘기하려고 한다. 하지만 걱정하지 마시라. 이 부분은 깊은 의미에선 확실히 가장 단순하면서도 기본적인 내용이니까 말이다. 솔직히 이건 하나의 실험이다. 우리가 알기에 이런 강의는 아직 없었기 때문이다.

이 주제에 대해 얘기하다 보면 분명 어려움을 겪을 텐데, 양자역학적인 행동 방식이 무척 이상하기 때문이다. 미시세계에서 어떤 일이 벌어질지 대충 직관적으로 추측하는 데 도움이 될 만한 일상적인 경험을 가진 사람이 아무도 없다. 이

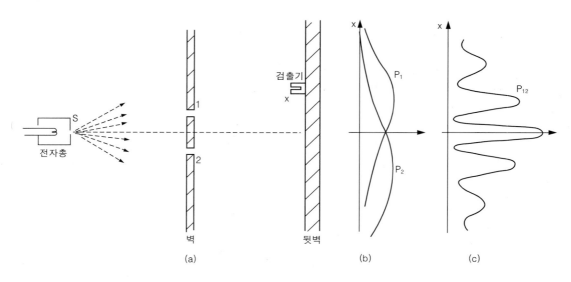

그림 3-1 전자빔의 간섭 실험

런 내용을 가르치는 데에는 두 가지 방법이 있다. 하나는 물리적으로 어떤 일이 벌어지는지 말로 설명하고 정확한 법칙은 제시하지 않는 것이고, 다른 하나는 반대로 추상적이지만 정확한 법칙을 제시하는 것이다. 하지만 그렇게 한다면 여러분은 너무 추상적이기만 한 그 법칙들이 물리적으로 어떤 의미를 갖는지 알 수 없을 것이다. 두 번째 방법은 완전히 추상적이기 때문에, 그리고 첫 번째는 뭐가 맞고 뭐가 틀리는지 정확히 알 수 없는 불안감 때문에 별로 만족스럽지 않다. 이 문제를 어떻게 극복해야 좋을지 잘 모르겠다. 사실 1장과 2장도 같은 문제를 안고 있다. 1장은 비교적 정확했지만 2장에선 여러 현상들의 특징을 개략적으로 묘사했을 뿐이다. 이번 강의에서는 두 극단의 중간을 가도록 노력할 생각이다.

먼저 양자역학의 몇 가지 일반적인 개념에 대해 설명하겠다. 어떤 진술은 꽤 정확하겠지만 부분적으로만 정확한 것도 있을 것이다. 설명해 나가면서 어떤 게 완전히 정확하고 어떤 게 그렇지 않은지 다 얘기하긴 어렵겠지만, 이 책을 다 읽고서 돌이켜 생각해 보면 사실인 부분들과 대강 설명만 한 부분들을 구별할 수 있을 것이다. 3장 이후부터는 일부러 정확도를 중요시했는데, 그렇게 함으로써 양자역학의 가장 큰 매력들 중 하나를 보여 주고 싶었기 때문이다. 몇 개 안되는 가설로부터 얼마나 많은 결론을 이끌어 낼 수 있는지 말이다.

확률 진폭을 중첩(superposition)하는 법을 논하면서 시작하겠다. 1장에서도 설명한 적이 있는 그림 3-1의 실험을 다시 예로 사용하겠다. 입자, 예를 들어 전자 방출기 s가 있고 슬릿이 두 개 있는 벽이 있다. 그 벽 뒤엔 x라는 위치에 검출기가 있다고 하자. x에서 입자가 검출될 확률을 구하고자 한다. 양자역학에서 첫 번째 일반원리는 입자가 s에서 방출되어 x에 도착할 확률은 확률 진폭이라 불리는 복소수의 절대값을 제곱(absolute square)한 값으로 표현된다는 것이다. 지금의 경우에는 's에서 출발한 입자가 x에 도달할 진폭'이 될 것이다. 이 진폭이란 개념을 앞으로 자주 이용할 것이기 때문에 디랙이 발명한 양자역학에서 널리 쓰이는 간단한 표기법을 사용하겠다. 확률 진폭은 다음과 같이 표기한다.

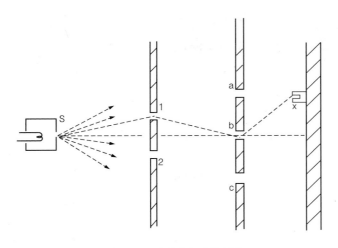

그림 3-2 더 복잡한 간섭 실험

$$\langle \text{입자가 } x \text{에 도착} \mid \text{입자가 } s \text{를 떠남} \rangle \qquad (3.1)$$

다른 말로 하면 두 개의 괄호(brackets) ⟨⟩는 '…일 진폭'이란 말과 동일하고 세로선 오른쪽은 항상 초기 상태를, 세로선 왼쪽은 최종 상태를 나타낸다. 어떤 때는 더 편리하게 각 상태를 한 글자로 나타낸다. 예를 들어 (3.1)의 진폭을 다음과 같이 쓸 수 있다.

$$\langle x \mid s \rangle \qquad (3.2)$$

여기에서 진폭은 하나의 숫자(복소수)라는 걸 기억하기 바란다.

1장에서 어떤 입자가 검출기에 도달하는 데 두 가지 경로가 있을 경우 검출 확률을 계산하려면 두 개의 확률을 더하는 게 아니라 두 진폭의 합의 절대값을 제곱해야 한다는 걸 배웠다. 두 슬릿이 다 열려 있을 때 전자가 검출기에 도달할 확률은

$$P_{12} = \mid \phi_1 + \phi_2 \mid^2 \qquad (3.3)$$

이었다. 이제 이 결과를 우리의 새 표기법을 이용해서 표현하려고 한다. 하지만 먼저 양자역학의 두 번째 일반원리를 기술하겠다 ─입자가 두 경로를 통해 어떤 상태에 도달할 수 있을 때 그 사건 전체에 대한 진폭은 두 경로 각각의 진폭들의 합이다. 우리의 표기법으로는 다음과 같다.

$$\langle x \mid s \rangle_{\text{두 구멍을 다 열어 둠}} = \langle x \mid s \rangle_{\text{1번 구멍을 통과함}} + \langle x \mid s \rangle_{\text{2번 구멍을 통과함}} \qquad (3.4)$$

여기서 1번과 2번 두 구멍(슬릿)은 아주 작아서 전자가 그 구멍의 어느 부분을 통과하는지는 얘기하지 않아도 된다고 가정하자. 필요하다면 구멍을 윗부분과 아랫부분으로 나눠서 각각을 통과할 진폭에 대해 얘기할 수도 있을 것이다. 하지만 이런 세부 사항은 고려하지 않을 것이다. 이런 의미에서 우리의 계산은 개략적이다. 더 정확하게 할 수도 있겠지만 지금 단계에선 그렇게 하지 않기로 하자.

이제는 전자가 1번 구멍을 통해 x에 도착하는 경로에 대한 진폭을 더 상세히 계산해 보자. 여기서 세 번째 일반 원리를 이용한다 ─입자가 어떤 경로를 통해 이동할 때 그 경로에 대한 진폭은 부분적으로 어느 만큼 갈 때까지의 진폭과

나머지 남은 경로를 가는 진폭을 곱한 값이다. 그림 3 - 1을 보면, s에서 1번 구멍을 통해 x까지 가는 진폭을 구하려면 s에서 1까지 가는 진폭에 1부터 x까지 가는 진폭을 곱하면 된다.

$$\langle x \mid s \rangle_{1\,을\,통해서} = \langle x \mid 1 \rangle \langle 1 \mid s \rangle \tag{3.5}$$

다시 한 번 말하지만 이 결과는 완전히 정확한 건 아니다. 사실은 전자가 구멍을 지나갈 때 1의 위치를 지나갈 진폭에 해당하는 인수(factor)를 곱해 줘야 하지만, 여기서는 구멍의 모양이 단순해서 그 인수가 1이라고 가정하겠다.

식 (3.5)를 보면 순서가 반대로 쓰여 있다. "전자는 s에서 1까지, 그러곤 1부터 x까지 움직인다"처럼 오른쪽에서 왼쪽으로 읽어야 한다. 요약하자면 사건들이 연속해서 일어나는 경우, 즉 입자의 경로를 이 부분, 이 부분, 그리고 저 부분 등으로 나눌 수 있을 때의 최종 진폭은 각 사건에 대한 진폭을 연속적으로 곱하면 된다는 것이다. 이 법칙을 사용하면 식 (3.4)를 다음과 같이 쓸 수 있다.

$$\langle x \mid s \rangle_{둘\,다} = \langle x \mid 1 \rangle \langle 1 \mid s \rangle + \langle x \mid 2 \rangle \langle 2 \mid s \rangle$$

이 원리들만 사용해도 그림 3 - 2와 같은 훨씬 복잡한 경우의 문제를 해결할 수 있다는 걸 보이겠다. 이젠 벽이 2개 있어서 하나에는 2개의 구멍(1, 2)이 있고 또 다른 하나엔 3개의 구멍(a, b, c)이 있다. 두 번째 벽 뒤의 x라는 위치에 검출기가 하나 있어서 입자가 거기에 도달할 진폭을 계산하고자 한다. 자, 여러 파동을 합성(말하자면 간섭)해서 계산하는 방법이 있을 것이다. 하지만 6개의 가능한 경로가 있으니 각각의 진폭을 계산해서 합성하는 방법도 있다. 전자가 1번 구멍을 지나고 a번 구멍을 지나서 x에 도착할 수 있고 또는 1번 구멍을 지나고 b번 구멍을 지나 x에 도착할 수도 있다. 두 번째 원리에 따르면 달리 취할 수 있는 경로의 진폭은 더해야 하기 때문에 s에서 x까지 가는 진폭은 여섯 개의 진폭 각각을 더한 값과 같을 것이다. 또한 세 번째 원리에 따르면 이들 진폭 각각은 세 진폭의 곱으로 쓸 수 있다. 가령 그중 하나는 s에서 1까지의 진폭 곱하기 1에서 a까지의 진폭 곱하기 a에서 x까지의 진폭일 것이다. 즉 s에서 x까지 가는 총 진폭은

$$\langle x \mid s \rangle = \langle x \mid a \rangle \langle a \mid 1 \rangle \langle 1 \mid s \rangle + \langle x \mid b \rangle \langle b \mid 1 \rangle \langle 1 \mid s \rangle + \cdots + $$
$$\langle x \mid c \rangle \langle c \mid 2 \rangle \langle 2 \mid s \rangle$$

가 되는데, 다음 표기법을 사용하면 더 짧게 쓸 수 있다.

$$\langle x \mid s \rangle = \sum_{\substack{i=1,2 \\ a=a,b,c}} \langle x \mid a \rangle \langle a \mid i \rangle \langle i \mid s \rangle \tag{3.6}$$

이 방법으로 계산을 하려면 물론 한 장소에서 다른 장소로 가는 데 대한 진폭을 알아야 한다. 그러한 진폭의 전형적인 모양을 대략적으로 설명해 보겠다. 이 빛의 예에서는 편극(polarization)이나 전자의 스핀 등이 무시되어 있지만 그런 것들만 빼면 꽤 정확하다. 이 진폭을 알면 여러 슬릿이 조합되어 있는 문제를 풀 수 있을 것이다. 특정한 에너지를 가진 입자가 빈 공간에서 r_1이라는 위치부

터 r_2라는 위치까지 이동한다고 하자. 어떤 힘도 가해지지 않는 상태의 자유 입자(free particle) 말이다. 앞에 붙는 상수를 제외하면 r_1에서 r_2까지 가는 데 해당되는 진폭은

$$\langle r_2 \mid r_1 \rangle = \frac{e^{ip \cdot r_{12}/\hbar}}{r_{12}} \qquad (3.7)$$

이다. 여기서 $r_{12} = r_2 - r_1$이고 운동량 p와 에너지 E 사이의 관계는 상대론적인 경우엔

$$p^2 c^2 = E^2 - (m_0 c^2)^2$$

이고 비상대론적인 경우엔

$$\frac{p^2}{2m} = \text{운동 에너지}$$

가 된다. 식 (3.7)은 입자가 파동과 같은 성질을 가지며 그 진폭은 운동량을 $\hbar$로 나눈 것과 같은 파수(wave number)를 가진 파동처럼 전파된다는 걸 보여 준다.

일반적으로 얘기해서 진폭 및 그와 관련된 확률은 시간의 함수이기도 할 것이다. 강의의 첫 부분엔 입자발생기가 방출하는 입자들이 주어진 에너지를 갖고 있다고 가정할 것이기 때문에 시간에 대해선 고려하지 않을 것이다. 하지만 이 일반적인 경우에 다음과 같은 흥미로운 점들을 생각해 볼 수 있다. 어떤 특정한 시간에 P라는 위치에서 출발해서 다른 장소(r이라 하자)로 이동하는 입자를 하나 상상해 보자. 이 과정은 기호를 사용해서 $\langle r,\ t = t_1 \mid P,\ t = 0 \rangle$이라는 진폭으로 나타낼 수 있다. 분명 이 진폭은 r과 t 모두의 함수이다. 만약 검출기의 위치를 바꾼다던가 측정을 다른 시간에 한다면 다른 결과를 얻게 될 것이다. 이 r과 t의 함수는 일반적으로 어떤 미분 방정식을 따르는데, 그게 바로 파동 방정식(wave equation)이다. 한 예로써 비상대론적인 경우에 그 함수는 슈뢰딩거(Schrödinger) 방정식이 된다. 전자파나 기체 안에서 음파의 전달을 기술하는 방정식과 비슷한 파동 방정식을 얻게 되는 것이다. 하지만 여기서 꼭 알아 두어야 할 사실은 파동함수가 공간상의 진짜 파동과는 다르다는 것이다. 음파와는 달리 이 파동에는 현실성을 전혀 부여할 수 없다.

어쩌면 입자를 다룰 때 '입자들의 파동'으로 상상하고 싶을지도 모르겠지만, 그건 잘못된 생각이다. 왜냐하면 두 개의 입자가 있을 때 하나가 r_1에 있고 다른 하나가 r_2에 있을 진폭은 단순히 3차원 공간상의 파동이 아니고 벡터 r_1과 r_2에 대응하는 6개의 공간변수들의 함수이기 때문이다. 두 개 이상의 입자들의 계를 다룰 때는 다음과 같은 또 하나의 원리를 사용할 필요가 있다 —상호작용하지 않는 두 입자 중 하나가 뭔가를 하고 나머지 하나가 또 다른 뭔가를 할 진폭은 그 두 입자가 두 가지 것을 따로 하는 데 대응하는 두 진폭의 곱과 같다. 예를 들어 보자. 입자 1이 s_1에서 a로 가는 진폭이 $\langle a \mid s_1 \rangle$이고 입자 2가 s_2부터 b까지 가는 진폭을 $\langle b \mid s_2 \rangle$라고 하면 그 둘이 모두 일어날 진폭은

$$\langle a \mid s_1 \rangle \langle b \mid s_2 \rangle$$

라는 것이다.

　　또 하나 강조하고 싶은 사실이 있다. 그림 3-2에 있는 입자들이 첫째 벽에 있는 1번, 2번 구멍에 도달하기 전에 어디에서 출발했는지 모른다고 하자. 그런 상황에서도 1에 도착할 진폭과 2에 도착할 진폭 두 숫자만 주어진다면 우리는 벽 뒤에서 어떤 일이 벌어질지(예를 들면 x에 도착할 진폭 같은 양들을) 예측할 수 있다. 다르게 얘기하면, 연속적인 사건에 대한 진폭은 식 (3.6)에 나타나 있는 것과 같이 곱으로 표현되기 때문에 계산을 하는 데는 두 숫자만 필요하다는 것이다. 여기서는 $\langle 1 \mid s \rangle$와 $\langle 2 \mid s \rangle$가 되겠다. 이 상황에선 미래를 예측하는 데 그 두 복소수만 있으면 충분하다. 이것이 바로 양자역학이 쉽다고 얘기할 수 있는 이유이다. 나중에 이어질 강의에서 우리는 초기조건을 두 개(아니면 서너 개)의 숫자만으로 나타낼 것이다. 물론 그 숫자들은 광원(혹은 입자발생기)이 어디에 위치해 있는지에 따라 또는 실험장치의 다른 부분에 따라 다르겠지만, 그 두 숫자만 주어졌다면 그런 일들은 상관할 필요가 없어지는 것이다.

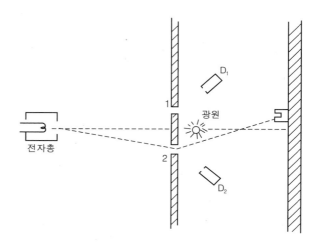

그림 3-3　전자가 어떤 구멍을 통과하는지 결정하기 위한 실험

3-2　두 슬릿에 의한 간섭 무늬

　　이제 1장에서 토의했던 문제를 다시 고려해 보겠다. 이번에는 진폭의 개념을 사용하면 그 문제를 얼마나 멋지게 풀 수 있는지 보여 줄 참이다. 그림 3-1과 똑같은 실험을 하는데 이번엔 두 구멍 뒤에 그림 3-3에서처럼 광원을 하나 더 넣자. 1장에서 우린 다음과 같은 흥미로운 결과를 얻었다 —1번 슬릿 뒤에서 광자가 산란된 것을 관찰했다면, 이 광자와 함께 전자가 x에서 검출되는 분포는 2번 슬릿이 닫혀 있을 때와 똑같다. 1번 또는 2번 슬릿에서 '목격된(seen)' 전자들의 전체 분포는 각각의 분포를 합한 것과 동일했고 광원을 껐을 때의 결과와는 많이 달랐다. 적어도 우리가 사용하는 빛의 파장이 충분히 짧은 경우엔 그랬다. 긴 파장의 빛을 사용해서 어떤 슬릿 뒤에서 산란(scattering)이 일어났는지 알 수 없게 된 경우에는 전자의 분포가 빛을 껐을 때와 같아졌다.

　　이 장에서 배운 새로운 표기법과 진폭을 합성하는 원리들을 이용해서 이 상

황을 한번 분석해 보자. 지난번처럼 전자가 1번 구멍을 지나 x에 도착하는 진폭을

$$\phi_1 = \langle x \mid 1 \rangle \langle 1 \mid s \rangle$$

라 부르고 2번 구멍을 지나 x에 도착하는 진폭을

$$\phi_2 = \langle x \mid 2 \rangle \langle 2 \mid s \rangle$$

라고 부르겠다. 이 진폭들은 빛이 없는 상황에서 두 구멍을 통해 x에 도달하는 경우이다. 빛이 있을 경우에는 다음과 같이 생각해 보자. 전자가 s에서 출발하고 광자가 광원 L에서 방출되어서 전자는 x에 도달하고 광자는 1번 슬릿 뒤에서 관찰하게 될 진폭은? 그림 3-3과 같이 1번 슬릿 뒤에서 검출기 D_1으로 광자를 관찰할 수 있고 2번 슬릿 뒤에서 산란되는 광자의 개수는 검출기 D_2로 셀 수 있다고 하자. 광자가 D_1에 전자는 x에 도착할 진폭이 있을 것이고, 광자는 D_2에 전자는 x에 도착할 진폭도 있을 것이다. 이제 그 진폭들을 계산해 보자.

우린 아직 이 계산을 제대로 하는 데 필요한 수학 공식을 갖고 있진 않지만 그 본질은 다음과 같다. 첫째, 전자가 발생 장치로부터 1번 구멍까지 가는 진폭 $\langle 1 \mid s \rangle$가 있다. 그리고 전자가 1번 구멍에 있을 때 광자를 검출기 D_1으로 산란시키는 어떤 진폭이 있을 것이다. 이 진폭을 a라고 부르자. 그 다음엔 $\langle x \mid 1 \rangle$, 즉 전자가 1번 슬릿에서 x에 있는 검출기까지 가는 진폭이 있다. 그렇다면 전자가 s에서 1번 슬릿을 통해 x에 도착하고 광자가 D_1으로 산란되는 진폭은

$$\langle x \mid 1 \rangle a \langle 1 \mid s \rangle$$

가 된다. 이 값은 우리가 전에 사용하던 표기법으로는 $a\phi_1$이다.

또 2번 슬릿을 통과하는 전자가 D_1으로 광자를 산란시키는 진폭도 있다. "그건 불가능하다. 검출기 D_1은 1번 구멍을 향해 있는데 어떻게 광자가 그곳으로 산란된다는 말인가?"라고 말할지도 모른다. 하지만 파장이 충분히 길다면 회절(diffraction) 현상 때문에 가능하다. 실험기구가 잘 만들어졌고 빛의 파장이 짧다면 광자가 슬릿 2를 통과하는 전자에 의해서 검출기 D_1으로 산란되는 진폭은 아주 작다. 일반적인 경우를 생각해 보기 위해서 그런 진폭이 어느 정도 있다고 가정하고 그걸 b라고 부르겠다. 이제 전자가 2번 슬릿을 통과하고 광자를 D_1으로 산란시킬 진폭을

$$\langle x \mid 2 \rangle b \langle 2 \mid s \rangle = b\phi_2$$

라고 할 수 있다.

전자를 x에서, 광자는 D_1에서 검출할 진폭은 위의 두 항, 즉 전자가 택할 수 있는 두 경로 각각에 대응하는 항의 합과 같다. 각 항은 두 인수로 이루어져 있는데 그 첫 번째는 전자가 어떤 구멍을 통과했는가에 관한 것이고 두 번째는 그 전자에 의해 광자가 D_1으로 산란된 것과 관련이 있다. 결과를 정리하면

$$\left\langle \begin{array}{c} \text{전자가 } x\text{에} \\ \text{광자가 } D_1\text{에} \end{array} \middle| \begin{array}{c} \text{전자가 } s\text{에서} \\ \text{광자가 } L\text{에서} \end{array} \right\rangle = a\phi_1 + b\phi_2 \tag{3.8}$$

이다.

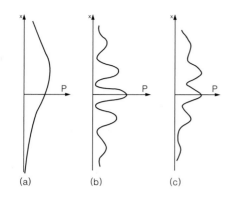

그림 3-4 그림 3-3의 실험에서 전자를 a에서, 그리고 광자는 D에서 검출할 확률 : (a) $b = 0$인 경우 ; (b) $b = a$인 경우 ; (c) $0 < b < a$인 경우

광자가 검출기 D_2에서 발견될 확률에 대해서도 비슷한 결과가 나온다. 비교적 간단한 경우로 계가 대칭적이라고 가정한다면, a는 전자가 2번 구멍을 통과할 때 광자가 D_2로 가는 진폭이 되고 b는 전자가 1번 구멍을 통과할 때 광자가 D_2로 가는 진폭이 된다. 전자를 x에서, 광자는 D_2에서 검출할 총 진폭은 다음과 같다.

$$\left\langle \begin{matrix} \text{전자가 } x \text{에} \\ \text{광자가 } D_2 \text{에} \end{matrix} \middle| \begin{matrix} \text{전자가 } s \text{에서} \\ \text{광자가 } L \text{에서} \end{matrix} \right\rangle = a\phi_2 + b\phi_1 \qquad (3.9)$$

자, 위 식으로부터 이제 우린 여러 경우의 확률을 쉽게 계산할 수 있다. D_1에서 광자가 검출되고 전자가 x에 도달할 확률은 식 (3.8)에 있는 진폭의 절대값을 제곱한 값, 그러니까 $|a\phi_1 + b\phi_2|^2$이 된다. 이 표현을 자세히 살펴보라. 먼저 b가 0일 경우—실험기구를 그렇게 만들려고 노력해야겠지만—확률은 $|\phi|^2$에서 $|a|^2$이라는 인수만큼 줄어든 값이다. 이것은 바로 그림 3-4(a)와 같이 구멍이 하나만 있을 경우의 확률 분포와 같다. 반면에 파장이 아주 길다면 2번 구멍 뒤에서 D_1으로 산란되는 확률은 1번 구멍에서의 경우와 거의 같게 될 것이다. a와 b 사이에는 어떤 위상(phase) 관계가 있을 수도 있지만, 여기서는 두 위상이 같은 간단한 경우를 생각해 보자. a가 b와 거의 같다고 할 수 있는 경우엔 총 확률은 (공통인수인 a를 묶으면) $|\phi_1 + \phi_2|^2$에 $|a|^2$을 곱한 값이 된다. 하지만 이 결과는 광자가 없을 경우에 얻은 확률 분포와 같다. 그러므로 파장이 아주 길고 광자의 검출률이 낮을 때에는 그림 3-4(b)에서처럼 간섭 현상에 의해 형성되는 원래의 분포를 갖게 된다. 검출률이 약간 높아지면 많은 양의 ϕ_1과 적은 양의 ϕ_2가 간섭을 일으켜서 그림 3-4(c)처럼 둘 사이의 분포를 보인다. 동시에 광자가 D_2로 전자는 x로 가는 확률을 계산해도 같은 결과를 얻을 거라는 사실은 분명하다. 1장에서의 논의를 기억한다면, 거기에서 말로 설명한 결과들을 지금은 정량적으로 표현했다는 걸 알 수 있을 것이다.

다음은 사람들이 자주 실수하는 중요한 부분인데, 여러분도 똑같이 잘못하지 않도록 강조해서 언급하고자 한다. 만약에 광자가 D_1이나 D_2에서 검출되든 상관없이 전자가 x에 도착할 진폭을 구하고 싶다고 하자. 그러면 식 (3.8)과 (3.9)에 나온 진폭을 더하면 될까? 아니다! 다른 두 최종 상태에 대한 진폭들을 더하면 결코 안 된다. 광자가 한 검출기에 들어간 걸 알았다면 더 이상 계를 교란(disturb)시키지 않고도 가능한 여러 경로 중 어떤 것이 선택되었는지를 알 수 있다. 우리가 원한다면 말이다. 각각의 경로는 다른 경로들에 전혀 영향을 받지 않는 어떤 확률에 대응된다. 반복해서 얘기하는데, 최종 상태가 다른 경우에 진폭을 더하지 말라. 여기서 최종 상태란 확률을 계산하려는 바로 그 시점, 그러니까 실험이 끝났을 때를 말한다. 진폭을 더해야 하는 경우는 한 실험 안에서 모든 과정이 끝나기 전에 구별할 수 없는 다른 경로들에 한해서다. 모든 과정이 끝났을 때 "난 광자 수를 세고 싶지 않아"라고 말할지도 모른다. 그렇다 해도 자연은 당신이 무엇을 보는지 모르기 때문에 실험 자료를 기록하든 안 하든 상관없이 원래 방식대로 행동할 것이다. 그래서 이런 상황에서 진폭을 더하면 안 된다.

대신 전자를 x에서 그리고 광자를 D_1 또는 D_2에서 검출할 확률을 제대로 계산하는 법은 다음과 같다.

$$\left|\left\langle\begin{array}{c}\text{전자가 } x \text{에}\\ \text{광자가 } D_1 \text{에}\end{array}\right|\begin{array}{c}\text{전자가 } s \text{에서}\\ \text{광자가 } L \text{에서}\end{array}\right\rangle\right|^2 + \left|\left\langle\begin{array}{c}\text{전자가 } x \text{에}\\ \text{광자가 } D_2 \text{에}\end{array}\right|\begin{array}{c}\text{전자가 } s \text{에서}\\ \text{광자가 } L \text{에서}\end{array}\right\rangle\right|^2$$

$$= |a\phi_1 + b\phi_2|^2 + |a\phi_2 + b\phi_1|^2 \qquad (3.10)$$

3-3 결정에서의 산란

이제 다른 예제로 넘어갈 텐데, 이번엔 확률 진폭의 간섭을 분석하는 데 조금 신경을 써야 한다. 중성자가 결정에서 산란되는 과정을 생각해 보자. 결정 안에는 원자들이 주기적인 형태로 줄지어 있으며 각 원자의 가운데에는 원자핵이 있고 중성자 빔(beam)은 아주 멀리서 출발한다고 가정하자. 각 원자핵은 i라는 정수(1, 2, 3, ⋯ N)로 번호를 붙이겠다. (여기서 N은 원자의 총 개수이다.) 우리가 풀어야 할 문제는 바로 그림 3-5와 같은 실험에서 중성자가 계수기에 들어갈 확률을 계산하는 것이다. 중성자가 계수기 C에 도착하는 데 대한 진폭은 원자 i마다 방출기 S에서부터 원자핵 i까지 가는 진폭, 그 중성자가 그 원자핵 근처에서 산란될 진폭 a, 그리고 i에서 계수기 C까지 가는 진폭을 곱해서 계산한다. 한번 적어 보자.

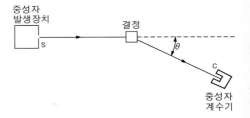

그림 3-5 결정 안에서 중성자의 산란 정도를 측정함

$$\langle\text{중성자가 } C \text{에}|\text{중성자가 } S \text{에서}\rangle_{i \text{를 거쳐}} = \langle C|i\rangle a\langle i|S\rangle \qquad (3.11)$$

이 식은 원자가 중성자를 산란시키는 데 대한 진폭 a가 모든 원자에 대해 같다는 가정 하에 쓴 것이다. 여기엔 명백히 구별될 수 없는 경로들이 매우 많다. 그 경로들을 구별할 수 없는 이유는 저에너지의 중성자가 원자핵으로부터 산란될 때 원자를 결정 밖으로 내보내지 못하기 때문이다. 그래서 산란에 대한 기록이 전혀 남지 않는다. 지난번에 얘기한 것처럼 C에 도달한 중성자에 대응하는 총 진폭은 식 (3.11)을 모든 원자에 대해 더한 것으로 다음과 같다.

$$\langle\text{중성자가 } C \text{에}|\text{중성자가 } S \text{에서}\rangle = \sum_{i=1}^{N}\langle C|i\rangle a\langle i|S\rangle \qquad (3.12)$$

다른 위치에 있는 원자에 의해 산란되는 진폭을 더하는 것이기 때문에, 다른 위상들이 모여서 회절 격자(diffraction grating)에서 산란된 빛과 같은 형태의 간섭 무늬를 만들게 된다.

이런 실험에서 각도에 따른 중성자의 분포는 그림 3-6(a)에 있는 것처럼 홀쭉한 최고점들이 있고 그 사이에서는 거의 0에 가까운 아주 들쭉날쭉한 모양을 띠곤 한다. 하지만 어떤 결정의 경우에는 이와 달리 위에 얘기한 간섭 모양 외에 모든 각도에 대해 비교적 균일한 배경(background) 값이 더 붙는다. 이런 신비로운 일은 대체 왜 일어나는 것일까? 자, 우린 중성자의 중요한 성질 하나를 빼놓고 있었다. 스핀이 1/2이기 때문에 스핀 '위'(말하자면 그림 3-5에서 페이지에 수직이 되게) 또는 스핀 '아래' 두 상태 중 하나에 있게 될 것이다. 결정 내 원자핵의 스핀이 전부 0이라면 중성자의 스핀은 아무 영향을 끼칠 수 없다. 하

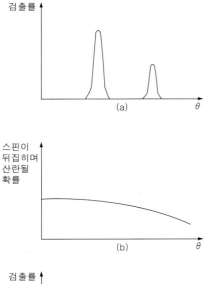

검출률

(a)

스핀이
뒤집히며
산란될
확률

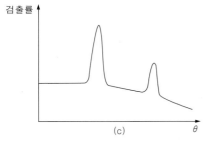

(b)

검출률

(c)

그림 3-6 각도에 따른 중성자 검출률 (a) 스핀
이 0인 원자핵의 경우 (b) 스핀이 뒤
집히며 산란될 확률 (c) 스핀이 1/2
인 원자핵의 경우에 측정된 검출률

지만 그 원자핵이 예를 들어 스핀이 1/2인 입자라면 아까 얘기했듯이 넓게 퍼진 산란 분포도를 갖게 된다. 더 자세한 이유는 다음과 같다.

만약에 중성자와 원자핵의 스핀이 같은 방향이라면 산란 과정에서 스핀이 바뀌지 않을 것이다. 그 둘의 스핀이 반대 방향이라면 두 가지 방법으로, 즉 스핀이 변하지 않거나 두 스핀 방향이 교환되며 산란이 일어날 수 있다. 스핀의 합성에 관한 이 규칙은 우리가 전에 배운 각운동량 보존 법칙과 비슷하다. 산란에 관여하는 원자핵의 스핀 방향이 모두 같은 경우를 상상해 보면 이해하기가 쉽다. 스핀 방향이 같은 중성자들은 홀쭉한 간섭 무늬를 보이며 산란될 것이다. 스핀 방향이 반대일 경우에는 어떻게 될까? 스핀이 바뀌지 않고 산란이 되었다면 위와 동일한 결과를 얻게 된다. 하지만 산란 중에 스핀이 교환되었다면 어떤 원자핵이 산란을 일으켰는지 이론적으로 알 수 있다. 바로 그 원자만 스핀이 뒤집혀 있을 테니까 말이다. 자, 이제 어느 원자가 산란을 일으켰는지 알 수 있다면 다른 원자들은 그것과 어떤 관련이 있을까? 물론 아무 관련도 없다. 그래서 원자가 딱 하나만 있는 경우와 똑같은 형태로 산란이 일어나게 된다.

이런 생각들을 정량적으로 식 (3.12)에 포함시키려면 상태(states)에 대해 더 자세히 고려해야 한다. 발생장치(S)에서 출발한 중성자의 스핀은 전부 위이고 결정 내 원자핵의 스핀은 모두 아래인 경우를 한번 생각해 보자. 먼저 계수기에서도 중성자 스핀이 윗 방향이고 결정은 그대로 아래 방향인 진폭을 알아보자. 이건 지난번 상황과 다르지 않다. 스핀이 바뀌지 않으면서 산란되는 진폭을 a라고 부르자. 그럼 i번째 원자에서 산란될 진폭은

$$\langle C_위, 결정이 모두 아래 \mid S_위, 결정이 모두 아래 \rangle = \langle C \mid i \rangle a \langle i \mid S \rangle$$

이다. 아직 모든 원자의 스핀이 아래 방향이기 때문에 여러 가지 다른 경로들(다른 i의 값들)을 구별할 수 없다. 이 상황에서 어떤 원자가 산란을 시켰는지 알 수 있는 방법은 없을 것임이 분명하다. 모든 진폭이 이 과정에서 서로 간섭하게 된다.

하지만 또 다른 경우도 있다. 바로 중성자가 S에서는 스핀 위로 출발했지만 C에서는 스핀이 아래인 상태로 검출되는 경우이다. 그렇다면 결정 속 한 원자의 스핀이 윗 방향으로 바뀌었을 것이다. 그걸 k번째 원자라고 하자. 그리고 산란 중에 스핀이 바뀔 진폭 b는 모든 원자에 대해 같다고 가정하겠다. (진짜 결정에선 바뀐 스핀이 이웃 원자로 전이될 예외적인 가능성도 있지만 여기서는 그런 확률이 아주 낮은 종류의 결정을 사용하는 것이다.) 그렇다면 산란이 일어날 진폭은 다음과 같다.

$$\langle C_아래, 원자핵 \; k는 \; 위 \mid S_위, 결정이 모두 아래 \rangle = \langle C \mid k \rangle b \langle k \mid S \rangle \qquad (3.13)$$

이제 중성자의 스핀이 아래이고 k번째 원자핵의 스핀이 위일 확률은 이 진폭의 절대값의 제곱, 그러니까 간단히 $\mid b \mid^2$ 곱하기 $\mid \langle C \mid k \rangle \langle k \mid S \rangle \mid^2$이 된다. 여기서 두 번째 인수는 원자가 결정 안 어디에 있는지와는 거의 상관이 없고, 위상은 절대값의 제곱을 취하는 과정에서 전부 사라졌다. 그렇다면 결정 안의 어떤 원자핵이냐에 상관없이 스핀이 바뀌면서 산란이 일어날 확률은

$$| b |^2 \sum_{k=1}^{N} | \langle C | k \rangle \langle k | S \rangle |^2$$

인데, 이것이 바로 그림 3 - 6(b)와 같이 고른 분포를 나타낸다.

당신은 "난 어떤 원자가 스핀이 위로 바뀌었든 상관없어"라고 말할지도 모른다. 당신은 상관 안 할지 모르지만 자연은 알고 있다는 것이 중요하다. 그리고 확률은 위의 결과와 같다. 즉 간섭이 일어나지 않는 것이다. 반대로 계수기에서 스핀이 위이고 모든 원자들은 계속 아래일 확률을 구하려면 다음 식의 절대값의 제곱을 취하면 된다.

$$\sum_{i=1}^{N} \langle C | i \rangle a \langle i | S \rangle$$

이번에는 합 안의 각 항에 위상이 있기 때문에 간섭을 일으킬 것이고 결과적으로 들쭉날쭉한 간섭 무늬를 얻게 된다. 검출된 중성자의 스핀을 관찰하지 않는 실험을 한다면 두 사건이 모두 일어날 수 있다. 그래서 각각의 확률을 더해야만 한다. 각도에 따른 총 확률(혹은 검출률)은 그림 3 - 6(c)의 그래프와 같다.

이 실험의 중요한 내용들을 정리해 보자. 여러 최종 상태들을 원리적으로 구별할 수 있는 경우라면(여러분은 귀찮아서 구별하지 않더라도) 마지막 총 확률은 각각 상태의 확률(진폭이 아니라)을 계산한 후에 그것들을 더하여 구할 수 있다. 최종 상태들을 이론적으로도 구별할 수 없는 경우에는 확률 진폭들을 먼저 다 더한 후에 절대값의 제곱을 취해서 확률을 계산한다. 특별히 마음에 새겨 두어야 할 점은 중성자를 파동으로만 생각한다면 중성자 스핀이 아래든 위든 상관없이 같은 산란 분포를 얻게 되리라는 것이다. 방금 전에 살펴본 중성자의 스핀이 산란 전후 계속 위인 경우처럼, 그 파동이 모든 원자로부터 산란될 수 있어서 간섭이 일어날 것이라고 기대할 수밖에 없다(스핀이 있다는 사실을 잊은 채 중성자를 순전히 고전적인 파동으로만 간주한다면 그림 3 - 6(a)의 결과를 얻게 된다는 뜻이다 : 옮긴이). 하지만 이런 일은 일어나지 않는다. 그러므로 아까 얘기했듯이 공간 안의 파동에 실재성을 지나치게 많이 부여하지 않도록 조심해야 한다. 그렇게 하는 것이 쓸모가 있을 때도 있지만, 항상 도움이 되진 않는다.

3-4 동일 입자

다음 실험에서 우리는 양자역학의 멋진 결과를 하나 공부하게 될 것이다. 이런 상황에서 늘 그렇듯이, 이번에도 어떤 사건이 구별 불가능한 두 가지 방법으로 일어날 수 있어서 진폭들 사이에 간섭이 있는 경우이다. 원자핵과 또 다른 원자핵 사이의 산란을 낮은 에너지에서 살펴보겠다. 먼저 α - 입자(여러분도 알듯이 헬륨의 원자핵이다)가 예를 들어 산소에 충돌하는 상황을 생각해 보자. 이 반응을 쉽게 이해하는 방법은 질량 중심 좌표계(center-of-mass coordinate system)에서 분석하는 것인데, 그렇게 하면 산소 핵과 알파 입자는 충돌 전에 속도가 반대이며 충돌 후에도 다시 정반대 방향으로 가게 된다. 그림 3 - 7(a)를 보자. (두 입자의 질량이 다르기 때문에 속도의 크기도 다르다.) 에너지가 보존되고 충돌에

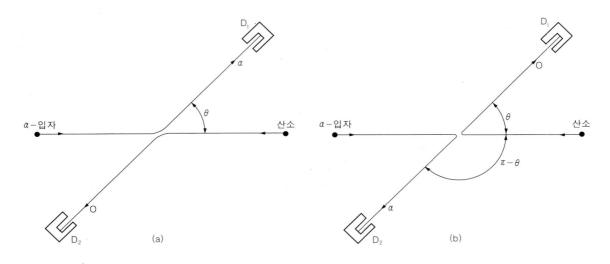

그림 3-7 α-입자와 산소 원자핵 간의 산란을 질량 중심 좌표계에서 본 모습

너지는 낮아서 어떤 입자도 부숴지거나 들뜬 상태(excited state)가 되지 않는다고 가정하자. 두 입자가 서로의 경로를 휘게 하는 이유는 물론 두 입자 모두 양전하를 갖고 있어서 고전 물리 방식으로 설명하자면 옆으로 지나갈 때 전기적인 척력이 작용하기 때문이다. 산란이 일어나는 확률은 각도에 따라 달라질 것이다. 이제 이 확률을 각도에 대한 함수로 구해보자. (물론 이 계산은 고전 물리를 사용해서 할 수도 있다. 그리고 두 결과가 일치한다는 사실은 양자역학에서 가장 신기한 점 중 하나이다. 희한하게도 힘이 정확히 역제곱 법칙(inverse square law)을 따를 때만 빼고 두 결과가 다르다. 그러니까 이 경우에 일치하는 건 정말 우연인 셈이다.)

방향에 따른 산란 확률은 그림 3-7(a)와 같은 실험을 해서 측정할 수 있다. 1번 위치에 있는 검출기(D_1)는 알파 입자들만 검출하도록 만들고 2번 검출기(D_2)는 산소만을 검출하도록 만들 수도 있다. 한번 시험 삼아서 말이다. (실험실 좌표계(laboratory system)에서는 두 검출기가 정확히 반대 방향에 있지 않겠지만 질량 중심의 좌표에서는 그렇다.) 이 실험에서 우리는 방향에 따른 산란 확률을 계산하고자 한다. 각도가 θ일 때 검출기 안으로 산란될 확률 진폭을 $f(\theta)$라고 부르자. 그러면 $|f(\theta)|^2$은 우리가 실험에서 얻을 확률 값이 된다.

이번엔 검출기들이 알파 입자 또는 산소 핵 중 한 쪽이라도 오면 반응하도록 만들고 다시 실험을 해 볼 수도 있다. 이 경우엔 무슨 입자가 검출되느냐를 따지지 않을 때 어떤 일들이 벌어지는지 생각해야 한다. 물론 산소가 θ라는 위치에 도달했다면 그림 3-7(b)에서처럼 분명히 반대 방향(각도 $(\pi - \theta)$)엔 알파 입자가 검출되었을 것이다. 그래서 $f(\theta)$를 알파 입자가 각도 θ의 방향으로 산란될 진폭이라고 하면 $f(\pi - \theta)$는 산소가 θ방향으로 산란되는 진폭이다.* 따

---

* 일반적으로 산란 각도는 두 각, 즉 극 각도(polar angle) ϕ와 방위각(azimuthal angle) θ로 표시해야 한다. 산소 핵이 (θ, ϕ)에 있다고 하면 알파 입자가 $(\pi - \theta, \phi + \pi)$에 있다는 뜻도 된다. 하지만 쿨롱(Coulomb) 산란의 경우에 (또 다른 많은 경우에도) 산란 진폭은 ϕ와 무관하다. 그래서 산소가 θ에 도달할 확률이 알파 입자를 $(\pi - \theta)$에서 검출할 확률과 같아지는 것이다.

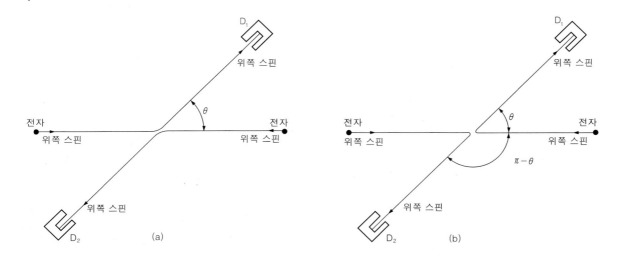

그림 3-8 전자와 전자 사이의 산란. 입사 전자의 스핀이 같은 방향이면
(a)와 (b)의 과정을 구분할 수 없다.

라서 1번 검출기에 어떤 입자라도 도착할 확률은

$$\text{어떤 입자라도 } D_1 \text{에 도착할 확률} = |f(\theta)|^2 + |f(\pi - \theta)|^2 \qquad (3.14)$$

이 된다. 두 상태를 이론적으로 구별할 수 있다는 걸 기억하자. 이 실험에서는 구별을 하지 않지만, 할 수도 있었다. 지난번 논의에 따르면 이 경우엔 진폭이 아니라 확률을 더해야만 한다.

　표적 원자핵을 여러 가지로 바꿔 가며 실험을 해 봐도 ─알파 입자가 산소나 탄소, 베릴륨(beryllium) 혹은 수소에 충돌하는 경우처럼 ─위의 결과는 맞다. 하지만 알파 입자가 알파 입자에 충돌하는 경우에는 맞지 않는다. 두 입자가 정확히 똑같은 그 한 경우에만 실험 결과가 (3.14)와 어긋나는 것이다. 일례로 90°에서의 산란 확률은 위의 이론적 예측치의 정확히 두 배가 되고 충돌 입자가 헬륨의 원자핵이라는 사실과는 관계가 없게 된다(θ가 90°일 때 식 (3.15)가 (3.14)의 결과에 비해 두 배 크다는 사실은 충돌하는 두 입자가 꼭 헬륨이 아니더라도 같은 종류이기만 하다면 항상 성립한다는 뜻 : 옮긴이). 표적이 He³이고 입사체가 알파 입자(He⁴)라면 이론과 일치한다. 표적물이 He⁴일 때에만, 그래서 그 원자핵이 다가오는 알파 입자들과 동일할 때에만 산란이 각도에 따라 독특한 모습으로 변한다.

　이 현상을 어떻게 설명해야 하는지 여러분이 이미 알고 있을지도 모른다. 알파 입자는 두 가지 방법으로 검출기에 도달할 수 있다. 가서 부딪히는 알파 입자들을 θ라는 각도로 산란시키든지 혹은 $(\pi - \theta)$의 각도로 산란시키든지 말이다. 어떻게 하면 날아온 입자와 표적 입자 중 어떤 것이 어느 검출기로 들어갔는지 구별할 수 있을까? 대답은 '구별할 수 없다'이다. 알파 입자가 알파 입자와 충돌하는 경우에는 구별할 수 없는 경로가 두 가지 있다. 이 경우 확률 진폭을 더해야 하기 때문에 간섭이 생기고 알파 입자를 검출할 확률은 다음과 같이 그 합을 제곱한 값이 된다.

$$알파 입자가 \ D_1에 \ 도착할 \ 확률 = |f(\theta) + f(\pi - \theta)|^2 \tag{3.15}$$

이것은 식 (3.14)와는 꽤 다른 결과이다. 쉬운 예를 들어, $\pi/2$의 각도에서 생각해 보자. $\theta = \pi/2$일 때 분명히 $f(\theta) = f(\pi - \theta)$이고 식 (3.15)에 따르면 $|f(\pi/2) + f(\pi/2)|^2 = 4|f(\pi/2)|^2$이 된다.

반면 간섭을 일으키지 않은 경우 식 (3.14)에 의해 $2|f(\pi/2)|^2$이 될 것이다. 그래서 $90°$의 각도에선 우리의 예상보다 산란이 2배 더 많이 일어나는 것이다. 물론 다른 각도에서도 결과는 다르게 나올 것이다. 입자들이 동일한 경우, 입자들을 구별할 수 있는 상황에서는 일어나지 않는 새로운 독특한 일들이 벌어지곤 한다. 수학적으로 나타내려면 두 입자만 서로 바꾼 새로운 경로와 원래의 경로 사이에 간섭이 일어나므로 두 진폭을 더한 뒤에 그 절대값을 제곱해야 한다.

똑같은 산란 실험을 전자와 전자 간에 또는 양성자와 양성자 간에 해 보면 더욱 신기한 현상이 관찰된다. 그런 경우엔 위의 두 결과 모두 틀리다! 이런 입자들을 다룰 때에는 다음과 같이 아주 새롭고도 독특한 규칙을 만들어야 한다―두 전자가 서로 뒤바뀌는 상황에 대한 진폭은 반대의 위상으로 이전 진폭과 간섭한다. 그러니까 간섭은 간섭인데 음의 부호가 붙는 것이다. 알파 입자의 경우에는 검출기로 들어가는 알파 입자들이 교환될 때 진폭에 양의 부호가 붙으면서 간섭이 일어난다. 전자의 경우에는 교환할 때의 간섭 진폭에 음의 부호가 붙으면서 간섭이 일어난다. 뒤에 나올 하나의 세부 사항을 제외하면 그림 3 - 8에 나온 실험에서 전자를 기술하는 정확한 방정식은

$$전자가 \ D_1에 \ 도달할 \ 확률 = |f(\theta) - f(\pi - \theta)|^2 \tag{3.16}$$

이다.

위의 설명에는 조건이 하나 붙는데, 전자의 스핀을 고려하지 않았다는 점이다(알파 입자는 스핀이 없다). 전자의 스핀은 산란이 일어나는 평면을 기준으로 위 또는 아래 둘 중 하나라고 할 수 있다. 실험에서의 에너지가 충분히 낮다면 전류에 의한 자기력이 꽤 작아서 스핀은 영향을 받지 않을 것이다. 지금 분석에서는 충돌 중에 스핀이 바뀔 위험이 없다고 가정을 하자. 전자가 어떤 스핀을 갖고 있었든 계속 바뀌지 않는다. 이제 많은 경우의 수가 있다. 투사 입자와 표적 입자 둘 다 스핀이 위든지, 둘 다 아래든지, 아니면 정반대일 것이다. 만일 그림 3 - 8과 같이 두 스핀 모두가 윗 방향이라면(또는 모두가 아래 방향이라면) 튕겨 나가는 입자들의 스핀도 마찬가지일 것이므로 이 과정에 대한 진폭은 그림 3 - 8 (a)와 (b)의 두 경우에 대응하는 진폭의 차이와 같다. 그러면 전자를 D_1에서 검출할 확률은 식 (3.16)을 사용해서 구할 수 있다.

이번엔 충돌하는 전자의 스핀은 위이고 표적 전자의 스핀이 아래라고 해 보자. 1번 검출기로 들어오는 전자는 스핀이 위 또는 아래일 것이고 이 스핀을 측정해 보면 이 전자가 투사 빔에서 왔는지 아니면 표적물에서 왔는지 알 수 있을 것이다. 그림 3 - 9(a)와 (b)에 그 두 가지 경우가 있다. 그 두 경우는 이론적으로 구별 가능하기 때문에 간섭이 일어나지 않고 따라서 두 확률을 그냥 더하기만 하면 된다. 초기의 두 스핀이 반대인 경우, 그러니까 왼쪽 스핀이 아래이고 오른

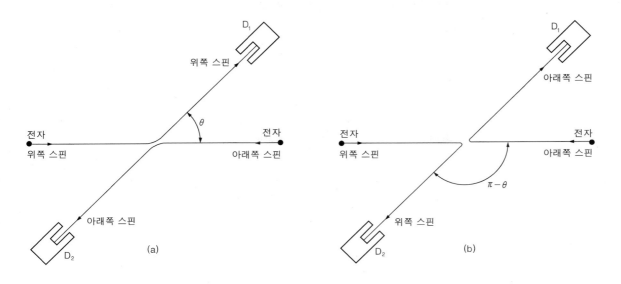

그림 3-9 스핀이 반대 방향인 전자들 사이의 산란

쪽 스핀이 위일 때에도 같은 논리를 사용할 수 있다.

만약 텅스텐 필라멘트에서 전자들이 전혀 편극되지 않은 채로 나올 때처럼 전자들을 무작위로 골랐다면 어떤 특정한 전자의 스핀이 위 또는 아래일 확률은 반반이다. 실험 도중에 전자의 스핀을 측정하지 않는 실험을 소위 비편극 실험(unpolarized experiment)이라고 부른다. 이 같은 실험의 결과는 표 3-1과 같이 여러 가지 경우들에 대한 목록을 만들면 가장 쉽게 계산할 수 있다. 각각의 구별 가능한 경로에 대해 따로따로 확률을 계산한다. 총 확률은 각 확률의 총합이다. 편극되지 않은 빔을 사용하면 $\theta = \pi/2$에 대한 결과가 독립적인 입자들을 사용할 때의 고전적인 결과의 딱 반이라는 걸 기억해야 한다(표 3-1의 맨 아래 식에 $\theta = \pi/2$를 대입하면 총 확률이 $|f(90°)|^2$이고 서로 독립적인 두 입자가 고전적으로 충돌하여 $\theta = \pi/2$에 있는 두 검출기로 들어갈 확률은 $|f(90°)|^2 + |f(90°)|^2$이다. : 옮긴이). 동일 입자들을 사용하면 여러 흥미로운 결과를 얻게 되는데, 다음 장에서는 바로 그것들에 대해서 더 자세히 논의하겠다.

표 3-1 편극되지 않은 스핀 1/2짜리 입자의 산란

일어나는 비율	입자 1의 스핀	입자 2의 스핀	D_1에서의 스핀	D_2에서의 스핀	확률
$\frac{1}{4}$	위	위	위	위	$|f(\theta) - (\pi - \theta)|^2$
$\frac{1}{4}$	아래	아래	아래	아래	$|f(\theta) - f(\pi - \theta)|^2$
$\frac{1}{4}$	위	아래	위	아래	$|f(\theta)|^2$
			아래	위	$|f(\pi - \theta)|^2$
$\frac{1}{4}$	아래	위	위	아래	$|f(\pi - \theta)|^2$
			아래	위	$|f(\theta)|^2$
총 확률 $= \frac{1}{2}|f(\theta) - f(\pi - \theta)|^2 + \frac{1}{2}|f(\theta)|^2 + \frac{1}{2}|f(\pi - \theta)|^2$					

CHAPTER 4
동일 입자

4-1 보즈 입자와 페르미 입자

바로 전 장에서 동일 입자 두 개가 간섭을 일으킬 때 발생하는 특이한 규칙들에 대해 조금 공부해 보았다. 동일 입자란 두 전자처럼 하나하나를 구별할 방법이 전혀 없는 것들을 의미한다. 두 동일한 입자들이 벌이는 어떤 과정에서 검출기에 도달하는 두 입자들을 교환하면 그건 또 하나의 구별할 수 없는 경로인 셈이고, 구별 불가능한 다른 경로들도 마찬가지이지만 교환 전의 원래 경로와 간섭을 일으키게 된다. 두 진폭이 서로 간섭하면서 합성된 값이 그 사건에 대한 진폭이다. 여기서 재미있게도 어떤 경우에는 같은 위상으로, 또 어떤 경우엔 반대의 위상으로 간섭이 일어나는 것이다.

그림 4-1(a)에 나온 것 같이 a와 b라는 두 입자가 있어서 입자 a가 1번 방향으로, b는 2번 방향으로 산란되는 충돌을 생각해 보자. 이 과정에 대한 진폭을 $f(\theta)$라 하면 그런 사건을 관찰하게 될 확률 P_1은 $|f(\theta)|^2$에 비례한다. 물론 입자 b가 1번 검출기로 산란되고 입자 a는 2번 검출기로 들어갈 수도 있겠다. 그림 4-1(b)처럼 말이다. 스핀같은 것에 의해 특별한 방향이 정의되지 않은 경우라면 이 과정이 발생할 확률 P_2는 단순히 $|f(\pi - \theta)|^2$이 되는데, 왜냐하면 두 검출기의 자리를 바꿔 주기만 하면 모든 상황이 첫 번째 경우와 똑같으며 산란 각도만 다르기 때문이다. 여러분이 여기서 두 번째 과정에 대한 진폭이 $f(\pi - \theta)$라고 생각할지도 모르겠지만 꼭 그렇지만은 않다. 위상이 결정되지 않

복습 과제 : 제1권 41장, 브라운 운동 중 흑체 복사
제1권 42장, 운동 이론의 응용

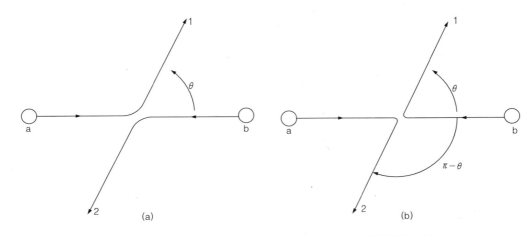

그림 4-1 두 동일 입자의 산란에서 (a)와 (b)의 과정은 구별이 불가능하다.

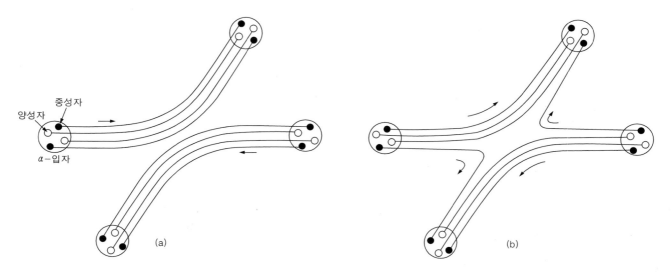

양성자
중성자
α-입자

그림 4-2 두 알파 입자의 산란. (a)에서 두 입자는 계속 같은 입자로 남지만 (b)에서는 중성자가 충돌 중에 뒤바뀐다.

앉고 그것이 어떤 값이든 괜찮기 때문이다. 말하자면 진폭이

$$e^{i\delta}f(\pi - \theta)$$

여도 상관없다는 말이다. 그래도 확률 P_2는 $|f(\pi - \theta)|^2$이기 때문이다.

이번엔 a와 b가 동일한 입자일 때 어떤 일들이 벌어지는지 보자. 이런 경우라면 그림 4-1에 나타난 두 다른 과정을 구분할 수 없다. 입자 a나 b 중 하나가 1번 검출기로 가고 나머지 하나는 2번 검출기로 가는 진폭이 있을 것이다. 그 값은 그림 4-1에 나온 두 과정에 대한 진폭을 합성해서 구할 수 있다. 첫째 진폭이 $f(\theta)$라면 둘째 진폭은 $e^{i\delta}f(\pi - \theta)$인데, 두 진폭을 더할 것이므로 위상 인자가 무척 중요하게 된다. 두 입자의 역할을 바꿀 때 진폭에 어떤 위상 인자를 곱해 줘야 한다고 가정해 보자. 그것들을 다시 교환한다면 그 인자를 한 번 더 곱해 줘야 할 것이다. 하지만 그러면 다시 처음 경우로 돌아오게 된다. 위상 인자를 두 번 곱하면 다시 처음 상태로 돌아가야 하므로 그것을 제곱한 값은 1이어야 한다. 두 가지 가능성이 있는데, $e^{i\delta}$가 +1이든지 −1일 수 있다. 그렇기 때문에 교환된 경우는 같은 부호 또는 반대 부호로 간섭하게 되는 것이다. 자연엔 그 두 경우가 모두 존재하며, 각 경우는 다른 종류의 입자 군(群)에 대응된다. 양의 부호로 간섭하는 입자들은 보즈 입자(Bose particle)라 부르고 음의 부호로 간섭하는 입자들은 페르미 입자(Fermi particle)라고 부른다. 광자, 중간자(meson), 중력자(graviton) 등은 보즈 입자인 반면, 전자, 뮤온(muon), 뉴트리노(neutrino), 핵자(nucleon), 바리온(baryon) 등은 페르미 입자이다. 동일 입자가 산란하는 진폭을 다음과 같이 요약하자.

보즈 입자 :

(직행 진폭) + (교환 진폭)   (4.1)

페르미 입자 :

(직행 진폭) − (교환 진폭)   (4.2)

전자처럼 스핀이 있는 입자를 다루는 일은 좀 더 복잡하다. 입자들의 위치뿐만 아니라 스핀 방향까지도 중요해지기 때문이다. 입자들이 교환될 때는 동일 입자이면서 스핀 상태까지도 똑같은 경우에만 진폭이 간섭을 일으킨다. 다른 스핀 상태들이 뒤섞여 있어 편극되지 않은 빔을 고려하자면 좀 더 계산을 많이 해야 할 것이다.

두 개 혹은 더 많은 입자들이 단단히 묶여 있는 경우엔 흥미로운 일들이 벌어진다. 예를 들면 알파 입자 안에는 네 개의 입자, 즉 중성자 두 개와 양성자 두 개가 있다. 두 알파 입자가 산란을 일으킨다면 다음과 같은 여러 가지 가능성이 있을 수 있다. 산란 도중에 중성자 중 하나가 원래 있던 알파 입자 안에서 나와 다른 알파 입자로 가고, 다른 알파 입자에 있던 중성자 하나가 원래 입자로 건너가서 산란 후의 알파 입자들이 원래의 것들과 다를 수 있겠다. 즉 중성자 한 쌍이 교환된 것이다. 그림 4-2를 보자. 중성자 한 쌍이 교환되는 산란에 대한 진폭은 그런 교환이 일어나지 않는 산란에 대한 진폭과 간섭을 할 것이고, 페르미 입자 한 쌍이 교환되었기 때문에 음의 부호로 간섭이 일어나게 된다. 반면 두 알파 입자의 상대적인 에너지가 무척 낮아 쿨롱 척력 등으로 인해 멀리 떨어져 있어서 내부의 입자들이 교환될 확률을 무시할 수 있을 정도라면 알파 입자를 하나의 단순한 물체로 간주할 수 있고 내부의 상세한 문제들에 대해서도 걱정할 필요가 없을 것이다. 그런 경우에는 산란 진폭을 계산하는 데 두 가지 경우만 고려하면 된다. 교환이 아주 없던지, 아니면 네 개의 핵자 모두가 산란 중에 교환되는 경우 말이다. 알파 입자 안의 양성자와 중성자 모두 페르미 입자이기 때문에 한 쌍을 교환할 때마다 산란 진폭의 부호는 반대가 된다. 알파 입자에 내부적인 변화만 일어나지 않는다면 두 알파 입자를 교환하는 일은 네 쌍의 페르미 입자들을 교환하는 것과 같다. 각 쌍마다 부호가 변하므로 최종적으로 진폭들이 양의 부호로 합성된다. 알파 입자는 보즈 입자처럼 행동한다.

그러니까 결론은 다음과 같다. 혼합체(composite object) 전체를 한 물체로 볼 수 있을 때는 그 안에 들어 있는 페르미 입자 개수가 홀수냐 짝수냐에 따라서 페르미 입자처럼 행동하기도 하고 보즈 입자처럼 행동하기도 한다.

지금까지 얘기한 페르미 기본 입자들, 즉 전자, 양성자, 중성자 등은 스핀 값 $j = 1/2$을 갖고 있다. 그런 페르미 입자들 몇 개가 모여 하나의 혼합 물체를 구성한다면, 전체 스핀 값은 정수 혹은 반정수(half-integer) (정수+(1/2) : 옮긴이)가 된다. 예를 들어, 헬륨의 가장 흔한 동위원소인 He^4는 중성자 둘과 양성자 둘로 되어 있으며 스핀이 0이지만, 양성자 셋과 중성자 넷으로 구성된 Li^7은 스핀이 3/2이다. 각운동량의 합성법은 나중에 배우게 되겠지만 이것만은 지금 얘기해 두자. 스핀이 반정수인 혼합체는 전부 페르미 입자처럼 행동하고 스핀이 정수인 혼합체 모두는 보즈 입자를 흉내낸다.

그렇다면 재미있는 질문 하나가 떠오른다. 왜 스핀이 반정수인 입자는 페르미 입자가 되어서 진폭을 합성할 때 음의 부호가 끼어들고 스핀이 정수인 입자는 보즈 입자가 되어 진폭 합성시에 양의 부호가 끼어드는 것일까? 안타깝게도 이 문제는 초보적인 수준에서는 설명할 수가 없다. 파울리(Wolfgang Pauli)는 양자장 이론(quantum field theory)과 상대론(relativity)을 동원한 복잡한 논증을 통해 이를 설명해 냈다. 그는 이 두 가지를 다 이용해야만 한다는 것을 보였는데, 그의 논증을 초보적인 수준으로 재현하는 방법은 아직 찾지 못했다. 이렇게 아주 단순한 규칙이지만 그 누구도 쉽고 간단한 방법으로 설명하지 못하는 경우는 물리학 전 분야에서 몇 안 되는데, 이것이 그중 하나인 것 같다. 이 설명의 핵심은 상대론적 양자역학과 깊은 관련이 있다. 어쩌면 이 현상에 대한 근본적인 원리를 우리가 아직 완전히 이해하지 못한다는 뜻일 수도 있다. 당분간 여러분은 이 사실을 그냥 '세상이 돌아가는 규칙' 정도로 받아들이는 수밖에 없다.

4-2 보즈 입자가 둘 있을 때의 상태

이번엔 보즈 입자에 대한 합성 규칙으로부터 나오는 재미있는 결과를 하나 토의해 보겠다. 입자들이 여럿 있을 때의 행동 방식에 대한 것이다. 보즈 입자 두 개가 산란체(scatterer) 두 개에 의해 산란되는 현상에서부터 시작해 보자. 산란 과정 자체에 대해서는 자세히 들여다보지 않겠다. 우린 그저 산란된 입자들에게 어떤 일이 일어나는지에만 관심이 있을 뿐이다. 그림 4-3에 나와 있는 상황이 존재한다고 가정해 보자. a라는 입자는 산란 후 1번 상태가 된다. 여기서 상태란 주어진 방향과 에너지, 혹은 어떤 다른 주어진 조건을 의미한다. 입자 b는 2번 상태로 산란된다. 또 1번과 2번 두 상태가 거의 같다는 가정을 더하겠다. (우리가 결국 알고 싶은 것은 두 입자가 동일한 방향 또는 상태로 산란되는 진폭이다. 하지만 이걸 계산하는 가장 좋은 방법은 두 상태가 거의 같은 경우에 어떤 일이 벌어지는지 먼저 생각해 보고 그 둘이 완전히 동일해질 때 벌어지는 일을 계산해 보는 것이다.)

입자 a만 있는 경우라면 그것이 1번 방향으로 산란을 일으킬 진폭, 그러니까 $\langle 1 | a \rangle$가 있을 것이다. 그리고 입자 b만 있다면 2번 방향으로 갈 진폭 $\langle 2 | b \rangle$을 생각해 볼 수 있다. 그 두 입자가 동일하지 않다면 두 산란이 동시에 일어날 진폭은

$$\langle 1 | a \rangle \langle 2 | b \rangle$$

즉 두 값의 곱이 된다. 그렇다면 그 사건이 일어날 확률은

$$| \langle 1 | a \rangle \langle 2 | b \rangle |^2$$

또는

$$| \langle 1 | a \rangle |^2 | \langle 2 | b \rangle |^2$$

과 같다. 지금부터는 더 효율적으로 표기하기 위해서

$$\langle 1 | a \rangle = a_1, \qquad \langle 2 | b \rangle = b_2$$

라고 줄여서 쓰겠다. 이제 두 산란이 일어나는 확률은

$$| a_1 |^2 | b_2 |^2$$

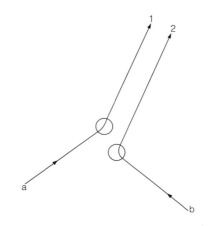

그림 4-3 거의 같은 최종 상태로 가는 두 개의 산란

이 된다.

입자 b가 1번 방향으로 산란되고 입자 a가 2번 방향으로 가는 수도 있겠다. 그 과정에 대한 진폭은

$$\langle 2 \mid a \rangle \langle 1 \mid b \rangle$$

이고, 그런 사건이 일어날 확률은

$$\mid \langle 2 \mid a \rangle \langle 1 \mid b \rangle \mid^2 = \mid a_2 \mid^2 \mid b_1 \mid^2$$

과 같다.

이번엔 산란 후의 두 입자가 들어갈 작은 검출기 한 쌍이 있다고 해 보자. 두 입자 모두 검출할 확률 P_2는 단순히 그 둘의 합과 같다.

$$P_2 = \mid a_1 \mid^2 \mid b_2 \mid^2 + \mid a_2 \mid^2 \mid b_1 \mid^2 \tag{4.3}$$

이제 1번 방향과 2번 방향이 꽤 가까이 있다고 가정하자. a_1과 a_2가 방향에 따라 천천히 변할 것이므로 1번과 2번이 가까워질수록 두 값이 접근할 것이라고 예상할 수 있다. 그 둘이 충분히 가깝다면 a_1과 a_2의 진폭은 같게 된다. 즉 $a_1 = a_2$이므로 둘 다 그냥 a라고 해도 좋을 것이다. 비슷한 방법으로 $b_1 = b_2 = b$라고 하자. 그러면

$$P_2 = 2 \mid a \mid^2 \mid b \mid^2 \tag{4.4}$$

을 얻는다.

하지만 이번에는 a와 b가 동일한 보즈 입자라고 가정해 보자. 그렇다면 a가 1로 가고 b가 2로 가는 과정은 둘이 교환된 과정, 그러니까 a가 2로 가고 b가 1로 가는 경우와 구별할 수 없게 된다. 이런 상황에서는 서로 다른 두 과정에 대응하는 진폭들이 간섭을 일으킬 수 있다. 입자가 검출기에 각각 하나씩 도착하게 될 총 진폭은

$$\langle 1 \mid a \rangle \langle 2 \mid b \rangle + \langle 2 \mid a \rangle \langle 1 \mid b \rangle \tag{4.5}$$

이다. 그리고 한 쌍을 얻게 될 확률은 이 진폭의 절대값을 제곱한 값, 그러니까

$$P_2 = \mid a_1 b_2 + a_2 b_1 \mid^2 = 4 \mid a \mid^2 \mid b \mid^2 \tag{4.6}$$

이 된다. 결과를 요약하면, 동일한 두 보즈 입자가 같은 상태로 산란을 일으킬 확률은 두 입자가 다르다고 가정하고 계산해서 얻는 값보다 두 배 더 크다.

두 입자가 따로 떨어진 검출기에서 관찰되는 상황을 고려하긴 했지만 그 사실이 본질적인 것은 아닌데, 그 이유는 다음과 같이 생각해 볼 수 있다. 1번과 2번 방향 둘 다 입자들을 어느 정도 거리가 떨어져 있는 하나의 작은 검출기로 오게 한다고 상상해 보자. 검출기의 면적 요소(area element) dS_1을 향하는 방향을 1번 방향으로 정의하겠다. 2번 방향은 검출기의 dS_2라는 면적 요소를 향해 있다. (검출기의 면적 요소가 산란이 일어나는 곳과 검출기를 연결한 선에 수직으로 놓여 있다고 상상하자.) 입자가 정확하게 어떤 방향으로 나아갈 것이라든가

어떤 특정한 지점을 향해 움직일 확률은 구할 수 없다. 그런 일은 불가능해서, 정확히 어떤 한 방향으로 나아갈 확률은 0이다. 따라서 검출기의 단위 면적당 입자가 도착할 확률을 계산할 수 있도록 진폭을 정의해야 한다. 입자 a만 있는 상황을 가정해 보자. 그렇다면 그것이 1번 방향으로 산란될 어떤 진폭이 있을 것이다. $\langle 1 \mid a \rangle = a_1$이 a가 1번 방향으로 산란을 일으킨 후 검출기의 단위 면적 안으로 들어갈 확률이라고 하자. 바꿔 말하면 a_1의 축척(scale)이 정해지는 것이다. 보통 a_1이 규격화(normalized) 되어서 dS_1이라는 면적 요소 안으로 들어갈 확률이

$$| \langle 1 \mid a \rangle |^2 dS_1 = | a_1 |^2 dS_1 \tag{4.7}$$

과 같다고 말한다. 검출기의 전체 면적이 ΔS이고 dS_1이 그 면적 안에 있다면 입자 a가 검출기 안으로 산란될 전체 확률은

$$\int_{\Delta S} | a_1 |^2 dS_1 \tag{4.8}$$

이 된다.

지난번과 같이 검출기가 충분히 작아서 a_1이라는 진폭이 검출기 표면의 어느 부분에서도 별로 다르지 않다고 가정하겠다. 그런 경우에는 진폭 a_1이 상수가 될 것이고, 그것을 a라 부르겠다. 그러면 입자 a가 검출기 안 어딘가로 산란이 될 확률은

$$p_a = | a |^2 \Delta S \tag{4.9}$$

와 같다.

같은 방법으로 입자 b만 있는 경우에 b가 dS_2라는 면적 요소로 산란되는 확률을 다음과 같이 구할 수 있다.

$$| b_2 |^2 dS_2$$

(여기서 dS_1 대신 dS_2를 사용하였는데, 나중에 a와 b가 다른 방향으로 가게 될 것이기 때문이다.) 다시 한 번 b_2를 상수 b와 같다고 놓겠다. 그러면 입자 b가 검출될 확률은

$$p_b = | b |^2 \Delta S \tag{4.10}$$

가 된다.

이제 두 입자가 다 있으며 a가 dS_1으로, b는 dS_2로 산란될 확률은 다음과 같겠다.

$$| a_1 b_2 |^2 dS_1 dS_2 = | a |^2 | b |^2 dS_1 dS_2 \tag{4.11}$$

a와 b 둘 다 검출기 안으로 들어갈 확률을 구하고 싶다면 dS_1과 dS_2를 ΔS 위에서 적분해서 다음과 같은 결과를 얻는다.

$$P_2 = | a |^2 | b |^2 (\Delta S)^2 \tag{4.12}$$

잘 보면 이것은 $p_a \cdot p_b$와 같은데, 이는 입자 a와 b가 서로 독립적으로 행동한다고 가정한 경우의 결과와 일치한다.

　하지만 두 입자가 동일하다면 두 면적 요소 dS_1와 dS_2에 대해서 구별이 불가능한 경우가 두 가지 존재하게 된다. 입자 a가 dS_2 안으로 들어가고 입자 b가 dS_1으로 가는 사건은 a가 dS_1으로 b가 dS_2로 가는 사건과 구별할 수 없기 때문에 그 두 과정에 대한 진폭들이 간섭을 일으킬 것이다. (전에 두 다른 입자를 고려했을 때, 어떤 입자가 검출기의 어떤 부분으로 들어갔는지 신경 쓰지 않았지만 이론적으로는 알 수 있었다. 그래서 간섭이 없었던 것이다. 동일 입자의 경우에는 이론적으로도 알 수가 없다.) 그렇다면 그 두 입자가 dS_1과 dS_2에 도착할 확률은 다음과 같을 것이다.

$$| a_1 b_2 + a_2 b_1 |^2 \, dS_1 dS_2 \qquad (4.13)$$

검출기 표면에 걸쳐 적분을 할 때 조심해야 할 부분이 하나 있다. 만약 dS_1과 dS_2가 전 면적 ΔS에 걸쳐 있다고 하면 면적 각 부분을 두 번씩 세게 된다. 왜냐하면 (4.13)에는 면적 요소 dS_1, dS_2의 쌍에 대한 모든 경우의 수가 포함되어 있기 때문이다.* 그렇게 적분을 한 다음에 2로 나누어서 두 번 반복해서 센 것을 고쳐 주기만 하면 된다. 동일한 보즈 입자에 대한 확률 P_2는

$$P_2(\text{보즈}) = \frac{1}{2} \{ 4 | a |^2 | b |^2 (\Delta S)^2 \} = 2 | a |^2 | b |^2 (\Delta S)^2 \qquad (4.14)$$

이 된다. 이번에도 이 값이 식 (4.12)에 있는 구별 가능한 입자들에 관한 결과의 두 배이다.

　여기서 입자 b가 특정한 방향으로 간 사실을 이미 알고 있는 경우를 생각해 보면, 두 번째 입자가 같은 방향으로 갈 확률은 독립된 사건으로 간주하고 계산한 결과에 비해 두 배 더 클 것이다. 이 점은 보즈 입자의 성질 중 하나인데, 만약에 한 입자가 이미 어떤 종류의 조건을 만족시키고 있다면 같은 조건 하에서 두 번째 입자를 발견할 확률은 첫째 입자가 이미 그렇게 되어 있지 않은 상황에 비해 두 배가 된다. 흔히 다음과 같이 말한다. 하나의 보즈 입자가 이미 주어진 상태에 있다면 그 위에 동일한 입자를 같은 상태에 놓게 될 확률 진폭은 그것이 없을 경우에 비해 $\sqrt{2}$ 배가($2 | a |^2 = | \sqrt{2} \, a |^2$이므로 : 옮긴이) 된다. (사실 이런 식으로 결과를 요약하는 것은 우리가 선택한 물리적 관점에서 볼 때 적절하지 못하다. 하지만 이것을 일관되게 규칙으로 사용한다면 당연히 정확한 결과를 얻을 수 있다.)

---

* (4.11)에서 dS_1과 dS_2를 바꾸면 완전히 다른 사건이 되어 버리기 때문에 두 면적 요소 다 검출기의 표면 전체에 대해 적분했던 것이다. (4.13)에서는 dS_1과 dS_2를 한 쌍으로 간주하고 일어날 수 있는 모든 경우를 포함한다. 적분을 할 때 dS_1과 dS_2가 뒤바뀌었을 때 일어나는 경우를 다시 한 번 포함한다면 모든 경우를 두 번씩 세는 셈이다.

4-3 보즈 입자가 n개 있을 때의 상태

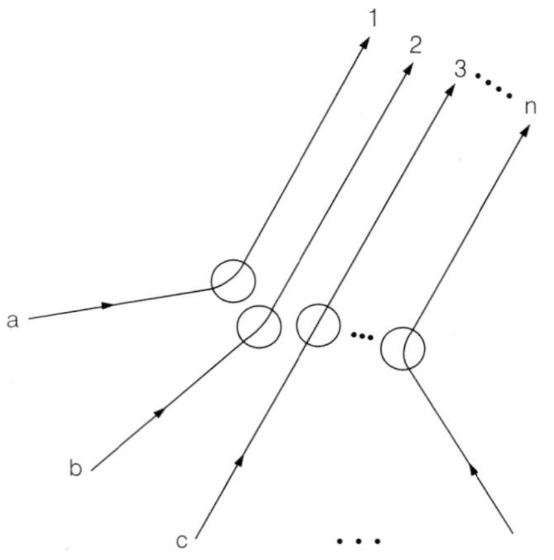

그림 4-4 거의 같은 최종 상태로 가는 n개 입자의 산란

앞에서 얻은 결과를 입자가 n개인 경우로 확장해 보자. 그림 4-4에 있는 상황을 상상해 보겠다. n개의 입자 a, b, c, $\cdots$가 산란 후에 방향 1, 2, 3, $\cdots$, n으로 가게 된다. n개의 방향은 전부 멀리 떨어져 있는 작은 검출기를 향해 있다. 지난 절에서와 마찬가지로 각각의 입자가 따로 검출기의 면적 요소 dS에 도달할 확률이

$$|\langle \quad \rangle|^2 \, dS$$

가 되도록 진폭을 전부 규격화하겠다.

우선 입자들이 모두 구별 가능하다고(distinguishable) 가정하자. 그렇다면 n개의 입자 전체를 n개의 다른 면적 요소에서 검출할 확률은

$$|a_1 b_2 c_3 \cdots|^2 \, dS_1 dS_2 dS_3 \cdots \tag{4.15}$$

가 된다. 또 dS가 (작은) 검출기 안 어디에 있느냐에 상관없다는 가정 하에서 각 진폭을 a, b, c 등으로 쓰겠다. 그러므로 (4.15)의 확률은

$$|a|^2 |b|^2 |c|^2 \cdots \, dS_1 dS_2 dS_3 \cdots \tag{4.16}$$

와 같다. 각각의 dS를 검출기의 면적 ΔS에 대해 적분해 보면 n개의 다른 입자들을 동시에 검출할 확률 P_n(다른)은

$$P_n(\text{다른}) = |a|^2 |b|^2 |c|^2 \cdots (\Delta S)^n \tag{4.17}$$

이 됨을 알 수 있다. 이것은 각각의 입자가 검출기에 따로 들어갈 확률들의 곱과 같다. 모든 입자들은 독립적으로 행동한다. 한 입자가 들어갈 확률은 몇 개의 입자가 같이 들어가느냐와 관계가 없다는 뜻이다.

이번엔 모든 입자들이 동일한 보즈 입자라고 가정해 보자. 1, 2, 3과 같은 방향들의 집합에 대해 구별 불가능한 경우의 수가 많이 존재한다. 예를 들어 입자가 3개뿐이라면 다음과 같은 경우들이 있을 것이다.

$$\begin{array}{ccc}
a \to 1 & a \to 1 & a \to 2 \\
b \to 2 & b \to 3 & b \to 1 \\
c \to 3 & c \to 2 & c \to 3 \\
\\
a \to 2 & a \to 3 & a \to 3 \\
b \to 3 & b \to 1 & b \to 2 \\
c \to 1 & c \to 2 & c \to 1
\end{array}$$

위와 같이 여섯 개의 다른 조합이 있다. n개의 입자가 있다면 $n!$개의 다르지만 구별 불가능한 경우의 수가 있을 것이고 각각에 대한 진폭은 모두 더해야 한다. 그러므로 n개의 입자가 n개의 면적 요소 안에서 검출될 확률은

$$|a_1 b_2 c_3 \cdots + a_1 b_3 c_2 \cdots + a_2 b_1 c_3 \cdots$$
$$+ a_2 b_3 c_1 \cdots + \text{등등}|^2 \, dS_1 dS_2 dS_3 \cdots dS_n \tag{4.18}$$

이다. 다시 한 번 모든 방향이 거의 비슷해서 $a_1 = a_2 = \cdots = a_n = a$이고 b와 c 등에 대해서도 마찬가지 식이 성립한다고 생각해 보자. 그러면 (4.18)의 확률은

$$| n! abc \cdots |^2 dS_1 dS_2 \cdots dS_n \qquad (4.19)$$

과 같다.

각각의 dS를 검출기의 면적 ΔS 위에서 적분할 때 하나하나의 면적 요소들을 곱한 양은 $n!$번씩 세게 된다. 이 점은 전체 식을 $n!$로 나누면 고칠 수 있다. 따라서

$$P_n(\text{보즈}) = \frac{1}{n!} \, | \, n! abc \cdots |^2 (\Delta S)^n$$

또는

$$P_n(\text{보즈}) = n! \, | \, abc \cdots |^2 (\Delta S)^n \qquad (4.20)$$

이다. 이 결과를 식 (4.17)과 비교해 보자. n개의 보즈 입자를 한꺼번에 검출할 확률은 입자들이 구별 가능하다는 가정 하에 계산한 값보다 $n!$배만큼 크다. 다음과 같이 요약할 수 있겠다.

$$P_n(\text{보즈}) = n! P_n(\text{다른}) \qquad (4.21)$$

그래서 보즈 입자에 대한 확률이 입자들이 독립적으로 움직일 때에 비해 $n!$배 더 큰 것이다.

이 결과가 뜻하는 바는 다음과 같은 질문을 통해서 더 잘 알 수 있다. 이미 n개의 입자들이 특정한 상태에 있을 때 다른 하나의 보즈 입자가 그 상태로 가게 될 확률은? 새로 추가되는 입자를 w라 부르자. w를 포함해서 $(n + 1)$개의 입자가 있다면 식 (4.20)을 이와 같이 바꿀 수 있을 것이다.

$$P_{n+1}(\text{보즈}) = (n + 1)! \, | \, abc \cdots w \, |^2 (\Delta S)^{n+1} \qquad (4.22)$$

이는

$$P_{n+1}(\text{보즈}) = \{(n + 1) \, | \, w \, |^2 \Delta S\} n! \, | \, abc \cdots |^2 (\Delta S)^n$$

혹은

$$P_{n+1}(\text{보즈}) = (n + 1) \, | \, w \, |^2 \Delta S P_n(\text{보즈}) \qquad (4.23)$$

로도 쓸 수 있다.

이 결과는 다음과 같이 해석할 수 있다. $| \, w \, |^2 \Delta S$는 입자 w를 다른 입자가 하나도 없을 때 검출기로 들여보낼 확률이고 $P_n(\text{보즈})$는 이미 n개의 다른 보즈 입자들이 있는 경우의 확률이다. 따라서 식 (4.23)은 동일한 보즈 입자가 n개 존재하면 입자가 하나 더 같은 상태로 있게 될 확률이 $(n + 1)$배만큼 증가함을 뜻한다. 이미 n개가 있을 때 보존(boson, 보즈 입자를 가리키는 다른 이름. 페르미 입자는 페르미온(fermion)이라고 부른다 : 옮긴이) 하나를 얻게 될 확률은 하나도 없었던 상황에서 하나를 검출할 확률에 비해서 $(n + 1)$배 크다. 다른 입자들이 존재한다는 사실이 입자를 하나 더 얻을 확률을 증가시키는 것이다.

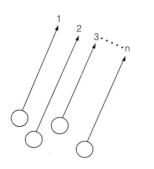

그림 4-5 광자가 n개 생성되어 거의 같은 상태에 있음.

4-4 광자의 방출과 흡수

지금까지는 알파 입자의 산란 과정에 대해서 논의해 보았다. 하지만 그 과정은 그리 본질적인 것은 아니다. 입자가 생성되는 과정, 그러니까 예를 들어 빛이 방출되는 과정도 마찬가지 방식으로 고려해야 한다. 빛이 방출될 때 광자가 생성된다. 이런 경우에는 그림 4-4에서의 입사하는 선은 필요 없다. 그림 4-5와 같이 광자 n개를 내놓는 원자가 있는 경우만 고려하면 된다. 그래서 앞의 결과를 이렇게 표현할 수도 있는 것이다 —원자가 광자를 방출해서 특정한 최종 상태로 보내는 확률은 n개의 광자가 이미 그 상태에 있는 경우 $(n + 1)$배 증가한다.

사람들은 보통 이 결과를 다음과 같이 기억한다 —광자 하나를 방출할 진폭은 기존에 n개의 광자가 있을 때 $\sqrt{n + 1}$이라는 비율만큼 커진다. 물론 진폭을 제곱해서 확률을 구할 수 있다는 사실을 떠올린다면 이는 같은 내용을 두고 말만 바꾼 것에 불과하다.

양자역학에서 일반적으로 어떤 조건 ϕ에서 어떤 다른 조건 χ로 이동할 진폭은 χ에서 ϕ로 이동하는 진폭의 복소 공액(complex conjugate)이다.

$$\langle \chi \mid \phi \rangle = \langle \phi \mid \chi \rangle^* \tag{4.24}$$

이 법칙은 나중에 배우기로 하고, 지금은 그냥 이것이 옳다고 받아들이자. 이것을 사용하면 광자가 주어진 상태에서 어떻게 산란되거나 흡수되는지 살펴볼 수 있다. n개의 광자가 있는 경우에 광자가 어떤 상태(i라고 하자)로 더해질 진폭이

$$\langle n + 1 \mid n \rangle = \sqrt{n + 1}\, a \tag{4.25}$$

와 같다는 것은 이미 언급했다. 여기서 $a = \langle i \mid a \rangle$는 다른 입자가 없을 때의 진폭이다. 식 (4.24)를 사용하면 반대 방향으로, 그러니까 광자 $(n + 1)$개에서 n개로 갈 진폭은

$$\langle n \mid n + 1 \rangle = \sqrt{n + 1}\, a^* \tag{4.26}$$

과 같다.

보통은 약간 다른 방식으로 쓴다. 사람들은 늘 $(n + 1)$에서 n으로 가는 것보다 n개의 광자에서 시작하는 걸 좋아한다. 그래서 n개가 있을 때 광자 하나를 흡수할, 즉 n에서 $(n - 1)$로 가는 진폭이

$$\langle n - 1 \mid n \rangle = \sqrt{n}\, a^* \tag{4.27}$$

이라고 주로 쓴다. 이것은 물론 식 (4.26)과 동일하다. 그래 놓고 나서 사람들은 언제 $\sqrt{n}$을, 또 언제 $\sqrt{n + 1}$을 써야 하는지 헷갈려 한다. 이렇게 하면 기억하기 쉽다. 그 인수는 반응 전이든 후든 광자가 더 많은 쪽의 개수에 제곱근(square root)을 취한 값이다. 식 (4.25)와 (4.26)을 보면 법칙이 분명히 대칭적이란 걸 알 수 있다. 식 (4.27)과 같이 쓰면 비대칭적인 것처럼 보이지만 말이다.

이 규칙에서 비롯되는 물리적인 결과들이 많지만 그중에서도 빛의 방출과 관련된 결과를 하나 설명해 보겠다. 광자들이 상자 안에 갇혀 있는 상황을 생각해 보자. 상자의 벽이 거울로 되어 있다고 상상해도 좋겠다. 그 상자에 상태가 똑같은, 즉 진동수와 방향 및 편극이 전부 같은 광자가 n개 있어서 그것들을 구별할 수 없으며 상자 안에 원자가 하나 있어서 다른 광자 하나를 같은 상태로 방출할 수 있다고 가정하자. 원자가 광자를 방출할 확률은

$$(n+1)\,|\,a\,|^2 \tag{4.28}$$

이고 광자를 흡수할 확률은

$$n\,|\,a\,|^2 \tag{4.29}$$

이다. 여기서 $|\,a\,|^2$은 광자가 하나도 없는 상황에서 원자가 광자를 방출할 확률이다. 이 규칙은 이미 1권 42장에서 약간 다른 방법으로 다룬 적이 있다. 식 (4.29)는 원자가 광자를 흡수해서 더 높은 에너지 상태로의 전이가 일어나는 확률이 원자에 비추는 빛의 세기(intensity)에 비례한다는 의미이다. 하지만 아인슈타인이 지적했듯이 원자가 낮은 상태로 전이할 확률은 두 부분의 합이다. 자발적인 전이(spontaneous transition)가 일어날 확률 $|\,a\,|^2$에 유도 전이(induced transition)가 일어나는 $n\,|\,a\,|^2$의 확률, 즉 빛의 세기 혹은 다른 말로 광자의 개수에 비례하는 부분을 더한 것이다. 또한 아인슈타인이 얘기했듯, 흡수(absorption)의 계수와 유도 방출(induced emission)의 계수는 같아야 하며, 자발적인 방출 확률과 연관되어 있다. 여기서 우리가 알아야 할 사실은 빛의 세기가 (단위 면적당 그리고 단위 시간당 대신) 존재하는 광자의 수로 측정되는 경우에는, 유도 방출과 자발 방출의 흡수 계수가 모두 같다는 사실이다. 이것이 바로 1권 42장의 식 (42.18)에 나온 아인슈타인 계수 A와 B 사이의 관계인 것이다.

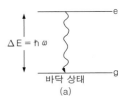

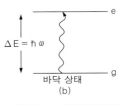

그림 4-6 진동수가 ω인 광자의 방출과 흡수

4-5 흑체 복사

보즈 입자에 대한 규칙을 사용해서 흑체 복사 스펙트럼에 대해 다시 한 번 생각해 보겠다(1권 42장을 보라). 이를 위해, 원자가 몇몇 들어 있는 상자 안에서 복사(radiation)가 열평형 상태(thermal equilibrium)에 있을 때 광자 수를 어떻게 계산할 수 있는지 먼저 알아보겠다. 빛의 진동수 ω 각각에 대해 $\Delta E = \hbar\omega$만큼 떨어진 두 에너지 상태를 갖는 원자가 N개씩 있다고 하자(N은 고정된 값이 아니며 일반적으로 ω에 따라 다를 것이다. 식 (4.32)를 보면 이 점이 분명해진다 : 옮긴이). 그림 4-6을 보자. 낮은 에너지 상태를 바닥 상태(ground state), 높은 상태를 들뜬 상태(excited state)라고 부르겠다. 바닥 상태와 들뜬 상태에 있는 원자들의 평균 개수(average number)를 각각 N_g와 N_e라고 하자. 통계역학에 나오듯이 온도 T의 열평형 상태에서는

$$\frac{N_e}{N_g} = e^{-\Delta E/kT} = e^{-\hbar\omega/kT} \tag{4.30}$$

를 만족한다.

바닥 상태의 원자는 광자를 흡수하여 들뜬 상태로 갈 수 있고, 들뜬 상태의 원자는 광자를 방출하여 바닥 상태가 될 수 있다. 평형 상태에서 이 두 과정에 대한 비율은 같아야 할 것이다. 그 비율은 사건이 일어날 확률과 원자의 개수에 비례한다. 진동수가 ω인 상태에 있는 광자들의 평균 개수를 $\bar{n}$라고 하자. 그러면 그 상태로부터의 흡수율(absorption rate)은 $N_g \bar{n} |a|^2$이고, 그 상태로 가는 방출율(emission rate)은 $N_e(\bar{n}+1)|a|^2$이다. 두 비율을 같게 놓으면 다음과 같은 결과를 얻는다.

$$N_g \bar{n} = N_e(\bar{n}+1) \tag{4.31}$$

이것을 식 (4.30)과 결합하면

$$\frac{\bar{n}}{\bar{n}+1} = e^{-\hbar\omega/kT}$$

가 된다. 이제 $\bar{n}$에 대해 풀어 보면

$$\bar{n} = \frac{1}{e^{\hbar\omega/kT}-1} \tag{4.32}$$

이다. 이는 열평형 상태의 공동(cavity) 안에 존재하는, 진동수가 ω인 어떤 상태에 있는 평균 광자 수와 같다. 각각의 광자가 $\hbar\omega$만큼의 에너지를 갖고 있으므로 주어진 상태의 광자 전체가 갖는 에너지는 $\bar{n}\hbar\omega$, 즉

$$\frac{\hbar\omega}{e^{\hbar\omega/kT}-1} \tag{4.33}$$

가 된다.

덧붙이자면 이것과 비슷한 방정식을 다른 상황에서 얻은 적이 있었다[1권 41장, 식 (41.15)]. 스프링에 달려 있는 질량과 같은 조화 진동자(harmonic oscillator)의 양자역학적 에너지 준위가 그림 4-7처럼 동일하게 $\hbar\omega$ 같은 간격으로 배치되어 있었던 것을 기억하는가? n번째 준위의 에너지를 $n\hbar\omega$라고 쓰면 그런 진동자의 평균 에너지도 식 (4.33)으로 주어진다는 것을 알 수 있다. 지금은 광자에 대한 식을 입자를 세어서 유도한 것이지만 결과는 앞에서와 같다. 이것이 양자역학의 경이로움 중 하나다. 상호작용하지 않는 보즈 입자들에 대한 상태 또는 조건을 고려하는 경우(여기서 우린 광자들 간에 상호작용이 없다고 가정했었다) 이 상태를 0개, 1개, 2개, … n개 등 임의의 개수의 입자들로 채울 수 있다고 한다면, 이 계는 모든 양자역학적 관점에서 조화 진동자와 똑같은 방식으로 행동한다. 그런 진동자란 스프링에 달린 질량이나 공명 공동(resonant cavity) 안의 정상파 같은 동적 계(dynamic system)를 의미한다. 이것이 바로 전자기장을 광자로 표현할 수 있는 이유이다. 한편으로는 상자나 공동 안의 전자기장을 아주 많은 수의 조화 진동자로 보고 각각의 진동 모드를 양자역학에 따라 조화 진동자로 간주할 수 있다. 또 다른 관점에서는 같은 물리현상을 동일한 보즈 입자란 개념을 사용해서 분석할 수 있다. 두 방식으로 얻은 결과는 항상 정확

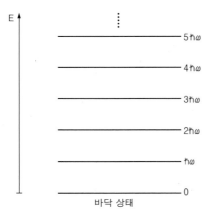

그림 4-7 조화 진동자가 갖는 에너지 준위

(그림 속 레이블)
E
⋮
5ℏω
4ℏω
3ℏω
2ℏω
ℏω
0
바닥 상태

히 일치한다. 전자기장을 정말로 양자화된(quantized) 조화 진동자로 묘사해야 하는지 아니면 각각의 조건 하에 있는 광자 수를 사용해야 하는지 결정할 수 있는 방법은 없다. 두 관점은 수학적으로 동일하기 때문이다. 그렇기 때문에 이제부터는 상자 안의 특정 상태에 있는 광자의 개수에 대해 얘기하든지 전자기장의 특정 진동 모드와 연관된 에너지 준위의 개수를 얘기하든지 상관이 없다. 똑같은 이야기이니까 말이다. 자유 전자도 마찬가지다. 이들은 벽이 무한히 멀리 떨어져 있는 공동 안의 진동과 동등하다.

이렇게 하여 상자 안의 어떤 특정한 모드가 T 라는 온도에 있을 때의 평균 에너지를 계산해 보았다. 흑체 복사(blackbody radiation) 법칙을 얻으려면 한 가지가 더 필요한데, 각 에너지마다 모드가 몇 개씩 있는가 하는 것이다. (모든 모드마다 상자 안 혹은 벽 안에 그 모드로 복사할 수 있는 에너지 준위를 갖고 있는 원자들이 있다고 가정하자. 그렇기 때문에 각 모드는 열평형에 이를 수 있는 것이다.) 흑체 복사 법칙은 보통 빛이 ω 부터 $\omega + \Delta\omega$ 사이의 작은 진동수 간격 안의 범위에서 운반하는 단위 부피당 에너지를 써서 기술한다. 그러므로 우리는 $\Delta\omega$ 라는 간격 안에 얼마나 많은 모드가 있는지 알아야 한다. 이 문제가 양자역학에서 계속해서 나오긴 하지만, 사실 이것은 정상파에 대한 순전히 고전적인 문제다.

여기서는 직육면체 모양의 상자에 대해서만 구해 보겠다. 상자의 모양에 상관없이 결과는 같지만 임의의 모양에 대해 계산하려면 무척 복잡하기 때문이다. 또한 빛의 파장에 비해 크기가 훨씬 더 큰 상자만 고려할 것이다. 그런 경우엔 수십억, 수백억 개의 모드가 존재하기 때문에 진동수 간격 $\Delta\omega$ 가 아무리 작더라도 그 안에 모드가 충분히 많이 있을 것이다. 이 사실 덕분에 진동수 ω 근처의 어떤 $\Delta\omega$ 에 대해서도 평균 개수를 계산할 수 있다. 먼저 1차원의 경우, 예를 들어 양쪽 끝에서 잡아당겨 늘어나 있는 줄 위의 파동에서의 모드 수를 생각해 보자. 각 모드는 사인파이기 때문에 양쪽 끝에서 0이 되어야 한다. 다르게 얘기하면 그림 4-8에 나왔듯이 선의 길이가 반파장(half-wavelength)의 정수배가 되어야만 한다. 파수(wave number) $k = 2\pi/\lambda$ 를 사용하는 편이 간단하다. j 번째 모드의 파수를 k_j 라 하면

$$k_j = \frac{j\pi}{L} \tag{4.34}$$

가 성립할 것이다. j 는 어떤 정수라도 될 수 있다. 인접한 두 모드 사이의 간격 δk 는

$$\delta k = k_{j+1} - k_j = \frac{\pi}{L}$$

가 된다. 이제 kL 이 아주 커서 작은 간격 Δk 안에도 많은 모드가 있다고 해 보자. Δk 의 간격 안에 있는 모드의 수를 $\Delta\mathfrak{N}$ 이라고 부르면

$$\Delta\mathfrak{N} = \frac{\Delta k}{\delta k} = \frac{L}{\pi}\Delta k \tag{4.35}$$

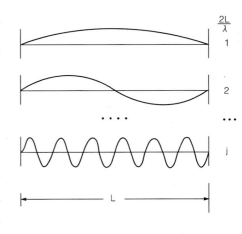

그림 4-8 선 위에서의 정상파 모드

가 된다.

양자역학을 연구하는 물리학자들은 흔히 위 결과의 반만큼의 모드가 존재한다고 말하기를 더 좋아한다. 그래서

$$\Delta\mathcal{N} = \frac{L}{2\pi}\,\Delta k \tag{4.36}$$

라고 적는다. 그 이유를 설명해 볼까? 학자들은 대개 진행파(travelling wave)를 써서 파동을 기술한다. 즉 오른쪽으로 가는 것과(k가 양수인 경우) 왼쪽으로 가는 것(k가 음수인 경우) 모두를 써서 말이다. 하지만 모드란 양방향으로 가는 두 개의 파를 합한 정상파이다. 달리 말하면 각각의 정상파가 광자의 서로 다른 상태 두 개를 포함한다고 생각하는 것이다. 만약 $\Delta\mathcal{N}$이 주어진 k에 대한 광자 상태의 개수를 나타낸다면(이 경우엔 k가 양수값과 음수값 모두를 가질 수 있다) $\Delta\mathcal{N}$의 값은 반이 되어야 할 것이다. (이젠 적분 변수 k가 $-\infty$부터 $+\infty$까지 변할 것이고, 문제에서 주어진 k의 절대값까지 적분하여 얻은 상태의 총 개수는 올바른 값을 갖는다.) 물론 이것이 정상파를 설명하는 방법으로는 그리 좋지 않지만 일관되게 모드를 세는 방법으로는 괜찮다.

이번엔 이 결과를 3차원으로 확장하자. 직육면체 상자 안의 정상파는 각 축마다 반파장이 정수개씩 들어가야 할 것이다. 그중 두 축에 대한 상황을 그림 4-9에 나타내 보았다. 각각의 파의 방향과 진동수는 파수 벡터 k를 사용해서 나타낼 수 있고, 이것의 x, y, z 성분은 식 (4.34)와 같은 관계식을 만족해야 한다. 그러므로

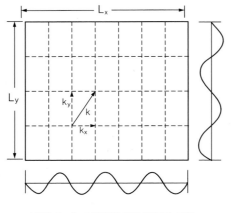

그림 4-9 2차원에서의 정상파 모드

$$k_x = \frac{j_x\pi}{L_x}$$

$$k_y = \frac{j_y\pi}{L_y}$$

$$k_z = \frac{j_z\pi}{L_z}$$

가 성립할 것이다. k_x 중에서 Δk_x의 간격 안에 있는 모드의 개수는 앞에서와 같이

$$\frac{L_x}{2\pi}\,\Delta k_x$$

이고 이는 Δk_y와 Δk_z에 대해서도 마찬가지다. 파수 벡터 k의 x성분이 k_x와 $k_x + \Delta k_x$ 사이에, y성분이 k_y와 $k_y + \Delta k_y$ 사이에, 그리고 z 성분이 k_z와 $k_z + \Delta k_z$ 사이에 있는 모드의 수를 $\Delta\mathcal{N}(k)$로 나타내면 다음과 같은 결과를 얻는다.

$$\Delta\mathcal{N}(\boldsymbol{k}) = \frac{L_xL_yL_z}{(2\pi)^3}\,\Delta k_x\Delta k_y\Delta k_z \tag{4.37}$$

$L_xL_yL_z$는 상자의 부피와 같다. 그래서 우린 다음과 같은 중요한 결과를 얻게 된다 —진동수가 높을 때 (파장이 상자 크기보다 작은 경우다) 공동 안의 모드

수가 상자의 부피 V와 'k-공간에서의 부피(volume in k-space)'라 할 수 있는 $\Delta k_x \Delta k_y \Delta k_z$에 비례한다. 이 결과는 다른 문제에서 앞으로 계속 나올 테니 기억해 두자.

$$d\mathfrak{N}(\boldsymbol{k}) = V\,\frac{d^3\boldsymbol{k}}{(2\pi)^3} \qquad (4.38)$$

증명하지는 않았지만 이 결과는 상자의 모양과 상관이 없다.

이제 이 결과를 적용해서 진동수 범위 $\Delta\omega$ 안에 있는 광자의 모드 수를 계산해 보겠다. 우리는 여러 모드가 갖는 에너지에만 관심이 있을 뿐, 파의 방향은 알 필요가 없다. 주어진 진동수 범위 안의 모드의 개수를 알고 싶은 것이다. 진공에서 $\boldsymbol{k}$와 진동수 사이에는 다음과 같은 관계가 있다.

$$|\boldsymbol{k}| = \frac{\omega}{c} \qquad (4.39)$$

이것들이 진동수 간격 $\Delta\omega$ 안의, 방향에 관계없이 크기가 k와 $k + \Delta k$ 사이인 $\boldsymbol{k}$에 대응하는 모든 모드들이다. k와 $k + \Delta k$ 사이의 'k-공간에서의 부피'는 구 껍질(spherical shell)의 부피

$$4\pi k^2 \Delta k$$

와 같다. 그러므로 모드의 수는

$$\Delta\mathfrak{N}(\omega) = \frac{V\,4\pi k^2 \Delta k}{(2\pi)^3} \qquad (4.40)$$

가 되는 것이다. 하지만 우리는 진동수에 관심이 있기 때문에 $k = \omega/c$를 대입하여

$$\Delta\mathfrak{N}(\omega) = \frac{V\,4\pi\omega^2 \Delta\omega}{(2\pi)^3 c^3} \qquad (4.41)$$

를 얻는다.

고려해야 할 점이 하나 더 있다. 전자기파의 모드에 관해서 얘기할 때 주어진 파동 벡터 $\boldsymbol{k}$에 대해 두 가지 (서로 직교하는) 편극 방향이 있다. 그 두 모드가 서로 독립적이므로 빛에 대해서는 모드의 수를 두 배 해 줘야 한다. 결과는

$$\Delta\mathfrak{N}(\omega) = \frac{V\omega^2 \Delta\omega}{\pi^2 c^3} \text{ (빛의 경우)} \qquad (4.42)$$

이다.

식 (4.33)에서 각 모드(또는 각 상태)의 평균 에너지가

$$\bar{n}\hbar\omega = \frac{\hbar\omega}{e^{\hbar\omega/kT} - 1}$$

라는 걸 보였다. 여기에 모드의 수를 곱하면 $\Delta\omega$의 간격 안에 있는 모드들의 에너지 ΔE를 다음과 같이 구할 수 있다.

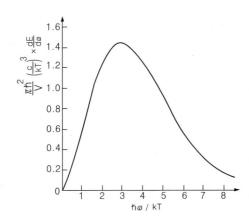

그림 4-10 흑체 복사 스펙트럼, 즉 열평형 상
태에 있는 공동 안에서의 진동수에
따른 복사 스펙트럼

$$\Delta E = \frac{\hbar\omega}{e^{\hbar\omega/kT}-1}\frac{V\omega^2\Delta\omega}{\pi^2 c^3} \qquad (4.43)$$

이것이 우리가 1권 41장에서 얻은 흑체 복사의 진동수 스펙트럼에 대한 법칙이
다. 그림 4-10에 이 스펙트럼을 그려 보았다. 이제 여러분은 광자가 보즈 입자라
는 사실 및 그것들이 갖는 모두 같은 상태로 가려는 경향(그에 대응하는 진폭이
매우 크므로) 때문에 결과가 달라진다는 점을 이해할 것이다. (고전 물리학의 수
수께끼였던) 흑체 스펙트럼에 대해 연구하던 플랑크(Max Planck)가 식 (4.43)에
있는 공식을 얻은 순간이 바로 양자역학이라는 학문의 출발점이었다는 사실을
기억하자.

4-6 액체 헬륨

저온의 액체 헬륨에는 이상한 성질이 많은데, 아쉽게도 여기서 자세히 설명
할 수는 없지만 그중 여러 가지가 헬륨 원자가 보즈 입자라는 사실 때문에 일어
난다. 한 가지는 액체 헬륨이 점성 저항(viscous resistance) 없이 흐른다는 사실
이다. 사실 그것은 앞서 어딘가에서 얘기한, 속도가 작은 경우의 '마른 물(dry
water)'의 이상적인 예이다. 그 이유는 다음과 같다. 액체가 점성을 가지려면 내
부 에너지의 손실이 있어야 한다. 즉 액체의 한 부분이 나머지와는 다른 운동을
할 방법이 있어야 하는 것이다. 그것은 원자 몇 개를 나머지 원자들과는 다른 상
태로 때려서 보낼 수 있다는 뜻이다. 하지만 충분히 낮은 온도에서는 열운동이
아주 작아지고 모든 원자는 같은 상태로 가려 한다. 몇 개의 원자가 움직이고 있
다면 다른 모든 원자들도 따라서 같은 상태로 움직이고 싶어 하는 것이다. 그 운
동에는 어떤 경직성(rigidity)이 있어서 독립적인 입자의 경우에 생기는 불규칙한
난류의 형태로 움직임을 깨뜨릴 수가 없다. 보즈 입자로 이루어진 액체는 모든
입자들이 같은 상태로 가려는, 우리가 아까 보았던 $\sqrt{n+1}$의 인수로 요약되는
강한 경향이 있다. (액체 헬륨 한 병이면 n이 꽤 큰 수일 것이다!) 고온에서는
많은 원자들을 여러 다른 상태들로 보낼 수 있을 만큼 열에너지가 충분하기 때
문에 이 같은 협력적인 운동이 일어나지 않는다. 하지만 충분히 낮은 온도에선
헬륨 원자들이 모두 같은 상태로 가려 하는 순간이 갑자기 찾아온다. 헬륨이 초
유동체(superfluid)가 되는 것이다. 한 가지 덧붙이자면, 이 현상은 헬륨의 동위
원소 중 원자량이 4인 것들에서만 볼 수 있다. 원자량이 3인 동위 원소는 개개
의 원자가 페르미 입자이기 때문에 액체 상태에서 보통의 유체가 된다. 초유동체
현상은 He[4]에서만 일어나기 때문에 이는 분명히 보즈 입자인 알파 입자의 성질
에 의한 양자역학적 효과이다.

4-7 배타 원리

페르미 입자들은 전혀 다른 방식으로 행동한다. 두 개의 페르미 입자를 같은
상태에 넣으면 어떤 일이 벌어지는지 한번 보겠다. 원래의 실험으로 돌아가서 두

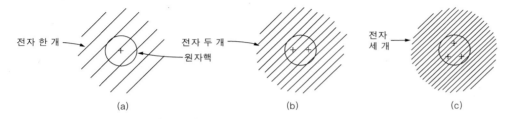

그림 4-11 전자가 보즈 입자같이 행동할 경우의 원자들의 모습

동일한 페르미 입자가 거의 정확히 같은 방향으로 산란될 진폭을 구해 보자. 입자 a가 1번 방향으로, 입자 b는 2번 방향으로 갈 진폭은

$$\langle 1 \mid a \rangle \langle 2 \mid b \rangle$$

와 같고, 나가는 방향이 뒤바뀌는 데 대한 진폭은

$$\langle 2 \mid a \rangle \langle 1 \mid b \rangle$$

와 같다. 페르미 입자가 개입된 이 과정에 대한 진폭은 그 두 진폭의 차와 같다. 즉

$$\langle 1 \mid a \rangle \langle 2 \mid b \rangle - \langle 2 \mid a \rangle \langle 1 \mid b \rangle \qquad (4.44)$$

이다. '1번 방향'이라고 할 때 입자가 움직이는 방향뿐만 아니라 스핀까지도 주어졌다고 하고, '2번 방향'은 1번과 방향이 거의 같고 스핀도 같다고 하자. 그렇다면 $\langle 1 \mid a \rangle$와 $\langle 2 \mid b \rangle$는 거의 같다. (나갈 때의 상태 1과 2의 스핀이 다르다면 이 말이 꼭 맞는 것은 아니다. 진폭이 스핀 방향에 따라 달라지는 경우도 있을 것이기 때문이다.) 이제 1번 방향과 2번 방향이 서로 가까워지게 만들면 식 **(4.44)**에 있는 총 진폭은 0이 된다. 페르미 입자에 대한 결과는 보즈 입자 때보다 훨씬 간단하다. 두 페르미 입자, 가령 두 전자가 완전히 같은 상태에 있는 상황은 일어나지 않는다. 두 전자가 같은 위치에서 같은 스핀 방향을 갖는 경우는 볼 수가 없을 것이다. 두 전자의 운동량도 스핀 방향도 같을 수는 없다. 같은 위치에 있거나 운동 상태가 같다면 스핀이 서로 반대일 수밖에 없다.

그렇다면 어떤 결과가 나올까? 두 페르미 입자가 같은 상태로 갈 수 없다는 사실 때문에 일어나는 놀라운 일들이 정말 많다. 사실 물질로 이루어진 세계의 특징 대부분이 이 멋진 사실에 기초해서 정해지는 것이다. 주기율표에 나타나는 다양성도 근본적으로 이 규칙 하나에서 비롯된 결과다.

물론 이 규칙 하나가 바뀌었을 때 이 세상이 어떤 모습일지는 알 수가 없다. 이 사실은 양자역학의 전체 구조 중 하나일 뿐이고, 페르미 입자에 대한 이 규칙이 달라졌을 때 또 어떤 것들이 동시에 달라지는지 알 수가 없기 때문이다. 어쨌든 이 규칙 하나만 바뀌었을 때 무슨 일이 벌어지는지 생각해 보자. 첫째, 모든 원자가 대략 같은 모양이 될 것이다. 수소 원자부터 고려해 보자. 수소는 눈에 띄게 영향을 받지는 않을 것이다. 원자핵인 양성자는 그림 4-11(a)처럼 구형 대칭인(spherically symmetric) 전자 구름에 싸여 있을 것이다. 2장에서 배웠듯이

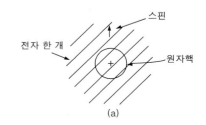

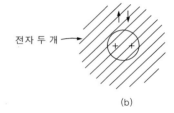

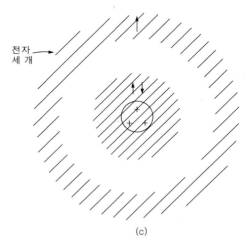

그림 4-12 페르미 입자이면서 스핀이 1/2인 실제 전자에 의한 원자 구조

전자는 중심으로 끌리지만 불확정성 원리에 의해 공간상 집중된 정도와 운동량의 집중도가 균형을 이루어야 한다. 그 균형이란 어떤 에너지 값이 존재하며 수소 원자의 크기를 결정하는 전자의 분포에 어떤 범위가 있다는 것을 의미한다.

이번엔 헬륨 원자핵과 같이 두 단위 전하를 갖는 원자핵이 있다고 가정하자. 이 원자핵은 두 전자를 끌어당길 것이고 이들이 보즈 입자라면 전자 간의 척력을 고려하지 않는다 할 때 원자핵에 가능한 한 가까이 몰려들 것이다. 헬륨 원자는 그림의 (b)처럼 생겼을 것이다. 세 단위 전하를 갖는 리튬(lithium) 원자도 유사하게 그림 4-11의 (c)와 같은 전자 분포를 보이겠다. 모든 원자가 대체로 비슷해 보여서, 전자가 전부 작은 공 모양으로 핵 가까이 있으며 방향성이나 그 외 복잡한 것도 없을 것이다.

하지만 전자가 페르미 입자이기 때문에 실제 상황은 꽤 다르다. 수소 원자에 있어서는 상황이 별로 바뀔 것이 없다. 유일하게 다른 점이라면 전자의 스핀이 그림 4-12(a)에 작은 화살표로 표시한 것처럼 된다는 사실이다. 그러나 헬륨 원자의 경우엔 전자 두 개를 포개어 놓는 것이 불가능하다. 그런데 잠깐! 두 전자의 스핀이 같은 경우에만 그렇다. 두 전자는 스핀이 반대라면 같은 상태를 차지할 수 있다. 그래서 헬륨 원자도 별로 달라 보이지 않는다. 그림 4-12의 (b)처럼 보일 것이다. 하지만 리튬에 이르면 상황이 무척 다르다. 어디에 세 번째 전자를 놓아야 할까? 셋째 전자는 다른 두 개의 전자와 같이 있을 수 없는데, 두 방향의 스핀이 다 찼기 때문이다. (전자를 비롯한 스핀이 1/2인 입자는 가능한 스핀 방향이 둘뿐임을 기억하자.) 세 번째 전자는 다른 둘이 차지하고 있는 장소 가까이 갈 수 없기 때문에 그림의 (c)처럼 원자핵에서 더 멀리 떨어져서 다른 상태에 놓인다는 특별한 제약을 받는다. (여기서 대충 넘어가는 부분이 있는데, 현실에서는 세 전자들이 모두 동일하다는 점이다. 어느 것이 어느 것인지 구별할 수 없기 때문에 지금의 설명은 근사적으로 옳은 것으로 받아들여야 한다.)

이제 우리는 왜 다른 원자들의 화학적 특성이 서로 다른지에 대해 조금씩 이해할 수 있다. 리튬의 셋째 전자는 더 바깥쪽에 있기 때문에 상대적으로 느슨히 속박되어 있다. 리튬에서 전자 하나를 빼내기가 헬륨에서 빼내는 것보다 훨씬 쉽다. (실험을 해 보면 헬륨을 이온화하는 데는 25볼트가 필요하지만 리튬은 5볼트면 이온화할 수 있다.) 이것으로 리튬 원자의 원자가(valence)를 설명할 수 있다. 원자가의 방향 특성은 바깥에 있는 전자의 파동의 형태와 관련이 있는데, 여기서 더 자세히 들어가지는 않을 것이다. 하지만 벌써 이른바 배타 원리, 즉 두 전자가 정확히 같은 상태(스핀까지 포함한)에 있을 수 없다는 원리가 얼마나 중요한지를 알 수 있다.

배타 원리는 큰 규모에서 물질의 안정성에도 기여한다. 지난번에 개개의 원자들은 불확정성 원리 때문에 붕괴되지 않는 거라 얘기한 적이 있었음을 기억하는가? 하지만 그것만으로는 두 수소 원자가 왜 한없이 가까이 찌그러질 수 없는지 설명이 안 된다. 왜 양성자들이 전부 가까이 모여서 그 주변에 큰 전자 구름 하나만 있으면 안 되냐는 말이다. 물론 대답은 스핀이 반대인 전자는 둘 이상 같은 위치에 있을 수 없기 때문에 수소 원자들이 서로에게서 떨어져 있어야 한다는 것이다. 그러므로 큰 규모에서 물질의 안정성은 결국 전자의 페르미 입자적 성질에서 나오는 결과인 것이다.

두 원자의 바깥 전자들이 반대 방향의 스핀을 가졌다면 물론 서로 가까워질 수 있다. 이것이 사실은 화학적 결합(chemical bond)이 생기는 방법이다. 두 원자가 같이 있을 때, 가장 낮은 에너지를 갖는 구조는 전자가 그 사이에 있을 때이다. 양전하를 가진 두 원자핵이 가운데의 전자 쪽으로 전기적 인력 비슷한 것을 느끼게 된다. 스핀이 반대 방향이라면 전자 둘을 두 핵 사이쯤에 놓는 일이 가능해지는데, 그런 방식으로 생긴 화학적 결합이 가장 강하다. 더 강한 결합이 존재하지 않는 건 배타 원리로 인해 원자들 사이의 공간에 전자가 두 개 이상 있을 수가 없기 때문이다. 수소 분자는 그림 4-13처럼 보일 것이라 기대할 수 있다.

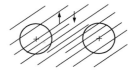

그림 4-13 수소 분자

배타 원리의 결과를 하나 더 얘기해 보자. 헬륨 원자 안의 두 전자가 핵에 가까워지려면 스핀이 꼭 반대여야 한다는 걸 기억하는가? 두 전자가 같은 스핀을 갖도록 해 놓았다고 하자. 강력한 자기장을 써서 스핀을 한 방향으로 만들었다고 생각해도 좋겠다. 그렇다면 이제 두 전자가 공간상에서 같은 상태를 차지할 수 없을 것이다. 그중 하나는 그림 4-14에 나타낸 것처럼 다른 위치에 가 있게 될 것이다. 핵에서 멀리 떨어진 전자는 속박 에너지(binding energy)가 더 적다. 그렇기 때문에 전체 원자의 에너지는 꽤 많이 높아질 것이다. 다르게 말하면 두 스핀의 방향이 반대일 때 전체 인력이 훨씬 더 강해진다.

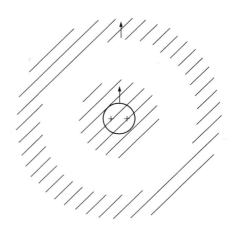

그림 4-14 전자 하나가 더 높은 에너지 상태에 있는 헬륨

그래서 두 전자가 가까이 있을 때 스핀을 반대 방향으로 놓으려는 큰 힘이 있는 것처럼 보인다. 두 전자가 같은 위치로 가려고 하면 스핀은 반대가 되려는 아주 강한 경향을 갖게 된다. 두 스핀을 서로 반대 방향으로 만들려는 이 분명한 힘은 전자의 자기 모멘트(magnetic moments) 사이의 미약한 힘보다 훨씬 더 강력하다. 예전에 강자성(ferromagnetism)에 대해 얘기할 때 왜 다른 원자에 속한 전자들이 나란히 정렬하는지가 수수께끼였다는 사실을 기억할 것이다. 정량적으로는 아직 설명하지 못하고 있지만, 사람들은 원자 중심 부근의 전자들이 결정 안을 자유롭게 돌아다니는 바깥 전자들과 배타 원리를 통해서 상호작용을 한다고 믿고 있다. 이 상호작용 때문에 자유 전자들과 안쪽 전자들의 스핀이 반대 방향이 된다. 하지만 안쪽 전자들의 스핀이 그림 4-15처럼 모두 같은 방향일 때에만 자유 전자들과 안쪽 원자의 전자들이 반대가 될 수 있을 것이다. 강자성의 근원인 강한 정렬하려는 힘(aligning force)이 배타 원리가 자유 전자를 거쳐 간접적으로 작용한 효과일 가능성은 꽤 커 보인다.

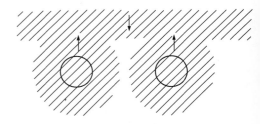

그림 4-15 강자성체인 결정에 대한 유력한 설명 방식. 전도 전자의 스핀은 짝을 이루지 않은 안쪽 전자와 반대방향이 됨.

배타 원리가 영향을 끼치는 예를 하나만 더 들어 보겠다. 전에 핵력(nuclear force)은 중성자와 양성자 사이, 양성자와 양성자 사이, 혹은 중성자와 중성자 사이에서 다 같다고 했다. 그렇다면 왜 양성자와 중성자는 하나씩 같이 붙어서 중수소(deuterium) 핵을 이루는데, 양성자 둘만 있거나 중성자 둘만 있는 원자핵은 존재하지 않는 것일까? 실제로 중수소는 220만 볼트의 에너지로 속박되어 있지만 양성자 한 쌍으로 원자량 2의 헬륨 동위원소를 만드는 결합은 없다. 그런 핵은 존재하지 않는 것이다. 두 양성자의 조합은 속박된 상태를 만들지 않는다.

이는 두 가지 효과의 결과이다. 하나는 배타 원리이고, 다른 하나는 핵력이 스핀의 방향에 어느 정도 민감하다는 성질이다. 중성자와 양성자 간에는 인력이 작용하는데, 이 힘은 스핀이 반대 방향일 때보다 나란할 때 더 강하다. 이 차이는 꼭 중성자와 양성자의 스핀이 나란할 때에만 중소수가 만들어질 만큼의 크기를 갖고 있다. 스핀이 반대일 때는 그것들을 함께 속박할 만큼 인력이 강하지 않다. 중성자와 양성자 모두 스핀이 1/2이고 같은 방향이기 때문에 중수소의 스핀은 1이 된다. 우리는 스핀이 같은 방향인 두 양성자가 같은 위치에 있을 수 없다는 것을 알고 있다. 배타 원리만 아니었더라면 두 양성자는 결합할 수도 있었겠지만 둘이 같은 위치에 같은 스핀 방향으로 존재할 수 없기 때문에 He^2라는 원자핵은 존재하지 않는다. 혹은 양성자들이 스핀이 반대인 상태로 결합할 수도 있겠지만 이 경우에는 핵자(nucleon) 한 쌍을 속박할 만큼 핵력이 강하지 않기 때문에 안정된 핵을 만들 수 없다. 스핀이 반대인 중성자들 그리고 양성자들 간의 인력은 산란 실험을 통해서 살펴볼 수 있다. 스핀 방향이 반대인 양성자 둘을 이용해서 비슷한 산란 실험을 해 보면 상응하는 인력이 있음을 볼 수 있다. 그러므로 중수소는 존재할 수 있고 He^2는 존재할 수 없는 이유를 설명해 주는 것은 배타 원리이다.

CHAPTER 5
스핀 1

5-1 슈테른-게를라흐 장치를 이용해 원자 걸러 내기

이번 장에서 정식으로 양자역학을 시작하게 된다. 지금부터는 양자역학적 현상을 순수하게 양자역학적인 방법을 사용해서 설명할 것이다. 생소한 개념이 나올 때마다 유감을 표하거나 고전역학에서 연결 고리를 찾으려는 노력도 이제 그만둘 생각이다. 새로운 내용에 대해 새로운 언어를 사용해서 말하려는 것이다. 우리가 지금부터 알아보려는 문제를 굳이 표현하자면 '스핀이 1인 입자의 각운동량을 어떻게 양자화할 수 있는가'가 될 것이다. 하지만 각운동량과 같은 고전역학에서 나온 단어나 개념은 더 이상 사용하지 않겠다. 이 예제는 상대적으로 단순하기 때문에 골랐는데, 가장 단순한 예는 아니다. 이 예제는 단순하면서도 여러 양자역학적 현상을 설명하는 데 필요한 요소들이 적절히 들어 있어서 양자역학 문제의 원형(prototype)이라고 부를 수 있다. 이 한 가지 예를 통해 배우게 되는 모든 법칙은 다른 문제에도 일반화시켜 사용할 수 있다. 이처럼 일반화하는 과정을 보면 양자역학적 기술 방법의 특징을 알게 될 것이다. 먼저 슈테른-게를라흐 실험에서 원자의 빔이 세 개의 빔으로 갈라지는 현상부터 시작해 보자.

끝이 뾰족한 자석으로 불균일한(inhomogeneous) 자기장을 만들고 빔이 그 장치를 지나가게 하면 입자 빔이 여러 갈래로 분리된다는 사실을 기억하는가? 물론 빔의 개수는 원자의 종류와 상태에 따라 결정될 것이다. 여기서는 세 개의 빔으로 갈라지는 원자를 사용할 텐데, 이를 스핀 1의 입자라 부르자. 빔이 다섯 개나 일곱 개나 두 개로 분리되는 경우는 여러분이 혼자서 해 볼 수 있을 것이다. 모든 계산 과정이 같아서, 세 개의 항이 있는 곳에 다섯 개 혹은 일곱 개의 항을 적기만 하면 된다.

복습 과제 : 제 2권 35장, 상자성과 자기 공명(편의를 위해 본 책의 부록에 실려 있음)

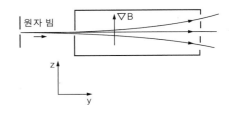

그림 5-1 슈테른-게를라흐 실험에서는 스핀이 1인 원자들이 세 종류의 빔으로 갈라진다.

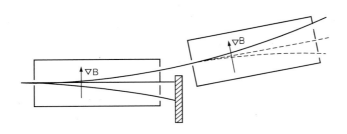

그림 5-2 한 빔에서 나온 원자들이 동일한 두 번째 장치로 들어간다.

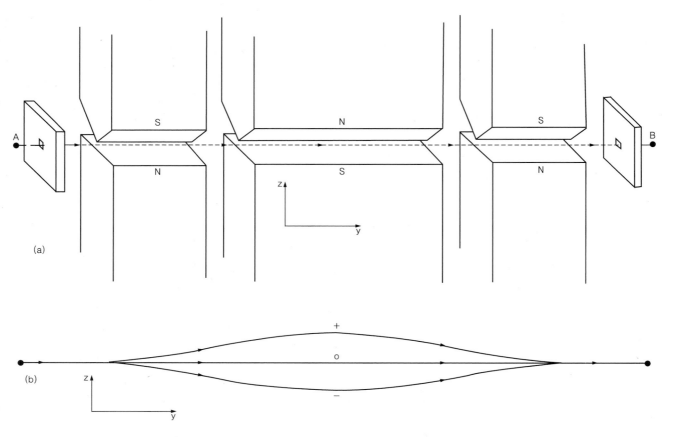

그림 5-3 (a) 개선된 슈테른-게를라흐 장치를 상상해 본 것. (b) 스핀이 1인 원자의 경로

그림 5-1처럼 생긴 장치가 있다고 상상해 보자. 원자의 빔(또는 어떤 다른 입자의 빔)이 슬릿을 통과하여 평행하게 된 후 불균일한 자기장을 통과한다. 빔은 y 방향이고 자기장과 그 장이 변화하는 방향은 z 라고 하자. 그러면 옆에서 보았을 때 빔은 그림처럼 세로 방향으로 세 개의 빔으로 나뉠 것이다. 그 자석의 뒤쪽 끝 부분에 작은 검출기를 놓으면 세 빔 중 하나에 속한 입자의 도착율을 측정할 수 있을 것이다. 아니면 두 개의 빔은 막아 놓고 하나만 통과시킬 수도 있다.

그림 5-2처럼 아래 두 빔은 막아 두고 제일 위의 빔만 똑같은 두 번째 슈테른-게를라흐 장치로 들어가는 상황을 가정해 보겠다. 어떤 일이 벌어질까? 두 번째 장치에서 관찰되는 빔의 개수는 세 개가 아니다. 가장 위의 빔 하나만 있게 된다.* 두 번째 장치를 단순히 첫 번째 장치의 연장선으로 생각했다면 이와 같은 결과를 예측할 수 있었을 것이다. 위로 밀쳐졌던 원자들은 두 번째 자석 안에서도 계속 위쪽으로 밀쳐진다.

이로부터 첫 번째 장치가 마치 여과장치(filter)처럼 특정 빔만 걸러 냈음을 알 수 있다. 즉 주어진 불균일한 자기장 속에서 위로 휘는 원자들만 골라낸 것이다. 첫 번째 슈테른-게를라흐 장치에 들어갈 때 원자들은 세 개의 다른 종류가

---

* 여기서 편향 각도(deflection angles)는 작다고 가정한다.

합쳐져 있어서 그것들은 각각 자기장을 지나며 서로 다른 궤적을 그렸다. 한 종류만 남겨 놓고 다른 빔들을 막아 버리면 그 후에 같은 장치를 지날 때 어떻게 움직일지 예상할 수 있는 빔을 얻게 된다. 이것을 '여과된 빔'이나 '편극된 빔' 혹은 '원자들이 일정한 상태에 있는 빔'이라고 부르겠다.

지금부터는 편의상 약간 개선된 슈테른-게를라흐 장치를 이용하겠다. 얼핏 보기에 이 새로운 실험 장치가 더 복잡해 보이겠지만, 사실 이걸 사용해야 이해하기 더 쉬워진다. 어쨌든 우린 지금 사고 실험(thought experiments)을 하고 있기 때문에 장치를 복잡하게 만든다고 돈이 더 들진 않는다. (지금 설명하려는 실험은 아무도 정확히 이 방식으로 행한 적이 없지만, 다른 비슷한 실험에 기반을 둔 양자역학 법칙들을 사용하면 결과를 예측할 수 있다. 처음 배울 때는 실제 실험 내용이 더 이해하기 어렵기 때문에 이상적이지만 충분히 실현 가능한 실험을 예로 드는 것이다.)

그림 5-3(a)에 개선된 슈테른-게를라흐 장치가 그려져 있다. 이것은 자기장 세기의 변화가 큰 자석 세 개로 이루어져 있다. 맨 왼쪽의 첫 번째는 보통 사용하는 슈테른-게를라흐 자석으로, 스핀 1인 입자들로 이루어진 입사 빔을 세 개의 빔으로 나누어 놓는다. 두 번째 자석은 첫 번째 것과 단면적은 같지만 두 배 더 길고 또 1번 자석의 자기장과 극이 정반대로 바뀌어 있다. 이 두 번째 자석은 그림의 아래쪽에 있는 경로와 같이 원자들을 반대 방향으로 밀어서 다시 중심축 쪽으로 휘게 만든다. 세 번째 자석은 첫 번째 자석과 거의 비슷한데 세 개의 빔을 다시 하나로 모이게 해서 중심축 선상의 출구로 나가게 한다. 마지막으로 구멍 앞쪽의 **A** 지점에는 어떤 장치가 있어서 원자들을 정지 상태에서 움직여서 출발시킨다고 가정하고, 또 출구 뒤에 있는 **B** 지점에는 감속 장치가 있어서 원자들을 **B**에서 다시 정지하도록 만든다고 상상하자. 이것들은 꼭 필요하지는 않지만, 우리가 원자들이 나올 때의 운동 상태와 상관없이 스핀과 관련된 효과에만 집중할 수 있게 해 준다. 이 개선된 장치의 목적은 모든 입자들이 같은 장소에 정지 상태로 오게 하는 것뿐이다.

그림 5-2와 같은 실험을 하기 위해 실험 장치 중간에 판을 놓아 두 빔을 막으면 여과된 빔을 얻을 수 있다. 그림 5-4에 나온 것처럼 말이다. 편극된 원자들이 두 번째 동일한 장치를 통과할 때 모든 원자들이 위쪽 경로를 택할 것이다. 이 사실을 확인하려면 두 번째 여과기 **S** 안에서 여러 빔의 중간을 판으로 막고 입자들이 통과하는지 살펴보면 된다.

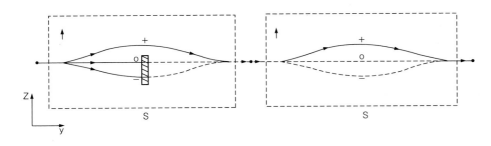

그림 5-4 개선된 슈테른-게를라흐 장치로 만든 원자 여과기

이제 첫 번째 장치에 S라는 이름을 붙여 보자. (장치 간의 다양한 조합을 고려할 것이므로 이름을 확실히 붙여 놓겠다.) S에서 윗 경로를 통해 움직이는 원자는 S에 대해 양의 상태라 부르고, 가운데 경로로 이동하는 원자는 S에 대해 영의 상태, 그리고 아래 경로를 택하면 S에 대해 음의 상태라고 부른다. (흔히 이를 '각운동량의 z성분이 $+1\hbar$, 0, $-1\hbar$'라고 표현하는데, 지금은 이 표현을 사용하지 않겠다.) 그림 5-4에 있는 두 번째 장치는 첫 번째 것과 같은 방향으로 있으니까 여과된 원자들 모두 다시 윗 경로를 택할 것이다. 혹은, 만약 첫째 장치에 위와 아래 빔을 막고 영의 상태인 원자들만 통과시켰다면 여과된 원자들 모두 두 번째 장치에서 가운데 경로를 택할 것이다. 그리고 만약 첫 번째 장치에 아래 빔만 빼고 다 막았다면 두 번째 장치엔 아래 빔만 남을 것이다. 각 경우에 첫 번째 장치는 S에 대해 순수한 상태로 여과된 빔을 만들었다고 말할 수 있고, 어떤 상태가 남았는지 알려면 동일한 두 번째 장치를 가져다 놓고 원자를 통과시키면 된다.

두 번째 장치를 만들 때 특정한 상태의 원자만 통과시키도록 할 수도 있다. 첫 번째 장치에 차단기(mask)를 씌운 것처럼 말이다. 그리고 끝부분에 어떤 입자가 나오는지 보면 입사 빔의 상태를 알아낼 수 있다. 예를 들어 두 번째 장치의 아래 두 경로를 차단하면 원자들이 100% 다 통과하겠지만 윗 경로를 막으면 아무것도 통과할 수 없다.

편의상 개선된 슈테른-게를라흐 장치를 상징하는 축약 기호를 만들겠다. 기호

$$\left\{ \begin{matrix} + \\ 0 \\ - \end{matrix} \right\}_S \tag{5.1}$$

로 완전한 하나의 장치를 나타내자. (이런 기호는 다른 양자역학 책에는 나오지 않는다. 이번 장에서 사용하기 위해 임의로 만든 것이다. 그림 5-3에 있는 장치를 단순화시켜 그렸을 뿐이다.) 다른 방향을 향해 놓은 여러 장치를 한꺼번에 사용할 것이므로 알파벳 하나를 아래에 적어서 각각의 장치를 구별하겠다. (5.1)에 있는 기호는 장치 S를 나타낸다. 안에 있는 빔 중 하나 또는 그 이상의 빔을 막았다면 세로 막대기를 그어 어떤 빔이 차단되었는지 표시한다.

$$\left\{ \begin{matrix} + \\ 0 \\ - \end{matrix} \Big| \right\}_S \tag{5.2}$$

그림 5-5에 우리가 사용할 여러 조합이 나타나 있다.

그림 5-4와 같이 두 여과기가 연속해서 있다면 다음과 같이 두 기호를 나란히 적겠다.

$$\underset{S}{\left\{\begin{matrix} + \\ 0 \\ - \;\rule{3pt}{1.2em} \end{matrix}\right\}} \qquad \underset{S}{\left\{\begin{matrix} + \\ 0 \\ - \end{matrix}\right\}} \tag{5.3}$$

이 경우엔 첫 번째 장치를 통과한 모든 입자가 두 번째 장치도 통과하게 된다. 사실 두 번째 장치의 영과 음의 채널을 막아서

$$\underset{S}{\left\{\begin{matrix} + \\ 0 \\ - \;\rule{3pt}{1.2em} \end{matrix}\right\}} \qquad \underset{S}{\left\{\begin{matrix} + \\ 0 \\ - \;\rule{3pt}{1.2em} \end{matrix}\right\}} \tag{5.4}$$

가 되었다고 해도 두 번째 장치의 통과율은 100%가 될 것이다. 반면

$$\underset{S}{\left\{\begin{matrix} + \\ 0 \\ - \;\rule{3pt}{1.2em} \end{matrix}\right\}} \qquad \underset{S}{\left\{\begin{matrix} + \;\rule{3pt}{1.2em} \\ 0 \\ - \end{matrix}\right\}} \tag{5.5}$$

가 있다면 끝에 아무것도 나오지 않는다. 마찬가지로

$$\underset{S}{\left\{\begin{matrix} + \;\rule{3pt}{1.2em} \\ 0 \\ - \end{matrix}\right\}} \qquad \underset{S}{\left\{\begin{matrix} + \\ 0 \\ - \;\rule{3pt}{1.2em} \end{matrix}\right\}} \tag{5.6}$$

도 아무것도 나오지 않을 것이다. 반면

$$\underset{S}{\left\{\begin{matrix} + \;\rule{3pt}{1.2em} \\ 0 \\ - \end{matrix}\right\}} \qquad \underset{S}{\left\{\begin{matrix} + \;\rule{3pt}{1.2em} \\ 0 \\ - \end{matrix}\right\}} \tag{5.7}$$

는 그냥

$$\underset{S}{\left\{\begin{matrix} + \;\rule{3pt}{1.2em} \\ 0 \\ - \end{matrix}\right\}}$$

만 하나 있는 경우와 같다.

이제 양자역학적인 방식으로 이 실험을 기술해 보겠다. 원자가 그림 5-5(b)에 나온 장치를 통과했으면 그것을 $(+S)$ 상태에 있다고 표현하고, (c)를 통과했다면 $(0S)$, (d)를 통과했다면 $(-S)$라고 부르자.* 이제 $\langle b\,|\,a\rangle$는 a 상태에 있던 원자가 장치를 통과한 후 b 상태로 바뀔 진폭을 나타낸다. 그러니까 $\langle b\,|\,a\rangle$는 a 상태에 있던 원자가 b 상태로 들어가는 진폭이라고 할 수 있다. 실험 (5.4)의 결과를 표현하면

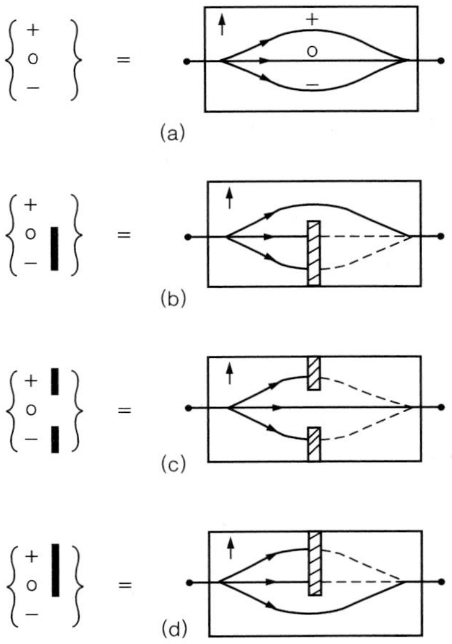

그림 5-5 슈테른-게를라흐 여과기의 상태를 나타내는 축약 기호

* $(+S)$는 '플러스 S', $(0S)$는 '제로 S', $(-S)$는 '마이너스 S'라고 읽으면 된다.

$$\langle +S \mid +S \rangle = 1$$

이 될 것이고 (5.5)는

$$\langle -S \mid +S \rangle = 0$$

다. 또 (5.6)의 결과는

$$\langle +S \mid -S \rangle = 0$$

이며, (5.7)은

$$\langle -S \mid -S \rangle = 1$$

로 각각 나타낼 수 있다.

하나의 채널만 열려 있어서 순수한 상태(pure state)만 나타나는 경우를 고려하면 이와 같은 진폭은 아홉 개가 존재하며, 다음과 같이 표로 정리할 수 있다.

$$
\begin{array}{cc|ccc}
& & \multicolumn{3}{c}{\text{시작 상태}} \\
& & +S & 0S & -S \\
\hline
\text{최종 상태} & +S & 1 & 0 & 0 \\
& 0S & 0 & 1 & 0 \\
& -S & 0 & 0 & 1
\end{array}
\tag{5.8}
$$

아홉 개의 숫자로 된 이 배열을 행렬이라고 부르는데, 지금까지 설명한 현상을 모두 담고 있다.

5-2 여과된 원자를 이용한 실험

이제 다음과 같은 중요한 문제를 살펴보자. 만약 두 번째 장치의 축이 다른 각도로 기울어져 첫 번째 장치의 축과 평행하지 않다면 어떤 일이 벌어질까? 기울어졌을 뿐만 아니라 다른 방향을 향해 있을 수도 있다. 예를 들어 빔을 원래 방향에서 $90°$만큼 꺾어지게 하는 경우를 생각해 볼 수 있다. 처음이니까 문제를 쉽게 하기 위해 그림 5-6처럼 두 번째 슈테른-게를라흐 장치가 y축을 기준으로 α라는 각도만큼 기울어져 있는 경우를 생각해 보자. 두 번째 장치는 T라고 부르겠다. 이제

$$\left\{ \begin{matrix} + \\ 0 \\ - \end{matrix} \Big| \right\}_S \quad \left\{ \begin{matrix} + \\ 0 \\ - \end{matrix} \Big| \right\}_T$$

와 같은 실험이나 혹은

$$\left\{ \begin{matrix} + \\ 0 \\ - \end{matrix} \Big| \right\}_S \quad \left\{ \begin{matrix} + \\ 0 \\ - \end{matrix} \Big| \right\}_T$$

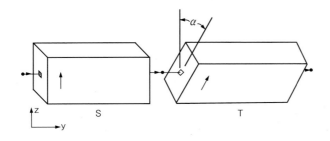

그림 5-6 직렬로 연결된 두 개의 슈테른-게를라흐 여과기. 두 번째 여과기가 첫 번째 것에 대해 각도 α만큼 기울어 있다.

와 같은 실험을 한다면 장치의 끝 부분에서 어떤 결과가 나올까?

답은 다음과 같다—만약 전자가 S를 기준으로 특정한 상태에 있다면 T에 대해서는 같은 상태에 있지 않게 된다. 즉 ($+S$) 상태라고 해서 ($+T$) 상태인 것은 아니다. 대신 ($+T$) 상태 또는 ($0T$)나 ($-T$) 상태에서 원자를 발견할 진폭이 각각 어느 정도 존재한다.

달리 얘기하면, 원자들이 일정한 상태에 있도록 아무리 주의를 기울여도 다른 각도로 기울어진 장치를 통과하면 소위 방향이 새로 정해진다는 것이다. 그리고 그 방향은 운에 의해(확률적으로 : 옮긴이) 결정된다는 사실을 잊지 말자. 한 번에 한 입자만 지나가게 해 놓고 '통과할 확률은 얼마인가?'라는 질문을 할 수 있겠다. S를 통과한 후에 어떤 원자들은 ($+T$) 상태에, 어떤 것들은 ($0T$) 상태에, 또 어떤 것들은 ($-T$) 상태에 있게 될 것이고, 그 확률은 모두 다를 것이다. 복소수 진폭의 절대값을 제곱하면 이 확률들을 계산할 수 있다. 우리가 찾는 것은 이 진폭들을 구하기 위한 어떤 수학적인 혹은 양자역학적인 방법이다. 예를 들어 ($+S$) 상태에서 ($-T$) 상태로 가는

$$\langle -T \mid +S \rangle$$

등의 여러 양들을 구하고자 한다(T와 S가 서로 평행하지 않다면 이 값은 0이 아닐 것이다). 여기에는

$$\langle +T \mid 0S \rangle \quad \text{또는} \quad \langle 0T \mid -S \rangle$$

등등의 다른 값도 포함된다. 이 같은 진폭은 실제로 9개가 있는데, 이는 어떤 행렬이 존재함을 뜻하며 입자 이론을 이용해서 모두 구할 수 있을 것이다. 마치 $F = ma$를 이용하면 어떤 상황에서든 고전적 입자에 무슨 일이 일어날지 계산할 수 있듯이, 양자역학의 법칙을 쓰면 입자가 특정한 장치를 통과할 진폭을 결정할 수 있다. 그렇다면 기울기 각도 α가 주어졌을 때, 아니 어떤 방향이든 상관없이 다음의 아홉 개 진폭을 구하는 것이 중요한 문제가 된다.

$$\langle +T \mid +S \rangle, \quad \langle +T \mid 0S \rangle, \quad \langle +T \mid -S \rangle$$
$$\langle 0T \mid +S \rangle, \quad \langle 0T \mid 0S \rangle, \quad \langle 0T \mid -S \rangle \tag{5.9}$$
$$\langle -T \mid +S \rangle, \quad \langle -T \mid 0S \rangle, \quad \langle -T \mid -S \rangle$$

이미 아홉 개의 진폭 사이에 어떤 관계가 존재함을 볼 수 있다. 먼저 우리가

만든 정의에 따르면 절대값의 제곱인

$$|\langle +T \mid +S \rangle|^2$$

은 $(+S)$ 상태에 있던 원자가 $(+T)$ 상태로 들어갈 확률이다. 제곱값은 아래와 같은 표현을 사용하면 더 편리하다.

$$\langle +T \mid +S \rangle \langle +T \mid +S \rangle^*$$

같은 표기법을 이용하면

$$\langle 0T \mid +S \rangle \langle 0T \mid +S \rangle^*$$

은 $(+S)$ 상태에 있던 원자가 $(0T)$ 상태로 들어갈 확률이 되고,

$$\langle -T \mid +S \rangle \langle -T \mid +S \rangle^*$$

은 $(-T)$ 상태로 가게 될 확률을 나타낸다. 우리가 사용하는 장치는 T 를 통과한 모든 원자들이 그 장치가 갖는 세 상태 중 하나에서는 꼭 발견되도록 만들어졌다. 즉 주어진 원자가 선택할 수 있는 다른 장소는 없다. 그러므로 지금 적은 이 세 확률의 합은 100%가 되어야 할 것이다. 이로부터 다음의 관계식을 얻는다.

$$\langle +T \mid +S \rangle \langle +T \mid +S \rangle^* + \langle 0T \mid +S \rangle \langle 0T \mid +S \rangle^*$$
$$+ \langle -T \mid +S \rangle \langle -T \mid +S \rangle^* = 1 \tag{5.10}$$

물론 $(0S)$ 와 $(-S)$ 상태에서 시작한 경우에 해당하는 방정식이 두 개 더 있다. 하지만 쉽게 구할 수 있는 것은 이 정도 뿐이므로 이제 다른 일반적인 문제를 고려해 보겠다.

5-3 직렬 연결된 슈테른-게를라흐 여과기

다음과 같은 재미있는 질문을 해 보자. 먼저 원자들이 모두 $(+S)$ 상태로 여과된 후에 두 번째 여과기, 예를 들어 $(0T)$ 상태를 통과하고 그 다음 또 다시 $+S$ 여과기를 지나간다고 가정해 보겠다. (마지막 여과기는 S' 으로 불러 첫 번째 여과기 S 와 구별한다.) 원자들이 처음에 $(+S)$ 상태에 있었다는 사실을 기억할까? 다르게 얘기하면 다음과 같은 실험을 해 보자는 말이다.

$$\left\{ \begin{matrix} + \\ 0 \\ - \end{matrix} \middle| \right\}_S \quad \left\{ \begin{matrix} + \\ 0 \\ - \end{matrix} \middle| \right\}_T \quad \left\{ \begin{matrix} + \\ 0 \\ - \end{matrix} \middle| \right\}_{S'} \tag{5.11}$$

우리가 알고 싶은 것은 T 를 통과하는 원자들이 전부 S' 을 통과하는가이다. 답은 '그렇지 않다' 이다. 한 번 T 로 여과되고 나면 원자들은 어떤 방법으로도 T 로 들어가기 전에 $(+S)$ 상태에 있었다는 사실을 기억하지 못한다. (5.11)의 두 번째 S 장치는 첫 번째와 정확히 같은 방향을 향하고 있으므로 같은 종류의 여과기라는 점을 기억하자. 당연히 S' 에 의해 여과된 상태도 $(+S)$, $(0S)$, $(-S)$ 가

된다.

　중요한 포인트는 바로 다음과 같다. T 여과기가 하나의 빔만 통과시키면 두 번째 S 여과기를 통과하는 분량은 T 여과기의 배치에만 영향을 받을 뿐 그 이전에 일어난 일과는 전혀 관계가 없다. 그 원자들은 과거에 S 여과기에 의해 분류되었지만, 그 사실은 T 장치에 의해 단일 빔으로 분류된 후에는 아무런 영향을 미치지 못한다. T 장치로 들어가기 전에 무슨 일이 일어났느냐에 따라 원자들이 여러 상태로 가게 될 확률이 달라지지는 않는다.

　예를 들어, (5.11)의 실험과 첫 번째 S만 바뀐 다음의 실험을 비교해 볼까?

$$\left\{ \begin{matrix} +\,| \\ 0 \\ -\,| \end{matrix} \right\}_{S} \quad \left\{ \begin{matrix} +\,| \\ 0 \\ -\,| \end{matrix} \right\}_{T} \quad \left\{ \begin{matrix} +\,| \\ 0 \\ - \end{matrix} \right\}_{S'} \tag{5.12}$$

실험 (5.11)에서 T를 통과한 원자 중 삼분의 일이 S'을 통과하도록 S와 T 사이의 각도인 α를 선택했다고 하자. 실험 (5.12)에서 T를 통과해 오는 원자의 수는 일반적으로 다를 테지만 그중 S'을 통과하는 비율은 삼분의 일로 같다는 얘기다.

　사실 예전에 배운 것을 이용하면 T를 빠져 나온 것들 중 특정한 S'을 통과할 원자의 비율이 T와 S'에만 좌우될 뿐 그 전에 일어난 다른 어떤 것과도 관련이 없다는 사실을 보일 수 있다. 실험 (5.12)를 다음과 비교해 보자.

$$\left\{ \begin{matrix} +\,| \\ 0 \\ -\,| \end{matrix} \right\}_{S} \quad \left\{ \begin{matrix} +\,| \\ 0 \\ -\,| \end{matrix} \right\}_{T} \quad \left\{ \begin{matrix} +\,| \\ 0 \\ -\,| \end{matrix} \right\}_{S'} \tag{5.13}$$

실험 (5.12)에서 S를 지나간 원자들이 T와 S' 둘 다 통과하게 될 진폭은

$$\langle +S \mid 0T \rangle \langle 0T \mid 0S \rangle$$

와 같다. 이에 대한 확률은

$$|\langle +S \mid 0T \rangle \langle 0T \mid 0S \rangle|^2 = |\langle +S \mid 0T \rangle|^2 \, |\langle 0T \mid 0S \rangle|^2$$

이다. 실험 (5.13)에 대한 확률은

$$|\langle 0S \mid 0T \rangle \langle 0T \mid 0S \rangle|^2 = |\langle 0S \mid 0T \rangle|^2 \, |\langle 0T \mid 0S \rangle|^2$$

이 된다. 그 두 값의 비는

$$\frac{|\langle 0S \mid 0T \rangle|^2}{|\langle +S \mid 0T \rangle|^2}$$

으로서 T와 S'에만 좌우될 뿐 S에서 $(+S)$, $(0S)$, $(-S)$ 중 어떤 빔이 선택되었는지와는 전혀 상관이 없다. (분자와 분모의 값 자체는 T를 통과하는 원자의 개수에 따라 동시에 더 클 수도 작을 수도 있다.) 만약 원자가 S에 대해 플러스나 마이너스 상태로 갈 확률을 비교하더라도 같은 결과를 얻을 것이고, 0 또는

마이너스의 상태로 갈 비를 구하더라도 마찬가지일 것이다.

사실 이 비율은 어떤 빔이 T를 통과했는지와 관련이 있고 첫 번째 S 여과기가 무엇을 선택했는지와는 상관이 없기 때문에 마지막 장치가 S 여과기가 아니더라도 같은 결과를 얻을 것이 분명하다. 만약 T에 대해 어떤 각도만큼 기울어 있는 세 번째 장치 R을 사용한다면 $|\langle 0R|0T\rangle|^2 / |\langle +R|0T\rangle|^2$ 등의 비율이 첫 번째 여과기 S를 통과한 빔이 어떤 것인가와 관계없다는 사실을 발견할 것이다.

5-4 기반 상태 (Base states)

양자역학의 기본 원리 하나가 위의 결과에 숨어 있다. 즉 어떤 원자의 계라도 여과 과정을 통해 기반 상태라 부르는 어떤 집합으로 분류될 수 있고, 주어진 기반 상태에 있는 원자들이 미래에 어떻게 행동할지는 기반 상태의 성질에만 의존할 뿐 과거의 경로와는 전혀 관계가 없다는 사실이다.* 물론 기반 상태는 사용한 여과기에 따라 달라진다. 가령 $(+T)$, $(0T)$, $(-T)$의 세 상태들이 모여서 기반 상태의 집합을 이루며, $(+S)$, $(0S)$, $(-S)$의 세 상태도 마찬가지로 또 하나의 집합이 된다. 무궁무진한 가능성이 있으며 모두 다 기반 상태로 적합하다.

우리가 사용하는 여과기들이 정말 단일한 빔을 생성하는지 생각해 볼 필요가 있다. 만약 예를 들어 슈테른-게를라흐 장치가 세 개의 빔으로 정확히 분류해 놓지 않는다면, 그래서 차단기(mask)로 깨끗하게 나눌 수 없다면 여러 기반 상태로 말끔하게 분류하기는 불가능한 일일 것이다. 같은 종류의 여과기를 하나 더 통과시켰을 때 빔들이 다시 나누어지는가를 살펴보면 단일한 기반 상태들을 갖고 있는지의 여부를 확인할 수 있다. 만약 단일한 $(+T)$ 상태라면 원자들이 전부

$$\left\{\begin{matrix} + \\ 0 \\ - \end{matrix}\ \rule[-0.6em]{0.08em}{1.3em}\right\}_{T}$$

는 통과하겠지만

$$\left\{\begin{matrix} + \rule[0em]{0.08em}{0.6em} \\ 0 \\ - \rule[0em]{0.08em}{0.6em} \end{matrix}\right\}_{T}$$

와

$$\left\{\begin{matrix} + \\ 0 \ \rule[-0.6em]{0.08em}{1.3em} \\ - \end{matrix}\right\}_{T}$$

---

* 기반 상태라는 단어는 이 문장에 쓰여진 그대로의 의미를 갖는다. 쉽거나 기초적(basic)이란 뜻으로 오해하지는 말기를 바란다. 우리는 base라는 단어를 basis와 같은 뜻으로 사용하는 것이다. 10진수(base 10)라고 얘기할 때처럼 말이다.

는 하나도 통과하지 않아야 한다. 즉 기반 상태라 함은 동일한 장치를 사용해서는 더 이상 순수하게 만들 수 없는 단일한 상태를 뜻한다.

이 논의는 무척 이상적인 상황에서만 정확하게 맞는다는 사실을 언급해야겠다. 실제로 존재하는 슈테른-게를라흐 장치에서는 슬릿 때문에 회절이 일어나서 원자들이 다른 각도에 대응하는 상태가 되거나 혹은 빔 안에 들뜬 상태에 있는 원자가 포함되거나 할 수도 있다. 우리는 지금 이상적인 상황을 상상하며 자기장에 의해 나뉜 상태에만 초점을 맞추고 있는 것이다. 위치나 운동량, 내부적인 들뜸(excitation) 등은 무시하고 있다. 일반적으로는 그와 같은 조건에 의해 나누어진 기반 상태도 함께 고려해야 한다. 여기서는 개념을 쉽게 설명하기 위해 세 개의 상태로 이루어진 집합을 고려했는데, 상황을 정확히 기술하려면 이것만으로도 충분하다. 원자들이 장치를 통과하는 중에 부숴진다든지 하는 좋지 않은 일이 벌어지지 않고 또 장치를 완전히 통과한 후 정지하는 이상적인 조건에 한해서 말이다.

사고 실험을 할 때마다 항상 한 채널만 열어 놓아서 일정한 기반 상태에서 시작하는 것을 눈치챘는가? 그렇게 하는 이유는 원자들이 화로(furnace)에서 나올 때 그 안에서 일어나는 우연한 사건들로 인해 무작위적으로 여러 상태로 나뉘어지기 때문이다. 이 우연성은 고전적인 확률 그러니까 동전을 던질 때와 같은 것으로, 양자역학에서 생각하는 확률과는 차이가 있다. 편극되지 않은 빔을 사용하면 추가로 복잡한 일들이 생기게 되는데 그 문제는 편극된 빔의 행동 방식을 이해할 때까지는 미뤄 놓는 게 좋다. 그러니까 아직은 '첫 번째 장치에서 둘이나 세 개의 빔이 통과한다면 어떤 일이 벌어질까?' 하고 궁금해하지 말아 주길 바란다. (그와 같은 경우에 대해선 이 장의 마지막 부분에서 얘기하겠다.)

돌아와서 한 여과기의 기반 상태에서 다른 여과기의 기반 상태로 이동할 때 어떤 일이 벌어지는지 보자. 다시

$$\left\{ \begin{matrix} + \\ 0 \\ - \end{matrix} \middle| \right\}_S \qquad \left\{ \begin{matrix} + \\ 0 \\ - \end{matrix} \middle| \right\}_T$$

로 시작한다고 하겠다. T에서 나오는 원자들은 $(0T)$의 기반 상태에 있으며 그전에 $(+S)$ 상태에 있었다는 기억은 전혀 없다. 어떤 이들은 T로 여과하는 과정에서 원자들이 장치 T 안에서 세 개의 빔으로 갈라질 때 교란(disturb)되었기 때문에 예전의 $(+S)$ 상태에 대한 정보를 상실했다고 얘기할지도 모르겠지만, 그것은 사실이 아니다. 예전의 정보는 세 개의 빔으로 나누었기 때문이 아니라 집어넣은 차단벽에 의해 사라지는 것이다. 다음의 실험을 통해 이를 증명할 수 있다.

$+S$ 여과기로 시작하며, 그것을 통과하는 원자들의 수를 N이라고 하자. 그 다음에 $0T$ 여과기를 놓는다면 그것을 통과하는 원자 수는 αN, 즉 원래 개수의 일부분이 될 것이다. 그 다음 또 $+S$ 여과기를 놓으면 이 원자들 중 일부인 β 만이 끝까지 갈 것이다. 이 실험은 다음과 같이 나타낼 수 있다.

$$\left\{ \begin{array}{c} + \\ 0 \\ - \end{array} \middle| \right\}_{S} \xrightarrow{N} \left\{ \begin{array}{c} + \\ 0 \\ - \end{array} \middle| \right\}_{T} \xrightarrow{\alpha N} \left\{ \begin{array}{c} + \\ 0 \\ - \end{array} \middle| \right\}_{S'} \xrightarrow{\beta \alpha N} \tag{5.14}$$

세 번째 장치인 S'이 다른 상태, 가령 $(0S)$를 선택했다면 통과한 비율 γ가 다를 것이다.* 정리하자면

$$\left\{ \begin{array}{c} + \\ 0 \\ - \end{array} \middle| \right\}_{S} \xrightarrow{N} \left\{ \begin{array}{c} + \\ 0 \\ - \end{array} \middle| \right\}_{T} \xrightarrow{\alpha N} \left\{ \begin{array}{c} + \\ 0 \\ - \end{array} \middle| \right\}_{S'} \xrightarrow{\gamma \alpha N} \tag{5.15}$$

이다. 이제 이 두 실험을 반복하되 T에서 차단기를 모두 치우겠다. 그러면 다음과 같은 놀라운 결과를 얻게 된다.

$$\left\{ \begin{array}{c} + \\ 0 \\ - \end{array} \middle| \right\}_{S} \xrightarrow{N} \left\{ \begin{array}{c} + \\ 0 \\ - \end{array} \right\}_{T} \xrightarrow{N} \left\{ \begin{array}{c} + \\ 0 \\ - \end{array} \middle| \right\}_{S'} \xrightarrow{N} \tag{5.16}$$

$$\left\{ \begin{array}{c} + \\ 0 \\ - \end{array} \middle| \right\}_{S} \xrightarrow{N} \left\{ \begin{array}{c} + \\ 0 \\ - \end{array} \right\}_{T} \xrightarrow{N} \left\{ \begin{array}{c} + \\ 0 \\ - \end{array} \middle| \right\}_{S'} \xrightarrow{0} \tag{5.17}$$

첫 번째 경우엔 모든 원자들이 S'을 통과하지만 두 번째 경우엔 하나도 통과하지 못한다. 이것은 양자역학의 중요한 법칙 중 하나이다. 자연이 왜 이런 방식으로 행동하는지는 분명하지 않다. 하지만 이상적인 예를 통해 제시된 이 결과는 셀 수 없이 많은 실험에서 관찰된 양자역학적 행동 방식과 일치한다.

5-5 진폭의 간섭

(5.15)에서 (5.17)로 가면서 채널들을 더 열어 놓았는데 어떻게 통과하는 원자의 수는 줄어들었을까? 이 심오하고 오래된 양자역학의 미스터리는 '진폭 간섭(interference of amplitude)'이라고 불린다. 전자를 사용한 슬릿 두 개짜리 간섭실험에서 맨 처음 보았던 것과 같은 종류의 현상이다. 두 슬릿을 모두 열어 놓으면 한 개만 열어 놓은 경우보다 어떤 위치에서는 더 적은 수의 전자들이 검출되는 것을 앞에서 보았다. 정량적으로 표현하면 이렇게 된다. 원자가 (5.17)의 장치에 있는 T와 S'을 통과할 진폭은 T에 있는 빔 하나당 하나씩, 모두 세 진폭의 합으로 나타낼 수 있다. 그들의 합이 0인 것이다 :

$$\langle 0S \mid +T \rangle \langle +T \mid +S \rangle + \langle 0S \mid 0T \rangle \langle 0T \mid +S \rangle + \langle 0S \mid -T \rangle \langle -T \mid +S \rangle = 0$$

$$\tag{5.18}$$

---

* 지난번 사용하던 표기법으로는 $\alpha = |\langle 0T \mid +S \rangle|^2$, $\beta = |\langle +S \mid 0T \rangle|^2$, $\gamma = |\langle 0S \mid 0T \rangle|^2$이 된다.

세 진폭을 따로 보면 0인 것이 없지만 (예를 들어 진폭의 절대값을 제곱한 값은 (5.15)에서와 같이 $\gamma\alpha$다), 그 합은 0인 것이다. S'이 만약 $(-S)$ 상태를 골라낸다고 해도 같은 답을 얻게 된다. 하지만 (5.16)과 같이 설치된 상황이라면 대답이 달라진다. T와 S'을 지나갈 진폭을 a라 하면 이 경우에는

$$a = \langle +S \mid +T \rangle\langle +T \mid +S \rangle + \langle +S \mid 0T \rangle\langle 0T \mid +S \rangle$$
$$+ \langle +S \mid -T \rangle\langle -T \mid +S \rangle = 1 \tag{5.19}$$

을 얻게 된다.*

(5.16)의 실험에서는 빔이 나누어졌다가 다시 합쳐졌다. 험프티 덤프티 (Humpty Dumpty—동화와 동요에 나오는 계란 모양의 땅딸보 : 옮긴이)처럼 다시 합쳐졌다. 원래의 $(+S)$ 상태에 대한 정보도 유지되었다. 마치 T 장치가 없었던 경우와 같다. T 대신 또 다른 각도를 향해 있는 R여과기나 혹은 다른 어떤 것을 마음대로 사용해도 항상 답은 원자들이 첫 번째 S여과기로부터 직접 도착한 경우와 같을 것이다.

그러므로 다음과 같은 중요한 원리를 얻는다. T여과기 혹은 어떤 여과기라도 모두 열려 있다면 아무 변화도 일으키지 못한다. 이제 다른 조건이 하나 더 필요하다. 모두 열려 있는 그 여과기는 세 개의 빔 모두를 통과시켜야 할 뿐 아니라 빔마다 각기 다른 교란을 주어서도 안 된다. 방해물이 추가되면 원자들은 전부 여과기를 통과하긴 하겠지만 일부 원자의 진폭의 위상이 변했을 수 있기 때문이다. 그러면 간섭이 영향을 받을 것이고 식 (5.18)과 (5.19)는 달라질 것이다. 언제나 이런 방해물은 없다고 가정하겠다.

식 (5.18)과 (5.19)를 다시 적어 볼까? 여기서 i가 $(+T)$, $(0T)$, 또는 $(-T)$ 중 하나의 상태를 나타낸다고 하면 다음과 같이 쓸 수 있다.

$$\sum_{\text{모든 } i} \langle 0S \mid i \rangle\langle i \mid +S \rangle = 0 \tag{5.20}$$

$$\sum_{\text{모든 } i} \langle +S \mid i \rangle\langle i \mid +S \rangle = 1 \tag{5.21}$$

마찬가지로 S'이 임의의 여과기 R로 치환된 실험의 경우에는

$$\left\{\begin{matrix} + \\ 0 \\ - \end{matrix}\Bigg|\right\} \quad \left\{\begin{matrix} + \\ 0 \\ - \end{matrix}\right\} \quad \left\{\begin{matrix} + \\ 0 \\ - \end{matrix}\Bigg|\right\} \tag{5.22}$$
$$S \qquad\quad T \qquad\quad R$$

라 할 수 있다. 항상 결과는 T를 빼놓고 다음과 같이

$$\left\{\begin{matrix} + \\ 0 \\ - \end{matrix}\Bigg|\right\} \quad \left\{\begin{matrix} + \\ 0 \\ - \end{matrix}\Bigg|\right\}$$
$$S \qquad\quad R$$

---

* 사실 실험만으로는 $a = 1$이라고 결론 내릴 수 없으며 $|a|^2 = 1$ 혹은 a가 $e^{i\delta}$의 꼴이라는 것만 알 수 있다. 하지만 $\delta = 0$으로 잡아도 일반성을 잃지 않음을 보일 수 있다.

만 갖고 있을 때와 같다. 수학적으로 표현하면

$$\sum_{\text{모든 } i} \langle +R \mid i \rangle \langle i \mid +S \rangle = \langle +R \mid +S \rangle \qquad (5.23)$$

이다. 이것은 기본 법칙인데, 어떤 여과기든지 i가 세 개의 기반 상태들을 나타낸다면 일반적으로 성립한다.

실험 (5.22)에서 S와 R이 T와 특별한 관계가 없다는 걸 눈치챘는가? 그것들이 어떤 상태들을 선택했더라도 내용은 달라질 것이 없다. 이 식을 일반적으로 적어서 S와 R이 선택한 특정한 상태들에 상관할 필요가 없도록 해 보자. 첫 번째 여과기가 고른 상태(지금 실험에서의 $+S$)를 ϕ라 부르고 마지막 여과기가 선택한 상태(지금 실험에서의 $+R$)는 χ라 부르겠다. 그러면 식 (5.23)의 기본 법칙을

$$\langle \chi \mid \phi \rangle = \sum_{\text{모든 } i} \langle \chi \mid i \rangle \langle i \mid \phi \rangle \qquad (5.24)$$

의 형태로 적을 수 있는데, 여기서 i는 어떤 특정한 여과기가 갖는 세 기반 상태 내에서만 변할 수 있다.

기반 상태라는 말이 무엇을 나타내는지 다시 한 번 강조하겠다. 그것은 슈테른-게를라흐 장치가 선택하는 세 개의 상태와 비슷하다. 단 조건이 하나 있는데, 기반 상태가 하나 있으면 미래의 일은 과거와 관계가 없다는 것이다. 또 하나의 조건은 기반 상태로 이루어진 완전한 집합을 갖고 있다면 식 (5.24)는 초기 상태 ϕ와 최종 상태 χ의 어떤 쌍에 대해서도 성립한다는 것이다. 그렇지만 기반 상태의 집합이 유일하지는 않다. 우리는 처음에 특정한 장치 T와 관련된 기반 상태들을 고려했다. 하지만 S 혹은 R과 관련된 다른 기반 상태를 고려했어도 달라질 것은 없다.* 흔히 '어떤 표현(representation)에서의' 기반 상태라고 말한다.

어떤 특정한 표현에서 기반 상태의 집합에 대한 또 하나의 조건은 각 원소들이 모두 완전히 달라야 한다는 점이다. 그 말은 $(+T)$ 상태가 $(0T)$나 $(-T)$ 상태로 갈 진폭은 0이라는 의미이다. i와 j가 어떤 특정한 집합의 두 기반 상태를 나타낸다면, (5.8)과 관련하여 논의한 일반 규칙은 i와 j가 다를 때

$$\langle j \mid i \rangle = 0$$

이라는 것이다. 물론 우리는

$$\langle i \mid i \rangle = 1$$

이라는 사실을 알고 있다. 두 식을 결합해서 보통

$$\langle j \mid i \rangle = \delta_{ji} \qquad (5.25)$$

로 표기하는데, δ_{ji}는 크로네커 델타(Kronecker delta)라 부르며 $i \neq j$이면 0이고 $i = j$인 경우엔 1로 정의되는 기호이다.

---

* 사실 세 개 이상의 기반 상태를 갖는 원자계에 대한 슈테른-게를라흐 장치와는 꽤 다른 여과기가 존재하는데, 그것을 이용하면 더 많은 기반 상태의 집합들을 얻을 수 있다. (각 집합은 같은 수의 상태를 갖는다.)

식 (5.25)는 앞서 배운 다른 법칙들과도 관련이 있다. 따지고 보면 우리는 모든 결과를 남김 없이 설명할 수 있으면서도 서로 독립적인 공리를 최소한으로 포함하는 집합을 찾는 식의 수학적 문제 따위에는 별로 관심이 없다. 완전하면서도 겉으로 보기에 일관된 집합을 찾으면 그만인 것이다. 하지만 식 (5.25)와 (5.24)가 서로 무관하지 않음을 보일 수 있다. 식 (5.24)에서 ϕ가 i와 같은 집합 안에서 기반 상태 중 하나(j번째라고 하자)를 나타낸다고 하면

$$\langle \chi \mid j \rangle = \sum_i \langle \chi \mid i \rangle \langle i \mid j \rangle$$

라 적을 수 있다. 하지만 식 (5.25)를 보면 $\langle i \mid j \rangle$는 $i = j$인 경우만 빼고 다 0이므로 그 합은 그냥 $\langle \chi \mid j \rangle$가 되고 따라서 항등식(identity)을 얻는데, 이것은 결국 두 법칙이 서로 관계없는 식이 아님을 의미한다.

만약 식 (5.10)과 (5.24) 둘 다 참이려면 다른 관계식이 하나 더 있어야 할 것이다. 식 (5.10)은 다음과 같다.

$$\langle +T \mid +S \rangle \langle +T \mid +S \rangle^* + \langle 0T \mid +S \rangle \langle 0T \mid +S \rangle^* +$$
$$\langle -T \mid +S \rangle \langle -T \mid +S \rangle^* = 1$$

식 (5.24)에서 ϕ와 χ 모두 $(+S)$ 상태로 놓는다면 왼편은 분명히 $\langle +S \mid +S \rangle = 1$이 되고 또 한 번 식 (5.19)를 얻는다.

$$\langle +S \mid +T \rangle \langle +T \mid +S \rangle + \langle +S \mid 0T \rangle \langle 0T \mid +S \rangle +$$
$$\langle +S \mid -T \rangle \langle -T \mid +S \rangle = 1$$

(장치 T와 S가 갖는 모든 상대적 방향에 대해) 이 두 방정식이 일치하려면

$$\langle +S \mid +T \rangle = \langle +T \mid +S \rangle^*$$
$$\langle +S \mid 0T \rangle = \langle 0T \mid +S \rangle^*$$
$$\langle +S \mid -T \rangle = \langle -T \mid +S \rangle^*$$

이 성립해야 한다. 그러므로 임의의 상태 ϕ와 χ에 대해

$$\langle \phi \mid \chi \rangle = \langle \chi \mid \phi \rangle^* \tag{5.26}$$

이다. 이 식이 성립하지 않는다면 확률은 보존되지 않고 입자들은 사라질 것이다.

다음 내용으로 가기 전에 진폭에 관한 세 개의 중요한 일반적 법칙을 요약해 보자. 결과는 식 (5.24)와 (5.25), 그리고 (5.26)이다.

$$\begin{array}{ll} \text{I} & \langle j \mid i \rangle = \delta_{ji} \\ \text{II} & \langle \chi \mid \phi \rangle = \sum_{\text{모든 } i} \langle \chi \mid i \rangle \langle i \mid \phi \rangle \\ \text{III} & \langle \phi \mid \chi \rangle = \langle \chi \mid \phi \rangle^* \end{array} \tag{5.27}$$

이 식 안에 있는 i와 j는 임의의 표현에서의 모든 기반 상태들을 가리킬 수 있으며, ϕ와 χ는 그 원자가 갖는 모든 가능한 상태들을 나타낸다. 이들 중에서 II는 시스템이 갖는 기반 상태 전체(위의 경우엔 $+T$, $0T$, $-T$의 셋)에 대한 합

인 경우에만 유효하다는 걸 꼭 기억하길 바란다. 이 법칙은 기반 상태의 집합을 어떻게 선택해야 하는지를 알려 주지는 않는다. 처음엔 T 장치, 그러니까 임의의 방향을 갖고 있는 슈테른-게를라흐 실험을 사용했지만 또 다른 방향, 가령 W 였더라도 상관없었을 것이다. i와 j로 사용할 상태의 집합은 달라졌겠지만 법칙 자체는 그대로 성립할 것이다. 즉 그 집합이 유일한 것은 아니다. 양자역학에서는 주어진 물리량이 여러 다른 방법으로 계산될 수 있음을 이용하면 재미있는 결과를 얻곤 한다.

5-6 양자역학을 사용하는 방법

지금까지 배운 이 법칙을 어떻게 하면 잘 활용할 수 있을까? 주어진 상태의 (즉, 특정한 방식으로 준비된) 원자가 하나 있어서 어떤 실험을 할 때 그 원자에 무슨 일이 벌어질지 알고 싶다고 해 보자. 다르게 얘기하면, ϕ라는 상태의 원자가 있는데 그것이 χ라는 조건을 충족시키는 원자만 받아들이는 어떤 장치를 통과할 확률을 알고 싶은 것이다. 법칙에 따르면 $\langle \chi \mid i \rangle$라는 세 복소수, 즉 각각의 기반 상태가 χ라는 조건에 있을 진폭들만으로 장치를 완전하게 묘사할 수 있을 뿐 아니라, 그 원자가 장치에 들어갔을 때 어떤 일이 벌어질지 알려면 원래의 원자가 세 기반 상태 중 하나에서 발견될 진폭을 나타내는 세 복소수 $\langle i \mid \phi \rangle$를 써서 원자의 상태를 나타내기만 하면 되는 것이다. 이는 아주 중요한 개념이다.

다른 예를 들어 볼까? 다음과 같은 문제를 생각해 보자. 장치 S에서 시작해서 아주 복잡한 중간 과정(A라고 부르자)을 지나 장치 R까지 있는 상황이다. 다음 그림처럼 말이다.

$$\left\{ \begin{matrix} + \\ 0 \\ - \end{matrix} \Big| \right\} \quad \{A\} \quad \left\{ \Big| \begin{matrix} + \\ 0 \\ - \end{matrix} \right\} \tag{5.28}$$

$$\quad\quad S \quad\quad\quad\quad\quad\quad R$$

A라고 부른 것은 여러 슈테른-게를라흐 장치들이 복잡하게 배열되어 차단기와 반차단기(half-mask)가 이상한 각도로 놓여 있으며 전기장과 자기장이 신기하게 작용하기도 하는 등 여러분이 넣고 싶은 걸 거의 모두 다 포함하는 어떤 장치를 의미한다. (사고 실험은 참 편리하다. 실험장치를 실제로 만들지 않아도 되니까!) 그러면 이제 질문을 던지겠다. $(+S)$ 상태로 A에 들어간 입자가 A를 빠져 나온 뒤 마지막 여기기 R을 $(0R)$ 상태로 통과하게 될 진폭은? 이런 진폭을 나타내는 표기법이 정해져 있다. 바로

$$\langle 0R \mid A \mid +S \rangle$$

이다. 다른 때와 마찬가지로 오른쪽에서 왼쪽으로 (히브리어처럼) 읽는다.

$$\langle \text{끝} \mid \text{중간} \mid \text{시작} \rangle$$

만약 A가 어떤 작용도 하지 않는다면(즉 단순히 열린 채널이라면)

$$\langle 0R \mid 1 \mid +S \rangle = \langle 0R \mid +S \rangle \qquad (5.29)$$

와 같이 두 기호는 동일하다. 더 일반적인 문제에서는 $(+S)$를 일반적인 초기 상태 ϕ로, $(0R)$은 최종 상태 χ로 대치할 수 있다. 그러면

$$\langle \chi \mid A \mid \phi \rangle$$

라는 진폭을 계산하는 문제가 된다. 장치 A를 완전히 분석하려면 모든 ϕ와 χ의 짝에 대해 $\langle \chi \mid A \mid \phi \rangle$의 진폭을 구해야 할 텐데, 그렇게 하려면 무한대의 조합이 생긴다! 그렇다면 어떻게 A 장치의 행동 방식을 정확하게 기술할 수 있을까? 다음과 같이 하면 된다. (5.28)에 있는 장치가 개선되어서

$$\left\{\begin{matrix} + \\ 0 \\ - \end{matrix}\,\middle|\right\}_{S} \quad \left\{\begin{matrix} + \\ 0 \\ - \end{matrix}\right\}_{T} \quad \left\{ A \right\} \quad \left\{\begin{matrix} + \\ 0 \\ - \end{matrix}\right\}_{T} \quad \left\{\begin{matrix} + \\ 0 \\ - \end{matrix}\,\middle|\right\}_{R} \qquad (5.30)$$

로 바뀌었다고 상상해 보자. T장치가 완전히 열려 있기 때문에 사실 개선된 것이라고 할 수도 없다. 하지만 이렇게 만들어 놓으면 문제를 분석할 실마리가 보인다. S를 출발한 원자가 T의 i 상태로 들어가는 데 대한 진폭의 집합 $\langle i \mid +S \rangle$가 있다. 그리고 또 ($T$에 대해) 상태 i로 A에 들어갔다가 나올 때는 (다시 T에 대해) 상태 j일 진폭의 집합이 하나 있을 것이다. 마지막으로 각 상태 j가 마지막 여과기를 $(0R)$의 상태로 통과하게 될 진폭이 있다. 각각의 경로에 대해

$$\langle 0R \mid j \rangle \langle j \mid A \mid i \rangle \langle i \mid +S \rangle$$

형태의 진폭이 존재하고 총 진폭은 i와 j의 가능한 조합을 넣어서 나오는 항 전부의 합이 된다(이것이 파인만의 가장 큰 업적 중 하나인 경로 합 또는 경로 적분(path integral)이란 아이디어의 출발점이다 : 옮긴이). 우리가 구하고자 하는 진폭은

$$\sum_{ij} \langle 0R \mid j \rangle \langle j \mid A \mid i \rangle \langle i \mid +S \rangle \qquad (5.31)$$

이다. $(0R)$과 $(+S)$를 일반화시켜 χ와 ϕ라는 상태들로 바꾸어 놓아도 표현하는 바는 같다. 일반적인 결과는 다음과 같다.

$$\langle \chi \mid A \mid \phi \rangle = \sum_{ij} \langle \chi \mid j \rangle \langle j \mid A \mid i \rangle \langle i \mid \phi \rangle \qquad (5.32)$$

식 (5.32)의 오른편이 왼편보다 더 간단하다는 사실을 알 수 있는가? 장치 A는 T장치의 세 기반 상태들에 대한 A의 반응을 나타내는 9개의 숫자 $\langle j \mid A \mid i \rangle$를 써서 완전히 기술할 수 있다. 이 아홉 개의 숫자만 알면, 입력 상태 ϕ와 출력 상태 χ가 어떤 것일지라도 이 세 기반 상태 각각으로 가는 혹은 각각으로부터 오는 세 진폭을 이용해서 다룰 수 있다. 실험의 결과를 예측하려면 식 (5.32)를 사용하면 된다.

이것이 스핀 1짜리 입자의 경우에 양자역학을 사용하는 방법이다. 어떤 상

태도 그 상태가 특정 기반 상태 각각에 있을 진폭에 대응하는 세 숫자를 써서 기술할 수 있다. 모든 장치는 하나의 기반 상태에서 다른 기반 상태로 가게 될 진폭에 대응하는 아홉 개의 숫자들로 표현된다. 이 숫자들만 있으면 어떤 것이라도 계산할 수 있는 것이다.

장치를 표현하는 숫자 아홉 개는 보통 $\langle j \,|\, A \,|\, i \rangle$라 부르는 정사각형 행렬로 다음과 같이 적는다.

$$
\begin{array}{c}
\text{시작 상태} \\
\begin{array}{ccc}
+ & 0 & -
\end{array}
\end{array}
$$

$$
\text{최종 상태}\ \begin{array}{c} + \\ 0 \\ - \end{array}
\left|
\begin{array}{ccc}
\langle + | A | + \rangle & \langle + | A | 0 \rangle & \langle + | A | - \rangle \\
\langle 0 | A | + \rangle & \langle 0 | A | 0 \rangle & \langle 0 | A | - \rangle \\
\langle - | A | + \rangle & \langle - | A | 0 \rangle & \langle - | A | - \rangle
\end{array}
\right| \tag{5.33}
$$

양자역학에 나오는 수학은 바로 이 개념의 연장일 뿐이다. 쉬운 예를 하나 들어 보자. C라는 장치를 분석하고 싶다고 해 보자. 그러니까 $\langle j \,|\, C \,|\, i \rangle$의 값들을 구하고 싶다는 말이 될 것이다. 만약

$$
\left\{ \begin{array}{c} + \\ 0 \\ - \end{array} \middle| \right\}_{S} \quad \left\{ C \right\} \quad \left\{ \begin{array}{c} + \\ 0 \\ - \end{array} \middle| \right\}_{R} \tag{5.34}
$$

의 실험에서 어떤 일이 벌어질지 알고 싶다고 해 보자. 그런데 C라는 것이 그저 두 장치 A와 B가 직렬로 연결된 것뿐임을 알게 되었다. 즉 입자가 A를 먼저 통과한 후 B를 지나간다. 그렇다면 기호를 사용해서

$$
\left\{ C \right\} = \left\{ A \right\} \cdot \left\{ B \right\} \tag{5.35}
$$

로 쓸 수 있다. C 장치를 A와 B의 곱(product)이라 부르자. 두 부분 A와 B를 어떻게 분석하면 되는지 이미 알고 있어서 (T 표현을 기준으로) 두 행렬을 얻을 수 있다고 가정해 보자. 그러면 문제는 이미 풀린 거나 마찬가지이다. 이제 어떤 입출력 상태에 대해서도 쉽게

$$
\langle \chi \,|\, C \,|\, \phi \rangle
$$

를 구할 수 있다. 먼저

$$
\langle \chi \,|\, C \,|\, \phi \rangle = \sum_{k} \langle \chi \,|\, B \,|\, k \rangle \langle k \,|\, A \,|\, \phi \rangle
$$

라고 쓸 수 있다. 왜 그런지 알 수 있겠는가? (힌트 : T 장치를 A와 B 사이에 놓는다고 상상해 보라.) 그 다음 ϕ와 χ도 (T의) 기반 상태 i와 j가 되는 특수한 경우를 고려해 보면

$$
\langle j \,|\, C \,|\, i \rangle = \sum_{k} \langle j \,|\, B \,|\, k \rangle \langle k \,|\, A \,|\, i \rangle \tag{5.36}
$$

가 성립한다. 이 식은 A와 B 두 장치에 대한 행렬을 이용해서 곱 기계 C에 대한 행렬을 표현한다. 수학자들은 $\langle j \mid B \mid i \rangle$와 $\langle j \mid A \mid i \rangle$라는 두 행렬을 식 (5.36)처럼 합해서 얻은 이 새로운 행렬 $\langle j \mid C \mid i \rangle$를 B와 A 두 행렬의 '곱 행렬' BA라고 부른다. (순서가 중요하다 : $AB \neq BA$.) 그러므로 인접한 두 장치에 대한 행렬은 각각의 장치에 대한 행렬의 곱과 같다고 할 수 있다. (곱을 할 때 첫 번째 장치를 오른쪽에 놓는다면 말이다.) 그러면 행렬연산을 아는 사람 누구나 우리가 의도한 바가 식 (5.36)임을 알 수 있다.

5-7 다른 기반으로의 변환

계산에 사용된 기반 상태들에 대해 마지막으로 한 마디만 덧붙이고자 한다. 만약 우리가 어떤 특정한 기반(S 기반이라 하자)을 사용하기로 하고 다른 사람은 또 다른 기반(T 기반)을 사용해서 계산하기로 결정했다고 하자. 문제를 정확히 하기 위해 우리의 기반 상태를 (iS) 상태라 부르겠다. 여기서 i는 +, 0, −의 값을 갖는다. 마찬가지로 그 사람의 기반 상태는 (jT)라고 부를 수 있다. 어떻게 하면 우리가 계산한 것과 그의 계산을 비교할 수 있을까? 어떤 측정이든 최종 결과는 같게 나와야겠지만, 계산 도중에 등장하는 진폭이나 행렬은 다를 것이다. 그것들은 서로 어떻게 연관되어 있을까? 예를 들어 둘 다 같은 ϕ에서 출발한다면, 우리는 ϕ가 S 표현의 기반 상태로 가는 세 개의 진폭 $\langle iS \mid \phi \rangle$를 이용해 기술하겠지만, 그는 ϕ에서 그가 사용하는 T 표현의 기반 상태로 가는 진폭인 $\langle jT \mid \phi \rangle$를 사용할 것이다. 그가 정말로 우리와 똑같이 상태 ϕ를 기술하고 있다는 걸 어떻게 확인할 수 있을까? (5.27)의 일반 법칙 II를 사용하면 된다. χ를 그가 사용하는 jT 상태 중 어떤 것으로든 바꾸면 다음을 얻는다 :

$$\langle jT \mid \phi \rangle = \sum_i \langle jT \mid iS \rangle \langle iS \mid \phi \rangle \tag{5.37}$$

두 표현을 연관시키기 위해서는 $\langle jT \mid iS \rangle$ 행렬의 복소수 아홉 개만 알면 되는 것이다. 이 행렬을 이용해서 그의 방정식들을 전부 우리가 쓰는 형태로 변환할 수 있다. 그 행렬은 한 기반 상태의 집합에서 다른 집합으로 변환하는 방법을 뜻한다. (이런 이유로 $\langle jT \mid iS \rangle$를 '$S$ 표현에서 T 표현으로의 변환 행렬 (transformation matrix)'이라 부르기도 한다. 용어 한번 참 복잡하다!)

기반 상태가 셋 있는 스핀 1짜리 입자의 경우엔(스핀이 더 높은 경우엔 기반 상태의 수가 늘어남) 수학적으로 벡터 연산과 유사하다. 모든 벡터는 세 개의 숫자, 즉 x, y, z축 성분을 제시함으로써 표현된다. 말하자면 모든 벡터는 세 개의 기반 벡터로 분해할 수 있는데, 그것들이 세 축을 따라 있는 벡터인 것이다. 하지만 다른 축의 집합 (x', y', z')을 쓰고 싶은 사람도 있다고 하자. 같은 벡터를 표현하기 위해 그는 다른 숫자들을 사용해야 한다. 그의 계산 과정은 달라 보이겠지만 마지막 결과는 같을 것이다. 이는 예전에 살펴보았으므로 축의 집합이 바뀔 때 벡터를 변환하는 규칙을 알고 있으리라 믿는다.

양자역학적 변환이 어떻게 이루어지는지 시도해 보고 싶을지도 모르겠다.

그래서 여기에 S라는 표현에서 T라는 다른 표현으로 스핀 1의 진폭을 변환할 때 사용하는 변환 행렬을 다양한 S와 T 여과기의 상대적인 방향에 대해 증명 없이 제시하겠다. (이와 같은 결과를 유도하는 방법은 나중에 보여 주겠다.)

첫 번째 경우 : T 장치는 S 장치와 (입자들이 움직이는 방향인) y축은 같지만 그 공통의 y축에 대해 (그림 5-6과 같이) α라는 각도만큼 회전해 있다. (더 자세히 말하자면 x', y', z'좌표의 집합은 T에 고정되어 있어서 $z' = z \cos \alpha + x \sin \alpha$, $x' = x \cos \alpha - z \sin \alpha$, $y' = y$의 관계식을 통해 S 장치의 x, y, z 좌표와 연관되어 있다.) 이 경우 변환 진폭은 다음과 같다.

$$\langle +T \mid +S \rangle = \frac{1}{2}(1 + \cos \alpha)$$

$$\langle 0\,T \mid +S \rangle = -\frac{1}{\sqrt{2}} \sin \alpha$$

$$\langle -T \mid +S \rangle = \frac{1}{2}(1 - \cos \alpha)$$

$$\langle +T \mid 0\,S \rangle = +\frac{1}{\sqrt{2}} \sin \alpha$$

$$\langle 0\,T \mid 0\,S \rangle = \cos \alpha \qquad (5.38)$$

$$\langle -T \mid 0\,S \rangle = -\frac{1}{\sqrt{2}} \sin \alpha$$

$$\langle +T \mid -S \rangle = \frac{1}{2}(1 - \cos \alpha)$$

$$\langle 0\,T \mid -S \rangle = +\frac{1}{\sqrt{2}} \sin \alpha$$

$$\langle -T \mid -S \rangle = \frac{1}{2}(1 + \cos \alpha)$$

두 번째 경우 : 장치 T는 z축이 S와 같지만 그 z축에 대해 각도 β만큼 회전해 있다. (좌표 변환은 $z' = z$, $x' = x \cos \beta + y \sin \beta$, $y' = y \cos \beta - x \sin \beta$.) 그렇다면 변환 진폭은

$$\langle +T \mid +S \rangle = e^{+i\beta}$$
$$\langle 0\,T \mid 0\,S \rangle = 1 \qquad (5.39)$$
$$\langle -T \mid -S \rangle = e^{-i\beta}$$
나머지는 전부 0

이다. T가 어떤 식으로 회전해 있더라도 이 두 회전을 조합하면 만들 수 있다.

다음의 세 숫자

$$C_+ = \langle +S \mid \phi \rangle, \qquad C_0 = \langle 0S \mid \phi \rangle, \qquad C_- = \langle -S \mid \phi \rangle \qquad (5.40)$$

를 써서 상태 ϕ를 정의하면, T의 관점에서는 같은 상태를

$$C_+' = \langle +T \mid \phi \rangle, \qquad C_0' = \langle 0T \mid \phi \rangle, \qquad C_-' = \langle -T \mid \phi \rangle \qquad (5.41)$$

의 세 숫자로 기술할 수 있다. 그러면 (5.38) 혹은 (5.39)에 있는 $\langle jT \mid iS \rangle$의 계

수를 이용해서 C_i와 C_i'을 연결시키는 변환을 얻을 수 있다. 다시 말해 C_i들은 S와 T의 관점에서 서로 다르게 보이는 한 벡터의 성분들과 매우 비슷하다.

스핀이 1인 입자의 경우에만 (진폭이 세 개 필요하므로) 벡터와 매우 밀접한 관계가 있다. 각각의 경우에 좌표가 변할 때마다 어떤 일정한 방식으로 변환되는 세 숫자가 있다. 사실 기반 상태의 집합은 벡터의 세 성분과 똑같은 방식으로 변환된다. 세 숫자

$$C_x = -\frac{1}{\sqrt{2}}(C_+ - C_-), \qquad C_y = -\frac{i}{\sqrt{2}}(C_+ + C_-), \qquad C_z = C_0 \qquad (5.42)$$

의 조합이 C_x', C_y', C_z'으로 변환되는 방식은 x, y, z가 x', y', z'으로 변환되는 방식과 동일하다. [(5.38)과 (5.39)의 변환 법칙들을 사용해서 직접 한번 확인해 보라.] 이제 스핀이 1인 입자를 벡터 입자라고 부르는 이유를 알겠는가?

5-8 다른 경우들

이 장을 시작할 때 스핀 1 입자에 대한 논의는 어떤 양자역학 문제에 대해서도 원형(prototype)으로 사용할 수 있다는 얘기를 했다. 일반화시킬 때 바뀌는 것은 상태의 개수뿐이다. 기반 상태가 세 개가 아니라 n개가 될 수 있다.* 식 (5.27)의 기본 법칙은 정확히 같은 꼴이 된다. 그저 i와 j가 n개의 기반 상태 전체 중 한 가지가 될 수 있다는 것만 이해한다면 말이다. 각각의 기반 상태에서 시작해서 또 다른 기반 상태에서 끝날 진폭을 알고 난 다음 기반 상태의 집합 전체에 대해 합해 주면 어떤 현상이든 분석할 수 있다. 어떤 특정 기반 상태의 집합을 사용해도 좋고, 다른 집합을 사용하고 싶다면 그렇게 해도 좋다. 두 집합은 $n \times n$의 변환 행렬을 통해 연관될 수 있기 때문이다. 이 변환에 대해서는 나중에 더 얘기하겠다.

마지막으로, 원자들이 화로에서 직접 나와서 가령 A라는 장치를 통과한 후 상태 χ만 걸러 내는 여과기에 의해 분석되는 상황에 대해서만 언급해 왔다. 이때 출발할 때의 상태 ϕ는 고려하지 않았다. 아직은 이 문제에 대해 신경 쓰지 말고 단일한 상태에서 출발하는 문제에만 집중하는 것이 좋을지도 모르겠다. 하지만 정말 알고 싶다면 다음과 같이 다룰 수 있다.

먼저 화로에서 나오는 원자들이 여러 상태로 분포된 방식에 대해 어느 정도 합리적인 추측을 할 수 있어야 한다. 예를 들어 화로가 특별하지 않다면 원자들이 화로를 떠날 때 무작위적인 방향 분포를 갖는다고 가정하면 합리적일 것이다. 양자역학에서 그 얘기는 삼분의 일이 ($+S$) 상태, 삼분의 일은 ($0S$) 상태, 그리고 또 삼분의 일은 ($-S$) 상태에 있다는 것만 알고 다른 건 아무것도 모른다는 말이다. ($+S$) 상태에 있는 원자들이 통과를 하게 될 진폭은 $\langle \chi | A | +S \rangle$이고 확률은 $|\langle \chi | A | +S \rangle|^2$이 되며, 다른 것들도 비슷한 방식으로 계산할 수 있다. 그러면 총 확률은

---

* n, 즉 기반 상태의 숫자는 무한대가 될 수도 있는데, 실제로도 일반적으로는 그렇다.

$$\frac{1}{3} \mid \langle \chi \mid A \mid +S \rangle \mid^2 + \frac{1}{3} \mid \langle \chi \mid A \mid 0S \rangle \mid^2 + \frac{1}{3} \mid \langle \chi \mid A \mid -S \rangle \mid^2$$

이 된다. 다른 장치, 가령 T 도 있는데 왜 하필 S 를 사용했을까? 대답은 놀랍게도 초기 상태를 분석하는 데 무슨 장치를 선택하든 상관이 없기 때문이다. 완전히 무작위적인 방향을 다루는 경우라면 어떤 χ 에 대해서도

$$\sum_i \mid \langle \chi \mid iS \rangle \mid^2 = \sum_j \mid \langle \chi \mid jT \rangle \mid^2$$

이 성립하는데, 이것도 같은 이유에서 그렇다. (한번 증명해 보길 바란다.)

입력 상태가 $(+S)$ 에 있을 진폭이 $\sqrt{1/3}$, $(0S)$ 에 있는 것은 $\sqrt{1/3}$, $(-S)$ 는 $\sqrt{1/3}$ 이라고 얘기하는 것은 옳지 않다는 점을 눈여겨봐 두자. 그렇게 되면 간섭이 가능하기 때문이다. 우린 그저 초기 상태가 무엇인지 모를 뿐이다. 그 계가 여러 가능한 초기 상태로 출발할 확률이라는 개념으로 접근해야 하고, 그러고 나서 여러 가능성들에 대해 가중 평균(weighted average)을 취하면 되는 것이다.

CHAPTER 6
스핀 1/2*

6-1 진폭의 변환

지난 장에서 우린 스핀 1인 계를 예로 삼아 다음과 같은 양자역학의 일반 원리들을 알아보았다.

어떤 상태 ψ도 기반 상태의 집합을 이용해 나타낼 수 있는데, 그러려면 각 기반 상태에 있을 진폭을 제시하면 된다.

어떤 상태에서 다른 상태로 갈 진폭은 일반적으로 곱의 합으로 나타낼 수 있는데, 여기서 각각의 곱은 기반 상태 중 하나로 가는 진폭과 그 기반 상태에서 최종 조건으로 가는 진폭의 곱이며 합은 각 기반 상태 당 하나의 항을 포함한다 :

$$\langle \chi | \psi \rangle = \sum_i \langle \chi | i \rangle \langle i | \psi \rangle \tag{6.1}$$

기반 상태들은 직교(orthogonal)한다. 즉 한 상태에 있다면 다른 상태에 있을 진폭은 0이다 :

$$\langle i | j \rangle = \delta_{ij} \tag{6.2}$$

한 상태에서 다른 상태로 직접 이동할 진폭은 반대 방향으로 움직이는 것의 복소 공액(complex conjugate)이다 :

$$\langle \chi | \psi \rangle^* = \langle \psi | \chi \rangle \tag{6.3}$$

상태를 표현할 때 기반 상태가 하나 이상일 수 있다는 것, 그리고 식 (6.1)을 이용하면 한 기반(base)에서 다른 기반으로 전환할 수 있다는 사실도 잠깐 언급했다. 가령 ψ라는 상태를 시스템 S의 각 기반 상태 i에서 발견할 진폭 $\langle iS | \psi \rangle$가 있는데, 이번엔 다른 기반 상태, 예를 들어 시스템 T에 속한 상태 j를 사용해 같은 상태를 기술해 보자. 식 (6.1)의 일반 공식에 χ 대신 jT를 집어넣으면 이런 식을 얻을 수 있다.

---

* 이번 장은 꽤 길고 추상적인 곁다리인데, 여기에 소개되는 개념들은 모두 뒤에서 다른 방식으로 다시 설명할 것이다. 처음엔 이 장을 건너뛰었다가 나중에 읽고 싶을 때 다시 돌아와서 읽어도 된다.

$$\langle jT \mid \psi \rangle = \sum_i \langle jT \mid iS \rangle \langle iS \mid \psi \rangle \qquad (6.4)$$

상태 ψ가 기반 상태 (jT)에 있을 진폭과 기반 상태 (iS)에 있을 진폭을 연관시켜 주는 것은 $\langle jT \mid iS \rangle$라는 계수(coefficient)들이다. 기반 상태가 N가지 있다면 계수는 N^2개 있을 것이다. 이런 계수들의 집합을 흔히 S-표현에서 T-표현으로 가는 변환 행렬(transformation matrix)이라 부른다. 수학적으로 어려워 보이지만, 표기법을 조금 바꿔 보면 그렇게 복잡하지 않다. ψ 상태가 기반 상태 (iS)에 있을 진폭을 C_i, 즉 $C_i = \langle iS \mid \psi \rangle$라 하고, T 기반 계에 대응하는 진폭을 C_j', 그러니까 $C_j' = \langle jT \mid \psi \rangle$라고 하면 식 (6.4)는

$$C_j' = \sum_i R_{ji} C_i \qquad (6.5)$$

로 바꿀 수 있는데, 여기서 R_{ji}는 $\langle jT \mid iS \rangle$와 뜻하는 바가 같다. 각각의 진폭 C_j'은 계수 R_{ji}와 진폭 C_i를 곱한 후 모든 i에 대해 합한 값이다. 이것은 벡터가 한 좌표계에서 다른 좌표계로 변환될 때와 같은 형태이다.

　　너무 오래 추상적인 얘기만 하고 싶지 않았기 때문에 실제로 스핀이 1인 경우에 이 계수들을 어떻게 사용하는지 예를 통해 보이기도 했다. 그런데 양자역학에는 다음과 같은 멋진 사실이 있다. 즉 세 가지 상태가 있다는 사실과 회전에 대한 공간의 대칭성을 이용하면 추상적인 논리 전개만으로 이 계수들의 값을 구할 수 있다. 이런 종류의 논의를 지금 단계에서 하면 좀 더 피부에 와 닿는 내용을 배우기 전에 또 다른 추상적인 개념에 빠져 버린다는 단점이 있다. 하지만 이 내용은 아름답기 때문에 그냥 진행하겠다.

　　이 장에서는 스핀이 1/2인 입자들에 대한 변환 계수들을 어떻게 유도해 낼 수 있는가에 대해 얘기하겠다. 스핀 1짜리 입자 대신 이 경우를 다루는 이유는 이쪽이 더 쉽기 때문이다. 이제 슈테른-게를라흐 장치 안에서 두 개의 빔으로 나누어지는 입자 혹은 원자로 이뤄진 계에 대해 계수 R_{ji}를 결정하는 문제를 풀어 보려고 한다. 한 표현에서 다른 표현으로의 전환에 필요한 그 모든 계수들을 순전히 추론만으로 이끌어 낼 것이다. 다만 몇 개의 가정을 보탤 텐데, 순수한 사고를 시작하려면 가정 몇 개쯤은 있어야 하기 때문이다. 논리 전개가 좀 추상적이고 복잡하겠지만 결과는 간단하며 이해하기 쉽다. 그리고 가장 중요한 것은 결과다. 이 과정을 일종의 문화 탐험 정도로 생각해도 좋다. 사실 여기서 도출되는 중요한 결과는 모두 나중 장에서 필요할 때 다른 방식으로 다시 소개된다. 그러니까 이번 장을 생략하거나 건너뛰었다가 나중에 읽더라도 양자역학을 이해하는 흐름을 잃지는 않을 것이다. 이 탐험을 문화적이라 부르는 이유는, 이것이 양자역학의 원리들이 흥미로울 뿐 아니라 무척 심오해서 공간의 구조에 관한 몇 개의 가설만 더하면 물리계에 관한 여러 성질들을 유추해 낼 수 있어서다. 또한 양자역학의 여러 결과들이 어디서 나오는지 아는 것이 중요한데, 왜냐하면 우리가 알고 있는 법칙들이 잘 알다시피 불완전한 이상, 현재의 이론이 실험 결과와 맞지 않는 지점이 우리의 논리가 최선인지 아닌지 따져 보는 일도 흥미롭기 때문이다. 지금까지 경험으로 봐서는 논리가 가장 추상적일 때 올바른 결과를 얻게

되는 것 같다. 즉 실험과 일치하게 되더라는 말이다. 기본 입자들 또는 그것들 사이의 상호작용의 내부 메커니즘에 관해 구체적인 모델을 만들려고 할 때면 실험에 부합하는 이론을 만들기 어렵게 된다. 이제부터 설명하려는 이론은 지금까지의 실험 테스트를 모두 통과했다. 전자나 양성자뿐만 아니라 기묘한 입자(strange particles)에 대해서도 말이다.

더 나아가기 전에 성가시지만 흥미로운 사실을 하나 지적하겠는데, 확률 진폭이 갖는 어떤 임의성 때문에 계수 R_{ji}의 올바른 값이 유일하지 않다는 것이다. 어떤 진폭의 집합, 예를 들어 같은 장소에 도달하는 서로 다른 경로들에 대한 진폭이 아주 많이 있을 때 각각의 진폭에 동일한 위상 인자(phase factor), 가령 $e^{i\delta}$를 곱하면 똑같이 유효한 집합을 또 하나 얻는다. 그러니까 원한다면 주어진 문제에서 모든 진폭의 위상을 임의로 같은 양만큼 변경하는 것이 가능하다는 얘기다.

만약에 여러분이 예를 들어 $(A + B + C + \cdots)$처럼 몇몇 진폭을 합하고 그것의 절대값의 제곱을 취해서 어떤 확률을 계산한다고 해 보자. 그리고 또 다른 사람은 $(A' + B' + C' + \cdots)$이라는 진폭을 합한 후 그 절대값의 제곱을 해서 같은 양을 계산해 냈다고 하자. A', B', C' 등이 A, B, C 등과 비교했을 때 $e^{i\delta}$라는 인자를 제외하곤 완전히 같다면, $(A' + B' + C' + \cdots)$는 $e^{i\delta}(A + B + C + \cdots)$와 같게 되고 절대값의 제곱을 취해 얻은 확률도 전부 같을 것이다. 또는 예를 들어 식 (6.1)을 이용해 무엇인가를 계산하다가 갑자기 기반계의 위상을 전부 바꾼다고 해 보자. 각각의 진폭 $\langle i | \psi \rangle$는 $e^{i\delta}$라는 공통 인자만큼 곱해질 것이다. 마찬가지로 $\langle i | \chi \rangle$의 진폭들도 $e^{i\delta}$만큼 변하지만 진폭 $\langle \chi | i \rangle$는 진폭 $\langle i | \chi \rangle$와 복소 공액의 관계에 있으므로 $e^{-i\delta}$만큼 바뀌게 된다. 지수 $i\delta$ 앞의 플러스와 마이너스는 서로 상쇄되므로 확률을 구하면 결과가 같다. 그러므로 주어진 기반계에 대한 진폭을 전부 같은 위상만큼 변화시키거나 또는 어떤 문제에 있는 진폭 모두를 같은 위상만큼 바꾸어도 달라지는 게 없는데, 이는 일반적인 규칙이다. 그런 이유로 변환 행렬의 위상을 선택할 때도 어느 정도 자유롭다. 가끔은 그렇게 임의로, 하지만 주로 일반적인 관례를 따라 위상을 정하기도 하겠다.

6-2 회전된 좌표계로의 변환

다시 한 번 지난 장에서 논의한 개선된 슈테른-게를라흐 장치를 생각해 보겠다. 왼쪽에서 들어오는 스핀 1/2짜리 입자들은 일반적으로 그림 6-1에서 보듯 두 개의 빔으로 갈라질 것이다. (스핀이 1인 경우엔 빔이 세 개였다.) 지난번과 같이 중간 지점에서 빔 중 하나를 차단하지만 않는다면 두 빔은 다시 합쳐진다. 그림에 자기장이 증가하는 방향으로 화살표를 그려 놓았다. 화살표의 방향이 자석의 뾰족한 끝 쪽을 가리키기도 한다. 이 화살표로 특정 장치의 '위쪽' 축을 나타내겠다. 이 방향은 장치에 대해 고정되어 있기 때문에 장치를 여러 개 사용하는 경우 상대적인 방향을 나타내는 데 도움이 된다. 각 자석의 자기장의 방향도 항상 화살표와 같다고 가정하겠다.

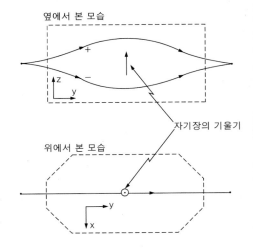

그림 6-1 개선된 슈테른-게를라흐 장치를 위에서 또 옆에서 본 모습. 스핀 1/2짜리 입자가 통과하고 있다.

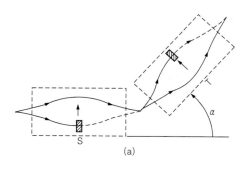

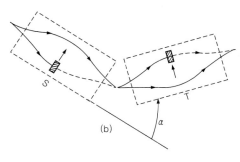

그림 6-2 동등한 실험 둘

위쪽 빔으로 지나가는 원자들은 장치를 기준으로 (+) 상태라 하고, 아래쪽 빔에 있는 원자들은 (−) 상태에 있다고 부르겠다. (스핀이 1/2인 입자들의 경우엔 영의 상태가 존재하지 않는다.)

이제 그림 6-2(a)에 나온 것처럼 개선된 슈테른-게를라흐 장치 두 개를 연달아 배열해 놓았다고 상상해 보자. S라 부를 첫째 장치를 사용하면 빔 하나만 막아서 단일한 (+S) 또는 (−S) 상태를 준비할 수 있다. [그림에는 (+S)의 단일한 상태를 만드는 경우가 나타나 있다.] S에서 나오는 입자에는 각 상황에서 두 번째 장치의 (+T) 또는 (−T) 빔으로 가게 될 진폭이 있다. 그러니까 네 가지의 진폭이 있다. 즉 (+S)에서 (+T)로, (+S)에서 (−T)로, (−S)에서 (+T)로, (−S)에서 (−T)로 가는 진폭이다. 이 네 진폭이 S 표현에서 T 표현으로 가는 변환 행렬 R_{ji}의 네 계수이다. 첫째 장치는 한 표현의 특정한 상태로 준비시켜 주고, 둘째 장치는 그 상태를 두 번째 표현의 관점에서 분석해 주는 것으로 생각할 수 있다. 그럼 다음과 같은 질문에 답을 해 보자. 만약 장치 S 안의 빔을 하나 막아서 원자를 (+S) 상태 등의 주어진 조건으로 준비했을 때, 두 번째 장치 T가 만약 (−T) 상태만 통과시킨다면 이것을 통과할 확률은 어떻게 되는가? 결과는 물론 두 계 S와 T 사이의 각도와 관련이 있을 것이다.

앞에서 추론만으로 계수 R_{ji}를 구할 수 있다고 말했는데, 그것이 가능한 이유는 뭘까? 만약 한 입자의 스핀이 +z 방향을 따라 정렬해 있다면 같은 입자를 +x 방향, 혹은 어떤 다른 방향으로 스핀이 향해 있는 상태로 발견할 확률이 있다고 믿기는 거의 불가능하다는 것을 아마 알고 있으리라 생각한다. 거의 불가능하기는 하지만 사실 완전히 불가능하지는 않다. 거의 불가능해서 발견할 수 있을 방법은 단 한 가지뿐인데, 바로 그 이유 때문에 그 유일한 방법을 찾을 수 있다.

먼저 다음과 같은 논리를 펼 수 있다. 그림 6-2(a)와 같은 배치를 하여, 두 장치 S와 T가 있어서 T가 S에 대해 α라는 각도만큼 돌려져 있고 S는 (+) 빔만, 그리고 T는 (−)빔만 통과시킨다고 하자. S에서 나온 입자가 T를 통과하는 어떤 확률 값이 있을 것이다. 이제 그림 6-2(b)의 장치로 다른 측정을 해 볼까? S와 T 사이의 상대적인 각도는 같지만 공간상에서 그 계 전체가 다른 방향을 향하고 있다. 우리는 이 두 실험에서 S에 대해 단일한 상태에 있는 입자가 T에 대해 특정한 상태로 들어갈 확률이 같은 값일 거라고 가정하겠다. 달리 말해 이런 종류의 어떤 실험이라도 장치 전체가 공간상에 어떤 방향으로 자리 잡고 있든지 상관없이 결과, 즉 일어나는 물리적인 현상 자체는 똑같다. (여러분은 '그야 당연하지'라고 말할지도 모르지만, 이건 아직 가정일 뿐 정말로 그런 일이 벌어져야만 비로소 옳다고 말할 수 있는 것이다.) 이것이 의미하는 바는 계수 R_{ji}가 S와 T의 공간적 관계에 따라 좌우될 뿐, S와 T의 절대적인 상황과는 상관이 없다는 뜻이다. 다르게 말하면 R_{ji}는 S를 T로 보내는 회전에만 좌우된다는 것인데, 이는 그림 6-2(a)와 6-2(b)에서 공통되는 부분이 장치 S를 T의 방향으로 돌리는 3차원상의 회전 뿐이기 때문이다. 이 경우처럼 변환 행렬 R_{ji}가 회전에만 좌우될 때 그것을 회전 행렬(rotation matrix)이라 부른다.

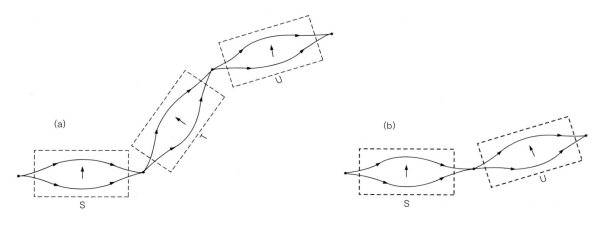

그림 6-3 T를 활짝 열어 놓으면 (b)가 (a)와 같아진다.

다음 단계에서는 정보가 하나 더 필요하다. U라고 부르는 세 번째 장치를 더해서 그림 6-3(a)처럼 T 뒤에 임의의 각도를 갖게 해 보자. (점점 장치가 복잡해 보이지만, 이것이 바로 추상적 사고가 재미있는 이유다. 선만 몇 개 그리면 정말 신기한 실험도 할 수 있으니까!) 이제 $S \to T \to U$의 변환은 어떻게 될까? 우리가 지금 알고 싶은 것은, S에서 T로의 변환과 T에서 U로의 변환을 안다고 했을 때 S를 기준으로 어떤 한 상태에서 U에 대한 어떤 다른 상태로 가는 진폭이다. 그렇다면 T의 채널 두 개를 다 열고 하는 실험에 대한 질문이 된다. 식 (6.5)를 두 번 연속해서 적용하면 답을 얻을 수 있다. S 표현에서 T 표현으로 갈 때는

$$C_j' = \sum_i R_{ji}^{TS} C_i \qquad (6.6)$$

가 성립하는데, T에서 U로 가는 데 대응하는 계수들 R^{UT}와 구별하기 위해 R 위에 TS라는 윗첨자를 넣었다.

U 표현의 기반 상태에 있을 진폭을 C_k''라 하면, 식 (6.5)를 한 번 더 사용해서 T의 진폭들과 연관시킬 수 있다. 그 결과는

$$C_k'' = \sum_j R_{kj}^{UT} C_j' \qquad (6.7)$$

이다. 이제 식 (6.6)과 (6.7)을 결합해서 S에서 U로 직접 가는 변환을 얻을 수 있다. 식 (6.6)의 C_j'를 식 (6.7)에 대입하면

$$C_k'' = \sum_j R_{kj}^{UT} \sum_i R_{ji}^{TS} C_i \qquad (6.8)$$

를 얻게 된다. 또는 R_{kj}^{UT}에 i는 나오지 않으니까, i에 대한 합을 앞으로 끌어내서 다음과 같이 적을 수도 있다.

$$C_k'' = \sum_i \sum_j R_{kj}^{UT} R_{ji}^{TS} C_i \qquad (6.9)$$

이것이 바로 이중 변환 공식이다.

하지만 T 안의 어떤 빔도 차단하지 않았다면 T에서 나오는 상태는 들어간

상태와 같을 것이다. 그러므로 S 표현에서 곧장 U 표현으로 가는 변환을 그냥 적용했어도 괜찮았을 것이다. 그러면 그림 6-3(b)처럼 S 바로 뒤에 U 장치를 놓는 경우와 동일하다. 그 경우

$$C_k'' = \sum_i R_{ki}^{US} C_i \tag{6.10}$$

라 쓰면 R_{ki}^{US} 는 이 변환에 속하는 계수들이 될 것이다. 식 (6.9)와 (6.10)에서 얻는 진폭 C_k''는 분명히 같을 텐데, 이 사실은 진폭 C_i를 결정하는 원래의 상태 ϕ가 무엇이든 상관없이 성립해야 한다. 그러므로

$$R_{ki}^{US} = \sum_j R_{kj}^{UT} R_{ji}^{TS} \tag{6.11}$$

이어야만 한다. 바꿔서 얘기하면 기준 기반을 $S \rightarrow U$로 회전시키는 것은 $S \rightarrow T$ 및 $T \rightarrow U$라는 두 회전이 합성된 것으로 볼 수 있으며, 회전 행렬 R_{ki}^{US}는 부분 회전에 대한 두 행렬에 식 (6.11)을 적용해 얻을 수 있다는 것이다. 식 (6.11)을 식 (6.1)로부터 직접 얻을 수도 있는데, 이는 $\langle kU|iS \rangle = \sum_j \langle kU|jT \rangle \langle jT|iS \rangle$ 를 다른 방법으로 표기한 것에 불과하기 때문이다.

_____

정확히 말하자면 다음과 같은 내용을 추가해야 한다. 하지만 아주 중요한 건 아니니까 다음 절로 넘어가도 좋다. 위에서 얘기한 내용이 정확히 옳지는 않다. 즉 식 (6.9)와 (6.10)이 정확히 같은 진폭을 갖는다고 얘기할 수 없다는 말이다. 물리현상만 같을 뿐이다. 모든 진폭이 $e^{i\delta}$ 등의 동일한 위상인자만큼 달라도 실제 세계에 관한 어떤 계산 결과도 달라지지 않는다. 그러므로 정확히 쓰자면 식 (6.11) 대신 δ가 실수 상수일 때

$$e^{i\delta} R_{ki}^{US} = \sum_j R_{kj}^{UT} R_{ji}^{TS} \tag{6.12}$$

라고 해야 한다. 이 $e^{i\delta}$라는 여분의 인자가 의미하는 바는 물론 R^{US} 행렬을 사용해서 얻는 진폭이 R^{UT}와 R^{TS}이 두 회전을 사용해서 얻을 진폭과 $(e^{-i\delta})$라는 같은 위상만큼 다를 수도 있다는 것이다. 모든 진폭이 같은 위상만큼 달라져도 상관없다는 사실을 우린 이미 알고 있으니까, 어쩌면 이 위상 인자를 그냥 무시해 버릴 수도 있었을 것이다. 하지만 모든 회전 행렬을 어떤 특정한 방식으로 정의하면 이 여분의 위상 인자가 전혀 등장하지 않아서 식 (6.12)의 δ가 항상 0이 되게 할 수도 있다. 남은 논리 전개 과정에서 필요하지는 않지만 행렬식(determinant)에 대한 수학적 이론을 이용해서 짧게 증명해 보이겠다. [아직 행렬식에 대해 잘 모른다면 이번 증명은 신경 쓰지 말고 식 (6.15)에 있는 정의로 건너뛰길 바란다.]

첫째, 식 (6.11)은 두 행렬의 곱에 대한 수학적 정의라 할 수 있다. [R^{US}는 R^{UT}와 R^{TS}의 곱이라고 할 수 있으면 편할 테니까.] 둘째, 여기 있는 2×2 행렬로 쉽게 증명할 수 있는 수학적 이론이 있는데, 두 행렬 곱의 행렬식은 각 행렬의 행렬식을 곱한 것과 같다는 것이다. 이것을 식 (6.12)에 적용하면

$$e^{i2\delta} (\text{Det } R^{US}) = (\text{Det } R^{UT}) \cdot (\text{Det } R^{TS}) \tag{6.13}$$

가 된다. (여기서는 아래첨자가 특별한 의미가 없어서 떼어 버렸다.) 그렇다. 2δ가

맞다. 2×2 행렬을 다루고 있다는 걸 기억하자. 행렬 R_{ki}^{US}의 모든 항이 $e^{i\delta}$로 곱해지니까 행렬식을 이루는 각 항, 즉 인수가 둘인 각 곱은 $e^{i2\delta}$만큼 곱해진다(2×2 행렬의 행렬식은 $ad - bc$꼴임을 생각하자 : 옮긴이). 이제 식 (6.12)를 식 (6.13)의 제곱근으로 나누면

$$\frac{R_{ki}^{US}}{\sqrt{\text{Det } R^{US}}} = \sum_{j} \frac{R_{kj}^{UT}}{\sqrt{\text{Det } R^{UT}}} \frac{R_{ji}^{TS}}{\sqrt{\text{Det } R^{TS}}} \qquad (6.14)$$

를 얻는다. 여분의 위상 인자가 사라졌다.

주어진 표현의 모든 진폭을 규격화(normalize)하려면(규격화란 $\sum_{i} \langle\phi|i\rangle\langle i|\phi\rangle = 1$이라는 의미다) 회전 행렬의 행렬식이 $e^{i\alpha}$와 같이 순허수의 지수 꼴이어야 한다. (증명하진 않겠지만 항상 그렇게 되는 것을 곧 보게 될 것이다.) 그러므로 모든 회전 행렬 R이 $\text{Det } R = 1$이 되어 고유의 위상값을 갖도록 할 수도 있다. 다음과 같이 하면 된다. 임의의 방법으로 회전 행렬 R을 찾는다고 하자. 그리고

$$R_{\text{표준}} = \frac{R}{\sqrt{\text{Det } R}} \qquad (6.15)$$

의 정의를 따르면 표준 형식으로 전환할 수 있다는 규칙을 만든다. 이렇게 할 수 있는 이유는 R의 각 항에 동일한 위상 인자를 곱해 주기만 하면 원하는 위상을 얻을 수 있기 때문이다. 지금부터는 모든 행렬이 표준 형식으로 맞춰져 있다고 가정하고 식 (6.11)을 여분의 위상 인자 없이 사용하겠다.

6-3 z축에 대한 회전

이제 두 가지 다른 표현 사이의 변환 행렬 R_{ji}를 구할 준비가 되었다. 회전을 합성하는 규칙, 그리고 공간에 특별한 방향이 없다는 가정이 있으면 임의의 회전에 대한 행렬을 구하는 데 필요한 열쇠를 갖고 있는 셈이다. 해답은 딱 하나만 존재한다. 먼저 z축에 대한 회전에 대응하는 변환부터 해 보겠다. 두 장치 S와 T가 직선상에 직렬로 배치되어 있어서 그림 6-4(a)처럼 각각의 축이 나란하며 책에서 나오는 방향을 향한다고 하자. 이 방향을 z축이라 부르겠다. 물론 장치 S 안에서 빔이 위쪽으로 ($+z$ 방향으로) 간다면 T 장치에서도 똑같이 그럴 것이다. 하지만 이번에는 그림 6-4(b)처럼 T 장치가 S축과 평행한 축을 갖긴 하지만 어떤 다른 각도로 놓여져 있다고 가정해 보자. (원문에서 실험 과정에 대한 설명이 다소 미흡한데, 그림 6-4(b)와 6-5(b)의 P_1에서 어떤 방법으로든 스핀은 그대로 둔 채 입자의 진행 방향만 바뀐다고 이해하자. 뒤에서 T와 U를 180° 돌리는 경우도 마찬가지다 : 옮긴이) 직관적으로 생각해 보면 자기장과 장의 기울기의 방향이 아직도 물리적으로 같은 방향이기 때문에 S에서 $(+)$인 빔은 T에서도 $(+)$빔으로 갈 것이라 예상할 수 있다. 또한 S의 $(-)$빔은 T에서도 $(-)$빔 쪽으로 갈 것이다. 이 결과는 T를 S의 xy-평면에서 어떤 방향으로 놓아도 동일하게 적용된다. 그렇다면 이 사실이 $C_+' = \langle +T|\psi\rangle$, $C_-' = \langle -T|\psi\rangle$와 $C_+ = \langle +S|\psi\rangle$, $C_- = \langle -S|\psi\rangle$ 사이의 관계를 아는 데에는 어떤 도움이 될까? 여러분은 기반 상태들을 좌표계의 z축에 대해 어떻게 회전시키더

라도 위 또는 아래로 갈 진폭은 예전과 같다고 결론 내릴지도 모른다. $C_+' = C_+$, $C_-' = C_-$ 가 될 것 같지만, 실은 그렇지 않다. 우리가 내릴 수 있는 결론은 그런 회전 후에도 S 와 T 장치에서 윗 빔으로 갈 확률이 같다는 게 전부다. 즉,

$$|C_+'| = |C_+| \quad 이고 \quad |C_-'| = |C_-|$$

인 것이다. 그림 6-4의 (a)와 (b)에서처럼 서로 다른 방향으로 놓인 T 에 대한 진폭의 위상까지도 같을 거라고 말할 수는 없다.

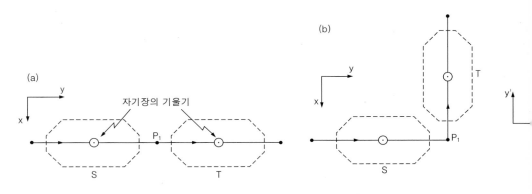

그림 6-4 z 축을 중심으로 90° 돌림

그림 6-4(a)와 (b)에 나온 두 장치는 다음과 같은 이유로 다르다. S 앞에 단일한 $(+x)$ 상태를 만드는 장치를 갖다 놓았다고 상상해 보자. (x 축은 그림의 아래 방향을 향해 있다.) 그 입자들은 S 안에서 $(+z)$와 $(-z)$의 두 빔으로 갈라지겠지만 S 의 출구 P_1에서 결합해서 다시 $(+x)$ 상태가 될 것이다. T 에서도 똑같은 일이 벌어진다. 축이 $(+x)$ 방향으로 있는 세 번째 장치 U 를 그림 6-5 (a)처럼 T 뒤에 놓으면 모든 입자는 U 의 $(+)$빔 쪽으로 갈 것이다. 이번엔 T 와 U 를 둘 다 그림 6-5(b)처럼 90° 회전시켰다고 상상해 보자. 또 다시 T 장치는 받아들이는 만큼 내보낼 것이기 때문에 U 로 들어오는 입자는 S 에 설정된 축을 기준으로 했을 때 $(+x)$ 상태에 있게 된다. 하지만 이번엔 U 가 S 를 기준으로 $(+y)$ 상태에 있는지를 분석하므로 상황이 달라진다. (대칭에 의해 입자들 중 절반만 통과할 거라고 예상할 수 있다.)

뭐가 달라진 것일까? T 와 U 장치는 여전히 서로에 대해 물리적으로 같은 관계에 있다. T 와 U 가 다른 방향에 있다고 물리 현상 자체가 바뀐 것일까? 아까 했던 가정에 따르면 그렇지 않다. 분명히 그림 6-5의 두 경우에서는 T 에 대한 진폭들이 다르다. 그러므로 그림 6-4에서도 마찬가지다. P_1에서 모서리를 돌았다는 걸 입자에게 알리는 어떤 방법이 있음이 틀림없다. 어떻게 알았을까? 자, 두 경우에 C_+'와 C_+의 크기는 같게 정했지만 위상은 다를 수도 있다. 실은 달라야만 한다. 결론은 C_+'와 C_+ 사이에

$$C_+' = e^{i\lambda} C_+$$

라는 관계가 있고 C_-'와 C_-는

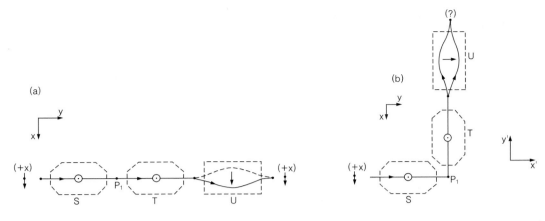

그림 6-5 (+x) 상태의 입자는 (a)와 (b)에서 다르게 행동한다.

$$C_-{}' = e^{i\mu} C_-$$

의 관계를 갖는다는 것이다. 여기서 λ와 μ는 S와 T 사이의 각도와 어떤 방식으로든 연관된 실수다.

λ와 μ에 대해 지금 말할 수 있는 사실은 두 값이 같지 않다는 것뿐이다. [그림 6-5(a)처럼 T가 S와 방향이 같은 특별한 경우를 제외한다면 말이다.] 모든 진폭의 위상을 같은 크기만큼 변화시켜도 물리적으로 달라질 것이 없음을 이미 살펴보았다. 같은 이유로 λ와 μ 둘 다에 임의의 양을 더해도 상관이 없다. 그러므로 λ와 μ가 크기가 같은 양과 음의 값을 갖도록 선택할 수도 있다. 즉 항상 다음 관계식이 성립하도록 할 수 있다.

$$\lambda' = \lambda - \frac{(\lambda + \mu)}{2}, \qquad \mu' = \mu - \frac{(\lambda + \mu)}{2}$$

그러면

$$\lambda' = \frac{\lambda}{2} - \frac{\mu}{2} = -\mu'$$

이 된다. 따라서 $\mu = -\lambda$라는 규약(convention)*을 채택하겠다. 그러면 일반 규칙은 기준 장치를 축에 대해 어떤 각도로 회전시킬 때

$$C_+{}' = e^{+i\lambda} C_+, \qquad C_-{}' = e^{-i\lambda} C_- \tag{6.16}$$

로 변환된다. 절대값은 같지만 위상은 다르다. 이 위상 인자들이 그림 6-5에 나온 두 실험의 결과들을 다르게 만든다.

이젠 λ를 S와 T 사이의 각도와 연관시키는 법칙에 대해 얘기하고자 한다. 이미 하나의 경우에는 답을 알고 있다. 각도가 0이라면 λ도 0일 것이다. S와 T 사이의 각도 ϕ(그림 6-4 참조)가 0으로 접근할 때 위상 변화(phase shift) λ는 ϕ에 대한 연속함수라고 가정할 텐데, 그러는 편이 타당해 보인다. 다시 말

---

* 다르게 생각하면 이는 식 (6.15)를 써서 변환을 6-2절에서 설명한 표준 형식으로 만든 것뿐이다.

해서 S를 통과하는 직선으로부터 T를 ϵ이라는 작은 각도만큼 회전시키면 λ도 역시 작은 양이라는, 가령 m이 작은 수일 때 $m\epsilon$이라는 것이다. 이렇게 적는 이유는 λ가 ϵ에 비례한다는 것을 보일 수 있기 때문이다. 만약에 T 뒤에 T와 ϵ의 각도를 이루는, 그러니까 S와는 2ϵ의 각도를 이루는 다른 장치 T'을 놓는다고 하자. 그러면 T에 대해

$$C_+{}' = e^{i\lambda} C_+$$

가 성립하고, T'에 대해서는

$$C_+{}'' = e^{i\lambda} C_+{}' = e^{i2\lambda} C_+$$

가 성립한다. 하지만 T'을 S의 바로 뒤에 갖다 놓아도 동일한 결과를 얻어야 한다. 그래서 각도가 두 배가 되면 위상도 두 배가 된다. 이 논증을 확장하면 어떤 회전이라도 분명히 연속한 무한소의(infinitesimal) 회전으로 표현할 수 있게 된다. 결론은 어떤 각도 ϕ에 대해서도 λ는 그 각도에 비례한다는 것이다. 그러므로 $\lambda = m\phi$라 적을 수 있다.

여기서 얻는 일반적인 결과는 T가 z축을 기준으로 ϕ라는 각도만큼 회전해 있다면

$$C_+{}' = e^{im\phi} C_+, \qquad C_-{}' = e^{-im\phi} C_- \tag{6.17}$$

라는 것이다. 이제부터 각도 ϕ나 혹은 그 어떤 회전을 언급할 때에도 항상 기준축의 양의 방향에 대해 오른손 방향의 회전(right-handed rotation)이 양의 회전이라는 관례를 적용하겠다. ϕ가 양수라고 하면 오른나사가 $+z$ 방향으로 전진할 때의 회전방향이라는 의미를 갖는다.

이제 m을 구해야 한다. 먼저 이런 논리를 펼 수 있다. T가 360° 회전했다고 하자. 그럼 분명 다시 원래의 각으로 돌아왔으니까 $C_+{}' = C_+$와 $C_-{}' = C_-$, 혹은 $e^{im2\pi} = 1$이 성립할 것이다. 그러면 $m = 1$이다. 하지만 이 논리는 잘못되었다! 왜 잘못되었는지 알려면 T가 180°만큼 회전한 상황을 고려해 보아야 한다. 만약 m이 1이라면, $C_+{}' = e^{i\pi} C_+ = -C_+$와 $C_-{}' = e^{-i\pi} C_- = -C_-$를 얻게 된다. 그렇지만 이는 그냥 다시 원상태가 된 것뿐이다. 두 진폭 모두 -1로 곱해져서 원래의 물리 계로 돌아오게 되었다. (앞에서처럼 공통의 위상 변화를 갖기 때문이다.) 이 말의 의미는 그림 6-5(b)에 T와 S 사이의 각도를 180°로 증가시켜도 (T를 기준으로) 그 계는 0°인 상황과 구분할 수가 없고(T와 S 사이의 각도가 180°가 되면 U가 T의 왼편에 있게 된다. 그럼 S, U, T의 위치가 이상해지는데, 입자들이 S를 통과한 후 P_1에서 방향을 바꾸어 돌아오기 전에 재빨리 S를 치우고 U와 T로 바꾸는 실험이라고 생각하자 : 옮긴이) 입자들은 다시 장치 U의 (+) 상태를 통과하리라는 것이다. 하지만 180°에선 장치 U의 (+) 상태가 원래의 S 장치의 ($-x$) 상태와 같다. 그러므로 ($+x$) 상태가 ($-x$) 상태로 된 것이나 마찬가지다. 그렇지만 원래 상태를 바꾸기 위해 한 일은 없다. $m = 1$이 될 수는 없다.

360° 회전을 제외하면 그보다 작은 어떤 각도도 동일한 물리적 상태를 재현

할 수 없는 그런 상황이어야 한다. $m = 1/2$이라면 그렇게 될 것이다. 그렇게 해야만 같은 물리적 상태를 재현할 첫 각도가 $\phi = 360°$가 된다.* 그러면

$$\left.\begin{array}{l} C_+{}' = -C_+ \\ C_-{}' = -C_- \end{array}\right\} z축을 중심으로 360° \qquad (6.18)$$

가 된다. 장치를 360° 돌렸더니 진폭이 달라졌다는 게 무척 신기하지 않은가? 실은 달라진 게 아닌데, 부호를 공통으로 바꿔도 물리 현상이 달라지지 않기 때문이다. 만약에 어느 누군가가 360° 회전했을 때 진폭의 부호를 전부 바꾸기로 마음을 먹었다고 하더라도 상관없다. 물리 현상 자체는 동일할 테니까 말이다.** 그러므로 최종적인 대답은 스핀이 1/2인 입자들의 기준 좌표계 S에서의 진폭 C_+와 C_-를 알 때, 그 S를 z축에 대해 ϕ만큼 회전시켜 얻는 기반계 T에서의 새 진폭은 다음과 같다는 것이다.

$$\left.\begin{array}{l} C_+{}' = e^{i\phi/2} C_+ \\ C_-{}' = e^{-i\phi/2} C_- \end{array}\right\} z축을 중심으로 각도 \phi \qquad (6.19)$$

6-4 y축에 대한 180°와 90° 회전

다음에는 T를 S에 대해 z축에 수직인 축, 예를 들어 y축을 중심으로 180°만큼 회전시키는 데 대한 변환 식을 추측해 보겠다. (좌표축은 그림 6-1에 정의되어 있다.) 즉 두 개의 슈테른–게를라흐 장치를 갖고 시작하는데 두 번째 T가 그림 6-6에서처럼 첫째 장치 S와 비교했을 때 거꾸로 뒤집혀 있는 것이다. 이제 입자들을 작은 자기 쌍극자들로 생각해 보면 $(+S)$ 상태에 있어서 첫째 장치에서 위의 경로를 택하는 입자는 둘째 장치에서도 위쪽 경로를 택할 것이며 그래서 T에 대해 음의 상태에 있게 될 것이다. (뒤집힌 장치 T에서는 장의 방향과 기울기 모두 반대이다. 그러므로 주어진 방향으로 자기 모멘트를 갖고 있는 입자에 대한 힘은 바뀌지 않는다.) 어쨌든 S에서 위였던 것은 T에 대해선 아래가 될 것이다. S와 T의 상대적 위치가 이와 같을 때, 우리는 변환이 다음을 만족시켜야 한다는 것을 알고 있다.

$$|C_+{}'| = |C_-|, \qquad |C_-{}'| = |C_+|$$

앞에서와 마찬가지로 추가 위상 인자를 빼놓을 수 없으므로(축에 대해 180°인 경우에)

$$C_+{}' = e^{i\beta} C_- \qquad 그리고 \qquad C_-{}' = e^{i\gamma} C_+ \qquad (6.20)$$

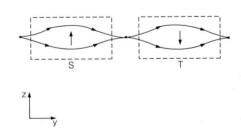

그림 6-6 y축을 중심으로 한 180° 회전

---

* $m = -1/2$ 또한 괜찮겠지만, (6.17)에서 보듯 부호를 바꾸면 스핀이 위쪽 방향인 입자의 표기를 재정의할 뿐이다.

** 또는 어떤 물체가 작은 각도의 회전을 여러 번 해서 결국 원래 방향으로 다시 돌아왔다면 그것을 영의 순회전과는 다른 의미에서 360° 회전으로 정의하는 것도 가능하다. 회전 과정을 쭉 지켜보고 있었다면 말이다. (희한하게도 720° 순회전의 경우엔 이 점이 성립하지 않는다.)

라고 쓸 수 있다. 여기서 β와 γ의 값은 아직 정해지지 않았다.

y축에 대한 360° 회전은 어떨까? z축에 대해 360° 회전하는 경우에는 이미 답을 알고 있다. 어떤 상태에 있을 진폭이라도 부호가 바뀐다. 어떤 축에 대해서도 360° 회전을 하면 항상 원래의 상황으로 돌아오게 된다. 어떤 360° 회전이라도 결과는 z축에 대해 360° 회전했을 때와 같아야 한다. 즉 모든 진폭이 부호만 바뀌게 된다. 이번엔 y에 대해 두 번 연속 180° 회전하는 상황을 식 (6.20)을 사용해서 나타내 보자. 그러면 식 (6.18)에 있는 결과를 얻어야 할 것이다. 다시 말해서

$$C_+'' = e^{i\beta}C_-' = e^{i\beta}e^{i\gamma}C_+ = -C_+$$

와
$$(6.21)$$

$$C_-'' = e^{i\gamma}C_+' = e^{i\gamma}e^{i\beta}C_- = -C_-$$

가 된다. 그렇다면 $e^{i\beta}e^{i\gamma} = -1$ 또는 $e^{i\gamma} = -e^{-i\beta}$가 된다. 그러므로 y축에 대한 180° 회전에 대응하는 변환은 다음과 같다.

$$C_+' = e^{i\beta}C_-, \qquad C_-' = -e^{-i\beta}C_+ \tag{6.22}$$

지금 우리가 사용한 논리를 xy-평면의 어떤 축에 대한 180° 회전에라도 똑같이 적용할 수 있다. 물론 다른 축을 사용하면 β값도 다르겠지만 말이다. 하지만 차이점은 그뿐이다. β라는 숫자는 어느 정도 임의성을 갖고 있지만, xy-평면의 한 축에 대한 값이 정해지면 다른 어떤 축에 대해서도 정해진다. 보통은 y축에 대한 180° 회전의 경우에 $\beta=0$으로 정한다.

정말로 이런 선택을 할 수 있다는 걸 증명하기 위해 y축에 대한 회전에 대해 β가 0이 아니라고 한번 상상해 보겠다. 그러면 대응하는 위상 인자가 0이 되는 축이 xy-평면상에 존재한다는 사실을 보일 수 있다. 그림 6-7(a)처럼 y축과 이루는 각도가 α인 축 A에 대한 위상인자 β_A의 값을 구해 보자. (혹시나 헷갈릴까봐 α가 음수인 경우를 그림으로 보였지만, 아니어도 상관은 없다.) 원래의 S 장치와 일직선상에 있던 T 장치를 A축에 대해 180° 회전하면 새 축 x'', y'', z''은 그림 6-7(a)에서와 같을 것이다. 그러면 T에 대한 진폭은

$$C_+'' = e^{i\beta_A}C_-, \qquad C_-'' = -e^{-i\beta_A}C_+ \tag{6.23}$$

가 된다.

이번엔 그림의 (b)와 (c)에 있는 두 회전에 의해 같은 방향에 도달하는 경우를 생각해 볼 수 있다. 먼저 S를 기준으로 y축에 대해 180°만큼 회전해 있는 장치 U를 상상해 보자. U의 축인 x', y', z'은 그림 6-7(b)에서와 같으며, U에서의 진폭은 (6.22)에 따라 바뀔 것이다.

이제 U의 z축인 z'에 대해 회전을 하면 U에서 T로 갈 수 있다는 것을 알아보겠는가? 그림 6-7(c)에 있는 것처럼 말이다. 그림을 보면 필요한 각도는 α의 두 배이면서 (z'을 기준으로) 반대 방향이라는 것을 알 수 있다. (6.19)의 변환에 $\phi = -2\alpha$를 넣으면(그림 6-7(a)에서의 α는 음의 각도이기 때문에 $\phi = -2\alpha$는 양수이고, 이것이 그림 6-7(c)에서의 z축을 기준으로 한 양의 방향

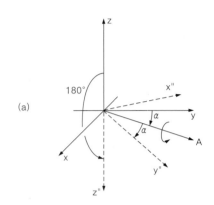
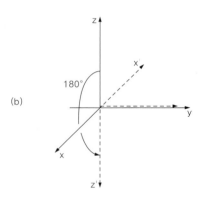
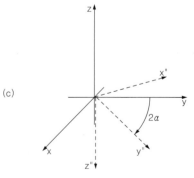

그림 6-7 A축을 중심으로 한 180° 회전은 y축에 대해 180° 돌리고 다시 z'축에 대해 회전하는 것과 동일하다.

회전과 맞는다. 따라서 여기서는 $\phi = 2\alpha$가 아닌, $\phi = -2\alpha$가 맞다. 부호가 헷갈리는 건 순전히 그림 6-7(a)에서 α를 음의 각으로 예를 들었기 때문이다 : 옮긴이)

$$C_+{}'' = e^{-i\alpha}C_+{}', \qquad C_-{}'' = e^{+i\alpha}C_-{}' \tag{6.24}$$

을 얻는다. 식 (6.24)와 (6.22)를 결합하면

$$C_+{}'' = e^{i(\beta-\alpha)}C_-, \qquad C_-{}'' = -e^{-i(\beta-\alpha)}C_+ \tag{6.25}$$

가 나온다. 이들은 물론 (6.23)의 결과와 같아야 할 것이다. 그러므로 β_A와 α, β 사이에 다음의 관계식이 성립한다.

$$\beta_A = \beta - \alpha \tag{6.26}$$

이는 A축과 (S의) y축 사이의 각도 α가 β와 같다면 A에 대한 180° 회전에 대응하는 변환에서 $\beta_A = 0$이 됨을 뜻한다.

z축에 수직인 어떤 축에 대해 $\beta = 0$이 된다면 그 축을 y축으로 삼아도 되겠다. 이런 건 그저 관례의 문제이기 때문에 우리는 일반적인 방법을 따르겠다. 즉 y축에 대한 180° 회전에 대해 다음이 성립하는 것으로 말이다.

$$\left.\begin{array}{l} C_+{}' = C_- \\ C_-{}' = -C_+ \end{array}\right\} y \text{축을 중심으로 } 180° \tag{6.27}$$

y축에 대해 살펴보는 김에 이번엔 y에 대해 90° 회전을 할 때의 변환 행렬을 구해 보자. 이것이 가능한 이유는 같은 축에 대해 90° 회전을 연속으로 두 번 하는 것이 180° 회전 한 번과 같아야 하기 때문이다. 첫 번째 단계로, 90°에 대한 회전 변환을 가장 일반적인 꼴로 적어 보자.

$$C_+{}' = aC_+ + bC_-, \qquad C_-{}' = cC_+ + dC_- \tag{6.28}$$

같은 축에 대한 두 번째 90° 회전도 계수가 모두 같을 것이다.

$$C_+{}'' = aC_+{}' + bC_-{}', \qquad C_-{}'' = cC_+{}' + dC_-{}' \tag{6.29}$$

식 (6.28)과 (6.29)를 결합하면

$$\begin{array}{l} C_+{}'' = a(aC_+ + bC_-) + b(cC_+ + dC_-) \\ C_-{}'' = c(aC_+ + bC_-) + d(cC_+ + dC_-) \end{array} \tag{6.30}$$

가 된다. 하지만 (6.27)에 따르면

$$C_+{}'' = C_-, \qquad C_-{}'' = -C_+$$

이므로

$$\begin{array}{l} ab + bd = 1 \\ a^2 + bc = 0 \\ ac + cd = -1 \\ bc + d^2 = 0 \end{array} \tag{6.31}$$

이 성립해야 한다. 이 네 방정식만 있으면 미지수를 전부 다(a, b, c, d) 구할 수 있다. 그건 별로 어렵지 않다. 두 번째와 네 번째 방정식을 보자. $a^2 = d^2$이므로 $a = d$ 아니면 $a = -d$임을 알 수 있다. 하지만 $a = -d$라면 첫째 방정식에서 문제가 생기기 때문에 제외할 수 있다. 따라서 $d = a$이다. 이걸 이용하면 $b = 1/2a$와 $c = -1/2a$인 것도 금방 알 수 있다. 이렇게 하여 모든 미지수를 a에 관한 식으로 풀었다. 두 번째 식을 a에 대해 정리해 보면

$$a^2 - \frac{1}{4a^2} = 0, \quad 즉\ a^4 = \frac{1}{4}$$

이 나온다. 이 방정식은 서로 다른 해가 넷 있는데, 그중 두 개에 대해서만 행렬식이 표준적인 값이 된다. $a = 1\sqrt{2}$을 고르는 게 좋겠다. 그러면*

$$a = 1/\sqrt{2} \quad\quad b = 1/\sqrt{2}$$
$$c = -1/\sqrt{2} \quad d = 1/\sqrt{2}$$

이다.

달리 얘기해서, S와 T의 두 장치가 있는데 T가 S를 기준으로 했을 때 y축을 중심으로 $90°$ 회전했다면

$$\left. \begin{array}{l} C_+' = \dfrac{1}{\sqrt{2}}(C_+ + C_-) \\[2mm] C_-' = \dfrac{1}{\sqrt{2}}(-C_+ + C_-) \end{array} \right\} \quad y축을\ 중심으로\ 90° \quad\quad (6.32)$$

의 변환이 성립한다는 것이다.

물론 이 방정식을 풀어서 C_+와 C_-를 구하면 y축을 기준으로 $-90°$ 회전하는 변환을 얻을 수 있다. 프라임 붙이는 쪽을 바꾸면

$$\left. \begin{array}{l} C_+' = \dfrac{1}{\sqrt{2}}(C_+ - C_-) \\[2mm] C_-' = \dfrac{1}{\sqrt{2}}(C_+ + C_-) \end{array} \right\} \quad y축을\ 중심으로\ -90° \quad\quad (6.33)$$

가 될 것이다.

6-5 x축에 대한 회전

여러분은 '이거 정말 웃기는군, 다음엔 y축에 대해 $47°$, x축에 대해 $33°$ 등 끝없이 계속할 작정인가' 하고 생각하고 있을지도 모르겠다. 아니, 거의 다 끝나 간다. 우리가 알고 있는 두 개의 변환, 즉 y축에 대해 $90°$ 및 z축에 대한 임의의 각도의 변환만으로 (우리가 처음 했던 것을 기억하겠는가?) 어떤 회전이라도 만들어 낼 수 있다.

예를 들어, x를 끼고 α라는 각도만큼 회전하려 한다고 해 보자. z에 대한

_____

* 또 다른 해는 a, b, c, d의 부호가 모두 바뀐 경우인데, 이는 $-270°$의 회전을 나타낸다.

각도 α를 다룰 줄은 아는데, 이번엔 x에 대해 해 보려는 거다. 어떻게 하면 될까? 먼저 z축을 아래로 내려 x로 오도록 회전한다. 그림 6-8에 있듯이 이는 y축을 중심으로 한 $+90°$의 회전에 해당한다. 그러고 나서 z'에 대해 α라는 각도만큼 회전시킨다. 그러고 나서 y''에 대해 $-90°$ 돌린다. 이렇게 세 번 돌리고 나면 x에 대해 α의 각도로 회전시킨 것과 마찬가지 결과가 나온다. 그것은 공간의 성질이다.

　(회전의 조합에 대한 이 같은 사실과 그 조합의 결과를 직관적으로 그려 내긴 어렵다. 우리가 3차원에 살고 있음에도 불구하고 이 방향, 그 다음 저 방향으로 돌았을 때 어떻게 되는지 잘 이해하기 어렵다는 사실이 좀 이상하다. 어쩌면 우리가 물고기나 새들처럼 공간에서 공중제비를 돌면서 어떤 일이 벌어지는지 실제로 느껴 본 적이 있다면 그런 것들을 더 쉽게 상상할 수 있을지도 모르겠다.)

　어쨌든 우리가 아는 것들을 이용해서 x축에 대한 α만큼의 회전에 대응하는 변환을 구해 보자. 맨 먼저 y축에 대해 $+90°$ 회전하면 진폭은 식 (6.32)에 따라 변한다. 회전 후의 축을 x', y', z'이라 하고 z'에 대해 각도 α만큼 회전하면 x'', y'', z''의 좌표계로 가게 되는데, 여기서

$$C_+{}'' = e^{i\alpha/2}C_+{}', \qquad C_-{}'' = e^{-i\alpha/2}C_-{}'$$

이 성립한다. 마지막으로 y''에 대해 $-90°$ 돌리고 나면 x''', y''', z'''축이 되는데, (6.33)에 따라

$$C_+{}''' = \frac{1}{\sqrt{2}}(C_+{}'' - C_-{}''), \qquad C_-{}''' = \frac{1}{\sqrt{2}}(C_+{}'' + C_-{}'')$$

이 된다. 마지막 두 변환을 결합하면

$$C_+{}''' = \frac{1}{\sqrt{2}}(e^{+i\alpha/2}C_+{}' - e^{-i\alpha/2}C_-{}')$$

$$C_-{}''' = \frac{1}{\sqrt{2}}(e^{+i\alpha/2}C_+{}' + e^{-i\alpha/2}C_-{}')$$

을 얻는다. $C_+{}'$과 $C_-{}'$에 대한 식 (6.32)를 대입하면 변환 공식을 완전히 구할 수 있다.

$$C_+{}''' = \frac{1}{2}\left\{e^{+i\alpha/2}(C_+ + C_-) - e^{-i\alpha/2}(-C_+ + C_-)\right\}$$

$$C_-{}''' = \frac{1}{2}\left\{e^{+i\alpha/2}(C_+ + C_-) + e^{-i\alpha/2}(-C_+ + C_-)\right\}$$

다음 관계식을 쓰면 더 간단하게 바꿀 수 있다.

$$e^{i\theta} + e^{-i\theta} = 2\cos\theta, \qquad e^{i\theta} - e^{-i\theta} = 2i\sin\theta$$

이를 대입하면 다음과 같다.

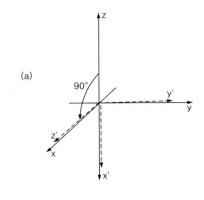

(a)

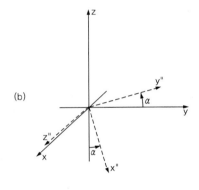

(b)

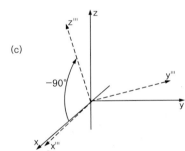

(c)

그림 6-8 x축을 중심으로 α만큼 돌리는 것은 (a) y축에 대해 90° 돌리고 (b) z'축에 대해 α만큼 회전한 다음 (c) y''축에 대해 $-90°$ 돌리는 것과 같다.

$$C_+''' = \left(\cos\frac{\alpha}{2}\right)C_+ + i\left(\sin\frac{\alpha}{2}\right)C_-$$
$$C_-''' = i\left(\sin\frac{\alpha}{2}\right)C_+ + \left(\cos\frac{\alpha}{2}\right)C_-$$

x축을 중심으로 α (6.34)

이것이 x축에 대해 임의의 각도 α만큼 돌리는 회전에 대응하는 변환식이다. 다른 것들보다 약간 더 복잡할 뿐이다.

6-6 임의의 회전

이제 어떤 각도라도 모두 다룰 수 있게 되었다. 먼저 그림 6-9에 보인 것처럼 두 좌표계가 상대적으로 어떤 방향으로 놓여 있더라도 단 세 개의 각도만으로 기술할 수 있다는 데 주목하자. x', y', z'축의 집합이 x, y, z를 기준으로 했을 때 어떤 식으로 방향을 잡았다 해도, x, y, z 좌표계를 x', y', z' 좌표계로 옮기는 잇단 회전 세 개를 정의하는 오일러 각(Euler angles) α, β, γ를 사용하면 두 좌표계 사이의 관계식을 얻을 수 있다. x, y, z에서 시작하여 z축에 대해 각도 β만큼 회전시켜 x축이 x_1선까지 오도록 하자. 그러고 나서 그 임시의 x축을 중심으로 α만큼 회전해서 z를 z'까지 아래로 내린다. 마지막으로 이 새로운 z축(즉 z')에 대해 γ라는 각도만큼 회전시키면 x축은 x'으로, 그리고 y축은 y'으로 갈 것이다.* 세 회전 각각에 대한 변환식은 이미 알고 있다. (6.19)와 (6.34)에 있다. 순서에 유의하여 셋을 결합하면

$$C_+' = \cos\frac{\alpha}{2}\,e^{i(\beta+\gamma)/2}C_+ + i\sin\frac{\alpha}{2}\,e^{-i(\beta-\gamma)/2}C_-$$
$$C_-' = i\sin\frac{\alpha}{2}\,e^{i(\beta-\gamma)/2}C_+ + \cos\frac{\alpha}{2}\,e^{-i(\beta+\gamma)/2}C_-$$

    (6.35)

가 나온다.

그러니까 공간의 성질에 대한 겨우 몇 개의 가정에서 시작해서 어떠한 회전에 대한 변환식이라도 유도할 수 있게 된 것이다. 이 말의 의미는, 스핀이 1/2인 입자의 어떤 상태가 x, y, z를 축으로 지닌 슈테른-게를라흐 장치 S의 두 빔으로 갈라지는 데 대한 진폭을 알고 있다면, x', y', z'을 축으로 갖는 장치 T의 각 빔으로 가는 확률을 계산할 수 있다는 것이다. 다시 말해서 스핀이 1/2인 입자의 상태 ψ가 있고 그것이 x, y, z 좌표계의 z축을 기준으로 위와 아래로 갈 진폭이 $C_+ = \langle + | \psi \rangle$와 $C_- = \langle - | \psi \rangle$라면, 다른 좌표계 x', y', z'의 z'축을 기준으로 위와 아래로 갈 진폭인 C_+'과 C_-' 또한 알 수 있다는 말이다. 식 (6.35)의 네 계수는 변환 행렬의 항인데, 그것들을 쓰면 스핀 1/2짜리 입자의 진폭을 어떤 다른 좌표계로도 투영(project)할 수 있다.

이제 몇 개의 예제를 통해 이들을 어떻게 적용하는지 보이겠다. 다음과 같은 간단한 문제를 보자. (+z) 상태만 투과시키는 슈테른-게를라흐 장치에 스핀 1/2

---

* 조금만 생각해 보면 원래의 축에 대한 다음 세 회전으로도 x, y, z축을 x', y', z'으로 옮길 수 있다는 걸 보일 수 있을 것이다 : (1) 원래의 z축에 대해 각도 γ만큼 회전 (2) 원래의 x축에 대해 각도 α만큼 회전 (3) 원래의 z축에 대해 각도 β만큼 회전.

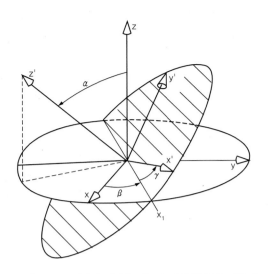

그림 6-9 임의의 좌표축 x', y', z'의 방향은 다른 축 x, y, z 에 대한 오일러 각 α, β, γ을 써서 정의할 수 있다.

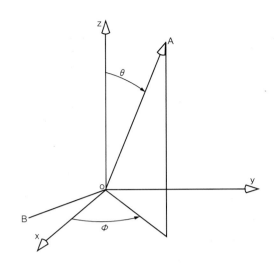

그림 6-10 극각도 θ와 ϕ를 써서 정의한 A축

짜리 원자를 넣어 보자. 그 원자가 $(+x)$ 상태에 있을 진폭은 어떻게 되는가? $+x$축은 이 계의 $+z'$축을 y축에 대해 90° 회전한 것과 같다. 이 문제를 풀기 위해서는 식 (6.32)를 사용하는 것이 가장 간편할 것이다. 물론 (6.35)의 완전한 관계식을 사용할 수도 있지만 말이다. $C_+ = 1$이고 $C_- = 0$이므로 $C_+' = 1/\sqrt{2}$ 이다. 확률을 구하려면 이 진폭의 절대값을 제곱하면 된다. $(+x)$ 상태를 선택하는 장치를 입자가 통과할 확률은 50%이다. $(-x)$ 상태에 대해서라면 진폭이 $-1/\sqrt{2}$ 이 되어 확률은 똑같이 $1/2$이 되었을 것이다. 공간의 대칭성으로부터 추측하는 것과 마찬가지로 말이다. 그러므로 입자가 $(+z)$ 상태에 있다면 $(+x)$나 $(-x)$에 있을 확률은 같으며 위상은 반대이다.

y의 경우에도 다를 바 없다. 즉 $(+z)$ 상태의 입자가 $(+y)$ 또는 $(-y)$에 있을 확률은 50 대 50이란 말이다. 하지만 이 상태들의 경우에(x에 대해 $-90°$ 회전하는 공식을 적용하면) 진폭은 $1/\sqrt{2}$과 $-i/\sqrt{2}$가 된다. 두 진폭 간의 위상 차이는 $(+x)$와 $(-x)$ 사이의 180° 대신 90°이다. x와 y축의 차이는 사실상 여기서 비롯된다.

마지막 예로 스핀이 $1/2$인 입자가 ψ라는 상태에 있는데 그림 6-10에 있는 θ와 ϕ라는 각도로 정의된 A축을 따라 위로 편극되어 있다고 하자. 우리가 알고 싶은 것은 입자가 z축을 따라 위 방향일 진폭 C_+와 아래 방향일 진폭 C_-이다. 이들 진폭을 구하기 위해 x축이 어떤 다른 방향을 가리키는, 예를 들어 A와 z가 만드는 평면 위에 x축이 있는 계의 z축을 A로 상상해 보자. 그러면 A의 좌표계를 세 번 회전하여 x, y, z로 오게 할 수 있다. 먼저 A축을 중심으로 $-\pi/2$의 회전을 시켜서 x축을 그림에 나온 직선 B로 오도록 한다. 그 다음엔 직선 B(A좌표계의 새로운 x축)에 대해 θ만큼 회전시킨다. 마지막으로 z축에 대해 $(\pi/2 - \phi)$의 각도만큼 회전시킨다. A를 기준으로 $(+)$ 상태만 있다는 점을 떠올려 보면 다음을 얻는다.

$$C_+ = \cos\frac{\theta}{2}\, e^{-i\phi/2}, \qquad C_- = \sin\frac{\theta}{2}\, e^{+i\phi/2} \tag{6.36}$$

끝으로 나중에 필요할 때 유용하게 쓸 수 있도록 이 장의 결과들을 요약해 놓겠다. 먼저 식 (6.35)에 있는 가장 중요한 결과는 다른 표기법으로 쓸 수도 있다는 걸 기억하자. 식 (6.35)가 식 (6.4)와 같은 의미라는 걸 알 수 있는가? 그러니까 식 (6.35)의 계수 $C_+ = \langle + | \psi \rangle$와 $C_- = \langle - | \psi \rangle$는 그저 식 (6.4)의 $\langle jT | iS \rangle$라는 말이다. 즉 S를 기준으로 상태 i에 있는 입자가 T를 기준으로는 상태 j에 있게 될 진폭이다. (S에 대한 T의 방향은 α, β, γ의 세 각도로 주어진다.) 식 (6.6)에서는 그것들을 R_{ji}^{TS}라 썼다. (표기법 한번 참 여러 가지다!) 예를 들어, $R_{-+}^{TS} = \langle -T | +S \rangle$는 C_-'에 대한 공식에서 C_+의 계수, 즉 $i \sin(\alpha/2)\, e^{i(\beta-\gamma)/2}$인 것이다. 따라서 지금까지 얻은 결과를 요약하자면 표 6-1과 같다.

몇몇 간단하고 특수한 경우에는 이 진폭들을 먼저 계산해 놓고 필요할 때 곧바로 쓸 수 있다. $R_z(\phi)$가 z축을 중심으로 각도 ϕ만큼 돌리는 회전을 나타낸다고 하자. 또한 대응하는 회전 행렬을 나타낼 수도 있다. (아래 첨자 i와 j를 생략하기로 한다면 말이다.) 같은 의미에서 $R_x(\phi)$와 $R_y(\phi)$는 x축 또는 y축에 대해 ϕ라는 각도의 회전을 나타낸다. 표 6-2에는 S 좌표계에서 T 좌표계로 진폭을 투영하는 행렬 즉 $\langle jT | iS \rangle$의 진폭으로 이루어진 표를 정리했는데, 이 회전 행렬을 S에 적용하면 T를 얻을 수 있다.

표 6-1 그림 6-9의 오일러 각 α, β, γ를 써서 정의한 회전에 대한 진폭 $\langle jT | iS \rangle$

$\langle jT \| iS \rangle$	$+S$	$-S$
$+T$	$\cos\frac{\alpha}{2}\, e^{i(\beta+\gamma)/2}$	$i \sin\frac{\alpha}{2}\, e^{-i(\beta-\gamma)/2}$
$-T$	$i \sin\frac{\alpha}{2}\, e^{i(\beta-\gamma)/2}$	$\cos\frac{\alpha}{2}\, e^{-i(\beta+\gamma)/2}$

$R_{ji}(\alpha, \beta, \gamma)$

표 6-2 z축, x축, y축을 중심으로 한 각도 ϕ만큼의 회전 $R(\phi)$에 대한 진폭 $\langle jT | iS \rangle$

$R_z(\phi)$

$\langle jT \| iS \rangle$	$+S$	$-S$
$+T$	$e^{i\phi/2}$	0
$-T$	0	$e^{-i\phi/2}$

$R_x(\phi)$

$\langle jT \| iS \rangle$	$+S$	$-S$
$+T$	$\cos\phi/2$	$i \sin\phi/2$
$-T$	$i \sin\phi/2$	$\cos\phi/2$

$R_y(\phi)$

$\langle jT \| iS \rangle$	$+S$	$-S$
$+T$	$\cos\phi/2$	$\sin\phi/2$
$-T$	$-\sin\phi/2$	$\cos\phi/2$

CHAPTER 7
진폭의 시간에 따른 변화

7-1 정지한 원자들 : 정상 상태(stationary state)

이제 확률 진폭이 시간이 지남에 따라 어떻게 변하는지에 관해 조금만 얘기해 보자. 조금만이라고 한 건 시간에 따르는 실제 행동을 기술하는 데에는 공간에서의 행동양식이 항상 연관되기 때문이다. 그러므로 정말 제대로 하려고 하면 바로 그 순간 가장 복잡한 상황에 발을 들여놓게 되는 것이다. 무엇을 다루든지 간에 엄격한 논리를 사용하며 추상적인 방법으로 할 것인지, 아니면 전혀 엄밀하지 않지만 더 자세한 분석은 나중으로 미룬 채 실제 상황에 대한 감을 키우는 데 좋은 쪽으로 할지 결정해야 하는 상황이 늘 고민이다. 에너지에 따른 진폭의 변화를 다룰 때는 두 번째 방법을 택하겠다. 여러 진술을 나열해 놓고, 엄밀하게 하는 대신 지금까지 알려진 것들에 관해 얘기하면서 진폭이 시간의 함수로 어떻게 변화하는지 감을 잡을 수 있도록 하겠다. 뒤로 갈수록 더 정확히 묘사할 테니 여기저기서 갖다 붙이는 것처럼 보이더라도 너무 걱정할 필요 없다. 물론 그것들이 여기저기서 왔다는 말은 맞다. 여러 실험과 사람들의 상상력에서 나온 것이니까. 하지만 역사적인 발전 과정을 다 복습하다 보면 너무 시간이 오래 걸릴 테니까 중간 어딘가에서 과감하게 들어갈 필요가 있다. 추상적인 내용으로 들어가서 여러분이 이해하지 못할 내용들까지 모두 논리적으로 이끌어 낼 수도 있고, 아니면 다수의 실험을 통해 각각의 진술을 정당화할 수도 있겠다. 우리가 갈 길은 그 중간쯤 된다.

어떤 상황 하에선 빈 공간에 홀로 있는 전자가 특정한(definite) 에너지 값을 갖는 것이 가능하다(특정하다는 말은, 그 물리량이 어떤 상수 값으로 정해져 있으며 한없이 정확하게 그 값을 갖는다는 뜻이다. 이를테면 어떤 물체의 길이가 1m라고 말할 때 계측 오차 범위 내에서만 정할 수 있는 '측정값'이 아닌 이론적인 '참값'을 가리키는 것과 같다. 물리적으로 좀 더 정확히 정의하자면, 해당 값의 불확실성이 0이라는 말이다. 문맥에 따라 '정해진'으로 번역하는 편이 더 매끄러운 곳도 있었는데, 둘 다 같은 의미로 이해하기 바란다 : 옮긴이). 예를 들어 그 전자가 가만히 있다면(병진 운동(translational motion)이나 운동량 또는 운동 에너지가 없다는 뜻이다) 정지 에너지(rest energy)만 있을 것이다. 원자와 같이 더 복잡한 물체들도 정지한 채로 특정한 에너지를 가질 수 있지만 내부적으로는 또 다른 에너지 준위로 들뜨게 될 수도 있다. (이 과정은 나중에 설명하겠다.) 들뜬 상태에 있는 원자는 흔히 특정한 에너지를 갖는다고 생각할 수도 있는데, 그 말은 사실 근사적으로만 옳다. 원자는 전자기장과의 상호작용을 통해 에너지를 방출할 수 있기 때문에 들뜬 상태로 영원히 있지 않는다. 그러므로 원자는 낮은 상태에 있고 전자기장은 높은 들뜬 상태에 있는 새로운 상태가 형성될 얼마 만큼의 진폭이 있는 것이다. 그 계의 총 에너지는 상호작용 전후로 같지만 원자의 에너지는 줄어든 것이다. 그래서 들뜬 원자가 특정한 에너지를 갖는다고 말한다면 정확하지 않은 표현이다. 하지만 그렇게 말하는 편이 보통 편리하며, 또 아주 많이 틀린 것도 아니다.

[덧붙여 말하는데, 왜 한 방향으로만 가고 다른 방향으로 가지는 않을까? 그러니까 원자는 왜 빛을 복사(radiate)하는가? 이는 엔트로피와 관련이 있다. 에너지가 전자기장에 저장되어 있으면 왔다 갔다 할 수 있는 위치가 아주 많기 때문에 평형 조건을 찾아보면 가장 가능성 높은 상황은 장이 광자에 의해 들떠 있고 원자는 (들뜬 상태에서 떨어진) 바닥 상태에 있는 것이 된다. 광자가 돌아와서 다시 원자를 들뜨게 할 수 있게 되기까지는 매우 오랜 시간이 걸린다. 이는 다음의 고전적인 문제와도 흡사하다. 가속되는 전하는 왜 복사하는가? 에너지를 잃기를 원하는 것은 아닌데, 복사를 해도 전체 세계의 에너지는 예전과 똑같기 때문이다. 복사든 흡수든 엔트로피가 증가하는 방향으로 일어나는 것이다.]

원자핵에도 에너지 준위가 여럿 있으며 근사적으로 전자기장을 무시할 수 있는 경우에는 들뜬 상태의 원자핵이 그 상태로 계속 있을 거라 말할 수 있다. 그 상태로 영원히 있지 않을 것을 알더라도, 보통 처음엔 어느 정도 이상화시켜 생각하기 쉽게 근사하는 편이 낫다. 또 어떤 상황에서는 합리적인 근사법이기도 하다. (떨어지는 물체에 대한 고전적인 법칙들을 소개할 때 마찰을 포함시키지 않았지만, 실제로 마찰이 전혀 없는 경우는 드물다.)

그 다음엔 질량이 제각각인 핵 내부의 기묘한 입자들(strange particles)이 있다. 하지만 무거운 입자들은 가벼운 다른 입자로 붕괴(disintegrate)하기 때문에 이번에도 정확히 정해진 에너지 값을 갖는다고 말하는 건 옳지 않다. 그것은 입자들이 영원히 지속되는 경우에만 사실일 것이다. 그러므로 특정한 에너지를 갖는다고 근사할 땐 그것들이 언젠가 터진다는 사실을 잊는 것이다. 당분간 의도적으로 그런 과정들을 잊고 있다가, 나중에 어떻게 포함시킬 수 있는지 알아보자.

원자나 전자 혹은 어떤 입자가 정지해 있고 그 에너지가 정확히 E_0라고 해보자. 에너지 E_0란 전체 질량에 c^2을 곱한 값을 의미한다. 이 질량은 내부 에너지도 포함하는 값이므로 들뜬 원자의 질량은 바닥 상태에 있는 같은 원자의 질량과 다를 것이다. (바닥 상태란 에너지가 가장 낮은 상태를 뜻한다.) 이 E_0를 정지 에너지라 부르겠다.

정지한 원자의 경우, 어떤 위치에서 원자를 발견할 양자역학적 진폭은 모든 곳에서 동일하다. 위치에 따라 다르지 않다. 물론 이 말의 의미는 어디서든 원자를 발견할 확률이 같다는 것이다. 하지만 그 이상의 의미가 있다. 확률은 위치와 무관하지만, 진폭의 위상은 이곳저곳에서 다를 수 있는 것이다. 하지만 정지

한 입자의 경우엔 전체 진폭이 모든 장소에서 같다. 그렇지만 시간에 따라 바뀔 수는 있다. 에너지가 E_0인 상태의 입자를 (x, y, z)에서 시간 t에 발견할 진폭은

$$ae^{-i(E_0/\hbar)t} \qquad (7.1)$$

이며 a는 하나의 상수이다. 공간상 어느 지점에 있을 진폭은 모든 곳에서 같지만 시간에 따라서는 (7.1)과 같이 변하는 것이다. 이 규칙이 옳다고 그냥 받아들이겠다.

물론 (7.1)을

$$ae^{-i\omega t} \qquad (7.2)$$

로 쓸 수도 있는데, 여기서

$$\hbar\omega = E_0 = Mc^2$$

이며 M은 원자의 상태에 해당하는 질량 혹은 입자의 정지 질량이다. 에너지를 구체적으로 표기하는 데에는 세 가지 다른 방법이 있다. 진폭의 진동수를 이용하거나, 고전적 의미의 에너지를 쓰거나, 아니면 관성(inertia)을 사용하는 것이다. 어느 것을 쓰더라도 모두 동등하며, 같은 것을 말하는 다른 방법일 뿐이다.

발견될 진폭이 공간 전체에서 동일한 어떤 입자를 상상하는 것이 이상하다고 생각할지도 모르겠다. 어쨌든 우리는 입자를 어딘가에 위치한 작은 물체로 상상하는 데 익숙해져 있으니까. 그렇지만 불확정성 원리를 잊지 말자. 에너지가 정해진 입자는 또한 운동량도 정해진다. 운동량에 대한 불확정성이 0이면 불확정성 원리 $\Delta p \Delta x = \hbar$에 따라 위치의 불확정성은 무한대가 되는데, 바로 이것이 입자를 공간의 모든 점에서 발견할 진폭이 같다고 말할 때 실제로 뜻하는 바이다.

입자 내부 각 부분의 에너지가 다르고 또 서로 다른 상태에 있다면 시간에 따라 진폭도 다르게 변할 것이다. 어떤 상태에 있는지 모르고 있다면, 한 상태에 있을 어떤 진폭이 있고 또 다른 상태에 있을 어떤 진폭이 있을 것이다. 그리고 이들 각 진폭은 진동수가 다를 것이다. 이 여러 성분 사이에는 맥놀이(beat-note)와 비슷한 간섭이 일어날 텐데, 이것이 변화하는 확률로 나타날 수 있다. 어떤 일이 원자 내부에서 벌어지고 있는 것이다. 질량 중심이 어디론가 흘러가지 않는다는 의미에서 원자는 정지해 있지만 말이다. 그렇지만 원자의 에너지가 정해지면 진폭은 (7.1)로 주어지며, 이 진폭의 절대값을 제곱한 값은 시간이 가도 변하지 않는다. 그러니까 특정한 에너지를 갖는 무언가에 대한 어떤 확률을 묻는 질문에 대한 답은 시간과 관계가 없음을 알 수 있다. 진폭이 시간에 따라 변하는 경우, 에너지가 정해지면 진폭은 허수인 지수로서만 변하기 때문에 절대값은 변화가 없다.

그렇기 때문에 흔히 특정한 에너지 준위에 있는 원자는 정상 상태(stationary state)에 있다고 얘기하는 것이다. 그 내부를 측정하면 어떤 것(의 확률)도 시간에 따라 변하지 않음을 발견할 것이다. 확률이 시간에 따라 변하도록

만들려면 진동수가 다른 두 진폭이 간섭을 일으키도록 해야 하는데, 그러면 에너지 값을 알 수 없게 된다. 그 물체는 한 에너지 상태에 있을 어떤 진폭과 다른 에너지 상태에 있을 또 하나의 진폭을 함께 갖고 있는 것이다. 이것이 바로 시간에 따른 변화를 양자역학적으로 기술하는 방법이다.

에너지가 다른 두 개의 상태가 혼합된 상황이 있다면 두 상태에 대한 각각의 진폭은 식 (7.2)와 같이 시간에 따라 변하는데, 예를 들면 다음과 같은 것이다.

$$e^{-i(E_1/h)t} \text{와} \quad e^{-i(E_2/h)t} \tag{7.3}$$

둘을 합성하면 간섭이 일어난다. 하지만 양쪽 에너지에 어떤 상수를 더하더라도 달라질 것이 없다는 걸 눈여겨보자. 에너지가 전부 어떤 상수 값 A만큼 큰(혹은 작은) 다른 에너지 척도(scale)를 사용하는 누군가가 있다면, 그 사람의 관점에서 두 상태가 갖는 진폭은

$$e^{-i(E_1+A)t/h} \text{와} \quad e^{-i(E_2+A)t/h} \tag{7.4}$$

가 될 것이다. 그가 사용하는 진폭은 모두 $e^{-i(A/h)t}$라는 동일한 인수와 곱해지며, 선형 조합이나 간섭도 전부 같은 인수를 지닐 것이다. 절대값의 제곱을 취해서 확률을 구하면 답은 모두 같아지는 것이다. 에너지 척도의 영점(origin)을 어디로 선택하든 달라질 것은 없다. 우리가 원하는 값을 영으로 잡고 에너지를 측정해도 된다는 말이다. 상대론적인 이유에서는 정지 질량이 포함되도록 에너지 값을 측정하는 것이 좋지만, 상대론적이지 않은 많은 문제들을 다룰 때는 등장하는 에너지 값 전체에서 어떤 표준량만큼을 빼 주는 것이 보통 편리하다. 예를 들어 원자의 경우에는 흔히 $M_s c^2$만큼의 에너지를 빼는 것이 편한데, 여기서 M_s는 따로 떨어져 있는 원자핵과 전자의 질량을 합한 것으로서, 원자의 질량과는 당연히 다른 값이다(원자핵과 전자로 이루어진 원자 전체의 상대론적 정지 질량($= M_g c^2$)에는 각 입자들의 운동 에너지 및 서로 간의 퍼텐셜 에너지 등도 모두 들어 있기 때문이다 : 옮긴이). 다른 문제를 풀 때는 모든 에너지 값에서 $M_g c^2$만큼을(M_g는 바닥 상태에 있는 원자 전체의 질량) 감해 주는 편이 유용할 때도 있다. 그렇게 하면 사용되는 에너지 값은 원자의 들뜬 에너지뿐이다. 그래서 가끔은 에너지의 영점을 아주 큰 상수만큼 옮길 수도 있는데, 그 계산에 필요한 에너지를 전부 같은 상수값만큼 이동시킨다면 달라지는 건 없다. 정지한 입자에 대해서는 여기까지만 하겠다.

7-2 등속 운동

상대성 이론이 옳다고 가정하면, 한 관성계(inertial system)에서 정지해 있는 입자는 또 다른 관성계에서는 등속 운동을 하고 있을 수 있다. 확률 진폭은 입자의 정지 좌표계(rest frame)에서 모든 x, y, z에 대해 같지만 t에 따라 변한다. 진폭의 크기는 시간이 흘러도 같으나 위상이 t에 따라 변한다. 진폭의 행동 방식을 한눈에 보려면 위상이 같은, 예를 들어 위상이 0인 선들을 x와 t의

함수로 그려 보면 된다. 정지해 있는 입자라면 이 등위상선(equal-phase line)은 그림 7-1의 점선처럼 x축에 평행하고 t좌표상에선 같은 간격을 가질 것이다.

　다른 x', y', z', t'좌표계가 입자를 기준으로 했을 때, 가령 x방향으로 움직이고 있다면 공간상 특정한 점의 좌표 x', t'은 x, t와 로렌츠(Lorentz) 변환으로 연관되어 있다. 그림 7-1과 같이 x', t'축을 잡으면 이 변환을 시각적으로 이해할 수 있다. (1권의 17장, 그림 17-2를 참조하자.) x' - t' 계에서는 등위상의* 점들이 t'축을 따라 서로 다른 간격으로 있기 때문에 시간 변화의 진동수가 달라지는 것을 볼 수 있다. 또한 x'을 따라서도 위상이 변하므로 확률 진폭은 x'의 함수여야 한다.

　예를 들어 음의 x 방향을 따라 속도 v의 로렌츠 변환을 해 보면 시간 t와 t' 사이의 관계식은

$$t = \frac{t' - x'v/c^2}{\sqrt{1 - v^2/c^2}}$$

이므로 진폭은

$$e^{-(i/\hbar)E_0 t} = e^{-(i/\hbar)(E_0 t'/\sqrt{1-v^2/c^2} \, - \, E_0 v x'/c^2 \sqrt{1-v^2/c^2})}$$

에 따라 변한다. 프라임 계에서는 시간뿐 아니라 공간에 따라서도 변하는 것을 볼 수 있다. 진폭을

$$e^{-(i/\hbar)(E_p' t' - p' x')}$$

로 쓰면 정지 에너지가 E_0이고 속도 v로 이동하는 입자에 대해 고전적으로 계산된 에너지는 $E_p' = E_0/\sqrt{1 - v^2/c^2}$이며, 그에 대응하는 입자의 운동량은 $p' = E_p' v/c^2$임을 알 수 있다.

　$x_\mu = (t,\ x,\ y,\ z)$와 $p_\mu = (E,\ p_x,\ p_y,\ p_z)$가 사차원 벡터(four-vector)이므로 $p_\mu x_\mu = Et - \boldsymbol{p} \cdot \boldsymbol{x}$가 스칼라의 불변량(scalar invariant)이 됨은 알고 있을 것이다. 입자의 정지 좌표계에서 $p_\mu x_\mu$는 그냥 Et이다. 그래서 다른 쪽 좌표계에서는 Et가

$$E't' - \boldsymbol{p}' \cdot \boldsymbol{x}'$$

으로 달라질 것이다. 그러므로 운동량이 $\boldsymbol{p}$인 입자의 확률 진폭은

$$e^{-(i/\hbar)(E_p t - \boldsymbol{p} \cdot \boldsymbol{x})} \tag{7.5}$$

에 비례하는데, 여기서 E_p는 운동량이 p인 입자의 에너지 즉

$$E_p = \sqrt{(pc)^2 + E_0{}^2} \tag{7.6}$$

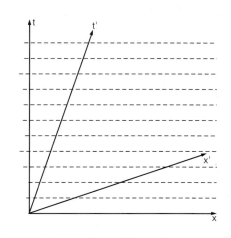

그림 7-1　x-t 좌표계에서 정지해 있는 입자를 나타내는 진폭의 상대론적 변환

---

* 우리는 두 계의 대응하는 점들에서 위상이 같다고 가정한다. 이것은 사실 미묘한 부분인데, 양자역학적 진폭의 위상은 상당히 임의적이기 때문이다. 이 가정이 옳다는 것을 보이려면 둘 이상의 진폭 간 간섭에 대해 더 세밀하게 살펴봐야 한다.

이며 E_0는 전과 같이 정지 에너지이다. 비상대론적인 문제의 경우에는

$$E_p = M_s c^2 + W_p \tag{7.7}$$

라 쓸 수 있는데, W_p는 원자를 이루는 각 부분들의 정지 에너지인 $M_s c^2$을 빼고 남은 에너지이다. 일반적으로 W_p는 내부 에너지라 부를 수 있는 결합 에너지나 들뜸 에너지뿐만 아니라 원자의 운동 에너지까지 포함한다. 그래서

$$W_p = W_{\text{int}} + \frac{p^2}{2M} \tag{7.8}$$

과 같이 적을 수 있으며 진폭은

$$e^{-(i/\hbar)(W_p t - \boldsymbol{p} \cdot \boldsymbol{x})} \tag{7.9}$$

의 형태를 갖는다. 우리는 주로 비상대론적인 계산을 할 것이기 때문에 확률 진폭으로 이 꼴을 사용하겠다.

　　다른 부차적인 가정 없이 상대론적 변환만으로 공간상에서 움직이는 원자의 진폭이 어떻게 변화할지 알아냈다는 점을 잘 봐 두자. 공간 변화의 파수(wave number)는 (7.9)로부터

$$k = \frac{p}{\hbar} \tag{7.10}$$

이므로 파장은

$$\lambda = \frac{2\pi}{k} = \frac{h}{p} \tag{7.11}$$

이다. 이는 전에 사용했던 운동량이 p인 입자의 파장과 똑같다. 드브로이(de Broglie)는 바로 이런 방법을 통해 이 공식을 처음으로 유도한 것이다. 움직이는 입자의 진폭 변화 진동수를 얻으려면 마찬가지로

$$\hbar\omega = W_p \tag{7.12}$$

를 사용하면 된다.

　　(7.9)의 절대값을 제곱하면 그냥 1이므로 특정한 에너지를 갖고 움직이는 입자를 발견할 확률은 모든 곳에서 같으며 시간에 따라 변하지 않는다. (진폭이 복소수 꼴의 파동이란 사실을 아는 것이 중요하다. 실수의 사인파(sine wave)를 썼다면 그 제곱값이 장소에 따라 변하므로 옳지 않았을 것이다.)

　　물론 입자가 이곳에서 저곳으로 이동할 때 확률이 장소와 시간 모두에 따라 변하는 상황도 있다. 그런 상황은 어떻게 기술할 수 있을까? 에너지가 정해진 둘 이상의 진폭을 중첩한 진폭을 생각해 보면 된다. 1권 48장에서 이미 이런 상황에 대해 논의한 적이 있다. 심지어 확률 진폭에 대해서도 말이다! 거기서 알아낸 사실은 파수 k(즉 운동량)와 진동수 ω(즉 에너지)가 서로 다른 두 진폭을 합하면 간섭무늬 형태의 파동 언덕(humps) 또는 맥놀이가 보이며, 진폭의 제곱은 장소와 시간에 따라 변한다는 사실이었다. 또한 이 맥놀이는 군속도(group velocity)라 부르는 속도

$$v_g = \frac{\Delta \omega}{\Delta k}$$

로 이동한다는 사실도 알아냈는데, Δk와 $\Delta \omega$는 두 파동의 파수와 진동수의 차이였다. 진동수가 비슷한 수많은 진폭의 합으로 이루어져 더 복잡한 파동의 경우에 군속도는

$$v_g = \frac{d\omega}{dk} \tag{7.13}$$

가 된다.

$\omega = E_p/\hbar$와 $k = p/\hbar$를 넣으면

$$v_g = \frac{dE_p}{dp} \tag{7.14}$$

이다. 식 (7.6)으로부터

$$\frac{dE_p}{dp} = c^2 \frac{p}{E_p} \tag{7.15}$$

가 성립하고 $E_p = Mc^2$이므로

$$\frac{dE_p}{dp} = \frac{p}{M} \tag{7.16}$$

가 되는데, 이는 바로 고전적인 관점에서의 입자의 속도이다. 또 다른 방식으로 비상대론적 표현을 사용하면

$$\omega = \frac{W_p}{\hbar}, \qquad k = \frac{p}{\hbar}$$

및

$$\frac{d\omega}{dk} = \frac{dW_p}{dp} = \frac{d}{dp}\left(\frac{p^2}{2M}\right) = \frac{p}{M} \tag{7.17}$$

로 또 다시 고전적인 속도가 됨을 볼 수 있다.

그렇다면 결론은 다음과 같다. 에너지가 거의 같은 특정 에너지 상태의 진폭이 몇 개 있다면 그들 사이의 간섭 때문에 확률의 덩어리(lumps)가 생기는데, 이들의 에너지는 동일한 고전적 입자와 똑같은 속도로 공간에서 이동한다. 그렇지만 파수가 다른 두 진폭을 더해서 움직이는 입자에 해당하는 맥놀이를 얻을 때 상대성 이론으로부터 추론해 낼 수 없는 뭔가 새로운 것이 도입되었다는 점을 지적해야겠다. 이제까지는 입자가 정지해 있을 때 진폭이 어떻게 되는지 살펴본 다음 입자가 움직이면 진폭이 또 어떻게 될지 유추해 냈다. 하지만 이 논증으로부터는 두 개의 파동이 다른 속도로 움직일 때 어떤 일이 벌어질지 유추해 낼 수 없다. 하나를 정지시키면 다른 하나를 정지시킬 수 없게 되기 때문이다. 그래서

우리는 묵시적으로 가설을 하나 추가했는데, (7.9)가 하나의 가능한 해일 뿐만 아니라 같은 계 안에서 p(운동량)값이 다른 해가 여럿 더 존재해서 그 항들이 서로 간섭을 일으키리라는 것이다.

7-3 퍼텐셜 에너지 : 에너지의 보존

이번에는 입자의 에너지가 변할 수 있는 경우에 어떤 일이 일어나는지 논의해 보자. 입자가 어떤 퍼텐셜로 나타낼 수 있는 역장(力場, force field) 안에서 움직이는 상황에서부터 시작하겠다. 먼저 상수 퍼텐셜의 효과부터 생각해 볼까? 그림 7-2처럼 큰 금속 상자가 있어 그것의 정전기적 전위를 ϕ로 올려놓았다고 하자. 상자 안에 전하를 가진 물체가 있다면 그것의 퍼텐셜 에너지는 $q\phi$가 될 것이고 우리가 V라 부를 이 값은 위치와는 전혀 상관이 없을 것이다. 그러면 상자 안에서 벌어지는 어떤 일이든 상수 퍼텐셜로 인해 달라지는 점은 없기 때문에 물리 현상은 상자 내부 어디에서든 같을 것이다. 답을 논리적으로 이끌어 낼 방법은 없으므로 추측하는 수밖에 없다. 그중에 실제로 맞는 것은 여러분이 기대하고 있는 답과 어느 정도 같다. 즉 퍼텐셜 에너지 V와 내부 에너지 및 운동 에너지 E_p를 다 더해야 하는 것이다. 진폭은

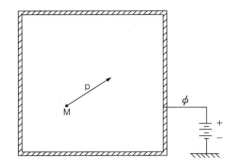

그림 7-2 질량이 M이고 운동량이 p인, 균일한 퍼텐셜 영역 안에 놓인 입자

$$e^{-(i/h)[(E_p+V)t - \boldsymbol{p} \cdot \boldsymbol{x}]} \tag{7.18}$$

에 비례한다. 우리가 ω라 부를 t 앞의 계수가 그 계의 전체 에너지 값이 된다는 것은 하나의 일반 원리이다. 내부(또는 질량) 에너지 더하기 운동 에너지 더하기 퍼텐셜 에너지가 되는 것이다. 즉

$$\hbar\omega = E_p + V \tag{7.19}$$

혹은 비상대론적인 경우에는

$$\hbar\omega = W_{\text{int}} + \frac{p^2}{2M} + V \tag{7.20}$$

이다.

그러면 상자 안의 물리 현상은 어떨까? 만약 에너지가 다른 상태가 몇 개 존재한다면 어떤 값을 얻게 될까? 각 상태의 진폭은 $V = 0$인 경우와 비교했을 때

$$e^{-(i/h)Vt}$$

라는 동일한 인수가 추가로 붙는다. 이것은 에너지 척도(scale)의 영점을 바꾸는 것과 마찬가지다. 모든 진폭에 똑같은 위상 변화가 생기지만 앞에서 보았듯이 확률은 바뀌지 않는다. 물리적 현상은 모두 예전과 같다. (같은 하전체(charged object) 내의 다른 상태에 대해 얘기하고 있는 것이므로 $q\phi$가 모두 같다고 가정했다. 한 상태에서 다른 상태로 갈 때 물체의 전하량이 변할 수 있다면 무척 다른 결과가 나오겠지만, 이는 전하 보존 법칙에 위배된다.)

지금까지 우리가 한 가정은 에너지의 기준(reference) 값이 바뀔 때 벌어지

리라고 예상한 것과 잘 맞아떨어진다. 하지만 그것이 정말 옳다면 퍼텐셜 에너지
가 상수가 아닌 경우에도 성립해야 할 것이다. 일반적으로 V는 시간과 장소 둘
다에 따라 아무렇게나 변할 수 있기 때문에 진폭을 완전히 구하려면 미분 방정
식을 풀어야만 한다. 지금은 일반적인 경우를 다루는 것이 아니고 어떤 일이 벌
어지는지 조금만 이해하고 싶을 뿐이니까 시간에 따라 변하지 않고 위치에 따라
서는 아주 느리게 변하는 전위를 상상해 보겠다. 그렇게 하면 고전적인 사고방식
과 양자적인 사고방식을 비교해 볼 수 있으니까 말이다.

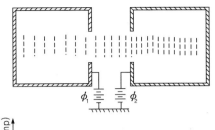

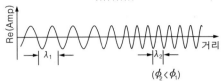

그림 7-3에 나온 상황을 생각해 보자. 두 상자가 있어서 한쪽의 전위는 ϕ_1
이라는 상수이고 다른 한쪽은 ϕ_2이며 그 사이의 공간에서는 완만하게 변한다고
가정하겠다. 이 중 한 곳에서 발견될 진폭을 가진 입자가 하나 있다고 해 보자.
또 운동량 값이 충분히 커서 여러 파장이 들어 있는 좁은 영역 안에서 퍼텐셜이
거의 상수에 가깝다고 가정하겠다. 그러면 진폭은 공간상 어느 부분에서도 그 장
소에 알맞은 V 값을 가지며 수식으로는 (7.18)의 꼴과 같을 거라고 생각할 수
있다.

그림 7-3 한 퍼텐셜에서 다른 퍼텐셜로 이동하
는 입자에 대한 확률 진폭

$\phi_1 = 0$인 특수한 상황을 가정해서 그곳의 퍼텐셜 에너지를 0으로 만들되
$q\phi_2$는 음의 값을 가지게 해서, 고전적으로 생각했을 때 입자의 에너지(운동 에너
지 : 옮긴이)가 둘째 상자에서 더 크도록 해 보자. 고전역학적으로는 입자가 둘째
상자에서 더 빨리 움직일 것이다. 에너지가 더 크고 따라서 운동량도 더 크니까
말이다. 이 결과를 양자역학으로는 어떻게 얻을 수 있는지 보자.

우리가 했던 가정에 따라 첫째 상자 안에서의 진폭은

$$e^{-(i/\hbar)[(W_{\text{int}}+p_1^2/2M+V_1)t-p_1\cdot x]} \tag{7.21}$$

에 비례할 것이며, 둘째 상자 안에서는

$$e^{-(i/\hbar)[(W_{\text{int}}+p_2^2/2M+V_2)t-p_2\cdot x]} \tag{7.22}$$

에 비례할 것이다. (내부 에너지는 변하지 않으며 양쪽 장소에서 계속 같은 값을
갖는다고 하자.) 이런 질문을 해 보겠다. 두 상자 사이의 공간에서 이 두 진폭은
어떤 모양으로 만나 결합할까?

퍼텐셜은 시간이 지나도 변하지 않을 거라 가정할 테니 문제의 조건은 전혀
바뀌지 않는다. 그 다음엔 진폭의 변화(즉 위상)의 진동수가 모든 위치에서 동일
하다고 가정하겠다. 말하자면 이 매질(medium) 안에 시간에 따라 변하는 것은
하나도 없기 때문이다. 공간에서도 변하는 것이 없다면, 한 위치의 파동이 그에
따라 진동하는 새끼 파동을 공간 전체에 만들어 내서 모두가 같은 진동수로 진
동한다고 생각할 수 있다. 마치 빛의 파동이 정지해 있는 물질을 통과할 때 진동
수가 변하지 않듯이 말이다. (7.21)과 (7.22)의 진동수가 같다면 다음의 관계식이
성립할 것이다.

$$W_{\text{int}} + \frac{p_1^2}{2M} + V_1 = W_{\text{int}} + \frac{p_2^2}{2M} + V_2 \tag{7.23}$$

양변의 식이 고전적인 총 에너지이므로 식 (7.23)은 에너지 보존을 표현한 것이

된다. 다시 말해서 조건이 시간에 따라 변하지 않는다면 고전적인 에너지 보존 원리는 양자역학에서 입자의 진동수가 모든 장소에서 동일하다는 명제와 동등할 것이다. 이 모두가 $\hbar\omega = E$ 라는 관계와 잘 맞아떨어진다.

$V_1 = 0$ 이고 V_2 는 음수인 특별한 예의 경우, 식 (7.23)의 p_2 는 p_1 보다 크므로 2번 구역(둘째 상자 쪽)에 있는 파동의 파장이 더 짧을 것이다. 그림 7-3에는 위상이 같은 면들이 점선으로 그려져 있다. 또 구역 1에서 2로 가면서 파장이 어떻게 감소하는지를 볼 수 있도록 진폭의 실수 부분을 그래프로 나타냈다. 파동의 군속도는 p/M 이므로 이 또한 커지는데, 식 (7.23)과 꼭 같은 고전적 에너지 보존으로부터 예상되는 결과 그대로일 것이다.

V_2 가 아주 커서 $V_2 - V_1$ 이 $p_1^2/2M$ 보다 더 큰 특수한 경우도 흥미롭다. 이 경우엔

$$p_2{}^2 = 2M\left[\frac{p_1{}^2}{2M} - V_2 + V_1\right] \tag{7.24}$$

의 식으로 주어지는 $p_2{}^2$ 의 값이 음수가 된다. p_2 가 ip' 따위의 허수라는 뜻이다. 고전적으로는 입자가 구역 2로 절대 가지 못할 것이다. 입자의 에너지가 퍼텐셜 언덕을 넘을 만큼 충분하지 않기 때문이다. 하지만 이 경우에도 양자역학적으로는 진폭이 식 (7.22)로 주어진다. 공간상의 변화도 계속

$$e^{(i/\hbar)p_2 \cdot x}$$

를 따른다. 하지만 p_2 가 허수라면 공간상 변화에 대한 항은 실수의 지수가 된다. 입자가 처음에 $+x$ 방향으로 움직이고 있었다면 진폭은

$$e^{-p'x/\hbar} \tag{7.25}$$

에 따라 바뀔 것이다. 진폭이 x 가 증가할수록 빠르게 감소하는 것이다.

전위가 다른 두 구역이 매우 가까이 있어서 퍼텐셜 에너지가 그림 7-4(a)처

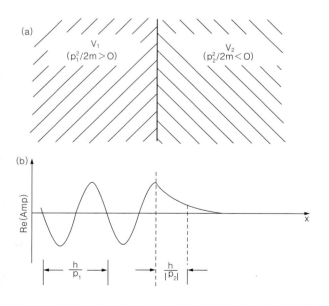

그림 7-4 강한 척력 퍼텐셜에 접근하는 입자에 대한 진폭

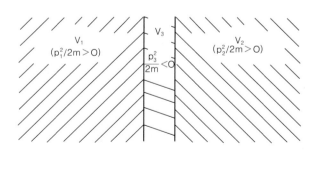
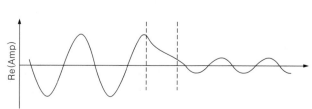

그림 7-5 퍼텐셜 장벽을 투과하는 확률 진폭의 모습

럼 V_1에서 V_2로 갑자기 변한다고 상상해 보자. 확률 진폭의 실수 부분만 그려 보면 그림의 (b)처럼 변하게 된다. 첫째 구역의 파동은 둘째 구역으로 가려는 입자에 대응되지만, 둘째 구역에 이르면 진폭이 급격히 작아진다. 둘째 장소에서 관찰될 확률이 어느 정도 있는 것이다. 고전적으로는 전혀 도달할 수 없었지만 말이다. 하지만 경계 바로 근처를 제외하면 진폭은 매우 작다. 빛의 전반사(total internal reflection)에서와 무척 비슷한 상황이다. 보통 빛이 빠져 나오지는 못하지만 표면으로부터 파장의 한 배 내지 두 배 거리 안에 무언가를 놓으면 빛을 관찰할 수는 있다.

빛이 전반사된 경계 가까이에 두 번째 경계면을 놓으면 세 번째 물질에도 약간의 빛이 투과될 수 있다는 사실을 기억하고 있을 것이다. 양자역학에서도 비슷한 일이 입자들한테 일어난다. 전위가 V인 좁은 장소가 있는데, V가 무척 커서 고전적 운동 에너지가 음수가 되면 입자는 고전적으로 전혀 넘지 못할 것이다. 하지만 양자역학적으로는 지수함수 꼴로 감소하는 진폭이 그곳을 넘어 운동 에너지가 다시 양이 되는 다른 편에서 입자를 발견할 작은 확률이 존재할 수 있다. 이 상황은 그림 7-5에 표현되어 있다. 이 결과는 양자역학적 장벽 투과 (barrier penetration)라 부른다.

양자역학적 진폭에 의한 장벽 투과 현상은 우라늄 핵에서 α-입자의 붕괴 현상을 설명 혹은 묘사해 준다. 그림 7-6(a)에 α-입자의 퍼텐셜 에너지가 중심으로부터의 거리에 대한 함수로 그려져 있다. 만약 누군가 에너지가 E인 α-입자를 핵을 향해 발사한다면 이 입자는 핵 전하 Z로부터 정전기적 척력을 느껴서 (고전적으로는) 전체 에너지가 퍼텐셜 에너지 V와 같아지는 지점, 즉 r_1이라는 거리보다 더 안으로 들어가지 못할 것이다. 하지만 더 들어가면 단거리에서 작용하는 핵의 강한 인력에 의해 퍼텐셜 에너지는 훨씬 낮아진다. 그렇다면 어떻게 방사능 붕괴가 일어날 때 핵 내부에서 출발한 α-입자들이 에너지 E를 갖고 밖으로 나올 수 있을까? 그건 이 입자들이 원자핵 내부에서 에너지 E를 갖고 출발해서 퍼텐셜 장벽(potential barrier)을 통과해 새어 나가기 때문이다. 확률 진폭은 그림 7-6의 (b)에 개략적으로 그린 것과 같다. 실제로는 그림에 있는 것보다 훨씬 더 빨리 지수함수 꼴로 감소하지만 말이다. 사실 핵 내부의 자연 진동 (natural oscillation)은 매우 빨라서 대략 초당 10^{22}회나 되는데, 그런데도 α-입자의 평균 수명이 45억 년이나 된다는 사실은 꽤 놀랍다. 어떻게 10^{-22}초 같은 수에서 10^9년 같은 수를 얻을 수 있을까? 이는 지수 항에 크기가 약 e^{-45}인 놀라울 정도로 작은 인수가 있기 때문이다. 이것이 바로 α-입자가 새어 나올, 아주 작지만 0은 아닌 확률인 것이다. α-입자가 핵 안에 있을 때는 바깥에서 발견할 진폭은 거의 없는 것에 가깝다. 하지만 원자핵의 수가 많고 오랫동안 기다린다면 나오는 한 놈을 운 좋게 발견할 수도 있다.

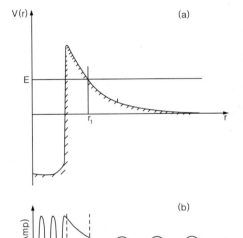

그림 7-6 (a) 우라늄 원자핵 내의 α-입자에 대한 퍼텐셜 함수 (b) 확률 진폭의 대강의 모습

7-4 힘 : 고전적인 극한

한쪽으로 움직이는 입자가 있는데 그 운동에 수직인 방향으로 퍼텐셜이 변

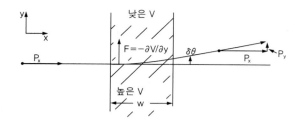

그림 7-7 횡 방향으로의 퍼텐셜 기울기 때문에 입자의 경로가 휨

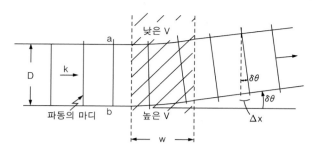

그림 7-8 횡 방향 퍼텐셜 기울기가 있는 영역에서의 확률 진폭

하는 장소를 지나간다고 가정하자. 고전적으로는 그림 7-7처럼 나타낼 수 있을 것이다. 입자가 x방향으로 움직이다가 y값에 따라 변하는 퍼텐셜이 있는 장소로 들어가면 횡 방향으로 $F = -\partial V/\partial y$의 힘을 받아 가속도가 생길 것이다. 힘이 폭 w인 제한된 구역에만 존재한다면 그 힘은 w/v라는 시간 동안만 작용할 것이다. 입자는

$$p_y = F\frac{w}{v}$$

의 횡단 방향(transverse) 운동량을 얻게 된다. 그러면 편향 각도 $\delta\theta$는

$$\delta\theta = \frac{p_y}{p} = \frac{Fw}{pv}$$

가 되는데, 이때 p는 초기 운동량이다. F에 $-\partial V/\partial y$를 대입하면

$$\delta\theta = -\frac{w}{pv}\frac{\partial V}{\partial y} \tag{7.26}$$

를 얻는다.

이제 (7.20)에 따라 움직이는 파동이 같은 결과를 만들어 내는지 확인하는 건 우리에게 달렸다. 모든 것들이 확률 진폭의 파장에 비해 훨씬 더 큰 규모라고 가정하고 같은 문제를 양자역학적인 눈으로 보겠다. 어떤 작은 지역에서도 진폭은

$$e^{-(i/h)[(W+p^2/2M+V)t-p\cdot x]} \tag{7.27}$$

에 따라 변한다고 할 수 있다. 이 식에서 V가 횡단 방향으로 기울기가 있을 때 입자의 진행방향을 바꾸기도 한다는 걸 알아볼 수 있을까? 그림 7-8에 확률 진폭의 파동이 어떤 모양일지 대강 그려 보았다. 그림에는 마디(node)의 집합을 보였는데, 이것들을 진폭의 위상이 0인 면으로 생각하면 되겠다. 모든 위치에서 파장, 즉 연속되는 마디 사이의 거리는

$$\lambda = \frac{h}{p}$$

로 주어지며, p와 V 사이에는 다음의 관계가 있다.

$$W + \frac{p^2}{2M} + V = 상수 \qquad (7.28)$$

V가 큰 곳에서는 p가 작아질 것이고 파장은 길어질 것이다. 그래서 마디의 각도가 그림에 있는 것과 같이 바뀌게 된다.

마디 각도의 변화량을 구하려면, 그림 7-8에서 경로 a와 b 사이에 $\Delta V = (\partial V / \partial y)D$만큼의 퍼텐셜 차가 있으므로 그에 따른 운동량 차이는 (7.28)로부터

$$\Delta\left(\frac{p^2}{2M}\right) = \frac{p}{M}\Delta p = -\Delta V \qquad (7.29)$$

가 된다. 그러므로 파수 $p/\hbar$도 두 경로에서 다른 값을 가지며 위상도 다른 비율로 증가한다는 얘기다. 위상 증가율은 $\Delta k = \Delta p / \hbar$만큼 차이가 나니까 총 거리 w 상에서 누적된 위상차는

$$\Delta(위상) = \Delta k \cdot w = \frac{\Delta p}{\hbar} \cdot w = -\frac{M}{p\hbar}\Delta V \cdot w \qquad (7.30)$$

이다. 좁은 구역을 벗어날 때 경로 b의 위상은 경로 a보다 이 양만큼 앞서게 되는 것이다. 하지만 그 지역 밖에서 이만큼의 위상 전진(advance)은 마디가

$$\Delta x = \frac{\lambda}{2\pi}\Delta(위상) = \frac{\hbar}{p}\Delta(위상)$$

또는

$$\Delta x = -\frac{M}{p^2}\Delta V \cdot w \qquad (7.31)$$

의 거리만큼 앞서 있다는 데 대응한다. 그림 7-8을 보면 새로운 파면 (wavefronts)이 $\delta\theta$라는 각도만큼 돌아가 있는데, 그 값은

$$\Delta x = D\delta\theta \qquad (7.32)$$

를 사용하면 구할 수 있으므로

$$D\delta\theta = -\frac{M}{p^2}\Delta V \cdot w \qquad (7.33)$$

의 관계식이 성립한다. p/M을 v로, $\Delta V/D$를 $\partial V/\partial y$로만 바꾸면 이것은 식 (7.26)과 동일하다.

우리가 방금 얻은 결과는 퍼텐셜의 변화가 느리고 매끄러운, 고전적 극한이라 할 수 있는 경우에만 옳다. 이런 조건에서라면 $F = ma$를 쓴 경우와 똑같은 입자 운동을 얻게 된다는 것을 증명한 것이다. 퍼텐셜이 확률 진폭의 위상에 $Vt/\hbar$를 더한다고 가정했을 때 말이다. 고전적 극한에서 양자역학은 뉴턴 역학과 일치한다.

7-5 스핀 1/2짜리 입자의 세차운동(precession)

우리가 퍼텐셜 에너지에 대해 어떤 특별한 가정도 하지 않았다는 점을 놓치지 말자. 그냥 미분하면 힘과 같아지는 에너지를 사용했을 뿐이다. 예를 들어 슈테른-게를라흐 실험에서는 $U = -\boldsymbol{\mu} \cdot \boldsymbol{B}$ 라는 에너지를 사용했는데, 이로부터 자기장 $\boldsymbol{B}$ 가 공간에서 변할 경우의 힘을 구할 수 있었다. 양자역학적으로 기술하려 했다면 한 빔에 있는 입자들의 에너지가 어느 한 방향으로 변하고 다른 쪽 빔에 있는 원자들은 반대 방향으로 에너지가 변한다고 말했을 것이다. (자기 에너지 U 는 퍼텐셜 에너지 V 나 내부 에너지 W 둘 중 어느 쪽에 포함시켜도 된다.) 에너지의 변화 때문에 파동은 굴절되고 빔들은 위나 아래 쪽으로 휘어진다. (이젠 양자역학을 사용해도 고전역학으로 계산한 것과 똑같이 휜다는 걸 알고 있다.)

퍼텐셜 에너지에 대한 함수로부터, 입자가 z 방향의 균일한 자기장 안에 있다면 확률 진폭이

$$e^{-(i/\hbar)(-\mu_z B)t}$$

와 같이 변할 거라고 예상할 수 있다. (이것을 μ_z의 정의로 받아들일 수도 있다.) 다르게 얘기해서, τ 란 시간 동안 균일한 장 $\boldsymbol{B}$ 에 입자를 놓으면 확률 진폭은 장이 없는 경우의 값에

$$e^{-(i/\hbar)(-\mu_z B)\tau}$$

라는 양이 곱해질 거라는 말이다. 스핀이 1/2인 입자의 경우에 μ_z는 플러스 혹은 마이너스 어떤 수(μ라고 하자)가 되기 때문에 균일한 장 안에 있는 두 가능한 상태들의 위상은 같은 비율로, 하지만 반대 방향으로 변할 것이다. 두 진폭에는 다음의 항이 곱해진다.

$$e^{\pm(i/\hbar)\mu B\tau} \tag{7.34}$$

이 사실 때문에 생기는 흥미로운 결과가 있다. 만약 스핀이 단일하게 위쪽이거나 아래쪽이 아닌 어떤 상태에 있는 스핀 1/2짜리 입자가 있다고 하자. 그것을 단일하게 스핀 위인 상태, 또 단일하게 아래인 상태에 대한 진폭을 사용해서 기술할 수 있다. 하지만 자기장 안에서는 두 상태의 위상이 다른 비율로 바뀔 것이다. 그래서 진폭에 대한 어떤 질문을 한다면 그 답은 입자가 얼마나 오래 장 안에 있었는지에 따라 달라질 것이다.

일례로 자기장 안에서 붕괴하는 뮤온을 고려해 보겠다. 뮤온은 π-중간자가 붕괴하여 나오는 입자로, 편극된 상태로 생성된다. (달리 말하면 특정 스핀 방향을 선호한다는 것이다.) 뮤온은 평균 2.2 마이크로 초 후에 전자 하나와 뉴트리노 두 개를 방출하며 붕괴한다.

$$\mu \rightarrow e + v + \bar{v}$$

이 붕괴 과정에서 (최소한 가장 높은 에너지의 경우엔) 전자들이 뮤온의 스핀과

반대 방향으로 더 많이 방출된다는 것이 알려져 있다.

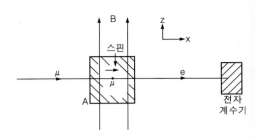

그림 7-9 뮤온 붕괴 실험

그렇다면 그림 7-9에 있는 실험 배치를 보자. 편극된 뮤온이 왼쪽에서 들어와 A라는 물체 안에서 점차 정지하게 된다면, 짧은 시간 후에 그것들은 붕괴하고 방출되는 전자들은 일반적으로 모든 가능한 방향으로 갈 것이다. 하지만 정지시키는 물체 A 안으로 들어가는 뮤온의 스핀이 모두 x 방향이라고 해 볼까? 자기장이 없으면 붕괴하는 방향은 어떤 각분포를 가질 것이다. 우리가 알고 싶은 것은 자기장이 있는 경우에 이 분포가 어떻게 변하는가 하는 점이다. 시간에 따라 분포가 어떤 방식으로 바뀔 것인지 예상할 수도 있다. 주어진 순간에 뮤온을 $(+x)$ 상태에서 발견할 진폭을 구하면 어떤 일이 벌어질지 알 수 있다.

다음과 같이 문제를 정리할 수 있겠다. $t = 0$에 뮤온의 스핀이 $+x$ 방향에 있다는 걸 알고 있다면 τ라는 시간 후에도 같은 상태에 있을 진폭은 얼마일까? 우리는 스핀 1/2짜리 입자가 스핀에 수직인 방향으로 자기장이 있을 때 어떻게 행동하는지에 대한 규칙은 모르지만 장을 기준으로 스핀이 위와 아래인 상태에 있을 때 어떤 일이 일어나는지는 알고 있다. 진폭을 (7.34)의 인수만큼 곱해 주면 되는 것이다. 그렇다면 우리가 해야 할 일은 z 방향(장의 방향)에 대해 위쪽 스핀과 아래쪽 스핀을 나타내는 표현을 기반 상태로 고르는 것이다. 그 다음엔 어떤 질문이라도 이 상태들의 진폭을 써서 답할 수 있다.

뮤온의 상태를 $\psi(t)$로 나타낸다고 하자. 상자(블록) A로 들어갈 때의 상태는 $\psi(0)$인데 τ라는 시간이 지난 뒤의 $\psi(\tau)$를 알고자 하는 것이다. 두 기반 상태를 $(+z)$와 $(-z)$로 표현한다면, 우리는 $\langle +z | \psi(0) \rangle$와 $\langle -z | \psi(0) \rangle$라는 두 진폭을 알고 있다. $\psi(0)$가 스핀이 $(+x)$ 상태에 있는 상태를 가리키기 때문이다. 바로 앞 장의 결과로부터 이 진폭은*

$$\langle +z | +x \rangle = C_+ = \frac{1}{\sqrt{2}}$$

과   (7.35)

$$\langle -z | +x \rangle = C_- = \frac{1}{\sqrt{2}}$$

인데 우연히도 두 값은 같다. 이 둘은 $t = 0$에서의 조건을 의미하니까 $C_+(0)$과 $C_-(0)$이라고 부르자.

시간이 흐름에 따라 두 진폭이 어떻게 변하는지는 이미 알고 있다. (7.34)로부터

$$C_+(t) = C_+(0) e^{-(i/\hbar)\mu Bt}$$

와   (7.36)

$$C_-(t) = C_-(0) e^{+(i/\hbar)\mu Bt}$$

이다. $C_+(t)$와 $C_-(t)$를 안다면 t에서의 조건을 구하기 위해 필요한 걸 모두 다 아는 셈이다. 다만 문제가 하나 있다면 구하려는 것이 시간 t에 스핀이 $+x$ 방

---

* 6장을 건너뛰었다면 당분간 (7.35)를 증명은 하지 않은 하나의 규칙쯤으로 생각하자. 나중에 (10장에서) 이 진폭들을 유도하고 스핀의 세차운동에 대해 더 자세히 설명하겠다.

향으로 있을 확률이라는 점이다. 하지만 우리의 일반 규칙을 이용하면 이 문제를 해결할 수 있다. 시간 t에 $(+x)$ 상태에 있을 진폭을 $A_+(t)$라 하면

$$A_+(t) = \langle +x | \psi(t) \rangle = \langle +x | +z \rangle \langle +z | \psi(t) \rangle + \langle +x | -z \rangle \langle -z | \psi(t) \rangle$$

또는

$$A_+(t) = \langle +x | +z \rangle C_+(t) + \langle +x | -z \rangle C_-(t) \tag{7.37}$$

이다. 다시 한 번 지난 장의 결과를 이용하거나 혹은 5장에서 배운 $\langle \phi | \chi \rangle = \langle \chi | \phi \rangle^*$을 쓰면

$$\langle +x | +z \rangle = \frac{1}{\sqrt{2}}, \qquad \langle +x | -z \rangle = \frac{1}{\sqrt{2}}$$

이 성립하므로 식 (7.37)에 있는 모든 양을 아는 것이다. 결과는

$$A_+(t) = \frac{1}{2} e^{(i/\hbar)\mu B t} + \frac{1}{2} e^{-(i/\hbar)\mu B t}$$

혹은

$$A_+(t) = \cos \frac{\mu B}{\hbar} t$$

가 된다. 정말 간단하지 않은가! 해가 $t = 0$에서의 예상치와 일치한다는 것을 눈여겨보자. $t = 0$에서 뮤온이 $(+x)$ 상태에 있다고 가정했기 때문에 $A_+(0) = 1$이다.

뮤온을 시간 t에 $(+x)$ 상태에서 발견할 확률 P_+는 $(A_+)^2$, 즉

$$P_+ = \cos^2 \frac{\mu B}{\hbar} t$$

이다. 이 확률은 그림 7-10에 보였듯이 0과 1 사이에서 진동한다. $\mu B t / \hbar = \pi$ (2π가 아님)일 때 확률이 다시 1이 된다는 점을 잘 봐 두자. 코사인 함수를 제곱했기 때문에 확률은 $2\mu B / \hbar$의 진동수로 반복된다.

그러므로 그림 7-9의 전자 검출기에서 붕괴 후의 전자를 잡을 확률은 뮤온이 자기장 안에 있는 시간에 따라 주기적으로 변한다는 사실을 알게 되었다. 그 진동수는 자기 모멘트(magnetic moment) μ에 의해 좌우된다. 실은 바로 이 방

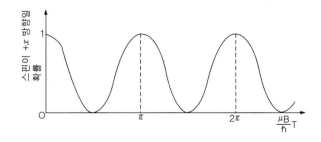

그림 7-10 스핀이 1/2인 입자가 x축에 대해 $(+)$ 상태에 있을 확률 진폭의 시간에 따른 변화

법으로 뮤온의 자기 모멘트를 측정했다.

뮤온 붕괴에 대한 다른 어떤 문제라도 물론 같은 방법으로 풀 수 있다. 가령 붕괴 후의 전자를 x 방향과 90°를 이루지만 자기장과도 직교하는 y 방향으로 검출할 확률은 t에 따라 어떻게 변할까? 이 문제를 풀어 보면 $(+y)$ 상태에 있을 진폭은 $\cos^2\{(\mu Bt/\hbar) - \pi/4\}$로 변하는데, 따라서 같은 주기로 진동하지만 1/4주기 후에, 즉 $\mu Bt/\hbar = \pi/4$일 때 최대값에 도달하게 된다. 실제로 뮤온은 시간이 흐름에 따라 완전 편극된 상태가 z축에 대해 계속 회전하는 상황인 것이다(스핀이 z축을 중심으로 양의 방향으로 원운동을 한다면 $t = 0$일 때 x축을 가리키다가 $t = T/4$일 때는 y축을 가리킬 것이다 : 옮긴이). 한마디로 스핀이

$$\omega_p = \frac{2\mu B}{\hbar} \tag{7.38}$$

라는 진동수로 세차운동한다고 말해도 된다.

여러분은 이제 시간에 따른 행동을 양자역학적으로 기술하면 어떤 형태가 되는지 보기 시작한 것이다.

CHAPTER 8
해밀토니안 행렬

8-1 진폭과 벡터

이 장의 주요 내용을 시작하기 전에, 양자역학 논문 혹은 책에서 많이 쓰이는 여러 수학적인 개념들을 설명해 보려고 한다. 이것들을 알면 다른 책이나 이런 주제에 관한 논문을 읽기가 수월할 것이다. 첫 번째는 양자역학의 방정식과 벡터의 스칼라 곱 사이의 수학적 유사함에 대한 것이다. χ와 ϕ라는 두 상태가 있을 때 ϕ에서 시작해서 χ로 끝나는 진폭은, 먼저 ϕ에서 기반 상태들 중 하나로 가고 그 기반 상태에서 다시 출발해서 χ까지 가는 진폭을 기반 상태 전부에 걸쳐 합한 값으로 적을 수 있다는 걸 기억할 것이다.

$$\langle \chi \mid \phi \rangle = \sum_{\text{모든 } i} \langle \chi \mid i \rangle \langle i \mid \phi \rangle \tag{8.1}$$

앞에서는 이것을 슈테른-게를라흐 장치를 사용해 설명했지만, 꼭 그 장치를 이용할 필요는 없다는 점을 잘 기억해 두자. 식 (8.1)은 여과 장치를 놓든 안 놓든 똑같이 성립하는 수학적 법칙이다. 장치가 있다고 상상할 필요는 없다는 얘기다. 우린 그것을 단순히 $\langle \chi \mid \phi \rangle$에 대한 공식으로 받아들일 것이다.

식 (8.1)을 두 벡터 B와 A 사이의 내적에 대한 공식과 비교해 보자. B와 A가 보통의 3차원 벡터라면 x, y, z 방향으로의 단위 벡터(unit vector) e_i를 이용해서 내적을 다음과 같이 쓸 수 있다.

$$\sum_{\text{모든 } i} (B \cdot e_i)(e_i \cdot A) \tag{8.2}$$

그러면 $B \cdot e_1$은 보통 우리가 B_x라 부르는 것이 되고 $B \cdot e_2$는 B_y가 된다. 그러므로 식(8.2)는

$$B_x A_x + B_y A_y + B_z A_z$$

와 동등한데, 이것은 바로 내적 $B \cdot A$와 같다.

식(8.1)과 (8.2)를 비교해 보면 다음과 같이 유추할 수 있다. 상태 χ와 ϕ는 두 벡터 B와 A에 대응한다. 기반 상태 i는 다른 모든 벡터의 성분을 나타내게 해 주는 특수한 벡터 e_i에 대응한다. 어떤 벡터라도 세 기반 벡터 e_i의 선형 조합(linear combination)으로 표현될 수 있는 것이다. 더욱이 이 조합의 세 기반 벡터가 갖는 계수, 즉 세 성분을 알고 있으면 그 벡터에 관한 모든 것을 알게 된

다. 비슷한 방식으로 어떤 양자역학적 상태도 기반 상태들로 가는 진폭 $\langle i \mid \phi \rangle$ 로 완전히 기술할 수 있다. 그리고 그 계수들을 알면 그 상태에 대한 모든 것을 아는 셈이다. 그동안 상태를 가리켜 상태 벡터(state vector)라고 불러 온 것도 바로 이 때문이다.

기반 벡터 e_i는 모두 서로 수직이므로

$$e_i \cdot e_j = \delta_{ij} \tag{8.3}$$

의 관계식이 성립한다. 이는 기반 상태 i 간의 관계인

$$\langle i \mid j \rangle = \delta_{ij} \tag{8.4}$$

에 대응한다. 왜 기반 상태 i들이 모두 직교한다(orthogonal)고 얘기하는지 이제 알 수 있을 것이다.

식 (8.1)과 내적 사이에는 아주 작은 차이가 있다. 즉

$$\langle \phi \mid \chi \rangle = \langle \chi \mid \phi \rangle^* \tag{8.5}$$

이 성립하지만 벡터 연산에선

$$A \cdot B = B \cdot A$$

이다. 복소수를 사용하는 양자역학에서는 항들의 순서를 정확히 맞춰야 하지만 내적의 경우엔 순서가 중요치 않다.

이번엔 다음과 같은 벡터 식을 고려해 볼까?

$$A = \sum_i e_i (e_i \cdot A) \tag{8.6}$$

좀 특이해 보이긴 하지만 잘못된 식은 아니다. 이것은

$$A = \sum_i A_i e_i = A_x e_x + A_y e_y + A_z e_z \tag{8.7}$$

와 의미가 같다. 하지만 식 (8.6)이 내적과는 다른 어떤 양으로 이루어져 있다는 사실에 주목하자. 내적은 그냥 숫자일 뿐이지만 식 (8.6)은 벡터 방정식이다. 벡터 연산이 부리는 재주 중 하나는 식에서 벡터 자체의 의미를 추상화(abstraction)시켜 버린다는 점이다. 양자역학 공식인 식 (8.1)에서도 벡터와 유사한 어떤 것을 비슷한 방식으로 추상화시키고 싶어질 수 있는데(식 (8.2)에서 **B** 와 내적 기호를 떼어 버리면 (8.6)이 된다. 비슷한 작업을 (8.1)에도 하겠다는 것이다 : 옮긴이), 그것은 실제로 가능하다. 식 (8.1)의 양변에서 $\langle \chi \mid$ 를 제거하면 다음과 같은 식을 얻는다. (놀라지 마시라. 이건 그냥 표기법일 뿐이며 뭘 뜻하는지는 곧 알게 될 테니까.)

$$\mid \phi \rangle = \sum_i \mid i \rangle \langle i \mid \phi \rangle \tag{8.8}$$

브라켓 $\langle \chi \mid \phi \rangle$은 두 부분으로 나누어서 생각할 수 있다. 둘째 부분인 $\mid \phi \rangle$는 흔히 켓(ket)이라 불리며, 첫째 부분 $\langle \chi \mid$는 브라(bra)라고 부른다. (그래서 둘을 합치면 브라-켓(bra-ket)이 되는 것으로, 디랙이 제안한 표기법이다.) 반쪽짜리

기호인 $\langle \chi |$와 $| \phi \rangle$는 상태 벡터라고도 부른다. 어쨌든 이들은 숫자가 아니며 우리는 일반적으로 계산의 결과를 숫자로 표현하길 원한다. 그러므로 이런 불완전한 양들은 계산의 중간 과정일 뿐이다.

아직까지는 모든 결과를 숫자를 사용해 적었다. 어떻게 벡터를 사용하지 않을 수 있었던가? 재미있게도, 일상의 벡터 연산에서도 모든 식을 숫자만 이용해서 적을 수 있다. 가령

$$F = ma$$

의 벡터 식 대신 항상

$$C \cdot F = C \cdot (ma)$$

라 써도 괜찮은 것이다. 그러면 어떤 벡터 C에 대해서도 성립하는, 내적 값(dot product) 간의 방정식을 얻게 된다. 하지만 이 식이 어떤 C에 대해서도 옳다면 C를 계속 적을 이유가 전혀 없을 것이다!

이번엔 식 (8.1)을 보자. 이 식은 어떤 χ에 대해서도 항상 옳다. 그러므로 χ를 빼고 대신 식 (8.8)로 적으면 식이 짧아진다. 항상 어떤 $\langle \chi |$를 양변의 왼쪽에 곱해서, 혹은 그저 식 속에 다시 집어넣어서 방정식을 완성해야 한다는 것만 기억하면 두 식이 똑같은 정보를 담고 있는 것이다. 그러므로 식 (8.8)은 식 (8.1)과 정확히 같은 의미를 지닌다. 더 많지도 더 적지도 않다. 숫자를 얻고 싶으면 원하는 $\langle \chi |$를 집어넣으면 된다.

어쩌면 여러분이 벌써 식 (8.8)의 ϕ에 대해 궁금해하고 있을지도 모르겠다. 방정식이 어떤 ϕ에 대해서도 항상 성립한다면 왜 그걸 계속 적는가? 실제로 디랙은 ϕ도 마찬가지로 추상화시켜 버리고

$$| = \sum_i | i \rangle \langle i | \qquad (8.9)$$

만 남게 하자고 제안했다. 이것이 양자역학의 위대한 법칙이다! (벡터 연산에는 이에 대응하는 개념이 없다.) 이 식은 양변의 왼쪽과 오른쪽에 χ와 ϕ라는 어떤 두 상태를 넣으면 식 (8.1)을 다시 얻게 된다는 것을 의미한다. 사실 별로 쓸모는 없지만, 어떤 두 상태에 대해서도 식이 성립한다는 걸 기억하기에는 좋은 방법이다.

8-2 상태 벡터 분해하기

다시 식 (8.8)을 보자. 다음과 같이 생각해 볼 수 있다. 어떤 상태 벡터 $| \phi \rangle$라도 적당한 계수를 갖는 기반 벡터들의 선형 조합으로, 혹은 단위 벡터들을 적당한 비율로 중첩해서 표현할 수 있다. 계수 $\langle i | \phi \rangle$가 보통의 (복소)수에 불과하다는 사실을 강조하기 위해서 $\langle i | \phi \rangle = C_i$라 적겠다. 그러면 식 (8.8)은

$$| \phi \rangle = \sum_i | i \rangle C_i \qquad (8.10)$$

와 같다. 어떤 다른 상태 벡터, 예를 들어 $| \chi \rangle$에 대해서도 비슷한 방정식을 쓸 수 있는데, 물론 계수는 달라야 한다. 계수를 D_i로 쓰면

$$| \chi \rangle = \sum_i | i \rangle D_i \qquad (8.11)$$

가 된다. D_i는 단순히 진폭 $\langle i \mid \chi \rangle$를 의미한다.

식 (8.1)에서 ϕ를 추상화시키려 했다고 하자. 그러면

$$\langle \chi \mid = \sum_i \langle \chi \mid i \rangle \langle i \mid \tag{8.12}$$

를 얻을 것이다. $\langle \chi \mid i \rangle = \langle i \mid \chi \rangle^*$이라는 사실을 쓰면

$$\langle \chi \mid = \sum_i D_i^* \langle i \mid \tag{8.13}$$

로도 적을 수 있다. 흥미로운 점은 식 (8.13)과 식 (8.10)을 그냥 곱하기만 하면 $\langle \chi \mid \phi \rangle$를 다시 얻게 된다는 것이다. 이때 합산 색인(summation indices)에 주의해야 하는데, 그것들이 두 식에서 각기 다른 값을 갖기 때문이다. 먼저 식 (8.13)을

$$\langle \chi \mid = \sum_j D_j^* \langle j \mid$$

라 쓸 수 있는데 여기서 달라진 것은 하나도 없다. 이것을 식 (8.10)과 함께 놓으면

$$\langle \chi \mid \phi \rangle = \sum_{ij} D_j^* \langle j \mid i \rangle C_i \tag{8.14}$$

를 얻게 된다. 하지만 $\langle j \mid i \rangle = \delta_{ij}$이므로 합할 때 $j = i$인 항만 남게 된다. 그래서

$$\langle \chi \mid \phi \rangle = \sum_i D_i^* C_i \tag{8.15}$$

가 되는데, 여기서도 역시 $D_i^* = \langle i \mid \chi \rangle^* = \langle \chi \mid i \rangle$이며 $C_i = \langle i \mid \phi \rangle$이다. 다시 한 번 내적

$$\boldsymbol{B} \cdot \boldsymbol{A} = \sum_i B_i A_i$$

와 같은 구조를 갖는다. 유일한 차이점이라면 D_i에 복소 공액 기호가 붙어 있다는 것이다. 그러므로 식 (8.15)가 의미하는 바는 상태 벡터 $\langle \chi \mid$와 $\mid \phi \rangle$를 기반 벡터 $\langle i \mid$나 $\mid i \rangle$를 사용해서 전개하면 ϕ에서 χ로 가는 진폭이 식 (8.15)와 같은 꼴의 내적으로 주어진다는 것이다. 이 방정식은 물론 식 (8.1)을 다른 기호를 사용하여 적어 놓은 것뿐이다. 그러니까 우리는 이 새로운 기호에 익숙해지기 위해 원을 따라 한 바퀴 돈 셈이다.

다시 강조하는데, 3차원에서의 공간 벡터는 직교하는 세 단위 벡터들을 사용해서 기술할 수 있지만 양자역학 상태들의 기반 벡터 $\mid i \rangle$는 어떤 특정한 문제에 적용되는 집합 전체를 포함한다. 경우에 따라서 둘, 셋, 다섯, 혹은 무한히 많은 수의 기반 상태들이 연관되어 있을 수 있다.

앞에서 입자가 장치를 통과할 때 어떤 일이 벌어지는지에 대해서도 얘기했었다. 입자가 상태 ϕ에서 출발했는데 어떤 장치를 통과한 후에 측정을 통해 그것들이 χ상태에 있는지 알아본다면 결과는

$$\langle \chi \mid A \mid \phi \rangle \tag{8.16}$$

라는 진폭으로 기술할 수 있다는 것이었다. 벡터 연산에는 이런 기호와 밀접하게 대응되는 개념이 없다. (텐서(tensor) 연산과 비슷하긴 하지만 텐서와 비교해 봐야 별로 도움될 것은 없다.) 5장의 식 (5.32)에서 (8.16)을

$$\langle \chi \mid A \mid \phi \rangle = \sum_{ij} \langle \chi \mid i \rangle \langle i \mid A \mid j \rangle \langle j \mid \phi \rangle \qquad (8.17)$$

로 쓸 수 있다는 것을 배웠다. 이는 식 (8.9)의 기본공식을 두 번 적용한 예이다.

또 다른 장치 B가 A와 직렬로 연결되었다면

$$\langle \chi \mid BA \mid \phi \rangle = \sum_{ijk} \langle \chi \mid i \rangle \langle i \mid B \mid j \rangle \langle j \mid A \mid k \rangle \langle k \mid \phi \rangle \qquad (8.18)$$

라 쓸 수 있다는 것도 알았다. 역시나 이는 디랙의 방법, 식 (8.9)에서 직접 나온 것이다. 언제나 B와 A 사이에 숫자 1과 다를 바가 없는 막대기($\mid$)를 둘 수 있음을 기억해 두자.

부언하자면, 식 (8.17)을 또 다른 방식으로 이해할 수도 있다. 상태 ϕ로 A에 들어갔다가 ψ의 상태로 A를 빠져나오는 입자를 상상해 보자. 달리 얘기하면 이렇게 질문할 수 있을 것이다. ψ에서 χ로 가는 진폭이 진폭 $\langle \chi \mid A \mid \phi \rangle$와 모든 곳에서 항상 같은 ψ를 찾을 수 있을까? 찾을 수 있다. 우리는 식 (8.17)이

$$\langle \chi \mid \psi \rangle = \sum_{i} \langle \chi \mid i \rangle \langle i \mid \psi \rangle \qquad (8.19)$$

와 똑같은 식이 되기를 바라는 것이다. ψ를 결정하는 다음 관계식

$$\langle i \mid \psi \rangle = \sum_{j} \langle i \mid A \mid j \rangle \langle j \mid \phi \rangle = \langle i \mid A \mid \phi \rangle \qquad (8.20)$$

가 성립한다면 분명히 가능하다. 여러분이 "이 식은 ψ가 아니라 $\langle i \mid \psi \rangle$만 정할 뿐이다"라고 말할지도 모른다. 하지만 $\langle i \mid \psi \rangle$는 사실 ψ를 결정한다. ψ와 기반 상태 i를 연관시키는 계수를 전부 알고 있다면 ψ를 유일하게 정의할 수 있기 때문이다. 표기법을 조금 달리하여 식 (8.20)의 마지막 항을 바꿔 보면

$$\langle i \mid \psi \rangle = \sum_{j} \langle i \mid j \rangle \langle j \mid A \mid \phi \rangle \qquad (8.21)$$

가 되는데, 이 식이 모든 i에 대해 성립하므로 간단히

$$\mid \psi \rangle = \sum_{j} \mid j \rangle \langle j \mid A \mid \phi \rangle \qquad (8.22)$$

라 적을 수 있다. 그러면 "ϕ에서 출발해서 A를 통과하면 그 결과는 상태 ψ이다"라고 말할 수 있다.

이번엔 바꿔치기 기술의 마지막 예이다. 다시 식 (8.17)에서 시작하겠다. 이 식은 어떤 χ와 ϕ에 대해서도 성립하므로 둘 다 생략할 수 있다! 그래서 얻는 결과는*

---

* 여러분은 어쩌면 그냥 A라고 적는 대신 $\mid A \mid$라 적어야 한다고 생각할지도 모른다. 하지만 그렇게 하면 꼭 A의 절대값에 대한 기호처럼 보이기 때문에 보통 막대기는 뺀다. 막대기($\mid$)는 일반적으로 1이라는 숫자와 똑같이 행동한다(몇 번을 곱해도 아무것도 달라지는 게 없다는 뜻에서 숫자 1과 같다는 뜻이다 : 옮긴이).

$$A = \sum_{ij} |i\rangle\langle i| A | j\rangle\langle j| \tag{8.23}$$

이다. 이 식은 무슨 뜻인가? ϕ와 χ를 다시 돌려놓았을 때 얻는 것 그 이상도 그 이하도 아니다. 이 식은 이 자체로는 열려 있는 식이며 불완전하다. $|\phi\rangle$의 왼쪽에 이 식 전체를 곱하면

$$A |\phi\rangle = \sum_{ij} |i\rangle\langle i| A | j\rangle\langle j|\phi\rangle \tag{8.24}$$

가 되는데, 이는 또 다시 식 (8.22)와 같은 표현이다. 실제로 이 방정식에서 i와 j를 모두 빼고

$$|\psi\rangle = A |\phi\rangle \tag{8.25}$$

로만 쓸 수도 있다.

A라는 기호는 진폭도 아니며 벡터도 아니다. 연산자(operator)라 불리는 새로운 개념이다. 상태에 작용해서 새로운 상태를 만드는 어떤 것이다. 식 (8.25)에 따르면 $|\psi\rangle$는 A가 $|\phi\rangle$에 작용한 결과이다. 또 다시 $\langle\chi|$와 같은 어떤 브라에 의해

$$\langle\chi|\psi\rangle = \langle\chi| A |\phi\rangle \tag{8.26}$$

와 같이 식이 완성되기 전까지는 아직 열려 있는 방정식이다. 기반 벡터의 집합을 이용해서 진폭의 행렬 $\langle i| A |j\rangle$ 혹은 A_{ij}를 구하면 물론 연산자 A를 완전히 기술할 수 있다.

새 표기법이 등장하긴 하지만 내용은 새로운 것이 전혀 없다. 이것들을 모두 언급한 이유는 이런 식들을 쓰는 방법을 여러 가지 보여 줌으로써 앞으로 여러분이 읽게 될 책에서 불완전한 형태의 식들을 만나도 혼란스러워할 필요가 없음을 알려 주기 위해서이다. 각자 편한 대로 빠진 부분을 보태서 낯익은 꼴로, 즉 숫자들 간의 방정식으로 만들어도 된다.

앞으로 더 보겠지만 브라와 켓 표기법은 매우 편리하다. 한 가지 이유는 이제부터는 상태 벡터만으로 한 상태의 정체를 밝힐 수 있기 때문이다. 운동량이 p로 정해진 상태를 나타내려면 상태 $|p\rangle$라고 하면 된다. 또 임의의 상태 $|\psi\rangle$에 대해 얘기할 수도 있다. 일관성을 갖기 위해 상태를 표기할 때는 항상 켓을 써서 $|\psi\rangle$라 적겠다. (물론 이것은 임의로 고른 것이다. 브라를 이용하기로 하고 $\langle\psi|$라 써도 괜찮을 것이다.)

8-3 이 세상의 기반 상태는 무엇인가?

우리는 이제 세상에 존재하는 어떤 상태라도 기반 상태들의 중첩 (superposition)으로, 즉 적당한 계수들을 갖는 선형 조합으로 표현할 수 있다는 사실을 알았다. 그렇다면 먼저 '어떤 기반 상태들을 쓸 것인가?' 하고 물을 수 있겠다. 자, 여기엔 여러 다른 가능성들이 있다. 예를 들어 스핀은 z 방향 혹은 어떤 다른 방향으로 투영할 수 있다. 서로 다른 표현(representation)이 아주 많이

있는데, 이는 보통 벡터를 나타내기 위해 사용할 수 있는 여러 좌표계와 비슷한 개념이라 할 수 있다. 다음으로는 어떤 계수들 말인가? 이 문제는 물리적 환경에 따라 달라진다. 계수가 다른 집합은 다른 물리적 조건에 대응한다. 가장 중요한 점은 여러분이 어떤 '공간(space)'을 사용하는가이다. 기반 상태들이 물리적으로 의미하는 바 말이다. 그러니까 일반적으로 기반 상태 각각을 이해하는 것이 최우선이다. 그리고 나면 그 기반 상태들을 써서 어떻게 상황을 기술해야 하는지 알 수 있게 된다.

이제 잠시 앞을 내다보기로 하자. 일반적인 양자역학을 써서 자연을 기술하면 어떤 모습일지 얘기해 보고자 한다. 어쨌든 현재 통용되는 아이디어들을 사용해서 말이다. 첫째, 기반 상태에 필요한 표현을 결정한다. 항상 여러 표현이 가능하기 때문이다. 예를 들어 스핀 1/2짜리 입자의 경우 z축을 기준으로 양과 음의 상태를 사용할 수 있다. 하지만 z축이 특별할 이유는 전혀 없다. 아무 축이나 골라도 상관없다. 그렇지만 일관성을 갖기 위해서 항상 z축을 선택하겠다. 전자가 하나 있는 상황에서 시작하자. 스핀에 대한 두 가지 가능성(z축을 따라 위와 아래) 외에 전자의 운동량도 있다. 운동량 값 하나하나에 대응하는 기반 상태로 이루어진 집합을 쓰기로 하자. 만약 전자의 운동량이 특정한 값이 아니라면 어떻게 하냐고? 괜찮다. 기반 상태들이 그렇다는 것뿐이니까. 전자가 일정한 운동량을 갖지 않는다면 한 운동량 값을 가질 진폭이 약간 있고 또 다른 운동량 값을 가질 진폭도 조금 있고 뭐 이런 식일 것이다. 그리고 스핀이 꼭 위일 필요가 없다면 이런 운동량을 갖고 움직이며 스핀이 위일 진폭 조금, 그리고 저런 운동량에서 스핀이 아래일 진폭 약간 등등이 될 수도 있겠다. 우리가 아는 한, 전자를 완전히 기술하려면 기반 상태들을 운동량과 스핀을 써서 표시하기만 하면 된다. 그러므로 하나의 전자에 대해 가능한 기반 상태들의 집합 $|i\rangle$는 운동량의 여러 값 및 스핀이 위인가 아래인가를 담고 있는 것이다. 진폭이 다른 방식으로 섞인 혼합체(mixture), 즉 C의 서로 다른 조합은 각기 다른 상황을 나타낸다. 특정 전자의 행동을 풀어내려면 위쪽 스핀 또는 아래쪽 스핀을 가질 진폭은 어떻게 되는지, 또 가능한 운동량 전부에 대해서 이 운동량 값 또는 저 값을 가질 진폭은 얼마인지만 구하면 된다. 그러니까 이제 하나의 전자를 양자역학적으로 완전히 이해하는 데 어떤 것들이 필요한지 알 수 있을 것이다.

전자가 둘 이상 있는 계는 어떨까? 그러면 기반 상태가 더 복잡해진다. 전자가 두 개 있다고 가정해 보자. 먼저 스핀으로 가능한 상태가 네 개 존재한다. 두 전자 모두 위쪽 스핀, 첫 번째는 아래 두 번째는 위, 첫 번째는 위 두 번째는 아래, 또는 둘 다 아래이다. 또한 두 전자의 운동량 p_1, p_2도 정해 줘야 한다. 전자가 두 개 있는 경우 기반 상태를 알려면 각각의 운동량과 스핀을 꼭 정해야 한다. 전자가 일곱 개 있다면 일곱 개씩 지정해야 할 것이다.

양성자와 전자가 하나씩 있다면 양성자의 스핀 방향과 운동량 및 전자의 스핀 방향과 운동량을 다 정해야 할 것이다. 그러면 최소한 대략적으로는 옳을 것이다. 세상에 대한 올바른 표현이 무엇인지 우리는 모른다. 전자의 스핀과 운동량을 정하고 양성자에 대해서도 마찬가지로 하면 기반 상태를 얻으리라 가정하고 출발해도 괜찮을 것이다. 하지만 양성자를 구성하는 물질들은 어떻게 해야 할까? 한번 이렇게 생각해 보자. 양성자와 전자 하나씩으로 이루어진 수소 원자는 여러 기반 상태를 써서 나타낼 수 있다. 즉 양성자와 전자의 스핀은 각각 위 또는 아래일 것이며 각 입자의 운동량으로 가능한 값도 여러 가지일 것이다. 그러고 나면 수소 원자 자체의 여러 가지 가능한 상태를 나타내는 진폭 C_i들의 조합이 있을 것이다. 하지만 수소 원자 전체를 하나의 입자로 생각해 보자. 만약 우리가 수소 원자란 것이 양성자와 전자로 이루어져 있음을 몰랐다면 "아, 난 기반 상태들이 어떻게 되는지 알아. 수소 원자가 갖는 특정한 운동량에 대응되는 거잖아"라고 하며 (문제 풀이를) 시작했을지도 모른다. 그건 틀렸다. 수소 원자가 더 작은 단위로 이루어져 있기 때문이다. 따라서 내부 에너지가 각기 다른 여러 상태로 존재할 수 있으며, 그렇기 때문에 실제 모습을 이해하려면 더 자세히 알아야 하는 것이다.

문제는 양성자를 더 작은 단위로 쪼갤 수 있느냐이다. 양성자를 묘사할 때 양성자나 중간자(mesons) 및 기묘한 입자(strange particle)들의 가능한 상태가 전부 주어져야 하는 것일까? 아직은 그 답을 모른다(이 강의 후 1970년대 초에 머리 겔만(Murray Gell-Mann) 등의 연구로 양성자가 세 개의 쿼크(quarks)로 이루어졌다는 것이 알려졌다 : 옮긴이). 그리고 전자가 운동량과 스핀만으로 나타낼 수 있는 단순한 물체라고 가정했지만, 어쩌면 전자 또한 내부적으로 기어와 바퀴를 갖고 있다는 사실을 내일 발견하게 될지도 모르는 일이다. 그렇다면 우리의 표현이 불완전했거나 틀렸거나 혹은 근사적이었다는 말이 된다. 수소 원자를 운동량만으로 표시하는 방법이 불완전한 것과 같은 맥락에서 말이다. 그 표현에서는 수소 원자가 내부적으로 들뜰 수 있다는 사실을 무시하고 있기 때문이다. 만약 전자가 내부적으로 들떠서 어떤 다른 것, 예를 들어 뮤온으로 바뀔 수 있다면 그 새로운 입자의 상태들뿐만 아니라 아마 더 복잡한 내부의 바퀴들을 사용해서 묘사해야 할 것이다. 현재 기본 입자에 대한 연구에서 가장 중요한 문제는 자연을 묘사할 때 어떤 표현들을 사용하는 것이 옳은지 알아내는 일이다. 현재로서는 전자의 경우엔 운동량과 스핀만 정하면 충분하다고 여기고 있다. 또한 이상적인 모델의 양성자가 있어서 그 안의 π-중간자와 K-중간자 등 모든 것들이 지정되어야 한다고 추측하고 있다. 입자가 수십 개나 된다니, 정말 정신이 없다! 어떤 것이 기본 입자이며 또 기본 입자가 아닌가 하는 문제는 요즘 아주 많이 듣게 되는 주제인데, 이는 궁극적으로 양자역학을 써서 세계를 기술할 때 그 최종 결과가 어떤 모습일까라는 질문이다. 자연을 묘사할 때 전자의 운동량을 사용하는 것이 옳은 방법일까? 혹은 더 나아가서 질문은 제대로 던지고 있는 걸까! 이런 의문은 어떤 과학적 연구에서건 등장하게 마련이다. 어쨌든 우리가 풀어야 할 문제는 분명하다. 어떻게 올바른 표현을 찾을 것인가 하는 고민 말이다. 답은 모른다. 심지어 문제 자체가 옳은 건지도 확실하지 않지만, 문제만큼은 제대로 찾은 것이라면 특정 입자가 근본 입자인지 아닌지부터 알아내야 한다.

비상대론적(non-relativistic) 양자역학, 즉 에너지가 아주 높지 않아 기묘한 입자 등을 건드리지 않는 범위 내에서는 이런 세세한 것들을 걱정하지 않고도 꽤 잘 해낼 수 있다. 그냥 전자와 원자핵의 운동량과 스핀을 지정하면 된다. 그러면 아무 문제 없을 것이다. 대다수의 화학 반응 및 관여하는 에너지가 작은 경우에 원자핵에는 아무 일도 벌어지지 않는다. 핵이 들뜨지 않기 때문이다. 거기에 더해서 만약 수소 원자가 느리게 움직이면서 다른 수소 원자들과 조용히 부딪치며 다닌다면, 즉 내부에서 들뜨거나 복사(radiation)를 한다거나 등의 복잡한 일 없이 내부 운동에 있어서는 항상 바닥 에너지 상태에 머물러 있다면 수소 원자 전체를 하나의 물체 또는 입자로 생각하고 그 안에서 무슨 일인가가 벌어질 가능성에 신경 쓰지 않는 근사를 취할 수 있다. 충돌 운동 에너지가 수소 원자의 내부 상태를 들뜨게 하는 에너지인 10 전자볼트에 훨씬 못 미친다면 이는 훌륭한 근사법이 된다. 우리는 기반 상태를 간단하게 만들기 위해 내부 운동의 가능성을 배제하는 근사를 종종 취할 것이다. 물론 그렇게 하면 높은 에너지에서 (보통) 일어나는 현상들을 일부 빼놓게 되겠지만 대신 물리 문제를 분석할 때 훨씬 단순해진다. 예를 들어 원자핵이 들뜰 수 있다는 사실에 상관없이 저에너지에서 두 수소 원자의 충돌이나 화학 반응을 논의할 수 있다. 요약하자면 입자가 내부적으로 들뜨는 데서 비롯되는 영향을 무시할 수 있는 경우 운동량과 각운동량의 z 성분이 정해진 상태들을 모아서 기반 집합으로 취할 수 있다는 것이다.

그렇다면 자연을 묘사할 때 한 가지 문제는 기반 상태에 적합한 표현을 찾는 일이다. 하지만 그건 시작일 뿐이다. 무슨 일이 벌어지는지에 대해서도 분명히 말할 수 있기를 바란다. 어떤 한 순간의 상황을 바탕으로 이후의 상황도 알아낼 수 있었으면 하는 것이다. 따라서 시간에 따라 어떻게 변하는지를 결정하는 법칙도 찾아내야 한다. 이제 양자역학의 큰 틀에서 두 번째 부분, 시간에 따른 상태의 변화에 대해 논의해 보자.

8-4 시간에 따라 상태가 변하는 방식

뭔가를 장치에 통과시킬 때의 상황을 어떻게 표현할지에 대해서는 이미 배웠다. 이제는 편하고 생각하기 즐거운 장치가 기다리고 있다. 그러니까 ϕ라는 상태를 준비해 두고는 분석할 때까지 그냥 내버려 두는 것이다. 특정한 전기장 또는 자기장 안에 둘 수도 있을 텐데, 그건 물리적 상황에 따라 달라진다. 어쨌든 그 물체를 시간 t_1에서 t_2까지 가만히 놓아둔다. t_1의 시각에 첫째 장치에서 빠져나올 때의 상태를 ϕ라 하자. 그러고는 한 장치를 통과하는데, 그 장치가 하는 일이란 그저 t_2까지 시간이 가게 하는 것 즉 시간 지연(delay)이다. 지연되는 동안 여러 가지 일이 일어날 수 있을 것이다. 시간이 흐른 후에 그 물체가 χ라는 어떤 상태에 있을 진폭은 시간이 가지 않았을 때와 같을 리가 없다. 기다린다는 것도 일종의 실험 장치이므로 식 (8.17)과 같은 형태의 진폭을 사용하면 무슨 일이 일어나는지 기술할 수 있다. 기다림이라는 연산은 특별히 중요하니까 A 대신 U라고 부르고 시작 시간 t_1과 종료 시간 t_2까지 지정해서 $U(t_2, t_1)$이라 적겠다. 우리가 구하려는 진폭은

$$\langle \chi \,|\, U(t_2,\, t_1) \,|\, \phi \rangle \tag{8.27}$$

이다. 이런 종류의 다른 진폭들과 마찬가지로 다음과 같이 어떤 기반계(base system)를 사용해서 표현할 수도 있다.

$$\sum_{ij} \langle \chi \mid i \rangle \langle i \mid U(t_2, t_1) \mid j \rangle \langle j \mid \phi \rangle \tag{8.28}$$

그럼 U는 진폭 전체의 집합, 즉

$$\langle i \mid U(t_2, t_1) \mid j \rangle \tag{8.29}$$

의 행렬을 구하면 완전히 결정된다.

　부언하자면 행렬 $\langle i \mid U(t_2, t_1) \mid j \rangle$에는 필요한 것보다 더 많은 정보가 들어 있다. 고에너지 물리학을 연구하는 선도적 이론가라면 다음과 같은 일반적 성질을 갖는 문제를 생각한다. (실험이 보통 이런 방식으로 수행되기 때문이다.) 맨 먼저 양성자 두 개 등의 입자 한 쌍이 무한히 먼 거리로부터 가까워진다. (실험 실에선 보통 한 입자는 가만히 정지해 있고 다른 입자가 원자 규모에서는 무한 대와 다를 바 없을 만큼 멀리 떨어져 있는 입자 가속기로부터 다가온다.) 둘의 충돌 후, 예를 들어 K-중간자 두 개와 π-중간자 여섯 개 그리고 중성미자 (neutrino) 두 개가 어떤 방향으로 운동량을 갖고 튀어나온다고 하자. 그런 일이 벌어질 진폭은 어떻게 될까? 이때 동원되는 수학적 논리는 이런 식이다. 상태 ϕ는 입사 입자의 스핀과 운동량을 결정한다. χ는 나오는 입자들이 갖는 값이다. 예를 들면 여섯 개의 중간자가 이런 방향으로 가고 또 두 중성자가 저 방향으로 가는데 스핀은 이렇고 저렇고 하는 상황을 가질 진폭은 어떻게 될까 같은 것이 다. 다르게 얘기해서 최종 결과물 전부의 운동량, 스핀 등을 제시하면 χ를 결정 할 수 있는 것이다. 그 다음으로 이론 물리학자가 해야 하는 일은 진폭 (8.27)을 계산하는 것이다. 하지만 그가 정말 알고 싶은 것은 t_1이 $-\infty$이고 t_2가 $+\infty$인 특별한 경우뿐이다. (실제 실험에서는 중간 과정에서 벌어지는 일에 대한 자세한 증거는 없이 다만 무엇이 들어오고 나갔는지만 알 수 있다.) $t_1 \to -\infty$와 $t_2 \to +\infty$인 극한에서 $U(t_2, t_1)$는 S라 부르며, 그들이 구하고자 하는 양은

$$\langle \chi \mid S \mid \phi \rangle$$

가 된다. 혹은 (8.28)의 형태를 사용한다면 S-행렬(S matrix)이라 부르는

$$\langle i \mid S \mid j \rangle$$

와 같다. 그러니까 만약 복도를 걸어 다니며 S-행렬만 계산하면 되는데 하고 말 하는 이론 물리학자를 본다면 그가 뭘 생각하고 있는지 알 수 있을 것이다.

　저 S-행렬을 어떻게 분석할 것인가 혹은 그것에 대한 어떤 법칙을 세울 수 있는가 하는 질문은 우리의 흥미를 자극한다. 고에너지의 상대론적(relativistic) 양자역학에서는 어떤 특정한 방법을 사용하지만 비상대론적 양자역학에서는 또 다른 아주 편리한 방식으로 할 수 있다. (이 다른 방식은 상대론적인 경우에도 사용할 수 있지만 그리 편리하지는 않다.) 그 방법이란 짧은 시간 간격에 대한 U-행렬을 구하는 것이다. 그러니까 t_2와 t_1이 가까운 경우 말이다. 그런 U가 연속해서 시간에 따라 배열되어 있다면 상황이 어떻게 변하는지 시간에 대한 함

수로 알 수 있을 것이다. 상대론적인 경우엔 동시에 모든 장소에서 모든 것들이 어떻게 보이는지 결정하는 건 피하는 편이 낫기 때문에 이 방법이 별로 좋지 않을 거란 감을 잡을 수 있을 것이다. 하지만 우린 비상대론적 역학만 다루기 때문에 그런 걱정은 할 필요가 없다.

t_3가 t_2보다 클 때, t_1에서 t_3까지의 지연에 대응하는 행렬 U를 생각해 보자. 다시 말해서 세 시각 $t_1 < t_2 < t_3$를 선택하는 것이다. 그러면 t_1에서 t_3까지 가는 행렬은 t_1에서 t_2까지 지연시킨 다음 t_2부터 t_3까지 지연시킬 때 일어나는 일을 연달아 곱한 것과 같을 것이다. B와 A 두 장치가 직렬로 있을 때와 똑같은 상황 말이다. 5-6절에 나온 표기법을 이용하면 다음과 같이 쓸 수 있다.

$$U(t_3, \ t_1) = U(t_3, \ t_2)\, U(t_2, \ t_1) \qquad (8.30)$$

달리 말하면 어떤 시간 사이에서 벌어지는 일도 그 안에 있는 연속된 짧은 시간 경과로부터 분석할 수 있다는 것이다. 모든 부분들을 다 곱해 주기만 하면 된다. 비상대론적인 경우의 양자역학적 분석은 이런 식으로 전개된다.

이제 문제는 무한히 짧은 시간 간격 $t_2 = t_1 + \Delta t$에 대한 행렬 $U(t_2, t_1)$을 어떻게 얻을까 하는 것이다. 이렇게 접근해 보자. 바로 지금 ϕ라는 상태에 있다면 무한히 짧은 시간 Δt 후엔 그 상태가 어떻게 되어 있을까? 그걸 어떤 식으로 표기할 수 있는지 보자. 시간 t에서의 상태를 $|\psi(t)\rangle$라 하겠다. (ψ에 시간을 명시하는 건 시간 t에서의 상태를 의미한다는 점을 분명하게 보이기 위함이다.) 그리고 다음과 같은 질문을 해 보자. 짧은 시간 Δt 후에는 어떻게 될까? 답은

$$|\psi(t + \Delta t)\rangle = U(t + \Delta t, \ t)\, |\psi(t)\rangle \qquad (8.31)$$

이다. 이것은 (8.25)와 같은 의미로, 시간 $t + \Delta t$에 χ에 있을 진폭이

$$\langle \chi \,|\, \psi(t + \Delta t)\rangle = \langle \chi \,|\, U(t + \Delta t, \ t)\,|\, \psi(t)\rangle \qquad (8.32)$$

와 같다는 것이다.

이런 추상적인 문제는 아직 익숙하지 않으니까 진폭을 특정한 표현으로 투영해 보자. 식(8.31)의 양변에 $\langle i |$를 곱하면

$$\langle i \,|\, \psi(t + \Delta t)\rangle = \langle i \,|\, U(t + \Delta t, \ t)\,|\, \psi(t)\rangle \qquad (8.33)$$

를 얻는다. 또 $|\psi(t)\rangle$도 기반 상태들로 분해해서

$$\langle i \,|\, \psi(t + \Delta t)\rangle = \sum_j \langle i \,|\, U(t + \Delta t, \ t)\,|\, j\rangle \langle j \,|\, \psi(t)\rangle \qquad (8.34)$$

라 쓸 수 있다.

식 (8.34)는 시간 t에 기반 상태 i에 있을 진폭을 $C_i(t) = \langle i \,|\, \psi(t)\rangle$로 쓸 때 바로 이 진폭(그냥 숫자일 뿐임을 기억하라!)이 시간에 따라 변하는 것이라 생각할 수 있다. 각 C_i는 시간의 함수가 된다. 그리고 진폭 C_i들이 시간에 따라 어떻게 변하는지에 관한 정보도 확보했다. $(t + \Delta t)$에 각 진폭의 값은 시간 t에서의 다른 모든 진폭에 각각 어떤 계수들을 곱한 다음 다 더한 값에 비례한다. U-행렬을 U_{ij}라 부르고

$$U_{ij} = \langle i \mid U \mid j \rangle$$

를 뜻한다고 하자. 그러면 식 (8.34)를

$$C_i(t + \Delta t) = \sum_j U_{ij}(t + \Delta t,\ t) C_j(t) \tag{8.35}$$

라 적을 수 있게 된다. 양자역학의 동역학(dynamics)은 이런 형태를 갖는 것이다.

아직 U_{ij}에 대해 많이 알진 못하지만, t가 0으로 접근하면 아무 일도 일어나지 않을 것임이 확실하다. 즉 원래의 상태에서 달라진 점이 없다. 그러므로 $U_{ii} = 1$이고 $i \neq j$라면 $U_{ij} = 0$이 성립한다. 달리 말해 $\Delta t \to 0$일 때 $U_{ij} \to \delta_{ij}$인 것이다. 또 Δt가 작으면 δ_{ij}로부터 Δt에 비례하는 양만큼 차이가 나게 될 거라 가정할 수 있다. 그러므로

$$U_{ij} = \delta_{ij} + K_{ij}\Delta t \tag{8.36}$$

라 적겠다. 하지만 역사적인 이유 및 몇몇 다른 이유 때문에 $(-i/\hbar)$*를 보통 K_{ij} 계수 앞으로 빼놓는다. 그래서 보통은 다음과 같이 쓴다.

$$U_{ij}(t + \Delta t,\ t) = \delta_{ij} - \frac{i}{\hbar} H_{ij}(t)\Delta t \tag{8.37}$$

물론 이는 식 (8.36)과 동일하며, 이를 그냥 $H_{ij}(t)$라는 계수의 정의로 봐도 된다. 즉 $U_{ij}(t_2,\ t_1)$ 계수들의 t_2에 대한 도함수를 $t_2 = t_1 = t$에서 구해서 H_{ij}의 항들을 얻는 것이다.

식 (8.35)의 U에 이 형태를 사용하면

$$C_i(t + \Delta t) = \sum_j \left[\delta_{ij} - \frac{i}{\hbar} H_{ij}(t)\Delta t \right] C_j(t) \tag{8.38}$$

가 된다. δ_{ij}항에 대한 합을 하면 $C_i(t)$이며, 이를 방정식의 반대편으로 옮길 수 있다. 그러고 나서 Δt로 나누면 다음과 같이 도함수의 꼴이 된다.

$$\frac{C_i(t + \Delta t) - C_i(t)}{\Delta t} = -\frac{i}{\hbar} \sum_j H_{ij}(t) C_j(t)$$

혹은

$$i\hbar \frac{dC_i(t)}{dt} = \sum_j H_{ij}(t) C_j(t) \tag{8.39}$$

(t라는 시각에) 상태 ψ가 기반 상태 i에 있을 진폭 $\langle i \mid \psi \rangle$가 $C_i(t)$라는 걸 기억할 것이다. 그러니까 식 (8.39)는 각각의 계수인 $\langle i \mid \psi \rangle$가 시간에 따라 어떻게 변하는지 보여 준다. 하지만 우리가 $\langle i \mid \psi \rangle$의 진폭을 써서 ψ를 묘사하고 있으므로 그 말은 식 (8.39)가 상태 ψ가 시간에 따라 변하는 방식을 알려준다고 말하는 것과 같다. ψ가 시간에 따라 어떻게 변하는지는 행렬 H_{ij}를 보면 알 수

---

* 이 표기법에 다소 혼동의 여지가 있다. $(-i/\hbar)$의 인자에서 i는 허수단위 $\sqrt{-1}$를 의미하며 i번째 기반 상태의 색인 i가 아니다! 너무 헷갈리지 않길 바란다.

있는데, 그 행렬에는 물론 계를 변화시키기 위해 벌어지는 일들이 담겨 있어야 한다. 만약 H_{ij}, 즉 주어진 상황에 대한 물리현상을 담고 있으며 일반적으로 시간에 따라 변하는 행렬을 알고 있다면 주어진 계의 시간에 따른 행동을 완벽하게 설명할 수 있고 또 예측할 수 있다. 그러므로 식 (8.39)는 세계의 동역학에 대한 양자역학적 법칙인 것이다.

(우리는 형태가 정해져 있으며 시간에 따라 변하지 않는 기반 상태만 쓴다는 점을 얘기해 두어야겠다. 시간에 따라 바뀌는 기반 상태를 이용하는 사람들도 있긴 하다. 하지만 그건 역학에서 회전하는 좌표계(rotating coordinate system)를 사용하는 것과 비슷하며, 일부러 그런 복잡한 상황에 빠질 필요는 없다.)

8-5 해밀토니안 행렬

그러므로 핵심은 기반 상태 i의 집합을 선택하고 계수 H_{ij}로 이루어진 행렬을 제시해서 물리법칙을 적으면 양자역학적인 세계를 기술할 수 있다는 것이다. 그러면 모든 것이 손 안에 들어온다. 즉 무슨 일이 일어날지에 대한 어떤 질문에도 답할 수 있다. 그러므로 자기장이나 전기장에 대응하는 항 등을 포함하여 각각의 물리적 상황에 알맞게 H를 구하는 법칙을 배워야 할 것이다. 이것이 가장 어려운 부분이다. 예를 들어 우리는 새로이 알게 된 기묘한 입자들에 대해 어떤 H_{ij}를 사용해야 하는지 전혀 모른다. 달리 얘기하면 아무도 세계 전체에 대한 H_{ij}를 완전히 알지 못한다는 것이다. (한 가지 곤란한 점은, 기반 상태가 뭔지조차 파악하지 못했다면 H_{ij}는 더더욱 알 수가 없다는 것이다!) 비상대론적 경우 및 몇몇 특수한 경우에 훌륭한 근사법이 있긴 있다. 특히 화학적인 현상을 설명하는 데 필수적인 원자 내 전자의 운동에 관한 형태는 알고 있다. 하지만 우주 전체에 대한 올바른 H를 완전하게 알고 있지는 못한다.

계수 H_{ij}들은 해밀토니안 행렬, 줄여서 그냥 해밀토니안(Hamiltonian)이라 부른다. (1830년대의 물리학자였던 해밀턴의 이름이 어떻게 양자역학의 행렬에 붙여졌는지는 역사적인 문제이다.) 자꾸 쓰다 보면 분명히 알게 되겠지만, 에너지 행렬이라고 불렀으면 훨씬 좋았을 걸 그랬다. 그러니까 문제는 바로 '해밀토니안을 알아내라!'이다.

해밀토니안에는 쉽게 추론할 수 있는 성질이 하나 있는데, 바로

$$H_{ij}^* = H_{ji} \tag{8.40}$$

라는 것이다. 이는 하나의 계가 어떤 상태엔가 있을 확률의 총합이 변하지 않는다는 사실로부터 나온다. 여러분이 처음에 어떤 입자나 물체(혹은 세계 전체일 수도 있겠다)를 갖고 있다면 시간이 지나도 계속 여러분 수중에 있다는 말이다. 어딘가에서 그걸 발견할 총 확률은

$$\sum_i |C_i(t)|^2$$

인데, 이는 시간에 따라 변하지 않아야 한다. 이것이 어떤 초기 조건 ϕ에 대해

서도 성립한다면 식 (8.40) 또한 반드시 성립해야 하는 것이다.

첫 번째 예제로 물리적 상황이 시간에 따라 바뀌지 않는 상황을 고려해 보겠다. 즉 외부 물리 조건이 변하지 않아서 H가 시간과 무관한(time-independent) 경우이다. 자석을 켰다 껐다 하는 등의 일은 일어나지 않는다. 또한 하나의 기반 상태만으로 충분한 계를 선택하겠다. 정지해 있는 수소 원자 또는 그와 유사한 상황에 적용할 수 있는 근사법이다. 그러면 방정식 (8.39)는

$$i\hbar \frac{dC_1}{dt} = H_{11}C_1 \qquad (8.41)$$

이 된다. 방정식이 하나뿐이다! H_{11}이 상수라면 이 미분 방정식은 쉽게 풀리며 그 해는

$$C_1 = (상수)e^{-(i/\hbar)H_{11}t} \qquad (8.42)$$

이다. 이것이 바로 에너지가 $E = H_{ij}$로 정해진 상태가 시간에 따라 변하는 방식이다. 이제 왜 H_{ij}를 에너지 행렬이라 불러야 하는지 알겠는가? 더 복잡한 상황의 경우에는 에너지를 일반화시킨 개념에 해당한다.

다음으로 이 방정식의 의미를 조금 더 들여다보기 위해 기반 상태가 두 개인 계를 고려해 보겠다. 그러면 식 (8.39)는

$$i\hbar \frac{dC_1}{dt} = H_{11}C_1 + H_{12}C_2$$

$$i\hbar \frac{dC_2}{dt} = H_{21}C_1 + H_{22}C_2 \qquad (8.43)$$

가 될 것이다. H의 항들이 또 다시 시간에 대해 독립적이라면 이 방정식들은 쉽게 풀 수 있다. 여러분이 재미로 풀어 보도록 이렇게 놓아두고 나중에 돌아와서 다시 해 보겠다. 그렇다. H가 시간에 따라 변하지 않는다면 그 값들을 몰라도 양자역학 문제를 풀 수 있다.

8-6 암모니아 분자

이번엔 양자역학의 동역학적 방정식(dynamic equation)을 어떻게 특정한 물리적 상황에 적용할 수 있는지 보여 주겠다. 재미있고 간단한 예제를 골랐는데, 해밀토니안에 대한 합당한 가정을 몇 가지만 보태면 중요하면서 실제로 쓸모도 있는 결과를 얻을 수 있다.

암모니아 분자는 하나의 질소 원자와 그 질소의 아래에 있는 평면에 위치한 세 수소 원자가 그림 8-1(a)와 같이 피라미드 형태를 이루고 있다. 이 분자는 다른 분자와 마찬가지로 무한히 많은 서로 다른 상태를 갖는다. 어떤 축을 중심으로도 회전할 수 있고, 어떤 방향으로든 움직일 수 있으며, 내부에서 진동할 수도 있고 등등 계속된다. 그러므로 이것은 두 상태 계(two-state system)가 전혀 아니다. 하지만 지금은 우리의 관심사 밖에 있는 다른 상태들은 고정되어 있다고 근사하려고 한다. 분자가 (그림에 보인 것처럼) 대칭축을 중심으로 회전하며 병

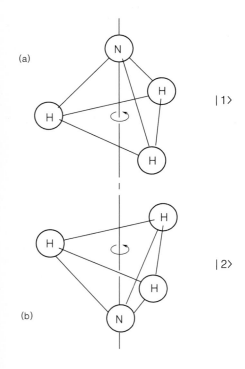

(a)

|1⟩

|2⟩

(b)

그림 8-1 암모니아 분자의 동등한 배열 두 가지

진 운동량이 0이고 진동은 최소한으로 작은 상황을 고려할 것이다. 그러면 한 가지만 빼고는 모든 조건이 결정되었다. 그 하나는 질소 원자가 존재할 수 있는 위치가 두 군데라는 것이다. 그림 8-1(a)와 (b)처럼, 수소 원자들이 있는 평면을 기준으로 양쪽에 하나씩 말이다. 그러니까 분자가 마치 두 상태 계인 것처럼 생각할 것이다. 다른 모든 것들이 고정되어 있다고 가정할 때 우리가 주목해야 할 상태는 두 개뿐이라는 의미이다. 분자가 그 축을 중심으로 각운동량을 갖고 회전하거나 어떤 운동량 값을 갖고 움직이고 있더라도 가능한 상태가 두 개 있음을 알 수 있을 것이다. 그림 8-1(a)와 같이 질소가 위에 있으면 분자는 상태 $|1\rangle$에 있다고 하고, (b)처럼 질소가 아래에 있으면 상태 $|2\rangle$라고 부르겠다. 암모니아 분자의 행동에 대한 분석에서 $|1\rangle$과 $|2\rangle$는 기반 상태의 집합이 되는 것이다. 어떤 순간에라도 분자가 갖는 실제 상태인 $|\psi\rangle$는 상태 $|1\rangle$에 있을 진폭 $C_1 = \langle 1|\psi\rangle$와 상태 $|2\rangle$에 있을 진폭 $C_2 = \langle 2|\psi\rangle$을 써서 표현할 수 있다. 이제 식 (8.8)을 이용하면 상태 벡터 $|\psi\rangle$는

$$|\psi\rangle = |1\rangle\langle 1|\psi\rangle + |2\rangle\langle 2|\psi\rangle$$

또는

$$|\psi\rangle = |1\rangle C_1 + |2\rangle C_2 \tag{8.44}$$

라고 적을 수 있다.

재미있는 건 분자가 어떤 순간에 한 상태에 있었다면 조금 후에는 같은 상태에 있지 않게 된다는 사실이다. 두 계수 C는 어떤 두 상태 계에 대해서도 성립하는 식 (8.43)에 의해 시간에 따라 변할 것이다. 예를 들어 여러분이 관찰을 통해서 또는 분자들을 골라내서 분자가 초기에 상태 $|1\rangle$에 있었음을 알고 있다고 해 보자. 시간이 흐르면 그것이 상태 $|2\rangle$에 가 있을 확률이 있게 된다. 이 확률을 구하려면 진폭이 시간에 따라 어떻게 변하는지 알려주는 미분 방정식을 풀어야 한다.

남은 문제는 식 (8.43)의 계수 H_{ij}에 뭘 사용할지 모른다는 것이다. 그렇더라도 알 수 있는 사실이 몇 가지 있다. 분자가 상태 $|1\rangle$에 있다면 나중에 $|2\rangle$로 갈 확률이 전혀 없으며 그 반대도 마찬가지라고 해 보자. 그러면 H_{12}와 H_{21}은 둘 다 0이고 식 (8.43)은

$$i\hbar \frac{dC_1}{dt} = H_{11}C_1, \qquad i\hbar \frac{dC_2}{dt} = H_{22}C_2$$

와 같이 될 것이다. 두 방정식은 쉽게 풀 수 있으며 그 해는 다음과 같다.

$$C_1 = (상수)e^{-(i/\hbar)H_{11}t}, \quad C_2 = (상수)e^{-(i/\hbar)H_{22}t} \tag{8.45}$$

이건 바로 에너지가 $E_1 = H_{11}$이고 $E_2 = H_{22}$인 정상 상태(stationary state)에 대한 진폭이다. 암모니아 분자에 대한 두 상태 $|1\rangle$과 $|2\rangle$가 대칭 형태라는 점을 주목하겠다. 자연이 조금이라도 이치에 맞으려면 행렬 원소 H_{11}과 H_{22}는 같아야만 한다. 둘 다 E_0라 두겠는데, 그것이 H_{12}와 H_{21}이 0일 경우에 얻게 되는 상태의 에너지에 대응하기 때문이다. 하지만 식 (8.45)만으로는 암모니아에서 실

제로 어떤 일이 벌어지는지 알 수 없다. 사실 질소가 세 수소 원자를 통과해서 다른 편으로 넘어갈 수도 있다. 쉽게 일어나지는 않는다. 반만큼 움직여 세 수소 원자가 이루는 평면에 이르려면 에너지가 많이 들기 때문이다. 에너지가 충분하지 않은데 어떻게 통과할까? 그 에너지 장벽을 꿰뚫을 어떤 진폭이 있는 것이다. 양자역학에서는 에너지로 보아선 불가능하더라도 어떤 지역을 빨리 슬쩍 지나 통과해 버리는 일이 가능하다. 그러므로 $|1\rangle$에서 시작한 분자가 상태 $|2\rangle$에 도달할 진폭이 작지만 어느 정도는 존재하는 것이다. 계수 H_{12}와 H_{21}은 사실 0이 아니다. 다시 대칭에 의해 최소한 두 값의 크기는 같아야 한다. 일반적으로 H_{ij}가 H_{ji}의 복소공액과 같으므로 그 둘의 위상은 다를 수 있다. 나중에 보게 되겠지만 그 둘이 같다고 해도 일반성을 잃지 않는다. 나중에 편리하도록 이 둘을 어떤 음수로 잡겠다. 즉 $H_{12} = H_{21} = -A$이다. 그러면 다음과 같은 한 쌍의 방정식을 얻는다.

$$i\hbar \frac{dC_1}{dt} = E_0 C_1 - A C_2 \tag{8.46}$$

$$i\hbar \frac{dC_2}{dt} = E_0 C_2 - A C_1 \tag{8.47}$$

이 방정식은 아주 간단하기 때문에 여러 방법으로 해를 구할 수 있다. 다음과 같은 편리한 방법이 하나 있다. 둘의 합을 구하면

$$i\hbar \frac{d}{dt}(C_1 + C_2) = (E_0 - A)(C_1 + C_2)$$

가 되는데 이것의 해는

$$C_1 + C_2 = ae^{-(i/\hbar)(E_0-A)t} \tag{8.48}$$

이다. 또 (8.46)과 (8.47)의 차를 구하면

$$i\hbar \frac{d}{dt}(C_1 - C_2) = (E_0 + A)(C_1 - C_2)$$

가 되고, 이는

$$C_1 - C_2 = be^{-(i/\hbar)(E_0+A)t} \tag{8.49}$$

라는 해를 갖는다. 두 적분 상수는 a와 b로 두었다. 물론 이 값들은 주어진 상황에 맞는 초기 조건을 만들어 내도록 선택할 수 있다. 이제 (8.48)과 (8.49)를 더하고 빼고 하면 C_1과 C_2를 얻는다.

$$C_1(t) = \frac{a}{2} e^{-(i/\hbar)(E_0-A)t} + \frac{b}{2} e^{-(i/\hbar)(E_0+A)t} \tag{8.50}$$

$$C_2(t) = \frac{a}{2} e^{-(i/\hbar)(E_0-A)t} - \frac{b}{2} e^{-(i/\hbar)(E_0+A)t} \tag{8.51}$$

둘째 항의 부호만 제외하면 두 결과가 똑같다.

이제 해는 구했는데, 그렇다면 그 의미는 무엇일까? (양자역학에서는 방정식

을 푸는 것뿐만 아니라 그 답을 이해하는 것도 어렵다!) 먼저 $b = 0$이라면 두 항 모두 $\omega = (E_0 - A)/\hbar$라는 동일한 진동수를 갖는다. 모든 것들이 같은 진동수로 변한다 함은 그 계가 에너지가 정해진 (여기서는 $(E_0 - A)$로) 상태에 있다는 의미이다. 따라서 두 진폭 C_1과 C_2가 같으며 이 에너지를 갖는 정상 상태가 존재한다. 질소 원자가 위와 아래에 있을 진폭이 같다면 그 결과 암모니아 분자의 에너지는 $(E_0 - A)$가 된다.

$a = 0$이라면 다른 정상 상태가 될 수 있다. 그 경우엔 두 진폭 모두 $(E_0 + A)/\hbar$의 진동수를 갖게 된다. 그러면 $C_2 = -C_1$이 되어 두 진폭의 크기는 같지만 부호가 반대이며 에너지는 $(E_0 + A)$로 일정한 또 다른 상태가 있는 것이다. 특정 에너지를 갖는 상태는 이 둘뿐이다. 암모니아 분자의 상태는 다음 장에서 더 상세히 살펴보기로 하고 여기서는 두 가지만 언급하겠다.

결론적으로 원자가 한 위치에서 다른 위치로 뒤집힐 확률이 어느 정도 있기 때문에 분자의 에너지가 우리의 기대와는 달리 E_0가 아니다. 대신 $(E_0 + A)$와 $(E_0 - A)$의 두 가지 에너지 준위가 존재한다. 그 분자의 가능한 각 상태들은 해당 상태의 에너지가 얼마가 되었든 전부 둘로 갈라진다. 각각의 상태가 전부 그렇게 된다고 할 수 있는 건, 앞에서 가정했듯이 회전 에너지나 내부 에너지 등등에 대해 모두 특정한 하나의 상태를 골랐기 때문이다. 그런 종류의 모든 가능한 조건에서는 분자가 두 상태 사이를 넘나들 수 있다는 사실에서 비롯되는 에너지 준위의 이중선(doublet)이 존재한다.

다음과 같은 질문을 암모니아 분자에 관해 해 보자. $t = 0$에 분자가 상태 $|1\rangle$에 있다는 사실, 즉 $C_1(0) = 1$이며 $C_2(0) = 0$이라는 사실을 안다고 가정하자. 시간 t에 상태 $|2\rangle$에서 발견할 확률 및 시간 t에도 여전히 상태 $|1\rangle$에 있을 확률은 어떻게 될까? 초기 조건을 사용하면 식 (8.50)과 (8.51)의 a와 b를 구할 수 있다. $t = 0$이라 하면

$$C_1(0) = \frac{a + b}{2} = 1, \qquad C_2(0) = \frac{a - b}{2} = 0$$

를 얻는다. 즉 $a = b = 1$이다. 이 값들을 $C_1(t)$와 $C_2(t)$에 대한 식에 넣고 정리하면

$$C_1(t) = e^{-(i/\hbar)E_0 t}\left(\frac{e^{(i/\hbar)At} + e^{-(i/\hbar)At}}{2}\right)$$

$$C_2(t) = e^{-(i/\hbar)E_0 t}\left(\frac{e^{(i/\hbar)At} - e^{-(i/\hbar)At}}{2}\right)$$

가 된다. 이걸 다시 쓰면

$$C_1(t) = e^{-(i/\hbar)E_0 t}\cos\frac{At}{\hbar} \tag{8.52}$$

$$C_2(t) = ie^{-(i/\hbar)E_0 t}\sin\frac{At}{\hbar} \tag{8.53}$$

가 되어 두 진폭의 크기는 시간에 대해 삼각함수 형태로 변한다.

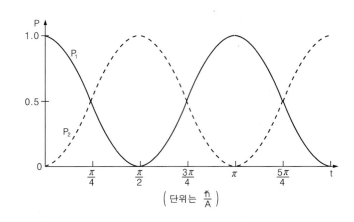

$$\left(\text{단위는 } \frac{\hbar}{A}\right)$$

그림 8-2 $t = 0$에서 상태 $|1\rangle$에 있는 암모니아 분자가 t에서도 상태 $|1\rangle$에 있을 확률 P_1. 상태 $|2\rangle$에 있을 확률 P_2

시간 t에 분자를 상태 $|2\rangle$에서 발견할 확률은 $C_2(t)$의 절대값을 제곱하면 된다.

$$|C_2(t)|^2 = \sin^2 \frac{At}{\hbar} \tag{8.54}$$

이 확률은 (당연히 그래야 하겠지만) 0에서 시작하여 1까지 증가한 다음 0과 1 사이를 그림 8-2에 P_2라고 표시된 곡선을 따라 왔다 갔다 하며 진동한다. 상태 $|1\rangle$에 있을 확률도 물론 1에 머물러 있지는 않는다. 그림 8-2의 곡선 P_1을 따라 첫째 상태에 분자가 있을 확률이 0이 될 때까지 둘째 상태로 쌓여 간다. 확률은 그 두 값 사이를 왔다 갔다 한다.

한참 전에 동일한 두 진자가 약하게 결합(couple)되어 있을 때 어떤 일이 일어나는지 본 적이 있었다. (1권 49장을 보라.) 하나를 위로 들었다 손에서 놓으면 처음에는 그 진자만 흔들리지만, 점차 다른 진자가 흔들리기 시작한다. 조금 지나면 둘째 진자가 모든 에너지를 갖게 된다. 다음엔 그 과정이 뒤바뀌어 1번 진자의 에너지가 증가한다. 이건 정확히 같은 종류의 현상이다. 에너지가 앞뒤로 교환되는 속도는 두 진자 사이의 결합, 즉 진동이 새어나올 수 있는 비율에 좌우된다. 또한 기억하겠지만 진자가 둘 있으면 기본 모드(fundamental mode)라고 부르는, 에너지가 정해진 두 가지 특별한 운동이 있다. 두 진자를 다 한쪽으로 당기면 같은 진동수로 흔들린다. 반면에 하나를 한쪽으로 당기고 다른 진자는 반대쪽으로 당기면 역시 일정한 진동수를 갖는 또 다른 정상 모드가 있었다.

여기 또 비슷한 상황이 있다. 수학적으로 암모니아 분자는 한 쌍의 진자와 같다. 둘이 같이 진동할 때와 반대로 진동할 때에 대한 두 진동수 $(E_0 + A)/\hbar$ 와 $(E_0 - A)/\hbar$ 가 있는 것이다.

진자에 대한 비유는 같은 방정식이 같은 해를 갖는다는 원리 이상으로 더 깊은 의미를 갖지는 않는다. 진폭에 대한 선형 방정식 (8.39)는 조화 진동자에 대한 선형 방정식과 무척 비슷하다. (사실 이런 이유 때문에 굴절률(index of refraction)에 대한 고전 이론에서 양자역학적인 원자를 조화 진동자로 대치했을 때, 고전적으로는 전자가 핵 주변을 도는 데 대한 타당한 관점이 아님에도 불구하고 성공할 수 있었던 것이다.) 질소를 한쪽으로 당기면 두 진동수의 진동이 중첩되며, 그러면 계가 이쪽이든 저쪽이든 특정한 한쪽의 진동수 상태에 있지 않기 때문에 맥놀이 같은 현상이 생길 것이다. 그렇지만 암모니아 분자의 에너지 준위가 나뉘는 현상은 분명히 양자역학적인 효과이다.

암모니아 분자의 에너지 준위가 나뉘는 현상을 응용한 중요한 사례가 있는데, 다음 장에서 설명하겠다. 오래 기다린 끝에 결국 양자역학을 써서 이해할 수 있는 실용적인 물리 문제의 예를 만나게 된 것이다.

CHAPTER 9
암모니아 메이저

9-1 암모니아 분자가 갖는 상태들

이번 장에서는 암모니아 메이저(Ammonia Maser)라는 실용적인 장치에 양자역학을 적용해 보겠다. 양자역학을 정식으로 발전시키다 말고 특수한 문제로 들어가는 이유가 궁금할 수도 있겠지만, 이 문제가 갖는 특징이 양자역학의 일반 이론과 많이 겹치기도 하거니와 이런 문제를 상세하게 풀어내다 보면 배울 점이 많다. 암모니아 메이저란 지난 장에서 잠깐 얘기한 암모니아 분자의 성질에 기반하여 작동하는 전자기파 발생장치이다. 그럼 먼저 지난번에 배운 걸 요약해 보자.

암모니아 분자는 많은 상태를 갖지만 지금 우린 두 상태만 가능한 계, 즉 분자의 회전 운동 상태와 병진 운동 상태는 고정되어 있는 상황에서 일어나는 일을 고려하고 있다. 두 상태의 물리적 모형은 다음과 같이 시각화할 수 있다. 암모니아 분자가 그림 9 - 1처럼 질소 원자를 지나면서 수소 원자들의 평면엔 직각인 축을 중심으로 회전하는 것으로 생각해보면 두 가지 가능한 경우가 남는다. 즉 질소가 수소 원자의 평면 한쪽 또는 반대쪽에 있을 수 있다. 이 두 상태를 $|1\rangle$과 $|2\rangle$라 부르자. 암모니아 분자의 행동을 분석할 때는 이 둘을 기반 상태의 집합으로 취하겠다.

메이저(MASER) = 복사의 유도방출에 의한 마이크로파의 증폭(Microwave Amplification by Stimulated Emission of Radiation)

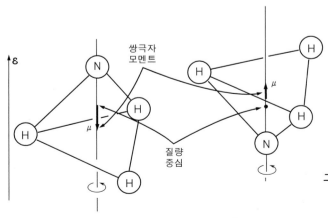

그림 9-1 암모니아 분자의 두 기반 상태에 대한 물리적 모델. 전기 쌍극자 모멘트는 두 경우 모두 μ이다.

기반 상태가 둘뿐인 계에서는 어떤 상태 $|\psi\rangle$도 두 기반 상태의 선형 조합으로 나타낼 수 있다. 그러니까 한 기반 상태에 있을 진폭 C_1과 다른 상태에 있을 진폭 C_2가 있는 것이다. 상태 벡터를

$$|\psi\rangle = |1\rangle C_1 + |2\rangle C_2 \tag{9.1}$$

라 쓸 수 있는데,

$$C_1 = \langle 1|\psi\rangle, \qquad C_2 = \langle 2|\psi\rangle$$

이다.

이 두 진폭은 식 (8.43)의 해밀토니안 방정식에 의해 시간에 따라 변한다. 암모니아 분자의 두 상태가 갖는 대칭성을 이용해서 $H_{11} = H_{22} = E_0$와 $H_{12} = H_{21} = -A$라 하였고 다음과 같은 해를 얻었다[식 (8.50) 및 (8.51) 참고].

$$C_1(t) = \frac{a}{2}e^{-(i/\hbar)(E_0-A)t} + \frac{b}{2}e^{-(i/\hbar)(E_0+A)t} \tag{9.2}$$

$$C_2(t) = \frac{a}{2}e^{-(i/\hbar)(E_0-A)t} - \frac{b}{2}e^{-(i/\hbar)(E_0+A)t} \tag{9.3}$$

이 일반 해를 더 자세히 살펴보자. 분자의 초기 상태가 $b = 0$인 $|\psi_{II}\rangle$이었다고 하자. 그러면 $t = 0$에서 상태 $|1\rangle$과 $|2\rangle$에 있을 진폭은 같으며 영원히 그럴 것이다. 두 위상 모두 시간에 따라 같은 꼴로, 즉 $(E_0 - A)\hbar$의 진동수로 변하는 것이다. 마찬가지로 $a = 0$인 상태 $|\psi_I\rangle$에 분자를 놓았다면 진폭 C_2는 $-C_1$이 되며 이 관계식 또한 영원히 성립할 것이다. 두 진폭 다 $(E_0 + A)/\hbar$의 진동수로 시간에 따라 변하는 것이다. C_1과 C_2 사이의 관계가 시간이 가도 바뀌지 않는 경우는 이 두 가지뿐이다.

이렇게 해서 두 진폭의 크기는 변하지 않으면서도 위상은 같은 진동수에서 변하는 특수 해를 두 개 구했다. 7-1절에서 정의했듯 이들은 정상 상태 (stationary state)로서 특정한 에너지를 갖는 상태들을 의미한다. 상태 $|\psi_{II}\rangle$의 에너지는 $E_{II} = E_0 - A$이며 상태 $|\psi_I\rangle$는 $E_I = E_0 + A$만큼의 에너지를 갖는다. 정상 상태로 존재하는 건 이 둘뿐이므로 분자가 갖는 두 에너지 준위의 차는 $2A$라는 걸 알 수 있다. (물론 처음의 가정에서 언급했던, 회전과 진동 상태가 하나로 정해져 있는 두 에너지 준위를 의미한다.)*

질소가 앞뒤로 뒤집히는 가능성을 배제한다면 A를 0이라 놓았을 것이고 두 에너지 준위는 E_0의 에너지에 겹쳐 있었을 것이다. 실제 준위는 그렇지 않다. 평균 에너지는 E_0지만 $\pm A$만큼 각각 떨어져 있어서 두 상태의 에너지 사이에는 $2A$만큼의 간격이 존재한다. 사실 A는 무척 작기 때문에 에너지 차이 또한 아주 작다.

---

* 자기 자신에게 읽을 때나 다른 누군가에게 얘기할 때 아라비아 숫자 1과 2를 로마 숫자 I과 II로부터 구분할 수 있는 편리한 방법이 있다면 좋을 것이다. 아라비아 숫자에 대해선 일 (one)과 이(two)로 부르고, I과 II는 eins와 zwei(1과 2를 의미하는 독일어 : 옮긴이)로 부르면 편리할 것 같다. (unus와 duo라 (라틴어 : 옮긴이) 부르면 더 논리적으로 맞겠지만 말이다!)

이에 비해 원자 안의 전자를 들뜨게 하는 데 필요한 에너지는 상대적으로 매우 크다. 가시광선 또는 자외선 영역에 있는 광자가 필요한 것이다. 분자의 진동을 들뜨게 하려면 적외선 영역의 광자가 필요하다. 회전을 들뜨게 하는 경우, 상태들 간 에너지 차는 원적외선(far infrared) 광자에 해당한다. 하지만 $2A$의 에너지 차이는 이들 모두보다 낮아서 실제로 적외선 아래 마이크로파 영역 중에서도 한참 안쪽이다. 실험을 통해 간격이 10^{-4} 전자볼트로 24,000 메가사이클 (megacycles – MHz와 같은 양인데, 지금은 쓰지 않는 단위이다 : 옮긴이)의 진동수에 대응하는 에너지 준위 쌍이 존재함을 알게 되었다. $2A = hf$ 이므로 이는 분명 $f = 24,000$ 메가사이클($1\frac{1}{4}$ cm의 파장에 대응한다)이라는 의미이다. 그러니까 이 분자는 통상적인 의미에서의 빛을 내지는 않지만 마이크로파는 발산하는 것이다.

앞으로 나올 내용에서는 이 두 특정 에너지 상태를 더 잘 표시할 필요가 있다. 그러니까 C_1과 C_2 두 숫자를 합해서 C_{II}라는 진폭을 만들어 보자.

$$C_{II} = C_1 + C_2 = \langle 1 | \Phi \rangle + \langle 2 | \Phi \rangle \tag{9.4}$$

무슨 뜻일까? 이건 그냥 상태 $|\Phi\rangle$가 기반 상태 진폭들을 1 : 1로 더한 새로운 상태 $|II\rangle$에 있을 진폭이다. 즉 $C_{II} = \langle II | \Phi \rangle$로 쓰면 식 (9.4)가 어떤 Φ에 대해서도 성립하므로 $|\Phi\rangle$를 추상화시켜서 없애고

$$\langle II | = \langle 1 | + \langle 2 |$$

를 얻는데, 이는

$$|II\rangle = |1\rangle + |2\rangle \tag{9.5}$$

와 같은 뜻이다. 상태 $|II\rangle$가 상태 $|1\rangle$에 있을 진폭은

$$\langle 1 | II \rangle = \langle 1 | 1 \rangle + \langle 1 | 2 \rangle$$

가 되고 $|1\rangle$과 $|2\rangle$가 기반 상태이므로 그냥 1이 될 것이다. 상태 $|II\rangle$가 상태 $|2\rangle$에 있을 진폭 또한 1이므로, 상태 $|II\rangle$는 두 기반 상태 $|1\rangle$과 $|2\rangle$에 있을 진폭이 같은 것이다.

그런데 문제가 좀 있다. 이렇게 되면 상태 $|II\rangle$가 이쪽 혹은 저쪽 기반 상태에 있을 총 확률이 1을 넘기 때문이다. 이는 단순히 상태 벡터를 아직 적당히 규격화(normalize)하지 않았기 때문이다. 어떤 상태에 대해서도 $\langle II | II \rangle = 1$이 성립한다는 사실을 쓰면 해결할 수 있다. 규격화하려면

$$\langle \chi | \Phi \rangle = \sum_i \langle \chi | i \rangle \langle i | \Phi \rangle$$

의 일반적인 식을 사용하면 되는데, Φ와 χ 둘 다 상태 II로 놓고 기반 상태인 $|1\rangle$과 $|2\rangle$에 걸쳐 합을 하면

$$\langle II | II \rangle = \langle II | 1 \rangle \langle 1 | II \rangle + \langle II | 2 \rangle \langle 2 | II \rangle$$

를 얻는다. 이 식의 값은 식 (9.4)에 있는 C_{II}의 정의를

$$C_{II} = \frac{1}{\sqrt{2}} \left[C_1 + C_2 \right]$$

로 바꾸어 주면 원칙대로 1이 될 것이다.

같은 방법으로

$$C_I = \frac{1}{\sqrt{2}} \left[C_1 - C_2 \right]$$

또는

$$C_I = \frac{1}{\sqrt{2}} \left[\langle 1 \mid \Phi \rangle - \langle 2 \mid \Phi \rangle \right] \tag{9.6}$$

로 진폭을 구성할 수도 있다. 상태 $\mid 1 \rangle$과 $\mid 2 \rangle$에 있을 진폭이 반대 부호를 갖는 새 상태 $\mid I \rangle$에 상태 $\mid \Phi \rangle$를 투영하면 이 진폭을 얻게 된다. 즉 식 (9.6)은

$$\langle I \mid = \frac{1}{\sqrt{2}} \left[\langle 1 \mid - \langle 2 \mid \right]$$

또는

$$\mid I \rangle = \frac{1}{\sqrt{2}} \left[\mid 1 \rangle - \mid 2 \rangle \right] \tag{9.7}$$

와 같은 의미이므로, 이로부터

$$\langle 1 \mid I \rangle = \frac{1}{\sqrt{2}} = - \langle 2 \mid I \rangle$$

이 성립한다.

이 모든 식을 전부 유도한 건, 이제부터 상태 $\mid I \rangle$과 $\mid II \rangle$를 새로운 기반 상태의 집합으로 생각할 수 있는데 그것들을 이용하면 암모니아 분자의 정상 상태를 기술할 때 특히 편하기 때문이다. 기반 상태의 집합은

$$\langle i \mid j \rangle = \delta_{ij}$$

라는 관계식을 항상 만족해야 한다는 사실을 기억할 것이다. 이미

$$\langle I \mid I \rangle = \langle II \mid II \rangle = 1$$

은 성립하게 만들었다. 또 식 (9.5)와 (9.7)을 이용하면

$$\langle I \mid II \rangle = \langle II \mid I \rangle = 0$$

란 사실도 쉽게 보일 수 있다.

임의의 상태 Φ에 대해 이것이 새로운 기반 상태 $\mid I \rangle$과 $\mid II \rangle$에 있게 될 진폭인 $C_I = \langle I \mid \Phi \rangle$와 $C_{II} = \langle II \mid \Phi \rangle$ 또한 식 (8.39) 꼴의 해밀토니안 방정식을 반드시 만족해야 한다. 사실 식 (9.2)에서 (9.3)을 뺀 다음 t에 대해 미분하기만 하면

$$i\hbar \frac{dC_I}{dt} = (E_0 + A)C_I = E_I C_I \tag{9.8}$$

임을 확인할 수 있으며, 식 (9.2)와 (9.3)을 더하고 미분하면

$$i\hbar \frac{dC_{II}}{dt} = (E_0 - A)C_{II} = E_{II} C_{II} \tag{9.9}$$

가 된다. $|I\rangle$과 $|II\rangle$를 기반 상태로 삼으면 해밀토니안 행렬은

$$H_{I,\,I} = E_I, \qquad H_{I,\,II} = 0$$

$$H_{II,\,I} = 0, \qquad H_{II,\,II} = E_{II}$$

와 같이 간단한 형태가 된다. 식 (9.8)과 (9.9) 각각은 8-6절에서 가능한 상태가 하나뿐인 계에 대해 얻은 방정식과 똑같이 생겼다는 걸 눈여겨봐 두자. 시간에 따라 변하는 방식이 하나의 에너지 값에 대응하는 간단한 지수함수 꼴이며, 각각의 상태에 있을 진폭은 독립적으로 변한다.

위에서 구한 두 정상 상태 $|\psi_I\rangle$과 $|\psi_{II}\rangle$는 물론 식 (9.8)과 (9.9)의 해이다. $|\psi_I\rangle$ 상태 ($C_1 = -C_2$인)는

$$C_I = e^{-(i/\hbar)(E_0 + A)t}, \qquad C_{II} = 0 \tag{9.10}$$

이 성립하며 $|\psi_{II}\rangle$ 상태($C_1 = C_2$인)에 대해서는

$$C_I = 0, \qquad C_{II} = e^{-(i/\hbar)(E_0 - A)t} \tag{9.11}$$

이 성립한다. 식 (9.10)에 있는 진폭들이 원래

$$C_I = \langle I | \psi_I \rangle \;\; \text{및} \;\; C_{II} = \langle II | \psi_I \rangle$$

로 정의된 것이란 사실을 기억한다면 식 (9.10)은

$$|\psi_I\rangle = |I\rangle e^{-(i/\hbar)(E_0 + A)t}$$

와 같은 의미가 되겠다. 다시 말하면, 정상 상태 $|\psi_I\rangle$의 상태 벡터는 그 상태의 에너지에 적합한 지수 인자를 제외하면 기반 상태 $|I\rangle$의 상태 벡터와 동일한 것이다. 실제로 $t = 0$엔

$$|\psi_I\rangle = |I\rangle$$

이 성립하고, 상태 $|\psi_I\rangle$은 $(E_0 + A)$의 에너지를 갖는 정상 상태와 내부의 물리적 배치(configuration)가 같다. 같은 방식으로 두 번째 정상 상태에 대해서는

$$|\psi_{II}\rangle = |II\rangle e^{-(i/\hbar)(E_0 - A)t}$$

를 얻는다. $|II\rangle$는 단순히 $E_0 - A$의 에너지를 지닌 정상 상태가 $t = 0$에서 갖는 상태이다. 그러므로 새로운 두 기반 상태 $|I\rangle$과 $|II\rangle$는 에너지가 정해진 상태와 같은 꼴이며, 시간에 독립적인 기반 상태가 될 수 있도록 지수함수 꼴의 시간 인자는 빠져 있다. (정상 상태 $|\psi_I\rangle$, $|\psi_{II}\rangle$와 그 기반 상태인 $|I\rangle$, $|II\rangle$는 따로 표시하지 않아도 될 만큼 명백한 시간의 함수가 있느냐는 점에서만 다를 뿐이기 때문에 앞으로는 구분 없이 쓰겠다.)

요약하자면, 상태 벡터 $|I\rangle$과 $|II\rangle$는 에너지가 정해진 암모니아 분자의 상태를 기술하는 데 알맞은 기반 벡터 쌍이다. 이들과 원래 기반 벡터 사이에는

$$|I\rangle = \frac{1}{\sqrt{2}}\left[|1\rangle - |2\rangle\right], \qquad |II\rangle = \frac{1}{\sqrt{2}}\left[|1\rangle + |2\rangle\right] \qquad (9.12)$$

의 관계가 있다. $|I\rangle$과 $|II\rangle$에 있을 진폭은 C_1 및 C_2와

$$C_I = \frac{1}{\sqrt{2}}\left[C_1 - C_2\right], \qquad C_{II} = \frac{1}{\sqrt{2}}\left[C_1 + C_2\right] \qquad (9.13)$$

의 관계가 있다. 어떤 상태라도 C_1, C_2와 $|1\rangle$, $|2\rangle$의 선형 조합으로 표현하든지 혹은 계수 C_I, C_{II}를 사용해서 에너지가 정해진 기반 상태 $|I\rangle$, $|II\rangle$의 선형 조합으로 표현할 수 있다. 즉

$$|\Phi\rangle = |1\rangle C_1 + |2\rangle C_2$$

또는

$$|\Phi\rangle = |I\rangle C_I + |II\rangle C_{II}$$

이다. 상태 $|\Phi\rangle$를 에너지가 $E_I = E_0 + A$나 $E_{II} = E_0 - A$로 정해진 상태에서 발견할 진폭은 이 중 두 번째 형태로 주어진다.

9-2 정적인 전기장 안에 놓여 있는 분자

에너지가 정해진 두 상태 중 하나에 놓인 암모니아 분자가 있다. 이 분자를 $\hbar\omega = E_I - E_{II} = 2A$를 만족하는 진동수 ω짜리 파동으로 교란(disturb)시킨다면 계는 두 상태를 오가며 전이(transition)가 일어날 것이다. 혹은 에너지가 높은 상태에 있다면 낮은 상태로 변하면서 광자를 방출할 수도 있겠다. 하지만 이런 전이를 유도해 내기 위해서는 그 상태들과 물리적으로 연결되어 있어야 한다. 즉 계를 교란시킬 방법이 있어야 한다. 자기장이나 전기장같이 상태에 영향을 줄 어떤 외부적인 장치가 존재해야 하는 것이다. 이번 경우의 상태들은 특별히 전기장에 민감하다. 따라서 암모니아 분자가 외부 전기장 안에 있을 때의 행동에 대해 살펴보겠다.

전기장 안에서의 행동 방식을 논하기 위해, $|I\rangle$과 $|II\rangle$ 대신 다시 원래의 기반계 $|1\rangle$과 $|2\rangle$로 돌아가겠다. 수소 원자들의 평면에 직각인 방향으로 전기장이 있다고 해 보자. 질소 원자가 앞뒤로 뒤집히는 가능성을 당분간 무시하기로

한다면, 질소 원자가 존재할 수 있는 이 두 위치에 대해 분자의 에너지는 같다는 진술이 참일까? 일반적으로 그렇지 않다. 전자들은 수소 원자핵보다 질소에 더 가까이 자리 잡는 경향이 있기 때문에 수소가 약간 양의 전하를 띠게 된다. 그 크기는 전자의 분포에 따라 다르다. 이 분포를 정확하게 이해하는 건 복잡한 문제이지만, 어쨌든 결과적으로 그림 9-1에 있듯이 암모니아 분자가 전기 쌍극자(electric dipole) 모멘트를 갖는다. 전하들이 실제로 움직인 방향이나 그 크기 즉 변위(displacement)를 몰라도 이 분석은 계속 진행할 수 있다. 하지만 다른 사람들의 표기법과 맞추기 위해 쌍극자 모멘트는 μ이며 그 방향은 질소 원자에서 수소 원자들의 평면에 내린 수선 방향이라고 가정하자.

이제 질소가 한쪽에서 다른 쪽으로 뒤집힌다면 질량 중심은 이동하지 않지만 전기 쌍극자 모멘트는 뒤집히게 될 것이다. (실제로 어떻게 해야 이런 변화를 줄 수 있는지 정확히 상상하려면 몇 가지 현실적인 문제에 부딪치게 될 것이므로, 여기서는 사고 실험으로 그냥 가능하다고 받아들이자. 아니면 질소 원자가 수소 원자의 평면을 뛰어넘어 반대편으로 이동할 수는 있지만 암모니아 분자의 질량 중심을 움직이기에는 너무 작은 정도의 충격을 질소 원자에 가했다고 생각해도 좋겠다. 그러면 운동량 보존에 의해 수소 원자들은 질소 원자와 반대 방향으로 움직일 것이다 : 옮긴이) 이 모멘트 때문에 전기장 $\mathcal{E}$ 안에서의 에너지는 분자의 방향에 따라 다를 것이다.* 위에서 한 가정에 따르면, 질소 원자가 전기장의 방향을 가리킬 때 퍼텐셜 에너지가 더 높고 반대 방향일 때 낮다(그림 9-1에서 상태 | 1〉의 에너지가 더 높다 : 옮긴이). 두 에너지는 $2\mu\mathcal{E}$만큼 차이가 날 것이다.

지금까지의 논의에서는 E_0와 A를 어떻게 계산하는지 모른 채 임의의 값으로 가정해 왔다. 이론을 한 치의 오차도 없이 동원할 수 있다면 원자핵과 전자의 위치 및 그들의 운동으로부터 이 상수들을 계산해 낼 수 있을 것임이 분명하다. 하지만 그걸 해낸 사람은 아무도 없다. 그와 같은 계는 전자 열 개와 원자핵 넷으로 이루어져 있어 너무 복잡한 문제이기 때문이다. 사실 우리가 아는 것들이 이 분자에 관해 지금까지 알려진 지식의 거의 전부이다. 확실히 말할 수 있는 건, 전기장이 있다면 두 상태의 에너지가 다를 것이며 그 차이는 전기장에 비례할 것이란 점이다. 그 비례상수를 2μ라 불렀지만 이 값은 실험을 통해 결정해야 한다. 분자가 뒤집힐 진폭 A 또한 실험으로 측정해야 한다. 상세히 제대로 계산하려면 너무 복잡하기 때문에 μ와 A의 값을 이론적으로 정확히 제시할 수 있는 사람은 없다.

전기장 안에 있는 암모니아 분자의 경우에는 표시 방식을 바꿔야 한다. 분자가 한 구조에서 다른 구조로 뒤바뀌는 진폭을 무시한다면 두 상태 | 1〉과 | 2〉의 에너지는 $(E_0 \pm \mu\mathcal{E})$가 될 거라 예상할 수 있다. 지난 장에서의 절차를 따라

---

* 새로운 표기법을 또 도입해서 미안하다. p와 E는 이미 운동량과 에너지에 쓰고 있기 때문에 쌍극자 모멘트와 전기장을 표기하는 데에는 쓸 수 없었다. 이 절에서 μ는 전기 쌍극자 모멘트라는 걸 기억하자.

$$H_{11} = E_0 + \mu\varepsilon, \quad H_{22} = E_0 - \mu\varepsilon \qquad (9.14)$$

라 하겠다. 또 전기장이 분자의 기하학적인 구조를 뒤틀 만큼 세지 않아서 질소가 수소 평면을 넘어갈 진폭에 영향을 주지 않는다고 가정할 것이다. 그러면 H_{12}와 H_{21}은 그대로

$$H_{12} = H_{21} = -A \qquad (9.15)$$

이다. 이제 이 새로운 H_{ij} 값들을 갖고 식 (8.43)의 해밀토니안 방정식을 풀어야 한다. 지난번과 같은 방법으로 풀 수도 있겠지만, 두 상태의 계에 대한 해를 사용할 기회가 나중에 몇 번 더 있을 것이기 때문에 임의의 H_{ij} 값에 대해 일반적인 경우 즉 시간에 따라 변하지 않는다는 것만 가정한 상황을 이번에 완전히 풀어 보도록 하자.

다음의 해밀토니안 방정식 쌍에 대한 일반적인 해를 구하고자 한다.

$$i\hbar \frac{dC_1}{dt} = H_{11}C_1 + H_{12}C_2 \qquad (9.16)$$

$$i\hbar \frac{dC_2}{dt} = H_{21}C_1 + H_{22}C_2 \qquad (9.17)$$

이들은 계수가 상수인 선형 미분 방정식(linear differential equation)이기 때문에 항상 독립변수 t의 지수함수인 해를 구할 수 있다. 먼저 C_1과 C_2가 동일한 형태로 시간에 따라 변하는 해를 찾아보겠다.

$$C_1 = a_1 e^{-i\omega t}, \qquad C_2 = a_2 e^{-i\omega t}$$

꼴의 해를 구해 보자. 이런 해는 에너지가 $E = \hbar\omega$인 상태에 대응하므로 이렇게 적을 수도 있다.

$$C_1 = a_1 e^{-(i/\hbar)Et} \qquad (9.18)$$
$$C_2 = a_2 e^{-(i/\hbar)Et} \qquad (9.19)$$

여기서 E는 아직 미지수이며 식 (9.16)과 (9.17)의 미분 방정식을 만족하도록 나중에 결정할 양이다.

(9.18)과 (9.19)에 있는 C_1과 C_2의 표현을 미분 방정식 (9.16)과 (9.17)에 대입하면, 도함수(derivative)는 그냥 $-iE/\hbar$ 곱하기 C_1 또는 C_2가 되므로 왼편은 단순히 EC_1과 EC_2가 된다. 공통인 지수 인자를 소거하면

$$Ea_1 = H_{11}a_1 + H_{12}a_2, \qquad Ea_2 = H_{21}a_1 + H_{22}a_2$$

를 얻는다. 항들을 정리하면

$$(E - H_{11})a_1 - H_{12}a_2 = 0 \qquad (9.20)$$
$$-H_{21}a_1 + (E - H_{22})a_2 = 0 \qquad (9.21)$$

이 된다. 이런 일차 연립 방정식에 대해 a_1과 a_2가 0이 아닌 해가 존재하려면 a_1과 a_2의 계수의 행렬식(determinant)이 0이 되어야 한다. 즉,

$$\text{Det}\begin{pmatrix} E - H_{11} & -H_{12} \\ -H_{21} & E - H_{22} \end{pmatrix} = 0 \qquad (9.22)$$

이다.

하지만 방정식과 미지수가 둘뿐이라면 그렇게 복잡하게 할 필요도 없다. 방정식 (9.20)과 (9.21) 각각에서 a_1과 a_2의 계수의 비를 얻을 수 있는데, 그 두 값이 같아야 할 것이다. (9.20)으로부터

$$\frac{a_1}{a_2} = \frac{H_{12}}{E - H_{11}} \qquad (9.23)$$

를 얻고 (9.21)로부터는

$$\frac{a_1}{a_2} = \frac{E - H_{22}}{H_{21}} \qquad (9.24)$$

가 나온다. 두 비율을 같다고 놓으면 E가 방정식

$$(E - H_{11})(E - H_{22}) - H_{12}H_{21} = 0$$

을 만족시켜야 한다는 걸 알 수 있다. 식 (9.22)를 풀어도 같은 결과를 얻는다. 어떤 방법으로든 E에 대한 이차 방정식을 얻으므로 해가 둘 있다.

$$E = \frac{H_{11} + H_{22}}{2} \pm \sqrt{\frac{(H_{11} - H_{22})^2}{4} + H_{12}H_{21}} \qquad (9.25)$$

에너지 E로 두 값이 가능하다. H_{11}과 H_{22}가 실수이고 $H_{12}H_{21}$은 $H_{12}H_{12}{}^* = |H_{12}|^2$여서 양의 실수이므로 두 해는 실수의 에너지 값을 갖는다는 걸 알아볼 수 있겠는가?

지난번에 사용했던 관례대로 높은 에너지를 E_I, 낮은 에너지를 E_{II}라 부르겠다. 그러면

$$E_I = \frac{H_{11} + H_{22}}{2} + \sqrt{\frac{(H_{11} - H_{22})^2}{4} + H_{12}H_{21}} \qquad (9.26)$$

$$E_{II} = \frac{H_{11} + H_{22}}{2} - \sqrt{\frac{(H_{11} - H_{22})^2}{4} + H_{12}H_{21}} \qquad (9.27)$$

가 된다. 이 두 에너지 값을 각각 식 (9.18)과 (9.19)에 사용하면 두 정상 상태(즉 에너지가 정해진 상태)에 대한 진폭을 얻게 된다. 외부에서 건드리지 않으면 초기에 이 둘 중 하나의 상태에 있던 계는 영원히 그 상태에 있게 된다. 위상만 변할 뿐이다.

특별한 경우 두 가지를 써서 이 결과를 검산해 볼 수 있다. 우선 $H_{12} = H_{21} = 0$이라면 $E_I = H_{11}$, $E_{II} = H_{22}$가 된다. 이는 분명히 옳은데, 이 경우엔 서로 얽혀 있는 식 (9.16)과 (9.17)이 따로 떨어지면서 각각이 에너지가 H_{11}과 H_{22}인 상태를 나타내기 때문이다. 다음으로 $H_{11} = H_{22} = E_0$ 및 $H_{21} = H_{12} = -A$라고 놓으면 지난번에 구한 결과, 즉

$$E_I = E_0 + A, \qquad E_{II} = E_0 - A$$

를 다시 얻는다.

일반적인 경우 E_I와 E_{II}의 두 해는 두 상태를 말하는데, 또 한 번

$$|\psi_I\rangle = |I\rangle e^{-(i/\hbar)E_I t} \text{ 및 } |\psi_{II}\rangle = |II\rangle e^{-(i/\hbar)E_{II} t}$$

라고 부를 수 있다. 이 상태들은 식 (9.18)과 (9.19)의 C_1, C_2값을 가지며 a_1과 a_2는 아직 미정이다. 이들의 비율은 식 (9.23) 또는 식 (9.24) 중 하나로 주어진다. 만족해야 하는 조건이 하나 더 있다. 계가 정상 상태에 있다면 $|I\rangle$ 또는 $|2\rangle$에서 발견될 확률의 합이 1이 되어야 한다. 즉

$$|C_1|^2 + |C_2|^2 = 1 \qquad (9.28)$$

또는 같은 뜻으로

$$|a_1|^2 + |a_2|^2 = 1 \qquad (9.29)$$

이 성립해야 한다. 이 조건만 갖고는 a_1, a_2를 완전히 구할 수 없다. 아직 $e^{i\delta}$ 등의 위상 값이 결정되지 않았다. a에 대한 일반 해를 쓸 수는 있지만*, 각각의 경우에 대한 해를 매번 새로 구하는 쪽이 보통 더 편리하다.

이제 다시 전기장 안의 암모니아 분자에 대한 예제로 돌아가겠다. (9.14)와 (9.15)에 주어진 H_{11}, H_{22}, H_{12}를 사용하면 두 정상 상태에 대한 에너지로

$$E_I = E_0 + \sqrt{A^2 + \mu^2 \mathcal{E}^2}, \qquad E_{II} = E_0 - \sqrt{A^2 + \mu^2 \mathcal{E}^2} \qquad (9.30)$$

을 얻는다. 그림 9-2에 이 두 에너지를 전기장 세기 $\mathcal{E}$에 대한 함수로 그려 보았다. 전기장이 0일 때 두 에너지 값은 물론 그냥 $E_0 \pm A$이다. 전기장을 걸어 주면 두 준위 사이의 간격은 증가한다. 처음엔 $\mathcal{E}$에 따라 간격이 천천히 벌어지다가 결국엔 $\mathcal{E}$에 비례하게 된다(쌍곡선인 것이다). 매우 강한 전기장의 경우 에너지는 그냥

$$E_I = E_0 + \mu\mathcal{E} = H_{11}, \qquad E_{II} = E_0 - \mu\mathcal{E} = H_{22} \qquad (9.31)$$

가 된다. 즉 두 배치의 에너지가 아주 많이 다른 경우에는 질소가 앞뒤로 뒤집히는 진폭이 있다는 사실이 별 영향을 끼치지 못한다. 나중에 이 흥미로운 사실에 대해 다시 얘기하겠다.

드디어 암모니아 메이저의 작동 방식을 이해할 준비가 되었다. 다음과 같은 과정을 따른다. 먼저 상태 $|I\rangle$에 있는 분자와 상태 $|II\rangle$의 분자를 분리하는

---

* 예를 들어, 다음이 가능한 해임을 확인할 수 있다.

$$a_1 = \frac{H_{12}}{[(E - H_{11})^2 + H_{12}H_{21}]^{1/2}}, \qquad a_2 = \frac{E - H_{11}}{[(E - H_{11})^2 + H_{12}H_{21}]^{1/2}}$$

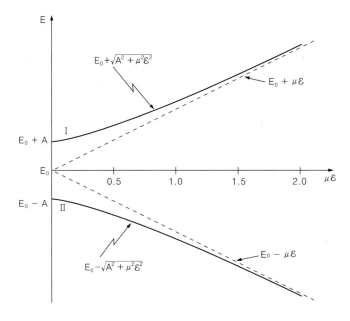

그림 9-2 전기장 안에 놓인 암모니아 분자의 에너지 준위

방법을 찾아낸다.* 그 다음, 높은 에너지 상태인 $|I\rangle$에 있는 분자들을 24,000 메가사이클의 공명 주파수를 갖는 공동(cavity)으로 통과시킨다. 분자들은 공동에 에너지를 전달하고(그 방식은 나중에 논의하겠다) 공동을 떠날 때 상태 $|II\rangle$에 있게 된다. 그 같은 전이를 일으키는 각 분자마다 공동에 $E = E_I - E_{II}$ 만큼의 에너지를 전달하는 것이다. 분자로부터 받은 에너지는 공동 안에서 전기 에너지로 나타난다.

어떻게 하면 서로 다른 상태의 분자를 분리할 수 있을까? 다음과 같은 방법이 있다. 암모니아 기체를 좁은 출구로 내보내고 한 쌍의 슬릿을 통과시켜서 그림 9-3처럼 폭이 좁은 빔을 만든다. 그 다음엔 빔이 강한 전기장이 횡단하는 장소를 통과하게 한다. 이 전기장을 만드는 전극은 장이 빔을 가로지르며 빠르게 변하도록 되어 있다고 하자. 그러면 전기장을 제곱한 값 $\mathcal{E}\cdot\mathcal{E}$은 빔에 수직인 방향으로 변화율이 클 것이다. 상태 $|I\rangle$인 분자의 에너지는 $\mathcal{E}^2$이 커짐에 따라 증가하기 때문에 이들은 $\mathcal{E}^2$이 낮은 구역으로 꺾인다. 반면에 상태 $|II\rangle$의 에너지는 $\mathcal{E}^2$이 커짐에 따라 감소하므로 이 분자들은 $\mathcal{E}^2$이 높은 쪽으로 꺾인다.

그림 9-3 암모니아 분자의 빔을 그에 수직인 방향으로 $\mathcal{E}^2$이 변하는 전기장을 써서 분리할 수 있다.

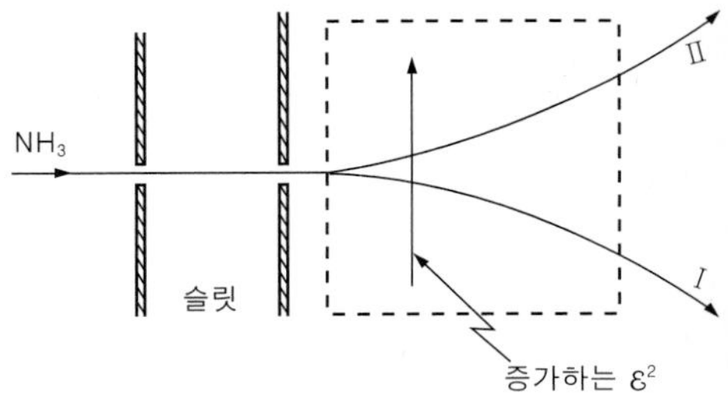

그런데 실험실에서 만들어 낼 수 있는 전기장 값으로는 에너지 $\mu\mathcal{E}$가 A에 비해 훨씬 작게 된다. 그런 경우엔 식 (9.30)의 제곱근을

$$A\left(1+\frac{1}{2}\frac{\mu^2\mathcal{E}^2}{A^2}\right) \tag{9.32}$$

으로 근사시킬 수 있다. 그러므로 에너지 준위는 실질적으로

* 지금부터 $|\psi_I\rangle$, $|\psi_{II}\rangle$ 대신 $|I\rangle$, $|II\rangle$라 쓰겠다. 실제 상태인 $|\psi_I\rangle$, $|\psi_{II}\rangle$는 에너지 기반 상태들에 적절한 지수 인자를 곱한 것과 같음을 기억하자.

$$E_I = E_0 + A + \frac{\mu^2 \mathcal{E}^2}{2A} \tag{9.33}$$

과

$$E_{II} = E_0 - A - \frac{\mu^2 \mathcal{E}^2}{2A} \tag{9.34}$$

이라고 할 수 있다. 그리고 이 에너지는 $\mathcal{E}^2$에 따라 거의 선형으로 변한다. 그러므로 분자에 작용하는 힘은

$$F = \frac{\mu^2}{2A} \nabla \mathcal{E}^2 \tag{9.35}$$

이다. 많은 분자들이 전기장 안에서 $\mathcal{E}^2$에 비례하는 에너지를 갖는다. 계수는 분자의 분극률(polarizability)이다. 암모니아 분자의 경우 분모의 A가 매우 작은 값이어서 분극률이 높다. 그래서 암모니아 분자가 전기장에 특히 민감한 것이다. (NH_3 기체의 유전 계수(dielectric coefficient)는 어떨 것 같은가?)

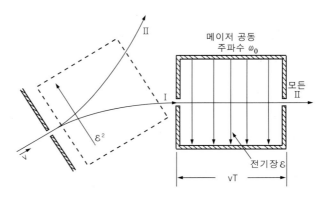

그림 9-4 암모니아 메이저 발생장치의 개략적인 구조

9-3 시간에 따라 변하는 전기장 안에서의 전이

암모니아 메이저 안에서는, 에너지가 E_I이고 상태 $|I\rangle$에 있는 분자들의 빔을 그림 9-4처럼 공명 공동(resonant cavity)을 통과하도록 보낸다. 다른 빔은 버리는 것이다. 공동 안에는 시간에 따라 변하는 전기장이 있다. 그러니까 이번 문제는 시간에 따라 바뀌는 전기장 안에서의 분자의 행동에 대한 것이다. 해밀토니안이 시간에 따라 변하는 아주 다른 종류의 상황을 만났다. H_{ij}가 $\mathcal{E}$에 따라 변하기 때문에 H_{ij}는 시간에 따라서도 바뀌는데, 이런 환경에 놓인 계가 어떤 반응을 보이는지 알아내야 한다.

먼저 풀어야 할 방정식들을 적어 보겠다.

$$i\hbar \frac{dC_1}{dt} = (E_0 + \mu\mathcal{E})C_1 - AC_2$$

$$i\hbar \frac{dC_2}{dt} = -AC_1 + (E_0 - \mu\mathcal{E})C_2 \tag{9.36}$$

구체적으로 전기장이 사인 함수 꼴로 변한다고 가정하자. 그러면

$$\mathcal{E} = 2\mathcal{E}_0 \cos \omega t = \mathcal{E}_0(e^{i\omega t} + e^{-i\omega t}) \qquad (9.37)$$

라 쓸 수 있겠다. 실제 실험에서는 진동수 ω가 분자의 전이 공명 주파수 (resonant frequency of transition) $\omega_0 = 2A/\hbar$와 거의 같은 값을 갖지만, 당분간 모든 걸 일반적으로 두고 진동수가 어떤 값이어도 좋다고 하겠다. 제일 좋은 방법은 지난번처럼 C_1과 C_2의 선형 조합을 만들어서 방정식을 푸는 것이다. 두 방정식을 더하고 2로 나눈 후 식 (9.13)에 있는 C_I, C_{II}의 정의를 사용하겠다. 결과는

$$i\hbar \frac{dC_{II}}{dt} = (E_0 - A)C_{II} + \mu\mathcal{E} C_I \qquad (9.38)$$

이다. 이는 식 (9.9)에 전기장과 관련이 있는 항을 더해 놓은 것과 같다. 같은 방식으로 (9.36)의 두 방정식의 차를 구하면

$$i\hbar \frac{dC_I}{dt} = (E_0 + A)C_I + \mu\mathcal{E} C_{II} \qquad (9.39)$$

를 얻는다.

이제 문제는 어떻게 이 방정식들을 풀 수 있는가이다. $\mathcal{E}$가 t에 따라 변하기 때문에 지난번보다 더 어렵다. 그리고 사실 일반적인 $\mathcal{E}(t)$에 대한 해를 간단한 함수만으로 표현하는 건 불가능하다. 하지만 전기장이 약한 경우에 좋은 근사법이 있다. 먼저

$$C_I = \gamma_I e^{-i(E_0 + A)t/\hbar} = \gamma_I e^{-i(E_I)t/\hbar}$$
$$C_{II} = \gamma_{II} e^{-i(E_0 - A)t/\hbar} = \gamma_{II} e^{-i(E_{II})t/\hbar} \qquad (9.40)$$

라 적겠다. 전기장이 없는 경우엔 γ_I, γ_{II}를 어떤 상수의 복소수로 고른다면 이 해는 옳을 것이다. 상태 $|I\rangle$에 있을 확률은 C_I의 절대값을 제곱한 값이며 상태 $|II\rangle$에 있을 확률은 C_{II}의 절대값의 제곱이기 때문에, 상태 $|I\rangle$ 또는 상태 $|II\rangle$에 있을 확률은 단순히 $|\gamma_I|^2$ 또는 $|\gamma_{II}|^2$이다. 가령 γ_I이 0이고 γ_{II}이 1이어서 계가 $|II\rangle$에서 시작했다면 이 상황은 영원히 계속될 것이다. 분자가 처음에 상태 $|II\rangle$에 있었다면 상태 $|I\rangle$로 바뀔 확률은 조금도 없다.

식을 (9.40)의 꼴로 쓰는 근거는 $\mu\mathcal{E}$가 A에 비해 작은 경우엔 해가 그 같은 형태가 되기 때문이다. 다만 γ_I과 γ_{II}가 지수함수에 비해서 시간에 따라 느리게 변하는 함수가 되긴 하지만 말이다. 바로 이것이 우리가 시도할 방법이다. 근사적인 해를 얻기 위해 우리는 γ_I, γ_{II}가 느리게 변한다는 사실을 이용하겠다.

이제 (9.40)의 C_I를 미분 방정식 (9.39)에 대입할 것인데, γ_I 또한 시간에 대한 함수라는 걸 잊으면 안 된다. 연쇄 법칙(chain rule)에 따르면

$$i\hbar \frac{dC_I}{dt} = E_I\gamma_I e^{-iE_It/\hbar} + i\hbar \frac{d\gamma_I}{dt} e^{-iE_It/\hbar}$$

이므로 미분 방정식은 이렇게 된다.

$$\left(E_I\gamma_I + i\hbar \frac{d\gamma_I}{dt}\right) e^{-(i/\hbar)E_It} = E_I\gamma_I e^{-(i/\hbar)E_It} + \mu\mathcal{E}\gamma_{II} e^{-(i/\hbar)E_{II}t} \qquad (9.41)$$

dC_{II}/dt에 대한 방정식도 마찬가지로

$$\left(E_{II}\gamma_{II} + i\hbar \frac{d\gamma_{II}}{dt}\right) e^{-(i/\hbar)E_{II}t} = E_{II}\gamma_{II} e^{-(i/\hbar)E_{II}t} + \mu\mathcal{E}\gamma_I e^{-(i/\hbar)E_It} \qquad (9.42)$$

가 된다. 각 방정식의 양변에 똑같은 항이 있다는 걸 알아볼 것이다. 그 항들을 없애고 윗 식에는 $e^{+iE_It/\hbar}$를, 아래 식에는 $e^{+iE_{II}t/\hbar}$를 곱한다. $(E_I - E_{II}) = 2A$ $= \hbar\omega_0$이므로 드디어

$$i\hbar \frac{d\gamma_I}{dt} = \mu\mathcal{E}(t)e^{i\omega_0 t}\gamma_{II}$$
$$\qquad\qquad\qquad\qquad\qquad\qquad (9.43)$$
$$i\hbar \frac{d\gamma_{II}}{dt} = \mu\mathcal{E}(t)e^{-i\omega_0 t}\gamma_I$$

를 얻게 된다.

이제 겉으로 보기엔 간단한 방정식 한 쌍을 얻었다. 물론 아직 정확하다. 한 변수를 미분한 것이 $\mu\mathcal{E}(t)e^{i\omega_0 t}$란 시간의 함수에 두 번째 변수를 곱한 것과 같고, 둘째 변수의 도함수도 비슷하게 시간의 함수에 첫째 변수를 곱한 것과 같다. 이 간단한 방정식을 일반적으로 풀 수는 없지만 몇몇 특별한 경우에 대해 풀어 보겠다.

적어도 당분간은 진동하는 전기장의 경우에만 관심을 둘 것이다. 식 (9.37) 의 $\mathcal{E}(t)$값을 취하면 γ_I, γ_{II}에 대한 방정식은

$$i\hbar \frac{d\gamma_I}{dt} = \mu\mathcal{E}_0\left[e^{i(\omega+\omega_0)t} + e^{-i(\omega-\omega_0)t}\right]\gamma_{II}$$
$$\qquad\qquad\qquad\qquad\qquad\qquad (9.44)$$
$$i\hbar \frac{d\gamma_{II}}{dt} = \mu\mathcal{E}_0\left[e^{i(\omega-\omega_0)t} + e^{-i(\omega+\omega_0)t}\right]\gamma_I$$

이 되는 걸 알 수 있다. $\mathcal{E}_0$가 충분히 작다면 γ_I과 γ_{II}가 변하는 비율도 역시 작을 것이다. 두 γ는 시간에 따라 별로 바뀌지 않을 텐데, 특히 지수함수 꼴의 빠른 변화에 비해서 그럴 것이다. 이 지수 항에는 $\omega + \omega_0$ 또는 $\omega - \omega_0$의 진동수로 진동하는 실수 부분과 허수 부분이 있다. $\omega + \omega_0$의 항은 평균값 즉 0을 중심으로 매우 빠르게 진동하므로 평균적으로는 γ의 변화율에 별로 영향을 미치지 않는다. 따라서 이 항들을 그의 평균값인 0으로 바꾸어 놓아도 충분히 합리적인 근사가 된다. 그것들은 이제 빼놓고 이렇게 근사시킬 수 있다.

$$i\hbar \frac{d\gamma_I}{dt} = \mu \mathcal{E}_0 e^{-i(\omega-\omega_0)t} \gamma_{II}$$

$$i\hbar \frac{d\gamma_{II}}{dt} = \mu \mathcal{E}_0 e^{i(\omega-\omega_0)t} \gamma_I$$

(9.45)

ω의 값이 ω_0 근처에 있지 않다면 지수가 $(\omega - \omega_0)$에 비례하는 남은 항조차도 역시 매우 빠르게 변한다. 그렇지 않은 경우, 즉 ω와 ω_0가 비슷한 값일 때에만 우변의 방정식이 충분히 느리게 변해서 시간에 대해 적분했을 때 어느 정도 양이 쌓일 것이다. 달리 말하면 약한 전기장의 경우에 중요한 진동수는 ω_0 주변의 값들뿐이다.

식 (9.45)를 얻는 데 쓴 근사법을 적용하면 방정식을 정확하게 풀어낼 수 있지만, 다소 복잡하기 때문에 나중에 비슷한 문제를 또 만나게 될 때까지 미뤄 놓겠다. 지금은 방정식을 그냥 근사적으로만 풀 것이다. 아니, 좀 더 정확히 말하자면 완벽한 공명의 경우엔 정확한 해를, 공명 근처의 진동수에 대해서는 근사적 해를 구하겠다.

9-4 공명 조건에서의 전이

먼저 완벽한 공명의 경우를 생각해 보자. $\omega = \omega_0$를 택하면 (9.45)의 두 방정식의 지수 항이 1이므로 그냥

$$\frac{d\gamma_I}{dt} = -\frac{i\mu\mathcal{E}_0}{\hbar}\gamma_{II}, \qquad \frac{d\gamma_{II}}{dt} = -\frac{i\mu\mathcal{E}_0}{\hbar}\gamma_I$$

(9.46)

이 되어 버린다. 이들 방정식에서 γ_I과 γ_{II}를 따로 소거해 보면 각각이 다음과 같은 단순 조화 운동의 미분 방정식을 만족한다는 사실을 알 수 있다.

$$\frac{d^2\gamma}{dt^2} = -\left(\frac{\mu\mathcal{E}_0}{\hbar}\right)^2 \gamma$$

(9.47)

이 방정식의 일반해는 사인과 코사인으로 나타낼 수 있다. 쉽게 확인해 볼 수 있듯이 다음 식도 그중 하나이다.

$$\gamma_I = a\cos\left(\frac{\mu\mathcal{E}_0}{\hbar}\right)t + b\sin\left(\frac{\mu\mathcal{E}_0}{\hbar}\right)t$$

$$\gamma_{II} = ib\cos\left(\frac{\mu\mathcal{E}_0}{\hbar}\right)t - ia\sin\left(\frac{\mu\mathcal{E}_0}{\hbar}\right)t$$

(9.48)

여기서 a와 b는 주어진 물리적 상황에 맞게 정하는 상수이다.

예를 들어 $t = 0$에 이 분자계가 높은 에너지 상태인 $|I\rangle$에 있었다고 하면 $t = 0$에서 $\gamma_I = 1$이며 $\gamma_{II} = 0$이 성립해야 할 것이다(식 (9-40) 참고). 따라서 $a = 1$, $b = 0$이다. 얼마 후의 시간 t에 분자가 $|I\rangle$ 상태에 있을 진폭은 γ_I의 절대값의 제곱, 즉

$$P_I = |\gamma_I|^2 = \cos^2\left(\frac{\mu\varepsilon_0}{\hbar}\right)t \qquad (9.49)$$

이다. 비슷한 이유로 분자가 상태 $|II\rangle$에 있게 될 확률은 의 절대값의 제곱인

$$P_{II} = |\gamma_{II}|^2 = \sin^2\left(\frac{\mu\varepsilon_0}{\hbar}\right)t \qquad (9.50)$$

으로 주어진다. ε가 작고 정확히 공진 조건에 있다면($\omega = \omega_0$) 확률은 단순히 진동 함수로 주어지게 된다. $|I\rangle$ 상태에 있을 확률은 1에서 0으로 갔다가 돌아오며, $|II\rangle$ 상태에 있을 진폭은 0에서 1로 올라갔다가 다시 돌아오고 한다. 두 확률의 시간에 따른 변화는 그림 9 - 5를 보자. 당연한 얘기의 반복이지만 두 확률의 합은 언제나 1과 같다. 분자가 항상 어느 상태엔가는 있다는 것이다.

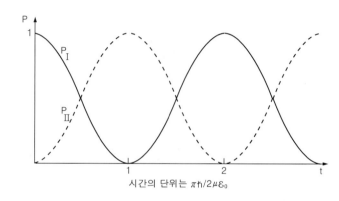

그림 9 - 5 사인 꼴로 변하는 전기장 안에 놓인 암모니아 분자가 두 상태에 있을 확률

분자가 공동을 통과하는 데 T라는 시간이 걸린다고 해 보자. 공동이 딱 $\mu\varepsilon_0 T/\hbar = \pi/2$가 성립할 만큼의 길이를 갖게 만들면 $|I\rangle$의 상태로 들어온 분자는 분명히 상태 $|II\rangle$가 되어 나갈 것이다. 고에너지 상태로 공동에 들어온다면 공동을 빠져나갈 땐 저에너지 상태에 있을 거란 말이다. 달리 말하면 에너지가 감소하는데 그 손실분은 장을 만들어 내는 장치 외에는 갈 곳이 없는 것이다. 분자의 에너지가 공동을 진동하는 일에 전달되는 과정을 자세히 이해하는 건 복잡한 문제지만, 에너지 보존 원리를 사용하면 그런 상세한 일들은 공부할 필요가 없다(여러분이 꼭 해야겠다면 할 수도 있지만 그러려면 원자의 양자역학뿐 아니라 공동 내 장의 양자역학도 다뤄야 할 것이다).

요약하자면 분자가 공동 안에 들어가고, 정확히 맞는 주파수로 진동하고 있는 공동 내부의 장은 위 상태에서 아래 상태로의 전이를 유도하며, 그렇게 방출된 에너지가 진동하는 장으로 전달되는 것이다. 메이저가 작동할 때 분자들은 공동 안의 진동을 유지하는 데 충분한 에너지를 전달한다. 공동이 분자의 상태 전이에 사용한 에너지를 보충하는 정도를 넘어 남은 에너지를 공동 밖으로 뽑아낼 수 있을 만큼 넉넉하게 보태 주는 것이다. 그럼으로써 분자의 에너지가 외부 전자기장의 에너지로 변환되는 것이다.

빔이 공동으로 들어가기 전에 여과기로 걸러서 에너지가 높은 상태만 들어가도록 했다는 걸 기억하자. 앞에서와 같은 논리로, 아래 상태에 있는 분자들로

시작을 했으면 과정이 반대로 되어 공동으로부터 에너지를 빼내게 된다는 점도 쉽게 보일 수 있다. 여과하지 않은 빔을 집어넣으면 에너지를 뽑아낸 분자의 수와 에너지를 주입한 분자의 수가 같으므로 아무 일도 생기지 않을 것이다. 실제로 작동할 때는 물론 $\mu \varepsilon_0 T / \hbar$ 가 정확히 $\pi/2$ 가 될 필요는 없다. (π의 정수 배수를 제외한) 어떤 값이라도 상태 $|I\rangle$ 에서 상태 $|II\rangle$ 로 전이가 일어날 확률이 어느 정도 있다. 하지만 다른 값에서는 전이 확률이 100%가 되지 않는다. 공동에 에너지를 공급하던 많은 분자들이 더 이상 에너지 전달에 참여하지 않게 된다.

실제로는 분자들의 속도는 모두 같지 않으며 맥스웰 분포(Maxwell distribution)를 따른다. 이는 분자마다 이상적인 주기(period)가 제각각 다르다는 뜻으로 모든 분자들에서 동시에 100%의 효율을 얻기는 불가능하다. 생각해 보기 어렵지 않은 또 다른 현상이 있긴 하지만 이 단계에서 자세히 다루지는 않으려 한다. 대강 이런 것이다. 공동 안에서의 전기장이 일반적으로 위치에 따라 다르다는 걸 기억할 것이다. 그러므로 분자가 공동 내부를 지날 때 분자가 있는 곳의 전기장은 우리가 가정했던 단순한 사인 함수 형태의 진동보다 더 복잡하게 변하게 된다. 이 점을 정확히 반영하려면 더 복잡한 적분을 써야 할 테지만, 기본적인 과정 자체는 앞에서와 다르지 않다.

메이저를 다른 방법으로 만들 수도 있다. 슈테른 - 게를라흐 장치를 써서 상태 $|I\rangle$과 $|II\rangle$로 분류하는 대신 원자들을 먼저 기체나 고체 상태로 공동 안에 넣은 뒤 상태 $|II\rangle$의 원자들을 어떤 방법으로든 상태 $|I\rangle$로 전환하면 된다. 그 방법 중 지금 소개하려는 것은 소위 삼상 메이저(three-state MASER)라는 장치에서 이용된다. 그 안에는 그림 9 - 6처럼 에너지 준위가 셋 있으며 다음과 같은 특별한 성질이 있는 원자계를 사용한다. 우선 원자계가 에너지가 $\hbar\omega_1$인 복사를 받은 다음 곧바로 $\hbar\omega_2$의 광자를 방출해서 에너지가 E_I인 상태 $|I\rangle$로 간다. 상태 $|I\rangle$은 수명(lifetime)이 길기 때문에 많은 원자가 동시에 그 상태에 존재할 수 있는데, 그러면 $|I\rangle$과 $|II\rangle$ 사이에서 메이저를 작동시키기 적합한 조건이 되는 것이다. 이런 장치를 삼상 메이저라 부르긴 하지만, 이 경우에도 본질적으로는 두 상태 사이에 일어나는 현상이므로 앞에서 본 메이저와 원리가 같다.

레이저(LASER ; Light Amplification by Stimulated Emission of Radiation)란 가시광선 영역에서 작동하는 메이저일 뿐이다. 레이저의 경우에는 공동이 보통 두 평면 거울로 되어 있어 그 사이에 정상파가 생긴다.

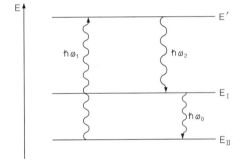

그림 9-6 세 상태를 갖는 메이저의 에너지 준위

9-5 공명 조건을 만족하지 않는 경우의 전이

마지막으로 공동의 진동수가 정확히 ω_0는 아니지만 그에 가까운 상황을 살펴보려 한다. 정확히 풀 수도 있겠지만, 전기장이 약하고 시간 간격 T가 짧아서 $\mu \varepsilon_0 T / \hbar$가 1보다 훨씬 작은 중요한 경우를 생각해 보겠다. 이런 조건에서는 방금 공부한 완벽한 공명의 경우에도 전이를 일으킬 확률은 작다. 이번에도 $\gamma_I = 1$과 $\gamma_{II} = 0$에서 시작하자. T라는 시간 동안 γ_I은 거의 1에 가까울 것이며 γ_{II}는 계속 1에 비해 작을 것이다. 그러면 문제는 아주 쉬워진다. γ_{II}는 (9.45)의 두번째 방정식에서 γ_{I}을 1이라 놓고 $t = 0$에서 $t = T$까지 적분하면 계산할 수 있다. 결과는

$$\gamma_{II} = \frac{\mu \mathcal{E}_0}{\hbar} \left[\frac{1 - e^{i(\omega - \omega_0)T}}{\omega - \omega_0} \right] \tag{9.51}$$

인데, 이 γ_{II}를 식 (9.40)에 넣으면 T라는 시간 동안 상태 $|I\rangle$에서 상태 $|II\rangle$로 전이가 일어날 진폭을 얻을 수 있다. 전이 확률 $P(I \rightarrow II)$는 $|\gamma_{II}|^2$이므로 다음과 같다.

$$P(I \rightarrow II) = |\gamma_{II}|^2 = \left[\frac{\mu \mathcal{E}_0 T}{\hbar} \right]^2 \frac{\sin^2[(\omega - \omega_0)T/2]}{[(\omega - \omega_0)T/2]^2} \tag{9.52}$$

시간 간격 T를 상수로 두고 이 확률과 공동의 진동수 사이의 관계를 그래프로 그려서 공명 진동수 ω_0 근처에서 진동수에 따라 얼마나 민감하게 변하는지 보면 재미있는 일이 생긴다. 그림 9-7에 이와 같은 그림 $P(I \rightarrow II)$이 있다. (함수값을 $\omega = \omega_0$에서의 확률로 나눠서 최고점에서의 값이 1이 되도록 조정했다.) 회절 이론을 공부할 때 이런 곡선을 본 적이 있으니까 낯설지 않을 것이다. 이 곡선은 $(\omega - \omega_0) = 2\pi/T$에서 갑자기 0으로 떨어지는데, 그밖의 범위 어디에서도 다시 웬만큼 큰 값으로 돌아오지 않는다. 곡선 아래 면적 중 거의 대부분이 $\pm \pi/T$의 범위 안에 있는 것이다. 곡선 아래의 총 면적이 $2\pi/T$라는 사실을 보일 수 있는데,* 이는 그림에서 빗금 친 직사각형의 면적과 같다.

실제 메이저에 대해서 우리가 얻은 결과가 어떤 의미를 갖는지 생각해 보자. 암모니아 분자가 적당한 시간 간격, 가령 1밀리초 동안 공동 안에 있다고 하겠

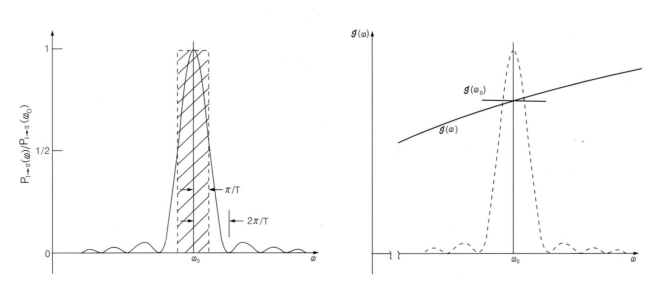

그림 9-7 주파수에 따른 암모니아 분자의 전이 확률   **그림 9-8** 스펙트럼 세기 함수 $\mathcal{g}(\omega)$ 대신 근사적으로 ω_0에서의 값을 쓸 수 있다.

---

* 다음의 공식을 이용한다. $\int_{-\infty}^{+\infty} (\sin^2 x / x^2) dx = \pi$

다. 그럼 $f_0 = 24{,}000$ 메가사이클에 대해 $(f - f_0)/f_0 = 1/f_0 T$, 즉 10^8분의 5만큼 진동수 편차가 있을 때 전이 확률이 0으로 떨어질 거라 예측할 수 있다. 따라서 전이 확률로 유의미한, 즉 너무 작지 않은 값을 얻으려면 진동수는 반드시 ω_0에 무척 가까워야 한다. 바로 이 효과 때문에 메이저 원리에 따라 작동하는 원자시계가 대단히 정확한 것이다.

9-6 빛의 흡수

앞에서의 논리는 암모니아 메이저가 아닌 더 일반적인 경우에도 적용할 수 있다. 우리는 전기장의 영향 아래 있는 분자의 행동을 다루었다. 그러므로 단순히 분자에 마이크로파(microwave) 영역대의 빛을 쏘이는 경우에 대한 방출 또는 흡수 확률도 구할 수 있다. 전에 사용했던 방정식을 이 경우에도 똑같이 적용할 수 있지만, 이번엔 전기장 대신 복사의 세기를 사용해서 식을 다시 적어 보겠다. 세기(intensity) $\mathscr{I}$를 단위 면적당 단위 시간당 평균 에너지의 흐름(flow)이라고 정의하면, 2권의 27장으로부터

$$\mathscr{I} = \epsilon_0 c^2 \,|\, \mathcal{E} \times \boldsymbol{B} \,|_{\text{ave}} = \frac{1}{2}\,\epsilon_0 c^2 (\mathcal{E} \times \boldsymbol{B})_{\text{max}} = 2\epsilon_0 c\,\mathcal{E}_0^{\,2}$$

라 쓸 수 있다. ($\mathcal{E}$의 최고치는 $2\mathcal{E}_0$이다.) 이제 전이 확률은

$$P(I \to II) = 2\pi \left[\frac{\mu^2}{4\pi\,\epsilon_0 \hbar^2 c} \right] \mathscr{I}\, T^2 \frac{\sin^2 \left[(\omega - \omega_0) T/2\right]}{\left[(\omega - \omega_0) T/2\right]^2} \tag{9.53}$$

이 된다.

이런 계에 빛이 비춰질 때는 완전히 단색(monochromatic)광이 아닌 경우가 많다. 그러므로 또 하나의 문제를 풀어 볼 만하다. 즉 빛의 세기가 단위 진동수 간격당 $\mathscr{I}(\omega)$이며 진동수가 ω_0를 포함하는 넓은 범위에서 변할 때의 전이 확률이다. 그러면 $|I\rangle$에서 $|II\rangle$로 가는 확률은 다음의 적분이 된다.

$$P(I \to II) = 2\pi \left[\frac{\mu^2}{4\pi\,\epsilon_0 \hbar^2 c} \right] T^2 \int_0^\infty \mathscr{I}(\omega) \frac{\sin^2 \left[(\omega - \omega_0) T/2\right]}{\left[(\omega - \omega_0) T/2\right]^2} d\omega \tag{9.54}$$

일반적으로 $\mathscr{I}(\omega)$는 뾰족한 공명 항에 비하면 ω에 대해 훨씬 더 느리게 변한다. 이 두 함수는 그림 9-8처럼 나타낼 수 있을 것이다. 이런 경우엔 $\mathscr{I}(\omega)$를 뾰족한 공명곡선의 중간지점 값인 $\mathscr{I}(\omega_0)$로 바꿔서 적분 밖으로 내보낼 수 있다. 그러면 그림 9-7의 곡선 아래의 적분, 즉 $2\pi/T$만 남는다. 따라서

$$P(I \to II) = 4\pi^2 \left[\frac{\mu^2}{4\pi\,\epsilon_0 \hbar^2 c} \right] \mathscr{I}(\omega_0)\, T \tag{9.55}$$

라는 결과를 얻는다.

이는 분자계 또는 원자계에 의한 빛의 흡수에 대한 일반 이론으로, 중요한 결과이다. 처음 시작할 때 상태 $|I\rangle$이 상태 $|II\rangle$보다 높은 에너지에 있는 경우를 고려했지만 지금까지의 논의 과정 중 어느 부분도 그 점에 좌우되지 않았

다. 식 (9.55)는 상태 $|I\rangle$의 에너지가 상태 $|II\rangle$보다 낮아도 성립한다. 이 경우에 $P(I \rightarrow II)$는 입사 전자기파로부터 에너지를 흡수할 때의 전이 확률을 뜻한다. 어떤 원자계에 의한 빛의 흡수에도, 진동하는 전기장 안에서 에너지 $E = \hbar\omega_0$만큼 떨어져 있는 두 상태 사이를 전이하는 확률 진폭 계산 문제가 따라다니게 마련이다. 어떤 경우에도 본 장에서의 방법으로 문제를 풀 수 있으며 식 (9.55)와 같은 결과를 얻는다. 그러므로 이 결과에 대해 다음과 같은 점들을 강조하고자 한다. 첫째, 확률은 T에 비례한다. 다시 말해서 단위 시간당 전이가 일어날 확률은 일정하다. 둘째, 이 확률은 계에 입사하는 빛의 세기에 비례한다. 마지막으로 전이 확률은 μ^2에 비례하는데, $\mu\mathcal{E}$는 전기장 $\mathcal{E}$를 걸어 주었을 때의 에너지 변화로 정의했음을 기억하자. 바로 이런 이유 때문에 식 (9.38)과 (9.39)에서도 원래는 정상 상태인 $|I\rangle$과 $|II\rangle$ 사이의 전이를 설명하는 데 필요한 결합(coupling)항으로 등장했던 것이다. 좀 어려운 말로 하면 우리가 고려해 온 범위의 작은 $\mathcal{E}$값에 대하여 $\mu\mathcal{E}$는 상태 $|I\rangle$과 $|II\rangle$를 연결시켜 주는, 해밀토니안 행렬 원소의 소위 섭동(perturbation)항인 것이다. 보통의 경우라면 $\mu\mathcal{E}$ 대신 $\langle II \,|\, H \,|\, I \rangle$의 행렬 원소가 왔을 것이다(5 - 6절 참고).

1권(42 - 5절)에서 빛의 흡수와 유도 방출(induced emission) 및 자발적 방출(spontaneous emission) 사이의 관계를 아인슈타인의 A와 B 계수를 사용해 얘기했었다. 이제 드디어 이 계수들을 계산하는 데 필요한 양자역학적 과정을 배운 것이다. 우리가 두 상태 암모니아 분자의 경우에 $P(I \rightarrow II)$라 부른 값은 아인슈타인 복사이론의 흡수 계수 B_{nm}에 정확히 대응된다. 암모니아 분자는 아무도 정확히 계산하지 못할 정도로 복잡하므로 $\langle II \,|\, H \,|\, I \rangle$의 행렬 원소를 $\mu\mathcal{E}$라고 하고 μ의 값을 실험을 통해서 얻을 수 있다고 했던 것이다. 더 단순한 원자계라면 특정한 전이에 속하는 μ_{mn}값을

$$\mu_{mn}\mathcal{E} = \langle m \,|\, H \,|\, n \rangle = H_{mn} \tag{9.56}$$

의 정의로부터 계산할 수 있는데, 여기서 H_{mn}은 약한 전기장의 효과를 포함하는 해밀토니안의 행렬 원소이다. 이런 방식으로 계산한 μ_{mn}을 전기 쌍극자 행렬 원소(electric dipole matrix element)라 부른다. 그러므로 빛의 흡수와 방출에 대한 양자역학 이론은 특정한 원자계에 대해 이 행렬 원소들을 계산하는 것으로 귀착된다.

이렇게 하여 우리는 간단한 두 상태 계를 공부함으로써 빛의 흡수와 방출에 대한 일반적 문제까지도 이해할 수 있게 되었다.

CHAPTER 10
두 상태 계의 다른 예

10-1 수소 분자 이온

지난 장에서는 암모니아 분자를 두 상태 계(two-state system)로 근사시킨 후 그 계의 여러 측면을 살펴보았다. 물론 암모니아 분자는 진정한 두 상태 계라고 할 수는 없다. 회전, 진동, 병진 운동 등에 의한 상태도 존재하기 때문이다. 그렇지만 질소 원자가 뒤집히는 현상 때문에 각각의 운동 상태가 전부 둘로 갈라지게 되므로 두 상태 계에 대한 논리를 써야만 이들을 분석할 수 있다. 이번 장에서는 약간의 근사법을 적용하면 두 상태를 갖는 계로 볼 수 있는 다른 예들을 공부해 보겠다. 많은 부분을 근사적으로 서술해야만 할 텐데, 이는 그 두 상태 외에도 다른 상태들이 더 있기 때문이며 좀 더 정확히 분석하려면 나머지 상태들도 고려해야 할 것이다. 하지만 본 장에서 다루게 될 예에서는 두 상태만 고려해도 많은 것을 배울 수 있다.

두 상태를 갖는 계만 다룰 것이기 때문에 우리가 사용할 해밀토니안은 지난 장에서의 것과 같다. 해밀토니안이 시간에 대해 독립적일 때 보통 에너지가 다른 두 정상 상태가 존재한다는 사실은 이미 배웠다. 하지만 이 정상 상태가 아닌, 조금 다르지만 단순한 물리적 의미를 갖는 기반 상태들을 이용해서 분석을 시작하겠다. 그러면 이 계의 정상 상태는 기반 상태들의 선형 조합으로 표현될 수 있다.

본 장에서 자주 쓰게 될 9장의 중요한 공식들을 정리해 보겠다. 처음 선택하는 기반 상태를 $|1\rangle$과 $|2\rangle$라고 해 보자. 그러면 어떤 임의의 상태 $|\psi\rangle$를 다음과 같은 선형 조합으로 나타낼 수 있다.

$$|\psi\rangle = |1\rangle\langle 1|\psi\rangle + |2\rangle\langle 2|\psi\rangle = |1\rangle C_1 + |2\rangle C_2 \qquad (10.1)$$

진폭 C_i(C_1 또는 C_2를 의미한다)는 다음 두 선형 미분 방정식을 만족한다.

$$i\hbar \frac{dC_i}{dt} = \sum_j H_{ij} C_j \qquad (10.2)$$

여기서 i와 j는 1 혹은 2가 될 수 있다.

해밀토니안 H_{ij}가 시간에 따라 변하지 않을 때, 에너지가 정해진 두 (정상) 상태

$$|\psi_I\rangle = |I\rangle e^{-(i/\hbar)E_I t} \text{와} \quad |\psi_{II}\rangle = |II\rangle e^{-(i/\hbar)E_{II} t}$$

의 에너지는 다음과 같다.

$$E_I = \frac{H_{11} + H_{22}}{2} + \sqrt{\frac{(H_{11} - H_{22})^2}{4} + H_{12}H_{21}}$$

$$E_{II} = \frac{H_{11} + H_{22}}{2} - \sqrt{\frac{(H_{11} - H_{22})^2}{4} + H_{12}H_{21}}$$

(10.3)

각 상태의 두 C는 시간에 따른 변화를 나타내는 부분의 모양이 같다. 정상 상태에 따라오는 벡터 $|I\rangle$, $|II\rangle$와 원래의 기반 상태 $|1\rangle$, $|2\rangle$ 사이에는 다음 관계가 성립한다.

$$|I\rangle = |1\rangle a_1 + |2\rangle a_2$$
$$|II\rangle = |1\rangle a_1' + |2\rangle a_2'$$

(10.4)

여기서 a는 아래 식을 만족하는 상수 복소수이다.

$$|a_1|^2 + |a_2|^2 = 1$$
$$\frac{a_1}{a_2} = \frac{H_{12}}{E_I - H_{11}}$$

(10.5)

$$|a_1'|^2 + |a_2'|^2 = 1$$
$$\frac{a_1'}{a_2'} = \frac{H_{12}}{E_{II} - H_{11}}$$

(10.6)

만약 H_{11}과 H_{22}가 E_0로 같고 $H_{12} = H_{21} = -A$라면 $E_I = E_0 + A$, $E_{II} = E_0 - A$ 이고 상태 $|I\rangle$과 $|II\rangle$는 다음과 같이 간단해진다.

$$|I\rangle = \frac{1}{\sqrt{2}}\left[|1\rangle - |2\rangle\right], \qquad |II\rangle = \frac{1}{\sqrt{2}}\left[|1\rangle + |2\rangle\right]$$

(10.7)

이제부터는 이 결과를 이용해서 화학과 물리 분야에서 찾은 여러 흥미로운 예제를 다뤄 보겠다. 첫 번째 예는 수소 분자 이온(hydrogen molecular ion)이다. 양으로 이온화된 수소 분자는 양성자 두 개와 그 주위를 느리게 도는 전자 하나로 이루어져 있다. 두 양성자가 아주 멀리 떨어져 있을 때 이 계의 상태를 예측할 수 있을까? 그에 대한 답은 분명하다. 전자가 한쪽 양성자에 가까이 머물러 가장 낮은 상태에 있는 수소 원자를 만들고 다른 양성자는 양이온으로 따로 남을 것이다. 따라서 두 양성자가 멀리 떨어져 있는 경우, 전자가 한 개의 양성자에 거의 붙어 있는 물리적 상태를 마음속으로 그려 볼 수 있다. 물론 이와 대칭인 상태가 하나 더 있다. 전자가 반대쪽 양성자의 근처에 있고 첫 번째 양성자가 이온화된 경우다. 이 둘을 기반 상태로 하고 $|1\rangle$과 $|2\rangle$라 부르겠다. 두 상태를 그림 10-1에 보였다. 물론 양성자 근처에 전자가 존재하는 상태는 수소 원자의 들뜬 상태를 포함하므로 여러 가지가 존재한다. 우리는 지금 그 다양한 상태에 대해 알아보려는 것이 아니다. 수소 원자가 가장 낮은 상태인 바닥 상태에 있는 상황만을 생각하고, 당분간은 전자의 스핀도 무시하겠다. 앞으로 살펴볼 모든 상태에서 전자의 스핀이 축의 양의 방향이라고 가정해도 관계없다.*

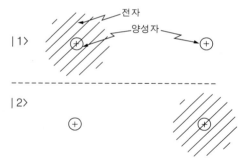

전자
양성자

$|1\rangle$

$|2\rangle$

그림 10-1 양성자 둘, 전자가 하나인 경우의 두 기반 상태

---

* 이는 자기장이 없거나 무시할 수 있는 경우에 한해서 그렇다. 잠시 후에 자기장이 전자에 미치는 영향에 대해 논의할 것이고, 12장에서는 수소 원자의 스핀이 갖는 아주 작은 효과에 대해서도 이야기할 것이다.

전자를 수소 원자로부터 떼어 놓기 위해서는 13.6 전자볼트의 에너지가 필요하다. 수소 분자 이온의 두 양성자가 멀리 떨어져 있다면 전자가 그 양성자들 사이의 중간 부근까지 이동하는 데 그 정도의 에너지가 필요하다. 우리 입장에서는 꽤 큰 양인데, 그러므로 고전적인 시각에서 볼 때 전자가 한 양성자에서 다른 양성자로 이동하는 건 불가능하다. 양자역학에서는 확률이 낮긴 하지만 가능하다. 전자가 한 양성자에서 다른 양성자로 이동할 진폭이 작게나마 있다는 말이다. 그러면 일차 근사(first approximation) 범위 내에서 기반 상태 |1⟩과 |2⟩의 에너지는 각각 수소 원자 하나와 양성자 하나의 에너지의 합인 E_0가 될 것이다. 해밀토니안 행렬 원소 H_{11}과 H_{22}가 대략 E_0와 같다고 할 수 있다. 나머지 행렬 원소 H_{12}와 H_{21}은 전자가 이리저리 옮겨 다니는 진폭을 나타내는데, 다시 한 번 $-A$라고 하겠다.

이제 지난 두 장에서와 똑같은 문제가 되었다. 전자가 왔다 갔다 할 수 있다는 사실을 무시하면 에너지가 똑같은 두 상태를 갖게 된다. 하지만 이 에너지는 전자가 이리저리 움직일 가능성 때문에 두 에너지 준위로 갈라질 것이다. 전이 확률이 높을수록 에너지의 차이도 크다. 그러므로 계의 에너지 준위는 $E_0 + A$와 $E_0 - A$가 되고 에너지가 정해진 이 두 상태는 식 (10.7)로 표현된다.

얻은 해를 살펴보면, 양성자와 수소 원자가 그 위치가 어디가 되었든 서로 가까이 있다면 전자가 하나의 양성자에 머무르지 않고 두 양성자 사이를 계속 왔다 갔다 하는 것을 알 수 있다. 전자가 처음에 둘 중 하나의 양성자에 위치해 있다면 상태 |1⟩과 |2⟩ 사이를 진동하며 시간에 따라 변하는 해를 얻을 것이다. (시간에 따라 변하지 않는) 최저 에너지의 해를 얻으려면 전자가 두 양성자 주변에 있을 진폭이 동일한 계에서 시작해야 한다. 전자가 두 개 있는 것이 아님을 잊지 말자. 각 양성자가 전자를 하나씩 거느리고 있는 것이 아니다. 전자는 하나뿐인데 그것이 둘 중 한쪽에 위치할 진폭의 크기가 $1/\sqrt{2}$로 같은 것이다.

이쪽 양성자에 가까이 위치한 전자가 저쪽 양성자로 갈 진폭 A는 두 양성자 사이의 거리에 따라 변한다. 양성자들이 가까울수록 그 진폭은 커진다. 고전적으로는 불가능했던 전자의 장벽 통과(barrier penetration) 진폭에 관해 7장에서 얘기했던 내용을 기억해 보자. 지금도 같은 상황이다. 전자가 반대편으로 건너갈 진폭은 양성자 사이의 거리가 먼 경우 대략 거리에 대한 지수함수 꼴로 작아진다. 양성자들이 가까워질수록 전이 확률, 즉 A가 커지므로 에너지 준위의 차이 또한 커진다. 계가 상태 |I⟩에 있다면 그 에너지 $E_0 + A$는 양성자 간 거리가 줄어들수록 커지므로 이 양자역학적 효과 때문에 양성자가 서로 멀어지게 된다. 척력이 생기는 것이다. 반면 계가 상태 |II⟩에 있다면 전체 에너지는 양성자가 가까워질수록 낮아진다. 양성자를 서로 가까이 잡아당기는 인력이 존재하는 것이다. 이 두 에너지는 양성자 사이의 거리에 따라 그림 10-2와 같이 변화한다. 이로써 H_2^+ 이온의 결합력에 대해 양자역학적으로 설명을 해낸 것이다.

하지만 우리가 잊은 것이 한 가지 있다. 두 양성자 사이에는 방금 설명한 힘 외에 정전기적 척력도 작용한다. 두 양성자가 그림 10-1처럼 멀리 떨어져 있을 경우 노출된(bare) 양성자 입장에서는 나머지 원자가 전기적으로 중성으로 보이

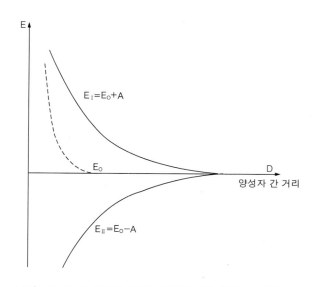

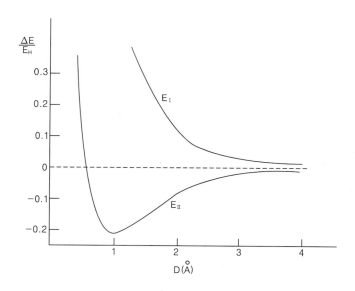

그림 10-2 두 양성자 사이의 거리에 대한 함수로 표시한 H_2^+ 이온의 두 정상 상태의 에너지

그림 10-3 양성자 간 거리 D의 함수로 나타낸 H_2^+ 이온의 에너지 준위($E_H = 13.6ev$)

기 때문에 이때의 정전기력은 무시해도 좋을 만큼 작다. 그러나 양성자 간 거리가 가까워지면 노출된 양성자가 전자 분포의 안쪽으로 들어오기 시작한다. 즉 그 양성자는 평균적으로 전자보다 양성자에 더 가까워지는 것이다. 그래서 정전기 에너지(물론 양의 값이다)가 추가로 생긴다. 거리에 따라 변하는 이 에너지는 E_0에 포함시켜야 한다. 그러므로 E_0는 수소 원자의 반지름보다 가까운 거리에서 빠르게 증가하는, 그림 10-2의 점선과 같은 곡선이 되어야 한다. 이 E_0에 왔다 갔다 하는 데 드는 에너지 A를 더하거나 빼야 한다. 그렇게 하면 에너지 E_I과 E_{II}는 양성자 사이의 거리 D에 따라 그림 10-3과 같이 변하게 될 것이다. [이 그래프는 더 정밀하게 계산한 결과이다. 그래프에서 양성자 간 거리의 단위는 1Å(10^{-8} cm)이고, 에너지는 양성자와 수소 원자 각각의 에너지의 합을 기준점으로 하였으며 리드베리 에너지(Rydberg Energy)라고 부르는 수소 원자의 결합 에너지 13.6ev의 배수로 표시하였다.] 상태 |II⟩에 에너지가 최소가 되는 지점이 있음을 알 수 있다. 이것이 H_2^+ 이온의 평형 구조, 즉 가장 낮은 에너지 조건이다. 이 지점에서의 에너지가 양성자와 수소 이온이 따로 떨어져 있을 때의 에너지보다 낮으므로 이 계는 하나로 묶여 있다. 하나의 전자가 두 양성자가 함께 있도록 붙여 놓는 셈이다. 화학자들은 이를 단전자 결합(one-electron bond)이라고 부른다.

이런 종류의 화학적 결합은 (이미 공부한 결합된 두 진자와의 유사함 때문에) 양자역학적 공명(quantum mechanical resonance)이라고도 부른다. 하지만 그 표현 때문에 이 현상이 실제보다 더 알쏭달쏭하게 들리기도 한다. 기반 상태를 처음에 서투르게 선택한 경우에만 공명이 일어난다. 마치 우리가 지금 그랬듯이 말이다. 상태 |II⟩로 시작했다면 애초부터 최저 에너지 상태를 얻었을 것이고 그 이상 복잡해지지 않는다.

이와 같은 상태가 왜 양성자와 수소 원자의 합보다 낮은 에너지를 갖는지

이해할 수 있는 다른 방법이 있다. 일정한 거리로, 그러나 너무 멀지 않게 떨어진 두 양성자 근처에 있는 전자를 상상해 보자. 하나의 양성자가 있을 때 전자가 불확정성 원리에 의해 퍼져 있다는 사실을 기억할 것이다. 전자는 되도록 낮은 쿨롱 퍼텐셜 에너지를 가지려는 경향과 (불확정성 관계식 $\Delta p \Delta x \approx \hbar$에 의해) 너무 작은 공간에 갇혀 버려 운동 에너지가 커지는 것 사이에서 균형을 찾으려고 한다(쿨롱 퍼텐셜 에너지는 $E(r) = -Ze/r$, 운동 에너지는 $E = p^2/2m$임을 떠올려 보자 : 옮긴이). 양성자가 두 개 있다면 전자의 퍼텐셜 에너지가 낮은 구역이 더 넓어진다. 전자가 퍼텐셜 에너지를 증가시키지 않으면서도 넓게 퍼짐으로써 운동 에너지를 낮출 수 있는 것이다. 그 결과 수소 원자와 양성자가 있는 상태보다 에너지가 낮아진다. 그렇다면 상태 $|I\rangle$의 에너지는 왜 더 높은 걸까? 이 상태는 상태 $|1\rangle$과 $|2\rangle$의 차라는 점에 주목하자. $|1\rangle$과 $|2\rangle$가 갖는 대칭에 따르면 그 차의 상태에서는 두 양성자의 중간 지점에서 전자를 발견할 진폭이 0이 된다. 이는 전자의 위치가 더 제한되어 있음을 의미하는데, 그러므로 에너지는 더 높은 값을 갖는 것이다.

양성자들이 서로 가까워져서 그림 10-3의 곡선의 최소 지점에 가깝다면 H_2^+ 이온을 두 상태의 계로 보는 근사법이 더 이상 유효하지 않다는 점을 지적하고 넘어가겠다. 양성자 사이의 거리가 작은 경우 그림 10-1에서 생각한 두 상태의 에너지는 사실 E_0와 다르다. 양자역학적인 방법으로 더 정확히 구해야 한다.

양성자 두 개 대신 서로 다른 두 물체, 예를 들어 양성자와 리튬 양이온 (두 입자 모두 한 단위의 양전하를 띠고 있다)이 있다면 어떤 일이 벌어질지 생각해 보자. 해밀토니안의 두 항 H_{11}과 H_{22}가 같을 리 없으며 상당히 다른 값을 가질 것이다. 만약에 두 항의 차 $(H_{11} - H_{22})$의 절대값이 $A = -H_{12}$보다 훨씬 크면 다음에서 볼 수 있듯이 인력은 매우 약해진다.

$H_{12}H_{21} = A^2$을 식 (10.3)에 대입하면 다음 식을 얻는다.

$$E = \frac{H_{11} + H_{22}}{2} \pm \frac{H_{11} - H_{22}}{2}\sqrt{1 + \frac{4A^2}{(H_{11} - H_{22})^2}}$$

$H_{11} - H_{22}$가 A^2보다 훨씬 클 때 그 제곱근은 다음 식과 거의 같다.

$$1 + \frac{2A^2}{(H_{11} - H_{22})^2}$$

그러면 두 에너지는

$$E_I = H_{11} + \frac{A^2}{(H_{11} - H_{22})}$$

$$E_{II} = H_{22} - \frac{A^2}{(H_{11} - H_{22})}$$

(10.8)

이 된다. 이 값들은 따로 떨어져 있을 때의 원자의 에너지 H_{11} 및 H_{22}에 비해 크게 다르지 않은데, 왔다 갔다 할 진폭 A 때문에 둘 사이의 거리가 원래보다 약간 멀어졌을 뿐이다.

에너지의 차 $E_I - E_{II}$은 다음과 같다.

$$(H_{11} - H_{22}) + \frac{2A^2}{(H_{11} - H_{22})}$$

전자의 뒤집힘 때문에 추가된 에너지 차이는 이제 $2A$가 아니라 그보다 $A/(H_{11} - H_{22})$배만큼 작은데, 이 인수가 1보다 훨씬 작다고 가정하겠다. 또한 $E_I - E_{II}$가 두 핵 사이의 거리가 변함에 따라 변하는 정도도 H_2^+ 이온의 경우보다 훨씬 적다. 역시 $A/(H_{11} - H_{22})$배만큼 줄어드는 것이다. 이런 이유 때문에 비대칭인 이원자 분자의 결합은 일반적으로 매우 약하다.

H_2^+ 이온에 대한 이론에서 두 양성자와 함께 있는 전자가 양성자 사이에 인력을 만들어 내는 원리에 대해 설명을 했었다. 이 인력은 두 양성자가 멀리 떨어져 있어도 존재하는데, 전자가 한 양성자에서 다른 양성자로 건너갈 가능성 때문에 계의 에너지가 낮아져서 생긴다. 그런 점프를 하면 한 배열(수소 원자, 양성자)에서 다른 배열(양성자, 수소 원자)로 바뀌거나 반대로 다시 돌아온다. 이 과정을 기호로 다음과 같이 나타낼 수 있다.

$$(\text{H, p}) \rightleftharpoons (\text{p, H})$$

이 과정에 동반되는 에너지 변화는 에너지가 $-W_H$(수소 원자에서 전자의 결합 에너지)인 전자가 한 양성자에서 다른 양성자로 움직이는 진폭 A에 비례한다.

두 양성자 사이의 거리 R이 큰 경우, 전자의 정전기적 퍼텐셜 에너지는 그것이 도약을 할 때 넘어가야 하는 중간 구역 거의 대부분에서 0에 가깝다. 이 공간에서 전자는 마치 빈 공간에 있는 자유입자처럼 움직인다. (하지만 에너지는 음이다!) 3장[식 (3.7)]에서 에너지가 정해진 입자가 한 장소에서 거리 r만큼 떨어진 다른 장소로 이동하는 진폭이

$$\frac{e^{(i/h)pr}}{r}$$

에 비례한다는 것을 배웠다. 여기서 p는 위에서 말한 정해진 에너지에 대응하는 운동량이다. 비상대론적인 공식을 사용하는 지금과 같은 경우 p는 다음 관계를 만족한다.

$$\frac{p^2}{2m} = -W_H \tag{10.9}$$

이는 p가

$$p = i\sqrt{2mW_H}$$

처럼 허수라는 의미이다. (제곱근의 다른 부호는 물리적으로 무의미하다.)

그렇다면 두 양성자가 먼 거리 R만큼 떨어진 상황에서 H_2^+ 이온의 진폭 A는 다음과 같이 변할 것이라고 예상할 수 있다.

$$A \sim \frac{e^{-(\sqrt{2mW_H}/\hbar)R}}{R} \qquad\qquad (10.10)$$

전자 결합으로 인한 에너지의 변화는 A에 비례하므로 (R이 큰 경우엔) (10.10)의 R에 대한 미분에 비례하는 양성자 간 인력이 존재한다.

마지막으로 논의의 완성도를 높이기 위해 양성자 두 개와 전자 하나로 이뤄진 계에 R에 따라 변하는 효과가 또 하나 있음을 덧붙여 두어야겠다. 이 항은 대부분의 경우 별로 중요하지 않기 때문에 이제까지는 무시해 왔다. 예외가 있다면 아주 먼 거리에서 교환 항(exchange term) A의 에너지가 지수함수를 따라 매우 작은 값으로 감소하는 경우뿐이다. 이 새로운 효과는 바로 수소 원자가 양성자로부터 받는 정전기적 인력인데, 이는 전하를 띤 물체가 중성의 다른 물체를 끌어당기는 것과 같은 이유에서 생긴다. 노출된 양성자는 중성 수소 원자의 주변에 (거리에 따라 $1/R^2$로 줄어드는) 전기장 $\mathcal{E}$를 만들고, 원자는 $\mathcal{E}$에 비례하는 유도 쌍극자 모멘트 μ로 편극된다. 쌍극자의 에너지는 $\mu\mathcal{E}$이므로 이는 $\mathcal{E}^2$, 즉 $1/R^4$에 비례한다. 그러므로 계의 에너지를 식으로 표현하면 거리의 네제곱에 맞춰 감소하는 항이 있게 된다. (이는 E_0를 보정하는 항이다.) 이 에너지는 (10.10)으로 주어진 에너지의 변화 A에 비해 거리에 따라 더 천천히 감소한다. 그래서 거리 R값이 큰 경우 이 에너지는 R에 따라 변하는 유일하게 중요한 항이 된다. 즉 남아 있는 힘은 이것뿐이다. 정전기 항이 두 기반 상태에 대해 같은 부호를 갖는다는 점을 눈여겨봐 두자. (인력이기 때문에 음의 에너지를 갖는다.) 이는 두 정상 상태에 대해서도 마찬가지다. 그러나 전자 교환항 A의 부호는 두 정상 상태에 대해 반대이다.

10-2 핵력

우리는 수소 원자와 양성자로 이루어진 계가 전자 하나의 교환에서 비롯되는 상호작용 에너지를 가지며 이 에너지는 먼 거리 R에서

$$\frac{e^{-\alpha R}}{R} \qquad\qquad (10.11)$$

과 같이 변한다는 사실을 배웠다. 여기서 $\alpha = \sqrt{2mW_H}/\hbar$이다. (지금과 같이 전자가 에너지가 음이 되는 공간을 건너뛰어야 할 때 보통 가상의 전자(virtual electron)가 교환되었다고 말한다. 더 정확하게 설명하자면, 가상의 교환(virtual exchange)이란 표현은 그 현상에 교환된 상태와 교환되지 않은 상태 사이의 양자역학적 간섭이 개입함을 의미한다.)

이제 다음과 같은 질문을 할 수 있겠다. 종류가 다른 입자 사이의 힘도 비슷한 이유에서 생기는 것일까? 가령 중성자와 양성자 사이의 핵력은 어떨까? 혹은 두 양성자 사이에는? 핵력의 성질을 설명하기 위해 유카와(Yukawa Hideki, 湯川 秀樹)는 두 핵자(nucleon) 사이의 힘 또한 비슷한 교환 효과로 생기는 것이라는 제안을 했다. 차이점이 있다면 이 경우에는 전자가 아닌, 그가 중간자(meson)라고 부른 새로운 입자의 가상 교환이 일어난다는 것이었다. 요즘은 유카와의 중

간자를 양성자나 다른 입자들의 고에너지 충돌 시에 생기는 파이 중간자(즉 파이온(pion))라고 부른다.

예를 들어 질량이 m_π인 양성 파이온(π^+)이 교환됐을 때 양성자와 중성자 사이에 어떤 힘이 작용할지 보자. 중성의 수소 원자 H^0가 전자 e^-를 잃으면 다음과 같이 양성자 p^+가 될 수 있는 것처럼

$$H^0 \rightarrow p^+ + e^- \qquad (10.12)$$

양성자 p^+도 π^+ 중간자를 잃으면 중성자가 될 수 있다.

$$p^+ \rightarrow n^0 + \pi^+ \qquad (10.13)$$

따라서 양성자가 a에 있고 그로부터 거리 R만큼 떨어진 지점 b에 중성자가 있다면 양성자는 π^+를 방출하면서 중성자가 될 수 있고 b에 있는 중성자는 그 π^+를 흡수하여 양성자로 바뀔 수 있다. 두 핵자(및 파이온을 포함하는) 계에는 파이온 교환에 대한 진폭 A에 따라 변하는 상호작용의 에너지가 있는데, 이는 H_2^+ 이온에서 전자가 교환되는 경우와 같다.

(10.12)의 과정에서 H^0 원자의 에너지는 (비상대론적으로 계산하고 전자의 정지 에너지 mc^2을 생략할 때) 양성자의 에너지보다 W_H만큼 적다. 그러므로 전자는 식 (10.9)에서와 같이 음의 운동 에너지 혹은 허수 운동량을 갖는다. (10.13)의 핵반응에서 양성자와 중성자는 질량이 거의 같으므로 π^+의 총에너지는 0이 될 것이다. 질량이 m_π인 파이온의 총에너지 E와 운동량 p 사이에는 다음의 관계식이 성립한다.

$$E^2 = p^2 c^2 + m_\pi^2 c^4$$

E가 0이므로 (적어도 m_π와 비교했을 때 무시할 수 있을 정도로 작으므로) 운동량은 다시 허수가 된다.

$$p = i m_\pi c$$

속박된 전자가 두 양성자 사이 공간의 장벽을 통과할 진폭을 구할 때 사용했던 논리를 그대로 사용하면, 핵력의 경우엔 R이 클 때 다음과 같은 교환 진폭 A를 얻게 된다.

$$\frac{e^{-(m_\pi c/\hbar)R}}{R} \qquad (10.14)$$

상호작용 에너지는 A에 비례하므로 같은 방식으로 변한다. 두 핵자 사이의 이른바 유카와 퍼텐셜이라고 불리는 형태의 에너지 변화를 얻은 것이다. 덧붙이자면 우리는 자유공간에 있는 파이온의 운동에 대한 미분 방정식으로부터 같은 공식을 직접 얻은 적이 있다[2권 28장의 식 (28.18) 참고].

같은 논리를 적용해서 중성 파이온(π^0)의 교환을 통한 두 양성자(혹은 두 중성자) 사이의 상호작용에 대해 살펴보겠다. 기본적인 과정은 다음과 같다.

$$p^+ \rightarrow p^+ + \pi^0 \qquad (10.15)$$

양성자는 가상의 π^0를 방출할 수 있지만 그 후에도 양성자인 채로 남는다. 양성자가 두 개 있다면 1번 양성자가 π^0를 방출하고 이것이 2번 양성자로 흡수될 수 있다. 결국 양성자의 개수는 여전히 두 개이다. 이 부분에서 H_2^+ 이온과 약간 차이가 있다. 그 경우에는 H^0가 전자를 방출한 뒤에 다른 상태, 즉 양성자가 되었다. 지금은 양성자가 정체를 바꾸지 않으면서 π^0를 방출할 수 있다고 가정하고 있다. 이와 같은 과정은 고에너지의 충돌 실험에서 실제로 관찰되는데, 전자가 광자를 방출한 후에도 전자로 남아 있는 것과 유사하다.

$$e \rightarrow e + 광자 \qquad (10.16)$$

방출되기 전이나 흡수된 후의 전자 내 광자는 볼 수 없으며, 광자의 방출 혹은 흡수가 전자의 본질을 바꾸지는 않는다.

두 양성자에 대한 애기로 돌아가면, 한 양성자가 방출한 중성 파이온이 다른 양성자까지 (허수의 운동량을 갖고) 이동하여 그곳에서 흡수되는 진폭 A로부터 생기는 상호작용 에너지가 존재한다. 이 진폭은 다시 (10.14)에 비례하는데, 이때 m_π는 중성 파이온의 질량이다. 똑같은 논리를 사용하면 두 중성자에 대해서도 같은 상호작용 에너지를 얻게 된다. (전기적인 효과를 무시하면) 중성자와 양성자 사이, 양성자와 양성자 사이, 중성자와 중성자 사이의 핵력이 같기 때문에 전하를 띤 파이온과 중성의 파이온이 같은 질량을 갖는다는 결론을 얻을 수 있는데, 실험상으로도 질량은 정말 거의 같다. 작은 질량차는 보통 전기적인 자체 에너지 수정항(self-energy correction)을 통해 예상할 수 있는 정도이다 (2권 28장 참고).

두 핵자 사이에서 교환될 수 있는 입자 중엔 K-중간자와 같은 또 다른 종류도 있다. 두 파이온이 동시에 교환되는 일도 역시 가능하다. 하지만 교환되는 물체의 정지질량 m_x는 항상 파이온의 질량 m_π보다 크고, 교환 진폭은 다음과 같이 변하는 항을 갖는다.

$$\frac{e^{-(m_x c/\hbar)R}}{R}$$

이 항들은 R이 증가함에 따라 중간자 한 개 짜리 항(one-meson term)보다 더 빠르게 사라진다. 이 높은 질량 항들을 계산하는 방법은 현재 아무도 모르지만, R의 값이 충분히 큰 경우에는 오직 파이온 한 개짜리 항만이 남는다. 그리고 실제로 원거리에서 핵의 상호작용에 관한 실험을 해 보면 상호작용 에너지가 파이온이 하나인 교환 이론(exchange theory)에서 예상한 것과 일치한다.

고전 전자기학 이론에서 정전기적 쿨롱 상호작용과 가속되는 전하에 의한 빛의 복사는 밀접한 관련이 있다. 두 현상 모두 맥스웰 방정식으로부터 나오기 때문이다. 양자이론에서는 빛을 상자 내 고전적 전자기장의 조화진동이 양자적으로 들떠 있는 상태로 나타낼 수 있음을 보았다. 양자이론은 또 다른 방법으로 나타낼 수 있는데, 여기서는 보즈 통계(Bose statistics)를 따르는 입자, 즉 광자를 이용해서 빛을 설명한다. 4-5절에서 이 두 이론이 관점은 다르지만 실험 결과에 대해 예견하는 내용은 언제나 동일하다는 점을 강조한 바 있다. 두 번째 관점을 발전시켜서 전자기적 효과를 모두 포함하도록 만들 수 있을까? 특히 보즈 입자인 광자만 사용해서 전자기장을 설명하고자 한다면 쿨롱 힘은 어떻게 설명할 수 있을까?

'입자'라는 관점에서 볼 때 두 전자 사이의 쿨롱 상호작용은 가상의 광자를 교환함으로써 생긴다. 한 전자가 (10.16)의 반응에서처럼 광자를 방출하고 그것이 두 번째 전자로 건너가서 역반응을 통해 흡수된다. 상호작용 에너지는 역시 (10.14)와 같은 꼴이 되지만 이번엔 m_π 대신 광자의 정지질량, 즉 0을 써야 한다. 그러므로 두 전자 사이의 가상의 광자 교환은 간단히 말해서 두 전자 사이의 거리 R에 반비례하여 변하는 상호작용 에너지를 만들어 낸다. 이는 흔히 사용하는 쿨롱 퍼텐셜 에너지와 같다! 즉 전자기학을 입자로 설명하는 이론에서 가상의 광자 교환 과정은 모든 정전기적 현상의 근원이라 할 수 있다.

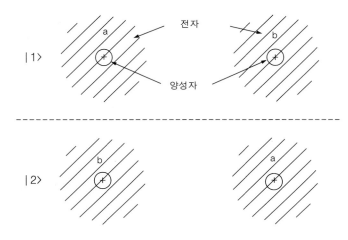

그림 10-4 H₂ 분자의 두 기반 상태

10-3 수소 분자

우리가 다음으로 고려해 볼 두 상태 계는 중성의 수소 분자 H₂이다. H₂는 전자가 두 개 있기 때문에 이해하기가 물론 더 어렵다. 다시 한 번 두 양성자가 아주 멀리 떨어져 있을 때 어떤 일이 생기는지부터 알아보겠다. 하지만 이번엔 더해야 할 전자의 수가 두 개이다. 두 전자를 추적하기 위해 한쪽을 전자 a로, 다른 쪽을 전자 b로 부르겠다. 이번에도 두 가지 가능한 상태를 생각해 볼 수 있다. 첫 번째 상태는 그림 10-4의 위쪽 경우에서처럼 전자 a가 첫 번째 양성자 주위에 있고 전자 b가 두 번째 양성자 주변에 있는 경우다. 이 경우엔 단순히 수소 원자 두 개가 있게 된다. 이 상태를 |1⟩이라고 하자. 다른 경우도 있는데, 전자 b가 첫 번째 양성자 주위에 있고 전자 a가 두 번째 양성자 주위에 있는 경우다. 이 상태는 |2⟩라고 하겠다. 두 상태의 대칭성을 보면 이 두 상태의 에너지가 같아야겠지만, 곧 보게 되다시피 계의 에너지에는 두 수소 원자의 에너지만 있는 것이 아니다. 다른 많은 가능성이 존재한다는 사실도 언급해야겠다. 예를 들어 전자 a가 첫 번째 양성자 근처에 있고 전자 b 또한 같은 양성자 주변에서 다른 상태로 있을 수 있다. 이와 같은 경우는 무시할 텐데 (두 전자 사이의

커다란 쿨롱 척력으로 인해) 에너지가 더 높을 것이 확실하기 때문이다. 정확도를 높이려면 그런 상태도 포함해야겠지만, 그림 10-4에 나온 두 상태만 고려해도 분자 결합의 본질을 이해할 수 있다. 이와 같은 근사 하에 상태 $|1\rangle$에 진폭 $\langle 1 | \phi \rangle$, 상태 $|2\rangle$에 진폭 $\langle 2 | \phi \rangle$를 부여함으로써 모든 상태를 표현할 수 있다. 다시 말해 상태 벡터 $|\phi\rangle$는 다음의 선형 조합으로 나타낼 수 있다.

$$| \phi \rangle = \sum_i | i \rangle \langle i | \phi \rangle$$

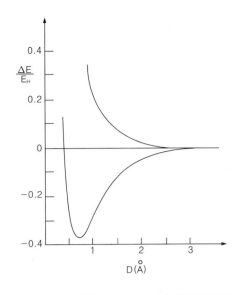

그림 10-5 양성자 간 거리 D의 함수로 나타낸 H_2분자의 에너지 준위($E_H =$ 13.6ev)

논의를 계속해 보자. 이제 예전처럼 전자가 가운데 공간을 지나 위치를 교환할 수 있는 진폭 A가 존재한다고 가정하자. 이 교환 가능성은 다른 두 상태의 계에서도 보았듯이 계의 에너지가 둘로 갈라져 있음을 의미한다. 수소 분자 이온의 경우처럼 두 양성자 사이의 거리가 멀다면 이 둘의 차이는 매우 작다. 두 양성자가 가까워질수록 전자가 이쪽 양성자에서 저쪽 양성자로 왔다 갔다 하는 진폭이 증가하고 에너지 준위 사이의 간격 또한 넓어진다. 더 낮은 에너지 상태의 에너지가 감소한다는 말은 원자들을 끌어당기는 인력이 존재함을 의미한다. 이번에도 쿨롱 척력 때문에 양성자가 서로 매우 가까워지면 에너지 준위가 높아진다. 결국 두 정상 상태의 에너지는 그림 10-5처럼 거리에 따라 변한다. 약 0. 74Å의 거리에서 낮은 상태의 에너지가 최소가 된다. 이 값이 실제 수소 분자에서의 두 양성자 간 거리이다.

여러분은 지금 아마 반론을 하나쯤 떠올리고 있을지도 모르겠다. 두 전자는 동일한 입자이지 않은가? 앞에서 두 전자를 전자 a와 전자 b라고 불렀지만, 사실 그 둘을 구별할 방법은 없다. 4장에서 말했듯이 페르미 입자인 전자의 경우 전자를 교환해서 어떤 일이 벌어질 방법이 두 가지가 있다면 그 두 진폭은 음의 부호로 간섭이 일어난다. 그렇다면 두 전자를 서로 바꿨을 때 진폭의 부호가 바뀌어야 한다. 방금 전에 수소 분자의 속박 상태가($t = 0$에서)

$$| II \rangle = \frac{1}{\sqrt{2}} \left(| 1 \rangle + | 2 \rangle \right)$$

와 같을 것이라고 결론을 내렸었다. 하지만 4장에서 공부한 법칙에 따르면 이 상태는 허용되지 않는다. 두 전자를 서로 바꾼다면

$$\frac{1}{\sqrt{2}} \left(| 2 \rangle + | 1 \rangle \right)$$

이 되어 부호가 반대가 아니라 같아진다.

이 논리는 두 전자의 스핀이 같은 경우에만 성립한다. 두 전자의 스핀이 모두 위쪽(또는 둘 다 아래쪽)이면, 가능한 상태는

$$| I \rangle = \frac{1}{\sqrt{2}} \left(| 1 \rangle - | 2 \rangle \right)$$

하나뿐이다. 이 상태의 경우 두 전자를 교환하면

$$\frac{1}{\sqrt{2}}\,(|2\rangle - |1\rangle)$$

을 얻는데 이는 원했던 것처럼 $-|1\rangle$과 같다. 그러므로 전자의 스핀 방향이 같은 두 수소 원자를 가까이 가져가면 그 둘은 상태 $|II\rangle$가 아닌 상태 $|I\rangle$이 된다. 하지만 상태 $|I\rangle$의 에너지가 더 높다는 점을 떠올려 보자. 그 에너지는 거리에 따른 최소값이 없다. 두 수소는 항상 서로를 밀어내며 분자를 형성하지 않을 것이다. 그래서 전자의 스핀이 평행한 수소 분자는 존재할 수 없다는 결론이 나오는데, 실제로도 그렇다.

반면 상태 $|II\rangle$는 두 전자에 대해 완벽히 대칭이다. 전자 a와 전자 b를 서로 바꾸어도 정확히 같은 상태를 얻게 된다. 4-7절에서 두 페르미 입자가 같은 상태에 있으면 그 둘의 스핀이 반드시 반대 방향이어야 함을 배웠다. 그러므로 결합된 수소 분자에는 스핀이 위쪽인 전자와 아래쪽인 전자가 하나씩 있어야 한다.

양성자의 스핀까지 넣으면 수소 분자에 대한 이 모든 이야기들은 조금 더 복잡해진다. 그 경우엔 수소 분자를 더 이상 두 상태 계로 생각할 수 없게 된다. 대신 여덟 개의 상태를 갖는 계로 보아야 한다. 상태 $|1\rangle$과 $|2\rangle$에 양성자 스핀의 배열이 각각 4가지씩 가능하기 때문이다. 즉 앞에서는 양성자의 스핀을 무시함으로써 문제를 단순하게 만들었던 것이다. 그렇긴 하지만 우리가 얻은 마지막 결론은 옳다.

이제 H_2 분자의 유일한 속박 상태이기도 한 최저 에너지 상태에서는 두 전자의 스핀이 서로 반대방향이어야 함을 알았다. 그 전자들의 총 스핀 각운동량은 0이다. 반면 전자의 스핀이 나란하여 전체 각운동량이 $\hbar$인 서로 가까운 두 수소 원자는 더 높은 (결합되지 않은) 에너지 상태에 있어야 한다. 두 원자는 서로를 밀어낸다. 스핀과 에너지 사이에는 흥미로운 상관관계가 있다. 이는 전에 언급한 사실의 또 다른 예라고 할 수 있다. 즉 스핀이 평행한 경우에 반대인 경우보다 에너지가 더 높기 때문에 두 스핀 사이에 상호작용 에너지가 있는 것처럼 보인다는 것이다. 이렇게 말할 수도 있겠다. 스핀이 반대 방향(antiparallel)인 상황에 이르는 과정에서 에너지가 방출될 수 있는데, 이는 자기력 때문이 아니라 배타 원리(exclusion principle)에 의한 것이다.

10-1절에서 한 전자에 의해 두 개의 다른 이온이 결합될 때 그 결합은 꽤 약하다는 사실을 배웠다. 하지만 두 전자에 의한 결합의 경우에는 그렇지 않다. 그림 10-4에 있는 두 양성자를 두 개의 이온(안쪽의 전자 껍질은 닫혀 있고 이온 전하가 하나인)으로 교체하고 두 이온에 있는 전자의 결합 에너지가 다르다고 가정하자. 상태 $|1\rangle$과 $|2\rangle$의 에너지는 같은데, 두 상태 모두 각 이온에 전자가 하나씩 있기 때문이다. 그러므로 (상태 $|I\rangle$과 $|II\rangle$ 사이의) 에너지 차이는 항상 A에 비례하게 된다(식 (10.3)에 $H_{11} = H_{22}$ 및 $H_{12}H_{21} = A^2$을 대입해 보라. 그러면 (10.3)을 (10.8)로 근사시킬 수 없고 따라서 결합이 매우 약할 것이라는 식 (10.8) 이하의 논리가 맞지 않는다. 여기서는 반대로 상태 $|I\rangle$과 $|II\rangle$ 사이의 에너지 차이가 크므로 결합이 충분히 가능해진다 : 옮긴이). 두 전자에 의

한 결합은 가장 흔한 형태의 원자 간 결합이며 어디서나 볼 수 있다. 화학적 결합은 흔히 이와 같이 두 전자가 벌이는 '왔다 갔다 뒤집기' 놀이에 의한 것이다. 두 원자가 한 전자를 통해 결합하는 일이 가능하긴 하지만 상대적으로 드물게 일어난다. 모든 조건이 훨씬 더 잘 맞아떨어져야 하기 때문이다.

마지막으로 언급해야 할 내용이 하나 있다. 전자를 한쪽 핵으로 끌어당기는 에너지가 다른 핵의 인력 에너지에 비해 훨씬 크다면, 다른 가능한 상태들을 무시해도 된다는 아까의 얘기는 틀릴 수도 있다. 원자핵 a(혹은 양이온일 수도 있다)가 핵 b보다 전자를 끌어당기는 힘이 훨씬 강하다고 해 보자. 그러면 두 전자 모두 핵 a에 있어서 핵 b 주변엔 전자가 없어도 전체 에너지가 꽤 낮을 수 있다. 강한 인력이 두 전자 사이의 척력을 보상하고도 남는 것이다. 그런 경우의 가장 낮은 에너지 상태에서는 전자가 둘 다 a에 있을 (즉 음이온이 생기는) 진폭은 큰 반면 b에서 전자를 발견할 진폭은 작을 수도 있다. 이 상태는 양이온과 음이온이 공존하는 것과 같다. 사실 NaCl과 같은 이온형 분자(ionic molecule)가 바로 이와 같은 경우다. 그러므로 공유 결합(covalent binding)과 이온 결합(ionic binding) 사이에 단계적인 변화가 모두 가능함을 알 수 있다.

이와 같이 화학적 사실들을 양자역학을 통해 하나하나 명확하게 설명할 수 있는 것이다.

10-4 벤젠 분자

화학자들은 복잡한 유기 분자(organic molecule)들을 나타내기 위해 기가 막힌 도형을 고안해 냈다. 이제 그중 가장 신기한 벤젠 분자에 대해 이야기하려고 한다. 그림 10-6을 보자. 벤젠 분자는 좌우 대칭으로 배열된 탄소 원자 여섯 개와 수소 원자 여섯 개로 이루어져 있다. 도형에 있는 각각의 막대는 반대 방향의 스핀으로 공유 결합을 이룬 한쌍의 전자를 나타낸다. 각 수소 원자는 전자 하나씩, 탄소 원자는 네 개씩을 내놓아서 총 30개의 전자가 엮여 있다. (탄소 원자의 첫 번째(K) 껍질에는 원자핵에 가까운 전자가 두 개 더 있다. 이 전자들은 그림에 나타나 있지 않은데, 원자핵에 아주 단단히 묶여 있어서 공유 결합에 별로

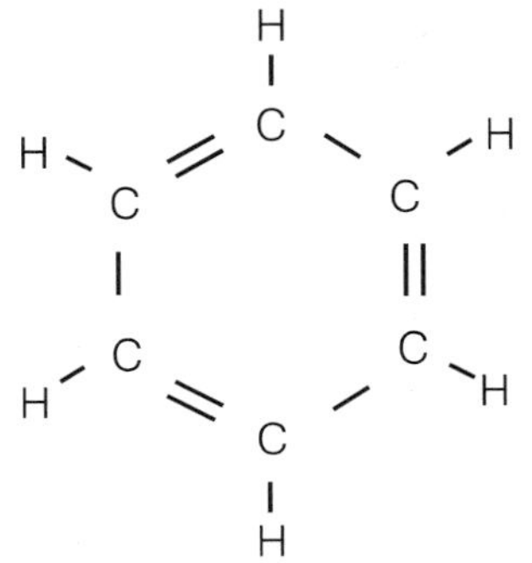

그림 10-6 벤젠 분자 C_6H_6

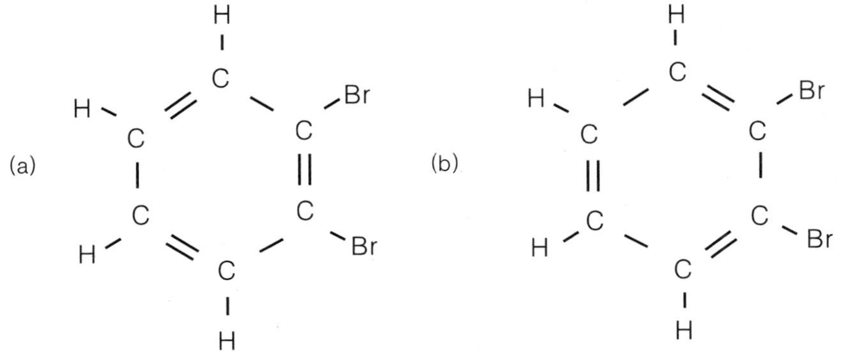

그림 10-7 오쏘-다이브로모벤젠의 가능한 배치 두 가지. 브롬 원자 두 개가 단일 결합의 끝에 올 수도 있고 이중 결합의 끝에 올 수도 있다.

영향을 미치지 않기 때문이다.) 즉 그림에 있는 막대는 화학적 결합, 즉 한 쌍의 전자를 나타내고 이중으로 된 막대는 양 끝의 두 탄소 원자 사이에 두 쌍의 전자가 있음을 의미한다.

이 벤젠 분자에는 이상한 점이 하나 있다. 화학자들이 이미 그 고리의 각 부분으로 만든 여러 화합물의 에너지를 측정해 두었기 때문에 (예를 들어 에틸렌(ethylene)을 분석해 보면 이중 결합에 필요한 에너지를 알 수 있다) 이를 토대로 벤젠을 만드는 데 드는 총 에너지를 추정할 수 있다. 그러면 벤젠 분자가 합성된 후 최종적으로 갖는 에너지도 계산할 수 있는 것이다. 그런데 벤젠 고리는 이른바 불포화 이중 결합계(unsaturated double bond system)를 이용하여 계산해 본 결과보다 더 단단히 묶여 있었다. 보통 그런 고리 안에 있지 않은 이중 결합은 에너지가 비교적 높아서 화학적으로 쉽게 공격을 받는다. 수소를 추가하면 쉽게 깰 수 있기 때문이다. 하지만 벤젠의 고리는 꽤 안정적이어서 깨뜨리기가 힘들다. 다시 말해서 벤젠은 결합 이론을 써서 계산한 것보다 에너지가 훨씬 낮다는 것이다.

이상한 점이 또 있다. 가령 두 개의 인접한 수소 원자를 브롬 원자로 바꾸어 오쏘 -다이브로모벤젠(ortho-dibromobenzene)을 만드는 방법은 그림 10-7에 나온 것처럼 두 가지가 있을 것이다. 브롬 원자가 (a)에서처럼 이중 결합의 양쪽 끝에 올 수도 있고 (b)에 나온 것처럼 단일 결합의 양쪽 끝에 올 수도 있다. 아마 여러분은 오쏘 -다이브로모벤젠에 두 가지 다른 형태가 있을 거라 생각하겠지만 그렇지 않다. 한 가지 종류만 존재한다.*

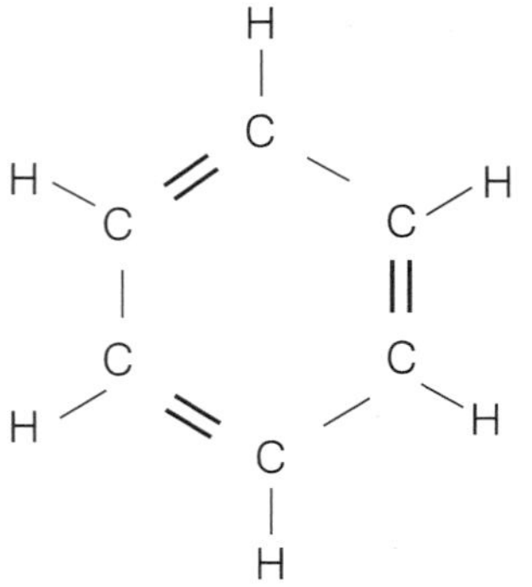

이제 이들 의문점을 해결해 보자. 벤젠 고리의 바닥 상태 역시 두 상태 계임을 눈치챘다면 앞으로 해야 할 일을 짐작했을 것이다. 벤젠의 결합이 그림 10-8에 나와 있는 두 가지 중 하나라고 생각할 수 있다. '그렇지만 이 둘은 똑같지 않은가. 이들의 에너지는 분명 같을 것이다'고 반론을 댈지도 모르겠다. 그 말이 맞다. 정말로 이 둘은 같다. 그리고 바로 그 이유 때문에 두 상태 계로 취급해서 분석해야 한다. 각 상태는 여러 전자들이 함께 만들어 내는 전체 구조의 서로 다른 꼴을 뜻하는데, 그 모든 전자들이 한 배열에서 다른 배열로 전환되는 진폭 A가 존재한다. 즉 전자들이 한 구조에서 다른 구조로 바뀔 확률이 있는 것이다.

이미 보았다시피, 뒤집힐 가능성 때문에 그림 10-8의 두 그림을 하나씩 따로 생각해서 계산했을 때 보다 에너지가 낮은 혼합 상태(mixed state)가 나타난다. 두 개의 정상 상태가 생기는데, 그중 한쪽의 에너지는 예상치보다 높으며 다른 하나는 더 낮다. 그러므로 벤젠이 보통 취하는 실제 상태(에너지가 최저인)는 사실 그림 10-8에 나온 상태들이 아니라 그 두 상태에 있을 진폭이 각각 $1/\sqrt{2}$인 새로운 상태이다. 이는 상온에서 벤젠의 화학반응에 참여하는 유일한

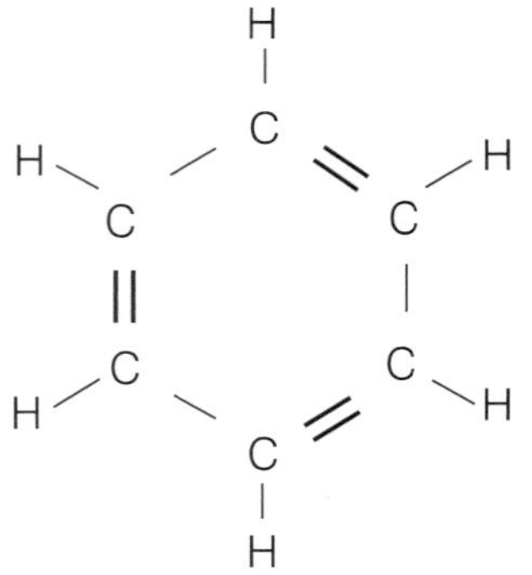

그림 10-8 벤젠 분자의 두 기반 상태

---

* 이 부분은 지나치게 단순화한 면이 있다. 원래 화학자들은 네 가지 형태의 오쏘 -다이브로모 벤젠이 있을 거라 생각했다. 즉 브롬 원자들이 인접한 탄소 원자에 있는 두 가지 형태(오쏘 -다이브로모벤젠)와 브롬 원자가 하나를 걸러 두 번째로 가까운 탄소에 위치한 세 번째 형태(메타 -다이브로모벤젠), 마지막으로 브롬 원자들이 서로 반대쪽에 위치한 네 번째 형태(파라 -다이브로모벤젠)가 그것이다. 하지만 결국 세 가지 형태밖에 찾지 못했다. 오쏘 분자가 한 가지뿐이기 때문이다.

상태이기도 하다. 덧붙이자면 윗 상태도 존재하긴 한다. 벤젠이 진동수 $\omega = (E_I - E_{II})/\hbar$ 인 자외선을 강하게 흡수하는 것을 보면 그 존재를 알 수 있다. 암모니아의 경우엔 세 양성자가 이리저리 뒤집혔으며 에너지의 차이가 마이크로파 영역에 있었음을 기억할 것이다. 벤젠의 경우엔 그 뒤집히는 물체가 바로 전자이다. 전자는 양성자보다 훨씬 가벼워서 이리저리 뒤집히기 쉬우므로 계수 A 가 훨씬 커지게 된다. 그 결과 에너지 차이도 커져서 1.5ev정도가 되는데, 이는 자외선 영역에 해당한다.*

만약 수소 둘을 브롬으로 바꾸면 어떻게 될까? 이번에도 그림 10-7의 (a)와 (b)는 가능한 두 가지 다른 전자 구성을 보여 준다. 유일한 차이점이라면 두 기반 상태의 에너지가 약간 다르다는 점이다. 에너지가 최저인 정상 상태는 역시 두 상태의 선형 조합인데 이번에는 두 진폭의 값이 다르다. 예를 들어 상태 | 1〉일 진폭은 $\sqrt{2/3}$ 이고 상태 | 2〉일 진폭은 $\sqrt{1/3}$ 이거나 할 수 있다. 더 많은 정보가 주어져야 확실히 알 수 있지만, 두 에너지 H_{11} 과 H_{22} 가 같지 않으면 진폭 C_1 과 C_2 의 값 또한 달라진다. 이 말의 의미는 물론 그림에 나타난 두 가지 가능성 중 하나가 다른 것보다 더 확률이 높긴 하지만 전자들이 쉽게 움직이기 때문에 두 상태 모두 어느 정도 진폭이 있다는 말이다. 나머지 상태는 (예를 들어 $\sqrt{1/3}$ 과 $-\sqrt{2/3}$ 처럼) 진폭이 다르지만 에너지는 더 높다. 최저 에너지 상태는 오직 하나 뿐이다. 모든 화학 결합이 한 가지로 정해져(각 결합이 단일결합이 되었다가 이중 결합이 되었다가 할 수 없는 : 옮긴이) 있다고 보는 단순한 이론으로는 최저 에너지 상태가 두 개 나오겠지만 말이다.

10 - 5 염료(染料, Dyes)

두 상태 계에서 일어나는 현상에 대한 화학적 예를 한 가지 더 들어 보겠는데, 이번에는 더 큰 규모의 분자에서 벌어지는 일이다. 바로 염료에 대한 이론이다. 대부분의 인공 염료에서 나타나는 재미난 특징이 하나 있다. 그것은 바로 이들이 대칭성 비슷한 성질을 갖는다는 점이다. 그림 10-9는 자줏빛 붉은색을 띠어 자홍(magenta)이라 부르는 염료 이온의 모습이다. 이 분자에는 고리 구조가 셋 있는데, 그중 두 개가 벤젠 고리이다. 세 번째 고리에는 이중 결합이 두 개밖에 없기 때문에 벤젠 고리와 조금 다르다. 그림에 나타난 두 개의 그림에 특별히 문제가 없어 보이므로 이 두 화합물의 에너지는 같을 것이다. 하지만 모든 전자들이 한 조건에서 다른 조건으로 바뀌면서 덜 찬 위치가 반대편으로 이동하는 진폭이 존재한다. 전자의 수가 많기 때문에 이 진폭은 벤젠의 경우보다는 작다.

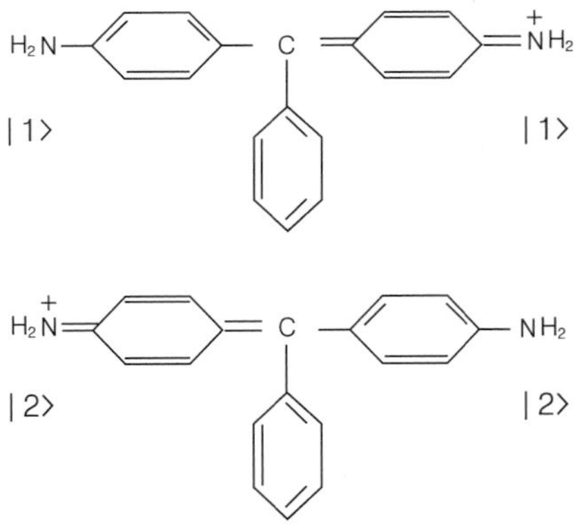

그림 10-9 자홍 염료의 두 기반 상태

---

* 이 내용에 약간 혼동의 소지가 있다. 우리가 벤젠의 모델로 사용한 두 상태 계에서는 두 상태 사이의 쌍극자 모멘트 행렬 원소가 0이기 때문에 자외선이 아주 약하게 흡수될 것이다. [두 상태가 전기적으로 대칭을 이루고 있기 때문에 전이 확률에 대한 식 (9.55)를 이용하면 쌍극자 모멘트 μ 는 0이고 빛의 흡수는 일어나지 않는다.] 만약 이 상태들이 전부였다면 에너지가 높은 상태가 존재한다는 사실은 다른 방법으로 보여야 했을 것이다. 하지만 벤젠의 더 다양한 상태(예를 들면 인접한 이중 결합을 가진 상태)를 기반 상태에 넣는 좀 더 실제에 가까운 이론으로 계산해 보면 벤젠의 정상 상태가 우리가 찾은 것들과는 약간 다르다. 그렇게 계산한 쌍극자 모멘트의 경우엔 살펴본 대로 자외선을 흡수하며 전이가 일어나게 된다.

그리고 두 정상 상태 간의 에너지 차도 더 작다. 그렇지만 예전과 같이 두 개의 정상 상태 $|I\rangle$과 $|II\rangle$가 존재한다는 점은 같은데, 그림에 나타난 두 기반 상태의 합과 차에 해당된다. $|I\rangle$과 $|II\rangle$의 에너지 차이는 가시광선 영역에 있다. 누군가가 그 분자에 빛을 비추면, 어떤 한 주파수에서 매우 강하게 흡수가 일어나서 특정한 색깔이 밝게 드러날 것이다(흡수한 특정 주파수의 빛을 다시 방출할 것이므로 그에 해당하는 색깔로 보일 것이다 : 옮긴이). 그래서 이 분자들을 염료라고 부르는 것이다!

염료 분자의 또 한 가지 흥미로운 특징은 두 기반 상태의 전하 중심이 각기 다른 위치에 있다는 점이다. 결과적으로 분자는 외부의 전기장에 강하게 영향을 받을 수밖에 없다. 앞서 암모니아 분자에서도 비슷한 효과를 본 적이 있다. 그래서 E_0와 A만 알면 완전히 똑같은 계산 과정을 통해 이를 분석할 수 있을 것이다. 보통 이 값들은 실험을 통해 얻는다. 여러 가지 염료에 대해 측정을 해 보면 그를 바탕으로 다른 비슷한 염료 분자에 대한 결과도 예측할 수 있다. 전하의 중심 위치가 많이 움직이기 때문에 식 (9.55)의 μ의 값은 크고 이 물질은 특정 주파수 $2A/\hbar$에서 빛을 흡수할 확률이 무척 높다. 그렇기 때문에 이 물질은 단지 색을 약간 띤 정도가 아니라 매우 강한 색깔을 나타내는 것이다. 아주 적은 양으로도 많은 양의 빛을 흡수할 수 있다.

뒤집히는 속도 그리고 결과적으로 A는 분자의 전체 구조에 따라 매우 민감하게 변한다. A가 변하면 에너지 차이가 변하고 그에 따라 염료의 색도 변한다. 또한 분자들이 꼭 완벽하게 대칭이어야 하는 것도 아니다. 약간 변형되었거나 살짝 비대칭이더라도 기본적으로 같은 현상이 벌어진다. 그러므로 분자가 비대칭이 되게 변형하면 색상에 변화를 줄 수 있다. 예를 들어 공작석 녹색(malachite green)이라는 중요한 염료는 자홍과 매우 비슷한데, 수소 두 개가 CH_3로 바뀌어 있다. A가 다르고 뒤집히는 빈도도 다르기 때문에 다른 색깔을 띠는 것이다.

10-6 자기장 안에 있는 스핀 1/2짜리 입자의 해밀토니안

이제 스핀 1/2짜리 입자로 이루어진 두 상태 계에 대해 논의하고자 한다. 그중 일부는 이미 앞에서 나왔지만, 다시 반복하면 헷갈리는 부분을 더 확실하게 이해할 수 있을 것이다. 정지해 있는 전자를 두 상태 계라고 생각할 수 있다. 이 절에서는 하나의 전자에 대해 이야기하겠지만 여기서 얻은 결론은 스핀이 1/2 인 어떤 입자에도 적용할 수 있다. 기반 상태 $|I\rangle$과 $|2\rangle$로 전자 스핀의 z방향 성분이 $+\hbar/2$와 $-\hbar/2$인 상태를 고르자.

물론 이 상태들은 앞에서 (+)와 (−)라고 불렀던 것들과 같다. 하지만 이 장에서 표기를 일관되게 하기 위해 양의 스핀 상태를 $|I\rangle$, 음의 스핀 상태를 $|2\rangle$ 라고 부르겠는데, 여기서 양과 음은 z방향 각운동량의 부호를 나타낸다.

전자가 상태 $|I\rangle$에 있을 진폭 C_1과 상태 $|2\rangle$에 있을 진폭 C_2를 알면 전자가 갖는 어떤 임의의 상태 ψ라도 식 (10.1)과 같이 표현할 수 있다. 이 문제를

다루기 위해서는 이 두 상태 계, 즉 자기장 안에 있는 전자에 대한 해밀토니안을 알아야 한다. 먼저 자기장이 z 방향인 특별한 경우부터 시작하겠다.

자기장 벡터 B가 z 성분 B_z만을 갖는다고 가정해 보자. 두 기반 상태의 정의(즉 B에 나란하거나 혹은 반대인 방향)로부터 그것들이 이미 자기장에서 일정한 에너지를 갖는 정상 상태라는 것을 알 수 있다. 상태 $|1\rangle$은 $-\mu B_z$, 상태 $|2\rangle$는 $+\mu B_z$의 에너지*에 해당한다. 이 경우 해밀토니안은 매우 단순해지는데, 다음과 같이 상태 $|1\rangle$에 있을 진폭 C_1이 C_2에 좌우되지 않으며 그 반대도 마찬가지이기 때문이다.

$$i\hbar \frac{dC_1}{dt} = E_1 C_1 = -\mu B_z C_1$$

$$i\hbar \frac{dC_2}{dt} = E_2 C_2 = +\mu B_z C_2 \qquad (10.17)$$

이 특별한 경우에 해밀토니안은

$$H_{11} = -\mu B_z \qquad H_{12} = 0$$
$$H_{21} = 0 \qquad H_{22} = +\mu B_z \qquad (10.18)$$

이다. 이렇게 하여 z 방향의 자기장에 대한 해밀토니안과 정상 상태의 에너지를 알 수 있다.

이번에는 자기장이 z 방향이 아니라고 가정해 보자. 해밀토니안은 어떻게 될까? 자기장이 z 방향이 아닐 때 행렬 원소는 어떻게 다를까? 해밀토니안의 항들에 일종의 중첩 원리가 통한다는 가정을 하겠다. 더 정확히 말하면, 두 개의 자기장이 동시에 존재하여 중첩된 경우 각각을 나타내는 해밀토니안의 항들을 단순히 더하기만 하면 된다고 가정하려 한다. 즉 z 방향만 있는 B_z에 대한 H_{ij}와 x 방향만의 B_x에 대한 H_{ij}를 안다면 B_z와 B_x 전체에 대한 H_{ij}는 그냥 그 둘의 합이 된다. 이 사실은 z 방향의 장만 고려할 때에는 당연히 옳다. B_z를 두 배로 높인다면 H_{ij}의 모든 항이 두 배가 된다. 그러므로 H가 장 B에 따라 선형으로 변한다고 가정해 보자(H_{ij}의 각 항이 B_x, B_y, B_z 각각에 비례한다고 가정한다는 뜻. 예를 들어 $H_{21} = B_x + 2B_y - B_z/3$: 옮긴이). 이것만 잘 이용하면 어떤 자기장에 대해서도 H_{ij}를 얻을 수 있다.

균일한 자기장 B가 있다고 하자. 그 방향을 z 축으로 정할 수도 있는데, 그랬다면 에너지가 $\pm \mu B$인 두 정상 상태를 찾았을 것이다. 축을 다른 방향으로 정한다고 해도 물리적 현상이 바뀌지는 않는다. 정상 상태를 표현하는 방법은 달라지겠지만 그 상태들의 에너지는 여전히 $\pm \mu B$일 것이다. 즉

$$E_I = -\mu\sqrt{B_x^2 + B_y^2 + B_z^2}$$

이고 $\qquad (10.19)$

$$E_{II} = +\mu\sqrt{B_x^2 + B_y^2 + B_z^2}$$

---

* 정지 에너지 $m_0 c^2$을 에너지의 영점으로 생각하고, 전자의 자기 모멘트 μ는 스핀과 반대방향이기 때문에 음수로 취급한다.

이다.

나머지는 쉽다. 에너지에 대한 식은 이미 알고 있다. 이제 B_x, B_y, B_z에 대해 선형으로 변하며 에너지에 대한 일반식 (10.3)에 넣었을 때 위의 에너지 값들을 얻게 만드는 해밀토니안을 찾으면 된다. 먼저 에너지가 대칭적으로 서로 멀어지며 평균값이 0이라는 점에 주목하자. 식 (10.3)으로부터, 이를 만족하려면

$$H_{22} = -H_{11}$$

이어야 한다는 사실을 알 수 있다. (이는 이미 살펴본 경우인 B_x와 B_y 모두 0일 때의 결과와 잘 맞는다. $H_{11} = -\mu B_z$이고 $H_{22} = \mu B_z$이므로.) 이제 식 (10.3)과 식 (10.19)를 같게 놓으면

$$\left(\frac{H_{11} - H_{22}}{2}\right)^2 + |H_{12}|^2 = \mu^2(B_x{}^2 + B_y{}^2 + B_z{}^2) \qquad (10.20)$$

을 얻는다. ($H_{21} = H_{12}^*$, 즉 $H_{12}H_{21}$을 $|H_{12}|^2$이라고도 쓸 수 있음을 이용했다.) 다시 장이 z 방향인 특별한 경우에는

$$\mu^2 B_z{}^2 + |H_{12}|^2 = \mu^2 B_z{}^2$$

을 얻는다. 따라서 $|H_{12}|$는 분명히 0이어야 하는데, 이는 H_{12}가 B_z에 대한 항을 절대로 가질 수 없음을 의미한다. (모든 항이 B_x, B_y, B_z에 대해 선형이어야 한다는 점을 기억하자.) (B_x와 B_y는 0이고 B_z만 0이 아닌 경우에도 이미 H_{12}가 0이어서 B_z에 관한 항이 없으므로 B_x와 B_y가 0이 아닌 일반적인 상황이 된다고 해도 H_{12}에 B_z 항이 새로 등장할 리가 없다 : 옮긴이)

지금까지 H_{11}과 H_{22}가 B_z에 대한 항을 가지며 H_{12}와 H_{21}에는 그와 같은 항이 없음을 알아냈다. 해를 다음과 같이 단순하게 추측해 보면 이것이 식 (10.20)을 만족함을 알 수 있다.

$$
\begin{aligned}
H_{11} &= -\mu B_z \\
H_{22} &= \mu B_z \\
|H_{12}|^2 &= \mu^2(B_x{}^2 + B_y{}^2)
\end{aligned}
\qquad (10.21)
$$

알고 보면 이것이 유일한 해이다!

"잠깐, H_{12}는 B에 비례하지 않는데? 식 (10.21)대로라면 $H_{12} = \mu\sqrt{B_x{}^2 + B_y{}^2}$이 되는 것 아닌가?" 하고 생각할지도 모르겠다. 꼭 그렇지는 않다. 또 다른 경우가 가능한데, 바로

$$H_{12} = \mu(B_x + iB_y)$$

이다. 이것은 B에 비례한다. 사실 이 같은 조합은 몇 가지 더 가능하다. 가장 일반적으로는

$$H_{12} = \mu(B_x \pm iB_y)e^{i\delta}$$

와 같이 표현할 수 있는데, 여기서 δ는 임의의 위상을 나타낸다. 부호와 위상으

로 무엇을 골라야 할까? 사실 부호나 위상을 어떻게 고르더라도 물리적인 결과는 항상 같다. 무엇을 고르느냐는 그저 관례의 문제일 뿐인 것이다. 우리보다 먼저 이 문제를 풀었던 사람들은 보통 음의 부호와 $e^{i\theta} = -1$을 썼다. 우리도 그에 따라 다음과 같이 적겠다.

$$H_{12} = -\mu(B_x - iB_y), \qquad H_{21} = -\mu(B_x + iB_y)$$

(덧붙이자면 이 관례는 6장에서 임의로 선택한 점 몇 가지와 관련이 있을 뿐 아니라 그 내용과 일관되기도 하다.)

그러므로 임의의 자기장 안에 있는 전자에 대한 전체 해밀토니안은 다음과 같다.

$$
\begin{aligned}
H_{11} &= -\mu B_z & H_{12} &= -\mu(B_x - iB_y) \\
H_{21} &= -\mu(B_x + iB_y) & H_{22} &= +\mu B_z
\end{aligned}
\tag{10.22}
$$

그리고 진폭 C_1과 C_2에 대한 방정식은 다음과 같다.

$$
\begin{aligned}
i\hbar \frac{dC_1}{dt} &= -\mu\big[B_z C_1 + (B_x - iB_y)C_2\big] \\
i\hbar \frac{dC_2}{dt} &= -\mu\big[(B_x + iB_y)C_1 - B_z C_2\big]
\end{aligned}
\tag{10.23}
$$

이렇게 해서 우리는 자기장 안에 있는 전자의 '스핀 상태의 운동 방정식'을 찾았다. 이 결과는 몇 가지 물리적인 논증을 통해 추리한 것인데, 어떤 해밀토니안도 그것이 예측하는 내용이 실험 결과와 일치해야만 받아들일 수 있다. 이 방정식은 이제까지의 모든 실험을 통과했다. 여기서는 일정한 자기장에 한해 살펴봤지만 이 해밀토니안은 자기장이 시간에 따라 변하는 경우에도 성립한다. 그래서 식 (10.23)을 사용하면 여러 가지 재미난 문제를 다룰 수 있게 된다.

10-7 자기장 안에서 회전하는 전자

사례 1 : 시간에 따라 변하지 않는 z방향의 장이 있다. 에너지가 각각 $\pm\mu B_z$인 정상 상태가 두 개 있을 것이다. x방향으로 약한 자기장을 추가한다고 하자. 그렇게 하면 방정식은 예전의 두 상태 계 문제와 비슷해 보인다. 또 다시 앞뒤로 뒤집히는 현상이 생기고 에너지 준위는 조금 더 분리될 것이다. 이제 그 장의 x 성분이 시간에 따라 예를 들어 $\cos\omega t$로 변한다고 가정해 보자. 그러면 방정식은 9장에서 암모니아 분자를 진동하는 전기장 속에 넣었을 경우와 같게 된다. 자세한 계산 과정도 같은 방식으로 진행된다. 그러면 수평 방향의 장이 공명 주파수인 $\omega_0 = 2\mu B_z / \hbar$ 근처에서 진동할 때 이 장이 $+z$ 상태에서 $-z$ 상태로, 또는 그 반대 방향으로의 전이를 유도한다는 결과를 얻을 것이다. 이것이 바로 2권의 35장(부록 참고)에서 설명한 자기 공명(magnetic resonance) 현상에 대한 양자역학적 이론이다.

스핀이 1/2인 계를 이용하면 메이저도 만들 수 있다. 슈테른-게를라흐 장치를 이용해서 예를 들어 $+z$ 방향으로 편극된 입자의 빔을 만들어 내고, 이를 일정한 자기장 안에 있는 공동 안으로 보낸다. 공동 속의 진동하는 장은 자기 모멘트와 결합하여 전이를 유발하고 공동에는 에너지가 공급된다.

이번엔 다음과 같은 문제를 생각해 보자. 그림 10-10처럼 극각(polar angle)이 θ이고 방위각(azimuthal angle)이 ϕ인 방향을 가리키는 자기장 $\boldsymbol{B}$가 있다고 하자. 그리고 이 장과 스핀 방향이 같은 전자가 있다고 해 보자. 그런 전자의 진폭 C_1과 C_2는 어떻게 될까? 다시 말해 그 전자의 상태를 $|\psi\rangle$라고 할 때 다음과 같이 적고 싶은 것이다.

$$|\psi\rangle = |1\rangle C_1 + |2\rangle C_2$$

여기서 C_1과 C_2는

$$C_1 = \langle 1 | \psi \rangle, \qquad C_2 = \langle 2 | \psi \rangle$$

이다. $|1\rangle$과 $|2\rangle$는 지금까지 $|+\rangle$와 $|-\rangle$라고 부른 상태와 같다(그림에서의 z축에 대해).

두 상태 계에 대한 일반적인 방정식을 이용하면 이 문제에 대한 답도 알 수 있다. 먼저 전자의 스핀이 $\boldsymbol{B}$와 나란하기 때문에 전자는 에너지가 $E_I = -\mu B$인 정상 상태에 있을 것이다. 그러므로 (9.18)에서와 같이 C_1과 C_2는 $e^{-iE_I t/\hbar}$에 따라 변해야 한다. 그리고 그 계수 a_1과 a_2는 (10.5)로 주어진다.

$$\frac{a_1}{a_2} = \frac{H_{12}}{E_I - H_{11}} \tag{10.24}$$

또 a_1과 a_2이 $|a_1|^2 + |a_2|^2 = 1$이 되도록 규격화되어야 한다는 조건도 있다. 그러면

$$B_z = B\cos\theta, \qquad B_x = B\sin\theta\cos\phi, \qquad B_y = B\sin\theta\sin\phi$$

를 써서 식 (10.22)로부터 H_{11}과 H_{12}를 얻을 수 있다. 결과는 다음과 같다.

$$\begin{aligned} H_{11} &= -\mu B\cos\theta \\ H_{12} &= -\mu B\sin\theta(\cos\phi - i\sin\phi) \end{aligned} \tag{10.25}$$

두 번째 결과의 괄호 안의 식이 $e^{-i\phi}$과 같으므로 다음과 같이 더 간단히 적을 수 있다.

$$H_{12} = -\mu B\sin\theta\, e^{-i\phi} \tag{10.26}$$

이 행렬 원소들을 식 (10.24)에 대입하고 분자와 분모에서 $-\mu B$를 없애면

$$\frac{a_1}{a_2} = \frac{\sin\theta\, e^{-i\phi}}{1 - \cos\theta} \tag{10.27}$$

를 얻는다. 두 계수의 비와 규격화 조건을 사용하면 a_1과 a_2를 얻을 수 있다. 그렇게 하는 것도 어렵지 않지만, 약간의 요령을 사용하면 더 빨리 계산하는 지름 길을 찾을 수 있다. $1 - \cos\theta = 2\sin^2(\theta/2)$이고 $\sin\theta = 2\sin(\theta/2)\cos(\theta/2)$

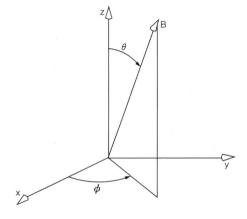

그림 10-10 극각 θ와 방위각 ϕ로 정의된 자기장의 방향

이므로 식 (10.27)은

$$\frac{a_1}{a_2} = \frac{\cos(\theta/2)\, e^{-i\phi}}{\sin(\theta/2)} \tag{10.28}$$

와 같다. 그러므로

$$a_1 = \cos(\theta/2)\, e^{-i\phi}, \qquad a_2 = \sin(\theta/2) \tag{10.29}$$

가 한 가지 가능한 답이 되겠는데, 이것이 (10.28)과

$$|a_1|^2 + |a_2|^2 = 1$$

을 만족시키기 때문이다. 이미 알다시피 a_1과 a_2에 공통 위상 인자로 아무거나 곱해도 달라지는 것은 없다. 사람들은 대부분 식 (10.29)의 두 항에 $e^{i\phi/2}$를 곱한 대칭적인 꼴을 더 좋아한다. 그래서 자주 쓰이는 형태는 다음과 같다.

$$a_1 = \cos\frac{\theta}{2}\, e^{-i\phi/2}, \qquad a_2 = \sin\frac{\theta}{2}\, e^{+i\phi/2} \tag{10.30}$$

이것이 위에서의 질문에 대한 답이다. a_1과 a_2는 스핀이 z축과 θ 및 ϕ의 각을 이루는 전자의 z축 방향으로의 스핀이 위쪽 혹은 아래쪽일 진폭이다. (진폭 C_1과 C_2는 단순히 a_1과 a_2에 $e^{-iE_I t/\hbar}$를 곱한 값이다.)

여기서 한 가지 흥미로운 점을 발견할 수 있다. 자기장의 세기 B가 (10.30)에 전혀 들어 있지 않다는 사실이다. 이 결과는 B가 0으로 가는 극한에서도 마찬가지다. 이는 주어진 입자의 스핀이 어떤 방향이든 그것을 일반적으로 나타내는 방법을 찾았음을 뜻한다. 진폭 (10.30)은 스핀 1/2짜리 입자에 대한 투영 진폭(projection amplitude)인데, 이는 5장 [식 (5.38)] 에서 배운 스핀 1인 입자에 대한 결과에 대응한다. 이제 스핀 1/2짜리 입자의 빔이 어떤 슈테른-게를라흐 여과기를 지나더라도 그 통과 진폭을 구할 수 있다.

$|+z\rangle$가 z축을 따라 스핀이 위쪽인 상태를, $|-z\rangle$는 아래 방향인 상태를 가리킨다고 하자. $|+z'\rangle$이 (z축으로부터 각도 θ, ϕ만큼 떨어진) z'축을 따라 스핀이 위쪽인 상태를 나타낸다면 5장에서의 표기법을 사용해서 다음과 같이 쓸 수 있다.

$$\langle +z \mid +z' \rangle = \cos\frac{\theta}{2}\, e^{-i\phi/2}, \qquad \langle -z \mid +z' \rangle = \sin\frac{\theta}{2}\, e^{+i\phi/2} \tag{10.31}$$

이 결과는 6장에서 순수하게 기하학적인 논증을 통해 찾은 식 (6.36)과 같다. (그러니까 여러분이 6장을 건너뛰었더라도 중요한 결과는 이제 알게 된 것이다.)

마지막 예로 우리가 이미 여러 번 언급했던 문제를 한 번 다시 살펴보고자 한다. 다음 문제를 생각해 보자. 어떤 특정한 방향으로 스핀을 가진 전자가 있는데, z 방향의 자기장을 25분간 켰다가 끈다. 전자의 최종 상태는 어떻게 될까? 다시 한 번 그 상태를 선형 조합 $|\psi\rangle = |1\rangle C_1 + |2\rangle C_2$로 나타내 보자. 그런데 이 문제에서는 특정한 에너지를 갖는 상태가 기반 상태 $|1\rangle$과 $|2\rangle$이기도 하다. 그렇기 때문에 C_1과 C_2는 위상만 변한다. 우리는

$$C_1(t) = C_1(0)e^{-iE_I t/\hbar} = C_1(0)e^{+i\mu Bt/\hbar}$$

와

$$C_2(t) = C_2(0)e^{-iE_{II} t/\hbar} = C_2(0)e^{-i\mu Bt/\hbar}$$

임을 알고 있다. 처음에 전자의 스핀이 특정한 방향으로 주어졌다고 했다. 즉 C_1 과 C_2의 초기값은 식 (10.30)으로 주어진 두 숫자이다. 이제 T만큼 시간이 흐른 뒤의 새로운 C_1과 C_2는 원래의 값에 각각 $e^{+i\mu B_z T/\hbar}$와 $e^{-i\mu B_z T/\hbar}$를 곱한 값이다. 그것은 무슨 상태일까? 이는 쉬운 질문이다. 그 상태는 각도 ϕ에서 $2\mu B_z T/\hbar$만큼 빼고 각 θ는 바뀌지 않은 상태와 완전히 같다. 즉 T라는 시간 후에 상태 $|\psi\rangle$는 시작할 때의 방향에서 z축에 대해 $\Delta\phi = 2\mu B_z T/\hbar$의 각도 만큼 회전한 방향을 향해 있는 전자를 나타낸다. 이 각도가 T에 비례하므로 스핀의 방향이 z축을 중심으로 각속도 $2\mu B_z/\hbar$로 세차운동(precession)을 한다고 말할 수도 있다. 예전에도 같은 결과를 엉성한 논리로나마 여러 번 얻었는데, 이제야 원자 자석(atomic magnet)의 세차운동을 양자역학적으로 완벽히 설명할 수 있게 된 것이다.

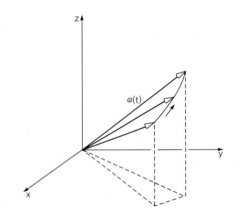

그림 10-11 시간에 따라 변하는 자기장 $B(t)$ 안에 놓인 전자의 스핀 방향은 B 에 나란한 축을 중심으로 진동수 $\omega(t)$인 세차운동을 한다.

흥미로운 점은 지금까지 자기장 안에서 회전하는 전자에 대해 사용한 수학적 아이디어를 두 상태를 갖는 그 어떤 계에도 그대로 적용할 수 있다는 사실이다. 즉 스핀하는 전자의 경우로부터 수학적으로 유추하면 두 상태를 갖는 어떤 계에 대한 문제라도 순전히 기하학적인 방법만으로 해결할 수 있다. 이렇게 하면 된다. 먼저 에너지의 영점을 옮겨서 $(H_{11} + H_{22})$가 0이 되도록, 그래서 $H_{11} = -H_{22}$가 성립하도록 한다. 그러면 어떤 두 상태 계의 문제도 자기장 안의 전자와 동일한 수학적 구조를 갖게 된다. 단순히 $-\mu B_z$는 H_{11}로, $-\mu(B_x - iB_y)$는 H_{12}로 바꾸기만 하면 된다. 원래의 물리적 상황이 암모니아 분자든 무엇이든 간에 그에 대응하는 전자의 문제로 바꿔 버릴 수 있다. 그래서 전자 문제를 일반적으로 풀 수 있다면 두 상태 계의 문제 전체를 푼 것이나 마찬가지인 것이다.

그런데 전자에 대한 일반적인 해는 이미 알고 있다! 초기에 어떤 방향을 따라 스핀이 위쪽인 상태가 있고 그와는 다른 방향을 가리키는 자기장 B가 있다고 하자. 그러면 그냥 스핀의 방향을 B를 중심으로 벡터 B에 비례하는 벡터 각속도 $\omega(t)$(즉 $\omega = 2\mu B/\hbar$)로 회전시키면 된다. 시간이 흘러 B가 변하면 회전축의 방향을 B와 나란하도록 계속 움직이고 회전 속도는 B의 크기에 비례하도록 조절하면 된다. 그림 10-11을 보자. 이 일을 계속 하다 보면 스핀의 축이 최종적으로 어떤 방향을 가리키게 될 것이고, 진폭 C_1과 C_2는 (10.30)을 써서 원하는 좌표계로 투영하면 얻을 수 있다. 이제 알 수 있겠지만 이 문제는 여러 번 회전한 뒤에 결국 어디에 가 있는지를 계산하는 기하학 문제일 뿐이다. 어떤 과정이 계산에 포함되는지는 쉽게 알 수 있지만 이 (각속도 벡터가 변하는 경우의 회전 결과를 구하는) 기하학 문제를 일반적으로 풀기는 무척 어렵다. 어쨌든 이론적으로나마 두 상태 계의 문제에 대한 일반 해를 찾았다. 다음 장에서는 스핀 1/2짜리 입자, 더 나아가 일반적인 두 상태 계를 다루는 수학적인 기법에 대해 더 살펴보겠다.

CHAPTER 11
두 상태 계 더 살펴보기

11-1 파울리 스핀 행렬

두 상태 계에 대한 논의를 계속하겠다. 앞 장 마지막 부분에서 자기장 안에 놓인 스핀 1/2짜리 입자에 대해 배웠다. 스핀 상태를 묘사할 땐 스핀 각운동량의 z 성분이 $+\hbar/2$일 진폭 C_1과 $-\hbar/2$일 진폭 C_2를 사용했다. 더 앞 장에선 그 기반 상태들을 $|+\rangle$와 $|-\rangle$로 불렀다. 이제 다시 그 표기법으로 돌아가려 하는데, 가끔은 $|+\rangle$는 $|1\rangle$과, $|-\rangle$는 $|2\rangle$와 바꿔 가면서(즉 같은 의미로) 사용하는 게 편리할 것 같다.

앞 장에서 자기 모멘트가 μ인 스핀 1/2짜리 입자가 $\boldsymbol{B} = (B_x,\ B_y,\ B_z)$의 자기장 안에 있을 때 진폭 $C_+(= C_1)$와 $C_-(= C_2)$가 미분 방정식

$$i\hbar\,\frac{dC_+}{dt} = -\mu\left[B_z C_+ + (B_x - iB_y)C_-\right]$$
$$i\hbar\,\frac{dC_-}{dt} = -\mu\left[(B_x + iB_y)C_+ - B_z C_-\right]$$

(11.1)

으로 서로 얽혀 있음을 보았다. 다시 말해 해밀토니안 행렬 H_{ij}는

$$H_{11} = -\mu B_z \qquad\qquad H_{12} = -\mu(B_x - iB_y)$$
$$H_{21} = -\mu(B_x + iB_y) \qquad H_{22} = +\mu B_z$$

(11.2)

이다. 그리고 식 (11.1)은 물론

$$i\hbar\,\frac{dC_i}{dt} = \sum_j H_{ij}C_j$$

(11.3)

와 동일한데, 여기서 i와 j는 $+$와 $-$ (또는 1과 2)의 값을 갖는다.

전자의 스핀으로 된 두 상태 계는 아주 중요하고 또 앞으로 자주 등장할 것이기 때문에 가급적 간단한 방식으로 표기해 두도록 하자. 따라서 큰 흐름에서 살짝 벗어나서 사람들이 두 상태 계에 대한 방정식을 어떻게 적는지부터 보이겠다. 이렇게 하면 된다. 먼저 해밀토니안의 각 항이 μ와 $\boldsymbol{B}$의 한 성분의 곱에 비례한다는 사실에 주목하자. 그렇다면 순전히 식의 구조만 생각했을 때 일반적으로

복습 과제 : 제 1 권 33장, 편광

---

* 이 책을 처음 읽는 거라면 이 절은 건너뛰길 바란다. 처음 보는 사람이 이해하기에는 다소 까다로운 내용이다.

$$H_{ij} = -\mu[\sigma_{ij}^x B_x + \sigma_{ij}^y B_y + \sigma_{ij}^z B_z] \qquad (11.4)$$

의 꼴이 되어야 할 것이다. 물리적으로 새로울 것이 하나도 없다. 이 방정식은 단순히 (11.4)가 (11.2)와 같아지도록 $4 \times 3 = 12$개의 계수 σ_{ij}^x, σ_{ij}^y, σ_{ij}^z를 정할 수 있다는 의미이다.

이제 그 값들이 어떻게 되나 보자. B_z부터 시작하겠다. B_z는 H_{11}과 H_{22}에만 들어 있으므로

$$\sigma_{11}^z = 1, \qquad \sigma_{12}^z = 0$$
$$\sigma_{21}^z = 0, \qquad \sigma_{22}^z = -1$$

이면 충분할 것이다. 흔히 H_{ij} 행렬을 다음과 같이 작은 표를 만들어서 적곤 한다.

$$H_{ij} = {}^{i\downarrow}\!\!\begin{pmatrix} H_{11} & H_{12} \\ H_{21} & H_{22} \end{pmatrix}$$

자기장 $\boldsymbol{B}$ 안에 있는 스핀 1/2짜리 입자의 해밀토니안이라면

$$H_{ij} = {}^{i\downarrow}\!\!\begin{pmatrix} -\mu B_z & -\mu(B_x - iB_y) \\ -\mu(B_x + iB_y) & +\mu B_z \end{pmatrix}$$

가 된다. 똑같은 방식으로 행렬을 이용하여

$$\sigma_{ij}^z = {}^{i\downarrow}\!\!\begin{pmatrix} 1 & 0 \\ 0 & -1 \end{pmatrix} \qquad (11.5)$$

로 쓸 수 있다.

B_x의 계수로부터 σ_x의 항이 각각

$$\sigma_{11}^x = 0, \qquad \sigma_{12}^x = 1$$
$$\sigma_{21}^x = 1, \qquad \sigma_{22}^x = 0$$

임을 알 수 있다. 또는 줄여서 표기하면

$$\sigma_{ij}^x = \begin{pmatrix} 0 & 1 \\ 1 & 0 \end{pmatrix} \qquad (11.6)$$

이 된다.

마지막으로 B_y를 보면

$$\sigma_{11}^y = 0, \qquad \sigma_{12}^y = -i$$
$$\sigma_{21}^y = i, \qquad \sigma_{22}^y = 0$$

또는

$$\sigma_{ij}^y = \begin{pmatrix} 0 & -i \\ i & 0 \end{pmatrix} \qquad (11.7)$$

을 얻는다. 이 세 시그마 행렬을 사용한다면 식 (11.2)와 (11.4)는 동일해진다.

i와 j를 아래 첨자로 쓰기 위해 각 σ가 $\boldsymbol{B}$의 어떤 성분과 결합하는지 알려 주는 x, y, z는 위 첨자로 놓았다. i와 j는 따로 표기하지 않아도 거기 있어야 함을 쉽게 알 수 있으니 보통 생략하고 x, y, z를 아래 첨자로 적는다. 그러면 식 (11.4)를 다음과 같이 쓸 수 있다.

$$H = -\mu[\sigma_x B_x + \sigma_y B_y + \sigma_z B_z] \tag{11.8}$$

시그마 행렬은 아주 중요하여 전문가들은 늘 달고 살기 때문에 다 같이 표 11-1 에 모아 놓았다(양자 물리를 연구할 사람이라면 이것들을 모두 외워 두는 게 좋다). 창안한 물리학자의 이름을 따서 파울리 스핀 행렬(Pauli spin matrices)이라 부르기도 한다.

표에는 2×2 행렬이 하나 더 들어 있는데, 이것은 에너지가 같은 두 스핀 상태를 갖는 계를 다루거나 혹은 영점 에너지(zero-energy)를 다른 값으로 취하고 싶을 때 필요하다. 이런 상황에선 (11.1)의 첫째 방정식에 $E_0 C_+$를, 그리고 둘째 방정식에는 $E_0 C_-$를 더해 줘야 한다. 이 항들을 포함하려면 단위 행렬 1을 δ_{ij}, 즉

$$1 = \delta_{ij} = \begin{pmatrix} 1 & 0 \\ 0 & 1 \end{pmatrix} \tag{11.9}$$

로 정의해서 다음과 같이 새로운 표기법을 사용하면 된다.

$$H = E_0 \delta_{ij} - \mu(\sigma_x B_x + \sigma_y B_y + \sigma_z B_z) \tag{11.10}$$

E_0 등의 상수에는 자동적으로 단위 행렬을 곱하는 것으로 이해하니까 보통은 간단히

$$H = E_0 - \mu(\sigma_x B_x + \sigma_y B_y + \sigma_z B_z) \tag{11.11}$$

라 쓴다.

스핀 행렬이 쓸모 있는 이유 중 하나는 어떤 2×2 행렬도 그것들을 사용해서 표현할 수 있기 때문이다. 2×2 행렬에는 다음처럼 원소가 네 개 있다.

$$M = \begin{pmatrix} a & b \\ c & d \end{pmatrix}$$

이는 언제나 네 행렬의 선형 조합으로 나타낼 수 있다.

$$M = a\begin{pmatrix} 1 & 0 \\ 0 & 0 \end{pmatrix} + b\begin{pmatrix} 0 & 1 \\ 0 & 0 \end{pmatrix} + c\begin{pmatrix} 0 & 0 \\ 1 & 0 \end{pmatrix} + d\begin{pmatrix} 0 & 0 \\ 0 & 1 \end{pmatrix}$$

가 하나의 예가 될 수 있겠다. 방법은 여러 가지가 있지만 그중 하나는 다음처럼 M에 σ_x가 얼마나 들어 있고 또 σ_y는 얼마나 들어 있는지를 써서 나타내는 것이다.

$$M = \alpha 1 + \beta \sigma_x + \gamma \sigma_y + \delta \sigma_z$$

여기서 α, β, γ, δ는 일반적으로 복소수이다.

표 11-1 파울리 스핀 행렬

$$\sigma_z = \begin{pmatrix} 1 & 0 \\ 0 & -1 \end{pmatrix}$$

$$\sigma_x = \begin{pmatrix} 0 & 1 \\ 1 & 0 \end{pmatrix}$$

$$\sigma_y = \begin{pmatrix} 0 & -i \\ i & 0 \end{pmatrix}$$

$$1 = \begin{pmatrix} 1 & 0 \\ 0 & 1 \end{pmatrix}$$

어떤 2 × 2 행렬도 단위 행렬과 시그마 행렬(즉 파울리 스핀 행렬)을 사용해서 나타낼 수 있으므로 우린 이제 두 상태 계에 필요한 것들을 다 갖추었다. 두 상태 계가 암모니아 분자나 자홍색 염료 등 무엇이든 간에 해밀토니안 방정식은 시그마 행렬을 써서 적을 수 있다. 자기장 안에 있는 전자의 경우에는 시그마 행렬이 특별히 기하학적인 의미를 갖는 것처럼 보이기도 하지만, 단순히 어떤 두 상태 계 문제에도 쓸 수 있는 기본 행렬로 생각해도 좋다.

예를 들어 어떤 관점에서는 양성자와 중성자를 두고 같은 입자가 서로 다른 상태에 있는 것이라고 생각할 수 있다. 핵자(nucleon, 양성자 또는 중성자)를 전하량이 다른 두 상태 계로 볼 수 있다는 것이다. 이런 관점이라면 상태 $|1\rangle$이 양성자를, $|2\rangle$가 중성자를 나타내는 것으로 이해할 수 있다. 사람들은 이를 두고 핵자에 아이소스핀 상태(isotopic-spin state)가 두 가지 있다고 얘기한다.

두 상태 계를 양자역학적으로 풀어내는 데 시그마 행렬을 계속 쓰게 될 테니 행렬 연산의 규칙들을 간략하게 복습해 보겠다. 두 개 또는 그 이상의 행렬들의 합이란 그냥 식 (11.4)에선 당연했던 것들을 뜻한다. 일반적으로 두 행렬 A와 B를 더한다는 것은 그 합 C의 각 항 C_{ij}가

$$C_{ij} = A_{ij} + B_{ij}$$

임을 의미한다. C의 각 항은 A와 B에서 같은 위치에 있는 항들의 합이다.

행렬의 곱이라는 개념은 5-6절에서 이미 한 차례 생각해 보았다. 시그마 행렬도 같은 방법으로 하면 된다. 일반적으로 두 행렬 A와 B(이 순서대로)의 곱은 원소가

$$C_{ij} = \sum_k A_{ik} B_{kj} \tag{11.12}$$

인 행렬 C로 정의된다. 이는 A의 i번째 행과 B의 j번째 열의 원소를 하나씩 짝지어 곱한 것들의 합이다. 행렬을 그림 11-1처럼 표의 형태로 적었을 때, 곱한 행렬의 항들을 구하는 체계적인 방법이 있다. C_{23}을 계산한다고 해 보자. 왼손 검지는 A의 두 번째 행을 따라, 오른손 검지는 B의 세 번째 열을 따라 아래로 한 칸씩 옮기면서 각 쌍을 곱한 후 더한다. 어떻게 하는지 그림에 그려 보았다.

$$
\begin{pmatrix} A_{11} & A_{12} & A_{13} & A_{14} \\ A_{21} & A_{22} & A_{23} & A_{24} \\ A_{31} & A_{32} & A_{33} & A_{34} \\ A_{41} & A_{42} & A_{43} & A_{44} \end{pmatrix}
\cdot
\begin{pmatrix} B_{11} & B_{12} & B_{13} & B_{14} \\ B_{21} & B_{22} & B_{23} & B_{24} \\ B_{31} & B_{32} & B_{33} & B_{34} \\ B_{41} & B_{42} & B_{43} & B_{44} \end{pmatrix}
=
\begin{pmatrix} C_{11} & C_{12} & C_{13} & C_{14} \\ C_{21} & C_{22} & C_{23} & C_{24} \\ C_{31} & C_{32} & C_{33} & C_{34} \\ C_{41} & C_{42} & C_{43} & C_{44} \end{pmatrix}
$$

$$C_{ij} = \sum_k A_{ik} B_{kj}$$

예 : $C_{23} = A_{21} B_{13} + A_{22} B_{23} + A_{23} B_{33} + A_{24} B_{43}$

그림 11-1 두 행렬을 곱하는 방법

물론 2×2 행렬의 경우엔 특히 간단해진다. 가령 σ_x곱하기 σ_x라면

$$\sigma_x{}^2 = \sigma_x \cdot \sigma_x = \begin{pmatrix} 0 & 1 \\ 1 & 0 \end{pmatrix} \cdot \begin{pmatrix} 0 & 1 \\ 1 & 0 \end{pmatrix} = \begin{pmatrix} 1 & 0 \\ 0 & 1 \end{pmatrix}$$

이 되는데, 이는 단위 행렬 1과 같다. 아니면 또 다른 예로 $\sigma_x\sigma_y$를 계산해 보자.

$$\sigma_x\sigma_y = \begin{pmatrix} 0 & 1 \\ 1 & 0 \end{pmatrix} \cdot \begin{pmatrix} 0 & -i \\ i & 0 \end{pmatrix} = \begin{pmatrix} i & 0 \\ 0 & -i \end{pmatrix}$$

표 11-1을 보면 이는 σ_z행렬에 i를 곱한 값이다. (숫자와 행렬을 곱하려면 행렬의 각 항에 그 숫자를 곱하면 됨을 기억하자.) 한 번에 두 개씩 시그마를 곱한 결과는 중요하면서도 신기하기 때문에 표 11-2에 모두 정리해 놓았다. $\sigma_x{}^2$ 및 $\sigma_x\sigma_y$에서와 같은 방법으로 전부 직접 계산할 수 있다.

　이 σ행렬에는 또 하나 아주 중요하고 재미있는 점이 있다. 가만히 보면 세 행렬 σ_x, σ_y, σ_z가 벡터의 세 성분과 닮았다고 생각할 수 있다. 이는 시그마 벡터라고 부르며 $\boldsymbol{\sigma}$라 적는다. 정확히 말하자면 행렬 벡터나 벡터 행렬이라고 불러야 할 것이다. 세 개의 다른 행렬이 있는데 각각의 행렬은 x, y, z 하나하나의 축과 연관된다. 이것을 사용하면 좌표계와 무관한 편리한 형태로 계의 해밀토니안을 적을 수 있다.

$$H = -\mu\boldsymbol{\sigma} \cdot \boldsymbol{B} \tag{11.13}$$

　세 시그마 행렬을 적을 때 σ_z가 특히 간단해지도록 z축을 따라 위 아래 방향이 정의되는 좌표축을 썼지만, 이 행렬들이 다른 좌표축 혹은 좌표계에서는 어떤 모습이 될지도 알아낼 수 있다. 계산이 상당히 복잡하긴 하지만 벡터의 성분처럼 변하는 걸 충분히 보일 수 있다. (지금 증명하지는 않겠다. 직접 해 보길 바란다.) $\boldsymbol{\sigma}$를 여러 다른 좌표계에서 아무 문제 없이 벡터로 취급할 수 있다.

　양자역학에서 H가 에너지와 관련이 있음을 기억할 것이다. 하나의 상태만 있는 간단한 상황이라면 사실 에너지와 똑같다. 전자 스핀으로 이루어진 두 상태계에서도 식 (11.13)처럼 해밀토니안을 적어 놓으면 자기 모멘트가 $\boldsymbol{\mu}$이며 자기장 $\boldsymbol{B}$안에 놓인 작은 자석의 에너지에 대한 고전적인 공식과 무척 닮아 보인다. 고전적으로는

$$U = -\boldsymbol{\mu} \cdot \boldsymbol{B} \tag{11.14}$$

인데, 여기서 $\boldsymbol{\mu}$는 물체의 고유한 성질을 나타내며 $\boldsymbol{B}$는 외부 장이다. 고전적 에너지를 해밀토니안으로 바꾸고 고전적인 양 $\boldsymbol{\mu}$는 $\mu\boldsymbol{\sigma}$라는 행렬로 바꾸니 식 (11.14)가 (11.13)이 되었다고 봐도 좋을 것이다. 이처럼 순전히 수학적인 치환 후에 그 결과를 행렬 사이의 관계식으로 받아들이면 된다. 가끔 사람들은 고전 물리의 각 양에 대응하는 양자역학적 행렬이 존재한다고 말한다. 그보다는 해밀토니안 행렬이 에너지에 대응하며 에너지를 통해 정의될 수 있는 어떤 물리량에도 그에 대응하는 행렬이 있다고 말하는 편이 더 정확하다.

　예를 들어 자기 모멘트를 에너지를 통해 정의하려면 외부 장 $\boldsymbol{B}$안의 에너지

표 11-2　파울리 스핀 행렬 간의 곱

$\sigma_x{}^2 = 1$
$\sigma_y{}^2 = 1$
$\sigma_z{}^2 = 1$
$\sigma_x\sigma_y = -\sigma_y\sigma_x = i\sigma_z$
$\sigma_y\sigma_z = -\sigma_z\sigma_y = i\sigma_x$
$\sigma_z\sigma_x = -\sigma_x\sigma_z = i\sigma_y$

가 $-\boldsymbol{\mu} \cdot \boldsymbol{B}$라고 하면 된다. 이것이 자기 모멘트 벡터 $\boldsymbol{\mu}$의 정의이다. 그리고 자기장 안에 있는 실제 (양자적) 물체의 해밀토니안에 대한 공식을 보며 고전적 식의 여러 물리량에 대응하는 행렬을 읽어 낼 수 있을 것이다. 가끔 고전적 양들에 양자적인 짝이 있다고 할 때는 바로 이 방법을 통한 것이다.

대체 어떻게 고전적인 벡터가 $\mu\boldsymbol{\sigma}$라는 행렬과 같아지는지 이해하려고 해 볼 수 있을 것이고, 그 과정에서 어쩌면 뭔가를 발견해 낼지도 모른다. 하지만 그런 일로 너무 깊이 고민하지는 말자. 그건 중요한 문제도 아니거니와 그 둘은 사실 똑같지도 않다. 양자역학은 세계를 표현하기 위한 다른 종류의 이론이다. 물리량들 간에 서로 대응하는 경우가 있긴 하지만 그건 그저 암기할 때 약간 도움이 될 뿐이다. 고전 물리를 배우면서 식 (11.14)를 외우고 $\boldsymbol{\mu} \rightarrow \mu\boldsymbol{\sigma}$라는 대응 관계도 외워 두면 식 (11.13)도 기억하기 쉬워질 테니까 말이다. 물론 자연은 양자역학만을 알며 고전 물리는 그 근사적인 결과일 뿐이다. 그러므로 고전 물리에 그 아래 깔려 있는 양자역학 법칙의 그늘이 드리워져 있다는 사실은 별로 놀라울 것도 없다. 그림자로부터 원래의 물체를 재구성하는 건 불가능하지만 물체가 어떻게 생겼는지 기억하는 데는 그림자가 도움이 된다. 식 (11.13)이 진리라면 식 (11.14)는 그림자이다. 대개 고전역학을 먼저 배우기 때문에 그로부터 양자적인 공식도 얻어 낼 수 있길 다들 바라지만 그렇게 하는 확실한 방법은 없다. 언제나 실제 세계로 돌아가서 올바른 양자역학의 방정식을 찾아야만 한다. 그 결과가 고전 물리에 있는 어떤 것과 닮았다면 운이 좋았다고 할 수 있을 뿐이다.

위의 경고가 여러분이 이미 고전 물리와 양자 물리의 관계에 대한 자명한 진리로 받아들이는 내용을 쓸데없이 반복해서 장황하게 늘어놓은 것이라면 용서해 주길 바란다. 대학원에 올 때까지 파울리 스핀 행렬에 대해 들어 본 적이 없는 학생들에게 양자역학을 자주 가르치는 교수의 조건 반사라고 이해해 주었으면 좋겠다. 학생들은 항상 양자역학이 어떻게든 몇 년 동안 배워 온 고전역학의 논리적인 귀결로 나타난다고 보이기를 바라는 것 같았다(어쩌면 새로운 걸 배워야만 하는 상황을 피하고 싶었을 수도 있다). 하지만 여러분은 식 (11.14)의 고전 공식을 그것도 부적절하다는 경고를 덧붙여서 겨우 몇 달 전에 배웠으므로, 식 (11.13)의 양자 공식을 기본 진리로 받아들이기가 별로 어렵지 않을지도 모르겠다.

11-2 연산자로서의 스핀 행렬

수학적 표기법이란 주제로 얘기하는 김에 또 다른 방식을 하나 설명해 볼까 하는데, 이 표기법도 간결해서 자주 사용된다. 8장에서 소개했던 표기법과 직접 관련된 것이다. 계가 $|\psi(t)\rangle$의 상태에 있어서 시간에 따라 변한다면 식 (8.34)에서 했던 것처럼 $t + \Delta t$에 그 계가 상태 $|i\rangle$에 있을 진폭을 다음과 같이 쓸 수 있다.

$$\langle i \mid \psi(t + \Delta t)\rangle = \sum_j \langle i \mid U(t,\ t + \Delta t) \mid j\rangle\langle j \mid \psi(t)\rangle$$

행렬원소 $\langle i \mid U(t + \Delta t,\ t) \mid j \rangle$는 기반 상태 $\mid j \rangle$가 시간 간격 Δt 안에 $\mid i \rangle$라는 기반 상태로 전환되는 데 대한 진폭이다. 그리고 다음과 같이 H_{ij}를 정의했었다.

$$\langle i \mid U(t + \Delta t,\ t) \mid j \rangle = \delta_{ij} - \frac{i}{\hbar} H_{ij}(t)\Delta t$$

또한 $C_i(t) = \langle i \mid \psi(t) \rangle$란 진폭이 미분 방정식

$$i\hbar\ \frac{dC_i}{dt} = \sum_j H_{ij} C_j \tag{11.15}$$

를 만족함을 증명했다. 진폭 C_i를 명시적으로 적으면 이 방정식은

$$i\hbar\ \frac{d}{dt}\ \langle i \mid \psi \rangle = \sum_j H_{ij} \langle j \mid \psi \rangle \tag{11.16}$$

와 같은 형태를 갖는다. H_{ij} 또한 $\langle i \mid H \mid j \rangle$로 쓸 수 있으므로 위의 미분 방정식은

$$i\hbar\ \frac{d}{dt}\ \langle i \mid \psi \rangle = \sum_j \langle i \mid H \mid j \rangle \langle j \mid \psi \rangle \tag{11.17}$$

와 같다. 따라서 $\frac{-i}{\hbar} \langle i \mid H \mid j \rangle\, dt$란 H에 의해 기술되는 물리적 조건 하에서 상태 $\mid j \rangle$가 dt라는 시간 동안 상태 $\mid i \rangle$를 만들어 내는 진폭임을 알 수 있다 (8-4절에서는 이 모든 내용이 암시적으로 담겨 있었다).

이 식은 임의의 상태 $\mid i \rangle$에 대해 성립하므로 8-2절에서와 같이 식 (11.17)에 있는 공통항 $\langle i \mid$를 빼 버리고 간단하게

$$i\hbar\ \frac{d}{dt}\ \mid \psi \rangle = \sum_j H \mid j \rangle \langle j \mid \psi \rangle \tag{11.18}$$

라 쓸 수 있다. 혹은 한 걸음 더 나아가 j 마저 없애 버리고

$$i\hbar\ \frac{d}{dt}\ \mid \psi \rangle = H \mid \psi \rangle \tag{11.19}$$

라고 쓸 수도 있다. 8장에서 이런 식으로 적을 때 $H \mid j \rangle$ 또는 $H \mid \psi \rangle$에 있는 H는 연산자(operator)라 부른다는 걸 지적한 바 있다. 지금부터는 연산자 위에 작은 모자($\hat{\ }$)를 씌워서 그냥 숫자가 아닌 연산자라는 걸 밝히겠다. 그러니까 $\hat{H} \mid \psi \rangle$라 적겠다는 말이다. 식 (11.18)과 (11.19)가 식 (11.17) 또는 식 (11.15)와 정확히 똑같은 의미를 갖긴 하지만, 다른 방식으로 생각해 볼 수도 있다. 예를 들어 식 (11.18)은 이렇게 풀어서 말할 수 있다―상태 벡터 $\mid \psi \rangle$의 시간 미분에 $i\hbar$를 곱한 것은 각각의 기반 상태에 해밀토니안 연산자 $\hat{H}$를 작용시켜 얻는 값에 ψ가 j상태에 있을 진폭인 $\langle j \mid \psi \rangle$를 곱한 후 모든 j에 대해 더해 준 것과 같다. 또 식 (11.19)는 다음과 같이 이해할 수도 있다. 상태 $\mid \psi \rangle$를 시간에 대해 미분한 것(곱하기 $i\hbar$)은 상태 벡터 $\mid \psi \rangle$에 해밀토니안 $\hat{H}$를 작용시켜 얻는 식과 동일하다. 이는 그저 식 (11.17)에 있는 내용을 줄여서 말한 것뿐이지만, 아주 편리하다는 걸 곧 알게 될 것이다.

한 단계 더 추상화할 수도 있다. 식 (11.19)는 어떤 상태 $|\psi\rangle$에 대해서도 성립한다. 또한 왼쪽 편에 있는 $i\hbar \dfrac{d}{dt}$도 t에 대해 미분한 후 를 $i\hbar$ 곱하라는 연산자이다. 그러므로 식 (11.19)는 다음과 같이 연산자 사이의 관계식으로 이해할 수도 있다.

$$i\hbar \frac{d}{dt} = \hat{H}$$

해밀토니안 연산자나 (앞의 상수를 제외했을 때) d/dt나 어떤 상태에 작용하면 같은 결과가 나온다. 하지만 이 말이 연산자 $\hat{H}$가 $i\hbar \dfrac{d}{dt}$와 동일한 연산이라는 뜻은 아님을 기억해 두자. 식 (11.19)에서도 마찬가지다. 양자 계에 대한 자연의 동적 법칙, 즉 운동 법칙인 것이다.

이 개념들을 적용하는 연습 삼아 식 (11.18)을 얻는 다른 방법을 보이겠다. 어떤 상태 $|\psi\rangle$라도 다음과 같이 어떤 기반 집합으로 투영한 값들을 사용해서 쓸 수 있다[식 (8.8)을 보자].

$$|\psi\rangle = \sum_i |i\rangle\langle i|\psi\rangle \tag{11.20}$$

$|\psi\rangle$는 시간에 따라 어떻게 변하는가? 그냥 미분을 취하면 된다.

$$\frac{d}{dt}|\psi\rangle = \frac{d}{dt}\sum_i |i\rangle\langle i|\psi\rangle \tag{11.21}$$

기반 상태 $|i\rangle$는 시간에 따라 변하지 않지만 (적어도 우리가 그렇게 가정하고 있으므로) 진폭 $\langle i|\psi\rangle$는 변할 수 있는 숫자이다. 그래서 식 (11.21)은

$$\frac{d}{dt}|\psi\rangle = \sum_i |i\rangle \frac{d}{dt}\langle i|\psi\rangle \tag{11.22}$$

가 된다. 식 (11.16)으로부터 $d\langle i|\psi\rangle/dt$를 알고 있으므로

$$\frac{d}{dt}|\psi\rangle = -\frac{i}{\hbar}\sum_i |i\rangle\sum_j H_{ij}\langle j|\psi\rangle$$

$$= -\frac{i}{\hbar}\sum_{ij} |i\rangle\langle i|H|j\rangle\langle j|\psi\rangle = -\frac{i}{\hbar}\sum_j H|j\rangle\langle j|\psi\rangle$$

가 되고, 이는 식 (11.18)과 동일하다.

그러니까 해밀토니안은 여러 방식으로 이해할 수 있다. 계수 H_{ij}의 집합을 그냥 한 뭉치의 숫자들로 생각할 수도 있고 혹은 $\langle i|H|j\rangle$란 진폭으로도, H_{ij}란 행렬로도, 또 연산자 $\hat{H}$로 받아들일 수도 있다. 어느 쪽이든 뜻하는 바는 같다.

이제 다시 두 상태 계로 돌아가 보자. 해밀토니안을 시그마 행렬(에 B_x와 같은 계수를 붙여서)을 이용해 적는다면 분명히 σ_{ij}^x도 $\langle i|\sigma_x|j\rangle$란 진폭으로, 또는 줄여서 연산자 $\hat{\sigma}_x$로 생각할 수 있다. 연산자라는 개념을 사용한다면 자기장 안의 상태 $|\psi\rangle$에 대한 운동 방정식은

$$i\hbar \frac{d}{dt}|\psi\rangle = -\mu(B_x\hat{\sigma}_x + B_y\hat{\sigma}_y + B_z\hat{\sigma}_z)|\psi\rangle \tag{11.23}$$

로 쓸 수 있다. 이런 관계식을 이용하려면 $|\psi\rangle$를 기반 상태를 이용해서 표현해야 한다. (공간 벡터의 성분을 구해야 정확한 값을 얻을 수 있듯이 말이다.) 그래서 식 (11.23)을 좀 더 확장된 형태로 흔히 다음과 같이 적는다.

$$i\hbar \frac{d}{dt} |\psi\rangle = -\mu \sum_i (B_x \hat{\sigma}_x + B_y \hat{\sigma}_y + B_z \hat{\sigma}_z) |i\rangle\langle i|\psi\rangle \qquad (11.24)$$

이제 왜 연산자 개념이 깔끔한지 알 수 있을 것이다. 식 (11.24)를 사용하려면 $\hat{\sigma}$ 연산자가 각각의 기반 상태에 작용할 때 어떤 일이 벌어지는지 알 필요가 있다. 한 번 알아볼까? $\hat{\sigma}_z|+\rangle$가 있다고 가정하자. 이것은 어떤 벡터 $|?\rangle$인데 ?가 무엇일까? 자, 왼쪽에 $\langle+|$를 곱해 보자. 그러면

$$\langle+|\hat{\sigma}_z|+\rangle = \sigma^z_{11} = 1$$

이 된다. (표 11-1을 사용했다.) 그러므로

$$\langle+|?\rangle = 1 \qquad (11.25)$$

이다. 이번엔 $\hat{\sigma}_z|+\rangle$의 왼쪽에 $\langle-|$를 곱해 보자. 결과는

$$\langle-|\hat{\sigma}_z|+\rangle = \sigma^z_{21} = 0$$

즉

$$\langle-|?\rangle = 0 \qquad (11.26)$$

이다. (11.25)와 (11.26)을 둘 다 만족하는 상태 벡터는 $|+\rangle$ 하나뿐이므로

$$\hat{\sigma}_z|+\rangle = |+\rangle \qquad (11.27)$$

이다. 표 11-3에 있는 법칙을 비슷한 방식으로 적용하면 시그마 행렬의 성질을 전부 연산자 표기법으로 어렵지 않게 증명할 수 있다.

시그마 행렬들의 곱은 연산자 간의 곱이다. 두 연산자의 곱에서는 맨 오른쪽에 있는 연산자부터 처리해야 한다. 가령 $\hat{\sigma}_x\hat{\sigma}_y|+\rangle$는 $\hat{\sigma}_x(\hat{\sigma}_y|+\rangle)$로 이해할 수 있다. 표 11-3에서 $\hat{\sigma}_y|+\rangle = i|-\rangle$이므로

$$\hat{\sigma}_x\hat{\sigma}_y|+\rangle = \hat{\sigma}_x(i|-\rangle) \qquad (11.28)$$

이다. 숫자는 연산자를 그냥 통과하므로(연산자는 상태 벡터에만 작용한다) 식 (11.28)은

$$\hat{\sigma}_x\hat{\sigma}_y|+\rangle = i\hat{\sigma}_x|-\rangle = i|+\rangle$$

와 같다. $\hat{\sigma}_x\hat{\sigma}_y|-\rangle$에도 똑같이 하면

$$\hat{\sigma}_x\hat{\sigma}_y|-\rangle = -i|-\rangle$$

가 된다. 표 11-3을 보면 $|+\rangle$ 또는 $|-\rangle$에 $\hat{\sigma}_x\hat{\sigma}_y$가 작용하면 $\hat{\sigma}_z$가 작용한 결과에 i를 곱한 것과 같다. 그러므로 $\hat{\sigma}_x\hat{\sigma}_y$라는 연산은 $i\hat{\sigma}_z$의 연산과 동일하며, 이를

$$\hat{\sigma}_x\hat{\sigma}_y = i\hat{\sigma}_z \qquad (11.29)$$

표 11-3 $\hat{\sigma}$ 연산자의 성질

$\hat{\sigma}_z|+\rangle = |+\rangle$
$\hat{\sigma}_z|-\rangle = -|-\rangle$
$\hat{\sigma}_x|+\rangle = |-\rangle$
$\hat{\sigma}_x|-\rangle = |+\rangle$
$\hat{\sigma}_y|+\rangle = i|-\rangle$
$\hat{\sigma}_y|-\rangle = -i|+\rangle$

라는 연산자 간의 관계식으로 나타낼 수 있다. 이 방정식이 표 11-2에 있는 행렬 사이의 관계식 중 하나와 똑같다는 걸 눈치챘는가? 이를 통해 다시 한 번 행렬의 관점과 연산자의 관점 사이의 대응 관계를 보게 된다. 그러므로 표 11-2의 각 방정식은 시그마 연산자 사이의 관계식으로 받아들일 수도 있다. 정말 표 11-3으로부터 얻어지는지 확인할 수도 있다. 이런 것들을 가지고 계산을 할 때는 σ나 H와 같은 항이 연산자인지 행렬인지 신경쓰지 않는 편이 좋다. 어느 쪽을 쓰든 똑같으므로 표 11-2는 각자 편한 대로 연산자에 관한 식으로, 혹은 행렬에 관한 식으로 받아들이면 된다.

11-3 두 상태 방정식의 해

이제 두 상태 방정식을 여러 형태로 적을 수 있는데, 예를 들면

$$i\hbar \frac{dC_i}{dt} = \sum_j H_{ij} C_j$$

또는 (11.30)

$$i\hbar \frac{d\,|\,\psi\rangle}{dt} = \hat{H}\,|\,\psi\rangle$$

라 할 수 있다. 이 둘의 의미는 같다. 자기장 안의 스핀 1/2짜리 입자에 대한 해밀토니안 H는 식 (11.8) 또는 식 (11.13)으로 주어진다.

장의 방향이 z쪽이라면 방정식의 해는 이미 몇 번 보았듯이 상태 $|\psi\rangle$가 무엇이 됐든 z축을 중심으로 세차운동을 하는데(어떤 물체를 손으로 잡고 z축 주위로 회전시킬 때와 비슷하게), 각속도는 자기장 곱하기 $\mu/\hbar$의 두 배가 된다. 이는 물론 자기장이 어떤 다른 방향을 따라 있더라도 성립하는데, 물리 법칙이 좌표계에 관계없이 똑같기 때문이다. 자기장이 시간에 따라 복잡한 방식으로 변하는 상황이 있다면 다음과 같은 방법으로 분석할 수 있다. 만약 스핀이 초기에 z방향이고 자기장은 x로 있다고 가정하자. 스핀이 돌기 시작한다. x방향의 장을 끄면 스핀은 회전을 멈춘다. 그 다음에 z방향의 장이 켜지면 스핀은 z축에 대해 세차운동을 할 것이다. 이런 식으로 자기장의 변화에 따른 최종 상태가 무엇인지, 즉 어떤 축을 가리키게 될지 알 수 있다. 그런 후에는 10장(또는 6장)에 있는 투영공식을 사용해서 다시 z축을 기준으로 한 원래 상태 $|+\rangle$와 $|-\rangle$로 표현할 수 있다. 스핀이 최종적으로 (θ, ϕ)방향이라면 z축을 따라 위쪽일 진폭은 $\cos(\theta/2)e^{-i\phi/2}$가 되고 아래쪽일 진폭은 $\sin(\theta/2)e^{+i\phi/2}$가 된다. 그러면 어떤 문제라도 풀 수 있다. 이는 미분 방정식의 해를 말로 풀이한 것이다.

방금 설명한 해는 어떠한 두 상태의 계에 적용해도 될 만큼 충분히 일반적이다. 전기장의 영향을 포함한 암모니아 분자의 예로 가 보자. 이 계를 상태 $|I\rangle$과 $|II\rangle$를 이용해서 나타내면 식 (9.38)과 (9.39)는 다음과 같아진다.

$$i\hbar \frac{dC_I}{dt} = +A C_I + \mu\mathcal{E} C_{II}$$

$$i\hbar \frac{dC_{II}}{dt} = -A C_{II} + \mu\mathcal{E} C_I$$

(11.31)

여러분이 "어라, 그 안에 분명히 E_0가 있었던 기억이 나는데…"라고 말할지도 모르겠다. 여기서는 에너지의 영점을 이동시켜서 E_0를 0으로 만든 것이다(두 진폭에 같은 인자 $e^{iET_0/\hbar}$를 곱하면 상수의 에너지를 항상 제거할 수 있다). 대응하는 방정식들의 해가 같다면 두 번 풀 필요는 없다. 이 방정식들을 보고 나서 식 (11.1)을 보면 다음과 같이 비교할 수 있다. $|I\rangle$을 상태 $|+\rangle$, $|II\rangle$를 상태 $|-\rangle$라 하자. 이는 암모니아를 공간상에 방향을 맞춰 놓는다거나 $|+\rangle$와 $|-\rangle$가 z축과 어떤 관계가 있다는 말이 아니다. 순전히 인위적으로 맺은 짝이다. 어떤 상상 속의 공간, 혹은 '암모니아 분자를 표현하는 공간'이라 불러도 좋을 공간이 있는데, 이 3차원 공간에서 (가짜) 축을 기준으로 위쪽 방향은 분자의 상태 $|I\rangle$에, 아래 방향은 상태 $|II\rangle$에 대응하는 것이다. 그러면 방정식 사이의 관계를 다음과 같이 이해할 수 있다. 맨 먼저 해밀토니안은 시그마 행렬을 사용해서

$$H = +A\sigma_z + \mu\mathcal{E}\sigma_x$$

(11.32)

라고 적을 수 있다. 바꿔 말하면 식 (11.1)의 μB_z는 식 (11.32)의 $-A$에 대응하고 μB_x는 $-\mu\mathcal{E}$에 대응한다. 즉 z축을 따라 크기가 고정된 자기장이 있으며 시간에 따라 바뀌는 전기장 $\mathcal{E}$는 그에 비례해 변하는 x방향 자기장으로 바꿔 놓은 모형 공간(자기장 안에 놓인 전자라는 두 상태 계를 이해하기 위한 추상적인 수학 모델 자체 : 옮긴이)을 쓴다면 두 경우가 똑 닮게 된다. 그래서 z방향 성분은 고정되어 있고 x방향 성분은 진동하는 자기장 안에서의 전자의 행동 양식은 진동하는 전기장 안 암모니아 분자의 행동에 수학적으로 정확히 대응된다. 아쉽지만 이 대응 관계를 더욱 자세히 살펴본다거나 문제를 차근차근 풀어 볼 시간은 없다. 다만 모든 두 상태 계를 자기장 안에서 세차운동하는 스핀 1/2짜리 물체와 비슷한 방식으로 이해할 수 있다는 사실은 지적해 두고자 한다.

11-4 광자의 편극 상태

재미난 두 상태 계가 더 많이 있지만 우선 광자부터 살펴보겠다. 광자를 기술하려면 먼저 벡터 운동량을 부여해야 한다. 자유 광자의 진동수는 운동량에 의해 결정되므로 진동수에 대해서는 따로 얘기할 필요가 없다. 그다음엔 편극 또는 분극(polarization)이라 부르는 또 다른 특성이 있다. 진동수가 일정하며 단일한(이 진동수는 지금의 논의 전체에서 계속 같은 값으로 고정시켜 놓을 텐데, 그러면 여러 가지 운동량 상태를 생각할 필요가 없어진다) 광자 하나가 여러분을 향해 다가오고 있다고 해 보자. 편극 방향은 두 가지가 가능하다. 고전 이론에서 빛은 (예를 들어) 수평 혹은 수직으로 진동하는 전기장을 갖는 것으로 기술할 수 있다. 이 둘을 x-편극된 빛 그리고 y-편극된 빛이라 부른다. 빛은 또한 x와 y

방향을 합성한 어떤 다른 방향으로도 편극될 수 있다. 또는 x와 y 성분이 $90°$만큼 위상 차이가 나도록 하면 회전하는 전기장을 얻는다. 즉 빛이 타원형으로 편극된(elliptically polarized) 것이다. (1권 33장에서 공부한 편광에 대한 고전 이론을 짧게 복습해 보았다.)

하지만 광자가 딱 하나만 있는 경우를 보자. 이번엔 같은 방식으로 분석할 만한 전기장이 존재하지 않는다. 광자가 하나 있는 게 전부이다. 하지만 광자는 편극이란 고전적인 현상과 닮은 부분이 있어야 할 것이다. 적어도 두 가지 다른 종류의 광자가 존재해야 한다. 끝없이 다양하게 있어야 한다고 생각할지도 모르겠다. 전기장 벡터가 어떤 방향이라도 가리킬 수 있으니까 말이다. 하지만 광자의 편극은 두 상태 계로 기술할 수 있다. 광자는 $|x\rangle$ 상태 또는 $|y\rangle$ 상태에 있을 수 있다. 상태 $|x\rangle$는 x-편극된 고전적 빛 다발(light beam)을 이루는 광자 하나하나의 편극 상태를 의미한다. 반면에 $|y\rangle$는 y-편극된 빛 안에 있는 개별 광자의 편극 상태를 말한다. 그러면 $|x\rangle$와 $|y\rangle$를 여러분을 향한 쪽, 즉 z 방향으로 주어진 운동량을 갖는 광자의 기반 상태로 쓸 수 있다. 그러니까 $|x\rangle$와 $|y\rangle$라는 두 기반 상태가 존재하는데 이 둘만 있으면 어떤 광자라도 나타낼 수 있는 것이다.

예를 들어, x-편극된 빛만 통과하도록 축이 설정된 편광판(polaroid)이 있는데 여기에 상태 $|y\rangle$인 광자를 보내면 전부 흡수되고 말 것이다. 혹은 편극된 빔을 $|x\rangle$빔과 $|y\rangle$빔으로 갈라놓는 방해석(calcite) 조각이 있다면, 그 방해석 조각은 은(銀) 원자의 빔을 $|+\rangle$와 $|-\rangle$의 두 상태로 나눠 놓는 슈테른-게를라흐 장치에 정확히 대응된다. 그러므로 은 입자와 슈테른-게를라흐 장치를 써서 했던 실험 전부를 빛과 방해석 조각을 갖고도 할 수 있다. 그러면 θ란 각도로 고정되어 있는 편광판을 통해 여과된 빛은 어떨까? 그렇다. 또 다른 상태가 된다. 기반 상태의 축과 구별하기 위해 편광판의 축을 x'이라 하겠다. 그림 11-2를 보자. 나오는 광자는 $|x'\rangle$ 상태에 있게 된다. 하지만 어떤 상태도 기반 상태의 선형 조합으로 표현할 수 있으므로 이 경우에도

$$|x'\rangle = \cos\theta\,|x\rangle + \sin\theta\,|y\rangle \qquad (11.33)$$

로 쓸 수 있다. 즉 x축을 기준으로 θ란 각도에 있는 편광판을 통과한 광자는 여전히 $|x\rangle$와 $|y\rangle$의 빔으로 분해할 수 있다. 방해석 조각을 이용한다거나 해서 말이다. 아니면 그냥 상상 속에서 x와 y 성분으로 나눌 수도 있을 것이다. 어떤 방법을 사용하든 상태 $|x\rangle$에 있을 진폭은 $\cos\theta$이며 $|y\rangle$에 있을 진폭은 $\sin\theta$라는 결과를 얻을 것이다.

이번엔 다음과 같은 질문을 던져 보자. 각 θ로 비스듬히 위치한 편광판에 의해 광자가 x' 방향으로 편극된 뒤 그림 11-3처럼 x축과 나란한 폴라로이드에 도달한다고 하자. 어떤 일이 벌어질까? 통과할 확률은 얼마나 될까? 답은 다음과 같다. 첫 번째 폴라로이드를 통과한 후의 상태는 분명히 $|x'\rangle$이다. 두 번째 폴라로이드는 $|x\rangle$ 상태의 광자만 통과시키고 $|y\rangle$ 상태의 광자는 전부 흡수할 것이다. 그러니까 문제는 광자가 $|x\rangle$ 상태에 있을 확률이 얼마인가이다. 이는

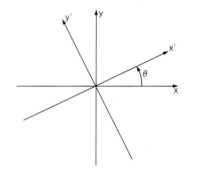

그림 11-2 광자의 운동량 벡터에 수직인 좌표 축들

$|x'\rangle$ 상태의 광자가 $|x\rangle$에도 있을 진폭인 $\langle x | x' \rangle$의 절대값을 제곱하면 구할 수 있다. $\langle x | x' \rangle$은 얼마일까? 식 (11.33)에 $\langle x |$를 곱하면

$$\langle x | x' \rangle = \cos\theta \, \langle x | x \rangle + \sin\theta \, \langle x | y \rangle$$

가 된다. $|x\rangle$와 $|y\rangle$가 기반 상태라면 $\langle x | y \rangle = 0$이고 $\langle x | x \rangle = 1$이다. 따라서

$$\langle x | x' \rangle = \cos\theta$$

가 되며 확률은 $\cos^2\theta$이다. 가령 첫 번째 편광판이 30°의 각도로 놓여 있다면 광자는 네 번 중 세 번은 통과하고 나머지 한 번은 흡수되어 편광판을 가열한다는 것이다.

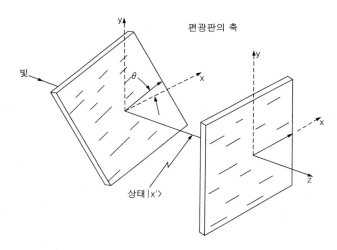

그림 11-3 편광면 사이의 각도가 θ인 두 편광판

　　같은 상황에서 고전적으로는 어떤 일이 벌어지는지 살펴보자. 전기장이 어떤 방식으로든 변하는, 예를 들어 '편극되지 않은' 빛이 있다 하자. 이 빛이 첫 번째 편광판을 통과하면 전기장은 x' 방향으로 $\mathcal{E}$라는 크기로 진동할 것이다. 이 전기장을 그림 11-4처럼 최대값이 $\mathcal{E}_0$인 진동 벡터로 그릴 수 있다. 첫 번째 편광판을 빠져나온 빛이 두 번째 편광판에 도착하면 전기장 $\mathcal{E}_0$ 중 x성분인 $\mathcal{E}_0\cos\theta$만 통과할 것이다. 빛의 세기는 전기장의 제곱, 즉 $\mathcal{E}_0^2\cos^2\theta$에 비례하므로 통과하는 에너지도 들어온 에너지보다 $\cos^2\theta$만큼 약하다.

　　고전적 이론과 양자 이론을 쓴 결과는 서로 비슷하다. 광자 100억 개를 두 번째 편광판에 입사시킨다면, 그리고 개별 광자가 통과할 평균 확률이 예를 들어 3/4이라면 100억 개의 3/4이 통과할 거라고 예상할 수 있다. 마찬가지로 이들이 운반하는 총 에너지는 통과시키려고 시도한 에너지의 3/4이 될 것이다. 고전 이론은 광자에 대한 통계적 정보 없이 단순히 주입한 에너지의 딱 3/4이 나올 것으로 예측한다. 이는 물론 광자가 오직 하나만 있는 경우에는 불가능하다. 광자의 3/4개와 같은 건 존재하지 않기 때문이다. 온전히 하나가 존재하든지 완전히 없든지 둘 중 하나다. 양자역학은 4번 중 3번 꼴로 광자가 완전히 통과할 것으로 예측한다. 이제 두 이론 사이의 관계가 명확해졌으리라 생각한다.

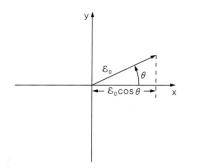

그림 11-4 고전적인 관점에서 본 전기장 벡터

다른 종류의 편극에서는 어떨까? 예를 들어 오른손 원형 편극(RHC, Right-Handed Circularly polarized)의 경우는 어떨까? 고전 이론에 따르면 RHC 에선 x와 y 성분이 크기가 같으며 90°의 위상차를 갖는다. 양자론에서는 RHC 광자는 |x〉 또는 |y〉로 편극될 진폭이 같으며 그 둘이 90°의 위상차를 갖는다. RHC 광자를 상태 |R〉, 왼쪽으로 원형 편극된(LHC, Left-Handed Circularly polarized) 광자를 상태 |L〉이라 하면 다음과 같이 적을 수 있다 (1권 33-1절 참고).

$$|R\rangle = \frac{1}{\sqrt{2}}(|x\rangle + i|y\rangle)$$
$$|L\rangle = \frac{1}{\sqrt{2}}(|x\rangle - i|y\rangle)$$

(11.34)

여기서 $1/\sqrt{2}$ 은 규격화된 상태를 얻기 위해 넣었다. 이 상태들에 양자론 법칙들을 적용하면 어떤 여과나 간섭 효과에 대한 계산도 해낼 수 있다. |R〉과 |L〉을 기반 상태로 고른 다음 모든 현상을 그 둘을 사용해서 표현할 수도 있다. 〈R|L〉 = 0이란 것만 보이면 되는데, 첫 번째 식의 복소 공액을 취한 후에(식 (8.13) 참고) 둘째 식을 곱해 주면 된다. x, y 편극이나 x', y' 편극뿐만 아니라 오른쪽과 왼쪽 원형 편극을 기반으로도 빛을 분해할 수 있는 것이다.

하나의 예로 위의 식들을 한 번 뒤집어 보겠다. |x〉 상태를 RHC와 LHC 의 선형 조합으로 표현하는 것이 가능할까? 그렇다. 바로 다음과 같다.

$$|x\rangle = \frac{1}{\sqrt{2}}(|R\rangle + |L\rangle)$$
$$|y\rangle = -\frac{i}{\sqrt{2}}(|R\rangle - |L\rangle)$$

(11.35)

증명 : (11.34)의 두 방정식을 더하고 빼 보자. 하나의 기반에서 다른 기반으로 가기는 어렵지 않다.

한 가지 신기한 점이 있다. 광자가 오른쪽으로 원형 편극 되었다면 x나 y 축과는 전혀 상관이 없어야 한다. 즉 같은 광자를 운동 방향을 축으로 회전한 좌표계에서 관찰해도 역시 RHC 편극으로 보일 것이고, 이는 LHC 편극도 마찬가지다. 이런 회전은 RHC나 LHC라는 성질을 바꾸지는 않는다. 회전 방향을 정의하는 데 x방향이 어느 쪽인지 알 필요는 없다. 물론 광자의 진행 방향은 알고 있지만 말이다. 멋지지 않은가? 방향을 정의하는 데 아무런 축도 필요가 없는 것이다. x나 y로 정의하는 것보다 훨씬 낫다. 반면에 우편과 좌편을 더하면 x가 어떤 방향이었는지 알 수 있다는 건 거의 기적에 가깝지 않은가? 오른쪽과 왼쪽 편극이 전혀 x에 좌우되지 않는다면 어떻게 그것들을 합쳐서 다시 x를 얻을 수 있을까? x', y' 좌표계에서 RHC 편극된 광자를 나타내는 |R'〉 상태를 써 보면 그 답을 부분적으로나마 얻을 수 있다. 그 좌표계에서는

$$|R'\rangle = \frac{1}{\sqrt{2}}(|x'\rangle + i|y'\rangle)$$

라 쓸 수 있다. x, y 좌표계에선 이 상태가 어떤 식으로 보일까? 식 (11.33)의 $|x'\rangle$과 그에 대응하는 $|y'\rangle$의 식을 그냥 대입하면 된다. (따로 제시하진 않았지만 $|y'\rangle = (-\sin\theta)|x\rangle + (\cos\theta)|y\rangle$이다.) 그러면

$$|R'\rangle = \frac{1}{\sqrt{2}}\left[\cos\theta\,|x\rangle + \sin\theta\,|y\rangle - i\sin\theta\,|x\rangle + i\cos\theta\,|y\rangle\right]$$

$$= \frac{1}{\sqrt{2}}\left[(\cos\theta - i\sin\theta)|x\rangle + i(\cos\theta - i\sin\theta)|y\rangle\right]$$

$$= \frac{1}{\sqrt{2}}(|x\rangle + i\,|y\rangle)(\cos\theta - i\sin\theta)$$

가 된다. 첫째 항은 그냥 $|R\rangle$이며 둘째 항은 $e^{-i\theta}$와 같다. 그러므로 결과는

$$|R'\rangle = e^{-i\theta}|R\rangle \tag{11.36}$$

이다. 상태 $|R'\rangle$과 $|R\rangle$은 $e^{-i\theta}$의 위상인자를 제외하곤 똑같다. $|L'\rangle$에 대해서도 같은 계산을 해 보면

$$|L'\rangle = e^{+i\theta}|L\rangle \tag{11.37}$$

이 나온다.*

이제 어떻게 된 건지 알아볼 수 있다. $|R\rangle$과 $|L\rangle$을 더하면 $|R'\rangle$과 $|L'\rangle$을 더한 결과와 다르다. 즉 x편극된 광자는 [식 (11.35)] $|R\rangle$과 $|L\rangle$의 합이지만 y편극된 광자는 한쪽의 위상을 90° 앞으로, 다른 한쪽은 90° 뒤로 옮긴 것들의 합이다. 이는 $\theta = 90°$인 특수한 경우에 $|R'\rangle$과 $|L'\rangle$을 더한 것과 같다. 그렇다. 프라임(´) 좌표계에서의 x편극은 원래의 좌표계에서 y편극과 같은 것이다. 따라서 어떤 좌표축에서도 원형 편극된 광자가 똑같게 보인다는 말은 엄밀히 말하면 잘못된 표현이다. 광자의 위상(RHC와 LHC 상태 간의 위상 관계)에 따라 x방향이 달라지기 때문이다.

11-5 중성 K-중간자**

이번에는 기묘한 입자들의 두 상태 계를 살펴볼 텐데, 이는 양자역학의 예측이 가장 잘 들어맞는 분야이다. 이걸 완전히 설명하려면 기묘한 입자에 대해 많은 것을 알아야 하기 때문에 아쉽지만 몇몇 부분은 건너뛰는 수밖에 없다. 따라서 하나의 법칙을 발견하는 과정과 그에 동원된 논리를 개략적으로만 돌아볼 것

---

* 이는 6장에서 스핀 1/2짜리 입자의 경우 좌표를 z축에 대해 회전시켰을 때 $e^{\pm i\phi/2}$의 위상인자를 얻은 결과와 비슷하다. 실은 5-7절에서 얻은 스핀 1인 입자의 $|+\rangle$와 $|-\rangle$ 상태에 대한 결과와 정확히 일치하는데, 이는 우연이 아니다. 광자는 "0"의 상태가 없는 스핀 1짜리 입자이다.

** 지금 생각해 보면 이번 절의 내용은 현재 단계의 수준에 비해 너무 길고 어려운 것 같다. 그러니 이 절은 뛰어넘고 11-6절로 직접 가는 편이 나을 것 같다. 여러분이 의욕에 넘치고 시간이 있다면 나중에 돌아와도 좋을 것이다. 그럼에도 본 절을 넣은 이유는, 이것이 고에너지 물리 분야의 최근 연구에서 가져온 아름다운 예이며 두 상태 계의 양자역학에 대해 우리의 이론 체계를 이용해서 어떤 일을 할 수 있는지 보여 주기 때문이다.

이다. 겔만(Gell-Mann)과 니시지마(Nishijima, 西島和彦)가 기묘도(stran-geness)와 기묘도의 보존이란 새로운 법칙을 발견한 것이 그 시작이었다. 겔만과 파이스(Pais)가 이 새로운 아이디어를 분석하다가 이제부터 우리가 배울 아주 놀라운 현상을 예측했다. 그에 앞서 '기묘도'라는 것이 무엇인지부터 알아보자.

핵입자 간의 강한 상호작용(strong interaction)이라 부르는 것부터 시작하겠다. 이것이 바로 강한 핵력, 즉 상대적으로 약한 전자기 상호작용과 구분되는 힘의 근원인 상호작용이다. 상호작용이 강하다는 말은 두 입자가 상호작용을 할 정도로 가까워지면 매우 세게 반응하여 손쉽게 다른 입자들을 만들어 낸다는 뜻이다. 핵입자 사이에는 베타 붕괴 등을 일으키는 약한 상호작용(weak interaction)도 존재하는데, 이것은 강한 상호작용에 비해서 그 크기가 훨씬 작으며 심지어 전자기력보다도 약하다.

거대한 입자 가속기를 써서 강한 상호작용을 연구하는 동안, 중간 과정에서 일어나야만 하는 일들이 예상과 달리 벌어지지 않는 경우가 있어 많은 사람이 놀랐다. 예를 들어 어떤 입자가 나타날 거라 예상한 상호작용이 있었는데 실제로는 나타나지 않았던 것이다. 겔만과 니시지마는 새로운 보존 법칙을 하나 만들면 이 이상한 사건들을 한꺼번에 설명할 수 있다는 걸 알아차렸다. 바로 기묘도의 보존이다. 그들은 입자마다 그들이 기묘수(strangeness number)라고 부른 새로운 종류의 속성이 존재하며 어떤 강작용에서도 기묘한 정도가 보존된다고 제안했다.

예를 들어 에너지가 수 기가 전자볼트(Gev)인 고에너지 음성 K-중간자가 양성자와 충돌한다고 해 보자. 그 상호작용으로 인해 많은 다른 입자들이 나타날 것이다. π-중간자, K-중간자, 람다 입자, 시그마 입자 등 1권의 표 2-2에 있는 어떤 중간자나 중입자(baryon)도 가능하다. 하지만 실제 실험 결과를 보면 특정 조합만이 나타날 뿐 다른 조합들은 보이지 않는다. 그 당시에도 몇몇 보존 법칙은 이미 알려져 있었다. 첫째, 에너지와 운동량은 항상 보존된다. 즉 사건 후의 총 에너지와 운동량은 사건 전과 똑같아야 한다. 둘째, 전하량 보존법칙이 있어서 나가는 입자들의 전체 전하가 원래 입자들이 운반하던 총 전하와 같아야 한다. K-중간자와 양성자가 충돌하는 지금의 경우에는

$$K^- + p \rightarrow p + K^- + \pi^+ + \pi^- + \pi^0$$

혹은

$$K^- + p \rightarrow \Sigma^- + \pi^+$$ (11.38)

의 반응이 실제로 일어나고, 전하량 보존 때문에

$$K^- + p \rightarrow p + K^- + \pi^+ \quad 또는 \quad K^- + p \rightarrow \Lambda^0 + \pi^+$$ (11.39)

와 같은 반응은 절대로 일어나지 않는다. 중입자 수(baryon number)가 보존된다는 사실 또한 알려져 있었다. 나가는 중입자 수는 들어온 중입자 수와 같아야 한다. 이 법칙에서 중입자의 반입자는 음의 중입자 하나로 센다. 이는

$$K^- + p \rightarrow \Lambda^0 + \pi^0$$

또는   (11.40)

$$K^- + p \rightarrow p + K^- + p + \bar{p}$$

(여기서 $\bar{p}$는 반양성자(antiproton)로서 음의 전하를 갖는다)의 반응이 가능하며 또한 실제로도 관찰된다는 의미이다. 하지만

$$K^- + p \rightarrow K^- + \pi^+ + \pi^0$$

또는   (11.41)

$$K^- + p \rightarrow p + K^- + n$$

등은 (에너지가 아주 많은 경우에도) 전혀 관찰되지 않는데, 중입자가 보존되지 않기 때문이다.

   그렇지만 언뜻 보기에는 (11.38)이나 (11.40)의 반응과 특별히 달라 보이지 않는

$$K^- + p \rightarrow p + K^- + K^0$$

나

$$K^- + p \rightarrow p + \pi^-$$ (11.42)

또는

$$K^- + p \rightarrow \Lambda^0 + K^0$$

는 절대 일어나지 않는데 이 점은 이들 보존 법칙만으로는 설명이 되지 않는다. 대신 기묘도의 보존을 쓰면 된다. 각 입자에는 S라는 숫자, 즉 기묘도가 따라다니는데, 어떤 강한 상호작용에서도 나가는 입자의 기묘도의 총합이 들어온 입자에 대한 합과 같아야 한다는 법칙이 있다. 양성자와 반양성자(p, $\bar{p}$), 중성자와 반중성자(n, $\bar{n}$), 그리고 π-중간자(π^+, π^0, π^-)는 모두 기묘도가 0이다. K^+와 K^0 중간자는 $+1$, K^-와 $\bar{K}^0$(반-K^0)*, Λ^0 및 $\sum$-입자(+, 0, −)는 −1의 기묘도를 갖는다. 기묘도가 −2인 Ξ-입자도 있으며, 어쩌면 아직 기묘도를 모르는 다른 것들도 존재할 수 있다. 각 입자의 기묘도를 표 11-4에 정리해 두었다.

   지금까지의 반응에서 어떻게 기묘도가 보존되는지 살펴보자. K-중간자와 양성자를 갖고 시작한다면 총 기묘도는 $(-1 + 0) = -1$이 된다. 기묘도의 보존에 따르면 반응 후 생성되는 입자들의 기묘도의 합 또한 −1이어야 한다. (11.38)과 (11.40)에서는 정말로 그렇다. 그러나 (11.42)의 각 반응에서는 우변의 기묘도가 0이다. 이런 반응에서는 기묘도가 보존되지 않으며, 따라서 이 같은 반응은 일어나지 않는다. 왜일까? 아무도 모른다. 그 누구도 지금 우리가 얘기한 것 이상은 모른다. 그저 자연이 원래 그렇게 생겼다고 여기는 수밖에.

   다음으로 이런 반응을 살펴볼까? π^-가 양성자와 충돌한다. 그 경우 가능한 결과 중 하나로 Λ^0 입자 하나에 중성 K-입자 하나, 그러니까 중성 입자 두 개가 나올 수 있다. 그럼 어떤 중성 K를 갖게 될까? Λ-입자는 기묘도가 −1이며

---

* 'K-영-바' 또는 'K-제로-바'라고 읽는다.

표 11-4 강한 상호작용을 하는 입자들의 기묘도

	S			
	-2	-1	0	$+1$
중입자		$\sum^+$	p	
	Ξ^0	$\Lambda^0, \sum^0$	n	
	Ξ^-	$\sum^-$		
중간자			π^+	K^+
		$\overline{K}^0$	π^0	K^0
		K^-	π^-	

(참고로 π^-는 π^+의 반입자이며, 그 반대도 마찬가지다.)

π와 p^+는 0인데, 이 반응이 빠른 생성 반응이기 때문에 기묘도의 총합은 같아야 한다. 이 K-입자의 기묘도가 +1이어야 하는 것이다. 그러므로 K^0이어야 한다. 이제 반응은

$$\pi^- + p \rightarrow \Lambda^0 + K^0$$

가 되고 반응 전후의 기묘도는

$$S = 0 + 0 = (-1) + (+1)$$

로 같다. K^0 대신 $\overline{K}^0$라면 우변의 기묘도는 −2인데 좌변의 기묘도가 0이므로 자연이 허락하지 않는 반응에 해당한다. 대신 $\overline{K}^0$는

$$n + n \rightarrow n + \overline{p} + \overline{K}^0 + K^+$$

$$S = 0 + 0 = 0 + 0 + (-1) + (+1)$$

또는

$$K^- + p \rightarrow n + \overline{K}^0$$

$$S = (-1) + 0 = 0 + (-1)$$

가 같은 반응으로부터 생성될 수 있다.

이걸 보고 여러분이 이렇게 생각할지도 모르겠다. '너무 많잖아. $\overline{K}^0$인지 K^0인지 대체 어떻게 알지? 똑같아 보이는데. 서로 반입자(antiparticle)라서 질량도 똑같고 둘 다 전하량이 0이잖아. 무슨 수로 구분하나?' 각각이 만들어 내는 반응을 보면 안다. 가령, $\overline{K}^0$는 물질과 반응하여 다음과 같이 Λ-입자를 만들 수 있다.

$$\overline{K}^0 + p \rightarrow \Lambda^0 + \pi^+$$

하지만 K^0는 그럴 수가 없다. K^0가 보통의 물질인 양성자나 중성자와 상호작용해서는 Λ-입자가 나타날 수가 없다.* 그러므로 Λ를 생성하는지를 실험을 통해 관찰해 보면 K^0와 $\overline{K}^0$를 구별할 수 있다.

---

* 물론 K^+ 두 개 또는 기묘도의 총합이 +2인 다른 입자들을 만들 수 있다는 건 제외하고 하는 말이다. 여기서는 이처럼 특이 입자가 더 생기기엔 에너지가 모자라는 반응들만 살펴보기로 하자.

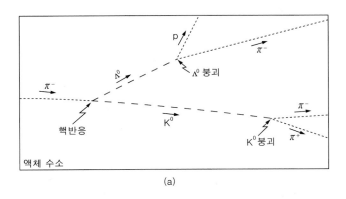 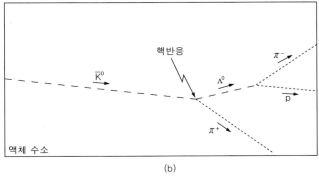

(a)   (b)

그림 11-5 수소 거품 상자 안에서 일어나는 고에너지 반응의 모습. (a) π^- 중간자가 수소 원자핵(양성자)와 반응하여 Λ^0 입자와 K^0 중간자를 생성한다. 두 입자 모두 상자 안에서 붕괴한다. (b) $\bar{K}^0$ 중간자가 양성자와 반응하여 π^+ 중간자와 Λ^0를 생성하는데, 후자는 곧바로 붕괴한다(전기적으로 중성인 입자는 이동 흔적을 남기지 않는다). 가는 실선은 추측한 경로이다.

그래서 기묘도 이론에 따르면 다음과 같은 사실을 예견할 수 있다 — 고에너지 파이온을 이용한 실험에서 Λ - 입자가 중성 K-중간자와 함께 생성되었다면, 그 K-중간자는 다른 물질과 반응하더라도 Λ - 입자를 만들어 내지 못할 것이다. 이런 실험을 해 볼 수 있겠다. 큰 수소 거품 상자(bubble chamber) 안으로 π^- 중간자의 빔을 쏘아 넣는다. π^-의 궤적이 사라지고 그림 11-5처럼 다른 어디엔가 한 쌍의 궤적이 나타나는데(양성자와 π^-),* 이는 Λ - 입자가 붕괴했음을 뜻한다. 그렇다면 눈에 보이진 않지만 어디엔가 K^0가 존재할 것이다.

하지만 운동량과 에너지 보존을 이용하면 그것이 어디로 가는지는 알아낼 수 있다. [그림 11-5(a)에 보였듯이 전하를 띤 두 입자로 붕괴되면서 모습을 드러낼 수도 있다.] K^0는 움직이는 도중에 수소 핵(양성자)을 만나 다른 입자들을 더 생성할 수도 있다. 기묘도 이론에 의하면 K^0는 $\bar{K}^0$와 달리

$$K^0 + p \rightarrow \Lambda^0 + \pi^+$$

처럼 간단한 반응을 통해 Λ - 입자를 만들어 낼 가능성이 전혀 없다. 즉 $\bar{K}^0$는 거품상자 안에서 그림 11-5(b)처럼 붕괴 때문에 Λ^0가 드러나는 반응을 할 수 있지만 K^0는 그럴 수 없다. 이상이 이 절의 첫 번째 부분인 기묘도의 보존이다.

기묘도의 보존 법칙은 완벽하지는 않다. 기묘한 입자들은 매우 천천히 붕괴하기도 하는데, 10^{-10}초쯤 걸리는 느린** 붕괴에서는 기묘도가 보존되지 않는다. 이들을 약한 붕괴(weak decay)라고 부른다. 예를 들자면, K^0는 10^{-10}초의 수명을 가진 π-중간자 한 쌍(+ 와 −)으로 붕괴한다. 사실 K-입자들은 그런 방법으로 발견되었다.

$$K^0 \rightarrow \pi^+ + \pi^-$$

의 붕괴 반응은 기묘도가 보존되지 않으므로 강한 상호작용에 의해 빨리 진행될 수 없다. 이는 약한 붕괴 과정을 통해서만 이뤄진다.

---

* 이 Λ - 입자는 약한 상호작용을 통해 천천히 붕괴한다(그러므로 기묘도는 보존될 필요가 없다.) 붕괴 후에 생기는 입자는 p와 π^-거나 아니면 n과 π^0이다. 수명은 2.2×10^{-10}초이다.
** 강한 상호작용은 대개 10^{-23}초 정도 걸린다.

$\overline{K}^0$ 또한 동일한 방식으로(+ 와 − 로) 붕괴하며 수명도 똑같다.

$$\overline{K}^0 \to \pi^- + \pi^+$$

이 또한 기묘도가 보존되지 않으므로 약한 붕괴가 된다. 어떤 반응에도 물질을 반물질(antimatter)로 대체하거나 그 반대로 바꾸면 거기에 대응하는 반응이 또 존재한다는 원리가 있다. $\overline{K}^0$는 K^0의 반입자이므로 π^+와 π^-의 반입자로 붕괴되어야겠지만, π^+의 반입자가 바로 π^-이다. (물론 반대로 생각해도 된다. π-중간자의 경우엔 어느 쪽을 물질로 불러도 상관없음이 알려져 있다.) 그렇기 때문에 K^0와 $\overline{K}^0$는 약한 붕괴 후 똑같은 입자들로 바뀌는 것이다. 붕괴의 양상만 놓고 보자면, 즉 거품 상자를 통과시키는 실험의 결과로만 판단한다면 그 둘은 똑같은 입자처럼 보인다. 강한 상호작용에 관련된 부분만 다를 뿐이다.

마침내 겔만과 파이스의 연구에 대해 얘기할 준비가 되었다. 그들이 처음 알아낸 것은, K^0와 $\overline{K}^0$ 둘 다 π-중간자 두 개로 변할 수 있으므로 K^0가 $\overline{K}^0$로 변하고 또 $\overline{K}^0$가 K^0로 변하는 어떤 진폭이 꼭 있을 거란 점이었다. 화학 반응처럼 이 반응식을 적어보면

$$K^0 \leftrightarrows \pi^- + \pi^+ \leftrightarrows \overline{K}^0 \tag{11.43}$$

가 된다. 이 반응이 의미하는 바는 두 개의 π-중간자로 붕괴하는 데 필요한 약한 상호작용 때문에 K^0가 $\overline{K}^0$로 변할 단위시간당 확률, 예를 들어 $-i/\hbar$ 곱하기 $\langle \overline{K}^0 | W | K^0 \rangle$가 존재한다는 사실이다. 그에 대응하는 역반응 진폭 $\langle K^0 | W | \overline{K}^0 \rangle$도 있다. 물질과 반물질은 정확히 같은 방식으로 행동하므로 이 두 진폭의 값은 같다. 둘 다 A라 부르겠다.

$$\langle \overline{K}^0 | W | K^0 \rangle = \langle K^0 | W | \overline{K}^0 \rangle = A \tag{11.44}$$

겔만과 파이스의 논리는 다음과 같았다. 재미난 상황이 발생했다. 사람들이 서로 구분되는 상태로 간주하는 K^0와 $\overline{K}^0$는 사실은 하나의 두 상태 계로 고려되어야 하는데, 한 상태에서 다른 상태로 옮겨 갈 진폭이 존재하기 때문이다. 이 문제를 완전하게 풀려면 물론 두 π의 상태 등등 또한 존재하므로 두 개 이상의 상태를 다뤄야겠지만, 그들은 주로 K^0와 $\overline{K}^0$의 관계에 관심이 있었기 때문에 더 복잡하게 만들 필요 없이 두 상태 계로 근사시켰다. 다른 상태들의 효과는 식 (11.44)의 진폭에 간접적으로만 포함되었다.

그래서 겔만과 파이스는 이들 중성 입자를 두 상태 계로 분석했다. 두 사람은 먼저 $|K^0\rangle$와 $|\overline{K}^0\rangle$를 두 기반 상태로 선택했다. (여기서부터는 암모니아 분자의 경우와 무척 비슷하다.) 그러면 중성 K-입자의 어떤 상태 $|\psi\rangle$라도 각 기반 상태에 있을 진폭을 써서 기술할 수 있다. 두 진폭을

$$C_+ = \langle K^0 | \psi \rangle, \qquad C_- = \langle \overline{K}^0 | \psi \rangle \tag{11.45}$$

라 부르겠다.

다음 단계는 이 두 상태 계에 대한 해밀토니안 방정식을 적는 것이다. 만약 K^0와 $\overline{K}^0$ 사이에 결합이 없다면 간단히

$$i \hbar \frac{dC_+}{dt} = E_0 C_+$$

$$i \hbar \frac{dC_-}{dt} = E_0 C_-$$

(11.46)

가 될 것이다. 하지만 $\overline{K}^0$가 K^0로 바뀔 진폭 $\langle K^0 | W | \overline{K}^0 \rangle$가 있기 때문에

$$\langle K^0 | W | \overline{K}^0 \rangle C_- = A C_-$$

등의 항을 첫 번째 식의 우변에 더해야 한다. 마찬가지로 C_-의 변화율에 대한 식에 $A C_+$ 항도 추가해야 한다.

그렇지만 그게 전부가 아니다. 두 파이온의 영향까지 고려하면

$$K^0 \rightarrow \pi^- + \pi^+ \rightarrow K^0$$

의 과정을 통해 K^0가 자기 자신으로 돌아올 진폭 또한 존재한다. 이를 $\langle K^0 | W | K^0 \rangle$라 적겠는데, K^0 혹은 $\overline{K}^0$가 한 쌍의 π-중간자로 변하거나 또는 한 쌍의 π-중간자로부터 생성될 진폭은 같을 것이기 때문에 이 값은 그냥 $\langle \overline{K}^0 | W | K^0 \rangle$와 같다. 이를 아래와 같이 좀 더 상세한 과정을 통해 얻을 수도 있다. 먼저

$$\langle \overline{K}^0 | W | K^0 \rangle = \langle \overline{K}^0 | W | 2\pi \rangle \langle 2\pi | W | K^0 \rangle$$

및

$$\langle K^0 | W | K^0 \rangle = \langle K^0 | W | 2\pi \rangle \langle 2\pi | W | K^0 \rangle$$

라 쓰자.* 물질과 반물질의 대칭성 때문에

$$\langle 2\pi | W | K^0 \rangle = \langle 2\pi | W | \overline{K}^0 \rangle$$

이고 또한

$$\langle K^0 | W | 2\pi \rangle = \langle \overline{K}^0 | W | 2\pi \rangle$$

이다. 따라서 $\langle K^0 | W | K^0 \rangle = \langle \overline{K}^0 | W | K^0 \rangle$이고 $\langle \overline{K}^0 | W | K^0 \rangle = \langle K^0 | W | \overline{K}^0 \rangle$이다. 어쨌든 값이 A인 두 진폭 $\langle K^0 | W | K^0 \rangle$와 $\langle \overline{K}^0 | W | \overline{K}^0 \rangle$도 있으며 이들을 해밀토니안 방정식에 포함시켜야 한다. 첫 번째 것은 dC_+/dt에 대한 방정식의 우변에 $A C_+$를, 두 번째 것은 dC_-/dt에 대한 방정식의 우변에 $A C_-$를 보탠다. 이와 같은 추론을 거쳐 겔만과 파이스는 $K^0 \overline{K}^0$ 계에 대한 해밀토니안 방정식이

$$i \hbar \frac{dC_+}{dt} = E_0 C_+ + A C_- + A C_+$$

$$i \hbar \frac{dC_-}{dt} = E_0 C_- + A C_+ + A C_-$$

(11.47)

---

* 이는 단순화한 결과이다. 2π의 계는 π-중간자들의 여러 운동량에 대응하는 많은 상태들을 가질 수 있으므로, 이 방정식의 우변을 π-입자들의 여러 기반 상태의 합으로 나타내야 한다. 이렇게 엄밀하게 계산을 해도 나오는 결론은 마찬가지다.

이어야 한다고 결론을 내렸다.

이제 지난 장에서 배운 내용 중 한 가지를 수정하고자 한다. 바로 $\langle K^0 | W | \bar{K}^0 \rangle$와 $\langle \bar{K}^0 | W | K^0 \rangle$처럼 서로 반대인 진폭들은 항상 복소 공액이라고 했던 것 말이다. 이는 붕괴하지 않는 입자에 대해서는 참이었다. 하지만 입자들이 붕괴할 수 있고 그래서 사라질 수도 있다면 두 진폭이 꼭 서로 복소 공액일 필요가 없다. 그러므로 (11.44)의 등식은 그 진폭들이 실수라는 의미가 아니다. 사실 복소수이다. 따라서 계수 A도 복소수이며 이것을 그냥 에너지 E_0에 포함시킬 수는 없다.

전자의 스핀 같은 물리량을 자주 다뤘던 겔만과 파이스는 식 (11.47)의 해밀토니안 방정식에 K-입자계를 표현하기 위해 사용할 수 있는 기반 상태들의 쌍이 또 있으며 그것들이 특별히 단순한 행동방식을 보일 거란 사실을 알고 있었다. 그들은 "이 두 방정식의 합과 차를 구해 보자. 또 에너지는 전부 E_0를 기준으로 측정하고 $\hbar = 1$로 만드는 에너지와 시간의 단위를 사용하자"고 했다(현대 이론 물리학자들은 항상 그렇게 한다. 그러면 물리적인 내용은 그대로인 채로 식만 간단하게 바뀐다). ($\hbar = 1.05 \times 10^{-34}(\text{J} \cdot \text{s})$의 단위는 에너지와 시간의 곱이다. 따라서 $\hbar$를 무차원의 상수로 만들려면 에너지와 시간을 이제까지와는 전혀 다른 단위를 써서 정해야 한다. 이는 자연 단위(natural unit)에서 흔히 쓰는 방법으로, 이렇게 하면 $\hbar$가 사라져서 수식이 간단해진다. 보통은 $\hbar$ 뿐만 아니라 광속이나 중력상수 등도 비슷한 방법으로 동시에 1로 만든다 : 옮긴이) 그들이 얻은 결과는 다음과 같다.

$$i \frac{d}{dt}(C_+ + C_-) = 2A(C_+ + C_-), \qquad i \frac{d}{dt}(C_+ - C_-) = 0 \qquad (11.48)$$

진폭의 조합 $(C_+ + C_-)$와 $(C_+ - C_-)$가 서로 독립적으로 행동한다는 건 명백하다. (이들은 물론 예전에 공부했던 정상 상태에 대응한다.) 그들은 K-입자들에 대해서도 비슷한 표현을 사용하는 것이 더 편리할 거라 보고 다음의 두 상태를 정의했다.

$$|K_1\rangle = \frac{1}{\sqrt{2}}(|K^0\rangle + |\bar{K}^0\rangle), \qquad |K_2\rangle = \frac{1}{\sqrt{2}}(|K^0\rangle - |\bar{K}^0\rangle) \qquad (11.49)$$

그들은 K^0와 $\bar{K}^0$ 중간자 대신 K_1과 K_2라는 두 '입자'(즉 '상태')를 써도 마찬가지라고 생각했다. (이것들은 물론 우리가 예전에 흔히 $|I\rangle$과 $|II\rangle$라 불렀던 상태에 대응한다. 우리가 예전 표기법을 사용하지 않는 이유는 여기서는 원 저자들의 표기법과 물리학 세미나에서 보게 될 표기법을 따르려 하기 때문이다.)

겔만과 파이스가 단순히 입자들에 새 이름을 붙이려고 이런 작업을 한 것은 아니었다. 그 안에는 이상하면서도 새로운 물리 현상이 숨어 있었다. C_1과 C_2를 상태 $|\psi\rangle$가 K_1 또는 K_2 중간자일 진폭이라고 해 보자. 즉

$$C_1 = \langle K_1 | \psi \rangle, \qquad C_2 = \langle K_2 | \psi \rangle$$

라면 식 (11.49)로부터

$$C_1 = \frac{1}{\sqrt{2}}(C_+ + C_-), \qquad C_2 = \frac{1}{\sqrt{2}}(C_+ - C_-) \qquad\qquad (11.50)$$

이고, 그러면 식 (11.48)은

$$i\frac{dC_1}{dt} = 2A\,C_1, \qquad i\frac{dC_2}{dt} = 0 \qquad\qquad (11.51)$$

이 된다. 이 방정식의 해는

$$C_1(t) = C_1(0)e^{-i2At}, \qquad C_2(t) = C_2(0) \qquad\qquad (11.52)$$

이며 $C_1(0)$와 $C_2(0)$는 물론 $t=0$에서의 진폭이다.

이 식에 의하면 $t=0$에서 상태 $|K_1\rangle$으로 출발한 중성 K-입자의(그렇다면 $C_1(0) = 1$, $C_2(0) = 0$일 것이다) 시간 t에서의 진폭은

$$C_1(t) = e^{-i2At}, \qquad C_2(t) = 0$$

이 된다.

A가 복소수이므로 $2A = \alpha - i\beta$로 쓰는 편이 좋겠다($2A$의 허수 부분이 나중에 음수가 되므로 마이너스 $i\beta$로 적었다). 그렇게 대입을 하면 $C_1(t)$는

$$C_1(t) = C_1(0)\, e^{-\beta t}\, e^{-i\alpha t} \qquad\qquad (11.53)$$

가 될 것이다. t라는 시각에 K_1 입자를 발견할 확률은 이 진폭의 절대값을 제곱한 $e^{-2\beta t}$이다. 그리고 식 (11.52)로부터 K_2 상태를 어떤 시각에든 발견할 확률은 0이다. 이는 K-입자를 $|K_1\rangle$ 상태로 만들면 같은 상태에서 그것을 발견할 확률이 시간에 따라 지수함수 꼴로 감소한다는 의미이다. 하지만 $|K_2\rangle$ 상태로 발견되는 일은 결코 없을 것이다. 어디로 간 것일까? 그것은 실험으로 측정한 평균 수명 $\tau = 1/2\beta$이 10^{-10}초인 두 π-중간자로 분열된다. A를 복소수라고 가정한 것은 이를 염두에 둔 것이었다.

반면에 식 (11.52)로부터 K-입자를 K_2 상태로 만들어 둔다면 영원히 그 상태로 지속될 것임을 알 수 있다. 음, 그 말이 완전히 옳지는 않다. 실험을 해 보면 K-입자가 세 개의 π-중간자로 분열되기도 하는데, 이 반응은 파이온 두 개로 붕괴하는 것보다 600배 더 느리다. 그러므로 근사법을 사용하면서 몇몇 작은 항들을 빼먹은 것이 분명하다. 하지만 두 파이온으로의 붕괴만 고려하는 한에서는 K_2는 영원히 존재한다.

이제 겔만과 파이스의 얘기의 마지막 부분이다. 그들이 그 다음에 한 일은 강한 상호작용에 의해 K-입자가 Λ^0 입자와 함께 생성되었을 때 어떤 일이 벌어질지 계산해 보는 것이었다. 그 경우엔 기묘도가 $+1$이어야 하므로 K^0 상태로 생성되어야 할 것이다. 그래서 $t=0$에서는 K_1도 아니고 K_2도 아닌 어떤 혼합 상태에 있게 된다. 초기 조건은

$$C_+(0) = 1, \qquad C_-(0) = 0$$

이다. 하지만 식 (11.50)으로부터

$$C_1(0) = \frac{1}{\sqrt{2}}, \qquad C_2(0) = \frac{1}{\sqrt{2}}$$

이 되고, 식 (11.52)와 (11.53)을 사용하면

$$C_1(t) = \frac{1}{\sqrt{2}} e^{-\beta t} e^{-i\alpha t}, \qquad C_2(t) = \frac{1}{\sqrt{2}} \qquad (11.54)$$

임을 의미한다. K^0와 $\overline{K}^0$ 각각은 K_1과 K_2의 선형 조합임을 떠올려 보자. 식 (11.54)의 진폭은 $t = 0$에서 $\overline{K}^0$쪽이 간섭에 의해 서로 상쇄되고 K^0 상태만 남게 되도록 선택한 것이다. 하지만 $|K_1\rangle$ 상태는 시간에 따라 변하며 $|K_2\rangle$ 상태는 그렇지 않다. $t = 0$ 이후에 C_1과 C_2가 간섭을 일으켜 K^0와 $\overline{K}^0$ 둘 다 0이 아닌 어떤 진폭을 갖게 한다.

이게 다 무슨 뜻일까? 다시 돌아가서 그림 11-5의 실험을 생각해 보자. π^- 중간자가 Λ^0 입자와 K^0 중간자를 생성했는데, 이들은 수소에 부딪히며 상자 속을 통과한다. 움직이는 도중에 수소 원자핵과 충돌할 확률이 작지만 분명히 존재한다. 처음엔 기묘도의 보존 때문에 K-입자가 그와 같은 상호작용으로는 Λ^0를 만들어 낼 수 없다고 생각했었다. 그렇지만 지금 보면 그 말이 꼭 맞지는 않다. 이 K-입자가 처음엔 Λ^0를 만들 수 없는 K^0로 시작하지만 계속 그 상태에 머무는 게 아니다. 조금 지나면 $\overline{K}^0$ 상태로 바뀔 진폭이 어느 정도 생기게 된다. 그래서 K-입자의 궤적에서 Λ^0가 나타날 수도 있다고 예측하는 것이다. 이 일이 벌어질 확률은 진폭 C_-로 주어지는데, [식 (11.50)을 거꾸로 사용하면] C_1, C_2와의 관계를 구할 수 있다. 그 결과는

$$C_- = \frac{1}{\sqrt{2}} (C_1 - C_2) = \frac{1}{2} (e^{-\beta t} e^{-i\alpha t} - 1) \qquad (11.55)$$

이다. K-입자가 움직이면서 $\overline{K}^0$처럼 행동할 확률은 $|C_-|^2$이므로

$$|C_-|^2 = \frac{1}{4} (1 + e^{-2\beta t} - 2e^{-\beta t} \cos \alpha t) \qquad (11.56)$$

가 된다. 참 복잡하고도 이상한 결과가 아닌가!

겔만과 파이스의 기가 막힌 예측이란 이런 것이었다. K^0가 생성되었을 때 그것이 $\overline{K}^0$로 바뀌는 반응, Λ^0의 생성을 통해 입증할 수 있는 이 과정이 일어날 확률은 시간에 따라 식 (11.56)과 같이 변한다. 이 결론은 논리적인 사고와 양자역학의 기본 원리만으로 얻어 낸 것이며 K-입자의 내부 구조는 알 필요도 없었다. 내부에서 일어나는 일이라든가 그것의 원리 따위는 아무도 몰랐기 때문에 겔만과 파이스가 할 수 있는 얘기도 거기까지였다. 이론만으로는 α와 β의 값을 구할 수가 없었다는 얘기다. 그리고 지금까지 아무도 이 문제를 해결하지 못했다. 두 π로의 붕괴율을 실험으로 측정해서 β값은 얻었지만 ($2\beta = 10^{10}$초$^{-1}$) α에 대해서는 아무것도 알 수 없었다.

두 α값에 대한 식 (11.56)의 함수를 그림 11-6에 그려 놓았다. 그래프의 모양이 α와 β의 비율에 따라 많이 다르다. $\overline{K}^0$의 확률은 처음에 0이다가 서서히

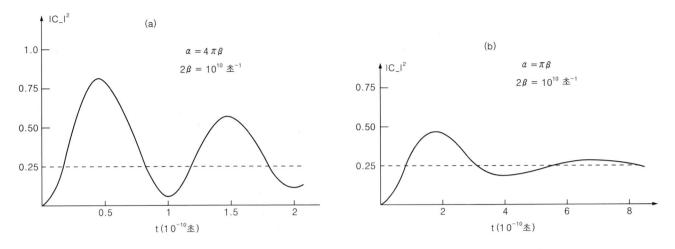

그림 11-6 식 (11.56)의 함수를 (a) $\alpha = 4\pi\beta$인 경우 (b) $\alpha = \pi\beta$인 경우에 대해 그린 것. ($2\beta = 10^{10}$초$^{-1}$)

증가한다. α가 크면 확률도 많이 진동하고 α가 작으면 진동이 작거나 혹은 전혀 없이 확률이 1/4까지 매끈하게 증가할 것이다.

K-입자는 보통 광속에 가까운 일정한 속력으로 움직인다. 그렇다면 그림 11-6의 그래프는 궤적 위에서 $\overline{K}^0$를 관찰할 확률을 나타내는 셈이기도 한데, 그 거리는 보통 수 cm쯤 된다. 이 예측이 왜 그토록 특별한지 이젠 그 이유를 알았을 것이다. 한 입자를 만들었는데 그냥 붕괴하지 않고 뭔가 다른 일이 벌어지는 것이다. 붕괴하기도 하고 다른 종류의 입자로 바뀌기도 한다. 특정한 효과가 나타날 확률이 입자가 이동함에 따라 신기한 방식으로 변한다. 자연에 존재하는 그 어떤 다른 계에도 이런 경우는 존재하지 않는다. 그런데 오로지 진폭의 간섭에 대한 논의만으로 이런 대단한 결과를 예측해 낸 것이다.

양자역학의 핵심 원리인 진폭 간의 중첩이 정말로 일어나는지를 가장 순수하게 실험해 볼 기회가 바로 지금이다. 이 예측이 발표된 지 이미 몇 년이 지났지만 믿을 만한 실험 결과는 아직 나오지 않았다. 정확도가 떨어지는 결과가 몇 발표되었는데, 그에 따르면 이 효과는 진짜로 존재하며 α는 0이 아니라 2β와 4β 사이의 값이다. 실험은 그 정도가 전부이다. 곡선을 완벽히 얻어서 기묘한 입자처럼 붕괴하는 이유나 기묘도가 존재하는 이유가 알려져 있는 않은 신비로운 세계에서도 중첩의 원리가 실제로 성립하는지 볼 수 있다면 그건 정말 멋진 일일 것이다.

지금까지 설명한 분석 과정은 기묘한 입자들을 이해하기 위한 양자역학 분야의 최근 연구 방식을 잘 보여 준다. 여러분이 접하게 될 복잡한 이론은 이처럼 중첩의 원리 혹은 그 정도 수준의 양자역학적 원리들을 이용한 기초적인 잔기술 그 이상도 이하도 아니다. 간혹 β와 α를 계산하게 해 주는, 또는 β가 주어지면 α를 구할 수 있는 이론을 찾았다고 주장하는 이들도 있지만 전부 틀렸다. 가령 β의 값이 주어졌을 때 α를 예측하는 이론에 따르면 α의 값이 무한대여야 한다. 이들이 사용한 식에서는 π-중간자가 두 개 나오다가, 그 두 π-중간자가 다시 K^0가 되었다가 하는 일이 생긴다. 모든 계산을 마치고 나면 여기 나온 것처럼 방정식 한 쌍을 얻게 된다. 하지만 두 π에는 운동량이 다른 상태가 무한히 많기 때문에 모든 경우에 대해 적분을 하면 α가 무한대가 되어 버리는 것이다. 그렇지만 자연 상태의 α는 분명히 무한대가 아니다. 그러므로 이들의 이론은 틀린 것이다. 정말로 멋진 점은, 기묘한 입자의 세계에서 부분적으로라도 예측이 가능한 현상들은 모두 여러분이 지금 배우고 있는 수준의 양자역학 원리로부터 나온다는 사실이다.

11-6 N 상태 계로의 일반화

두 상태 계에 대해 하고 싶은 말은 다 했다. 다음 장부터는 상태가 더 많은 계를 공부할 것이다. 상태가 두 가지뿐인 경우에 사용한 방법을 N 상태의 계로 확장하는 것은 그다지 어려운 일이 아니다. 다음과 같이 하면 된다.

서로 다른 상태를 N 개 갖는 계가 있다면 어떤 상태 $|\psi(t)\rangle$라도 다음과 같이 기반 상태 $|i\rangle$ ($i = 1, 2, 3, \cdots, N$)들의 선형 조합으로 나타낼 수 있다.

$$|\psi(t)\rangle = \sum_{\text{모든 } i} |i\rangle C_i(t) \tag{11.57}$$

계수 $C_i(t)$는 $\langle i | \psi(t)\rangle$의 진폭이다. 이 진폭 C_i의 시간에 따른 변화는

$$i\hbar \frac{dC_i(t)}{dt} = \sum_j H_{ij} C_j \tag{11.58}$$

를 만족하는데, 여기서 H_{ij}는 주어진 물리 현상을 기술하는 에너지 행렬이다. 이 행렬은 두 상태 계의 경우와 같은 형태를 보인다. 차이점이라면 이제 i와 j 둘 다 N 개의 기반 상태 전체가 범위가 되고 해밀토니안 혹은 에너지 행렬 H_{ij}는 $N \times N$ 행렬이 되어 원소가 N^2개라는 것뿐이다. 입자의 수가 보존된다면 지난 번과 같이 $H_{ij}^* = H_{ji}$이고 대각선 원소 H_{ii}는 모두 실수이다.

앞에서 우리는 에너지 행렬이 시간에 따라 변하지 않는 상수일 때 두 상태 계의 C에 대한 일반적인 해를 구했었다. H가 시간과 무관한 경우 N 상태 계에 대한 식 (11.58)은 쉽게 풀 수 있다. 다시 한 번, 진폭이 모두 동일한 방식으로 시간에 따라 변하는 해부터 찾아보겠다. 즉

$$C_i = a_i e^{-(i/\hbar)Et} \tag{11.59}$$

를 넣어 보겠다. 이 C_i를 (11.58)에 대입하면 미분값 $dC_i(t)/dt$는 간단히 $(-i/\hbar)EC_i$가 된다. 모든 항에서 공통인 지수 인자를 제거하면

$$Ea_i = \sum_j H_{ij} a_j \tag{11.60}$$

가 된다. 이는 N 개의 미지수 $a_1, a_2, \cdots, a_N$에 대한 일차 연립 방정식이며, 운이 좋아서 계수 a의 행렬식이 0일 때에만 해가 존재한다. 이렇게 어렵게 얘기할 필요도 없다. 어떤 방식으로든 방정식을 풀어 가다 보면 특정한 E 값에 대해서만 풀 수 있다는 걸 알게 된다. (E는 방정식에서 바뀔 수 있는 유일한 변수임을 기억하자.)

형식을 갖추자면 식 (11.60)을

$$\sum_j \left(H_{ij} - \delta_{ij} E \right) a_j = 0 \qquad (11.61)$$

으로 적을 수도 있다. 그 다음엔 E의 값이

$$\text{Det}\left(H_{ij} - \delta_{ij} E \right) = 0 \qquad (11.62)$$

을 만족해야 이 방정식이 해를 가진다는 법칙을 쓰면 된다. 행렬식의 각 항은 그냥 H_{ij}인데, 대각선 원소는 전부 E를 빼 주어야 한다. 즉 (11.62)는

$$\text{Det}\begin{pmatrix} H_{11} - E & H_{12} & H_{13} & \cdots \\ H_{21} & H_{22} - E & H_{23} & \cdots \\ H_{31} & H_{32} & H_{33} - E & \cdots \\ \cdots & \cdots & \cdots & \cdots \end{pmatrix} = 0 \qquad (11.63)$$

과 같은 의미이다. 이것은 물론 모든 항을 특정한 방식으로 곱한 다음 합한 E에 대한 대수 방정식을 특별한 기호로 적어 놓은 것에 불과하다. 이렇게 곱을 하면 E^N(즉 E의 N차)항까지 있게 된다.

그렇게 하여 N차 방정식을 얻었는데, 이는 일반적으로 N개의 해를 갖는다. (그중 몇 개는 중근(multiple roots)일 수도 있음을 잊지 말자. 즉 둘 이상의 해가 같을 수도 있다.) 이 N개의 해를

$$E_I, \; E_{II}, \; E_{III}, \; \cdots, \; E_{\mathbf{n}}, \; \cdots, \; E_{\mathbf{N}} \qquad (11.64)$$

이라 하자. (n번째 로마 숫자를 $\mathbf{n}$으로 표기할 것이므로 $\mathbf{n}$은 $I, II, \cdots, N$의 값을 가질 수 있다.) 이들 중 일부는 가령 $E_{II} = E_{III}$처럼 서로 같을 수도 있지만 그래도 다른 기호를 쓰겠다.

식 (11.60) 혹은 (11.61)은 E의 값 각각에 대해 해를 한 개씩 갖는다. 그중 하나, 예를 들어 $E_{\mathbf{n}}$을 (11.60)에 넣고 a_i에 관해 풀어 보면 $E_{\mathbf{n}}$의 에너지에 속하는 집합을 얻는다. 이 집합을 $a_i(\mathbf{n})$이라 부르자.

식 (11.59)에 이 $a_i(\mathbf{n})$을 대입하면 에너지가 정해진 상태가 기반 상태 $|i\rangle$에 있을 진폭인 $C_i(\mathbf{n})$을 얻는다. 이 특정 에너지 상태의 $t = 0$에서의 상태 벡터를 $|\mathbf{n}\rangle$으로 표기하면

$$C_i(\mathbf{n}) = \langle i \mid \mathbf{n} \rangle e^{-(i/h)E_{\mathbf{n}}t}$$

와

$$\langle i \mid \mathbf{n} \rangle = a_i(\mathbf{n}) \qquad (11.65)$$

이라고 쓸 수 있다. 에너지가 정해진 상태 $|\psi_{\mathbf{n}}(t)\rangle$는 전부

$$|\psi_{\mathbf{n}}(t)\rangle = \sum_i |i\rangle a_i(\mathbf{n}) e^{-(i/h)E_{\mathbf{n}}t}$$

또는

$$|\psi_{\mathbf{n}}(t)\rangle = |\mathbf{n}\rangle e^{-(i/h)E_{\mathbf{n}}t} \qquad (11.66)$$

라고 쓸 수 있을 것이다. 각각의 상태 벡터 |n⟩은 에너지가 정해진 상태들의 물리적 상황을 담고 있는데, 시간 인수는 밖으로 나와 있다. 그렇다면 이들은 상수 벡터이며 필요에 따라 새로운 기반 집합으로 사용할 수 있을 것이다.

여러분이 쉽게 직접 증명할 수 있는 성질이 하나 있는데, 각각의 상태 |n⟩에 해밀토니안 연산자 $\hat{H}$를 연산하면 다음과 같이 원래 상태에 E_n을 곱한 상태가 나온다는 것이다.

$$\hat{H}\,|\mathbf{n}\rangle = E_{\mathbf{n}}\,|\mathbf{n}\rangle \tag{11.67}$$

그러면 에너지 E_n의 값은 해밀토니안 연산자 $\hat{H}$에 따라 다를 것이다. 지난번에 보았듯이 해밀토니안에는 일반적으로 특성 에너지(characteristic energy)가 몇 개 존재한다. 수학의 세계에선 이것들을 행렬 H_{ij}의 특성값이라 부르고 물리학자들은 보통 $\hat{H}$의 고유값(eigenvalue)이라 부른다. ('Eigen'은 '특징적인' 혹은 '특유의'에 해당하는 독일어이다.) $\hat{H}$의 각 고유값마다, 다시 말해 에너지마다 우리가 정상 상태라고 부르는 특정 에너지 상태가 있는 것이다. 물리학자들은 흔히 상태 |n⟩을 $\hat{H}$의 고유 상태(eigenstate)라고 부른다. 각 고유 상태는 특정한 고유값 E_n에 대응된다.

이제부터는 전체 N가지인 상태 |n⟩ 또한 일반적인 기반 집합으로 사용할 수 있다. 그렇게 하려면 모든 상태들이 직교해야 하는데, 그 의미는 두 벡터, 예를 들어 |n⟩과 |m⟩이

$$\langle \mathbf{n} \mid \mathbf{m} \rangle = 0 \tag{11.68}$$

을 만족해야 한다는 것이다. 에너지 값들이 모두 서로 다르다면 위의 식은 자동으로 성립한다. 또 $a_i(\mathbf{n})$ 전체에 적절한 인자를 곱해서 상태를 전부 규격화할 수도 있다. 즉 모든 **n**에 대해

$$\langle \mathbf{n} \mid \mathbf{n} \rangle = 1 \tag{11.69}$$

이 된다는 것이다.

식 (11.63)의 해 중 두 개가 (혹은 그 이상이) 어쩌다가 동일한 에너지를 갖는다면 조금 복잡한 일이 생긴다. 첫째, 두 에너지에 대응하는 a_i의 집합도 두 개가 따로 있을 텐데, 각각으로 만든 상태끼리 직교하지 않을지도 모른다. 보통의 과정을 따라가다가 에너지가 같은 정상 상태를 두 개 발견했다고 가정하자. |μ⟩와 |ν⟩라 하겠다. 그렇다면 그 둘이 꼭 직교할 필요는 없다. 운이 나쁘면

$$\langle \mu \mid \nu \rangle \neq 0$$

이 될 수도 있다. 하지만 이런 경우 언제나 에너지가 같으며 직교하는, 즉

$$\langle \mu' \mid \nu' \rangle = 0 \tag{11.70}$$

을 만족하는 새로운 두 상태 |μ'⟩과 |ν'⟩을 정의할 수 있다. 원래의 |μ⟩와 |ν⟩를 적당히 선형으로 조합해서 |μ'⟩과 |ν'⟩을 만들되 계수는 식 (11.70)이 성립하도록 선택하면 된다. 항상 이렇게 하면 편리해진다. 이런 과정을 이미 거

첬으리라 가정하면, 에너지 상태들 |**n**⟩이 모두 직교한다고 보아도 무방할 것이다.

에너지가 다른 두 정상 상태는 항상 직교한다는 사실을 그저 재미로 한번 증명해 보겠다. 에너지가 E_n인 상태 |**n**⟩에 대해

$$\hat{H}\,|\,\mathbf{n}\rangle = E_n\,|\,\mathbf{n}\rangle \tag{11.71}$$

이 성립한다. 이 연산자 방정식은 사실 숫자들 사이의 식일 뿐이다. 빠진 부분을 채워 넣으면

$$\sum_j \langle i\,|\,\hat{H}\,|\,j\rangle\langle j\,|\,\mathbf{n}\rangle = E_n\,\langle i\,|\,\mathbf{n}\rangle \tag{11.72}$$

과 같은 의미가 되고, 여기에 복소 공액을 취하면

$$\sum_j \langle i\,|\,\hat{H}\,|\,j\rangle^*\langle j\,|\,\mathbf{n}\rangle^* = E_n^*\,\langle i\,|\,\mathbf{n}\rangle^* \tag{11.73}$$

을 얻는다. 한 진폭의 복소 공액은 반대 방향의 진폭이라는 점을 이용하면 식 (11.73)을 다음과 같이 쓸 수 있다.

$$\sum_j \langle \mathbf{n}\,|\,j\rangle\langle j\,|\,\hat{H}\,|\,i\rangle = E_n^*\,\langle \mathbf{n}\,|\,i\rangle \tag{11.74}$$

이 식이 임의의 i에 대해서 성립하므로 축약된 형태로는

$$\langle \mathbf{n}\,|\,\hat{H} = E_n^*\,\langle \mathbf{n}\,| \tag{11.75}$$

이 되는데, 이를 식 (11.71)의 수반(adjoint)이라고 부른다.

E_n이 실수임은 쉽게 증명할 수 있다. 식 (11.71)에 ⟨**n**|을 곱하면 ⟨**n**|**n**⟩ = 1이므로

$$\langle \mathbf{n}\,|\,\hat{H}\,|\,n\rangle = E_n \tag{11.76}$$

을 얻는다. 그리고 식 (11.75)의 오른쪽에 |**n**⟩을 곱하면

$$\langle \mathbf{n}\,|\,\hat{H}\,|\,\mathbf{n}\rangle = E_n^* \tag{11.77}$$

이 된다. (11.76)과 (11.77)을 비교해 보면 분명히

$$E_n = E_n^* \tag{11.78}$$

이다. 그러므로 E_n은 실수이다. 식 (11.75)의 E_n에 붙어 있는 별(*)을 떼도 괜찮은 것이다.

드디어 에너지가 다른 상태들이 서로 직교함을 증명할 준비가 되었다. |**m**⟩과 |**n**⟩이 특정한 에너지를 갖는 두 기반 상태라고 하자. 상태 **m**에 대한 식 (11.75)를 쓰고 |**n**⟩을 곱하면

$$\langle \mathbf{m}\,|\,\hat{H}\,|\,\mathbf{n}\rangle = E_m\,\langle \mathbf{m}\,|\,\mathbf{n}\rangle$$

을 얻는다. 하지만 (11.71)에 ⟨**m**|을 곱해 보면

$$\langle \mathbf{m} \mid \hat{H} \mid \mathbf{n} \rangle = E_{\mathbf{n}} \langle \mathbf{m} \mid \mathbf{n} \rangle$$

이 된다. 이 두 방정식의 좌변이 같으므로 우변도 같아야 한다. 즉,

$$E_{\mathbf{m}} \langle \mathbf{m} \mid \mathbf{n} \rangle = E_{\mathbf{n}} \langle \mathbf{m} \mid \mathbf{n} \rangle \tag{11.79}$$

이다. $E_{\mathbf{m}} = E_{\mathbf{n}}$이면 이 식으로부터 새로 얻는 정보가 전혀 없다. 하지만 두 상태 $\mid \mathbf{m} \rangle$과 $\mid \mathbf{n} \rangle$의 에너지 값이 다르면($E_{\mathbf{m}} \neq E_{\mathbf{n}}$) 식 (11.79)에 따라 $\langle \mathbf{m} \mid \mathbf{n} \rangle$은 우리가 증명하려 했듯이 0이어야만 한다. $E_{\mathbf{n}}$과 $E_{\mathbf{m}}$의 값이 다른 한, 두 상태는 반드시 직교한다.

CHAPTER 12
수소의 초미세 갈라짐

12-1 스핀 1/2짜리 입자가 둘 있는 계의 기반 상태들

이번 장에서는 수소의 초미세 갈라짐(hyperfine splitting)이란 주제로 이야기를 할 텐데, 이 예제는 우리가 양자역학에 대해 지금까지 배웠던 내용만으로도 이해할 수 있으며 또 물리적으로도 흥미롭기 때문이다. 이번엔 두 개 이상의 상태에 대한 예이며, 지난번보다 조금 더 복잡한 문제에 양자역학을 어떤 방식으로 적용할 수 있는지 보일 것이다. 이번 예는 너무 단순하지도 너무 복잡하지도 않기 때문에 이 예제를 한 번 풀고 나면 여러 가지 다른 문제들도 곧 일반화해서 풀 수 있을 것이다.

여러분이 알고 있듯이 수소 원자는 양성자와 그 근처에 위치한 전자로 구성되어 있으며, 그 전자는 운동 방식이 다른 여러 에너지 상태 중 하나를 취한다. 예를 들어 첫 번째 들른 상태는 바닥 상태보다 3/4 리드베리(Rydberg) 또는 10 전자볼트 위에 있다. 바닥 상태라 부르기는 하지만 실제로는 단순한 수소 원자의 경우조차 에너지가 정해진 단일한 상태가 아닌데, 이는 전자와 양성자의 스핀 때문이다. 이 두 스핀 때문에 모든 에너지 준위가 거의 같지만 조금씩은 다른 준위 여럿으로 분리되는, 이른바 에너지 준위의 초미세 갈라짐 현상이 생긴다.

전자의 스핀은 위와 아래 중 하나가 되며 양성자의 스핀도 위 또는 아래이다. 그러므로 원자의 각 동적 조건에 대응하는 서로 다른 스핀 상태가 넷 존재한다. 즉 사람들이 수소의 바닥 상태라고 할 때는 진짜로 에너지가 최저인 상태가 아니라 실제로는 '네 가지 바닥 상태'를 가리킨다는 말이다. 네 가지 스핀 상태의 에너지가 다 같지는 않다. 스핀이 없는 경우의 값과는 약간 다르다. 하지만 그 차이는 바닥 상태와 그 바로 위 상태의 에너지 값의 차이인 10 전자볼트보다 훨씬 작다. 결과적으로 각 동적 상태의 에너지는 서로 아주 가까운 에너지 준위들로 분리되는데, 이것이 이른바 초미세 갈라짐이라 부르는 현상이다.

이번 장에서는 이 네 가지 스핀 상태 간의 에너지 차이를 계산해 보고자 한다. 초미세 갈라짐은 양성자와 전자의 자기 모멘트 간 상호작용으로 인해 각 스핀 상태의 자기 에너지가 조금씩 다른 값을 갖기 때문에 생긴다. 이에 의한 에너지 변화는 겨우 십만분의 1 전자볼트에 불과한데, 10 전자볼트에 비하면 정말 작다! 이 커다란 차이 덕분에 수소의 더 높은 에너지 준위도 여럿으로 갈라진다는 점은 잊은 채로 바닥 상태를 '네 상태 계'로 생각해도 좋은 것이다(가령 바닥 상태와 첫 번째 들뜬 상태의 에너지 차이가 아주 작다면 갈라진 바닥 상태 중 에너지가 제일 높은 상태가 첫 번째 들뜬 상태의 에너지보다 커질 수도 있다. 그렇다면 전자(前者)를 바닥 상태로 볼 수가 없는 상황이 된다 : 옮긴이). 여기서는 수소 원자의 바닥 상태에서 일어나는 초미세 갈라짐으로 논의를 제한하겠다.

전자와 양성자의 위치는 자세히 알 필요가 없는데, 이는 말하자면 원자가 다 알아서 처리했기 때문이다. 바닥 상태라는 배치 자체에 위치 정보가 다 들어 있는 것이다. 우리는 그저 전자와 양성자가 서로 근처에 있으며 둘 사이에 어떤 일정한 공간상의 관계가 있다는 점만 알면 된다. 거기에 더해 두 입자의 상대적인 스핀이 여러 형태를 취할 수 있는 것이다. 우린 그냥 스핀의 효과만을 살펴보고 싶을 뿐이다.

먼저 '이 계의 기반 상태는 무엇인가?'라는 질문에 답해야 한다. 하지만 질문 자체가 잘못됐다. 기반 상태라고 특정하여 부를 수 있는 대상은 존재하지 않는데, 이는 기반 상태의 집합이 하나만 있는 게 아니기 때문이다. 언제나 이전 상태들을 선형으로 조합해서 새로운 집합을 만들 수 있다. 기반 상태는 항상 여러 방식으로 선택할 수 있으며 그중 어떤 것을 선택하더라도 다 동등하기 때문에 문제가 없다. 그러므로 좀 더 제대로 된 질문을 하자면 '그 기반 집합은 무엇인가?'가 아니라 '가능한 기반 상태에는 어떤 것들이 있는가?'가 되겠다. 어느 쪽이라도 좋다. 보통 최선의 방법은 물리적으로 의미가 가장 분명한 기반 집합에서 시작하는 것이다. 그것이 원하는 답이 아닐 수도 있고 문제와 직접적인 관계는 없을 수도 있지만, 이렇게 하면 어떤 일이 벌어지는지 이해하는 데에는 대개 도움이 된다.

다음과 같은 네 기반 상태를 쓰기로 하자.

상태 1 : 전자와 양성자의 스핀이 둘 다 위.
상태 2 : 전자의 스핀은 위, 양성자는 아래.
상태 3 : 전자는 아래, 양성자는 위쪽 스핀.
상태 4 : 전자와 양성자 둘 다 아래쪽 스핀.

다음과 같은 표기방법을 사용하면 이 네 상태를 손쉽게 나타낼 수 있다.

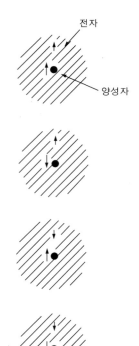

전자

양성자

그림 12-1 수소 원자의 바닥 상태에 필요한 기반 상태의 집합

상태 1 : $|++\rangle$ 전자 위, 양성자 위
상태 2 : $|+-\rangle$ 전자 위, 양성자 아래
상태 3 : $|-+\rangle$ 전자 아래, 양성자 위
상태 4 : $|--\rangle$ 전자 아래, 양성자 아래

(12.1)

첫 번째 부호는 전자의 스핀을 뜻하며 두 번째 부호는 양성자와 관련이 있음을 기억해 두자. 나중에 참고하기 편하도록 그림 12-1에 상황을 요약해 놓았다. 가끔은 이 상태들을 $|1\rangle$, $|2\rangle$, $|3\rangle$, $|4\rangle$로 부르는 것이 더 편리할 때도 있을 것이다.

어쩌면 여러분은 속으로 '하지만 두 입자 사이에 상호작용이 있으니 위의 상태들은 올바른 기반 상태가 아니지 않은가. 위에서는 두 입자가 독립적이라고 간주하는 것 같은데'라고 생각할지도 모르겠다. 정말 그렇다. 이 상호작용은 '이 계의 해밀토니안이 무엇인가?'라는 문제에서는 중요하지만, 그 계를 어떻게 기술할지와는 상관이 없다. 기반 상태로 무엇을 선택하는지는 다음에 이 계에 어떤 일이 벌어지는지와는 전혀 관계가 없는 것이다. 원자가 이 중 어떤 한 기반 상태에서 시작한다고 해도 그 이후로는 그 상태에 잠시도 머무르지 못할 수도 있다. 그건 다른 문제다. 즉 '특정한 (고정된) 기반에서 진폭은 시간에 따라 어떻게 변할까?'라는 질문인 것이다. 그에 반해 기반 상태를 고르는 일은 물리 현상을 수학으로 풀어내는 데 필요한 '단위 벡터'를 선택하는 것에 해당한다.

이 문제에 대한 이야기가 나온 김에, 입자가 하나 이상 있을 때 어떻게 기반 상태의 집합을 고를 것인지에 대해 일반적으로 살펴보자. 한 입자에 대한 기반 상태는 이미 알고 있다. 예를 들어 그것이 전자라면 실제 상황에서, 즉 우리가 전에 가정했던 단순화된 경우가 아니라 진짜 실제 상황에서

$$| \text{전자의 운동량이 } \boldsymbol{p} \text{ 이고 스핀이 위}\rangle$$

또는

$$| \text{전자의 운동량이 } \boldsymbol{p} \text{ 이고 스핀이 아래}\rangle$$

의 상태 각각에 있을 진폭만 있으면 온전히 기술할 수 있다. 사실은 $\boldsymbol{p}$ 의 각 값에 대한 상태들이 전부 다 있는 무한 집합이 둘 있는 것이다. 말하자면

$$\langle +, \boldsymbol{p} \mid \psi\rangle \text{와} \langle -, \boldsymbol{p} \mid \psi\rangle$$

의 진폭을 모두 알고 있다면 전자의 상태 $| \psi\rangle$ 는 완전하게 기술할 수 있다. 여기서 $+$ 와 $-$ 는 어떤 축(보통 z 축)에 대한 각운동량의 성분을 나타내며 $\boldsymbol{p}$ 는 벡터 운동량이다. 그러므로 각각의 가능한 운동량에 대해 진폭이 두 가지씩 존재해야 한다(기반 상태들의 다중 무한(multi-infinite) 집합). 하나의 입자를 기술하는 데 필요한 것은 이것이 전부다.

입자가 두 개 이상 있을 때에도 비슷한 방식으로 기반 상태들을 표기할 수 있다. 예를 들어 더 복잡한 상황에 놓인 전자와 양성자가 하나씩 있다면 기반 상태는 이런 식일 것이다.

$$| \text{스핀이 위이고 운동량은 } \boldsymbol{p}_1 \text{인 전자와}$$
$$\text{스핀은 아래이고 운동량은 } \boldsymbol{p}_2 \text{인 양성자}\rangle$$

다른 스핀 조합에 대해서도 마찬가지다. 입자가 둘 이상이라도 같은 방법으로 문제를 해결할 수 있다. 그러므로 가능한 기반 상태를 알아내는 건 별로 어렵지 않다. 그렇다면 해밀토니안을 구할 일만 남았다.

수소의 바닥 상태를 다룰 때에는 여러 운동량에 따르는 기반 상태의 집합 모두를 사용할 필요가 없다. 바닥 상태라는 말 자체가 양성자와 전자의 운동량이 정해져 있다는 뜻이기 때문이다. 운동량이 정해진 기반 상태들 전체에 대한 진폭을 구해서 내부 구조를 더욱 상세히 계산해 볼 수도 있지만, 그것은 또 다른 문제다. 지금은 스핀의 영향에만 관심이 있기 때문에 (12.1)의 네 기반 상태만 취해

도 된다. 그 다음 문제는 '이 상태들의 집합에 대한 해밀토니안은 무엇인가?' 이다.

12-2 수소의 바닥 상태에 대한 해밀토니안

답은 잠시 후에 이야기하겠다. 그 전에 먼저 이 사실을 상기하고자 한다. 즉 어떤 상태라도 항상 기반 상태들의 선형 조합으로 적을 수 있다는 사실이다. 어떤 상태 $|\psi\rangle$도

$$|\psi\rangle = |++\rangle\langle++|\psi\rangle + |+-\rangle\langle+-|\psi\rangle$$
$$+ |-+\rangle\langle-+|\psi\rangle + |--\rangle\langle--|\psi\rangle \qquad (12.2)$$

라 적을 수 있다. 양쪽이 다 닫힌 브라켓은 결과적으로 복소수가 되므로, 이제까지 해 왔듯이 이들을 $C_i (i = 1, 2, 3, 4)$라 하고 식 (12.2)를

$$|\psi\rangle = |++\rangle C_1 + |+-\rangle C_2 + |-+\rangle C_3 + |--\rangle C_4 \qquad (12.3)$$

라 쓸 수 있다. 네 진폭 C_i를 제시함으로써 $|\psi\rangle$의 스핀 상태를 완전히 기술하는 것이다. 곧 확인하겠지만, 이 네 개의 진폭들이 시간에 따라 변하면 그 변화율은 연산자 $\hat{H}$에 의해 주어진다. 문제는 $\hat{H}$를 찾는 일이다.

원자계의 해밀토니안을 적는 데에는 일반적인 규칙이 없으며 올바른 공식을 찾는 일은 기반 상태의 집합을 찾는 것보다 기술적으로 훨씬 더 어렵다. 양성자와 전자로 이뤄진 어떤 문제에 대해서도 기반 상태의 집합을 얻는 일반적 규칙은 찾을 수 있었지만 지금 단계에서 그 조합에 대한 일반적인 해밀토니안을 계산해 내기는 너무 어려울 듯하다. 대신 직관적인 논리를 통해 해밀토니안을 찾을 텐데, 예측 내용이 실험 결과와 맞아떨어지기 때문에 여러분은 그 해밀토니안이 옳다고 받아들여야 할 것이다.

지난 장에서 스핀 1/2짜리 입자 하나에 대한 해밀토니안을 시그마 행렬 또는 시그마 연산자(둘은 정확히 동등하다)를 사용해서 기술할 수 있다는 점을 배웠다. 그 연산자들의 성질을 표 12-1에 요약해 놓았다. 이 연산자들은 $\langle+|\sigma_z|+\rangle$와 같은 행렬 원소를 생각하기 편하도록 단순화한 표기법일 뿐인데, 스핀이 1/2인 입자 하나의 행동을 이해하는 데 쓸모가 있었다. 이제 '스핀이 두 개인 계에서도 비슷한 도구를 찾을 수 있을까?'란 질문을 던져 보자. 답은 그렇다이며 다음과 같다. '전자 시그마'라는 것을 만들어서 벡터 연산자 $\boldsymbol{\sigma}^e$라 쓰고 그것의 x, y, z 성분이 σ_x^e, σ_y^e, σ_z^e가 되도록 한다. 이제 이 중 하나가 수소 원자의 기반 상태에 작용할 때, 전자가 혼자 있는 경우와 다를 바 없이 오직 전자의 스핀에만 작용한다고 규칙을 정하겠다. 예를 들어 $\sigma_y^e|-+\rangle$는 무엇일까? σ_y가 스핀이 아래인 전자에 작용하면 $-i$ 곱하기 전자의 스핀이 위인 상태가 되므로

$$\sigma_y^e|-+\rangle = -i|++\rangle$$

이다(복합 상태에 σ_y^e를 실행하면 전자는 뒤집지만 양성자에는 영향을 주지 않으므로 마찬가지로 결과에 $-i$가 곱해진다). 다른 상태에 σ_y^e가 작용하면

표 12-1

$\sigma_z|+\rangle = +|+\rangle$
$\sigma_z|-\rangle = -|-\rangle$
$\sigma_x|+\rangle = +|-\rangle$
$\sigma_x|-\rangle = +|+\rangle$
$\sigma_y|+\rangle = +i|-\rangle$
$\sigma_y|-\rangle = -i|+\rangle$

$$\sigma_y^e | + + \rangle = i | - + \rangle$$
$$\sigma_y^e | + - \rangle = i | - - \rangle$$
$$\sigma_y^e | - - \rangle = -i | + - \rangle$$

가 된다. σ^e 연산자는 오직 첫 번째 스핀 기호에만, 즉 전자의 스핀에만 영향을 준다는 점을 기억하면 된다.

다음엔 양성자 스핀에 대응하는 연산자인 '양성자 시그마'를 정의하겠다. 양성자의 스핀에 작용한다는 점만 다를 뿐 세 성분 σ_x^p, σ_y^p, σ_z^p 는 다 같은 방식으로 작용한다. 예를 들어 σ_x^p 가 각각의 네 기반 상태에 작용하면 예전처럼 표 12 – 1을 이용해서

$$\sigma_x^p | + + \rangle = | + - \rangle$$
$$\sigma_x^p | + - \rangle = | + + \rangle$$
$$\sigma_x^p | - + \rangle = | - - \rangle$$
$$\sigma_x^p | - - \rangle = | - + \rangle$$

를 얻는다. 보다시피 그리 어렵지 않다.

일반적인 경우에는 상황이 더 복잡하다. 가령 $\sigma_y^e \sigma_z^p$ 처럼 두 연산자가 곱해져 있을 수 있다. 이처럼 곱이 있으면 오른쪽의 연산자부터 적용한 다음 왼쪽 연산자를 적용하기로 한다.* 예를 들면

$$\sigma_x^e \sigma_z^p | + - \rangle = \sigma_x^e (\sigma_z^p | + - \rangle) = \sigma_x^e (- | + - \rangle)$$
$$= - \sigma_x^e | + - \rangle = - | - - \rangle$$

와 같다. 이 연산자들은 숫자에는 영향을 주지 않는다. $\sigma_x^e (-1) = (-1)\sigma_x^e$ 라 적었을 때 이미 이 사실을 이용했다. 이를 두고 연산자와 숫자는 교환 가능하다(commute)고 말한다. $\sigma_x^e \sigma_z^p$ 의 곱을 네 상태에 적용한 다음 결과를 연습 삼아 한 번 증명해 보자.

$$\sigma_x^e \sigma_z^p | + + \rangle = + | - + \rangle$$
$$\sigma_x^e \sigma_z^p | + - \rangle = - | - - \rangle$$
$$\sigma_x^e \sigma_z^p | - + \rangle = + | + + \rangle$$
$$\sigma_x^e \sigma_z^p | - - \rangle = - | + - \rangle$$

전자와 양성자에 대한 연산자를 1회 이하로만 사용하여 만들 수 있는 곱은 모두 열여섯 가지이다. 그렇다. 열여섯이다. 단위 연산자 $\hat{1}$ 까지 포함하면 말이다. 먼저 σ_x^e, σ_y^e, σ_z^e 의 세 경우가 있다. 그 다음엔 σ_x^p, σ_y^p, σ_z^p 의 셋이 있으므로 여섯 가지가 되었다. 거기에 $\sigma_x^e \sigma_y^p$ 와 같은 형태가 아홉 가지 있으니까 이것까지 하면 15개다. 마지막으로 어떤 상태도 변화시키지 않는 단위 연산자가 있다. 이렇게 다 합쳐서 16개다. 네 상태 계의 경우에는 해밀토니안이 4×4 행렬이어서 원소가 다 해서 16개 있을 것이다.

---

* 사실 이 연산자들의 경우엔 연산의 순서가 상관이 없다.

따라서 어떤 4×4 행렬이라도, 특수한 경우인 해밀토니안 행렬도 지금 만들어 낸 열여섯 개 연산자 곱 각각에 대응하는 열여섯 가지 이중 스핀 행렬의 선형 조합으로 적을 수 있다는 사실을 쉽게 보일 수 있다(방금 센 열여섯 가지의 연산자 조합 각각이 4×4 행렬 하나씩으로 표현된다. 원소가 16개인 4×4 행렬이 16가지 있는 것이다. 11 – 1절에서 행렬 M을 1, σ_x, σ_y, σ_z의 네 행렬의 선형 조합으로 전개한 것과 같은 상황이다. 임의의 벡터를 단위 벡터의 선형 조합으로 나타내는 과정과 수학적 구조가 같다 : 옮긴이). 그러므로 양성자와 전자의 스핀만 관련된 상호작용에 대한 해밀토니안 연산자는 언제나 똑같이 이들 16개 연산자의 선형 조합으로 전개할 수 있을 것이다. 그 방법만 알아내면 된다.

자, 먼저 좌표축을 어떻게 선택하든 상호작용 자체에는 영향이 없을 것이다. 자기장처럼 공간에 특별한 방향을 정해 주는 외부적인 교란(disturbance) 요소가 없다면 해밀토니안이 x, y, z축을 어떻게 선택하는가에 좌우될 리가 없다. 해밀토니안에 σ_x^e와 같은 항이 단독으로 있을 수는 없다는 것이다. 만약 그렇다면 다른 좌표계를 사용하는 사람은 다른 결과를 얻을 텐데, 그런 일은 물론 일어나지 않는다.

따라서 해밀토니안으로 가능한 항들은 단위 행렬, 가령 a 등의 어떤 상수(곱하기 $\hat{1}$) 및 시그마들의 조합 중 좌표계에 좌우되지 않는 것들, 즉 불변인(invariant) 조합뿐이다. 두 벡터로 이루어진 조합 중 그 결과가 스칼라(scalar)이면서 불변인 경우는 내적이 유일한데, σ의 경우엔

$$\sigma^e \cdot \sigma^p = \sigma_x^e \sigma_x^p + \sigma_y^e \sigma_y^p + \sigma_z^e \sigma_z^p \qquad (12.4)$$

이다. 이 연산자는 좌표계를 어떻게 회전해도 불변이다. 따라서 해밀토니안에 이러한 공간 대칭성을 부여하려면 상수와 단위 행렬의 곱에 또 다른 상수와 위의 내적의 곱을 더하는 방법밖에 없다. 즉

$$\hat{H} = E_0 + A\sigma^e \cdot \sigma^p \qquad (12.5)$$

가 앞으로 사용할 해밀토니안이다. 외부 장이 없는 한, 공간의 대칭성 때문에 위의 표현만이 가능하다. 상수항은 큰 의미가 없다. 이는 에너지를 측정하는 기준 값에 따라 달라지기 때문이다. 그냥 $E_0 = 0$을 택하는 것이 편리하다. 수소의 준위가 갈라지는 정도를 구하기 위해 알아야 할 모든 내용은 둘째 항 속에 숨어 있다.

해밀토니안을 다른 방식으로 생각해 볼 수도 있다. 자기 모멘트가 μ_e와 μ_p인 두 자석이 서로 가까이 있다면 상호작용 에너지는 (다른 항들도 있겠지만) $\mu_e \cdot \mu_p$에 따라 변할 것이다. 예전에 고전 물리에서 μ_e라 불렸던 양이 양자역학에선 $\mu_e \sigma^e$로 나타난다는 사실을 기억하자. 마찬가지로 μ_p는 보통 $\mu_p \sigma^p$가 된다. (μ_p는 양성자의 자기 모멘트로, μ_e에 비해 크기는 1000배 더 작으며 부호는 반대이다.) 그러므로 식 (12.5)에 따르면 상호작용 에너지는 두 자석 사이의 상호작용과 무척 비슷한데, 자석의 상호작용에서는 둘 사이의 거리에 따라 크기가 변

한다는 사실만 다르다. 하지만 식 (12.5)는 일종의 평균 상호작용으로 볼 수 있을 텐데, 실제로도 그렇다. 전자가 원자 안에서 이곳저곳으로 움직이는 동안의 상호작용 평균값을 해밀토니안이 담고 있는 것이다. 그 말은 전자와 양성자가 공간상에 어떤 형태로 배열되어 있을 때 고전적인 관점에서의 두 자기 모멘트 사이의 각도의 코사인에 비례하는 에너지가 존재한다는 것이다. 이처럼 고전적으로 또 정량적으로 접근하면 이 항이 어디에서 나왔는지 좀 더 쉽게 이해할 수는 있겠지만, 중요한 점은 식 (12.5)가 양자역학적으로 올바른 공식이라는 것이다.

두 자석 사이의 고전적인 상호작용의 크기는 두 자기 모멘트의 곱을 둘 사이 거리의 세제곱으로 나눈 값 정도가 된다. 수소 원자 안에서 전자와 양성자 사이의 거리는 원자 반지름의 반, 즉 0.5 옹스트롬쯤 된다. 그러므로 상수 A가 자기 모멘트 μ_e와 μ_p의 곱을 1/2Å 의 세제곱으로 나눈 값과 거의 비슷하다고 생각해도 좋을 것이다. 이렇게 추정해 보면 대충 비슷한 값을 얻는다. 수소 원자를 양자역학적으로 완전히 이해하고 나면 A를 정확히 계산할 수 있지만, 우리는 아직 그 수준에 이르지 못했다. 사실 이 값은 100만 분의 30의 정확도로 계산된 적이 있다. 그래서 이론적인 계산이 불가능했던 암모니아 분자의 뒤집힘 상수 A와는 달리 수소에 대한 A는 더 복잡한 이론을 쓰면 계산할 수 있다. 하지만 그 부분은 지금 신경 쓰지 말자. 이번 문제에서는 A는 실험을 통해 얻을 수 있는 값으로 간주하고 주어진 상황을 물리적으로 분석하는 일에만 집중하겠다.

식 (12.5)의 해밀토니안과 방정식

$$i \hbar \dot{C}_i = \sum_j H_{ij} C_j \tag{12.6}$$

를 결합하면 스핀의 상호작용이 에너지 준위를 어떻게 변화시키는지 알 수 있다. 그렇게 하려면 (12.1)의 기반 상태 각각에 대응하는 열여섯 개의 행렬 원소 $H_{ij} = \langle i | H | j \rangle$를 구해야 한다.

먼저 네 기반 상태 각각에 대해 $\hat{H} | j \rangle$부터 계산해 보자. 예를 들어

$$\hat{H} | + + \rangle = A\boldsymbol{\sigma}^e \cdot \boldsymbol{\sigma}^p | + + \rangle = A\{\sigma_x^e \sigma_x^p + \sigma_y^e \sigma_y^p + \sigma_z^e \sigma_z^p\} | + + \rangle \tag{12.7}$$

처럼 말이다. 조금 전에 설명한 방법을 이용하면 σ의 각 쌍이 $| + + \rangle$에 작용한 결과를 알 수 있다. 표 12 - 1을 외워 두었다면 수월할 것이다. 답은

$$\begin{aligned}
\sigma_x^e \sigma_x^p | + + \rangle &= + | - - \rangle \\
\sigma_y^e \sigma_y^p | + + \rangle &= - | - - \rangle \\
\sigma_z^e \sigma_z^p | + + \rangle &= + | + + \rangle
\end{aligned} \tag{12.8}$$

이다. 그래서 (12.7)은

$$\hat{H} | + + \rangle = A\{| - - \rangle - | - - \rangle + | + + \rangle\} = A | + + \rangle \tag{12.9}$$

가 된다. 이들 네 기반 상태는 모두 직교하므로 곧 다음 결과를 얻는다.

$$\langle + + | H | + + \rangle = A \langle + + | + + \rangle = A$$
$$\langle + - | H | + + \rangle = A \langle + - | + + \rangle = 0$$
$$\langle - + | H | + + \rangle = A \langle - + | + + \rangle = 0 \tag{12.10}$$
$$\langle - - | H | + + \rangle = A \langle - - | + + \rangle = 0$$

$\langle j | H | i \rangle = \langle i | H | j \rangle^*$이므로, 이것만으로도 진폭 C_1에 대한 미분 방정식을 적을 수 있다. 즉

$$i \hbar \dot{C}_1 = H_{11} C_1 + H_{12} C_2 + H_{13} C_3 + H_{14} C_4$$

또는
$$\tag{12.11}$$

$$i \hbar \dot{C}_1 = A C_1$$

이다. 이게 전부다! 우변에 항이 하나뿐이다.

이제 나머지 해밀토니안 방정식을 얻으려면 $\hat{H}$가 다른 상태에 작용한 결과를 비슷한 방법으로 구해야 한다. 먼저 표 12-2에 있는 시그마의 곱을 검산하면서 연습해 보길 바란다. 그 값들을 이용하면 이런 결과가 나온다.

$$\hat{H} | + - \rangle = A \{ 2 | - + \rangle - | + - \rangle \}$$
$$\hat{H} | - + \rangle = A \{ 2 | + - \rangle - | - + \rangle \} \tag{12.12}$$
$$\hat{H} | - - \rangle = A | - - \rangle$$

그 다음 각 결과의 왼쪽에 상태 벡터를 하나씩 차례대로 곱하면 다음과 같은 해밀토니안 행렬 H_{ij}를 얻는다.

$$H_{ij} = i\downarrow \overset{j \longrightarrow}{\begin{pmatrix} A & 0 & 0 & 0 \\ 0 & -A & 2A & 0 \\ 0 & 2A & -A & 0 \\ 0 & 0 & 0 & A \end{pmatrix}} \tag{12.13}$$

이는 물론 네 진폭 C_i에 대한 미분 방정식이

$$i \hbar \dot{C}_1 = A C_1$$
$$i \hbar \dot{C}_2 = -A C_2 + 2A C_3$$
$$i \hbar \dot{C}_3 = 2A C_2 - A C_3 \tag{12.14}$$
$$i \hbar \dot{C}_4 = A C_4$$

와 같다는 의미이다.

이 방정식을 풀기 전에 디랙(Dirac)이 고안한 기발한 규칙에 대해 꼭 이야기를 하고 싶다. 지금 논의에 필요하지는 않지만, 이 얘기를 들어 보면 정말 고급 과정을 배우고 있는 듯한 기분이 들 것이다. 식 (12.9)와 (12.12)로부터

$$\boldsymbol{\sigma}^e \cdot \boldsymbol{\sigma}^p | + + \rangle = | + + \rangle$$
$$\boldsymbol{\sigma}^e \cdot \boldsymbol{\sigma}^p | + - \rangle = 2 | - + \rangle - | + - \rangle$$
$$\boldsymbol{\sigma}^e \cdot \boldsymbol{\sigma}^p | - + \rangle = 2 | + - \rangle - | - + \rangle \tag{12.15}$$
$$\boldsymbol{\sigma}^e \cdot \boldsymbol{\sigma}^p | - - \rangle = | - - \rangle$$

표 12-2 수소 원자에 대한 스핀 연산자

$$\sigma_x^e \sigma_x^p | + + \rangle = + | - - \rangle$$
$$\sigma_x^e \sigma_x^p | + - \rangle = + | - + \rangle$$
$$\sigma_x^e \sigma_x^p | - + \rangle = + | + - \rangle$$
$$\sigma_x^e \sigma_x^p | - - \rangle = + | + + \rangle$$

$$\sigma_y^e \sigma_y^p | + + \rangle = - | - - \rangle$$
$$\sigma_y^e \sigma_y^p | + - \rangle = + | - + \rangle$$
$$\sigma_y^e \sigma_y^p | - + \rangle = + | + - \rangle$$
$$\sigma_y^e \sigma_y^p | - - \rangle = - | + + \rangle$$

$$\sigma_z^e \sigma_z^p | + + \rangle = + | + + \rangle$$
$$\sigma_z^e \sigma_z^p | + - \rangle = - | + - \rangle$$
$$\sigma_z^e \sigma_z^p | - + \rangle = - | - + \rangle$$
$$\sigma_z^e \sigma_z^p | - - \rangle = + | - - \rangle$$

를 얻는다. 디랙은 이를 보고 '첫 번째와 마지막 방정식도

$$\sigma^e \cdot \sigma^p | + + \rangle = 2 | + + \rangle - | + + \rangle$$

$$\sigma^e \cdot \sigma^p | - - \rangle = 2 | - - \rangle - | - - \rangle$$

라 쓰면 다 똑같아 보이는데'라고 생각했다. 이제 새로운 연산자를 만들어서 $P_{\text{스핀 교환}}$이라 부르고 다음의 성질을 갖는다고 정의하겠다.*

$$P_{\text{스핀 교환}} | + + \rangle = | + + \rangle$$

$$P_{\text{스핀 교환}} | + - \rangle = | - + \rangle$$

$$P_{\text{스핀 교환}} | - + \rangle = | + - \rangle$$

$$P_{\text{스핀 교환}} | - - \rangle = | - - \rangle$$

이 연산자가 하는 일은 두 입자의 스핀 방향을 교환하는 것뿐이다. 그러면 (12.15)의 식을 전부 연산자 사이의 관계식으로 간단히 쓸 수 있다.

$$\sigma^e \cdot \sigma^p = 2P_{\text{스핀 교환}} - 1 \tag{12.16}$$

이것이 바로 디랙의 공식이다. 이 '스핀 교환 연산자'는 $\sigma^e \cdot \sigma^p$를 손쉽게 구하는 규칙이 되는 것이다(자, 이제 뭐든지 할 수 있다. 드디어 문이 활짝 열린 것이다).

12-3 에너지 준위

이제 해밀토니안 방정식 (12.14)를 풀어서 수소의 바닥 상태 에너지 준위를 구할 준비가 다 되었다. 정상 상태, 즉 $| \psi \rangle$에 속하는 집합 안의 각 진폭 $C_i = \langle i | \psi \rangle$가 전부 시간에 따라 $e^{-i\omega t}$로 동일하게 변하는 특별한 상태 $| \psi \rangle$의 에너지를 구하려 한다. 그러면 그 상태의 에너지는 $E = \hbar\omega$가 될 것이다. 그 말은

$$C_i = a_i e^{(-i/h)Et} \tag{12.17}$$

의 집합을 구하자는 뜻이다. 여기서 네 계수 a_i는 시간이 가도 변하지 않는다. 이러한 진폭을 얻을 수 있는지 보기 위해 (12.17)을 (12.14)에 대입하겠다. 식 (12.14)의 $i\hbar\,dC/dt$는 전부 EC로 바뀌며, 공통의 지수 인자를 상쇄시키고 나면 각 C는 a가 된다. 결과적으로

$$\begin{aligned} Ea_1 &= Aa_1 \\ Ea_2 &= -Aa_2 + 2Aa_3 \\ Ea_3 &= 2Aa_2 - Aa_3 \\ Ea_4 &= Aa_4 \end{aligned} \tag{12.18}$$

를 얻는데, 이를 풀면 a_1, a_2, a_3, a_4를 구할 수 있다. 첫 번째 식이 나머지와 관

---

* 요즘엔 이 연산자를 파울리 스핀 교환 연산자(Pauli spin exchange operator)라고 부른다.

계가 없으므로 편해졌다. 해 중 하나가 바로 나온다는 소리니까. $E = A$를 취하면

$$a_1 = 1, \qquad a_2 = a_3 = a_4 = 0$$

이 한 가지 해가 된다. (물론 a가 전부 0이어도 해가 되겠지만 그건 아무 상태도 아니다!) 첫째 해를 다음과 같이 상태 $|I\rangle$이라 부르겠다.*

$$|I\rangle = |1\rangle = |++\rangle \tag{12.19}$$

이 상태의 에너지는

$$E_I = A$$

이다.

여기서 힌트를 얻어 (12.18)의 마지막 방정식으로부터 곧바로 해를 또 하나 얻을 수 있다.

$$a_1 = a_2 = a_3 = 0, \qquad a_4 = 1$$
$$E = A$$

이 해는 $|II\rangle$라 부르겠다.

$$|II\rangle = |4\rangle = |--\rangle$$
$$E_{II} = A \tag{12.20}$$

여기서부터는 약간 어려워진다. (12.18)의 남은 두 방정식에는 항들이 서로 섞여 있다. 하지만 예전에 풀어 본 적이 있다. 둘을 더하면

$$E(a_2 + a_3) = A(a_2 + a_3) \tag{12.21}$$

가 되고 빼면

$$E(a_2 - a_3) = -3A(a_2 - a_3) \tag{12.22}$$

이다. 잘 보면 암모니아의 경우와 비슷한데, 따라서

$$a_2 = a_3, \qquad E = A$$

와

$$a_2 = -a_3, \qquad E = -3A$$

의 두 가지 해가 있다. 이들은 $|2\rangle$와 $|3\rangle$이 혼합된 것이다. 이 상태들을 $|III\rangle$과 $|IV\rangle$라 하고 규격화하기 위해 $1/\sqrt{2}$을 앞에 넣으면

$$|III\rangle = \frac{1}{\sqrt{2}}(|2\rangle + |3\rangle) = \frac{1}{\sqrt{2}}(|+-\rangle + |-+\rangle)$$
$$E_{III} = A \tag{12.24}$$

와

---

* 정확히 하자면 이 상태는 $|I\rangle e^{-(i/\hbar)E_I t}$지만, 예전처럼 $t = 0$에서의 벡터 전체에 해당하는 상수 벡터를 사용해서 나타내겠다.

$$|IV\rangle = \frac{1}{\sqrt{2}}(|2\rangle - |3\rangle) = \frac{1}{\sqrt{2}}(|+-\rangle - |-+\rangle) \qquad (12.25)$$

$$E_{IV} = -3A$$

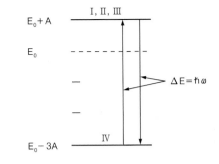

그림 12-2 수소 원자의 바닥 상태 에너지 준위 배치도

를 얻는다. 이제 정상 상태 네 가지와 각각의 에너지를 구했다. 하나 덧붙이자면, 이 네 상태는 직교하므로 필요에 따라 기반 상태로도 사용할 수 있다. 그러므로 우리는 문제를 완전히 해결한 것이다.

상태 넷 중 셋은 에너지가 A이며 마지막 것만 $-3A$이다. 평균은 0인데, 이는 식 (12.5)에서 $E_0 = 0$을 골랐을 때 이미 모든 에너지를 평균 에너지를 기준으로 정하기로 한 것임을 뜻한다. 수소의 바닥 상태에 대한 에너지 준위를 그림 12-2와 같이 그려 볼 수 있다.

상태 $|IV\rangle$와 다른 상태들과의 에너지 차이는 $4A$이다. 우연히 상태 $|I\rangle$로 간 원자는 $|IV\rangle$로 떨어지면서 빛을 방출할 수 있다. 에너지가 너무 작기 때문에 가시광선 대신 마이크로파의 양자(quanta)가 나올 것이다. 혹은 수소 기체에 마이크로파를 비추면 상태 $|IV\rangle$에 있는 원자들이 에너지가 더 높은 $|I\rangle$, $|II\rangle$, $|III\rangle$ 중 하나로 이동하면서 $\omega = 4A/\hbar$의 진동수에서만 에너지를 흡수하는 것을 볼 수 있다. 이 진동수는 실험을 통해 측정되었다. 최근에 얻은 가장 정확한 결과는*

$$\text{초당 } f = \omega/2\pi = (1{,}420{,}405{,}751.800 \pm 0.028) \text{ 회전} \qquad (12.26)$$

이다. 오차는 겨우 천억 분의 2이다! 기초 물리량 중에서 이보다 더 정확히 측정된 값은 없을 것이다. 이 값은 물리에서 가장 정확하게 측정되는 값들 중 하나이다. 이론가들이 에너지 값을 천 분의 3의 정확도로 계산할 수 있다며 기뻐하는 동안 이 값은 10^{11}분의 2의 오차로 측정되었던 것이다. 즉 이론보다 백만 배 더 정확하다. 그러므로 실험 물리학자들이 이론가들보다 훨씬 더 앞서 있다. 수소 원자의 바닥 상태에 대한 이론에 관해선 여러분보다 더 많이 아는 사람은 없다. 여러분도 역시 A값을 실험을 통해 얻을 수 있다. 누구든 결국엔 실험을 통해야 하는 것이다.

여러분은 아마 수소의 '21cm 선'에 대해 들어 본 적이 있을 것이다. 그것이 바로 초미세 상태 간의 1420 메가사이클 스펙트럼 선의 파장이다. 이 파장의 빛은 은하들 내 원자 상태의 수소 기체가 방출하거나 흡수한다. 그러니까 전파 망원경을 21cm 파에 (또는 약 1420 메가사이클에) 맞춰 놓으면 원자 상태의 수소 기체가 밀집된 곳의 속도와 위치를 관측할 수 있다. 세기를 측정하면 수소의 양도 추정할 수 있다. 도플러 효과(**Doppler effect**)에 의한 주파수 변화를 측정하면 은하 안의 기체 운동에 대한 정보를 얻을 수도 있다. 이는 전파 천문학에서의 큰 프로젝트 중 하나이다. 그러니까 지금 우리는 인공적으로 만든 문제가 아닌, 지극히 실제적인 문제에 대해 얘기하고 있는 것이다.

---

* Crampton, Kleppner, and Ramsey ; *Physical Review Letters*, Vol. **11**, page 338 (1963).

12-4 제만 갈라짐 (The Zeeman splitting)

수소의 바닥 상태 에너지 준위를 구하는 문제를 해결하긴 했지만, 이 흥미로운 문제를 좀 더 공부해 보려고 한다. 더 많은 것을 알려면, 예를 들어 수소 원자가 21cm의 파동을 흡수 또는 방출하는 비율을 계산하기 위해서는 원자가 교란되었을 때 어떤 일이 일어나는지 알아야 한다. 암모니아 분자에 대해 했던 것처럼 하면 된다. 즉 에너지 준위들을 구한 다음 분자가 전기장 안에 있으면 어떻게 되는지 알아봤던 그 과정 그대로 말이다. 그렇게 해서 전자기파 중 전기장이 미치는 영향을 이해할 수 있었다. 수소 원자의 경우엔 전기장이 에너지 준위 전부를 장의 제곱에 비례하는 어떤 상수 값만큼 이동시킬 뿐이다. 에너지 준위 사이의 간격이 달라지지 않기 때문에 별로 재미가 없다. 이번에는 자기장이 중요하다. 그러니까 다음 단계는 원자가 외부 자기장 안에 놓인 더 복잡한 상황에서 해밀토니안을 구하는 일이다.

그러면 그 해밀토니안은 어떻게 생겼을까? 증명할 방법이 없기 때문에 그냥 답을 제시하겠다. 그저 이것이 원자가 반응하는 방식이라고 밖에 할 말이 없다.

해밀토니안은

$$\hat{H} = A\,(\boldsymbol{\sigma}^{\mathrm{e}} \cdot \boldsymbol{\sigma}^{\mathrm{p}}) - \mu_{\mathrm{e}}\boldsymbol{\sigma}^{\mathrm{e}} \cdot \boldsymbol{B} - \mu_{\mathrm{p}}\boldsymbol{\sigma}^{\mathrm{p}} \cdot \boldsymbol{B} \tag{12.27}$$

이다. 이 식은 세 부분으로 되어 있다. 첫째 항인 $A\,(\boldsymbol{\sigma}^{\mathrm{e}} \cdot \boldsymbol{\sigma}^{\mathrm{p}})$는 전자와 양성자 사이의 자기 상호작용을 나타낸다. 자기장이 없는 경우에도 있던 바로 그 항이다. 이 항은 예전에도 있었는데, 자기장이 있다고 해서 상수 A가 크게 바뀌지는 않는다. 외부 자기장의 효과는 나머지 두 항에서 나타난다. $-\mu_{\mathrm{e}}\boldsymbol{\sigma}^{\mathrm{e}} \cdot \boldsymbol{B}$ 항은 전자가 홀로 자기장 안에 있을 때의 에너지이며* 마찬가지로 마지막 항 $-\mu_{\mathrm{p}}\boldsymbol{\sigma}^{\mathrm{p}} \cdot \boldsymbol{B}$는 양성자가 혼자 있을 때의 에너지일 것이다. 고전적으로는 둘이 함께 있을 때의 에너지는 그 두 항의 합이 될 텐데, 양자역학에서도 그 명제는 성립한다. 자기장 안에 놓여 있을 때 자기장에 관련된 상호작용 에너지는 전자와 외부 장 및 양성자와 장 사이의 상호작용 에너지 각각을 합한 값이다. 물론 둘 다 시그마 연산자를 써서 나타낼 수 있다. 양자역학에서 이 항들은 사실 에너지가 아니지만, 고전역학 공식을 떠올리는 것이 해밀토니안을 적는 한 가지 방법이 될 수 있다. 어쨌든 올바른 해밀토니안은 식 (12.27)이다.

이제 처음으로 돌아가서 문제를 다시 풀어야 한다. 하지만 대부분의 작업은 이미 끝났다. 새 항을 추가했을 때의 효과만 더해 주면 되는 것이다. z 방향으로 상수 값인 자기장 $\boldsymbol{B}$를 생각해 보겠다. 그러면 해밀토니안 연산자 $\hat{H}$에 $\hat{H}'$으로 표기할 두 항을 추가해야 한다.

$$\hat{H}' = -(\mu_{\mathrm{e}}\sigma_z^{\mathrm{e}} + \mu_{\mathrm{p}}\sigma_z^{\mathrm{p}})B$$

표 12-1로부터 금방

---

* 고전적으로 $U = -\boldsymbol{\mu} \cdot \boldsymbol{B}$ 이므로 자기 모멘트가 장과 같은 방향일 때 에너지가 가장 낮다는 것을 기억하자. 자기 모멘트는 양전하를 띤 입자인 경우엔 스핀과 평행하며 음 입자의 경우엔 스핀과 반대이다. 그래서 식 (12.27)에서 μ_{p}는 양수이지만 μ_{e}는 음수이다.

$$\hat{H}' \, | + + \rangle = -(\mu_e + \mu_p) B \, | + + \rangle$$
$$\hat{H}' \, | + - \rangle = -(\mu_e - \mu_p) B \, | + - \rangle$$
$$\hat{H}' \, | - + \rangle = -(-\mu_e + \mu_p) B \, | - + \rangle \qquad (12.28)$$
$$\hat{H}' \, | - - \rangle = (\mu_e + \mu_p) B \, | - - \rangle$$

를 얻을 수 있다. 정말 편리하지 않은가! 각 상태에 $\hat{H}'$이 작용한 결과는 그 상태에 그냥 어떤 숫자를 곱한 것과 같다. 그러니까 $\langle i \, | \, H' \, | \, j \rangle$ 행렬은 대각선의 원소만 갖고 있는 것이다. (12.28)의 계수들을 (12.13)에서 각각에 대응되는 대각선 원소에 그냥 더하면 (12.14)의 해밀토니안 방정식은

$$i\hbar \, dC_1 / dt = \{ A - (\mu_e + \mu_p) B \} C_1$$
$$i\hbar \, dC_2 / dt = -\{ A + (\mu_e - \mu_p) B \} C_2 + 2A C_3$$
$$i\hbar \, dC_3 / dt = 2A C_2 - \{ A - (\mu_e - \mu_p) B \} C_3 \qquad (12.29)$$
$$i\hbar \, dC_4 / dt = \{ A + (\mu_e + \mu_p) B \} C_4$$

가 된다.

방정식의 형태는 그대로인 채로 계수만 바뀌었다. B가 시간에 따라 변하지 않는다면 앞에서와 같은 방식으로 계속할 수 있다. $C_i = a_i e^{-(i/\hbar)Et}$를 대입하면 (12.18)이 변형된 형태인 다음 관계식들을 얻는다.

$$E a_1 = \{ A - (\mu_e + \mu_p) B \} a_1$$
$$E a_2 = -\{ A + (\mu_e - \mu_p) B \} a_2 + 2A a_3$$
$$E a_3 = 2A a_2 - \{ A - (\mu_e - \mu_p) B \} a_3 \qquad (12.30)$$
$$E a_4 = \{ A + (\mu_e + \mu_p) B \} a_4$$

다행히 이번에도 첫 번째와 네 번째 방정식은 나머지와 상관이 없으므로 같은 방법을 사용해서 풀 수 있다.

첫째 해는 $a_1 = 1$, $a_2 = a_3 = a_4 = 0$인 상태 $| I \rangle$, 즉

$$| I \rangle = | 1 \rangle = | + + \rangle$$

이며

$$E_I = A - (\mu_e + \mu_p) B \qquad (12.31)$$

이다. 또 하나의 해는

$$| II \rangle = | 4 \rangle = | - - \rangle$$

이고

$$E_{II} = A + (\mu_e + \mu_p) B \qquad (12.32)$$

이다.

이번엔 a_2와 a_3의 두 계수가 같지 않기 때문에 나머지 두 방정식에 좀 더 신경을 써 줘야 한다. 그렇지만 암모니아 분자의 경우에도 같은 경험을 한 적이 있다. 식 (9.20)으로 돌아가 보면 다음과 같은 유추가 가능하다. (9장에서 아래

첨자의 1과 2가 여기서는 2와 3에 해당한다는 점에 주의하자.)

$$H_{11} \rightarrow -A - (\mu_e - \mu_p)B$$
$$H_{12} \rightarrow 2A$$
$$H_{21} \rightarrow 2A \tag{12.33}$$
$$H_{22} \rightarrow -A + (\mu_e - \mu_p)B$$

그렇다면 에너지는 (9.25)로 주어지는데, 다음과 같았다.

$$E = \frac{H_{11} + H_{22}}{2} \pm \sqrt{\frac{(H_{11} - H_{22})^2}{4} + H_{12}H_{21}} \tag{12.34}$$

여기에 (12.33)을 대입하면

$$E = -A \pm \sqrt{(\mu_e - \mu_p)^2 B^2 + 4A^2}$$

이 된다. 9장에서는 이 에너지를 E_I과 E_{II}라 불렀지만 이번에는 E_{III}와 E_{IV}라 하겠다.

$$E_{III} = A\{-1 + 2\sqrt{1 + (\mu_e - \mu_p)^2 B^2/4A^2}\}$$
$$E_{IV} = -A\{1 + 2\sqrt{1 + (\mu_e - \mu_p)^2 B^2/4A^2}\} \tag{12.35}$$

이렇게 해서 상수인 자기장 안에 있는 수소 원자의 정상 상태 네 개의 에너지를 모두 구했다. B가 0으로 접근할 때의 에너지가 앞에서 얻은 것과 같은지 검사를 해 보면 정말로 그렇다는 사실을 볼 수 있다. $B = 0$일 때 E_I, E_{II}, E_{III}의 에너지는 $+A$가 되고 E_{IV}는 $-3A$가 된다. 상태의 기호까지 일치한다. 하지만 자기장을 켜면 에너지가 제각기 다른 방식으로 변한다. 어떻게 되는지 볼까?

먼저 전자에 대한 μ_e는 음수이며 그 크기는 양수인 μ_p에 비해 약 1,000배 더 크다는 사실을 떠올려 보자. 그러니까 $\mu_e + \mu_p$와 $\mu_e - \mu_p$는 둘 다 음수이며 크기는 거의 같다. 각각을 $-\mu$와 $-\mu'$이라 부르자.

$$\mu = -(\mu_e + \mu_p), \qquad \mu' = -(\mu_e - \mu_p) \tag{12.36}$$

(μ와 μ' 둘 다 양수이며 크기는 약 1 보어 마그네톤(Bohr magneton)으로 μ_e와 거의 같다.) 그러면 네 에너지 값들은

$$E_I = A + \mu B$$
$$E_{II} = A - \mu B$$
$$E_{III} = A\{-1 + 2\sqrt{1 + \mu'^2 B^2/4A^2}\} \tag{12.37}$$
$$E_{IV} = -A\{1 + 2\sqrt{1 + \mu'^2 B^2/4A^2}\}$$

가 된다. 에너지 E_I은 A에서 시작해서 B가 커짐에 따라 기울기 μ인 직선을 따라 증가한다. 에너지 E_{II} 역시 A에서 시작하지만 B가 증가하면 선형으로 감소하며 그 기울기는 $-\mu$이다. 이 두 준위의 B에 따른 변화는 그림 12-3에 나타나 있다. E_{III}와 E_{IV}의 에너지도 그림에서 볼 수 있다. 이들은 B가 증가함에 따라 좀 다른 방식으로 변한다. B가 작으면 B의 제곱을 따라 변하므로 처음엔

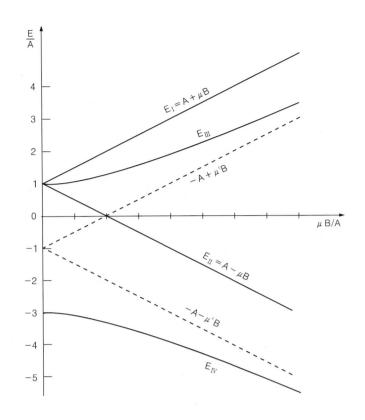

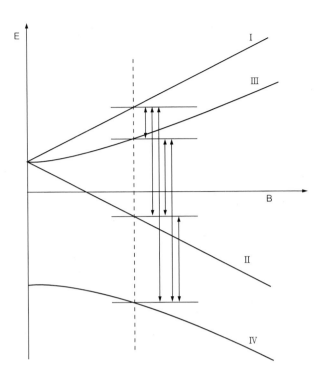

그림 12-3 자기장 B 안에 놓인 수소 원자의 바닥 상태 에너지 준위　　　그림 12-4 자기장 B 안에 놓인 수소 원자의 바닥 상태 간 전이

수평에 가깝다. 그러고 나서 휘어지기 시작해서 B 값이 큰 경우엔 기울기가 $\pm \mu'$ 인 직선에 접근하는데, 여기에서는 E_I 과 E_{II} 의 기울기와 거의 같다.

　　자기장에 의해 원자의 준위가 변하는 현상을 제만 효과(Zeeman effect)라 부른다. 그림 12-3에 있는 곡선들은 수소의 바닥 상태의 제만 갈라짐을 보여 준다고 말한다. 자기장이 없는 경우엔 수소의 초미세 구조에서 오는 스펙트럼 선 하나만 있게 된다. 상태 $|IV\rangle$ 와 다른 상태 간의 전이(transition)는 진동수가 1420 메가사이클인 광자가 흡수 혹은 방출되며 일어나는데, 이 값이 에너지 차이 $4A$ 에 $1/h$ 를 곱한 값과 같아야만 한다. 하지만 원자가 자기장 B 안에 있으면 선이 더 많아진다. 네 상태 중 어느 둘 사이에도 전이가 일어날 수 있다. 그러므로 네 상태에 놓인 원자들이 다 있다면 그림 12-4의 수직 화살표로 나타난 여섯 개의 전이 중 어떤 것으로든 에너지가 흡수 또는 방출될 수 있다. 이들 전이는 2권의 35-3절(부록 참고)에서 논의한 적이 있는 라비 분자 빔 기법(Rabi molecular beam technique)을 쓰면 관찰할 수 있다.

　　어떻게 하면 전이가 일어나게 할 수 있을까? (크기가 변하지 않는 강한 자기장 B 에 더해) 시간에 따라 변하는 자기장을 약하게 걸어서 교란을 시켜 주면 될 것이다. 암모니아 분자에 변하는 전기장을 걸어 주었을 때 보았던 것과 같다. 차이점이라면 이번엔 자기 모멘트와 결합하여 전이 효과를 내는 주체가 자기장이라는 것뿐이다. 하지만 이론 자체는 암모니아의 경우와 같은 방식으로 진행된다. 이론을 가장 간단하게 만들려면 xy 평면에서 회전하는 자기장을 섭동(perturbation) 항으로 고르면 된다. 수평으로 진동하는 장이라면 어떤 것도 괜찮긴 하지만 말이다. 이 섭동 장을 해밀토니안에 추가하면 암모니아 분자의 경우처럼 진폭이 시간에 따라 변하는 해가 나온다. 이렇게 하여 한 상태에서 다른 상태로의 전이 확률을 쉽고 정확하게 구할 수 있다. 이들은 모두 실험 결과와 일치한다.

12 - 5 자기장 안에서의 상태

이번엔 그림 12 - 3에 있는 곡선의 모양에 대해 생각해 보고자 한다. 제일 먼저, 자기장이 센 경우의 에너지 값들은 쉽게 이해할 수 있으며 꽤 흥미롭기도 하다. B가 충분히 크다면(정확히는 $\mu B/A \gg 1$인 경우) 식 (12.37)의 근호 안에 있는 1을 무시할 수 있다. 그렇다면 네 에너지는

$$E_I = A + \mu B, \qquad E_{II} = A - \mu B$$
$$E_{III} = -A + \mu' B, \quad E_{IV} = -A - \mu' B \tag{12.38}$$

이다. 이들이 그림 12 - 3의 네 직선의 방정식이다. 이 에너지들은 물리적으로 다음과 같이 이해할 수 있다. 장이 없는 경우 정상 상태의 성질은 전적으로 두 자기 모멘트 사이의 상호작용으로 결정된다. 정상 상태 $|III\rangle$과 $|IV\rangle$에 있는 기반 상태 $|+-\rangle$와 $|-+\rangle$의 혼합은 이 상호작용에 따른 것이다. 하지만 외부 장이 강하면 양성자와 전자는 서로의 장에 거의 영향을 받지 않는다. 각각 외부 장에 홀로 있는 것처럼 행동할 것이다. 그러면 이미 여러 번 보았듯이 전자의 스핀은 외부 자기장에 평행하거나 또는 반대 방향이다.

전자의 스핀이 위쪽, 즉 자기장과 나란한 방향이라고 가정하자. 그 에너지는 $-\mu_e B$가 될 것이다. 양성자는 아직 어떤 방향으로든 있을 수 있다. 양성자의 스핀 또한 위쪽이라면 그 에너지는 $-\mu_p B$이고 그 둘의 합은 $-(\mu_e + \mu_p)B = \mu B$일 것이다. 이는 바로 E_I의 값인데, 우리가 $|++\rangle = |I\rangle$의 상태를 살펴보고 있기 때문이다. 양성자와 전자의 스핀 방향이 반대일 때 그 둘 사이의 상호작용 에너지를 나타내는 작은 추가항 A(이젠 $\mu B \gg A$이다)는 아직 남아 있다. (처음에 A를 양수로 택한 것은 우리가 동원한 이론 때문이었는데, 실험을 해 보면 실제로도 양수이다.) 반면에 양성자의 스핀은 아래일 수도 있다. 그러면 외부 장 안에서 양성자의 에너지는 $+\mu_p B$가 되며 전자와 합치면 $-(\mu_e - \mu_p)B = \mu' B$가 된다. 그리고 상호작용 에너지는 $-A$가 된다. 합은 단순히 (12.38)에 있는 에너지 E_{III}와 같다. 그러므로 장의 세기가 강하다면 상태 $|III\rangle$은 상태 $|+-\rangle$가 된다.

이번엔 전자의 스핀이 아래쪽이라고 가정해 보자. 외부 장 안에 있는 전자의 에너지는 $\mu_e B$이다. 양성자도 아래 방향이라면 둘을 합한 $(\mu_e + \mu_p)B = -\mu B$의 에너지 외에도, 평행한 스핀 간의 상호작용 에너지 A를 갖는다. 그렇게 하면 그냥 (12.38)의 에너지 E_{II}가 되며 $|--\rangle = |II\rangle$의 상태에 대응된다. 멋지지 않은가? 마지막으로 전자가 아래이고 양성자는 위라면 $(\mu_e - \mu_p)B - A$ (스핀이 반대이기 때문에 상호작용은 마이너스 A가 된다)가 되어 그냥 E_{IV}가 된다. 그

리고 이 상태는 $|-+\rangle$에 대응한다.

이렇게 말하고 싶을지도 모르겠다. "어, 잠깐만! 상태 $|III\rangle$과 $|IV\rangle$는 상태 $|+-\rangle$와 $|-+\rangle$가 아니라 그 둘의 혼합물이잖아." 음, 그 말은 일부만 참이다. $B=0$인 경우엔 정말 혼합물이지만 B가 센 경우엔 어떻게 되는지 아직 알아내지 못했다. 9장의 공식을 (12.33)으로 유추하여 정상 상태의 에너지를 구했을 때 거기에 따라붙는 진폭도 함께 가져올 수 있을 것이다. 그 진폭은 식 (9.24)로부터 나오는데, 다음과 같았다.

$$\frac{a_2}{a_3} = \frac{E - H_{22}}{H_{21}}$$

a_2/a_3의 비율은 물론 C_2/C_3이다. 필요한 식을 (12.33)에서 가져다 넣으면

$$\frac{C_2}{C_3} = \frac{E + A - (\mu_e - \mu_p)B}{2A}$$

또는

$$\frac{C_2}{C_3} = \frac{E + A + \mu'B}{2A} \tag{12.39}$$

를 얻는데, 여기서 E에는 E_{III}와 E_{IV} 중 하나를 적절히 사용하면 된다. 예를 들어 상태 $|III\rangle$의 경우엔

$$\left(\frac{C_2}{C_3}\right)_{III} \approx \frac{\mu'B}{A} \tag{12.40}$$

가 된다. 그래서 B가 크다면 상태 $|III\rangle$에서 $C_2 \gg C_3$가 된다. 즉 $|III\rangle$이 거의 $|2\rangle = |+-\rangle$와 같아지는 것이다. 마찬가지로 (12.39)에 E_{IV}를 넣으면 $(C_2/C_3)_{IV} \ll 1$이 나온다. 강한 장에서 상태 $|IV\rangle$는 상태 $|3\rangle = |-+\rangle$가 된다. 정상 상태를 구성하는 기반 상태들의 선형 조합 계수들이 B에 좌우된다는 걸 볼 수 있다. 우리가 $|III\rangle$이라 부르는 상태는 약한 장에서는 $|+-\rangle$와 $|-+\rangle$의 50 대 50 혼합물이지만 센 장에서는 완전히 $|+-\rangle$가 되어 버린다. 이와 비슷하게 상태 $|IV\rangle$도 약한 장에선 $|+-\rangle$와 $|-+\rangle$의 (부호가 반대인) 50 대 50 혼합물이지만, 외부 장이 세서 스핀끼리의 결합이 풀리면 $|-+\rangle$의 상태로 넘어간다.

아주 약한 자기장에서 어떤 일이 벌어지는지 여러분이 특별히 관심을 두었으면 한다. 자기장이 약한 범위에서는 변화가 없는 에너지가 $-3A$에 하나 있다. 그리고 $+A$에 또 하나의 에너지가 있어서 약한 자기장에서도 세 개의 다른 에너지 준위로 나뉜다. B의 값이 매우 작은 범위에서 증가하면 에너지 준위들은 그림 12-5와 같이 변한다. 어떤 방법으로든 에너지가 $-3A$인 수소 원자들만 여럿 골라냈다고 해 보자. 그것들을 (장이 너무 강하지 않은) 슈테른-게를라흐 장치에 넣으면 그냥 직선으로 통과하는 모습을 보게 될 것이다. (가상 일(virtual work) 원리에 따르면, 원자의 에너지가 B에 좌우되지 않기 때문에 자기장의 기울기가 수소 원자에 힘을 가하지 않는다.) 이번에는 에너지가 $+A$인 원자를 여

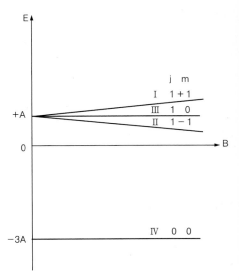

그림 12-5 자기장이 작은 경우의 수소 원자의 상태들

럿 골라내서 슈테른-게를라흐 장치, 가령 장치 S에 통과시킨다고 가정해 보자. (이번에도 장치 내의 자기장은 원자가 깨질 정도로 강하지는 않아야 한다. 즉 에너지가 B에 따라 선형으로 변하는 범위여야 한다는 의미이다.) 세 개의 빔이 나타날 것이다. 상태 $|I\rangle$과 $|II\rangle$는 반대 방향으로 힘을 받는데, 이들의 에너지는 B가 변함에 따라 기울기 $\pm \mu$의 선형으로 변하므로 $\mu_z = \pm \mu$인 쌍극자에 작용하는 힘과 비슷하다. 하지만 상태 $|III\rangle$은 곧장 통과한다. 그래서 다시 5장으로 돌아가게 된다. 에너지가 $+A$인 수소 원자는 스핀이 1인 입자이다. 이 에너지 상태는 $j=1$인 입자이며, 공간상의 어떤 축을 기준으로 5장에서 사용했던 $|+S\rangle$, $|0S\rangle$, $|-S\rangle$의 기반 상태를 써서 기술할 수 있다. 반면 에너지가 $-3A$인 수소 원자는 스핀 0인 입자가 된다. (이 결과는 자기장이 매우 작은 상황에서만 맞다는 걸 잊지 말자.) 그러므로 자기장이 없는 경우 수소 원자의 상태를 다음과 같이 분류할 수 있다.

$$\left.\begin{array}{l} |I\rangle = |++\rangle \\ |III\rangle = \dfrac{|+-\rangle + |-+\rangle}{\sqrt{2}} \\ |II\rangle = |--\rangle \end{array}\right\} \quad \text{스핀} \quad 1 \left\{\begin{array}{l} |+S\rangle \\ |0S\rangle \\ |-S\rangle \end{array}\right. \tag{12.41}$$

$$|IV\rangle = \dfrac{|+-\rangle - |-+\rangle}{\sqrt{2}} \qquad \text{스핀} \quad 0 \tag{12.42}$$

2권의 35장에서(부록 참고) 어떤 입자의 경우에도 특정 축에 대한 각운동량의 성분은 $\hbar$만큼씩 떨어진 값들만을 갖는다고 배웠다. 각운동량의 z 성분 J_z는 j가 입자의 스핀(정수 혹은 1/2의 홀수 배인)일 때 $j\hbar$, $(j-1)\hbar$, $(j-2)\hbar$, $\cdots$, $(-j)\hbar$가 된다. 그때 얘기하진 않았지만 사람들이 보통

$$J_z = m\hbar \tag{12.43}$$

라 적는데, 여기서 m은 j, $j-1$, $j-2$, $\cdots$, $-j$ 중 하나의 숫자를 나타낸다. 앞으로 수소의 네 바닥 상태를 이른바 양자수(quantum number)라 부르는 j와 m [흔히 총 각운동량 양자수(j, total angular momentum quantum number)와 자기 양자수(m, magnetic quantum number)라고 부름]으로 표기해 놓은 것을 보게 될 것이다. 거기서는 우리가 사용하는 $|I\rangle$, $|II\rangle$ 등의 상태 기호 대신 $|j, m\rangle$으로 적는다. 그래서 자기장이 없을 때의 상태에 대한 결과 (12.41)과 (12.42)를 표 12-3과 같이 정리할 것이다. 여기엔 물리적으로 새로운 내용은 없으며, 표기법만 달라졌을 뿐이다.

표 12-3 자기장이 없는 경우 수소 원자의 상태

상태 $\|j, m\rangle$	j	m	현재의 표기법
$\|1, +1\rangle$	1	+1	$\|I\rangle = \|+S\rangle$
$\|1, 0\rangle$	1	0	$\|III\rangle = \|0S\rangle$
$\|1, -1\rangle$	1	−1	$\|II\rangle = \|-S\rangle$
$\|0, 0\rangle$	0	0	$\|IV\rangle$

12-6 스핀 1의 투영 행렬 (projection matrix)*

이번엔 수소 원자에 대해 얻은 지식을 사용해서 좀 특별한 일을 해 보려고 한다. 5장에서 스핀 1인 입자가 특정한 방향으로 놓인 슈테른-게를라흐 장치

---

* 6장을 건너 뛴 독자께서는 이 절도 그냥 넘기기 바란다.

S를 기준으로 한 기반 상태(+, 0, 또는 −) 중 하나에 있으면 공간상의 방향이 다른 T 장치를 기준으로 하는 세 상태 각각에 있을 진폭도 조금씩 있다는 사실을 배웠다. 그 투영 행렬은 $\langle jT \mid iS \rangle$의 아홉 가지 진폭으로 이루어져 있다. 5−7절에서 S와 T 사이의 여러 방향에 대한 이 행렬의 항들을 증명 없이 제시했다. 이제 그것들을 도출하는 방법 중 하나를 보이겠다.

수소 원자를 통해서 스핀 1/2짜리 입자 두 개로 이루어진 스핀 1인 계를 하나 찾았다. 6장에서 이미 스핀이 1/2인 입자를 어떻게 변환하는지에 대한 문제를 해결한 적이 있다. 이를 이용해서 스핀 1인 입자에 대한 변환도 구할 수 있다. 다음과 같은 방식으로 하면 된다. 계가 하나 있는데, 에너지가 $+A$이고 스핀은 1인 수소 원자이다. 그것을 슈테른−게를라흐 장치 S로 통과시켜서 S에 대한 기반 상태 중 하나, 예를 들어 $|+S\rangle$에 있음을 알게 되었다고 하자. 그러면 장치 T를 기준으로 한 어떤 기반 상태, 가령 $|+T\rangle$에 있을 진폭은 어떻게 될까? S의 좌표계를 x, y, z계라고 부르면 상태 $|+S\rangle$는 앞에서 $|++\rangle$라 부른 상태와 같다. 하지만 어떤 다른 사람이 T의 축을 따라 z축을 정했다고 하자. 그의 좌표계를 x', y', z'계라 하면 그는 이를 기준으로 상태를 기술할 것이다. 전자와 양성자의 위와 아래 상태에 대한 그의 정의는 우리와는 다르다. 그의 플러스−플러스 상태는 스핀 1인 입자의 $|+T\rangle$ 상태이다. 프라임 좌표계이므로 $|+'+'\rangle$이라 쓸 수도 있겠다. 우리가 원하는 건 $\langle +T \mid +S \rangle$로, 진폭 $\langle +'+' \mid ++ \rangle$를 달리 표기한 것에 불과하다.

진폭 $\langle +'+' \mid ++ \rangle$는 다음과 같이 구할 수 있다. 우리 좌표계에서는 $|++\rangle$ 상태에서 전자의 스핀은 위쪽이다. 이 말은 그 사람의 좌표계에서는 전자의 스핀이 위쪽일 진폭 $\langle +' \mid + \rangle_e$와 아래쪽일 진폭 $\langle -' \mid + \rangle_e$가 다 있다는 뜻이다. 마찬가지로 $|++\rangle$ 상태에 있는 양성자도 프라임 좌표계에서는 스핀이 위인 진폭 $\langle +' \mid + \rangle_p$와 아래인 진폭 $\langle -' \mid + \rangle_p$가 다 있다. 지금 우리는 서로 다른 두 입자에 대해 얘기하고 있으므로 그 사람의 좌표계에서 봤을 때 입자의 스핀이 둘 다 위일 진폭은 두 진폭의 곱인

$$\langle +'+' \mid ++ \rangle = \langle +' \mid + \rangle_e \langle +' \mid + \rangle_p \tag{12.44}$$

이다. 각각이 무엇을 나타내는지 명확히 밝히기 위해서 $\langle +' \mid + \rangle$ 진폭에 e와 p라는 아래 첨자를 붙였다. 그렇지만 둘 다 스핀 1/2 입자에 대한 변환 진폭이므로 그 값은 같다. 사실은 우리가 6장에서 $\langle +T \mid +S \rangle$로 표기한, 그 장 끝의 표에 적어 놓은 진폭이다.

하지만 이젠 표기법에 문제가 생겼다. 스핀이 1/2인 입자에 대한 $\langle +T \mid +S \rangle$ 진폭과 스핀 1인 입자에 대해서 $\langle +T \mid +S \rangle$라 부른 것을 구별할 수 있어야 한다. 둘이 완전히 다르기 때문이다. 너무 헷갈리지 않길 바라면서, 적어도 당분간은 스핀 1/2짜리의 진폭을 다른 기호로 써야겠다. 구별하기 쉽도록 표 12−4에 새 표기법을 정리해 두었다. $|+S\rangle$, $|0S\rangle$, $|-S\rangle$의 표기는 계속 스핀이 1인 입자에 대해 사용하겠다.

이 새 표기법을 사용하면 식 (12.44)는 단순히

표 12−4 스핀 1/2에 대한 진폭

이번 장	6장
$a = \langle +' \mid + \rangle$	$\langle +T \mid +S \rangle$
$b = \langle -' \mid + \rangle$	$\langle -T \mid +S \rangle$
$c = \langle +' \mid - \rangle$	$\langle +T \mid -S \rangle$
$d = \langle -' \mid - \rangle$	$\langle -T \mid -S \rangle$

$$\langle +'+' \mid ++ \rangle = a^2$$

가 되며 이는 그저 스핀 1에 대한 진폭 $\langle +T \mid +S \rangle$이다. 이제 그 사람의 좌표계, 즉 T 또는 프라임 장치가 우리의 z축에 대해 ϕ라는 각도로 회전해 있다고 가정해 보자. 그러면 표 6-2로부터

$$a = \langle +' \mid + \rangle = e^{i\phi/2}$$

이다. 따라서 (12.44)로부터 스핀 1의 진폭은

$$\langle +T \mid +S \rangle = \langle +'+' \mid ++ \rangle = (e^{i\phi/2})^2 = e^{i\phi} \tag{12.45}$$

를 얻는다. 어떻게 하면 되는지 여러분도 알아차렸을 것이다.

이번엔 모든 상태에 대해 일반적인 경우를 다루겠다. 양성자와 전자가 모두 우리의 좌표계 S에서 위쪽이라면 다른 사람의 좌표계, 즉 T 좌표계에서 가능한 네 상태 중 어떤 하나에 있을 진폭은

$$\begin{aligned}
\langle +'+' \mid ++ \rangle &= \langle +' \mid + \rangle_e \langle +' \mid + \rangle_p = a^2 \\
\langle +'-' \mid ++ \rangle &= \langle +' \mid + \rangle_e \langle -' \mid + \rangle_p = ab \\
\langle -'+' \mid ++ \rangle &= \langle -' \mid + \rangle_e \langle +' \mid + \rangle_p = ba \\
\langle -'-' \mid ++ \rangle &= \langle -' \mid + \rangle_e \langle -' \mid + \rangle_p = b^2
\end{aligned} \tag{12.46}$$

이다. 그러면 $\mid ++ \rangle$ 상태를 다음의 선형 조합으로 적을 수 있다.

$$\mid ++ \rangle = a^2 \mid +'+' \rangle + ab \{ \mid +'-' \rangle + \mid -'+' \rangle \} + b^2 \mid -'-' \rangle \tag{12.47}$$

여기서 잘 보면 $\mid +'+' \rangle$는 $\mid +T \rangle$이고, (12.41)로부터 $\{ \mid +'-' \rangle + \mid -'+' \rangle \}$은 단순히 $\mid 0T \rangle$에 $\sqrt{2}$를 곱한 것과 같으며, 또한 $\mid -'-' \rangle = \mid -T \rangle$이다. 다르게 말하면 식 (12.47)을

$$\mid +S \rangle = a^2 \mid +T \rangle + \sqrt{2}\, ab \mid 0T \rangle + b^2 \mid -T \rangle \tag{12.48}$$

로 쓸 수 있다. 마찬가지로

$$\mid -S \rangle = c^2 \mid +T \rangle + \sqrt{2}\, cd \mid 0T \rangle + d^2 \mid -T \rangle \tag{12.49}$$

라는 사실도 쉽게 보일 수 있다. $\mid 0S \rangle$의 경우엔 약간 더 복잡한데

$$\mid 0S \rangle = \frac{1}{\sqrt{2}} \{ \mid +- \rangle + \mid -+ \rangle \}$$

이기 때문이다. 하지만 $\mid +- \rangle$와 $\mid -+ \rangle$ 상태 각각은 프라임 상태들로 표현해서 더할 수 있다. 즉

$$\mid +- \rangle = ac \mid +'+' \rangle + ad \mid +'-' \rangle + bc \mid -'+' \rangle + bd \mid -'-' \rangle \tag{12.50}$$

이고

$$\mid -+ \rangle = ac \mid +'+' \rangle + bc \mid +'-' \rangle + ad \mid -'+' \rangle + bd \mid -'-' \rangle \tag{12.51}$$

이므로 이들의 합에 $1/\sqrt{2}$ 를 곱하면

$$|0S\rangle = \frac{2}{\sqrt{2}}ac\,|+'+'\rangle + \frac{ad+bc}{\sqrt{2}}\{|+'-'\rangle + |-'+'\rangle\}$$
$$+ \frac{2}{\sqrt{2}}bd\,|-'-'\rangle$$

을 얻는다. 따라서

$$|0S\rangle = \sqrt{2}\,ac\,|+T\rangle + (ad+bc)\,|0T\rangle + \sqrt{2}\,bd\,|-T\rangle \qquad (12.52)$$

가 된다.

이제 필요한 진폭이 다 있다. 식 (12.48), (12.49), (12.52)의 계수들은 $\langle jT\,|\,iS\rangle$의 행렬 원소들이다. 이들을 한꺼번에 다 적어 보겠다.

$$\langle jT\,|\,iS\rangle = \overset{jT\downarrow}{}\overset{\overset{iS}{\longrightarrow}}{\begin{pmatrix} a^2 & \sqrt{2}\,ac & c^2 \\ \sqrt{2}\,ab & ad+bc & \sqrt{2}\,cd \\ b^2 & \sqrt{2}\,bd & d^2 \end{pmatrix}} \qquad (12.53)$$

이는 스핀 1에 대한 변환을 스핀 1/2에 대한 진폭 a, b, c, d로 표현한 것이다.

예를 들어 T 좌표계가 그림 5-6처럼 S에 대해 y축을 중심으로 α란 각도만큼 돌아가 있으면 표 12-4에 있는 진폭들은 단순히 표 6-2의 $R_y(\alpha)$의 행렬 원소들이 된다.

$$a = \cos\frac{\alpha}{2}, \qquad b = -\sin\frac{\alpha}{2}$$
$$c = \sin\frac{\alpha}{2}, \qquad d = \cos\frac{\alpha}{2} \qquad (12.54)$$

이 결과를 (12.53)에 대입하면 전에 증명 없이 제시한 공식 (5.38)이 나온다.

상태 $|IV\rangle$에는 대체 무슨 일이 벌어진 걸까?! 이 상태는 스핀이 0이기 때문에 존재할 수 있는 방식이 한 가지뿐인데, 이는 어떤 좌표계에서도 마찬가지다. 식 (12.50)과 (12.51)의 차를 구하면 모든 것이 들어맞음을 검사해 볼 수 있다. 그 결과로

$$|+-\rangle - |-+\rangle = (ad-bc)\{|+'-'\rangle - |-'+'\rangle\}$$

를 얻는다. 하지만 $(ad-bc)$는 스핀이 1/2인 계에 대한 행렬의 행렬식이므로 1이다. 따라서 두 좌표계가 서로에 대해 어떤 방향으로 놓여 있든 관계없이

$$|IV'\rangle = |IV\rangle$$

가 성립한다.

CHAPTER 13
결정 격자 안에서의 전파

13-1 1차원 격자 내 전자의 상태들

언뜻 생각해 보면 저에너지 전자가 고체 격자를 통과하기는 무척 어려울 것 같다. 원자들은 서로 간의 거리가 몇 옹스트롬에 불과할 정도로 꽉 차 있는데다가 전자를 산란시키는 원자의 유효 직경(effective diameter)이 대충 1옹스트롬 정도니까 말이다. 원자의 크기가 그들 사이의 간격에 비해 상당히 크므로 두 번의 충돌 사이에 전자가 이동하는 평균 자유거리(mean free path)가 몇 옹스트롬 정도 될 텐데, 그렇다면 사실 거의 안 움직이는 거나 다를 바 없다. 즉 전자가 주변의 원자에 금세 부딪힐 것이다. 그럼에도 결정이 완벽하다면(완벽하다는 말은 원자들이 균일하게 배열되어 있는 상황을 뜻한다. 가령 소금 분자의 결정이 완벽하다는 것은, 결정의 어느 위치에서도 나트륨 원자의 좌우 앞뒤 위아래 모두가 염소 원자여야 하며 반대로 염소 원자 주변에도 나트륨 원자 6개만이 있다는 뜻이다. 나트륨과 염소 외에는 그 어떤 다른 불순물 원자도 있어서는 안되며 어느 곳에서도 그 개수가 정확히 6개여야 한다. 이 외에도 완벽하지 않을 방법은 여러 가지가 있는데, 여기서는 그 모든 가능성을 배제한다 : 옮긴이) 전자는 그 안을 마치 진공 속에서처럼 매끈하고 쉽게 통과해 나가는데, 이는 보편적인 자연현상이다. 이 이상한 사실 덕분에 금속에서 그렇게 쉽게 전기가 통하는 것이며, 이를 활용해서 개발한 장치도 여럿 있다. 트랜지스터로 진공관의 기능을 구현할 수 있었던 것도 그 때문이다. 진공관 안의 전자들은 진공 속을 자유롭게 이동하며 트랜지스터의 전자들은 결정 격자 안에서 자유롭게 움직인다. 이 장에서는 트랜지스터의 작동에 숨어 있는 원리를 설명하겠다. 다음 장에서는 이 원리를 활용한 여러 실용적인 장치에 대해 살펴보자.

결정 안에서 전자의 전도는 아주 흔한 현상이다. 전자만 결정을 통과하는 것은 아니고, 원자의 들뜸(atomic excitation) 같은 다른 것들도 역시 비슷한 방식으로 이동한다. 그러므로 우리가 논의하려는 현상은 고체 상태의 물리(solid-state physics)를 공부하는 과정에서 여러 번 등장하는 내용인 것이다.

우리는 앞에서 여러 가지 두 상태 계에 대해 공부했다. 여기 두 위치 중 하나에 있을 수 있는 전자가 있는데, 각 위치에서 전자가 놓인 상황은 동일하다고 가정하자. 또 10-1절에서 논의한 수소 분자처럼 한 위치에서 다른 위치로 이동할 진폭과 반대로 돌아갈 진폭도 같다고 하자. 양자역학 법칙을 사용하면 다음 결과를 얻는다. 전자는 에너지가 일정한 상태를 둘 갖는다. 전자가 두 기본 위치에 있을 진폭을 써서 각각의 상태를 기술할 수 있다. 에너지가 정해진 두 상태 중 어느 쪽에서든 이 두 진폭의 크기는 시간이 가도 변하지 않으며 위상은 시간에 따라 같은 진동수로 변한다. 반면 처음에 전자가 한쪽에 있었다면 시간이 흐른 뒤 다른 위치로 이동해 있을 것이고 더 시간이 지나면 다시 첫째 위치로 돌아와 있을 것이다. 이 진폭은 결합된 두 진자의 운동과 비슷하다.

이번엔 완벽한 결정 격자가 있어서, 전자가 특정 원자에 의한 일종의 구덩이 안에 있으며 에너지가 정해져 있는 상황을 고려해 보자. 또 그 전자가 인접한 원자들 중 하나에 의한 구덩이로 이동할 진폭이 있다고 하자. 여기까지는 두 상태 계와 같지만 이번에는 상황을 복잡하게 만드는 점이 하나 더 있다. 즉 전자가 이웃 원자에 도달한 뒤에도 계속해서 또 다른 위치로 움직일 수도 있으며 시작한 지점으로 돌아올 수도 있다는 것이다. 결합된 진자가 두 개가 아니라 무한히 많은 것이다. 이는 1학년 물리 수업에서 파동 전파의 예를 들기 위해 사용한, 막대기 여러 개를 일렬로 늘어놓고 사이사이를 실로 엮어 놓은 장치('횡파 장치' (transverse wave machine)라고 부른다 : 옮긴이)와 비슷한 면이 있다.

만약 하나의 조화 진동자(harmonic oscillator)가 또 하나의 조화 진동자와 결합되어 있고 그것은 또 다른 조화 진동자에 연결되어 있다면 한 장소에서 시작한 불규칙함이 그 선을 따라 파동으로 전파된다. 원자로 이루어진 사슬 중 한 원자에 전자를 놓아도 같은 일이 벌어진다.

이 역학 문제를 쉽게 풀려면 특정한 위치에서 시작한 펄스(pulse)의 이동 양상을 관찰하는 대신 정상파의 해를 쓰면 된다. 어떤 경우에도 진동수가 고정된 파동의 형태로 결정을 통해 전파되는 변위의 패턴들이 존재한다. 전자의 경우에도 같은 일이 벌어지는데, 전자도 양자역학에서 비슷한 방정식으로 묘사되기 때문이다.

그렇지만 여러분이 한가지 알아 둬야 하는 점이 있다. 전자가 한 장소에 있을 진폭이라고 말할 때는 확률이 아니라 확률 진폭을 뜻한다. 만약 전자가 마치 물이 구멍으로 빠져나가듯 한 곳에서 다른 곳으로 단순히 새고 있다면 그 행동 양식은 완전히 다를 것이다. 예를 들어 두 개의 물탱크가 한쪽에서 다른 쪽으로 흐를 수 있게 관으로 연결되어 있다면 수위는 시간에 대한 지수함수로 서로의 값에 접근할 것이다. 하지만 전자의 경우엔 진폭이 새어 나가는 것이지 확률이 새는 간단한 상황이 아니란 말이다. 이 지수함수 해가 나중에 진동하는 꼴로 바뀌는데, 이는 양자역학 미분 방정식에 있는 허수 i 때문이다(물탱크의 경우와 달리 지수함수 꼴이 되는 것이 확률이 아니라 진폭인데, i 때문에 지수함수가 삼각함수로 바뀌고 따라서 최종적으로는 확률이 진동함수 형태가 된다는 말이다 : 옮긴이). 여기서 일어나는 일은 서로 연결된 탱크 사이에서 물이 새는 문제와는 무척 다르다.

이제 이 양자역학적 상황을 정량적으로 분석해 보자. 그림 13-1(a)처럼 원자들이 길게 줄을 서 있는 1차원 계를 상상해 보자(결정은 물론 3차원이지만 물리적인 현상은 두 경우가 비슷하다. 따라서 1차원 경우를 이해하고 나면 3차원에서 일어나는 일도 쉽게 알 수 있다). 다음엔 이 원자들로 만든 줄에 전자 하나를 놓으면 어떻게 되는지 보자. 물론 실제 결정 안에는 이미 수백만 개의 전자가 들어 있다. 하지만 그중 대부분은(부도체의 경우엔 거의 전부 다) 원래 속해 있던 원자 근처에 머물 뿐이어서 전체적으로는 매우 정적이다. 그렇다면 전자를 하나 추가했을 때 어떤 일이 벌어지는지 생각해 보자. 다른 전자의 상태를 바꾸는 데 드는 에너지가 크다고 가정할 것이므로 이들이 어떻게 되는지는 생각하지 않겠다. 전자가 더해진 약하게 속박된 음이온을 하나 만드는 것이라고 이해해도 좋겠다. 그 부가적인 전자 하나의 운동을 살펴봄으로써 원자의 내부에서 벌어지는 일은 무시하는 근사를 취하는 것이다.

물론 그 전자가 인접 원자로 옮겨 가서 음이온의 위치가 바뀔 수도 있다. 여기서는 두 양성자 사이를 왔다 갔다 하는 전자의 경우처럼 그 전자가 이웃 원자로 점프할 일정한 진폭이 있다고 가정할 것이다.

그렇다면 이런 계는 어떻게 기술할 수 있을까? 합리적인 기반 상태들은 무엇일까? 가능한 위치가 두 개만 있었을 때 무엇을 했는지 기억한다면 어떤 일이 일어날지 추측할 수 있을 것이다. 일렬로 늘어선 원자 사이의 간격이 모두 같다고 가정하자. 그리고 그림 13-1(a)처럼 원자에 순서대로 번호를 매긴다. 전자가 6번 원자에 있는 것, 전자가 7번 원자에 있는 것, 8번 원자에 있는 것 등등을 기반 상태로 고르자. n번째 기반 상태는 전자가 n번째 원자에 있는 상황을 가리킨다. 이것을 $|n\rangle$으로 표기하자. 그림 13-1에는 세 기반 상태

$$|n-1\rangle, \quad |n\rangle, \quad |n+1\rangle$$

이 어떤 의미인지 그려져 있다. 이 기반 상태들을 사용하면 1차원 결정 내 전자의 어떤 상태 $|\phi\rangle$도 그것이 기반 상태 중 하나에 있을 진폭, 즉 전자가 특정 원자에 위치할 진폭 $\langle n | \phi \rangle$를 전부 제시함으로써 기술할 수 있다. 그러면 상태 $|\phi\rangle$를 기반 상태들의 중첩으로

$$|\phi\rangle = \sum_n |n\rangle\langle n | \phi\rangle \tag{13.1}$$

와 같이 적을 수 있다.

다음으로 전자가 한 원자에 있다가 양쪽의 원자로 새어 나갈 진폭이 있다고 가정하겠다. 그중에서 가장 간단한, 바로 인접한 원자로 새어 나가는 경우만 고려할 것이다. 그 다음으로 가까운 원자에 도달하려면 두 번 움직여야 하는 것이다. 한 원자에서 다음 원자로 전자가 점프하는 진폭은 (단위 시간당) $iA/\hbar$ 라고 하겠다.

당분간 n번째 원자에 있을 진폭 $\langle n | \phi \rangle$를 C_n이라 적겠다. 그러면 식 (13.1)은

$$|\phi\rangle = \sum_n |n\rangle C_n \tag{13.2}$$

으로 쓸 수 있다. 주어진 순간의 각각의 진폭 C_n을 안다면 그것들의 절댓값을 제곱하여 그 순간에 전자를 n번째 원자에서 발견할 확률을 얻을 수 있다.

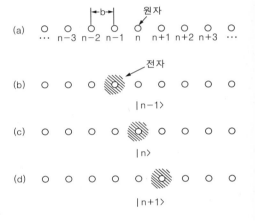

그림 13-1 1차원 결정 속의 전자에 대한 기반 상태

그 이후에는 어떻게 될까? 전에 공부한 두 상태 계로부터 유추해 보면 이 계에 대한 해밀토니안 방정식이 다음과 같은 꼴일 거라고 추론할 수 있다.

$$i\hbar \frac{dC_n(t)}{dt} = E_0 C_n(t) - A C_{n+1}(t) - A C_{n-1}(t) \tag{13.3}$$

우변의 첫 번째 계수인 E_0는 물리적으로 하나의 원자에서 다른 원자로 새어 나갈 수 없는 경우의 전자의 에너지이다(E_0를 어떤 값으로 하든 상관없다. 이미 여러 번 보았듯이 이는 에너지의 영점을 선택하는 것에 불과하니까). 다음 항은 전자가 $(n+1)$번째 구덩이에서 n번째 구덩이로 새어 들어오는 단위 시간당 진폭을 나타내며, 마지막 항은 $(n-1)$번째 구덩이로부터 새어 들어오는 진폭이다. 평소처럼 A는 (시간에 따라 변하지 않는) 상수라 가정하겠다.

어떤 상태 $|\phi\rangle$의 행동양식을 완전히 묘사하려면 (13.3)과 같은 방정식을 모든 진폭 C_n에 대해 갖고 있어야 할 것이다. 여기서 우리는 원자가 엄청나게 많이 들어 있는 결정을 살펴보고 있기 때문에 원자들이 양 방향으로 끝없이 계속 이어지며 따라서 서로 다른 상태가 무한히 많다고 가정하겠다. (유한한 경우를 다루려면 양 끝에서 어떤 일이 벌어지는지 특별히 신경을 써 줘야 할 것이다.) 기반 상태의 가짓수 N이 무한히 많다면 전체 해밀토니안 방정식의 개수 또한 무한대가 된다! 그중 몇 개만 예를 들어 보겠다.

$$\vdots \qquad\qquad \vdots$$

$$i\hbar \frac{dC_{n-1}}{dt} = E_0 C_{n-1} - A C_{n-2} - A C_n$$

$$i\hbar \frac{dC_n}{dt} = E_0 C_n - A C_{n-1} - A C_{n+1} \tag{13.4}$$

$$i\hbar \frac{dC_{n+1}}{dt} = E_0 C_{n+1} - A C_n - A C_{n+2}$$

$$\vdots \qquad\qquad \vdots$$

13-2 에너지가 정해진 상태들

결정 안의 전자에 대해 여러 가지를 살펴볼 수 있지만, 우선 에너지가 정해진 상태들부터 찾아보겠다. 앞에서 봤듯이 이는 진폭들이 전부 시간에 따라 같은 진동수로 변하는 상황을 발견해야 한다는 의미이다. 즉

$$C_n = a_n e^{-iEt/\hbar} \tag{13.5}$$

꼴의 해를 찾는 것이다. 복소수 a_n은 전자를 n번째 원자에서 발견할 진폭에서 시간에 따라 변하지 않는 부분을 담고 있다. 이 시험 해(trial solution)를 (13.4)의 방정식에 넣어 해로 적합한지 확인해 보면 결과는

$$E a_n = E_0 a_n - A a_{n+1} - A a_{n-1} \tag{13.6}$$

이 된다. 미지수 a_n에 관한 이 같은 방정식이 무한히 많이 나올 것이기 때문에 슬슬 겁이 나려고 한다.

이제 행렬식만 구하면 된다. 그런데 잠깐! 방정식이 2개, 3개, 4개일 때는 행렬식을 구하는 게 쉽다. 하지만 방정식이 아주 많다면, 혹은 무한히 많다면 행렬식은 별로 편리하지 않다. 그보다는 식을 직접 푸는 편이 더 낫다. 먼저, 원자들을 위치에 따라 표시해 두자. 즉 n번째 원자는 x_n에 있고 $(n + 1)$번째 원자는 x_{n+1}에 있다. 그림 13-1처럼 원자들의 간격이 b라면 $x_{n+1} = x_n + b$가 될 것이다. 0번 원자의 위치를 원점으로 고르면 $x_n = nb$가 됨을 알 수 있다. 그러면 식 (13.5)를

$$C_n = a(x_n)e^{-iEt/\hbar} \tag{13.7}$$

로 다시 쓸 수 있으며 식 (13.6)은

$$Ea(x_n) = E_0 a(x_n) - A a(x_{n+1}) - A a(x_{n-1}) \tag{13.8}$$

이 될 것이다. 또는 $x_{n+1} = x_n + b$라는 사실을 이용하면

$$Ea(x_n) = E_0 a(x_n) - A a(x_n + b) - A a(x_n - b) \tag{13.9}$$

로도 적을 수 있다. 이 방정식은 미분 방정식과 꽤 비슷하다. 이 식은 위치 (x_n)에서의 $a(x)$라는 양이 다른 이웃한 지점들 ($x_n \pm b$)에서의 같은 물리량과 연관되어 있다는 뜻으로 이해할 수 있다. (미분 방정식은 사실상 한 지점의 함수값과 그에 무한히 가까운 인접 위치의 값들 사이의 관계식이다.) 우리가 보통 미분 방정식을 풀 때 사용하는 방법을 여기서도 쓸 수 있을지 모른다. 한번 시도해 볼까?

계수가 상수인 선형 미분 방정식은 언제나 지수함수를 써서 해를 구할 수 있다. 여기서도 해 볼 수 있겠다. 시험 해로

$$a(x_n) = e^{ikx_n} \tag{13.10}$$

을 고르자. 그러면 식 (13.9)는

$$Ee^{ikx_n} = E_0 e^{ikx_n} - A e^{ik(x_n+b)} - A e^{ik(x_n-b)} \tag{13.11}$$

가 된다. 이를 공통 인자인 e^{ikx_n}로 나누면

$$E = E_0 - A e^{ikb} - A e^{-ikb} \tag{13.12}$$

를 얻는다. 마지막 두 항은 $(2A \cos kb)$와 같으므로

$$E = E_0 - 2A \cos kb \tag{13.13}$$

가 성립한다. 즉 어떤 상수 k를 선택하더라도 에너지가 이 방정식으로 주어지는 해를 구할 수 있다는 점을 알아낸 것이다. k값에 따라 가능한 에너지들이 많이 있으며 각각의 k값은 서로 다른 해에 대응한다. 무한히 많은 해가 존재한다. 무한대 수의 기반 상태들을 갖고 시작했으니까 별로 놀라울 것도 없다.

이 해들의 의미가 뭔지 보자. 각 k에 대해 a는 식 (13.10)으로 주어진다. 진폭 C_n은

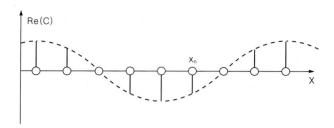

그림 13-2 x_n에 따른 C_n의 실수부의 변화

$$C_n = e^{ikx_n}e^{-(i/\hbar)Et}$$ (13.14)

가 되며 에너지 E 또한 식 (13.13)의 꼴로 k에 따라 변한다는 걸 기억하자. 진폭의 공간상 변화는 e^{ikx_n}로 주어진다. 한 원자에서 옆 원자로 감에 따라 진동하는 형태인 것이다.

그 말의 의미는 공간에서 진폭이 복소수로 진동한다는 것이다. 크기는 모든 원자에서 같지만 특정 순간의 위상은 한 원자에서 다른 원자로 갈 때 (ikb)라는 양만큼 더해진다. 그림 13-2처럼 각 원자에서의 진폭의 실수 부분만 세로 막대로 그려 보면 어떤 일이 벌어지는지 시각적으로 이해할 수 있다. (점선으로 그린) 세로 막대들의 테두리 선(envelope)은 물론 코사인 곡선이다. C_n의 허수 부분 또한 진동함수이지만 실수 부분에 비해 위상이 90°만큼 이동했을 뿐이기 때문에 C_n의 절대값을 제곱한(즉 실수 부분과 허수 부분 각각의 제곱을 합한) 값은 모든 C에 대해 같다.

그러므로 k를 하나 선택하면 특정한 에너지 E를 갖는 정상 상태(stationary state)를 얻게 된다. 그리고 그런 어떤 상태라도 전자가 있을 확률은 모든 원자에서 같다. 특정 원자를 선호하는 일이 없는 것이다. 다른 원자 간에는 위상만 다를 뿐이다. 시간이 지남에 따라 위상도 변한다. 식 (13.14)로부터 실수 부분과 허수 부분, 즉

$$C_n = e^{i[kx_n-(E/\hbar)t]}$$ (13.15)

의 실수와 허수 부분은 결정을 따라 파동으로 전파된다. k의 부호에 따라 이 파동은 양의 x 또는 음의 x방향으로 움직일 수 있다.

시험 해였던 식 (13.10)에 넣은 숫자 k가 실수라고 가정해 왔다는 사실에 주목하자. 무한히 많은 원자가 늘어서 있는 경우 왜 그래야만 하는지 이제는 알 수 있다. 만약 k가 허수라고, 예를 들어 ik'이라고 가정하자. 그러면 진폭 a_n은 $e^{-k'x_n}$에 비례할 것이고 그건 x가 작아질수록 진폭이 점차 커진다는 의미이다. 혹은 k'이 음수라면 값이 양으로 커지는 경우에 같은 일이 생긴다. 원자의 사슬에 끝이 있다면 이런 해도 괜찮겠지만, 원자의 사슬이 무한히 긴 경우에는 물리적으로 해가 될 수 없다. 그러면 진폭이 무한대가 될 것이며 그에 따라 확률도 무한대가 되어 실제 상황을 나타내는 값일 리가 없게 된다. 나중에 k가 허수라도 상관없는 예제를 보게 될 것이다.

식 (13.13)에 있는 에너지 E와 파수 k의 관계는 그림 13-3과 같다. 이 그림에서 볼 수 있듯이 에너지는 $k=0$일때의 $(E_0 - 2A)$에서 $k = \pm\pi/b$일 때의

$(E_0 + 2A)$까지 변한다. 이 그래프는 A가 양수인 경우에만 해당한다. 만약 A가 음수였다면 곡선이 위아래로 뒤집히겠지만 범위는 동일할 것이다. 여기서 중요한 점은 특정한 범위 또는 에너지의 띠(band) 안에서는 어떤 에너지 값도 가능하지만 범위 밖의 다른 값들은 가질 수 없다는 사실이다. 우리가 가정한 바에 따르면, 결정 안의 전자가 정상 상태에 있는 경우 이 띠 안의 값이 아닌 다른 값을 에너지로 가질 수는 없다.

식 (13.13)에 의하면 k의 절대값이 작은 범위에서는 에너지가 최소값 $E \approx E_0 - 2A$를 갖는다. k가 증가함에 따라 (양수 값 또는 음수 값으로) 에너지가 처음엔 증가하다가 그림 13-3에서처럼 $k = \pm\pi/b$에서 최고치에 도달한다. π/b보다 큰 k에 대해서 에너지는 다시 감소하기 시작한다. 그렇지만 그런 k값에 대응하는 상태는 사실 새로운 상태가 아니기 때문에 고려할 필요가 없다. 그저 k값이 작은 경우의 상태들이 반복해서 나타날 뿐이다. 이 사실은 다음과 같은 방법으로 알 수 있다. $k = 0$인 최저 에너지 상태를 보자. $a(x_n)$의 계수는 모든 x_n에 대하여 같을 것이다. 그리고 $k = 2\pi/b$에서도 에너지가 같을 것이다. 그러면 식 (13.10)으로부터

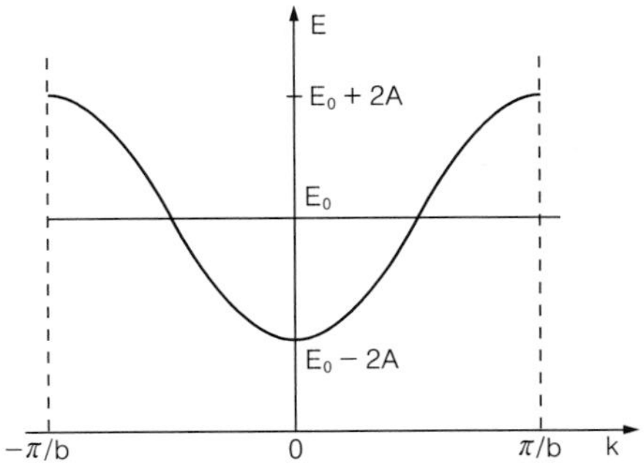

$$a(x_n) = e^{i(2\pi/b)x_n}$$

을 얻는다. x_0를 원점으로 놓으면 $x_n = nb$라고 할 수 있다. 따라서 $a(x_n)$은

$$a(x_n) = e^{i2\pi n} = 1$$

이 된다. 이 $a(x_n)$으로 묘사되는 상태는 $k = 0$일 때와 물리적으로 동일한 상태이다. 다른 해를 나타내는 것이 아니다.

또 다른 예로 k가 $-\pi/4b$라고 해 보자. $a(x_n)$의 실수 부분은 그림 13-4에 있는 곡선 1처럼 변할 것이다. k가 7배 더 커지고 부호가 바뀌었다면($k = 7\pi/4b$) $a(x_n)$의 실수 부분은 그림의 곡선 2와 같이 변했을 것이다(물론 코사인 곡선 자체가 어떤 의미를 갖는 건 아니다. 위치 x_n에서의 값만이 중요하다. 곡선을 그린 건 x_n에서의 값들이 어떻게 변화하는지 쉽게 알아보게 하기 위해서일 뿐이다). 두 k값에 대한 x_n에서의 진폭이 전부 같음을 볼 수 있다.

결국 결론은 어떤 제한된 범위의 k만 택하면 문제에 대한 가능한 해를 전부 얻을 수 있다는 사실이다. 우리는 그 범위를 그림 13-3에 나온 것처럼 $-\pi/b$와 $+\pi/b$ 사이로 선택하겠다. 이 범위 안에서 정상 상태의 에너지는 k의 크기가 커짐에 따라 단조 증가한다.

이상의 내용을 응용한 쉬운 예를 하나 곁가지로 살펴보겠다. 전자가 가장 가

그림 13-3 변수 k의 함수로 나타낸 정상 상태의 에너지

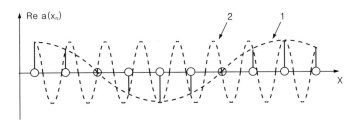

그림 13-4 같은 물리적 상황을 나타내는 두 k값. 곡선 1은 $k = -\pi/4$에, 곡선 2는 $k = 7\pi/4b$에 대응한다.

까운 이웃 원자로 점프하는 진폭 $iA/\hbar$만 있는 것이 아니라 그 다음으로 가까운 이웃 원자로 한 번에 넘어가는 것도 어떤 다른 진폭 $iB/\hbar$만큼 가능하다고 가정해 보자. 이 경우에도 해를 $a_n = e^{ikx_n}$의 형태로 적을 수 있다. 사실 이는 매우 일반적인 해이다. 또한 파수가 k인 정상 상태의 에너지가 ($E_0 - 2A\cos kb -$ $2B\cos 2kb$)라는 사실도 알 수 있다. 이는 E를 k에 대해 나타냈을 때 그 곡선의 모양이 늘 같지 않으며 각 문제의 조건에 따라 달라진다는 걸 보여 준다. 항상 코사인 형태의 파가 되는 것이 아니며 어떤 수직선에 대해 꼭 대칭을 이루는 것도 아니다. 그렇지만 그 곡선이 $-\pi/b$부터 π/b까지의 범위 바깥에서 주기적으로 반복된다는 것만큼은 항상 사실이기 때문에 다른 k 값들에 대해선 걱정할 필요가 없다.

k가 작을 때, 그러니까 한 x_n에서 다음 x_n으로 갈 때 진폭의 변화가 꽤 느리면 무슨 일이 벌어지는지 좀 더 자세히 볼까? $E_0 = 2A$로 정의해서 에너지의 영점을 잡는다고 하자. 그러면 그림 13-3의 곡선의 최소값은 에너지의 영점에 있게 된다. k 값이 충분히 작다면 이를

$$\cos kb \approx 1 - k^2b^2/2$$

으로 적을 수 있으며 식 (13.13)의 에너지는

$$E = Ak^2b^2 \tag{13.16}$$

이 된다. 그 상태의 에너지는 진폭 C_n의 공간상의 변화를 기술하는 파수의 제곱에 비례한다는 결과를 얻는 것이다.

13-3 시간에 따라 변하는 상태들

이 절에서는 1차원 격자에서 상태들의 행동양식을 더 상세히 논의하겠다. 전자가 x_n에 있을 진폭이 C_n이라면 그 전자를 거기서 발견할 확률은 $|C_n|^2$이 될 것이다. 식 (13.14)로 기술되는 정상 상태의 경우, 이 확률은 모든 x_n에 대해 같으며 시간에 따라 변하지 않는다. 그렇다면 특정한 에너지를 갖는 전자가 어떤 장소 근처에 몰려 있는(localized) 상황, 즉 그래서 다른 위치보다 어떤 한 위치에서 발견될 확률이 높은 상황을 어떻게 나타낼 수 있을까? 이는 식 (13.14)와 모양은 같지만 k 값이 조금씩 다른 해, 그러므로 에너지가 약간씩 다른 해를 몇 개 중첩하면 된다. 그러면 최소한 $t = 0$에서는(1권 48장에서 논의한 바와 같이) 파장이 다른 파동이 혼합되어 있을 때 맥놀이가 생기는 것과 마찬가지로 진폭 C_n이 위치에 따라 변할 것이다. 그래서 k_0를 중심으로 한 k_0 근처의 여러 다른 파수의 파동이 섞인 파동 묶음(wave packet)을 만들 수 있는 것이다.*

정상 상태를 중첩할 때 k값이 다른 진폭들은 에너지가 조금씩 다른, 즉 진동수가 약간씩 다른 상태들을 나타낸다. 그런 이유로 전체 C_n이 간섭하여 만들

---

* 이는 어디까지나 파동 묶음의 폭이 너무 좁지 않은 경우에 한해서이다.

어 내는 최종 형태는 시간에 따라 변한다. 즉 맥놀이(beats)와 비슷한 현상이 생기는 것이다. 1권의 48장에서 보았듯이 맥놀이의 봉우리[| $C(x_n)$ |²가 큰 장소들]가 시간에 따라 x방향으로 움직여 갈 것이다. 우리가 군속도(group velocity)라고 부른 속력으로 움직인다. 이 군속도는 진동수에 따른 k의 변화와

$$v_{\text{group}} = \frac{d\omega}{dk} \tag{13.17}$$

의 관계식으로 연결됨을 앞에서 이미 배웠다. 여기에서도 똑같은 방식으로 유도할 수 있을 것이다. 덩어리 모양을 갖는 전자의 상태, 즉 C_n이 그림 13-5에 있는 파동 묶음처럼 공간에서 변하는 상태는 속도 $v = d\omega/dk$로 1차원 결정을 따라 움직일 텐데, 여기서 $\omega = E/\hbar$이다. 여기에 (13.16)의 E를 대입하면

$$v = \frac{2Ab^2}{\hbar} k \tag{13.18}$$

가 나온다. 다시 말해서 전자가 흔히 갖는 파수 범위에서는 k에 비례하는 속력으로 움직인다는 말이다. 식 (13.16)에 따르면 그런 전자의 에너지는 속도의 제곱에 비례한다. 즉 고전적인 입자처럼 행동하는 것이다. 미세 구조가 눈에 보이지 않을 정도로 큰 스케일에서는 양자역학이 고전 물리와 같은 결과를 보여 주기 시작한다. 실제로 식 (13.18)을 k에 대해 푼 다음 이를 (13.16)에 대입하면

$$E = \frac{1}{2} m_{\text{eff}} v^2 \tag{13.19}$$

과 같이 쓸 수 있는데, m_{eff}는 상수이다. 파동 묶음 안에 있는 전자에 추가된 운동 에너지는 고전 입자와 똑같은 꼴로 속도에 따라 변한다. 여기서 유효 질량(effective mass)이라 부르는 상수 m_{eff}는

$$m_{\text{eff}} = \frac{\hbar^2}{2Ab^2} \tag{13.20}$$

으로 주어진다. 또한

$$m_{\text{eff}} v = \hbar k \tag{13.21}$$

라고 적을 수 있다는 사실도 눈여겨봐 두자. $m_{\text{eff}} v$를 운동량이라고 부르기로 한다면 그 운동량은 앞에서 본 자유 입자와 같은 방식으로 파수 k와 연관되어 있다.

  하지만 m_{eff}가 전자의 실제 질량과는 아무 상관이 없다는 사실을 잊으면 안된다. 매우 다른 값이 될 수도 있다. 실제 결정에서는 진공에서의 전자의 질량에 비해 두 배에서 20배 정도로 그 크기가 대략 비슷하기도 하지만 말이다.

  이렇게 하여 우리는 매우 신비로운 현상을 풀어냈다. 즉 (게르마늄 안에 넣은 여분의 전자와 같은) 결정 안의 전자가 결정을 따라 어떻게 이동할 수 있는지, 또 원자들과 부딪히게 될 텐데도 어떻게 완전히 자유롭게 흘러갈 수 있는지를 말이다. 전자는 한 원자에서 다른 원자로 진폭을 획 획 획 움직여 가며 결정

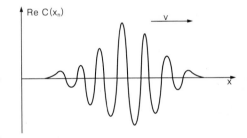

그림 13-5 에너지가 비슷한 상태들을 몇 중첩시킨 상태의 실수부 $C(x_n)$를 x의 함수로 나타낸 것. (격자 간격 b는 그래프의 x축 규모에 비하면 매우 작다.)

안을 돌아다닐 수 있는 것이다. 그런 방식으로 고체가 전기를 통하는 것이다.

13-4   3차원 격자 안의 전자

같은 방법으로 3차원에 놓여 있는 전자에는 무슨 일이 일어날지 잠시 살펴보겠다. 결과는 매우 비슷하다. 원자가 직육면체 모양으로 배열되어 있으며 세 축 방향으로의 간격이 각각 a, b, c인 격자가 있다고 가정하겠다(정육면체 격자를 원한다면 세 간격이 모두 같다고 하면 될 것이다). 또 x방향의 이웃 원자로 옮겨 갈 진폭을 $(iA_x/\hbar)$, y방향으로는 $(iA_y/\hbar)$, z방향으로는 $(iA_z/\hbar)$라고 하겠다. 그럼 기반 상태들을 어떻게 나타낼 수 있을까? 1차원에서의 경우와 마찬가지로 전자가 격자점 (x, y, z)의 원자에 위치한 상태가 기반 상태이다. 어떤 한 원자에 원점을 잡으면 이 지점들은 모두

$$x = n_x a, \qquad y = n_y b, \qquad z = n_z c$$

에 있게 될 것이다. 여기서 n_x, n_y, n_z는 임의의 세 정수이다. 아래첨자를 사용해서 이런 지점들을 나타내는 대신, 이제부터는 그냥 x, y, z를 사용하되 격자점에서의 값만 취하기로 하겠다. 그러므로 기반 상태는 기호 |x, y, z에 있는 전자〉로, |ψ〉라는 어떤 상태에 있는 전자가 이 기반 상태에 있게 될 진폭은 $C(x, y, z) = \langle x, y, z$에 있는 전자 | $\psi \rangle$로 나타낼 수 있겠다.

예전과 같이 진폭 $C(x, y, z)$는 시간에 따라 변할 수 있다. 앞에서의 가정을 바탕으로 하면 해밀토니안 방정식은 다음과 같다.

$$
\begin{aligned}
i\hbar \frac{dC(x, y, z)}{dt} = {} & E_0 C(x, y, z) - A_x C(x + a, y, z) - A_x C(x - a, y, z) \\
& - A_y C(x, y + b, z) - A_y C(x, y - b, z) \\
& - A_z C(x, y, z + c) - A_z C(x, y, z - c)
\end{aligned}
$$

(13.22)

꽤 길어 보이지만, 각 항이 어디에서 오는지 알아볼 수 있을 것이다.

다시 한번 C가 전부 시간에 따라 같은 방식으로 변하는 정상 상태를 찾아볼 수 있겠다. 역시나 다시 한 번 지수함수 꼴의 해가 나온다.

$$C(x, y, z) = e^{-iEt/\hbar}\, e^{i(k_x x + k_y y + k_z z)} \tag{13.23}$$

이 해를 (13.22)에 대입해 보면 에너지 E와 k_x, k_y, k_z 사이에 다음의 관계식이 성립할 때 그 해가 됨을 확인할 수 있다.

$$E = E_0 - 2A_x \cos k_x a - 2A_y \cos k_y b - 2A_z \cos k_z c \tag{13.24}$$

이제 에너지는 세 파수 k_x, k_y, k_z에 따라 변하는데, 이들은 3차원 벡터 $\boldsymbol{k}$의 세 성분이기도 하다. 실제로 식 (13.23)을

$$C(x, y, z) = e^{-iEt/\hbar}\, e^{i\boldsymbol{k} \cdot \boldsymbol{r}} \tag{13.25}$$

처럼 벡터 표기법을 이용해서 쓸 수도 있겠다. 진폭은 3차원에서 복소수의 평면

파로 변하는데, k 방향으로 이동하며 파수는 $k = (k_x{}^2 + k_y{}^2 + k_z{}^2)^{1/2}$로 주어 진다.

이 정상 상태들의 에너지는 k의 세 성분에 따라 식 (13.24)처럼 복잡한 방식으로 변한다. k에 따라 E가 어떻게 변하는지는 A_x, A_y, A_z의 상대적인 부호와 크기에 따라 다르다. 이 세 숫자가 모두 양수이고 k값이 작은 경우에만 관심을 두기로 한다면 그 관계식은 비교적 단순해진다.

식 (13.16)을 얻기 위해 했던 것처럼 코사인을 전개해 보면, 이번엔

$$E = E_{\min} + A_x a^2 k_x{}^2 + A_y b^2 k_y{}^2 + A_z c^2 k_z{}^2 \tag{13.26}$$

이 나온다. 격자 간격이 모두 a인 정육면체 격자라면 A_x, A_y, A_z가 모두 같을 것이므로 이를 그냥 A라고 하면

$$E = E_{\min} + A a^2 (k_x{}^2 + k_y{}^2 + k_z{}^2)$$

혹은

$$E = E_{\min} + A a^2 k^2 \tag{13.27}$$

이 될 것이다. 식 (13.16)과 똑같은 모양이다. 그때의 논리를 적용하면(에너지가 거의 같은 상태들을 다수 중첩해서 만든) 3차원 상의 전자 파동 묶음 역시 어떤 유효 질량을 갖는 고전적인 입자처럼 운동한다는 결론을 내릴 수 있다.

정육면체보다 대칭성이 낮은 결정에서 (또는 정육면체 결정이라도 각각의 원자 위치에서 전자의 상태가 대칭형이 아닐 때) A_x, A_y, A_z의 세 계수는 각기 다른 값을 가질 것이다. 그렇다면 좁은 영역에 몰려 있는 전자의 유효 질량은 운동 방향에 따라 달라진다. 예를 들어 x방향의 운동에 대한 관성의 크기가 y방향 관성의 크기와 다른 것이다(이런 상황을 상세히 기술하기 위해 보통 유효 질량 텐서(tensor)를 사용한다).

13-5 결정 안의 다른 상태들

식 (13.24)에 따르면 우리가 얘기하고 있는 전자의 상태는 최소값

$$E_0 - 2(A_x + A_y + A_z)$$

부터 최대값

$$E_0 + 2(A_x + A_y + A_z)$$

사이의 범위를 갖는 어떤 '띠 안의' 값만을 에너지로 가질 수 있다. 에너지가 그 외의 다른 값일 수도 있지만 이는 전혀 다른 종류의 전자 상태에서나 일어나는 경우이다. 우리가 지금까지 살펴본 경우에서는 전자가 결정 내 한 원자의 특정 상태, 가령 에너지가 최저인 상태에 놓인 상황을 기반 상태로 삼았다.

빈 공간에 놓인 원자에 전자를 하나 더해서 이온을 만들자면 거기에는 여러 가지 방법이 있다. 에너지가 최소가 되게 전자가 들어갈 수도 있고, 혹은 최저 에너지보다는 높은 들뜬 상태가 되게 전자를 더할 수도 있다. 결정 안에서도 같은 일이 벌어질 수 있다. 위에서 고른 E_0가 에너지가 가장 낮은 상황의 이온을

나타내는 기반 상태의 에너지에 대응한다고 가정하자. 우리는 또한 전자가 n번째 원자 근처에 다른 방식으로, 이를테면 이온의 들뜬 상태 중 하나에 위치해서 에너지 E_0가 전보다 훨씬 더 높아진 경우의 새로운 기반 상태의 집합을 생각해 볼 수도 있다. 지난번과 같이 전자가 한 원자의 들뜬 상태에서 이웃 원자의 동일한 들뜬 상태로 건너갈 진폭 A(예전과는 다른 값임)가 있다. 전반적인 분석 방법은 전과 같다. 가능한 에너지의 띠를 찾는데 다만 그 에너지의 중심이 더 높을 뿐이다. 일반적으로 각각 다른 들뜬 준위에 대응하는 이러한 띠가 다수 존재할 수 있다.

다른 가능성도 있다. 전자가 한 원자의 들뜬 상태에 있다가 바로 옆 원자의 바닥 상태로 이동하는 경우처럼 말이다(이를 띠 사이 상호작용(interaction between bands)이라고 부른다). 더 많은 띠를 고려할수록, 또 가능한 상태들 간의 이동에 대한 계수들을 더 많이 고려할수록 수학적 이론은 복잡해진다. 하지만 새로운 아이디어가 추가되는 건 아니다. 방정식의 모양은 앞에서의 단순한 예에 나왔던 것과 무척 비슷하니까.

이론에 나오는 진폭 A 등의 여러 계수에 대해서 별로 더 설명할 내용이 없다는 점도 언급해야겠다. 일반적으로 그 계수들은 계산하기가 무척 힘들기 때문에 실제로는 이들 매개 변수(parameter)들에 대해서 이론적으로 알려진 바는 별로 없으며, 특정한 실제 상황이라면 실험을 통해 결정된 값들을 사용할 수 있을 뿐이다.

우리는 지금 결정 안에서 운동하는 전자에 대해서 생각해 보았지만, 물리적 현상과 수학적 구조는 이와 거의 똑같으면서도 운동하는 '물체' 자체는 꽤 다른 경우들이 있다. 예를 들어 원래 결정, 더 정확히 말하면 선형 격자가 이번엔 중성 원자로 된 사슬인데 그 원자들이 각각 약하게 속박된 외곽 전자를 갖고 있다고 해 보자. 그리고 그 전자 중 한 개를 빼내기로 하자. 어떤 원자가 전자를 잃게 될까? 위치 x_n에 있는 원자에 전자가 없을 진폭을 C_n이라 해 보자. 그러면 일반적으로 옆에 있는 원자, 가령 $(n-1)$번째 원자에 있던 전자가 n번째 원자로 이동하면서 $(n-1)$번째 원자에 전자가 없을 진폭 $iA/\hbar$가 있겠다. 이 말을 다르게 표현하면 없어진 전자가 n번째 원자에서 $(n-1)$번째 원자로 이동하는 진폭이 A라고 할 수도 있다. 방정식도 완전히 같을 거라는 사실을 알 수 있다. 물론 A의 값은 예전과는 다를 것이다. 다시 에너지 준위나 식 (13.18)의 군속도로 결정 안에서 움직이는 확률의 파동 및 유효 질량 등에 대해 같은 방정식들을 얻게 될 것이다. 단 한 가지 다른 점은 그 파동이 양공(hole)이라고 부르는 '전자를 잃은 상태'의 행동을 기술한다는 사실뿐이다. 그러니까 양공은 유효 질량이 m_{eff}인 보통의 입자와 똑같이 행동하며 양전하를 띠는 것처럼 보일 것이다. 양공에 대한 얘기는 다음 장에서 더 많이 할 생각이다.

다른 예를 한번 들어보자. 동일한 중성 원자의 사슬 안에서 원자 하나만 정상적인 바닥 상태보다 에너지가 높은 들뜬 상태에 있는 상황을 상상해 보자. n번째 원자가 들떠 있을 진폭을 C_n이라 하자. 그 원자는 이웃 원자와의 상호작용을 통해 여분의 에너지를 넘겨주고 바닥 상태로 돌아갈 수 있다. 이 과정이 일어날 진폭이 $iA/\hbar$라고 하자. 이제 다시 수학적으로 똑같이 전개될 것이다. 이번에 움직이는 물체는 들뜸알(exciton)이라고 부른다. 들뜸 에너지를 갖고 결정 속을 돌아다니며 마치 중성 '입자'처럼 행동한다. 이런 운동은 눈으로 무언가를 볼 때나 광합성 같은 생물학적 과정들에서 중요한 역할을 한다. 망막이 빛을 흡수하면 들뜸알이 만들어지는데, 이것이 어떤 (1권 36장의 그림 36-5에서 묘사한 간상 세포층과 같은) 주기적인 구조를 통과한 뒤 특별한 장소에 축적되어 화학적 반응에 필요한 에너지로 쓰인다고 추측하기도 한다.

13-6 격자 내 결함(imperfections)에 의한 산란

이번엔 불완전한 결정 안에 전자가 하나 있는 경우를 살펴보겠다. 앞에서의 분석에 따르면 완전한 결정은 완벽한 도체이다. 즉 전자들이 마치 진공에서처럼 결정 사이를 마찰 없이 미끄러져 다닌다. 전자가 끝없이 계속 움직여 가지 못하는 이유 중 하나는 결정 안의 결함 혹은 불규칙함 때문이다. 예를 들어 결정 안 어딘가에 원자가 하나 빠져 있다고 하자. 혹은 원자들의 위치 중 한군데에 누군가 엉뚱한 원자를 넣어서 나머지 원자들이 있는 장소와 구분되도록 만들었다고 해 보자. 그러면 예를 들어 에너지 E_0 혹은 진폭 A가 달라질 수 있을 것이다. 그런 경우에 벌어지는 일은 어떻게 기술할 수 있을까?

더 구체적으로, 1차원 경우로 돌아가서 원자 번호가 0인 원자가 불순물이어서 E_0값이 나머지 원자들과 다르다고 가정하겠다. 그 에너지 값을 $(E_0 + F)$라고 하자. 어떤 일이 벌어질까? 전자가 0번 원자에 도달하면 일정한 확률로 반대 방향으로 산란될 수 있다. 파동 묶음이라면 진행하다가 조금 특이한 장소에 도착한 뒤 일부는 계속 같은 방향으로 움직이며 또 일부는 반대 방향으로 튕겨서 돌아간다. 모든 변수가 시간에 따라 변하기 때문에 파동 묶음을 써서 계산하기는 꽤 어려운 상황이다. 정상 상태에서의 해를 분석하는 방법이 훨씬 더 간단하다. 그래서 이번에는 정상 상태를 다룰 텐데, 이들이 연속해서 이어지는 투과파와 반사파의 합으로 이루어진 파동이라는 사실을 알게 될 것이다. 3차원에서라면 반사된 파동이 여러 방향으로 퍼지기 때문에 산란파(scattered wave)라고 부를 수 있을 것이다.

처음 시작은 식 (13.6)과 닮은 방정식의 집합인데, $n = 0$인 경우의 방정식이 나머지와 다르다는 점만 빼면 똑같다. $n = -2, -1, 0, +1, +2$인 경우의 다섯 개 방정식은 다음과 같다.

$$\vdots \qquad \vdots$$
$$Ea_{-2} = E_0 a_{-2} - A a_{-1} - A a_{-3}$$
$$Ea_{-1} = E_0 a_{-1} - A a_0 - A a_{-2}$$
$$Ea_0 = (E_0 + F)a_0 - A a_1 - A a_{-1} \qquad (13.28)$$
$$Ea_1 = E_0 a_1 - A a_2 - A a_0$$
$$Ea_2 = E_0 a_2 - A a_3 - A a_1$$
$$\vdots \qquad \vdots$$

물론 $|n|$이 2보다 큰 경우에 해당하는 다른 방정식들도 있다. 이들은 식 (13.6)과 똑같이 생겼다.

일반적인 경우에는 0번 원자로 혹은 그 원자로부터 점프하는 진폭으로 A와는 다른 어떤 값을 사용해야겠지만 별로 상관은 없다. A값들이 모두 같다고 가정하는 매우 단순한 경우에도 주요 결과들은 똑같이 나타나기 때문이다.

식 (13.10)은 0번 원자에 대한 식만 제외하면 여전히 다른 모든 방정식의 해가 될 수 있다. 그 한 방정식에서만 옳지 않은 것이다. 그 식에 맞는 해는 다음과 같이 찾을 수 있다. 식 (13.10)은 양의 x방향으로 움직이는 파동을 나타낸다. 음의 x방향으로 움직이는 파동도 똑같이 옳은 해가 되었을 것이다.

$$a(x_n) = e^{-ikx_n}$$

이라고 쓰면 될 것이다. 식 (13.6)에 대한 가장 일반적인 해는 앞으로 가는 파동과 뒤로 가는 파동의 조합, 즉

$$a_n = \alpha e^{ikx_n} + \beta e^{-ikx_n} \tag{13.29}$$

일 것이다. 이 해는 $+x$ 방향으로 운동하는 진폭 α의 파동과 $-x$ 방향으로 움직이는 진폭 β의 복소 파동을 나타낸다.

이제 새 문제에 대한 방정식들을 살펴보자. 식 (13.28)에 있는 것들과 나머지 모든 원자들에 대한 방정식을 한꺼번에 보겠다는 말이다. $n \leq -1$인 경우의 a_n에 대한 식들은 식 (13.29)가 해가 되는데, 이때의 k와 E 및 격자 간격 b 사이에는

$$E = E_0 - 2A \cos kb \tag{13.30}$$

라는 관계식이 성립한다. 물리적으로는 왼쪽에서 0번 원자(산란 입자)에 접근하는 진폭 α인 입사 파동과 다시 왼쪽 방향으로 되돌아가는 산란된 혹은 반사된 파동을 의미한다. 입사 파동의 진폭 α를 1이라고 놓더라도 일반성을 잃지 않는다. 그러면 진폭 β는 일반적으로 복소수일 것이다.

$n \geq 1$인 경우의 a_n에 대한 해에 대해서도 같은 말을 할 수 있다. 다만 계수는 다를 수 있으므로

$$a_n = \gamma e^{ikx_n} + \delta e^{-ikx_n} \tag{13.31}$$

으로 쓰자. 여기에서 γ는 오른쪽으로 가는 파동의 진폭이며 δ는 왼쪽으로 가는 파동의 진폭을 나타낸다. 우리가 고려하려는 물리적 상황은 처음에 왼쪽 끝에서 들어온 파동만이 존재하고 산란 원자 즉 불순물 원자를 지나서는 투과파만 있는 상황이다. $\delta = 0$인 해를 한번 시도해 보자. 다음의 시험 해는 분명히 (13.28)의 식들 중 가운데 셋을 제외한 모든 방정식을 만족시킬 수 있다.

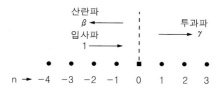

그림 13-6 $n = 0$의 위치에 불순물 원자가 하나 있는 일차원 결정에서의 파동

$$a_n (n < 0) = e^{ikx_n} + \beta e^{-ikx_n}$$
$$a_n (n > 0) = \gamma e^{ikx_n} \tag{13.32}$$

그림 13-6에 우리가 관찰하고 있는 상황을 그려 놓았다.

식 (13.32)에서의 a_{-1}과 a_{+1}에 대한 결과를 써서 식 (13.28)의 가운데 세 방정식을 풀어 해를 구하면 a_0와 두 계수 β, γ를 모두 구할 수 있다. 그러면 해를 완전히 다 구한 셈이다. $x_n = nb$라고 놓으면 다음과 같은 세 방정식을 풀어야 한다.

$$(E - E_0)\{e^{ik(-b)} + \beta e^{-ik(-b)}\} = -A\{a_0 + e^{ik(-2b)} + \beta e^{-ik(-2b)}\}$$
$$(E - E_0 - F)a_0 = -A\{\gamma e^{ikb} + e^{ik(-b)} + \beta e^{-ik(-b)}\} \qquad (13.33)$$
$$(E - E_0)\gamma e^{ikb} = -A\{\gamma e^{ik(2b)} + a_0\}$$

E는 식 (13.30)에 따라 k의 함수로 표현된다는 걸 기억하자. E의 값을 방정식에 대입해 넣고 $\cos x = \frac{1}{2}(e^{ix} + e^{-ix})$임을 쓰면 첫 번째 방정식으로부터

$$a_0 = 1 + \beta \qquad (13.34)$$

가 나오고 셋째 방정식으로부터는

$$a_0 = \gamma \qquad (13.35)$$

를 얻는다. 이 두 식을 보면

$$\gamma = 1 + \beta \qquad (13.36)$$

여야 함을 알 수 있다. 이 방정식에 따르면 투과된 파동(γ)은 원래의 입사파(1)에 반사파 (β)를 더한 것이다. 이 말이 항상 옳은 건 아니지만, 원자 하나에 의해 산란이 일어날 경우엔 성립한다. 불순물 원자들이 떼를 지어 있다면 입사파에 더해진 양이 반사파와 정확히 같지 않을 수도 있다.

식 (13.33)의 중간에 있는 방정식으로부터 반사파의 진폭 β를 구할 수 있다. 결과는

$$\beta = \frac{-F}{F - 2iA\sin kb} \qquad (13.37)$$

이다. 이렇게 하여 특이한 원자가 하나 들어 있는 격자에 대한 해를 완전히 구했다.

여러분은 어떻게 투과파가 식 (13.34)에 있는 것처럼 입사파보다 더 클 수 있는지 궁금해할지도 모르겠다. 하지만 기억해야 할 점은 β와 γ가 복소수이며 파동에 있는 입자의 수(라기보다는 입자를 찾을 확률)는 그 진폭의 절대값의 제곱에 비례한다는 사실이다. 사실 전자가 보존되려면

$$|\beta|^2 + |\gamma|^2 = 1 \qquad (13.38)$$

이 성립해야 한다. 방금 구한 해가 이 관계식을 만족시킨다는 사실은 여러분이 증명할 수 있을 것이다.

13-7 격자의 결함에 갇힘

F가 음수라면 흥미로운 상황이 또 하나 생긴다. 전자의 에너지가 불순물 원

자의 위치($n = 0$)에서 다른 곳에 비해 더 낮다면 전자가 이 원자에 의해 갇힐 (trapped) 수가 있다. 즉 $(E_0 + F)$가 띠의 최소값인 $(E_0 - 2A)$보다 더 낮다면 전자는 $E < E_0 - 2A$인 상태로 갇혀 버릴 수 있다는 말이다. 이와 같은 해는 지금까지와 같은 방법으로는 구할 수 없다. 이런 해를 구하려면 식 (13.15)에서 고른 시험 해에서 k가 허수인 경우를 허용하면 된다. 그러니까 $k = \pm i\kappa$라고 놓는다는 것이다. 이번에도 $n < 0$인 경우와 $n > 0$인 경우에 해가 달라질 수 있다. $n < 0$이면

$$a_n(n < 0) = ce^{+\kappa x_n} \tag{13.39}$$

과 같은 해가 가능하다. 지수에 플러스 부호를 사용해야 한다. 그렇지 않으면 이 큰 음수 값을 가질 때 진폭이 무한히 커질 테니까. $n > 0$인 경우의 해도 모양은 비슷하다.

$$a_n(n > 0) = c'e^{-\kappa x_n} \tag{13.40}$$

이 두 개의 시험 해를 (13.28)의 식들 중 가운데 세 방정식을 제외한 나머지에 대입하면

$$E = E_0 - A(e^{\kappa b} + e^{-\kappa b}) \tag{13.41}$$

라는 조건하에 모두 성립함을 볼 수 있다. 두 지수 항의 합은 항상 2보다 크므로 이 에너지는 전자가 불순물 원자 근처에 있지 않은 경우에 대응하는 정규 띠 (regular band)보다 아래에 있으며 우리가 찾던 바로 그 값이다. 식 (13.28)에 있는 나머지 세 방정식은 $a_0 = c = c'$이면서 κ를

$$A(e^{\kappa b} - e^{-\kappa b}) = -F \tag{13.42}$$

가 성립하도록 선택하면 만족시킬 수 있다. 이 식을 식 (13.41)과 결합하면 갇힌 전자의 에너지는 다음과 같다.

$$E = E_0 - \sqrt{4A^2 + F^2} \tag{13.43}$$

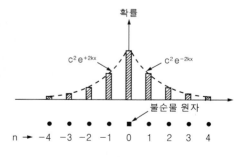

그림 13-7 불순물 구덩이 원자 근처에서 전자를 발견할 상대적인 확률

갇힌 전자는 전도 띠보다 다소 낮은 특이한 에너지 값을 갖는다.

식 (13.39)와 (13.40)에 있는 진폭을 보면 갇힌 전자가 불순물 원자가 있는 바로 그 위치에 있는 것이 아니다. 그 전자를 이웃 원자들에서 찾을 확률을 알려면 진폭을 제곱하면 된다. 매개변수의 값을 적당히 골라 그래프를 그려 보면 그림 13-7의 막대그래프처럼 변한다. 전자를 발견할 확률은 불순물 원자의 자리에서 가장 높으며, 다른 위치에서는 불순물 원자로부터의 거리에 따라 지수함수 꼴로 감소한다. 이는 장벽 투과(barrier penetration)의 다른 예이다. 고전 물리의 관점에서 보면 전자는 이 에너지 구멍 혹은 덫이 놓인 장소에서 빠져나가기엔 에너지가 부족하다. 하지만 양자역학적으로는 새어 나올 수도 있는 것이다.

13-8 산란 진폭과 속박 상태들

마지막으로 이 내용을 활용하여 요즘 고에너지 물리에서 널리 쓰이는 사실을 하나 설명할 수 있다. 이는 산란 진폭과 속박 상태(bound state) 사이의 관계에 대한 내용이다. 예를 들어 실험과 이론적 분석을 통해 파이온(pion)이 양성자에 의해 산란되는 양상을 알아냈다고 가정하자. 그러곤 새로운 입자가 발견되었는데, 이 입자가 (마치 전자가 양성자와 결합해서 수소 원자를 만들듯) 단순히 파이온과 양성자가 서로 묶여 있는 일종의 속박 상태가 아닐까 추측해 볼 수도 있겠다. 속박 상태란 두 자유 입자의 에너지를 합한 것보다 에너지가 더 낮은 조합을 의미한다.

일반적인 이론으로는 산란 진폭을 허용된 에너지 띠 바깥 영역으로 외삽했을 때(수학적 용어로는 해석적으로 연장(analytically continued)했을 때) 그 진폭이 무한대가 되게 하는 에너지에서 속박 상태가 존재한다.

이에 대한 물리적 이유는 다음과 같다. 속박 상태란 어떤 지점에 묶인 파동만 있고 입사하는 파동은 없는, 즉 그 자신만으로 존재하는 상태를 일컫는다. 이른바 산란된, 즉 안에서 발생한 파동과 밖에서 안으로 들여보낸 파동의 상대적인 비율이 무한대가 되는 것이다. 앞에서 배운 내용을 바탕으로 이를 확인해 볼 수 있다. 산란 진폭에 관한 식 (13.37)을 (k에 대해서가 아니라) 산란되는 입자의 에너지 E에 대한 함수로 직접 적어 보자. 식 (13.30)을

$$2A \sin kb = \sqrt{4A^2 - (E - E_0)^2}$$

으로 바꿔 쓸 수 있으므로 산란 진폭은

$$\beta = \frac{-F}{F - i\sqrt{4A^2 - (E - E_0)^2}} \tag{13.44}$$

가 된다. 앞에서의 유도 과정을 떠올려 보면 이 방정식은 실제 상태, 즉 $E = E_0 \pm 2A$의 에너지 띠 안에 있는 상태에만 적용 가능하다. 그 사실을 잠시 잊고 이 공식을 $|E - E_0| > 2A$인 범위, 즉 물리 법칙에 위배되는 에너지 영역으로 확장시켜 보자. 그런 비현실적인 영역에서는*

$$\sqrt{4A^2 - (E - E_0)^2} = i\sqrt{(E - E_0)^2 - 4A^2}$$

이라 적을 수 있다. 그렇다면 그 의미가 무엇이 되었든 간에 산란 진폭은

$$\beta = \frac{-F}{F + \sqrt{(E - E_0)^2 - 4A^2}} \tag{13.45}$$

가 될 것이다. 그럼 이제 이런 질문을 해 보자. β를 무한대로 만드는(즉 β에 대한 식이 극(pole—분모가 0이 되게 하는 값 : 옮긴이)을 갖게 하는) 에너지 E가

---

* 여기에서 고른 제곱근의 부호는 식 (13.39)와 (13.40)에서 허용된 κ의 부호와 관련된 기술적인 부분이다. 여기에서는 더 이상 자세히 들어가지 않겠다.

존재하는가? 그렇다. F가 음수라면 식 (13.45)의 분모는

$$(E - E_0)^2 - 4A^2 = F^2$$

즉

$$E = E_0 \pm \sqrt{4A^2 + F^2}$$

일 때 0이 될 것이다. 음의 부호를 취하면 식 (13.43)에서 구한 갇힌 에너지가 된다.

양의 부호를 택하면 어떻게 될까? 그러면 허용된 에너지 띠보다 높은 에너지를 얻는다. 그리고 우리가 식 (13.28)을 풀었을 때는 놓친 속박 상태가 추가로 존재하는 것이다. 이 속박 상태의 에너지와 진폭 a_n을 구하는 일은 여러분 몫으로 남겨 두겠다.

산란과 속박 상태 사이의 관계는 새로운 기묘한 입자(strange particle)에 대한 최근의 실험 결과를 이해하는 데 매우 중요한 실마리를 던져 준다.

CHAPTER 14
반도체

14-1 반도체 안의 전자와 양공

근래 몇 년 사이에 세상이 놀랍게 발전하여 고체 상태 과학을 트랜지스터와 같은 전자 부품 개발에 사용 가능하게 되었다. 반도체를 연구하면서 유용한 특성을 몇 가지 발견하게 되었고, 그 덕분에 실용적인 장치들을 발명할 수 있었던 것이다. 이 분야는 매우 빠른 속도로 발전하고 있기 때문에 오늘 내가 말하는 내용이 내년에는 틀릴지도 모른다. 분명 오늘 강의에는 불완전한 측면이 있을 것이다. 또한 이 물질들을 계속 연구해 볼수록 새롭고 더 멋진 일들이 벌어질 것이다. 3권의 남은 부분을 이해하는 데 이 장의 내용이 필요하진 않겠지만, 여러분이 지금 배우는 내용 중 일부분이나마 실제 세상과 관계가 있음을 아는 것도 무척 재미있을 듯하다.

여러 종류의 반도체가 알려져 있지만 현재 기술적으로 제일 많이 응용되는 종류에 주목하겠다. 우리가 가장 깊이 이해하는 것도 이 종류의 반도체인데, 이들에 대해 배우고 나면 다른 반도체에 대해서도 어느 정도 이해를 할 수 있을 것이다. 요즘 가장 많이 사용하는 반도체 재료는 규소(silicon)와 게르마늄(germanium)이다. 이 원소들은 다이아몬드 격자 형태로 결정을 이루는데, 이 격자 안에서 원자들은 가장 가까운 네 이웃 원자들과 정사면체(tetrahedral) 모양으로 결합을 하며 일종의 정육면체 구조를 이룬다. 이들은 실온에서는 전기를 약간 통하지만 절대 온도 0도에 가까운 아주 낮은 온도에서는 부도체가 된다. 이들은 금속과는 또 다른 종류로, 반도체(semiconductor)인 것이다.

낮은 온도의 규소나 게르마늄 결정 안에 어떤 방법으로든 전자를 하나 더 추가하면 바로 지난 장에서 우리가 살펴본 상황이 된다. 전자는 결정 안에서 이 원자, 저 원자 위치로 이동하며 돌아다닐 수 있다. 앞에서는 직육면체 격자에서의 전자의 운동을 살펴보았는데, 실제 규소 혹은 게르마늄 격자에서의 방정식들은 그 모양이 조금 다를 것이다. 그렇지만 본질적인 내용들은 직육면체 격자에 대한 결과에 다 들어 있다.

13장에서 보았듯이 이 전자들은 전도 띠(conduction band)라고 부르는 특정한 에너지 띠 안의 에너지 값만을 가질 수 있다. 이 띠 안에서 에너지와 확률 진폭 C 의 파수(wave number) k 사이에는 다음과 같은 관계가 있다(식 (13.24) 참고).

참고 : C. Kittel, *Introduction to Solid State Physics*, 2nd Edition, 13, 14, 18 장

$$E = E_0 - 2A_x \cos k_x a - 2A_y \cos k_y b - 2A_z \cos k_z c \qquad (14.1)$$

A 값들은 x, y, z 방향으로 점프할 진폭을 나타내며, 격자 간 간격은 이 방향을 따라 각각 a, b, c이다.

띠의 바닥 근처의 에너지에서는 식 (14.1)을 근사적으로

$$E = E_{min} + A_x a^2 k_x^2 + A_y b^2 k_y^2 + A_z c^2 k_z^2 \qquad (14.2)$$

과 같이 적을 수 있다(13-4절을 보라).

이제 k의 성분 간 비율이 정해진 어떤 특정한 방향으로 운동하는 전자를 상상해 보면, 에너지는 파수(혹은 앞에서 배운 것처럼 전자의 운동량)에 대한 이차 함수가 된다. 그러므로

$$E = E_{min} + \alpha k^2 \qquad (14.3)$$

이라고 쓸 수 있다. 여기서 α는 상수이며 E와 k 사이의 관계를 그래프로 그려 보면 그림 14-1과 같다. 이런 그래프를 에너지 도표(Energy diagram)라고 부르겠다. 에너지와 운동량이 정해진 상태의 전자는 그림의 S와 같은 점으로 표현할 수 있다.

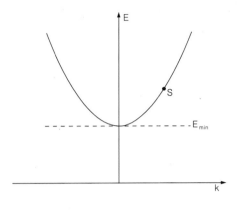

그림 14-1 부도체 결정 내의 전자에 대한 에너지 도표

13장에서도 얘기했듯이 전기적으로 중성인 부도체에서 전자를 하나 제거해도 비슷한 상황이 된다. 그 경우엔 이웃 원자에 있던 전자가 점프해 와서 '구멍'을 메우고 원래의 자리에 새로 '구멍'이 생길 수 있을 것이다. 이 행동을 묘사하려면 각 원자에서 양공(hole)을 발견할 진폭을 적고 그 양공이 이 원자, 저 원자로 이동해 다닐 수 있다고 하면 될 것이다. (당연한 얘기지만, 양공이 원자 a에서 원자 b로 움직이는 데 대한 진폭은 전자가 원자 b에서 원자 a의 위치에 있는 양공으로 이동하는 진폭과 같다.) 양공에 대한 수학적 표현은 여분의 전자의 경우와 마찬가지이므로 양공의 에너지와 파수의 관계식은 진폭 A_x, A_y, A_z의 산술적 값만 다를 뿐 식 (14.1)이나 (14.2)와 같은 방정식으로 주어진다. 양공의 에너지는 확률 진폭의 파수와 관계가 있다. 이 에너지는 어떤 제한된 띠 안의 값을 가지며 밴드의 맨 아랫부분 근처에서는 그림 14-1에서 보듯이 에너지가 파수 혹은 운동량의 제곱에 비례하여 변한다. 13-3절에서의 논리를 다시 적용해 보면 양공 또한 일정한 유효 질량을 갖는 고전적인 입자처럼 행동한다는 말인데, 결정이 정육면체 모양이 아니라면 그 질량이 운동 방향에 따라 달라진다는 점만 다르다. 즉 양공은 결정 사이를 돌아다니는 양전하 입자처럼 행동한다. 양공 입자의 전하가 양인 이유는 전자가 사라진 장소에 위치해 있기 때문이다. 양공이 어떤 방향으로 움직인다고 말할 때, 실제로는 전자들이 그 반대 방향으로 움직이는 것이다.

전기적으로 중성인 결정에 전자를 몇 개 넣으면 압력이 낮은 상태의 기체 원자들처럼 운동을 할 것이다. 즉 전자의 수가 그리 많지 않을 때 그들 사이의 상호작용은 그리 중요하지 않다. 그러고 나서 결정에 전기장을 걸어 주면 전자들은 움직이기 시작하고 전류가 흐를 것이다. 결국 전자는 결정의 한쪽 끝으로 모두 밀려갈 것이고, 만약 그곳에 금속 전극이 있다면 그곳에 모두 모여서 결정은

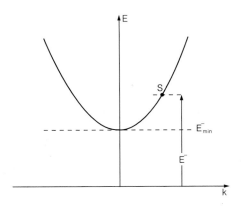

그림 14-2 자유 전자 하나를 만들려면 E^-의 에너지가 필요하다.

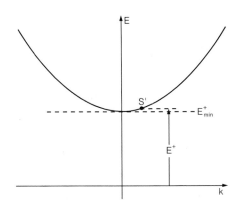

그림 14-3 상태 S'에 양공을 하나 만들려면 E^+의 에너지가 든다.

다시 중성을 띠게 된다.

　같은 방법으로 결정 안에 양공을 여럿 넣을 수도 있다. 전기장이 없다면 이들도 아무렇게나 떠돌아다닐 것이다. 전기장이 있으면 음극 단자 쪽으로 흘러서 모인다. 실제로는 금속 단자 내 전자들에 의해 중화(neutralize)된다.

　양공과 전자가 함께 있는 경우도 가능하다. 수가 많지 않으면 각각 독립적으로 운동한다. 전기장을 걸면 둘 다 전류를 만든다. 왜 전자를 음성 운반자, 양공을 양성 운반자라고 부르는지는 따로 설명할 필요가 없을 것이다.

　지금까지는 결정에 넣는 전자들이 외부에서 온 경우 또는 양공을 생성하면서 빠져 버린 경우만을 다뤘다. 속박된 전자를 중성 원자에서 떼어 내어 같은 결정 내의 어느 정도 거리가 떨어진 곳에 놓아도 전자-양공의 쌍을 만들 수 있다. 그러면 자유 전자와 자유 양공이 생기고 그 둘은 우리가 묘사한 대로 운동할 것이다.

　상태 S에 전자를 집어넣는(상태 S를 생성(create)한다고 말한다) 데 필요한 에너지는 그림 14-2의 E^-이다. 이는 E^-_{min} 보다 높은 에너지다. 상태 S'의 양공을 생성하는 데 필요한 에너지는 그림 14-3에 있는 E^+_{min} 보다 더 높은 E^+라는 에너지이다. 상태 S와 S'을 쌍으로 생성하는 데 드는 에너지는 간단히 $E^- + E^+$이다.

　(나중에 보게 되듯이) 쌍의 생성은 무척 흔히 일어나는 과정이기 때문에 대부분의 사람은 그림 14-2와 그림 14-3을 함께 같은 그래프에 그려서 양공의 에너지가 아래쪽을 향하게 한다. 물론 에너지는 양이지만 말이다(엄밀히 말하자면 단순히 보기 편하라고 합쳐서 그려 놓은 것은 아니다. 전기적 에너지와 전위의 관계 $W = qV$를 떠올려 보면, 전자의 에너지가 높은 곳에서는 양공의 에너지가 낮아질 것이고 반대로 전자의 에너지가 낮은 곳에서는 양공의 에너지가 높을 것이다. 따라서 14-4의 그래프는 전자의 에너지를 기준으로 세로축을 잡은 것이라 이해하면 된다. 즉 세로축을 따라 위로 갈수록 전자의 에너지가 커지는 것이다. 혹은 위로 갈수록 전위가 낮아진다고 생각해도 좋다. 왜 하필 양이 아닌 음의 전하를 갖는 전자의 에너지를 기준으로 했는가 의아해할 수도 있겠는데, 고체 물리의 많은 현상은 대개 전자 때문에 생겨나는 것이며 양공도 전자가 빠진 자

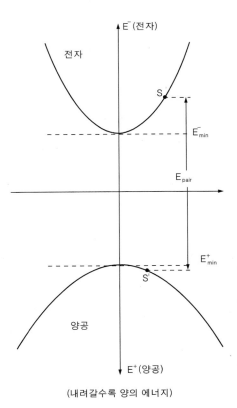

(내려갈수록 양의 에너지)

그림 14-4 전자와 양공의 에너지 도표를 한꺼번에 그린 것

14-3

리를 가리키는 다른 이름일 뿐이기 때문이다 : 옮긴이). 그런 방법으로 두 그래프를 합친 것이 그림 14-4이다. 그래프를 이런 식으로 그려 놓으면 S 상태의 전자와 S' 상태의 양공 쌍을 생성하는 데 필요한 에너지 $E_{pair} = E^- + E^+$ 가 그림 14-4에서처럼 단순히 S 와 S' 사이의 수직 거리가 된다는 점에서 매우 편리하다. 쌍을 생성하는 데 필요한 최소한의 에너지를 틈(gap) 에너지라고 부르는데, 그 값은 물론 $E_{min}^- + E_{min}^+$ 이다.

변수 k 가 중요하지 않은 경우 에너지 준위 도표(energy level diagram)라고 부르는 더 간단한 도표로 나타낼 수도 있다. 그림 14-5에 있는 이와 같은 도표는 전자와 양공이 가질 수 있는 에너지의 범위를 보여 준다.*

어떻게 하면 전자-양공 쌍을 생성할 수 있을까? 몇 가지 방법이 있다. 예를 들어 빛(또는 X-선)의 광자 에너지가 틈 에너지보다 크다면 광자가 흡수되어 쌍을 하나 생성할 수 있다. 쌍의 생성률은 빛의 세기에 비례한다. 결정으로 만든 웨이퍼(wafer) 위에 두 전극을 도금하고 그 사이에 바이어스(bias) 전압을 걸면 전자와 양공은 각각 반대 전극으로 끌려간다. 회로의 전류는 빛의 세기에 비례할 것이다. 이 방법을 통해 광전도(photoconductivity) 현상 및 광전도 전지의 작동 방식을 설명할 수 있다.

고에너지 입자 또한 전자-양공 쌍을 만들어 낼 수 있다. 예를 들어 수십 혹은 수백 Mev의 에너지를 갖고 빠르게 운동하는 양성자나 파이온 등의 전하를 띤 입자가 결정을 통과할 때 그것이 가진 전기장이 속박된 전자들을 쳐내서 전자-양공 쌍을 만들어 낼 것이다. 그런 일은 궤적을 따라 밀리미터당 수십만 번씩 일어난다. 입자가 지나간 후에 운반자(carrier)들을 수집할 수 있는데, 그 과정에서 전기 펄스가 만들어진다. 근래의 핵물리 실험에서 사용된 반도체 검출기는 이런 방식으로 작동한다. 그런 검출기를 만드는 데 꼭 반도체가 필요한 것은 아니며, 결정질의(crystalline) 부도체로 만들어도 상관없다. 실제로 초기의 검출기에서는 상온에서 부도체인 다이아몬드 결정을 사용했다. 양공과 전자들이 갇히지 않고 자유롭게 움직이려면 순도가 매우 높은 결정이어야 한다. 규소나 게르마늄으로 만든 반도체를 쓰는 건 이들 물질을 충분히 크면서도(센티미터 정도로) 고순도로 만들 수 있기 때문이다.

지금까지는 절대 0도에 가까운 극저온에 둔 반도체 결정들에 대해 생각해 보았다. 0도 이상의 온도에서는 전자-양공 쌍을 만들어 내는 메커니즘이 또 하나 있다. 즉 결정의 열 에너지가 쌍을 만드는 데 필요한 에너지로 전환될 수 있다. 결정의 열적 진동 에너지가 전달되면서 '자발적으로' 쌍이 생성된다.

틈 에너지인 E_{gap} 정도 크기의 에너지가 한 원자의 위치에 집중될 단위시간당 확률은 $e^{-E_{gap}/kT}$ 에 비례하는데, 여기서 T 는 온도이고 k 는 볼츠만 상수이다 (1권 40장). 절대 0도에 가까울 때는 확률이 거의 0이지만 온도가 올라갈수록

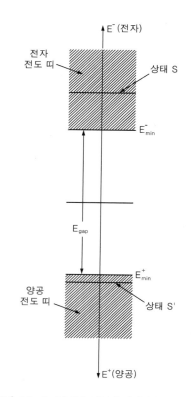

그림 14-5 전자와 양공의 에너지 준위 도표

---

* 다른 책에서는 이 에너지 도표를 다른 방식으로 해석해 놓았다. 전자의 에너지 축만을 다루는 것이다. 양공의 에너지로 생각하는 대신 전자가 양공을 채웠다면 갖게 될 에너지를 다룬다. 이 에너지 값은 자유 전자의 에너지보다 낮다. 실은 정확히 그림 14-5에서 보는 만큼 낮다. 에너지 축을 이런 식으로 해석하면 틈 에너지는 전자를 속박된 상태에서 전도 띠 (conduction band)로 옮기는 데 필요한 최소한의 에너지가 된다.

그런 쌍을 만들어 낼 확률은 점점 높아진다. 절대 0도보다 온도가 높다면 반드시 일정한 비율로 계속해서 쌍이 생성될 것이고 따라서 음성 운반자와 양성 운반자의 수가 한없이 늘어나야 한다. 물론 그런 일은 일어나지 않는데, 어느 정도 시간이 지나면 전자와 양공이 우연히 맞닥뜨리는 일이 생기기 때문이다. 즉 전자가 양공 속으로 빠지고 여분의 에너지는 격자로 반환된다. 이를 두고 전자와 양공이 소멸(annihilate)했다고 말한다. 양공과 전자가 만나 소멸되는 단위시간당 확률이 일정하게 존재한다.

단위 부피당 전자의 수를 N_n이라고 하고 (n은 음성 운반자임을 뜻함) 양성 운반자의 밀도는 N_p라고 하면 전자와 양공이 서로 만나 소멸할 시간당 확률은 둘의 곱 $N_n N_p$에 비례한다. 평형 상태에서 이 소멸율은 쌍의 생성율과 같게 된다. 평형 상태라면 N_n과 N_p의 곱은 어떤 상수에 볼츠만 인자를 곱한 값이 될 것이다.

$$N_n N_p = 상수 \cdot e^{-E_{gap}/kT} \tag{14.4}$$

상수라고 했지만 사실은 거의 상수에 가까움을 뜻한다. 양공과 전자가 서로를 어떻게 찾는지에 대한 더 세부적인 사항까지 고려하는 보다 완전한 이론에 따르면 이 상수가 온도에 따라 약간 변하지만, 위 지수함수가 시간에 따른 변화의 대부분을 결정한다고 봐도 된다.

한 예로 원래 중성인 순도 100퍼센트의 물질을 고려해 보자. 특정한 온도에서 양성 운반자와 음성 운반자의 수는 같다. 즉 $N_n = N_p$이다. 그 둘은 각각 온도에 따라 $e^{-E_{gap}/2kT}$의 형태로 변한다. 반도체의 특성 중 많은 부분, 가령 전도도(conductivity)는 이 지수 인자에 의해 주로 좌우되는데, 다른 인자들은 모두 온도에 따라 훨씬 더 천천히 변하기 때문이다. 게르마늄의 틈 에너지는 약 0.72ev이며 규소는 1.1ev이다.

상온에서 kT는 약 1/40 전자볼트의 값을 갖는다. 이 온도에서는 양공과 전자들이 충분히 많아서 전도도가 높은 반면 실온의 1/10인 30°K에서는 전도도가 무시할 수 있을 정도로 작다. 다이아몬드는 틈 에너지가 6 내지 7ev이기 때문에 실온에서 부도체인 것이다.

14-2 불순물 반도체 (impurity semiconductor)

지금까지 이상적인 완벽한 결정 격자에 전자들을 추가하는 두 가지 방법에 대해 얘기했다. 첫 번째 방법은 외부 샘(source)으로부터 전자를 공급하는 것이었고, 두 번째는 중성 원자에 결합되어 있는 전자를 쳐내어 전자와 양공의 쌍을 동시에 만드는 것이었다. 결정의 전도 띠에 전자를 넣는 방법이 또 하나 있다. 게르마늄 결정 안의 원자 중 하나가 비소(기호 As) 원자로 바뀌어 있다고 상상해 보자. 게르마늄 원자는 원자가(valence)가 4이며 결정 구조가 이 4개의 원자가 전자(valence electron)에 좌우된다. 반면에 비소의 원자가는 5이다. 비소 원자 하나는 (크기가 거의 딱 맞기 때문에) 게르마늄 결정에서 한 자리를 차지할 수 있는데, 대신 그 과정에서 원자가가 4인 원자처럼 행동해야 한다. 즉 원자가 전자 중 4개만 결정에서 결합을 이루고 전자 하나는 남는다. 이 여분의 전자는 비소 원자에 매우 약하게 붙어 있어서 그 결합 에너지는 1/100 전자볼트 정도밖에 안 된다. 따라서 실온에서 이 전자는 결정으로부터 에너지를 얻어 비소에서 떨어져 나와 결정의 내부를 자유 전자 상태로 돌아다니게 된다. 비소와 같은 불순물 원자를 주개 자리(donor site)라고 부르는데, 결정에 음성 운반자를 보태기 때문이다. 게르마늄 결정이 아주 적은 양의 비소가 첨가된 혼합물로부터 자라났다면 (자란다(grow)는 말은 비유적인 표현에 불과한 것이 아니라 실제 공정을 가리키는 말이다. 반도체 결정은 대개 원자를 한층 한층씩 쌓아 가는 증착반응(deposition)으로 만드는데, 이 과정을 가리켜 보통 '자란다'라고 한다 : 옮긴이) 비소 주개 자리는 결정 전체에 걸쳐 분포하며, 결정 안에 어느 정도 밀도로 음성 운반자들이 자리 잡을 것이다.

결정에 아주 작은 전기장만 걸어도 이 운반자들이 모두 쓸려 나갈 것이라 생각할지도 모르겠다. 하지만 이런 일은 벌어지지 않는데, 결정체 안의 비소 원자 각각이 양의 전하를 띠고 있기 때문이다(전자가 하나 떨어져 나갔으므로 : 옮긴이). 결정 전체가 중성으로 남으려면 음전하를 운반하는 전자의 평균 밀도와 주개 자리의 밀도가 같아야 한다. 그와 같은 결정의 가장자리에 두 개의 전극을 꽂고 전지에 연결하면 전류가 흐르게 된다. 한쪽 끝에서 운반자 전자들이 사라지는 만큼 다른 쪽 끝에 있는 전극에 새로운 전도 전자(conduction electron)들이 들어오므로 전도 전자의 평균 밀도는 계속 주개 자리의 밀도와 거의 비슷한 것이다.

주개 자리는 양의 전하를 띠기 때문에 결정 안에서 이동하면서(증착반응을 통해 반도체 결정이 완성된 이후에도 주개 원자는 여러 위치로 움직일 수 있다 : 옮긴이) 전도 전자를 일부 포획(capture)하는 경향이 있다. 그러므로 주개 자리는 지난 절에 논의한 덫(trap)이 될 수 있는 것이다. 하지만 비소의 경우처럼 덫이 비교적 얕아서 덫 에너지(trapping energy)가 작다면 거기에 걸리는 운반자는 극히 일부일 뿐이다. 반도체의 행동방식을 완전히 이해하려면 이 덫을 계산에 꼭 넣어야 할 것이다. 하지만 여기서는 덫 에너지가 아주 작고 온도는 매우 높아서 모든 주개 자리들이 전자를 놓아 버렸다고 가정하겠다. 물론 이는 근사적인 가정일 뿐이다.

게르마늄 결정에 알루미늄처럼 원자가가 3인 불순물 원자를 집어넣을 수도 있다. 그러면 알루미늄 원자는 여분의 전자를 하나 '훔쳐서' 원자가가 4인 것처럼 행동하려고 한다. 근처에 있는 게르마늄 원자에서 전자를 하나 가져와서 유효 원자가(effective valence)가 4이고 음전하를 띤 원자가 되어 버린다. 물론 전자를 잃은 게르마늄 원자에는 구멍이 생기고 양성 운반자인 이 양공은 결정 안을 떠돈다. 이와 같은 방식으로 양공을 만들어 내는 불순물 원자는 전자를 받아들이기 때문에 받개(acceptor)라 부른다. 게르마늄이나 규소 결정을 소량의 알루미늄 불순물이 첨가된 혼합물에서 자라게 하면 그 결정에는 양전하 운반자 역할을 하는 양공이 어느 정도 존재한다.

이처럼 반도체에 주개나 받개 불순물을 첨가하는 것을 가리켜 도핑(doping)

한다고 표현한다.

불순물을 포함한 게르마늄 결정이 실온에 있으면 주개 자리에서뿐만 아니라 실온의 열에너지에 의해 전자-양공 쌍이 생길 때에도 전도 전자가 나온다. 생성 과정은 다르지만 두 가지 전자 사이에는 당연히 아무런 차이점이 없으며, 평형 상태로 가는 통계적 과정에서 중요한 역할을 하는 양은 전자의 전체 수 N_n이다. 온도가 너무 낮지 않다면 주개 불순물 원자에 의한 음성 운반자의 숫자는 존재하는 불순물 원자의 수와 거의 같다. 평형 상태에서 식 (14.4)는 여전히 성립한다. 주어진 온도에서 $N_n N_p$의 곱은 정해져 있다. 그러므로 만약 주개 불순물을 첨가해서 N_n이 증가하면 양성 운반자의 수 N_p는 $N_n N_p$가 일정하도록 줄어들 것이다. 불순물의 농도가 충분히 높다면 음성 운반자의 수 N_n은 주개 자리의 수에 의해 결정되며 온도에 따라 거의 변하지 않는다. 지수 인자는 순전히 N_p 때문에 변하는 것이다. N_p가 N_n보다 훨씬 적긴 하지만 말이다. 따라서 주개가 약간 들어 있는, 그러나 그 외의 불순물은 없는 고순도 결정은 음성 운반자가 대다수를 차지하게 된다. 이와 같은 물질을 n형 반도체(n-type semiconductor)라고 부른다.

결정 격자에 받개 타입의 불순물을 넣으면 양공이 새로 생길 텐데, 그중 일부는 격자 안을 떠돌아다니다가 열적 요동에 의해 생성된 자유 전자들을 소멸시킬 것이다. 이 과정은 식 (14.4)를 만족할 때까지 계속된다. 평형 조건 하에서 양성 운반자의 수는 증가하고 음성 운반자의 수는 감소해서 그 두 값의 곱이 일정하게 유지될 것이다. 양성 운반자가 더 많은 물질은 p형 반도체(p-type semiconductor)라고 부른다.

이번엔 두 전극을 반도체 결정 조각에 놓고 전원에 연결해 보자. 결정 내부에 전기장이 생길 것이다. 전기장에 의해 양, 음성 운반자들이 움직이며 전류가 흐르게 된다. 음성 운반자가 대부분인 n형 물질 안에서는 어떤 일이 벌어질까? 이 경우엔 양공의 영향을 무시할 수 있다. 수가 적어서 전류에 별로 영향을 주지 못하기 때문이다. 이상적인 결정 안이라면 운반자들이 아무런 방해를 받지 않고 운동할 것이다. 하지만 온도가 절대 0도가 아닌 실제 결정에서의 전자의 운동은 완전히 자유롭지는 않다. 결정에 불순물이 들어 있다면 더욱 그렇다. 끊임없이 충돌하면서 원래의 궤적에서 벗어나고 운동량도 계속 변하게 된다. 이 충돌은 지난 장에서 공부한 산란 과정과 동일한데, 결정 격자가 불규칙한 모든 위치에서 일어난다. n형 물질에서의 산란은 주로 운반자들을 제공하는 주개 자리에서 일어난다. 주개가 있는 곳에서 전도 전자의 에너지가 아주 약간 차이가 나기 때문에 그 장소에서 확률 파동의 산란이 일어나는 것이다. 불순물이 전혀 없는 결정에서도 (온도가 절대 0도가 아니라면) 격자 안에는 열적 진동에 의한 불규칙함이 존재한다. 고전 물리의 관점에서 얘기하자면, 원자들이 정규 격자 안에서 완벽하게 줄을 맞춰 배열해 있지 않고 매 순간 열적 진동에 의해 약간씩 위치가 벗어나 있는 것이라고 할 수 있다. 13장에서 배운 이론에 따르면 각 격자 지점에 대응하는 에너지 E_0가 위치에 따라 조금씩 변하므로 확률 진폭의 파동이 완전히 투과되지 않고 불규칙한 형태로 산란된다. 온도가 매우 높거나 순도가 아주 높은 물질이라면 이 산란이 중요하겠지만, 실제 장치에 사용되는 대부분의 도핑된 물질에서는 주로 불순물 원자 때문에 산란이 일어난다. 이제 이런 성질을 갖는 물질의 전기 전도도를 계산해 보겠다.

n형 반도체에 전기장을 걸어 주면 각각의 음성 운반자는 주개 위치에서 산란이 일어날 때까지 가속을 하게 된다. 그러므로 열에너지를 갖고 무질서하게 움직이던 운반자들이 전기장 선을 따라 평균 유동 속도를 갖게 되고 그 결과 결정 안에 전류가 흐르게 되는 것이다. 유동 속도는 일반적으로 열운동에 관련된 속도에 비해 무척 작아서 전류값을 계산할 때 산란 사이에 걸리는 평균 시간을 상수로 가정할 수 있다. 음성 운반자들의 유효 전하를 q_n이라고 하자. 전기장 $\mathcal{E}$ 안에서 운반자에 작용하는 힘은 $q_n\mathcal{E}$가 된다. 1권 43-3절에서 이런 경우의 평균 유동 속도를 계산한 적이 있는데, 그 결과는 (전하에 작용하는 힘을 F, 충돌 사이의 평균 자유 시간을 τ, 질량을 m이라고 할 때) $F\tau/m$였다. 지난 장에서 계산한 유효 질량을 사용해야겠지만 지금은 대충 계산을 해 보려는 것이니까 이 유효 질량이 방향에 관계없이 같다고 가정하겠다. 그 질량을 m_n이라고 하자. 이런 근사 하에서 평균 유동 속도는

$$\boldsymbol{v}_{유동} = \frac{q_n \mathcal{E} \tau_n}{m_n} \tag{14.5}$$

이 된다. 유동 속도로부터 전류를 구할 수 있다. 전류 밀도 $\boldsymbol{j}$를 구하려면 단순히 단위 부피당 운반자의 수 N_n과 평균 유동 속도, 그리고 각 운반자의 전하를 모두 곱하면 된다. 그러므로 전류 밀도는

$$\boldsymbol{j} = N_n \boldsymbol{v}_{유동} q_n = \frac{N_n q_n^2 \tau_n}{m_n} \mathcal{E} \tag{14.6}$$

이 된다. 전류 밀도가 전기장에 비례함을 알 수 있다. 이와 같은 반도체 물질은 옴(Ohm)의 법칙을 따르는 것이다. $\boldsymbol{j}$와 $\mathcal{E}$ 사이의 비례 상수인 전도도는

$$\sigma = \frac{N_n q_n^2 \tau_n}{m_n} \tag{14.7}$$

과 같다. n형 물질의 경우 전도도는 온도에 크게 영향을 받지 않는다. 여기엔 두 가지 이유가 있는데, 첫째로 다수 운반자의 개수 N_n이 주로 결정 내 주개의 밀도에 의해 결정되기 때문이고 (온도가 너무 낮아서 운반자들이 대부분 갇혀 버리는 경우에는 얘기가 달라진다), 둘째로는 충돌 간 평균 시간 τ_n이 불순물 원자의 밀도에 의해 크게 좌우되는데 이 밀도 또한 온도와는 관계가 없기 때문이다.

같은 논리를 p형 물질에도 적용할 수 있다. 식 (14.7)에서 각 변수의 값만 바꾸면 되는 것이다. 어느 한순간에 존재하는 음성 운반자와 양성 운반자의 수가 비슷하다면 각 운반자들이 기여하는 정도를 더해야 할 것이다. 총 전도도는

$$\sigma = \frac{N_n q_n^2 \tau_n}{m_n} + \frac{N_p q_p^2 \tau_p}{m_p} \tag{14.8}$$

로 표현할 수 있다.

순도가 매우 높은 물질의 경우 N_p와 N_n의 값은 거의 같다. 이들 값은 도핑한 물질의 경우보다 작으므로 전도도 역시 낮을 것이다. 또한 온도에 따라 민감하게 (이미 보았듯이 $e^{-E_{gap}/2kT}$와 같이) 변하기 때문에 전도도도 마찬가지로 온도에 따라 급격하게 변할 것이다.

14-3 홀 효과 (Hall Effect)

물질 안에서 상대적으로 자유롭게 움직일 수 있는 물체는 전자뿐인데, 따라서 그 안에 양전하를 띤 입자처럼 행동하는 양공에 의해 운반되는 전류가 존재한다는 사실은 분명히 특이한 일이다. 그래서 이번엔 전류의 운반자가 양전하를 띠는 경우 꽤 설득력 있게 그것을 증명할 수 있는 실험을 소개하려고 한다. 반도체 혹은 금속 토막이 하나 있고 거기에 그림 14-6처럼 어떤 방향으로, 가령 가로로 전류가 흐르도록 전기장을 걸어 놓는다. 그리고 그 전류에 수직인 방향으로 자기장도 걸어 준다. 여기서는 그림이 있는 평면으로 들어가는 방향이라 가정하겠다. 운반자들은 이동하는 동안 자기력 $q(\boldsymbol{v} \times \boldsymbol{B})$를 느끼게 된다. 평균 유동 속도는 운반자의 전하 부호에 따라 오른쪽 아니면 왼쪽이므로 운반자에 작용하는 평균 자기력은 위 아니면 아래 방향일 것이다. 아니, 그렇지 않다! 전류와 자기장의 방향이 그림에서와 같다면 이동하는 전하가 느끼는 자기력은 항상 위쪽일 것이다. j방향(즉 오른쪽)으로 움직이는 양전하는 위 방향으로 힘을 느끼게 된다. 음전하가 전류를 나른다면 (전도 전류의 부호가 같은 경우에) 왼쪽으로 움직이고 있을 테니까 느끼는 힘도 위 방향이 된다. 하지만 정상 상태에서의 전류는 왼쪽에서 오른쪽으로만 흐를 수 있기 때문에 운반자들이 위로 움직이는 일은 일어나지 않는다. 초기에 전하가 일부 위로 흘러서 반도체의 위쪽 표면에 어느 정도의 표면 전하 밀도가 생기고, 이 과정에서 아래쪽 면에는 부호가 반대인 동일한 양의 전하가 남게 된다. 위와 아래 표면에 전하가 쌓이는 이 현상은 그 전하들이 운동하는 전하에 미치는 전기력이 (평균을 냈을 때) 정확히 자기력을 상쇄하여 수평으로 전류가 흐를 때까지 혹은 정상 전류에 이를 때까지 계속된다. 위와 아래 표면에 있는 전하는 결정을 따라 수직 방향으로 전위차를 만들어 내는데, 그림 14-7과 같이 저항이 큰 전압계를 사용해서 그 전위차를 측정할 수 있다. 전압계에 나타나는 전위차의 부호를 보면 전류를 만드는 운반자 전하의 부호를 알 수 있을 것이다.

이와 같은 실험을 처음 시도했을 때 사람들은 전도 전자가 음전하를 띠었듯이 전위차도 음의 부호를 보일 거라 예상했었다. 그래서 어떤 물질에서는 전위차의 부호가 반대라는 사실을 발견했을 때 깜짝 놀랄 수밖에 없었다. 전류 운반자는 양전하를 띤 입자처럼 보였다. 도핑된 반도체에 대한 논의 내용을 생각해 보면 n형 반도체에서는 전위차의 부호가 음성 운반자에 맞게 나타나는 반면 p형 반도체에서는 양전하를 띤 양공이 전하를 운반하므로 전위차가 그와 반대 부호를 갖는다는 사실을 이해할 수 있을 것이다.

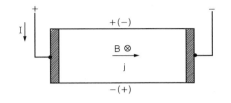

그림 14-6 홀 효과는 운반자에 대한 자기력 때문에 발생한다.

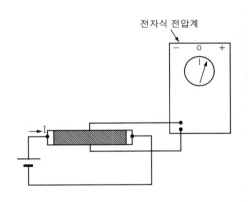

그림 14-7 홀 효과의 측정

홀 효과를 이용하여 전위차의 이례적인 부호를 처음 발견하게 된 건 반도체가 아닌 다른 금속을 사용했을 때였다. 예전엔 금속 안의 전도는 항상 전자가 담당한다고 생각했었다. 하지만 베릴륨에서는 전위차의 부호가 반대라는 사실이 밝혀졌다. 금속이든 반도체든 어떤 상황에서는 전도 현상의 원인이 되는 물체가 양공일 수도 있다는 사실을 이제 안다. 사실 결정 안에서 실제로 이동하는 것은 전자임에도 운동량과 에너지의 관계, 또 외부 장에 대한 반응 등은 전류가 양전하를 띤 입자들에 의해 운반되는 상황에 정확히 들어맞는다.

이번엔 홀 효과에서 나타나는 전압을 정량적으로 추산해 보자. 그림 14-7의 전압계로 들어가는 전류가 무시해도 좋을 만큼 소량이라면 반도체 안의 전하들은 분명히 수평으로 움직이고 있을 것이며 수직 방향의 자기력은 우리가 $\mathcal{E}_{tr}$(tr은 '횡단'이라는 뜻의 transverse에서 따왔다)이라고 부를 수직 방향의 전기장에 의해 정확히 상쇄될 것이다. 이 전기장이 자기력을 상쇄시키려면

$$\mathcal{E}_{tr} = -\boldsymbol{v}_{유동} \times \boldsymbol{B} \tag{14.9}$$

를 만족해야 한다. 식 (14.6)에 있는 유동 속도와 전류 밀도 간의 관계를 이용하면

$$\mathcal{E}_{tr} = -\frac{1}{qN}jB$$

를 얻게 된다. 결정의 위와 아랫면 사이의 전위차는 물론 이 전기장과 결정의 높이를 곱한 값이다. 결정 속 전기장의 세기 $\mathcal{E}_{tr}$은 전류 밀도와 자기장의 세기에 비례한다. 비례 상수 $1/qN$은 홀 계수(Hall coefficient)라고 부르는데, 보통 R_H로 표기한다. 홀 계수는 같은 부호의 운반자들이 절대다수일 경우 운반자의 밀도에만 좌우되는 양이다. 그러므로 홀 효과 측정 실험을 해 보면 반도체 내 운반자 밀도를 쉽게 알 수 있다.

14-4 반도체 접합 (Semiconductor junctions)

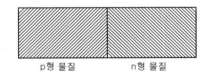

p형 물질   n형 물질

그림 14-8 *p-n*접합

이번엔 내부 성질이 다른, 예를 들어 도핑된 정도가 다른 게르마늄 또는 규소 조각 두 개를 붙여서 접합(이 장에서 저자는 접합을 두 가지 의미로 쓰고 있다. 대개 그림 14-8처럼 두 덩어리가 하나로 붙어 있는 배치 자체를 가리키지만 가끔은 두 영역의 경계면을 의미하기도 한다. 어느 쪽을 뜻하는지는 문맥상 쉽게 알아볼 수 있을 것이다 : 옮긴이)을 만들었을 때 어떤 일이 벌어질지 알아보자. 먼저 경계면 한쪽엔 *p*형의 게르마늄을 놓고 다른 한쪽엔 *n*형 게르마늄을 놓아서 그림 14-8처럼 *p-n* 접합을 만들겠다. 사실 서로 다른 결정 두 조각을 원자 수준에서 평평하게 닿도록 붙이는 건 불가능하다. 대신 한 결정의 두 부분을 다른 방식으로 변형해서 접합을 만든다. 결정이 절반만 자랐을 때 그 원료 물질에 도핑 불순물을 더하여 나머지 절반을 완성하는 방법이 있다. 또 다른 방법은 불순물 원소를 한쪽 표면에 칠해 놓고 결정에 열을 가해서 불순물 원자 중 일부가 결정 안으로 확산해(diffuse) 들어가도록 만드는 것이다. 이런 방식으로 만든 접합에서는 두 영역 간 경계를 정확히 정의할 수 없다. 경계면의 두께가 10^{-4} cm

정도에 불과하도록 아주 얇게 만들 수 있긴 하지만 말이다. 이번 논의에서는 한 결정 안에서 다른 성질을 가진 두 부분이 칼로 자른 듯 예리한 경계면에서 만나는 이상적인 상황을 고려해 보겠다.

p-n 접합에서 n형 쪽에는 자유 전자들이 돌아다니고 총 전하량의 균형을 맞추는 고정된 주개 자리가 있다. p형 편에는 자유 양공들이 돌아다니며 음전하인 받개 자리가 같은 수만큼 있다. 이건 두 물질을 붙여 놓기 전의 상황이다. 둘을 붙여 놓는 순간 경계면 근처에서 상황이 변하기 시작한다. n형 물질에서 나온 전자들이 경계면에 다다르면 자유로운 표면의 경우처럼 도로 반사되지 않고 p형 물질 안으로 직접 들어간다. 그러므로 n형 물질로부터 나온 전자들은 전자의 수가 상대적으로 적은 p형 물질 깊숙이 확산해 들어간다. 이 현상은 영원히 지속되지는 않는데, n쪽 편이 전자를 잃을수록 알짜 양전하의 수가 증가해서 결국엔 전압이 생기고 이것이 전자가 p쪽으로 확산해 들어가는 과정을 늦추기 때문이다(전자가 p쪽으로 넘어가더라도 두고 온 양전하에 의해 도로 끌려올 것이다 : 옮긴이). 마찬가지로 p형 물질에 있던 양성 운반자들은 접합을 통과해 n형 물질 안으로 확산될 수 있다. 이 과정에서 여분의 음전하가 남게 된다. 평형 상태에서 순 확산 전류(diffusion current)는 0이어야 한다. 이는 양성 운반자들을 p형 물질로 다시 끌어당기는 전기장이 생기기 때문에 가능하다.

방금 설명한 두 확산 과정은 동시에 일어나는데, 둘 다 n형 물질은 양의 전하를, p형 물질은 음의 전하를 띠게 하는 쪽으로 변화시킨다. 반도체 물질의 전도도 때문에 p에서 n쪽으로 갈 때 퍼텐셜의 변화는 경계면 근처의 꽤 좁은 지역에서 일어난다. 양쪽 물질 모두 대부분의 영역에서 퍼텐셜이 균일하다. 경계면에 수직인 방향으로 x축이 있다고 해 보자. 그러면 그림 14-9(b)에서 볼 수 있듯이 전기 퍼텐셜은 x에 따라 변할 것이다. (c)를 보면 n-운반자의 밀도 N_n과 p-운반자의 밀도 N_p가 어떻게 변하는지를 알 수 있다. 접합으로부터 멀리 떨어진 위치에서의 운반자 밀도 N_p와 N_n은 같은 온도에 있는 각각의 물질 토막이 갖는 평형 상태의 밀도와 같을 것이다. (그림에는 p형 물질이 n형 물질보다 더 고농도로 도핑된 경우가 나타나 있다.) 접합에서의 퍼텐셜의 기울기 때문에 양성 운반자들이 n쪽에 도달하려면 퍼텐셜 언덕을 올라가야 한다. 그 말은 평형 상태에서는 n형 물질 안의 양성 운반자의 개수가 p형 물질에서보다 적을 것이라는 뜻이다. 통계역학 법칙을 이용하면 양측의 p형 운반자 수의 비는 다음 식으로 주어진다.

$$\frac{N_p(n\text{쪽})}{N_p(p\text{쪽})} = e^{-q_p V/kT} \tag{14.10}$$

지수의 분자에 있는 곱 $q_p V$는 단순히 전하 q_p가 전위차 V를 통과하는 데 드는 에너지이다.

n형 운반자에 대해서도 정확히 같은 식을 적을 수 있다.

$$\frac{N_n(n\text{쪽})}{N_n(p\text{쪽})} = e^{-q_n V/kT} \tag{14.11}$$

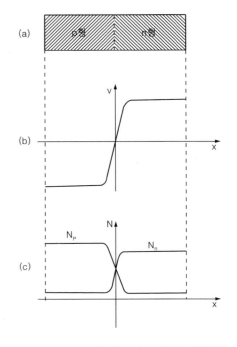

그림 14-9 전압을 걸지 않은 반도체 접합에서의 전기적 퍼텐셜 에너지와 운반자 밀도

각각의 두 물질에 대한 평형 밀도 값을 알고 있다면 위의 두 식 중 하나를 써서 접합을 가로지르는 방향의 전위차를 계산할 수 있을 것이다.

식 (14.10)과 (14.11)로 구한 두 V가 같으려면 N_pN_n의 값 또한 p쪽 편과 n쪽 편에서 같아야 한다. ($q_n = -q_p$임을 기억하자.) 하지만 우리는 이 곱이 결정의 온도와 틈 에너지에만 좌우됨을 이미 알고 있다. 양쪽 편의 온도가 같기만 하다면 위의 두 식은 서로 잘 들어맞으며 두 전위차 값도 같을 것이다.

접합의 양편 사이에 전위차가 있으므로 접합이 전지와 별로 다를 바가 없어 보인다. n쪽에서 p쪽으로 전선을 연결하면 전류가 흐를지도 모르겠다. 만약 그렇다면 정말 좋을 것이다. 어떤 물질도 쓰지 않았는데 전류가 끊임없이 흐르는, 열역학 제2법칙에 위배되는 무한한 에너지원을 갖게 될 테니까! 하지만 p측에서 n측으로 전선을 연결해도 전류는 흐르지 않는다. 이유는 간단하다. 먼저 도핑하지 않은 물질로 만든 전선을 사용하는 경우를 가정해 보자. 이 전선을 n쪽에 연결하면 접합이 생긴다. 이 접합에 전위차가 존재하게 될 것이다. 이 값이 p형 물질과 n형 물질 간의 전위차에 비해 절반이라고 하자. 그 전선을 이번엔 접합의 p쪽에 연결해 보면 이 접합에 또다시 p-n 접합에서의 퍼텐셜 차의 절반에 해당하는 전위차가 생긴다. 회로에 순 전류가 없도록 모든 접합에서 퍼텐셜 차이 값이 결정되는 것이다. 어떤 종류의 전선으로 연결하든지 상관없이 n-p 접합의 양측에 두 개의 새로운 접합을 만들게 될 것이며, 접합의 온도가 모두 같은 한 각각의 접합에서의 퍼텐셜 변화가 서로를 상쇄해서 회로에는 전류가 전혀 흐르지 않게 된다. 그렇지만 자세히 계산을 해 보면 접합의 온도가 서로 다른 경우에는 전류가 흐를 것이란 사실을 알 수 있다. 이 전류에 의해 몇몇 접합에는 열이 가해질 것이며 나머지는 열을 빼앗겨서 결국 열에너지는 전기 에너지로 전환된다. 바로 이 효과가 온도를 측정하는 데 사용하는 열전기쌍(thermocouples)이나 열전기적 발전기(thermoelectric generator)를 작동시키는 원리이다. 작은 냉장고를 만드는 데에도 같은 원리를 이용한다.

n-p 접합 양측 사이의 전위차를 측정할 수 없다면 그림 14-9에 나온 퍼텐셜의 기울기가 실제로 존재한다는 것이 사실인지 어떻게 확인할 수 있을까? 한 가지 방법은 접합에 빛을 비추는 것이다. 광자를 흡수하면 전자-양공 쌍이 생긴다. 그러면 접합 안의 강한 전기장 (그림 14-9에서 퍼텐셜 곡선의 경사에 해당하는)에 의해 양공은 p쪽으로, 전자는 n쪽으로 각각 몰릴 것이다. 접합의 양측을 외부 회로에 연결하면 이 전하들에 의한 전류가 생긴다. 빛 에너지가 접합 안에서 전기 에너지로 전환되는 것이다. 인공위성에 필요한 전기 에너지를 생성하는 태양 전지 일부는 이 원리로 작동한다.

지금까지 반도체 접합의 작동 원리를 살펴보면서 양공과 전자가 어느 정도 독립적으로 행동한다고 가정해 왔다. 적절한 통계적 평형 상태에 어떻게든 도달한다는 점을 제외하면 말이다. 접합에 빛을 비출 때 생기는 전류에 대해 설명할 때도 접합 지역에서 생성된 전자나 양공은 반대 극성을 지닌 운반자에 의해 소멸되기 전에 결정 안으로 충분히 깊이 들어가게 된다고 가정했던 것이다. 두 영역의 경계 바로 근처에서는 양성과 음성 운반자의 밀도가 대략 같아서 전자-

양공 소멸(혹은 재결합(recombination)이라고 부르는) 효과가 중요해지므로 반도체 접합에 대한 계산을 더 자세히 하려면 이 점을 꼭 고려해야 한다. 아직까지는 접합 영역에서 생성된 양공이나 전자가 재결합이 일어나기 전에 결정 안으로 깊이 들어갈 확률이 꽤 높다고 가정해 왔다. 전형적인 반도체 물질의 경우 전자 혹은 양공이 반대편 짝을 만나서 소멸하는 데 걸리는 시간은 보통 10^{-3}에서 10^{-7}초 사이다. 그런데 이 시간은 우리가 전도도를 계산할 때 사용했던 결정 안 산란 위치와의 충돌 간 평균 자유 시간 τ보다 훨씬 더 길다. n-p접합의 경우 보통 접합 부근에서 생긴 전자나 양공이 결정 내부로 깊숙이 쓸려 가는 데 걸리는 시간이 일반적으로 재결합하는 데 드는 시간보다 훨씬 더 짧다. 그렇기 때문에 대부분의 쌍은 외부 전류를 만드는 데 기여하게 된다.

14-5 반도체 접합에서의 정류 (精溜, rectification)

이번엔 p-n 접합에 정류 기능이 있는 이유를 살펴보겠다. 접합에 전위차를 가할 때 극성이 같은 방향이면 전류가 많이 흐르겠지만 전압이 반대 방향으로 걸려 있으면 극히 적은 양의 전류만이 흐르게 된다. 접합에 교류 전압을 걸어 주면 한쪽 방향으로만 전류가 흐를 것이다. 이를 두고 전류가 정류되었다(rectified)고 한다. 다시 한 번 그림 14-9의 그래프가 나타내는 평형 조건에서 어떤 일이 벌어지는지 보자. p형 물질에는 양성 운반자가 많이 들어 있는데 그 개수는 N_p이다. 이들은 이리저리 움직이다가 그중 일정한 수가 매 초마다 접합에 가까워진다. 접합에 접근하는 양성 운반자의 전류는 N_p에 비례한다. 하지만 그들 대부분은 접합 지점의 높은 퍼텐셜 언덕에 막혀 되돌아가고 $e^{-qV/kT}$만큼만이 통과한다. 반대 방향에서 접합에 접근하는 양성 운반자의 전류도 있다. 이 전류 또한 n형쪽의 양성 운반자의 밀도에 비례하지만, 이곳의 양성 운반자 밀도는 p형쪽보다 훨씬 더 낮다. 양성 운반자들이 n형 영역에서 접합 지점에 가까워지면 기울기가 음인 내리막길을 만나서 즉시 접합의 p형쪽으로 이동한다. 이 전류를 I_0라고 부르자. 평형 상태에서 두 방향의 전류는 같다. 즉 다음의 관계식이 성립한다.

$$I_0 \sim N_p(n\text{쪽}) = N_p(p\text{쪽})\, e^{-qV/kT} \tag{14.12}$$

여러분은 위의 방정식이 실은 식 (14.10)과 동일함을 눈치챘을 것이다. 유도하는 방법이 달랐을 뿐이다.

하지만 이번엔 접합에 외부 퍼텐셜을 가해서 접합의 n쪽의 전압을 ΔV만큼 낮췄다고 가정해 보자. 이제 접합의 양편의 퍼텐셜 언덕의 차이는 더는 V가 아니라 $V - \Delta V$이다. 그렇다면 p쪽에서 n쪽으로 흐르는 양성 운반자에 의한 전류의 지수 인자는 이 전위차에 비례하게 된다. 이 전류를 I_1이라고 부른다면,

$$I_1 \sim N_p(p\text{쪽})\, e^{-q(V-\Delta V)/kT}$$

이다. 이 전류는 I_0에 비해 단순히 $e^{q\Delta V/kT}$의 비율만큼 더 크다. 그래서 I_1과 I_0 사이에는 다음 관계식이 성립한다.

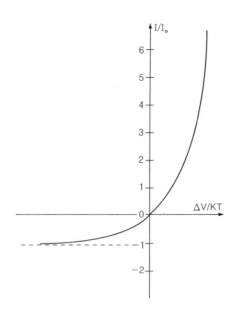

그림 14-10 접합에 흐르는 전류를 접합에 걸 어 준 전압의 함수로 나타낸 것

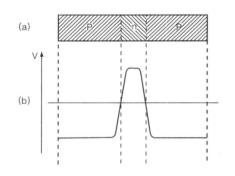

그림 14-11 전압을 가하지 않은 트랜지스터 내부의 전위 분포

$$I_1 = I_0 e^{+q\triangle V/kT} \tag{14.13}$$

p쪽으로부터의 전류는 외부 전압 $\triangle V$에 따라 지수함수 꼴로 증가한다. 그렇지만 n쪽에서 오는 양성 운반자들의 전류는 ($\triangle V$가 너무 크지 않다면) 변하지 않는다. 양의 운반자가 장벽에 가까워질 때 아직도 퍼텐셜은 내리막 언덕이므로 모두 p쪽으로 이동할 것이다. ($\triangle V$가 원래 전위차인 V보다 크다면 상황이 달라지겠지만, 그렇게 높은 전압에서 어떤 일이 벌어지는지는 고려하지 않겠다.) 그렇다면 접합을 통과하여 흐르는 양성 운반자의 알짜 전류(net current) I는 양쪽에서 오는 전류의 차이다.

$$I = I_0(e^{+q\triangle V/kT} - 1) \tag{14.14}$$

양공의 순 전류 I는 n형쪽으로 흐른다. n 영역 안으로 퍼져 들어가서 결국은 n쪽의 다수 운반자, 즉 전자를 만나 소멸한다. 이렇게 사라진 전자는 n형 물질 쪽의 외부 단자에서 들어오는 전자가 보충한다.

　$\triangle V$가 0일 때 식 (14.14)의 순 전류는 0이다. $\triangle V$가 양일 때 전류는 외부 전압에 따라 빠르게 증가한다. $\triangle V$가 음이면 전류의 부호가 바뀌지만 지수 항은 무시할 수 있을 정도로 작으므로 음의 전류의 크기는 I_0를 넘을 수 없는데, 이 값은 우리의 가정에 의하면 매우 작았다. 이 역방향 전류 I_0가 작은 이유는 n쪽에서 소수 운반자의 밀도가 낮기 때문이다(n쪽에서는 양공이 소수 운반자 : 옮긴이).

　음성 운반자에 의한 전류도 마찬가지로 먼저 전위차가 없는 경우 그리고 작은 외부 전위차 $\triangle V$가 있는 경우로 나눠서 분석해 보면 전자의 순 전류도 (14.14)와 비슷해진다. 총 전류는 두 운반자가 만든 전류의 합이므로, I_0를 전압이 반대 방향으로 걸렸을 때 흐를 수 있는 최대 전류로 이해한다면 (14.14)는 그대로 총 전류에 대한 식이 된다.

　식 (14.14)의 전류-전압 관계를 그래프로 그려 보면 그림 14-10과 같다. 요즘 들어 컴퓨터 등에서 쓰이는 고체 상태 다이오드(diode)의 전형적인 특성이다. 식 (14.14)의 결과는 외부 전압이 작은 범위 내에서만 성립한다는 사실을 기억해야 한다. 접합에서 자연히 생기는 전위차 V와 비슷하거나 혹은 그보다 더 큰 전압을 가하면 다른 효과들이 개입하게 되어 전류 식이 더 복잡해진다.

　한 가지 덧붙이자면, 1권 46장에서 래칫(ratchet)과 폴(pawl)에 의한 기계적 정류기에 대해 배웠음을 기억할 것이다. 거기서 얻은 식과 지금 식이 똑같은데, 이는 두 상황에서의 물리적 과정이 기본적으로 매우 비슷하기 때문이다.

14-6 트랜지스터(Transistor)

　반도체를 활용한 가장 중요한 예는 아마 트랜지스터가 아닐까 싶다. 트랜지스터는 아주 가까이 놓인 반도체 접합 두 개로 되어 있다. 트랜지스터도 부분적으로는 방금 얘기한 반도체 다이오드처럼 정류 접합 원리에 기반하여 동작한다. 그림 14-11(a)와 같이 p형, n형, 또 다시 p형의 세 부분을 연결한 작은 게르마늄 막대기를 만들었다고 해 보자. 이 조합은 *p-n-p* 트랜지스터라고 부른다. 이 트랜지스터 안에 있는 두 개의 접합 각각은 지난 절에서 설명한 내용과 무척 흡사한 방식으로 행동한다. 특히 *n*형 영역에서 *p*형 영역으로 이어지며 퍼텐셜이 감소하는 각각의 접합에는 퍼텐셜 기울기가 존재할 것이다. 두 *p*형 영역의 내부 성질이 같다면 결정을 가로질러 갈 때 퍼텐셜의 변화는 그림 14-11(b)에 있는 그래프와 같다.

이번엔 그림 14-12의 (a)처럼 세 영역을 각각 외부 전원에 연결한다고 상상해 보자. 모든 전위는 왼편의 *p* 영역에 연결된 단자를 기준으로 정할 것이므로 이 영역의 전위는 당연히 0이다. 이 단자를 방출체(emitter)라 부르겠다. *n*형 영역은 베이스(base)라고 부르며 약한 음전위를 걸어 준다. 오른쪽의 *p*형 영역은 모으개(collector)라고 하는데 꽤 큰 음전위에 연결한다. 이 상황에서 결정을 가로지르는 방향의 퍼텐셜은 그림 14-12(b)의 그래프와 같이 변한다.

먼저 *p-n-p* 트랜지스터의 동작을 대부분 좌우하는 양성 운반자에 어떤 일이 벌어지는지 살펴보자. 베이스에 비해 상대적으로 (양의 방향으로) 높은 전위를 방출체에 걸어 주었기 때문에 양성 운반자의 전류는 방출체 영역에서 베이스 영역으로 흐를 것이다. 꽤 큰 전류가 흐르는데, 이 접합에 그림 14-10의 그래프 오른편에 대응하는 순방향 전위차(forward voltage)가 걸려 있기 때문이다. 이 같은 조건에서 양의 운반자 혹은 양공은 *p*형 영역에서 *n*형 영역으로 '방출(emit)'된다. 여러분은 이 전류가 *n*형 영역에서 빠져나와서 베이스 단자 *b*를 통해 흘러갈 것이라고 생각할지도 모르겠다. 하지만 트랜지스터가 작동하는 원리에는 다음과 같은 비밀이 숨어 있다. *n*형 영역의 두께를 매우 얇게, 즉 10^{-3}cm 이하 정도로 높이에 비해 훨씬 더 얇게 만들어서 양공이 *n*형 영역의 전자에 의해 소멸되기 전에 반대편 접합으로 확산되어 통과할 확률을 꽤 높게 만든다. 전자들이 *n*형 영역의 오른쪽 경계에 도착하면 가파른 아래 방향 퍼텐셜 언덕을 만나서 즉시 *p*형 영역으로 떨어지게 된다. *n*형 영역을 통과한 양공들이 확산하여 모이기(collect) 때문에 이 영역을 모으개라고 부르는 것이다. 보통의 트랜지스터에서는 방출체를 떠나 베이스로 들어가는 양공 전류의 99% 이상이 모으개 영역에 모이게 되며, 소량의 나머지 전류만이 순 베이스 전류가 된다. 베이스 전류와 모으개 전류의 합은 물론 방출체 전류와 같다.

이번엔 베이스 단자의 퍼텐셜 V_b를 약간 변화시킬 때 무슨 일이 벌어질지 생각해 보자. 그림 14-10의 곡선에서 언덕의 기울기가 상당히 크기 때문에 퍼텐셜 V_b가 조금만 변해도 방출 전류 I_e는 크게 달라질 것이다. 모으개의 전위 V_c가 베이스 전위보다 훨씬 더 큰 음의 값을 갖기 때문에 이런 작은 전위 변화는 베이스와 모으개 사이의 가파른 퍼텐셜 언덕에는 별로 영향을 주지 않을 것이다. *n* 영역으로 방출된 양공의 대부분은 모으개에 붙잡힌다. 따라서 베이스 전극의 전위에 변화를 주면 모으개 전류 I_c에도 그에 상응하는 변화가 생긴다. 하지만 핵심은 베이스 전류 I_b가 항상 모으개 전류에 비해 작다는 것이다. 트랜지스터는 증폭기(amplifier)이다. 베이스 전극에 들어간 소량의 전류 I_b가 모으개 전극에서 100배 정도 더 큰 전류를 만들어 내는 것이다(갑자기 상황이 좀 바뀌었다.

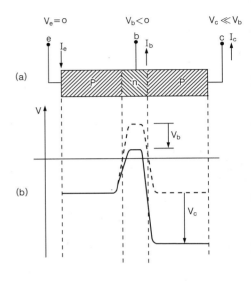

그림 14-12 실제 동작 중인 트랜지스터 내부의 전위 분포

앞에서는 전위를 걸어 주면 그 결과로 전류가 흐르는 것이라고 설명했지만 실제 회로에서는 마지막 문장에서처럼 베이스 전류 I_b를 직접 제어한다. 그러면 I_c가 항상 I_b에 비해 일정한 비율로 비례하여 변하게 만들 수 있다. 이런 의미에서 전류의 증폭(current amplification)이라고 표현하는 것이다 : 옮긴이).

아직까지 언급하지 않은 음의 운반자, 즉 전자에는 어떤 일이 벌어질까? 먼저 베이스와 모으개 사이에는 전자 전류가 그리 많이 흐르지 않을 것이다. 모으개에는 커다란 음의 전위가 걸려 있어서 베이스의 전자가 모으개로 가려면 아주 높은 퍼텐셜 언덕을 넘어야 하는데, 따라서 그런 일이 벌어질 확률은 아주 낮다. 모으개로 가는 전자의 전류는 매우 작다.

반면 베이스의 전자들은 방출체 영역으로는 갈 수 있다. 사실 이 방향으로 이동하는 전자 전류는 방출체에서 베이스로 흐르는 양공 전류와 비슷한 크기일 것이라고 예상할 수 있다. 이 같은 전자 전류는 쓸모가 없고 오히려 나쁘다고 할 수 있는데, 일정한 양의 양공 전류를 모으개로 보내는 데 필요한 전체 베이스 전류를 증가시키기 때문이다. 그러므로 트랜지스터를 설계할 때는 방출체로 가는 전자 전류가 최소가 되도록 한다. 전자 전류는 베이스 물질의 음성 운반자 밀도 N_n(베이스)에 비례하는 반면 방출체로부터 나오는 양공 전류는 방출체 영역의 양성 운반자 밀도 N_p(방출체)에 따라 변한다. n형 물질에 매우 약하게 도핑을 해 주면 N_n(베이스)을 N_p(방출체)에 비해 훨씬 작게 만들 수 있다. (베이스 영역을 아주 얇게 만드는 것도 도움이 많이 되는데, 모으개가 이 영역의 양공을 더 손쉽게 쓸어 가기 때문에 방출체에서 베이스로 가는 평균 양공 전류가 크게 증가하는 반면 전자 전류에는 변화가 없기 때문이다.) 결과적으로 방출체-베이스의 접합을 가로지르는 전자 전류를 양공 전류보다 훨씬 더 작게 만들 수 있고, 그래서 전자가 p-n-p 트랜지스터의 작동에 별로 영향을 주지 않도록 할 수 있다. 전류가 주로 양공에 의해 결정되고 트랜지스터는 앞서 설명한 방식을 따라 증폭기의 역할을 하게 된다.

그림 14-11의 p형 물질과 n형 물질을 서로 바꿔서 다른 종류의 트랜지스터를 만들 수도 있다. 이를 n-p-n 트랜지스터라 부른다. n-p-n 트랜지스터에서 전류는 주로 방출체에서 모으개로 흐르는 전자에 의해 결정된다. 물론 전위의 부호만 반대로 바꿔 주면 p-n-p 트랜지스터의 경우를 예로 들어 진행한 위 논의를 n-p-n 트랜지스터에도 적용할 수 있다.

CHAPTER 15
독립 입자 근사

15-1 스핀 파

13장에서 전자나 원자의 들뜬 상태 등 다른 종류의 '입자'들이 결정 격자를 따라 어떻게 퍼져 나가는지 보았고, 바로 앞 장에서는 이 이론을 반도체에 적용해 보았다. 돌이켜 보면 전자가 많은 계를 다룰 때는 언제나 그들 간의 상호작용을 무시해 왔는데, 이렇게 하면 물론 근사적인 해를 얻게 된다. 이번 장에서는 전자 간 상호작용을 무시할 수 있다는 개념에 대해 좀 더 깊이 생각해 보자. 또한 입자들이 퍼져 나가는 방식에 대한 이론을 적용하는 새로운 예를 몇 가지 더 보겠다. 여기서도 입자 간 상호작용은 대체로 무시할 것이기 때문에, 새로운 예라고는 해도 사실 새로운 내용은 거의 없다. 하지만 첫 번째 예는 하나 이상의 '입자'가 있는 상황을 거의 완벽하게 기술하는 방정식을 쓸 수 있는 경우이다. 이를 통해 상호작용을 무시하는 근사법을 어떻게 구축해 나가는지 볼 수 있을 것이다. 그렇지만 문제를 아주 상세하게 분석하지는 않겠다.

첫 예로 강자성(ferromagnetic) 결정 내의 스핀 파(spin wave)를 생각해 보자. 2권의 36장에서 강자성 이론을 배운 바 있다. 절대 0도에서는 강자성체 안에서 자성을 만들어 내는 전자의 스핀이 전부 같은 방향이다. 스핀 사이에 존재하는 상호작용 에너지는 스핀이 전부 아래쪽일 때 가장 낮다. 그렇지만 온도가 절대 0도보다 조금이라도 높으면 스핀 중 일부가 뒤집힐 가능성이 항상 있다. 36장에서는 근사적인 방법으로 확률을 계산했지만 이번에는 양자역학을 써서 풀어 보자. 이 과정을 통해 계산을 좀 더 정확히 하려면 무엇을 어떻게 해야 하는지·알 수 있을 것이다(물론 전자들이 원자 근처에서만 움직일 수 있고 바로 이웃하는 스핀끼리만 상호작용한다는 조건이 붙은 이상적인 경우만 보겠지만 말이다).

각 원자 안의 전자가 하나 빼고는 전부 짝을 맺고 있어서 자기 효과가 원자당 하나씩인 스핀 1/2짜리 전자에서 비롯되는 모델을 생각해 보자. 더 나아가 이 전자들이 전부 격자의 원자 위치 근처에 붙들려 있다고 하겠다. 그러면 이 모델은 금속 니켈에 가깝다.

여기에 인접한 두 전자 간 상호작용이 있어서 계의 에너지에

$$E = -\sum_{i,j} K\sigma_i \cdot \sigma_j \qquad (15.1)$$

를 보탠다고 하자. 이 식에서 σ는 각각의 스핀을 나타내며 인접하는 전자의 쌍 전부에 대해 더하기로 한다. 이런 종류의 상호작용 에너지는 수소 원자 내 전자와 양성자의 자기 모멘트에 의한 초미세 갈라짐 현상을 공부할 때 이미 본 적이 있다. 그때는 $A\sigma_e \cdot \sigma_p$였는데, 여기서는 하나의 짝, 가령 4번 원자와 5번 원자의 전자에 대한 해밀토니안이 $-K\sigma_4 \cdot \sigma_5$가 될 것이다. 그런 짝 각각에 대해 항이 하나씩 있어서 해밀토니안은 (고전적인 에너지의 경우처럼) 이들의 총합이 될 것이다. 이 에너지는 $-K$에 비례하므로 K가 양이면 강자성이 된다. 즉 인접한 스핀이 같은 방향일 때 에너지가 가장 낮아지는 것이다. 실제 결정에서는 그다음 인접한 스핀 간의 상호작용, 또 그다음 인접 스핀 등등의 항이 더 붙게 되지만 지금은 그렇게 복잡한 상황은 생각하지 않겠다.

식 (15.1)의 해밀토니안을 쓰면 강자성체를 현재의 근사 범위 내에서 완벽하게 기술할 수 있고 자기화(magnetization)의 특징들도 자연스럽게 얻을 수 있다. 자기화의 열역학적 성질도 구할 수 있는데, 에너지 준위를 전부 알면 온도가 T일 때 주어진 계의 에너지가 E일 확률이 $e^{-E/kT}$에 비례한다는 원리를 써서 결정의 성질을 알아낼 수 있기 때문이다.

원자들이 전부 일렬로 늘어서 있는 간단한 예를 통해, 즉 일차원 격자를 써서 몇 가지 문제에 접근해 보기로 하자. 이를 3차원으로 확장하는 일은 그리 어렵지 않다. 각각의 원자 위치에는 스핀이 위쪽이거나 아래쪽일 수 있는 전자가 하나씩 있기 때문에 스핀의 배열만 알면 전체 계를 다 아는 것과 다름없다. 상호작용 에너지 연산자를 해밀토니안으로 취하자. 식 (15.1)의 스핀 벡터를 시그마 연산자 혹은 시그마 행렬로 받아들이면 1차원 격자에 대해

$$\hat{H} = \sum_n \left(-\frac{A}{2}\right)\hat{\sigma}_n \cdot \hat{\sigma}_{n+1} \tag{15.2}$$

이 되는데, 계수는 편의상 $A/2$로 쓴 것이다. (그래야 이후의 식들이 13장에서와 같은 형태가 된다.)

그러면 바닥 상태가 무엇이 될까? 스핀의 방향이 모두 같을 때 에너지가 가장 낮을 것이므로 스핀이 전부 위쪽이라고 가정하겠다.* 이 바닥 상태 혹은 최저 에너지의 상태를 $|\cdots + + +\cdots\rangle$ 혹은 바닥(ground)이라는 단어로부터 $|\text{gnd}\rangle$라고 쓰자. 이 상태의 에너지는 쉽게 찾을 수 있다. 모든 스핀을 $\hat{\sigma}_x$, $\hat{\sigma}_y$, $\hat{\sigma}_z$로 쓰고 해밀토니안의 각 항이 바닥 상태를 어떻게 바꾸는지 계산한 다음 전부 합하는 것이 한 가지 방법이 될 수 있겠다. 하지만 더 쉬운 길도 있다. 12-2절에서 본 스핀 i와 j를 서로 바꾸는 파울리 스핀 교환 연산자 $\hat{P}_{ij}^{\text{spin ex}}$를 쓰면 $\hat{\sigma}_i \cdot \hat{\sigma}_j$가

$$\hat{\sigma}_i \cdot \hat{\sigma}_j = (2\hat{P}_{ij}^{\text{spin ex}} - 1) \tag{15.3}$$

---

* 여기서의 바닥 상태는 실제로는 겹쳐(degenerate) 있다. 에너지가 같은 상태가 더 있는데, 예를 들어 스핀이 전부 아래쪽이거나 혹은 전부 다른 한 방향이어도 된다. z방향으로의 외부 장을 살짝만 걸어 주어도 이들 상태의 에너지가 다 다르게 되고 스핀이 모두 아래쪽인 경우가 진짜 바닥 상태가 된다.

이 됨을 보았다. 이를 대입하면 해밀토니안이

$$\hat{H} = -A \sum_n \left(\hat{P}_{n,\,n+1}^{\text{spin ex}} - \frac{1}{2} \right) \qquad (15.4)$$

이 된다. 이제 각 상태에 어떤 일이 일어나는지 쉽게 알 수 있다. 가령 i와 j가 둘 다 위쪽이면 두 스핀을 교환해도 아무것도 달라지지 않으므로 이 상태에 $\hat{P}_{ij}$를 연산하면 원 상태 그대로가 되는데, 이는 +1을 곱하는 것과 같다. 따라서 $(\hat{P}_{ij} - 1/2)$은 바로 1/2이다. (여기서부터는 $\hat{P}$의 위첨자는 빼도록 하겠다.)

바닥 상태에서는 스핀이 전부 위쪽이므로 어떤 이웃 스핀 둘을 골라서 교환해도 원래의 상태 그대로가 된다. 바닥 상태는 정상 상태(stationary state)다. 여기에 해밀토니안을 연산하면 원 상태에 스핀 짝마다 $-(A/2)$씩 더한 값을 곱한 상태가 된다. 즉 바닥 상태에서 계의 에너지는 원자 하나당 $-A/2$이다.

이번에는 들뜬 상태의 에너지를 보자. 바닥 상태의 에너지를 기준으로 표기하면 편한데, 즉 바닥 상태의 에너지를 0으로 잡겠다. 해밀토니안의 각 항에 $A/2$를 더하면 그렇게 된다. 그러면 식 (15.4)의 1/2이 1로 바뀌고 해밀토니안이

$$\hat{H} = -A \sum_n (\hat{P}_{n,\,n+1} - 1) \qquad (15.5)$$

이 된다. 이 해밀토니안을 쓰면 가장 낮은 상태의 에너지는 0이 되고 스핀 교환 연산자 때문에 생긴 (바닥 상태에서) 1은 각 항의 -1과 상쇄된다.

바닥 상태가 아닌 상태를 나타내려면 적절한 기반 상태가 있어야 한다. 한 가지 편한 방법으로 각 상태들을 전자 한 개가 아래쪽인지, 두 개가 아래쪽인지 등에 따라 분류할 수 있겠다. 물론 스핀 한 개가 아래쪽인 상태는 여럿 있다. 아래쪽 스핀은 4번 원자일 수도, 5번 원자일 수도, 6번 원자일 수도 있다. 이같은 상태를 기반 상태로 고를 수 있다. 이들을 $|4\rangle$, $|5\rangle$, $|6\rangle$으로 표기하자. 그런데 이보다는 전자가 아래쪽인 이 별난 원자들을 좌표 x를 써서 표시하는 편이 나중에 훨씬 편하다. 즉 상태 $|x_5\rangle$를 x_5의 위치에 있는 원자 하나만 아래쪽이고 나머지 스핀은 전부 위쪽인 상태로 정의하겠다(그림 15 - 1 참고). 일반적으로는 $|x_n\rangle$은 n번째 원자의 좌표 x_n에 있는 스핀 한 개만 아래쪽인 상태이다.

(15.5)의 해밀토니안이 $|x_5\rangle$에 작용하면 어떻게 될까? 해밀토니안의 항 중 하나인 $-A(\hat{P}_{7,\,8} - 1)$을 보자. 연산자 $\hat{P}_{7,\,8}$은 인접한 원자 7과 8의 스핀을 서로 교환하는데, $|x_5\rangle$에서는 둘 다 위쪽이어서 아무 일도 일어나지 않으므로 연산 $\hat{P}_{7,\,8}$은 1을 곱하는 것과 같다. 따라서

$$\hat{P}_{7,\,8} |x_5\rangle = |x_5\rangle$$

이고 이로부터

$$(\hat{P}_{7,\,8} - 1) |x_5\rangle = 0$$

이 된다. 그러므로 해밀토니안의 항들은 원자 5에 대한 것들을 빼고는 전부 0이

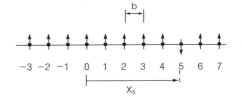

그림 15 - 1 선형 스핀 배열의 기반 상태 $|x_5\rangle$. x_5 위치의 스핀만 아래쪽이고 나머지는 전부 위쪽이다.

된다. $\hat{P}_{4,5}$ 연산의 경우 상태 $|x_5\rangle$에서 원자 4의 스핀(위쪽)과 원자 5의 스핀(아래쪽)을 바꾼다. 그 결과 원자 4를 제외한 스핀이 전부 위쪽인 상태가 되는데, 즉

$$\hat{P}_{4,5}|x_5\rangle = |x_4\rangle$$

가 되고 마찬가지로 하면

$$\hat{P}_{5,6}|x_5\rangle = |x_6\rangle$$

가 된다. 따라서 해밀토니안의 항들 중 0이 되지 않는 것은 $-A(\hat{P}_{4,5}-1)$과 $-A(\hat{P}_{5,6}-1)$뿐이다. 이들을 $|x_5\rangle$에 연산하면 각각 $-A|x_4\rangle + A|x_5\rangle$와 $-A|x_6\rangle + A|x_5\rangle$가 되고 이를 정리하면 다음과 같다.

$$\hat{H}|x_5\rangle = -A\sum_{n}(\hat{P}_{n,n+1}-1)|x_5\rangle = -A\{|x_6\rangle + |x_4\rangle - 2|x_5\rangle\} \quad (15.6)$$

해밀토니안이 $|x_5\rangle$에 작용하면 $|x_4\rangle$와 $|x_6\rangle$가 될 확률 진폭이 생긴다. 그 말은 아래쪽 스핀이 옆 원자로 옮겨갈 확률 진폭이 있다는 뜻이다. 따라서 하나의 스핀이 아래쪽인 상태로 시작해도 원자들 간 상호작용 때문에 시간이 지나면 다른 원자의 스핀이 아래쪽일 확률 진폭이 있게 된다. 일반적으로 상태 $|x_n\rangle$에 해밀토니안이 작용하면

$$\hat{H}|x_n\rangle = -A\{|x_{n+1}\rangle + |x_{n-1}\rangle - 2|x_n\rangle\} \quad (15.7)$$

이 된다. 여기서 스핀 한 개가 아래쪽인 상태들끼리만 섞이고 있음을 눈여겨봐두자. 해밀토니안 연산 후 아래쪽 스핀이 더 많은 상태와 섞일 수는 없다. 스핀을 교환하기만 해서는 아래쪽 스핀의 총 개수는 바뀌지 않는다.

해밀토니안을 $H_{n,m} \equiv \langle x_n|\hat{H}|x_m\rangle$의 행렬로 쓰면 더 편해진다. 그러면 식 (15.7)이 다음과 같아진다.

$$\begin{aligned} H_{n,n} &= 2A \\ H_{n,n+1} &= H_{n,n-1} = -A \\ H_{n,m} &= 0, \quad |n-m| > 1\text{인 경우} \end{aligned} \quad (15.8)$$

그러면 스핀 하나가 아래쪽인 상태의 에너지 준위는 어떻게 될까? 이번에도 상태 $|\psi\rangle$가 $|x_n\rangle$에 있을 확률 진폭을 C_n으로 쓰자. $|\psi\rangle$가 에너지가 정해진 상태라면 C_n 전체가 시간이 지남에 따라 다음과 같은 꼴로 변해야 한다.

$$C_n = a_n e^{-iEt/\hbar} \quad (15.9)$$

이 시험 해(trial solution)를 해밀토니안 방정식

$$i\hbar \frac{dC_n}{dt} = \sum_m H_{nm}C_m \quad (15.10)$$

에 넣고 식 (15.8)의 행렬 원소를 쓰자. 물론 방정식이 무한히 많겠지만 전부

$$Ea_n = 2Aa_n - Aa_{n-1} - Aa_{n+1} \quad (15.11)$$

15-4

이 된다. 그러면 E_0 대신 $2A$인 것을 빼면 13장에서 푼 것과 똑같은 문제가 된다. 그 해는 상수 k에 대해 에너지가

$$E = 2A(1 - \cos kb) \qquad (15.12)$$

인, 격자를 따라 퍼져 가는 (스핀이 아래쪽인) 확률 진폭 C_n에 해당한다(b는 상수).

에너지가 정해진 해는 아래쪽 스핀의 파동에 해당하는데, 이를 스핀 파라고 한다. 또한 각 파장에 대응하는 에너지가 있는데, 파장이 큰 경우 (즉 k가 작은 경우) 근사적으로 다음과 같이 된다.

$$E = Ab^2k^2 \qquad (15.13)$$

앞에서와 마찬가지로 격자의 어느 한 부분에 있으며 스핀이 아래인 전자에 대응하는 국소적인 (하지만 파장이 긴 파동만으로 된) 파동 묶음(wave packet)을 생각할 수 있겠다. 그러면 이 아래쪽 스핀이 입자처럼 행동할 것이다. 또한 그 에너지와 k 사이에 (15.13)의 관계식이 성립하므로 이 입자의 유효 질량은

$$m_{\text{eff}} = \frac{\hbar^2}{2Ab^2} \qquad (15.14)$$

이 된다. 이 입자를 마그논(magnon) 혹은 자성알이라고도 부른다.

15-2 두 스핀의 파동

이번에는 아래쪽 스핀이 두 개 있으면 어떻게 되는지 얘기해 보자. 역시 이번에도 기반 상태 집합을 하나 고를 것이다. 그림 15-2처럼 두 개의 원자에서 스핀이 아래쪽인 상태를 선택하겠다. 이 상태를 스핀이 아래쪽인 원자의 x좌표를 써서 번호를 붙이도록 하자. 그림에 있는 상태는 $|x_2, x_5\rangle$가 된다. 기반 상태를 일반적으로 쓰면 $|x_n, x_m\rangle$이 된다. 이중으로 무한한(doubly infinite) 집합이다! 이 방식으로 하면 $|x_4, x_9\rangle$와 $|x_9, x_4\rangle$는 동일한 상태인데, 둘 다 4와 9의 위치에 있는 스핀이 아래쪽임을 뜻하기 때문이다. 즉 순서는 아무 의미가 없다. $|x_4, x_4\rangle$도 역시 아무 뜻이 없는데, 그런 상태는 존재하지도 않는다. 그러면 임의의 상태 $|\psi\rangle$를 주어진 계가 각각의 기반 상태에 있을 확률 진폭을 써서 나타낼 수 있다. 따라서 $C_{m,n} = \langle x_m, x_n | \psi\rangle$는 상태 $|\psi\rangle$가 위치 m과 n의 스핀이 둘 다 아래쪽인 상태에 있을 확률 진폭을 뜻하게 된다. 점점 복잡해지는데, 이는 개념이 어려워져서가 아니라 그저 하나하나 기록하는 방법이 길어지기 때문일 뿐이다. (이것이 바로 양자역학이 복잡해 보이는 이유 중 하나다. 아래쪽 스핀의 개수가 많아질수록 표기법이 점점 더 정교해져야 하고 그만큼 색인이 많아지며 식이 말도 못하게 지저분해지는데 그렇다고 바탕이 되는 개념이 가장 간단한 경우에 비해 꼭 어려워지는 것은 아니다.)

스핀 계의 운동 방정식은 $C_{n,m}$에 대한 다음과 같은 미분 방정식이 된다.

그림 15-2 아래쪽 스핀 둘 있는 상태

$$i\hbar \frac{dC_{n,m}}{dt} = \sum_{i,j} (H_{nm,ij}) C_{i,j} \qquad (15.15)$$

정상 상태를 찾아보자. 늘 하던 대로 시간에 대한 미분은 확률 진폭에 E를 곱한 것이 되고 $C_{m,n}$은 계수 $a_{m,n}$으로 바꾸면 된다. 그러고 나서 H가 스핀 m과 n이 아래쪽인 상태에 작용하여 어떤 결과를 만들어 내는지 잘 보자. 그리 어렵지 않게 떠올릴 수 있을 것이다. 일단은 몇 가지 곤란한 부분을 걱정하지 않아도 될 만큼 m과 n이 매우 멀리 떨어져 있다고 하자. 위치 x_n에 스핀 교환 연산을 하면 아래쪽 스핀이 $(n+1)$번째 혹은 $(n-1)$번째 원자로 옮겨 가는데, 따라서 현재의 상태가 $|x_m, x_{n+1}\rangle$에서 왔을 확률 진폭도 $|x_m, x_{n-1}\rangle$에서 왔을 확률 진폭도 있다. 혹은 다른 스핀이 움직인 것일 수도 있다. 즉 $C_{m,n}$이 $C_{m+1,n}$이나 $C_{m-1,n}$에서 비롯될 확률 진폭도 있는 것이다. 이 효과들은 다 똑같을 것이므로 $C_{m,n}$에 대한 해밀토니안 방정식은 최종적으로 다음과 같다.

$$E a_{m,n} = -A(a_{m+1,n} + a_{m-1,n} + a_{m,n+1} + a_{m,n-1}) + 4A a_{m,n} \qquad (15.16)$$

이 방정식은 두 경우에는 맞지 않는데, $m = n$이면 방정식이 아예 없는 것이고 $m = n \pm 1$이면 식 (15.16)의 두 항이 필요 없게 된다. 이들 예외적인 경우는 신경 쓰지 않겠다. 방정식 중 일부는 약간 바꿔야 한다는 사실을 그냥 무시해 버리자. 결정이 무한히 크며 항의 개수도 무한하다. 몇 개 정도 무시해도 별로 상관 없는 것이다. 따라서 대강 일차 근사를 취하는 한에서는 방정식을 수정해야 한다는 사실은 잊자. 달리 말해서 m과 n이 바로 옆에 붙어 있는 경우에도 식 (15.16)이 성립한다고 가정하겠다. 이 점이 우리가 취하는 근사의 핵심이다.

그러면 해를 구하기가 어렵지 않다. 곧바로

$$C_{m,n} = a_{m,n} e^{-iEt/\hbar} \qquad (15.17)$$

이고

$$a_{m,n} = (상수) e^{ik_1 x_m} e^{ik_2 x_n} \qquad (15.18)$$

이며

$$E = 4A - 2A\cos k_1 b - 2A\cos k_2 b \qquad (15.19)$$

임을 알 수 있다.

그럼 $k = k_1$과 $k = k_2$에 대응하는 두 독립적인 스핀 파가 있으면 어떤 일이 일어날지 한번 생각해 보자. 식 (15.12)로부터 각각의 에너지는 다음과 같다.

$$\epsilon_1 = (2A - 2A\cos k_1 b)$$
$$\epsilon_2 = (2A - 2A\cos k_2 b)$$

식 (15.19)의 에너지는 이들의 합으로서

$$E = \epsilon(k_1) + \epsilon(k_2) \qquad (15.20)$$

이다. 바꿔 말하자면 우리가 찾은 해를 이렇게 해석할 수 있다는 뜻이다. 두 입자, 즉 두 스핀 파가 있어서 각각의 운동량이 k_1, k_2이며 전체 에너지는 각각의 에너지의 합인 것이다. 두 입자는 완전히 따로 독립적으로 움직인다. 이게 전부다.

물론 몇 가지 근사를 취하긴 했는데, 여기서는 우리가 찾은 답이 얼마나 정확한지는 생각하지 않기로 하자. 다만 수십억 개의 원자로 된 보통 크기의 결정인 경우 해밀토니안에도 수십억 개의 항이 있으므로 몇 개쯤 빼먹어도 크게 어긋나지 않으리라는 추측은 할 수 있겠다. 하지만 아래쪽인 스핀이 많아서 그 밀도가 제법 된다면 분명히 손을 좀 봐야 할 것이다.

[재미있게도 아래쪽 스핀이 딱 둘뿐이면 해를 정확히 구할 수 있다. 결과는 별로 중요하지 않다. 다만 이 경우에는 방정식의 해를 정확히 구할 수 있다는 점이 신기하다. 해는

$$a_{m,n} = \exp[i\,k_c(x_m + x_n)]\sin k\,|\,x_m - x_n\,| \tag{15.21}$$

이 되고 에너지는

$$E = 4A - 2A\cos k_1 b - 2A\cos k_2 b$$

가 되는데, 파수 k_c, k와 k_1, k_2 사이에 다음 관계가 성립한다.

$$k_1 = k_c - k\,, \qquad k_2 = k_c + k \tag{15.22}$$

이 해에는 두 스핀 사이의 상호작용이 포함되어 있으며 스핀이 가까워지면 서로 튕겨 내어 산란될 수 있다는 사실이 담겨 있다. 즉 상호작용하는 입자와 스핀의 행동이 매우 닮은 것이다. 하지만 산란 이론의 세부 내용은 이 강의에서 다루고자 하는 범위를 벗어난다.]

15 - 3 독립적인 입자들 (Independent particles)

앞 절에서 입자가 둘인 계의 해밀토니안을 식 (15.15)로 썼다. 그리고 나서 두 입자 사이의 상호작용을 무시하는 근사를 취하여 식 (15.17)과 (15.18)의 정상 상태를 얻었다. 이 상태는 두 단일 입자 상태의 곱이다. 그런데 식 (15.18)의 $a_{m,n}$은 썩 맘에 들지가 않는다. 앞에서 $|\,x_9, x_4\rangle$와 $|\,x_4, x_9\rangle$가 서로 다른 상태가 아니며 x_m과 x_n의 순서는 아무 의미가 없음을 지적했다. 일반적으로 x_m과 x_n의 값을 서로 바꾸더라도 확률 진폭 $C_{m,n}$은 달라지지 않아야 하는데, 이는 상태에 변화가 없기 때문이다. 어느 쪽도 x_m과 x_n의 스핀이 아래쪽일 확률 진폭을 나타낸다. 하지만 (15.18)은 x_m과 x_n에 대해 대칭이 아님을 잘 보자. 일반적으로 k_1과 k_2는 다르기 때문이다.

식 (15.15)의 해가 이 추가 조건, 즉 대칭성을 만족하지 않는다는 점이 문제인데, 다행히도 이 부분은 쉽게 고칠 수 있다. 다음의 식도 (15.18)과 마찬가지로 해밀토니안 방정식의 해가 될 수 있다는 사실에서부터 시작하자.

$$a_{m,n} = Ke^{ik_2x_m}e^{ik_1x_n} \qquad (15.23)$$

(15.18)과 비교하면 에너지도 같다. (15.18)과 (15.23)을 써서 만든 어떤 선형 조합도 해가 될 것이고 에너지 또한 식 (15.19)와 같을 것이다. 대칭 조건에 따라 (15.18)과 (15.23)을 합해서 다음과 같이 쓰겠다.

$$a_{m,n} = K\left[e^{ik_1x_m}e^{ik_2x_n} + e^{ik_2x_m}e^{ik_1x_n}\right] \qquad (15.24)$$

이제야 비로소 어떠한 k_1과 k_2에 대해서도 $C_{m,n}$이 x_m과 x_n을 놓는 방법과 관계가 없어졌다. 즉 x_m과 x_n을 서로 바꿔서 정의해야 하는 일이 생겨도 같은 확률 진폭을 얻는 것이다. 대신에 식 (15.24)를 마그논으로 이해하는 방식도 조금 달라져야 한다. 앞으로는 이 식이 한 입자의 파수가 k_1이고 다른 쪽은 k_2인 상태를 나타낸다고 말할 수 없다. 확률 진폭 (15.24)는 두 입자(마그논)를 한꺼번에 나타내는 단일한 상태를 가리키며 이 상태의 특징이 파수 k_1과 k_2 모두를 통해서 드러나는 것이다. 즉 구한 해는 한 입자의 운동량이 $p_1 = \hbar k_1$이고 다른 입자의 운동량은 $p_2 = \hbar k_2$인 복합 상태로 보이는데, 다만 어느 쪽이 어느 쪽인지 알 수가 없는 것뿐이다.

이 설명을 보면서 4장에서 논의한 동일 입자(identical particle) 이야기가 떠올랐을 것이다. 조금 전의 내용은 바꿔 말하면 스핀 파의 입자, 즉 마그논이 동일한 보즈 입자들처럼 행동하고 있음을 보인 것이다. 모든 확률 진폭은 두 입자 좌표계의 교환에 대해 대칭이어야 하는데, 이 말은 두 입자를 서로 바꾸면 확률 진폭 및 그 부호가 같아야 한다는 뜻이다. 하지만 식 (15.24)에서 두 항을 더하지 않았던가? 왜 빼지 않고? 빼면 x_m과 x_n을 바꿨을 때 부호가 달라지지만 상관은 없으니 말이다. 그렇지만 x_m과 x_n을 바꾸면 아무것도 달라지지 않는다. 격자의 모든 전자가 원래의 위치에 그대로 있으므로 부호가 바뀔 이유가 하나도 없다. 마그논은 보즈 입자처럼 행동하는 것이다.*

이 논의의 주된 흐름은 두 가지로 나뉜다. 첫 번째는 스핀 파가 무엇인지를 이해하는 것이고 두 번째는 확률 진폭이 어떤 두 확률 진폭의 곱이 되며 동시에 에너지가 각각의 확률 진폭에 대응하는 에너지의 합과 같은 상태를 예를 들어 보이는 것이다. 독립적인 입자의 경우 확률 진폭은 곱이 되고 에너지는 합이 된다. 왜 에너지를 합해야 하는지는 쉽게 알 수 있는데, 에너지가 허수 지수에서 t의 계수로서 주파수에 비례하기 때문이다. 두 물체가 무언가를 하고 있고 각각의 확률 진폭이 $e^{-iE_1t/\hbar}$와 $e^{-iE_2t/\hbar}$이며 두 가지가 동시에 일어날 확률이 둘의 곱이라면, 그 곱에는 두 주파수의 합인 하나의 주파수가 있게 된다. 확률 진폭의 곱에 해당하는 에너지는 두 에너지의 합이다.

간단한 이야기를 한마디 하기 위해 참으로 먼 길을 돌아왔다. 입자 간 상호작용을 고려하지 않는다면 두 입자가 독립적이라고 생각할 수 있다. 두 입자는

---

* 일반적으로 우리가 공부하고 있는 것과 같은 종류의 준 입자(quasi-particle)들은 보즈 입자처럼 행동할 수도 페르미 입자처럼 행동할 수도 있는데, 자유 입자와 마찬가지로 스핀이 정수인 입자는 보존이고 1/2의 홀수배인 입자는 페르미온이 된다. 마그논은 위쪽 스핀이 뒤집힌 것을 가리키므로 스핀값의 변화는 1이다. 따라서 마그논은 스핀이 정수이며 보존이다.

홀로 존재할 때의 다양한 다른 상태에 따로따로 존재할 수 있으며 홀로 존재할 때의 에너지만큼 총 에너지에 기여한다. 그러나 이들이 동일 입자라면 문제에 따라 보즈 혹은 페르미 입자 둘 중의 하나여야 함은 기억해 두자. 가령 결정에 전자 두 개를 추가하면 이들은 페르미 입자처럼 행동할 것이다. 두 전자의 위치를 서로 바꾸면 확률 진폭의 부호가 바뀌어야만 한다. 식 (15.24)에 대응하는 식에서 우변의 두 항 사이에 반드시 마이너스 부호가 있어야 한다. 그 결과 두 페르미 입자의 k와 스핀이 모두 정확히 똑같을 수는 없다. 이런 상태의 확률 진폭은 0이다.

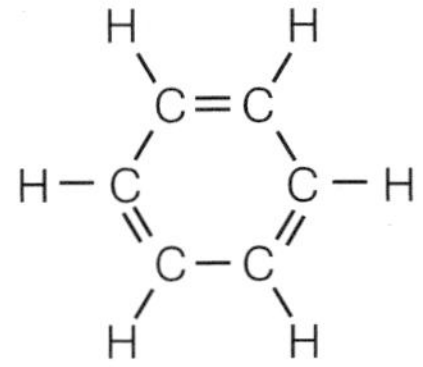

그림 15-3 10장에서 본 벤젠 분자의 두 기반 상태

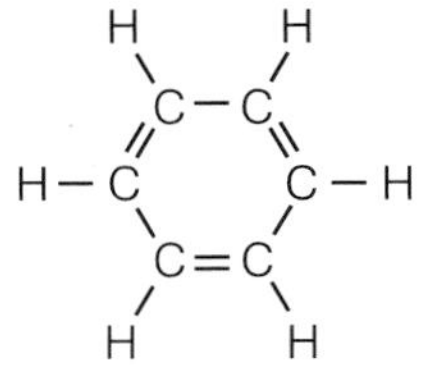

15-4 벤젠 분자

양자역학이 분자의 구조를 결정하는 근본 법칙을 알려 주긴 하지만, 이들 법칙은 가장 단순한 분자들에 대해서만 적용할 수 있다. 그래서 화학자들은 복잡한 분자들의 성질을 계산할 수 있는 다양한 근사적인 방법들을 개발해 냈다. 지금부터는 유기화학자들이 독립 입자의 근사를 어떻게 활용하는지 보여 주겠다. 벤젠 분자부터 살펴보자.

10장에서 벤젠 분자를 다른 관점으로 분석한 적이 있다. 거기서는 벤젠 분자를 그림 15-3의 두 기반 상태로 보는 근사적인 방법을 사용했다. 탄소 원자 여섯 개로 된 고리가 있고 각 탄소에는 수소가 붙어 있다. 공유 결합으로 묘사하려면 탄소 원자 간 결합의 절반이 이중 결합임을 가정해야 하는데, 최저 에너지 상태에서는 그림에서 보는 것과 같은 두 가지 경우가 가능하다. 물론 에너지가 그보다 높은 상태도 있다. 10장에서 벤젠을 공부할 때는 이 두 상태에만 주목하고 나머지는 다 잊어버렸다. 벤젠 분자의 바닥 상태 에너지는 어느 한쪽 상태의 에너지가 아니라 그보다 약간 낮았는데, 그 차이는 한쪽 상태에서 다른 쪽으로 바뀔 확률 진폭에 비례했다.

이번엔 같은 벤젠 분자를 완전히 다른 관점에서 보자. 즉 전혀 다른 방식의 근사를 취하겠다. 두 관점을 써서 얻은 답이 서로 다를 텐데, 어느 쪽의 근사라도 좀 더 개선하면 벤젠의 진짜 모습에 다가가야 맞다. 하지만 번거롭다는 이유 때문에 개선하지 않을 거라면(대개 안 한다) 두 방식에서 서로 다른 결과가 나오더라도 놀라지는 말기 바란다. 그래도 새 관점으로 봤을 때도 벤젠 분자의 최저 에너지가 그림 15-3에서처럼 이중 결합이 셋인 두 경우 어느 쪽보다도 낮아진다는 점은 보이겠다.

여기서는 좀 다른 방식으로 머릿속에 그림을 그려 보자. 벤젠 분자 내의 탄소 원자 여섯 개가 그림 15-4처럼 단일 결합으로만 되어 있다고 상상하자. 이는 전자를 여섯 개 제거한 것인데, 각각의 결합이 전자 쌍을 뜻하기 때문이다. 즉 벤젠 분자를 여섯 번 이온화한 것이다. 그러고 나서 여섯 개의 전자를 한 번에 하나씩 도로 갖다 놓는데, 각각의 전자가 고리를 따라 자유롭게 이동할 수 있다고 상상하자. 또한 그림 15-4의 결합들은 이미 모두 완성되어 있어서 전자를 추가하는 과정에서 변하지 않는다고 가정하겠다.

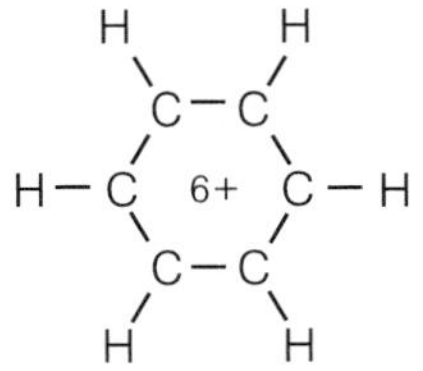

그림 15-4 전자 여섯 개를 제거한 뒤의 벤젠 고리

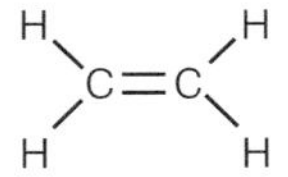

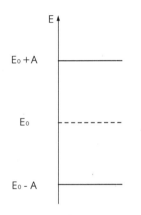

그림 15-5 에틸렌 분자

그림 15-6 에틸렌 분자 내 여분의 전자가 가질 수 있는 에너지 준위

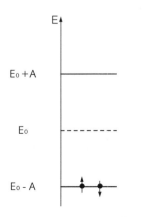

그림 15-7 에틸렌 분자 내 여분의 결합에서 낮은 에너지 상태에 전자 두 개(하나는 스핀이 위쪽이고 다른 하나는 아래쪽인)가 들어갈 수 있다.

벤젠 분자 이온에 전자 하나를 도로 가져오면 어떤 일이 일어날까? 물론 고리 둘레를 따라 여섯 개의 위치 중 아무 곳에라도 있을 수 있으며 이들 각각이 여섯 개의 기반 상태에 해당한다. 또한 한 위치에서 옆으로 갈 확률도 분명히 있을 것이므로 이를 A라 하자. 정상 상태를 분석해 보면 어떤 에너지 준위도 존재할 것이다. 이는 모두 전자 한 개에 대한 상황이다.

두 번째 전자를 넣어 보자. 그리고 상상할 수 있는 가장 어이없는 가정을 하나 하겠다. 바로 한 전자가 다른 전자의 영향을 받지 않는다는 것이다. 물론 상호작용이 있을 것이고, 쿨롱 힘 때문에 서로 밀쳐 낼 것이며, 더 나아가 둘이 같은 자리에 있으면 하나만 있을 때 갖는 에너지의 두 배보다 한참 더 큰 에너지를 갖게 될 것이다. 자리가 여섯 개뿐이라면 독립 입자라는 근사는 분명히 타당성이 없다. 전자를 여섯 개나 넣을 것이기에 더욱 그렇다. 그럼에도 이런 근사를 통해 유기화학자들은 많은 것을 알아낼 수 있었다.

벤젠 분자를 자세히 풀어 보기에 앞서 더 쉬운 예를 하나 보자. 그림 15-5에서와 같이 탄소 원자가 두 개 있고 양쪽에 각각 수소 원자가 두 개씩 달려 있는 에틸렌(ethylene) 분자 말이다. 이 분자에는 탄소 원자 사이에 전자 두 개로 된 결합이 하나 더 있다. 여기서 전자를 하나 제거하면 뭐가 될까? 이를 두 상태 계로 볼 수 있다. 그러면 남은 전자는 양쪽 탄소 원자 중 어느 쪽에도 있을 수 있다. 따라서 상태가 둘뿐이며 남은 전자의 에너지로 가능한 값은 그림 15-6처럼 $(E_0 - A)$ 혹은 $(E_0 + A)$ 둘 중의 하나일 것이다.

여기에 두 번째 전자를 넣겠다. 전자가 두 개 있으니까 하나는 낮은 상태에 넣고 두 번째 전자는 위에 넣으면 되겠다. 아니, 뭔가를 깜빡했다. 각 상태는 실제로 두 겹이다. 에너지가 $(E_0 - A)$인 상태가 있다 말할 때 실제로는 두 개가 있는 것이다. 스핀이 다르다면 두 개의 전자가 같은 상태에 들어갈 수 있다(배타 원리 때문에 그 이상은 불가능하다). 따라서 에너지가 $(E_0 - A)$인 상태는 실제로는 두 개이다. 에너지 준위 및 각각이 차 있는 상태를 그림 15-7과 같이 도표로 나타낼 수 있다. 에너지가 가장 낮아야 한다는 조건 때문에 두 전자 모두 제일 낮은 상태에 들어갈 것이다. 스핀은 반대인 채로 말이다. 따라서 전자 사이의 상호작용을 무시하면 에틸렌 분자에서의 추가 결합 에너지는 $2(E_0 - A)$가 된다.

벤젠으로 돌아가 보자. 그림 15-3의 두 상태에는 각각 이중 결합이 세 개씩 있다. 각 이중 결합이 에틸렌에서의 이중 결합과 같아서, E_0가 벤젠의 한 위치에 전자를 넣는 데 필요한 에너지이고 A가 옆 위치로 옮겨 갈 확률 진폭이라면 이중 결합 하나당 $2(E_0 - A)$씩 보태게 된다. 따라서 에너지는 대략 $6(E_0 - A)$가 된다. 하지만 전에도 봤듯이 바닥 상태의 에너지가 이중 결합이 세 개인 경우보다 더 낮았다. 새로운 관점을 적용했을 때 에너지가 더 낮게 나오는지 보자.

여섯 번 이온화된 벤젠 고리에 전자 하나를 보태자. 그러면 상태가 여섯 개인 계(six-state system)가 된다. 아직 그런 계를 다뤄 본 적은 없지만 뭘 해야 하는지는 알고 있다. 여섯 개의 확률 진폭에 대한 여섯 개의 식을 적으면 된다. 하지만 더 손쉽게 해 보자. 무한히 길게 일렬로 늘어선 원자에서의 전자 문제를 이용하면 할 수 있다. 물론 벤젠은 무한히 긴 선이 아니라 6개의 원자가 연결된 고리 모양인데, 고리를 중간에 끊고 일렬로 펴서 선으로 만들고 원자에 1에서 6까지의 번호를 붙이자. 무한히 긴 선에서는 다음 번호가 7이 되지만 이 위치가 1번과 같고 다음 위치는 2번과 같다는 조건을 붙이면 벤젠 고리와 다를 바 없는 상황이 된다(이는 양자역학에서 종종 쓰는 방법으로 주기적 경계조건(periodic boundary condition)이라고 한다 : 옮긴이). 즉 원자 여섯 개의 간격을 주기로 갖는다는 조건만 추가하면 무한히 긴 선형 원자들에 대한 해를 그대로 쓸 수 있다는 뜻이다. 13장에서 배운 내용을 떠올려 보면 선 위의 원자는 각 위치에 있을 확률 진폭이 $e^{ikx_n} = e^{ikbn}$일 때 에너지가 정해진 상태가 된다. 각각의 k에 대해 에너지는 다음과 같다.

$$E = E_0 - 2A \cos kb \tag{15.25}$$

여기서는 원자 6개 간격마다 반복되는 해만 사용하고자 한다. 먼저 일반적으로 원자 N개로 된 고리를 보자. 해가 원자 간격의 N배에 해당하는 주기를 가지려면 e^{ikbN}이 1이어야 한다. 혹은 kbN이 2π의 정수배여야 한다. 이는 정수 s에 대해

$$kbN = 2\pi s \tag{15.26}$$

를 뜻한다. k를 $\pm\pi/b$의 범위 밖에서 취하는 것은 아무 의미가 없음을 배운 바 있다. 즉 s를 $\pm N/2$ 이내에서 잡으면 모든 가능한 상태를 얻을 수 있다.

그러면 원자 N개짜리 고리에는 특정 에너지 상태가 N개* 있게 되고 각각의 파수 k_s는

$$k_s = \frac{2\pi}{Nb} s \tag{15.27}$$

가 된다. 각 상태의 에너지는 (15.25)와 같다. 그러면 가능한 에너지 준위의 선 스펙트럼이 나오는데, 벤젠($N = 6$)의 경우를 그림 15 - 8(b)에 나타내었다(괄호 안의 숫자는 에너지가 같지만 서로 다른 상태의 개수를 뜻한다).

여섯 개의 에너지 준위를 시각적으로 나타낼 수 있는데, 바로 그림 15 - 8(a)처럼 그리면 된다. 에너지가 E_0인 준위에 중심이 있고 반지름이 $2A$인 원을 하나 그리자. 바닥에서부터 시작해서 길이가 같은 호를 6개 그리면(맨 아래 지점부터 해서 $k_s b = 2\pi s/N$의 각도, 즉 벤젠에서는 $2\pi s/6$에) 원 위에 있는 각 점의 수직 높이가 식 (15.25)의 값과 같게 된다. 각 점은 각각의 가능한 상태를 나타낸다. 가장 낮은 에너지 준위는 $(E_0 - 2A)$이며 에너지가 $(E_0 - A)$인 상태는 두 가지이고 등등이다.** 이는 전자가 한 개인 경우에 가능한 상태들이다. 전자가 하나 이상이면 각 상태에 두 개씩 반대 스핀을 갖고 들어간다.

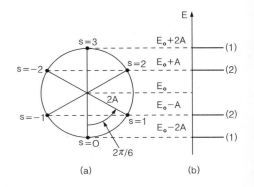

그림 15 - 8 전자가 존재할 수 있는 위치가 여섯 개인 (벤젠 분자처럼) 고리의 에너지 준위

---

* N이 짝수이면 $N + 1$가지 상태가 존재할 거라고 생각할지도 모르겠다. 하지만 그렇지 않은데, $s = \pm N/2$에 해당하는 두 상태가 같기 때문이다.

** 에너지는 같은데 확률 진폭의 분포가 다른 두 상태를 두고 '겹쳐 있다(degenerate)'고 한다. 잘 보면 $E_0 - A$의 에너지 준위에는 전자가 네 개 존재할 수 있다.

벤젠 분자에는 여섯 개의 전자를 넣어야 한다. 바닥 상태에서는 가능한 가장 낮은 에너지 상태로 들어갈 텐데, 즉 $s = 0$, $s = 1$, $s = -1$인 상태에 각각 두 개씩 들어간다. 독립 전자 근사에 따르면 바닥 상태의 에너지는

$$E_{\text{ground}} = 2(E_0 - 2A) + 4(E_0 - A)$$
$$= 6E_0 - 8A \qquad (15.28)$$

가 된다. 따라서 에너지가 정말로 세 개의 이중 결합 에너지를 그냥 더한 것보다 작아지는데, 그 차이는 $2A$이다.

벤젠의 에너지와 에틸렌의 에너지를 비교하면 A를 정할 수 있다. 실제로는 0.8 전자볼트인데 화학자들이 좋아하는 단위로는 몰(mole)당 18킬로칼로리이다.

이 방법을 쓰면 벤젠의 다른 성질들도 계산하고 이해할 수 있다. 예를 들어 그림 15-8을 사용하면 빛으로 벤젠 분자의 들뜬 상태를 유도하는 과정을 분석할 수 있다. 전자 한 개를 들뜨게 하면 무슨 일이 일어날까? 그 전자는 에너지가 더 높으면서 비어 있는 상태 중 하나로 올라갈 수 있다. 이 가운데 가장 낮은 에너지로 들뜨는 경우는 차 있는 가장 높은 준위로부터 비어 있는 가장 낮은 준위로의 전이일 것이다. 이 전이에는 $2A$의 에너지가 필요하다. 벤젠은 $h\nu = 2A$인 주파수 ν의 빛을 흡수할 것이다. 물론 에너지가 $3A$와 $4A$인 광자도 흡수할 것이다. 당연한 얘기겠지만, 벤젠의 흡수 스펙트럼은 실험적으로 관찰된 바 있는데 스펙트럼 선이 상당히 잘 맞았다. 최저 에너지의 전이가 자외선 영역에서 일어났다는 것만 빼면 말이다. 실험 결과를 이론과 비교해 보면 A를 1.4에서 2.4 전자볼트 사이에서 골라야 하는데, 즉 A의 값이 화학적 결합 에너지를 통해 예측한 값보다 두세 배쯤 크다는 뜻이다.

이 같은 상황에서 화학자들은 비슷한 종류의 분자를 여럿 분석하여 경험적인 규칙을 만든다. 예를 들면 결합 에너지를 계산할 때는 이러이러한 A 값을 쓰고 흡수 스펙트럼을 근사적으로 정확히 얻고 싶다면 다른 A 값을 써야 한다는 식이다. 엉터리 같은 소리로 들릴지도 모르겠다. 자연을 기본 원리로부터 이해하려 드는 물리학자들은 이걸로 만족하지 못할 것이다. 하지만 화학자들이 고민하는 문제는 다르다. 이들은 아직 합성한 적이 없는 분자들 혹은 아직 온전히 이해하지 못하는 분자들에서 어떤 일이 일어날지 미리 생각을 해 봐야만 한다. 그들에겐 경험적인 규칙이 필요할 뿐 그것이 어디에서 어떻게 나왔다고 한들 별로 차이는 없다. 그래서 화학자들은 똑같은 이론도 물리학자들과는 전혀 다른 방법으로 사용하는 것이다. 진실의 흔적이 담긴 수식을 가져다 쓰지만 식 안의 상수는 실험을 통해 교정한다.

벤젠의 경우 결과들 사이에 앞뒤가 맞지 않는 주된 이유는 전자가 서로 독립적이라는 가정 때문이다. 이론이 그 시작부터 타당하지 않은 것이다. 그럼에도 그 그림자 속에 진실이 숨어 있는데, 그렇게 말할 수 있는 이유는 거기서 나온 결과들이 올바른 방향으로 나타나기 때문이다. 그 같은 식에 몇 가지 경험적인 규칙과 여러 예외 사항을 넣음으로써 유기화학자들은 자신이 공부하기로 한 복잡한 것들에 놓여 있는 여러 난관을 헤치고 앞으로 나아간다(물리학자들이 근본

원리로부터 실제 계산을 할 수 있는 이유는 가장 단순한 문제들만 골라서 풀기 때문임을 잊지 말자. 물리학자들은 전자가 42개, 아니 심지어 6개인 문제조차 풀어 본 적이 없다. 지금까지는 수소와 헬륨 원자에 대해서만 꽤 정확히 계산했을 뿐이다).

15-5 유기 화학을 더 살펴보기

같은 개념을 다른 분자 연구에 어떻게 활용할 수 있는지 보자. (1,3)부타다이엔 분자를 보겠다. 보통의 공유 결합 모델을 쓰면 그림 15-9처럼 그릴 수 있다.

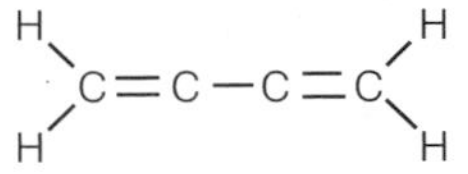

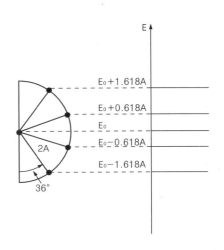

그림 15-9 공유 결합 표시법으로 나타낸 (1,3) 부타다이엔

이중 결합 두 개에 해당하는 여분의 전자 네 개를 갖고 같은 게임을 해 보자. 네 전자를 제거하면 탄소가 한 줄로 늘어선다. 이럴 때 어떻게 푸는지는 이미 알고 있다. "아뇨, 무한히 길게 늘어선 원자 배열만 풀 줄 아는데요"라고 할지 모르겠지만, 무한한 선형 배열에 대한 해에는 이미 유한한 배열의 해가 들어 있다. 잘 보자. 선에 N개의 원자가 놓여 있다고 하고 그림 15-10처럼 각 원자에 1에서 N까지 번호를 매기자. 그러면 1번 위치의 확률 진폭을 나타내는 방정식에는 0번 위치에서 오는 항이 없을 것이다. 마찬가지로 N번째 위치에 대한 방정식도 무한한 배열의 경우와 다를 텐데, $N+1$번째 위치와 연결되는 항이 없기 때문이다. 하지만 0번과 $N+1$번 위치의 확률 진폭이 0인 무한 배열의 해를 구할 수 있다고 해 보자. 이 해는 유한 배열의 1번에서 N번 위치까지에 대한 방정식도 그대로 만족할 것이다(0과 $N+1$ 위치의 확률 진폭이 0인 무한 배열은 1에서 N까지만 있는 유한 배열과 다를 바 없다는 뜻이다. 1에서 N까지 각각의 위치에 대한 방정식이 똑같으니까 말이다 : 옮긴이). 무한 배열에 그런 해는 존재하지 않는다고 생각할지도 모르겠다. 해가 모두 e^{ikx_n}의 꼴인데 이것의 절대값은 어디에서나 같기 때문이다. 하지만 에너지는 k의 절대값에만 좌우되기 때문에 e^{-ikx_n} 또한 에너지가 같은 해임을 기억할 것이다. 두 해의 선형 조합의 에너지 또한 같을 텐데, 이 둘을 빼면 $\sin kx_n$이 되어 $x=0$에서 확률 진폭이 0이라는 조건을 만족하게 된다. 에너지는 여전히 $(E_0 - 2A\cos kb)$이다. k를 적절히 고르면 x_{N+1}에서도 확률 진폭이 0이 되게 할 수 있다. 그러려면 $(N+1)kb$가 π의 정수배가 되어야 하는데, 즉

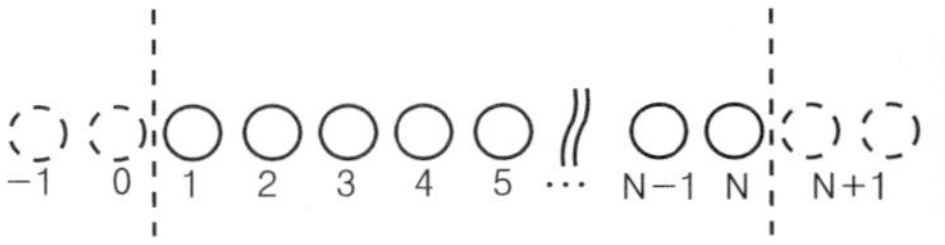

$$kb = \frac{\pi}{(N+1)}s \tag{15.29}$$

이며 s는 1에서 N 사이의 정수이다. (k로 양수만을 취하는데, 이는 각 해가 $+k$와 $-k$를 모두 포함하기 때문이다. k의 부호를 바꿔도 같은 상태가 그대로 나올 뿐이다.) 부타다이엔 분자는 $N=4$이므로 네 개의 상태가 있을 것이고, 각각

$$kb = \pi/5, \quad 2\pi/5, \quad 3\pi/5, \quad 4\pi/5 \tag{15.30}$$

가 된다.

벤젠의 경우와 비슷하게 원형 도표를 이용하여 에너지 준위를 나타낼 수 있다. 이번에는 그림 15-11에서와 같이 균일하게 5등분한 반원을 쓰자. 바닥의

그림 15-10 분자 N개의 선형 배열

그림 15-11 부타다이엔의 에너지 준위

점은 $s = 0$에 해당하는데 아무 상태도 아니다. $s = N + 1$인 맨 꼭대기 점도 마찬가지다. 남은 네 개의 점이 가능한 에너지를 나타낸다. 정상 상태가 넷 있는데, 네 개의 기반 상태로 시작했으니 당연한 결과이다. 원 도표에서 각 점 사이의 중심각은 $\pi/5$ 혹은 $36°$이고 가장 낮은 에너지는 $(E_0 - 1.618A)$이다(수학이란 얼마나 경이로운가. 이 이론대로라면 부타다이엔 분자의 최저 에너지로 그리스의 황금비율*이 나오지 않는가!).

이제 전자 넷을 넣어 부타다이엔 분자의 에너지를 계산할 수 있다. 전자가 넷이면 제일 낮은 에너지 준위 둘을 각각 스핀이 반대인 전자 두 개씩으로 채울 수 있다. 그러면 총 에너지는

$$E = 2(E_0 - 1.618A) + 2(E_0 - 0.618A) = 4(E_0 - A) - 0.472A \qquad (15.31)$$

이다. 납득할 만한 결과다. 이중 결합 두 개의 에너지보다는 약간 낮지만 벤젠만큼 강한 결합은 아니다. 어쨌든 화학자들은 이와 같은 방법으로 유기 분자들을 분석한다.

화학자들은 에너지뿐만 아니라 확률 진폭도 이용한다. 각 상태의 확률 진폭을 알고 어느 상태가 차 있는지 알면 각 전자를 분자 내에서 발견할 확률을 아는 것이다. 전자를 발견할 확률이 높은 곳은 전자를 다른 원자군과 공유하는 치환 반응이 일어나기 쉬울 것이고, 반대로 그렇지 않은 위치에서는 전자를 내어 주는 치환 반응이 더 잘 일어날 것이다.

동일한 방법으로 엽록소(chlorophyll) 같은 훨씬 복잡한 분자들도 일부 이해할 수 있다. 엽록소 분자의 한 가지 형태가 그림 15-12에 있다. 굵은 선으로 표시한 단일 결합과 이중 결합이 원자 20개에 걸쳐 있는 고리임을 잘 보자. 이중 결합의 전자들은 고리를 따라 이동할 수 있다. 독립 입자 근사를 쓰면 에너지 준위를 전부 구할 수 있다. 측정을 해 보면 가시광선 영역에서 강한 흡수 선이 관찰되는데, 이 때문에 분자의 색깔이 나타나는 것이다. 나뭇잎을 붉게 만드는 크산토필(xanthophyll) 분자도 비슷하게 복잡하지만 역시 같은 방법으로 이해할 수 있다.

이 같은 이론을 유기화학에 적용했을 때 얻는 결과가 한 가지 더 있다. 제일 성공적인 것일 수도 있는데, 적어도 어떤 의미에서는 가장 정확한 것이기도 하다. 이 결과는 다음 질문과 관련이 있다. 특별히 강한 화학 결합은 어떤 상황에서 나오는가? 답이 꽤나 재미있다. 먼저 벤젠을 예를 들어 여섯 번 이온화된 분자에 차례로 하나씩 전자를 넣는다고 하자. 그러면 음이온에서 양이온에 이르기까지 다양한 벤젠 이온이 나올 것이다. 이온 혹은 중성 분자의 에너지를 집어 넣은 전자의 개수에 대한 함수로 그래프 위에 그려 보자. $E_0 = 0$으로 놓으면 (값을 모르므로) 그림 15-13에서와 같은 결과가 나온다. 첫 두 전자에 대해서는 직선이 된다. 계속 넣어 보면 각각의 전자군에 대해 기울기가 증가하며 각 군 사

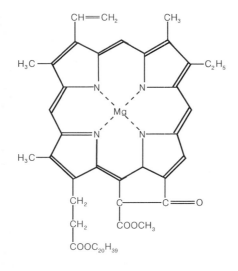

그림 15-12 엽록소 분자

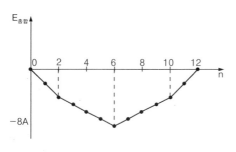

그림 15-13 그림 15-8의 가장 낮은 상태에 n개의 전자가 있고 $E_0 = 0$인 경우의 전자 에너지의 총합

---

* 직사각형을 두 부분으로 나눠 정사각형 및 주어진 것과 닮은 직사각형으로 만들 수 있을 때 그 직사각형의 변의 길이의 비 ($\frac{\sqrt{5}+1}{2} \cong 1.618$을 말한다 : 옮긴이).

이에는 기울기가 연속적이지 않다. 에너지가 같은 준위들이 전부 차서 전자를 하나 더 넣으려면 더 높은 에너지 준위로 가야 할 때 기울기가 변한다.

벤젠 이온의 실제 에너지는 그림 15-13의 그래프와는 상당히 다른데, 이는 전자 간 상호작용 및 그간 무시해 온 정전기적 에너지 때문이다. 하지만 이들에 의한 효과는 n이 바뀜에 따라 매끈하게 변한다. 이 효과를 고려하더라도 에너지 그래프는 역시 특정한 에너지 준위가 전부 다 차는 지점에서 꺾인다.

그림 15-14처럼 모든 점을 부드럽게 연결하는 그래프를 생각해 보자. 이 그래프보다 위에 있는 점들은 에너지가 보통 이상이고 그래프 아래의 점들의 에너지는 보통 이하라고 말할 수 있다. 에너지가 보통 이상인 배치는 화학적으로 평균보다 더 안정할 것이다. 그래프보다 아래에 있는 점은 항상 직선 구간이 끝나는 곳, 즉 에너지 껍질을 다 채우는 지점임을 주의 깊게 봐 두자. 여기가 이론적 예측이 가장 정확히 들어맞는 부분이다. 분자나 이온은 전자들이 에너지 껍질을 가득 채울 때 특히 안정하다. (다른 비슷한 배치와 비교했을 때 말이다.)

이 이론을 쓰면 몇 가지 매우 독특한 화학적 현상을 설명하고 또 예견할 수 있다. 간단한 예로 삼각형 고리를 보자. 화학자들이 그런 고리를 만들어 안정한 상태에 둘 수 있다는 게 잘 믿어지지 않지만, 어쨌든 분명히 만들었다. 세 전자에 대한 원형 에너지 도표를 그림 15-15에 보였다. 낮은 에너지 상태에 전자 두 개를 채우면 셋 중 하나가 남는다. 이 전자는 높은 준위에 들어가야만 한다. 지금까지의 논리에 따르면 이 분자는 안정할 리가 없는 반면 전자가 둘만 있는 구조는 안정할 것이다. 실제로 중성인 트리페닐 사이클로프로페닐(triphenyl cyclopropenyl) 분자는 만들기가 매우 어렵지만 그림 15-16과 같은 양이온은 상대적으로 쉽게 만들 수 있다. 삼각형 고리는 절대로 쉽게 만들 수 없는데, 유기 분자 내의 결합이 정삼각형을 이루면 항상 굉장히 큰 변형력(stress)이 뒤따르기 때문이다. 안정한 화합물을 만들기 위해서는 이 구조를 어떻게 해서든 안정시켜야 한다. 어쨌거나 정삼각형의 세 꼭지점에 각각 벤젠 고리를 붙이면 양이온을 만들 수 있다. (벤젠 고리를 붙여야만 가능한 이유는 아직 모른다.)

5각형 고리도 비슷한 방법으로 해석할 수 있다. 에너지 도표를 그려 보면 전자가 6개인 구조가 특히 안정한 구조임을 알 수 있는데, 따라서 그런 분자는 음이온일 때 가장 안정하다. 5각형 고리는 잘 알려져 있으며 만들기도 쉽고 항상 음이온으로 작용한다. 마찬가지로 해 보면 4각형이나 8각형 고리는 별로 재미가 없지만 14각형이나 10각형 고리는 6각형과 마찬가지로 중성일 때 가장 안정하다.

15-6 근사의 다른 용도

비슷한 상황이 두 가지 더 있는데, 간략하게만 언급하겠다. 원자의 구조를 이해하려는 경우 전자들이 껍질을 하나하나 채워 나간다고 생각할 수 있다. 슈뢰딩거의 전자 운동 이론은 한 점으로부터의 거리에만 좌우되는 중심 장(central field) 안에서 움직이는 단일 전자에 대해서만 간단히 적용할 수 있다. 그럼 가령

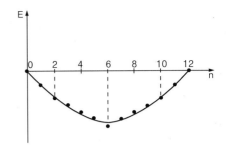

그림 15-14 그림 15-13의 점들을 완만한 곡선으로 연결한 것. $n = 2, 6, 10$인 분자들이 나머지 경우보다 더 안정하다.

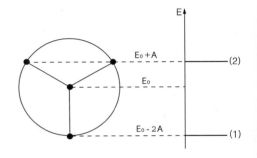

그림 15-15 세 개짜리 고리에 대한 에너지 도표

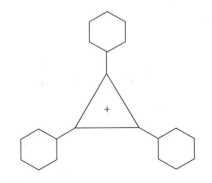

그림 15-16 트리페닐 사이클로프로페닐 양이온

전자가 22개인 원자에서 무슨 일이 벌어지는지 어떻게 이해할 수 있을까? 일종의 독립 입자 근사를 쓰는 것이 한 가지 방법이 될 수 있다. 우선 전자가 하나일 때 일어나는 일을 계산한다. 그러면 에너지 준위가 몇 가지 나온다. 전자 하나를 그중 에너지가 가장 낮은 상태에 넣는다. 물론 전자 간 상호작용을 무시하고 껍질을 계속해서 하나하나 채워도 대략적인 모델을 얻을 수 있다. 하지만 전자가 갖는 전하의 효과를 매우 근사적인 방법으로나마 고려하면 더 나은 답을 얻을 수 있다. 즉 전자를 하나 더할 때마다 그 전자가 여러 위치에 있을 확률 진폭을 계산하고 이 확률 진폭을 통해 어떤 구형의 전하 분포를 추정한다. 그리고 나서 이 분포에 의한 장과 양의 원자핵 및 이미 더한 전자들에 의한 장을 모두 더해서 다음 전자의 가능한 상태를 계산한다. 이 방법을 쓰면 중성인 원자 및 여러 다양한 이온화된 상태의 에너지를 상당히 정확하게 추산할 수 있다. 그리고 고리 모양 분자의 전자에서 본 것과 같은 에너지 껍질들의 존재도 확인할 수 있다. 부분적으로 찬 껍질이 있는 원자는 전자를 더 받아들이거나 혹은 일부 잃음으로써 가장 안정한 상태, 즉 꽉 찬 껍질이 되려는 경향이 있다.

이 이론을 쓰면 주기율표에 나타나는 근본적인 화학적 성질을 규명할 수 있다. 비활성 기체(inert gas)는 껍질이 막 다 찬 원소들이어서 화학반응을 하게 만들기가 특히 어렵다. (물론 일부는 플루오르 및 산소 등과 반응한다. 하지만 이들 화합물의 결합은 매우 약하기 때문에 비활성 기체들은 말 그대로 거의 비활성이다.) 비활성 기체보다 전자가 하나 더 있거나 하나 모자란 원자는 쉽게 전자를 얻거나 잃어 특별히 안정한 (에너지가 낮은) 조건, 즉 껍질이 다 찬 상태로 옮겨간다. 따라서 이들 원소는 원자가(valence)가 +1 혹은 −1로써 반응성이 매우 강하다.

핵물리에서도 비슷한 상황을 볼 수 있다. 원자핵 내의 양성자와 중성자는 서로 상당히 강하게 반응한다. 그렇지만 핵의 구조를 분석하는 경우에도 독립 입자 모델을 쓸 수 있다. 원자핵 내 중성자의 개수가 특정 숫자, 즉 2, 8, 20, 28, 50, 82 등일 때 특히 안정하다는 사실은 이미 실험적으로 알려져 있었다. 양성자의 개수가 이만큼인 원자핵 또한 매우 안정하다. 초기에는 이유를 몰랐기 때문에 이들을 두고 핵물리학의 '마법의 숫자'라고 불렀다. 양성자와 중성자 사이의 상호작용이 강하다는 점은 잘 알려져 있었는데, 그렇기 때문에 독립 입자 모델이 껍질의 구조 및 마법의 숫자를 정확히 예측한다는 사실에 많은 사람들이 매우 놀랐다. 이 모델은 각 핵자(양성자 또는 중성자)가 나머지 핵자들이 만들어 내는 평균적인 효과에 의한 중심장 안에서 움직인다고 가정한다. 하지만 이 모델로는 마법의 숫자들 중 더 큰 것들은 맞추지 못했는데, 얼마 못 가서 마리아 메이어(Maria Mayer)가, 또 그와는 별개로 옌젠(Jensen)과 그의 동료들이 독립 입자 모델에 스핀-궤도 상호작용(spin-orbit interaction)이라는 교정 항을 더하면 전부 맞출 수 있음을 알아냈다. (스핀-궤도 상호작용이 있으면 핵 안에서의 운동에서 비롯되는 궤도 각운동량(orbital angular momentum)과 스핀의 방향이 같은 경우 핵자의 에너지가 더 낮아진다.) 이 이론은 한 걸음 더 나아가서 원자핵에 대한 껍질 구조를 쓰면 원자핵 및 핵반응의 몇 가지 특징을 예측할 수 있음을 보이기도 했다.

독립 입자 근사는 고체물리에서 화학, 생물학, 그리고 핵물리에 이르기까지 매우 다양한 분야에서 아주 쓸모가 있다. 많은 경우 근사적인 결과에 불과하지만 그것을 쓰면 왜 특히 안정한 조건이 껍질 내에 존재하는지를 이해할 수 있다. 하지만 이 근사법은 개별 입자 간의 상호작용에서 비롯되는 온갖 복잡한 부분을 다 생략했으므로 중요한 결과를 전혀 설명해 내지 못하는 경우가 종종 있다고 해서 놀랄 필요는 없다.

CHAPTER 16
확률 진폭의 위치에 따른 변화

16-1 선 위에서의 확률 진폭

이번 장에서는 양자역학의 확률 진폭이 공간상에서 어떻게 변하는지 얘기해 보겠다. 이전 장에서 몇 가지를 빼놓고 지나간다는 느낌 때문에 불편했을지 모르겠다. 예를 들어 암모니아 분자 얘기를 할 때 두 기반 상태를 써서 설명했는데, 그중 하나는 질소 원자가 세 수소 원자들이 만드는 평면 위에 있는 것이었고 또 하나는 그 아래에 있는 것이었다. 왜 딱 두 가지만 골랐을까? 질소 원자가 수소 원자 면으로부터 2옹스트롬, 3옹스트롬, 4옹스트롬 위에 있으면 왜 안 되는 걸까? 물론 질소 원자가 존재할 수 있는 지점은 그 외에도 많다. 그뿐만 아니라 수소 분자 이온, 즉 양성자 두 개가 전자 하나를 공유하는 상황을 얘기할 때에도 두 상태만을 머릿속에 그렸다. 하나는 전자가 1번 양성자 근처에 있는 경우, 또 하나는 2번 양성자 근처에 있는 경우로 말이다. 분명히 세부 사항을 상당 부분 건너뛰고 있다. 전자가 정확히 2번 양성자의 위치에 있는 게 아니라 그 주변에 있을 뿐이다. 양성자 위에 있을 수도, 아래에 있을 수도, 왼쪽 어딘가에 있을 수도, 오른쪽에 있을 수도 있다.

지금까지 이 내용을 자세히 기술하지 않은 것은 다분히 의도적이었다. 우리가 관심을 갖는 부분은 전체 문제 중 일부 성질로 한정되어 있었는데, 그렇기 때문에 전자가 1번 양성자 근처에 있다고 할 때는 더 구체적인 어떤 조건을 따를 것이라고 어렴풋이 받아들여 온 것이다. 그 조건에 의하면 전자를 발견할 확률이 분명히 양성자 주변에 어떤 모양으로 분포하겠지만, 그 분포에 대해서는 그 이상 자세히 살펴보지 않았다.

약간 돌려서 말해 보자. 수소 분자 이온을 공부할 때 두 개의 기반 상태를 이용하는 근사적인 접근 방식을 썼다. 실제로는 가능한 상태가 훨씬 많다. 전자가 한 양성자 근처에서 바닥 상태로 존재할 수도 있지만 들뜬 상태도 가능하다. 전자의 양성자 주변으로의 분포는 들뜬 상태에 따라 제각각 다르다. 이 들뜬 상태들 때문에 전자가 양성자 근처에서 다양한 분포를 가질 수 있다. 그러므로 수소 분자 이온을 더 자세히 기술하려면 이들 또 다른 기반 상태들도 고려해야 한다. 여러 가지 방법이 가능할 텐데, 그중에서도 전자의 공간상 위치를 훨씬 자세히 담고 있는 상태를 사용하기로 하자.

이제부터 전자의 위치를 더 상세하게 알 수 있는 방법에 대해 생각해 보자.

즉 주어진 상황에서 전자를 각각의 위치에서, 또 모든 위치에서 발견할 확률을 구하겠다. 이 과정을 통해 이전 장에서 썼던 근사적인 방법들의 타당성을 분석할 수 있다. 어떤 의미에서는 앞에서 본 식들을 지금부터 배우게 될 완전한 이론으로부터 근사적으로 유도할 수 있다.

그러면 왜 진작부터 완전한 이론을 가르쳐 주고 나서 차차 근사적인 방법을 쓰지 않았는지 궁금해할지도 모르겠다. 저자들 생각으로는 우선 가능한 상태가 두 개뿐인 근사를 통해 양자역학의 기본 구조에 대한 감을 잡고 나서 조금씩 다듬어 나아가는 편이 그 반대보다 여러분에게 쉬울 것이라고 봤다. 그리하여 본 강의의 접근 방식이 다른 책과 비교했을 때 역순으로 전개되는 것처럼 보이는 것이다.

본 장의 내용을 풀어 가면서 그동안 쭉 지켜온 규칙 하나를 버릴 것이다. 지금까지는 어떤 내용에 대해서도 그에 관한 물리적인 내용을 거의 모두 설명하려고 했다. 해당 개념들이 어떤 결과를 가져오는지까지도 말이다. 내용을 상세히 설명하는 데 그치지 않고 그로 인해 일어나는 일들에 대해서도 일반적으로 기술함으로써 이론의 결말이 어떻게 되는지 알 수 있도록 해 왔다. 하지만 이번에는 그렇게 하지 않고 확률 진폭이 만족하는 방정식 및 그를 통해 공간상의 확률을 어떻게 이야기할 수 있는지까지만 보여 주겠다. 이론을 써서 쉽게 보일 수 있는 결론들도 다 알려주기엔 시간이 모자랄 듯하다. 또한 이 이론이 앞에서 수소 분자나 암모니아 분자에 썼던 근사적인 방법과 어떤 관계가 있는지 생각해 보기도 어려울 것이다. 일단 이번 한 번은 내용 전개를 완결하지 않은 채로 열어 두어야겠다. 이 강의도 막바지에 이르고 있는데, 나로서는 여러분에게 개념을 전반적으로 소개하고 양자역학에 접근하는 다른 방식과의 관련성을 지적하는 정도로 만족해야겠다. 그래도 여러분이 스스로 공부해 나아갈 수 있게, 또 책을 읽어 가면서 앞으로 배울 내용이 갖는 의미를 터득하기에 부족함이 없을 만큼은 기본 개념을 설명했기를 바란다. 그렇지만 몇몇 내용은 나중에 언젠가 따로 공부해야 할 것이다.

원자가 일렬로 늘어서 있는 배열에서 전자들이 어떻게 움직이는지 앞에서 배운 내용을 복습해 보자. 전자가 한 원자에서 이웃 원자로 옮겨 갈 확률이 있는 경우, 전자를 발견할 확률 진폭이 격자를 따라서 퍼져 있는 진행파(traveling wave) 형태이며 에너지가 정해진 상태가 존재함을 배웠다. 파장이 긴 혹은 파수 k가 작은 상태의 에너지는 파수의 제곱에 비례한다. 결정 격자의 원자 간 간격이 b이고 전자가 한 원자에서 인접 원자로 점프할 단위 시간당 확률 진폭이 $iA/\hbar$라면 상태의 에너지는 (kb가 작을 때)

$$E = Ak^2b^2 \tag{16.1}$$

이었다 (13-2절 참고). 또한 이 같은 파들 중 에너지가 비슷한 것들을 모으면 파동 묶음을 만들 수 있었는데, 이는 유효 질량 m_{eff}가 다음 식으로 주어지는 고전적인 입자처럼 행동함을 배웠다.

$$m_{eff} = \frac{\hbar^2}{2Ab^2} \tag{16.2}$$

결정 내에서 확률 진폭의 파동이 입자와 흡사하므로 양자역학적으로 입자를 기술하다 보면 격자에서 본 것과 같은 종류의 파동성이 나타날 것이다. 선형 격자에서 원자 간 간격 b를 점점 줄여 보자. 한없이 줄여 가다 보면 전자가 선을 따라 어느 곳에서도 존재할 수 있는 극한에 도달한다. 확률 진폭이 연속적으로 분포하는 상황이 된 것이다. 어느 곳에서든지 전자를 발견할 확률이 있다. 이것이 진공에서 전자의 움직임을 이해하는 한 가지 방법이 될 수 있겠다. 즉 공간을 무한히 많은 다닥다닥 붙어 있는 점들로 구분한 뒤에 서로 다른 점에서의 확률 진폭 간 관계식을 유도해 낸다면 그것이 바로 전자에 대한 양자역학적 운동 법칙이 되는 것이다.

양자역학의 일반 원리 몇 가지로부터 시작해 보자. 여러 다양한 조건을 취할 수 있는 입자가 하나 있다. 그중 어느 조건 혹은 어느 상태도 될 수 있다. 가령 $|\phi\rangle$나 $|\psi\rangle$처럼 말이다. 여기에 기반 상태의 개념을 넣자. 즉 $|1\rangle$, $|2\rangle$, $|3\rangle$, $|4\rangle$와 같은 상태의 집합이 있어서 다음 조건을 만족한다. 먼저 각각의 상태는 뚜렷하게 구분된다. 이를 가리켜 직교한다(orthogonal)고 부른다. 그 말은 임의의 두 기반 상태 $|i\rangle$, $|j\rangle$에 대해서도 확률 진폭 $\langle i|j\rangle$ 즉 상태 $|i\rangle$에 있는 전자가 동시에 상태 $|j\rangle$에도 있을 확률은 0이라는 뜻이다. 물론 $|i\rangle$와 $|j\rangle$가 같은 상태가 아닌 경우에 한해서이다. 이를 기호로

$$\langle i|j\rangle = \delta_{ij} \tag{16.3}$$

로 쓴다. i와 j가 다르면 $\delta_{ij} = 0$이고 같으면 $\delta_{ij} = 1$임을 기억할 것이다.

다음으로, 기반 상태 $|i\rangle$는 완전한 집합(complete set)이어서 어떤 상태도 전부 이들을 써서 나타낼 수 있어야 한다. 그 말은 어떠한 상태 $|\phi\rangle$도 상태 $|i\rangle$에 있을 확률 진폭 $\langle i|\phi\rangle$를 전부 구함으로써 표시할 수 있다는 뜻이다. 사실 상태 벡터 $|\phi\rangle$는 다음과 같이 각각의 기반 상태에 상태 $|\phi\rangle$가 $|i\rangle$에 있을 확률 진폭을 곱한 것들의 합이다.

$$|\phi\rangle = \sum_i |i\rangle\langle i|\phi\rangle \tag{16.4}$$

마지막으로 두 상태 $|\phi\rangle$와 $|\psi\rangle$에 대해 상태 $|\psi\rangle$가 $|\phi\rangle$에도 있을 확률을 구하려면 먼저 $|\psi\rangle$를 $|i\rangle$에 투영하고 나서 각각의 기반 상태를 상태 $|\phi\rangle$로 투영하면 된다. 이를 다음과 같이 쓸 수 있다.

$$\langle \phi|\psi\rangle = \sum_i \langle \phi|i\rangle\langle i|\psi\rangle \tag{16.5}$$

여기서 물론 모든 기반 상태 $|i\rangle$에 대해 더해야 한다.

13장에서 선형 원자 배열에서 전자에 어떤 일이 일어나는지 이야기할 때 전자가 어느 하나의 원자 근처에 몰려 있는(localized) 기반 상태들의 집합을 썼다. 즉 전자가 n번 원자에 묶여 있는 조건을 기반 상태 $|n\rangle$으로 표시했다. (물론 기반 상태로 $|i\rangle$ 대신 $|n\rangle$을 쓴다는 것에 특별한 의미를 둘 필요는 없다.) 그러고 나서 기반 상태를 배열 내에서 원자의 번호 대신 원자의 위치 $|x_n\rangle$을 써서 나타내는 것이 훨씬 편리하다는 것도 보았다. $|x_n\rangle$은 $|n\rangle$을 표기하는 다른

방법일 뿐이다. 그러면 일반적인 규칙을 따라 $|\psi\rangle$ 상태의 전자가 $|x_n\rangle$에도 있을 확률 진폭을 이용하여 임의의 상태 $|\psi\rangle$를 표시할 수 있었다. 편의상 이 확률 진폭을 다음과 같이 C_n으로 쓰기로 했다.

$$C_n = \langle x_n | \psi \rangle \tag{16.6}$$

기반 상태가 선형 배열에서의 위치와 연관되어 있으므로 확률 진폭 C_n을 좌표 x의 함수로 생각하여 $C(x_n)$으로 쓸 수 있겠다. 확률 진폭 $C(x_n)$이 일반적으로 시간에 따라 변하므로 이는 시간의 함수이기도 할 것이다. 대개 시간 t는 명기하지 않는다.

13장에서는 $C(x_n)$이 해밀토니안 방정식(식 13.3)에 따라 변한다고 했다. 새 표기법을 쓰면 이 식은

$$i\hbar \frac{\partial C(x_n)}{\partial t} = E_0 C(x_n) - A C(x_n + b) - A C(x_n - b) \tag{16.7}$$

가 된다. 우변의 마지막 두 항은 전자가 $(n+1)$번째 혹은 $(n-1)$번째 원자에서 n번째 원자로 가는 과정을 가리킨다.

식 (16.7)의 해가

$$C(x_n) = e^{-iEt/\hbar} e^{ikx_n} \tag{16.8}$$

꼴의 특정 에너지 상태가 됨은 앞에서 배웠다. 에너지가 낮은 상태는 파장이 길고(혹은 k가 작고) 에너지와 k 사이에

$$E = (E_0 - 2A) + Ak^2b^2 \tag{16.9}$$

의 관계가 있는데 $(E_0 - 2A) = 0$이 되게 에너지의 기준점을 잡으면 식 (16.1)과 같아진다.

k를 고정한 채로 격자 간격 b를 0으로 줄이면 어떤 일이 일어나는지 보자. 이게 전부라면 식 (16.9)는 0이 되고 물리적으로 무의미해진다. 하지만 A와 b가 Ab^2이 상수가 되도록 동시에 변한다고 해 보자.* 그러면 식 (16.2)로부터 Ab^2을 상수 $\hbar^2/2m_\text{eff}$로 쓸 수 있다. 이렇게 하면 식 (16.9)는 변하지 않는데, (16.7)의 미분 방정식은 과연 어떻게 될까?

먼저 식 (16.7)을

$$i\hbar \frac{\partial C(x_n)}{\partial t} = (E_0 - 2A)C(x_n) + A[2C(x_n) - C(x_n + b) - C(x_n - b)] \tag{16.10}$$

으로 고쳐 쓰자. 앞에서 정한 에너지의 기준점 때문에 첫 항은 사라진다. 다음으로 각 위치 x_n에서의 값 $C(x_n)$들을 모두 가지면서 매끄럽게 변하는 연속함수 $C(x)$를 생각하자. 간격 b가 0이 됨에 따라 x_n의 점들이 서로 점점 더 가까워지고 ($C(x_n)$의 변화가 충분히 매끈하다면) 대괄호 안의 항이 $C(x_n)$을 두 번 미분한 것에 비례한다. 즉 각 항을 테일러 전개하면 다음 등식이 나온다.

---

* x_n 점들이 서로 가까워지면 $x_{n\pm1}$로부터 x_n으로 점프할 진폭 A가 커질 것이다.

$$2C(x) - C(x+b) - C(x-b) \approx -b^2 \frac{\partial^2 C(x)}{\partial x^2} \qquad (16.11)$$

그러므로 $b^2 A$의 값이 K로 고정된 채로 b가 0에 가까워지는 극한에서는 식 (16.7)이 다음과 같아진다.

$$i\hbar \frac{\partial C(x)}{\partial t} = -\frac{\hbar^2}{2m_{\text{eff}}} \frac{\partial^2 C(x)}{\partial x^2} \qquad (16.12)$$

이렇게 하여 $C(x)$ 즉 전자를 x에서 발견할 확률 진폭의 시간 변화에 대한 방정식을 얻었는데, 이 식에 따르면 시간 변화율은 그 근처에서 전자를 발견할 확률 진폭에 좌우되며 확률 진폭의 위치에 대한 이차 미분에 비례하는 형태가 된다.

자유 공간에서의 전자에 대한 양자역학적 운동을 정확히 기술하는 방정식은 슈뢰딩거가 최초로 발견하였다. 선을 따라가는 운동의 경우에는 m_{eff}를 전자의 자유 공간상 질량 m으로 바꿔 주기만 하면 정확히 식 (16.12)의 형태가 된다. 즉 선을 따라가는 운동에 대한 슈뢰딩거 방정식은 다음과 같다.

$$i\hbar \frac{\partial C(x)}{\partial t} = -\frac{\hbar^2}{2m} \frac{\partial^2 C(x)}{\partial x^2} \qquad (16.13)$$

우리가 슈뢰딩거 방정식을 유도해 냈다고 여기지는 않기를 바란다. 그에 이르는 한 가지 방법을 본 것뿐이다. 슈뢰딩거가 처음으로 방정식을 알아냈을 때, 그의 논리는 직관적인 근거 몇 가지에 천재적인 추론을 보탠 것이었다. 근거에 일부 오류가 있긴 했지만 그건 별로 상관이 없다. 그보다 중요한 것은 그가 찾아 낸 궁극의 방정식을 쓰면 자연을 정확히 기술할 수 있다는 사실이니까 말이다. 지금까지의 논리도 양자역학의 근본 방정식 (16.13)이 한 줄로 서 있는 원자 내에서 전자의 움직임에 극한을 취한 것과 같은 형태임을 보이고자 한 것이다. 그 말은 미분 방정식 (16.13)이 확률 진폭이 선을 따라 한 점에서 다음 점으로 퍼져 나가는 현상을 설명한다고 이해할 수 있다는 뜻이다. 즉 전자가 한 점에 있을 확률 진폭이 있다면 잠시 후 이웃 점들에 있을 확률 진폭도 있다는 것이다. 사실 이 식은 1권에서 배운 확산 방정식(diffusion equation)과 닮았다. 하지만 큰 차이가 하나 있는데, 시간에 대한 미분 앞에 있는 허수 계수 때문에 가는 관을 따라 퍼지는 기체의 확산과는 완전히 다른 결과를 얻는다는 사실이다. 즉 보통의 확산에서는 해가 지수함수 꼴이 되지만 식 (16.13)의 해는 복소 파동함수가 된다.

16-2 파동함수

어떤 현상이 나타날지는 대강 알았으니, 처음으로 되돌아가서 선을 따라 움직이는 전자의 운동을 원자가 격자로 연결된 상태를 가정하지 않고 나타내는 방법을 생각해 보자. 공간상에서 자유로운 입자의 움직임을 나타내는 데 어떤 개념들이 필요한지부터 살펴보겠다. 우리의 관심사는 연속체(continuum)상에서의 입자가 어떤 행동을 보일지이므로 가능한 상태도 무한히 많을 것이며, 상태의 종류가 유한한 경우에 대해 썼던 개념들을 기술적으로 손을 좀 보아야 할 것이다.

먼저 하나의 입자가 정확히 좌표 x의 위치에 있는 상태를 상태 벡터 $|x\rangle$로 쓰기로 하자. 1.73이나 9.67 혹은 10.00처럼 선 위의 모든 x값에는 그에 대응하는 상태 벡터가 있다. 이 $|x\rangle$를 기반 상태로 취하고 선 위에 있는 점을 전부 다 고려한다면 일차원 운동에 대한 완전한 집합을 갖게 되는 것이다. 이번에는 다른 종류의 상태 $|\psi\rangle$, 즉 전자가 선을 따라 특정한 형태로 분포하는 상태를 생각하자. 전자를 각각의 기반 상태 $|x\rangle$에서 발견할 확률 진폭을 구하는 것이 이 상태를 표시하는 하나의 방법이 될 수 있겠다. 즉 각각의 x값에 하나씩 대응하는 확률 진폭의 무한집합을 얻는다. 이 확률 진폭을 $\langle x | \psi \rangle$로 쓰자. 각각의 확률 진폭은 복소수이며, x값마다 그런 복소수가 하나씩 있으므로 $\langle x | \psi \rangle$는 사실 x의 함수이다. 이를 다음과 같이 $C(x)$로 쓰자.

$$C(x) \equiv \langle x | \psi \rangle \tag{16.14}$$

이처럼 좌표에 관한 연속함수 형태인 확률 진폭은 7장에서 확률 진폭의 시간 변화에 대해 이야기할 때 이미 본 적이 있다. 거기서는 예를 들어 운동량이 정해진 입자는 확률 진폭의 공간상 변화가 특별한 식을 따를 것이라고 예상했다. 한 입자의 운동량이 p이고 에너지는 그에 대응하는 E로 정해진 경우 임의의 위치 x에서 발견할 확률이

$$\langle x | \psi \rangle = C(x) \propto e^{+ipx/h} \tag{16.15}$$

이다. 이 식은 공간상의 다른 위치에 대응하는 기반 상태를 운동량이 정해진 기반 상태와 연결시키는, 양자역학에서 중요한 기본 원리이다. 운동량이 정해진 상태가 x가 정해진 상태보다 더 편리할 때도 있다. 물론 양자역학적 상황을 기술하는 경우에는 두 기반 상태 집합은 동등하므로 그중 어느 쪽을 써도 된다. 이들 사이의 관계에 대한 문제는 나중에 다시 이야기하기로 하고, 일단은 상태 $|x\rangle$를 써서 나타내는 방법을 좀 더 생각해 보자.

그에 앞서 표기법을 약간 바꾸겠다. 식 (16.14)로 정의한 함수 $C(x)$는 물론 상태 $|\psi\rangle$에 따라 그 형태가 다를 텐데, 이 점을 식에 반영해야겠다. 예를 들어 $C(x)$가 어떤 함수를 말하는지를 아래 첨자를 덧붙여서 $C_\psi(x)$로 표시할 수 있다. 이 방법을 써도 아무 문제가 없지만 약간 번거롭기 때문에 대부분의 책에서는 이렇게 하기보다는 그냥 C를 떼어 내고 ψ를 직접 써서

$$\psi(x) \equiv C_\psi(x) = \langle x | \psi \rangle \tag{16.16}$$

로 함수를 정의한다. 다들 이 표기법을 쓰니 이에 익숙해져야 나중에 다른 데서 보더라도 놀라지 않을 것이다. 하지만 ψ를 두 가지 다른 방법으로 쓰게 된다는 점은 기억하고 있어야 한다. 즉 식 (16.14)에서는 ψ가 전자의 특정한 물리적 상태 자체를 가리키는 하나의 기호로 쓰였지만, 식 (16.16)의 좌변에서는 선 위의 각 x점에 대응하는 확률 진폭을 수학적으로 정의하는 함수인 것이다. 개념이 익숙해질 때쯤 되면 별로 헷갈리지 않으리라 믿는다. 한 가지 추가하자면 함수 $\psi(x)$는 보통 파동함수(wave function)라고 부르는데, 변수들이 복소수 파동의 형태를 띠기 때문이다.

$\psi(x)$를 상태 ψ의 전자를 위치 x에서 발견할 확률 진폭으로 정의했으니 ψ의 절대값의 제곱을 전자를 x에서 발견할 확률로 해석할 수 있겠다. 그렇지만 하나의 입자를 정확하게 특정한 위치에서 발견할 확률은 불행히도 0이다. 보통은 전자가 선 위의 어떤 영역에 퍼져 있고 아무리 좁은 영역 안에도 무한히 많은 점이 들어 있으므로 그중 한 점에 있을 확률은 0이다. 따라서 전자를 발견할 확률은 확률 분포*를 써서 기술해야 하는데, 이는 전자를 특정 위치 근처에서 발견할 상대적인 확률을 가리킨다. x 주변의 Δx 이내에서 전자를 발견할 확률을 prob(x, Δx)로 쓰기로 하자. 충분히 미시적인 스케일에서 접근하면 확률은 매끄럽게 변할 것이고 임의의 작은 구간 Δx에서 전자를 발견할 확률은 Δx에 비례할 것이다. 이 점을 포함하도록 다음과 같이 정의를 일부 수정하자.

확률 진폭 $\langle x | \psi \rangle$를 좁은 영역에서의 기반 상태 $| x \rangle$에 대한 일종의 '진폭 밀도'로 여길 수 있다. 전자를 x 근처의 Δx에서 발견할 확률이 Δx에 비례할 것이므로

$$\text{prob}(x, \Delta x) = |\langle x | \psi \rangle|^2 \Delta x$$

가 되도록 $\langle x | \psi \rangle$를 정의하기로 하자. 따라서 확률 진폭 $\langle x | \psi \rangle$는 상태 ψ의 전자를 기반 상태 $| x \rangle$에서 발견할 확률 진폭에 비례할 것이며, 비례 상수는 $\langle x | \psi \rangle$의 절대값의 제곱이 전자를 특정 영역에서 발견할 확률 밀도가 되도록 정한다. 다음과 같이 써도 똑같다.

$$\text{prob}(x, \Delta x) = |\psi(x)|^2 \Delta x \tag{16.17}$$

이번에는 앞에서 썼던 방정식 일부를 확률 진폭에 대한 새 정의와 맞도록 고쳐 보자. 상태 $| \psi \rangle$의 전자가 하나 있는데 그것을 다른 상태 $| \phi \rangle$에서 발견할 확률 진폭을 알고 싶다고 해 보자. 여기서 $| \phi \rangle$는 전자가 다른 분포를 따라 퍼져 있는 경우를 가리킨다. 띄엄띄엄 떨어져 있는 상태들의 유한 집합에 대해서는 식 (16.5)를 쓰면 된다. 확률 진폭에 대한 정의를 바꾸기 전 같으면

$$\langle \phi | \psi \rangle = \sum_{\text{모든 } x} \langle \phi | x \rangle \langle x | \psi \rangle \tag{16.18}$$

라고 썼을 것이다. 하지만 확률 진폭을 앞서 말한 새 방식으로 규격화한다면 x의 좁은 영역에 대한 합은 Δx를 곱하는 것과 마찬가지가 되고 모든 x에 대한 합은 적분으로 바뀐다. 따라서 새 정의에 따르자면 다음과 같이 쓰는 것이 옳다.

$$\langle \phi | \psi \rangle = \int_{x \text{전체}} \langle \phi | x \rangle \langle x | \psi \rangle \, dx \tag{16.19}$$

확률 진폭 $\langle x | \psi \rangle$는 $\psi(x)$로 표기하는 대상과 같으며, 마찬가지로 확률 진폭 $\langle x | \phi \rangle$는 $\phi(x)$로 나타내기로 하자. $\langle \phi | x \rangle$가 $\langle x | \phi \rangle$의 복소 공액이므로 식 (16.19)를

$$\langle \phi | \psi \rangle = \int \phi^*(x) \psi(x) \, dx \tag{16.20}$$

---

* 확률 분포에 대한 논의는 1권의 6-4절을 참고하라.

로 쓸 수 있다. 새 정의에 맞추려면 합 기호만 x에 대한 적분으로 바꾸고 나머지는 그대로 두면 된다.

지금까지 한 이야기에 조건을 하나 달자. 무슨 일이 일어나는지 적절히 표기할 수 있으려면 기반 상태의 집합이 완전해야만 한다. 일차원에서 전자는 기반 상태 $|x\rangle$만으로 나타내기에는 부족한데, 각각의 상태에 대해 전자의 스핀이 위쪽일 수도 아래쪽일 수도 있기 때문이다. 따라서 상태 집합을 두 개 만들어서 하나는 위쪽 스핀에 또 하나는 아래쪽 스핀에 쓴다면 완전한 집합을 구성하는 한 가지 방법이 될 수 있겠다. 하지만 이렇게 복잡한 상황에 대해서는 당분간 신경쓰지 않겠다.

16-3 운동량이 정해진 상태

확률 진폭 $\langle x | \psi \rangle = \psi(x)$를 따르는 상태 $|\psi\rangle$에 전자가 하나 있다고 해 보자. 이 전자는 선을 따라 퍼져 있으며 위치 x 근처의 좁은 구간 dx에서 발견할 확률이

$$\text{prob}(x, \, dx) = |\psi(x)|^2 \, dx$$

인 어떤 확률 분포를 따름을 우리는 이미 알고 있다. 이 상태의 운동량에 대해서는 무엇을 알 수 있을까? 이 전자의 운동량이 p가 될 확률은 얼마일까? 먼저 상태 $|\psi\rangle$가 운동량이 p인 상태 $|\text{mom } p\rangle$에 있을 확률 진폭부터 계산해 보자. 확률 진폭을 분해하는 식 (16.19)를 써서 구할 수 있다. 즉 $|\text{mom } p\rangle$를 쓰면

$$\langle \text{mom } p | \psi \rangle = \int_{x=-\infty}^{+\infty} \langle \text{mom } p | x \rangle \langle x | \psi \rangle dx \tag{16.21}$$

가 되고 전자의 운동량이 p일 확률은 이 확률 진폭의 절대값의 제곱이 된다. 하지만 이번에도 규격화에서 약간의 문제가 있다. 보통은 전자의 운동량이 p를 중심으로 하는 좁은 구간 dp에 있을 확률만을 구한다. 운동량이 정확하게 어떤 값 p를 가질 확률은 0이 될 뿐이다. (상태 $|\psi\rangle$가 운동량이 정해진 상태가 아닌 한) 전자의 운동량이 p를 중심으로 하는 좁은 구간 dp에 있을 확률이어야 0이 아닌 값이 나온다. 규격화하는 방법은 여러 가지가 있다. 그중 우리 생각에 가장 편리한 길을 고르겠는데, 지금은 그 점이 잘 드러나지 않을지도 모르겠다.

우리는 확률과 확률 진폭 사이에

$$\text{prob}(p, \, dp) = |\langle \text{mom } p | \psi \rangle|^2 \frac{dp}{2\pi\hbar} \tag{16.22}$$

의 관계가 성립하도록 규격화하기로 한다. 이 정의를 쓰면 $\langle \text{mom } p | x \rangle$를 찾을 수 있다. 물론 이는 식 (16.15)에서의 $\langle x | \text{mom } p \rangle$의 복소 공액과 같다. 이 규격화 규칙에 따르면 지수함수 앞에 붙는 비례 상수가 1이 되는데, 즉

$$\langle \text{mom } p | x \rangle = \langle x | \text{mom } p \rangle^* = e^{-ipx/\hbar} \tag{16.23}$$

이다. 그러면 식 (16.21)은

$$\langle \text{mom } p \mid \psi \rangle = \int_{-\infty}^{+\infty} e^{-ipx/\hbar} \langle x \mid \psi \rangle dx \qquad (16.24)$$

가 된다. 이 식과 식 (16.22)를 쓰면 어떤 상태 $\mid \psi \rangle$에 대해서도 운동량의 분포를 구할 수 있다.

예를 하나 들어 전자가 $x = 0$ 근처에만 존재하는 상황을 보자.

$$\psi(x) = Ke^{-x^2/4\sigma^2} \qquad (16.25)$$

꼴의 파동함수를 가정하면 x의 확률 분포는 이것의 절대값의 제곱이 되고 그 결과는

$$\text{prob}(x, dx) = P(x)dx = K^2 e^{-x^2/2\sigma^2} dx \qquad (16.26)$$

가 된다. 확률 밀도 함수 $P(x)$는 그림 16-1처럼 가우시안(Gaussian) 곡선이 된다. 확률이 $x = +\sigma$와 $x = -\sigma$ 사이에 몰려 있다. 이를 두고 곡선의 반 너비(half-width)가 σ라고 한다 (좀 더 정확히는, 이러한 분포로 퍼져 있는 무언가의 x좌표에 대한 제곱 평균 제곱근(root-mean-square)이 σ이다). 상수 K를 정할 때는 단순히 확률 밀도 $P(x)$가 전자를 발견할 단위 길이당 확률에 비례하게 하는 것이 아니라 축척을 잘 조절하여 $P(x)\Delta x$가 x 근처의 Δx에서 전자를 발견할 확률이 되도록 한다. $\int_{-\infty}^{+\infty} P(x)dx = 1$을 쓰면 이 조건을 만족하는 상수 K를 구할 수 있는데, 전자를 어디에선가 발견할 확률의 총합은 1이기 때문이다. 그러면 $K = (2\pi\sigma^2)^{-1/4}$이 된다. $[\int_{-\infty}^{+\infty} e^{-t^2} dt = \sqrt{\pi}$를 이용하면 된다. 1권의 40-4절 참고.]

그럼 이번엔 운동량의 분포를 구해 보자. 전자의 운동량이 p가 될 확률 진폭을 $\phi(p)$로 쓰기로 하자. 즉

$$\phi(p) \equiv \langle \text{mom } p \mid \psi \rangle \qquad (16.27)$$

이다. 식 (16.25)를 식 (16.24)에 대입하면

$$\phi(p) = \int_{-\infty}^{+\infty} e^{-ipx/\hbar} \cdot Ke^{-x^2/4\sigma^2} dx \qquad (16.28)$$

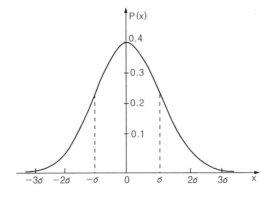

그림 16-1 식 (16.25)의 파동함수의 확률 밀도

이 되고 적분은 다음과 같이 바꿔 쓸 수 있다.

$$Ke^{-p^2\sigma^2/\hbar^2} \int_{-\infty}^{+\infty} e^{-(1/4\sigma^2)(x+2ip\sigma^2/\hbar)^2} dx \qquad (16.29)$$

여기에 $u = x + 2ip\sigma^2/\hbar$ 으로 변수를 바꾸면 적분값이

$$\int_{-\infty}^{+\infty} e^{-u^2/4\sigma^2} du = 2\sigma\sqrt{\pi} \qquad (16.30)$$

가 되어(수학자들이라면 이 방법 자체에는 반대하겠지만, 어쨌든 결과는 틀림없다)

$$\phi(p) = (8\pi\sigma^2)^{1/4} e^{-p^2\sigma^2/\hbar^2} \qquad (16.31)$$

을 얻는다.

결과가 흥미로운데, p에 대한 확률 진폭 함수가 x에 대한 확률 진폭 함수와 형태는 같고 가우시안 함수의 폭만 다른 것이다. 이를

$$\phi(p) = (\eta^2/2\pi\hbar^2)^{-1/4} e^{-p^2/4\eta^2} \qquad (16.32)$$

으로 쓸 수 있는데, p-분포의 반 너비 η와 x-분포의 반 너비 σ 사이에는

$$\eta = \frac{\hbar}{2\sigma} \qquad (16.33)$$

의 관계가 성립한다.

이 결과에 따르면 σ를 작게 하여 x 분포의 폭을 줄이면 η가 커져서 p의 분포가 훨씬 많이 퍼지게 된다. 혹은 반대로 p의 분포가 좁으면 x의 분포는 그만큼 넓어진다. 여기서 η와 σ를 운동량과 위치의 분포가 얼마나 몰려 있는지를 나타내는 하나의 척도로 볼 수 있다. 이들을 각각 Δp와 Δx라고 쓰면 식 (16.33)은 다음과 같다.

$$\Delta p \Delta x = \frac{\hbar}{2} \qquad (16.34)$$

흥미로운 점은 x와 p가 어떤 분포를 따르더라도 $\Delta p \Delta x$의 곱이 위의 값보다 작을 수는 없음을 증명할 수 있다는 사실이다. 제곱 평균 제곱근의 곱은 가우시안 분포에서 최소가 된다. 혹은 일반적으로

$$\Delta p \Delta x \geq \frac{\hbar}{2} \qquad (16.35)$$

라고 말할 수 있다. 이는 앞서 여러 번 말로만 설명한 바 있는 하이젠베르크(Heisenberg)의 불확정성 원리(uncertainty principle)를 수식으로 정확히 보인 것이다. 지금까지는 $\Delta p \Delta x$의 최소값이 대략 $\hbar$ 정도의 크기를 갖는다고 근사적으로만 이야기해 왔지만 말이다.

16-4 좌표계에서 상태의 규격화

기반 상태가 연속적으로 존재하는 상황에 맞도록 기본 방정식을 수정하는 문제로 돌아가 보자. 상태들이 띄엄띄엄 떨어져 있는(discrete) 경우에는 기반 상태들 간에 기본적으로

$$\langle i \mid j \rangle = \delta_{ij} \qquad (16.36)$$

의 관계가 성립했다. 한 입자가 하나의 기반 상태로 존재한다면 다른 기반 상태에 있을 확률 진폭은 0이다. 적절한 방법으로 규격화하여 확률 진폭 $\langle i \mid j \rangle$가 1이 되도록 한다. 이 두 조건이 식 (16.36)에 담겨 있다. 선 위에 있는 입자에 대한 기반 상태 $\mid x \rangle$의 경우에는 이 관계를 어떻게 바꿔야 하는지 보자. 기반 상태 $\mid x \rangle$에 있는 입자가 또 다른 기반 상태 $\mid x' \rangle$에 있게 될 확률 진폭은 얼마인가? 만약 x와 x'이 서로 다른 위치를 가리킨다면 확률 진폭 $\langle x \mid x' \rangle$은 분명히 0일 것이고 식 (16.36)과도 서로 통하게 된다. 하지만 x와 x'이 같아도 확률 진폭 $\langle x \mid x' \rangle$이 1이 되지 않는데, 언제나 빠짐없이 등장하는 규격화 문제 때문이다. 그럼 어떻게 조각을 끼워 맞춰야 하는지 보기 위해 식 (16.19)로 돌아가서 이 식을 상태 $\mid \phi \rangle$가 바로 기반 상태 $\mid x' \rangle$인 특수한 상황에 적용하자. 그러면

$$\langle x' \mid \psi \rangle = \int \langle x' \mid x \rangle \psi(x) dx \qquad (16.37)$$

가 된다. 앞에서 $\langle x \mid \psi \rangle$는 바로 함수 $\psi(x)$였으므로 마찬가지로 하면 확률 진폭 $\langle x \mid \psi \rangle$은 x'의 함수, 즉 $\psi(x')$이 된다. 실은 변수만 바뀌었을 뿐 둘 다 같은 상태 $\mid \psi \rangle$를 가리킨다. 따라서 식 (16.37)을 다시 쓰면

$$\psi(x') = \int \langle x' \mid x \rangle \psi(x) dx \qquad (16.38)$$

가 된다. 이 식은 어떠한 상태 $\mid \psi \rangle$ 혹은 어떤 함수 $\psi(x)$에 대해서도 성립해야 한다. 이 관계식을 통해 확률 진폭 $\langle x \mid x' \rangle$의 본질을 정확하게 알아낼 수 있는데, 물론 x와 x'에 좌우되는 함수이다.

따라서 $\psi(x)$를 곱한 뒤 x에 대해 적분하면 $\psi(x')$이 되는 함수 $f(x, x')$를 찾기만 하면 된다. 그런데 이런 함수는 수학적으로 존재하지 않는다. 최소한 함수라고 보통 지칭하는 대상 중에는 없다.

x'을 특별히 0으로 고른 확률 진폭 $\langle 0 \mid x \rangle$를 x의 함수 $f(x)$로 정의하자. 그러면 식 (16.38)이 다음과 같아진다.

$$\psi(0) = \int f(x) \psi(x) dx \qquad (16.39)$$

어떤 함수가 이 식을 만족할 수 있을까? x가 0이 아닐 때 $\psi(x)$가 무슨 값을 갖든 적분의 결과와는 관계가 없으므로 $f(x)$도 0을 제외한 모든 x 값에서 반드시 0이어야 한다. 하지만 $f(x)$가 항상 0이라면 적분값도 0이 될 것이고 식 (16.39)는 성립할 수 없다. 불가능한 상황이 되어 버렸다. 한 점을 제외하고는 전부 0인 함수의 적분값이 0이 아니어야 하니 말이다. 이렇게 되는 함수는 존재하지 않으

므로 식 (16.37)을 그냥 $f(x)$의 정의로 받아들이는 편이 쉽겠다. 즉 $f(x)$는 (16.39)가 성립하게 하는 함수이다. 디랙이 최초로 이 같은 함수를 발명했기 때문에 함수 명칭에 그의 이름이 들어 있다(디랙 델타 함수(Dirac delta function)라고 부른다 : 옮긴이). 이를 $\delta(x)$로 쓰자. 조금 전의 이야기를 정리하면, 함수 $\delta(x)$는 식 (16.39)의 $f(x)$에 넣고 적분하고 나면 $x = 0$에서의 $\psi(x)$ 값을 뽑아내는 이상한 성질을 갖는다. 또한 적분의 결과가 $x = 0$ 이외에서의 $\psi(x)$ 값과는 무관하므로 $\delta(x)$도 $x = 0$을 제외하면 전부 0이어야 한다. 요약하면

$$\langle 0 \mid x \rangle = \delta(x) \tag{16.40}$$

이며 $\delta(x)$는

$$\psi(0) = \int \delta(x)\psi(x)dx \tag{16.41}$$

로 정의하는 것이다. 여기에 특수한 경우로 상수함수 $\psi(x) = 1$을 넣어 보면

$$1 = \int \delta(x)dx \tag{16.42}$$

가 나온다. 즉 함수 $\delta(x)$는 $x = 0$ 이외에서는 0이지만 적분을 하면 0이 아니라 1이 나온다. $\delta(x)$가 신기하게 한 점에서만 무한히 커서 전체 면적이 1이 된다고 상상해야 한다.

디랙의 δ-함수의 모양을 떠올려 보는 한 가지 방법으로 그림 16-2처럼 점점 좁아지고 높아지면서 전체 넓이는 1로 일정한 일련의 직사각형을 생각해 볼 수 있다. (실은 뾰족한 함수라면 그 어떤 것이어도 좋다.) 이 함수를 $-\infty$에서 $+\infty$까지 적분하면 그 결과는 항상 1이다. 이 함수를 임의의 함수 $\psi(x)$에 곱하고 그것을 적분하면 대략 $\psi(x)$의 $x = 0$에서의 값에 가까운 값이 나오는데, 사각형이 좁아지면 좁아질수록 결과가 더 정확해진다. δ-함수를 이처럼 극한을 취하는 과정 자체로 생각해도 좋다. δ-함수에서 중요한 건 식 (16.41)이 어떤 함수 $\psi(x)$에 대해서도 성립해야 한다는 점이다. 이상이 δ-함수를 고유하게 정의하는 방법이다. 그러면 그 성질은 이미 살펴본 바와 같다.

δ-함수의 인수로 x 대신 $x - x'$을 쓰면 앞의 관계식이

$$\delta(x - x') = 0, \qquad x' \neq x$$
$$\int \delta(x - x')\psi(x)dx = \psi(x') \tag{16.43}$$

으로 바뀐다. 확률 진폭 $\langle x \mid x' \rangle$으로 $\delta(x - x')$을 쓰면 식 (16.38)도 성립한다. 즉 x의 기반 상태에 대해 (16.36)에 대응하는 조건은

$$\langle x \mid x' \rangle = \delta(x - x') \tag{16.44}$$

이라는 결과를 얻는다.

이렇게 하여 기본 식들을 선 위의 점에 대응하는 연속적인 기반 상태에 맞도록 바꾸는 작업을 마쳤다. 3차원으로 확장하는 일은 눈에 쉽게 들어온다. 즉

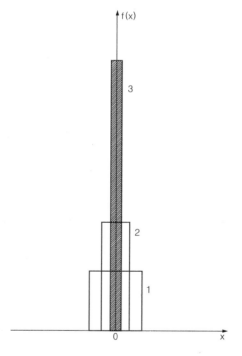

그림 16-2 넓이가 같으면서 점점 $\delta(x)$에 가까워지는 함수들

우선 좌표 x를 벡터 $\boldsymbol{r}$로 바꾼다. 그 다음으로 x에 대한 적분은 x, y, z에 대한 적분이 되어야 한다. 즉 부피 적분이 된다는 말이다. 마지막으로 일차원 δ-함수를 x, y, z 좌표에 대한 세 δ-함수의 곱 $\delta(x - x')\delta(y - y')\delta(z - z')$으로 바꿔 써야 한다. 이를 다 합하면 3차원에서 움직이는 입자의 확률 진폭에 대한 방정식들이 다음과 같다.

$$\langle \phi \mid \psi \rangle = \int \langle \phi \mid \boldsymbol{r} \rangle \langle \boldsymbol{r} \mid \psi \rangle d\,\mathrm{Vol} \qquad (16.45)$$

$$\langle \boldsymbol{r} \mid \psi \rangle = \psi(\boldsymbol{r})$$
$$\langle \boldsymbol{r} \mid \phi \rangle = \phi(\boldsymbol{r}) \qquad (16.46)$$

$$\langle \phi \mid \psi \rangle = \int \phi^*(\boldsymbol{r})\psi(\boldsymbol{r})d\,\mathrm{Vol} \qquad (16.47)$$

$$\langle \boldsymbol{r}' \mid \boldsymbol{r} \rangle = \delta(x - x')\delta(y - y')\delta(z - z') \qquad (16.48)$$

입자가 하나 이상이면 무슨 일이 일어날까? 입자가 둘인 경우만 생각해 볼 텐데, 그보다 많으면 어떻게 해야 하는지는 쉽게 알 수 있다. 1번과 2번 두 개의 입자가 있다고 하자. 기반 상태로 뭘 써야 할까? 1번 입자는 x_1에, 2번 입자는 x_2에 있는 상태를 $\mid x_1 x_2 \rangle$로 표기하고 이를 쓰면 된다. 여기서 한 입자의 위치만 정해서는 기반 상태를 정의할 수 없음에 유의하자. 각 기반 상태가 계 전체를 정의해야 한다. 각각의 입자가 3차원에서 독립적으로 움직인다고 생각해서는 안 된다. 어떤 상태 $\mid \psi \rangle$를 정의하려면 두 입자를 각각 x_1과 x_2에서 발견할 확률 진폭 $\langle x_1, x_2 \mid \psi \rangle$을 모든 가능한 위치의 조합에 대해 전부 알아야만 한다. 따라서 이 일반화된 진폭은 좌표의 집합 x_1, x_2 두 개에 대한 함수이다. 이 같은 함수는 3차원에서 진행하는 진동이라는 의미에서의 파동은 아니다. 그렇다고 개별 입자에 대한 파동함수를 단순히 곱한 것도 아니다. 가장 일반적으로 정의하자면 x_1과 x_2의 좌표 여섯 개로 정의되는 일종의 파동이다. 상호작용하는 두 개의 입자가 있는 경우 한쪽 입자에 대한 파동함수만 갖고는 그 입자에 어떤 일이 일어날지 알 수 없다. 이전 장에서 몇 차례 본 유명한 역설, 즉 한 입자에 대한 측정 결과로부터 다른 입자에 어떤 일이 일어날지 알 수 있다는 논리 혹은 간섭을 깰 수 있는지에 대한 논란은 수많은 사람들을 갖은 방법으로 괴롭혔는데, 이는 다들 두 입자의 좌표를 모두 포함하는 완전한 파동함수가 아닌 단일 입자에 대한 파동함수를 생각했기 때문이다. 양쪽 입자의 좌표 모두에 대한 함수로 나타낼 때에만 정확히 이해할 수 있다.

16-5 슈뢰딩거 방정식

지금까지는 공간상의 어느 위치엔가 있는 전자의 상태를 어떻게 표시할 것인가에 대해서 생각했다. 이제부터는 다양한 상황 속에서 일어날 수 있는 일들을 어떻게 포함시킬 수 있을지 따져 보자. 즉 상태들이 시간에 따라 어떻게 변하는지 보자. $\mid \psi \rangle$의 상태가 있어서 시간이 흐른 뒤 다른 상태 $\mid \psi' \rangle$이 된다면 파동함수, 즉 확률 진폭 $\langle \boldsymbol{r} \mid \psi \rangle$가 좌표뿐만 아니라 시간의 함수도 되게 만들어 모든

시간에 대한 상황을 살펴볼 수 있다. 주어진 입자를 시간에 따라 변하는 파동함수 $\psi(r, t) = \psi(x, y, z, t)$를 써서 나타내자는 것이다. 이 파동함수는 시간이 흐름에 따라 연속적으로 일어나는 변화를 기술한다. 이 같은 이른바 좌표계 표시법(coordinate representation), 즉 상태 $|\psi\rangle$를 기반 상태 $|r\rangle$로 투영하는 방법이 항상 제일 편리하지는 않지만 그래도 우선 고려해 보자.

8장에서 해밀토니안 H_{ij}를 이용하여 상태의 시간 변화를 기술했다. 여러 다양한 확률 진폭의 시간 변화는 행렬 방정식

$$i\hbar \frac{dC_i}{dt} = \sum_j H_{ij} C_j \tag{16.49}$$

를 써서 구할 수 있음을 보았다. 이 방정식은 각각의 확률 진폭 C_i의 시간 변화가 나머지 확률 진폭 C_j 전부에 비례하며 그 상수가 H_{ij}임을 뜻한다.

기반 상태 $|x\rangle$가 연속체(continuum)인 경우 식 (16.49)는 어떻게 달라질까? 먼저 식 (16.49)를

$$i\hbar \frac{\partial}{\partial t} \langle i | \psi \rangle = \sum_j \langle i | \hat{H} | j \rangle \langle j | \psi \rangle$$

로 바꿔 쓸 수 있음을 기억하자. 이제 무얼 해야 할지는 분명하다. x 표기법에서는

$$i\hbar \frac{\partial}{\partial t} \langle x | \psi \rangle = \int \langle x | \hat{H} | x' \rangle \langle x' | \psi \rangle dx' \tag{16.50}$$

이 될 것이다. 기반 상태 $|j\rangle$에 대한 합이 x'에 대한 적분으로 바뀐 것이다. $\langle x | \hat{H} | x' \rangle$이 x 및 x'의 함수일 것이므로 이를 $H(x, x')$으로 쓰자. 이것이 식 (16.49)의 H_{ij}에 대응된다. 그러면 식 (16.50)은

$$i\hbar \frac{\partial}{\partial t} \psi(x) = \int H(x, x') \psi(x') dx' \tag{16.51}$$

이 되는데 여기서

$$H(x, x') \equiv \langle x | \hat{H} | x' \rangle$$

이다. 식 (16.51)에 의하면 x에서의 ψ의 변화율은 ψ의 모든 다른 점 x'에서의 값에 영향을 받는다. 즉 $H(x, x')$은 단위 시간당 전자가 x'에서 x로 점프할 확률 진폭을 가리키는 것이다. 하지만 자연계에서는 x'이 x에 매우 가까운 경우 외에는 이 확률 진폭이 전부 0이 된다. 그 말은 이 장의 초반에 원자 사슬의 예를 들어 식 (16.12)를 통해 본 것처럼, 위치 x에서의 ψ 및 그것의 x에 대한 1차 미분값을 알면 식 (16.51)의 우변을 완전히 구할 수 있다는 뜻이다.

공간에서 힘을 받거나 방해를 받지 않고 자유롭게 움직이는 입자를 기술하는 정확한 식은

$$\int H(x, x') \psi(x') dx' = -\frac{\hbar^2}{2m} \frac{\partial^2}{\partial x^2} \psi(x)$$

이다. 이 식은 어디서 가져온 것인가? 어디에서 가져온 게 아니다. 이 식은 우리가 알고 있는 그 어떤 것으로부터도 유도할 수 없다. 자연의 진리에 대한 실험적 관찰 결과들을 이해하려는 부단한 노력 끝에 슈뢰딩거가 발명해 낸 것으로 그의 정신에서 나온 식이다. 결정 안 전자의 이동에 대한 식 (16.12)의 유도 과정을 돌이켜 보면 왜 이런 형태의 식이 되어야만 하는지에 대해서 약간의 실마리를 얻을 수 있을 것이다.

물론 자유 입자는 별로 재미가 없다. 입자에 힘을 가하면 어떤 일이 일어날까? 만약에 전기적인 힘은 있어도 자기적인 힘은 없어서 입자에 작용하는 힘을 스칼라 퍼텐셜 $V(x)$로 나타낼 수 있으며 상대론적인 운동에서 비롯되는 복잡한 상황을 따질 필요가 없을 만큼 에너지가 낮은 경우만 생각하기로 한다면, 실제 세계에 잘 들어맞는 해밀토니안은

$$\int H(x, x')\psi(x')dx' = -\frac{\hbar^2}{2m}\frac{\partial^2}{\partial x^2}\psi(x) + V(x)\psi(x) \tag{16.52}$$

가 된다. 다시 한 번 반복하지만 이 식이 어디에서 나왔는지 힌트를 얻고 싶다면 결정 안의 전자의 움직임으로 돌아가 보기 바란다. 결정 안에 전기장이 있는 경우처럼 전자의 에너지가 원자 위치에 따라 조금씩 변한다면 방정식을 어떻게 바꿔야 하는지 생각해 보면 된다. 그러면 식 (16.7)의 E_0가 위치에 따라 천천히 변할 것이고 이것이 바로 식 (16.52)에서의 새 항에 대응할 것이다.

[여기서 왜 $H(x, x') = \langle x | \hat{H} | x'\rangle$을 정확히 구하지 않고 식 (16.51)에서 식 (16.52)로 곧장 넘어갔는지 궁금할지도 모르겠다. 이는 식 (16.51)의 우변에 있는 적분을 하고 나면 익숙한 꼴이 되지만 $H(x, x')$ 자체는 괴상한 대수함수로만 표시되기 때문이다. 정말 궁금한 분들을 위해 알려주자면

$$H(x, x') = -\frac{\hbar^2}{2m}\delta''(x - x') + V(x)\delta(x - x')$$

이 되는데, 여기서 δ''은 델타함수의 이차 미분을 뜻한다. 이 희한한 함수는 미분 연산자를 쓰면 다음과 같이 좀 더 눈에 쉽게 들어오는 형태로 바뀌는데, 둘 다 같은 식이다.

$$H(x, x') = \left\{-\frac{\hbar^2}{2m}\frac{\partial^2}{\partial x^2} + V(x)\right\}\delta(x - x')$$

우리는 이 식 대신 직접 식 (16.52)를 쓰겠다.]

(16.52)를 (16.50)에 넣으면 $\psi(x) = \langle x | \psi\rangle$에 관한 다음 미분 방정식이 나온다.

$$i\hbar\frac{\partial\psi}{\partial t} = -\frac{\hbar^2}{2m}\frac{\partial^2}{\partial x^2}\psi(x) + V(x)\psi(x) \tag{16.53}$$

3차원에서 식 (16.53) 대신 무엇을 써야 하는지는 분명하다. 즉 $\partial^2/\partial x^2$을

$$\nabla^2 = \frac{\partial^2}{\partial x^2} + \frac{\partial^2}{\partial y^2} + \frac{\partial^2}{\partial z^2}$$

으로 바꾸고 $V(x)$는 $V(x, y, z)$로 대신하면 된다. 퍼텐셜 $V(x, y, z)$ 안에서 움직이는 전자의 확률 진폭 $\psi(x, y, z)$는 미분 방정식

$$i\hbar \frac{\partial \psi}{\partial t} = -\frac{\hbar^2}{2m} \nabla^2 \psi + V\psi \qquad (16.54)$$

를 따른다. 이를 슈뢰딩거 방정식(Schrödinger equation)이라고 부르는데, 세상에 가장 먼저 모습을 드러낸 양자역학 방정식이다. 지금까지 이 책에서 본 그 어떤 양자역학 방정식보다도 앞서 슈뢰딩거가 만들어 낸 공식이다.

지금까지 완전히 다른 길을 따라 양자역학을 배우긴 했지만 양자역학의 탄생을 알리는 위대한 역사적 순간은 바로 슈뢰딩거가 1926년에 그의 방정식을 처음으로 썼을 때였다. 오랜 시간 동안 물질 내부의 원자 구조는 베일에 가려 있었다. 과연 무엇 때문에 물질끼리 서로 뭉치고 화학 결합을 이루는지, 특히 대체 어떻게 원자가 안정할 수 있는지 그 누구도 이해하지 못했다. 보어가 수소 원자에서 방출되는 빛의 스펙트럼을 성공적으로 설명하는 내부 전자 모델을 만들긴 했지만 왜 전자가 그렇게 움직이는지는 여전히 수수께끼였다. 그에 반해 슈뢰딩거가 발견한 방정식은 원자 현상을 정량적으로 정확하게 설명하고 또 상세하게 계산해 낼 수 있는 이론적 바탕이 되었다. 원칙적으로는 슈뢰딩거의 방정식을 쓰면 자기장과 상대론을 제외한 모든 현상을 설명할 수 있다. 가령 원자의 에너지 준위나 화학 결합 등의 문제 말이다. 하지만 이는 어디까지나 원칙적으로 가능하다는 뜻일 뿐 지극히 간단한 문제 몇 가지를 빼면 정확히 계산하기에는 수학적으로 너무 복잡하다. 수소와 헬륨 원자에 대해서만 고도로 정밀한 계산이 가능한 것이다. 그러나 가끔은 엉성하기도 한 여러가지 근사법을 동원하면 더 복잡한 원자의 성질이나 분자의 화학 결합도 이해할 수 있다. 앞 장들을 통해서 이러한 근사의 몇 가지 경우를 배웠다.

방금 배운 형태의 슈뢰딩거 방정식에는 자기 효과가 전혀 들어 있지 않다. 방정식에 몇몇 항을 추가하면 대략적으로 설명할 수 있긴 한데, 2권에서 배웠듯이 자성은 본질적으로 상대론적 효과이므로 자기장 하에서 전자의 운동을 정확히 기술하려면 상대론적 방정식이 있어야 한다. 전자의 운동에 대한 상대론적 방정식은 슈뢰딩거가 그의 방정식을 발표한 이듬해에 디랙이 발견하였는데, 상당히 다르게 생겼다. 디랙의 방정식은 여기서 다루기에는 너무 어렵다.

슈뢰딩거 방정식으로부터 나오는 결과를 살펴보기에 앞서 입자의 개수가 매우 많은 계에서 이 식이 어떻게 되는지 보자. 식을 사용해서 뭔가를 풀려는 것이 아니라 형태만 보여 주고 파동함수 ψ가 보통의 파동이 아니라 다변수함수라는 사실을 강조하려는 것이다. 입자가 많으면 방정식이

$$i\hbar \frac{\partial \psi(\mathbf{r}_1, \mathbf{r}_2, \mathbf{r}_3, \cdots)}{\partial t} = \sum_i \left(-\frac{\hbar^2}{2m_i} \right) \left\{ \frac{\partial^2 \psi}{\partial x_i^2} + \frac{\partial^2 \psi}{\partial y_i^2} + \frac{\partial^2 \psi}{\partial z_i^2} \right\} + V(\mathbf{r}_1, \mathbf{r}_2, \mathbf{r}_3, \cdots)\psi$$

$$(16.55)$$

가 된다. 퍼텐셜 함수 V는 고전적으로는 각 입자의 퍼텐셜 에너지의 총합에 해당한다. 외부로부터의 힘이 없다면 함수 V는 입자 사이의 정전기적 상호작용

에너지를 다 더한 것이 된다. 즉 i번째 입자의 전하가 $Z_i q_e$라면 함수 V는 간단히 다음처럼 된다.*

$$V(\mathbf{r}_1,\ \mathbf{r}_2,\ \mathbf{r}_3,\ \cdots) = \sum_{\substack{\text{모든} \\ \text{쌍에 대해}}} \frac{Z_i Z_j}{r_{ij}} e^2 \qquad (16.56)$$

16-6 양자화된 에너지 준위

나중에 슈뢰딩거 방정식의 해를 예를 통해 자세히 들여다보겠지만, 여기서 우선 슈뢰딩거 방정식이 암시하는 굉장한 결론을 하나 보이겠다. 무엇이냐 하면, 연속 변수에 대한 연속함수를 해로 갖는 미분 방정식이 원자의 불연속적인 에너지 준위와 같은 양자적 효과를 설명할 수 있다는 점이다. 바꿔 말하면 퍼텐셜 우물 때문에 특정 영역에 갇힌 전자가 어떻게 항상 하나 혹은 그 이상의 불연속 에너지 준위를 갖는가이다.

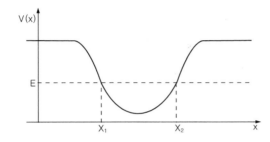

그림 16-3 x축을 따라 움직이는 입자에 대한 퍼텐셜

그림 16-3처럼 1차원으로 퍼텐셜 에너지가 변하는 전자를 생각해 보자. 시간에 따라 변하지 않는 정적(static) 퍼텐셜이라 가정하겠다. 지금까지 여러 번 해 왔듯이 에너지 혹은 주파수가 정해진 해를 찾자. 다음의 해를 넣어 보자.

$$\psi = a(x)e^{-iEt/h} \qquad (16.57)$$

이 함수를 슈뢰딩거 방정식에 대입하면 함수 $a(x)$가 다음 미분 방정식을 만족함을 알 수 있다.

$$\frac{d^2 a(x)}{dx^2} = \frac{2m}{\hbar^2}\left[V(x) - E\right]a(x) \qquad (16.58)$$

이 방정식을 보면 $a(x)$를 각 위치에서 x에 대해 두 번 미분한 결과가 $a(x)$에 비례하며 그 비례 상수는 $\frac{2m}{\hbar^2}[V(x) - E]$이다. $a(x)$의 이차 미분은 기울기의 변화율이다. 퍼텐셜 V가 입자의 에너지 E보다 크면 $a(x)$의 기울기의 변화율이 $a(x)$와 같은 부호를 갖는다. 그 말은 $a(x)$의 그래프가 x축에서 점점 멀어지는 쪽으로 꺾인다는 뜻이다. 혹은 대략 양이나 음의 지수 함수 $e^{\pm x}$의 특징이 있다

---

* 1/2권에서처럼 $e^2 \equiv q_e^2/4\pi\epsilon_0$의 규약을 따르고 있다.

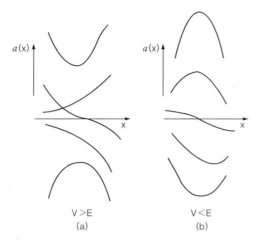

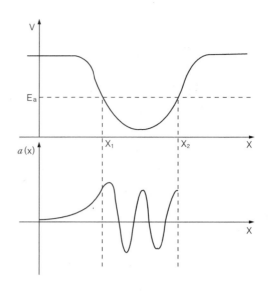

그림 16-4 $V > E$ 및 $V < E$인 경우의 파동함수 $a(x)$로 가능
한 모양

그림 16-5 음의 x 영역에서 0에 가까워지는 에너지가 E_a인
파동함수

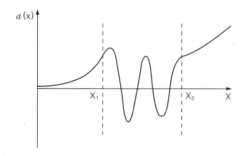

그림 16-6 그림 16-5의 파동함수 $a(x)$를 x_2
너머로 확장한 것

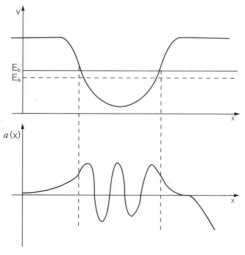

그림 16-7 E_a보다 큰 에너지 E_b에 대한 파동
함수

는 말이다. 따라서 그림 16-3에서 x_1의 왼쪽, 즉 V가 에너지의 가정치 E보다
큰 곳에서는 함수 $a(x)$가 그림 16-4(a)의 그래프 중 하나처럼 보일 것이다.

반면 퍼텐셜 V가 E보다 작으면 $a(x)$를 x에 대해 두번 미분한 결과의 부
호가 $a(x)$와 반대가 되고, 따라서 $a(x)$의 그래프는 그림 16-4(b)처럼 x축 쪽으
로 꺾이는 모양이 된다. 이 영역에서는 해가 조각 조각별로 대략 사인함수 모양
이 된다.

이번에는 그림 16-3의 퍼텐셜 안에 있는 에너지가 E_a인 입자에 대응하는
해의 함수 $a(x)$를 그림을 그려 찾을 수 있는지 보자. 입자가 퍼텐셜 우물 안에
갇힌 상황이므로 퍼텐셜 우물로부터 멀리 떨어진 위치 x에서는 $a(x)$가 매우 작
아야 한다. 그러면 그림 16-5에서처럼 x가 큰 음수일 때는 0에 가깝고 x_1에 접
근함에 따라 조금씩 커지는 함수를 떠올릴 수 있겠다. x_1에서 V가 E_a와 같으
므로 이 위치에서 함수의 곡률(curvature)은 0이 된다. x_1과 x_2 사이에서는
$V - E_a$가 항상 음수이므로 $a(x)$가 x축을 향해 꺾여야 할 것이고, E_a와 V의
차이가 클수록 곡률이 커야 한다. x_1과 x_2 사이에서 그래프를 계속 그려 보면 그
림 16-5처럼 될 것이다.

이 곡선을 x_2의 오른쪽 영역으로 계속해서 그려 보자. 여기서는 x축으로부
터 멀어져서 그림 16-6처럼 점점 더 큰 양의 값을 갖게 될 것이다. 우리가 고른
에너지 E_a에 대해서는 그 해 $a(x)$가 x가 증가함에 따라 점점 더 커지는 것이
다. 실은 곡률 자체도 증가하는데(퍼텐셜이 쭉 평평하다면), 따라서 확률 진폭은
순식간에 엄청나게 커진다. 이는 무엇을 뜻하는가? 간단히 말해서 입자가 퍼텐셜
우물에 갇혀 있지 않다는 뜻이다. 우물 안에서보다 밖에서 발견할 가능성이 더
크다는 것이다. 지금의 해라면 전자가 다른 어느 곳보다도 $x = +\infty$에 있을 확
률이 높다. 갇힌 입자에 대한 해가 될 수 없는 것이다.

그림 16-7에서처럼 E_a보다 약간 높은 다른 에너지 E_b로 해 보자. 왼쪽 영

역에서 같은 조건으로 시작하면 그림 16-7의 아래쪽 그래프와 같은 해가 나온다. 처음엔 좀 나아 보였지만 E_a 만큼이나 쓸모없는 해가 되고 만다. x 가 증가함에 따라 $a(x)$ 가 양이 아닌 음의 범위로 점점 커진다는 점만 빼면 말이다.

이것이 단서가 될 수 있겠다. 에너지를 E_a 에서 E_b 로 약간만 바꿨는데도 그래프가 축의 반대편으로 넘어갔으니 x 가 증가함에 따라 그래프가 0에 가까워지게 하는 에너지가 E_a 와 E_b 사이에 있을 것이다. 정말로 있는데, 그 해가 어떻게 보일지 그림 16-8에 그려 두었다.

이 해가 매우 특별한 경우임을 알아볼 수 있어야 한다. 에너지를 아주 살짝만 올리거나 내려도 그림 16-8의 점선 그래프처럼 되어 버려 갇힌 입자에 대한 파동함수가 아니게 된다. 결론적으로 에너지가 아주 정확하게 정해지는 경우에만 입자가 퍼텐셜 우물 안에 갇힐 수 있는 것이다.

그렇다면 퍼텐셜 우물에 갇힌 입자의 에너지로 가능한 값은 하나뿐일까? 그렇지 않다. 다른 에너지도 가능하지만, E_c 에 너무 가까운 값은 안 된다(E_c 는 모든 조건을 만족하는 파동함수의 에너지를 가리킨다. E_a 와 E_b 사이의 값으로, 그림 16-8에서 실선으로 그린 파동함수에 대한 에너지 : 옮긴이). 그림 16-8의 파동함수는 x_1 과 x_2 사이에서 x 축을 네 번 건너간다는 점을 잘 살펴 두자. E_c 보다 한참 작은 에너지를 고른다면 가로축을 세 번, 두 번, 딱 한 번 지나가거나 혹은 한 번도 교차하지 않는 해가 나올 수 있다. 가능한 해들이 그림 16-9에 있다. (그림에 있는 것들보다 더 높은 에너지에 대응하는 해도 물론 있다.) 입자가 퍼텐셜 우물 안에 갇혀 있다면 그 에너지는 불연속 스펙트럼 내의 특정한 값들만 가질 수 있다는 것이 결론이다. 이렇게 해서 미분 방정식이 어떻게 양자역학의 기본적인 결과들을 설명할 수 있는지 살펴보았다.

한 가지만 더 언급하고 넘어가겠다. 에너지 E 가 퍼텐셜 우물의 맨 꼭대기보다 더 높으면 더는 해가 띄엄띄엄 존재하지 않으며 그 이상의 에너지 값이 모두 가능하다. 그러한 해는 퍼텐셜 우물에 의해 산란된 자유 입자에 해당하는데, 전에 배운 결정 내 불순물에 의한 효과가 좋은 예이다.

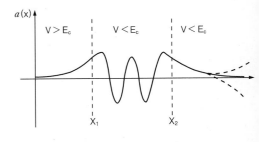

그림 16-8 E_a 와 E_b 사이의 에너지 E_c 에 대한 파동함수

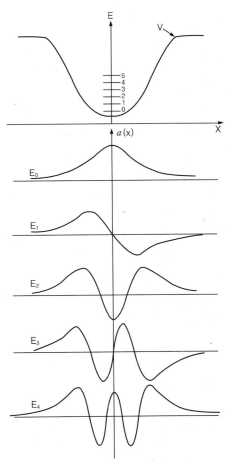

그림 16-9 갇힌 상태 중 에너지가 가장 낮은 다섯 개에 대한 함수 $a(x)$

CHAPTER 17
대칭과 보존 법칙

17-1 대칭

고전역학에는 운동량, 에너지, 각운동량과 같이 보존되는 양들이 있다. 각 물리량에 해당하는 보존 법칙은 양자역학에도 물론 있다. 양자역학의 가장 아름다운 면 중 하나는, 보존 정리 자체가 모든 법칙의 출발점이 되는 고전역학과 달리 어떤 의미에서는 다른 것들로부터 보존 법칙을 유도할 수 있다는 사실이다(고전역학에서도 가능하긴 하지만 아주 고급 수준에서만 할 수 있다). 양자역학에서의 보존 법칙은 진폭의 중첩 원리 및 다양한 변화를 주었을 때 물리계가 보이는 대칭성과 매우 깊이 연관되어 있다는 점이 바로 이 장의 주제이다. 여기서는 이러한 개념을 각운동량의 보존에 주로 적용하겠는데, 양자역학에서 보존되는 모든 물리량은 그 계의 대칭성과 관련이 있다는 사실이 핵심이다.

계의 대칭성이란 것이 무엇인지 먼저 생각해 보자. 간단한 예로 두 개의 상태를 가질 수 있는 수소 분자 이온을 보겠다(암모니아 분자도 좋다). 전자가 각각 1번과 2번 양성자 근처에 있는 것을 수소 분자 이온의 두 가지 기반 상태로 정의하자. 예전에 두 상태를 $|1\rangle$과 $|2\rangle$로 불렀는데, 그림 17-1(a)와 같다. 두 원자핵이 완전히 똑같다면 이 물리계에는 일종의 대칭성이 있게 된다. 즉 이 계를 두 양성자의 한가운데를 지나는 평면에 대해 반사시켜 평면을 기준으로 한쪽에 있는 것을 모두 반대편의 대칭되는 위치로 옮기면 그림 17-1(b)와 같은 상황을 얻게 된다. 두 양성자가 동일하므로 반사 연산은 $|1\rangle$을 $|2\rangle$로, $|2\rangle$를 $|1\rangle$로 바꿀 것이다. 이 반사 연산을 $\hat{P}$라 부르고

$$\hat{P}\,|1\rangle = |2\rangle, \qquad \hat{P}\,|2\rangle = |1\rangle \tag{17.1}$$

로 쓰자. 이 $\hat{P}$는 '뭔가를 하여' 하나의 상태를 다른 상태로 바꾸었다는 뜻에서 연산자(operator)라고 불러도 될 것이다. 흥미롭게도 어떤 상태가 되었든 $\hat{P}$를 적용하면 무언가 다른 상태가 된다.

이제까지 본 다른 연산자들과 마찬가지로 $\hat{P}$의 행렬 원소도 다음과 같이 간단히 정의할수 있다.

$$P_{11} = \langle 1|\hat{P}|1\rangle, \qquad P_{12} = \langle 1|\hat{P}|2\rangle$$

이 둘은 $\hat{P}\,|1\rangle$과 $\hat{P}\,|2\rangle$의 왼쪽에 $\langle 1|$을 곱해서 얻은 원소이다. 식 (17.1)을 이용하여 이들을 계산하면

참고 : *Angular Momentum in Quantum Mechanics* :
A. R. Edmonds, Princeton University Press, 1957

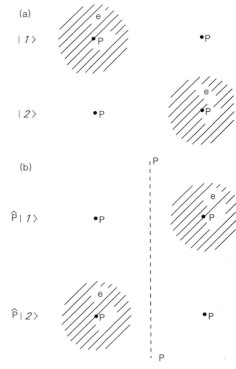

그림 17-1 상태 $|1\rangle$과 $|2\rangle$를 P-P 평면에 반사시키면 각각 $|2\rangle$와 $|1\rangle$이 된다.

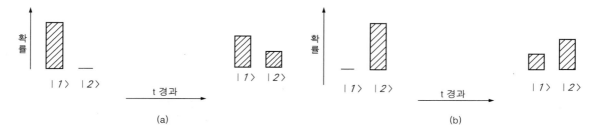

그림 17-2 대칭적인 계에서는, 만약 순수하게 |*1*⟩인 상태가 (a)처럼 변한다면 순수하게 |*2*⟩인 상태는 (b)처럼 변한다.

$$\langle 1 | \hat{P} | 1 \rangle = P_{11} = \langle 1 | 2 \rangle = 0$$
$$\langle 1 | \hat{P} | 2 \rangle = P_{12} = \langle 1 | 1 \rangle = 1 \qquad (17.2)$$

이다. 같은 방법으로 P_{21}과 P_{22}도 구할 수 있다. 연산자 $\hat{P}$를 기반계 |*1*⟩과 |*2*⟩를 써서 행렬로 표시하면

$$P = \begin{pmatrix} 0 & 1 \\ 1 & 0 \end{pmatrix}$$

이 된다. 이렇게 하여 양자역학에서 연산자와 행렬이 동등하며 서로 맞바꿀 수 있음을 다시 한 번 확인하였다. 사실은 아라비아 숫자와 운동선수의 등번호 간의 차이와 비슷한 차이가 있긴 하지만 신경 쓸 필요 없는 현학적인 이야기이다. 그러므로 $\hat{P}$가 연산을 정의하는지 혹은 숫자로 된 행렬을 가리키는지에 관계없이 연산자 또는 행렬 중 한 가지로 부르겠는데, 어느 쪽으로 불러도 상관없다.

이제 본격적으로 얘기를 시작해 보자. 수소 분자 이온계 전체에 물리적인 대칭성이 있다고 가정하겠다. 꼭 그럴 필요는 없다. 가령 그 주변에 다른 무언가가 있으면 그렇지 않을 수도 있으니까. 하지만 계에 대칭성이 있다면 다음 이야기는 분명히 참이어야 한다. 주어진 계가 시간 $t = 0$에서 |*1*⟩의 상태로 시작했는데 t만큼 시간이 흐르고 나서 보니 두 기반 상태가 선형으로 조합된 더 복잡한 상태가 되어 있더라고 상상해 보자. 8장에서 $\hat{U}$ 연산자를 곱하는 것으로 시간의 경과를 나타냈음을 기억하자. 그 말은 주어진 계가 얼마 후에, 구체적으로 예를 들어 15초 후에 다른 상태일 수도 있다는 뜻이다. 가령 $\sqrt{2/3}$만큼 |*1*⟩이고 $i\sqrt{1/3}$만큼 |*2*⟩인 상태, 즉

$$|15\text{초에서의 } \psi\rangle = \hat{U}(15, 0) | 1 \rangle = \sqrt{2/3} | 1 \rangle + i\sqrt{1/3} | 2 \rangle \qquad (17.4)$$

가 될 수 있다는 말이다. 이번에는 |*1*⟩과는 대칭인 |*2*⟩에서 시작해서 같은 조건 하에 15초가 지나면 어떻게 될까? 아까 가정하였듯이 세상이 대칭적이라면 당연히 (17.4)에 대칭인 다음 상태를 얻을 것이다.

$$|15\text{초에서의 } \psi\rangle = \hat{U}(15, 0) | 2 \rangle = \sqrt{2/3} | 2 \rangle + i\sqrt{1/3} | 1 \rangle \qquad (17.5)$$

이것을 도식으로 나타낸 그림 17-2를 참고하기 바란다. 따라서 하나의 계가 어떤 평면에 대해 물리적으로 대칭이라면 어떤 특정한 상태의 행동으로부터 그 상태를 대칭면에 반사시킨 상태의 행동도 알 수 있다.

같은 말을 좀 더 일반적으로 혹은 추상적으로 해 보자. $\hat{Q}$가 주어진 계를 물리적으로 변화시키지 않는 연산자 중 하나라고 하자. $\hat{P}$도 좋은 예가 된다. 수소 분자의 두 원자 사이 평면에 대한 반사 연산이니까 말이다. 또는 전자 두 개로 된 계에서 전자를 서로 맞바꾸는 연산을 생각해도 좋다. 구형 대칭성을 가진 계에서 어떤 축을 중심으로 한 회전 연산도 좋은 예가 되겠다. 물론 보통은 각각의 경우에 고유한 기호를 쓴다. y축을 중심으로 θ만큼 회전시키는 연산을 $\hat{R}_y(\theta)$로 쓰는 것처럼 말이다. 이 모든 연산자 중 어느 것도 $\hat{Q}$일 수 있다. 혹은 방금 나열한 연산자들이 아니더라도 주어진 상황을 물리적으로 바꾸지만 않는다면 괜찮다.

또 다른 예를 생각해 보자. 외부 전기장 혹은 자기장이 없다면 좌표계를 임의의 축을 중심으로 돌려도 여전히 물리적으로 동일한 계이다. 전기장이 없다면 암모니아 분자는 세 개의 수소 원자가 만드는 평면에 평행한 평면에 대해 대칭이다. 전기장이 있다면 반사 연산 시 전기장도 뒤집어야 할 텐데, 그러면 문제가 물리적으로 달라지게 된다. 그렇지만 전기장이 없는 경우에는 분자가 대칭성을 갖는다.

이젠 일반적인 상황을 고려해 보자. 시작은 상태 $|\psi_1\rangle$이었는데 주어진 물리적 조건 하에서 얼마 뒤 $|\psi_2\rangle$가 되었다면 그것을

$$|\psi_2\rangle = \hat{U}|\psi_1\rangle \qquad (17.6)$$

으로 쓸 수 있겠다[식 (17.4)를 생각해도 좋다]. 이번엔 전체 계에 연산 $\hat{Q}$를 해 보자. 상태 $|\psi_1\rangle$은 $|\psi_1'\rangle$이 될 텐데, 이는 $\hat{Q}|\psi_1\rangle$과 같다. 마찬가지로 $|\psi_2\rangle$는 $|\psi_2'\rangle = \hat{Q}|\psi_2\rangle$로 변한다. 만약에 물리적인 성질이 $\hat{Q}$에 대해 대칭이라면 (만약이라는 말에 유의하자. 일반적으로 성립하지는 않는다) 같은 조건 하에서 같은 시간만큼 기다리고 나면 반드시

$$|\psi_2'\rangle = \hat{U}|\psi_1'\rangle \qquad (17.7)$$

이 성립할 것이다[식 (17.5)에서처럼 말이다]. 그런데 $|\psi_1'\rangle$은 $\hat{Q}|\psi_1\rangle$과 같고 $|\psi_2'\rangle$은 $\hat{Q}|\psi_2\rangle$와 같으므로 (17.7)을 다시 쓰면

$$\hat{Q}|\psi_2\rangle = \hat{U}\hat{Q}|\psi_1\rangle \qquad (17.8)$$

이 되고, 식 (17.6)을 이용하여 $|\psi_2\rangle$를 $\hat{U}|\psi_1\rangle$으로 바꾸면

$$\hat{Q}\hat{U}|\psi_1\rangle = \hat{U}\hat{Q}|\psi_1\rangle \qquad (17.9)$$

이 된다. 이 식은 어렵지 않게 이해할 수 있다. 수소 이온에 적용해 보면 '반사시킨 뒤 얼마간 기다리는 것'(식 (17.9)의 우변)과 '얼마간 기다린 다음 반사시키는 것'(식 (17.9)의 좌변)은 동일하다는 뜻이다. U가 반사 연산 시 변하지 않는다면 이 둘은 언제나 같아야 한다.

(17.9)가 어떠한 초기 상태에 대해서도 성립하므로 이는 실상 다음과 같은 연산자 간의 관계이다.

$$\hat{Q}\hat{U} = \hat{U}\hat{Q} \qquad (17.10)$$

이와 같이 대칭성을 수학적으로 표현하는 것이 우리의 목표였다. 식 (17.10)이 성립하는 두 연산자 $\hat{U}$와 $\hat{Q}$를 일컬어 교환 가능하다고(commute) 한다. 그러면 대칭성을 다음과 같이 정의할 수 있다 —시간 흐름의 연산자 $\hat{U}$와 $\hat{Q}$가 교환 가능하면 주어진 물리계가 연산 $\hat{Q}$에 대해 대칭이다[행렬로 얘기하자면, 두 연산자의 곱이 행렬의 곱과 동등하므로 식 (17.10)은 변환 Q에 대해 대칭인 계에서의 행렬 Q와 U에 대해서도 성립한다].

또한 무한히 작은 시간 ϵ과 해밀토니안 $\hat{H}$에 대해 $\hat{U} = 1 - i\hat{H}\epsilon/\hbar$이므로(8장 참고) (17.10)이 성립한다면

$$\hat{Q}\hat{H} = \hat{H}\hat{Q} \qquad (17.11)$$

또한 성립해야 한다. 그러므로 (17.11)은 주어진 물리계가 연산자 $\hat{Q}$에 대해 대칭인지를 판가름하는 수학적인 기준이라고 볼 수 있다. 이것이 대칭의 정의다.

17-2 대칭과 보존

이상의 결과를 적용하기에 앞서 대칭에 관해서 조금만 더 논의해 보겠다. 한 가지 특별한 경우를 생각해 보자. 한 상태에 연산을 했는데 그 결과가 원래 상태와 같다. 특이한 상황인데, 어떤 $|\psi_0\rangle$가 있어서 $|\psi'\rangle = \hat{Q}|\psi_0\rangle$가 $|\psi_0\rangle$와 물리적으로 똑같다고 가정하겠다는 것이다. 그 말은 $|\psi'\rangle$이 $|\psi_0\rangle$와 위상인자 범위 내에서 같음을 뜻한다.* 이런 일이 어떻게 가능할까? 예전에 $|I\rangle$로 표기한 상태의 H_2^+이온이 하나 있다. 즉 기반 상태 $|1\rangle$과 $|2\rangle$에 있을 확률 진폭이 같다. 각각의 확률들을 그림 17-3(a)의 막대 그래프로 나타내었다. 상태 $|I\rangle$에 반사 연산 $\hat{P}$를 하면 상태가 서로 뒤바뀌어 $|1\rangle$은 $|2\rangle$가 되고 $|2\rangle$는 $|1\rangle$이 된다. 그림 17-3(b)처럼 말이다. 결국 도로 $|I\rangle$이 되었다. $|II\rangle$로 시작해도 반사 전후의 확률은 같다. 그러나 진폭에는 차이가 있다. 상태 $|I\rangle$은 반사 후에도 진폭이 같지만 상태 $|II\rangle$의 진폭은 부호가 바뀌었다. 다음과 같이 된다는 말이다.

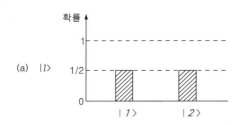

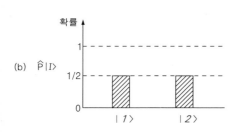

그림 17-3 상태 $|I\rangle$과 가운데 평면에 이를 반사시켜 얻은 상태 $\hat{P}|I\rangle$

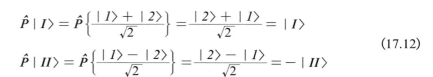

$$\hat{P}|I\rangle = \hat{P}\left\{\frac{|1\rangle + |2\rangle}{\sqrt{2}}\right\} = \frac{|2\rangle + |1\rangle}{\sqrt{2}} = |I\rangle$$
$$\hat{P}|II\rangle = \hat{P}\left\{\frac{|1\rangle - |2\rangle}{\sqrt{2}}\right\} = \frac{|2\rangle - |1\rangle}{\sqrt{2}} = -|II\rangle \qquad (17.12)$$

여기서 $\hat{P}|\psi_0\rangle = e^{i\delta}|\psi_0\rangle$로 쓴다면 상태 $|I\rangle$에 대해서는 $e^{i\delta} = 1$이고 $|II\rangle$에 대해서는 $e^{i\delta} = -1$이 된다.

---

* 좀 더 보태자면 $\hat{Q}$가 유니터리 연산자(unitary operator)임을 보일 수 있는데, 연산자가 유니터리라 함은 $|\psi\rangle$에 연산했을 때 $|\psi\rangle$에 $e^{i\delta}$(δ는 실수)꼴의 복소수가 곱해진 상태가 되게 하는 성질을 말한다. 중요한 것은 아니지만 다음과 같이 보일 수 있다. 반사나 회전 등의 연산은 연산 후에 입자가 사라지는 경우가 없기 때문에 $|\psi'\rangle$과 $|\psi_0\rangle$를 규격화한 결과가 같아야 한다. 그렇기 때문에 이 두 상태는 기껏해야 $e^{i\delta}$꼴의 위상인자만큼 다를 수 있다.

다른 예로 광자를 생각해 보자. 오른쪽으로 원형 편극(RHC, Right-Hand Circularly polarized)되어 z축 방향으로 진행하는 광자가 있다. z축을 중심으로 각도 ϕ만큼 돌리는 회전 연산을 하면 확률 진폭에 $e^{i\phi}$가 곱해지므로 회전 연산에서는 δ가 회전 각도와 같게 된다.

이제 다음 명제가 명백해졌다. 연산자 $\hat{Q}$가 어느 순간, 예를 들어 $t = 0$일 때 어떤 상태의 위상을 바꾼다면 그 성질은 언제나 성립한다는 것이다. 상태 $|\psi_1\rangle$이 시간이 t만큼 흐른 뒤 $|\psi_2\rangle$로 바뀌었다면, 즉

$$\hat{U}(t, 0)|\psi_1\rangle = |\psi_2\rangle \tag{17.13}$$

이고 또한 주어진 대칭성으로부터

$$\hat{Q}|\psi_1\rangle = e^{i\delta}|\psi_1\rangle \tag{17.14}$$

이라면

$$\hat{Q}|\psi_2\rangle = e^{i\delta}|\psi_2\rangle \tag{17.15}$$

역시 성립한다는 것이다. 왜냐하면

$$\hat{Q}|\psi_2\rangle = \hat{Q}\hat{U}|\psi_1\rangle = \hat{U}\hat{Q}|\psi_1\rangle$$

이 되고 $\hat{Q}|\psi_1\rangle = e^{i\delta}|\psi_1\rangle$이면

$$\hat{Q}|\psi_2\rangle = \hat{U}e^{i\delta}|\psi_1\rangle = e^{i\delta}\hat{U}|\psi_1\rangle = e^{i\delta}|\psi_2\rangle$$

이기 때문이다[여기서의 일련의 등식은 대칭성이 있는 계에서의 (17.13)과 (17.10), (17.14) 그리고 $e^{i\delta}$와 같은 숫자는 연산자와 교환 가능하다는 사실을 이용한 것이다].

결론적으로 어떤 대칭성이 있는 경우 처음에 참인 것은 언제나 참이다. 이것이 보존 법칙 아니던가? 그렇다. 초기 상태에 작은 연산을 시행했더니 그에 위상 인자가 곱해진 형태가 되더라는 사실을 알아냈다면, 최종 상태에도 같은 일이 일어나리라는 것을 알고 있는 셈이다. 최종 상태에도 같은 연산을 하면 똑같은 위상인자가 곱해진다. 이것은 초기 상태에서 최종 상태로 이행하는 메커니즘에 대해 우리가 전혀 아는 바가 없더라도 성립한다. 하나의 상태에서 다른 상태로 옮겨 가는 방법을 세세하게 알고 싶지 않다고 해도 이것만은 틀림없다 ―어떤 무언가가 처음에 특정한 대칭성을 가진 상태에 있었고 이 물체를 기술하는 해밀토니안이 이 대칭 연산에 대해 대칭이라면(변하지 않는다면 : 옮긴이) 이 상태는 언제나 동일한 대칭성을 갖는다는 것이다. 양자역학에서의 모든 보존 법칙은 바로 이 점을 바탕으로 하고 있다.

예를 들어 $\hat{P}$ 연산자로 돌아가 보자. 먼저 $\hat{P}$의 정의를 조금만 수정하자. 이제부터 $\hat{P}$는 거울에 반사시키는 연산에 그치지 않을 것이다. 그러려면 번거롭게 거울을 어디에 둘지부터 정해야 하니까 말이다. 그러지 말고 거울을 정의할 필요가 없는 특수한 반사를 이용하면 된다. 연산을 다음과 같이 재정의하자. 먼저 xy 평면에 반사시킨다. 그러면 x좌표와 y좌표는 그대로 남고 z만 $-z$로 바뀐다.

다음에는 전체를 z축을 중심으로 $180°$도 돌려서 x좌표는 $-x$로, y좌표는 $-y$가 되게 만들겠다. 이 둘을 순서대로 한꺼번에 하는 것을 반전(inversion)이라고 부른다. 그러면 모든 점이 원점에 대하여 반대편에 있는 점으로 이동하게 된다. 즉 모든 개체의 좌표값이 전부 반대 부호를 갖는다. 앞으로 이 연산을 기호 $\hat{P}$로 쓰겠다. 그림 17-4를 참고하자. 반전은 단순한 반사보다 좀 더 편리한데, 어느 좌표평면을 반사면으로 쓸지 정할 필요 없이 그저 대칭의 중심점만 정해 주면 되기 때문이다.

이번엔 반전 후에 $e^{i\delta} | \psi_0 \rangle$가 되는 상태 $| \psi_0 \rangle$를 보자. 즉

$$| \psi_0' \rangle = \hat{P} | \psi_0 \rangle = e^{i\delta} | \psi_0 \rangle \qquad (17.16)$$

이다. 그 다음에 한 번 더 반전시켜 보자. 두 번 반전하면 원래의 상태가 되어 아무것도 바뀐 게 없게 된다. 그러면

$$\hat{P} | \psi_0' \rangle = \hat{P} \cdot \hat{P} | \psi_0 \rangle = | \psi_0 \rangle$$

가 되어야 한다. 그런데

$$\hat{P} \cdot \hat{P} | \psi_0 \rangle = \hat{P} e^{i\delta} | \psi_0 \rangle = e^{i\delta} \hat{P} | \psi_0 \rangle = (e^{i\delta})^2 | \psi_0 \rangle$$

이므로

$$(e^{i\delta})^2 = 1$$

이다. 따라서 반전 연산이 한 상태의 대칭 연산이라면 $e^{i\delta}$에는 두 가지 가능성밖에 없다. 즉

$$e^{i\delta} = \pm 1$$

인데, 바꿔 쓰면

$$\hat{P} | \psi_0 \rangle = | \psi_0 \rangle \quad \text{또는} \quad \hat{P} | \psi_0 \rangle = - | \psi_0 \rangle \qquad (17.17)$$

라는 뜻이다.

고전적으로는 반전 대칭성이 있는 상태에 반전 연산을 하면 똑같은 상태가 된다. 그렇지만 양자역학에서는 같은 상태가 되거나 부호가 반대로 바뀐 상태가 되거나 하는 두 가지 가능성이 존재한다. 전자는 짝 패리티(even parity), 후자는 홀 패리티(odd parity)가 있다고 말한다 (반전 연산자 $\hat{P}$를 패리티 연산자(parity operator)라고 부르기도 한다). H_2^+이온의 상태 $| I \rangle$에는 짝 패리티가, $| II \rangle$에는 홀 패리티가 있다. 식 (17-12)를 참고하자. 물론 $\hat{P}$연산에 대해 대칭이 아닌 상태들도 있는데, 이들은 특정한 패리티가 없는 상태다. 가령 H_2^+에서 $| I \rangle$에는 짝 패리티가 있고 $| II \rangle$에는 홀 패리티가 있지만 $| I \rangle$은 패리티를 정할 수가 없는 것이다.

반전 연산을 어떤 물리계에 실행한다고 말할 때는 두 가지 방법을 생각할 수 있다. $\mathbf{r}$의 위치에 있는 것을 전부 물리적으로 $-\mathbf{r}$로 이동시킬 수도 있고, 혹은 대상물을 이동시키는 대신에 $x' = -x$, $y' - y$, $z' = -z$인 새 좌표계 (x', y', z')에서 바라볼 수도 있을 것이다. 같은 방법으로 회전의 경우에도 대상

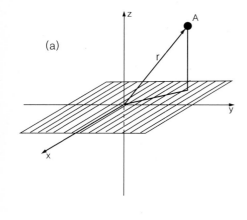

(a)

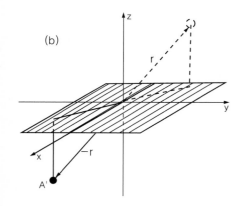

(b)

그림 17-4 반전 연산 $\hat{P}$. $A(x, y, z)$ 점에 있는 것을 전부 $A'(-x, -y, -z)$로 옮긴다.

물을 회전시킬 수도 있고 대상은 그대로 둔 채로 측정의 기준이 되는 좌표계만 돌릴 수도 있다. 일반적으로 두 관점은 근본적으로 같다. 회전의 경우에는 대상을 θ만큼 돌리는 것은 좌표계를 $-\theta$만큼 돌리는 것과 같다는 점만 빼면 말이다. 지금까지는 대부분 좌표축을 옮겼을 때 어떤 일이 일어나는지를 고려하였지만 좌표축은 그대로 두고 대상물을 같은 각도만큼 반대로 돌려도 똑같은 결과를 얻는다. 단 후자의 경우에는 각도의 부호를 바꿔야 한다.*

항상 그런 것은 아니지만 많은 경우에 물리 법칙은 좌표계를 반사 혹은 반전시켜도 변하지 않는다. 반전에 대해 대칭인 것이다. 가령 전기역학의 법칙들은 x를 $-x$로, y를 $-y$로, z를 $-z$로 바꾸어도 달라지지 않는다. 중력 법칙과 핵물리에서의 강한 상호작용도 마찬가지다. β붕괴를 설명하는 데 필요한 약한 상호작용만 이 대칭성이 없다(1권의 52장에서 이 문제를 논의한 바 있다). 지금은 일단 β붕괴는 생각하지 않기로 하자. 그러면 원자가 빛을 방출하는 경우처럼 β붕괴가 별로 영향을 미치지 않는 물리계에서는 해밀토니안 $\hat{H}$와 $\hat{P}$를 교환할 수 있다. 이러한 상황에서는 다음과 같이 말할 수 있다 —처음에 어떤 상태에 짝 패리티가 있다면 시간이 얼마간 흐른 뒤에 지켜봐도 여전히 짝 패리티가 있을 것이다. 가령 광자를 막 방출하려는 전자 하나가 짝 패리티 상태에 있다고 해 보자. 방출 후에 광자를 포함하는 전체를 보면 역시 패리티가 짝일 것이다(홀 패리티로 시작해도 마찬가지다). 이를 패리티 보존(parity conservation)이라고 부른다. 양자역학에서 패리티 보존과 반사 대칭성이 왜 밀접하게 얽혀 있는지 이제 이해할 수 있을 것이다. 몇 년 전까지는 자연계에서 패리티가 보존된다고 믿어왔지만, 실은 그렇지 않다는 사실을 지금은 알고 있다. β붕괴 반응에서는 다른 물리법칙과 달리 반전 대칭성이 없기 때문에 보존되지 않는 것이다.

이제 흥미로운 정리를 (약한 상호작용을 무시할 수 있는 한에서 참인) 하나 증명할 수 있다. 에너지가 정해져 있으면서 다른 상태와 에너지가 겹치지 않는 상태는 특정한 패리티를 갖는다는 것이다. 즉 이 상태의 패리티는 반드시 짝 혹은 홀이다(에너지가 같은 상태가 몇 개 존재하는 계를 떠올려 보자. 이 같은 상태들을 두고 겹쳤다고 한다. 지금의 정리는 이처럼 겹친 경우에는 적용할 수 없다).

에너지가 정해진 상태 $|\psi_0\rangle$에 대해서

$$\hat{H}|\psi_0\rangle = E|\psi_0\rangle \tag{17.18}$$

임은 알고 있다. 여기서 E는 해당 상태의 에너지를 나타내는 숫자일 뿐이다. 만약 $\hat{Q}$가 어떤 계의 대칭 연산자라면 $|\psi_0\rangle$가 겹친 상태가 아닌 한

$$\hat{Q}|\psi_0\rangle = e^{i\delta}|\psi_0\rangle \tag{17.19}$$

임을 증명할 수 있다. $\hat{Q}$ 연산을 한 후의 새 상태 $|\psi_0'\rangle$을 보자. 주어진 물리계에 대칭성이 있다면 $|\psi_0'\rangle$은 $|\psi_0\rangle$와 에너지가 같아야 한다. 하지만 해당 에너

---

* 식 속의 부호가 다른 책들도 있다. 아마 각도를 다른 방법으로 정의했기 때문일 것이다.

지를 갖는 상태가 단 하나뿐인 상황을 고려하고 있으므로 $|\psi_0'\rangle$은 $|\psi_0\rangle$와 위상만 다를 뿐인 같은 상태여야만 한다. 이것은 물리적인 설명이다.

수학을 통해서도 같은 이야기를 할 수 있다. 대칭의 정의는 식 (17.10) 또는 식 (17.11)에서 다음처럼 주어졌다. (어떤 상태 ψ에 대해서도 성립한다.)

$$\hat{H}\hat{Q}|\psi\rangle = \hat{Q}\hat{H}|\psi\rangle \qquad (17.20)$$

여기서는 특정한 에너지를 가진 상태 $|\psi_0\rangle$만을 고려하고 있으므로 $\hat{H}|\psi_0\rangle = E|\psi_0\rangle$이다. E는 숫자여서 마음대로 $\hat{Q}$를 넘어다닐 수 있으므로

$$\hat{Q}\hat{H}|\psi_0\rangle = \hat{Q}E|\psi_0\rangle = E\hat{Q}|\psi_0\rangle$$

가 되고 따라서

$$\hat{H}\{\hat{Q}|\psi_0\rangle\} = E\{\hat{Q}|\psi_0\rangle\} \qquad (17.21)$$

가 된다. 그러므로 $|\psi_0'\rangle = \hat{Q}|\psi_0\rangle$ 또한 에너지가 E인 $\hat{H}$의 고유 상태이다. 하지만 처음에 가설을 세우기를 그런 상태는 단 하나뿐이라고 했으므로 $|\psi_0'\rangle = e^{i\delta}|\psi_0\rangle$여야만 한다.

조금 전 증명한 내용은 주어진 물리계의 대칭 연산인 어떤 $\hat{Q}$에 대해서도 들어맞는다. 그러므로 전기력과 강한 상호작용만을 고려하는, 즉 β붕괴는 일어나지 않는 상황이어서 반전 대칭이 근사적으로 타당하다면 $\hat{P}|\psi\rangle = e^{i\delta}|\psi\rangle$가 성립한다. 앞에서 $e^{i\delta}$가 1 아니면 −1 둘 중의 하나여야 한다고 했으므로 겹치지 않으며 에너지가 정해진 상태에는 짝 혹은 홀 패리티가 있게 된다.

17-3 보존 법칙

이번에는 연산의 또 다른 예로 회전을 보자. 그중에서도 특별히 z축을 중심으로 각도 ϕ만큼 돌리는 연산자를 생각하고 이를 $\hat{R}_z(\phi)$라고 부르자.* x축과 y축 방향으로는 외부에서 주어지는 영향이 없는 물리적 상황을 가정하겠다. 전기장 혹은 자기장은 z축 방향으로만** 고려할 것이므로 전체 물리계를 z축을 중심으로 돌려도 외부 조건에는 변화가 없을 것이다. 가령 빈 공간상에 있는 원자를 z축을 중심으로 ϕ만큼 돌려도 여전히 같은 계인 것이다.

그러면 회전 연산의 결과가 어떤 위상 인자를 곱하는 것과 동일하게 되는 특별한 상태가 존재하게 된다. 이것이 참이라면 위상 변화는 항상 각도 ϕ에 비례한다는 것을 간단히 보이겠다. 각도 ϕ로 두 번 회전한다고 하자. 이는 2ϕ만큼의 회전과 같다. 만일 각도 ϕ의 회전이 $|\psi_0\rangle$ 상태에 $e^{i\delta}$를 곱하는 결과를 가져온다면, 즉

$$\hat{R}_z(\phi)|\psi_0\rangle = e^{i\delta}|\psi_0\rangle$$

---

* 아주 엄밀히 말해서 물리계를 z축을 중심으로 $-\phi$만큼 회전하는 연산자를 $\hat{R}_z(\phi)$로 정의할 것이다. 이는 좌표계를 $+\phi$만큼 돌리는 것과 같다.
** 장이 단일하고 방향이 바뀌지 않는다면 언제나 그 방향을 z축으로 잡을 수 있다.

라면 그런 회전을 연달아 두 번 하게 되면 처음의 상태에 $(e^{i\delta})^2 = e^{2i\delta}$를 곱하는 셈이 되는데, 다음과 같이 보일 수 있다.

$$\hat{R}_z(\phi)\hat{R}_z(\phi)\mid\psi_0\rangle = \hat{R}_z(\phi)e^{i\delta}\mid\psi_0\rangle = e^{i\delta}\hat{R}_z(\phi)\mid\psi_0\rangle = e^{i\delta}e^{i\delta}\mid\psi_0\rangle$$

위상 변화 δ는 반드시 ϕ에 비례한다.* 그렇기 때문에 여기서 우리는

$$\hat{R}_z(\phi)\mid\psi_0\rangle = e^{im\phi}\mid\psi_0\rangle \tag{17.22}$$

를 만족하는 특별한 상태 $\mid\psi_0\rangle$를 고려하고 있는 셈이다 (m은 실수).

우리는 또한 주어진 계가 z축을 중심으로 하는 회전에 대해 대칭이고 초기 상태에 (17.22)의 성질이 있었다면 이후에도 계속 그러하리라는 것을 알고 있다. 따라서 이 숫자 m이 매우 중요해진다. m의 초기값을 알고 있다면 모든 상황이 종료된 후의 m값도 알고 있는 것이다. 보존되는 양은 바로 이 숫자로, m은 운동 상수(constant of motion)가 된다. m에 주목하는 이유는 이 값이 임의의 각도 ϕ와 전혀 관계가 없는 양일 뿐더러 고전역학에서의 무언가에 대응하기 때문이다. 양자역학에서는 그 같은 상태 $\mid\psi_0\rangle$에 대해 $m\hbar$를 z방향의 각운동량이라고 부르기로 한다. 그렇게 하면 계가 커졌을 때, 즉 고전역학이 들어맞는 극한에서 이 양이 각운동량의 z축 성분과 같아진다. 그러므로 z축으로 회전시켰을 때 위상 인자 $e^{im\phi}$를 만들어 내는 어떤 상태가 있다면 이는 해당 축에 대한 각운동량이 정해진 상태인 것이며 그 각운동량은 보존된다. 지금 $m\hbar$이며 앞으로도 영원히 $m\hbar$인 것이다. 물론 아무 축이나 골라서 그 축을 중심으로 회전시킬 수도 있는데, 그러면 여러 축에 대한 각운동량 보존 법칙을 얻는다. 이제 여러분은 각운동량 보존이 어떤 계를 돌렸을 때 위상 인자만 새로 추가된 같은 상태를 얻는다는 사실과 관련이 있음을 이해할 것이다.

이 결과는 아주 일반적으로 성립한다. 같은 논리를 각운동량 보존과 똑같은 꼴의 대응관계가(고전역학과 양자역학 간 대응관계 : 옮긴이) 있는 다른 보존 법칙 두 가지에 적용해 보자. 고전역학에서는 운동량과 에너지가 보존되는데, 두 가지 모두 어떤 물리적인 대칭성과 관련이 있다는 사실이 흥미롭다. 여기 어떤 물리 계, 가령 원자나 복잡한 원자핵, 분자, 혹은 그 무엇이 있는데 전체를 다른 곳으로 옮겨도 아무 차이가 생기지 않는다고 가정해 보자. 즉 어떤 의미에서 해밀토니안이 내부 좌표(internal coordinates)(예를 들어 분자를 구성하는 원자들 간의 상대적인 위치를 나타내는 좌표 : 옮긴이)에만 좌우되고 공간상의 절대적인 위치와는 무관하다는 것이다. 이런 경우 공간에서의 평행 이동을 나타내는 특수한 대칭 연산이 존재한다. $\hat{D}_x(a)$를 x축을 따라 a만큼 이동하는 연산으로 정의해 보자. 어떤 상태에 이 연산을 수행하면 새로운 상태가 나온다. 그런데 이 연산에서도 연산 결과가 위상 인자를 빼고는 원래와 비교해 달라진 점이 없는 특

---

* 더 멋들어지게 증명하려면 작은 각도 ϵ에 대한 회전을 보면 된다. 임의의 각 ϕ는 ϵ을 필요한 만큼 n번 더하면 되므로 $\phi = n\epsilon$이고 $\hat{R}_z(\phi) = [\hat{R}_z(\epsilon)]^n$이 되어 위상변화의 총합은 각도 ϵ으로 회전시켰을 때의 위상변화의 n배가 된다. 따라서 이는 ϕ에 비례한다. (ϵ만큼 돌렸을 때의 위상변화를 η라고 한다면 $\delta = n\eta$가 되는데, 이를 $\phi = n\epsilon$ 식으로 나누면 $\delta/\phi = \eta/\epsilon$로 일정하게 되어 $\delta \propto \phi$가 성립한다 : 옮긴이)

수한 상태가 있을 수 있다. 이때 위상이 a에 비례해야 함을 앞에서와 마찬가지 방법으로 증명할 수 있다. 따라서 이 상태 $|\psi_0\rangle$에 대해

$$\hat{D}_x(a)\,|\,\psi_0\rangle = e^{ika}\,|\,\psi_0\rangle \qquad (17.23)$$

로 쓸 수 있다. 계수 k에 $\hbar$를 곱한 값을 운동량의 x성분이라고 부르는데, 큰 계에서는 이 값이 고전역학적 운동량 p_x와 같기 때문이다. 이를 일반적으로 다시 쓰면 이렇게 된다—평행 이동 시 해밀토니안이 변하지 않는 경우, z축 방향의 운동량이 정해진 채로 시작한 상태는 시간이 흘러도 그 값이 유지된다. 충돌 혹은 폭발 전후의 운동량 총합은 같다는 것이다.

공간상의 이동과 매우 비슷한 연산이 또 있다. 바로 시간 지연(time delay)이다. 시간에 따라 변하는 외부 변수가 일절 없다는 가정 하에, 특정한 순간에 무언가를 시작해 놓고 그대로 두어 보자. 그러면 같은 일을 2초 후에 혹은 (이 실험과는 다른 별도의 실험에서) 시간 τ만큼 늦게 시작하더라도 그만큼 늦어진다는 것 말고는 똑같은 과정을 거쳐 똑같은 최종 상태가 나올 것이다. 물론 외부 조건이 절대 시간(absolute time)과 관계없을 경우에 한해서이다. 이때도 마찬가지로 뒤따라 변하는 상태가 먼저 변하는 상태에 위상인자만을 곱한 것과 같게 되는 특수한 상태를 찾을 수 있다. 여기서도 위상 변화가 τ에 비례할 것임이 분명하다. 이를 다음과 같이 써 보자.

$$\hat{D}_t(\tau)\,|\,\psi_0\rangle = e^{-i\omega\tau}\,|\,\psi_0\rangle \qquad (17.24)$$

보통은 ω를 정의할 때 음의 부호를 붙인다. 이 규칙을 따르면 $\omega\hbar$가 계 전체의 에너지가 되고 이 값은 보존된다. 따라서 에너지가 정해진 상태에는 시간을 τ만큼 옮겼을 때 자기 자신에 $e^{-i\omega\tau}$를 곱한 형태가 된다는 특징이 있다(예전에 에너지가 정해진 양자적 상태를 정의할 때 배운 내용과 일치한다). 이 말은 에너지가 정해진 계는 해밀토니안이 시간에 따라 변하지만 않는다면 중간에 무슨 일이 벌어지든 간에 에너지가 쭉 일정하다는 뜻이다.

이쯤 되면 보존 법칙과 대칭성 간의 관계를 파악했을 것이다. 시간 이동에 대한 대칭은 에너지 보존을, 공간 이동에 대한 대칭은 운동량 보존을, 회전 대칭은 각운동량의 해당 축 성분이 보존됨을 암시한다. 또한 반사 대칭은 패리티 보존을 뜻하고, 두 전자 간 상호교환에 대한 대칭은 아직 이름을 붙이지는 않은 무언가가 보존됨을 의미하고 등등이다. 이들 중에 고전역학에서도 성립하는 것들이 있는가 하면 그렇지 않은 것들도 있다. 양자역학에는 고전역학보다 보존 법칙이 더 많다. 적어도 고전역학에서 자주 쓰는 것들보다는 더 많다.

여러분이 다른 양자역학 책에서 쓰는 표기법도 이해할 수 있도록 기술적인 부분을 한 가지만 덧붙이자. 시간을 이동한다 함은 물론 앞서 배운 $\hat{U}$ 연산의 실행을 뜻한다.

$$\hat{D}_t(\tau) = \hat{U}(t+\tau,\ t) \qquad (17.25)$$

사람들은 대개 모든 것을 시간상 공간상 무한히 작은 변위, 혹은 무한히 작은 각도로의 회전 등을 써서 논하기를 좋아한다. 어느 정도 크기가 있는 변위나 각도

는 무한히 작은 변위 혹은 각을 연속으로 쌓으면 얻을 수 있으므로 후자를 먼저 분석하는 것이 더 쉬울 때가 많다. 8장에서 정의했듯이 무한히 짧은 시간 변위 Δt에 대한 연산자는 다음과 같다.

$$\hat{D}_t(\Delta t) = 1 - \frac{i}{\hbar}\Delta t \hat{H} \tag{17.26}$$

그러면 $\hat{H}$는 에너지라고 부르는 고전적인 양과 비슷해지는데, 이는 $\hat{H}\,|\,\psi\rangle$가 $|\,\psi\rangle$의 상수배라면(즉 $\hat{H}\,|\,\psi\rangle = E\,|\,\psi\rangle$라면) 그 상수가 해당 계의 에너지가 되기 때문이다.

다른 연산도 마찬가지다. x에 가령 Δx의 작은 변위를 주면 상태 $|\,\psi\rangle$가 일반적으로 어떤 다른 상태 $|\,\psi'\rangle$으로 변할 것이다. 이를

$$|\,\psi'\rangle = \hat{D}_x(\Delta x)\,|\,\psi\rangle = \left(1 + \frac{i}{\hbar}\hat{p}_x\Delta x\right)|\,\psi\rangle \tag{17.27}$$

와 같이 쓸 수 있는데, 이는 Δx가 0이 되면 $\hat{D}_x(0) = 1$이어서 $|\,\psi'\rangle$이 바로 $|\,\psi\rangle$가 되고 Δx가 작으면 $\hat{D}_x(\Delta x)$가 1로부터 멀어진 정도가 Δx에 비례할 것이기 때문이다. 이와 같이 정의했을 때 $\hat{p}_x$를 운동량 연산자(물론 그중 x성분)라고 부른다.

같은 이유로 작은 각도의 회전을 보통

$$\hat{R}_z(\Delta\phi)\,|\,\psi\rangle = \left(1 + \frac{i}{\hbar}\hat{J}_z\Delta\phi\right)|\,\psi\rangle \tag{17.28}$$

로 쓰고 $\hat{J}_z$를 z축 방향 각운동량 연산자라고 부른다. $\hat{R}_z(\phi)\,|\,\psi_0\rangle = e^{im\phi}\,|\,\psi_0\rangle$가 성립하는 특별한 상태의 경우, 작은 각도 $\Delta\phi$에 대해 우변을 1차항까지 전개하면

$$\hat{R}(\Delta\phi)\,|\,\psi_0\rangle = e^{im\Delta\phi}\,|\,\psi_0\rangle = (1 + im\Delta\phi)\,|\,\psi_0\rangle$$

가 된다. 이것을 식 (17.28)으로 정의한 $\hat{J}_z$와 비교하면

$$\hat{J}_z\,|\,\psi_0\rangle = m\hbar\,|\,\psi_0\rangle \tag{17.29}$$

를 얻는다. 바꿔 말하면 z방향 각운동량이 정해진 상태에 $\hat{J}_z$연산을 하면 원래의 상태에 $m\hbar$를 곱한 상태가 나온다는 것인데, 여기서 $m\hbar$는 각운동량의 z축 성분이다. 이것은 에너지가 정해진 상태에 $\hat{H}$ 연산을 하면 $E\,|\,\psi\rangle$가 나오는 것과 매우 비슷하다.

이번엔 각운동량 보존을 실제로 어떻게 활용하는지 살펴보겠다. 매우 간단하다. 각운동량이 보존된다는 사실은 우리가 이미 알고 있다. 기억해야 하는 점은 $|\,\psi_0\rangle$를 z축을 중심으로 ϕ만큼 돌리면 $e^{im\phi}\,|\,\psi_0\rangle$가 되어 각운동량의 z축 방향 성분이 $m\hbar$가 된다는 것뿐이다. 이것만 갖고도 몇 가지 재미난 일들을 할 수 있다.

17-4 편극된 빛

먼저 한 가지만 확인하자. 11-4절에서 오른손 원형(RHC, Right-Handed Circularly) 편극된 빛을 z축으로* ϕ만큼 회전한 좌표계에서 보면 $e^{i\phi}$가 됨을 보였다. 그 말은 RHC 광자의 각운동량이 z축을 기준으로 한 단위**임을 뜻하는 것인가? 정말 그렇다. 한편으로는 (고전적인 빛과 마찬가지로) 동일하게 원형으로 편극된 광자가 많이 모여서 된 빛의 빔(beam)에 각운동량이 있음을 뜻하기도 한다. 이 빔이 나르는 총 에너지가 W라면 그 안에는 $N = W/\hbar\omega$개의 광자가 들어 있다. 광자 하나의 각운동량이 $\hbar$이므로 전체 각운동량은 다음과 같다.

$$J_z = N\hbar = \frac{W}{\omega} \tag{17.30}$$

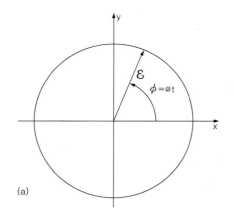

RHC 편극된 빛의 에너지와 각운동량이 W/ω에 비례한다는 사실을 고전적으로 입증할 수 있을까? 증명할 수만 있다면 이 사실은 고전적인 명제임이 분명하다. 이 지점이 바로 양자적인 현상을 고전적인 현상과 연결할 수 있는 경우 중 하나이다. 고전역학적으로 같은 결론이 나오는지 확인해 보면 m을 각운동량이라고 부를 수 있는지 알게 될 것이다. 고전적인 의미에서 RHC 편극이 무엇을 뜻하는지 기억을 떠올려 보자. 이것은 진동의 x축 성분과 y축 성분 사이에 90°의 위상차가 있어서 둘을 더한 벡터 $\mathcal{E}$가 원을 따라 움직이는 전기장을 나타낸다. 그림 17-5(a)를 참고하라. 이제 그 빛이 비치면 일부라도 벽에 흡수된다고 가정하고 고전물리 법칙에 따르는 벽 속 원자들을 들여다보자. 지금까지 종종 원자 안의 전자들을 외부 전기장에 의해 진동할 수 있는 조화 진동자로 생각했다. 거기에 추가로 원자에 등방성(isotropic)이 있어서 x방향으로도 혹은 y방향으로도 똑같이 진동할 수 있다고 가정하겠다. 원형 편극된 빛의 x축과 y축의 최대 변위는 같으나 한쪽이 다른 한쪽보다 90°만큼 뒤쳐져 있으므로 그 결과 전자들도 그림 17-5(b)에서처럼 원을 따라 돈다. 전자는 평형 위치로부터 r만큼 떨어진 곳에서 벡터 $\mathcal{E}$에 비해 위상이 뒤처진 채로 돌게 된다. $\mathcal{E}$와 r 사이의 관계는 그림 17-5(b)처럼 될 것이다. 시간이 흐름에 따라 전기장과 변위가 같은 주파수로 회전하는데, 둘 사이의 상대적인 방향은 변하지 않는다. 이번에는 빛 다발이 전자에 전달하는 에너지를 보자. 에너지가 전자에 주입되는 비율은 속도 v에 $q\mathcal{E}$ 중 v와 나란한 성분을 곱한 값이 된다.

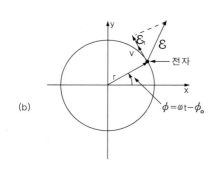

그림 17-5 (a) 원형 편극된 빛에서의 전기장 $\mathcal{E}$. (b) 이 빛에 의한 전자의 움직임

$$\frac{dW}{dt} = q\mathcal{E}_t v \tag{17.31}$$

그런데 가만, 원점을 중심으로 토크가 항상 있기 때문에 이 전자에는 각운동량도 전달된다. $q\mathcal{E}_t r$의 토크가 가해지는데 이는 각운동량의 변화율 dJ_z/dt와 같아야

---

* 미안하지만 11-4절에서 사용한 각도와 부호가 반대이다.

** 원자계의 각운동량은 $\hbar$의 단위로 따지면 편하다. 그러면 스핀 1/2인 입자의 각운동량이 어떤 축에 대해 ±1/2단위라고 말할 수 있다. 혹은 일반적으로 각운동량의 z축 방향 성분이 m이라고 하면 된다. $\hbar$를 매번 반복할 필요가 없다.

만 하므로

$$\frac{dJ_z}{dt} = q\, \mathcal{E}_t\, r \tag{17.32}$$

이 된다. $v = \omega r$을 쓰면 다음 관계를 얻는다.

$$\frac{dJ_z}{dW} = \frac{1}{\omega}$$

따라서 전자가 흡수한 각운동량을 적분한 값이 총 에너지에 비례하며 그 비례상수는 $1/\omega$인데 이는 식 (17.30)의 결과와 잘 맞는다. 분명히 빛에는 각운동량이 있고 그 크기는 z축을 중심으로 RHC이면 1(단위는 $\hbar$), LHC이면 -1이다.

그럼 이제 이런 질문을 던져 보자. x축을 따라 선형 편극된 빛의 각운동량은 얼마일까? x축으로 선형 편극된 빛은 RHC 편극된 빛과 LHC 편극된 빛이 합쳐진 것으로 나타낼 수 있다. 따라서 각운동량이 $+\hbar$가 될 확률 진폭도 있고 $-\hbar$가 될 확률 진폭도 있으므로 각운동량을 정할 수가 없다. 둘의 확률 진폭은 같아서 둘의 간섭이 만들어 내는 선형 편극은 양 혹은 음의 1단위의 각운동량을 가질 확률이 같다. 선형 편극된 빛에 거시적인 측정을 해 보면 각운동량이 0이 나오는데, 이는 매우 많은 수의 광자에는 오른쪽과 왼쪽으로 원형 편극된 광자가 거의 반반씩 있어서 각운동량의 평균값이 0이 되기 때문이다. 또한 고전적인 이론에서는 원형 편극이 있어야만 각운동량이 나타난다.

전에 스핀이 1인 입자의 J_z값으로는 $+1$, 0, -1의 세 가지가 가능하다고 했다(슈테른-게를라흐 실험에서 본 세 상태). 그런데 빛은 좀 괴짜여서 두 가지만 가능하다. 0인 경우가 없는 것이다. 이것이 빠져 있는 이유는 빛이 정지해 있을 수가 없다는 사실과 관련이 있다. 가만히 서 있는 스핀 j인 입자의 J_z는 $-j$에서 $+j$까지 1씩 증가하는 $(2j + 1)$가지의 값을 가질 수 있다. 하지만 질량이 0이고 스핀이 j인 것들은 운동 방향의 성분으로 $+j$와 $-j$만이 존재한다. 예를 들어 광자는 스핀 1짜리 객체이지만 빛에는 셋이 아니라 두 종류의 상태만이 가능하다. 예전에 증명한 사실, 즉 공간상에서의 회전 시 일어나는 일들을 기준으로 했을 때 스핀 1인 입자에는 세 가지 상태가 있다는 사실과 어떻게 앞뒤를 맞출 수 있을까? 정지질량이 0인 입자(광자나 뉴트리노처럼 -뉴트리노의 질량이 아주 작지만 0이 아님이 1998년 실험을 통해 밝혀졌음 : 옮긴이)는 정지해 있을 수가 없으며 운동 방향과 나란한 축을 중심으로 한 회전의 경우에만 운동량 상태가 바뀌지 않는다. 하지만 한 축에 대한 회전만으로는 세 가지 상태가 필요함을 증명하기에는 부족하다. 그 축을 중심으로 ϕ만큼 돌리는 회전에 대해서는 $e^{i\phi}$꼴로 변함을 이미 알고 있기 때문이다.*

한 가지만 더 짚고 넘어가자. 정지질량이 0인 입자의 경우 일반적으로는 운동 방향에 대한 두 가지 스핀 상태 $(+j, -j)$ 중 어느 한쪽만 있으면 된다. 스핀이 1/2인 뉴트리노는 자연 상태에서 각운동량이 운동 방향과 반대인 $(-\hbar/2)$

---

* 정지질량이 0인 입자의 경우 운동 방향으로의 각운동량 성분이 $\hbar/3$ 같은 값이 아니라 반드시 $\hbar/2$의 정수배가 되는 것에 대한 증명이 있는지 찾아보았다. 로렌츠 변환의 성질이란 성질은 모두, 또 그 외의 다른 것들도 써 봤는데도 실패했다. 어쩌면 위 가정이 틀렸을 수도 있다. 이런 내용을 잘 알고 계신 위그너 교수(Eugene Wigner, 1902~1995 : 옮긴이)와 이야기를 해 봐야겠다.

상태로만 존재한다 (반대로 반뉴트리노(anti-neutrino)는 운동방향과 같은 방향으로의 각운동량 ($+\hbar/2$)만 가능하다). 반전 대칭성이 있는 (즉 빛처럼 패리티가 보존되는) 계에서는 두 경우 ($+j$와 $-j$) 모두 필요하다.

17-5 Λ^0 입자의 붕괴

이번에는 순수하게 양자역학적으로만 정의되는 문제에서 각운동량 보존 정리를 어떻게 적용하는지 예를 보자. 람다 입자 (Λ^0)가 약한 상호작용 때문에 붕괴하여 다음처럼 양성자와 π^- 중간자로 쪼개지는 과정을 보겠다.

$$\Lambda^0 \rightarrow p + \pi^-$$

파이온(π 중간자의 다른 이름 : 옮긴이)과 양성자 및 Λ^0의 스핀이 각각 0, 1/2, 1/2임은 알고 있다고 가정하자. 알고 싶은 문제는 다음과 같다. 완전하게 편극된 Λ^0 입자가 하나 있다. 그 말은 그림 17-6(a)처럼 적절히 고른 z축에 대해 스핀이 위쪽이라는 뜻이다. 그러면 그림 17-6(b)처럼 양성자가 z축으로부터 θ만큼 떨어진 방향으로 붕괴할 확률은 얼마일까? 즉 붕괴 결과가 각에 따라 어떻게 분포할까? Λ^0가 정지해 있는 좌표계에서 붕괴를 살펴보겠다. 각도도 이 정지 좌표계에서 잴 텐데, 필요하면 언제든지 다른 좌표계로 변환할 수 있다.

양성자가 z축을 중심으로 하는 작은 입체각(solid angle) $\Delta\Omega$ 안으로 방출되는 특수한 상황부터 보자(그림 17-7). 붕괴하기 전에는 그림 중 (a)의 경우처럼 스핀이 위쪽인 Λ^0가 하나 있었다. 약간의 시간이 흐른 뒤, 약한 붕괴와 관련이 있다는 점 외에는 지금까지 알려지지 않은 이유로 (이후에 람다 입자 안에 있는 야릇한 쿼크(strange quark) 때문임이 밝혀졌다 : 옮긴이) Λ^0가 폭발하여 양성자와 파이온이 된다. 양성자가 $+z$ 방향으로 움직인다고 해 보자. 그러면 운동량 보존 때문에 파이온은 반드시 아래로 움직여야 한다. 양성자가 스핀 1/2짜리 입자이므로 스핀은 위쪽이거나 아래쪽이거나 둘 중의 하나여야 한다. 이론적으로는 그림의 (b)와 (c) 두 가지 가능성이 모두 존재한다. 하지만 각운동량 보존 때문에 양성자의 스핀은 위쪽이어야만 한다. 이것을 다음과 같이 쉽게 보일 수 있다. z축 방향으로 움직이는 입자는 움직이는 것만으로는 z방향으로의 각운동량을 만들어 낼 수 없다(z축 방향으로 입자를 밀어도 z축을 중심으로 한 회전이 생겨나지는 않는다는 뜻이다. 평행 이동과 회전은 한쪽이 다른 한쪽을 만들어 낼 수 없는 별개의 현상이다 : 옮긴이). 따라서 스핀만이 J_z를 만들어 낼 수 있다. 붕괴 전의 z축 방향 각운동량이 $+\hbar/2$였으면 붕괴 후에도 $+\hbar/2$일 수밖에 없다. 파이온은 스핀이 0이므로 반드시 양성자의 스핀이 위쪽 방향이어야 한다.

이러한 논법이 양자역학에서 안 맞는 건 아닐까 걱정스럽다면 잠깐 짚고 넘어가도록 하자. | Λ^0, 위쪽 스핀〉이라고 부를 수 있는 초기 상태(붕괴 전)에는 z축으로 ϕ만큼 돌리면 상태 벡터에 $e^{i\phi/2}$가 곱해지는 특징이 있다 (즉 회전 후의 상태 벡터는 $e^{i\phi/2}$| Λ^0, 위쪽 스핀〉). 스핀 1/2짜리 입자의 스핀이 위쪽이라고 할 때의 진짜 의미는 바로 이것이었다. 자연은 우리가 어느 좌표계를 써서 기술

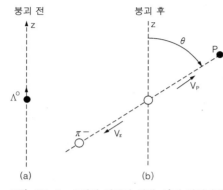

그림 17-6 스핀이 위쪽인 입자 Λ^0가 양성자와 (질량중심 좌표계에서) 파이온으로 붕괴한다. 양성자가 각도 θ로 나올 확률은 얼마일까?

붕괴 전   붕괴 후

(a)   (b)

하느냐와 관계없이 행동하므로 최종 상태(양성자와 파이온을 모두 포함하는)에도 같은 성질이 있어야 한다. 최종 상태를 다음과 같이 쓸 수 있겠다.

|양성자가 +z방향으로 움직이고 스핀이 +z;
파이온은 −z 방향으로 움직임⟩

하지만 파이온은 항상 양성자와 반대방향으로 움직일 것이므로 파이온의 움직임은 따로 언급할 필요가 없다. 따라서 다음처럼 간단하게 써도 된다.

|양성자가 +z방향으로 움직이고 스핀이 +z⟩

그럼 좌표계를 z축을 중심으로 ϕ만큼 회전시키면 이 상태 벡터에 어떤 일이 일어날까?

양성자와 파이온이 z축을 따라 움직이므로 좌표계를 돌려도 운동 상태에는 변화가 없다(그 때문에 이런 특별한 경우를 고른 것이다. 그렇지 않고서는 이 논법을 이끌어낼 수가 없다). 그리고 파이온은 스핀이 0이므로 좌표계를 돌려도 아무런 일이 일어나지 않는다. 그러나 양성자는 스핀이 1/2이다. 스핀이 위쪽이었으면 회전에 대한 반응으로 $e^{i\phi/2}$의 위상변화가 생길 것이다(스핀이 아래쪽이었으면 양성자에 의한 위상 변화는 $e^{-i\phi/2}$였을 것이다). 하지만 각운동량 보존 때문에 회전 시 수반되는 위상 변화는 폭발 전후로 같아야 한다(해밀토니안에 외부의 영향이 없기 때문에 실제로도 그렇게 된다). 따라서 양성자의 스핀은 위쪽일 수밖에 없다. 양성자가 위로 움직인다면 스핀은 반드시 위쪽이어야 한다.

결론적으로 각운동량 보존 때문에 그림 17-7의 (b)는 가능하고 (c)는 불가능하다. 붕괴가 일어난다는 사실은 분명하므로 양성자의 스핀이 위쪽이고 위로 움직이는 과정 (b)에 해당하는 어떤 확률 진폭이 있을 것이다. 무한히 짧은 시간 동안 이런 형태로 붕괴가 일어날 확률 진폭을 a로 쓰자.*

이번에는 Λ^0 입자의 스핀이 처음에 아래쪽일 때 어떤 일이 일어날지 보자. 이번에도 그림 17-8처럼 양성자는 붕괴 후 z축을 따라 움직인다. 그렇다면 양성자의 스핀이 아래쪽이어야만 각운동량이 보존된다는 것을 알아차렸을 것이다. 이 붕괴를 나타내는 확률 진폭을 b라고 하자.

두 확률 진폭 a와 b에 관해서는 더 이상 할 얘기가 없다. 그 이상은 Λ^0입자와 약한 붕괴의 내부 메커니즘을 알아야만 하는데, 아직까지는 어떻게 계산해야 하는지 아무도 모른다. 아마 실험을 해서 얻어야 할 것이다. 하지만 이 두 확률 진폭만 갖고도 붕괴의 각분포에 관한 모든 것을 알 수 있다. 다만 문제에 주어진 상태를 주의해서 정확히 정의하기만 하면 된다.

우리가 알고 싶은 것은 그림 17-6처럼 양성자가 z축으로부터 θ만큼 떨어져(있는 작은 입체각 $\Delta\Omega$로) 튀어나올 확률이다. 이 방향으로 z축을 새로 잡아 z'축이라고 하자. 이 축을 따라 일어날 일을 분석하는 방법은 이미 알고 있다. 새 축을 기준으로 하면 Λ^0의 스핀은 위쪽이 아니다. 위쪽과 아래쪽일 확률 진폭이

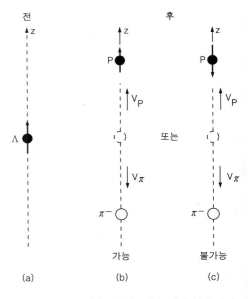

그림 17-7 스핀이 위쪽인 입자 Λ^0의 붕괴 후 양성자가 +z축 방향으로 가는 두 가지 가능한 경우. (b)만이 각운동량이 보존된다.

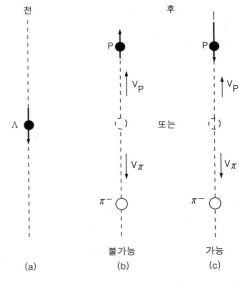

그림 17-8 스핀이 아래쪽인 입자 Λ^0의 z축상에서의 붕괴

* 나는 여러분이 양자역학의 기법들에 충분히 익숙하여 상세한 내용을 수학적으로 일일이 적지 않아도 물리 이야기가 서로 통한다고 가정하고 있다. 내가 하는 말이 정확하게 이해되지 않을 경우를 대비하여 세부 내용 중 생략된 부분의 일부를 본 절의 맨 뒤에 따로 싣는다.

다 있다. 이에 관한 내용은 이미 6장에서 한번, 또 10장의 식 (10.30)에서 또 한 번 다루었다. (새 축을 기준으로) 스핀이 위일 확률은 $\cos \theta/2$, 아래일 확률은* $-\sin \theta/2$이다. Λ^0의 스핀이 z'축을 따라 위쪽이면 $+z'$ 방향으로 양성자가 방출될 확률 진폭은 a이다. 따라서 z'방향으로 나오면서 위쪽으로 도는 양성자를 발견할 확률은

$$a \cos \frac{\theta}{2} \tag{17.33}$$

가 된다. 같은 방법으로 z'축의 양의 방향으로 나오면서 아래쪽으로 도는 양성자를 발견할 확률은

$$-b \sin \frac{\theta}{2} \tag{17.34}$$

이다. 이 두 확률 진폭이 나타내는 과정은 그림 17-9를 참고하자.

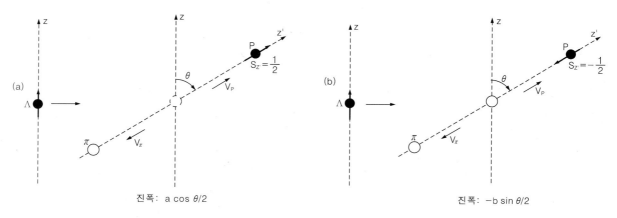

그림 17-9 Λ^0입자 붕괴 시 가능한 두 가지 상황

이번에는 다음과 같이 쉬운 질문을 하나 던져 보자. Λ^0의 스핀이 z축을 따라 위쪽이었다면 붕괴로 생긴 양성자가 (z축으로부터) 각도 θ만큼 떨어져서 나올 확률은 얼마일까? 두 스핀 상태 (z'축을 따라 위쪽 혹은 아래쪽)는 우리가 설령 들여다보지 않기로 하더라도 구분 가능하다. 따라서 확률을 구하려면 각각의 확률 진폭을 제곱하고 더하면 된다. 즉 양성자가 각 θ를 중심으로 하는 작은 입체각 $\Delta \Omega$에서 발견될 확률 $f(\theta)$는

$$f(\theta) = |a|^2 \cos^2 \frac{\theta}{2} + |b|^2 \sin^2 \frac{\theta}{2} \tag{17.35}$$

가 된다. $\sin^2 \theta/2 = (1 - \cos \theta)/2$이고 $\cos^2 \theta/2 = (1 + \cos \theta)/2$이므로 $f(\theta)$를

$$f(\theta) = \left(\frac{|a|^2 + |b|^2}{2} \right) + \left(\frac{|a|^2 - |b|^2}{2} \right) \cos \theta \tag{17.36}$$

---

* 여기서는 z'축을 xz평면 위에 잡고 $R_y(\theta)$의 행렬 원소를 쓰기로 하였다. 하지만 다른 방법으로 해도 결과는 같다.

로 바꿔 쓸 수 있고, 따라서 각에 따른 붕괴의 확률분포는 다음과 같은 형태가 된다.

$$f(\theta) = \beta(1 + \alpha \cos \theta) \tag{17.37}$$

여기엔 θ와 관계없는 부분이 하나, 그리고 $\cos \theta$에 비례하는 부분이 하나 있다. 각분포 측정 결과로부터 α와 β를 얻을 수 있으므로 $|a|$와 $|b|$도 얻을 수 있다.

이젠 대답할 수 있는 질문이 더 많아졌다. 원래의 z축을 기준으로 스핀이 위쪽인 양성자들에 대해서만 관심이 있다고 하자. (17.33)과 (17.34)의 각 항은 z'축에 대해 스핀이 위쪽과 아래쪽인 ($+z'$과 $-z'$) 양성자를 발견할 확률이다. 원래의 z축에 대해 위쪽인 스핀은 기반 상태 $|+z'\rangle$과 $|-z'\rangle$을 써서 나타낼 수 있다. 즉 두 확률 진폭 (17.33)과 (17.34)를 계수($\cos \theta/2$와 $-\sin \theta/2$)와 적절히 조합하여 전체 확률 진폭을 다음과 같이 구할 수 있다.

$$\left(a \cos^2 \frac{\theta}{2} + b \sin^2 \frac{\theta}{2} \right)$$

이것을 제곱하면 각도 θ로 나온 양성자의 스핀이 Λ^0와 같을 (z축 방향 위쪽) 확률이 된다.

패리티가 보존된다고 가정한다면 한 가지를 더 알 수 있다. 그림 17-8의 붕괴는, 예를 들어 그림 17-7을 yz평면에 대해 반사시키면 얻을 수 있다.* 패리티가 보존되었다면 b는 a 또는 $-a$와 같을 것이다. 그러면 (17.37)의 계수 α가 0이 되어 양성자의 붕괴가 모든 방향으로 균일하게 일어날 것이다.

하지만 실험 결과를 보면 붕괴가 분명히 비대칭적이다. 측정된 각분포가 앞서 예측한 바대로 $\cos \theta$로 변한다. $\cos^2 \theta$나 혹은 다른 차수로 변하는 것이 아니라는 말이다. 실제로는 각분포가 이 형태를 띤다는 측정 결과로부터 거꾸로 Λ^0의 스핀이 1/2임을 추론해 낸다. 패리티가 보존되지 않음도 확인했다. 실험으로 계수 α의 값을 측정해 보면 -0.62 ± 0.05여서 b가 a의 두 배 정도 된다. 이로부터 반사에 대한 대칭성이 없음이 분명해졌다.

각운동량으로부터 얼마나 많은 것을 알 수 있는지 보았다. 다음 장에서 더 많은 예를 보게 될 것이다.

첨부 사항. 이 절에서 a는 $|$양성자가 $+z$방향으로 움직이고 스핀이 $+z\rangle$인 상태가 무한히 짧은 시간 dt 후에 $|\Lambda$, 스핀이 $+z\rangle$인 상태로부터 생성되는 확률 진폭, 혹은 다음의 확률 진폭을 가리킨다.

$$\langle +z \text{ 방향 양성자, 스핀이 } +z \,|\, H \,|\, \Lambda, \text{ 스핀이 } +z \rangle = i\hbar a \tag{17.38}$$

여기서 H는 세상의, 혹은 적어도 Λ가 붕괴하는 이유인 그 무언가의 해밀토니안이다. 각운동량이 보존된다는 것은 해밀토니안에 다음 성질이 있음을 뜻한다.

---

* 스핀이 축성벡터(axial vector)여서 반사시키면 뒤집힘을 기억하자.

$$\langle +z \text{ 방향 양성자, 스핀이 } -z \mid H \mid \Lambda, \text{ 스핀이 } +z \rangle = 0 \qquad (17.39)$$

확률 진폭 b는 다음과 같이 정의하였다.

$$\langle +z \text{ 방향 양성자, 스핀이 } -z \mid H \mid \Lambda, \text{ 스핀이 } -z \rangle = i\hbar b \qquad (17.40)$$

각운동량 보존에 의해 다음이 성립한다.

$$\langle +z \text{ 방향 양성자, 스핀이 } +z \mid H \mid \Lambda, \text{ 스핀이 } -z \rangle = 0 \qquad (17.41)$$

(17.33)과 (17.34)의 확률 진폭이 분명하게 이해되지 않는다면 수학적으로 다음과 같이 표현해 보자. (17.33)은 스핀이 $+z$ 방향인 Λ 입자가 $+z'$ 방향으로 움직이고 스핀도 $+z'$인 양성자로 붕괴할 확률 진폭이다. 즉

$$\langle +z' \text{ 방향 양성자, 스핀이 } +z' \mid H \mid \Lambda, \text{ 스핀이 } +z \rangle \qquad (17.42)$$

이다. 양자역학의 일반적인 정리에 따라 이를 다음과 같이 쓸 수 있다.

$$\sum_i \langle +z' \text{ 방향 양성자, 스핀이 } +z' \mid H \mid \Lambda, i \rangle\langle \Lambda, i \mid \Lambda, \text{ 스핀이 } +z \rangle \qquad (17.43)$$

여기서 합 기호는 정지해 있는 Λ 입자의 기반 상태 $\mid \Lambda, i \rangle$ 전체에 대한 합을 뜻한다. Λ 입자의 스핀이 1/2이므로 마음대로 아무 축이나 잡아 기준을 삼아도 두 개의 기반 상태만이 존재한다. z'축에 대한 스핀이 위와 아래인 기반 상태를 쓰면 $(+z', -z')$ (17.43)의 확률 진폭은 다음처럼 된다.

$$\langle +z' \text{ 방향 양성자, 스핀이 } +z' \mid H \mid \Lambda, +z' \rangle\langle \Lambda, +z' \mid \Lambda, +z \rangle$$
$$+ \langle +z' \text{ 방향 양성자, 스핀이 } +z' \mid H \mid \Lambda, -z' \rangle\langle \Lambda, -z' \mid \Lambda, +z \rangle \qquad (17.44)$$

첫 번째 항의 첫 번째 인자는 a이고 두 번째 항의 첫 번째 인자는 0이다. 이는 (17.38)의 정의와 각운동량 보존을 써서 얻은 (17.41)로부터 알 수 있다. 첫 번째 항의 나머지 인자 $\langle \Lambda, +z' \mid \Lambda, +z \rangle$는 스핀이 위쪽인 스핀 1/2짜리 입자가 θ의 각도만큼 기울어진 축 방향을 기준으로 위쪽 스핀을 가질 확률 진폭으로 $\cos\theta/2$이다 (표 6-2 참고). 따라서 (17.44)의 결과는 (17.33)에서와 마찬가지로 $a\cos\theta/2$가 된다. 스핀이 아래쪽인 Λ 입자에 같은 방법을 쓰면 (17.34)의 확률 진폭도 얻을 수 있다.

17-6 회전 행렬의 요약

이제 스핀이 1인 입자와 1/2인 입자의 회전에 관해 배운 다양한 것들을 한자리에 모아서 나중에 참조하기 편하게 만들어 두자. 다음 페이지에 보면 스핀 1/2인 입자, 스핀 1인 입자, 그리고 광자(정지질량이 0이고 스핀이 1인 입자) 각각에 대한 회전 행렬 $R_z(\phi)$와 $R_y(\theta)$를 정리해 놓은 표가 있다. 각 스핀별로 z축 또는 y축을 중심으로 한 회전에 대해 행렬 $\langle j \mid R \mid i \rangle$를 정리해 두겠다. 물론 이들은 이전 장에서 썼던 $\langle +T \mid 0S \rangle$ 등의 확률 진폭과 완전히 동등하다. $R_z(\phi)$는 주어진 상태를 z축을 중심으로 각도 ϕ만큼 회전시킨 새로운 좌표계에 투영하는 것을 말한다. 물론 양의 회전 방향은 항상 오른손 법칙에 따라 정의한

다. $R_y(\theta)$는 기준 좌표계를 y축을 중심으로 각 θ만큼 돌리는 것을 가리킨다. 이 두 회전을 쓰면 어떤 회전도 만들어 낼 수 있다. 늘 해 오던 대로 행렬의 원소는 왼쪽에 회전한 새 좌표계의 기반 상태가, 오른쪽에 회전하기 이전 구 좌표계의 기반 상태가 오게 쓴다. 표에 있는 것들은 여러 가지 방법으로 해석할 수 있다. 가령 표 17-1에 있는 $e^{-i\phi/2}$는 행렬 성분 $\langle - | R | - \rangle = e^{-i\phi/2}$를 의미하는데, $\hat{R} | - \rangle = e^{-i\phi/2} | - \rangle$를 뜻하기도 하고 또는 $\langle - | \hat{R} | = \langle - | e^{-i\phi/2}$를 뜻하기도 한다. 다 같은 것들이다.

표 17-1 스핀 1/2인 입자의 회전 행렬

두 상태 : $|+\rangle$는 스핀이 z축을 따라 위쪽, $m = +1/2$

$|-\rangle$는 스핀이 z축을 따라 아래쪽, $m = -1/2$

$R_z(\phi)$	$|+\rangle$	$|-\rangle$
$\langle + |$	$e^{+i\phi/2}$	0
$\langle - |$	0	$e^{-i\phi/2}$

$R_y(\theta)$	$|+\rangle$	$|-\rangle$
$\langle + |$	$\cos \theta/2$	$\sin \theta/2$
$\langle - |$	$-\sin \theta/2$	$\cos \theta/2$

표 17-2 스핀 1인 입자의 회전 행렬

세 상태 : $|+\rangle$는 $m = +1$

$|0\rangle$은 $m = 0$

$|-\rangle$는 $m = -1$

$R_z(\phi)$	$|+\rangle$	$|0\rangle$	$|-\rangle$
$\langle + |$	$e^{+i\phi}$	0	0
$\langle 0 |$	0	1	0
$\langle - |$	0	0	$e^{-i\phi}$

$R_y(\theta)$	$|+\rangle$	$|0\rangle$	$|-\rangle$
$\langle + |$	$\frac{1}{2}(1 + \cos \theta)$	$+\frac{1}{\sqrt{2}} \sin \theta$	$\frac{1}{2}(1 - \cos \theta)$
$\langle 0 |$	$-\frac{1}{\sqrt{2}} \sin \theta$	$\cos \theta$	$+\frac{1}{\sqrt{2}} \sin \theta$
$\langle - |$	$\frac{1}{2}(1 - \cos \theta)$	$-\frac{1}{\sqrt{2}} \sin \theta$	$\frac{1}{2}(1 + \cos \theta)$

표 17-3 광자

두 상태 : $|R\rangle = \frac{1}{\sqrt{2}}(|x\rangle + i|y\rangle)$, $m = +1$ (RHC 편극)

$|L\rangle = \frac{1}{\sqrt{2}}(|x\rangle - i|y\rangle)$, $m = -1$ (LHC 편극)

$R_z(\phi)$	$|R\rangle$	$|L\rangle$
$\langle R |$	$e^{+i\phi}$	0
$\langle L |$	0	$e^{-i\phi}$

CHAPTER 18
각운동량

18-1 전기 쌍극자 복사

앞 장에서 양자역학의 각운동량 보존이라는 개념을 배웠고 이를 Λ-입자의 붕괴에서 방출되는 양성자의 각분포를 예측하는 데 어떻게 적용할 수 있는지 보았다. 이번 장에서는 원자 계에서 각운동량 보존의 결과로 일어나는 다른 현상들을 몇 가지 살펴보자. 첫 번째는 원자에서 나온 빛의 복사이다. (다른 무엇보다도) 각운동량 보존을 쓰면 방출된 광자의 편극과 각분포를 알아낼 수 있다.

스핀 1인 들뜬 상태에 있다가 광자를 방출하여 각운동량이 0이고 에너지가 더 낮은 상태가 되는 원자가 있다. 구하고자 하는 것은 광자의 각분포 및 편극이다. (이 문제는 스핀이 1/2 대신 1이라는 점만 빼면 Λ^0의 붕괴와 거의 똑같다.) 초기 상태의 스핀이 1이므로 각운동량의 z축 성분으로 세 가지가 가능하다. 즉 m값이 $+1$, 0, -1인 셋 중 하나이다. 그중에서 $m = +1$인 경우를 보자. 이때 무슨 일이 일어나는지 이해한다면 다른 값들의 경우도 금방 알 수 있다. 그림 18-1(a)에서처럼 원자의 각운동량이 $+z$ 방향이었는데 그림 18-1(b)처럼 원자가 오른쪽으로 원형 편극된(RHC polarized) 빛을 z축을 따라 방출하고 스스로는 각운동량이 0이 되는 과정의 확률 진폭을 계산해 보자. 이 문제에 대한 답은 모

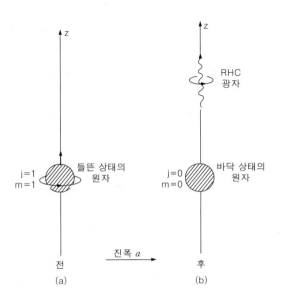

그림 18-1 $m = +1$인 원자가 RHC 광자를 $+z$축을 따라 방출한다.

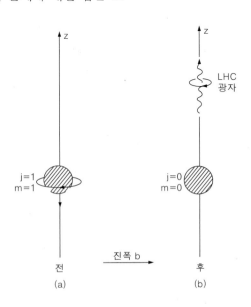

그림 18-2 $m = -1$인 원자가 LHC 광자를 $+z$축을 따라 방출한다.

른다. 하지만 RHC로 편극된 빛의 각운동량이 진행 방향을 기준으로 한 단위가 된다는 사실은 분명히 알고 있다. 따라서 광자를 방출한 후의 원자는 그림 18-1(b)처럼 각운동량이 0인 상태로 남는데, 이는 앞에서 바닥 상태의 각운동량이 0이라고 가정했기 때문이다. 그런 사건이 발생할 확률 진폭을 a라고 하자. 좀 더 정확히 하자면, a는 시간 dt 동안 z축을 중심으로 한 작은 입체각 $\Delta\Omega$ 속으로 광자가 방출될 확률 진폭을 나타낸다. 같은 방향을 따라 LHC 광자가 방출될 확률 진폭은 0일 것이다. 그러한 광자의 z축 각운동량 성분은 -1이고 방출 후 원자의 각운동량이 0이므로 총합은 -1이 될 텐데, 이는 각운동량 보존에 위배되기 때문이다.

마찬가지로 원자의 스핀이 처음에 아래쪽이었다면 (z축을 따라 -1) 그림 18-2에서처럼 $+z$축 방향으로는 LHC 광자만을 방출할 수 있다. 이 사건에 해당하는 확률 진폭을 b라고 하겠는데, 이번에도 광자가 입체각 $\Delta\Omega$ 안으로 방출되는 확률 진폭을 뜻한다. 한편 원자가 초기에 $m=0$인 상태에 있었다면 $+z$ 방향으로 광자를 방출할 수 없는데, 광자의 각운동량은 진행방향을 따라 $+1$ 혹은 -1만이 가능하기 때문이다.

다음으로 b가 a와 관계가 있음을 보이겠다. 그림 18-1의 과정을 반전시켜 보자. 즉 계에 속하는 모든 점을 원점을 기준으로 반대편으로 옮겼을 때 어떻게 될지 생각해 보자는 말이다. 각운동량 벡터를 뒤집을 필요는 없는데, 각운동량 벡터가 물리적 실체가 아닌 인공의 존재이기 때문이다. 대신에 그 각운동량에 대응하는 실제 특성을 뒤바꾸어야 한다(원자를 고전적인 공으로 간주한다면 공을 구성하는 각 입자의 실제 운동을 원점에 대해 뒤집어 주어야 한다는 뜻이다. 이 과정에서 벡터의 종류에 따라 뒤집힐 수도 있고 아닐 수도 있는데 각운동량 벡터는 뒤집히지 않는 쪽에 속한다. 아래 각주에도 있듯이 각운동량 벡터는 축벡터이기 때문이다. 혹은 회전하는 공을 진짜로 반전시켜 봐도 확인할 수 있다. 즉 각운동량 벡터는 반전 연산을 해도 뒤집히지 않는다. 이렇게 이해하는 편이 쉬울 것이다 : 옮긴이). 그림 18-3(a)와 (b)를 보면 18-1의 과정이 원자의 한가운데를 중심으로 한 반전 연산 전후에 어떻게 달라 보일지 알 수 있다. 원자의 회전 방향이 바뀌지 않았음을 잘 보자.* 그림 18-3(b)처럼 반전된 계에서는 $m=+1$인 원자에서 LHC 광자가 아래쪽으로 방출된다.

그림 18-3(b)의 계를 x축 혹은 y축을 중심으로 180° 돌리면 그림 18-2와 같아진다. 반전과 회전을 한꺼번에 하면 그림 18-1의 과정이 18-2의 과정으로, 18-2는 18-1의 과정으로 바뀐다. 표 17-2에 따르면 y축을 중심으로 한 180°의 회전은 $m=-1$인 상태를 $m=+1$인 상태로 바꾸므로 확률 진폭 b는 (반전 때문에 부호가 뒤집힐 수 있다는 가능성을 제외하면) 확률 진폭 a와 같아야 한다. 반전에 의한 부호 변화는 원자의 초기 상태와 최종 상태의 패리티에 좌우된다.

(a)

(b)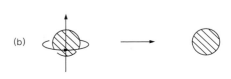

그림 18-3 (a)의 과정을 원자의 한가운데를 중심으로 반전 변환하면 (b)처럼 보인다.

---

* x, y, z를 $-x$, $-y$, $-z$로 바꾸면 벡터가 뒤집힌다고 생각할지도 모르겠다. 변위나 속도와 같은 극성벡터(polar vector)의 경우에는 맞지만 각운동량 등의 축벡터(axial vector)는 그렇지 않다. 일반적으로 두 극성벡터의 벡터곱(cross product)으로 정의된 벡터는 축벡터가 되는데, 따라서 반전시켜도 성분이 변하지 않는다.

원자 반응에서는 패리티가 보존되므로 전체 계의 패리티는 광자 방출 전후로 같아야 한다. 반응의 양상은 원자의 초기 상태와 최종 상태의 패리티가 짝이냐 홀이냐에 따라 다르며 그에 따라 각분포도 달라진다. 여기서는 초기 상태의 패리티는 홀이고 최종 상태의 패리티는 짝인 흔한 경우에 대해서 살펴보자. 이때의 결과를 전기 쌍극자 복사(electric dipole radiation)라고 부른다. (초기 상태와 최종 상태의 패리티가 같은 경우에는 자기 쌍극자 복사(magnetic dipole radiation)라고 부르는데, 진동하는 고리 모양의 전류에 의한 복사와 동일한 특징을 갖기 때문이다.) 원자의 초기 패리티가 홀이면 그림 18-3의 (a)를 (b)로 바꾸는 반전 연산 시 확률 진폭의 부호가 뒤집힌다. 반면 최종 상태의 패리티는 짝이므로 반전시켜도 부호가 바뀌지 않는다. 반응에서 패리티가 보존되려면 a와 b의 크기는 같고 부호가 반대여야만 한다.

결론적으로 $m = +1$인 상태가 위쪽으로 광자를 방출할 확률 진폭이 a라면, 초기 상태와 최종 상태의 패리티 조건이 지금과 같이 주어진 경우 $m = -1$인 상태가 LHC 광자를 위로 방출할 확률 진폭은 $-a$가 된다.*

이제 광자가 z축으로부터 각 θ만큼 떨어져 방출될 확률 진폭을 구하는 데 필요한 모든 것을 알았다. $m = +1$인 원자가 있다고 하자. 이 상태를 광자가 움직이는 새 방향인 z'축을 따라 $+1, 0, -1$의 세 상태로 분해할 수 있다. 각각의 상태가 될 확률 진폭은 표 17-2의 두 번째 표를 참고하면 된다. 따라서 RHC 광자가 θ방향으로 방출될 확률은 그 방향으로 $m = +1$이 될 확률에 a를 곱하면 되겠다. 즉

$$a\langle + | R_y(\theta) | + \rangle = \frac{a}{2}(1 + \cos\theta) \tag{18.1}$$

이다. 마찬가지로 같은 방향으로 LHC 광자를 방출할 확률은 새 축을 따라 $m = -1$이 될 확률 진폭에 $-a$를 곱하면 된다. 표 17-2에 의하면 이는

$$-a\langle - | R_y(\theta) | + \rangle = \frac{a}{2}(1 - \cos\theta) \tag{18.2}$$

가 된다. 다른 방향으로의 편극을 구하고 싶으면 이 두 확률 진폭을 중첩하면 된다. 물론 편극 성분에 대한 복사의 세기를 각도의 함수로 얻으려면 확률 진폭의 절대값을 제곱해야 함을 잊어서는 안 된다.

18-2 빛의 산란

이상의 결과를 써서 더 복잡하지만 실제 현상에 더 가까운 문제를 풀어 보자. 바닥 상태($j = 0$)의 원자가 있어서 입사하는 빛을 산란시킨다고 하자. 빛이

---

* 최종 상태로 패리티가 정해진 상태를 가정하지 않았다는 이유를 들어 (그림 18-1(b)와 18-2(b)에서 가정한 광자의 최종 상태 두 가지 모두 패리티를 정할 수 없는 상태이다. 즉 둘 다 패리티 연산자의 고유 상태(eigenstate)가 아니다. 추가 설명 2 참고 : 옮긴이) 이상의 논리에 반대할 수도 있겠다. 이 장 맨 뒤의 추가 설명 2에 다른 방법을 보였는데, 그런 접근법이 더 마음에 들지도 모르겠다.

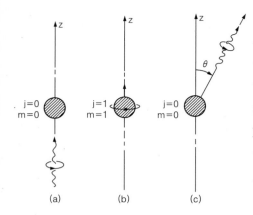

그림 18-4 두 단계의 과정으로 나누어 이해한 광자의 산란

$+z$ 방향으로 간다고 하면 그림 18-4(a)처럼 $-z$ 방향에서 오는 광자가 있는 셈이다. 빛의 산란을 원자가 광자를 흡수하고 방출하는 2단계의 과정으로 볼 수 있다. 그림 18-4(a)처럼 RHC 광자가 들어온다면, 그리고 각운동량이 보존된다면 광자를 흡수한 원자는 그림 18-4(b)처럼 $m = +1$인 상태가 될 것이다. 이 과정에 대한 확률 진폭을 c라고 하자. 그 후 그림 18-4(c)에서와 같이 원자가 RHC 광자를 θ방향으로 방출한다. RHC 광자가 θ방향으로 나오는 산란에 대한 확률 진폭은 c에 식 (18.1)을 곱하면 된다. 이 산란 진폭을 $\langle R' \mid S \mid R \rangle$이라고 하자. 이는 다음과 같다.

$$\langle R' \mid S \mid R \rangle = \frac{ac}{2}(1 + \cos\theta) \tag{18.3}$$

RHC 광자를 흡수했는데 LHC 광자를 방출할 가능성도 분명히 있다. 각 단계에 대한 확률 진폭을 곱하면 RHC 광자가 LHC 광자로 산란될 확률 진폭 $\langle L' \mid S \mid R \rangle$을 구할 수 있다. 식 (18.2)를 사용하면 이는 다음과 같다.

$$\langle L' \mid S \mid R \rangle = -\frac{ac}{2}(1 - \cos\theta) \tag{18.4}$$

LHC 광자가 들어오면 무슨 일이 일어날까? 이 광자를 흡수한 원자는 $m = -1$인 상태가 될 것이다. 앞 절에서와 같은 논리를 적용하면 이 확률 진폭은 $-c$가 되어야만 한다. $m = -1$인 상태의 원자가 RHC 광자를 각 θ로 방출할 확률 진폭은 a에 $\langle + \mid R_y(\theta) \mid - \rangle$, 즉 $\frac{1}{2}(1 - \cos\theta)$를 곱하면 된다. 따라서

$$\langle R' \mid S \mid L \rangle = -\frac{ac}{2}(1 - \cos\theta) \tag{18.5}$$

가 된다. 마지막으로 LHC 광자가 산란 후 LHC 광자로 나올 확률 진폭은

$$\langle L' \mid S \mid L \rangle = \frac{ac}{2}(1 + \cos\theta) \tag{18.6}$$

가 된다. (음의 부호가 두 번 나오므로 상쇄되었다.)

입사 광자와 산란 광자의 편극 간의 어떤 조합에 대해서도 산란 강도를 측정하면 이 네 가지 확률 진폭 중 하나의 제곱에 비례할 것이다. 가령 입사 광자와 산란 후의 방출 광자가 모두 RHC인 경우의 복사 세기는 $(1 + \cos\theta)^2$으로 변할 것이다.

그렇다면 입사광이 선형 편극된 경우엔 어떻게 될까? x-편극된 빛은 RHC와 LHC로 편극된 빛을 중첩하여 나타낼 수 있다. 즉

$$\mid x \rangle = \frac{1}{\sqrt{2}}(\mid R \rangle + \mid L \rangle) \tag{18.7}$$

로 쓸 수 있다. (11-4절 참고.) 혹은 y-편극된 빛은

$$\mid y \rangle = -\frac{i}{\sqrt{2}}(\mid R \rangle - \mid L \rangle) \tag{18.8}$$

이 될 것이다. 알고 싶은 게 무엇인가? x-편극된 입사광이 θ의 방향을 따라 RHC 광자로 산란될 확률 진폭? 늘 하던 대로 확률 진폭을 결합하면 된다. 먼저 (18.7)에 $\langle R' \mid S$를 곱해서

$$\langle R' \mid S \mid x \rangle = \frac{1}{\sqrt{2}} \left(\langle R' \mid S \mid R \rangle + \langle R' \mid S \mid L \rangle \right) \tag{18.9}$$

을 얻은 뒤 (18.3)과 (18.5)를 쓰면 된다. 그러면

$$\langle R' \mid S \mid x \rangle = \frac{ac}{\sqrt{2}} \cos\theta \tag{18.10}$$

가 나온다. x-광자가 LHC 광자로 산란될 확률 진폭은? 마찬가지로 해 보면 다음과 같다.

$$\langle L' \mid S \mid x \rangle = \frac{ac}{\sqrt{2}} \cos\theta \tag{18.11}$$

마지막으로 x-편극된 광자가 x-편극된 채로 산란될 확률 진폭도 구해 보자. 즉 $\langle x' \mid S \mid x \rangle$를 알고 싶으면

$$\langle x' \mid S \mid x \rangle = \langle x' \mid R' \rangle \langle R' \mid S \mid x \rangle + \langle x' \mid L' \rangle \langle L' \mid S \mid x \rangle \tag{18.12}$$

를 쓰면 된다. 여기에

$$\mid R' \rangle = \frac{1}{\sqrt{2}} \left(\mid x' \rangle + i \mid y' \rangle \right) \tag{18.13}$$

$$\mid L' \rangle = \frac{1}{\sqrt{2}} \left(\mid x' \rangle - i \mid y' \rangle \right) \tag{18.14}$$

을 넣으면

$$\langle x' \mid R' \rangle = \frac{1}{\sqrt{2}} \tag{18.15}$$

$$\langle x' \mid L' \rangle = \frac{1}{\sqrt{2}} \tag{18.16}$$

이 되고 최종적으로

$$\langle x' \mid S \mid x \rangle = ac \cos\theta \tag{18.17}$$

를 얻는다. 이는 x-편극된 빛이 (xz 평면 위에서) θ방향으로 산란되는 강도가 $\cos^2\theta$에 비례함을 뜻한다. 산란 후의 빛이 y-편극된 경우에 대해 계산해 보면

$$\langle y' \mid S \mid x \rangle = 0 \tag{18.18}$$

이 된다. 따라서 산란된 빛은 전부 x방향으로만 편극되어 있다.

여기서 뭔가 재미난 점이 눈에 띈다. (18.17)과 (18.18)은 1권의 32-5절에서 배운 고전적 산란 이론의 결과와 정확히 같다. 그때는 전자를 거리에 비례하는 복원력으로 원자핵에 묶여 있는 고전적 진동자로 간주했다. 그렇기 때문에 '고전 이론이 훨씬 쉽네. 결과가 같다면 굳이 양자역학을 써서 고생할 필요가 있나?'

라는 생각이 들지도 모르겠다. 우선 그동안은 흔하긴 하지만 특수한 경우를 살펴 봤음에 유의하자. 즉 바닥 상태에서는 $j = 0$이고 들뜬 상태에서는 $j = 1$인 원자 였지만, 들뜬 상태의 스핀이 2라면 결과가 전혀 다를 것이다. 또한 전자가 용수 철에 매달려 있으며 진동하는 전기장에 따라 움직인다는 모델이 단일 광자의 경 우에도 타당하리라는 법은 없다. 하지만 이 모델을 가정하고 계산해 보니 편극 및 복사의 세기를 정확히 구할 수 있었다. 따라서 어떤 의미에서는 진실에 다가 선 것이기도 하다. 1권에서는 굴절률 이론 및 빛의 산란 이론을 고전적으로 설 명했지만 지금은 가장 흔한 경우로 한정했을 때 양자역학에서도 같은 결과가 나 옴을 보였다. 결과적으로 가령 하늘에서 일어나는 빛의 산란을 양자역학적인 논 리, 즉 유일하게 진정 합당한 논리로 설명한 셈이다.

물론 고전적으로 맞는 이론들은 전부 양자역학적인 논리로 뒷받침할 수 있 다. 실은 지금까지 오랜 시간을 들여가며 설명한 내용은 고전 물리의 법칙 중 양 자역학에서도 성립하는 것들만 고른 것이었다. 반면에 전자가 궤도를 따라 도는 모델에 대해서는 그 이상 자세히 이야기한 적이 한 번도 없는데, 이 모델을 써서 구한 결과들이 양자역학을 쓴 계산과 맞지 않기 때문이다. 그렇지만 용수철에 매 달린 스프링 모델은 어떤 면에서는 실제 원자와는 전혀 맞지 않음에도 계산 결 과가 정확하기 때문에 굴절률 이론에서도 채택한 것이다.

18 - 3 포지트로늄(positronium)의 소멸

이번에는 매우 깔끔한 예를 하나 살펴보자. 꽤 재미있으면서도 상당히 복잡 하다. 그래도 여러분이 너무 복잡하다고 느끼지 않았으면 좋겠다. 바로 포지트로 늄에 관한 것인데, 포지트로늄은 전자와 양전자(positron)로 된 '원자' 즉 e^+와 e^-끼리 묶인 상태를 가리킨다. 수소 원자에서 양성자를 양전자로 바꾼 것과 같 다. 이 입자는 수소 원자처럼 다양한 상태를 가질 수 있다. 또한 수소 원자와 마 찬가지로 자기 모멘트의 상호작용 때문에 바닥 상태가 초미세 구조(hyperfine structure)로 나뉜다. 전자와 양전자는 둘 다 스핀이 1/2인 입자이며 둘의 스핀 은 어떤 축에 대해서도 평행하거나 반대 방향일 수 있다(바닥 상태에서는 궤도 운동에 의한 각운동량은 없다). 따라서 네 가지 상태가 가능한데 셋은 스핀 1로 써 전부 같은 에너지를 갖고 나머지 하나는 에너지가 다르며 스핀이 0이다. 그 렇지만 에너지 준위 사이의 간격은 수소의 1420메가사이클보다 훨씬 큰데, 이는 양전자의 자기 모멘트가 양성자보다 1000배는 강하기 때문이다.

하지만 가장 중요한 차이는 포지트로늄은 영원히 존재할 수 없다는 점이다. 양전자는 전자의 반입자(antiparticle)로서 전자와 쌍소멸(pair annihilation)할 수 있다. 두 입자는 완전히 사라지며 갖고 있던 정지 에너지는 전부 γ선(광자) 복사로 변환된다. 즉 정지질량이 0이 아닌 두 입자가 붕괴 후 정지질량이 0인 두 개 혹은 그 이상으로 변한다.*

---
* 최근 더 깊이 이해한 바로는 광자의 에너지가 전자의 에너지에 비해 덜 물질다운지를 구분할 수 있는 손쉬운 방법은 없는데, 기억하다시피 입자들이 다들 비슷하게 행동하기 때문이다. 유 일한 차이라면 광자는 정지질량이 0이라는 점이다.

우선 스핀이 0인 포지트로늄의 붕괴부터 보자. 이들은 10^{-10}초 정도의 수명을 다한 뒤 γ선 둘로 붕괴한다. 스핀이 반대인 전자와 양전자가 매우 가까이 있는 포지트로늄으로 시작해 보자. 붕괴 후에는 두 광자가 크기는 같고 방향이 반대인 운동량을 갖고 움직인다(그림 18-5). 운동량은 부호만 반대이고 크기는 같아야 하는데, 포지트로늄이 쌍소멸 이전에 정지해 있었다면 붕괴 후의 총 운동량도 0이어야 하기 때문이다. 포지트로늄이 정지해 있지 않았다면 그 위에 올라타고 가면서 문제를 푼 다음 결과를 전부 실험실 좌표계(lab coordinate system)의 값으로 변환하면 된다(자, 봐라. 이젠 정말 뭐든지 할 수 있지 않은가. 필요한 건 다 알고 있다).

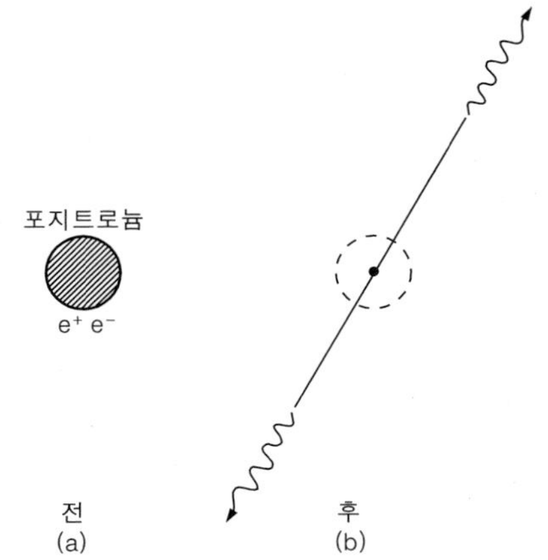

맨 먼저, 각에 따른 분포는 따질 게 별로 없다. 초기 상태의 스핀이 0이므로 어느 축을 중심으로 돌려도 대칭이고 따라서 어떻게 돌려도 성질이 똑같다. 그러면 최종 상태 또한 어느 회전에 대해서도 대칭이어야 한다. 그 말은 붕괴가 어느 방향으로나 같은 확률로 일어나며 그런 점에서 모든 방향이 동등하다는 뜻이다. 따라서 광자 하나를 어떤 방향에서 발견했다면 다른 쪽은 반드시 반대 방향에 있게 된다.

그렇다면 남은 문제는 광자의 편극이다. 두 광자의 운동 방향을 양과 음의 z방향이라 하자. 광자의 편극을 나타내는 데 아무 표시법이나 써도 되지만 진행 방향을 기준으로 왼쪽/오른쪽 원형 편극으로 나타내기로 하자.* 그러면 위로 가는 광자가 RHC라면 각운동량 보존에 의해 아래로 가는 광자 또한 RHC일 것이다. 두 광자의 각운동량은 운동량 방향에 대해 +1 단위가 되는데, z축을 기준으로 하면 +1 단위/-1 단위가 된다. 총합은 0이고 붕괴 후의 각운동량은 붕괴 전과 같다. 그림 18-6을 참고하자.

같은 논리대로 하면 위로 가는 광자가 RHC인데 아래로 가는 광자가 LHC일 수는 없음을 알 수 있다. 그러면 최종 상태의 각운동량이 두 단위가 된다. 초기 상태의 각운동량이 0이라면 이는 불가능하다. 이런 최종 상태는 스핀이 1인 바닥 상태의 포지트로늄에서도 생길 수 없는데, 이 계의 각운동량이 어느 방향으로든 한 단위 이상일 수는 없기 때문이다.

이번엔 스핀이 1인 상태의 포지트로늄이 광자 두 개를 만들며 쌍소멸할 수는 없음을 보이겠다. 어쩌면 여러분은 z축 방향 각운동량이 0인 $j=1$, $m=0$ 상태에서는 가능하다고 생각할지도 모르겠다. 이 상태가 스핀이 0인 상태와 같아서 RHC 광자 두 개를 만들어 낼 수 있다고 말이다. 물론 그림 18-7(a)의 붕괴 과정에서는 z축 방향 각운동량이 분명히 보존된다. 하지만 이 계를 y축을 중심으로 180° 돌렸을 때 어떻게 되는지 보자. 그럼 그림 18-7(b)처럼 되어 (a)와 똑같다. 즉 두 광자를 서로 맞바꾼 것에 불과하다. 광자는 보즈 입자여서 둘을 교환해도 확률 진폭의 부호가 바뀌지 않으므로 (b)의 붕괴에 대한 확률 진폭은

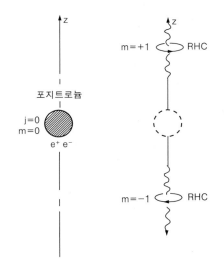

그림 18-5 포지트로늄의 두 광자로의 소멸

그림 18-6 z축을 따라 포지트로늄이 소멸하는 한 가지 방법

---

* 항상 입자의 운동 방향을 기준으로 각운동량을 정하고 있음을 잘 봐 두자. 그 외의 다른 축을 잡는다면 $p \times r$ 항 때문에 궤도(orbital) 각운동량이 생길 수도 있다. 가령 광자가 포지트로늄의 정중앙에서 나왔다고 말할 수가 없다. 돌고 있는 바퀴의 가장자리에서 튀어나온 것처럼 보일 수도 있는 것이다. 운동 방향을 축으로 잡으면 이런 걱정을 할 필요가 없다.

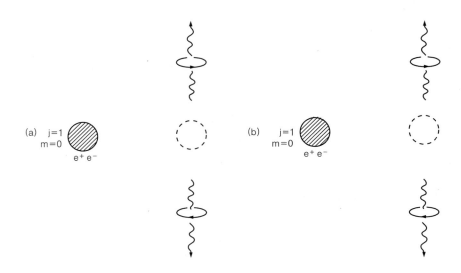

그림 18-7 $j = 1$인 포지트로늄의 경우 (a)의 과정과 이것을 y축에 대해 180° 돌린 것은 똑같다.

(a)의 경우와 같아야 할 것이다. 그런데 붕괴 전 입자의 스핀이 1이었으므로 이 입자의 $m = 0$인 상태를 y축으로 180° 돌리면 확률 진폭의 부호가 반대로 바뀐다(표 17-2에 $\theta = \pi$를 넣어 보라). 즉 그림 18-7의 (a)와 (b)에 대한 확률 진폭은 부호가 반대일 것이다. 그렇기 때문에 스핀 1인 상태의 포지트로늄은 광자 두 개로 붕괴할 수 없다.

포지트로늄은 1/4의 시간 동안엔 스핀이 0인 상태로, 나머지 3/4엔 스핀이 1인 상태($m = -1$, 0, 혹은 1)로 존재할 것이다. 따라서 전체 관찰 시간 중 1/4 동안에는 광자 둘을 만드는 쌍소멸을 관찰할 수 있다. 나머지 3/4 동안엔 일어날 수가 없다. 물론 소멸이 일어나긴 하지만, 광자가 셋 나오는 소멸이다. 이 과정은 훨씬 일어나기 어렵고 수명이 1000배쯤 길어서 10^{-7}초 정도 된다. 이상의 내용은 실험해 보면 나오는 결과들이다. 스핀이 1인 상태의 소멸에 대해서는 더 이상 깊이 들어가지 않겠다.

지금까지는 각운동량만 따진다면 스핀 0인 포지트로늄이 RHC 광자 둘로 바뀔 수 있음을 보았다. 하지만 그림 18-8에서 보는 것처럼 LHC 광자 두 개가 될 수도 있다. 그렇다면 이 두 가지 붕괴 방식에 대한 확률 진폭 사이에는 어떤 관계가 있을까? 패리티 보존을 써서 생각해 보자.

그러기 위해서는 포지트로늄의 패리티부터 알아야 한다. 이론 물리학자들의 난해한 설명대로라면 전자와 그 반입자인 양전자의 패리티는 반대가 되어 포지트로늄의 스핀 0짜리 바닥 상태의 패리티는 홀이다. 우리는 그냥 패리티가 홀이라고 가정하겠는데, 실험을 해 보면 그와 일치하는 결과들이 나온다는 걸 증거로 받아들이기로 하자.

그렇다면 그림 18-6의 과정을 반전시켰을 때 어떤 일이 일어나는지 보자. 그림 18-8처럼 두 광자의 진행 방향과 편극이 모두 뒤집힌다. 포지트로늄의 패리티가 홀이라면 그림 18-6과 18-8의 두 과정에 대한 확률 진폭은 부호가 반대여야만 한다. 그림 18-6에서처럼 두 광자 모두 RHC인 최종 상태를 $| R_1 R_2 \rangle$라고 하고 그림 18-8처럼 둘 다 LHC인 최종 상태는 $| L_1 L_2 \rangle$라고 하자. 진짜

최종 상태를 $|F\rangle$라 하면

$$|F\rangle = |R_1R_2\rangle - |L_1L_2\rangle \qquad (18.19)$$

가 되어야만 한다. 그러면 반전 시 R과 L이 서로 바뀌면서

$$P|F\rangle = |L_1L_2\rangle - |R_1R_2\rangle = -|F\rangle \qquad (18.20)$$

가 되어 (18.19)에서 부호만 바꾼 것이 된다. 따라서 최종 상태 $|F\rangle$는 포지트로늄의 스핀 0인 초기 상태와 마찬가지로 패리티가 음이다(패리티가 홀인 경우를 패리티가 음이라고 말하기도 한다 : 옮긴이). 각운동량과 패리티가 모두 보존되는 최종 상태는 이것뿐이다. 붕괴 후 이 상태가 될 확률 진폭이 분명히 있지만 지금 우리는 편극에만 관심이 있으므로 신경 쓰지 말자.

　(18.19)의 최종 상태는 물리적으로 무엇을 뜻할까? 여러 가지가 있는데 그중에서 하나 골라 보자면 이런 것이다. RHC/LHC 광자를 따로 셀 수 있는 광자 검출기 두 대를 놓고 두 광자를 관찰하면 항상 둘 다 RHC던가 둘 다 LHC일 것이다. 즉 여러분이 포지트로늄의 한쪽에 서고 다른 사람을 반대편에 세운 다음 이쪽에서 광자의 편극을 재서 저쪽 편의 사람에게 그가 얻게 될 편극을 정확히 말해 줄 수가 있다. 여러분이 RHC나 LHC 광자를 검출할 확률은 50대 50이지만 그게 어느 쪽이든 간에 상대편이 검출할 광자를 알아맞힐 수 있는 것이다.

　가능성이 50대 50이라고 했는데, 선형 편극으로 보일 수도 있겠다는 말처럼 들린다. 그러면 선형 편극된 빛만 받아들이는 검출기를 써 보자. γ선은 보통의 빛에 비해 편극을 재기가 어렵다. 그렇게 파장이 짧은 빛에서도 잘 작동하는 편광기(polarizer)가 없기 때문인데 그래도 있다고 가정해 보자. 논의를 진행하기 쉽도록 말이다. 여러분은 x방향으로 편극된 빛만 받아들이는 검출기를 갖고 있고 상대편은 y축으로 선형 편극된 빛만 볼 수 있는 검출기가 있다고 해 보자. 붕괴 과정에서 방출된 광자를 두 사람 모두 검출할 가능성은 얼마나 될까? 즉

$$\langle x_1 y_2 | F \rangle$$

혹은(아래 첨자의 1은 여러분, 2는 상대방을 가리킨다 : 옮긴이)

$$\langle x_1 y_2 | R_1 R_2 \rangle - \langle x_1 y_2 | L_1 L_2 \rangle \qquad (18.21)$$

의 확률 진폭을 구하면 된다.

　이 확률 진폭은 광자가 둘인 상태에 대한 것이지만, 둘이 독립적으로 움직이므로 하나의 광자를 다룰 때와 똑같이 하면 된다. 즉 $\langle x_1 y_2 | R_1 R_2 \rangle$는 서로 독립인 $\langle x_1 | R_1 \rangle$과 $\langle y_2 | R_2 \rangle$의 곱과 같다. 표 17-3으로부터 이 두 확률 진폭은 각각 $1/\sqrt{2}$와 $i/\sqrt{2}$ 이므로

$$\langle x_1 y_2 | R_1 R_2 \rangle = +\frac{i}{2}$$

이다. 마찬가지로

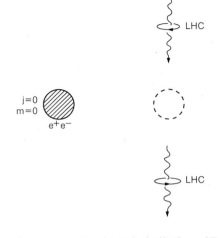

그림 18-8 포지트로늄 소멸 시 가능한 또 다른 경우

$$\langle x_1 y_2 \mid L_1 L_2 \rangle = -\frac{i}{2}$$

가 된다. (18.21)에 따라 둘의 차이를 구하면

$$\langle x_1 y_2 \mid F \rangle = +i \tag{18.22}$$

이다. 따라서 여러분 쪽의 x-편극된 검출기에서 광자가 나왔을 때 상대편의 y-편극된 검출기에서도 광자가 나올 확률은 1이다.

이번에는 상대편에서도 여러분과 마찬가지로 검출기를 x-편극 쪽으로 맞춰 놓았다고 해 보자. 그러면 여러분이 광자를 보았을 때 그 사람은 절대 검출할 수 없다. 식으로 써 보면

$$\langle x_1 x_2 \mid F \rangle = 0 \tag{18.23}$$

이 된다. 또한 여러분이 검출기를 y-편극에 맞춰 두었으면 저쪽에서는 x-편극에 맞춰 놓은 경우에만 동시에 광자를 검출할 수 있다.

그런데 생각해 보면 참 이상한 일이다. x-편극/y-편극된 광자를 분리하는 방해석(calcite) 조각을 가져다가 놓고 분리된 각 빛에 계수기를 설치한다고 해 보자. 한쪽은 x-계수기, 다른 쪽은 y-계수기라 부르자. 상대편에도 똑같은 장치가 있다면 서로 결과를 비교할 수 있다. 즉 양편에서 동시에 광자가 검출될 때마다 어느 쪽으로 광자가 지나갔는지 판단할 수 있고 서로 상대편에 그 결과를 알려줄 수 있다. 가령 어느 순간에 여러분의 검출기에서 x-계수기의 숫자가 하나 올라갔다면 상대편에게 그의 검출기에서는 y-계수기의 숫자가 올라갔을 것이라고 말해 줄 수 있다.

양자역학을 배운 사람이라면 대개 (구식으로 배운 경우) 이 결과를 보고 혼란스러워한다. 다들 광자가 일단 방출되고 나면 파동의 성질을 띠며 진행한다고 생각하고 싶어 한다. 그 어떤 광자라도 x-편극될 확률 진폭과 y-편극될 확률 진폭이 있으므로 x-계수기에서 검출될 확률도 y-계수기에서 검출될 확률도 분명히 있을 것이며, 이 확률은 전혀 다른 광자를 다른 사람이 관찰한 결과와 관계없이 정해질 것이라고 흔히들 생각한다. 그들의 논리는 "다른 사람의 측정 결과가 내가 무언가를 측정할 확률에 영향을 미칠 수는 없다"는 것이다. 하지만 조금 전의 결과를 보니 1번 광자를 측정한 결과로부터 2번 광자의 편극을 정확히 예측할 수 있는 게 확실하다. 아인슈타인은 죽을 때까지 이 점을 받아들이지 않고 끊임없이 논쟁을 거듭했는데, 그의 이름을 따서 이를 아인슈타인(Einstein)-포돌스키(Podolsky)-로젠(Rosen) 역설(EPR paradox)이라고 부른다. 하지만 지금 설명한 방식대로라면 역설은 없어 보인다. 한 곳에서의 측정 결과와 다른 곳에서의 측정 결과 사이에 자연스럽게 상관관계가 생기는 것이다. 역설이라고 주장하는 이들의 논리는 이런 식이다.

(1) 만약 여러분이 광자가 RHC인지 LHC인지 알려주는 계수기를 쓴다면 상대편에서 어떤 광자를 보게 될지 (즉 RHC인지 LHC인지) 정확히 예측할 수 있다.

(2) 저쪽에서 받는 광자는 순전히 RHC이거나 LHC여야만 한다. 일부는 그중 한쪽이고 나머지 일부는 다른 한쪽일 것이다.

(3) 여러분이 여러분 쪽으로 오는 광자에 대해 다른 물리량을 측정한다고 해서 저쪽 편으로 가는 광자의 물리적 특성을 바꿀 수는 없다. 여러분 쪽에서 무엇을 측정하든 상대편은 여전히 RHC 혹은 LHC 광자를 보게 될 것이다.

(4) 이번에는 저쪽에서 계수기 대신 방해석을 쓰기로 하자. 그러면 광자가 전부 x-편극 또는 y-편극된 빔 둘 중의 하나로 나올 것이다. 양자역학에 따르면 어떤 특정한 RHC 광자가 둘 중의 어느 쪽이 될지 예측할 방법은 없다. 따라서 x-빔으로 갈 확률도 y-빔으로 갈 확률도 똑같이 50%이다. 이는 LHC 광자의 경우에도 마찬가지다.

(5) 개개의 광자는 모두 RHC 혹은 LHC로 편극되어 있으므로 (2)와 (3)에 의해 각각의 광자가 x-빔 혹은 y-빔으로 갈 가능성은 50대 50이고 따라서 어느 쪽이 될지 예측하기란 불가능하다.

(6) 그러나 여러분이 x편극된 광자를 보았다면 상대편에서는 y편극된 빔을 보게 된다고 이론적으로 확고하게 예측 가능하다. 이는 (5)와 상반된 결론이며, 따라서 역설이다.

하지만 대자연의 눈에는 이 같은 역설이 보일 리가 없는데, 실험을 해 보면 (6)이 나오기 때문이다. 1권 37장에서 양자역학적 행동에 관해 처음으로 강의하면서 이 역설의 핵심에 대해 이야기한 적이 있다.* 위의 논리에서 (1), (2), (4), (6)은 맞지만 (3)과 그 결과인 (5)는 틀렸다. 이 둘은 자연을 잘못 이해한 것이다. (3)에 따르면 여러분이 어느 쪽으로 원형 편극됐는지 측정하면 저쪽에서도 원형 편극 두 가지 중 어느 쪽이 나올지 알 수가 있고, 심지어는 여러분 쪽에서 측정을 하지 않아도 상대편에서는 RHC나 LHC 중 한 가지가 나올 거라고 말할 수 있다. 하지만 자연 법칙이 그렇지 않다는 사실을 첫머리부터 지적한 것이 1권 37장의 주된 내용이었다. 서로 다른 경로에 대한 확률 진폭 간의 간섭을 써야만 자연을 올바르게 기술할 수 있다. 가능한 경로 중에서 어느 것을 거쳤는지 알아내면 이 간섭이 깨지지만, 그렇지 않고서는 특정 물리량을 기준으로 '이것 혹은 저것 둘 중의 하나가 일어나고 있다'고 말할 수 없는 것이다(가령 슈테른-게를라흐 실험에서 z방향 스핀을 측정해 보면 장치를 통과하는 각 전자의 스핀의 z방향 성분이 위쪽인지 아래쪽인지 알 수 있지만 그렇다고 해서 애초에 전자가 스핀이 z방향인 상태로 존재한다고 말할 수는 없는 것과 비슷하다. 지금의 문제로 돌아오면, 어느 한쪽에서 아무것도 측정하지 않았는데 다른 쪽에서 원형 편극의 두 경우 중 하나가 나올 거라고 말할 수는 없다는 말이다. 원형 편극으로 보일 수도 선형 편극으로 보일 수도 있는데, 반대쪽에서 무엇을 측정하느냐에 달린 것이다 : 옮긴이).

각각의 광자를 놓고 어느 쪽으로 원형 편극 되었는지 그리고 x-편극되었는지를 동시에 정할 수 있다면 (두 가지 모두 하나의 광자에 대해) 이건 분명히

---

* 본 책의 1장을 참고하자.

역설이다. 하지만 이는 불확정성의 원리 때문에 불가능하다.

아직도 역설이 있다고 생각하는가? 분명히 역설이 있긴 하다. 다만 가상의 실험을 통해 자연 법칙을 설명하는 과정에서 서로 다른 양자역학적 논리가 이끌어 낸 상반된 예측 간의 역설일 뿐이다. 아니면 그저 실제로 일어나는 현상과 일어날 것이라고 '확신하는 바' 사이의 역설인 것이다.

역설은 아니지만 매우 특이해 보이긴 하는가? 다들 그 점에는 동의한다. 그러니까 물리가 신기한 것이다.

18-4 임의의 스핀에 대한 회전 행렬

이 정도면 원자 간 반응을 이해하는 데 각운동량이라는 개념이 얼마나 중요한지 깨달았을 것이다. 지금까지는 스핀이 (혹은 총 각운동량이) 0, 1/2, 1인 경우만을 보았다. 하지만 각운동량이 그보다 더 큰 계도 물론 있다. 이들을 분석하려면 17-6절에서와 같은 표가 있어야 한다. 즉 스핀이 3/2, 2, 5/2, 3 등인 계에 대한 확률 진폭의 행렬도 있어야겠다. 이 표를 어떻게 얻는지 상세하게 설명하지는 않겠지만 여러분이 필요할 때마다 만들어 낼 수 있을 정도는 되게 해 주겠다.

앞서 봤듯이 스핀 혹은 총 각운동량이 j인 계는 z축 방향 성분이 $j, j-1, j-2, \cdots, -(j-1), -j$ (단위는 $\hbar$)인 $(2j+1)$가지 중 어느 값인 상태로도 존재할 수 있다. z축 성분을 $m\hbar$라고 쓰면 각운동량이 정해진 상태는 어느 것이든지 두 개의 각운동량 양자수 j와 m에 숫자를 넣음으로써 정의할 수 있다. 이 상태를 $|j, m\rangle$으로 표기하자. 스핀이 1/2인 입자의 경우 $|\frac{1}{2}, \frac{1}{2}\rangle$과 $|\frac{1}{2}, -\frac{1}{2}\rangle$의 두 가지 상태가 가능하고 스핀 1인 입자는 $|1, +1\rangle$, $|1, 0\rangle$, $|1, -1\rangle$이 가능하다. 스핀이 0인 입자는 물론 $|0, 0\rangle$만이 가능하다.

이번에는 일반적인 상태 $|j, m\rangle$을 회전한 좌표축에 투영하는 표시법으로 나타내면 어떻게 되는지 보자. 우선 j는 계 자체의 특성을 나타내는 숫자이므로 변하지 않는다. 좌표축을 돌리면 j는 같고 m이 다른 상태들이 섞일 뿐이다. 일반적으로 말하면 원 상태가 회전한 좌표계에서 $|j, m'\rangle$이 될 확률 진폭이 있는 것이다. (여기서 m'은 새 좌표축에서 각운동량의 z축 성분이다.) 따라서 여러 가지 회전에 대해 $\langle j, m' | R | j, m \rangle$을 구하면 된다. z축을 중심으로 회전하면 어떤 일이 일어나는지는 이미 잘 알고 있다. 기존의 상태에 $e^{im\phi}$를 곱하기만 하면 새 상태가 되므로 m값은 변하지 않는다. 이를

$$R_z(\phi) | j, m \rangle = e^{im\phi} | j, m \rangle \tag{18.24}$$

으로 쓸 수 있는데

$$\langle j, m' | R_z(\phi) | j, m \rangle = \delta_{m,m'} e^{im\phi} \tag{18.25}$$

가 더 마음에 들면 그렇게 써도 좋다($\delta_{m,m'}$은 m과 m'이 같으면 1, 다르면 0으로 정의한다).

다른 축을 중심으로 회전하면 여러 m 상태가 섞인다. 물론 오일러 각 β, α, γ에 대응하는 어떠한 회전에 대해서도 행렬 원소를 구할 수 있겠다. 하지만 이 같은 일반적인 회전은 $R_z(\gamma)$, $R_y(\alpha)$, $R_z(\beta)$를 연달아 적용하면 구할 수 있으므로 y축에 대한 회전 행렬만 알면 더 쉽게 계산할 수 있다.

그러면 스핀이 j인 입자를 y축을 중심으로 각 θ만큼 돌리는 행렬은 어떻게 찾을까? 지금까지 배운 것들만으로는 간단하게 구할 수 없다. 스핀이 1/2인 입자의 경우에는 매우 복잡한 대칭 논리를 써서 구했다. 그 다음 스핀이 1인 입자는 스핀 1/2짜리 입자 둘이 하나로 합쳐진 특수한 경우를 통해서 살펴보았다. 회전 행렬이 일반적으로 j값에 의해서만 결정되고 스핀 j인 객체의 내부 구성 및 구조와는 관계가 없음을 받아들이기로 하면 스핀 1에서의 논리를 그대로 확장할 수 있다. 가령 스핀 1/2인 입자를 셋 모아서 스핀이 3/2인 가상의 계를 하나 만들 수 있겠다. 세 개의 입자가 양성자나 전자 혹은 뮤온처럼 각각 구분되는 입자라고 가정할 필요도 없다. 각각의 입자를 따로따로 변환하면 전체 계에 무슨 일이 일어날지 알 수 있다. 전체 계는 세 확률 진폭의 곱으로 나타낼 수 있기 때문이다. 한번 해 보자.

스핀이 1/2인 세 객체의 스핀이 전부 위쪽이라고 해 보자. 이 상태를 $|+++\rangle$로 쓸 수 있겠다. 이 계를 z축을 중심으로 ϕ만큼 돌린 좌표계에서 바라보면 각 스핀의 방향은 그대로 위쪽이지만 확률 진폭에 $e^{i\phi/2}$가 곱해진다. 세 번 곱하게 되니까

$$R_z(\phi)|+++\rangle = e^{i(3\phi/2)}|+++\rangle \tag{18.26}$$

가 된다. 따라서 $|+++\rangle$는 $m=+\dfrac{3}{2}$인 상태, 혹은 $|\dfrac{3}{2}, +\dfrac{3}{2}\rangle$인 상태임이 분명하다.

이 계를 y축을 중심으로 돌리면 각각의 스핀이 위쪽일 수도 아래쪽일 수도 있으므로 전체 계는 $|+++\rangle$, $|++-\rangle$, $|+-+\rangle$, $|-++\rangle$, $|+--\rangle$, $|-+-\rangle$, $|--+\rangle$, $|---\rangle$의 8가지 중 하나의 상태가 될 것이다. 이들은 m값에 따라 네 그룹으로 분류할 수 있다. 맨 먼저 $|+++\rangle$는 $m=+\dfrac{3}{2}$이다. 다음으로는 $|++-\rangle$, $|+-+\rangle$, $|-++\rangle$의 세 상태가 있는데 셋 다 하나는 스핀이 아래쪽 둘은 위쪽이다. 그런데 스핀이 1/2인 객체가 회전 후 스핀이 뒤집힐 확률은 똑같으므로 이 세 상태는 같은 비율로 합해야 한다. 따라서

$$\frac{1}{\sqrt{3}}\{|++-\rangle + |+-+\rangle + |-++\rangle\} \tag{18.27}$$

가 되는데, $1/\sqrt{3}$은 규격화하기 위해 붙였다. 이 상태를 z축을 중심으로 돌리면 플러스(위쪽 스핀)에서는 $e^{i\phi/2}$가, 마이너스(아래쪽 스핀)에서는 $e^{-i\phi/2}$가 하나씩 나온다. 즉 (18.27)의 세 항 모두에서 $e^{i\phi/2}$가 나오는데, 이는 상태 전체에 $e^{i\phi/2}$를 곱한 것과 같다. 따라서 이 상태는 $m=+\dfrac{1}{2}$이다. 다음과 같이 정리할 수 있다.

$$\frac{1}{\sqrt{3}}\{|++-\rangle + |+-+\rangle + |-++\rangle\} = |\frac{3}{2}, +\frac{1}{2}\rangle \tag{18.28}$$

같은 방법으로 하면

$$\frac{1}{\sqrt{3}}\left\{\mid+--\rangle+\mid-+-\rangle+\mid--+\rangle\right\}=\mid\frac{3}{2},\,-\frac{1}{2}\rangle \tag{18.29}$$

은 $m=-\frac{1}{2}$인 상태이다. 여기서 세 항을 전부 더한 대칭형 조합만 취했음을 잘 봐 두자. 뺄셈으로 연결된 항은 m은 같지만 j가 다른 상태인데, 이는 스핀 1/2인 입자들에서 $1/\sqrt{2}\left\{\mid+-\rangle+\mid-+\rangle\right\}$는 $\mid1,\ 0\rangle$이고 $1/\sqrt{2}\left\{\mid+-\rangle-\mid-+\rangle\mid\right\}$는 $\mid0,\,0\rangle$이었던 것과 비슷하다. 마지막으로

$$\mid\frac{3}{2},\,-\frac{3}{2}\rangle=\mid---\rangle \tag{18.30}$$

이다. 이상의 네 상태를 표 18-1로 정리하자.

표 18-1

$\mid+++\rangle$	$=\mid\frac{3}{2},\,+\frac{3}{2}\rangle$
$\frac{1}{\sqrt{3}}\left\{\mid++-\rangle+\mid+-+\rangle+\mid-++\rangle\right\}$	$=\mid\frac{3}{2},\,+\frac{1}{2}\rangle$
$\frac{1}{\sqrt{3}}\left\{\mid+--\rangle+\mid-+-\rangle+\mid--+\rangle\right\}$	$=\mid\frac{3}{2},\,-\frac{1}{2}\rangle$
$\mid---\rangle$	$=\mid\frac{3}{2},\,-\frac{3}{2}\rangle$

이번엔 각 상태를 y축을 중심으로 돌렸을 때 네 상태가 얼만큼씩 나오는지를 스핀 1/2인 입자의 회전 행렬을 사용하여 구할 차례이다. 12-6절에서 스핀이 1/2인 입자에 대해서 썼던 방법을 그대로 쓰자. (식은 약간 더 복잡하다.) 12장에서의 흐름을 그대로 따를 것이라 세부 내용은 반복하지 않겠다. 계 S에 속하는 상태들은 $\mid\frac{3}{2},\ +\frac{3}{2},\ S\rangle=\mid+++\rangle$, $\mid\frac{3}{2},\ +\frac{1}{2},\ S\rangle=1/\sqrt{3}\left\{\mid++-\rangle+\mid+-+\rangle+\mid-++\rangle\right\}$ 등으로 표기하고 S를 y축을 중심으로 θ만큼 돌린 계 T는 $\mid\frac{3}{2},\ +\frac{3}{2},\ T\rangle$, $\mid\frac{3}{2},\ +\frac{1}{2},\ T\rangle$ 등으로 쓰겠다. 물론 $\mid\frac{3}{2},\ +\frac{3}{2},\ T\rangle$는 $\mid+'+'+'\rangle$이고 프라임 기호는 계 T를 뜻한다. 마찬가지로 $\mid\frac{3}{2},\ +\frac{1}{2},\ T\rangle$는 $1/\sqrt{3}\left\{\mid+'+'-'\rangle+\mid+'-'+'\rangle+\mid-'+'+'\rangle\right\}$이고 등등이다. T좌표계에서 각각의 $\mid+'\rangle$은 표 12-4의 행렬 원소를 써서 S좌표계에서의 $\mid+\rangle$와 $\mid-\rangle$로 나타낼 수 있다.

스핀이 1/2인 입자가 셋 있으면 식 (12.47)을

$$\begin{aligned}\mid+++\rangle=&\,a^{3}\mid+'+'+'\rangle+a^{2}b\left\{\mid+'+'-'\rangle+\mid+'-'+'\rangle+\mid-'+'+'\rangle\right\}\\&+ab^{2}\left\{\mid+'-'-'\rangle+\mid-'+'-'\rangle+\mid-'-'+'\rangle\right\}+b^{3}\mid-'-'-'\rangle\end{aligned} \tag{18.31}$$

으로 바꿔야 한다. 표 12-4의 변환을 쓰면 (12.48) 대신

$$\left| \frac{3}{2}, +\frac{3}{2}, S \right\rangle = a^3 \left| \frac{3}{2}, +\frac{3}{2}, T \right\rangle + \sqrt{3}\, a^2 b \left| \frac{3}{2}, +\frac{1}{2}, T \right\rangle$$

$$+ \sqrt{3}\, ab^2 \left| \frac{3}{2}, -\frac{1}{2}, T \right\rangle + b^3 \left| \frac{3}{2}, -\frac{3}{2}, T \right\rangle \qquad (18.32)$$

가 된다. 이 식들만 봐도 $\langle jT \mid iS \rangle$ 행렬의 원소 몇 개는 바로 알 수 있다. $\left| \frac{3}{2}, +\frac{1}{2}, S \right\rangle$에 관한 식을 얻으려면 $+$가 두 개이고 $-$가 한 개인 상태의 변환에서 시작하면 되겠다. 즉

$$| ++- \rangle = a^2 c \, | +'+'+' \rangle + a^2 d \, | +'+'-' \rangle + abc \, | +'-'+' \rangle$$
$$+ bac \, | -'+'+' \rangle + abd \, | +'-'-' \rangle + bad \, | -'+'-' \rangle$$
$$+ b^2 c \, | -'-'+' \rangle + b^2 d \, | -'-'-' \rangle \qquad (18.33)$$

인데 $| +-+ \rangle$와 $| -++ \rangle$에 대해서도 마찬가지로 쓴 뒤에 전부 더하고 $\sqrt{3}$ 으로 나누면

$$\left| \frac{3}{2}, +\frac{1}{2}, S \right\rangle = \sqrt{3}\, a^2 c \left| \frac{3}{2}, +\frac{3}{2}, T \right\rangle$$

$$+ (a^2 d + 2abc) \left| \frac{3}{2}, +\frac{1}{2}, T \right\rangle$$

$$+ (2bad + b^2 c) \left| \frac{3}{2}, -\frac{1}{2}, T \right\rangle$$

$$+ \sqrt{3}\, b^2 d \left| \frac{3}{2}, -\frac{3}{2}, T \right\rangle \qquad (18.34)$$

가 나온다. 이 과정을 계속하면 표 18-2에 나열한 변환 행렬 $\langle jT \mid iS \rangle$의 원소를 전부 구할 수 있다. 제1열은 식 (18.32)에서, 제2열은 (18.34)에서 구한 것이다. 나머지 두 열도 같은 방법으로 하면 된다.

　　T 좌표계가 S 좌표계를 y축을 중심으로 θ만큼 돌린 것이라면 $a = d = \cos \theta/2$이고 $c = -b = \sin \theta/2$가 된다[식 (12.54) 참고]. 이들을 표 18-2에 대입하면 스핀이 3/2인 계에서 표 17-2의 두 번째 부분에 해당하는 행렬이 된다.

표 18-2 스핀이 3/2인 입자의 회전 행렬
(계수 a, b, c, d는 표 12-4 참고)

$\langle jT \mid iS \rangle$	$\left\| \frac{3}{2}, +\frac{3}{2}, S \right\rangle$	$\left\| \frac{3}{2}, +\frac{1}{2}, S \right\rangle$	$\left\| \frac{3}{2}, -\frac{1}{2}, S \right\rangle$	$\left\| \frac{3}{2}, -\frac{3}{2}, S \right\rangle$
$\left\langle \frac{3}{2}, +\frac{3}{2}, T \right\|$	a^3	$\sqrt{3}a^2 c$	$\sqrt{3}ac^2$	c^3
$\left\langle \frac{3}{2}, +\frac{1}{2}, T \right\|$	$\sqrt{3}a^2 b$	$a^2 d + 2abc$	$c^2 b + 2dac$	$\sqrt{3}c^2 d$
$\left\langle \frac{3}{2}, -\frac{1}{2}, T \right\|$	$\sqrt{3}ab^2$	$2bad + b^2 c$	$2cdb + d^2 a$	$\sqrt{3}cd^2$
$\left\langle \frac{3}{2}, -\frac{3}{2}, T \right\|$	b^3	$\sqrt{3}b^2 d$	$\sqrt{3}bd^2$	d^3

이상의 설명은 스핀이 임의의 값 j인 어떠한 계에 대해서도 일반적으로 확장할 수 있다. 즉 $|j, m\rangle$인 상태는 스핀이 1/2인 입자를 $2j$개 모아서 만들 수 있다. (이 중 $|+\rangle$는 $j + m$개, $|-\rangle$는 $j - m$개 있다.) 가능한 상태를 전부 합하고 상수를 적절히 곱해서 규격화하면 되는 것이다. 수학을 좋아하는 사람들이라면 그 결과가

$$\langle j, m' | R_y(\theta) | j, m\rangle = [(j + m)!(j - m)!(j + m')!(j - m')!]^{1/2}$$
$$\times \sum_k \frac{(-1)^{k+m-m'}(\cos\theta/2)^{2j+m'-m-2k}(\sin\theta/2)^{m-m'+2k}}{(m - m' + k)!(j + m' - k)!(j - m - k)!k!} \tag{18.35}$$

가 됨을 보일 수 있을 텐데,* 여기서 k는 계승(factorial)의 인수를 전부 0 이상으로 만드는 값만 가질 수 있다.

꽤나 지저분한 식이지만 $j = 1$을 넣어 보면 표 17-2가 됨을 확인할 수 있다. 혹은 그보다 큰 j에 대한 표를 여러분이 직접 만들 수 있다. 그중에서도 몇몇 원소는 매우 중요해서 따로 이름이 붙어 있다. 가령 $m = m' = 0$이고 j가 정수인 경우는 르장드르 다항식(Legendre polynomial)이라고 부르며 $P_j(\cos\theta)$로 표기한다. 즉

$$\langle j, 0 | R_y(\theta) | j, 0\rangle = P_j(\cos\theta) \tag{18.36}$$

인데 처음 몇 개만 써 보면 다음과 같다.

$$P_0(\cos\theta) = 1 \tag{18.37}$$

$$P_1(\cos\theta) = \cos\theta \tag{18.38}$$

$$P_2(\cos\theta) = \frac{1}{2}(3\cos^2\theta - 1) \tag{18.39}$$

$$P_3(\cos\theta) = \frac{1}{2}(5\cos^3\theta - 3\cos\theta) \tag{18.40}$$

18-5 핵 스핀의 측정

방금 설명한 계수들을 활용하는 예를 하나 보여 주겠다. 최근에 있었던 재미난 실험으로 이젠 여러분도 이해할 수 있다. Ne^{20} 원자핵의 들뜬 상태에서의 스핀값을 알고 싶어 하는 물리학자들이 있었는데, 그들은 탄소 원자를 가속시켜 탄소 호일에 충돌시키는

$$C^{12} + C^{12} \rightarrow Ne^{20*} + \alpha_1$$

의 반응을 통해서 Ne^{20}의 들뜬 상태(Ne^{20*}이라고 하자)를 만들어 냈다. 여기서 α_1은 α입자 혹은 He^4를 가리킨다. 이렇게 만든 Ne^{20}의 들뜬 상태 중 일부는 불안정하여

---

* 자세한 과정을 알고 싶다면 본 장의 부록을 참고하라.

$$Ne^{20*} \rightarrow O^{16} + \alpha_2$$

의 반응을 통해 붕괴한다. 따라서 실험을 해 보면 반응의 결과로 두 종류의
α-입자가 나온다. 각각을 α_1과 α_2라고 부르겠는데, 둘의 에너지가 많이 다르기
때문에 서로를 구분할 수 있다. 또한 α_1의 에너지를 특별히 고르면 Ne^{20}의 들뜬
상태 중 특정한 하나를 골라낼 수 있다.

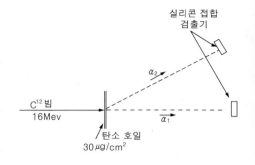

그림 18-9 Ne^{20}의 들뜬 상태의 스핀을 정하기
위한 실험 장치

실험 장치는 그림 18-9에서 보는 바와 같다. 탄소 이온 빔을 얇은 탄소 호
일을 향해 16 Mev로 가속시킨다. 첫 번째 α-입자는 실리콘 확산형 접합 검출기
1번을 써서 개수를 재는데, 특정 에너지를 갖고 원래 오던 방향으로 진행하는
α-입자만을 받아들이도록 맞춰져 있다. 두 번째 α-입자는 첫 번째에 대해 θ의
각도에 둔 검출기로 받는다. 그러고는 두 검출기에 동시에 잡히는 신호의 빈도를
θ의 함수로 측정한다.

실험은 기본적으로 이렇게 진행된다. 먼저 C^{12}, O^{16}, α-입자 모두 스핀이 0
임을 알아야 한다. 따라서 C^{12}가 입사하는 방향을 $+z$라고 하면 Ne^{20*}의 z축
방향 각운동량은 0이어야만 한다. 네온 외에는 스핀이 있는 입자가 없다. C^{12}
가 $+z$방향을 따라 입사하고 α_1입자도 $+z$를 따라 방출되므로 두 입자 모두 그
방향으로는 각운동량이 없다. 그러므로 Ne^{20*}의 스핀 j가 무엇이든 관계없이
$|j, 0\rangle$인 상태일 수밖에 없다. 이번에는 Ne^{20*} 입자가 O^{16}과 두 번째 α-입자로
붕괴하면 어떻게 될까? α-입자를 검출기 2번을 써서 받으므로 운동량 보존에
의해 O^{16}은 그와는 반대 방향으로 갈 것이다.* α_2와 나란한 새 축 방향으로의
각운동량 성분은 있을 수가 없다. 최종 상태는 새 축에 대해 각운동량이 0이므
로 Ne^{20*}이 이 반응을 통해 붕괴하려면 m', 즉 새 z축에 대한 각운동량이 0이
되는 확률 진폭이 있어야만 한다. 즉 다음의 확률 진폭(혹은 행렬의 원소)을 제
곱하면 α_2를 각 θ에서 관찰할 확률을 알 수 있다.

$$\langle j, 0 | R_y(\theta) | j, 0 \rangle \qquad (18.41)$$

Ne^{20*}의 스핀 상태를 알려면 두 번째 α-입자가 검출되는 세기를 각도에 대
해 그래프로 나타낸 뒤 여러 j값에 대한 이론적인 예측 결과와 비교해 보면 된
다. 앞 절에서 배운 대로 $\langle j, 0 | R_y(\theta) | j, 0 \rangle$은 $P_j(\cos \theta)$이다. 따라서 각분포로
가능한 함수는 $[P_j(\cos \theta)]^2$이다. 실험 결과를 그림 18-10에 제시하였는데,
5.80Mev에 대한 그래프는 $[P_1(\cos \theta)]^2$과 아주 잘 들어맞으므로 이 상태는 스핀
1일 수밖에 없다. 마찬가지로 5.63Mev에 대한 그래프는 $[P_3(\cos \theta)]^2$과 아주 잘
맞으므로 이 상태의 스핀은 3이다.

이 실험을 통해 Ne^{20*}의 들뜬 상태 두 가지의 스핀을 알아낼 수 있었다. 이
결과는 원자핵 안의 양성자와 중성자의 물리적인 상황을 이해하는 데 많은 도움
이 되는데, 따라서 신비에 둘러싸인 핵력을 규명하는 데 중요한 또 하나의 단서
가 된다.

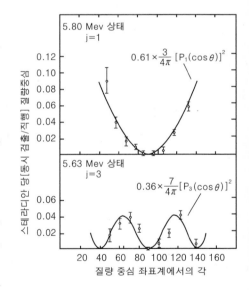

그림 18-10 Ne^{20}의 두 가지 들뜬 상태에서 나
온 α-입자의 각분포를 그림 18-9
의 장치를 써서 측정한 결과. [J.
A. Kuehner, *Physical Review*,
Vol. **125**, p.1653, 1962에서 발
췌]

---

* 첫 번째 충돌에서 Ne^{20*}이 되튄다는(recoil) 사실은 무시하자. 혹은 그 효과를 계산하고 나서
  그로 인한 오차를 보정해 준다면 더 나을 것이다.

18-6 각운동량의 합성

12장에서 초미세 구조에 대해 공부할 때 스핀이 1/2인 두 입자, 즉 전자와 양성자로 된 계의 내부를 분석한 바 있다. 네 개의 가능한 스핀 상태를 밖에서 보기에 스핀 1처럼 보이는 상태와 스핀 0으로 보이는 상태 두 그룹으로 구분할 수 있었다. 즉 스핀이 1/2인 입자 둘을 모아 놓으면 총 스핀(total spin)이 1인 상태와 0인 상태를 모두 만들 수 있었다. 이번 절에서는 스핀이 얼마짜리이든 관계없이 입자 두 개로 된 계의 스핀을 구하는 일반적인 방법을 배워 보자. 이는 양자역학적인 계에서의 각운동량에 관해서 매우 중요한 또 하나의 문제이다.

먼저 수소 원자에 대한 12장의 결과를 일반적인 경우로 확장하기 쉽게 다시 쓰자. 두 입자를 여기서는 a(전자)와 b(양성자)라고 부르자. a는 스핀이 $j_a (= \frac{1}{2})$인 입자이며, 그것의 z 성분 m_a는 여러 값(즉 $m_a = \frac{1}{2}$과 $m_a = -\frac{1}{2}$의 두 가지) 중 하나를 가질 수 있다. 마찬가지로 입자 b의 스핀 상태는 j_b와 그것의 z 성분 m_b를 써서 나타낼 수 있다. 두 입자의 스핀을 다양하게 조합할 수 있다. 가령 입자 a의 $m_a = \frac{1}{2}$인 상태와 입자 b의 $m_b = -\frac{1}{2}$로 $| a, +\frac{1}{2}; b, -\frac{1}{2}\rangle$을 만들 수 있다. 조합의 결과로 '계의 스핀' 혹은 '총 스핀' 또는 '총 각운동량' J가 1이나 0이 될 수 있었다. 또한 각운동량의 z 성분 M은 $J = 1$일 때는 +1, 0, -1이, $J = 0$일 때는 0이 될 수 있었다. 이 기호들을 이용하면 (12.41)과 (12.42)의 결과들을 표 18-3으로 다시 쓸 수 있다.

이 표에서 좌측 열은 총 각운동량 J와 그것의 z 성분 M을 써서 나타낸 복합 상태이고 우측 열은 각 상태가 무엇으로 이루어져 있는지 두 입자 a와 b의 m 값을 써서 표시한 것이다.

이제 이 결과를 스핀이 임의의 값 j_a와 j_b인 두 입자 a와 b를 갖고 만들 수 있는 상태들로 일반화해 보자. 우선 $j_a = \frac{1}{2}$이고 $j_b = 1$인, 즉 a가 전자(e)이고 원자핵에 해당하는 b는 중양성자인 중수소(deuterium) 원자를 생각하자. 그러면 $j_a = j_e = \frac{1}{2}$이다. 중양성자(deuteron)는 양성자와 중성자 각 하나씩이 모여서 된 총 스핀이 1인, 즉 $j_b = j_d = 1$인 상태이다. 이를 써서 수소 원자에서와 마찬가지로 중수소의 초미세 구조를 들여다보자. 중양성자의 스핀 상태는 $m_d = +1, 0, -1$의 세 가지가 있고 전자는 $m_a = m_e = +\frac{1}{2}, -\frac{1}{2}$의 두 가지가 있으므로 다음과 같은 여섯 가지 조합이 ($| e, m_e; d, m_d\rangle$의 기호를 써서) 가능하다.

$$| e, +\frac{1}{2}; d, +1\rangle$$

$$| e, +\frac{1}{2}; d, 0\rangle; \quad | e, -\frac{1}{2}; d, +1\rangle$$

$$| e, +\frac{1}{2}; d, -1\rangle; \quad | e, -\frac{1}{2}; d, 0\rangle \tag{18.42}$$

$$| e, -\frac{1}{2}; d, -1\rangle$$

다들 알아보겠지만, m_e와 m_d의 내림차순으로 조합을 구분해 놓았다.

그럼 이들을 다른 좌표계로 투영하면 어떻게 될까? z축을 중심으로 ϕ만큼 회전하면 상태 $|e, m_e ; d, m_d\rangle$에

$$e^{im_e\phi}e^{im_d\phi} = e^{i(m_e+m_d)\phi} \tag{18.43}$$

를 곱하는 것과 같게 된다. (이 상태가 $|e, m_e\rangle$와 $|d, m_d\rangle$의 곱이어서 각 상태 벡터가 독립적으로 자신의 지수 인자를 만들어 낸다고 보아도 좋다.) (18.43)의 인자는 $e^{iM\phi}$의 꼴이므로 상태 $|e, m_e ; d, m_d\rangle$의 z방향 각운동량 성분은

$$M = m_e + m_d \tag{18.44}$$

가 된다. 즉 총 각운동량의 z성분은 각 부분의 각운동량 z성분의 합과 같다.

따라서 (18.42)의 식 중에서 맨 윗줄의 첫 번째 상태는 $M = +\frac{3}{2}$이고 두 번째 줄의 둘은 $M = +\frac{1}{2}$, 그다음 줄의 둘은 $M = -\frac{1}{2}$이며 맨 마지막 줄의 상태는 $M = -\frac{3}{2}$이다. 이 결과를 보면 결합 상태의 스핀 J(총 각운동량)로 가능한 값 중 하나는 $\frac{3}{2}$임을 바로 알 수 있다. 그렇기 때문에 $M = +\frac{3}{2}, +\frac{1}{2}, -\frac{1}{2}, -\frac{3}{2}$인 것이다.

$M = +\frac{3}{2}$이 될 수 있는 후보는

$$|J = \frac{3}{2}, M = +\frac{3}{2}\rangle = |e, +\frac{1}{2} ; d, +1\rangle \tag{18.45}$$

의 한 가지뿐이다. 그러면 상태 $|J = \frac{3}{2}, M = +\frac{1}{2}\rangle$은 어떤가? (18.42)의 두 번째 줄을 보면 후보가 둘 있는데, 실은 둘을 어떻게 조합해도 $M = \frac{1}{2}$이다. 따라서 일반적으로는 두 숫자 α, β에 대해

$$|J = \frac{3}{2}, M = +\frac{1}{2}\rangle = \alpha |e, +\frac{1}{2} ; d, 0\rangle + \beta |e, -\frac{1}{2} ; d, +1\rangle \tag{18.46}$$

이 되리라 기대할 수 있다. 여기서 α와 β를 클렙시-고단 계수(Clebsch-Gordan coefficient)라고 부른다. 이제 이 계수만 구하면 된다.

표 18-3 스핀이 1/2인 입자 두 개의($j_a = \frac{1}{2}$, $j_b = \frac{1}{2}$) 각운동량 합성

$\|J = 1, M = +1\rangle = \|a, +\frac{1}{2} ; b, +\frac{1}{2}\rangle$
$\|J = 1, M = \ \ \ 0\rangle = \frac{1}{\sqrt{2}}\{\|a, +\frac{1}{2} ; b, -\frac{1}{2}\rangle + \|a, -\frac{1}{2} ; b, +\frac{1}{2}\rangle\}$
$\|J = 1, M = -1\rangle = \|a, -\frac{1}{2} ; b, -\frac{1}{2}\rangle$
$\|J = 0, M = \ \ \ 0\rangle = \frac{1}{\sqrt{2}}\{\|a, +\frac{1}{2} ; b, -\frac{1}{2}\rangle - \|a, -\frac{1}{2} ; b, +\frac{1}{2}\rangle\}$

중양성자가 중성자와 양성자로 되어 있다는 사실을 기억하면 쉬운데, 중양성자의 상태를 표 18-3의 규칙을 써서 분명하게 써 보자. 그러면 (18.42)에 있는 상태들을 표 18-4로 정리할 수 있다.

이제 $J = \frac{3}{2}$인 상태 넷을 표 18-4를 써서 나타내 보자. 답은 이미 알고 있는 거나 마찬가지인데, 표 18-1에서 스핀이 3/2인 상태를 스핀이 1/2인 입자 셋을 써서 나타낸 바 있기 때문이다. 표 18-1의 첫 번째 상태는 $|J = \frac{3}{2}, M = +\frac{3}{2}\rangle$이며 또한 $|{+}{+}{+}\rangle$인데 이번 절에서의 방식으로 쓰면 $|e, +\frac{1}{2}; n, +\frac{1}{2}; p, +\frac{1}{2}\rangle$ 또는 표 18-4의 첫 번째 상태이다. 하지만 이는 (18.42)의 상태들 중 첫 번째 것과 같으며 이를 통해 (18.45)가 옳음을 확인할 수 있다. 표 18-1의 두 번째 줄도 여기서의 방법으로 바꾸면

$$|J = \frac{3}{2}; M = +\frac{1}{2}\rangle = \frac{1}{\sqrt{3}}\{|e, +\frac{1}{2}; n, +\frac{1}{2}; p, -\frac{1}{2}\rangle$$
$$+ |e, +\frac{1}{2}; n, -\frac{1}{2}; p, +\frac{1}{2}\rangle + |e, -\frac{1}{2}; n, +\frac{1}{2}; p, +\frac{1}{2}\rangle\}$$

$$(18.47)$$

이 된다. 우변은 표 18-4의 두 번째 칸에서 첫 항의 $\sqrt{2/3}$와 두 번째 항의 $\sqrt{1/3}$을 더하면 된다. 즉 식 (18.47)은

$$|J = \frac{3}{2}, M = +\frac{1}{2}\rangle = \sqrt{2/3}\,|e, +\frac{1}{2}; d, 0\rangle + \sqrt{1/3}\,|e, -\frac{1}{2}; d, +1\rangle$$

$$(18.48)$$

과 같다. 따라서 식 (18.46)의 클렙시-고단 계수 α와 β가

$$\alpha = \sqrt{2/3}, \qquad \beta = \sqrt{1/3} \qquad\qquad (18.49)$$

표 18-4 중수소 원자의 각운동량 상태

$M = \frac{3}{2}$
$\|e, +\frac{1}{2}; d, +1\rangle = \|e, +\frac{1}{2}; n, +\frac{1}{2}; p, +\frac{1}{2}\rangle$
$M = \frac{1}{2}$
$\|e, +\frac{1}{2}; d, 0\rangle = \frac{1}{\sqrt{2}}\{\|e, +\frac{1}{2}; n +\frac{1}{2}; p, -\frac{1}{2}\rangle + \|e, +\frac{1}{2}; n, -\frac{1}{2}; p, +\frac{1}{2}\rangle\}$
$\|e, -\frac{1}{2}; d, +1\rangle = \|e, -\frac{1}{2}; n, +\frac{1}{2}; p, +\frac{1}{2}\rangle$
$M = -\frac{1}{2}$
$\|e, +\frac{1}{2}; d, -1\rangle = \|e, +\frac{1}{2}; n, -\frac{1}{2}; p, -\frac{1}{2}\rangle$
$\|e, -\frac{1}{2}; d, 0\rangle = \frac{1}{\sqrt{2}}\{\|e, -\frac{1}{2}; n, +\frac{1}{2}; p, -\frac{1}{2}\rangle + \|e, -\frac{1}{2}; n, -\frac{1}{2}; p, +\frac{1}{2}\rangle\}$
$M = -\frac{3}{2}$
$\|e, -\frac{1}{2}; d, -1\rangle = \|e, -\frac{1}{2}; n, -\frac{1}{2}; p, -\frac{1}{2}\rangle$

이 됨을 알 수 있다.

같은 방법으로 하면

$$| J = \frac{3}{2}, \ M = -\frac{1}{2} \rangle = \sqrt{1/3} \ | e, +\frac{1}{2} \ ; d, -1 \rangle + \sqrt{2/3} \ | e, -\frac{1}{2} \ ; d, 0 \rangle$$

$$(18.50)$$

이고

$$| J = \frac{3}{2}, \ M = -\frac{3}{2} \rangle = | e, -\frac{1}{2} \ ; d, -1 \rangle \tag{18.51}$$

임도 알 수 있다. 이상은 스핀 1과 스핀 1/2을 합해서 $J = \frac{3}{2}$을 만드는 규칙이다. (18.45), (18.48), (18.50), (18.51)을 표 18-5로 정리해 두자.

하지만 지금까지 본 것은 여섯 개의 가능한 상태들 중 네 개뿐이다. (18.42)의 두 번째 칸에 있는 상태들을 조합해서 $| J = \frac{3}{2}, \ M = +\frac{1}{2} \rangle$만을 만들었는데, 역시 $M = +\frac{1}{2}$이면서 이 조합에 직교하는 조합이 또 있다. 바로

$$\sqrt{1/3} \ | e, +\frac{1}{2} \ ; d, 0 \rangle - \sqrt{2/3} \ | e, -\frac{1}{2} \ ; d, +1 \rangle \tag{18.52}$$

이다. 비슷한 방법으로 (18.42)의 세 번째 칸에 있는 두 항 또한 $M = -\frac{1}{2}$이면서 직교하는 조합을 둘 만들 수 있는데, (18.50)과 직교하는 나머지 하나는

$$\sqrt{2/3} \ | e, +\frac{1}{2} \ ; d, -1 \rangle - \sqrt{1/3} \ | e, -\frac{1}{2} \ ; d, 0 \rangle \tag{18.53}$$

이다. 이 둘이 남은 두 상태이다. 이들은 $M = m_e + m_d = \pm \frac{1}{2}$이며 $J = \frac{1}{2}$에 해당한다. 이들을 다음과 같이 정리할 수 있다.

$$| J = \frac{1}{2}, \ M = +\frac{1}{2} \rangle = \sqrt{1/3} \ | e, +\frac{1}{2} \ ; d, 0 \rangle - \sqrt{2/3} \ | e, -\frac{1}{2} \ ; d, +1 \rangle$$

$$| J = \frac{1}{2}, \ M = -\frac{1}{2} \rangle = \sqrt{2/3} \ | e, +\frac{1}{2} \ ; d, -1 \rangle - \sqrt{1/3} \ | e, -\frac{1}{2} \ ; d, 0 \rangle$$

$$(18.54)$$

표 18-5 중수소 원자의 $J = \frac{3}{2}$인 상태

$$| J = \frac{3}{2}, \ M = +\frac{3}{2} \rangle = | e, +\frac{1}{2} \ ; d, +1 \rangle$$

$$| J = \frac{3}{2}, \ M = +\frac{1}{2} \rangle = \sqrt{2/3} \ | e, +\frac{1}{2} \ ; d, 0 \rangle + \sqrt{1/3} \ | e, -\frac{1}{2} \ ; d, +1 \rangle$$

$$| J = \frac{3}{2}, \ M = -\frac{1}{2} \rangle = \sqrt{1/3} \ | e, +\frac{1}{2} \ ; d, -1 \rangle + \sqrt{2/3} \ | e, -\frac{1}{2} \ ; \ d, 0 \rangle$$

$$| J = \frac{3}{2}, \ M = -\frac{3}{2} \rangle = | e, -\frac{1}{2} \ ; \ d, -1 \rangle$$

여기서 중양성자 부분을 표 18-4를 써서 중성자와 양성자의 상태로 표시하면 이들이 정말로 스핀 1/2인 입자와 같음을 보일 수 있다. 즉 (18.52)의 첫 번째 상태는

$$\sqrt{1/6}\,\{\,|\,e,\,+\tfrac{1}{2}\,;\,n,\,+\tfrac{1}{2}\,;\,p,\,-\tfrac{1}{2}\rangle + |\,e,\,+\tfrac{1}{2}\,;\,n,\,-\tfrac{1}{2}\,;\,p,\,+\tfrac{1}{2}\rangle\}$$
$$-\sqrt{2/3}\,|\,e,\,-\tfrac{1}{2}\,;\,n,\,+\tfrac{1}{2}\,;\,p,\,+\tfrac{1}{2}\rangle \qquad (18.55)$$

인데 이를

$$\sqrt{1/3}\,[\sqrt{1/2}\,\{\,|\,e,\,+\tfrac{1}{2}\,;\,n,\,+\tfrac{1}{2}\,;\,p,\,-\tfrac{1}{2}\rangle - |\,e,\,-\tfrac{1}{2}\,;\,n,\,+\tfrac{1}{2}\,;\,p,\,+\tfrac{1}{2}\rangle\}$$
$$+\sqrt{1/2}\,\{\,|\,e,\,+\tfrac{1}{2}\,;\,n,\,-\tfrac{1}{2}\,;\,p,\,+\tfrac{1}{2}\rangle - |\,e,\,-\tfrac{1}{2}\,;\,n,\,+\tfrac{1}{2}\,;\,p,\,+\tfrac{1}{2}\rangle\}]$$
$$(18.56)$$

로도 쓸 수 있다. 첫 번째 중괄호 안의 항들을 보자. e와 p를 묶어서 생각하면 스핀이 0인 상태(표 18-3의 맨 마지막 줄을 보라)가 되어 총 각운동량에 보탬이 되지 않는다. 그러면 중성자만 남으므로 (18.56)의 첫 번째 중괄호 안의 항 전체는 회전 변환에 대해 중성자처럼, 즉 $J = \tfrac{1}{2}$, $M = +\tfrac{1}{2}$인 상태처럼 보인다. 같은 논리로 (18.56)의 두 번째 중괄호에서는 전자와 중성자를 묶으면 각운동량이 0인 상태가 되어 $m_p = \tfrac{1}{2}$인 양성자만 남는다. 이 항도 $J = \tfrac{1}{2}$, $M = +\tfrac{1}{2}$인 물체처럼 행동하는 것이다. 따라서 당연히 (18.56) 전체가 $|\,J = +\tfrac{1}{2}$, $M = +\tfrac{1}{2}\rangle$과 같은 방식으로 변한다. (18.53)의 $M = -\tfrac{1}{2}$인 상태를 다시 써 보면 ($\tfrac{1}{2}$을 적절히 $-\tfrac{1}{2}$로 바꾸면 된다. ($|\,J = +\tfrac{1}{2}$, $M = +\tfrac{1}{2}\rangle$의 상태를 $|\,J = +\tfrac{1}{2}$, $M = -\tfrac{1}{2}\rangle$로 만들려면 $|\,J = +\tfrac{1}{2}$, $M = +\tfrac{1}{2}\rangle$의 각 항마다 n, e, p 중 $+\tfrac{1}{2}$인 것을 하나씩만 골라서 $-\tfrac{1}{2}$로 바꿔 주면 된다. 그런데 네 항 중 두 개는 $e = +\tfrac{1}{2}$이고 나머지 두 개에서는 $e = -\tfrac{1}{2}$이어야 하므로 전자는 손댈 수 없다. 그러면 (18.56)의 첫 항에서는 n을, 세 번째 항에서는 p를 뒤집을 수밖에 없고 두 번째와 네 번째 항에서는 n과 p를 한 번씩만 뒤집어야 한다. 두 번째와 네 번째 항에서 다 n이나 p 중 한쪽만 뒤집으면 d = 0을 만들 수가 없다 : 옮긴이))

$$\sqrt{1/3}\,[\sqrt{1/2}\,\{\,|\,e,\,+\tfrac{1}{2}\,;\,n,\,-\tfrac{1}{2}\,;\,p,\,-\tfrac{1}{2}\rangle - |\,e,\,-\tfrac{1}{2}\,;\,n,\,-\tfrac{1}{2}\,;\,p,\,+\tfrac{1}{2}\rangle\}$$
$$+\sqrt{1/2}\,\{\,|\,e,\,+\tfrac{1}{2}\,;\,n,\,-\tfrac{1}{2}\,;\,p,\,-\tfrac{1}{2}\rangle - |\,e,\,-\tfrac{1}{2}\,;\,n,\,+\tfrac{1}{2}\,;\,p,\,-\tfrac{1}{2}\rangle\}]$$
$$(18.57)$$

이 된다. 이것이 (18.54)의 두 번째 상태와 같음을 쉽게 보일 수 있는데, 두 쌍의 식이 스핀 1/2인 계의 두 상태를 나타내기 위해서는 당연한 결과이다. 결론적으로 중양성자와 전자를 갖고 여섯 개의 스핀 상태 조합을 만들 수 있는데 네 개

표 18-6 스핀이 1/2인 입자($j_a = \frac{1}{2}$)와 스핀이 1인 입자($j_b = 1$)의 합성

$$| J = \tfrac{3}{2}, \; M = +\tfrac{3}{2} \rangle = | a, +\tfrac{1}{2} \; ; \; b, +1 \rangle$$

$$| J = \tfrac{3}{2}, \; M = +\tfrac{1}{2} \rangle = \sqrt{2/3} \; | a, +\tfrac{1}{2} \; ; \; b, 0 \rangle + \sqrt{1/3} \; | a, -\tfrac{1}{2} \; ; \; b, +1 \rangle$$

$$| J = \tfrac{3}{2}, \; M = -\tfrac{1}{2} \rangle = \sqrt{1/3} \; | a, +\tfrac{1}{2} \; ; \; b, -1 \rangle + \sqrt{2/3} \; | a, -\tfrac{1}{2} \; ; \; b, 0 \rangle$$

$$| J = \tfrac{3}{2}, \; M = -\tfrac{3}{2} \rangle = | a, -\tfrac{1}{2} \; ; \; b, -1 \rangle$$

$$| J = \tfrac{1}{2}, \; M = +\tfrac{1}{2} \rangle = \sqrt{1/3} \; | a, +\tfrac{1}{2} \; ; \; b, 0 \rangle - \sqrt{2/3} \; | a, -\tfrac{1}{2} \; ; \; b, +1 \rangle$$

$$| J = \tfrac{1}{2}, \; M = -\tfrac{1}{2} \rangle = \sqrt{2/3} \; | a, +\tfrac{1}{2} \; ; \; b, -1 \rangle - \sqrt{1/3} \; | a, -\tfrac{1}{2} \; ; \; b, 0 \rangle$$

는 스핀이 3/2인 물체의 상태처럼(표 18-5), 그리고 나머지 두 개는 스핀이 1/2인 상태처럼(식 (18.54)) 행동한다.

표 18-5와 식 (18.54)의 결과는 중양성자가 중성자와 양성자로 이루어져 있다는 사실로부터 얻은 것이다. 하지만 더 근본적으로는 이 식들이 중수소에서만 성립하지는 않는다. 스핀 1/2인 물체와 스핀 1인 물체 어떤 것을 합해도 합성의 법칙(뿐만 아니라 계수까지도)은 똑같다. 표 18-5가 뜻하는 바는 좌표축을 예를 들어 y축을 중심으로 돌렸을 때, 즉 스핀 1/2인 입자는 표 17-1에 따라, 또 스핀 1인 입자는 표 17-2에 따라 돌렸을 때 우변의 조합이 스핀 3/2인 물체에 맞는 방식으로 변한다는 뜻이다. 또한 (18.54)의 상태들은 회전 시 스핀 1/2인 물체처럼 변한다. 이상의 결과는 두 입자의 회전 특성(즉 스핀 상태)에만 좌우될 뿐 입자의 각운동량이 어디에서 비롯되는지와는 아무 관련이 없다. 지금까지 이 점을 특수한 경우에 공식을 유도하는 데 활용해 봤는데, 스핀이 1/2인 입자 둘로 된 대칭적인 상태 자체가 한 부분을 이루는 특수한 상태의 경우였다. 지금까지 얻은 결과를 모두 표 18-6에 모아 두었다. 표에서는 결론의 일반성을 강조하기 위해 e와 d를 a와 b로 바꿔 놓았다.

좀 더 일반적으로 스핀이 임의의 값인 두 물체를 갖고 만들 수 있는 상태들을 찾아보자. 하나는 스핀이 j_a(따라서 z성분 m_a는 $-j_a$에서 $+j_a$까지 $2j_a+1$가지 서로 다른 값을 갖는다)이고 또 하나는 j_b(z성분 m_b는 $-j_b$에서 $+j_b$까지 $2j_b + 1$가지의 값을 갖는다)라고 하자. 둘이 결합한 상태는 $| a, m_a ; b, m_b \rangle$가 되고 $(2j_a + 1)(2j_b + 1)$가지 다른 경우가 발생한다. 총 스핀 J로는 어떤 값들이 가능할까?

총 각운동량의 z성분 M은 $m_a + m_b$와 같으며 가능한 상태 전체를 (18.42)처럼 M에 따라 나열할 수 있다. M이 최대인 상태는 하나뿐이다. $m_a = j_a$이고 $m_b = j_b$여서 $M = j_a + j_b$가 되는 경우뿐이다. 그러면 총 스핀 J로 가능한 최대값 또한 $j_a + j_b$와 같다. 즉

$$J = (M)_{\text{max}} = j_a + j_b$$

이다. $(M)_{\text{max}}$보다 작은 첫 번째 M에 대해서는 두 가지 경우가 가능하다(m_a나 m_b 둘 중 하나가 최대값보다 한 단위 작으면 된다). 이들의 조합 두 가지 중 하

나는 $J = j_a + j_b$인 묶음의 일부가 되고 나머지 하나는 $J = j_a + j_b - 1$인 또 다른 묶음의 일부에 속하게 된다. 그 다음 M 값, 즉 세 번째로 큰 값은 세 가지 방법으로 만들 수 있다($m_a = j_a - 2$이고 $m_b = j_b$이던가, $m_a = j_a - 1$이고 $m_b = j_b - 1$이던가, 아니면 $m_a = j_a$이고 $m_b = j_b - 2$이면 된다). 이들로 만든 조합 중 두 가지는 앞에서 이미 시작한 두 묶음에 속하는데, 세 번째 조합을 보면 $J = j_a + j_b - 2$인 묶음도 필요함을 알 수 있다. 이 방법은 어느 m도 더는 낮출 수 없을 때까지, 즉 새 상태를 만들 수 없을 때까지 계속할 수 있다.

j_b를 j_a와 j_b 중 작은 쪽이라고 해 보자(두 값이 같으면 어느 쪽이어도 좋다). 그러면 J 값으로 $j_a + j_b$에서부터 $j_a - j_b$까지 하나씩 변하는 ($2j_b + 1$)개만 있으면 된다. 즉 스핀이 j_a와 j_b인 두 물체를 결합하면 총 각운동량은 다음 값 중 어느 하나와 같게 된다.

$$J = \begin{cases} j_a + j_b \\ j_a + j_b - 1 \\ j_a + j_b - 2 \\ \vdots \\ |j_a - j_b| \end{cases} \tag{18.58}$$

($j_a - j_b$ 대신 $|j_a - j_b|$라고 쓰면 $j_a \geq j_b$라는 조건을 따로 붙여 줄 필요가 없다.)

각 J 값에 대해 M이 $-J$에서 $+J$까지로 서로 다른 $2J + 1$개의 상태가 있다. 이들 각각은 원래의 상태 $|a, m_a; b, m_b\rangle$에 클렙시-고단 계수를 적절히 곱한 뒤 선형 조합하여 만들 수 있다. 이 계수들은 $|a, m_a; b, m_b\rangle$가 상태 $|J, M\rangle$에 기여하는 정도를 뜻한다. 따라서 각각의 클렙시-고단 계수에는 표 18-3이나 18-6에서의 위치를 나타내는 색인이 6개 있어야 한다. 즉 계수를 $C(J, M; j_a, m_a; j_b, m_b)$로 쓰면 표 18-6의 두 번째 줄의 등식을 다음과 같이 쓸 수 있다.

$$C(\tfrac{3}{2}, +\tfrac{1}{2}; \tfrac{1}{2}, +\tfrac{1}{2}; 1, 0) = \sqrt{2/3}$$

$$C(\tfrac{3}{2}, +\tfrac{1}{2}; \tfrac{1}{2}, -\tfrac{1}{2}; 1, +1) = \sqrt{1/3}$$

다른 경우에 대한 계수는 계산하지 않겠다.* 결과를 표로 모아 놓은 책들이 많이 있으니까 참고하기 바란다. 아니면 직접 해 봐도 좋다. 다음으로 스핀이 1인 입자 둘을 합성해 볼 수도 있겠다. 최종 결과만 표 18-7에 제시한다.

이 같은 각운동량의 합성 법칙은 특히 입자 물리에서 무척이나 중요하다. 수도 없이 많은 예가 있는데 안타깝게도 더 이상 다룰 시간이 없다.

---

* 일반적인 회전 행렬에 관한 식 (18.35)가 있으니 계산의 상당부분은 이미 해결된 셈이다.

표 18-7 스핀이 1인 입자 두 개의($j_a = 1$, $j_b = 1$) 합성

$$| J = 2,\ M = +2 \rangle = | a, +1\ ;\ b, +1 \rangle$$

$$| J = 2,\ M = +1 \rangle = \frac{1}{\sqrt{2}}\, | a, +1\ ;\ b, 0 \rangle + \frac{1}{\sqrt{2}}\, | a, 0\ ;\ b, +1 \rangle$$

$$| J = 2,\ M = \ \ \ 0 \rangle = \frac{1}{\sqrt{6}}\, | a, +1\ ;\ b, -1 \rangle + \frac{1}{\sqrt{6}}\, | a, -1\ ;\ b, +1 \rangle + \frac{2}{\sqrt{6}}\, | a, 0\ ;\ b, 0 \rangle$$

$$| J = 2,\ M = -1 \rangle = \frac{1}{\sqrt{2}}\, | a, 0\ ;\ b, -1 \rangle + \frac{1}{\sqrt{2}}\, | a, -1\ ;\ b, 0 \rangle$$

$$| J = 2,\ M = -2 \rangle = | a, -1\ ;\ b, -1 \rangle$$

$$| J = 1,\ M = +1 \rangle = \frac{1}{\sqrt{2}}\, | a, +1\ ;\ b, 0 \rangle - \frac{1}{\sqrt{2}}\, | a, 0\ ;\ b, +1 \rangle$$

$$| J = 1,\ M = \ \ \ 0 \rangle = \frac{1}{\sqrt{2}}\, | a, +1\ ;\ b, -1 \rangle - \frac{1}{\sqrt{2}}\, | a, -1\ ;\ b, +1 \rangle$$

$$| J = 1,\ M = -1 \rangle = \frac{1}{\sqrt{2}}\, | a, 0\ ;\ b, -1 \rangle - \frac{1}{\sqrt{2}}\, | a, -1\ ;\ b, 0 \rangle$$

$$| J = 0,\ M = \ \ \ 0 \rangle = \frac{1}{\sqrt{3}}\{ | a, +1\ ;\ b, -1 \rangle + | a, -1\ ;\ b, +1 \rangle - | a, 0\ ;\ b, 0 \rangle \}$$

추가 설명 1 : 회전 행렬의 증명*

상세히 알고 싶은 분들을 위해 스핀(총 각운동량)이 j인 계의 회전을 나타내는 행렬을 일반적으로 유도해 보겠다. 유도하는 방법을 꼭 알 필요는 없다. 한 번 개념을 잡은 다음엔 다른 책에서 일반적인 결과에 대한 표를 찾아서 쓰면 되니까 말이다. 하지만 다른 한편으로는 여기쯤까지 배우고 나면 식 (18.35)와 같은 상당히 복잡한 식도 직접 보일 수 있음을 확인하고 싶을지도 모르겠다.

18-4절에서의 논리를 스핀 j인 계, 즉 스핀이 1/2인 입자가 $2j$개 있는 경우로 보아도 좋은 상황으로 확장하도록 하자. $m = j$인 상태는 $| +++\cdots+ \rangle$ (+ 부호가 $2j$개)일 것이다. $m = j - 1$의 경우에는 $| ++\cdots++- \rangle$, $| ++\cdots+-+ \rangle$ 등의 상태가 $2j$개 있을 것이고 등등이다. 일반적으로 플러스가 r개, 마이너스가 s개(단 $r + s = 2j$) 있는 경우를 보자. z축을 중심으로 회전하면 r개의 플러스 하나하나마다 $e^{+i\phi/2}$씩 생긴다. 따라서 총 위상 변화는 $(r/2 - s/2)\phi$가 된다. 여기서

$$m = \frac{r - s}{2} \tag{18.59}$$

임을 알 수 있을 것이다. $j = \frac{3}{2}$에서와 마찬가지로, m이 정해진 상태 각각은 r과 s가 같은 상태 전부, 즉 r개의 플러스와 s개의 마이너스를 배열할 수 있는 모든 방법에 해당하는 상태 전체를 다 더한 선형 조합이 되어야만 한다. 가능한 방법이 $(r + s)!/r!s!$가지임은 여러분이 잘 알고 있다고 가정하겠다. 각 상태를 규격화하기 위해 총합을 이 숫자의 제곱근으로 나누자. 즉

$$\left[\frac{(r + s)!}{r!s!} \right]^{-1/2} \left\{ \left| \underbrace{+++\cdots++}_{r}\ \underbrace{---\cdots--}_{s} \right\rangle \right.$$

$$\left. + (\text{순서만 바꾼 배열 전부}) \right\} = | j, m \rangle \tag{18.60}$$

---

* 이 부분은 원래 본문의 일부였으나 이렇게 자세한 계산을 본문에 포함시킬 필요는 없다고 판단하여 따로 뺐다.

이라 쓸 수 있고 여기서

$$j = \frac{r+s}{2}, \qquad m = \frac{r-s}{2} \qquad (18.61)$$

인 것이다.

　식을 더 간결하게 쓰기 위해 다른 기호를 도입하자. 식 (18.60)으로 상태를 정의하고 나면 두 숫자 j와 m을 써서 상태를 정의하는 것이나 r과 s를 쓰는 것이나 마찬가지다. 따라서

$$|j,\, m\rangle = |{}^r_s\rangle \qquad (18.62)$$

로 쓰는 편이 낫겠는데, (18.61)로부터

$$r = j + m, \qquad s = j - m$$

이다. 이 기호를 이용하여 식 (18.60)을 다시 쓰면

$$|j,\, m\rangle = |{}^r_s\rangle = \left[\frac{(r+s)!}{r!s!}\right]^{+1/2} \{|+\rangle^r |-\rangle^s\}_{\text{perm}} \qquad (18.63)$$

이 된다. 여기서 대괄호의 지수가 $+\frac{1}{2}$로 바뀌어 있는데, 중괄호 안에 $N = (r+s)!/r!s!$개의 항이 들어 있기 때문이다. (18.63)과 (18.60)을 비교해 보면

$$\{|+\rangle^r |-\rangle^s\}_{\text{perm}}$$

는

$$\frac{\{|++\cdots--\rangle + \text{모든 재배열}\}}{N}$$

을 줄여 쓴 기호에 불과한 것이다(아래첨자 perm은 순열(permutation), 즉 순서를 따지는 배열을 줄여 쓴 것이다 : 옮긴이). 이때 N은 중괄호 안에 있는 서로 다른 항의 개수가 된다. 이 기호가 편리한 이유는 회전할 때 플러스 부호에 전부 같은 회전 인자가 따라오므로 이 인자가 다 해서 r번 곱해지기 때문이다. 마찬가지로 s개의 마이너스 부호에 대한 회전 인자는 s번 곱해진다. 이는 플러스와 마이너스가 어떤 순서로 배열되어 있는가와는 전혀 관계가 없다.

　주어진 계를 y축을 중심으로 θ만큼 돌린다고 해 보자. 즉 $R_y(\theta)|{}^r_s\rangle$를 계산해 보자. $R_y(\theta)$를 $|+\rangle$에 연산할 때마다

$$R_y(\theta)|+\rangle = |+\rangle C + |-\rangle S \qquad (18.64)$$

($C = \cos(\theta/2)$, $S = -\sin(\theta/2)$)가 되고 $|-\rangle$에 하면

$$R_y(\theta)|-\rangle = |-\rangle C - |+\rangle S$$

가 된다. 따라서

$$R_y(\theta)\begin{vmatrix} r \\ s \end{vmatrix} = \left[\frac{(r+s)!}{r!s!}\right]^{1/2} R_y(\theta)\{\,|+\rangle^r\,|-\rangle^s\}_{\text{perm}}$$

$$= \left[\frac{(r+s)!}{r!s!}\right]^{1/2} \{(R_y(\theta)\,|+\rangle)^r (R_y(\theta)\,|-\rangle)^s\}_{\text{perm}}$$

$$= \left[\frac{(r+s)!}{r!s!}\right]^{1/2} \{(\,|+\rangle\,C + |-\rangle\,S)^r(\,|-\rangle\,C - |+\rangle\,S)^s\}_{\text{perm}}$$

$$(18.65)$$

가 된다. 그다음으로 각각의 거듭제곱을 이항 전개(binomial expansion)하고 곱한다. 그러면 $|+\rangle$의 지수가 0에서부터 $r+s=2j$까지 변하는 항들이 하나씩 나올 것이다. $|+\rangle$의 지수가 r'인 항을 보자. 이들은 반드시 $|-\rangle$의 지수가 $s'=2j-r'$인 항과 묶인다. 이 항들을 다 모으자. 각 경우마다 이항 전개에 따른 계수 및 C와 S를 포함하는 계수들을 곱해야 한다. 이를 $A_{r'}$이라 하자. 그러면 식 (18.65)는

$$R_y(\theta)\begin{vmatrix} r \\ s \end{vmatrix} = \sum_{r=0}^{r+s} \{A_{r'}\,|+\rangle^{r'}\,|-\rangle^{s'}\}_{\text{perm}} \qquad (18.66)$$

처럼 보인다. $A_{r'}$을 $[(r'+s')!/r'!s'!]^{1/2}$로 나눈 항을 $B_{r'}$이라 하자. 그러면 식 (18.66)은

$$R_y(\theta)\begin{vmatrix} r \\ s \end{vmatrix} = \sum_{r=0}^{r+s} B_{r'}\left[\frac{(r'+s')!}{r'!s'!}\right]^{1/2} \{\,|+\rangle^{r'}\,|-\rangle^{s'}\}_{\text{perm}} \qquad (18.67)$$

과 같다. (혹은 (18.67)이 (18.65)와 같으므로 이 식을 $B_{r'}$의 정의라고 보아도 되겠다.)

식 (18.67)에서 $B_{r'}$을 제외한 나머지는 $\begin{vmatrix} r' \\ s' \end{vmatrix}$이 되므로 $s'=r+s-r'$에 대해

$$R_y(\theta)\begin{vmatrix} r \\ s \end{vmatrix} = \sum_{r=0}^{r+s} B_{r'}\begin{vmatrix} r' \\ s' \end{vmatrix} \qquad (18.68)$$

이 되는 것이다. 이는 물론 $B_{r'}$이 우리가 구하려는 행렬 원소가 된다는 뜻이다. 즉

$$\left\langle \begin{matrix} r' \\ s' \end{matrix} \right| R_y(\theta) \left| \begin{matrix} r \\ s \end{matrix} \right\rangle = B_{r'} \qquad (18.69)$$

이다.

계산을 끝까지 계속하여 $B_{r'}$을 구해 보자. $r'+s'=r+s$임을 염두에 두고 (18.67)과 (18.65)를 비교해 보면 $B_{r'}$이

$$\left(\frac{r'!s'!}{r!s!}\right)^{1/2}(aC+bS)^r(bC-aS)^s \qquad (18.70)$$

식에서의 $a^r b^s$의 계수가 됨을 알 수 있다. 이를 이항 정리를 써서 전개하고 각 항을 a와 b의 차수에 따라 분류하는 지저분한 계산만 하면 된다. 다 해 보면 (18.70)에서 $a^r b^s$의 계수가

$$\left[\frac{r'!s'!}{r!s!}\right]^{1/2} \sum_k (-1)^k S^{r-r'+2k} C^{s+r'-2k} \cdot \frac{r!}{(r-r'+k)!(r'-k)!} \cdot \frac{s!}{(s-k)!k!}$$

$$(18.71)$$

이 된다. 이때 계승 안이 전부 0 이상이 되게 하는 정수 k 전체에 대해 합해야 한다. 그러면 이 식이 구하는 행렬 원소가 된다.

마지막으로

$$r = j + m, \qquad r' = j + m', \qquad s = j - m, \qquad s' = j - m'$$

을 쓰면 j, m, m'으로 표시한 원래의 식으로 돌아가게 된다. 식 (18.71)에 이들을 대입하면 18-4절의 식 (18.35)가 나온다.

추가 설명 2 : 광자 방출 시의 패리티 보존

본 장의 첫 번째 절에서 스핀이 1인 들뜬 상태에서 스핀이 0인 바닥 상태로 가는 원자에 의한 광자의 방출에 대해서 생각해 보았다. 들뜬 상태의 스핀이 위쪽인 경우($m = +1$), 이 원자는 RHC 광자를 $+z$방향으로 방출하거나 LHC 광자를 $-z$방향으로 방출할 수 있다. 광자의 이 두 가지 상태를 $|R_{\text{up}}\rangle$과 $|L_{\text{dn}}\rangle$이라고 이름 붙이자. 둘 다 패리티를 정할 수 없는 상태이다. 즉 $\hat{P}$를 패리티 연산자라고 하면 $\hat{P}|R_{\text{up}}\rangle = |L_{\text{dn}}\rangle$이고 $\hat{P}|L_{\text{dn}}\rangle = |R_{\text{up}}\rangle$이다.

그럼 전에 배운, 에너지가 정해진 상태의 원자는 패리티도 정해진다는 사실은 어찌 되는 걸까? 또 원자 반응에서 패리티가 보존된다는 사실은 어찌 되는 걸까? 이 문제에서 최종 상태(광자를 방출한 후의 상태)가 패리티를 가져야 하는 거 아닌가? 맞다. 다만 최종 상태가 모든 방향으로 광자가 방출될 확률 진폭을 전부 포함하도록 완전하게 나타내는 경우에만 가능하다. 1절에서는 그중 일부만 본 것이다.

최종 상태로 패리티가 정해진 상태만을 고려할 수도 있다. 예를 들어 RHC 광자를 $+z$방향으로 방출할 확률 진폭이 α이고 LHC 광자를 $-z$방향으로 방출할 확률 진폭은 β인 최종 상태 $|\psi_F\rangle$를 생각하자. 즉

$$|\psi_F\rangle = \alpha|R_{\text{up}}\rangle + \beta|L_{\text{dn}}\rangle \tag{18.72}$$

으로 쓰고 이 상태에 패리티 연산을 해 보면

$$\hat{P}|\psi_F\rangle = \alpha|L_{\text{dn}}\rangle + \beta|R_{\text{up}}\rangle \tag{18.73}$$

이 된다. 이 상태는 $\beta = \alpha$이면 $+|\psi_F\rangle$이고 $\beta = -\alpha$이면 $-|\psi_F\rangle$이다. 따라서 패리티가 짝인 최종 상태는

$$|\psi_F^+\rangle = \alpha\{|R_{\text{up}}\rangle + |L_{\text{dn}}\rangle\} \tag{18.74}$$

이고 홀인 최종 상태는

$$|\psi_F^-\rangle = \alpha\{|R_{\text{up}}\rangle - |L_{\text{dn}}\rangle\} \tag{18.75}$$

이 된다.

다음으로 패리티가 홀인 들뜬 상태에서 짝인 바닥 상태로의 붕괴를 보자. 패리티가 보존되려면 광자의 최종 상태의 패리티가 홀이어야 하므로 (18.75)의 상태가 된다. 즉 $|R_{up}\rangle$을 발견할 확률 진폭이 α이면 $|L_{dn}\rangle$을 발견할 확률 진폭은 $-\alpha$가 된다.

이번에는 y축을 중심으로 180° 회전했을 때 무슨 일이 일어나는지 살펴보자. 들뜬 초기 상태는 $m = -1$인 상태가 될 것이다. (부호 변화는 없는데, 표 17-2를 따른 것이다.) 또한 최종 상태를 회전하면

$$R_y(180°)|\psi_F^-\rangle = \alpha\{|R_{dn}\rangle - |L_{up}\rangle\} \tag{18.76}$$

이 된다. 이 식을 (18.75)와 비교해 보면 $m = -1$인 초기 상태로부터 $+z$방향으로 가는 LHC 광자를 얻을 확률 진폭은 $m = +1$인 초기 상태로부터 RHC 광자를 얻을 확률 진폭과 부호만 반대인 값이 된다. 이는 1절에서의 결과와 같다.

CHAPTER 19
수소 원자와 주기율표

19-1 수소 원자에 대한 슈뢰딩거 방정식

양자역학 역사에 있어서 가장 극적이었던 순간은 몇몇 간단한 원자들이 나타내는 스펙트럼 및 화학 원소의 표에서 나타나는 주기성을 상세히 이해하게 되었을 때였다. 이번 장에서 드디어 이 귀중한 발견에 이르게 되는데, 특히 수소 원자의 스펙트럼을 이해하는 것이 주 목표이다. 동시에 화학 원소들의 신비로운 성질들을 말로 풀어 설명할 것이다. 이를 위해 수소 원자 안의 전자의 행동을 상세히 관찰할 텐데, 16장에서 배운 개념들을 써서 처음으로 공간상의 분포를 정확히 계산해 보이겠다.

수소 원자를 완전히 풀려면 양성자와 전자의 운동 모두를 기술해야 한다. 고전역학에서 각 입자의 운동을 무게중심에 대한 상대적인 운동으로 나타내는 것과 비슷한 방법을 쓰면 양자역학에서도 그것이 가능하지만, 그렇게 하지 않고 양성자가 매우 무거워서 근사적으로 원자의 정중앙에 고정되어 있다고 가정하겠다.

또한 전자에는 스핀이 있으며 상대론적인(relativistic) 역학 법칙을 써야만 한다는 점도 잊도록 하겠다. 여기서는 자기 효과를 무시한 비상대론적인 슈뢰딩거 방정식을 쓸 예정이므로 최종적으로는 결과를 약간 수정해야 할 것이다. 자기장이 있으면 스핀이 위쪽일 때와 아래쪽일 때의 에너지가 달라진다. 따라서 원자의 실제 에너지가 우리의 계산 결과와는 어긋나겠지만 이 작은 차이를 무시하도록 하자. 또한 전자를 자이로스코프(gyroscope)처럼 방향을 일정하게 유지하며 공간상에서 회전하는 대상이라고 상상하자. 자유 원자의 경우만 고려할 것이므로 각운동량이 보존될 것이다. 근사적으로 전자의 스핀 각운동량이 일정하다고 가정할 것이므로 보통 궤도 각운동량(orbital angular momentum)이라고 부르는 원자의 나머지 각운동량 또한 보존될 것이다. 실은 전자가 수소 원자 내에서 스핀이 없는 입자처럼 움직이고, 그렇기 때문에 각운동량이 일정하다고 보아도 거의 문제가 안 된다.

근사에 대한 이 같은 전제 조건 하에서 전자를 여러 다른 위치에서 발견할 확률 진폭은 공간상의 위치 및 시간의 함수로 나타낼 수 있다. 전자를 시간이 t일 때 어딘가에서 찾을 확률 진폭을 $\psi(x, y, z, t)$라고 하자. 양자역학의 법칙에 의하면 이 확률 진폭의 시간 변화율은 해당 함수에 해밀토니안을 연산한 것과 같다. 16장의 결과로부터

$$i\hbar \frac{\partial \psi}{\partial t} = \hat{\mathcal{H}} \psi \tag{19.1}$$

이고

$$\hat{\mathcal{H}} = -\frac{\hbar^2}{2m} \nabla^2 + V(\boldsymbol{r}) \tag{19.2}$$

이다. 여기서 m은 전자의 질량이고 $V(\boldsymbol{r})$은 양성자가 만드는 전기장 하에서의 전자의 퍼텐셜 에너지이다. 양성자로부터의 거리가 무한대인 점을 $V = 0$으로 정하면

$$V = -\frac{e^2}{r}$$

으로 쓸 수 있다.* 그러면 파동함수 ψ는 다음 식을 만족해야 한다.

$$i\hbar \frac{\partial \psi}{\partial t} = -\frac{\hbar^2}{2m} \nabla^2 \psi - \frac{e^2}{r} \psi \tag{19.3}$$

우리는 에너지가 정해진 상태에 관심이 있으므로

$$\psi(\boldsymbol{r},\ t) = e^{-(i/\hbar)Et} \psi(\boldsymbol{r}) \tag{19.4}$$

꼴의 해를 찾도록 하자. 그러면 함수 $\psi(r)$은

$$-\frac{\hbar^2}{2m} \nabla^2 \psi = \left(E + \frac{e^2}{r} \right) \psi \tag{19.5}$$

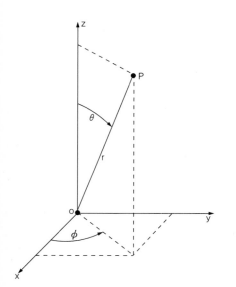

그림 19-1 점 P에 대한 구면 극좌표 r, θ, ϕ

의 해여야만 하는데, 이때 E는 원자의 에너지에 해당하는 어떤 상수이다.

퍼텐셜 에너지 항이 반지름에 따라서만 변하는 함수이므로 이 방정식은 직교 좌표계보다 극 좌표계에서 푸는 편이 쉽다. 직교 좌표계에서는 라플라시안이

$$\nabla^2 = \frac{\partial^2}{\partial x^2} + \frac{\partial^2}{\partial y^2} + \frac{\partial^2}{\partial z^2}$$

으로 정의된다. 이를 그림 19-1에서의 좌표 r, θ, ϕ를 써서 표시해 보자. 이 좌표들과 x, y, z 좌표 간의 관계식은 다음과 같다.

$$x = r \sin\theta \cos\phi\ ; \quad y = r \sin\theta \sin\phi\ ; \quad z = r \cos\theta$$

중간 계산은 상당히 지루하고 또 지저분한데, 다 해 보면 다음처럼 됨을 보일 수 있다.

$$\nabla^2 f(r,\ \theta,\ \phi) = \frac{1}{r} \frac{\partial^2}{\partial r^2} (rf) + \frac{1}{r^2} \left\{ \frac{1}{\sin\theta} \frac{\partial}{\partial \theta} \left(\sin\theta \frac{\partial f}{\partial \theta} \right) + \frac{1}{\sin^2\theta} \frac{\partial^2 f}{\partial \phi^2} \right\} \tag{19.6}$$

따라서 극 좌표계에서 $\psi(r,\ \theta,\ \phi)$가 만족해야 하는 식은 다음과 같다.

$$\frac{1}{r} \frac{\partial^2}{\partial r^2} (r\psi) + \frac{1}{r^2} \left\{ \frac{1}{\sin\theta} \frac{\partial}{\partial \theta} \left(\sin\theta \frac{\partial \psi}{\partial \theta} \right) + \frac{1}{\sin^2\theta} \frac{\partial^2 \psi}{\partial \phi^2} \right\} = -\frac{2m}{\hbar^2} \left(E + \frac{e^2}{r} \right) \psi \tag{19.7}$$

---

* 언제나처럼 $e^2 = q_e^2/4\pi\epsilon_0$이다.

19-2 구형 대칭인 해

어마어마하게 복잡해 보이는 식 (19.7)을 만족하는 간단한 해를 몇 개 찾아보자. 보통은 파동함수 ψ가 반지름 r뿐만 아니라 θ와 ϕ의 함수이기도 한데, ψ가 각도와는 관계없는 특별한 경우가 있는지 보자. 각도에 따라 변하지 않는 파동함수라면 좌표계를 어떻게 돌려도 파동함수가 전혀 달라지지 않을 것이다. 즉 어느 축을 기준으로 재더라도 각운동량이 항상 0이 된다는 말이다. 그런 ψ는 분명히 총 각운동량이 0인 상태일 것이다(실은 궤도 각운동량만이 0이 되고 전자의 스핀에 의한 각운동량은 여전히 있지만 후자를 무시하는 것이다). 궤도 각운동량이 0인 상태에는 특별한 이름이 붙어 있다. s-상태(s-state)라고 부르는데, 구형 대칭(spherically symmetric)의 s를 딴 것이라고 기억하면 되겠다.*

ψ가 각도에 따라 변하지 않는다면 라플라시안의 첫 번째 항만 남아서 식 (19.7)이 다음과 같이 훨씬 간단해진다.

$$\frac{1}{r}\frac{d^2}{dr^2}(r\psi) = -\frac{2m}{\hbar^2}\left(E + \frac{e^2}{r}\right)\psi \tag{19.8}$$

이 식을 풀기 전에, 먼저 축척을 바꿔 e^2, m, $\hbar$ 등의 상수를 없애자. 그러면 식이 훨씬 간결해진다. 즉

$$r = \frac{\hbar^2}{me^2}\,\rho \tag{19.9}$$

와

$$E = \frac{me^4}{2\hbar^2}\epsilon \tag{19.10}$$

으로 치환하면 식 (19.8)이 (ρ를 곱하고 나면)

$$\frac{d^2(\rho\psi)}{d\rho^2} = -\left(\epsilon + \frac{2}{\rho}\right)\rho\psi \tag{19.11}$$

가 된다. 축척을 바꾼다는 뜻은 거리 r과 에너지 E를 자연계의 원자 단위(natural atomic units)를 써서 나타내겠다는 것이다. 즉 거리를 크기가 약 0.528 옹스트롬인 보어 반경(Bohr radius) $r_B = \hbar^2/me^2$을 써서 $\rho = r/r_B$로 나타내고 마찬가지로 에너지는 리드베리(Rydberg)라고 부르는 약 13.6 전자볼트의 값 $E_R = me^4/2\hbar^2$을 단위로 하여 $\epsilon = E/E_R$로 나타낸 것이다.

$\rho\psi$가 양변에 다 있으므로 ψ 단독으로 보다는 $\rho\psi$로 한꺼번에 갖고 다니는 편이 편리하다. 이를 위해

$$\rho\psi = f \tag{19.12}$$

로 쓰면 식 (19.11)이 다음과 같이 더욱 간단해진다.

---

* 이 특별한 이름은 원자 물리에서 공통으로 쓰는 어휘들 중 하나이니 그냥 익히기 바란다. 이 장 뒤쪽에 짧은 사전을 하나 만들어 정리해 둘 텐데, 그럼 좀 도움이 될 것이다.

$$\frac{d^2f}{d\rho^2} = -\left(\epsilon + \frac{2}{\rho}\right)f \tag{19.13}$$

이제 식 (19.13)을 만족하는 함수 f를 찾아보자. 즉 미분 방정식을 풀겠다. 안타깝게도 어떤 미분 방정식도 다 풀어낼 수 있는 일반적인 방법은 없기 때문에 매번 일일이 풀어야 한다. 지금 풀어야 할 방정식은 간단치가 않은데, 다음과 같이 하면 풀 수 있음을 사람들이 알아냈다. 우선 ρ의 함수인 f를 다음과 같이 두 함수의 곱으로 바꾼다.

$$f(\rho) = e^{-\alpha\rho}g(\rho) \tag{19.14}$$

즉 $f(\rho)$를 인수분해하여 $e^{-\alpha\rho}$항을 앞으로 뺀 것이다. 이 같은 작업은 어떤 함수 $f(\rho)$에 대해서도 할 수 있다. 그러면 $g(\rho)$를 구하는 문제가 남는다.

(19.14)를 (19.13)에 집어넣으면 g에 관한 방정식

$$\frac{d^2g}{d\rho^2} - 2\alpha\frac{dg}{d\rho} + \left(\frac{2}{\rho} + \epsilon + \alpha^2\right)g = 0 \tag{19.15}$$

이 나온다. α는 아무렇게나 골라도 되므로

$$\alpha^2 = -\epsilon \tag{19.16}$$

로 하면

$$\frac{d^2g}{d\rho^2} - 2\alpha\frac{dg}{d\rho} + \frac{2}{\rho}\,g = 0 \tag{19.17}$$

이 된다.

식 (19.13)에 비해 별로 나아진 게 없다고 생각할지 모르지만 이 식은 ρ의 멱급수(power series)를 쓰면 쉽게 풀 수 있다. (물론 (19.13)도 같은 방법으로 풀 수 있지만 훨씬 어렵다.) 즉 $g(\rho)$를 계수가 a_k로 상수인 급수

$$g(\rho) = \sum_{k=1}^{\infty} a_k\,\rho^k \tag{19.18}$$

로 쓰면 식 (19.17)을 풀 수 있다는 말이다. 계수 a_k만 구하면 방정식을 푸는 셈이다. 위의 꼴이 정말로 해가 될 수 있는지 보자. $g(\rho)$를 한 번 미분하면

$$\frac{dg}{d\rho} = \sum_{k=1}^{\infty} a_k\,k\rho^{k-1}$$

이고 한 번 더 미분하면

$$\frac{d^2g}{d\rho^2} = \sum_{k=1}^{\infty} a_k\,k(k-1)\rho^{k-2}$$

이다. 이를 (19.17)에 대입하면

$$\sum_{k=1}^{\infty} k(k-1)a_k\,\rho^{k-2} - \sum_{k=1}^{\infty} 2\alpha\,ka_k\rho^{k-1} + \sum_{k=1}^{\infty} 2a_k\,\rho^{k-1} = 0 \tag{19.19}$$

이 된다. 잘 하는 건지는 확실치 않지만 일단 계속 가 보자. 첫 번째 합 기호를 약간 고치면 훨씬 나아진다. 첫 항은 어차피 0이므로 각각의 k를 $k + 1$로 바꿔도 된다. 즉 첫 번째의 합을

$$\sum_{k=1}^{\infty} (k + 1)k a_{k+1} \rho^{k-1}$$

로 써도 무방하다. 이들을 다시 합치면 다음과 같다.

$$\sum_{k=1}^{\infty} \left[(k + 1)k a_{k+1} - 2\alpha k a_k + 2a_k \right] \rho^{k-1} = 0 \qquad (19.20)$$

좌변의 멱급수는 어떤 ρ값에 대해서도 0이어야 한다. 그러려면 ρ의 거듭제곱 앞에 있는 계수들이 전부 0이어야 한다. 즉 1 이상인 모든 k에 대해

$$(k + 1)k a_{k+1} - 2(\alpha k - 1)a_k = 0 \qquad (19.21)$$

이 성립하는 a_k들을 찾을 수만 있다면 수소 원자에 대한 해를 구한 것이 된다. 이 정도는 충분히 쉽게 할 수 있다. 아무 a_1이나 고르자. 그리고 나서

$$a_{k+1} = \frac{2(\alpha k - 1)}{(k + 1)k} a_k \qquad (19.22)$$

를 써서 다른 계수들도 다 계산하자. 이렇게 하면 a_2, a_3, a_4 등을 모두 구할 수 있으며 인접한 계수들끼리는 분명히 (19.21)을 만족할 것이다. (19.17)을 만족하는 급수 $g(\rho)$를 얻은 것이다. 이를 이용하여 슈뢰딩거 방정식의 해 ψ도 만들어 낼 수 있다. 여기서 각각의 해는 애초에 가정한 에너지(α를 써서 정한)에 좌우되긴 하지만, 각각의 ϵ값에 대해 대응하는 급수가 하나씩 있다는 점은 잘 봐 두자.

해를 구하긴 했는데 물리적으로는 무엇을 뜻할까? 양성자로부터 아주 멀리 떨어진 곳에서, 즉 ρ가 매우 큰 경우 무슨 일이 일어나는지를 보면 힌트를 얻을 수 있다. 그 위치에서는 차수가 높은 항들이 특히 중요해지므로, k가 큰 항들이 어떻게 되는지 보자. $k \gg 1$이면 식 (19.22)는

$$a_{k+1} = \frac{2\alpha}{k} a_k$$

가 되고 따라서

$$a_{k+1} \approx \frac{(2\alpha)^k}{k!} \qquad (19.23)$$

가 된다. 이는 $e^{+2\alpha\rho}$를 급수로 전개했을 때의 계수이다. g는 급격히 증가하는 지수함수이다. 식 (19.14)에서처럼 $e^{-\alpha\rho}$와 곱해도 $f(\rho)$는 여전히 $e^{\alpha\rho}$의 꼴이다. 이는 수학적인 해일 뿐 물리적인 해는 아니다. 이대로라면 전자를 양성자 근처에서 발견할 확률이 가장 낮고 양성자에서 멀어질수록 확률이 커지기 때문이다. 구속된 전자의 파동함수라면 ρ가 커짐에 따라 0으로 수렴해야만 한다.

이 문제를 해결할 방법이 있는지 생각해 봐야 할 텐데, 있긴 있다. 잘 살펴 보라! 어쩌다 운 좋게 α가 어떤 양의 정수 n의 역수인 $1/n$과 같다면 식 (19.22)에서 $a_{n+1} = 0$이 되고 그 이후의 항은 전부 0이 된다. 따라서 무한급수 대신

유한한 급수가 나온다. 어떤 다항식도 $e^{\alpha\rho}$보다 느리게 증가하므로 $e^{-\alpha\rho}$가 결국엔 다항식을 이기게 되고 따라서 함수 f는 ρ가 커지면 0으로 접근한다. 구속상태의 해로 가능한 것들은 $n = 1, 2, 3, 4$ 등에 대해 $\alpha = 1/n$인 경우뿐이다.

식 (19.16)으로 돌아가 보면 구형 대칭인 파동 방정식에 대한 구속 상태 해는

$$-\epsilon = 1, \frac{1}{4}, \frac{1}{9}, \frac{1}{16}, \cdots, \frac{1}{n^2}, \cdots$$

등일 때에만 존재한다. 따라서 가능한 에너지 값들은 리드베리, 즉 $E_R = me^4/2\hbar^2$에 이들 분수를 곱한 값들뿐이다. 혹은 n번째 에너지 준위의 에너지가

$$E_n = -E_R \frac{1}{n^2} \tag{19.24}$$

이 되는 것이다. 에너지가 음이지만 신기할 건 하나도 없다. 에너지가 음수인 이유는 $V = -e^2/r$으로 쓸 때 에너지의 영점을 전자가 양성자로부터 매우 멀리 떨어져 있는 곳으로 잡았기 때문이다. 전자가 양성자에 가까울수록 에너지가 낮을 것이므로 결국은 0보다 작은 어떤 값이 될 것이다. $n = 1$일 때 에너지가 가장 낮고(절대값이 가장 큰 음수) n이 커질수록 증가하여 0에 가까워진다.

양자역학을 발견하기 이전에도 수소의 스펙트럼이 식 (19.24)와 같고 E_R은 13.6전자볼트가 됨을 실험적으로 알고 있었다. 같은 결론이 나오는 모델을 보어가 제안한 적이 있긴 하지만, 전자의 운동을 설명하는 근본적인 방정식으로부터 이 결과를 유도하였다는 점은 슈뢰딩거 이론의 첫 번째 위대한 업적이었다.

첫 원자에 관해서 방정식을 풀었으니 이제 이 해의 본질을 살펴보자. 지금까지의 결과를 다 모으면 각각의 해는

$$\psi_n = \frac{f_n(\rho)}{\rho} = \frac{e^{-\rho/n}}{\rho} g_n(\rho) \tag{19.25}$$

가 되는데, 여기서

$$g_n(\rho) = \sum_{k=1}^{n} a_k \rho^k \tag{19.26}$$

이고

$$a_{k+1} = \frac{2(k/n - 1)}{(k+1)k} a_k \tag{19.27}$$

이다. 전자를 발견할 상대적인 확률에만 관심을 두기로 한다면 a_1으로 아무 값이나 골라도 된다. $a_1 = 1$이라고 해도 좋다. (보통은 파동함수가 규격화되도록 a_1을 고른다. 즉 전자를 발견할 총 확률 혹은 확률의 전체 공간에 대한 적분값이 1이 되도록 맞춘다. 지금은 그럴 필요는 없다.)

에너지가 가장 낮은 상태의 경우 $n = 1$이고

$$\psi_1(\rho) = e^{-\rho} \tag{19.28}$$

이다. 따라서 바닥 상태(에너지가 가장 낮은 상태)인 수소 원자의 경우 전자를 발견할 확률 진폭은 양성자로부터의 거리에 따라 지수함수 꼴로 감소한다. 양성

자가 있는 바로 그곳에서 발견될 가능성이 가장 높으며, 퍼져 있는 정도를 나타내는 특성 길이(characteristic length)는 대략 ρ의 한 단위 혹은 보어 반지름 r_B 정도가 된다.

$n = 2$를 넣으면 그다음으로 높은 에너지 준위가 나온다. 이 상태에 대한 파동 방정식에는 항이 둘 있다. 즉

$$\psi_2(\rho) = \left(1 - \frac{\rho}{2}\right)e^{-\rho/2} \qquad (19.29)$$

이고 그다음으로 에너지가 높은 상태는

$$\psi_3(\rho) = \left(1 - \frac{2\rho}{3} + \frac{2}{27}\rho^2\right)e^{-\rho/3} \qquad (19.30)$$

이다. 위의 첫 세 가지 파동함수를 그림 19-2에 그래프로 나타내었다. 일반적인 경향을 알아볼 수 있을 것이다. 셋 다 ρ가 증가함에 따라 한두 번 진동한 후 0으로 가까워진다. 실은 올록볼록한 횟수가 정확히 n과 같다. 혹은 ψ_n은 가로축과 $n - 1$회 만난다.

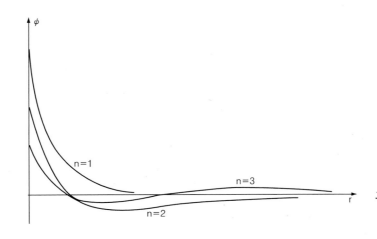

그림 19-2 수소 원자의 $l = 0$인 첫 세 상태에 대한 파동함수(총 확률이 같도록 축을 잡았다)

19-3 각분포가 있는 상태

앞서 본 $\psi_n(r)$에서는 전자를 발견할 확률 진폭이 구형 대칭이어서 양성자로부터의 거리 r에 따라서만 변했다. 그러한 상태의 각운동량은 0이다. 이번에는 각분포가 그와는 다른 상태들을 살펴보자.

물론 미분 방정식 (19.7)을 만족하는 r, θ, ϕ의 함수를 수학적으로 찾은 다음에 r이 크면 0으로 접근해야 한다는 물리적인 조건을 부과하여 해를 구해도 된다. 많은 책에서 이 방법을 쓰고 있다. 우리는 확률 진폭이 각도에 따라 변하는 방식을 이용하여 지름길로 가고자 한다.

어떤 특정한 상태의 수소 원자는 총 스핀 혹은 총 각운동량을 나타내는 양자수 j가 정해져 있는 입자이다. 그중 일부는 전자 고유의 스핀에서, 또 다른 일부는 전자의 운동에서 비롯된다. 이 두 성분이 (근사적인 의미에서) 독립적이므

로 이번에도 스핀 성분은 무시하고 궤도 성분만 생각하자. 하지만 궤도 운동도 스핀과 성질이 비슷하다. 가령 궤도 양자수가 l이면 z성분은 l, $l-1$, $l-2$, $\cdots$, $-l$이 될 수 있다. (물론 단위는 $\hbar$이다.) 또한 회전 행렬 및 기타 특성도 모두 비슷하다. (이제부터는 진짜로 전자의 스핀을 무시하겠다. 앞으로는 각운동량이라고 하면 궤도 부분만을 가리킨다.)

전자가 움직이는 퍼텐셜 V가 r만의 함수이고 θ나 ϕ와는 무관하므로 해밀토니안은 모든 회전에 대해 대칭이다. 그러면 각운동량 및 그의 성분이 전부 보존된다. (더 일반적으로는 r만의 함수인 중심 장(central field)에서 항상 성립한다. 즉 쿨롱 퍼텐셜 e^2/r만이 갖는 특징이 아니다.)

이제 전자의 가능한 상태들을 찾아보자. 내부의 각분포는 양자수 l에 의해 결정된다. z축을 기준으로 한 총 각운동량의 방향에 따라 각운동량의 z성분 m은 $+l$과 $-l$ 사이의 $2l+1$가지 중 하나일 것이다. $m=1$이라고 해 보자. z축을 따라 거리 r만큼 떨어진 곳에서 전자를 발견할 확률 진폭은 얼마일까? 0이다. z축 위에 놓인 전자는 그 축을 중심으로 한 궤도 각운동량을 가질 수 없기 때문이다. 반면 $m=0$인 전자는 z축을 따라 양성자로부터의 거리가 얼마인 곳에서도 발견할 확률이 분명히 있다. 이 확률 진폭을 $F_l(r)$이라고 하자. 이는 원자가 $|\,l, 0\rangle$인 상태에 있을 때, 즉 궤도 스핀이 l이고 그의 z성분이 $m=0$일 때 전자를 z축 위의 거리가 r인 곳에서 발견할 확률 진폭이다.

$F_l(r)$만 알면 모든 것을 다 알 수 있다. 임의의 상태 $|\,l, m\rangle$에 있는 전자를 원자의 어디에선가 발견할 확률 진폭 $\psi_{l,m}(\mathbf{r})$을 한번 구해 보자. 어떻게 구할까? 이렇게 하면 된다. 원자가 $|\,l, m\rangle$인 상태에 있다면 전자를 원점으로부터의 거리가 r이며 각도 θ와 ϕ로 정의되는 지점에서 발견할 확률 진폭은 얼마인가? 그림 19-3처럼 원점에서 그 지점을 향하는 z축을 하나 새로 정의하여 z'이라고 하자. 새 z'축을 따라 거리가 r인 곳에서 전자를 발견할 확률 진폭은 얼마가 되는가? 각운동량의 z'성분, 즉 m'이 0이 아니면 z'축에서 발견할 수가 없다. 그런데 m'이 0이면 z'축에서 발견할 확률은 $F_l(r)$이다. 그러므로 구하는 확률 진폭은 다음 두 항의 곱이 된다. 첫 번째 항은 z축을 기준으로 $|\,l, m\rangle$인 상태가 z'축에 대해서 $|\,l, m'=0\rangle$이 될 확률 진폭이다. 여기에 $F_l(r)$을 곱하면 전자를 원래 축을 기준으로 (r, θ, ϕ)인 위치에서 발견할 확률 진폭 $\psi_{l,m}(\mathbf{r})$을 얻을 수 있다.

식으로 써 보자. 회전 변환에 대한 행렬은 전에 이미 구해 놓았다. 그림 19-3에서와 같이 x, y, z축에서 x', y', z'축으로 가려면, 먼저 z축을 중심으로 각 ϕ만큼 회전한 후 새 y축(y')을 중심으로 각 θ만큼 돌려야 한다. 이 합성 회전변환을 식으로 쓰면

$$R_y(\theta)R_z(\phi)$$

이다. 회전 후 $|\,l, m'=0\rangle$인 상태가 될 확률 진폭은

$$\langle l, 0\,|\,R_y(\theta)R_z(\phi)\,|\,l, m\rangle \tag{19.31}$$

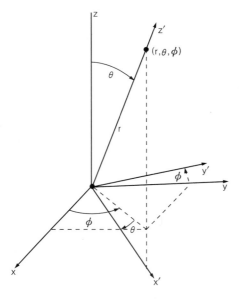

그림 19-3 점 (r, θ, ϕ)가 $x'y'z'$좌표계의 z'축 위에 있다.

이다. 그러면 구하는 확률 진폭은 다음과 같다.

$$\psi_{l,m}(\boldsymbol{r}) = \langle l,\, 0 \mid R_y(\theta) R_z(\phi) \mid l,\, m \rangle F_l(r) \qquad (19.32)$$

궤도 운동에 대한 l은 정수 값만을 가질 수 있다. (전자가 $r \neq 0$인 곳에 존재할 수 있다면 그 방향으로 $m = 0$일 확률이 있게 마련인데 $m = 0$은 l이 정수인 경우에만 가능하기 때문이다.) $l = 1$에 대한 회전 행렬은 표 17-2에 있고 그보다 큰 l값에 대해서는 18장에서 배운 일반적인 공식을 쓰면 된다. $R_z(\phi)$와 $R_y(\theta)$는 따로 있지만 이들을 어떻게 결합해야 하는지는 이미 잘 알고 있다. 상태 $\mid l,\, m \rangle$으로 시작해서 $R_z(\phi)$ 연산을 하면 새 상태 $R_z(\phi) \mid l,\, m \rangle$이 된다. (물론 $e^{im\phi} \mid l,\, m \rangle$이다.) 여기에 $R_y(\theta)$ 연산을 해 주면 $R_y(\theta) R_z(\phi) \mid l,\, m \rangle$이 되고 다시 $\langle l,\, 0 \mid$을 곱하면 (19.31)의 행렬 원소가 나온다.

회전 연산을 나타내는 행렬 원소는 θ와 ϕ에 대한 함수이다. (19.31)의 함수들은 기하학적으로 구형인 구조를 갖는 파동 문제에 자주 등장하기 때문에 특별한 이름이 붙어 있다. 사람들이 다 같은 규칙을 쓰지는 않지만 가장 많이 쓰는 방식은 다음과 같다.

$$\langle l,\, 0 \mid R_y(\theta) R_z(\phi) \mid l,\, m \rangle \equiv a Y_{l,m}(\theta,\, \phi) \qquad (19.33)$$

함수 $Y_{l,m}(\theta,\, \phi)$는 구면조화함수(spherical harmonics)라고 부르며 a는 $Y_{l,m}$의 정의에 따라 달라지는 상수이다. 주로 쓰는 정의를 따르자면

$$a = \sqrt{\frac{4\pi}{2l+1}} \qquad (19.34)$$

이다. 이 방법으로 쓰면 수소의 파동함수는

$$\psi_{l,m}(\boldsymbol{r}) = a Y_{l,m}(\theta,\, \phi) F_l(r) \qquad (19.35)$$

이 된다.

각분포의 함수 $Y_{l,m}(\theta,\, \phi)$는 양자역학에서뿐만 아니라 고전물리에서도 전자기학처럼 ∇^2 연산자가 나오는 경우 매우 중요하다. 양자역학에서 이들을 활용할 수 있는 또 다른 예로 Ne^{20}의 들뜬 상태가 다음과 같이 α-입자와 O^{16}으로 붕괴하는 과정을 살펴보자. (바로 앞 장에서 다뤘던 것과 같은 예이다.)

$$Ne^{20*} \rightarrow O^{16} + He^4$$

들뜬 상태의 스핀이 l(당연히 정수이다)이고 이 각운동량의 z성분이 m이라고 해 보자. 이런 질문을 할 수 있겠다. l과 m이 주어졌을 때, 그림 19-4처럼 α-입자가 z축과 이루는 각도는 θ이고 xz평면과는 ϕ의 각만큼 떨어진 방향으로 나올 확률 진폭이 얼마일까?

이 문제를 풀기 위해 우선 다음을 잘 관찰해 보자. 붕괴 후 α-입자가 z축을 따라 쭉 위로 가는 일은 $m = 0$인 경우에만 가능하다. O^{16}과 α-입자의 스핀이 0이고 이들의 운동에 의한 z축 방향 각운동량도 0이기 때문이다. 이 (단위 입체각당) 확률 진폭을 a라고 하자. 그림 19-4처럼 임의의 각도로 붕괴할 확률을 구

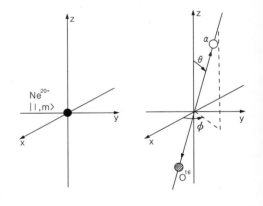

그림 19-4 Ne^{20}의 들뜬 상태의 붕괴

하기 위해서는 주어진 초기 상태의 각운동량이 붕괴 방향을 중심으로 0일 확률 진폭만 알면 된다. 그러면 θ와 ϕ방향으로 붕괴할 확률 진폭은 z축에 대하여 $|l, m\rangle$인 상태가 z'축, 즉 붕괴 방향을 기준으로 $|l, 0\rangle$인 상태가 될 확률 진폭에 a를 곱하면 된다. 이 확률 진폭은 바로 (19.31)이다. 따라서 α-입자를 θ와 ϕ의 방향에서 보게 될 확률은 다음과 같다.

$$P(\theta, \phi) = a^2 |\langle l, 0 | R_y(\theta)R_z(\phi) | l, m\rangle|^2$$

예를 들어 $l = 1$이고 m값은 다양하게 갖는 초기 상태를 보자. 필요한 확률 진폭은 표 17-2에 다 있다. 즉

$$\langle 1, 0 | R_y(\theta)R_z(\phi) | 1, +1\rangle = -\frac{1}{\sqrt{2}} \sin \theta e^{i\phi}$$

$$\langle 1, 0 | R_y(\theta)R_z(\phi) | 1, 0\rangle = \cos \theta \qquad (19.36)$$

$$\langle 1, 0 | R_y(\theta)R_z(\phi) | 1, -1\rangle = \frac{1}{\sqrt{2}} \sin \theta e^{-i\phi}$$

인데, 이들이 각분포의 확률 진폭으로 가능한 세 가지 경우이다. 물론 초기 상태의 m값에 따라 결과가 다르다.

(19.36)의 확률 진폭은 워낙 자주 나오고 또한 매우 중요하기 때문에 여러 가지 이름이 붙어 있다. 각분포의 확률 진폭이 위의 세 함수 중 어느 한 가지에 비례하거나 이들 간의 임의의 선형 조합인 경우 '계의 궤도 각운동량이 1이다'라고 한다. 또는 'Ne^{20*}이 p파의 α-입자를 방출한다', 혹은 'α-입자가 $l = 1$인 상태로 방출된다'고 한다. 같은 현상을 가리키는 방법이 워낙 여러 가지여서 아예 정리해서 사전을 만드는 게 좋겠다. 다른 물리학자들이 주고받는 이야기를 이해하려면 그들이 쓰는 언어를 기억하고 있어야 할 테니 말이다. 표 19-1에 궤도 각운동량에 대한 사전을 만들어 두었다.

궤도 각운동량이 0이면 좌표계를 돌려도 아무 변화가 없으며 각에 따른 변동이 없게 된다. 혹은 '각에 대한 변화는 (1 같은) 상수이다'라고 해도 될 것이다. 이는 s 상태라고 부르는데, 각분포만을 따질 경우 그런 상태는 한 가지 종류밖에 없다. 궤도 각운동량이 1이면 각에 의한 변화는 m에 따라 앞에서 나열한 셋 중의 한 가지가 될 수도 있고 혹은 이들의 선형 조합이 될 수도 있겠다. 이들은 p 상태라고 부르며 세 가지 종류가 있다. 궤도 각운동량이 2이면 다섯 가지 상태가 있다. 이들 간의 선형 조합은 어느 것이든 '$l = 2$' 또는 d파 확률 진폭이라고 부른다. 그럼 다음 문자가 뭐가 될지 금세 추측할 수 있을 것이다. s, p, d 다음에 뭐가 오던가? 음, 물론 알파벳 순서를 따라 f, g, h 등이 올 것이다. 각 글자들은 아무 뜻이 없다. (과거에는 원자의 광학 스펙트럼의 '첨(sharp)'선, '주(principal)'선, '확산(diffuse)'선 및 '근본(fundamental)'선 등을 뜻하던 시절도 있었다. 하지만 그건 그 선들이 어디에서 비롯되는지 몰랐을 때의 얘기이다. f 이후로는 특별한 이름이 없고 그저 g, h 등으로 계속 이어갈 뿐이다.)

표에 있는 각분포 함수에는 여러 가지 다른 이름이 붙어 있는데, 맨 앞의 상수값에 대한 규약을 약간씩 달리하여 정의하기도 한다. 보통은 $Y_{l,m}(\theta, \phi)$로 표

표 19-1 각운동량 사전 ($l = j =$ 정수)

각운동량 l	z 성분 m	확률 진폭의 각분포	이름	상태의 개수	궤도의 패리티
0	0	1	s	1	$+$
1	$\begin{cases} +1 \\ 0 \\ -1 \end{cases}$	$\begin{cases} -\dfrac{1}{\sqrt{2}} \sin\theta\, e^{i\phi} \\ \cos\theta \\ \dfrac{1}{\sqrt{2}} \sin\theta\, e^{-i\phi} \end{cases}$	p	3	$-$
2	$\begin{cases} +2 \\ +1 \\ 0 \\ -1 \\ -2 \end{cases}$	$\begin{cases} \dfrac{\sqrt{6}}{4} \sin^2\theta\, e^{2i\phi} \\ -\dfrac{\sqrt{6}}{2} \sin\theta\cos\theta\, e^{i\phi} \\ \dfrac{1}{2}(3\cos^2\theta - 1) \\ \dfrac{\sqrt{6}}{2} \sin\theta\cos\theta\, e^{-i\phi} \\ \dfrac{\sqrt{6}}{4} \sin^2\theta\, e^{-2i\phi} \end{cases}$	d	5	$+$
$\begin{matrix} 3 \\ 4 \\ 5 \\ \vdots \end{matrix}$		$\begin{aligned} &\langle l,\, 0 \mid R_y(\theta) R_z(\phi) \mid l,\, m \rangle \\ &= a\, Y_{l,m}(\theta,\, \phi) \\ &= P_l^m(\cos\theta)\, e^{im\phi} \end{aligned}$	$\begin{matrix} f \\ g \\ h \\ \vdots \end{matrix}$	$2l + 1$	$(-1)^l$

기 하고 구면조화함수라고 부른다. 혹은 $P_l^m(\cos\theta)e^{im\phi}$로도 쓰는데, 특히 $m = 0$인 경우에 간단히 $P_l(\cos\theta)$로 쓴다. 함수 $P_l(\cos\theta)$는 르장드르 다항식 (Legendre polynomial)이라 부르고 $P_l^m(\cos\theta)$는 연관 르장드르함수(associated Legendre function)라 부른다. 이들 함수에 관한 내용은 여러 책에 잘 나와 있다.

또한 여기서 l이 같은 함수들끼리는 패리티가 같다는 사실도 알아 두자. 즉 l이 홀수면 반전 시 부호가 바뀌고 짝수면 바뀌지 않는다. 이 둘을 한꺼번에 묶어서 궤도 각운동량이 l인 상태의 패리티가 $(-1)^l$이라고 쓸 수 있다.

지금까지 살펴본 것처럼 이들 각분포는 특정한 방식으로 붕괴하는 원자핵이나 다른 어떤 과정, 또는 수소 원자 안에서 전자를 발견할 확률 진폭 등의 분포를 나타낸다. 가령 어떤 전자가 p 상태 ($l = 1$)에 있으면 그것을 찾을 확률 진폭의 각분포가 다양하게 나타날 텐데, 전부 표 19-1에서 $l = 1$인 세 함수의 선형 조합이 된다. $\cos\theta$를 한번 보자. 재미있는 경우이다. $\cos\theta$라 함은 확률 진폭이 위쪽($\theta < \pi/2$)에서는 양수이고 아래쪽($\theta > \pi/2$)에서는 음수이며 θ가 90°일 때는 0이 된다는 뜻이다. 이 확률 진폭을 제곱하면 전자를 발견할 확률이 그림 19-5처럼 θ에 따라 변할 뿐 ϕ와는 무관함을 알 수 있다. 이런 각분포 때문에 분자 결합에서 $l = 1$인 상태에 있는 전자들이 다른 원자에 의해 끌리는 현상이 방향에 따라 달라지는 것이며, 이것이 바로 화학적 결합에서 원자가(valence)의 방향성이 나타나는 근본적인 이유이다.

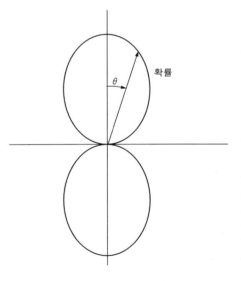

그림 19-5 $l = 1$이고 $m = 0$인 상태의 원자 안에 있는 전자를 z축으로부터 떨어진 여러 각도에서 (r이 정해졌을 때) 발견할 확률 $\cos^2\theta$의 극좌표 그래프

19-4 수소에 대한 일반 해

식 (19.35)에서 수소 원자에 대한 파동함수를

$$\psi_{l,m}(\mathbf{r}) = a\, Y_{l,m}(\theta,\ \phi) F_l(r) \tag{19.37}$$

로 썼다. 이 함수들은 미분 방정식 (19.7)의 해여야만 한다. 그게 무슨 뜻인지 보자. (19.37)을 (19.7)에 넣으면

$$\frac{Y_{l,m}}{r}\frac{\partial^2}{\partial r^2}(rF_l) + \frac{F_l}{r^2 \sin\theta}\frac{\partial}{\partial\theta}\left(\sin\theta\,\frac{\partial Y_{l,m}}{\partial\theta}\right) + \frac{F_l}{r^2\sin\theta}\frac{\partial^2 Y_{l,m}}{\partial\phi^2}$$
$$= -\frac{2m}{\hbar^2}\left(E + \frac{e^2}{r}\right)Y_{l,m}F_l \tag{19.38}$$

이 된다. 여기에 r^2/F_l을 곱하고 항들을 정리하면 다음과 같은 결과를 얻는다.

$$\frac{1}{\sin\theta}\frac{\partial}{\partial\theta}\left(\sin\theta\,\frac{\partial Y_{l,m}}{\partial\theta}\right) + \frac{1}{\sin^2\theta}\frac{\partial^2 Y_{l,m}}{\partial\phi^2}$$
$$= -\left[\frac{r^2}{F_l}\left\{\frac{1}{r}\frac{d^2}{dr^2}(rF_l) + \frac{2m}{\hbar^2}\left(E+\frac{e^2}{r}\right)F_l\right\}\right]Y_{l,m} \tag{19.39}$$

이 식의 좌변은 θ와 ϕ에 따라 변하지만 r과는 관계가 없다. r에 어떤 값을 넣든 좌변은 달라지지 않는다. 이는 우변에서도 마찬가지여야 한다. 대괄호 안에는 r을 포함하는 항들이 여기저기 있지만 전체 식은 r에 따라 변하는 일이 없어야 한다. 그렇지 않으면 모든 r에 대해 성립하지 않을 것이기 때문이다. 또한 대괄호 안의 식은 θ나 ϕ와 관계가 없다. 즉 어떤 상수여야만 하는데 그 값은 당연히 우리가 구하려는 상태의 l에 따라 다를 것이다. F_l이 그 상태에 맞는 함수이기 때문이다. 이 상수를 K_l이라고 놓자. 그러면 식 (19.39)는 다음 두 식과 동일하다.

$$\frac{1}{\sin\theta}\frac{\partial}{\partial\theta}\left(\sin\theta\frac{\partial Y_{l,m}}{\partial\theta}\right) + \frac{1}{\sin^2\theta}\frac{\partial^2 Y_{l,m}}{\partial\phi^2} = -K_l Y_{l,m} \tag{19.40}$$

$$\frac{1}{r}\frac{d^2}{dr^2}(rF_l) + \frac{2m}{\hbar^2}\left(E+\frac{e^2}{r}\right)F_l = K_l\frac{F_l}{r^2} \tag{19.41}$$

이 두 식을 잘 보자. l과 m으로 정해지는 어떤 상태에 대해서도 $Y_{l,m}$은 이미 알고 있다. 따라서 식 (19.40)으로부터 K_l을 정할 수 있다. 이를 식 (19.41)에 넣으면 $F_l(r)$에 대한 미분 방정식이 된다. 이 식을 풀어서 $F_l(r)$을 구한 뒤 $Y_{l,m}$과 함께 (19.37)에 넣어 $\psi(\mathbf{r})$을 구할 수 있다.

K_l은 뭐가 될까? 먼저 이 값이 m(특정한 l에 속하는)에 관계없이 일정하다는 점을 잘 보자. m에 아무 값이나 넣어서 $Y_{l,m}$을 구하고 이를 식 (19.40)에 넣으면 K_l을 알 수 있다. $Y_{l,l}$이 계산하기 제일 쉽겠다. 식 (18.24)로부터

$$R_z(\phi)\,|\,l,\ l\rangle = e^{il\phi}\,|\,l,\ l\rangle \tag{19.42}$$

이다. $R_y(\theta)$에 대한 행렬 원소 또한 매우 간단하다.

$$\langle l,\, 0 \mid R_y(\theta) \mid l,\, l \rangle = b(\sin \theta)^l \tag{19.43}$$

여기서 b는 어떤 숫자이다.* 둘을 합하면

$$Y_{l,l} \propto e^{il\phi} \sin^l \theta \tag{19.44}$$

가 되고 이를 (19.40)에 대입하면

$$K_l = l(l+1) \tag{19.45}$$

이 나온다.

K_l을 정했으니 식 (19.41)로부터 $F_l(r)$을 찾자. 이 식은 물론 슈뢰딩거 방정식에서 각도 부분을 $K_l F_l / r^2$로 바꿔 준 것에 불과하다. (19.41)을 식 (19.8)의 꼴로 바꾸면 다음과 같다.

$$\frac{1}{r}\frac{d^2}{dr^2}(rF_l) = -\frac{2m}{\hbar^2}\left\{ E + \frac{e^2}{r} - \frac{l(l+1)\hbar^2}{2mr^2} \right\} F_l \tag{19.46}$$

즉 퍼텐셜 에너지에 신기한 항이 하나 붙었다. 이 항은 수학적으로 장난을 부리다가 얻은 것이지만 물리적인 근원은 간단하다. 이 항이 어디서 오는 것인지 반고전적인(semi-classical) 논리를 써서 힌트를 주겠다. 알고 나면 별로 신기해 보이지 않을 것이다.

힘의 중심 주변을 움직이는 고전적 입자를 하나 떠올려 보자. 퍼텐셜 에너지와 운동 에너지의 합인 총 에너지

$$U = V(r) + \frac{1}{2}mv^2 = 상수$$

는 보존된다. 일반적으로 v를 지름방향 성분 v_r과 접선방향 성분 $r\dot\theta$로 나눌 수 있는데, 이들 사이에는

$$v^2 = v_r{}^2 + (r\dot\theta)^2$$

의 관계가 성립한다. 각운동량 $mr^2\dot\theta$ 또한 보존된다. 이 값은 L이라고 놓자. 그러면

$$mr^2\dot\theta = L \qquad 또는 \qquad r\dot\theta = \frac{L}{mr}$$

로 쓸 수 있고 에너지는

$$U = \frac{1}{2}mv_r{}^2 + V(r) + \frac{L^2}{2mr^2}$$

---

* 이 결과는 식 (18.35)에 약간의 계산을 보태면 보일 수 있다. 하지만 18-4절에서 배운 내용을 활용하여 기본적인 원리(first principle)로부터 쉽게 보일 수도 있다. 상태 $|l,\, l\rangle$은 스핀이 전부 위쪽인 스핀 1/2짜리 입자 $2l$개로 만들 수 있다. 그중에 l개는 위쪽, l개는 아래쪽이면 $|l,\, 0\rangle$이 된다. 스핀이 위쪽인 입자가 회전 후에도 스핀이 위쪽일 확률은 $\cos(\theta/2)$이고 아래쪽이 될 확률은 $-\sin(\theta/2)$이다. 우리가 구하려는 것은 스핀 중 l개는 위쪽으로 남아 있고 나머지 l개는 아래쪽으로 바뀌는 경우에 대한 확률 진폭이다. 그에 대한 확률 진폭은 $[-\cos(\theta/2) \cdot \sin(\theta/2)]^l$이며 이는 $\sin^l \theta$에 비례한다.

이 된다. 각운동량이 0이라면 첫 두 항만 있을 것이다. 각운동량을 추가했을 때 총 에너지의 변화는 퍼텐셜 에너지에 $L^2/2mr^2$을 더하는 것과 같다. 이는 (19. 46)에 추가로 들어간 항과 거의 비슷한데, 유일한 차이는 우리 예상과 달리 $l^2\hbar^2$ 대신 $l(l+1)\hbar^2$이라는 점뿐이다. 하지만 이는 앞에서도 봤듯이 (가령 제2권의 34-7절에서)* 반 고전적 논리를 양자역학적 계산 결과와 맞추기 위해서 곧잘 했던 치환이다. 그러면 이 새 항을 회전하는 계의 지름 방향 운동 방정식에 등장한 원심력 항의 근원이 되는 퍼텐셜, 즉 유사 퍼텐셜(pseudo-potential)로 이해할 수 있다. (1권의 12-5절에서 배운 유사 힘(pseudo-force)을 참고하기 바란다.)

이제 식 (19.46)을 풀어 $F_l(r)$을 구할 차례다. 식 (19.8)과 비슷하게 생겼기 때문에 같은 방법이 통할 것이다. 식 (19.19)를 얻을 때까지의 과정은 동일한데,

$$-l(l+1)\sum_{k=1}^{\infty} a_k \rho^{k-2} \tag{19.47}$$

를 추가해 주면 된다. 이 항을 다시 쓰면 다음과 같다.

$$-l(l+1)\left\{\frac{a_1}{\rho} + \sum_{k=1}^{\infty} a_{k+1}\rho^{k-1}\right\} \tag{19.48}$$

(첫 항만 따로 빼낸 다음 나머지 항에 대한 k를 1씩 줄였다.) 그러면 식 (19.20) 대신에

$$\sum_{k=1}^{\infty}\left[\{k(k+1)-l(l+1)\}a_{k+1} - 2(\alpha k - 1)a_k\right]\rho^{k-1} - \frac{l(l+1)a_1}{\rho} = 0 \tag{19.49}$$

이 된다. ρ^{-1}항은 한 개뿐이므로 0이 되어야만 한다. 즉 계수 a_1이 0이어야 한다(그렇지 않으면 $l=0$이 되어 앞에서 이미 구한 해로 되돌아가기 때문이다). 그리고 나서 모든 k에 대해 대괄호 안을 0이 되게 하면 각 항을 0으로 만들 수 있다. 이 조건으로부터 식 (19.22) 대신 다음 관계식

$$a_{k+1} = \frac{2(\alpha k - 1)}{k(k+1) - l(l+1)} a_k \tag{19.50}$$

가 나온다. 구형 대칭인 경우와 비교해 봤을 때 중요하게 달라진 점은 이것뿐이다.

앞에서와 마찬가지로 구속된 전자를 나타내는 해를 얻으려면 급수가 언젠가는 끝나야 한다. 만약 $\alpha n = 1$이면 $k = n$에서 끝난다. 따라서 동일한 결과 즉 양의 정수 n에 대해 $\alpha = 1/n$을 얻게 된다. 하지만 식 (19.50) 때문에 k가 l과 같으면 안 된다는 조건이 하나 더 생긴다. 그러면 분모가 0이 되고 a_{l+1}이 무한 대가 될 것이기 때문이다. 즉 a_{l+1} 이전의 a_k가 전부 0이어야 한다. k가 $l+1$에서 시작하고 n에서 끝날 수밖에 없다는 뜻이다.

결론적으로 임의의 l에 대해 $n \geq l+1$인 해가 여럿 있을 수 있다. 이를 $F_{n,l}$이라고 해도 되겠다. 각 해의 에너지는

---

* 본 책의 부록을 참고할 것.

$$E_n = -\frac{me^4}{2\hbar^2}\left(\frac{1}{n^2}\right) \tag{19.51}$$

이다. 에너지가 이 값이고 각운동량 양자수가 l과 m인 상태의 파동함수는

$$\psi_{n,l,m} = a Y_{l,m}(\theta, \phi) F_{n,l}(\rho) \tag{19.52}$$

인데 여기서

$$\rho F_{n,l}(\rho) = e^{-\alpha\rho} \sum_{k=l+1}^{n} a_k \rho^k \tag{19.53}$$

이다. 계수 a_k는 (19.50)으로 구한다. 이렇게 하여 수소 원자의 상태를 완전히 설명할 수 있게 되었다.

19-5 수소의 파동함수

지금까지 배운 것들을 복습하자. 쿨롱 장 안에서의 전자에 대한 슈뢰딩거 방정식을 만족시키는 상태의 특징은 정수 l, m, n에 좌우된다. 전자의 확률 진폭에서의 각분포는 $Y_{l,m}$이라 부르는 특별한 형태만을 띠는데, 여기서 l은 총 각운동량을 나타내는 양자수이고 자기 양자수(magnetic quantum number) m은 $-l$에서부터 l까지 변할 수 있다. 각각의 각분포에 따라 여러 가지 지름 방향 분포 $F_{n,l}(r)$들이 가능하다. 이들은 주 양자수(principal quantum number) n을 써서 번호를 붙이며 n은 $l+1$에서 ∞까지 변할 수 있다. 각 상태의 에너지는 n에만 좌우되며 n이 증가할수록 커진다.

에너지가 가장 낮은 상태 혹은 바닥 상태는 $l=0$, $n=1$, $m=0$인 s 상태이다. 이는 겹쳐 있지 않은(non-degenerate), 즉 에너지가 그 값인 단 하나뿐인 상태이며 파동함수는 구형으로 대칭이다. 전자를 발견할 확률 진폭은 가운데에서 가장 크고 거리가 멀어짐에 따라 단조 감소한다. 여러 상태에 대한 전자의 확률 진폭을 그림 19-6(a)처럼 검은 반점들로 그려 볼 수 있겠다.

$n = 2, 3, 4, \cdots$ 등으로 에너지가 더 높은 s 상태도 있다. 각각의 에너지에 대해 한 가지 경우씩($m=0$)밖에 없으며 전부 구형 대칭이다. 이들 상태는 r이 증가함에 따라 한두 번 혹은 그 이상 부호가 바뀐다. 정확히 말하면 ψ가 0을 지나는 위치, 즉 마디(node)가 $n-1$개 있다. 가령 $2s$ 상태($l=0$, $n=2$)는 그림 19-6(b)처럼 보인다. (그림의 어두운 영역에서 확률 진폭이 크며 플러스와 마이너스 부호는 파동함수의 상대적인 위상을 나타낸다.) s 상태의 에너지는 그림 19-7의 첫 번째 열에 있다.

다음으로 $l=1$인 p 상태가 있다. 2보다 큰 각각의 n에 대해 에너지가 같은 상태가 세 개씩 있는데, 즉 $m=+1$, $m=0$, $m=-1$인 상태이다. 에너지 준위는 그림 19-7을 참고하자. 이들 상태의 각분포는 표 19-1에 있다. 가령 $m=0$인 경우 θ가 0인 근처에서 확률 진폭이 양이었다면 180° 근처에서는 음이 될 것이고 마디 평면(nodal plane)은 xy-평면이 된다. $n > 2$이면 구형 마디도

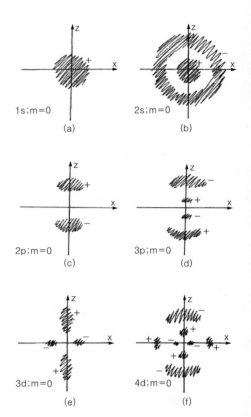

그림 19-6 수소 원자의 파동함수 중 일부를 대강 스케치한 것. 빗금친 영역이 확률 진폭이 큰 곳이다. 플러스와 마이너스 기호는 각 영역에서 확률 진폭의 상대적인 부호를 뜻한다.

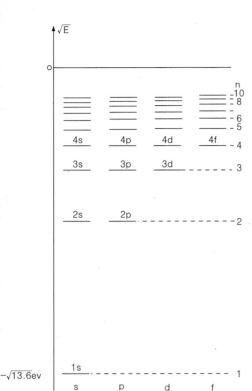

그림 19-7 수소의 에너지 준위 도표

생긴다. $n = 2$, $m = 0$인 상태는 그림 19-6(c)를, $n = 3$, $m = 0$인 상태는 19-6(d)를 참고하자.

m이 공간에서의 어떤 방향을 나타내므로 최대값이 x축이나 y축 위에 있는 비슷한 확률 분포도 있을 거라고 생각할지 모르겠다. 그럼 이들이 $m = +1$이고 $m = -1$일까? 아니다. 하지만 에너지가 같은 상태가 세 개 있으므로 이들을 써서 어떤 선형 조합을 만들어도 에너지가 같은 정상 상태가 될 것이다. 실제로는 그림 19-6(c)의 $m = 0$인 z 상태에 대응하는 x 상태는 $m = +1$인 상태와 $m = -1$인 상태의 선형 조합이고 y 상태는 또 다른 조합이다. 즉 다음과 같다.

$$"z" = |1, 0\rangle$$
$$"x" = -\frac{|1, +1\rangle - |1, -1\rangle}{\sqrt{2}}$$
$$"y" = -\frac{|1, +1\rangle + |1, -1\rangle}{i\sqrt{2}}$$

각각의 축을 따라서 보면 세 상태의 모양이 다 똑같다.

d 상태 ($l = 2$)는 각각의 에너지에 대해 가능한 m값이 다섯 가지 있으며 에너지가 가장 낮은 상태는 $n = 3$인 경우이다. 에너지 준위는 역시 그림 19-7을 참고하자. 각분포는 더 복잡하다. 가령 $m = 0$인 상태에는 두 개의 원뿔형 마디가 있어서 북극에서 남극으로 가다 보면 파동함수의 부호가 $+$에서 $-$를 거쳐 다시 $+$로 두 번 뒤집힌다. $m = 0$이고 $n = 3$, $n = 4$인 상태의 확률 진폭을 대충 그려 보면 그림 19-6의 (e)와 (f)처럼 된다. 여기서도 n이 크면 구형 마디가 있다.

가능한 상태에 대한 이야기는 여기까지만 하겠다. 수소의 파동함수를 훨씬 상세하게 잘 설명해 둔 책이 많이 있다. 두 개만 꼽자면 L. Pauling과 E. B. Wilson이 쓴 *Introduction to Quantum Mechanics*, McGraw-Hill(1935), 그리고 R. B. Leighton의 *Principles of Modern Physics*, McGraw-Hill (1959)가 있겠다. 이 책들을 보면 다양한 함수의 그래프 및 여러 상태를 그림으로 그려 둔 부분이 있다.

l이 큰 파동함수의 특징을 하나만 더 짚고 넘어가자. $l > 0$이면 확률 진폭이 한가운데에서 항상 0이다. 별로 놀랄 일도 아닌데, 모멘트 팔이 아주 짧으면 각운동량을 갖기가 매우 힘들기 때문이다. 이 때문에 l이 클수록 확률 진폭이 중심으로부터 밀려나게 된다. 반지름 방향 함수 $F_{n,l}(r)$이 r이 작을 때 어떻게 변하는지 보면, 식 (19.53)으로부터

$$F_{n,l}(r) \approx r^l$$

이 됨을 알 수 있다. r이 이와 같이 변한다는 건 l이 클수록 $r = 0$에서 점점 더 멀어져야 확률 진폭이 눈에 띌 정도가 됨을 뜻한다. 이런 성질은 지름 방향 방정식에서의 원심력 항 때문에 생기는데, 하나만 더 보태자면 (대부분의 원자에서 그렇듯이) r이 작을 때 퍼텐셜이 $1/r^2$보다 느리게 변할 때에는 항상 성립한다.

19-6 주기율표

이번에는 수소 원자에 동원한 이론을 확장하여 화학자들이 구축한 주기율표를 근사적으로 이해해 보자. 원자 번호가 Z인 원자에는 인력 때문에 핵에 묶여 있는 동시에 서로 밀어내기도 하는 전자가 Z개 있다. 정확한 해를 얻으려면 쿨롱 장 하에서 Z개의 전자에 대한 슈뢰딩거 방정식을 풀어야 할 것이다. 헬륨의 경우

$$-\frac{\hbar}{i}\frac{\partial \psi}{\partial t} = -\frac{\hbar^2}{2m}(\nabla_1^2\psi + \nabla_2^2\psi) + \left(-\frac{2e^2}{r_1} - \frac{2e^2}{r_2} + \frac{e^2}{r_{12}}\right)\psi$$

가 되는데, ∇_1^2은 r_1 즉 한쪽 전자의 좌표에 작용하는 라플라시안이며 ∇_2^2는 나머지 한쪽인 r_2에 작용한다. 또한 $r_{12} = |r_1 - r_2|$이다. (이번에도 전자의 스핀은 무시한다.) 정상 상태 및 에너지 준위를 알기 위해서는

$$\psi = f(r_1, \ r_2)e^{-(i/\hbar)Et}$$

꼴의 해를 구해야만 한다. 기하학적인 분포는 전부 f에 들어 있는데, 두 전자의 위치를 동시에 나타내야 하므로 이는 변수가 여섯 개인 함수이다. 수치 계산법(numerical method)을 쓰면 에너지가 가장 낮은 상태는 근사적으로 구할 수 있지만, 해석적인 방법(analytic method)으로 정확히 해를 찾은 사람은 없다.

전자가 3, 4, 5개가 되면 정확한 해를 구하려는 시도 자체가 절망적이며 따라서 양자역학으로 주기율표를 정밀하게 이해하게 되었다는 말은 너무 지나치다. 그러나 대충 근사를 쓰고 약간 고치면 주기율표상의 여러 가지 화학적 성질을 정성적으로나마 이해할 수 있다.

원자의 화학적 성질은 주로 에너지가 가장 낮은 상태에 의해 결정된다. 바닥 상태와 그 에너지를 찾기 위해 다음과 같은 근사를 취하겠다. 첫째, 파울리의 배타 원리(exclusion principle)를 적용하여 전자의 모든 상태에는 전자가 한 개만 들어갈 수 있다고 말할 때 외에는 전자의 스핀을 무시하겠다. 즉 임의의 궤도에는 스핀이 위쪽과 아래쪽인 전자가 각 하나씩, 다 해서 두 개까지 들어갈 수 있다는 뜻이다. 다음으로는 일차 근사를 취하는 경우에는 전자 간 상호작용의 세부 사항을 무시하는 대신 각 전자가 원자핵과 나머지 전자 전부의 영향이 결합되어 만들어 내는 중심 장 안에서 움직인다고 가정하겠다. 가령 전자가 10개인 네온의 경우 하나의 전자는 원자핵 더하기 나머지 아홉 개 전자에 의한 평균 퍼텐셜 하에 있게 된다고 말한다. 그러면 각 전자에 대한 슈뢰딩거 방정식의 $V(r)$에 나머지 전자들에 의한 구형 전자 밀도로 인해 약간 달라진 $1/r$꼴의 장을 넣으면 된다.

이 모델에서는 각 전자가 전부 독립적인 입자처럼 행동한다. 파동함수의 각 분포는 수소 원자의 경우와 똑같아서 s 상태, p 상태 등등이 있게 되고 각각이 여러 m값을 가질 수 있다. $V(r)$이 $1/r$이 아니므로 지름 방향 파동함수가 약간은 다르겠지만 정성적으로는 동일할 것이어서 지름 양자수(주 양자수 : 옮긴이)로 똑같이 n을 쓸 수 있다. 물론 각 상태의 에너지도 조금씩 다를 것이다.

수소(H)

이와 같이 하면 뭐가 나오는지 보자. 수소의 바닥 상태에서는 $l = m = 0$이고 $n = 1$이다. 이 상태를 가리켜 전자의 배치가 $1s$라고 말한다. 에너지는 -13.6ev인데, 그 말은 전자를 원자로부터 떨어뜨려 놓기 위해서는 13.6 전자볼트가 필요하다는 뜻이다. 이를 이온화 에너지(ionization energy) W_I이라고 부른다. 이온화 에너지가 크다는 것은 전자를 떼어 놓기가 그만큼 어려워서 화학적 반응성이 대체로 낮음을 뜻한다.

헬륨(He)

이번에는 헬륨을 보자. 두 전자가 똑같이 바닥 상태에 있을 수 있다. (스핀이 하나는 위쪽이고 다른 하나는 아래쪽이면 된다.) 이 상태의 전자는 r이 작으면 $z = 2$인 쿨롱 장처럼, r이 크면 $z = 1$인 쿨롱 장처럼 보이는 퍼텐셜 안에서 움직인다. 그 결과 수소꼴의(hydrogen-like) $1s$ 상태가 되고 에너지는 다소 낮아진다. 두 전자가 똑같이 $1s$ 상태($l = 0$, $m = 0$)에 들어가며 이온화 에너지의 (둘 중 하나의 전자를 꺼내는 데 드는) 실험치는 24.6 전자볼트이다. 전자가 두 개까지 들어갈 수 있는 $1s$ 껍질이 다 찼으므로 전자가 다른 원자 쪽으로 끌리는 경향이 나타나지 않는다. 헬륨은 화학적으로 비활성(inert)이다.

리튬(Li)

리튬 원자핵은 전하가 셋이다. 이번에도 전자의 상태들은 수소꼴이며 세 전자는 가장 낮은 세 에너지 준위에 자리를 잡을 것이다. 즉 두 개는 $1s$ 상태로, 세 번째 전자는 $n = 2$인 상태가 된다. 그런데 $l = 0$일까 아니면 $l = 1$일까? 수소에서는 두 상태의 에너지가 같았지만 다른 원자는 그렇지 않은데, 이유는 이렇다. $2s$ 상태는 $2p$와는 달리 핵 근처에 있을 확률이 일부 있음을 떠올려 보자. 그 말은 $2s$ 전자는 리튬 원자핵의 삼중 전하를 일부나마 느끼는 반면 $2p$ 전자는 전하 한 개에 의한 쿨롱 장만이 느껴지는 바깥쪽 영역에 있게 된다는 뜻이다. 즉 인력이 더 크기 때문에 $2s$ 상태의 에너지는 $2p$ 상태에 비해 낮다. 에너지 준위가 대강 그림 19-8처럼 되는데, 그림 19-7의 수소 원자 에너지 준위와 비교해 보기 바란다. 따라서 리튬 원자에서는 $1s$에 전자가 두 개 있고 $2s$에 나머지 하나가 있는 배치가 된다. $2s$ 전자가 $1s$ 전자에 비해 에너지가 높으므로 더 쉽게 꺼낼 수 있다. 이온화 에너지가 5.4 전자볼트에 불과하기 때문에 리튬은 화학적 반응성이 상당히 크다.

이제 어떤 패턴이 될지 알 수 있을 것이다. 표 19-2에 첫 36개의 원소를 정리해 두었는데, 각 원자의 바닥 상태 전자 배치가 한눈에 들어온다. 또한 가장 약하게 묶여 있는 전자의 이온화 에너지 및 n으로 표기된 각 껍질(shell)에 들어 있는 전자의 개수도 함께 나열했다. l이 다른 상태끼리는 에너지도 다르므로 각각의 l값은 (m값 및 스핀이 다른) 가능한 상태가 $2(2l + 1)$가지인 부껍질(sub-shell)에 해당한다. 이들의 에너지는 다 같지만 어디까지나 우리가 무시하고 있는 작은 효과를 고려하지 않는 범위 내에서이다.

베릴륨(Be)

베릴륨은 꽉 찬 $1s$ 껍질 외에 $2s$ 껍질에도 전자가 둘 있다는 점을 제외하면 리튬과 비슷하다.

붕소(B)에서 네온(Ne)까지

붕소에는 전자가 5개 있다. 다섯 번째 전자는 $2p$ 상태로 들어가야 한다. $2p$ 에는 $2 \times 3 = 6$개의 서로 다른 상태가 있으므로 총 개수가 8개가 될 때까지 전자를 계속 추가할 수 있다. 이렇게 하면 네온이 된다. 전자를 더하는 동안 Z도 증가하는데, 따라서 전체 전자 분포는 점점 더 원자핵 근처로 몰리고 $2p$ 상태의 에너지는 감소한다. 네온에 이르면 이온화 에너지가 21.6볼트까지 올라간다. 네

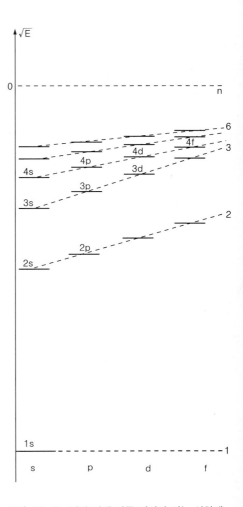

그림 19-8 원자 안에 다른 전자가 있는 상황에서 전자의 에너지 준위를 도식화한 표(축척은 그림 19-7의 것과 다르다)

표 19-2 처음 36개 원소의 전자 배치

Z	원소		W_I(ev)	전자 배치									
				$1s$	$2s$	$2p$	$3s$	$3p$	$3d$	$4s$	$4p$	$4d$	$4f$
1	H	수소	13.6	1									
2	He	헬륨	24.6	2									
3	Li	리튬	5.4		1								
4	Be	베릴륨	9.3		2								
5	B	붕소	8.3	꽉 참	2	1	각 상태의 전자 개수						
6	C	탄소	11.3		2	2							
7	N	질소	14.5	(2)	2	3							
8	O	산소	13.6		2	4							
9	F	플루오르	17.4		2	5							
10	Ne	네온	21.6		2	6							
11	Na	나트륨	5.1				1						
12	Mg	마그네슘	7.6				2						
13	Al	알루미늄	6.0				2	1					
14	Si	규소	8.1	—꽉 참—			2	2					
15	P	인	10.5	(2)		(8)	2	3					
16	S	황	10.4				2	4					
17	Cl	염소	13.0				2	5					
18	Ar	아르곤	15.8				2	6					
19	K	칼륨	4.3							1			
20	Ca	칼슘	6.1							2			
21	Sc	스칸듐	6.5						1	2			
22	Ti	티타늄	6.8						2	2			
23	V	바나듐	6.7			—꽉 참—			3	2			
24	Cr	크롬	6.8						5	1			
25	Mn	망간	7.4	(2)		(8)	(8)		5	2			
26	Fe	철	7.9						6	2			
27	Co	코발트	7.9						7	2			
28	Ni	니켈	7.6						8	2			
29	Cu	구리	7.7						10	1			
30	Zn	아연	9.4						10	2			
31	Ga	갈륨	6.0							2	1		
32	Ge	게르마늄	7.9			—꽉 참—				2	2		
33	As	비소	9.8							2	3		
34	Se	셀레늄	9.7	(2)		(8)			(18)	2	4		
35	Br	브롬	11.8							2	5		
36	Kr	크립톤	14.0							2	6		

온은 쉽게 전자를 내놓지 않는다. 또한 낮은 에너지 칸이 전부 찼기 때문에 더는 전자를 얻을 수도 없다. 따라서 네온은 화학적으로 비활성이다. 반면 플루오르는 전자가 떨어질 수 있는 빈자리가 하나 있어서 화학 반응 시 반응성이 매우 높다.

나트륨(Na)에서 아르곤(Ar)까지

나트륨 원자부터는 $3s$의 새 껍질이 시작된다. 이 상태는 에너지 준위가 훨씬 높기 때문에 나트륨은 이온화 에너지가 낮고 따라서 화학적으로 반응성이 매우 강하다. 나트륨에서 아르곤까지는 $n = 3$인 s 상태와 p 상태가 리튬에서 네온까지의 순서와 똑같이 찬다. 바깥쪽 덜 찬 껍질 안의 전자에 대한 각분포도 같고 이온화 에너지의 경향 또한 매우 비슷하다. 원자 번호가 증가함에 따라 왜 화학적 성질이 반복되는지 짐작할 수 있을 것이다. 마그네슘은 화학적으로 베릴륨과 비슷하며 규소는 탄소와, 염소는 플루오르와 비슷하다. 아르곤 역시 네온과 마찬가지로 비활성이다.

리튬과 네온 사이의 이온화 에너지 순서에서 약간 특이한 점을 알아차렸을지 모르겠는데, 비슷한 경향이 나트륨과 아르곤 사이에서도 일어난다. 산소 원자의 마지막 전자가 기대했던 것보다 약하게 결합되어 있는 것이다. 황도 마찬가지다. 왜 그래야 할까? 개별 전자 간의 상호작용에 의한 효과를 약간 넣으면 이해할 수 있다. 첫 $2p$ 전자를 붕소 원자에 넣으면 무슨 일이 일어나는지 생각해 보자. 세 가지 p 상태마다 스핀이 두 가지씩 가능하므로 총 여섯 가지 경우가 있겠다. 전자가 $m = 0$인 상태에 스핀이 위쪽인 채로 들어간다고 해 보자. z축을 끼고 있기 때문에 이 상태를 z 상태라고도 부른 바 있다. 그럼 탄소에서는 무슨 일이 일어날까? 이번에는 $2p$ 전자가 두 개 있다. 하나가 z 상태에 들어가면 두 번째 전자는 어디로 갈까? 첫 번째 전자로부터 떨어져 있으면 에너지가 더 낮을 텐데, $2p$ 껍질의 x 상태로 가면 가능하겠다(이는 $m = +1$과 $m = -1$인 상태의 선형 조합이었다). 다음으로 질소에서는 세 개의 $2p$ 전자가 각각 x, y, z 상태로 하나씩 들어가면 상호 반발 에너지가 가장 낮을 것이다. 하지만 산소의 경우에는 이 셋이 이미 다 찼다. 네 번째 전자는 이미 찬 상태 중 하나에 반대 방향 스핀으로 들어가는 수밖에 없다. 그러면 이미 그 상태에 있던 전자가 강하게 반발할 텐데, 따라서 네 번째 전자의 에너지가 그렇지 않았을 때만큼 낮지 않을 것이고 꺼내기도 그만큼 쉬울 것이다. 그렇기 때문에 질소와 산소 사이에 결합 에너지 경향이 뒤집히는 것이며 이는 인과 황에서도 마찬가지다.

칼륨(K)에서 아연(Zn)까지

아르곤 이후로 $3d$ 상태부터 찰 것이라고 예상할지 모르겠으나 실은 그렇지 않다. 앞서 설명한 대로, 또한 그림 19-8에 있는 대로 각운동량이 큰 상태는 에너지가 더 올라간다. $3d$ 상태에 이르면 $4s$ 상태보다도 에너지가 높다. 따라서 칼륨의 마지막 전자는 $4s$ 상태로 간다. 이 껍질이 전자 두 개로 다 차는 칼슘 이후에야 스칸듐, 티타늄, 바나듐 등 $3d$ 상태가 차는 원소들이 나온다.

$3d$ 상태와 $4s$ 상태는 에너지가 매우 비슷해서 작은 효과로도 어느 쪽으로

든 균형을 바꿀 수 있다. $3d$ 상태에 네 번째 전자를 넣을 단계에 이르면 그들 사이의 반발 때문에 $4s$ 상태의 에너지가 $3d$ 보다도 살짝 높아져서 전자 하나가 넘어간다. 따라서 크롬에서는 기대와는 달리 4, 2의 조합 대신 5, 1의 조합이 나온다. 망간에서 추가된 새 전자가 다시 $4s$ 상태를 채우고 나서야 구리에 이르기까지 $3d$ 껍질의 상태들이 하나하나 들어찬다.

하지만 망간, 철, 코발트, 니켈의 최외각 전자 배치가 동일하므로 이들 원소는 화학적 성질이 비슷하다(이 효과는 희토류(rare-earth) 원소에서 더 두드러지는데, 이들의 경우 외각 전자 배치는 역시 모두 같지만 안쪽 껍질을 조금씩 채울 때 화학적 성질이 훨씬 더 적게 변하기 때문이다).

구리는 $4s$ 껍질에서 전자가 하나 떨어져 나와 $3d$ 껍질을 채운다. 하지만 10, 1 조합과 9, 2 조합의 에너지가 매우 비슷해서 근처에 다른 원자들이 있는 것만으로도 쉽게 균형이 무너진다. 이런 이유 때문에 구리의 마지막 두 전자가 거의 동등하며 구리의 원자가가 1이 될 수도 2가 될 수도 있는 것이다(때로는 9, 2의 조합처럼 행동한다). 비슷한 일이 다른 원소에서도 일어나는데, 철 등의 금속도 두 가지 다른 원자가로 화학 결합을 이룬다. 아연에 이르면 $3d$ 와 $4s$ 껍질 둘 다 꽉 찬다.

갈륨(Ga)에서 크립톤(Kr)까지

갈륨에서 크립톤까지는 다시 정상적인 순서를 따라 $4p$ 껍질이 하나씩 찬다. 외각의 배치나 에너지 및 화학적 성질이 붕소에서 네온까지 또 알루미늄에서 아르곤까지의 패턴을 반복한다.

크립톤은 아르곤이나 네온과 마찬가지로 영족 기체(noble gas)이며 셋 다 비활성이다. 그 말은 에너지가 낮은 껍질이 이미 다 찼으므로 다른 원소와 화학 반응을 했을 때 에너지 측면에서 이득을 볼 가능성이 거의 없다는 뜻이다. 껍질을 다 채우는 것만으로는 부족하다. 베릴륨과 마그네슘은 s 껍질이 다 찼지만 이들 껍질의 에너지는 원소를 안정하게 만들기에는 역부족이다. 비슷한 이유로 $3d$ 껍질의 에너지가 더 낮았더라면 (혹은 $4s$ 의 에너지가 더 높았더라면) 니켈이 또 다른 영족 원소가 되었을지도 모른다. 한편 크립톤은 완전히 비활성은 아니어서 염소와 약하게 결합하여 화합물을 만든다.

지금까지의 내용만으로도 주기율표의 주요 특징을 거의 다 살펴본 셈이므로 원자번호 36에서 멈추기로 하자. 아직도 70개쯤 남아 있긴 하다!

한 가지만 더 살펴 보자. 이제 우리는 원자가를 어느 정도 이해하는 것을 넘어 화학 결합에서의 방향성에 대해서도 논의할 수 있게 되었다. $2p$ 전자가 넷인 산소 등의 원자를 생각해 보자. 첫 세 개는 x, y, z 상태로 갈 것이고 네 번째 전자는 그중 한 상태에 들어가서 나머지 둘을 비워 둘 것이다. 이들을 x, y 라 하자. 그럼 H_2O 에 어떤 일이 일어날까? 두 수소 원자가 각각 산소와 전자를 공유하여 산소의 껍질을 채운다. 이 전자들은 비어 있는 x 와 y 에 들어간다. 따라서 물에서는 두 수소 원자가 산소 원자를 기준으로 $90°$ 의 각도에 놓인다. 하지만 실제 각도는 $105°$ 인데, 왜 $90°$ 보다 커야 하는지도 이해할 수 있다. 전자를 산소와 공유하고 나면 수소는 상대적으로 양전하를 띠게 된다. 이들 사이의 전기적 반발력이 파동함수를 비틀어서 105°의 각도로 밀어내는 것이다. H_2S에서도 같은 일이 일어난다. 하지만 황 원자가 더 크기 때문에 두 수소 원자는 이미 멀리 떨어져 있다. 따라서 수소 간의 반발이 약하여 93°정도까지만 밀려난다. 셀레늄은 그보다 더 커서 H_2Se에서는 각도가 거의 90°에 가깝다.

같은 논리로 암모니아(H_3N)의 모양도 설명할 수 있다. 질소에는 $2p$ 전자 세 개를 더 받아들일 자리가 있으며 각각 x, y, z 상태이다. 세 수소 원자가 서로 직각인 위치에서 결합해야 맞겠지만 역시 반발력 때문에 실제 각도는 90°보다 약간 크다. 적어도 H_3N분자가 왜 평평하지 않은지는 알게 되었다. 포스핀(H_3P)에서는 각도가 90°에 더 가까우며 H_3As는 그보다도 더 가깝다. 전에 NH_3를 두 상태 계로 설명할 때는 그냥 평평하지 않다고 가정했었다. 암모니아로 메이저를 만들 수 있었던 것도 실은 암모니아가 평평하지 않기 때문이었다. 이제는 보다시피 양자역학을 이용해서 모양도 이해할 수 있게 되었다.

슈뢰딩거 방정식을 발견한 것은 물리학에서 실로 위대한 업적이었다. 원자 구조의 바탕에 깔려 있는 메커니즘을 규명하는 열쇠로서 그것을 이용해 원자의 스펙트럼 및 화학 그리고 더 나아가 물질의 본성을 규명할 수 있게 되었기 때문이다.

CHAPTER 20
연산자

20-1 연산(operation)과 연산자(operator)

가끔 양자역학적인 물리량과 수식을 나타내기 위한 특별한 방법을 쓰긴 했지만 지금까지 양자역학에서 배운 것은 전부 평범한 대수학으로도 다룰 수 있는 것들이었다. 이번에는 양자역학적인 것들을 기술하는 몇 가지 재미나고도 쓸모 있는 다른 방법들을 소개하고자 한다. 양자역학이라는 분야에 접근하는 방법은 여러 가지가 있는데, 대개의 책에서 우리가 써 온 것과는 다른 방식을 택하고 있다. 다른 책들을 읽다 보면 거기에 나오는 내용과 우리가 지금까지 공부해 온 내용이 곧바로 연결이 안 될지도 모른다. 써먹을 만한 결과도 몇 가지 얻겠지만 본 장에서는 주로 어떤 물리적 현상을 수학으로 풀어내는 방법에 관해 이야기하겠다. 이 방법을 알면 남들이 하는 이야기를 더 잘 이해할 수 있을 것이다. 고전역학의 초창기에는 모든 수식을 x, y, z축 성분을 써서 표시했다. 그랬는데 누군가 나타나서는 벡터 기호를 쓰면 식이 더 간단해진다고 알려주었다. 실은 어떤 현상을 이해하려면 거꾸로 벡터를 성분으로 변환해야만 한다. 그건 분명한 사실이지만 보통은 벡터를 쓰면 무슨 일이 일어나는지 이해하기 훨씬 쉬울 뿐더러 수식도 무척 간단해진다. 양자역학의 많은 현상도 상태 벡터(state vector)라는 개념을 사용하면 비슷한 방식으로 나타낼 수 있다. 물론 상태 벡터 $|\psi\rangle$는 3차원의 기하학적 벡터와는 아무런 관련이 없는, ψ라는 이름 혹은 문자로 식별할 수 있는 물리적 상태를 가리키는 추상적인 기호이다. 이 개념은 매우 쓸모 있는데, 이 기호들을 이용하면 양자역학 법칙을 대수 식(algebraic equation)으로 나타낼 수 있기 때문이다. 가령 어떤 상태라도 기반 상태들의 선형 조합으로 나타낼 수 있다는 기본 원리를

$$|\psi\rangle = \sum_i C_i |i\rangle \qquad (20.1)$$

로 쓸 수 있는데, C_i는 $\langle i | \psi \rangle$의 확률 진폭을 나타내는 일반적인 복소수의 집합이고 $|1\rangle$, $|2\rangle$, $|3\rangle$ 등은 특정 기반계에서의 또는 특정 표시법 하에서의 기반 상태들을 나타낸다.

어떤 물리적 상태를 취해서 돌리거나 Δt만큼 기다리는 등의 변화를 주면 다른 상태가 된다. 보통은 '하나의 상태에 연산을 수행하면 새로운 상태가 된다'고 한다. 이 말을 수식으로 쓰면

$$| \phi \rangle = \hat{A} | \psi \rangle \qquad (20.2)$$

가 된다. 어떤 상태에 연산을 하면 다른 상태를 만들어 낸다. 연산자(operator) $\hat{A}$는 특정한 연산을 나타낸다. 이 연산을 임의의 상태, 가령 $| \psi \rangle$에 해 주면 무언가 다른 상태 $| \phi \rangle$가 된다.

　식 (20.2)는 무슨 뜻일까? 다음과 같이 정의된다. 이 식에 $\langle i |$를 곱하고 식 (20.1)을 써서 $| \psi \rangle$를 전개하면

$$\langle i | \phi \rangle = \sum_j \langle i | \hat{A} | j \rangle \langle j | \psi \rangle \qquad (20.3)$$

이 된다($| j \rangle$와 $| i \rangle$는 같은 기반 상태 집합에 속하는 원소이다). 이것은 대수적인 식이다. 즉 숫자 $\langle i | \phi \rangle$는 $| \phi \rangle$로부터 각각의 기반 상태를 얻어낼 수 있는 정도를 뜻하는데, 이것이 $| \psi \rangle$에서 각 기반 상태를 발견할 확률 진폭 $\langle j | \psi \rangle$들의 중첩으로 표시된 것이다. 그러면 $\langle i | \hat{A} | j \rangle$는 각각의 합에 $\langle j | \psi \rangle$가 얼마나 많이 들어가 있는지를 나타내는 계수가 된다. 연산자 $\hat{A}$는 숫자의 집합 혹은 행렬을 이용하여 다음과 같이 나타낸다.

$$A_{ij} \equiv \langle i | \hat{A} | j \rangle \qquad (20.4)$$

　따라서 식 (20.2)는 (20.3)을 고급스럽게 쓴 것이다. 하지만 실상은 그보다 더 많은 내용을 담고 있다. 식 (20.2)에서는 어떤 기반 상태를 사용하고 있는지에 대한 언급이 없다. 식 (20.3)은 (20.2)를 어떤 기반 상태 집합을 이용해 풀어 쓴 복제품 같은 존재이다. 하지만 다들 잘 알다시피 어떤 집합을 써도 결과는 같다. 바로 이 점이 식 (20.2)에 담겨 있는 것이다. 연산자만을 사용한 식에서는 특정 집합을 따로 고를 필요가 없다. 물론 더 분명히 하고 싶으면 특정 기반 상태의 집합을 취하면 된다. 그러면 식 (20.3)이 되는 것이다. 따라서 연산자 관계식 (20.2)가 (20.3)의 대수식보다 더 추상적인 방법인 것이다. 이는

$$c_x = a_y b_z - a_z b_y$$
$$c_y = a_z b_x - a_x b_z$$
$$c_z = a_x b_y - a_y b_x$$

대신에

$$\boldsymbol{c} = \boldsymbol{a} \times \boldsymbol{b}$$

로 쓰는 것 사이의 차이와 비슷하다. 두 번째 방식이 훨씬 간편하다. 그렇지만 계산의 결과를 얻고 싶으면 결국엔 어떤 축에 대한 성분 값들을 넣어 주어야만 한다. 마찬가지로 $\hat{A}$를 써서 계산하려면 어떤 기반 상태를 기준으로 한 행렬 A_{ij}를 먼저 구할 준비가 되어 있어야 한다. $| i \rangle$의 집합을 마음속에 분명히 정했다면 식 (20.2)는 (20.3)과 뜻하는 바가 같게 된다(하나의 행렬을 특정한 기반 상태 집합에 대해 표시한 결과를 알고 있으면 다른 기반 상태 집합에 대해 표시한 결과도 항상 구할 수 있음을 기억할 것이다. 즉 행렬을 하나의 표시법으로부터 다른 표시법으로 변환할 수 있다).

연산자의 관계식 (20.2)는 한 가지 새로운 해석의 가능성을 열어 보인다. 연산자 $\hat{A}$를 하나 떠올려 본다면, 이를 어떤 상태 $|\psi\rangle$에 적용해도 새로운 상태 $\hat{A}|\psi\rangle$가 생긴다. 가끔은 이 방법으로 얻은 상태가 매우 특이해서 자연 상태에서 존재하는 물리적인 상황을 나타내지 않을 수도 있다. (예를 들어 하나의 전자를 기술할 수 있도록 규격화되지 않은 상태가 나올 수 있겠다.) 즉 때로는 수학적으로 만들어 냈지만 물리적으로는 의미가 없는 가상의 상태가 나올 수도 있다. 그렇지만 이러한 인공의 상태도 계산의 중간 단계로서는 충분히 쓸모 있기도 하다.

그동안 양자역학적 연산자의 예를 몇 가지 보았다. 가령 어떤 상태 $|\psi\rangle$를 회전한 좌표계에서 본 새로운 상태로 만들어 주는 회전 연산 $\hat{R}_y(\theta)$가 있었다. 좌표 값의 부호를 전부 뒤집어 새로운 상태를 얻는 패리티 (혹은 반전) 연산자도 있었고 스핀이 1인 입자에 대한 $\hat{\sigma}_x$, $\hat{\sigma}_y$, $\hat{\sigma}_z$ 연산자도 있었다.

17장에서 작은 각도 ϵ만큼 회전하는 연산자를 써서 $\hat{J}_z$를 정의했었다.

$$\hat{R}_z(\epsilon) = 1 + \frac{i}{\hbar}\epsilon\hat{J}_z \tag{20.5}$$

이는 물론

$$\hat{R}_z(\epsilon)|\psi\rangle = |\psi\rangle + \frac{i}{\hbar}\epsilon\hat{J}_z|\psi\rangle \tag{20.6}$$

라는 뜻이다. 이 경우 $\hat{J}_z|\psi\rangle$는 $|\psi\rangle$를 작은 각도 ϵ만큼 회전한 후 원래 상태를 빼 준 다음에 $\hbar/i\epsilon$를 곱한 것이 된다. 즉 두 상태의 차이에 해당하는 상태이다.

하나만 더 예를 들어 보자. 식 (20.6)과 비슷한 방법으로 정의한 운동량 연산자(의 x축 성분) $\hat{p}_x$가 있었다. $\hat{D}_x(L)$이 x축을 따라 거리 L만큼 이동시키는 연산자라면 $\hat{p}_x$는 작은 변위 δ에 대해

$$\hat{D}_x(\delta) = 1 + \frac{i}{\hbar}\delta\hat{p}_x \tag{20.7}$$

로 정의할 수 있다. 상태 $|\psi\rangle$를 x축을 따라 작은 변위 δ만큼 이동하면 새로운 상태 $|\psi'\rangle$이 된다. 원래의 상태에 작은 조각

$$\frac{i}{\hbar}\delta\hat{p}_x|\psi\rangle$$

를 덧붙이면 새로운 상태가 된다는 말이다.

지금 이야기하고 있는 연산자들은 물리적인 상황을 추상적으로 담고 있는 상태 벡터 $|\psi\rangle$ 등에 작용한다. 수학적인 함수에 작용하는 대수 연산과는 아주 다르다. 가령 d/dx는 $f(x)$를 새 함수 $f'(x) = df/dx$로 바꾸는 연산자이다. ∇^2도 좋은 예가 되겠다. 왜 두 경우 모두 같은 용어를 쓰는지 이해가 되겠지만, 두 연산자가 다르다는 점은 기억하고 있어야 한다. 양자역학적 연산자 $\hat{A}$는 대수 함수가 아니라 $|\psi\rangle$ 등의 상태 벡터에 작용한다. 곧 보게 되겠지만 양자역학에

서는 두 종류의 연산이 모두 쓰이며 비슷한 식에서 자주 등장한다. 양자역학을 처음 배울 때는 차이점을 항상 염두에 두는 것이 좋지만, 나중에 익숙해지면 두 연산자를 명확하게 구분하는 것이 그다지 중요하지 않음을 알게 될 것이다. 아니, 실은 대개의 책에서 두 연산자에 같은 기호를 쓰고 있음을 알게 될 것이다.

논의를 계속 진행시켜 이번에는 연산자로 취할 수 있는 유용한 것들을 몇 가지 보자. 하지만 그 전에 특별히 하나만 언급하겠다. 어떤 기반 상태 집합을 써서 $A_{ij} \equiv \langle i \,|\, \hat{A} \,|\, j \rangle$로 나타낼 수 있는 연산자 $\hat{A}$를 생각해 보자. 상태 $\hat{A} \,|\, \psi \rangle$가 어떤 다른 상태 $|\, \phi \rangle$에 있을 확률 진폭은 $\langle \phi \,|\, \hat{A} \,|\, \psi \rangle$이다. 이 확률 진폭의 복소 공액 값에 어떤 특별한 의미가 있을까? 다음 관계가 성립함을 보일 수 있는데

$$\langle \phi \,|\, \hat{A} \,|\, \psi \rangle^* = \langle \psi \,|\, \hat{A}^\dagger \,|\, \phi \rangle \tag{20.8}$$

여기서 $\hat{A}^\dagger$ ('A dagger'라고 읽는다)는 행렬 원소간에

$$A_{ij}^\dagger = (A_{ji})^* \tag{20.9}$$

이 성립하는 연산자이다. $\hat{A}^\dagger$의 i, j번째 원소는 $\hat{A}$의 j, i번째 원소(즉 행과 열을 바꾼)의 복소 공액을 취한 값이다. 상태 $\hat{A}^\dagger \,|\, \phi \rangle$가 $|\, \psi \rangle$에 있을 확률 진폭은 $\hat{A} \,|\, \psi \rangle$가 $|\, \phi \rangle$에 있을 확률 진폭의 복소 공액과 같다. 이때 $\hat{A}^\dagger$는 $\hat{A}$의 에르미트 수반(Hermitian adjoint) 연산자라고 부른다. 양자역학에서의 연산자는 많은 경우 에르미트 수반을 취했을 때 원래의 연산자와 같아지는 특징이 있다. 연산자 $\hat{B}$에 그러한 성질이 있을 때, 즉

$$\hat{B}^\dagger = \hat{B}$$

가 성립할 때 이 연산자를 자체 수반(self−adjoint) 혹은 에르미트 연산자(Hermitian operator)라고 한다.

20-2 평균 에너지

지금까지는 이미 알고 있는 내용을 복습한 것이다. 이제 새로운 질문을 던져 보겠다. 주어진 계(예를 들어 원자)의 평균 에너지를 어떻게 구할 수 있을까? 에너지가 정해진 특별한 하나의 상태에 있는 원자의 에너지를 측정한다면 분명히 어떤 에너지 값 E를 얻을 것이다. 같은 상태에 있는 원자들을 죽 나열해 놓고 같은 측정을 반복한다면 계속 같은 값 E가 나올 것이고 측정값의 평균도 당연히 E가 될 것이다.

그럼 정상 상태가 아닌 상태 $|\, \psi \rangle$에 같은 측정을 하면 결과가 어떻게 될까? 이 상태의 에너지가 하나로 정해져 있지 않으므로 한 원자에 대해 재면 한 값이 나오고 같은 상태에 있는 다른 원자에 대해 재면 다른 에너지 값이 나오고 할 것이다. 이 측정값 전체의 평균은 무엇이 될까?

상태 $|\psi\rangle$를 에너지가 정해진 상태들에 투영하면 구할 수 있다. 이 상태들의 집합이 특수한 경우이므로 새 문자를 써서 $|\eta_i\rangle$로 표기하자. 각 상태 $|\eta_i\rangle$의 에너지는 E_i이다. 이 표시법에서는

$$|\psi\rangle = \sum_i C_i |\eta_i\rangle \qquad (20.10)$$

가 된다. 에너지를 쟀는데 그 값이 E_i라면 그 계는 상태 $|\eta_i\rangle$에 있는 것이다. 하지만 매번 잴 때마다 다른 값을 얻을 수도 있다. 어떨 때는 E_1이, 어떨 때는 E_2가, 또 어떨 때는 E_3가 나오는 식으로 말이다. 에너지 측정 결과가 E_1일 확률은 그 계의 상태가 $|\eta_1\rangle$일 확률, 즉 확률 진폭 $C_1 = \langle \eta_1 | \psi \rangle$의 제곱이고 따라서 E_i일 확률은

$$P_i = |C_i|^2 \qquad (20.11)$$

이다.

이 확률들이 여러 번 측정 후 계산한 에너지의 평균값과 어떤 관련이 있을까? 측정 결과 E_1, E_7, E_{11}, E_9, E_1, E_{10}, E_7, E_2, E_3, E_9, E_6, E_4 등이 나왔다고 해 보자. 한 천 번쯤 측정을 했다고 쳐도 좋다. 측정이 끝난 뒤 에너지 값들을 모두 더한 다음 천으로 나눈다. 그게 바로 평균이다. 숫자들을 전부 더하는 식을 더 간단하게 쓸 수도 있다. E_1이 몇 번 나왔는지 세어서 그것을 N_1이라 하고, E_2가 나온 횟수는 N_2라고 하면 말이다. 그러면 에너지의 총 합은 다음과 같이 쓸 수 있다.

$$N_1 E_1 + N_2 E_2 + N_3 E_3 + \cdots = \sum_i N_i E_i$$

평균 에너지는 이 합을 전체 측정 횟수 혹은 N_i들의 총 합, 즉 N으로 나누면 된다.

$$E_{\text{av}} = \frac{\sum_i N_i E_i}{N} \qquad (20.12)$$

거의 다 왔다. 어떤 일이 일어날 확률이라 함은 그 일이 일어날 것이라 기대한 횟수를 전체 시행 횟수로 나눈 값이다. N이 매우 큰 경우 이 비율 N_i/N는 상태 $|\eta_i\rangle$를 발견할 확률 P_i에 매우 가까운 값이 되는데, 통계적인 요동(fluctuation) 때문에 정확히 똑같지는 않다. 평균 에너지의 예측치 (혹은 기대치)를 $\langle E \rangle_{\text{av}}$로 쓰자. 그러면

$$\langle E \rangle_{\text{av}} = \sum_i P_i E_i \qquad (20.13)$$

가 된다. 무엇을 측정하더라도 같은 방법으로 평균을 정의할 수 있다. 즉 측정값 A의 평균은

$$\langle A \rangle_{\text{av}} = \sum_i P_i A_i$$

인데, A_i는 측정 결과로 가능한 값들이며 P_i는 그 값을 얻을 확률을 뜻한다.

양자역학적인 상태 $|\psi\rangle$로 돌아가 보자. 평균 에너지는

$$\langle E \rangle_{\text{av}} = \sum_i |C_i|^2 E_i = \sum_i C_i^* C_i E_i \tag{20.14}$$

이다. 지금부터 요술을 좀 부릴 텐데 잘 보라! 먼저 합을

$$\sum_i \langle \psi | \eta_i \rangle E_i \langle \eta_i | \psi \rangle \tag{20.15}$$

와 같이 쓰자. 그 다음에 왼쪽 끝의 $\langle \psi |$를 공통의 인자로 보자. 이 인자를 합기호 밖으로 빼 내고 다음과 같이 쓰겠다.

$$\langle \psi | \left\{ \sum_i |\eta_i\rangle E_i \langle \eta_i | \psi \rangle \right\}$$

이 식은

$$\langle \psi | \phi \rangle$$

의 꼴인데 여기서 $|\phi\rangle$는

$$|\phi\rangle = \sum_i |\eta_i\rangle E_i \langle \eta_i | \psi \rangle \tag{20.16}$$

로 정의되는 뚝딱 만들어낸 상태이다. 즉 각각의 기반 상태 $|\eta_i\rangle$를 $E_i \langle \eta_i | \psi \rangle$만큼씩 가져와서 합친 상태라는 말이다.

이번엔 상태 $|\eta_i\rangle$의 의미를 살펴보자. 이들은 정상 상태로서

$$\hat{H} |\eta_i\rangle = E_i |\eta_i\rangle$$

가 성립하는 상태이다. E_i가 숫자에 불과하므로 우변은 $|\eta_i\rangle E_i$와 같고 식 (20.16)의 합은

$$\sum_i \hat{H} |\eta_i\rangle \langle \eta_i | \psi \rangle$$

와 같다. 그러면 1이 되는 그 유명한 조합 안에만 i가 들어 있으므로

$$\sum_i \hat{H} |\eta_i\rangle \langle \eta_i | \psi \rangle = \hat{H} \sum_i |\eta_i\rangle \langle \eta_i | \psi \rangle = \hat{H} |\psi\rangle$$

가 된다. 얍! 식 (20.16)은

$$|\phi\rangle = \hat{H} |\psi\rangle \tag{20.17}$$

와 똑같다. 즉 상태 $|\psi\rangle$의 평균 에너지는 깔끔하게

$$\langle E \rangle_{\text{av}} = \langle \psi | \hat{H} | \psi \rangle \tag{20.18}$$

로 쓸 수 있다. 평균 에너지를 얻기 위해서는 $\hat{H}$를 $|\psi\rangle$에 연산한 뒤에 $\langle \psi |$를 곱하면 되는 것이다. 얼마나 간단한가.

평균 에너지에 관한 새 식은 그냥 깔끔하기만 한 것은 아니다. 어느 기반 상태 집합을 썼는지 따로 표기할 필요가 없기 때문에 매우 쓸모 있기도 하다. 가능한 에너지 준위 전부를 알 필요조차 없다. 보통은 계산으로 무언가를 얻고 싶으

면 주어진 양자역학적 상태를 어떤 기반 상태의 집합을 써서 나타내야 하지만, 평균 에너지는 그 기반 상태 집합에 대한 해밀토니안 행렬 $\hat{H}$만 알고 있으면 구할 수 있다. 식 (20.18)을 보면 임의의 기반 상태 집합 $|i\rangle$에 대해 평균 에너지를

$$\langle E \rangle_{\text{av}} = \sum_{ij} \langle \psi | i \rangle \langle i | \hat{H} | j \rangle \langle j | \psi \rangle \qquad (20.19)$$

로 쓸 수 있는데, 여기서 확률 진폭 $\langle i | \hat{H} | j \rangle$가 행렬 H_{ij}의 원소이기 때문이다.

이 결과가 맞는지를 $|i\rangle$가 에너지가 정해진 상태인 특수한 경우를 써서 확인해 보자. 그러면 $\hat{H}|j\rangle = E_j |j\rangle$이고 $\langle i | \hat{H} | j \rangle = E_j \delta_{ij}$여서

$$\langle E \rangle_{\text{av}} = \sum_{ij} \langle \psi | i \rangle E_j \delta_{ij} \langle j | \psi \rangle = \sum_i E_i \langle \psi | i \rangle \langle i | \psi \rangle$$

가 되므로 맞는 식이다.

한 가지 덧붙이자면 식 (20.19)는 연산자로 나타낼 수 있는 다른 물리량 측정에도 쓸 수 있다. 가령 $\hat{L}_z$는 각운동량 L의 z축 성분을 구하는 연산자이다. 상태 $|\psi\rangle$의 z축 성분의 평균치는

$$\langle L_z \rangle_{\text{av}} = \langle \psi | \hat{L}_z | \psi \rangle$$

가 된다. 이를 증명하는 한 가지 방법으로 에너지가 각운동량에 비례하는 상황을 생각해 보면 된다. 그러면 위의 논리를 그대로 쓸 수 있다.

정리하면, 측정 가능한 물리량(physical observable) A가 어떤 양자역학적 연산자 $\hat{A}$와 관련이 있는 경우 상태 $|\psi\rangle$에 대한 A의 평균값은

$$\langle A \rangle_{\text{av}} = \langle \psi | \hat{A} | \psi \rangle \qquad (20.20)$$

가 된다. 그 말은

$$\langle A \rangle_{\text{av}} = \langle \psi | \phi \rangle \qquad (21.21)$$

라는 뜻인데 여기서

$$|\phi\rangle = \hat{A} | \psi \rangle \qquad (20.22)$$

이어야 한다.

20-3 원자의 평균 에너지

파동함수 $\psi(r)$로 기술되는 상태의 원자가 하나 있다. 어떻게 평균 에너지를 구할까? 상태 $|\psi\rangle$가 확률 진폭 $\langle x | \psi \rangle = \psi(x)$로 정의되는 1차원의 상황부터 생각해 보자. 식 (20.19)의 특수한 경우로 좌표계 표시법을 적용하자는 것이다. 예전부터 해 왔듯이 $|i\rangle$와 $|j\rangle$를 $|x\rangle$와 $|x'\rangle$으로 바꾸고 합 기호 대신 적분 기호를 쓰면

$$\langle E \rangle_{\text{av}} = \int \int \langle \psi \mid x \rangle \langle x \mid \hat{H} \mid x' \rangle \langle x' \mid \psi \rangle \, dx \, dx' \tag{20.23}$$

이 된다. 이는

$$\int \langle \psi \mid x \rangle \langle x \mid \phi \rangle \, dx \tag{20.24}$$

로 쓸 수 있는데 이때

$$\langle x \mid \phi \rangle = \int \langle x \mid \hat{H} \mid x' \rangle \langle x' \mid \psi \rangle \, dx' \tag{20.25}$$

이다. (20.25)에서의 x'에 대한 적분은 16장에서 배웠듯이 (식 (16.50)과 (16.52) 참고)

$$-\frac{\hbar^2}{2m} \frac{d^2}{dx^2} \psi(x) + V(x)\psi(x)$$

와 같다. 따라서 식 (20.25)를 다시 쓰면

$$\langle x \mid \phi \rangle = \left\{ -\frac{\hbar^2}{2m} \frac{d^2}{dx^2} + V(x) \right\} \psi(x) \tag{20.26}$$

이 된다.

$\langle \psi \mid x \rangle = \langle x \mid \psi \rangle^* = \psi^*(x)$의 관계로부터 식 (20.23)의 평균 에너지를

$$\langle E \rangle_{\text{av}} = \int \psi^*(x) \left\{ -\frac{\hbar^2}{2m} \frac{d^2}{dx^2} + V(x) \right\} \psi(x) \, dx \tag{20.27}$$

로 쓸 수 있겠다. 파동함수 $\psi(x)$를 알고 있으면 이 적분을 써서 평균 에너지를 구할 수 있다. 이쯤 되면 상태 벡터와 파동함수라는 두 개념 사이를 자유롭게 넘나드는 법에 대해 감이 잡히기 시작할 것이다.

식 (20.27)의 중괄호 안에 있는 식은 대수 연산자이다.* 이것을 다음과 같이 $\hat{\mathscr{H}}$로 쓴다.

$$\hat{\mathscr{H}} = -\frac{\hbar^2}{2m} \frac{d^2}{dx^2} + V(x)$$

이렇게 표기하면 식 (20.23)은

$$\langle E \rangle_{\text{av}} = \int \psi^*(x) \hat{\mathscr{H}} \psi(x) \, dx \tag{20.28}$$

가 된다.

여기서 $\hat{\mathscr{H}}$로 정의한 대수 연산자는 물론 양자역학적 연산자 $\hat{H}$와는 다르다. 새 연산자는 위치의 함수 $\psi(x) = \langle x \mid \psi \rangle$에 작용해서 x에 관한 새 함수 $\phi(x) = \langle x \mid \phi \rangle$를 만들어 내는 반면 $\hat{H}$는 특정 좌표계나 표시법에 관계없이 상태 벡터에 작용하여 $\mid \psi \rangle$를 다른 상태 벡터 $\mid \phi \rangle$로 만든다. 엄밀하게 말하면

---

* $V(x)$ 연산자는 $V(x)$를 곱하는 연산을 가리킨다.

좌표계 표시법을 써도 $\mathcal{H}$는 $\hat{H}$와 다르다. 좌표계를 쓰면 $\hat{H}$는 두 지표(index) x와 x'에 좌우되는 행렬 $\langle x \mid \hat{H} \mid x' \rangle$로 이해할 수 있다. 즉 식 (20.25)에서 보듯이 적분을 통해 $\langle x \mid \psi \rangle$와 $\langle x \mid \phi \rangle$를 연결해 주는 항이다. 그에 반해 $\mathcal{H}$는 미분 연산자일 뿐이다. $\langle x \mid \hat{H} \mid x' \rangle$와 $\mathcal{H}$의 관계에 대해서는 16-5절에서 이미 설명한 바 있다.

이상의 결과에 조건을 하나 달아야겠다. 지금까지는 확률 진폭 $\psi(x) = \langle x \mid \psi \rangle$가 규격화되어 있다고 가정했다. 그 말은

$$\int |\psi(x)|^2 \, dx = 1$$

이 되도록 축척이 정해져 있어서 어느 곳에선가 전자를 발견할 확률이 꼭 1이 된다는 뜻이다. 규격화하지 않은 파동함수를 쓰겠다면 평균 에너지를

$$\langle E \rangle_{\mathrm{av}} = \frac{\int \psi^*(x) \mathcal{H} \psi(x) dx}{\int \psi^*(x) \psi(x) dx} \tag{20.29}$$

로 써야 하는데, 식의 의미는 앞에서와 똑같다.

식 (20.28)과 (20.18)의 형태가 닮았음을 잘 보자. x표시법을 쓰다 보면 이 두 가지 방법이 자주 등장한다. 국소 연산자(local operator) $\hat{A}$의 경우에는 언제나 첫 번째 방법에서 두 번째 방법으로 옮겨 갈 수 있는데, 국소 연산자라 함은

$$\int \langle x \mid \hat{A} \mid x' \rangle \langle x' \mid \psi \rangle dx'$$

의 적분을 대수적 미분 연산자 $\hat{a}$를 이용하여 $\hat{a}\psi(x)$로 쓸 수 있는 경우를 말한다.

이상의 내용은 손쉽게 3차원으로 확장할 수 있다. 결과를 보여 주자면

$$\langle E \rangle_{\mathrm{av}} = \int \psi^*(\boldsymbol{r}) \mathcal{H} \psi(\boldsymbol{r}) d\mathrm{Vol} \tag{20.30}$$

이고* 여기서

$$\mathcal{H} = -\frac{\hbar}{2m} \nabla^2 + V(\boldsymbol{r}) \tag{20.31}$$

이며

$$\int |\psi|^2 d\mathrm{Vol} = 1 \tag{20.32}$$

이 성립하는 것으로 이해하는 것이다. 더 나아가 약간만 고치면 전자가 여럿 있

---

* dVol은 부피 요소(volume element)를 뜻한다. 이는 물론 $dxdydz$와 같으며, 적분 시 각 좌표는 전부 $-\infty$에서 $+\infty$까지 변한다.

는 계에 대해서도 비슷한 관계를 만들 수 있는데, 거기까지는 가지 않도록 하겠다.

식 (20.30)을 쓰면 원자의 에너지 준위를 몰라도 평균 에너지를 계산할 수 있다. 필요한 것은 오로지 파동함수뿐이다. 이건 매우 중요한 법칙이다. 이를 적용할 수 있는 좋은 예를 한 가지 들어 보겠다. 어떤 계, 예를 들어 헬륨 원자의 바닥 상태 에너지를 구하고 싶다고 하자. 하지만 변수가 너무 많아서 슈뢰딩거 방정식을 풀어 파동함수를 구하기는 대단히 복잡하고 어렵다. 대신에 아무 함수나 추측으로 골라서 평균 에너지를 계산한다. 즉 그 함수를 파동함수로 갖는 상태에 헬륨 원자가 있다고 하고 식 (20.29)를 3차원으로 일반화 시킨 뒤 평균 에너지를 계산한다. 바닥 상태의 에너지는 평균 에너지로 가능한 값들 중 최소치이므로 이 임의의 파동함수에 대한 평균 에너지는 분명히 진짜 바닥 상태의 에너지보다 높을 것이다.* 그럼 다른 함수를 새로 하나 골라서 평균 에너지를 구한다. 첫 번째 함수보다 평균에너지 값이 작게 나왔다면 바닥 상태 에너지에 가까워졌다는 뜻이다. 가상의 파동함수를 쓰는 이 작업을 계속 반복하면 에너지를 점점 낮추어 바닥 상태에서의 값에 조금씩 접근할 수 있다. 더 영리한 방법으로 변수를 여럿 넣은 함수를 쓸 수 있겠다. 그러면 평균 에너지가 이들 변수의 함수가 될 것이고 이 변수들을 바꿔 가며 가장 낮은 에너지를 찾는다면 수없이 많은 함수들을 단번에 넣어 보는 셈이 된다. 언젠가는 에너지를 더 낮추기가 매우 힘든 순간이 올 텐데, 그쯤 되면 최저 에너지에 거의 다 왔다고 확신해도 좋을 것이다. 헬륨 원자는 실제로 이 방법으로 풀었다. 즉 슈뢰딩거의 미분 방정식을 푼 것이 아니라 변수가 많은 특별한 함수를 하나 가정하고 최종적으로 이 변수들을 잘 조절해서 에너지의 최소값을 찾은 것이다.

20-4 위치 연산자

원자 내 전자 위치의 평균값은 얼마일까? 어떤 상태 $|\psi\rangle$에 대한 좌표 x의 평균값은 얼마가 될까? 1차원만 고려하겠는데, 3차원 및 입자가 여럿인 계로 확장하는 일은 여러분 몫으로 남겨 두겠다. 파동함수가 $\psi(x)$인 상태가 있어서 x를 계속해서 재고 또 재 보자. 평균은 얼마일까? 바로

$$\int x P(x)\,dx$$

인데 여기서 $P(x)dx$는 전자를 x근처의 작은 구간 dx에서 발견할 확률이다. 확률밀도 $P(x)$가 그림 20-1처럼 변한다고 해 보자. 그러면 곡선이 가장 높은 지점 근처에서 전자를 발견할 가능성이 제일 크다. 즉 x의 평균값은 정점 근처 어딘가가 될 것이다. 실은 곡선 아래 면적의 무게중심이다.

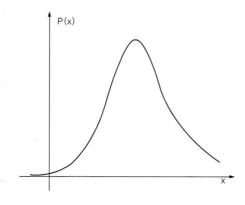

그림 20-1 한 곳에 몰려 있는(localized) 입자를 나타내는 확률밀도 곡선

---

* 이렇게 생각할 수도 있다. 어떤 함수(즉 상태)라도 에너지가 정해진 고유 상태들의 선형 조합으로 나타낼 수 있다. 이 조합에는 에너지가 가장 낮은 상태와 그보다 높은 에너지를 갖는 상태들이 뒤섞여 있으므로 평균 에너지는 바닥 상태의 에너지보다 높을 것이다.

$P(x)$가 $|\psi(x)|^2 = \psi^*(x)\psi(x)$와 같으므로 x의 평균값은 아래와 같이 쓸 수 있다.

$$\langle x \rangle_{\text{av}} = \int \psi^*(x) x \psi(x) dx \qquad (20.33)$$

이 식은 (20.28)과 똑같이 생겼다. 평균 에너지를 구하려면 두 ψ 사이에 에너지 연산자 $\hat{\mathcal{H}}$를 넣고 평균 위치를 구하려면 x를 넣으면 되는 것이다. (x를 'x를 곱하라'는 대수 연산자로 보아도 좋다.) 둘 사이의 닮은 점을 계속 비교해 보자. 위치의 평균값을 식 (20.18)의 형태를 따라

$$\langle x \rangle_{\text{av}} = \langle \psi \mid \alpha \rangle \qquad (20.34)$$

및

$$| \alpha \rangle = \hat{x} | \psi \rangle \qquad (20.35)$$

로 쓴 다음 상태 $|\alpha\rangle$를 만드는 연산자 $\hat{x}$를 찾을 수 있는지 보겠다. 찾을 수만 있다면 식 (20.34)는 (20.33)과 똑같다. 그 말은

$$\langle \psi \mid \alpha \rangle = \langle x \rangle_{\text{av}} = \int \langle \psi \mid x \rangle x \langle x \mid \psi \rangle dx \qquad (20.36)$$

가 성립하는 $|\alpha\rangle$를 찾아야 한다는 뜻이다. 우선 $\langle \psi \mid \alpha \rangle$를 x표시법을 써서 확장해 보자. 그러면

$$\langle \psi \mid \alpha \rangle = \int \langle \psi \mid x \rangle \langle x \mid \alpha \rangle dx \qquad (20.37)$$

가 된다. 식 (20.36)과 (20.37)의 적분을 비교하면 x표시법 하에서

$$\langle x \mid \alpha \rangle = x \langle x \mid \psi \rangle \qquad (20.38)$$

가 됨을 알 수 있다. 즉 $|\psi\rangle$에 $\hat{x}$ 연산을 하여 $|\alpha\rangle$를 얻는 것은 $\psi(x) = \langle x \mid \psi \rangle$에 x를 곱하여 $\alpha(x) = \langle x \mid \alpha \rangle$를 얻는 것과 같다. 이것이 좌표계 표시법 하에서 $\hat{x}$ 연산자의 정의이다.*

[$\hat{x}$ 연산자를 x표시법 하에서 행렬로 써 보진 않았지만, 좀 더 알고 싶다면

$$\langle x \mid \hat{x} \mid x' \rangle = x \delta(x - x') \qquad (20.39)$$

이 됨을 보일 수 있다. 그러면

$$\hat{x} | x \rangle = x | x \rangle \qquad (20.40)$$

라는 희한한 결과가 나온다. 이것을 말로 풀어 보면 $\hat{x}$를 기반 상태 $|x\rangle$에 연산하면 이 상태에 x를 곱한 결과와 같아진다는 뜻이다.]

---

* 식 (20.38)을 $|\alpha\rangle = x|\psi\rangle$로 이해하면 안 된다. 인수분해하여 $\langle x|$만 앞으로 뺄 수는 없는데, $\langle x|\psi\rangle$의 앞에 곱한 x값이 $\langle x|$마다 다르기 때문이다. 이 x값은 전자가 상태 $|x\rangle$에 있을 때의 좌표이다.

x^2의 평균을 알고 싶다면?

$$\langle x^2 \rangle_{av} = \int \psi^*(x) x^2 \psi(x) dx \tag{20.41}$$

로 계산하면 된다. 혹은

$$\langle x^2 \rangle_{av} = \langle \psi \mid \alpha' \rangle$$

과

$$\mid \alpha' \rangle = \hat{x}^2 \mid \psi \rangle \tag{20.42}$$

를 써서 계산해도 되겠다. $\hat{x}^2$은 $\hat{x}\hat{x}$, 즉 연산자를 두 번 연달아 씀을 뜻한다. 두 번째 방식으로 하면 $\langle x^2 \rangle_{av}$를 어떤 표시법(기반 상태 집합)을 쓰더라도 계산할 수 있다. x^n의 평균 혹은 x에 관한 임의의 다항식의 평균값도 같은 방법으로 구하면 된다.

20-5 운동량 연산자

이번엔 전자 운동량의 평균값을 계산해 보자. 여기서도 1차원에서만 생각해 보자. 운동량의 측정값이 p와 $p + dp$ 사이일 확률을 $P(p)dp$라고 하면

$$\langle p \rangle_{av} = \int p\, P(p) dp \tag{20.43}$$

가 된다. 상태 $\mid \psi \rangle$가 운동량이 정해진 상태 $\mid p \rangle$에 있을 확률 진폭을 $\langle p \mid \psi \rangle$라 하자. 이는 16-3절에서 $\langle \text{mom}\ p \mid \psi \rangle$라고 썼던 확률 진폭과 같으며, $\langle x \mid \psi \rangle$가 x의 함수인 것처럼 p의 함수이다. 그때

$$P(p) = \frac{1}{2\pi\hbar} \mid \langle p \mid \psi \rangle \mid^2 \tag{20.44}$$

이 되도록 규격화했다. 그러면

$$\langle p \rangle_{av} = \int \langle \psi \mid p \rangle p \langle p \mid \psi \rangle \frac{dp}{2\pi\hbar} \tag{20.45}$$

가 되는데, $\langle x \rangle_{av}$ 식과 매우 비슷하다.

$\langle x \rangle_{av}$에서 했던 것과 똑같은 일을 해 보자. 먼저 위의 적분을

$$\int \langle \psi \mid p \rangle \langle p \mid \beta \rangle \frac{dp}{2\pi\hbar} \tag{20.46}$$

로 쓰자. 이 식이 확률 진폭 $\langle \psi \mid \beta \rangle$을 운동량이 정해진 기반 상태를 써서 확장한 것임을 알아볼 수 있을 것이다. 식 (20.45)와 비교해 보면 $\mid \beta \rangle$가 운동량 표시법 하에서

$$\langle p \mid \beta \rangle = p\langle p \mid \psi \rangle \tag{20.47}$$

로 정의됨을 알 수 있다. 즉

$$\langle p \rangle_{av} = \langle \psi \mid \beta \rangle \tag{20.48}$$

및

$$| \beta \rangle = \hat{p} | \psi \rangle \qquad (20.49)$$

로 쓸 수 있는데, $\hat{p}$는 식 (20.47)에서 p표시법을 써서 정의한 연산자다.

[여기서도 $\hat{p}$를 행렬을 써서 나타내면

$$\langle p | \hat{p} | p' \rangle = p \delta(p - p') \qquad (20.50)$$

이고

$$\hat{p} | p \rangle = p | p \rangle \qquad (20.51)$$

이 됨을 보일 수 있다. x의 경우와 똑같다.]

그러면 한 가지 의문이 든다. $\langle p \rangle_{\text{av}}$는 식 (20.45) 혹은 (20.48)로 쓸 수 있다. 또한 운동량 표시법을 썼을 때 $\hat{p}$가 무엇을 뜻하는지 우리는 잘 알고 있다. 그러면 좌표 표시법으로는 $\hat{p}$를 어떻게 해석해야 하는가? 파동함수 $\psi(x)$의 평균 운동량을 계산하고자 한다면 이 점을 알고 있어야 한다. 알고 싶은 게 무엇인지 분명하게 정리하자. 식 (20.48)을 p표시법으로 확장하면 식 (20.46)이 된다. 운동량을 써서 나타낸 상태의 식, 즉 p의 함수인 확률 진폭 $\langle p | \psi \rangle$을 알고 있으면 식 (20.47)로부터 $\langle p | \beta \rangle$를 구하고 적분을 하면 된다. 그러면 질문이 이렇게 되겠다. 어떤 상태를 x표시법으로 나타낸 식을 알고 있을 때, 즉 파동함수 $\psi(x) = \langle x | \psi \rangle$를 아는 경우에는 어떻게 해야 운동량의 평균값을 구할 수 있는가?

식 (20.48)을 x표시법으로 확장해 보자. 그러면

$$\langle p \rangle_{\text{av}} = \int \langle \psi | x \rangle \langle x | \beta \rangle \, dx \qquad (20.52)$$

가 된다. 여기서 상태 $| \beta \rangle$를 x표시법으로 나타내면 어떻게 되는지 알아야 한다. 그것만 알면 적분을 할 수 있으니까 말이다. 따라서 지금 문제는 함수 $\beta(x) = \langle x | \beta \rangle$를 구하는 일이다.

이렇게 하면 찾을 수 있다. 16-3절에서 $\langle p | \beta \rangle$와 $\langle x | \beta \rangle$ 사이의 관계를 배웠다. 식 (16.24)에 의하면

$$\langle p | \beta \rangle = \int e^{-ipx/\hbar} \langle x | \beta \rangle \, dx \qquad (20.53)$$

이다. 즉 $\langle p | \beta \rangle$를 알면 이 식을 풀어 $\langle x | \beta \rangle$를 구할 수 있다. 물론 우리가 원하는 바는 어떻게든 최종 결과를 이미 알고 있는 $\psi(x) = \langle x | \psi \rangle$를 써서 나타내는 것이다. 식 (20.47)에 한 번 더 식 (16.24)를 쓰면

$$\langle p | \beta \rangle = p \langle p | \psi \rangle = p \int e^{-ipx/\hbar} \psi(x) \, dx \qquad (20.54)$$

가 된다. 이는 x에 대한 적분이므로 p를 적분기호 안으로 넣으면

$$\langle p | \beta \rangle = \int e^{-ipx/\hbar} p \psi(x) \, dx \qquad (20.55)$$

로 쓸 수 있다. 이것을 (20.53)과 비교해 보면 $\langle x \mid \beta \rangle$가 $p\psi(x)$와 같다고 말할지도 모르겠다. 하지만 틀렸다. 파동함수 $\langle x \mid \beta \rangle = \beta(x)$는 x의 함수일 뿐 p와는 관계가 없다. 이것이 문제다.

그런데 어떤 똑똑한 사람이 (20.55)를 부분적분할 수 있음을 알아냈다. $e^{-ipx/\hbar}$를 x에 관해 미분하면 $(-i/\hbar)pe^{-ipx/\hbar}$니까 (20.55)의 적분은

$$-\frac{\hbar}{i} \int \frac{d}{dx} (e^{-ipx/\hbar})\psi(x)dx$$

가 된다. 이를 부분적분 하면

$$-\frac{\hbar}{i} \left[(e^{-ipx/\hbar})\psi(x) \right]_{-\infty}^{+\infty} + \frac{\hbar}{i} \int e^{-ipx/\hbar} \frac{d\psi}{dx} dx$$

이다. 구속 상태, 즉 $x = \pm\infty$에서 0이 되는 상태만을 고려하기로 하면 대괄호 안의 항이 0이 되어

$$\langle p \mid \beta \rangle = \frac{\hbar}{i} \int e^{-ipx/\hbar} \frac{d\psi}{dx} dx \qquad (20.56)$$

가 된다. 이제는 식 (20.53)과 비교할 수 있다.

$$\langle x \mid \beta \rangle = \frac{\hbar}{i} \frac{d}{dx} \psi(x) \qquad (20.57)$$

이다. 식 (20.52)를 완성하는 데 필요한 것들이 모두 손에 들어왔다. 답은

$$\langle p \rangle_{\text{av}} = \int \psi^*(x) \frac{\hbar}{i} \frac{d}{dx} \psi(x) dx \qquad (20.58)$$

이다. 식 (20.48)이 좌표계 표시법으로는 어떻게 되는지 찾은 것이다.

그럼 이제 슬슬 재미난 패턴이 보이기 시작할 것이다. 상태 $\mid \psi \rangle$의 평균 에너지가

$$\mid \phi \rangle = \hat{H} \mid \psi \rangle \text{일 때} \qquad \langle E \rangle_{\text{av}} = \langle \psi \mid \phi \rangle$$

라고 한 바 있다. 같은 식을 좌표계에서 써 보면

$$\phi(x) = \hat{\mathscr{H}} \psi(x) \text{에 대해서} \qquad \langle E \rangle_{\text{av}} = \int \psi^*(x)\phi(x)dx$$

가 된다. 여기서 $\hat{\mathscr{H}}$는 x의 함수에 쓰는 대수적 연산자이다. x의 평균값은

$$\mid \alpha \rangle = \hat{x} \mid \psi \rangle \text{일 때} \qquad \langle x \rangle_{\text{av}} = \langle \psi \mid \alpha \rangle$$

였고 좌표계에서는

$$\alpha(x) = x\psi(x) \text{에 대해서} \qquad \langle x \rangle_{\text{av}} = \int \psi^*(x)\alpha(x)dx$$

가 된다. 마찬가지로 p의 평균값은

$$\mid \beta \rangle = \hat{p} \mid \psi \rangle \text{일 때} \qquad \langle p \rangle_{\text{av}} = \langle \psi \mid \beta \rangle$$

표 20-1

물리량	연산자	좌표계 형식
에너지	$\hat{H}$	$\widehat{\mathscr{H}} = -\dfrac{\hbar^2}{2m}\nabla^2 + V(r)$
위치	$\hat{x}$	x
	$\hat{y}$	y
	$\hat{z}$	z
운동량	$\hat{p}_x$	$\widehat{\mathscr{P}}_x = \dfrac{\hbar}{i}\,\dfrac{\partial}{\partial x}$
	$\hat{p}_y$	$\widehat{\mathscr{P}}_y = \dfrac{\hbar}{i}\,\dfrac{\partial}{\partial y}$
	$\hat{p}_z$	$\widehat{\mathscr{P}}_z = \dfrac{\hbar}{i}\,\dfrac{\partial}{\partial x}$

로 썼는데, 좌표계에서는

$$\beta(x) = \frac{\hbar}{i}\,\frac{d}{dx}\,\psi(x) \text{에 대해서} \quad \langle p \rangle_{\text{av}} = \int \psi^*(x)\beta(x)\,dx$$

가 된다. 위의 세 경우 모두 우선 상태 $|\psi\rangle$를 양자역학적 연산자를 통해 다른 상태로 만들고 그다음으로 좌표계 표시법에서 상태를 나타내는 파동함수에 대수 연산을 하여 나중 상태에 해당하는 함수를 만들었다. 이들 간에는 다음과 같이 (일차원에서의) 일대일 대응 관계가 성립한다.

$$\hat{H} \rightarrow \widehat{\mathscr{H}} = -\frac{\hbar^2}{2m}\frac{d^2}{dx^2} + V(x)$$
$$\hat{x} \rightarrow x \tag{20.59}$$
$$\hat{p}_x \rightarrow \widehat{\mathscr{P}}_x = \frac{\hbar}{i}\,\frac{\partial}{\partial x}$$

마지막 식에서 대수 연산자 $(\hbar/i)\partial/\partial x$를 뜻하는 기호 $\widehat{\mathscr{P}}_x$를 도입하였다. 즉

$$\widehat{\mathscr{P}}_x = \frac{\hbar}{i}\,\frac{\partial}{\partial x} \tag{20.60}$$

이며, $\mathscr{P}$에 첨자 x를 넣은 것은 운동량의 x성분만을 보고 있음을 표시하려고 한 것이다.

이 결과도 손쉽게 삼차원으로 확장할 수 있다. 운동량의 다른 축 성분은

$$\hat{p}_y \rightarrow \widehat{\mathscr{P}}_y = \frac{\hbar}{i}\,\frac{\partial}{\partial y}$$
$$\hat{p}_z \rightarrow \widehat{\mathscr{P}}_z = \frac{\hbar}{i}\,\frac{\partial}{\partial z}$$

가 된다. 단위 벡터 e_x, e_y, e_z를 써서 셋을 하나로 모아 벡터 운동량의 연산자를 다음과 같이 정의할 수도 있겠다.

$$\hat{p} \rightarrow \widehat{\mathscr{P}} = \frac{\hbar}{i}\left(e_x\frac{\partial}{\partial x} + e_y\frac{\partial}{\partial y} + e_z\frac{\partial}{\partial z}\right)$$

이를

$$\hat{\boldsymbol{p}} \rightarrow \hat{\boldsymbol{\mathscr{P}}} = \frac{\hbar}{i}\, \nabla \tag{20.61}$$

로 쓰면 훨씬 깔끔해진다.

　지금까지의 결과를 종합하면, 최소한 몇몇 양자역학적 연산자의 경우 그에 대응하는 좌표계에서의 대수 연산자를 찾을 수 있었다. 3차원에서의 이들 대응 관계를 표 20-1에 정리해 놓았다. 연산자별로 다음 두 가지 방법이 가능하다.*

$$|\phi\rangle = \hat{A}\,|\psi\rangle \tag{20.62}$$

또는

$$\phi(\boldsymbol{r}) = \hat{a}\psi(\boldsymbol{r}) \tag{20.63}$$

이다.

　이 개념들이 쓰이는 예를 몇 가지 들어 보자. 첫 번째는 $\hat{\boldsymbol{\mathscr{P}}}$와 $\hat{\mathscr{H}}$ 사이의 관계이다. $\hat{\mathscr{P}}_x$를 두 번 쓰면

$$\hat{\mathscr{P}}_x\hat{\mathscr{P}}_x = -\,\hbar^2\,\frac{\partial^2}{\partial x^2}$$

이 되는데, 이를 이용하면

$$\hat{\mathscr{H}} = \frac{1}{2m}\,\{\hat{\mathscr{P}}_x\hat{\mathscr{P}}_x + \hat{\mathscr{P}}_y\hat{\mathscr{P}}_y + \hat{\mathscr{P}}_z\hat{\mathscr{P}}_z\} + V(\boldsymbol{r})$$

의 관계를 얻는다. 혹은 벡터 기호를 쓰면

$$\hat{\mathscr{H}} = \frac{1}{2m}\,\hat{\boldsymbol{\mathscr{P}}} \cdot \hat{\boldsymbol{\mathscr{P}}} + V(\boldsymbol{r}) \tag{20.64}$$

이다. (대수 연산자의 경우 연산자 기호(^)가 없는 항은 그냥 곱하면 된다.) 이 식이 특히 좋은 점은 고전역학에서와 똑같이 생겼다는 것이다. 총 에너지가 (상대론적이지 않은 경우의) 운동 에너지 $p^2/2m$ 더하기 위치 에너지이며 $\hat{\mathscr{H}}$가 총 에너지 연산자임은 다들 알고 있으니까 말이다.

　이 멋진 결과가 사람들을 사로잡은 나머지 다들 양자역학보다 고전역학을 먼저 가르치려 든다. (우리 생각은 다르다!) 여기에는 맹점이 있는데, 하나만 예를 들자면 양자역학적 연산자들의 경우 그들 간 순서가 매우 중요하지만 고전역학의 항들은 그렇지 않다는 것이다.

　17장에서 작은 변위 δ에 대해 변위 연산자 $\hat{D}_x$를 써서

$$|\psi'\rangle = \hat{D}_x(\delta)\,|\psi\rangle = \left(1 + \frac{i}{\hbar}\,\hat{p}_x\delta\right)|\psi\rangle \tag{20.65}$$

---

* 다수의 책에서 $\hat{A}$와 $\hat{a}$에 같은 기호를 쓰는데, 이는 물리적으로 동일한 연산이니 같은 문자를 쓰는 편이 편하기 때문이다. 둘 중 어느 쪽을 뜻하는지는 대개 문맥상 분명하다.

로 연산자 $\hat{p}$를 정의하였다[(17.27)식 참고]. 이제 이 식이 운동량 연산자의 새 정의와 동일함을 보여야겠다. 좀 전에 배운 결과를 쓰면 위의 식은

$$\psi'(x) = \psi(x) + \frac{\partial \psi}{\partial x} \delta$$

가 된다. 이 식의 우변은 $\psi(x + \delta)$를 테일러 전개한 식에 불과한데, 즉 주어진 상태를 왼쪽으로 (혹은 좌표계를 오른쪽으로 같은 양만큼) 옮긴 상태인 것이다. 따라서 두 정의가 일치한다.

이 사실을 이용하여 한 가지만 더 보이자. 어떤 복잡한 계 안에 입자들이 무척 많이 있어서 그들에 1, 2, 3, …으로 번호를 매겨 두자. (식이 복잡해지지 않도록 계속 일차원에서 생각하자.) 이 상태를 나타내는 파동함수는 각 좌표 x_1, x_2, x_3, … 모두의 함수이다. 이를 $\psi(x_1, x_2, x_3, \cdots)$로 쓰자. 그러고 나서 계 전체를 왼쪽으로 δ만큼 옮기자. 그러면 새 파동함수

$$\psi'(x_1, x_2, x_3, \cdots) = \psi(x_1 + \delta, x_2 + \delta, x_3 + \delta, \cdots)$$

를

$$\psi'(x_1, x_2, x_3, \cdots) = \psi(x_1, x_2, x_3, \cdots) + \left\{ \delta \frac{\partial \psi}{\partial x_1} + \delta \frac{\partial \psi}{\partial x_2} + \delta \frac{\partial \psi}{\partial x_3} \right\} + \cdots \quad (20.66)$$

로 쓸 수 있다. 식 (20.65)와 비교해 보면 상태 $|\psi\rangle$의 운동량 연산자는 (총 운동량이라고 부르자)

$$\hat{\mathscr{P}}_{\text{total}} = \frac{\hbar}{i} \left\{ \frac{\partial}{\partial x_1} + \frac{\partial}{\partial x_2} + \frac{\partial}{\partial x_3} + \cdots \right\}$$

가 되는데, 이는 바로

$$\hat{\mathscr{P}}_{\text{total}} = \hat{\mathscr{P}}_{x_1} + \hat{\mathscr{P}}_{x_2} + \hat{\mathscr{P}}_{x_3} + \cdots \quad (20.67)$$

와 같다. 운동량 연산자는 각 부분의 운동량을 다 더한 것이 전체 운동량이 된다는 규칙을 따른다. 이렇게 하여 모든 것이 서로 잘 들어맞으며, 또한 지금까지 이야기한 많은 것들이 일관성을 갖는다.

20-6 각운동량

말이 나온 김에 궤도 각운동량(orbital angular momentum)을 구하는 연산 하나만 더 보도록 하자. 17장에서 연산자 $\hat{J}_z$를 z축에 대해 φ만큼 돌리는 연산자 $\hat{R}_z(\varphi)$를 써서 정의했다. 여기서는 좌표만의 함수인 파동함수 $\psi(\mathbf{r})$로 온전히 나타낼 수 있는 계를 고려하는데, 전자에 위나 아래 방향의 스핀이 있다는 사실은 염두에 두지 않도록 하자. 즉 당분간 고유 각운동량(intrinsic angular momentum)은 무시하고 궤도 부분만 생각하겠다. 구분을 명확히 하기 위해 궤도 각운동량 연산자 $\hat{L}_z$를 무한히 작은 각 ϵ에 대한 회전 연산자를 써서 다음과 같이 정의하자.

$$\hat{R}_z(\epsilon) \mid \psi\rangle = \left(1 + \frac{i}{\hbar} \, \epsilon \, \hat{L}_z\right) \mid \psi\rangle$$

(이 정의는 내부 스핀에 관한 변수 없이 좌표 $r = (x, \, y, \, z)$만의 함수인 상태 $\mid \psi\rangle$에만 쓸 수 있음을 잊지 말자.) z축을 중심으로 작은 각 ϵ만큼 돌린 새 좌표계에서는 상태 $\mid \psi\rangle$가

$$\mid \psi'\rangle = \hat{R}_z(\epsilon) \mid \psi\rangle$$

의 상태로 보인다.

상태 $\mid \psi\rangle$를 좌표계 표시법으로 나타내기로 한다면, 즉 파동함수 $\psi(r)$로 표시한다면

$$\psi'(r) = \left(1 + \frac{i}{\hbar} \, \epsilon \, \hat{\mathscr{L}}_z\right) \psi(r) \tag{20.68}$$

라고 쓸 수 있을 것이다. $\hat{\mathscr{L}}_z$는 무엇인가? 음, 새 좌표계에서 $(x, \, y)$에 있는 점 P는(정확히는 $(x', \, y')$이지만, 프라임을 떼자) 그림 20-2에서 보듯이 원래는 $(x - \epsilon y, \, y + \epsilon x)$에 있었다. 전자를 P에서 발견할 확률 진폭은 좌표계를 돌려도 달라지지 않으므로

$$\psi'(x, \, y, \, z) = \psi(x - \epsilon y, \, y + \epsilon x, \, z) = \psi(x, \, y, \, z) - \epsilon y \, \frac{\partial \psi}{\partial x} + \epsilon x \, \frac{\partial \psi}{\partial y}$$

라고 쓸 수 있다. (ϵ이 작은 각이기 때문이다.) 즉

$$\hat{\mathscr{L}}_z = \frac{\hbar}{i} \left(x \, \frac{\partial}{\partial y} - y \, \frac{\partial}{\partial x}\right) \tag{20.69}$$

라는 말이다. 이게 답이다. 하지만 잘 보자. 이는

$$\hat{\mathscr{L}}_z = x \hat{\mathscr{P}}_y - y \hat{\mathscr{P}}_x \tag{20.70}$$

와 같다. 양자역학적 연산자로 돌아가 보면 이를

$$\hat{L}_z = x \hat{\mathscr{P}}_y - y \hat{\mathscr{P}}_x \tag{20.71}$$

로 쓸 수 있다. 이 공식도 고전역학에서와 똑같이 생겼기 때문에 외우기 쉽다. 즉

$$L = r \times p \tag{20.72}$$

의 z방향 성분인 것이다.

연산자들을 취급하는 데 있어서 한 가지 재미있는 건 고전역학에서의 공식 상당수를 그 꼴 그대로 양자역학으로 갖고 올 수 있다는 점이다. 그렇지 않은 경우는 뭐가 있을까? 한두 가지쯤은 안 그런 경우가 있었으면 차라리 좋겠는데, 안 그랬다간 양자역학과 고전역학이 아무 차이가 없을 테니까 말이다. 혹은 양자역학을 통해서 새로 알게 되는 물리법칙이 전혀 없을 테니 말이다. 고전역학과 양자역학에서 서로 다른 식 하나만 보자. 고전역학에서는

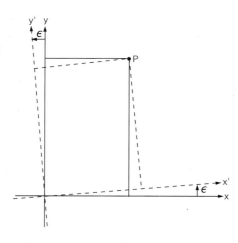

그림 20-2 좌표계를 z축을 중심으로 작은 각 ϵ만큼 회전하였다.

$$xp_x - p_x x = 0$$

이다. 양자역학에서는 어떻게 될까?

$$\hat{x}\hat{p}_x - \hat{p}_x\hat{x} = ?$$

좌표 표시법으로 더 자세히 써 보자. 파동함수 $\psi(x)$를 넣어 보면 그 뜻이 더 분명해지는데, 즉

$$x\hat{\mathscr{P}}_x\psi(x) - \hat{\mathscr{P}}_x x\psi(x)$$

혹은

$$x\frac{\hbar}{i}\frac{\partial}{\partial x}\psi(x) - \frac{\hbar}{i}\frac{\partial}{\partial x}x\psi(x)$$

가 된다. 미분은 그보다 오른쪽에 있는 항 전부에 작용하므로

$$x\frac{\hbar}{i}\frac{\partial\psi}{\partial x} - \frac{\hbar}{i}\psi(x) - \frac{\hbar}{i}x\frac{\partial\psi}{\partial x} = -\frac{\hbar}{i}\psi(x) \tag{20.73}$$

가 나온다. 즉 결과가 0이 아닌 것이다. 연산 전체가 결국은 $-\hbar/i$를 곱하는 것과 같아졌다. 이를 다시 쓰면

$$\hat{x}\hat{p}_x - \hat{p}_x\hat{x} = -\frac{\hbar}{i} \tag{20.74}$$

가 되므로 플랑크 상수가 0이라면 고전역학과 양자역학이 똑같아져서 양자역학이라는 것 자체가 존재하지 않는 셈이 된다.

한 가지 덧붙이자면, 어떤 두 연산자 $\hat{A}$, $\hat{B}$를

$$\hat{A}\hat{B} - \hat{B}\hat{A}$$

의 형태로 묶었는데 그 결과가 0이 아니면 '두 연산자는 교환이 불가능하다 (operators do not commute)'고 하며 (20.74) 등의 식을 교환관계 규칙 (commutation rule)이라고 부른다. 예를 들어 $\hat{p}_x$와 $\hat{y}$ 사이의 교환관계 규칙이

$$\hat{p}_x\hat{y} - \hat{y}\hat{p}_x = 0$$

이 됨을 쉽게 알 수 있다.

각운동량과 관련하여 매우 중요한 교환관계 규칙이 또 있는데 바로

$$\hat{L}_x\hat{L}_y - \hat{L}_y\hat{L}_x = i\hbar\hat{L}_z \tag{20.75}$$

이다. 연습 삼아 $\hat{x}$와 $\hat{p}$를 써서 직접 증명해 보길 바란다.

고전역학에도 교환이 불가능한 연산자들이 있다. 공간상의 회전에서 이미 본 적이 있다. 책 등을 x축 중심으로 90° 돌리고 나서 y축 중심으로 90° 돌린 결과는 y축 중심으로 90° 먼저 돌리고 나서 x축 중심으로 90° 돌린 결과와 다르다는 것이었다. 실은 공간의 이런 성질 때문에 식 (20.75)가 성립하는 것이다.

20-7 평균값의 시간에 따른 변화

이번엔 좀 다른 것을 보여 주고 싶다. 시간이 흐름에 따라 평균값은 어떻게 변할까? 당분간은 연산자 $\hat{A}$에 겉으로 명백하게 드러나는 시간 항이 들어 있지 않다고 가정하자. $\hat{x}$나 $\hat{p}$ 연산자를 보자. ($V(x, t)$ 등으로 시간에 따라 변하는 외부 퍼텐셜 연산자 등은 제외한다.) 어떤 상태 $|\psi\rangle$에 대해 $\langle A \rangle_{\mathrm{av}}$를 계산해 보자.

$$\langle A \rangle_{\mathrm{av}} = \langle \psi | \hat{A} | \psi \rangle \tag{20.76}$$

로 말이다. 이 값은 시간에 따라 어떻게 변할까? 왜 변해야 할까? $V(x, t)$처럼 연산자 자체가 시간의 함수이기 때문일 수 있다. 하지만 $\hat{x}$와 같이 시간에 따라 변하지 않는 연산자의 경우에도 그 평균값은 시간에 따라 변할 수 있다. 평균적인 위치가 변하는 일이 분명히 가능하다는 말이다. $\hat{A}$에 시간 성분이 없는데 대체 식 (20.76)의 어디에서 그런 움직임이 나오는 걸까? 상태 $|\psi\rangle$가 변하면 된다. 비정상 상태(non stationary state)의 경우 $|\psi(t)\rangle$의 형태로 상태의 시간 변화를 분명하게 드러낸 적이 몇 번 있었다. 여기서는 $\langle A \rangle_{\mathrm{av}}$의 변화율을 $\dot{\hat{A}}$라는 새 연산자로 나타낼 수 있음을 보이고자 한다. 주의할 점이 있는데, $\hat{A}$가 연산자이므로 A 위에 점을 찍는다고 해서 시간 미분을 취한다는 뜻은 아니다.

$$\frac{d}{dt} \langle A \rangle_{\mathrm{av}} = \langle \psi | \dot{\hat{A}} | \psi \rangle \tag{20.77}$$

이 자체를 새로운 연산자 $\dot{\hat{A}}$의 정의로 받아들여야 한다. $\dot{\hat{A}}$를 구해 보자.

상태의 변화율은 해밀토니안을 써서 나타낼 수 있다. 즉

$$i\hbar \frac{d}{dt} | \psi(t) \rangle = \hat{H} | \psi(t) \rangle \tag{20.78}$$

이다. 이는 해밀토니안의 원래 정의

$$i\hbar \frac{dC_i}{dt} = \sum_j H_{ij} C_j \tag{20.79}$$

를 추상적으로 쓴 것에 불과하다. 식 (20.78)의 복소공액을 취하면

$$-i\hbar \frac{d}{dt} \langle \psi(t) | = \langle \psi(t) | \hat{H} \tag{20.80}$$

와 같다. 이번엔 식 (20.76)을 시간에 대해 미분하면 뭐가 되는지 보자. ψ가 시간에 따라 변하므로

$$\frac{d}{dt} \langle A \rangle_{\mathrm{av}} = \left(\frac{d}{dt} \langle \psi | \right) \hat{A} | \psi \rangle + \langle \psi | \hat{A} \left(\frac{d}{dt} | \psi \rangle \right) \tag{20.81}$$

가 된다. 마지막으로 식 (20.78)과 (20.80)을 이용하여 괄호 안의 미분을 고쳐 쓰면

$$\frac{d}{dt}\langle A\rangle_{\text{av}} = \frac{i}{\hbar}\{\langle\psi\mid\hat{H}\hat{A}\mid\psi\rangle - \langle\psi\mid\hat{A}\hat{H}\mid\psi\rangle\}$$

이다. 이 식은

$$\frac{d}{dt}\langle A\rangle_{\text{av}} = \frac{i}{\hbar}\{\langle\psi\mid\hat{H}\hat{A} - \hat{A}\hat{H}\mid\psi\rangle\}$$

와 같은데, 이를 식 (20.77)과 비교하면

$$\dot{\hat{A}} = \frac{i}{\hbar}(\hat{H}\hat{A} - \hat{A}\hat{H}) \tag{20.82}$$

가 됨을 알 수 있다. 재미있는 결과인데, 어떤 연산자 $\hat{A}$에 대해서도 성립한다.

하나 덧붙이자면 연산자 $\hat{A}$ 자체도 시간에 따라 변하는 경우에는 다음과 같은 결과가 나온다.

$$\dot{\hat{A}} = \frac{i}{\hbar}(\hat{H}\hat{A} - \hat{A}\hat{H}) + \frac{\partial\hat{A}}{\partial t} \tag{20.83}$$

식 (20.82)를 실제 사례에 적용해서 정말 맞는 식인지 보도록 하자. 가령 $\dot{\hat{x}}$는 어떤 연산자가 될까? 당연히

$$\dot{\hat{x}} = \frac{i}{\hbar}(\hat{H}\hat{x} - \hat{x}\hat{H}) \tag{20.84}$$

가 되겠다. 이게 뭘까? 좌표계 표시법과 대수 연산자 $\mathscr{H}$를 써서 풀어 볼 수 있겠다. 그러면 교환자(commutator)가

$$\mathscr{H}\hat{x} - \hat{x}\mathscr{H} = \left\{-\frac{\hbar^2}{2m}\frac{d^2}{dx^2} + V(x)\right\}x - x\left\{\frac{\hbar^2}{2m}\frac{d^2}{dx^2} + V(x)\right\}$$

가 된다. 이 식 전체를 임의의 파동함수 $\psi(x)$에 연산하고 미분을 전부 계산한 다음 약간 정리를 해 주면

$$-\frac{\hbar^2}{m}\frac{d\psi}{dx}$$

가 됨을 알 수 있다. 그런데 이는

$$-i\frac{\hbar}{m}\hat{\mathscr{P}}_x\psi$$

와 같으므로 결국은

$$\hat{H}\hat{x} - \hat{x}\hat{H} = -i\frac{\hbar}{m}\hat{p}_x \tag{20.85}$$

혹은

$$\dot{\hat{x}} = \frac{\hat{p}_x}{m} \tag{20.86}$$

가 되는 것이다. 얼마나 멋진 결과인가. 이 식은 x의 평균값이 시간에 따라 변한

다면 무게중심의 요동이 평균 운동량을 m으로 나눈 것과 같아진다는 뜻이다. 고전역학에서의 결과와 정확히 일치한다.

또 다른 예를 보자. 평균 운동량의 변화율은 어떻게 될까? 똑같은 방식이다. 연산자로는

$$\hat{\dot{p}} = \frac{i}{\hbar} \left(\hat{H}\hat{p} - \hat{p}\hat{H} \right) \tag{20.87}$$

가 된다. 다시 한 번 x 표시법으로 정리해 보자. $\hat{p}$가 $(\hbar/i)\,d/dx$이니까 ($\mathcal{H}$ 안에 들어 있는) 퍼텐셜 에너지 V에 대한 미분은 두 번째 항에서만 하게 된다. 계산을 해 보면 상쇄되지 않고 남는 항은 이것뿐인데, 따라서

$$\mathcal{H}\hat{\mathcal{P}} - \hat{\mathcal{P}}\mathcal{H} = i\hbar \frac{dV}{dx}$$

혹은

$$\hat{\dot{p}} = -\frac{dV}{dx} \tag{20.88}$$

가 된다. 또 한 번 고전역학에서의 결과와 같다. 우변이 힘이므로 뉴턴의 법칙을 유도한 셈이다. 하지만 이 식들은 물리량의 평균값에 대한 연산자끼리의 법칙임을 잊지 말자. 이들만으로는 원자 내부에서 무슨 일이 벌어지는지 자세하게 알 수 없다.

양자역학은 $\hat{p}\hat{x}$가 $\hat{x}\hat{p}$와 같지 않다는 점에서 고전역학과 사뭇 다르다. 이 두 연산의 차이 $i\hbar$는 매우 작지만, 간섭이나 파동 등 일체의 경이로운 현상들이 전부 $\hat{x}\hat{p} - \hat{p}\hat{x}$가 완벽하게 0이 아니라는 사소한 사실에서 비롯된다.

이 개념의 역사 또한 흥미롭다. 1926년의 몇 달 동안 하이젠베르크와 슈뢰딩거는 원자의 역학을 정확하게 설명하는 법칙을 따로 찾아냈다. 슈뢰딩거는 파동함수 $\psi(x)$와 그 방정식을 발명했다. 반면에 하이젠베르크는 $xp - px$가 $i\hbar$와 같다는 점만 빼면 자연계를 고전적인 식을 써서 설명할 수 있음을 알아냈으며 이 예외사항은 특수한 행렬로 이들을 정의함으로써 보였다. 우리 식으로 말하자면 에너지 표시법 하에서 행렬을 만든 것이다. 결국 하이젠베르크의 행렬 대수학과 슈뢰딩거의 미분 방정식 모두 수소 원자를 설명하는 데 성공했다. 몇 달 뒤 슈뢰딩거는 두 이론이 동등하다는 사실을 보였는데 우리도 이제 그 사실을 이해하고 있다. 하지만 양자역학의 기반이 되는 이들 두 가지 수학적 체계는 독립적으로 발견되었다.

CHAPTER 21
고전적인 상황에서의 슈뢰딩거 방정식 : 초전도에 관한 세미나

21-1 자기장이 있을 때의 슈뢰딩거 방정식

이번 장은 재미있으라고 넣은 강의이다. 이번엔 조금 다른 스타일로 진행하려 한다. 무슨 일이 일어나는지만 보겠다. 마지막 장에서까지 여러분에게 무언가 새로운 내용을 가르치려 머리를 쥐어짜 낼 일은 아니어서, 본 강의는 책의 전체 흐름과는 관련이 없다. 그보다는 좀 더 수준 높은 독자들, 그러니까 양자역학을 이미 배운 사람들에게 연구 성과를 보고하거나 세미나를 진행하는 기분으로 풀어 가겠다. 정규 강의와 세미나의 차이는 발표자가 모든 중간 과정 및 수식을 빠짐없이 설명하느냐에 있다. 즉 세미나는 상세하게 풀어서 말하기보다는 '이렇게 하면 이런 것이 나온다'는 식이다. 하여 이번 강의에서는 개념들을 쭉 설명하긴 하겠지만 계산의 결과만을 제시하겠다. 여러분이 모든 것을 단번에 이해하길 기대하지는 않는다. 하지만 중간 과정을 착실하게 밟으면 그런 결과가 나올 것이라고 믿어 주기 바란다.

그런 것들을 떠나서 본 주제는 내가 꼭 원했던 것이다. 최근에 알게 된 현대적인 내용이기에 연구 세미나 주제로는 딱 알맞다. 중심 내용은 초전도 현상이라는 고전적인 환경에서의 슈뢰딩거 방정식이 될 것이다.

슈뢰딩거 방정식의 파동함수는 보통 하나 혹은 두 개의 입자에 적용한다. 그리고 파동함수 자체는 전기장이나 벡터 퍼텐셜 등과 달리 고전적으로는 아무 의미도 없다. 단일 입자의 파동함수는 위치의 함수라는 점에서 장(field)이지만 고전적으로 이해하는 건 대체로 불가능하다. 그렇지만 양자역학의 파동함수가 고전적인 의미를 갖는 경우도 분명히 있는데, 이것이 바로 내가 말하려는 것들이다. 양자역학에서만 관찰되는 미시적인(microscopic) 스케일에서의 물질의 독특한 변화들은 이른바 고전역학이라 부르는 뉴턴의 법칙으로 귀결되는 표준적인 방식 이외에는 큰 스케일에서도 그 특징을 드러내는 일이 드물다. 하지만 큰 규모에서도 양자역학의 특이한 면이 고스란히 드러나는 특별한 상황들이 있긴 하다.

온도가 낮아져서 주어진 계의 에너지가 감소하면 온도가 높을 때처럼 수많은 상태들이 얽히는 것이 아니라 바닥 상태 근처의 몇 안 되는 상태들만이 중요해진다. 이런 상황에서는 바닥 상태의 양자역학적 특징이 거시적인(macroscopic) 스케일에서도 나타난다. 양자역학과 큰 스케일에서의 효과들 사이의 관계를 보여 주는 것이 이 강의의 목적이다. 즉 양자역학이 평균을 취했을 때 뉴턴 역학으로 재구성되는 방식이 아니라, 양자역학이 그 자체의 특징적인 모습을 거시적인 스케일에서도 드러내는 특별한 상황에 관해 말하려 한다.

슈뢰딩거 방정식의 몇몇 특징을 되돌아보는 것으로부터 시작해 보자.* 초전도 현상이 자기장과 관련이 있으므로 자기장이 있을 때의 입자의 행동을 슈뢰딩거 방정식을 써서 풀어 보겠다. 외부 자기장은 벡터 퍼텐셜을 써서 나타내므로 벡터 퍼텐셜이 있을 때 양자역학의 법칙이 어떻게 되는가를 알아야 한다. 벡터 퍼텐셜이 있는 경우에 사용하는 양자역학적 원리는 간단하다. 장이 있을 때 하나의 입자가 어떤 경로를 따라서 갈 확률 진폭은, 벡터 퍼텐셜의 선적분에 전하를 곱하고 플랑크 상수로 나눈 뒤 지수를 취한 값을 장이 없을 때의 값에 곱하면 된다[1](그림 21 - 1 참고). 즉 다음과 같다.

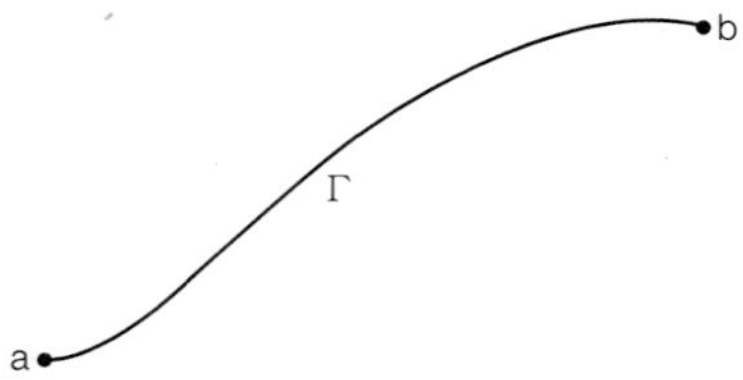

그림 21-1 경로 Γ 를 따라 a에서 b까지 갈 확률 진폭은 $\exp\left[(iq/\hbar)\int_a^b A \cdot ds\right]$ 에 비례한다.

$$\langle b \mid a \rangle_{A가\ 있을\ 때} = \langle b \mid a \rangle_{A=0} \cdot \exp\left[\frac{iq}{\hbar}\int_a^b A \cdot ds\right] \qquad (21.1)$$

이것이 양자역학의 기본 원리이다.

벡터 퍼텐셜이 없을 때 (비상대론적이며(non-relativistic) 스핀이 없는) 전하를 띤 입자의 슈뢰딩거 방정식은

$$-\frac{\hbar}{i}\frac{\partial \psi}{\partial t} = \hat{\mathscr{H}}\psi = \frac{1}{2m}\left(\frac{\hbar}{i}\nabla\right)\cdot\left(\frac{\hbar}{i}\nabla\right)\psi + q\phi\psi \qquad (21.2)$$

가 되는데, 여기서 ϕ는 퍼텐셜이고 따라서 $q\phi$는 퍼텐셜 에너지를 가리킨다.** 식 (21.1)은 자기장이 있는 경우 해밀토니안에 들어있는 그래디언트를 그에서 qA를 뺀 값으로 바꿔 주어야 한다는 말과 같다. 따라서 식 (21.2)는 다음과 같아진다.

$$-\frac{\hbar}{i}\frac{\partial \psi}{\partial t} = \hat{\mathscr{H}}\psi = \frac{1}{2m}\left(\frac{\hbar}{i}\nabla - qA\right)\cdot\left(\frac{\hbar}{i}\nabla - qA\right)\psi + q\phi\psi \qquad (21.3)$$

이것이 전자기장 A와 ϕ 안에서 움직이는 전하 q인 (상대론적이지 않으며 스핀이 없는) 입자의 슈뢰딩거 방정식이다.

이것이 맞음을 보이기 위해서 간단한 예를 들어 보겠다. x축을 따라 원자들이 b만큼씩 떨어져 있고 장이 없을 때 전자가 하나의 원자에서 다른 원자로 점프할 확률 진폭은 $-K$라고 하자.*** 식 (21.1)에 따르면 x방향으로 벡터 퍼텐셜 $A_x(x, t)$가 존재할 때 전자가 점프할 확률 진폭은 벡터 퍼텐셜이 없을 때에 비해 $\exp[(iq/\hbar)A_x b]$만큼 다른데, 지수는 한 원자에서 다음 원자까지 벡터 퍼텐셜을 적분하고 $iq/\hbar$를 곱한 값이다. A_x가 일반적으로 x에 따라 변하므로 식을 간단히 하기 위해 $(q/\hbar)A_x \equiv f(x)$로 쓰겠다. x의 위치에 있는 n번째 원

---

[1] 2권 15-5절.
* 예전에 이에 관련된 식을 보여 준 적이 없으므로 실은 되돌아보는 게 아니지만, 본 세미나의 기본 방침을 이해해 주기 바란다.
** 앞에서 상태를 뜻하는 기호로 사용한 ϕ와 혼동하지 말 것.
*** 여기서 K는 자기장이 없는 경우의 선형 격자 문제에서 A라고 썼던 양을 가리킨다.

자에서 전자를 발견할 확률 진폭을 $C(x) \equiv C_n$이라고 하면 이 진폭의 변화율은 다음 식으로 주어진다.

$$-\frac{\hbar}{i}\frac{\partial}{\partial t}C(x) = E_0\,C(x) - Ke^{-ibf(x+b/2)}\,C(x+b)$$
$$- Ke^{+ibf(x-b/2)}\,C(x-b) \qquad (21.4)$$

이 식은 세 부분으로 되어 있다. 먼저 전자가 x의 위치에 있으면 어떤 에너지 E_0가 있다. 이것이 첫 번째 항 $E_0\,C(x)$를 만든다. 다음에는 전자가 $(x+b)$의 위치에 있는 $(n+1)$번째 원자에서 한 걸음 뒤로 점프하는 확률 진폭 $-KC$ $(x+b)$가 있다. 그런데 벡터 퍼텐셜이 있는 상태에서 점프하게 되면 식 (21.1)에 따라 확률 진폭이 변한다. 두 원자 사이 공간에서 A_x가 크게 변하지 않는다면 한가운데에서의 A_x에 원자 사이의 간격 b를 곱한 값이 적분의 결과가 될 것이다. 즉 적분한 값에 $iq/\hbar$를 곱한 것이 $ibf(x+b/2)$가 된다. 전자가 뒤로 점프하므로 이 위상 변화에 음의 부호를 붙였다. 두 번째 항은 이렇게 얻은 것이다. 같은 방법으로 전자가 반대쪽에서 점프해 오는 확률 진폭도 있을 텐데, 이번에는 반대 방향으로 $b/2$만큼 떨어진 점에서의 벡터 퍼텐셜에 거리 b를 곱해야한다. 이렇게 하면 세 번째 항이 나온다. 이 셋을 더하면 벡터 퍼텐셜이 있는 경우 전자가 x에 있을 확률 진폭에 관한 방정식을 얻는다.

$C(x)$가 충분히 천천히 변하는 함수일 때 (파장이 길어지는 극한이라는 뜻이다) 원자들 사이의 간격을 점점 줄이면 식 (21.4)가 자유 공간상의 전자의 움직임에 가까워질 것임을 우린 알고 있다. 따라서 다음 단계로 b가 작다고 가정하고 (21.4)의 우변을 b에 관해 전개하면 된다. b가 0이면 우변이 $(E_0 - 2K)$ $C(x)$로 간단해지므로 0차 근사(zeroth order approximation)에서는 에너지가 $E_0 - 2K$이다. 다음은 b에 비례하는 항을 볼 차례인데, 두 지수함수의 지수가 반대 부호를 갖고 있으므로 b의 짝수차 항들만 남게 되고 b에 비례하는 항은 사라진다. 따라서 $C(x)$와 $f(x)$ 및 지수함수를 테일러 전개하고 b^2 항을 모으면

$$-\frac{\hbar}{i}\frac{\partial C(x)}{\partial t} = E_0\,C(x) - 2KC(x)$$
$$- Kb^2\{C''(x) - 2if(x)C'(x) - if'(x)C(x) - f^2(x)C(x)\}$$
$$(21.5)$$

를 얻는다. (프라임 기호는 x에 관한 미분을 뜻한다.)

여러 항들의 조합이 끔찍하게 복잡해 보이지만, 수학적으로는 다음 식과 정확히 같다.

$$-\frac{\hbar}{i}\frac{\partial}{\partial t}C(x) = (E_0 - 2K)C(x) - Kb^2\left[\frac{\partial}{\partial x} - if(x)\right]\left[\frac{\partial}{\partial x} - if(x)\right]C(x)$$
$$(21.6)$$

두 번째 괄호를 $C(x)$에 연산하면 $C'(x)$ 빼기 $if(x)C(x)$가 된다. 이 두 항에 첫 번째 괄호의 연산을 하면 C'' 항 및 $f(x)$와 $C(x)$의 일차 미분을 포함하는 항이 나온다. 자기장이 0인 경우의 해가 유효질량 m_{eff}이 다음과 같이 주어지는

입자를 나타낸다는 사실을[2] 떠올려 보자.

$$Kb^2 = \frac{\hbar^2}{2m_{\text{eff}}}$$

$E_0 = +2K$ 로 놓고 $f(x) = (q/\hbar)A_x$ 를 다시 넣으면 식 (21.6)이 (21.3)의 첫 번째 항과 같아짐을 금방 확인할 수 있다(퍼텐셜 에너지 항의 근원에 대해서는 잘 알려져 있으므로 여기서 따로 언급하지는 않았다). 벡터 퍼텐셜이 모든 확률 진폭을 지수 꼴의 인자만큼 바꾼다는 식 (21.1)은, 운동량 연산자 $(\hbar/i)\nabla$ 를 (21.3)의 슈뢰딩거 방정식에서와 같이

$$\frac{\hbar}{i}\nabla - qA$$

로 바꿔야 한다는 규칙과 같다.

21-2 확률의 연속 방정식

두 번째 이야기로 넘어가자. 단일 입자에 대한 슈뢰딩거 방정식에서 중요한 점은 그 입자를 어떤 위치에서 발견할 확률이 파동함수의 절대값을 제곱한 값이 된다는 개념이다. 양자역학의 또 하나의 특징은 확률이 국소적(local)으로 보존된다는 것이다. 전자를 어디에선가 발견할 확률은 줄어드는데 다른 곳에서 발견할 확률이 늘어나고 있다면 (총합은 일정한 채로) 그 사이에 무언가가 분명히 일어나고 있는 것이다. 달리 말하면, 확률이 한 곳에서는 감소하는데 다른 곳에서는 증가하고 있다면 두 곳 사이에는 무언가 흐름이 있어야만 한다는 뜻에서 전자는 연속성이 있는 것이다. 만약 중간에 벽을 하나 놓으면 그로 인한 영향 때문에 확률의 분포가 달라질 것이다. 따라서 확률의 보존만으로는 보존 법칙을 완전히 설명한 것이라 할 수 없다. 에너지 보존 자체는 에너지가 국소적으로 보존된다는 것만큼 심오하고 중요하지가 않았던 것처럼 말이다.[3] 에너지가 사라지고 있다면 그에 대응하여 에너지가 반드시 흘러야 한다. 같은 논리로 확률의 흐름(probability current)을 생각할 수 있겠다. 확률 밀도(단위 부피 안에서 발견될 확률)의 변화가 있을 때 이를 어떤 흐름이 들어오고 나가는 것으로 볼 수 있는 그런 흐름 말이다. 이 흐름은 벡터일 텐데, 한 입자가 yz 평면에 평행한 면을 x 방향으로 단위 시간 및 면적당 지나갈 확률이 x 성분이 되는 벡터이다. $+x$ 쪽으로의 흐름이 양의 부호를 갖고 반대 방향은 음의 부호를 갖는다.

그런 흐름이 정말로 있을까? 확률 밀도 $P(\boldsymbol{r}, t)$ 가 파동함수를 써서

$$P(\boldsymbol{r}, t) = \psi^*(\boldsymbol{r}, t)\psi(\boldsymbol{r}, t) \tag{21.7}$$

로 표시되니까, 이 질문은 다음을 만족하는 흐름 $\boldsymbol{J}$ 가 있겠는가가 된다.

---

[2] 13 - 3절 참고.
[3] 2권의 27 - 1절 참고.

$$\frac{\partial P}{\partial t} = -\nabla \cdot \boldsymbol{J} \qquad (21.8)$$

식 (21.7)을 미분하면 항이 두 개 나온다.

$$\frac{\partial P}{\partial t} = \psi^* \frac{\partial \psi}{\partial t} + \psi \frac{\partial \psi^*}{\partial t} \qquad (21.9)$$

여기에 $\partial\psi/\partial t$에 대한 슈뢰딩거 방정식인 식 (21.3)을 사용하자. 이 식의 복소 공액을 취하면 $\partial\psi^*/\partial t$의 식도 얻을 수 있다. 그러면 i의 부호가 전부 반대가 된다. 이를 대입하면

$$\frac{\partial P}{\partial t} = -\frac{i}{\hbar}\left[\psi^* \frac{1}{2m}\left(\frac{\hbar}{i}\nabla - q\boldsymbol{A}\right)\cdot\left(\frac{\hbar}{i}\nabla - q\boldsymbol{A}\right)\psi + q\phi\psi^*\psi \right.$$
$$\left. + \psi \frac{i}{\hbar}\frac{1}{2m}\left(\frac{\hbar}{i}\nabla - q\boldsymbol{A}\right)\cdot\left(\frac{\hbar}{i}\nabla - q\boldsymbol{A}\right)\psi - q\phi\psi\psi^* \right] \quad (21.10)$$

이 나오는데, 퍼텐셜 항 및 여러 다른 항들이 상쇄된다. 남는 항들은 전부 무언가의 다이버전스가 되므로 전체 식을 다시 써 보면 다음과 같다.

$$\frac{\partial P}{\partial t} = -\nabla \cdot \left\{ \frac{1}{2m}\psi^*\left(\frac{\hbar}{i}\nabla - q\boldsymbol{A}\right)\psi + \frac{1}{2m}\psi\left(-\frac{\hbar}{i}\nabla - q\boldsymbol{A}\right)\psi^* \right\} \quad (21.11)$$

식이 복잡해 보이지만 실상은 그렇지 않다. ψ에 어떤 연산을 한 결과와 ψ^*를 곱한 것에, ψ^*에 이 연산의 복소 공액인 연산을 한 결과와 ψ를 곱한 것의 합이다. 어떤 값에 그것의 복소 공액을 더했기 때문에 전체는 당연히 실수가 된다. 여기서의 연산은 운동량 연산자 $\hat{\boldsymbol{P}}$ 빼기 $q\boldsymbol{A}$로 기억하면 간단하다. 이 식을 (21.8)과 비교하면 흐름을 다음과 같이 쓸 수 있다.

$$\boldsymbol{J} = \frac{1}{2}\left\{ \psi^*\left[\frac{\hat{\mathscr{P}} - q\boldsymbol{A}}{m}\right]\psi + \psi\left[\frac{\hat{\mathscr{P}} - q\boldsymbol{A}}{m}\right]^*\psi^* \right\} \qquad (21.12)$$

따라서 식 (21.8)에 들어맞는 흐름이 분명히 존재한다.

식 (21.11)을 보면 확률이 국소적으로 보존됨을 알 수 있다. 한 곳에서 입자가 사라졌는데 다른 곳에서 나타나는 일은 두 곳 사이에 무언가가 일어나지 않고서는 불가능하다. 첫 번째 영역이 그것을 넉넉하게 감싸는 충분히 큰 폐곡면으로 둘러싸여 있어서 그 면에서 전자를 발견할 확률은 0이라고 해 보자. 그 전자를 폐곡면 안의 어디선가 발견할 확률의 총합은 P를 부피 적분하면 얻을 수 있다. 하지만 가우스의 정리에 따르면 $\boldsymbol{J}$의 다이버전스를 부피 적분한 것은 $\boldsymbol{J}$를 면적분한 것과 같다. 폐곡면의 표면에서 ψ가 0이면 식 (21.12)에 의해 $\boldsymbol{J}$가 0이 되고 따라서 폐곡면 안에서 이 입자를 발견할 확률은 시간이 흘러도 변하지 않는다. 경계에 접근하는 확률이 있어야 그중 일부라도 밖으로 샐 수 있다. 혹은 폐곡면을 통과해야만 밖으로 나갈 수 있다고 말해도 되는데, 이것이 국소적 보존 (local conservation)이다.

21-3 두 종류의 운동량

전류(앞 절에서 흐름이라고 한 양을 가리키는데, 이하에서는 흐름과 전류 두 용어를 섞어서 쓰겠다 : 옮긴이)의 식은 신기하게 생겼으면서도 한편으로는 수상쩍기도 하다. 입자의 밀도에 속도를 곱하면 전류가 된다는 것은 여러분이 충분히 생각할 수 있을 것이다. 밀도는 $\psi\psi^*$와 비슷해야 할 테니 별문제가 없다. 그러면 식 (21.12)의 각 항이 연산자

$$\frac{\hat{\mathscr{P}} - qA}{m} \tag{21.13}$$

의 평균값 형태가 되고 따라서 이를 흐르는 속도라고 봐야 할 것이다. 그런데 운동량을 질량으로 나눈 $\hat{\mathscr{P}}/m$ 또한 속도가 될 것이므로 속도와 운동량과의 관계가 두 가지인 것처럼 보인다. 두 경우의 차이점은 벡터 퍼텐셜의 존재 여부이다.

이처럼 운동량을 두 가지 방법으로 정의할 수 있다는 사실[4]은 고전역학에서도 이미 알려져 있었다. 그중 한 가지는 운동학적 운동량(kinematic momentum)이라고 부르는데, 뜻을 좀 더 분명하게 하기 위해 본 강의에서는 mv - 운동량이라 하겠다. 다른 하나는 더 수학적이고 추상적인 동역학적 운동량(dynamical momentum)이다. 나는 이것을 p - 운동량이라 부르겠다. 두 경우를 정리하면 이렇다.

$$mv \text{ - 운동량} = mv \tag{21.14}$$

$$p \text{ - 운동량} = mv + qA \tag{21.15}$$

자기장이 있는 경우의 양자역학에서 그래디언트 연산자 $\hat{\mathscr{P}}$와 연결되는 것은 p - 운동량이므로 (21.13)은 속도의 연산자이다.

논점에서 약간 벗어나서 지금 이게 다 무엇인지, 또 양자역학에는 왜 (21.15) 같은 식이 있어야만 하는지 얘기해 보자. 파동함수는 시간이 흐르면 식 (21.3)의 슈뢰딩거 방정식에 따라 변한다. 벡터 퍼텐셜을 갑자기 바꾸면 그 직후에는 파동함수는 바뀌지 않고 변화율만이 변한다. 그러면 다음과 같은 상황에서는 어떻게 될지 생각해 보자. 긴 솔레노이드가 있어서 그림 21-2처럼 자기장을 만들어 낼 수 있다고 하자. 그 근처에 전하를 가진 입자가 하나 있다. 자기장의 플럭스가 거의 순식간에 0에서 어떤 값으로 증가한다고 가정하겠다. 처음엔 벡터 퍼텐셜이 0이었는데 어느 순간 켜는 것이다. 그러면 원 모양의 벡터 퍼텐셜 A가 생긴다. A를 고리를 따라 선적분한 값이 그 고리를 지나는 자기(B) 플럭스 값과 같다는 사실을 기억할 것이다.[5] 그럼 갑자기 벡터 퍼텐셜을 켜면 어떻게 될까? 양자역학 방정식에 따르면 A가 순간적으로 변해도 ψ는 순간적으로 변하지 않는다. 즉 파동함수는 그대로이다. 따라서 그래디언트도 변하지 않는다.

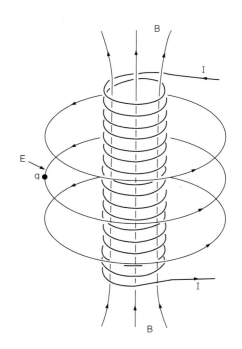

그림 21-2 전류가 증가할 때의 솔레노이드 외부의 전기장

---

[4] *Classical Electrodynamics*, J.D.Jackson, John Wiley and Sons, Inc. New York (1962), p.408 등을 참고.
[5] 2권 14-1절 참고.

하지만 이때 전기적으로 어떤 일이 일어나는지 기억을 떠올려 보자. 플럭스가 증가하는 짧은 시간 동안 전기장이 생기는데, 이 전기장의 선적분 값은 플럭스의 시간에 따른 변화율과 같다. 즉

$$E = -\frac{\partial A}{\partial t} \tag{21.16}$$

이 성립한다. 플럭스가 빠르게 변하면 이 전기장이 굉장히 커져서 입자에 그만큼 큰 힘을 주게 된다. 힘은 전기장에 전하량을 곱하면 되므로 플럭스가 누적되는 동안 입자는 $-qA$ 만큼의 충격량(mv의 변화와 같은)을 얻게 된다. 즉 전하에 갑자기 벡터 퍼텐셜을 주면 이 전하는 즉시 $-qA$ 만큼의 mv-운동량을 챙기게 된다. 하지만 순간적으로 변하지 않는 무언가가 있으니, 바로 mv와 $-qA$의 차이다. 따라서 $p = mv + qA$는 벡터 퍼텐셜이 갑자기 변해도 그에 따라서 변하지 않는 어떤 물리량이 된다. 이 p가 우리가 p-운동량이라고 부르는 값인데, 고전역학의 동역학 분야에서 중요하지만 양자역학에서도 직접적인 의미를 갖는다. 이 값은 파동함수의 특성에 따라 다르며 이것이 바로 연산자

$$\hat{\mathscr{P}} = \frac{\hbar}{i}\nabla$$

가 나타내는 값이다.

21-4 파동함수의 해석

슈뢰딩거가 그의 방정식을 맨 처음 발견했을 때 그는 그 식의 결과로 식 (21.8)의 보존 법칙도 알아냈다. 또한 P는 전자의 전하 밀도이고 J는 전류 밀도가 되어 전자가 이들 전하와 전류를 통해서 전자기장과 상호작용할 것이라고 추측했는데, 이는 잘못된 것이었다. 슈뢰딩거가 자신의 방정식을 수소 원자에 대해서 풀어서 ψ를 계산했을 때 그는 무언가의 확률을 계산한 것이 아니었다. 당시에는 확률 진폭이라는 개념이 성립하기 전이었기 때문에 해석하는 방식이 아주 달랐다. 정지한 원자핵 주위를 도는 전류가 있으며 전하 P와 전류 J가 만들어내는 전자기장이 빛을 낼 것이라고 생각했다. 그는 얼마 지나지 않아 그렇게는 설명할 수 없는 상황들이 몇 있음을 알게 되는데, 이때 보른(Born)이라는 인물이 나타나서 양자역학을 이해하는 방식에 핵심적인 토대를 세운다. 슈뢰딩거 방정식의 ψ를 확률 진폭이라는 개념, 즉 진폭을 제곱한 값은 전하 밀도가 아니라 전자를 거기서 발견할 확률이며 전자를 어떤 장소에서 발견했다면 전하 전체가 거기에 있다는 매우 어려운 이야기를 써서 정확히 (지금 우리가 알고 있는 한도 내에서는) 해석한 사람이 바로 보른이었다. 이 개념 전부가 보른에게서 나온 것이다.

그렇다면 원자 내 전자의 파동함수 $\psi(r)$은 전하의 밀도가 연속적이며 사방으로 쭉 퍼진 전자를 나타내는 것이 아니겠다. 전자가 여기에 있을 수도, 저기에 있을 수도, 혹은 다른 어딘가에 있을 수도 있지만 어디에 있든 간에 점전하

(point charge)이다. 이제 좀 다른 관점에서 막대한 수의 입자들이 똑같은 상태에 있어서 각각을 나타내는 파동함수도 완전히 같은 상황을 생각하자. 그렇다면 그중 하나는 여기에, 또 하나는 저기에 있고 그중 하나를 특정 위치에서 발견할 확률이 $\psi\psi^*$에 비례한다. 그런데 입자가 매우 많이 있으므로 임의의 부피 $dxdydz$ 안에 들어 있는 입자의 개수는 일반적으로 $\psi\psi^*dxdydz$쯤 될 것이다. 따라서 ψ가 모두 같은 상태에 있는 막대한 양의 개별 입자 전부의 파동함수가 될 수 있는 상황에서는 $\psi\psi^*$를 입자의 밀도로 해석할 수 있다. 거기에다 입자들의 전하도 모두 q로 같다면 실은 한 걸음 더 나아가 $\psi^*\psi$를 전기의 밀도라고 해석해도 될 것이다. 보통은 $\psi\psi^*$에 확률 밀도의 단위를 쓰기 때문에 ψ에 q를 곱해야만 전하밀도가 될 것이다. 본 강의에서는 이 상수도 ψ에 포함시켜서 $\psi\psi^*$ 자체를 전하밀도로 받아들이자. 그러면 J(앞서 계산한 확률의 흐름)가 곧바로 전류의 밀도가 된다.

이처럼 많은 입자들이 동일한 상태에 놓일 수 있는 상황에서는 파동함수를 물리적으로 새롭게 해석할 수 있다. 즉 파동함수로부터 전하 밀도와 전류를 직접 계산할 수 있으며 파동함수의 물리적 의미가 고전적인 거시세계로 확장되는 것이다.

전기적으로 중성인 입자에서도 비슷한 일이 일어날 수 있다. 단일 광자의 파동함수는 광자를 어디에선가 발견할 확률 진폭이다. 본 강의에서 구체적으로 써 본 적은 아직 없지만, 실제로 전자의 슈뢰딩거 방정식과 비슷하게 광자의 파동함수를 나타내는 방정식이 분명히 있다. 광자의 방정식은 바로 전자기파를 기술하는 맥스웰 방정식이며 벡터 퍼텐셜 A가 파동함수가 된다. 광자의 파동함수가 알고 보니 바로 벡터 퍼텐셜이더라는 말이다. 광자가 상호작용하지 않는 보즈 입자로서 다수가 같은 상태에 놓일 수 있기 때문에 (앞에서 배웠듯이 이들은 같은 상태에 있는 것을 좋아한다) 양자역학적 결론이 고전역학으로 설명한 결과와 같은 것이다. 수십억 개의 광자가 동일한 상태에 있다면(즉, 단일한 전자기파를 만들어 내고 있으면) 이 상태의 파동함수 혹은 벡터 퍼텐셜을 직접 측정할 수 있다. 물론 역사적인 순서는 그 반대였다. 처음에는 많은 광자들이 같은 상태에 있는 상황을 관찰하였지만 그 후 거시적인 수준에서 파동함수의 본질을 알게 되면서 단일 광자를 정확하게 기술하는 방정식을 발견한 것이다.

그런데 전자의 경우에는 한 개 이상 같은 상태에 넣을 수가 없다는 문제가 남는다. 이런 이유 때문에 사람들은 오랫동안 전자의 슈뢰딩거 방정식이 광자처럼 거시적으로 그 모습을 드러낼 수 있는 방법은 없다고 믿어 왔다. 그러나 그것이 가능함을 보여 주는 사례가 있으니, 바로 초전도 현상이다.

21-5 초전도 (superconductivity)

여러분도 다들 알다시피 매우 많은 종류의 금속이 특정 온도 이하에서 초전도 상태가 되는데,[6] 이 온도는 금속마다 다르다. 온도를 충분히 낮추면 저항이 전혀 없이 금속에 전기가 흐른다. 초전도성은 매우 많은 종류의 금속에서 관찰할 수 있지만 모든 금속이 다 그런 것은 아니며, 이를 설명하려는 이론적 시도들은 숱한 난관에 부딪혔다. 초전도체 안에서 벌어지는 일들을 이해하는 데는 굉장히 오랜 시간이 걸렸기 때문에 나는 우리 강의 수준에 맞는 범위 내에서만 설명하려 한다. 금속 내 격자의 진동과 전자의 상호작용 때문에 전자들 사이에 작은 인력이 발생한다. 그 결과 전자들이 서로 끌어당겨 하나의 얽혀 있는 쌍(구속 쌍)을 이룬다.

전자가 페르미 입자임은 다들 잘 알고 있을 것이다. 그러나 얽혀서 쌍을 이루면 보즈 입자의 특성을 나타내는데, 이는 한 쌍을 이루는 전자 두 개를 모두 다른 쌍의 것과 교환하면 부호가 두 번 바뀌게 되어 결국은 아무것도 변한 게 없기 때문이다. 쌍은 보즈 입자이다.

쌍의 에너지 혹은 알짜 인력의 크기는 매우 매우 작다. 아주 작은 온도만으로도 두 전자를 열에너지로 들썩여서 멀리 떨어뜨려 놓을 수 있다. 하지만 온도를 충분히 낮추면 전자들이 에너지가 가장 낮은 상태로 모여들어 쌍을 이룬다.

여기서 쌍을 이루는 두 전자가 정말로 매우 가깝게 붙잡혀서 마치 점전하처럼 보일 거라고 상상하면 안 된다. 실상은 그렇지 않다는 사실이 초기에 이 현상에 대한 이해를 가로막은 가장 큰 장애물이었다. 구속 쌍의 두 전자는 상당히 멀리 떨어져 있어서 대체로 쌍들 간의 평균거리가 쌍을 이루는 두 전자 사이의 거리보다도 가까우며 다수의 쌍이 동시에 같은 공간을 차지한다. 금속의 전자들이 쌍을 이루는 이유를 설명하고 그 과정에서 방출되는 에너지를 정확히 추정한 일 모두가 최근의 큰 성과였다. 초전도 현상을 이해하는 이론의 핵심이라 할 이 내용은 바딘, 쿠퍼, 슈리퍼[7] 세 사람의 이론에서 맨 먼저 설명되었는데, 본 세미나에서는 다루지 않겠다. 다만 전자들이 어떤 방식으로든 간에 쌍을 이루고 또 이 쌍들에 입자와 흡사한 성질이 있으므로 쌍의 파동함수를 논할 수 있다는 점만은 받아들이도록 하자.

그러면 쌍의 슈뢰딩거 방정식은 대략 식 (21.3)과 같을 것이다. 한 가지 차이라면 q가 전자 전하량의 두 배가 된다는 점이다. 또한 쌍이 갖는 관성의 크기 혹은 유효 질량을 모르므로 m에 무엇을 넣어야 좋을지도 모른다. 그리고 주파수가 매우 높은(혹은 파장이 짧은) 범위에서도 이 식의 형태가 같을 것이라고 여기면 안 되는데, 주파수가 높아 운동 에너지가 크면 쌍이 깨질 수도 있기 때문이다. 볼츠만 이론에 따르면 절대 0도가 아닌 모든 온도에서는 깨진 쌍들이 항상 있으며 하나의 쌍이 깨질 확률은 $\exp(-E_{pair}/kT)$에 비례한다. 정상 전자(normal electron)라고 부르는, 쌍으로 묶여 있지 않은 전자들은 결정 내부를 평범하게 돌아다닌다. 하지만 나는 절대 0도, 즉 쌍으로 묶여 있지 않은 전자들 때문에 복잡해질 일이 전혀 없는 상황만을 고려할 것이다.

---

[6] 1911년에 카머링 - 오너스(Kamerlingh-Onnes)가 발견하였다. H. Kamerlingh-Onnes, Comm. Phys. Lab., Univ. Leyden, Nos. 119, 120, 122 (1911). 최근까지의 연구 성과는 E. A. Lynton, *Superconductivity*, Jonh Wiley and Sons, Inc., New York, 1962.를 참고.

[7] J. Bardeen, L. N. Cooper, J. R. Schrieffer, *Phys. Rev.* **108**, 1175 (1957).

전자쌍은 보즈 입자이기 때문에 하나의 상태에 있는 쌍이 많을 때 다른 쌍들도 그 상태에 놓이게 될 확률 진폭이 특히 매우 크다(확률 진폭이 크다는 말은 확률 혹은 가능성이 높다는 말과 같다 : 옮긴이). 따라서 거의 모든 쌍이 에너지가 가장 낮은 상태에 묶여 버리고 그중 하나를 다른 상태로 옮기기가 쉽지 않게 된다. 같은 상태로 들어갈 확률이 비어 있는 상태로 갈 확률보다 그 유명한 비율 $\sqrt{n}$ 배만큼 커지는데, 여기서 $n-1$은 최저 에너지 상태에 들어 있는 입자의 개수다.

그럼 우리의 이론은 어떤 모습이 될까? 에너지가 가장 낮은 상태에 있는 쌍의 파동함수를 ψ라 하겠다. 하지만 $\psi\psi^*$가 전하 밀도 ρ에 비례하므로 다음과 같이 ψ가 전하 밀도의 제곱근에 위상 인자를 곱한 양을 나타내는 것으로 써도 된다.

$$\psi(r) = \rho^{1/2}(r)e^{i\theta(r)} \tag{21.17}$$

여기서 ρ와 θ는 r에 관한 실함수(real function)이다. (물론 모든 복소함수를 이런 꼴로 쓸 수 있다.) 전하 밀도라고 하면 무엇을 뜻하는지가 분명한데, 그렇다면 파동함수의 위상 θ는 물리적으로 무엇을 뜻하는가? $\psi(r)$을 식 (21.12)에 대입하고 전류 밀도를 새 변수 ρ와 θ를 써서 나타내 보자. 변수만 바꾸는 것이라 중간 계산은 생략하겠는데, 최종 결과는

$$J = \frac{\hbar}{m}\left(\nabla\theta - \frac{q}{\hbar}A\right)\rho \tag{21.18}$$

가 된다. 초전도체의 전자 기체(electron gas)에 있어서 전류 밀도와 전하 밀도 모두 물리적인 의미를 가지므로 ρ와 θ 둘 다 실수여야 한다. 위상도 전류 밀도 J의 한 부분이기 때문에 ρ와 마찬가지로 직접 볼 수 있다. 위상의 절대값은 알 수 없지만, 위상의 그래디언트 값을 모든 점에서 알고 있다면 위상 값을 상수 범위 내에서 알고 있는 것이 된다. 한 점에서 위상을 정의하고 나면 다른 모든 점에서의 위상도 정해진다.

전류 밀도 J가 실은 전하 밀도에 전자가 흐르는 속도를 곱한 ρv임을 사용하면 전류 식을 약간 더 멋있게 분석할 수 있다. 즉 식 (21.18)이

$$mv = \hbar\nabla\theta - qA \tag{21.19}$$

가 된다. mv - 운동량이 두 부분으로 되어 있음을 눈여겨봐 두자. 하나는 벡터 퍼텐셜에서 온 것이고 다른 하나는 파동함수의 행동으로부터 나온 것이다. 바꿔 말하면 $\hbar\nabla\theta$가 바로 p - 운동량이라고 부른 값이다.

21-6 마이스너 효과 (Meissner effect)

이번에는 초전도라는 현상에 대해 이야기를 해 보자. 우선 전기적인 저항이 없다. 모든 전자가 동시에 같은 상태에 놓이기 때문이다. 초전도 성질을 띠지 않는 상황이라면 흐르는 전하에서 전자를 한두 개씩 튕겨 내어 전체 운동량을 점

차 망가뜨릴 수 있다. 하지만 초전도 상태에서는 보즈 입자들이 같은 상태에 놓이려는 경향 때문에 전자 한 개만 따로 떼어 놓기가 매우 어렵다. 전류가 한번 시작되면 계속 지속된다.

초전도 상태의 금속에 너무 강하지 않은(강한 정도를 따지는 기준에 대해서는 자세히 들어가지 않겠다) 자기장을 걸어 주면 자기장이 금속을 관통할 수 없다는 사실도 쉽게 이해할 수 있다. 외부 자기장을 증가시킴에 따라 금속 내부에 그중 일부라도 쌓인다면 자기 플럭스의 변화가 전기장을 만들 텐데, 렌츠의 법칙에 의해 이 전기장은 자기 플럭스의 변화를 거스르는 방향으로 생긴다. 전자들이 전부 함께 움직이므로 극히 작은 전기장만으로도 외부에서 가한 자기장을 완전히 상쇄하고도 남을 만한 전류를 만들 수 있다. 따라서 금속을 냉각시켜 초전도체로 만든 후에 걸어 준 자기장은 금속 안으로 들어갈 수 없다.

마이스너가 실험으로 알아낸,[8] 이와 비슷하면서 더 신기한 현상도 있다. 높은 온도(금속이 정상 도체인 온도)에서 금속조각 안으로 자기장이 지나가게 한 다음 온도를 임계점 이하로(초전도성을 띠는 온도 범위로) 낮추면 자기장이 밖으로 밀려난다. 즉 금속이 자기장을 밖으로 밀어내는 데 필요한 만큼의 자체 전류를 만들기 시작한다는 것이다.

이렇게 되는 이유를 식을 써서 설명해 보겠다. 한 덩어리로 된 초전도체가 있다. 정상 상태(steady state)에서는 전류가 흐를 곳이 없으므로 전류의 다이버전스가 0이어야만 한다. 편의상 A의 다이버전스가 0이라고 잡겠다. (이렇게 해도 일반성을 잃지 않는 이유를 설명해야겠지만 거기에 시간을 들이고 싶지는 않다.) 식 (21.18)의 다이버전스를 취하면 θ의 라플라시안이 0이라는 결론을 얻는다. 가만, 그러면 ρ의 변화는? 중요한 점 한 가지를 깜빡했다. 금속 내부에서는 격자를 이루는 원자의 양이온들이 균일한 양전하를 띤 배경처럼 보인다. 따라서 전하 밀도 ρ가 일정하다면 알짜 전하도 없고 전기장도 없게 된다. 그런데 만약 어느 특정 영역에 전자들이 많이 몰려 있다면 이들은 배경의 양성자들로 중화되지 못하고 서로가 서로를 강하게 밀어낼 것이다.* 그렇기 때문에 초전도체 안의 전자 밀도는 보통 거의 완벽하게 균일하다. 상수 ρ로 두어도 될 것이다. 그다음으로 $\nabla^2\theta$가 덩어리 내부의 어디에서도 0이 되려면 θ가 상수가 되는 수밖에 없다. 그 말은 mv-운동량은 J에 보탬이 되지 않는다는 뜻이다. 또한 식 (21.18)로부터 전류가 ρ 곱하기 A에 비례한다는 뜻이기도 하다(저자는 전류와 전류 밀도를 명확한 구분 없이 섞어서 쓰고 있으니 독자들께서 문맥에 따라 잘 구분하기 바란다 : 옮긴이). 그러므로 초전도체 내부에서는 어디서나 다음 식처럼 전류가 벡터 퍼텐셜에 비례하게 된다.

$$J = -\rho\frac{q}{m}A \qquad (21.20)$$

---

[8] W. Meissner and R. Ochsenfeld, *Naturwiss.* **21**, 787 (1933).
* 사실 전기장이 아주 강하면 먼저 전자 쌍이 깨지게 되고 그렇게 만들어진 정상 전자들이 양전하가 더 많은 곳으로 이동하여 중화를 시킨다. 하지만 정상 전자를 만들어 내는 데도 에너지가 필요하므로 결국 핵심은 ρ가 균일한 분포가 에너지 면에서 더 유리하다는 점이다.

ρ와 q의 부호가 (음으로) 같고 ρ가 상수이므로 $\rho q/m = -$ (양의 상수)로 놓을 수 있고, 그러면

$$J = - \text{(양의 상수)} A \tag{21.21}$$

가 된다. 이 식은 초전도체에 관한 실험 결과를 설명하기 위해 런던(Heinz London)과 런던(Fritz London)이 맨 처음으로 제안했는데[9], 초전도 효과의 양자역학적 근원이 밝혀지기 한참 전의 일이었다.

식 (21.20)을 전자기 방정식에 대입하면 자기장을 구할 수 있다. 전류와 벡터 퍼텐셜 사이에

$$\nabla^2 A = -\frac{1}{\epsilon_0 c^2} J \tag{21.22}$$

의 관계가 있으므로 식 (21.21)의 J와 연립하면

$$\nabla^2 A = \lambda^2 A \tag{21.23}$$

가 나오는데, λ^2는 상수로서 다음과 같다.

$$\lambda^2 = \rho \frac{q}{\epsilon_0 mc^2} \tag{21.24}$$

이 식을 풀어서 A를 구하면 무슨 일이 벌어지는지 좀 더 자세히 볼 수 있다. 예를 들어 일차원에서는 식 (21.23)의 해가 $e^{-\lambda x}$나 $e^{+\lambda x}$ 꼴밖에 없다. 그 말은 표면에서 물질의 내부로 들어갈수록 벡터 퍼텐셜이 지수함수 형태로 감소해야만 한다는 뜻이다. (안으로 들어갈수록 증가하는 경우는 발산할 수도 있기 때문에 제외한다.) 금속 덩어리의 크기가 $1/\lambda$에 비해 훨씬 크면 자기장은 표면으로부터 대략 $1/\lambda$ 두께의 얇은 층까지만 들어갈 수 있을 뿐 더 안쪽으로는 그림 21 - 3처럼 자기장이 전혀 없다. 이것이 마이스너 효과이다.

그렇다면 λ는 얼마나 큰 값일까? 전자의 전자기적 반지름 $r_0 (2.8 \times 10^{-13}$ cm)를 다음 식으로부터 얻었음을 떠올려 보자.

$$mc^2 = \frac{q_e^2}{4\pi\epsilon_0 r_0}$$

또한 식 (21.24)의 q가 전자 전하의 두 배가 되므로

$$\frac{q}{\epsilon_0 mc^2} = \frac{8\pi r_0}{q_e}$$

가 될 것이다. ρ를 세제곱 센티미터당 전자의 개수인 N을 이용하여 $q_e N$으로 쓰면

$$\lambda^2 = 8\pi N r_0 \tag{21.25}$$

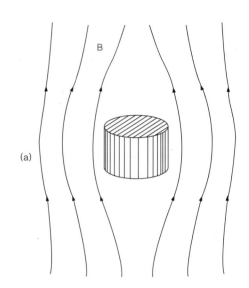

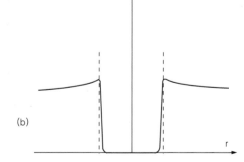

그림 21 - 3 (a) 자기장 안에서의 초전도체 원통.
(b) 거리 r의 함수로 나타낸 자기장 B

[9] F. London and H. London, *Proc. Roy. Soc.* (London) **A149**, 71 (1935) ; *Physica* **2**, 341 (1935).

가 된다. 납 같은 금속에는 cm³ 당 약 3×10^{22}개의 원자가 있으므로, 각 원자가 도체 전자(conduction electron)를 한 개씩 내어 놓는다면 $1/\lambda$이 2×10^{-6} cm 쯤 된다. 이 정도면 대충 크기에 대한 감이 잡힐 것이다.

21-7 플럭스의 양자화 (flux quantization)

런던 방정식 (21.21)은 마이스너 효과처럼 초전도체에서 관찰되는 현상을 설명하기 위한 것이었다. 그런데 최근엔 더욱 극적인 예측들이 나오고 있다. 런던이 예견한 것 중에 최근까지 아무도 관심을 기울이지 않았던 매우 특이한 점이 하나 있는데, 지금부터 그 얘기를 하고자 한다. 이번에는 속이 꽉 찬 한 덩어리가 아니라 두께가 $1/\lambda$에 비해 두꺼운 고리 모양의 초전도체를 보자. 그림 21-4에 순서대로 그린 것처럼, 먼저 자기장(B)이 고리 내·외부를 모두 관통하도록 하고 온도를 낮춰 초전도 상태가 되게 한 다음 원래의 외부 자기장을 제거하겠다. 그림의 (a)에서처럼 정상 상태에서는 고리 내부에도 자기장이 있는데, 앞서 봤듯이 고리를 초전도체로 만들어 버리면 자기장이 고리 밖으로 강제로 밀려나게 된다. 그러면 (b)처럼 일부 플럭스가 고리의 구멍을 통과하게 될 것이다. 이제 외부 자기장을 걸어 내면 구멍으로 지나가는 자기장은 (c)처럼 그 안에 갇히게 된다. 가운데로 지나는 플럭스 Φ는 줄어들지 않는데, 왜냐하면 $\partial\Phi/\partial t$는 E를 고리 둘레로 선적분한 값과 같고 초전도체에서는 이 값이 0이기 때문이다. 외부 자기장을 제거하면 이 플럭스가 일정하게 유지되도록 하는 초전도 전류(super current)가 고리에 흐르기 시작한다(저항이 0인 맴돌이 전류(eddy current)라고 보면 된다). 이 초전도 전류는 (깊이 $1/\lambda$ 이내의) 표면 근처에서만 흐르는데 이는 앞 절에서 금속 덩어리에 대해 적용한 논리를 그대로 쓰면 보일 수 있다. 전류는 자기장이 고리 속으로 못 들어오도록 하는 동시에 구멍 안에 영원히 갇힌 자기장을 만든다.

고리형의 초전도체는 덩어리 모양과 비교했을 때 중요한 차이가 하나 있는데, 이 점을 방정식에 넣어 보면 놀라운 효과를 예견할 수 있다. θ가 상수라는 결론은 고체 덩어리에서나 성립하는 것으로서 고리에는 적용할 수 없다. 그 이유는 다음과 같다.

고리 내부의(고리 물질에서 표면으로부터 $1/\lambda$보다 더 깊은 영역 : 옮긴이) 전류 밀도 J는 0이므로 식 (21.18)에 의하면

$$\hbar\nabla\theta = qA \qquad (21.26)$$

가 된다. 그렇다면 그림 21-5처럼 고리 단면의 한가운데를 지나며 표면 가까이로는 가지 않는 곡선 Γ를 고리를 따라 정하고 이 곡선을 따라 A를 선적분하면 뭐가 나오는지 보자. 식 (21.26)으로부터

$$\hbar\oint\nabla\theta \cdot ds = q\oint A \cdot ds \qquad (21.27)$$

이다. A를 임의의 폐곡선을 따라 선적분하면 폐곡선 안을 지나는 자기장 B의

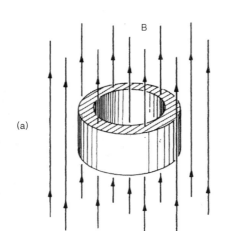

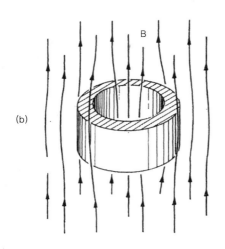

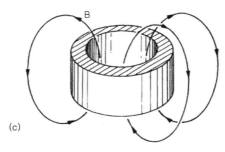

그림 21-4 자기장 안에 놓인 고리. (a) 정상 상태 (b) 초전도 상태 (c) 외부 자기장 제거 후

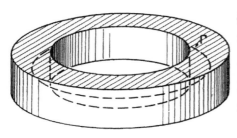

그림 21-5 초전도체 고리 내부의 곡선 Γ

플럭스

$$\oint \mathbf{A} \cdot d\mathbf{s} = \Phi$$

가 나오므로 식 (21.27)은

$$\oint \nabla \theta \cdot d\mathbf{s} = \frac{q}{\hbar} \Phi \qquad (21.28)$$

와 같다. 또한 그래디언트를 한 점에서 다른 점까지 (가령 점 1에서 점 2까지) 선적분한 값은 두 점에서의 함수값의 차이와 같다. 즉

$$\int_1^2 \nabla \theta \cdot d\mathbf{s} = \theta_2 - \theta_1$$

이다. 여기서 두 점 1과 2를 한 점으로 모아서 적분 경로를 폐곡선으로 만들면 θ_2와 θ_1이 같으므로 식 (21.28)의 적분이 0이 될 거라고 생각하기 쉽다. 단순 연결된(simply-connected —중간에 구멍이 없는 한 덩어리의 : 옮긴이) 초전도체 조각에서는 맞지만 고리 모양의 조각에서는 꼭 그렇지는 않다. 물리적으로는 각 점에서 파동함수의 값이 유일하게 하나로 정의되기만 하면 된다. 즉 적분 경로를 따라 고리 둘레를 한 바퀴 도는 동안 θ가 어떻게 변하든 간에 시작 지점으로 돌아왔을 때의 θ를 파동함수

$$\psi = \sqrt{\rho}\, e^{i\theta}$$

에 대입한 결과값이 시작할 때의 값과 같기만 하면 되는 것이다. 이는 한 바퀴 돌 때 θ가 $2\pi n$(n은 정수)만큼 변한다면 가능하다. 따라서 고리 둘레로 한 바퀴 완전히 돌고 나서의 식 (21.27)의 좌변이 $\hbar \cdot 2\pi n$이어야 한다. 여기에 식 (21.28)을 쓰면 다음 식을 얻는다.

$$2\pi n \hbar = q\Phi \qquad (21.29)$$

갇혀 있는 플럭스가 꼭 $2\pi\hbar/q$의 정수배라니! 고리를 전기 전도율이 완벽한(즉 무한대인) 고전적인 객체로 본다면 어떤 값의 플럭스든 갇힐 수 있고 그 값이 쭉 유지될 것이다. 하지만 양자역학 이론에 따르자면 플럭스가 0, $2\pi\hbar/q$, $4\pi\hbar/q$, $6\pi\hbar/q$ 같은 값들은 가질 수 있지만 그 사이의 값은 불가능하다. 양자역학의 기본 단위 중 하나의 정수배만이 가능한 것이다.

런던은 초전도체 고리 안에 갇힌 플럭스가 양자화되어 있고 그 값이 식 (21.29)로 주어질 것이라고 예측했다.[10] 그의 이론에 따르면 플럭스의 기본 단위는 $2\pi\hbar/q_e$이고 그 값은 대략 4×10^{-7} gauss·cm^{2}쯤 된다. 이 값을 알기 쉽게 풀어 보자면 지름이 1/10밀리미터인 작은 원통이 지구 자기장의 약 1퍼센트 정도를 담고 있을 때의 플럭스가 된다. 이 정도의 플럭스는 자기장을 정밀하게 측정하면 충분히 관찰할 수 있다.

---

[10] F. London, *Superfluid* ; John Wiley and Sons, Inc., New York, 1950, Vol. I, p.152.

1961년도에 스탠퍼드 대학의 디버와 페어뱅크가[11], 또 거의 비슷한 시기에 독일의 돌과 네바우어가[12] 양자화된 플럭스를 관찰하였다.

디버와 페어뱅크의 실험에서는 56호 구리줄(지름 0.13mm)에 전기 도금으로 얇은 주석 원통을 씌웠다. 3.8K 이하의 온도에서 주석 원통은 초전도체가 되고 구리는 일반 도체로 남는다. 도금한 구리 선을 조절 가능한 자기장 안에 넣고 주석이 초전도 상태가 될 때까지 온도를 낮춘 다음 외부 자기장을 제거한다. 그러면 렌츠의 법칙에 의해 전류가 생기고 내부 플럭스는 변하지 않을 것이다. 즉 주석 원통이 내부 플럭스에 비례하는 자기 모멘트를 갖게 된다. 양끝에 코일을 두고 그 사이에서 주석 원통을 위아래로 흔들어(재봉틀의 바늘처럼, 초당 100회씩) 코일에 유도되는 전압을 보면 자기 모멘트를 측정할 수 있다.

디버와 페어뱅크는 플럭스가 양자화되어 있다는 사실은 알아냈지만 실험 결과로 얻은 플럭스의 기본 단위는 런던의 예측치에 비해 절반에 불과했다. 돌과 네바우어도 같은 결과를 얻었는데, 처음엔 풀리지 않는 수수께끼였지만* 지금은 왜 그렇게 되어야만 하는지 잘 알려져 있다. 바딘, 쿠퍼, 슈리퍼의 초전도체 이론(세 사람의 이니셜을 따서 BCS 이론이라고 부른다 : 옮긴이)에 따르면 식 (21.29)의 q는 전자 쌍의 전하, 즉 $2q_e$이다. 따라서 플럭스의 기본 단위는

$$\Phi_0 = \frac{\pi \hbar}{q_e} \approx 2 \times 10^{-7} \, \text{gauss} \cdot \text{cm}^2 \tag{21.30}$$

로서 런던이 예측한 값의 절반이다. 이제 모든 것이 앞뒤가 잘 들어맞으며, 실제 측정 결과 순전히 양자역학적인 효과가 거시적인 규모에서도 나타남이 입증된 것이다.

21-8 초전도 현상의 동역학

마이스너 효과와 플럭스의 양자화를 보면 우리 생각이 대체로 맞음을 확인할 수 있다. 하지만 좀 더 완벽을 기하기 위해서 초전도 유체의 방정식을 보여주겠다. 꽤 재미있다. 지금까지는 ψ를 전하 밀도와 전류의 식에만 넣어 봤지만 이를 슈뢰딩거 방정식에 넣으면 ρ와 θ의 식도 얻을 수 있다. 이 식들이 재미있는 건 지금 우리에게 전하 밀도 ρ와 어떤 신기한 θ를 갖는 전자 쌍의 유체(fluid)가 있기 때문인데, 이 유체에 관해 어떤 식이 나오는지 보자. 식 (21.17)의 파동함수를 (21.3)의 슈뢰딩거 방정식에 넣고 ρ와 θ가 x, y, z 및 t에 관한 실함수임을 쓴다. 실수부와 허수부를 따로 생각하면 식 두 개가 나온다. 식을 짧게 쓰기 위해 식 (21.19)를 따라 다음과 같이 치환하겠다.

$$\frac{\hbar}{m} \nabla \theta - \frac{q}{m} A = v \tag{21.31}$$

[11] B. S. Deaver, Jr., and W. M. Fairbank, *Phys. Rev. Letters* **7**, 43 (1961).

[12] R. Doll and M. Näbauer, *Phys. Rev. Letters* **7**, 51 (1961).

* 비록 다들 이유는 몰랐지만 온세거(Onsager)가 그렇게 되리라고 제안한 적은 있다(각주 11번, 디버와 페어뱅크의 논문 참고).

그럼 두 식 중의 하나는 다음처럼 된다.

$$\frac{\partial \rho}{\partial t} = -\nabla \cdot \rho \boldsymbol{v} \tag{21.32}$$

$\rho \boldsymbol{v}$는 $\boldsymbol{J}$이므로 이는 연속 방정식을 하나 더 얻은 것과 같다. 나머지 한 식을 보면 θ가 어떻게 변하는지 알 수 있는데, 즉

$$\hbar \frac{\partial \theta}{\partial t} = -\frac{m}{2}v^2 - q\phi + \frac{\hbar^2}{2m^2}\left\{\frac{1}{\sqrt{\rho}}\nabla^2\sqrt{\rho}\right\} \tag{21.33}$$

이다. 유체역학을 잘 아는 분들께서는(여러분 중에 있으리라 믿는다) $\hbar\theta$를 속도 퍼텐셜(velocity potential)로 간주하면 이 식이 전하를 띤 유체의 운동 방정식임을 금세 알아볼 것이다. 유체의 압축 에너지가 되어야 하지만 그렇지 않고 ρ에 관한 이상한 식이 되어 버린 마지막 항을 빼면 말이다. 어쨌든 이 식을 보면 $\hbar\theta$ 라는 양의 변화율이 운동 에너지 항 $-\frac{1}{2}mv^2$과 퍼텐셜 에너지 $-q\phi$의 합에 $\hbar^2$을 포함하는 항, 즉 양자역학적 에너지라고 불러도 될 항을 보탠 것과 같음을 알 수 있다. 앞서 초전도체 내부의 ρ가 정전기력 때문에 균일함을 보았는데, 따라서 실제 상황에서는 초전도 영역이 한 개인 한 이 항을 거의 무시해도 될 것이다. 그러나 두 초전도체 사이에 경계가 있는 경우에는(혹은 ρ 값이 급격히 변하는 상황에서는) 이 항이 중요해질 수도 있다.

유체역학 방정식이 익숙하지 않은 분들을 위해 식 (21.33)을 고쳐서 다시 써 보겠는데, 식 (21.31)을 써서 θ를 $\boldsymbol{v}$로 나타내면 이 식에 얽힌 물리적 상황이 분명하게 드러난다. 식 (21.33) 전체의 그래디언트를 취하고 (21.31)을 써서 $\nabla\theta$를 $\boldsymbol{A}$와 $\boldsymbol{v}$로 표시하면 다음 식을 얻는다.

$$\frac{\partial \boldsymbol{v}}{\partial t} = \frac{q}{m}\left(-\nabla\phi - \frac{\partial \boldsymbol{A}}{\partial t}\right) - \boldsymbol{v} \times (\nabla \times \boldsymbol{v}) - (\boldsymbol{v} \cdot \nabla)\boldsymbol{v} + \nabla\frac{\hbar^2}{2m^2}\left(\frac{1}{\sqrt{\rho}}\nabla^2\sqrt{\rho}\right)$$
$$\tag{21.34}$$

이 식은 무얼 뜻하는가? 먼저

$$-\nabla\phi - \frac{\partial \boldsymbol{A}}{\partial t} = \boldsymbol{E} \tag{21.35}$$

임을 기억하자. 그다음으로 그래디언트의 컬(curl)은 항상 0이므로 식 (21.19)의 컬을 취하면

$$\nabla \times \boldsymbol{v} = -\frac{q}{m}\nabla \times \boldsymbol{A} \tag{21.36}$$

가 된다. 그런데 $\nabla \times \boldsymbol{A}$가 자기장 $\boldsymbol{B}$이므로 식 (21.34)의 첫 두 항은 다음과 같아진다.

$$\frac{q}{m}(\boldsymbol{E} + \boldsymbol{v} \times \boldsymbol{B})$$

마지막으로, $\partial \boldsymbol{v}/\partial t$는 어떤 한 점에서 유체의 속도 변화율을 나타냄을 알고 있을

것이다. 어떤 특정 입자에 주목해서 관찰하면 가속도는 $\boldsymbol{v}$의 전미분(유체역학에서는 공변 가속도(comoving acceleration)라고도 한다)이 되는데, $\partial \boldsymbol{v}/\partial t$와의 관계는 다음과 같다.[13]

$$\frac{d\boldsymbol{v}}{dt}\Big|_{\text{comoving}} = \frac{\partial \boldsymbol{v}}{\partial t} + (\boldsymbol{v} \cdot \boldsymbol{\nabla})\boldsymbol{v} \qquad (21.37)$$

여기서 두 번째 항은 식 (21.34) 우변의 세 번째 항이다. 이를 좌변으로 옮기고 식 (21.34)를 다시 쓰면

$$m\frac{d\boldsymbol{v}}{dt}\Big|_{\text{comoving}} = q(\boldsymbol{E} + \boldsymbol{v} \times \boldsymbol{B}) + \boldsymbol{\nabla}\frac{\hbar^2}{2m}\Big(\frac{1}{\sqrt{\rho}}\nabla^2\sqrt{\rho}\Big) \qquad (21.38)$$

가 된다. 또한 식 (21.36)은 다음과 같아진다.

$$\boldsymbol{\nabla} \times \boldsymbol{v} = -\frac{q}{m}\boldsymbol{B} \qquad (21.39)$$

　이 두 식은 초전도 전자 유체의 운동 방정식이다. 첫 번째 방정식은 전자기장이 있을 때의 전하를 띤 유체에 관한 뉴턴의 제2법칙이다. 이 식을 보면 전하가 q인 유체 입자의 가속도는 보통의 로렌츠 힘 $q(\boldsymbol{E} + \boldsymbol{v} \times \boldsymbol{B})$, 그리고 어떤 희한한 양자역학적 퍼텐셜의 그래디언트로 정의되며 두 초전도체의 경계 부근 외에서는 그 크기가 작은 또 하나의 힘으로부터 생긴다. 두 번째 식은 유체가 이상적임을 뜻하는데, $\boldsymbol{v}$의 컬에 다이버전스를 취하면 0이 되기 때문이다($\boldsymbol{B}$의 다이버전스는 항상 0이다). 이는 속도 퍼텐셜을 써서 속도를 나타낼 수 있다는 말이다. 이상적인 유체의 경우 보통 $\boldsymbol{\nabla} \times \boldsymbol{v} = 0$으로 쓰지만 자기장 속에 놓여 있는 이상적인 대전 유체(charged fluid)의 경우에는 이 식이 (21.39)로 바뀐다.

　따라서 초전도체의 전자 쌍에 대해 슈뢰딩거 방정식을 풀면 대전 유체의 운동 방정식이 나온다. 초전도 현상이 대전된 액체의 유체역학 문제가 되는 것이다. 초전도체에 관한 문제를 풀고 싶다면 이 식들을 [혹은 같은 식인 (21.32)와 (21.33)을] 맥스웰 방정식과 결합해서 전자기장을 얻으면 된다. (장을 얻는 데 필요한 전하와 전류로 외부의 것뿐만 아니라 초전도체 내부의 것들까지도 당연히 포함해야 한다.)

　조금 더 보태자면, 내 생각엔 식 (21.38)에 밀도가 들어가는 항이 하나 추가되어야 맞다. 이 항은 양자역학과는 관계없고 밀도의 변화와 관련이 있는 보통의 에너지로부터 나온다. 유체에 대개 ρ와 ρ_0(평형 상태의 밀도. 여기서는 결정 격자의 전하 밀도와도 같다)의 차이의 제곱에 비례하는 퍼텐셜 에너지 밀도가 있는 것과 똑같이 말이다. 이 에너지의 그래디언트에 비례하는 힘이 있을 것이므로 식 (21.38)에 (상수)$\boldsymbol{\nabla}(\rho - \rho_0)^2$ 꼴의 항이 하나 더 붙어야만 한다. 이 항은 앞에서는 나오지 않았는데, 이 힘이 입자 간 상호작용에서 비롯되지만 지금까지는 근사적으로 입자가 독립적으로 움직인다고 간주하고 무시했기 때문이다. 하지만

---

[13] 2권 40-2절 참고.

이것이 전에 정전기력이 초전도체 내부의 ρ를 거의 일정하게 해 준다고 했을 때 언급한 바로 그 힘이다.

21-9 조셉슨 접합 (Josephson junction)

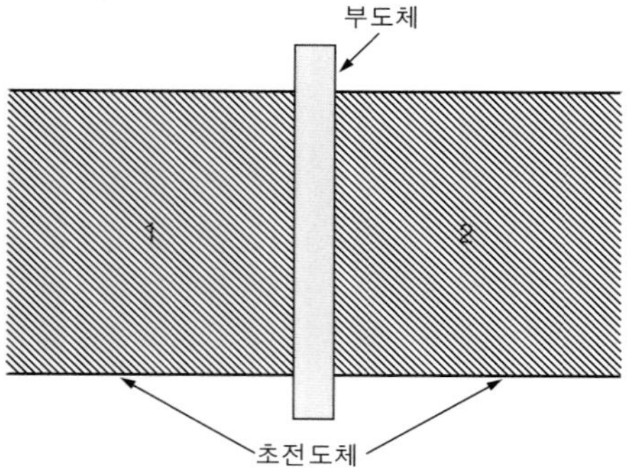

그림 21-6 얇은 부도체를 사이에 둔 두 초전도체

다음으로는 조셉슨이[14] 두 초전도체의 접합부에서 어떤 일이 일어날지를 연구하다가 발견한 매우 재미있는 상황에 대해 이야기해 보려 한다. 그림 21-6처럼 얇은 부도체층으로 연결된 두 초전도체가 있다고 해 보자. 지금은 이러한 배치를 조셉슨 접합이라고 부른다. 부도체층이 두꺼우면 전자가 통과할 수 없지만 충분히 얇다면 전자가 점프해서 지나갈 양자역학적 확률 진폭이 무시할 수 없을 만큼 크다. 이는 양자역학적 장벽 투과(barrier penetration)의 또 하나의 예인데, 조셉슨은 이 상황을 분석한 끝에 몇 가지 이상한 현상이 일어남을 발견하였다.

접합의 한쪽에서 전자를 하나 발견할 확률 진폭을 ψ_1, 다른 쪽에서 발견할 확률 진폭을 ψ_2라고 하자. 초전도 상태에서는 ψ_1이 한쪽의 전자 전체에 대한 공통의 파동함수이고 ψ_2는 반대편에서 그에 대응하는 파동함수이다. 두 초전도체가 다른 경우에도 풀 수 있지만, 양쪽의 물질이 같아서 접합이 대칭적인 간단한 상황을 보도록 하자. 또한 당분간 자기장은 없다고 가정하겠다. 그러면 두 확률 진폭이 다음과 같이 얽혀 있을 것이다.

$$i\hbar \frac{\partial \psi_1}{\partial t} = U_1 \psi_1 + K\psi_2$$

$$i\hbar \frac{\partial \psi_2}{\partial t} = U_2 \psi_2 + K\psi_1$$

상수 K는 접합의 특성을 나타내는 값 중 하나이다. K가 0이면 두 방정식이 각 초전도체의 최저 에너지 상태(에너지가 U인)를 나타낸다. 하지만 둘이 서로 확률 진폭 K로 결합하고 있으므로 한쪽에서 다른 쪽으로 샐 수가 있다. (두 상태 계에서 두 상태를 '왔다 갔다'하는 확률 진폭과도 같다.) 양쪽이 같은 물질로 되어 있다면 U_1과 U_2가 같을 것이고 그 값을 빼 버려도 될 것이다. 하지만 그러지 말고 두 초전도체를 전지의 양 끝에 각각 연결해서 접합부에 V의 전위차를 가하자. 그러면 $U_1 - U_2 = qV$가 된다. 편의상 에너지의 원점을 둘의 가운데로 잡겠다. 그러면 두 식이 다음과 같아진다.

$$i\hbar \frac{\partial \psi_1}{\partial t} = \frac{qV}{2} \psi_1 + K\psi_2$$

$$i\hbar \frac{\partial \psi_2}{\partial t} = -\frac{qV}{2} \psi_2 + K\psi_1 \qquad (21.40)$$

이것이 결합된 두 양자역학적 상태를 기술하는 방정식의 표준형이다. 이번에는 다른 방식으로 분석해 보자. 접합부 양쪽의 위상 θ_1, θ_2와 전자 밀도 ρ_1,

---

[14] B. D. Josephson, *Physics Letters* **1**, 251 (1962)

ρ_2로 나타낸 파동함수

$$\psi_1 = \sqrt{\rho_1}\, e^{i\theta_1}$$
$$\psi_2 = \sqrt{\rho_2}\, e^{i\theta_2} \tag{21.41}$$

를 대입해 보자. 실제 상황에서는 ρ_1과 ρ_2가 ρ_0, 즉 초전도체 내 정상 상태에서의 전자 밀도로 거의 같음을 기억하자. ψ_1과 ψ_2에 대한 이들 식을 (21.40)에 넣고 각각의 실수부와 허수부를 비교하면 식이 네 개 나온다. 줄여서 $\theta_2 - \theta_1 = \delta$로 쓰면 그 결과는 다음과 같다.

$$\dot{\rho}_1 = +\frac{2}{\hbar}K\sqrt{\rho_2\rho_1}\,\sin\delta$$
$$\dot{\rho}_2 = -\frac{2}{\hbar}K\sqrt{\rho_2\rho_1}\,\sin\delta \tag{21.42}$$

$$\dot{\theta}_1 = -\frac{K}{\hbar}\sqrt{\frac{\rho_2}{\rho_1}}\cos\delta - \frac{qV}{2\hbar}$$
$$\dot{\theta}_2 = -\frac{K}{\hbar}\sqrt{\frac{\rho_1}{\rho_2}}\cos\delta + \frac{qV}{2\hbar} \tag{21.43}$$

첫 두 식을 보면 $\dot{\rho}_1 = -\dot{\rho}_2$이다. 그를 두고 '하지만 ρ_1과 ρ_2가 상수 ρ_0로 일정하다면 둘 다 0이어야 한다'라고 얘기할지도 모르겠다. 그러나 천만의 말씀. 이 식이 다가 아니다. (21.42)의 식들은 그저 배경의 양이온과 전자 유체의 음이온 간 불균형 때문에 추가되는 전기장이 없는 경우 $\dot{\rho}_1$과 $\dot{\rho}_2$가 무엇이 되는지 보여 줄 뿐이다. 전하 밀도가 어떻게 변하기 시작할지, 따라서 어떤 종류의 전류가 흐르기 시작할지 말해 주는 것이다. 영역 1에서 2쪽으로의 이 전류는 $\dot{\rho}_1$(또는 $-\dot{\rho}_2$) 혹은

$$J = \frac{2K}{\hbar}\sqrt{\rho_1\rho_2}\,\sin\delta \tag{21.44}$$

가 된다. 그러면 이 전류가 곧 영역 2쪽에 쌓일 텐데, 이는 어디까지나 양편이 도선으로 전지에 연결되어 있다는 사실을 고려하지 않을 때의 얘기이다. 퍼텐셜이 일정하도록 전류가 흐를 것이기 때문에 전류는 영역 2에 쌓이지도 1에서 빠져나가지도 않는다. 이 전류가 위의 수식에 안 들어 있는 것이다. 이것까지 포함하면 ρ_1과 ρ_2는 변하지 않으면서도 접합부를 통해 흐르는 전류는 여전히 식 (21.44)처럼 된다.

ρ_1과 ρ_2가 ρ_0로 일정하게 유지되므로 $2K\rho_0/\hbar = J_0$로 놓고

$$J = J_0 \sin\delta \tag{21.45}$$

로 쓰자. K처럼 J_0 또한 접합부의 특징을 나타내는 고유한 숫자이다.

나머지 한 쌍의 식 (21.43)을 보면 θ_1과 θ_2를 구할 수 있다. 우리의 관심사는 식 (21.45)에 넣을 둘의 차이인 $\delta = \theta_2 - \theta_1$인데, 식 (21.43)으로부터

$$\dot{\delta} = \dot{\theta}_2 - \dot{\theta}_1 = \frac{qV}{\hbar} \tag{21.46}$$

가 된다. 즉 이 식을

$$\delta(t) = \delta_0 + \frac{q}{\hbar} \int V(t) dt \qquad (21.47)$$

로 쓸 수 있다. δ_0는 $t = 0$일 때의 δ값을 말한다. q는 쌍의 전하, 즉 $q = 2q_e$ 임을 잊지 말자. 식 (21.45)와 (21.47)로부터 아주 중요한 결론인 조셉슨 접합의 일반 이론이 나온다.

무슨 일이 일어난다는 것일까? 우선 직류 전압을 걸어 보자. 직류 전압 V_0 를 걸면 사인함수의 인수가 $(\delta_0 + (q/\hbar)V_0 t)$가 된다. $\hbar$가 매우 작은 숫자이므로 (보통 쓰는 전압이나 시간에 비해) 사인함수가 매우 빠르게 진동하고 따라서 알짜 전류는 0이나 마찬가지다(1초에도 수백만 번씩 좌우로 방향을 바꾸는 전류 가 있다면 평균적으로 0이라고 보아도 무방하다 : 옮긴이). 그런데 접합에 전압 을 걸지 않으면 전류가 흐르지 않았던가! 걸어 준 전압이 없으면 전류가 $+J_0$ 와 $-J_0$ 사이의 δ_0의 값에 따라 다른 어떤 값이 되는데 전압을 걸면 전류가 0으 로 변한다. 이 괴상한 결과가 최근에 실제 실험으로 관찰되었다.[15]

전류를 얻을 수 있는 방법이 한 가지 더 있다. 직류 전압에 초고주파의 교류 전압을 섞어서 걸어 주면 된다. 이 전압을

$$V = V_0 + v \cos \omega t$$

로 쓰자. $v \ll V$ 이다. 그러면 $\delta(t)$가

$$\delta_0 + \frac{q}{\hbar} V_0 t + \frac{q}{\hbar} \frac{v}{\omega} \sin \omega t$$

가 된다. Δx가 작으면

$$\sin(x + \Delta x) \approx \sin x + \Delta x \cos x$$

이므로 이 근사식을 $\sin \delta$에 써서 다음 식을 얻는다.

$$J = J_0 \left[\sin\left(\delta_0 + \frac{q}{\hbar} V_0 t\right) + \frac{q}{\hbar} \frac{v}{\omega} \sin \omega t \cos\left(\delta_0 + \frac{q}{\hbar} V_0 t\right) \right]$$

첫 번째 항은 평균을 내면 0이지만 두 번째 항은

$$\omega = \frac{q}{\hbar} V_0$$

가 성립하면 0이 되지 않는다. 교류 성분의 주파수가 바로 이 값이면 반드시 전 류가 흐르게 된다. 샤피로[16]는 그 같은 공진 효과를 실험으로 확인했다고 한다.

초전도 현상에 관한 논문을 보다 보면 저자들이 종종 전류에 관한 식을 접 합을 가로지르는 적분을 이용하여

$$J = J_0 \sin\left(\delta_0 + \frac{2q_e}{\hbar} \int \mathbf{A} \cdot d\mathbf{s}\right) \qquad (21.48)$$

[15] P. W. Anderson and J. M. Rowell, *Phys. Rev. Letters* **10**, 230 (1963).
[16] S. Shapiro, *Phys. Rev. Letters* **11**, 80 (1963)

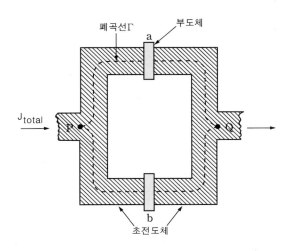

그림 21-7 병렬로 놓인 두 조셉슨 접합

로 쓰기도 한다. 이는 접합에 벡터 퍼텐셜이 있으면 왔다 갔다 하는 확률 진폭의 위상이 앞서 설명한 방식으로 변하기 때문이다. 이 위상을 쭉 추적하면 위와 같은 식이 된다.

마지막으로 최근에 두 접합에 흐르는 전류 사이의 간섭을 통해 얻어 낸 아주 극적이고 재미난 실험을 하나 소개하겠다. 양자역학에서는 서로 다른 두 슬릿을 거치는 확률 진폭 간의 간섭이 익숙한 주제이다. 이번에는 두 접합을 따라 흐르는 전류의 위상차에 의한 간섭을 보려고 한다. 그림 21-7에 병렬로 연결된 두 접합 a와 b가 있다. 끝 점 P와 Q는 전류를 재는 장치에 연결되어 있다. 그러면 외부에서 가한 전류 J_{total}은 두 접합을 따라 흐른 전류의 합이 될 것이다. 두 접합을 통과한 전류를 각각 J_a와 J_b라 하고 위상을 δ_a와 δ_b라 하자. P와 Q 사이의 위상차는 a나 b 중 어느 쪽으로 지나가느냐와 관계없이 같아야 한다. 접합 a를 지나는 경로에 대한 위상차는 δ_a에 벡터 퍼텐셜을 위쪽 경로를 따라 적분한 값을 더한 값이 된다.

$$\Delta\,\mathrm{Phase}_{P \to Q} = \delta_a + \frac{2q_e}{\hbar}\int_{위} \mathbf{A}\cdot d\mathbf{s} \tag{21.49}$$

왜 그럴까? θ와 $\mathbf{A}$ 사이에 식 (21.26)의 관계가 성립하기 때문이다. 즉 이 식을 어떤 경로를 따라 적분하면 좌변이 위상차가 되는데 이것이 바로 $\mathbf{A}$의 선적분에 비례하기 때문이다. 이 식을 쓴 것이다. 비슷한 방법으로 아래쪽 경로에서 생기는 위상차는

$$\Delta\,\mathrm{Phase}_{P \to Q} = \delta_b + \frac{2q_e}{\hbar}\int_{아래} \mathbf{A}\cdot d\mathbf{s} \tag{21.50}$$

이 된다. 이 둘이 같아야 한다. 따라서 식 (21.50)에서 (21.49)를 빼면 δ의 차이가 $\mathbf{A}$를 회로를 따라 한 바퀴 선적분한 값이 된다.

$$\delta_b - \delta_a = \frac{2q_e}{\hbar}\oint_{\Gamma} \mathbf{A}\cdot d\mathbf{s}$$

여기서 적분 경로는 그림 21-7처럼 두 접합을 모두 통과하는 폐곡선 Γ이다.

폐곡선을 따라 A를 적분하면 해당 곡선을 통과하는 자기 플럭스 Φ가 되므로 두 δ의 차이는 두 경로 사이를 통과하는 자기 플럭스 Φ 곱하기 $2q_e/\hbar$가 된다.

$$\delta_b - \delta_a = \frac{2q_e}{\hbar}\Phi \qquad (21.51)$$

회로를 지나는 자기장을 바꾸면 이 위상차를 마음대로 조절할 수 있으므로 위상을 바꿔 가면서 두 경로를 지나는 전류의 합에 간섭이 나타나는지 볼 수 있을 것이다. 전체 전류는 J_a와 J_b의 합인데, 편의상

$$\delta_a = \delta_0 + \frac{q_e}{\hbar}\Phi, \qquad \delta_b = \delta_0 - \frac{q_e}{\hbar}\Phi$$

로 쓰겠다. 그러면

$$J_{\text{total}} = J_0\left\{\sin\left(\delta_0 + \frac{q_e}{\hbar}\Phi\right) + \sin\left(\delta_0 - \frac{q_e}{\hbar}\Phi\right)\right\}$$
$$= 2J_0 \sin\delta_0 \cos\frac{q_e\Phi}{\hbar} \qquad (21.52)$$

가 된다.

여기서 δ_0에 대해서는 아는 바가 없다. 그저 자연이 정해 놓은 값을 따를 뿐이다. 그중에서 특히 우리가 접합에 걸어 주는 외부 전압이 좌우할 것이다. 하지만 우리가 뭘 하든 관계없이 $\sin\delta_0$는 1보다 클 수 없다. 따라서 어떠한 Φ에 대해서도 전류의 최대값은

$$J_{\max} = 2J_0\left|\cos\frac{q_e\Phi}{\hbar}\right|$$

가 된다. 이 최대 전류는 Φ에 따라 다를 것이고, 그 최대값은 정수 n에 대해

$$\Phi = n\frac{\pi\hbar}{q_e}$$

일 때가 된다. 즉 자기 플럭스가 식 (21.30)에서의 양자화된 바로 그 값일 때 전류가 최대가 되는 것이다!

이중 접합(double junction)에서의 조셉슨 전류가 최근에 두 접합 사이 면적을 지나는 자기장의 함수로 측정되었다.[17] 그 결과는 그림 21-8에 있는데, 그동안 무시해 온 여러 효과들에 의한 전류를 바탕에 깔고 있긴 하지만 자기장의 변화에 따른 전류의 급격한 진동은 분명히 식 (21.52)의 간섭 항 $\cos q_e\Phi/\hbar$에 의한 것임을 알 수 있다.

양자역학을 둘러싼 문제 중 호기심을 자극하는 것 한 가지는 자기장이 없는 곳에서도 과연 벡터 퍼텐셜이 존재하느냐 하는 점이다.[18] 방금 설명한 실험은 두 접합 사이에 놓인 작은 솔레노이드를 써서 해 본 적도 있는데, 그러면 자기장

---

[17] Jaklevic, Lambe, Silver and Mercereau, *Phys. Rev. Letters* **12**, 159 (1964).
[18] Jaklevic, Lambe, Silver and Mercereau, *Phys. Rev. Letters* **12**, 274 (1964).

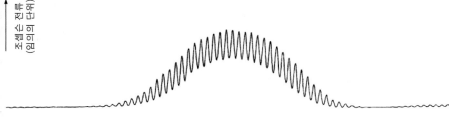

자기장(밀리가우스)

그림 21-8 조셉슨 접합 쌍을 지나는 전류를 두 접합 사이의 자기장의 함수로 기록한 결과. (그림 21-7 참고.) [이 그래프는 포드 자동차 주식회사 과학 연구소의 R. C. Jaklevic, J. Lambe, A. H. Silver, J. E. Mercereau 이 얻은 것이다.]

이 솔레노이드 내부에만 있어서 초전도체 도선에는 거의 영향이 없을 것이다. 실험 결과 자기장이 도선에 닿지 않는데도 마찬가지로 솔레노이드 내부의 자기 플럭스에 따라 총 전류가 진동하는 현상이 벌어졌다. 이는 벡터 퍼텐셜이 물리적으로 실재함을 입증하는 좋은 예가 될 것이다.[19]

다음에는 무엇이 나타날지 잘 모르겠다. 하지만 가능한 일로 어떤 것들이 있는지 보자. 우선 두 접합 간의 간섭을 써서 정밀한 자기장 측정 장치를 만들 수 있다(SQUID(Superconducting QUantum Interference Devices)라고 부른다 : 옮긴이). 접합 쌍으로 둘러싸인 넓이가 예를 들어 1mm^{2}이라고 하면, 그림 21-8의 그래프에서 극대 값 사이의 간격이 2×10^{-6}gauss가 될 것이다. 두 극점 사이의 1/10쯤 되는 점은 충분히 판단할 수 있으므로 이 접합을 쓰면 2×10^{-7}gauss 정도의 미세한 자기장을 잴 수 있다. 또는 큰 자기장을 그 정도로 정밀하게 잴 수도 있다. 여기서 더 나아갈 수도 있겠다. 접합을 열 개나 스무 개쯤 같은 간격으로 가깝게 모아 보자. 그러면 열 개나 스무 개 슬릿 사이의 간섭을 볼 수 있고 자기장을 바꾸면 최고치와 최저치를 훨씬 더 정확하게 얻을 수 있다. 이중 슬릿 대신에 스무 개 아니 아예 슬릿 100개짜리 간섭계(interferometer)를 만들어서 자기장을 잴 수도 있겠다. 그러면 아마 양자역학적 간섭을 써서 측정한 자기장이 나중엔 빛의 파장 측정만큼이나 정밀해질 것이다.

그러면 이것들이 트랜지스터나 레이저 및 이 접합들처럼 현대에 벌어지는 일들의 예가 될 텐데, 이들을 궁극적으로 어디에 활용할 수 있을지는 아직 아무도 모른다. 1926년에 발견된 양자역학은 그로부터 40년 가까이 발전해 왔는데 의외로 갑자기 실제로 이용되기 시작했다. 우리는 지금 자연을 아주 정교하고 멋지게 활용하는 단계에 들어서는 것이다.

여러분, 미안하지만 이 모험에 동참하려면 서둘러 양자역학부터 더 배워야 한다. 본 강의에서 우리가 희망한 바는 여러분이 이 분야의 신비로움을 가능한 한 빨리 느끼도록 만드는 것이었으니 말이다.

---

[19] 2권 15장의 15-5절 참고.

파인만의 후기

　　여러분에게 2년여에 걸쳐서 계속 이야기를 해 왔는데 이제 그만 하려 한다. 어떤 의미에서는 사과하고 싶고, 또 어떤 의미에서는 그렇지 않기도 하다. 여러분 중 이삼십 명 정도라도 처음부터 끝까지 설렘을 잃지 않고 모든 내용을 전부 소화했고 또 즐겼기를 바란다. 실제로 그런 학생들도 있었다고 알고 있다. 하지만 나는 '교육의 힘은 이미 알고 있는 바를 중복해서 또 가르치게 되는 경우 외에는 거의 발휘되지 않는다'는 점도 알고 있다. 하여 내용을 전부 다 이해한 학생들에게는 나는 그저 보여 준 것 빼고는 별로 한 일이 없다. 그 외의 학생들에게는 나 때문에 물리가 미워졌다면 사과드린다. 난 여태껏 기초 물리를 가르쳐 본 일이 없었으니 사과하겠다. 다만 내가 여러분이 짜릿한 흥분이 넘치는 이 분야를 떠나게 할 정도로 심각한 손해를 끼치지는 않았기를 바랄 뿐이다. 또한 누군가 다른 사람이 소화불량 생기지 않게 잘 가르치기를, 그래서 보기보다는 덜 소름 돋는 것들이었음을 여러분이 깨닫기를 바란다.

　　마지막으로 내 강의의 기본 목적은 시험에 대비하기 위한 것도, 산업 현장 종사 혹은 군 복무 준비를 위한 것도 아니었음을 덧붙이고 싶다. 나 스스로는 현대 문화의 중요한 부분인 경이로운 세상과 그것을 대하는 물리학자들의 관점을 여러분이 감상할 수 있게 하고 싶었던 것이 가장 컸다. (이에 이의를 제기할 교수들도 있겠지만, 나는 그분들 생각이 틀렸다고 믿는다.)

　　어쩌면 여러분은 이 문화를 일부나마 느끼는 것을 넘어서 인류 역사상 가장 큰 모험에 동참하고 싶어질 수도 있으리라.

부록

3권의 많은 내용은 독자들이 2권 34장과 35장에서 다루는 원자의 자성에 대해 알고 있음을 전제한다.

2권을 가지고 있지 않은 독자들을 위해 여기 부록에 두 장을 싣는다. 내용은 다음과 같다.

CHAPTER 34
물질의 자성(磁性)

34-1 반자성과 상자성

이 장에서는 물질의 여러 가지 자기적 성질에 대하여 알아보기로 한다. 자성이 가장 두드러지는 물질은 단연 철(Fe)이다. 철과 비슷한 자성을 가진 물질로는 니켈(Ni), 코발트(Co), 그리고 (섭씨 16°C 이하의) 충분히 낮은 온도에서의 가돌리늄(Gd)이 있으며, 그 밖에도 여러 종의 특이한 합금들이 유난한 자성을 띠고 있다. 흔히 '강자성(ferromagnetism)'이라 불리는 이러한 종류의 자성은 매우 독특하고 복잡하기 때문에 별도로 하나의 장을 할애하여 설명할 예정이다. 하지만 대부분의 평범한 물질들도 (강자성체의 자성과 비교할 때 수천~수백만 배작긴 하지만) 어느 정도 자기적 성질을 띠고 있다. 이 장에서는 평범한 물질들의 자성, 즉 강자성체를 제외한 물질들의 자성에 대해 알아보기로 하자.

약한 자성에는 두 가지 종류가 있다. 어떤 물질은 자기장 쪽으로 '끌리는' 성질이 있고, 어떤 물질들은 반대로 '밀려난다.' 물질 내에서 일어나는 전기적 효과는 유전체를 항상 끌어당기는 쪽으로 작용하지만, 자기적 효과는 이와 같이 두 가지 양상으로 나타나는 것이다. 그림 34-1과 같이 한쪽 자극이 뾰족하고 다른 한쪽이 평평한 전자석을 생각해 보면 자성에 의한 효과가 두 가지로 나타나는 이유를 쉽게 알 수 있다. 자기장의 세기는 평평한 자극보다 뾰족한 자극 부근에서 훨씬 강하다. 작은 물질 조각을 긴 줄에 매달아서 두 자극 사이에 늘어뜨리면 일반적으로 조각에 약한 힘이 작용하게 된다. 전자석의 전원을 켰을 때, 자극 사이에 늘어뜨려 놓은 물질 조각이 약간 움직이는 것을 보면 이러한 약한 힘이 작용함을 알 수 있다. 극소수의 강자성체는 뾰족한 자극 쪽으로 매우 세게 끌려가

복습 과제 :
제2권 15-1절 "전류 고리에 작용하는 힘 : 자기 쌍극자의 에너지"

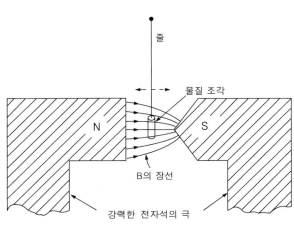

줄

물질 조각

B의 장선

강력한 전자석의 극

그림 34-1 작은 원기둥 모양의 비스무스 조각은 뾰족한 자극에 의해 약한 힘으로 밀려난다. 반면에, 알루미늄 조각은 뾰족한 자극 쪽으로 끌려간다.

고, 그 외의 물질들은 매우 약한 힘만을 느낄 뿐이다. 이들 중 일부는 뾰족한 자극 쪽으로 약하게 끌려가고 또 어떤 것은 약하게 밀려난다.

작은 원기둥 모양의 비스무스(bismuth) 조각을 사용하면 이 효과를 가장 쉽게 관측할 수 있다. 비스무스 조각은 강한 자기장 영역에서 '밀려난다.' 이런 식으로 밀려나는 물질들을 '반자성체(diamagnetic material)'라고 한다. 비스무스는 가장 강력한 반자성체 중의 하나지만, 그 효과는 아주 약하게 나타난다. 원래 반자성 자체가 매우 약한 특성이기 때문이다. 비스무스 대신 작은 알루미늄 조각을 두 자극 사이에 늘어뜨리면 역시 약한 힘이 작용하는 걸 볼 수 있는데, 아까와는 반대로 뾰족한 자극을 향해 끌려간다. 이와 같은 물질들을 '상자성체(paramagnetic material)'라 한다[이 실험에서는 전자석을 켰다 껐다 할 때 발생되는 와상 전류에 의한 힘(eddy-current force) 때문에 물체에 강한 충격이 전달될 수 있다. 그러므로 매달린 물체가 완전하게 자리를 잡은 후에 총 이동 거리를 측정해야 한다].

자, 이제 이 두 가지 자기적 효과의 메커니즘을 간단히 설명해 보기로 하자. 대부분의 물질들은 영구적인 자기 모멘트를 갖고 있지 않다. 좀 더 자세히 말하자면, 각각의 원자 내부의 자석들이 모두 정확하게 상쇄되어 원자의 '알짜' 자기 모멘트가 0이 되는 것이다. 이런 물질에서는 전자의 스핀과 궤도 운동에 의한 자기 모멘트가 정확하게 상쇄되기 때문에, 원자는 평균적으로 자기 모멘트를 띠지 않는다. 이런 상황에서 외부에서 자기장을 걸어 주면 자기 유도에 의해 원자 내부에 추가적으로 작은 전류가 발생하는데, 이 전류는 렌츠의 법칙(Lenz's law)에 따라 '증가하는 외부 자기장을 줄이는 방향으로' 자기장을 만든다. 따라서 이렇게 유도된 원자의 자기 모멘트는 외부 자기장과 '정반대' 방향을 향하게 된다. 이것이 바로 반자성의 메커니즘이다.

이와는 달리, 각각의 원자들이 영구적인 자기 모멘트를 갖고 있는 물질도 있다. 이것은 전자의 스핀과 궤도 운동에 의한 순환 전류가 정확하게 상쇄되지 않아서 나타나는 현상이다. 그러므로 이런 물질에서는 (항상 존재하는 반자성 효과 이외에도) 각 원자의 자기 모멘트들이 같은 방향으로 정렬될 가능성이 항상 존재한다. 영구적 자기 모멘트를 갖는 물질에서는 각 원자의 자기 모멘트들이 (유전체에서 영구 쌍극자들이 전기장 방향으로 정렬하는 것과 마찬가지로) 외부 자기장과 '같은 방향으로' 정렬하려는 경향을 보이기 때문에 기존에 있던 외부 자기장이 더욱 강해진다. 이런 물질이 바로 상자성체이다. 상자성은 일반적으로 매우 약한데, 그 이유는 원자의 운동을 무질서하게 만드는 열적인 요동에 비해서 원자들을 한 방향으로 정렬시키려는 힘이 훨씬 약하기 때문이다. 그래서 상자성은 대체로 온도에 매우 민감하게 반응한다(도체의 전도 현상을 일으키는 자유 전자의 스핀에 의한 상자성은 예외적인 성질을 갖고 있는데, 지금 당장은 논하지 않기로 한다). 일반적인 상자성체의 경우, 온도가 낮을수록 효과가 강하게 나타난다. 낮은 온도에서는 한 방향으로 정렬하려는 것을 교란시키는 충돌이 줄어들기 때문이다. 반면에 반자성체는 '어느 정도' 온도에 무관하다. 물론, 내부에 자기 모멘트가 내재되어 있는 물체에는 상자성 효과뿐만 아니라 언제나 반자성 효과도 함께 존재하지만, 대부분의 경우 상자성 효과가 반자성을 압도한다.

우리는 11장에서 모든 전기 쌍극자들이 외부의 도움 없이 스스로 한 방향으로 정렬하는 '강유전체(ferroelectric material)'에 대해 공부한 적이 있다. 자성의 경우에도 이와 비슷하게 모든 원자들의 자기 모멘트가 한 방향으로 정렬한 채 고정되는 현상이 일어날 수도 있다. 그러나 자기력의 크기는 전기력에 비해 너무나도 미약하기 때문에, 구체적인 계산을 해보면 수 밀리켈빈(milli Kelvin)의 저온에서도 원자의 열운동이 자기 모멘트의 정렬을 흩트려 놓는다는 사실을 알 수 있다. 그렇다면 실온에서 자기 모멘트들을 영구적으로 정렬시키는 것은 도저히 불가능할 것 같다.

그러나 철(Fe)에서는 이런 일이 실제로 일어난다. 철 원자의 자기 모멘트가 상온에서도 정렬되는 것이다! 철 원자의 자기 모멘트들 사이에는 '직접적인' 자기적 상호작용보다 훨씬 강한 힘이 작용하고 있다. 이것은 양자역학으로만 설명될 수 있는 간접적인 효과로서, 직접적인 자기적 상호작용보다 10,000배 정도 강하다. 이 점에 대해서는 나중에 따로 논의하기로 한다.

지금까지 나는 반자성과 상자성을 정성적으로 설명하기 위해 나름대로 애를 써 왔지만, 이제 사실을 고백해야 할 순간이 온 것 같다. 여러분이 알고 있는 고전물리학으로는 물질의 자기적 효과를 이해할 수 없다는 것이다! 자기적 효과는 전적으로 '양자역학적 현상'에 속한다. 그러나 비록 틀리긴 해도, 고전물리학적인 논의를 통해서 어느 정도 감을 잡는 것은 가능하다. 고전역학을 이용하여 어떤 물질의 특성을 추측한다고 생각해 보자. 물론 이것은 결코 옳은 방법이 아니다. 자기적 현상을 기술하려면 반드시 양자역학을 동원해야 하기 때문이다. 그러나 플라스마나 자유 전자로 가득 찬 공간처럼, 전자들이 고전역학의 법칙을 따르는 경우도 있다. 이런 경우에는 고전자기학(classical magnetism)의 일부 정리들을 매우 유용하게 사용할 수 있다. 또한 고전물리학적 논의는 역사적인 맥락에서도 어느 정도 의미가 있다고 생각한다. 과거에 물질의 자성을 연구하던 과학자들은 당연히 고전역학을 사용할 수밖에 없었다. 고전역학의 논리를 따라가다 보면, '정확하지는 않지만 어느 정도 유용한' 예측을 할 수 있다. 물론, 물질의 자성을 제대로 이해하려면 먼저 양자역학을 공부해야 한다.

반자성과 같은 단순한 현상을 이해하기 위해 지금 당장 양자역학을 속속들이 다 배울 수는 없다. 따라서 앞으로 당분간은 진실의 반쪽만 보여 주는 고전역학에 의존할 수밖에 없다. 지금부터 고전자기학의 여러 정리를 나열할 예정인데, 사실과 다른 것을 주장하고 있기 때문에 다소 혼란스러울 것이다. 사실대로 말하자면, 마지막 정리를 제외한 모든 정리가 잘못된 것이며, 물리적 세계에 대한 기술로서는 모두 틀렸다고 할 수 있다. 양자역학을 고려하지 않는 한, 그 어떤 설명도 옳을 수 없음을 명심하기 바란다.

34-2 자기 모멘트와 각운동량

고전역학으로부터 우리가 증명하고자 하는 첫 번째 정리는 다음과 같다 —

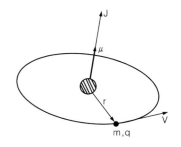

그림 34-2 임의의 원형 궤도에 대한 자기 모멘트 μ는 $q/2m$에 각운동량 J를 곱한 것과 같다.

"전자가 원운동을 하고 있을 때(예를 들어, 중심력 하에서 원자핵 주위를 돌고 있을 때), 자기 모멘트와 각운동량 사이에는 일정한 비율이 정해져 있다." 전자의 각운동량을 J라 하고, 자기 모멘트를 μ라 하자. 각운동량의 크기는 전자의 질량에 속도와 궤도 반경을 곱한 값이며, 그 방향은 궤도면에 수직하다(그림 34-2 참조).

$$J = mvr \qquad (34.1)$$

(물론 이것은 상대론적 효과를 전혀 고려하지 않은 식이다. 그러나 원자 궤도를 돌고 있는 전자의 경우, v/c값은 대략 $e^2/\hbar c = 1/137$정도로서, 1%정도밖에 되지 않기 때문에 그다지 큰 오차는 발생하지 않는다.)

동일한 궤도에서 전자의 자기 모멘트는 전류에 면적을 곱한 값이다(14-5절 참조). 전류는 궤도상의 한 점을 단위 시간당 통과하는 전하량이므로 전하 q에 시간당 회전수를 곱한 값이며, 시간당 회전수는 속도를 궤도의 둘레로 나눈 값이다. 따라서

$$I = q\,\frac{v}{2\pi r}$$

이다. 궤도의 면적은 πr^2이므로, 자기 모멘트는 다음과 같다.

$$\mu = \frac{qvr}{2} \qquad (34.2)$$

이 역시 궤도면에 수직한 방향을 향한다. 따라서 J와 μ는 방향이 같다.

$$\mu = \frac{q}{2m}\,J \quad (\text{궤도}) \qquad (34.3)$$

보다시피, 이들 사이의 비율은 속도나 반경에 무관하다. 즉, 원궤도를 돌고 있는 입자의 자기 모멘트는 $q/2m$에 각운동량을 곱한 것이다. 전자의 전하량을 $-q_e$라 하면, 원운동을 하는 전자의 자기 모멘트는 다음과 같다.

$$\mu = -\frac{q_e}{2m}\,J \quad (\text{전자의 궤도}) \qquad (34.4)$$

이상은 고전 이론에서 예측되는 결과이다. 그런데 신기하게도 이 결과는 양자역학적으로도 옳다. 물리학에서는 때때로 이런 기적 같은 일이 일어나기도 한다. 그러나 고전물리학을 계속 따라가다 보면 어디선가 반드시 틀린 답이 나오게 된다. 무엇이 옳고 무엇이 틀린지를 기억하는 것도 결코 만만치 않은 과제이다. 여기서는 일단 양자역학에서 '일반적으로' 성립하는 사실들을 언급해 두는 것이 좋을 것 같다. 먼저, 식 (34.4)는 '궤도 운동'에 관한 한 옳은 식이다. 그러나 자성이라는 것이 오직 궤도 운동에 의해서만 생기는 것은 아니다. 전자는 (지구의 자전 운동과 비슷하게) 자신의 축 주위를 스핀(spin rotation)하고, 그로 인해 전자는 각운동량과 자기 모멘트를 갖게 된다. 그런데 (고전 이론으로는 설명할 수 없는) 순전히 양자역학적인 효과 때문에, 전자의 스핀에 대한 μ/J값은 방금 구한 전자의 궤도 운동에 대한 값($-q_e/2m$)의 두 배이다.

$$\boldsymbol{\mu} = -\frac{q_e}{m}\boldsymbol{J} \quad \text{(전자의 스핀)} \qquad (34.5)$$

대부분의 원자는 여러 개의 전자를 보유하고 있는데, 이들의 스핀과 궤도 운동 간의 모종의 조합으로 인해 원자의 총 각운동량과 총 자기 모멘트가 형성된다. 고전역학으로는 그 이유를 설명할 길이 없지만, 양자역학에서는 (고립된 한 원자에 대한) 자기 모멘트의 방향이 각운동량의 방향과 '항상' 반대로 나타난다. 이들 사이의 비율은 $-q_e/m$도 아니고 $-q_e/2m$도 아니며, 대략 두 값의 중간 정도이다. 전자의 궤도 운동과 스핀이 한데 섞여 총 자기 모멘트에 기여하기 때문이다. 따라서 자기 모멘트는 다음과 같이 쓸 수 있다.

$$\boldsymbol{\mu} = -g\left(\frac{q_e}{2m}\right)\boldsymbol{J} \qquad (34.6)$$

여기서 g는 원자의 상태에 따라 달라지는 상수이다. 전자가 궤도 운동만 하고 있다면 $g=1$이고, 스핀 모멘트만 존재하는 경우에는 $g=2$이다. 원자와 같이 궤도 운동과 스핀이 공존하는 복잡한 계의 경우엔 g는 1과 2 사이의 값을 갖는다. 물론, 이 식만으로는 알아낼 수 있는 것이 별로 없다. 이 식에는 단지 자기 모멘트와 각운동량이 '평행하다'는 것만 명시되어 있을 뿐, 각각의 크기에 대한 구체적인 정보는 들어 있지 않다. 그러나 식 (34.6)은 나름대로 편리한 형태이다. 왜냐하면 '란데 g인자(Landé g-factor)'라 불리는 g가 대략 1정도의 크기를 갖는 '차원이 없는 상수(dimensionless constant)'이기 때문이다. 이 값을 알아내는 것은 양자역학의 중요한 연구 과제 중 하나이다.

여러분은 원자핵 내부에서 진행되는 사건도 궁금할 것이다. 원자핵을 이루고 있는 양성자와 중성자도 특정 궤도를 돌면서 전자처럼 고유한 스핀을 갖고 있는데, 이 경우에도 역시 자기 모멘트와 각운동량은 서로 평행하다. 핵의 내부에서도 양성자가 원궤도를 돈다고 가정하고, 식 (34.3)의 m에 양성자의 질량을 대입하면 둘 사이의 대략적인 비율을 계산할 수 있다. 따라서 핵의 자기 모멘트는 보통 다음과 같은 형태로 쓴다.

$$\boldsymbol{\mu} = g\left(\frac{q_e}{2m_p}\right)\boldsymbol{J} \qquad (34.7)$$

여기서 m_p는 양성자의 질량이고 g(핵의 g인자)는 1에 가까운 값으로서 원자핵마다 고유의 값이 정해져 있다.

원자핵의 경우에 또 한 가지 중요한 차이점은 양성자의 '스핀 자기 모멘트'의 g값이 전자의 경우와는 달리 2가 아니라는 사실이다. 양성자의 경우 $g=2$(2.79)이다. 그리고 놀랍게도, 중성자 역시 스핀 자기 모멘트를 갖고 있는데, 자신의 각운동량에 대한 상대적인 자기 모멘트는 2(−1.93)이다. 다시 말해서, 중성자는 자기적인 의미에서 보면 정확하게 '중성'은 아니라는 뜻이다. 중성자는 하나의 조그만 자석으로 간주할 수 있으며, 중성자의 자기 모멘트는 회전하는 음전하의 자기 모멘트와 비슷하다.

34-3 원자 자석의 세차 운동

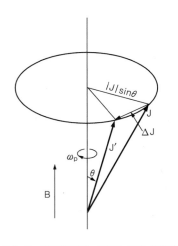

그림 34-3 각운동량이 J이고 그와 평행한 자기 모멘트 μ를 가진 물체가 자기장 B 속에 놓이면 각속도 ω_p로 세차 운동을 하게 된다.

자기 모멘트가 각운동량에 비례한다는 사실로부터 유도되는 중요한 결론 중 하나는 자기장 안에 놓인 원자 자석(atomic magnet)이 '세차 운동'을 한다는 것이다. 먼저 이 문제를 고전적인 관점에서 살펴보기로 하자. 자기 모멘트 μ를 가진 물체가 균일한 자기장 안에서 자유롭게 움직일 수 있도록 매달려 있다고 가정해 보자. 이 물체는 토크 $\tau = \mu \times B$를 느낄 것이고, 이 토크는 자기 모멘트를 자기장과 같은 방향으로 정렬시키려 할 것이다. 그런데 원자는 일종의 자이로스코프(gyroscope)로서, 각운동량 J를 갖고 있다. 따라서 원자 자석은 자기장 방향으로 정렬되지 않고, 제1권 20장에서 설명한 것처럼 '세차 운동'을 한다. 각운동량이(그리고 자기 모멘트도) 자기장과 평행한 축을 중심으로 세차 운동을 하는 것이다. 세차 운동의 주기는 제1권 20장에서 사용했던 방법으로 구할 수 있다.

그림 34-3과 같이 짧은 시간 Δt 동안 각운동량 J가 자기장 B의 방향에 대하여 각도 θ를 그대로 유지한 채 J'으로 변했다고 가정해 보자. 세차 운동의 각속도를 ω_p라 하면 Δt 동안 세차 운동한 각도는 $\omega_p \Delta t$이다. 그림의 기하학적 구도를 잘 살펴보면, Δt의 시간 동안 각운동량의 변화는 다음과 같음을 알 수 있다.

$$\Delta J = (J \sin \theta)(\omega_p \Delta t)$$

따라서 각운동량의 변화율은 다음과 같다.

$$\frac{dJ}{dt} = \omega_p J \sin \theta \tag{34.8}$$

이것은 토크

$$\tau = \mu B \sin \theta \tag{34.9}$$

와 같아야 한다. 따라서 세차 운동의 각속도는 다음과 같다.

$$\omega_p = \frac{\mu}{J} B \tag{34.10}$$

식 (34.6)의 μ/J를 대입하면, 원자계에 대하여

$$\omega_p = g \frac{q_e B}{2m} \tag{34.11}$$

가 얻어진다. 즉, 세차 운동의 진동수는 B에 비례한다는 것을 알 수 있다. 아래의 식들을 기억해 두면 여러모로 유용하다. 원자(또는 전자)에 대하여

$$f_p = \frac{\omega_p}{2\pi} = (1.4\text{메가사이클/가우스}) g B \tag{34.12}$$

이고, 원자핵에서는

$$f_p = \frac{\omega_p}{2\pi} = (0.76\text{킬로사이클/가우스}) g B \tag{34.13}$$

이다(원자와 원자핵에 대한 공식이 서로 다른 이유는 g값을 쓸 때 서로 다른 규

약을 따르기 때문이다).

고전 이론에 따르면, 원자 내부의 전자 궤도(그리고 스핀)는 자기장 하에서 세차 운동을 해야 한다. 그러나 과연 양자역학적으로도 동일한 결과가 나올까? 답은 'yes'이다. 그러나 양자역학으로 가면 세차 운동의 의미가 조금 달라진다. 양자역학에서는, 고전역학에서와 똑같은 의미로 각운동량의 '방향'에 대해서 말할 수가 없다. 그러나 이런 차이에도 불구하고 꽤 밀접한 유사성이 존재하기 때문에 양자역학에서도 '세차 운동'이라는 용어를 사용하고 있다. 이 문제는 나중에 양자역학적인 관점에 대해서 이야기할 때 다시 언급할 것이다.

34-4 반자성

이번에는 반자성을 고전적인 관점에서 생각해 보자. 논리를 전개하는 방법에는 여러 가지가 있는데, 그중 가장 깔끔한 방법은 다음과 같다. 원자 주위의 자기장을 서서히 증가시킨다고 가정해 보자. 그러면 자기장이 변함에 따라 자기 유도에 의한 '전기장'이 발생할 것이다. 패러데이의 법칙에 따르면, 임의의 폐경로에 대한 전기장 E의 선적분은 그 경로를 통과하는 자기 플럭스의 변화율과 같다. 그림 34-4와 같이 원자를 중심으로 하는 반경 r인 동심원을 선적분 경로 Γ로 선택해 보자. 이 원을 따라 형성되는 전기장 E의 접선 방향 성분은 평균적으로 다음과 같이 주어진다.

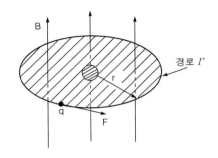

그림 34-4 유도된 전기력이 원자 내의 전자에 작용한다.

$$E 2\pi r = -\frac{d}{dt}\left(B\pi r^2\right)$$

즉, 다음과 같은 세기의 고리형 전기장이 형성된다.

$$E = -\frac{r}{2}\frac{dB}{dt}$$

이렇게 유도된 전기장은 원자 속에 있는 전자에게 $-q_e Er$의 토크를 가하게 된다. 물론 이 토크는 각운동량의 변화율 dJ/dt와 같아야 한다.

$$\frac{dJ}{dt} = \frac{q_e r^2}{2}\frac{dB}{dt} \tag{34.14}$$

이 식을 $B=0$인 시점부터 시간에 대해 적분하면, 자기장 스위치를 켬으로써 발생하는 각운동량의 총 변화량을 구할 수 있다.

$$\Delta J = \frac{q_e r^2}{2} B \tag{34.15}$$

이것은 자기장을 켬으로 해서 전자에 추가로 전달되는 각운동량이다.

이렇게 추가된 각운동량은 별도의 추가적인 자기 모멘트를 만들고, 이는 전적으로 '궤도' 운동에 의한 것이므로 $-q_e/2m$에 각운동량을 곱한 것과 같다. 따라서 유도된 반(反)자기 모멘트(induced diamagnetic moment)는

$$\Delta\mu = -\frac{q_e}{2m}\Delta J = -\frac{q_e^2 r^2}{4m} B \tag{34.16}$$

이다. 앞에 붙어 있는 마이너스 부호는 추가된 자기 모멘트가 자기장과 반대 방향임을 뜻한다(렌츠의 법칙을 이용하면 쉽게 확인할 수 있다).

식 (34.16)을 조금 다른 방식으로 써 보자. 식에 나오는 r^2은 원자의 중심을 지나면서 $\boldsymbol{B}$와 평행한 축으로부터 측정한 반경을 제곱한 것이다. $\boldsymbol{B}$가 z축 방향이라고 가정하면 r은 $x^2 + y^2$이 된다. 그리고 원자가 구형 대칭성을 갖고 있다고 가정하면(또는 고유한 축을 갖는 원자의 경우엔 모든 방향에 대하여 평균을 취한다고 가정하면) $x^2 + y^2$의 평균은 원자의 '중심'으로부터 측정한 (실제 반경)^{2}의 평균값의 2/3이다. 그러므로 식 (34.16)을 다음과 같이 쓰면 편리할 것이다.

$$\Delta\mu = -\frac{q_e^2}{6m}\langle r^2\rangle_{\mathrm{av}}B \tag{34.17}$$

이로써 우리는 원자에 유도된 자기 모멘트가 어떤 경우이든, 자기장 $\boldsymbol{B}$의 크기에 비례하고 방향은 $\boldsymbol{B}$와 반대임을 알아냈다. 이것이 바로 물질의 반자성이다. 비균일한 자기장 속에 놓인 비스무스 조각이 작은 힘을 받는 것은 반자성에서 비롯된 현상이다(먼저 자기장 속에서 유도된 자기 모멘트의 에너지를 계산하고, 비스무스가 자기장이 센 영역으로 드나들 때 에너지의 변화를 분석하면 여기에 작용하는 힘을 알아낼 수 있다).

그러나 아직 한 가지 문제가 남아 있다. 반경의 제곱을 평균한 $\langle r^2\rangle_{\mathrm{av}}$의 의미는 과연 무엇일까? 고전역학만으로는 이 질문에 답할 수 없다. 답을 구하려면 양자역학으로 돌아가서 처음부터 다시 시작해야 한다. 사실, 우리는 원자 안에서 전자의 정확한 위치를 알 수 없다. 단지 어떤 곳에 있을 '확률'만을 알 수 있을 뿐이다. 만일 $\langle r^2\rangle_{\mathrm{av}}$를 '중심으로부터 측정한 거리의 제곱을 확률 분포에 대하여 평균한 값'으로 정의한다면, 양자역학에 의한 반(反)자기 모멘트는 식 (34.17)과 일치할 것이다. 물론 이것은 '하나의' 전자에 적용되는 식이다. 총 자기 모멘트는 원자 내의 모든 전자들이 갖고 있는 자기 모멘트의 합으로 주어진다. 놀라운 것은, 고전역학과 양자역학이 동일한 결과를 준다는 사실이다. 이제 곧 알게 되겠지만, 식 (34.17)을 이끌어 낸 위의 고전적 논의는 사실 고전역학적 관점에서 볼 때 "타당하지 않다."

이와 같은 반자성 효과는 원자가 영구적인 자기 모멘트를 갖고 있을 때에도 발생한다. 그렇다면 주어진 물리계는 자기장 안에서 세차 운동을 할 것이다. 원자 전체가 세차 운동을 하면 원자는 추가적으로 작은 각속도를 얻게 될 것이고, 이것이 작은 전류를 만들어 자기 모멘트를 조금 변화시킬 것이다. 이런 식으로 반자성 효과를 설명할 수도 있다. 그러나 상자성을 설명할 때에는 이런 점을 일일이 고려할 필요가 없다. 방금 한 것처럼 일단 반자성 효과의 크기를 계산해 놓으면, 세차 운동에 의해 생기는 추가적인 미세 전류에 대해서는 신경 쓰지 않아도 된다. 그 효과는 이미 반자성에 포함되어 있기 때문이다.

34-5 라모어의 정리

지금까지 얻은 결과만으로도 몇 가지 결론을 이끌어 낼 수 있다. 먼저, 고전

이론에서는 자기 모멘트 $\boldsymbol{\mu}$가 항상 $\boldsymbol{J}$에 비례하며, 비례 상수는 원자마다 다르다. 전자에는 스핀이 전혀 없으며, 비례 상수는 언제나 $-q_e/2m$이었다. 즉, 식 (34. 6)에서 $g=1$이라는 뜻이다. 고전 이론에 의하면 $\boldsymbol{J}$에 대한 $\boldsymbol{\mu}$의 비율은 전자들의 내부 운동 상태와 무관했으므로, 전자들로 이루어진 임의의 물리계는 항상 동일한 각속도로 세차 운동을 하게 된다(물론, 양자역학적으로는 틀린 말이다!). 이 결과는 지금 증명하려고 하는 고전역학의 정리와 깊이 관련되어 있다. 다음과 같은 상황을 가정해 보자. 여기, 한 무리의 전자들이 중심점을 향하는 인력에 끌려 한 덩어리로 뭉쳐 있다(인력의 중심이 덩어리의 내부에 있다는 뜻이다). 이것은 여러 개의 전자들이 원자핵의 인력에 의해 하나로 묶여 있는 것과 비슷한 상황이다. 물론, 전자들끼리도 상호작용을 하고 있으므로, 일반적으로는 매우 복잡한 운동을 할 것이다. 일단, 자기장이 '없는' 상황에서 전자의 운동을 완벽하게 풀었다고 가정하자. 우리의 목적은 이런 상황에서 약한 자기장이 '걸려 있을 때' 전자의 운동을 알아내는 것이다. 지금 증명하려는 정리에 의하면, 약한 자기장 하에서 일어나는 전자의 운동은 자기장이 없을 때 구한 해들 중 하나에 자기장의 방향을 축으로 하는 각속도 $\omega_L = q_e B/2m$(이것은 $g=1$일 때의 ω_p와 같다)인 회전 운동을 더한 것과 같다. 물론 여러 가지 운동이 가능하지만, 중요한 것은 "자기장이 없는 경우의 다양한 운동은 자기장이 있는 경우의 다양한 운동과 일대일로 대응되며, 후자의 운동은 전자의 운동에 등속 회전 운동(uniform rotation)을 더하여 구할 수 있다"는 것이다. 이것을 라모어의 정리(Lamor's theorem)라 하며, ω_L을 '라모어 진동수(Larmor frequency)'라고 한다.

지금부터 이 정리를 증명해 보자. 여기서는 대략적인 논리만 짚고 넘어가고, 자세한 계산은 여러분이 직접 해보기 바란다. 먼저, 중심력장에 놓인 하나의 전자를 생각해 보자. 전자에는 중심을 향하는 힘 $\boldsymbol{F}(r)$이 작용하고 있다. 여기에 균일한 자기장을 걸어 주면, 전자는 $q\boldsymbol{v} \times \boldsymbol{B}$의 추가적인 힘을 받게 된다. 따라서 총 힘은

$$\boldsymbol{F}(r) + q\boldsymbol{v} \times \boldsymbol{B} \qquad (34.18)$$

가 된다. 이와 동일한 상황을 다른 좌표계에서 서술해 보자. 지금 누군가가 자기장 $\boldsymbol{B}$와 평행하면서 힘의 중심을 지나는 축 주위를 각속도 ω로 회전하고 있는 좌표계에서 이 상황을 관찰하고 있다. 물론 이 좌표계는 관성계가 아니므로, 제1권 19장에서 다뤘던 원심력이나 코리올리 힘 같은 유사힘(pseudoforce)을 도입해야 한다. 그때 펼쳤던 논리에 의하면, 각속도 ω로 회전하는 좌표계에서는 속도의 반경 방향 성분 v_r에 비례하는 다음의 겉보기 힘이 '접선 방향'으로 작용한다.

$$F_t = -2m\omega v_r \qquad (34.19)$$

또한 반경 방향으로 작용하는 겉보기 힘은 다음과 같다.

$$F_r = m\omega^2 r + 2m\omega v_t \qquad (34.20)$$

여기서 v_t는 회전하는 좌표계에서 측정한 속도의 접선 방향 성분이다(반경 방향

성분 v_r은 회전하는 좌표계와 관성 좌표계에서 동일한 값을 갖는다).

각속도가 충분히 작다면(즉, $\omega r \ll v_t$이면), 식 (34.20)의 첫 번째 항(원심력)은 두 번째 항(코리올리 힘)과 비교할 때 무시할 수 있을 정도로 작다. 따라서 식 (34.19)와 (34.20)은 다음과 같이 하나의 식으로 나타낼 수 있다.

$$F = -2m\boldsymbol{\omega} \times \boldsymbol{v} \qquad (34.21)$$

이제, 회전 운동과 자기장을 함께 고려하려면 식 (34.21)의 힘을 식 (34.18)의 힘에 더해 줘야 한다. 따라서 총 힘은 다음과 같다.

$$F(r) + q\boldsymbol{v} \times \boldsymbol{B} + 2m\boldsymbol{v} \times \boldsymbol{\omega} \qquad (34.22)$$

[이 식의 마지막 항은 식 (34.21)에서 크로스 곱의 순서를 바꾸어서 부호가 바뀐 것이다.] 위의 결과로부터 우리는 다음의 사실을 알 수 있다. 각속도와 자기장이

$$2m\boldsymbol{\omega} = -q\boldsymbol{B}$$

의 관계에 있으면 우변의 두 항이 서로 상쇄되어, 회전 좌표계에서 관측되는 유일한 힘은 $F(r)$뿐이다. 즉, 전자의 운동은 자기장이 없는 경우(또한, 회전 운동도 없는 경우)와 완전히 같아진다. 이로써 우리는 전자가 하나인 경우에 라모어의 정리를 증명했다. 위의 증명은 각속도 ω가 매우 작다고 가정했기 때문에, 자기장이 아주 약한 경우에 한하여 성립한다. 이 시점에서 한 가지 숙제를 내주겠다. 동일한 중심력 하에서 여러 개의 전자들이 상호작용하는 경우에도 라모어의 정리가 성립한다는 것을 증명해 보라. 원자의 내부 구조가 아무리 복잡해도, 작용하는 힘이 중심력이라면 라모어의 정리는 항상 성립한다. 그러나 이것은 고전역학에 대한 사형 선고나 다름없다. 왜냐하면 실제 원자는 이런 식으로 세차 운동을 하지 않기 때문이다. 식 (34.11)의 세차 운동 진동수 ω_p는 $g = 1$인 경우에 한하여 ω_L과 같아진다.

34-6 고전역학으로 반자성이나 상자성을 설명할 수 없는 이유

고전역학에 의하면, 반자성이나 상자성은 결코 존재할 수 없다. 지금부터 이 사실을 증명하고자 한다. 여러분은 이렇게 반문하고 싶을 것이다. "아니, 지금까지 줄곧 상자성과 반자성, 세차 운동의 궤도 등을 애써 증명해 놓고 이제 와서 그 모든 것이 틀렸음을 다시 증명하겠다고요? 지금 장난하시는 겁니까?" 아니다. 이것은 장난이 아니라 엄연한 현실이다. 고전역학을 끝까지 충실하게 따라가다 보면, "이러한 자기적 효과들은 결코 일어날 수 없다"는 결론에 이르게 된다. 자기와 관련된 모든 효과들이 서로 상쇄되어 버리기 때문이다! 고전적 논리에서 출발하여 적절한 시점에서 발을 뺀다면 무엇이건 원하는 결과를 얻을 수 있겠지만, 엄밀하고 정확한 증명을 거치면 고전역학에서는 자기적 효과가 결코 존재할 수 없다는 결론에 필연적으로 이르게 된다.

고전역학의 결론은 다음과 같다. "임의의 물리계(예를 들어, 전자나 양성자 등으로 구성된 가스)가 있을 때 그 계 전체가 회전하지 않는다면 자기적 효과는

있을 수 없다." 물론 스스로의 힘으로 뭉쳐 있는 항성 같이 고립된 계는 자기장이 걸렸을 때 회전할 수 있으므로 자기적 효과를 나타낼 수도 있다. 그러나 어떤 물체가 특정 장소에 고정된 채 회전할 수 없다면, 자기적 효과는 나타날 수 없다. 여기서 '회전할 수 없다'는 말의 의미는 다음과 같이 해석할 수 있다. 일단 어떤 주어진 온도에서 열평형 상태가 '오직 하나만' 존재한다고 가정하자. 이런 경우에 고전물리학은 다음의 사실을 주장하고 있다. "자기장을 켠 후 어떤 계가 열평형에 이를 때까지 기다리면 상자성이나 반자성은 결코 나타나지 않는다." 간단히 말해서, 유도된 자기 모멘트가 없다는 뜻이다. 왜 그럴까? **증명** : 통계역학에 따르면 어떤 계가 특정한 운동 상태에 있을 확률은 $e^{-U/kT}$에 비례한다. 여기서 U는 그 운동 상태의 에너지이다—대체 무슨 에너지를 말하는 것일까? 일정한 자기장 하에서 입자가 움직이고 있을 때, U는 일상적인 퍼텐셜 에너지에 운동 에너지 $mv^2/2$를 더한 것이다. 여기에 자기장으로 인해 추가되는 에너지는 없다[전자기장에 의한 힘은 $q(E+v\times B)$이므로, 일률 $F\cdot v$는 $qE\cdot v$이며, 자기장은 일률에 아무런 영향도 주지 않는다]. 따라서 계의 에너지는 자기장이 있건 없건 간에 항상 운동 에너지와 퍼텐셜 에너지의 합으로 주어진다. 계가 특정한 운동 상태에 있을 확률은 오직 U(속도와 위치)에만 의존하기 때문에, 통계역학적인 확률은 자기장의 유무와 아무런 상관이 없다. 그러므로 자기장은 '열평형' 상태에서 계에 아무런 영향도 주지 않는다. 두 개의 동일한 계가 두 개의 상자 안에 각각 하나씩 들어 있다고 가정해 보자. 그리고 두 번째 상자에만 자기장이 걸려 있다고 가정하자. 그러면 첫 번째 상자 안의 입자가 특정 위치에서 특정 속도로 운동할 확률은 두 번째 상자와 다를 이유가 없다. 만일 첫 번째 상자에 평균적으로 순환 전류가 존재하지 않는다면(상자의 정지된 벽과 계가 평형을 이루고 있다면 순환 전류는 존재하지 않을 것이다), 평균 자기 모멘트도 존재하지 않는다. 두 번째 상자 내부의 운동 상태도 위와 동일할 것이므로, 그곳에도 평균적인 자기 모멘트는 존재하지 않는다. 따라서 온도가 일정하게 유지되는 상태에서 자기장을 켠 후 다시 열평형에 도달했다면, 자기장에 의해 유도되는 자기 모멘트는 존재할 수가 없는 것이다. 고전역학을 따른다면 이것은 분명한 사실이다. 그래서 자기 현상을 제대로 이해하려면 양자역학을 도입해야만 하는 것이다.

여러분은 양자역학에 대하여 별로 아는 바가 없기 때문에, 여기서 이 문제를 더 논하는 것은 별 의미가 없을지도 모른다. 하지만 무언가를 배울 때 항상 정확한 법칙부터 먼저 배우고 나서 그것이 여러 가지 경우에 어떻게 적용되는지 배워야 하는 것은 아니다. 지금까지 이 강의에서 언급된 주제들은 거의 모두가 다양한 방법으로 다루어졌다. 전기를 공부할 때는 첫 페이지에 맥스웰 방정식을 쓴 다음, 그로부터 모든 결과를 유도해 냈다. 물론 이것도 하나의 방법이다. 그러나 지금은 첫 페이지에 양자역학 방정식을 쓰고, 그로부터 모든 결과를 유도하지는 않을 것이다. 여러분들이 어떻게 해서 그런 결론이 나오는 것인지를 배우기 전에, 일단 양자역학의 결론들만 대충 이야기해 두는 것이 좋을 것 같다. 자, 그럼 시작해 보자!

34-7 양자역학에서의 각운동량

　　각운동량과 자기 모멘트의 상호 관계는 이미 앞에서 설명하였다. 이것은 고전적인 관점에서도 매우 흥미로운 주제이다. 그렇다면 양자역학은 자기 모멘트와 각운동량에 어떤 의미를 부여하고 있을까? 양자역학에서는 자기 모멘트와 같은 물리량들을 정의할 때 에너지 등 다른 개념을 이용한다. 사실, 에너지를 이용해서 자기 모멘트를 정의하는 것은 아주 쉽다. 왜냐하면 고전 이론에서 자기장 속에 있는 자기 모멘트의 에너지는 $\boldsymbol{\mu} \cdot \boldsymbol{B}$이기 때문이다. 양자역학적 자기 모멘트는 다음과 같이 정의된다. 자기장 안에 놓여 있는 계의 에너지가 (약한 자기장에 대해서) 자기장의 세기에 비례할 때, 그 비례 상수를 자기 모멘트의 자기장 방향 성분으로 정의한다(물론, 지금 당장은 세련된 이론을 고집할 필요가 없다. 어느 정도까지는 자기 모멘트를 고전적인 개념대로 생각해도 된다).

　　지금부터 양자역학에서 말하는 각운동량의 개념을 설명할 것이다. 다들 잘 알고 있겠지만, 생소한 물리학을 접할 때 새로 등장하는 용어들을 액면 그대로 받아들이면 엄청난 혼란이 야기된다. 아마 여러분 중에는 이렇게 말하고 싶은 사람도 있을 것이다. "저는 각운동량이 뭔지 잘 알고 있습니다. 외부 토크에 의해 변하는 양을 말하는 거죠?" 아니다. 그러면 양자역학적으로 토크를 또 정의해야 한다. 각운동량을 비롯한 수많은 물리량들을 양자역학의 무대 위에 올리려면 기본 원리에 입각하여 새롭게 정의해야 한다. 그러므로 기존의 용어를 들먹이면서 혼란을 야기시키는 것보다 '양자각 운동량(quantangular momentum)'과 같이 아예 새로운 용어를 도입하는 것이 가장 좋은 방법일 것이다. 그러나 계의 크기가 충분히 커졌을 때 양자역학에서 정의한 각운동량이 기존의 고전적 각운동량과 같아진다면, 굳이 새로운 용어를 도입할 필요가 없을 것이다. 그래서 기존의 '각운동량'이라는 용어를 계속 사용하는 것이다. 이러한 이해를 바탕으로 지금부터 양자역학에서 각운동량이라고 일컬어지는 이상한 것에 대해서 설명할 것이다. 이것은 거시적인 계에서는 고전역학의 각운동량으로 인식된다.

　　먼저, 빈 공간에 고립되어 있는 원자와 같이 각운동량이 보존되는 계를 생각해 보자. 이런 계는 (지구가 지축을 중심으로 자전하듯이) 보통의 의미에서, 임의의 축을 중심으로 자전(spinning)할 수 있다. 그리고 주어진 크기의 스핀에 대하여 '에너지는 같으면서 물리적 상황이 다른' 수많은 상태(state)들이 존재할 수 있는데, 각각의 상태는 각운동량의 특정한 축방향에 하나씩 대응된다. 그러므로 고전역학에서는 주어진 크기의 각운동량에 대하여 동일한 에너지를 갖는 상태가 무수히 많이 존재한다.

　　그러나 양자역학으로 넘어오면 몇 가지 이상한 일들이 벌어진다. 첫째로, 계가 취할 수 있는 상태의 수가 무한히 많지 않고, 유한한 수의 상태만이 존재한다. 미시적인 계에서는 상태의 수가 매우 적고, 계의 크기가 커질수록 상태의 수가 급격하게 증가한다. 둘째로, 각각의 '상태'들은 더 이상 각운동량의 '방향'으로 기술될 수 없으며, 단지 특정 방향(예를 들면 z축)에 대한 각운동량의 '성분'만을 말할 수 있다. 고전역학에서는 총 각운동량 J가 주어졌을 때, J의 z성분, 즉 J_z는 $-J$에서 $+J$ 사이의 어떤 값도 가질 수 있지만, 양자역학적으로 정의된 각운동량의 z성분은 몇 개의 정해진 값들만 가질 수 있다. 에너지가 정해져 있는 임의의 계(예를 들어, 특정 원자나 원자핵 등)에는 고유한 수 j가 대응되며, 각 운동량의 z성분은 오직 다음 중 하나의 값만을 가질 수 있다.

$$
\begin{array}{c}
j\hbar \\
(j-1)\hbar \\
(j-2)\hbar \\
\vdots \\
-(j-2)\hbar \\
-(j-1)\hbar \\
-j\hbar
\end{array}
\tag{34.23}
$$

각운동량의 z성분 중 가장 큰 값은 $j\hbar$이며, 두 번째로 큰 성분은 이보다 $\hbar$만큼 작은 $(j-1)\hbar$이고⋯⋯ 이런 식으로 한 단위씩 줄여 가다 보면 가장 작은 값인 $-j\hbar$에 이른다. 이 숫자 j를 계의 '스핀(spin)'이라고 한다[일부 사람들은 j를 '총 각운동량 양자수(total angular momentum quantum number)'라고 부르기도 하는데, 우리는 그냥 '스핀'이라 부르기로 한다].

여러분은 이와 같은 사실이 '특별한' z축에 한하여 성립한다고 생각할지도 모른다. 그러나 사실은 그렇지 않다. 계의 스핀이 j일 때, 임의의 축에 대한 각운동량의 성분은 식 (34.23)에 나열된 값들 중 하나를 가져야 한다. 말도 안 된다고 생각하겠지만, 일단은 그냥 받아들이기로 하자. 이 점에 대해서는 나중에 다시 설명할 기회가 있을 것이다. 그나마 한 가지 다행스러운 것은 각운동량의 z성분이 어떤 양수로부터 절댓값이 같은 음수에 이르기까지 대칭적인 범위에 분포한다는 점이다. 이렇게 되면 z축의 어떤 쪽을 플러스 방향으로 잡을지 고민하지 않아도 된다(만일 각운동량의 z성분이 $+j$부터 $-j$와 다른 어떤 음수까지 걸쳐 있다면 정말 난감했을 것이다. 이런 경우에는 반대쪽을 가리키는 z축을 정의할 수가 없다).

각운동량의 z성분이 $+j$부터 $-j$까지 정수 단위로 줄어든다면, j는 반드시 정수여야 할까? 아니다! 그럴 필요는 없다. 정수 단위로 줄어들다가 절댓값이 같은 음수에 도달하려면 $+j$와 $-j$의 '차이'가 정수이어야 하므로, j의 두 배가 정수이기만 하면 된다. 일반적으로, 스핀 j는 $2j$가 짝수냐 홀수냐에 따라 정수 또는 반(半)정수 값을 갖게 된다. 예를 들어 리튬 원자핵의 스핀은 $j=3/2$이므로 z축 방향의 각운동량 성분은 $\hbar$를 기본 단위로 잡았을 때 다음 중 하나의 값을 갖는다.

$$
\begin{array}{c}
+3/2 \\
+1/2 \\
-1/2 \\
-3/2
\end{array}
$$

이 경우에는 서로 다른 네 가지 상태가 가능하며, 외부 장이 없는 빈 공간에 원자핵이 놓여 있다면 이들의 에너지는 모두 같다. 스핀이 2인 물리계의 경우, 각 운동량의 z성분은 $\hbar$단위로 다음 중 하나의 값을 가질 수 있다.

$$2$$
$$1$$
$$0$$
$$-1$$
$$-2$$

주어진 j에 대하여 얼마나 많은 상태가 가능할까? 일일이 세어 보면 $(2j+1)$개의 상태가 가능하다는 것을 알 수 있다. 즉, 어떤 계의 에너지와 스핀 j가 주어져 있으면, 그 에너지를 갖는 상태는 $(2j+1)$개가 존재하며, 각각의 상태들은 식 (34.23)에 나열된 값들(각운동량의 z축 성분에 허용된 서로 다른 값들)과 하나씩 대응된다.

    짚고 넘어갈 것이 하나 더 있다. j값이 알려져 있는 원자들 중 하나를 무작위로 골라서 각운동량의 z성분을 측정한다면, 가능한 값들 중 어느 하나를 얻게 될 것이다. 그리고 각각의 값들이 얻어질 확률은 모두 똑같을 것이다. 각각의 상태들은 모두 하나의 '단일 상태'이며, 자연은 이들 중 하나를 특별히 선호하지 않는다. 즉, 자연에서 각각의 상태들은 동일한 '가중치(weight)'를 갖고 존재하는 것이다(물론, 인위적으로 특별한 샘플을 추출하지 않는다는 가정하의 이야기다). 고전역학에도 이와 비슷한 논리를 적용할 수 있다. "총 각운동량이 같은 여러 개의 물리계들이 무작위로 섞여 있을 때, 이들 중 하나를 고른다면 각운동량의 특정한 z성분이 선택될 확률은 얼마인가?" 답 : 모든 z성분은 '동일한' 선택 기회를 갖는다. 최소값에서 최대값 사이의 모든 실수 값이 모두 동일한 확률로 존재하는 것이다. 이 결과는 $(2j+1)$개의 상태가 동일한 확률로 존재한다는 양자역학의 결론과 일맥상통한다.

    지금까지 알아낸 사실로부터, 놀랍고도 흥미로운 결론을 내릴 수 있다. 고전역학에서 각운동량과 관련된 계산을 하다 보면, 최종 결과 식에 각운동량 $\boldsymbol{J}$의 크기의 제곱($\boldsymbol{J} \cdot \boldsymbol{J}$)이 종종 등장한다. 그런데 고전적으로 얻은 $J^2 = \boldsymbol{J} \cdot \boldsymbol{J}$를 $j(j+1)\hbar^2$으로 대치시키면 양자역학 버전의 해답을 유추할 수 있다. 이것은 물리학자들이 자주 사용하는 규칙으로서, 대부분의 경우에 올바른 답을 준다(물론 항상 옳은 것은 아니다). 대체 왜 이런 규칙이 잘 들어맞는지 그 이유에 대해서는 다음 논의를 보면 어느 정도 수긍이 갈 것이다.

    스칼라 곱 $\boldsymbol{J} \cdot \boldsymbol{J}$는 다음과 같이 풀어 쓸 수 있다.

$$\boldsymbol{J} \cdot \boldsymbol{J} = J_x^2 + J_y^2 + J_z^2$$

이 양은 스칼라이므로, 스핀의 방향에 상관없이 항상 같아야 한다. 주어진 원자들 중 무작위로 샘플을 뽑아서 J_x^2, J_y^2 또는 J_z^2을 측정한다면, 각각의 '평균값'은 모두 같아야 할 것이다(모든 가능한 방향들 중 '특별한' 방향이라는 것이 존재하지 않기 때문이다). 그러므로 $\boldsymbol{J} \cdot \boldsymbol{J}$의 평균값은 어떤 한 성분의 제곱의 평균, 이를테면 J_z^2의 평균에 3을 곱한 것과 같다.

$$\langle \boldsymbol{J} \cdot \boldsymbol{J} \rangle_{\text{av}} = 3\langle J_z^2 \rangle_{\text{av}}$$

그런데 $\boldsymbol{J} \cdot \boldsymbol{J}$는 모든 방향에 대하여 똑같은 스칼라(상수)이므로, 위의 평균값이 바로 그 상수 값이 된다.

$$\boldsymbol{J} \cdot \boldsymbol{J} = 3\langle J_z^2 \rangle_{\text{av}} \tag{34.24}$$

이 식을 양자역학에 사용하고자 할 때, $\langle J_z^2 \rangle_{\text{av}}$는 쉽게 계산할 수 있다. J_z^2이 취할 수 있는 $(2j+1)$개의 값들을 모두 더한 후, 총 개수 $(2j+1)$로 나누어 평균을 내면 된다.

$$\langle J_z^2 \rangle_{\text{av}} = \frac{j^2 + (j-1)^2 + \cdots + (-j+1)^2 + (-j)^2}{2j+1}\, \hbar^2 \tag{34.25}$$

예를 들어, 스핀이 3/2인 계의 $\langle J_z^2 \rangle_{\text{av}}$는 다음과 같다.

$$\langle J_z^2 \rangle_{\text{av}} = \frac{(3/2)^2 + (1/2)^2 + (-1/2)^2 + (-3/2)^2}{4}\, \hbar^2 = \frac{5}{4}\, \hbar^2$$

그러므로

$$\boldsymbol{J} \cdot \boldsymbol{J} = 3\langle J_z^2 \rangle_{\text{av}} = 3\,\frac{5}{4}\, \hbar^2 = \frac{3}{2}\left(\frac{3}{2} + 1\right)\hbar^2$$

임을 알 수 있다. 식 (34.25)와 (34.24)를 결합하면 다음과 같은 관계를 얻을 수 있다. 구체적인 계산은 각자 해보기 바란다.

$$\boldsymbol{J} \cdot \boldsymbol{J} = j(j+1)\,\hbar^2 \tag{34.26}$$

고전역학적으로 생각해 보면, J_z의 최대값은 $\boldsymbol{J}$의 크기인 $\sqrt{\boldsymbol{J} \cdot \boldsymbol{J}}$일 것이다. 그러나 양자역학에서 J_z의 최대값은 그보다 조금 작다. 왜냐하면 $j\hbar$는 $\sqrt{j(j+1)}\,\hbar$보다 항상 작기 때문이다. 즉, 각운동량의 방향은 결코 "z축과 완전히 일치할 수는 없다"는 뜻이다.

34-8 원자의 자기 에너지

다시 자기 모멘트로 되돌아가 보자. 앞서 언급했던 대로, 양자역학에서는 특정 원자계의 자기 모멘트를 식 (34.6)과 같이 각운동량으로 나타낼 수 있다.

$$\boldsymbol{\mu} = -g\left(\frac{q_e}{2m}\right)\boldsymbol{J} \tag{34.27}$$

여기서 $-q_e$는 전자의 전하이고, m은 전자의 질량이다.

외부 자기장 안에 놓여 있는 원자 자석은 자기 모멘트의 자기장 방향 성분 값에 따라 추가적인 자기 에너지 U_{mag}를 갖게 된다. 즉,

$$U_\text{mag} = -\boldsymbol{\mu} \cdot \boldsymbol{B} \tag{34.28}$$

z축을 자기장 $\boldsymbol{B}$의 방향과 일치하도록 잡으면 위 식은 다음과 같이 쓸 수 있다.

$$U_\text{mag} = -\mu_z B \tag{34.29}$$

여기에 식 (34.27)을 이용하면

$$U_\text{mag} = g\left(\frac{q_e}{2m}\right) J_z B$$

가 된다. 양자역학에 의하면 J_z는 $j\hbar$, $(j-1)\hbar$, $\cdots$, $-j\hbar$ 중 하나의 값을 가질 수 있다. 즉, 원자의 자기 에너지는 아무 값이나 허용되는 것이 아니라, 오직 특정한 값들만을 가질 수 있다는 것이다. 예를 들어, 그 최대값은 다음과 같다.

$$g\left(\frac{q_e}{2m}\right) \hbar j B$$

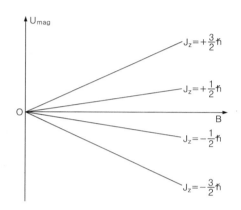

그림 34-5 스핀이 3/2인 원자계가 자기장 $\boldsymbol{B}$ 속에서 취할 수 있는 가능한 자기 에너지 상태

$q_e\hbar/2m$은 흔히 '보어마그네톤(Bohr magneton)'이라 불리는 양으로서, 간단히 μ_B로 표기한다.

$$\mu_B = \frac{q_e\hbar}{2m}$$

따라서 자기 에너지가 취할 수 있는 값은 다음과 같다.

$$U_\text{mag} = g\mu_B B \frac{J_z}{\hbar}$$

여기서 $J_z/\hbar$는 j, $(j-1)$, $(j-2)$, $\cdots$, $(-j+1)$, $-j$의 가능한 값들 중 하나를 취할 수 있다.

다시 말해서, 자기장 속에 놓인 원자계의 에너지는 자기장과 J_z의 곱에 비례하여 변한다는 뜻이다. 이를 두고 우리는 "원자의 에너지가 자기장에 의해 $(2j+1)$개의 준위로 갈라졌다"고 말한다. 예를 들어, 자기장 밖에서 에너지가 U_0인 어떤 원자가 $j=3/2$인 스핀을 갖고 있다고 가정해 보자. 이 원자를 자기장 속에 놓으면 네 개의 가능한 에너지를 갖게 되는데, 각 에너지 준위는 그림 34-5와 같은 다이어그램으로 나타낼 수 있다. 임의의 특정 원자는 주어진 자기장 $\boldsymbol{B}$ 속에서 이 네 개의 에너지 값들 중 하나만 가질 수 있다. 이것이 바로 자기장 속에 있는 원자계의 '양자역학적' 거동이다.

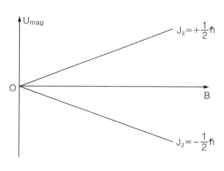

그림 34-6 자기장 $\boldsymbol{B}$ 속에서 전자가 취할 수 있는 두 개의 가능한 에너지 상태

가장 간단한 '원자 수준'의 계로는 '하나의 전자'를 들 수 있다. 전자의 스핀은 1/2이므로 $J_z = \hbar/2$와 $J_z = -\hbar/2$, 두 가지 상태가 가능하다. 정지해 있는 (즉, 궤도 운동을 하지 않는) 전자의 경우, 스핀 자기 모멘트의 g값은 2이며, 따라서 자기 에너지는 $\pm\mu_B B$ 중 하나일 것이다. 자기장 속에 놓인 전자의 가능한 에너지 준위는 그림 34-6과 같다. 대충 이야기할 때는 전자의 스핀이 '업(up, 자기장 방향)' 또는 '다운(down, 자기장과 반대 방향)'이라고 말한다.

스핀 값이 큰 물리계일수록 가능한 상태의 수가 많아진다. 이런 경우에는 "J_z의 값에 따라 스핀이 '업' 또는 '다운'이거나, 그 사이의 특정 '각도'로 기울어져 있다"고 생각할 수 있다.

　　여기서 얻은 양자역학적 결과들은 다음 장에서 물질의 자기적 성질을 논할 때 유용하게 쓰일 것이다.

CHAPTER 35
상자성과 자기 공명

35-1 양자화된 자기 상태

34장에서 설명한 대로, 양자역학에서는 각운동량이 아무 방향이나 향할 수 없으며, 어떤 주어진 방향에 대한 각운동량의 성분은 일정한 간격으로 떨어져 있는 띄엄띄엄한 값들만 취할 수 있다. 이것은 우리에게 생소할 뿐만 아니라 매우 충격적인 사실이다. 아마도 여러분은 "파격적인 아이디어를 무리 없이 받아들일 정도로 공부가 깊어지기 전에는 이런 내용을 접할 필요가 없다"고 생각할지도 모른다. 그러나 상식에서 벗어난 주장을 쉽게 받아들인다고 해서 지성이 발달하는 것은 아니다. 또한 이 세상에는 '어려운 것을 쉽게 설명하는' 특별한 방법도 없다. 어려운 내용을 쉽게 이해하는 묘책이 있다면 정말 좋겠지만, 현실은 전혀 그렇지가 않다. 양자역학을 수용하려면 어쩔 수 없이 그와 관련된 복잡하고 어려운 내용을 이해해야 한다. 앞에서 여러 번 강조했던 바와 같이, 미시적인 물체의 행동 양식은 일상적인 물체와 달리 기묘하고 해괴망측하다. 고전역학에 이미 친숙해진 우리로서는 처음부터 제대로 된 내용을 강제로 주입하는 것보다 미시 세계에 서서히 익숙해지는 것이 바람직하다. 모든 것을 제대로 이해하려면 꽤 긴 시간이 걸릴 것이다(이해 자체가 가능하다면 그나마 다행이다). 앞으로 양자역학을 배우게 되면 양자역학적 상황에서 어떤 일이 일어날지 알 수 있게 된다(이것이 이해의 의미라면 좋다). 하지만 어느 누구도 양자역학의 법칙들이 '자연스럽다'는 느낌은 결코 가질 수 없을 것이다. 법칙 자체만 보면 당연히 그래야 하지만, 일상적인 경험에 비춰 보면 말도 안 되는 경우가 태반이다. 따라서 각운동량 법칙을 대하는 태도는 그동안 다른 법칙들을 대해 왔던 태도와 근본적으로 달라야 한다. 나는 지금 무언가를 '설명'하려는 것이 아니라, 무슨 일이 벌어지고 있는지를 '이야기'하려는 것뿐이다. 분명히 말하건대, 각운동량이나 자성에 대한 고전적인 서술은 옳지 않다. 이 점을 명확하게 지적하지 않은 채로 진도를 계속 나간다면 여러분의 마음은 편하겠지만 결코 솔직한 강의는 될 수 없다.

양자역학에서 가장 놀랍고도 혼란스러운 특징 중 하나는 임의의 방향에 대한 각운동량의 성분이 항상 $\hbar$의 정수 배, 또는 반(半)정수 배의 값을 갖는다는 점이다. 어떤 축을 선택하건, 이 사실에는 변함이 없다. 구체적인 내용은 나중에 따로 강의할 예정이다. 그때가 되면 여러분은 이 명백한 패러독스가 극적으로 해결되는 과정을 바라보면서 말로 형용할 수 없는 희열을 느끼게 될 것이다.

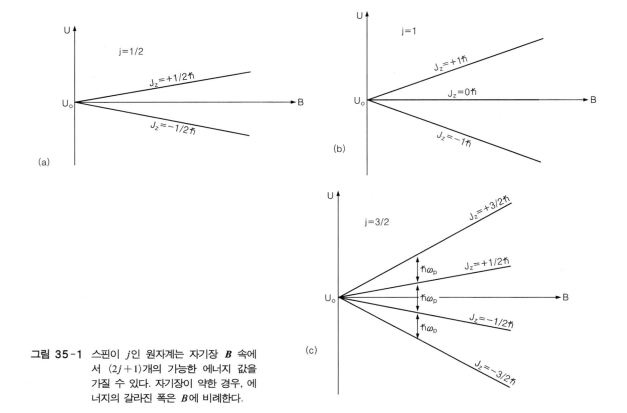

그림 35-1 스핀이 j인 원자계는 자기장 $\mathbf{B}$ 속에서 $(2j+1)$개의 가능한 에너지 값을 가질 수 있다. 자기장이 약한 경우, 에너지의 갈라진 폭은 $\mathbf{B}$에 비례한다.

지금 당장은 일단 다음과 같은 사실을 그냥 받아들이기로 하자. 모든 원자계는 정수 또는 반정수의 '스핀' j를 갖고 있으며, 어떤 특정 방향에 대한 각운동량의 성분은 다음과 같이 $+j\hbar$와 $-j\hbar$ 사이의 값들 중 하나를 갖는다.

$$J_z = \left\{ \begin{array}{c} j \\ j-1 \\ j-2 \\ \vdots \\ -j+2 \\ -j+1 \\ -j \end{array} \right\} \cdot \hbar \text{의 값들 중 하나} \tag{35.1}$$

앞서 말한 바와 같이, 모든 단순 원자계는 각운동량과 동일한 방향의 자기 모멘트를 갖는다. 이것은 원자나 원자핵뿐만 아니라, 모든 기본 입자에도 해당되는 사실이다. 기본 입자들은 고유의 스핀 j와 자기 모멘트를 갖고 있다(개중에는 두 값이 모두 0인 입자도 있다). 여기서 '자기 모멘트'라 함은, 주어진 물리계가 가령 z축 방향의 '약한' 자기장 속에 놓여 있을 때, 그 계의 에너지를 $-\mu_z B$로 나타낼 수 있다는 뜻이다. 자기장이 너무 강하면 계의 내부 운동이 교란되어 자기장이 없을 때의 자기 모멘트를 가늠하는 척도로서 이 에너지를 사용할 수 없다. 그래서 자기장이 약하다는 조건을 붙인 것이다. 자기장이 충분히 약한 경우, 장에 의한 에너지 변화는

$$\Delta U = -\mu_z B \tag{35.2}$$

이다. 이 식에서 μ_z는

$$\mu_z = g\left(\frac{q}{2m}\right)J_z \qquad (35.3)$$

이며, J_z는 식 (35.1)에 나열된 값들 중 하나를 취한다.

$j = 3/2$인 계를 생각해 보자. 자기장이 없는 상태에서 이 계는 네 개의 서로 다른 J_z값에 대응되는 네 가지 가능한 상태에 놓일 수 있는데, 각 상태의 에너지는 모두 같다. 그러나 자기장이 걸리는 순간, 자기장과 스핀이 상호작용을 하면서 이 네 가지 상태는 각기 다른 에너지 준위로 갈라진다. 각 준위의 에너지는 자기장 B에 $\hbar$의 3/2, 1/2, −1/2, −3/2배(J_z의 값)를 곱한 것에 비례한다. 스핀 j가 1/2, 1, 3/2인 원자계에 외부 자기장을 걸었을 때 갈라지는 에너지 준위는 그림 35-1과 같다(자기 모멘트는 전자의 배열 상태와 상관없이 항상 각운동량과 반대 방향임을 기억하라).

그림에서 보다시피, 갈라진 에너지 준위들의 '중심 값'은 자기장이 걸리기 전과 동일하다. 또한 주어진 자기장에 대하여 에너지 준위 사이의 간격은 일정하게 나타난다. 앞으로 주어진 자기장 B에 대해서 갈라진 에너지 간격을 $\hbar\omega_p$로 쓰기로 한다. 이것이 바로 ω_p의 정의이다. 식 (35.2)와 (35.3)을 이용하면 ω_p를 다음과 같이 쓸 수 있다.

$$\hbar\omega_p = g\frac{q}{2m}\hbar B$$

$$\omega_p = g\frac{q}{2m}B \qquad (35.4)$$

여기서 $g(q/2m)$은 바로 각운동량에 대한 자기 모멘트의 비율로서, 입자 고유의 특성을 나타내는 값이다. 식 (35.4)는 각운동량이 J이고 자기 모멘트가 μ인 자이로스코프가 자기장 속에서 세차 운동을 할 때, 각속도를 구하는 식과 동일하다 (34장 참조).

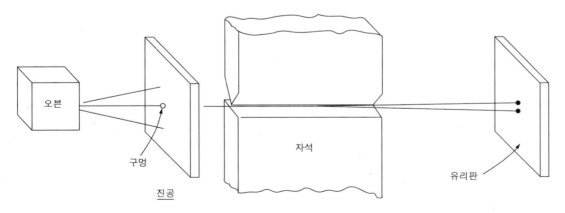

그림 35-2 슈테른-게를라흐의 실험 장치

35-2 슈테른-게를라흐의 실험

각운동량이 양자화되어 있다는 것은 정말로 놀라운 사실이기 때문에 지금부터 잠시 이와 관련된 역사를 간략하게 이야기하고 넘어가려 한다. 이 사실이 처음 확인되었을 때, 전 세계의 물리학자들은 엄청난 충격을 받았다(물론 그전에 이미 이론적으로는 예견되어 있었다). 각운동량의 양자화 현상은 1922년에 행해진 슈테른(Stern)과 게를라흐(Gerlach)의 실험에서 처음 관측되었다. 원한다면, 슈테른-게를라흐의 실험을 각운동량의 양자화를 믿게 된 직접적인 증거로 생각해도 좋다. 당시 슈테른과 게를라흐는 원자 하나하나의 자기 모멘트를 측정하는 실험을 고안하였다. 이들은 뜨거운 오븐에서 은을 기화시킨 후, 일렬로 늘어선 여러 개의 작은 구멍을 통해 기화된 은이 새어 나오도록 하여 은 원자 빔을 만들었다. 방출된 원자 빔은 그림 35-2와 같이 특이한 모양을 한 자석의 평평한 자극과 뾰족한 자극 사이를 통과하게끔 세팅되었다. 슈테른과 게를라흐가 제안했던 아이디어는 다음과 같다. 만일 은 원자가 자기 모멘트 $\boldsymbol{\mu}$를 갖고 있다면, z방향으로 걸린 자기장 $\boldsymbol{B}$ 속에서 $-\mu_z B$의 에너지를 갖게 될 것이다. 고전 이론에 의하면 μ_z는 자기 모멘트의 크기 μ에 자기 모멘트와 자기장 사이각의 코사인을 곱한 값이다. 따라서 자기장 속에서 나타나는 에너지의 변화는 다음과 같을 것이다.

$$\Delta U = -\mu B \cos\theta \tag{35.5}$$

물론, 오븐에서 나오는 은 원자의 자기 모멘트는 모든 가능한 방향을 향하고 있을 것이므로, 자기 모멘트와 자기장 사이의 각 θ도 모든 가능한 값을 가질 수 있다. 자, 이제 자기장이 z에 따라 급격하게 변한다면(즉, 장의 그래디언트가 크다면) 자기 에너지도 위치에 따라 달라질 것이며, $\cos\theta$의 부호에 따라 방향이 달라지는 힘이 자기 모멘트에 작용할 것이다. 가상적 일의 원리에 따르면, 원자 빔은 자기 에너지의 변화율에 비례하는 힘에 의해 위로 구부러지거나 아래로 구부러지게 된다.

$$F_z = -\frac{\partial U}{\partial z} = \mu \cos\theta \frac{\partial B}{\partial z} \tag{35.6}$$

슈테른과 게를라흐는 급격하게 변하는 자기장을 만들어 내기 위해 자극 중 하나를 매우 뾰족하게 만들었다. 은 원자 빔은 이 뾰족한 끝을 따라 진행하므로, 비균일한 자기장 속에서 수직 방향으로 힘을 받게 된다. 그러나 자기 모멘트가 수평으로 누워 있는 은 원자는 아무런 힘도 받지 않기 때문에 경로 변화 없이 자석을 똑바로 지나간다. 자기 모멘트가 정확하게 수직 방향을 향하고 있는 은 원자는 자석의 뾰족한 극 쪽(위쪽)으로 끌려가고, 자기 모멘트가 아래로 향하는 원자는 아래 방향으로 힘을 받는다. 따라서 자석을 지나온 원자들은 자기 모멘트의 수직 방향 성분에 따라 넓게 퍼질 것이다. 그런데 고전 이론에 의하면 모든 각도가 가능하기 때문에 자석을 통과한 은 원자 빔을 유리판에 증착시켜 보면 수직선을 따라 은 원자들이 퍼져 있게 될 것이다. 이때 수직선의 길이는 자기 모멘트의 크기에 비례할 것이다. 슈테른과 게를라흐는 이와 같은 아이디어에 기초하여 실험을 실행하였고, 그 결과는 고전물리학에 결정적인 치명타를 날렸다. 그들이 유리판 위에서 본 것은 수직선이 아니라 뚜렷하게 구분되는 단 두 개의 반점뿐이었던 것이다! 이것은 은 원자 빔이 단 두 줄기로 갈라졌음을 의미했다.

겉보기에 스핀의 방향이 무작위적이라고 생각되던 원자 빔이 단 두 줄기로 갈라졌다는 사실은 정말 기적적인 일이다. 자기 모멘트는 자신이 자기장 방향으로 특정 성분만 취해야 한다는 것을 도대체 어떻게 아는 것일까? 이것은 각운동량의 양자화가 처음 발견되었을 때 모든 물리학자들의 머릿속에 한결같이 떠오른 질문이었다. 이론적 설명은 나중에 하기로 하고, 지금 당장은 "회한한 실험 결과 때문에 고전물리학이 난관에 봉착했다"는 정도만 기억하기 바란다. 자기장 속에서 원자의 에너지가 띄엄띄엄한 값들만 가질 수 있다는 것은 실험으로 입증된 사실이다. 각 에너지 준위의 값은 자기장의 세기에 비례한다. 그러므로 자기장이 변하는 영역에서는 가상적 일의 원리에 의해 원자에 미치는 자기력도 띄엄띄엄한 값들만을 가질 수 있다. 이 힘의 크기는 원자의 상태에 따라 각기 다르기 때문에 원자 빔이 몇 줄기로 갈라졌던 것이다. 빔이 편향되는 정도를 측정하면 자기 모멘트의 세기를 알아낼 수 있다.

35-3 라비의 분자 빔 방법

이 절에서는 라비(I. I. Rabi)와 그의 동료들에 의해 개발된 한층 더 개량된 자기 모멘트 측정법에 대해 알아보기로 한다. 슈테른-게를라흐 실험에서는 원자 빔이 편향되는 정도가 아주 작기 때문에 자기 모멘트를 그다지 정확하게 측정하지 못한다. 그러나 라비의 기법을 이용하면 자기 모멘트를 환상적이라 할 만큼 정확하게 측정할 수 있다. 이 방법은 "자기장 안에서 원자의 에너지는 유한한 개수의 에너지 준위로 갈라진다"는 사실에 기초를 두고 있다. 사실, 우리는 제1권에서 원자의 에너지 준위가 불연속적으로 배열되어 있음을 이미 확인한 바 있으므로, 자기장 안에서 에너지 준위가 불연속이라는 것은 그리 놀랄 일도 아니다. '에너지 준위의 분열'이라는 현상이 일상적으로 나타나는 것이라면, 자기장 안에서 나타나지 않을 이유도 없지 않겠는가? 얼마든지 있을 수 있는 일이다. 그러나 이 현상을 '배향된 자기 모멘트(oriented magnetic moment)'라는 아이디어와 관련시키려고 하면, 양자역학의 기묘한 특성이 그 모습을 드러낸다.

어떤 원자의 에너지 준위가 ΔU만큼 간격을 두고 있을 때, 이 원자는 진동수 ω인 빛의 양자(광자, photon) 하나를 방출하면서 높은 준위에서 낮은 준위로 전이할 수 있다. 이때 방출된 광자의 진동수는 다음의 관계를 만족한다.

$$\hbar \omega = \Delta U \tag{35.7}$$

자기장 안에 놓인 원자에서도 이와 동일한 현상이 일어날 수 있다. 다만 이 경우에는 에너지 차이가 너무 작아서 가시광선(빛)이 아닌 라디오파나 마이크로파가 방출된다. 이와 반대로, 원자가 광자를 흡수하면서 낮은 준위에서 높은 준위로 전이할 수도 있다. 물론 원자가 자기장 안에 있다면 마이크로파에 해당하는 에너

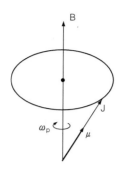

그림 35-3 각운동량이 J이고 자기 모멘트가 μ인 원자의 고전적 세차 운동

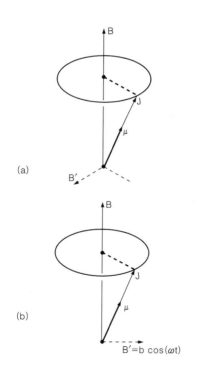

(a)

(b)

$B'=b\cos(\omega t)$

그림 35-4 그림 (a)와 같이 μ와 항상 수직하게 수평으로 자기장을 걸어 주면 원자 자석의 세차 운동 각도를 변화시킬 수 있다. 또는 그림 (b)와 같이 진동하는 자기장을 걸어 줘도 각도를 변화시킬 수 있다.

지를 흡수할 것이다. 이 원리를 이용하면 자기장 안에 놓인 원자에 적절한 진동수의 전자기파를 가하여 에너지 준위 사이의 전이를 일으킬 수 있다. 다시 말해서, 강한 자기장 안에 있는 원자를 식 (35.7)의 ω에 가까운 주파수의 약한 전자기파로 살짝 건드려 주면, 원자의 에너지가 바뀔 '가능성'이 있다는 것이다. 원자가 자기장 안에 놓인 경우, 이 진동수는 앞에서 말한 ω_p이고, 그 값은 식 (35.4)로 주어진다. 그러나 원자에 엉뚱한 진동수의 빛을 쪄어 주면 전이가 일어날 확률은 매우 낮아진다. 전이가 일어날 확률을 진동수의 함수로 구해 보면, ω_p에서 매우 뚜렷한 '공명'이 나타난다. 자기장 B를 알고 있는 상태에서 ω_p를 측정하면, $g(q/2m)$의 값 —g인자— 을 매우 정확하게 측정할 수 있다.

여기서 흥미로운 사실은, 고전적인 관점에서 논리를 펼쳐도 동일한 결론에 이른다는 점이다. 고전적으로, 자기 모멘트가 μ이고 각운동량이 J인 작은 자이로스코프를 외부 자기장 속에 놓으면 자기장 방향의 축을 중심으로 세차 운동을 하게 된다(그림 35-3 참조). 이제 다음과 같은 질문을 던져 보자. "고전적 자이로스코프와 자기장(z축)이 이루는 각을 바꾸려면 어떻게 해야 할까?" 자기장은 수평축 주위로 토크를 만들어 낸다. 언뜻 생각하면 토크가 자석을 자기장과 같은 방향으로 '정렬시키려' 할 것 같지만, 실제로는 단지 세차 운동만을 일으킬 뿐이다(자기 모멘트만 있다면 토크에 의해 정렬되겠지만, 자이로스코프는 각운동량도 갖고 있다: 옮긴이). 자이로스코프와 z축 사이의 각을 변화시키려면 'z축에 대한' 토크가 있어야 한다. 세차 운동과 같은 방향의 토크를 가하면, 각운동량 J의 z방향 성분이 줄어드는 쪽으로 각도가 변한다. 즉, 그림 35-3에서 J와 z축 사이의 각이 더 벌어지는 것이다. 만약 세차 운동을 방해하려고 시도하면 J는 수직축을 향해 움직이게 된다.

균일한 자기장 안에서 세차 운동을 하는 원자에게 실험자가 원하는 만큼의 토크를 가하려면 어떻게 해야 하는가? 답은 간단하다. 약한 자기장을 옆쪽으로 걸어 주면 된다. 그림 35-4(a)를 보면, 외부에서 걸어 준 자기장 B'이 자기 모멘트와 항상 수직해야 하기 때문에, 세차 운동하는 자기 모멘트를 따라 자기장도 함께 움직여야 할 것 같다. 물론 이것도 좋은 방법이긴 하지만, '진동하는' 수평 자기장을 한 방향으로 고정시켜서 걸어 줘도 된다. 예를 들어, 진동수 ω_p로 진동하는 약한 자기장 B'을 x축 방향으로 걸어 주면 진동의 반주기(one-half cycle)마다 자기 모멘트에 걸리는 토크의 방향이 정반대가 되어 회전하는 자기장을 걸었을 때와 거의 동일한 효과를 얻을 수 있다. 고전적으로, 진동하는 자기장의 진동수를 정확하게 ω_p에 맞추면 자기 모멘트의 z방향 성분이 변할 것으로 예상된다. 물론, 고전 이론에서는 μ_z가 연속적으로 변하지만 양자역학에서 자기 모멘트의 z성분은 연속적인 값을 가질 수 없다. 즉, 한 값에서 다른 값으로 점프가 일어나는 것이다. 지금까지 우리는 고전역학과 양자역학의 결론을 비교해 봄으로써 고전역학적으로는 어떤 일이 일어나는지 그리고 그것이 양자역학에서 실제로 벌어지는 일과는 어떤 관련이 있는지에 대해 대략 살펴보았다. 부수적으로 이들 두 이론으로 예견되는 공명 진동수가 동일하다는 것도 알게 될 것이다.

한 가지 더 짚고 넘어갈 것이 있다. 방금 언급했던 양자역학의 원리에 따르

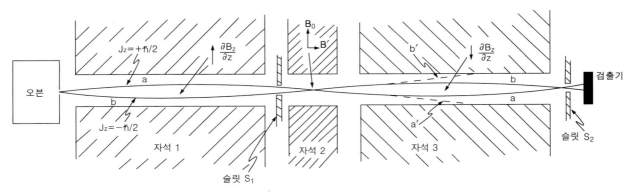

그림 35-5 라비의 분자 빔 장치

면, 진동수 $2\omega_p$에서 에너지 준위의 전이가 일어나지 말란 법도 없다. 그러나 이에 대응되는 고전역학적 현상은 없으며, 이런 일은 양자역학에서도 일어나지 않는다. 진동하는 자기장을 수평 방향으로 걸었을 때, $2\omega_p$의 진동수에 해당하는 이단 점프가 한 번에 일어날 확률은 정확하게 0이다. 위든 아래든, 오직 ω_p의 진동수에서만 전이가 일어날 수 있다.

사전 설명은 이 정도로 해 두고, 지금부터 라비(I. I. Rabi)의 자기 모멘트 측정법에 대해 알아보자. 문제의 단순화를 위해, 스핀이 1/2인 원자만 고려하기로 한다. 실험 장치의 개요도는 그림 35-5와 같다. 보다시피 왼쪽에 오븐이 설치되어 있고, 오븐에서 방출된 중성의 원자 빔은 일렬로 배치된 세 개의 자석을 순차적으로 지나가게 되어 있다. 자석 1은 그림 35-2의 자석과 같으며, 자기장의 그래디언트가 매우 크다. 이 구간에서 $\partial B_z / \partial z$는 양수라고 가정하자. 만일 원자에 자기 모멘트가 있다면, 원자 빔은 $J_z = +\hbar/2$일 때 밑으로 편향되고 $J_z = -\hbar/2$일 때는 위로 편향될 것이다(왜냐하면 전자의 $\boldsymbol{\mu}$와 $\boldsymbol{J}$가 반대 방향이기 때문이다). 슬릿 S_1을 통과할 수 있는 원자들만 고려한다면 그림에 나와 있는 대로 두 가지 경로가 가능하다. $J_z = +\hbar/2$인 원자는 경로 a를 거쳐야 슬릿을 통과할 수 있고, $J_z = -\hbar/2$인 원자는 경로 b를 따라가야 한다. 그 밖의 경로를 따라가는 원자들은 슬릿을 통과하지 못할 것이다.

자석 2는 균일한 자기장을 만든다. 이 구간에서는 원자에 아무런 힘도 작용하지 않기 때문에, 빔은 똑바로 진행하여 자석 3으로 진입하게 된다. 자석 3은 자석 1과 동일하지만 방향이 '뒤집혀' 있기 때문에, $\partial B_z / \partial z$의 부호가 반대로 나타난다. $J_z = +\hbar/2$(이런 경우를 '스핀 업'이라고 한다)인 원자는 자석 1을 지날 때 아래로 힘을 받았지만, 자석 3을 지날 때에는 '위로' 힘을 받게 된다. 이 원자들은 경로 a를 따라 슬릿 S_2를 통과한 후 검출기에 도달한다. $J_z = -\hbar/2$(스핀 다운)인 원자들은 자석 1과 자석 3에서 각기 반대 반향으로 힘을 받으며 경로 b를 따라가다가 S_2를 통과하여 검출기에 도달한다.

검출기는 원자의 종류에 따라 여러 가지 방법으로 제작된다. 예를 들어, 나트륨 같은 알칼리 금속 원자를 빔으로 사용했다면, 뜨겁게 가열된 얇은 텅스텐 도선을 예민한 검류계에 연결하여 검출기로 쓸 수 있다. 나트륨 원자가 뜨거운 도선에 닿으면, 도선에 전자 하나를 떨궈 놓고 증발하여 Na^+ 이온이 된다. 따라서 도선에 흐르는 전류를 측정하면 1초당 도선에 도달한 나트륨 원자의 수를 알 수 있다.

자석 2의 자극 사이에는 수평 방향으로 약한 자기장 B'을 유도하는 코일이 설치되어 있는데, 이 코일은 조절 가능한 진동수 ω의 교류 전류로 구동된다. 따라서 자석 2의 자극 사이에는 강하고 균일한 수직 방향의 자기장 B_0와 함께, 수평 방향의 (진동하는) 약한 자기장 B'이 공존하고 있다.

자, 이제 자기장의 진동수 ω를 ω_p에 맞춰 보자. ω_p는 자기장 B 속에 있는 원자의 '세차 운동' 진동수이다. 진동하는 자기장은 그 속을 통과하는 일부 원자의 각운동량 J_z에 전이를 일으킨다. 즉, 원래 '스핀 업'이었던($J_z = +\hbar/2$) 원자들이 '스핀 다운' 상태($J_z = -\hbar/2$)로 뒤집힐 수 있다. 이런 식으로 자기 모멘트의 방향이 뒤집어진 원자들은 자석 3에서 '아래 방향으로' 힘을 받을 것이므로 그림 35-5의 경로 a'을 따르게 될 것이다. 즉, 최종적으로 슬릿 S_2를 지나서 검출기에 도달할 수 없다는 뜻이다. 마찬가지로, 원래 '스핀 다운'이었던($J_z = -\hbar/2$) 원자들은 자석 2를 지나면서 일부가 '스핀 업' 상태($J_z = +\hbar/2$)로 바뀔 것이고, 그로 인해 경로 b'을 따라가게 되므로 검출기에 도달하지 못한다.

한편, 진동하는 자기장 B'의 진동수가 ω_p와 크게 다른 경우에는 원자의 스핀이 뒤집히지 않기 때문에 원래의 경로를 따라 검출기에 도달하게 된다. 따라서 자기장 B'의 진동수 ω를 변화시키면서 검출기에 흐르는 전류가 갑자기 줄어드는 시점을 찾으면 자기장 B_0 안에 있는 원자의 세차 운동 진동수 ω_p를 알아낼 수 있다. 검출기의 전류는 ω와 ω_p가 '공명을 이룰 때' 줄어든다. 검출기의 전류를 ω의 함수로 그려 보면 대략 그림 35-6과 같다. ω_p를 알면 원자의 g값을 구할 수 있다.

흔히 '분자 빔 공명 실험'이라 불리는 이 기법은 원자와 같은 미시 물체의 자기적 성질을 측정하는 매우 아름답고도 섬세한 방법으로서, 공명 진동수 ω_p를 매우 정확하게 측정할 수 있다. 이때 수반되는 오차는 (g를 계산할 때 필요한) 자기장 B_0를 측정할 때 생기는 오차보다 훨씬 작다.

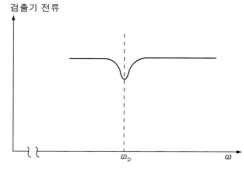

검출기 전류

그림 35-6 단위 시간당 검출기에 도달하는 원자의 개수는 $\omega = \omega_p$일 때 감소한다.

35-4 덩어리 물질의 상자성

이 절에서는 덩어리로 뭉쳐 있는 물질의 상자성(paramagnetism)에 대해 알아보기로 한다. 예를 들어, 황산구리 결정과 같이 원자에 영구 자기 모멘트가 존재하는 물질을 생각해 보자. 결정 속 구리 이온의 전자 껍질은 알짜 각운동량과 알짜 자기 모멘트를 갖고 있다. 즉, 구리 이온에는 영구 자기 모멘트가 존재한다. 여기서 잠시 질문 하나를 던져 보자. 원자의 자기 모멘트의 유무를 좌우하는 요인은 과연 무엇인가? 나트륨과 같이 '홀수' 개의 전자를 갖고 있는 원자에는 자기 모멘트가 존재한다. 나트륨은 최외곽 전자 궤도에 하나의 전자를 갖고 있다. 바로 이 전자가 원자 전체에 스핀과 자기 모멘트를 부여하는 것이다. 그러나 화합물이 형성되면 바깥 껍질에 있던 여분의 전자들이 (스핀이 반대인) 다른 전자들과 결합하여 원자가전자(valence electron)의 각운동량과 자기 모멘트가 상쇄되어 버린다. 이런 이유로, 대부분의 분자들은 자기 모멘트를 갖고 있지 않다. 물론, 나트륨 기체는 원자들로 이루어져 있으므로 여기에 해당되지 않는다.* 또한 화학에서 흔히 '자유기(free radical)'라 부르는 물질(원자가전자가 홀수 개인 경우)은 결합이 불완전하기 때문에 0이 아닌 알짜 각운동량을 갖고 있다.

대부분의 물질은 원자 '내부의' 전자 껍질이 꽉 차 있지 않은 경우에 한하여 알짜 자기 모멘트를 갖는다. 이런 경우에는 자기 모멘트와 함께 알짜 각운동량도 가질 수 있다. 주기율표의 '전이 원소(transition element)' 부분에 있는 크롬, 망간, 철, 코발트, 니켈, 팔라듐, 백금 같은 원자들이 여기 속한다. 또한 희토류 원소(rare earth element)들도 전자 껍질이 꽉 차 있지 않으므로 영구 자기 모멘트를 갖고 있다. 이 밖에도 액체 산소처럼 좀 특이한 이유로 자기 모멘트를 갖는 것들도 있는데, 이에 관한 구체적인 내용은 화학 시간에 따로 배우게 될 것이다.

여기, 영구 자기 모멘트를 갖고 있는 원자 또는 분자(액체나 기체, 혹은 결정체일 수도 있다)들로 가득 차 있는 상자가 있다. 여기에 자기장을 걸어 주면 어떤 일이 벌어질 것인가? 자기장이 '없는' 상태에서는 열적인 요동이 입자의 운동을 지배할 것이므로, 자기 모멘트는 모든 방향을 향할 것이다. 그러나 자기장을 걸어 주면 자기 모멘트들이 정렬되려는 경향을 보이기 때문에, 자기장과 같은 방향으로 정렬된 자기 모멘트의 수가 임의의 방향으로 나열된 자기 모멘트보다 많아진다. 이런 경우에 우리는 물질이 '자화되었다(magnetized)'고 말한다.

물질의 '자화(magnetization)' M은 단위 부피당 알짜 자기 모멘트로 정의된다. 즉, 단위 부피에 들어 있는 모든 자기 모멘트의 벡터 합을 의미하는 것이다. 단위 부피당 N개의 원자가 들어 있고, 원자의 '평균' 자기 모멘트가 $\langle \mu \rangle_{av}$라면, M은 평균 자기 모멘트와 N의 곱으로 표현될 수 있다.

$$M = N\langle \mu \rangle_{av} \tag{35.8}$$

M은 10장에서 정의했던 전기 분극 P에 대응되는 개념이다.

상자성(paramagnetism)에 대한 고전 이론은 11장의 유전 상수 이론과 비슷하다. 개개의 원자들이 일정한 크기의 자기 모멘트 μ를 갖고 있으며, 그 방향이 무작위적이라고 가정해 보자. 자기장 B 속에서 자기 에너지는 $-\mu \cdot B = -\mu B \cos\theta$이다. 여기서 θ는 자기 모멘트와 자기장 사이의 각도이다. 통계역학에 의하면 이들이 임의의 각도를 이룰 상대적 확률은 $e^{-에너지/kT}$이므로, π 근처의 각보다는 0에 가까운 각을 이룰 확률이 더 높다. 11-3절에서 밟았던 과정을 그대로 따라가 보면, 자기장이 약한 경우에 M은 B와 평행하고 그 크기는

$$M = \frac{N\mu^2 B}{3kT} \tag{35.9}$$

임을 알 수 있다[식 (11.20) 참조]. 이것은 $\mu B / kT$가 1보다 훨씬 작을 때에 한하여 성립하는 근사식이다.

유도된 자화(단위 부피당 자기 모멘트)는 걸어 준 자기장의 크기에 비례한

---

* Na 가스는 대부분 단원자로 이루어져 있지만, Na₂ 분자도 일부 섞여 있다.

다. 이것이 바로 상자성의 특징이다. 이 효과는 고온보다 저온에서 더욱 분명하게 나타난다. 물질에 약한 자기장을 가하면 자기장에 비례하는 자기 모멘트가 생기는 것이다. 이때, B에 대한 M의 비율을 '자화율(magnetic susceptibility)'이라고 한다.

지금부터 상자성 현상을 양자역학적인 관점에서 분석해 보자. 우선, 스핀 1/2인 단순한 원자부터 생각해 보기로 한다. 자기장이 없을 때 원자는 어떤 특정한 에너지를 갖고 있을 것이다. 그러나 자기장을 거는 순간, J_z의 값에 따라 두 개의 가능한 에너지를 갖게 된다. $J_z = +\hbar/2$인 경우, 자기장에 의한 에너지 변화는 다음과 같다.

$$\Delta U_1 = +g\left(\frac{q_e \hbar}{2m}\right) \cdot \frac{1}{2} \cdot B \tag{35.10}$$

(전자의 전하는 마이너스이므로 에너지 변화 ΔU는 양수로 나타난다.) 반면에, $J_z = -\hbar/2$인 경우의 에너지 변화는 다음과 같다.

$$\Delta U_2 = -g\left(\frac{q_e \hbar}{2m}\right) \cdot \frac{1}{2} \cdot B \tag{35.11}$$

표기상의 편의를 위해 μ_0를 다음과 같이 정의하자.

$$\mu_0 = g\left(\frac{q_e \hbar}{2m}\right) \cdot \frac{1}{2} \tag{35.12}$$

그러면 에너지의 변화량은 다음과 같이 쓸 수 있다.

$$\Delta U = \pm \mu_0 B \tag{35.13}$$

여기서 μ_0의 의미는 명백하다. $-\mu_0$는 '스핀 업'인 경우 자기 모멘트의 z성분이고, $+\mu_0$는 '스핀 다운'인 경우 자기 모멘트의 z성분을 의미한다.

원자가 특정 상태에 놓일 통계역학적 확률은 다음 값에 비례한다.

$$e^{-(\text{상태의 에너지})/kT}$$

자기장이 없다면 두 상태의 에너지는 같다. 그러므로 자기장 속에서 평형 상태에 도달할 확률은 다음 값에 비례할 것이다.

$$e^{-\Delta U/kT} \tag{35.14}$$

단위 부피당 스핀 업인 원자의 수는

$$N_\text{업} = ae^{-\mu_0 B/kT} \tag{35.15}$$

이고, 스핀 다운인 원자의 수는

$$N_\text{다운} = ae^{+\mu_0 B/kT} \tag{35.16}$$

이다. 여기서 상수 a는 다음의 조건으로부터 결정된다.

$$N_\text{업} + N_\text{다운} = N \tag{35.17}$$

N은 단위 부피당 원자의 총 개수이다. 따라서 a는 다음과 같다.

$$a = \frac{N}{e^{+\mu_0 B/kT} + e^{-\mu_0 B/kT}} \qquad (35.18)$$

우리의 관심은 z축 방향의 '평균' 자기 모멘트이다. 스핀 업인 원자는 $-\mu_0$만큼 모멘트에 기여할 것이고, 스핀 다운인 원자는 $+\mu_0$만큼 기여할 것이다. 따라서 평균 모멘트는 다음과 같다.

$$\langle \mu \rangle_{\text{av}} = \frac{N_{\text{업}}(-\mu_0) + N_{\text{다운}}(+\mu_0)}{N} \qquad (35.19)$$

그러면 단위 부피당 자기 모멘트 M은 $N\langle \mu \rangle_{\text{av}}$이다. 여기에 식 (35.15)와 (35.16) 그리고 (35.17)을 대입하면 다음과 같은 결론에 이르게 된다.

$$M = N\mu_0 \frac{e^{+\mu_0 B/kT} - e^{-\mu_0 B/kT}}{e^{+\mu_0 B/kT} + e^{-\mu_0 B/kT}} \qquad (35.20)$$

이것이 바로 $j = 1/2$인 원자의 M을 구하는 양자역학적 공식이다. 쌍곡 탄젠트 함수(hyperbolic tangent function)를 사용하면 위의 식을 다음과 같이 간결한 형태로 쓸 수 있다.

$$M = N\mu_0 \tanh \frac{\mu_0 B}{kT} \qquad (35.21)$$

M과 B의 함수 관계 그래프는 그림 35-7에 제시되어 있다. B가 커지면 쌍곡 탄젠트 값이 1에 접근하면서, M은 최대 극한값인 $N\mu_0$에 가까워진다. 이는 곧 강한 자기장에서 자화가 '포화된다'는 것을 의미한다. 왜 그럴까? 매우 강력한 자기장 안에서는 자기 모멘트들이 모두 한 방향으로 정렬되기 때문이다. 즉, 모든 스핀이 '다운' 방향으로 정렬되면서, 개개의 원자들이 자기 모멘트에 μ_0만큼씩 기여하는 것이다.

대부분의 평범한 경우에[이를테면, 전형적인 모멘트와 실온, 그리고 쉽게 얻을 수 있는 정도의 자기장(10,000가우스) 하에서] $\mu_0 B/kT$의 값은 대략 0.002 정도이다. 따라서 포화 상태를 관찰하려면 매우 낮은 온도까지 내려가야 한다. 보통의 온도에서는 대개 $\tanh x$를 x로 근사할 수 있으므로 자화는 다음과 같이 표현된다.

$$M = \frac{N\mu_0^2 B}{kT} \qquad (35.22)$$

고전 이론에서와 마찬가지로 M과 B는 비례 관계에 있다. 상수 1/3이 빠진 것 이외에는 식 (35.9)와 거의 동일하다. 그러나 고전 이론의 결과인 식 (35.9)에 있는 μ와 양자역학의 공식에 들어 있는 μ_0 사이의 관계는 밝히고 넘어가야 한다.

고전 이론에서는 벡터 자기 모멘트의 제곱인 $\mu^2 = \boldsymbol{\mu} \cdot \boldsymbol{\mu}$가 등장한다.

$$\boldsymbol{\mu} \cdot \boldsymbol{\mu} = \left(g \frac{q_e}{2m} \right)^2 \boldsymbol{J} \cdot \boldsymbol{J} \qquad (35.23)$$

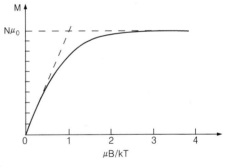

그림 35-7 자기장의 세기 B에 따른 상자성 자화의 변화

앞 장에서 지적한 대로, 고전 이론의 계산 결과에서 $\boldsymbol{J} \cdot \boldsymbol{J}$를 $j(j+1)\hbar^2$으로 바꿔 주면 양자역학적으로 올바른 답을 얻게 될 가능성이 매우 높다. 지금 우리는 $j = 1/2$인 경우를 다루고 있으므로

$$j(j+1)\,\hbar^2 = \frac{3}{4}\hbar^2$$

이다. 식 (35.23)의 $\boldsymbol{J} \cdot \boldsymbol{J}$에 이 값을 대입하면

$$\boldsymbol{\mu} \cdot \boldsymbol{\mu} = \left(g\,\frac{q_e}{2m}\right)^2 \frac{3\,\hbar^2}{4}$$

이 되고, 식 (35.12)에 정의된 μ_0를 이용해서 나타내면

$$\boldsymbol{\mu} \cdot \boldsymbol{\mu} = 3\mu_0^2$$

이다. 고전 이론으로 얻은 식 (35.9)의 μ^2에 이 값을 대입하면 양자역학적으로 올바른 식 (35.22)를 얻을 수 있다.

상자성에 대한 양자 이론은 임의의 스핀 j를 갖는 원자로 쉽게 확장될 수 있다. 약한 자기장에 의해 일어나는 자화는

$$M = Ng^2\,\frac{j(j+1)}{3}\,\frac{\mu_B^2 B}{kT} \tag{35.24}$$

이다. 여기서

$$\mu_B = \frac{q_e \hbar}{2m} \tag{35.25}$$

는 자기 모멘트의 단위를 갖는 상수이다. 대부분의 원자들은 대략 이 정도 크기의 자기 모멘트를 갖고 있는데, 이를 '보어마그네톤(Bohr magneton)'이라고 한다. 전자의 스핀 자기 모멘트는 거의 정확하게 1보어마그네톤이다.

35-5 단열 소자 냉각

상자성을 응용한 특별한 사례가 하나 있다. 매우 낮은 온도에서 강한 자기장을 가하여 원자 자석들은 일렬로 정렬시킨 후 '단열 소자(斷熱逍磁, adiabatic demagnetization)'라 불리는 과정을 거치면 온도를 극저온까지 낮출 수 있다. 상자성을 띤 염(예를 들어, 프라세오디뮴-암모늄-질산염과 같은 희토류 원소를 많이 포함하고 있는 염)에 강한 자기장을 걸어 준 상태에서 액체 헬륨을 이용해서 냉각시키면 절대 온도 1~2°K까지 냉각시킬 수 있다. 이렇게 되면 $\mu B/kT$값은 2~3정도로 커진다(이 조건에 도달하려면 30,000~45,000가우스 정도의 아주 강력한 자기장을 걸어 줘야 한다). 즉, 대부분의 스핀들이 정렬되어 자화가 거의 포화 상태에 이르는 것이다. 문제의 단순화를 위해, 자기장이 매우 강하고 온도는 매우 낮아서 거의 모든 원자들이 일렬로 정렬되어 있는 극단적인 경우를 가정해 보자. 이제 염을 열적으로 격리시키고(액체 헬륨을 제거하고 진공 상태에 놓아 두면 된다) 자기장을 제거하면 염의 온도는 더욱 떨어지게 된다.

자기장을 '갑자기' 꺼 버리면 결정격자 내의 원자들이 요동치면서 스핀의 정렬 상태가 점차 흐트러진다. 일부는 스핀 업, 일부는 스핀 다운 상태가 되는 것이다. 그런데 자기장이 없으면(그리고 약간의 차이만 줄 뿐인 원자 자석들 사이의 미세한 상호작용을 무시한다면) 원자 자석을 뒤집을 때 에너지가 전혀 들지 않는다. 원자 자석의 스핀 상태는 에너지의 변화 없이(즉, 온도 변화 없이) 제멋대로 바뀔 수 있다.

그러나 원자 자석이 열적 요동에 의해 뒤집히는 동안에 어느 정도의 자기장이 존재한다고 가정하면 상황이 크게 달라진다. 자기장의 방향과 반대로 뒤집힐 때 에너지가 소요되는 것이다. 다시 말해서, "자기장에 역행하려면 일을 해 줘야 한다." 이때 소요되는 에너지는 열운동으로부터 갹출되므로 계의 온도는 낮아진다. 따라서 처음에 걸어 준 강한 자기장을 너무 갑자기 제거하지만 않는다면 염의 온도는 떨어지게 된다. 즉, 소자(demagnetization)에 의한 냉각 현상이 나타나는 것이다. 양자역학적인 관점에서 볼 때, 강한 자기장이 걸려 있는 원자들은 모두 바닥상태에 존재한다. 단 하나의 원자라도 높은 에너지 상태에 있을 확률은 터무니없이 작기 때문이다. 그러나 자기장이 점차 약해지면 열적 요동에 의해 원자들이 높은 에너지 상태로 전이할 확률이 점점 높아진다. 이때 원자는 높은 준위로 올라가면서 그에 해당하는 에너지 $\Delta U = \mu_0 B$를 흡수한다. 따라서 자기장을 천천히 줄이면, 자기적 전이는 결정격자의 열 진동 에너지를 빼앗아 가고, 결과적으로 물체가 냉각되는 것이다. 이 방법을 사용하면 절대 온도 1~2°K정도였던 온도를 소수점 이하 셋째 자리(0.001°K)까지 낮출 수 있다.

온도를 여기서 더 낮출 수는 없을까? 한 가지 방법이 있다. 앞에서 나는 원자핵도 자기 모멘트를 갖고 있다고 말한 적이 있다. 상자성과 관련하여 지금까지 우리가 유도한 모든 공식들은 원자핵에 대해서도 그대로 적용된다[단, 원자핵의 자기 모멘트는 원자의 자기 모멘트보다 수천 배나 작다. 핵의 자기 모멘트는 대략 $q\hbar/2m_p$정도이며, 여기서 m_p는 양성자의 질량이다. 질량이 분모에 들어 있기 때문에 원자핵의 자기 모멘트가 그토록 작게 나타나는 것이다]. 자기 모멘트가 이 정도로 작으면 온도가 2°K인 저온 상태에서도 $\mu B/kT$의 값은 겨우 천분의 1정도밖에 되지 않는다. 그러나 상자성 소자 냉각 과정을 이용하여 절대 온도 소수 셋째 자리까지 낮추면 $\mu B/kT$의 값은 거의 1에 가까워진다. 이 정도의 극저온에서는 (30,000가우스 이상의 매우 강한 자기장을 걸어 주면) 핵의 자기 모멘트를 포화시킬 수 있다. 실험물리학자의 입장에서는 다행스러운 일이 아닐 수 없다. 왜냐하면 '원자핵의 자성'에 단열 소자 기법을 적용하여 온도를 더 낮출 수 있기 때문이다. 간단히 말해서, 자기 냉각(magnetic cooling)을 두 단계에 걸쳐 실행할 수 있다는 뜻이다. 먼저 단열 소자 방법을 이용하여 상자성 염을 절대 온도로 소수 셋째 자리까지 냉각시킨 후, 냉각된 상자성 염을 이용하여 핵의 자기 모멘트가 비교적 큰 물질을 냉각시킨다. 마지막으로 이 물질에서 자기장을 제거하면 (모든 일을 주의 깊게 제대로 수행했을 경우) 절대 온도로 소수점 이하 여섯째 자리까지 냉각시킬 수 있다.

35-6 핵자기 공명

방금 전에 이야기한 대로 원자의 상자성은 매우 작고, 원자핵의 자성은 그보다 수천 배나 더 작다. 그러나 비록 그렇게 크기가 작을지라도 원자핵의 자성은 '핵자기 공명(nuclear magnetic resonance ; NMR)'이라는 현상을 통해 비교적 쉽게 관찰할 수 있다. 물을 예로 들어 생각해 보자. 물에 포함되어 있는 모든 전자들은 스핀이 서로 정확하게 상쇄되어 알짜 자기 모멘트가 0이다. 그러나 물 분자는 핵의 자기 모멘트 때문에 매우 작은 자기 모멘트를 갖고 있다. 약간의 물이 자기장 B 안에 놓여 있다고 가정해 보자. 수소 원자의 핵, 즉 양성자는 스핀이 1/2이므로 두 가지 에너지 상태를 가질 수 있다. 물이 열적 평형 상태에 있다면 양성자는 낮은 에너지 상태(자기 모멘트가 자기장에 평행한 상태)에 조금 더 많이 있을 것이고, 따라서 단위 부피당 미미한 알짜 자기 모멘트가 존재할 것이다. 양성자의 자기 모멘트는 원자의 자기 모멘트에 비해 1/1000정도밖에 안 되기 때문에, μ^2에 비례하는 자화는[식 (35.22) 참조] 전형적인 원자 상자성의 백만분의 일 정도에 불과하다(바로 이런 이유 때문에 원자의 알짜 자기 모멘트가 0인 물질을 택해야 하는 것이다). 실제로 계산을 해보면, 스핀 업인 양성자와 스핀 다운인 양성자의 수는 10^8개당 하나꼴로 차이가 날 뿐이므로, 그 효과는 정말 미미하다! 그러나 다음 방법을 사용하면 이 미세한 차이를 관측할 수 있다.

물 시편이 들어 있는 용기 주변에 진동하는 코일을 감아서 수평 방향의 약한 '진동 자기장'을 생성시켜 보자. 이 자기장이 ω_p의 진동수에 맞춰지면, 두 에너지 상태 사이의 전이가 일어날 것이다. 이것은 35-3절에서 라비의 실험을 설명할 때 이미 언급한 바 있다. 양성자의 스핀 상태가 높은 에너지 상태에서 낮은 에너지 상태로 뒤집힐 때 $\mu_z B$의 에너지가 방출되는데, 이 값은 앞서 말한 대로 $\hbar \omega_p$와 같다. 반대로, 낮은 에너지 상태에서 높은 에너지 상태로 전이될 때에는 코일로부터 $\hbar \omega_p$의 에너지를 흡수할 것이다. 열평형 상태에서는 양성자들이 낮은 에너지 상태에 조금 더 많이 있기 때문에, 전체적으로는 코일로부터 에너지를 흡수하게 된다. 물론 이 효과는 매우 미약하지만, 감도가 뛰어난 검류계를 사용하면 흡수된 에너지를 관측할 수 있다.

라비의 분자 빔 실험에서 에너지가 흡수되는 현상은 다음과 같이 진동하는 자기장의 진동수가 공명 진동수와 일치할 때 일어난다.

$$\omega = \omega_p = g\left(\frac{q_e}{2m_p}\right) B$$

보통은 ω를 고정시킨 상태에서 B를 변화시켜 가며[즉, 양성자 스핀의 플립(flip) 진동수 ω_p를 변화시켜 가며] 공명을 찾는 것이 편하다. 즉, 자기장이 다음과 같은 값을 가질 때 에너지 흡수가 일어난다.

$$B = \frac{2m_p}{gq_e}\omega$$

그림 35-8은 전형적인 핵자기 공명 장치를 보여 주고 있다. 거대한 전자석의 자극 사이에 놓여 있는 코일은 고주파 발진기(oscillator)에 의해서 구동된다.

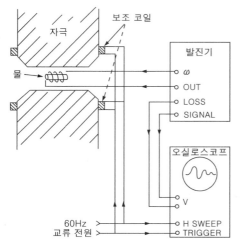

그림 35-8 핵자기 공명 장치

두 자극 주위에는 60헤르츠의 교류 전류가 흐르는 작은 보조 코일이 감겨 있는데, 이것은 자기장이 평균값을 중심으로 조금씩 '출렁이게 하는' 효과를 준다. 예를 들어, 자석의 주 전류는 5000가우스의 자기장이 걸리도록 맞춰 놓고, 보조 코일은 이 값에서 ±1가우스 정도의 변동을 주도록 세팅해 보자. 발진기의 진동수를 초당 21.2메가사이클(megacycle)에 맞추면, 자기장이 5000가우스를 지날 때마다 양성자 공명 상태가 될 것이다[양성자의 경우, $g = 5.58$로 놓고 식 (34.13)을 써서 계산하면 된다].

발진기 회로는 공명에 의해 흡수되어 달아나는 전력의 '변화량'에 비례하여 추가로 출력 신호를 내도록 설계되어 있다. 이 신호는 오실로스코프의 수직 편향 증폭기로 들어가게 된다. 오실로스코프의 수평 스위프(horizontal sweep)는 자기장 요동 주파수의 주기마다 한 번씩 트리거(trigger)된다(대개의 경우, 수평 편향은 장의 출렁임에 비례해서 따라가도록 되어 있다).

물 시편을 고주파 코일 안에 넣기 전에, 발진기에서 나오는 전력은 특정 값으로 정해져 있다(이 값은 자기장에 따라 변하지 않는다). 그러나 작은 물병을 코일 안에 집어넣으면 그림과 같이 오실로스코프에 신호가 나타난다. 여러분은 양성자의 자기 모멘트가 뒤집히는 과정에서 흡수되는 전력을 실시간 영상으로 보고 있는 것이다!

주 자석(main magnet)을 정확히 5000가우스에 맞추는 것은 현실적으로 어려운 일이다. 그래서 실험실에서는 오실로스코프에 공명 신호가 나타날 때까지 주 자석의 전류를 조절하는 방법을 사용한다. 현재까지는 이 방법이 자기장의 세기를 정확하게 측정할 수 있는 가장 편리한 방법으로 알려져 있다. 물론, 양성자의 g값을 결정하기 위해 '과거의 누군가'는 자기장과 진동수를 정확히 측정해야 했을 것이다. 그러나 이 작업은 이미 완료되었으므로, 그림에 나와 있는 것과 같은 양성자 공명 장치는 '양성자 공명 자력계(proton resonance magnetometer)'로 사용될 수 있다.

여기서 오실로스코프의 신호에 대하여 한 가지 언급할 것이 있다. 자기장이 아주 느리게 출렁이도록 만들면, 보통의 공명 곡선이 나타난다. ω_p가 발진기의 주파수와 정확하게 일치할 때 에너지 흡수는 최대값을 기록하게 된다. 주변의 주파수대에서도 어느 정도의 에너지 흡수가 일어나는 이유는 모든 양성자들이 정확히 동일한 자기장의 영향하에 있지 않기 때문이다. 자기장이 다르다는 것은 공명 진동수가 조금씩 변한다는 것을 의미한다.

여러분 중에는 "고주파 자기장이 두 에너지 상태에 있는 입자 수를 균등하게 만들기 때문에 공명 진동수에서는 아무런 신호도 나오지 않아야 한다"고 생각하는 사람도 있을 것이다. 그렇다면 처음에 물 시편을 넣는 순간을 제외하고는 아무런 신호도 잡히지 않아야 한다. 그러나 이것은 틀린 생각이다. 우리가 두 상태의 입자 수를 아무리 똑같게 만들려고 해도, 열운동에 의해서 항상 온도 T에 대한 입자 수의 비율(볼츠만 분포)이 유지되려 하기 때문이다. 공명이 일어날 때 원자핵으로 흡수된 에너지는 고스란히 열에너지로 전환된다. 그러나 실제 상황에서는 원자의 열운동과 양성자의 자기 모멘트 사이에 '열적인 접촉(thermal contact)'이 비교적 약하다는 것이 문제이다. 양성자는 전자 분포의 중심부에 거의 혼자 떨어져 있는 외로운 존재이다. 따라서 순수한 물의 경우에는 공명 신호가 너무 약해서 관측하기가 매우 어렵다. 에너지 흡수량을 늘리려면 '열적인 접촉'을 어떻게든 증가시킬 필요가 있는데, 일반적으로는 물에 산화철을 조금 섞는 방법을 사용한다. 철 원자는 하나의 작은 자석과 같다. 철 원자들은 제멋대로 춤을 추면서 미세한 요동치는 자기장을 만들어 낸다. 그리고 이 자기장이 양성자의 자기 모멘트와 상호작용을 하면서 양성자는 원자의 열운동에 참여하게 되고, 결국은 열적 평형 상태에 이르는 것이다. 바로 이 '상호작용' 덕분에 높은 에너지 상태의 양성자들이 에너지를 잃고 낮은 상태로 떨어져서 다시 발진기로부터 에너지를 흡수할 수 있게 되는 것이다.

실제로 실험을 해보면 핵자기 공명 장치의 출력 신호는 보통의 공명 곡선처럼 깨끗하게 나오지 않고, 대개 그림에 나온 것처럼 복잡한 모양으로 검출된다. 주된 원인은 바로 '출렁이는 자기장' 때문이다. 이 현상을 제대로 설명하려면 양자역학을 동원해야 하지만, 지금 언급하고 있는 실험은 '자기 모멘트의 세차 운동'이라는 고전적 아이디어만으로도 충분히 설명될 수 있다. 고전적으로 생각해 보면, 공명 상태에 도달했을 때 세차 운동을 하고 있는 모든 원자핵 자석들이 동시에 구동된다고 할 수 있다. 이렇게 함으로써, 우리는 '모든 것을 한꺼번에' 세차 운동시키는 것이다. 일제히 돌아가는 원자핵 자석들은 발진기 코일에 주파수 ω_p의 기전력(emf)을 유도한다. 한편, 자기장은 시간에 따라 계속 증가하고 있기 때문에 세차 운동의 진동수도 같이 증가할 것이고, 시간이 흐르면 결국 유도된 전압의 주파수가 발진기의 주파수보다 약간 높아진다. 유도된 기전력의 위상은 발진기의 위상과 맞았다 어긋났다를 반복하기 때문에, '흡수된' 전력도 ＋와 ― 를 오락가락하게 된다. 오실로스코프에서 양성자 주파수와 발진기 주파수 사이의 맥놀이(beat note) 현상이 나타나는 것은 바로 이런 이유 때문이다. 양성자 주파수들이 모두 일치하지 않는 데다가(각각의 양성자들은 조금씩 다른 자기장의 영향을 받기 때문이다), 물에 섞여 있는 산화철에 의한 교란 효과도 있기 때문에 자유롭게 세차 운동하는 자기 모멘트들은 얼마 지나지 않아 위상이 어긋나게 되고, 따라서 맥놀이 신호는 곧 사라져 버린다.

이와 같은 자기 공명 현상은 물질의 새로운 성질을 밝혀내는 도구로서 (특히, 화학과 핵물리학 분야에서) 다방면으로 응용되고 있다. 두말할 것도 없이, 원자핵의 자기 모멘트에는 핵의 구조에 대한 중요한 정보가 담겨 있다. 그동안 화학자들은 공명의 구조 또는 형태로부터 많은 사실들을 새롭게 알아냈다. 주변의 원자핵들이 만드는 자기장 때문에, 핵자기 공명이 일어나는 정확한 위치는 원자핵의 주변 환경에 따라 조금씩 이동된다. 이러한 이동을 측정하면 근처에 어떤 원자들이 있는지 알 수 있으므로, 분자의 구조를 상세하게 밝혀내는 데 많은 도움이 된다. 자유기(free radical)의 전자 스핀 공명도 매우 중요하게 취급되고 있다. 대부분의 자유기들은 평형 상태로는 존재하지 않지만, 종종 화학 반응의 중간 상태로 발견된다. 전자스핀 공명을 측정하면 자유기의 존재를 입증할 수 있으며, 일부 화학 반응의 메커니즘을 이해하는 데 중요한 열쇠가 되기도 한다.

역자후기

파인만의 동료이며 이 강의록의 공동저자이기도 한 매튜 샌즈는 1961년 파인만을 찾아가서 물리학 개론을 가르치도록 설득하기 위해 이렇게 이야기했다고 합니다. "이봐, 자네는 자연을 이해하기 위해 인생의 40년을 바치지 않았나. 이제 그 모든 것을 하나로 정리해서 다음 세대의 과학자들에게 건네줄 기회가 생긴 걸세."*

반세기가 지난 오늘날, 『파인만의 물리학 강의』는 전 세계에서 물리학을 배우는 학생들의 필독서가 되었습니다. 매 강의마다 파인만은 깔끔한 논리 전개와 깊은 통찰력을 통해 그 분야의 대가만이 풀어낼 수 있는 경지를 유감없이 보여 줍니다. 그 중에서도 3권에 수록된 양자역학 부분은 더욱 특별한데, 당시 대학원 과정에서만 나오던 주제를 학부생을 위한 개론 수업에서 가르친 첫 시도였을 뿐 아니라 물리학 중에서도 양자(전기)역학이 그의 전공분야이기 때문입니다.

대학에서의 양자역학 강의는 보통 슈뢰딩거 방정식을 배운 후에 몇 가지 간단한 경우의 해를 구하는 순서로 진행됩니다. 그 과정에서 계산방법만 배운 채 결과가 갖는 의미를 정확히 파악하지 못하는 학생들을 흔히 보게 됩니다.

이 책에서 파인만은 반대 순서로 논리를 펼칩니다. 초반부 강의는 미시세계의 특이한 행동방식을 잘 보여 주는 슬릿 실험 장치를 여러 번 활용하여 양자역학을 먼저 개념적으로 이해할 수 있도록 친절히 이끌어 줍니다. 입자가 가능한 모든 경로를 거쳐 갈 경우를 더해야 한다는 경로합의 아이디어(이는 파인만이 양자전기역학(QED)에 공헌한 주요 업적이기도 합니다)를 통해 여러 중요한 특징을 설명한 다음, 중반부에 가서야 슈뢰딩거 방정식을 보여 주고 그 의미를 탐색합니다. 그리고 후반부에서는 반도체와 트랜지스터, 초전도 현상 등 우리 생활과 밀접한 예를 통해 양자역학의 응용방식을 살펴봅니다.

난해한 개념을 핵심만 간추려서 자연에 존재하는 풍부한 사례에 적용하는 파인만의 능수능란한 안내를 따라 긴 강의를 함께하면서 여러분도 지난 몇십 년간 전 세계의 수많은 독자들을 사로잡은 경이로운 마법을 체험하셨으리라 믿습니다. 아울러 양자역학이 결코 물리학자들만의 것이 아니며 누구나 접할 수 있는

---

* Matthew Sands, "Capturing the Wisdom of Feynman," *Physics Today*, Apr. 2005, p. 49.

영역에 존재하는 학문임을 깨달으셨을 겁니다.

지금도 캘리포니아 공과대학(Caltech)에서는 학생들에게 양자역학을 필수 과목으로 가르치고 있습니다. 이는 고전적인 결정론을 송두리째 버려야 했던 20세기 초의 철학적 혼란을 이해하고 양자역학의 확률론적 사고를 받아들이는 것이 현대 사회에서 지성인의 사상에 중요한 토대가 된다고 보기 때문일 것입니다.

한 권의 책은 징검다리에 놓인 돌 하나와 같습니다. 누군가가 놓은 돌을 밟고 올라서서 그다음 돌을 이어 놓는 것이 곧 학문이 발전하는 과정이니 말입니다. 그렇기에 외국의 명저를 우리말로 번역하여 소개하는 일은 더 많은 이들이 더 많은 돌을 놓기 위한 초석이자, 책임감을 갖고 정성을 들여 임해야 하는 막중한 작업입니다. 역자로서 많은 노력을 기울였지만 부족한 점도 분명히 있을 것입니다. 다만 파인만과 한국의 독자들 사이에 다리를 놓는 과정에서 원저자의 명성에 누가 되지는 않았기를 바랍니다.

파인만의 양자물리 강의록이 출간된 지 40년이 지나서야 한국 독자들에게 우리말로 전달된다는 사실이 한편으로는 안타깝지만, 전문 과학서에 목마른 많은 이들에게 한 줄기 단비가 되어 더 큰 열매를 맺기를 기대해 봅니다.

뜻깊은 번역 기회를 주신 도서출판 승산의 황승기 사장님께 감사드리며, 교정 보느라 고생하신 편집부 여러분께도 감사의 마음을 전합니다.

2009년 봄
역자 김충구 정무광 정재승 씀

찾아보기

번역자 소개

김충구

서울대학교 전기공학부에서 학사를 마쳤다. 고등학교 시절부터 간직해 온 물리에 대한 욕심을 버리지 못하여 서울대학교 물리학과에서 석사과정을 마치고 현재 코넬대학교 물리학과 박사과정에 재학 중이다. 학술적인 주제라면 가리지 않고 관심을 두는 잡식형으로, 앎의 즐거움을 추구하고 타인과 공유하는 행위를 삶의 중요한 부분으로 여긴다.

정무광

캘리포니아 공과대학(칼텍)에서 물리학 학사, 컬럼비아대학교에서 천문학 석박사 학위를 마치고, 현재 프린스턴대학교 천체물리학과 박사후 연구원으로 있다. 어릴 적부터 파인만을 동경해서 『파인만의 물리학 강의』 등 파인만의 저서와 관련 서적을 읽으며 물리학을 배웠다. 『우주와 인간 사이에 질문을 던지다』와 『별빛으로 우주를 엿보다』를 공동으로 저술했고, 『파인만의 과학이란 무엇인가?』를 공동 번역했다.

정재승

카이스트 물리학과에서 학부를 마치고 신경물리학으로 박사학위를 받았으며, 예일대학교 의과대학 신경정신과 박사후 연구원을 거쳐 현재 카이스트 바이오 및 뇌공학과 교수로 재직 중이다. 『정재승의 과학 콘서트』, 『정재승의 도전! 무한지식』 등을 썼고, 『파인만의 과학이란 무엇인가?』를 공동 번역했다.

• 이 책의 내용에 관한 문의는 이 책의 포럼(lecture3.seungsan.com)이나 김충구 역자의 이메일(cfranck@hanmail.net)으로 해 주시기 바랍니다.

파인만의 물리학 강의 III

1판 1쇄 펴냄 2009년 5월 12일
1판 8쇄 펴냄 2024년 9월 27일

지은이 | 리처드 파인만, 로버트 레이턴, 매슈 샌즈
옮긴이 | 김충구, 정무광, 정재승
펴낸이 | 황승기
편   집 | 김지혜, 곽지은, 김슬기
마케팅 | 송선경
본문디자인 | 미래미디어
펴낸곳 | 도서출판 승산
등록날짜 | 1998년 4월 2일
주   소 | 서울특별시 강남구 테헤란로 34길 17(역삼동 723번지) 혜성빌딩 402호
전화번호 | 02-568-6111
팩시밀리 | 02-568-6118
이메일 | books@seungsan.com
트위터 | @booksseungsan

ISBN | 978-89-6139-024-8   94420
       978-89-88907-62-7   (세트)

· 도서출판 승산은 좋은 책을 만들기 위해 언제나 독자의 소리에 귀를 기울이고 있습니다.